国家科学思想库

中国学科发展战略

半导体物理学进展

国家自然科学基金委员会
中国科学院

科学出版社
北 京

内 容 简 介

本书从半导体物理学与现代高科技之间互为驱动的关系出发,在纵观近三十年来国内外重大进展的基础上,研讨了半导体物理学各个分支学科涌现出来的新概念、新突破和新方向,以及它们对半导体物理学学科发展的影响与贡献,分析了半导体物理学的研究现状及面临的挑战和机遇。

本书有针对性地提出了半导体物理学学科发展建议、思路与措施,不仅可供相关领域的科研工作者和高校师生参考使用,也可为国家相关部门制定科技发展规划提供参考。

图书在版编目(CIP)数据

半导体物理学进展 / 国家自然科学基金委员会,中国科学院编. —北京:科学出版社,2020.10
(中国学科发展战略)
ISBN 978-7-03-060813-0

Ⅰ.①半… Ⅱ.①国… ②中… Ⅲ.①半导体物理学-学科发展-发展战略-中国 Ⅳ.①O47-12

中国版本图书馆 CIP 数据核字(2019)第045992号

丛书策划:侯俊琳 牛 玲
责任编辑:张 莉 崔慧娴 / 责任校对:韩 杨
责任印制:徐晓晨 / 封面设计:黄华斌 陈 敬

科学出版社出版
北京东黄城根北街 16 号
邮政编码:100717
http://www.sciencep.com

北京虎彩文化传播有限公司 印刷
科学出版社发行 各地新华书店经销
*
2020年 10 月第 一 版 开本:720×1000 B5
2021年 1 月第二次印刷 印张:46 1/4 插页:1
字数:800 000

定价:**198.00元**
(如有印装质量问题,我社负责调换)

中国学科发展战略

联合领导小组

组　　长：侯建国　李静海

副组长：秦大河　韩　宇

成　　员：王恩哥　朱道本　陈宜瑜　傅伯杰　李树深
　　　　　杨　卫　高鸿钧　王笃金　苏荣辉　王长锐
　　　　　邹立尧　于　晟　董国轩　陈拥军　冯雪莲
　　　　　姚玉鹏　王岐东　张兆田　杨列勋　孙瑞娟

联合工作组

组　　长：苏荣辉　于　晟

成　　员：龚　旭　孙　粒　高阵雨　李鹏飞　钱莹洁
　　　　　薛　淮　冯　霞　马新勇

中国学科发展战略·半导体物理学进展

项　目　组

组　　长：郑厚植

成　　员（以姓名笔画为序）：

王开友　邓惠雄　刘　奇　孙宝权　李永庆

张　俊　张远波　张新惠　陈张海　陈国瑞

赵建华　骆军委　姬　扬　常　凯　谭平恒

魏苏淮

总　序

白春礼　杨　卫

　　17 世纪的科学革命使科学从普适的自然哲学走向分科深入，如今已发展成为一幅由众多彼此独立又相互关联的学科汇就的壮丽画卷。在人类不断深化对自然认识的过程中，学科不仅仅是现代社会中科学知识的组成单元，同时也逐渐成为人类认知活动的组织分工，决定了知识生产的社会形态特征，推动和促进了科学技术和各种学术形态的蓬勃发展。从历史上看，学科的发展体现了知识生产及其传播、传承的过程，学科之间的相互交叉、融合与分化成为科学发展的重要特征。只有了解各学科演变的基本规律，完善学科布局，促进学科协调发展，才能推进科学的整体发展，形成促进前沿科学突破的科研布局和创新环境。

　　我国引入近代科学后几经曲折，及至上世纪初开始逐步同西方科学接轨，建立了以学科教育与学科科研互为支撑的学科体系。新中国建立后，逐步形成完整的学科体系，为国家科学技术进步和经济社会发展提供了大量优秀人才，部分学科已进入世界前列，有的学科取得了令世界瞩目的突出成就。当前，我国正处在从科学大国向科学强国转变的关键时期，经济发展新常态下要求科学技术为国家经济增长提供更强劲的动力，创新成为引领我国经济发展的新引擎。与此同时，改革开放 30 多年来，特别是 21 世纪以来，我国迅猛发展的科学事业蓄积了巨大的内能，不仅重大创新成果源源不断产生，而且一些学科正在孕育新的生长点，有可能引领世界学科发展的新方向。因此，开展学科发展战略研究是提高我国自主创新能力、实现我国科学由"跟跑者"向"并行者"和"领跑者"转变的一项基础工程，对于更好把握世界科技创新发展趋势，发挥科技创新在全面创新中的引领作用，具有重要的现实意义。

学科发展战略研究的核心是结合科学技术和经济社会的发展需求，在分析科学前沿发展趋势的基础上，寻找新的学科生长点和方向。在这个过程中，战略科学家的前瞻引领作用十分重要。科学史上这样的例子比比皆是。在 1900 年 8 月巴黎国际数学家代表大会上，德国数学家戴维·希尔伯特发表了题为"数学问题"的著名讲演，他根据过去特别是 19 世纪数学研究的成果和发展趋势，提出了 23 个最重要的数学问题，即"希尔伯特问题"。这些"问题"后来成为许多数学家力图攻克的难关，对现代数学的研究和发展产生了深刻的影响。1959 年 12 月，美国物理学家、诺贝尔奖得主理查德·费曼在加利福尼亚理工学院举行的美国物理学会年会上发表了题为"物质底层大有空间——一张进入物理新领域的请柬"的经典讲话，对后来出现的纳米技术作出了天才的预见。

学科生长点并不完全等同于科学前沿，其产生和形成不仅取决于科学前沿的成果，还决定于社会生产和科学发展的需要。1841年，佩利戈特用钾还原四氯化铀，成功地获得了金属铀，可在很长一段时间并未能发展成为学科生长点。直到 1939 年，哈恩和斯特拉斯曼发现了铀的核裂变现象后，人们认识到它有可能成为巨大的能源，这才形成了以铀为主要对象的核燃料科学的学科生长点。而基本粒子物理学作为一门理论性很强的学科，它的新生长点之所以能不断形成，不仅在于它有揭示物质的深层结构秘密的作用，而且在于其成果有助于认识宇宙的起源和演化。上述事实说明，科学在从理论到应用又从应用到理论的转化过程中，会有新的学科生长点不断地产生和形成。

不同学科交叉集成，特别是理论研究与实验科学相结合，往往也是新的学科生长点的重要来源。新的实验方法和实验手段的发明，大科学装置的建立，如离子加速器、中子反应堆、核磁共振仪等技术方法，都促进了相对独立的新学科的形成。自 20 世纪 80 年代以来，具有费曼 1959 年所预见的性能、微观表征和操纵技术的仪器——扫描隧道显微镜和原子力显微镜终于相继问世，为纳米结构的测量和操纵提供了"眼睛"和"手指"，使得人类能更进一步认识纳米世界，极大地推动了纳米技术的发展。

作为国家科学思想库，中国科学院（以下简称中科院）学部的基本职责和优势是为国家科学选择和优化布局重大科学技术发展方向提供科学依据、发挥学术引领作用，国家自然科学基金委员会（以下简称基金委）则承担着协调学科发展、夯实学科基础、促进学科交叉、加强学科建设的重大责任。继基金委和中科院于2012年成功地联合发布"未来10年中国学科发展战略研究"报告之后，双方签署了共同开展学科发展战略研究的长期合作协议，通过联合开展学科发展战略研究的长效机制，共建共享国家科学思想库的研究咨询能力，切实担当起服务国家科学领域决策咨询的核心作用。

基金委和中科院共同组织的学科发展战略研究既分析相关学科领域的发展趋势与应用前景，又提出与学科发展相关的人才队伍布局、环境条件建设、资助机制创新等方面的政策建议，还针对某一类学科发展所面临的共性政策问题，开展专题学科战略与政策研究。自2012年开始，平均每年部署10项左右学科发展战略研究项目，其中既有传统学科中的新生长点或交叉学科，如物理学中的软凝聚态物理、化学中的能源化学、生物学中的生命组学等，也有面向具有重大应用背景的新兴战略研究领域，如再生医学，冰冻圈科学，高功率、高光束质量半导体激光发展战略研究等，还有以具体学科为例开展的关于依托重大科学设施与平台发展的学科政策研究。

学科发展战略研究工作沿袭了由中科院院士牵头的方式，并凝聚相关领域专家学者共同开展研究。他们秉承"知行合一"的理念，将深刻的洞察力和严谨的工作作风结合起来，潜心研究，求真唯实，"知之真切笃实处即是行，行之明觉精察处即是知"。他们精益求精，"止于至善"，"皆当至于至善之地而不迁"，力求尽善尽美，以获取最大的集体智慧。他们在中国基础研究从与发达国家"总量并行"到"贡献并行"再到"源头并行"的升级发展过程中，脚踏实地，拾级而上，纵观全局，极目迥望。他们站在巨人肩上，立于科学前沿，为中国乃至世界的学科发展指出可能的生长点和新方向。

各学科发展战略研究组从学科的科学意义与战略价值、发展规律和研究特点、发展现状与发展态势、未来5~10年学科发展的关键科学问题、发展思路、发展目标和重要研究方向、学科发展的有效资助机制与政策建议等方面进行分析阐述。既强调学科生长点的科学意义，也考虑其重要的社会价值；既着眼于学科生长点的前沿性，也兼顾其可能利用的资源和条件；既立足于国内的现状，又注重基础研究的国际化趋势；既肯定已取得的成绩，又不回避发展中面临的困难和问题。主要研究成果以"国家自然科学基金委员会-中国科学院学科发展战略"丛书的形式，纳入"国家科学思想库-学术引领系列"陆续出版。

基金委和中科院在学科发展战略研究方面的合作是一项长期的任务。在报告付梓之际，我们衷心地感谢为学科发展战略研究付出心血的院士、专家，还要感谢在咨询、审读和支撑方面做出贡献的同志，也要感谢科学出版社在编辑出版工作中付出的辛苦劳动，更要感谢基金委和中科院学科发展战略研究联合工作组各位成员的辛勤工作。我们诚挚希望更多的院士、专家能够加入到学科发展战略研究的行列中来，搭建我国科技规划和科技政策咨询平台，为推动促进我国学科均衡、协调、可持续发展发挥更大的积极作用。

前　言

　　半导体科学技术是事关提升国家竞争力的核心技术，几乎无处不在地发挥着其重要的作用。追溯历史，半导体科学技术之所以能成为当代如此重要的技术，正是 20 世纪四五十年代以来，国际上一些有远见卓识的科学家、企业家重视开展半导体物理研究的结果。以晶体管、集成电路和半导体激光器为代表的半导体科学技术引发了信息、通信和计算等领域的一场革命。同时，半导体物理研究也促进了整个凝聚态物理的大发展。20 世纪 80 年代以来，凝聚态物理研究在诸多方面取得了十分出色的研究成果。例如，整数、分数霍尔效应及后来的自旋霍尔效应、量子反常霍尔效应等的发现，拓扑绝缘体、马约拉纳费米子、外尔费米子等的发现。这些发现反映了科学家对固体中的新奇量子效应和元激发的新奇量子属性有了更为透彻的认识。半导体物理作为凝聚态物理的一个重要的分支学科，不仅参与了发现上述重要物理现象的过程，而且，事实上所发现的新奇量子效应和元激发的载体大多数本身就是半导体。然而，与凝聚态物理其他分支学科相比，半导体物理研究除了要有对新物理现象的探索外，还要有如何将所发现的新现象、新原理转化成新功能材料和器件的追求。事实上，关于这方面的探索研究是提升原始创新能力的关键。

　　我国半导体科学技术事业始于 20 世纪 50 年代。从 1956 年 4 月起，科学规划委员会陆续集中 600 多位科学家和工程技术专家，制定了《1956—1967 年科学技术发展远景规划纲要》，提出了《发展计算技术、半导体技术、无线电电子学、自动学和远距离操纵技术的紧急措施方案》。同时，高等教育部决定将北京大学、复旦大学、南京大学、厦门大学和东北人民大学（后来的吉林大学）有关专业的教师和学生集中到北京大学物理系，成立了中国第一个五校联合专门化班，由北京大学黄昆教授、复旦大学谢希德教授分别任主任和副主任，教授半导体物理课，开启了我国半导体物理的教学工作。同期间，他们合作撰写了我国第一部半导体物理学专著——《半导体物理学》，于 1958 年 8 月第一次正式出版，其后再版 6 次，到 2012 年 6 月被纳入"半导体科学与技术丛书"之一第七次再版。后来，为了适应半导体物理学自身的发展和教学授课的需要，北京大学叶良修教授于 1983 年 11 月出版了《半导体物理学》，该书多次再版，增添和细化了学科的教学内容。

20 世纪七八十年代，随着互补金属氧化物半导体（CMOS）微电子集成芯片和半导体激光器的问世，我国半导体事业也进入了快速发展期，开拓了不少新的领域，如光电子等。作为半导体科学技术创新源泉的半导体物理，本应得到更多的重视，但遗憾的是现实并非如此。我国固体物理学、半导体物理学的创始人黄昆先生 1977 年到中国科学院半导体研究所任所长以后不久就发现当时存在的这种不正常现象。他在 1990 年的回忆中就谈道："在我国的一个很长时期内，形成了越有重要应用的学科，越是撇开基础研究不搞的不正常局面……"长期以来，这种现象造成了我国半导体科学技术缺乏原创动力。黄昆先生所指出的情况至今虽有所改善，但是依然存在。彻底扭转这种局面需要真正重视半导体物理的基础研究，同时要求从事半导体物理的研究队伍和从事半导体材料与器件的研究队伍在相互交叉的过程中形成合力，才有希望大幅度提升我国半导体科学技术的原始创新能力。

2014 年 2 月 8 日，中国科学院数学物理学部常委会十五届六次会议将"半导体物理"作为中国学科发展战略咨询项目上报中国科学院学部学术与出版工作委员会。2014 年 5 月 20 日，经国家自然科学基金委员会-中国科学院学科发展战略研究工作联合领导小组审议通过立项，同年 9 月 1 日咨询项目正式启动。

为期两年的学科发展战略研讨项目无疑是一项十分艰巨而又有重要意义的工作。为了确保半导体物理学科发展战略研讨的顺利进行，成立了由甘子钊、沈学础、陶瑞宝、于渌、朱邦芬、李树深、夏建白、高鸿钧等院士和郑厚植、常凯组成的顾问专家组，于2014年10月23日和24日在北京西郊宾馆召开了项目组全体人员正式会议。会上由郑厚植院士介绍半导体物理进展战略规划立项背景及过程，并确定了如下原则：第一，半导体物理是没有国界的，要遵循学科在国际范围内的发展原貌，真实反映学科进展；第二，此次战略研究与今后的立项没有直接关联；第三，我们要从全局出发，积极研讨，以高度的责任感来建议优先支持方向。

近30年来，无论是半导体物理学科发展的广度还是深度均超越了我们研究人员现有的认知。如果立足我们现有认知和研究工作去思考发展战略，很担心会出现"一叶障目""王婆卖瓜"的错误导向。因此，我们一致认为发展战略研讨的要点首先是全面、充分地把握近30年来半导体物理学出现的新概念、新前沿、新突破以及它们可能引发的新机遇。

为此，我们提出了如下撰稿思路。第一，以传统半导体物理学科规划为框架；第二，以重要热点文章作为重要进展的源泉；第三，以国际半导体物理大会（ICPS）作为重要进展的风向标。这次战略研究是要介绍半导体物理在30年内的重要进展，要把握住所有涌现出的重要新概念、新理论，不回避半导体物理与其他凝聚态物理分支的交叉，但要在阐述重要学科交叉处展现半导体物理经久不息的生命力。同时，虽然我们不涉及半导体材料、器件学科的传统内容，但在介绍半导体新物理概念时会涉及新材料和新原理器件。

尽管如此，我们仍认为学科发展的战略决策不应由少数人来做选择和决策，我们所希望的是我国从事半导体物理的广大研究人员能从我们的战略研究报告中得到启示，寻找到他们的创新思路。

最后，经顾问专家组的认同，本书按如下十二章介绍近30年内半导体物理学的重大进展和展望。

第一章半导体能带理论由常凯撰写，第二章半导体声子物理由张俊、谭平恒撰写，第三章半导体中的杂质态、掺杂机制和单杂质态的量子调控由骆军委、邓惠雄、魏苏淮撰写，第四章一维、零维半导体结构中的量子现象由孙宝权、姬扬撰写，第五章光和物质的强相互作用由陈张海撰写，第六章半导体中的自旋量子现象由郑厚植、赵建华、张新惠、王开友撰写，第七章半导体/非半导体界面物理由郑厚植撰写，第八章半导体中的输运及其动力学过程由郑厚植撰写，第九章量子霍尔效应由李永庆撰写，第十章二维原子晶体及范德瓦耳斯异质结构由陈国瑞、张远波撰写，第十一章新概念半导体器件由郑厚植撰写，第十二章新测量技术由郑厚植、刘奇撰写。

国内 17 位有关方面的著名专家参与了具体的研讨和撰写工作，包括复旦大学的陈张海、张远波、陈国瑞，北京计算科学研究中心的魏苏淮，中国科学院物理研究所的李永庆，中国科学院半导体研究所的常凯、张俊、谭平恒、骆军委、邓惠雄、孙宝权、姬扬、王开友、赵建华、张新惠、刘奇、郑厚植。凭着对半导体物理学科发展的关切和责任感，他们在承担繁重的科研任务的同时，为完成本咨询项目做出了重要的贡献。对此，我们深表谢意。

2016 年 6 月 4 日我们组织了"半导体物理学最新发展前沿"的专题研讨会，由常凯、杜瑞瑞、陈张海、贾金锋、李永庆、徐洪起教授分别做了专题报告《半导体微结构中人工规范场和新奇量子相》《基于 InAs/GaSb 量子阱的量子物态与拓扑量子计算平台》《半导体光学微腔中的激子极化激元》《拓扑绝缘体/超导体异质结中 Majorana 费米子的观测》《半导体低维结构的量子输运性质》《固态半导体量子器件的构造及其量子信息技术中的应用》，并开展了研讨。这次专题研讨会开阔了战略研讨的视野。

鉴于半导体物理学日新月异的迅速发展，再加上受限于我们的时间、能力与知识，本书难免有许多不尽如人意的地方，敬请广大读者批评指正。

本书的出版得到中国科学院学部和国家自然科学基金委员会的联合支持，对此我们表示衷心的感谢！

郑厚植　常　凯

2017 年 9 月 11 日

目　录

总序 ……………………………………………………………………… i

前言 ……………………………………………………………………… v

第一章　半导体能带理论 ……………………………………………… 1

第一节　能带计算方法的沿革和现况 ………………………………… 1
第二节　MBGFT方法与GW近似 …………………………………… 3
第三节　半导体低维体系中的拓扑量子态 ………………………… 15
第四节　Z2拓扑序和量子自旋霍尔效应 …………………………… 18
第五节　半导体异质界面能带调控引发的新奇量子相变 …………29
第六节　展望 ………………………………………………………… 36

第二章　半导体声子物理 …………………………………………… 45

第一节　处理晶格振动动力学的密度矩阵理论 …………………… 45
　一、电子结构理论中的晶格动力学 ……………………………… 46
　二、密度泛函理论 ………………………………………………… 48
第二节　相干声子学 ………………………………………………… 49
　一、产生相干声子的物理机制 …………………………………… 49
　二、光声子学 ……………………………………………………… 51
　三、表面声学波 …………………………………………………… 55
第三节　新型声子态 ………………………………………………… 57
第四节　新型声子器件 ……………………………………………… 60
　一、声波受激放大 ………………………………………………… 60
　二、声学激光器 …………………………………………………… 66

三、新型声子器件 ·· 73

第五节　展望 ·· 80

第三章　半导体中的杂质态、掺杂机制和单杂质态的量子调控·····87

第一节　半导体中的杂质、缺陷物理 ·························· 87

一、当前进展介绍 ·· 87

二、缺陷理论计算 ·· 89

三、掺杂极限定律 ·· 91

第二节　半导体中的掺杂调控 ································ 93

一、提高掺杂固溶度 ·· 93

二、降低缺陷离化能 ·· 98

三、杂质能带辅助掺杂 ······································ 99

第三节　半导体中单个杂质 ································ 101

第四节　单一杂质的量子比特 ······························ 105

一、嵌于硅晶体中的磷原子量子比特方案 ·········· 105

二、基于金刚石NV中心的量子比特方案 ············ 107

第五节　展望 ·· 113

第四章　一维、零维半导体结构中的量子现象 ·············124

第一节　自组织量子点物理 ································ 124

一、自组织量子点生长机制和方法 ·················· 124

二、量子点光谱壳层结构 ·································· 127

三、量子点中量子光学特性 ······························ 131

四、量子点中量子态的操作 ······························ 138

五、量子点-表面等离激元耦合 ························ 144

六、量子点的单光子和纠缠光子发射 ················ 150

第二节　栅控量子点和量子线中的量子输运 ·········· 182

一、量子点接触 ·· 182

二、量子点 ·· 185

三、电子干涉仪 ·· 190

四、量子线 ·· 193

第三节　展望 ·· 196

第五章　光和物质的强相互作用 ················· **204**

第一节　概况 ······································ 204

第二节　激子极化激元 ······························ 206

　　一、激子极化激元的概念 ························ 207

　　二、激子极化激元的色散 ························ 208

　　三、常见的激子极化激元体系 ···················· 210

第三节　材料结构体系及实验方法 ···················· 213

　　一、平板微腔 ································ 213

　　二、微纳材料自构型微腔 ························ 214

　　三、其他微腔结构 ···························· 216

　　四、光学探测方法 ···························· 216

第四节　激子极化激元凝聚体的量子调控新进展 ·········· 220

　　一、激子极化激元的凝聚、超流、孤波传导、量子涡旋等

　　　　集体行为 ································ 220

　　二、利用微纳结构、光学手段调控激子极化激元凝聚体 ········ 223

　　三、激子极化激元超晶格体系中的多重相变 ············ 226

　　四、激子极化激元的非线性散射和偏振态间的相互耦合 ······ 229

第五节　新材料及新物理机制发展 ···················· 231

　　一、新材料体系 ······························ 231

　　二、第二个阈值的理解 ·························· 233

　　三、电子-空穴-光子关联系统 ···················· 234

　　四、实验进展 ································ 235

第六节　展望 ······································ 239

第六章　半导体中的自旋量子现象 ················· **247**

第一节　半导体中单自旋的操控 ···················· 247

　　一、自旋态的光学调控 ·························· 248

　　二、电场操控量子点中自旋态 ···················· 256

　　三、磁共振操控量子点的自旋 ···················· 261

　　四、展望 ···································· 266

第二节　半导体自旋电子器件中的自旋注入、检测和滤波 ······ 269

　　一、由铁磁体向半导体的自旋注入 ················ 270

二、自旋的电学检测 ·· 275

三、广义自旋滤波效应 ·· 278

四、展望 ·· 284

第三节 半导体中光激发诱导的自旋极化现象 ······················· 289

一、光致磁化现象 ·· 289

二、自旋注入、操控的光学探测 ······································ 299

三、圆偏振光电流效应 ·· 305

四、展望 ·· 314

第四节 FM/2DEG/FM 横向自旋阀器件、自旋Hall晶体管

和自旋FET ·· 319

一、自旋注入的电学方法 ·· 320

二、自旋动力学过程探测 ·· 324

三、自旋逻辑 ·· 341

四、展望 ·· 342

第五节 稀磁半导体 ·· 352

一、Ⅲ-Ⅴ族半导体中过渡金属Mn的电子态 ························· 352

二、稀磁半导体中由巡游空穴媒介的铁磁性平均场理论 ··············· 360

三、稀磁半导体的第一性原理计算 ···································· 366

四、磁性半导体中的杂质带 ·· 370

五、稀磁半导体的重要物理特性 ······································ 374

六、实现室温稀磁半导体的努力 ······································ 396

七、展望 ·· 420

第六节 硅自旋电子学 ·· 433

一、为什么研究Si中的自旋电子学 ··································· 433

二、自旋注入及探测基础 ·· 436

三、铁磁性注入电极与半导体界面接触工程 ··························· 441

四、Si自旋电子学的实验进展 ·· 450

五、展望 ·· 474

第七节 宽禁带半导体中的自旋量子现象 ································· 483

一、宽禁带稀磁半导体GaMnN和ZnMnO的磁性机制 ··············· 485

二、宽禁带磁性半导体$Zn_{1-x}Mn_xO$和$Ga_{1-x}Mn_xN$中超快

自旋动力学 ·· 488

三、展望 ·· 499

第七章　半导体/非半导体界面物理 503

第一节　铁磁金属/半导体界面的新奇量子效应 504
一、铁磁/半导体异质结中的动态铁磁近邻极化现象 505
二、铁磁/半导体异质结中的稳态铁磁近邻极化现象 509
三、铁磁/半导体异质结中铁磁近邻极化现象的理论 511
四、铁磁/半导体界面处的自旋量子效应 519

第二节　绝缘体/半导体界面 522
第三节　超导体/半导体界面 525
第四节　展望 529

第八章　半导体中的输运及其动力学过程 535

第一节　自旋输运及其动力学过程 535
一、经典的自旋极化漂移-扩散方程 537
二、半导体自旋输运中的量子效应和处理方法 538
三、半导体中的自旋动力学过程 542

第二节　半导体中的热输运和热电效应 543
一、半导体中热电耦合输运 543
二、半导体中热电效应 545
三、半导体中量子热电效应 547

第三节　基于棘轮效应的输运 549
第四节　展望 555

第九章　量子霍尔效应 565

第一节　引言 565
第二节　整数量子霍尔效应 566
第三节　分数量子霍尔效应 571
一、分数量子霍尔效应的发现 571
二、Laughlin波函数、分数电荷与分数统计 571
三、分数量子霍尔态的理论描述 573
四、偶数分母态的实验发现与初步研究 575
五、非阿贝尔统计与拓扑量子计算 576
六、$\nu=5/2$态的进一步研究(寻找非阿贝尔任意子) 577

七、其他偶数分母分数量子霍尔态 ·················· 580

八、GaAs/AlGaAs系统中量子霍尔研究的其他进展 ·········· 581

第四节 石墨烯中的量子霍尔效应 ·················· 584

第五节 量子自旋霍尔效应 ·················· 588

第六节 三维拓扑绝缘体和量子反常霍尔效应 ·········· 590

一、三维拓扑绝缘体的发现及初步研究 ·········· 590

二、量子反常霍尔效应 ·················· 592

三、三维拓扑绝缘体的量子霍尔效应 ·········· 593

第七节 其他二维体系中的量子霍尔效应 ·········· 594

第八节 展望 ·················· 597

第十章 二维原子晶体及范德瓦耳斯异质结构 ·········· **624**

第一节 概括 —— Less is different! ·················· 624

第二节 石墨烯及其他二维原子晶体 ·········· 626

一、石墨烯的发现 ·················· 626

二、石墨烯的能带结构 ·················· 628

三、石墨烯的性质 ·················· 629

四、其他二维原子晶体 ·················· 629

五、范德瓦耳斯异质结 ·················· 631

第三节 范德瓦耳斯异质结的制备 ·········· 633

一、机械转移法 ·················· 633

二、范德瓦耳斯力拾取法 ·················· 637

三、化学气相沉积生长法 ·················· 639

第四节 范德瓦耳斯异质结构的进展 ·········· 640

一、高质量二维原子晶体 ·················· 640

二、石墨烯/hBN/石墨烯中的共振隧穿 ·········· 643

三、不同二维过渡金属硫化物范德瓦耳斯异质结构 ···· 643

四、石墨烯摩尔超晶格 ·················· 644

五、范德瓦耳斯超导体异质结构 ·········· 645

第五节 展望 ·················· 646

第十一章 新概念半导体器件 ·················· **653**

第一节 新型半导体激光光源 ·················· 653

一、硅拉曼激光器 ······ 653

二、量子级联激光器 ······ 655

第二节 新概念器件 ······ 657

一、利用棘轮效应的微波探测器件 ······ 657

二、量子超材料 ······ 658

三、石墨烯电吸收调制器 ······ 660

四、超导加量子点的混合器件 ······ 661

五、量子点纠缠光子对发射源 ······ 662

第三节 光量子计算中的关键器件 ······ 663

一、基于M-Z量子干涉仪的非线性光量子CNOT方案 ······ 663

二、线性光量子CNOT方案 ······ 665

三、光量子计算中的量子器件 ······ 666

第四节 展望 ······ 676

第十二章 新测量技术 ······ **682**

第一节 近场扫描光学显微镜 ······ 682

一、NSOM系统的构成和关键技术 ······ 683

二、开尔文探针扫描显微镜 ······ 685

三、NSOM技术的最近进展 ······ 689

第二节 时间分辨的光学扫描显微技术 ······ 691

第三节 扫描隧穿显微镜和与激光结合的扫描隧穿显微镜

测量技术 ······ 694

一、扫描隧穿显微镜 ······ 694

二、与激光结合的STM测量技术 ······ 696

第四节 量子断层测量技术 ······ 699

第五节 展望 ······ 704

关键词索引 ······ **710**

彩图

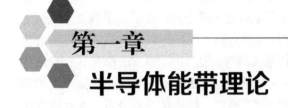

第一章
半导体能带理论

第一节 能带计算方法的沿革和现况

　　量子力学是 20 世纪物理学最重要的进展之一，它被广泛地应用到原子、分子、固态体系中，并取得了巨大的成功。尤其是自 20 世纪上半叶基于量子力学的半导体能带理论建立以来，它引领了半导体物理、材料和器件的发展，推动了微电子、光电子工业的进步，从而深刻地改变了人类的生活方式和历史进程。

　　典型的固态体系，如半导体材料，是由大量（10^{24}）原子、分子组成的。对这样具有大量自由度的体系，采用量子力学的方法来精确求解电子和原子核的运动原则上是可行的，实际上是做不到的。物理学家们聪明地采用玻恩-奥本海默（Born-Oppenheimer）近似方法，把原子核的运动和电子分开来求解。即便如此，电子的能谱仍然无法计算。在朗道费米液体理论的框架下，电子的行为可以用无相互作用的准粒子图像来描述。因此，需要发展用以量子力学为基础的能带计算方法来了解和描述材料的原子结构及其复杂的物性，将电子与电子及电子与原子的多体相互作用在量子力学理论框架内进行综合处理。半导体能带理论和计算不仅能为材料的性能提供详细准确的信息，同时能够预测和挖掘新型功能材料。正是这种计算手段推动了近年来纳米功能材料、拓扑绝缘体和二维材料实验研究的进展。

　　从 20 世纪 80 年代开始，随着半导体制备技术的进步和提高，人们对半导体纳米结构的研究兴趣日益浓厚。当半导体材料缩小到纳米尺度时，量子效应开始显现，出现了许多有趣的新现象。半导体纳米结构中类原子的能级结构和光谱、声子瓶颈、能带计算和分子动力学模拟在半导体材料结构特性、光学和电学性质的研究中都发挥着十分重要的作用。纳米体系中含有较多的粒子（100~100 000），这对半导体能带理论和计算提出了挑战。以量子力学为基础的材料模拟的计算方法可分为第一性原理计算方法和半经验方法（其中包括 KP 理论、经验赝势和紧束缚等方法）。每种方法都有其自身的优势和弱点，如前者具有可靠性和预测性，但所研究的体系大小受到很大的限制，而半经验方法在研究电子低能激发模式、解析推导和分析、大尺度复杂纳米体系及动力学模拟计算上具有很大优势，但其可靠性及预测性则取决于近似程度及参数的优化。

半导体能带计算是半导体物理的理论和实验的基础。第一性原理计算方法是最强有力的工具之一。但是，由于在该方法中低估了交换关联作用，对能隙计算误差较大。自 20 世纪 80 年代以来，人们孜孜以求地改进该方法，以获得较为准确的能隙及相关的光学性质，其中较为成功的方法是 GW 方法和 HSE 方法。

Hohenberg-Kohn（HK）定理证明，多体系统中每个电子上的定域外势 $V(r)$ 仅仅对应于一个基态密度 $\rho(r)$，多粒子体系基态能量可写成基态电子密度的泛函，并不需要全电子波函数的完备知识，从而将求解多体薛定谔方程的问题严格转换为使 HK 能量泛函关于电荷密度为最小值的变分问题[1]。为便于实际计算，Kohn-Sham 引入无相互作用体系的有效势 $V_{\text{eff}}^{\text{KS}}(r)$ 模拟真实体系的基态电荷密度，导出著名的 Kohn-Sham 自洽方程组[2]：

$$\begin{cases} \left[-\dfrac{\hbar^2}{2m}\nabla^2 + V_{\text{eff}}^{\text{KS}}(r) \right]\phi_i(r) = \varepsilon_i^{\text{KS}}\phi_i(r) \\ \rho(r) = \sum_i |\phi_i(r)|^2 \end{cases} \tag{1-1}$$

其中

$$\begin{cases} V_{\text{eff}}^{\text{KS}}(r) = V_{\text{Hatree}}(r) + V_{\text{Coulomb}}(r) + V_{\text{xc}}(r) \\ V_{\text{xc}}(r) = \delta E_{\text{xc}}[\rho(r)]/\delta\rho(r) \end{cases}$$

由于对上述方程组中交换关联能 E_{xc} 的形式并不清楚，Kohn-Sham 提出以局域密度近似（LDA）计算 E_{xc}，即以均匀密度电子气局域描述非均匀密度电子气。由于非均匀密度电子气特征屏蔽长度与均匀电子气系统差别极小，且二者交换关联空穴满足的求和规则一致，密度泛函理论-局域密度近似（DFT-LDA）对于非均匀多体系统的基态性质的描述获得了超乎预期的成功。现在，人们已经可以对晶格结构、晶格常数、杨氏模量、价带结构以及晶格振动模式等基态性质进行精确的计算和预言。

但是，对于多粒子体系中的绝大多数可观测量，如光吸收谱、光反射谱、激子等激发态，DFT-LDA 近似原则上不能够正确地描述。其主要的表现在于，对于半导体的带隙，LDA 会严重低估[3]，而对于金属占据态的带宽，LDA 则会高估。究其原因，DFT-LDA 只是描述粒子数 N 不变的基态理论，而且其 Kohn-Sham 能量本征值 ε_i^{KS} 没有严格的物理体系能量本征值的意义。使用 DFT-LDA 预言带隙时，$E_g^{KS}=\varepsilon_C^{KS}(N)-\varepsilon_V^{KS}(N)$，体系粒子数 N 不变，而实际物理中激发态是系统基态对外界微扰的响应，这种响应伴随有准粒子的产生和湮灭。最简单的形式是在占据态湮灭一个电子而会在未占据态产生一个电子。因此，对于占据态应考虑总能量差 $E(N) - E(N-1)$，而对于未占据态应考虑总能量差 $E(N+1) - E(N)$。所以，真实的带隙应该为 $E_g = \varepsilon_C(N+1) - \varepsilon_V(N)$，其与 Kohn-Sham 带隙的关系可以表达为

$$E_g = E_g^{KS} + \Delta_{xc}$$

其中

$$\Delta_{xc} = \frac{\delta E_{xc}[\rho(r)]}{\delta \rho(r)}\bigg|_{N+1} - \frac{\delta E_{xc}[\rho(r)]}{\delta \rho(r)}\bigg|_N = V_{xc}(N+1) - V_{xc}(N)$$

即 $N+1$ 与 N 电子体系交换关联势的不连续差值。因此，DFT-LDA 总是系统地低估半导体的带隙[4]。而因为 DFT-LDA 以无相互作用的均匀电子气有效势 $V_{eff}^{KS}(r)$ 近似描述有相互作用非均匀多体系统，其对金属占据态带宽的描述更接近自由电子气的行为，从而总是系统地高估占据态带宽。关于这一现象，Northrup 和 Louie 曾在碱金属中有详细的阐述[5]。

尽管如此，激发态问题毕竟是体系基态性质对于外界微扰的响应，处理激发态的理论也将与传统的静态密度泛函理论有天然的密切关联。以下我们将以密度泛函理论为基础，以格林函数为手段，研究激发态第一性原理计算方法的发展、沿革及所取得的成就。

第二节　MBGFT 方法与 GW 近似

依据场论的思想，密度泛函理论可视为一种平均场近似，而对于实际的有相互作用的多体系统，更为准确的语言是准粒子图像。由于正电荷背景的存在，电子与电子间的长程库仑相互作用受到屏蔽，长程库仑相互作用的

多体系统变成了弱屏蔽库仑相互作用的准粒子系统。通过构建准粒子的类 Kohn-Sham 方程，人们便可以描述包含较为准确的交换关联重要的激发态性质。因为采用量子场论中格林函数方法来描述，所以，这一方法又称为多体格林函数方法（MBGFT）[4,6,7]。

该方法于 1965 年由 Hedin 为解决电子气问题而提出[8]。Hedin 提出了一组四个闭合的微积分方程，可与 Dyson 方程联立严格求解自能。这五个方程涉及的物理量包括：单粒子格林函数 G、自能 Σ、屏蔽库仑相互作用 W、不可约极化传播矢 P 和顶角函数 Γ。

单粒子格林函数 $G(xt, x't')$ 作为准粒子的传播矢，描述的是准粒子由一时空点 (xt) 到另一时空点 $(x't')$ 的产生、传播和湮灭的过程。其表达式为

$$G(xt, x't') = -\mathrm{i}\langle N|T[\psi(xt)\psi^+(x't')]|N\rangle = \begin{cases} -\mathrm{i}\langle N|\psi(xt)\psi^+(x't')|N\rangle, \ t > t' \\ \mathrm{i}\langle N|\psi^+(x't')\psi(xt)|N\rangle, \ t < t' \end{cases}$$

（1-2）

其中，$x = (r, \sigma)$，代表空间坐标和自旋；而 T 为 Wick 时序算符；$\psi(xt)$、$\psi^+(x't')$ 为海森伯绘景中场湮灭、产生算符；$|N\rangle$ 为 N 电子系统基态的正交归一波函数。

实际上，单粒子格林函数描述的就是 N 电子体系从 $N \rightarrow N \pm 1$ 激发的动力学过程，对上述格林函数做傅里叶变换，可以得到另一个表达式：

$$G(x, x'; E) = \int_{\infty}^{\infty} \mathrm{e}^{\mathrm{i}Ht} G(xt, x'0)\,\mathrm{d}t = \sum \frac{\psi_i(x)\psi_i^*(x')}{E - E_i} = \int_C \frac{A(x, x'; E')}{E - E'}\,\mathrm{d}E' \quad （1\text{-}3）$$

可见准粒子的本征值可由单粒子格林函数的极点确定。其中 $A(x, x'; E') = \sum_i \psi_i(x)\psi_i^*(x')\delta(E - E_i) = \pi^{-1}|\operatorname{Im} G(x, x'; E)|$ 为谱函数，它对应着单粒子格林函数的虚部，反映准粒子的寿命。

求解准粒子的本征能量，我们可以构造如下运动方程：

$$\left[-\frac{1}{2}\nabla^2 + V_{\text{Hatree}} + V_{\text{ext}}\right]\psi_i(x) + \int \Sigma(x, x'; E_i)\psi_i(x')\,\mathrm{d}x' = E_i\psi_i(x) \quad （1\text{-}4）$$

这一方程与 Kohn-Sham 单粒子运动方程非常类似，不同之处在于交换关联势 V_{xc} 由自能算符 $\Sigma(x, x'; E_i)$ 取代。求解这一方程需要做一系列的近似。准粒子本征值计算是在 Kohn-Sham 单粒子计算的基础上进行的，最关键的问题就是如何确定自能 Σ。

原则上，人们可以通过 Hedin 方程组与 Dyson 方程联立求解自能 Σ。考虑多体系统有一个外界的微扰 δV_{ext}，采用简化组合坐标，我们可以定义不可约极化矢量 $P = \dfrac{\delta n(1)}{\delta V(2)}$，即势场总变化引起的粒子密度变化；顶角函数

$\Gamma(12;3) = -\dfrac{\delta G^{-1}(12)}{\delta V(3)} = \delta(12)\delta(13) + \dfrac{\delta \Sigma(12)}{\delta V(3)}$，即势场总变化引起的倒易格林函数变化。Hedin 方程组可写为

$$\begin{cases} \Sigma(12) = \mathrm{i}\int G(14)W(1^+3)\Gamma(42;3)\,\mathrm{d}(34) \\ W(12) = v(12) + \int W(13)P(34)v(42)\,\mathrm{d}(34) \\ P(12) = -\mathrm{i}\int G(23)G(42)\Gamma(34;1)\,\mathrm{d}(34) \\ \Gamma(12;3) = \delta(12)\delta(13) + \int \dfrac{\delta \Sigma(12)}{\delta G(45)}G(46)G(75)\Gamma(67;3)\,\mathrm{d}(4567) \end{cases} \quad (1\text{-}5)$$

其中，$q=(x_q t_q)$；$q^+=(x_q t_q+\delta)$，$\delta=0^+$；$v(12) = \dfrac{\delta(x_1-x_2)}{|x_1-x_2|}$，为裸库仑势。

代入 Dyson 方程：

$$G(x,x';E) = G^0(x,x';E) + \iint G^0(x,x_1;E)\cdot\Sigma(x_1,x_2;E)G^0(x_2,x_i;E)\,\mathrm{d}x_1 x_2 \quad (1\text{-}6)$$

逐次迭代求解屏蔽库仑势 W，最后即可求出自能 Σ。注意 G^0 是无相互作用多体系统的单粒子格林函数，其形式与单粒子格林函数相同。

我们可以看到的是，从 Hedin 方程组出发的自洽求解方式过于复杂，人们常常采用一个简化的近似，取 $\dfrac{\delta \Sigma}{\delta G}=0$，这样就可以丢掉顶角函数中的第二项，即使 $\Gamma(12;3) = \delta(12)\delta(13)$。这样一来，我们就可以得到自能的近似表达式：$\Sigma(1,2) = \mathrm{i}G(1,2)W(1^+,2)$，简记为 $\Sigma = \mathrm{i}GW$，此即所谓 GW 近似[9]（图 1-1）。实际上依据费曼图理论，GW 是自能 Σ 对屏蔽库仑势 W 的一阶展开，而高阶项对准粒子能量的影响很小，可以忽略不计，因此 GW 近似适用于绝大多数体系。

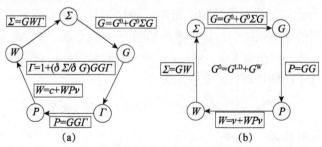

图 1-1 （a）Hedin 方程迭代法；（b）GW 近似迭代法。此图取自文献 [9]

计算自能 Σ 中极为重要的是计算屏蔽库仑势 W ，而要计算屏蔽库仑势就必须准确计算介电常数 ε ，其满足的公式为 $\varepsilon(1,2) = \delta(1,2) - \int P(3,2)\nu(1,3)\mathrm{d}3$ 。介电常数 ε 的计算是 MBGFT 及 GW 方法的核心任务，目前比较常用的方法是无规相近似（RPA）[10]。在无规相近似下介电函数的倒空间矩阵元有如下形式：

$$\varepsilon_{GG'}(q,\omega) = \delta_{GG'} + \frac{8\pi e^2}{V\,|q+G|\cdot|q+G'|} \times \sum_{m\in VB}\sum_{n\in CB}\left[\int \psi_m^*(r)\mathrm{e}^{-\mathrm{i}(q+G)r}\psi_m(r)\mathrm{d}^3 r\right]$$

$$\times\left[\int \psi_n^*(r)\mathrm{e}^{-\mathrm{i}(q+G')r}\psi_m(r)\mathrm{d}^3 r\right] \times\left[\frac{1}{E_n-E_m-\omega+\mathrm{i}0^+} + \frac{1}{E_n-E_m+\omega+\mathrm{i}0^+}\right]$$

（1-7）

这部分的计算量十分惊人。在过去的 30 年里，人们提出了广义等离激元-极点模型[11]、介电能带结构方法[12]以及静态介电函数模型[13]等试图简化计算，但至今仍然很难在计算量与计算精度之间取得较好的平衡。以下是 GW 计算的基本步骤：

（1）从密度泛函理论计算所得基态波函数出发，构建单粒子格林函数 G；

（2）采取无规相近似，选取合适的介电常数模型近似，计算介电常数进而确定屏蔽库仑势 W；

（3）结合 G 与 W，利用 GW 近似计算自能 Σ；

（4）将以上所获得物理量代入 Dyson 方程，求解准粒子能量本征值；

（5）将能量本征值迭代回步骤（1），修正格林函数 G，如此往复，直至能量本征值收敛为止。

从上面的步骤我们可以看出，每一步更新格林函数和屏蔽库仑势都是一个非常麻烦的工作。但事实上，如此费劲的自洽计算并不一定能有利于提高计算精度。目前可靠的准粒子修正方法是所谓的 G_0W_0[14]，即放弃上述步骤中的第五步，不进行自洽修正，并且不更新 G 与 W，是 GW 方法的零级近似。这种方法的有效性是有所保证的。密度泛函理论是一种平均场理论，而实际的有相互作用的多体系统会给这个平均场加上一个扰动。在 GW 近似计算中，我们可以把 $\Sigma\text{-}V_{\mathrm{xc}}$ 视作对 Kohn-Sham 方程哈密顿量的一阶微扰。根据一阶微扰理论，准粒子的能量可以近似表示为

$$E_i^{\mathrm{QP}} \approx E_i^{\mathrm{DFT}} + Z_i\left\langle\psi_i^{\mathrm{DFT}}\left|\Sigma(E_i^{\mathrm{DFT}})-V_{\mathrm{xc}}\right|\psi_i^{\mathrm{DFT}}\right\rangle$$

（1-8）

其中可定义重整化因子 Z_i 为

$$Z_i = \left[1 - \left. \frac{\partial \Sigma_i(E)}{\partial E} \right|_{E=E_i^{\mathrm{DFT}}} \right]^{-1}, \quad \Sigma_i(E) = \left\langle \psi_i^{\mathrm{DFT}} \left| \Sigma(E) \right| \psi_i^{\mathrm{DFT}} \right\rangle \qquad （1\text{-}9）$$

基于单粒子格林函数的 GW 近似方法可以有效地计算多体系统的基态和激发态，而多体系统中的激子行为则需要利用描述电子-空穴相互作用的 Bethe-Salpeter 方程来处理。第一性原理计算中，我们用双粒子格林函数来描述激子的动力学过程，而它满足的运动方程就是 Bethe-Salpeter 方程（BSE）[15]。该方程的核心物理量是电子-空穴间的相互作用核 K，K 的吸引项耦合空穴与电子形成激子。通过求解 BSE 方程，我们就能获得激子的能量、波函数、激发态寿命以及光学响应等性质。

首先定义双粒子的格林函数

$$G_2(1,2;1',2') = (-\mathrm{i})^2 \left\langle N \left| T[\psi(1)\psi(2) \times \psi^+(2)\psi^+(1)] \right| N \right\rangle \qquad （1\text{-}10）$$

其中，我们仅考虑了电子-空穴对的运动情况，即 $t_1, t_{1'} > t_2, t_{2'}$ 与 $t_1, t_{1'} < t_2, t_{2'}$ 两种情况。

其次，我们需要定义双粒子关联函数

$$L(1,2;1',2') = -G_2(1,2;1',2') + G(1,1')G(2,2') \qquad （1\text{-}11）$$

双粒子关联函数表示的是关联在一起的电子-空穴对与相互独立的电子和空穴的差异。其运动满足 BSE 方程：

$$L(1,2;1',2') = G(1,2')G(2,1') + \int \mathrm{d}(3344)G(1,3)G(3',1') \times \Xi(3,4';3',4)L(4,2;4',2')$$

$$（1\text{-}12）$$

Ξ 是电子-空穴相互作用核，也被称为 Bethe-Salpeter 核。我们也可以相应地用双粒子关联函数来定义系列物理量：极化率 $P(1,2) = -\mathrm{i}L(1,2;1^+,2^+)$；介电函数 $\varepsilon(\omega) = 1 - \nu_C P(\omega)$ 以及相互作用核 $\Xi = \dfrac{\delta\Sigma}{\delta G} = -\mathrm{i}\nu_C + \mathrm{i}W$。典型的 BSE 方程求解手续如图 1-2 所示。

值得注意的是，通常在求解 BSE 方程中有两个重要近似，一是获得倒易介电常数时采用的无规相近似；二是把 BSE 哈密顿量中共振跃迁与反共振跃迁的耦合项做微扰处理的 Tamm-Dancoff 近似[16]。此外，屏蔽库仑势 W 也常常被静态处理[17]。

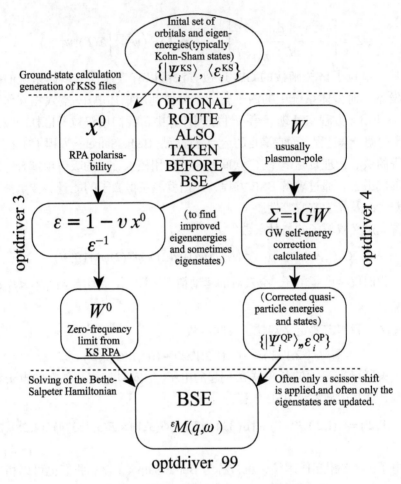

图 1-2　典型的 BSE 方程求解手续，本图取自 Abinit 网站

　　如图 1-3 所示，以格林函数为基础的 GW 方法与 Bethe-Salpeter 方法原则上精确描述了有相互作用多体体系的基态与激发态，修正了密度泛函理论带来的带隙低估等尴尬，在准粒子能量、寿命、光学响应上获得了与实验相当符合的理论预言，其研究对象也被扩展到半金属[18]、点缺陷[19] 以及关联电子材料等半导体体系[20]。尽管其计算量巨大，但仍展现出了广阔的前景和强大的生命力。

　　近年来人们采用基于含时密度泛函（time-dependent density function theory，TDDFT)[21] 和 Ehrenfest 定理来描述电子波函数实时演化及和原子振动相耦合的计算方法[22]。该方法可用来研究较大尺度上半导体和纳米材料电子激发态的光吸收和电子动力学过程。

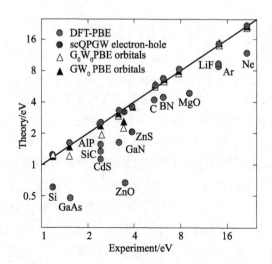

图 1-3　常见半导体材料中各 GW 算法与实验、DFT-PBE 之比较。取自文献 [19]

根据量子力学原理，原子核-电子体系的演化满足含时薛定谔方程：

$$i\hbar \frac{\partial \Psi\left(\{r_j\},\{R_J\},t\right)}{\partial t} = H_{\text{tot}}\left(\{r_j\},\{R_J\},t\right)\Psi\left(\{r_j\},\{R_J\},t\right) \tag{1-13}$$

其中，$\hbar$ 是普朗克常量；Ψ 是体系的波函数；r_j 是第 j 个电子的坐标；R_J 是第 J 个原子核的坐标。整个体系的哈密顿量包含电子动能、原子核的动能、电子间的库仑斥力、原子核间的库仑斥力、电子-原子核间的库仑吸引和外势场 U_{ext} 的贡献，写为

$$H_{\text{tot}} = -\sum_j \frac{\hbar^2}{2m}\nabla_j^2 - \sum_J \frac{\hbar^2}{2m}\nabla_J^2 + \frac{1}{2}\sum_{i\neq j}\frac{e^2}{|r_i - r_j|} + \frac{1}{2}\sum_{I\neq J}\frac{Z_I Z_J}{|R_I - R_J|}$$
$$-\sum_{j,J}\frac{eZ_J}{|r_j - R_J|} + U_{\text{ext}}\left(\{r_j\},\{R_J\},t\right) \tag{1-14}$$

在实际计算中，电子的运动可以用含时密度泛函理论描述，而原子核则采用经典的描述，并取原子核密度分布为 $\rho_J(R,t) = \delta(R - R_J(t))$，得到电子和原子核的运动方程分别是

$$i\hbar \frac{\partial \phi_j(r,t)}{\partial t} = \left[-\frac{\hbar^2}{2m}\nabla_r^2 + v_{\text{ext}}(r,t) + \int \frac{\rho(r',t)}{|r-r'|}\mathrm{d}r' - \sum_i \frac{Z_J}{|r - R_J|} + v_{\text{xc}}[\rho](r,t)\right]\phi_j(r,t) \tag{1-15}$$

$$M_J \frac{\mathrm{d}^2 R_J(t)}{\mathrm{d}t^2} = -\nabla_{R_J}\left[V_{\text{ext}}^J(R_J,t) - \int \frac{Z_J \rho(r,t)}{|R_J - r|} \mathrm{d}r + \sum_{I \neq J} \frac{Z_I Z_J}{|R_J - R_I|} \right]$$

其中，ϕ_j 是单粒子近似下的电子 Kohn-Sham 轨道；ρ 是电子的总密度；v_{xc} 是电子的交换关联泛函；M_J 和 Z_J 分别是第 J 个原子核的质量和电荷。

在密度泛函理论优化得到的原子结构基础之上，先进行基于玻恩-奥本海默近似的分子动力学模拟；在某一时刻，改变电子占据态使一部分电子占据在空态并在原能级产生相应的空穴来模拟激发态电子的占据情况，然后使用含时密度泛函理论演化整个体系所有能级上的电子波函数，同时计算新的波函数所对应的原子受力并获得原子下一时刻的位置和速度。重复这一流程，就得到半导体和纳米体系激发态上的电子-离子实时演化的动力学过程。该方法的优点在于使用：①有限空间大小的局域原子轨道做波函数基失；②实时进行波函数演化。这些可导致运算时间随着体系中原子数目呈线性增长，而不是现在的成指数或者三次方增长，因而适合于研究纳米材料和有机体系光吸收、能量转化等激发态现象 [23]。这种方法已被应用于染料太阳能电池中电子注入动力学、电子复合动态、表面光催化、二硫化钼等二维体系的界面电子动力学模拟等方面。

在能带计算中，最基本的近似是玻恩-奥本海默近似 [24]。它将固体中电子和晶格的运动退耦，从而分别求解这两个子系统的能谱。目前存在两种计算方案，即同时处理电子和离子的动力学（如 Car-Parrinello 方法）或分别处理电子和离子动力学（如玻恩-奥本海默近似）。在这两种方法中，电子的动力学部分均在量子力学框架内处理。对于玻恩-奥本海默近似，在大多数固态材料中（如离子键和共价键体系）是非常好的近似。在氢键系统中，由于原子核质量较小，电子和原子核之间的耦合变得十分重要。在这种情况下，玻恩-奥本海默近似的结果值得检讨。

有趣的是，玻恩-奥本海默近似也可以用来分析单粒子的动力学行为。人们发现快运动可以对慢运动诱导出规范场，这点最早由 Wilczek 发现。通常这类规范场并没有导致特别的效应，但对于某些特别的体系，如存在自旋轨道耦合的体系，则可以诱导出自旋依赖的、洛伦兹力型的规范场，导致自旋和量子自旋霍尔效应。

依据 Hellmann-Feynman 原理，电子系统给每个原子核一个特定的力。这个力加上原子核之间经典的库仑作用，给出的是每个原子核在这样一个特定构型下受到的总体的力。连续地变换原子核的构型，进而连续地变换这一系列分立的静态总能，以及原子核本身的受力情况。当原子核的构型走遍整个原子核系统的高维构型空间的时候，这些静态能就会给出一系列分立的高维曲面，即玻恩-奥本海默势能面。通常人们认为在这些势能面上，电子的行为是量子的，而原子核本身的行为是静态的、经典的。

在此基础上，为了能够进一步引入原子核行为的量子描述，最直接的方式就是从这些玻恩-奥本海默面出发，建立原子核运动的薛定谔方程并求解，进而得到相关的统计（甚至动力学）性质。但对于大多实际系统，由于计算量的原因，以上方法失效。为解决困难，人们发展了路径积分分子动力学方法。路径积分分子动力学方法的出发点是量子力学的路径积分表述[25-27]。在这个表述中，描述量子世界中两个事件之间关联的最基本的物理量就是传播子，它的形式可以写为

$$G(x_b, t_b; x_a, t_a) = \lim_{P \to \infty} \frac{1}{A} \int\int...\int e^{(i/\hbar)S[b,a]} \frac{\mathrm{d}x_1}{A} \frac{\mathrm{d}x_2}{A}...\frac{\mathrm{d}x_{P-1}}{A} \qquad (1\text{-}16)$$

也就是说，传播子等于它所描述的两个时间 a 与 b 之间的所有路径的贡献的和。每个路径的贡献有一个权重，是由它所对应的 Action，也就是上式中的 $S[b,a]$ 决定的，S 等于拉格朗日量在这两个事件间的积分。A 是一个归一因子，为

$$A = [2\pi i\hbar(t_b - t_a)/(Pm)]^{1/2} \qquad (1\text{-}17)$$

P 是这两个事件之间的时间差分成的段数。

在以上基础上，可以构造一个量子系统的密度矩阵，它决定这个量子系统的所有统计性质：

$$\rho(x_b, x_a; 1/k_BT) = \sum_j \varphi_j^*(x_b)\varphi_j(x_a)e^{-E_j/k_BT} \qquad (1\text{-}18)$$

然后依照传播子在波函数表述与路径积分表述中的等价性，将密度矩阵在路径积分下的表述形式写成[28]

$$k_BT = \left(\frac{mPk_BT}{2\pi\hbar^2}\right)^{\frac{P}{2}} \int_{x_0=x_a}^{x_N=x_b} \left(\exp\left\{-\frac{1}{k_BT}\sum_{i=0}^{P}\left[\frac{m(k_BT)^2 P}{2\hbar^2}(x_{i+1}-x_i)^2 + \frac{1}{P}V(x_i)\right]\right\}\right)\prod_{i=1}^{P-1}\mathrm{d}x_i$$

$$(1\text{-}19)$$

自 20 世纪 80 年代开始，这种路径积分数值方法与分子动力学／蒙特卡罗的结合使得它在分子模拟领域就原子核量子效应的描述上，从方法论的发展以及应用的角度都得到了巨大的发展。其中，Chandler 和 Wolynes 于 1981 年的工作[29]为虚时间路径积分和分子动力学相结合开辟了道路。此后，

Berne 等先后对该方法进行了一定程度的扩展[30]。路径积分分子动力学的研究应该说是路径积分数值方法与分子模拟手段较早的一个结合。与这些路径积分分子动力学方法的发展几乎同步，Ceperley 和 Pollock 也将路径积分数值方法与蒙特卡罗方法进行了有效的结合，并对液体 He_4 在低温下的一些统计行为（包括超流性质）进行了较为严格的数值模拟[31,32]。

对温度的虚时处理，使得人们可以在分子模拟中就统计性质而言将原子核的核量子效应与热效应同时进行处理。然而，路径积分分子动力学/蒙特卡罗模拟依赖于原子核之间相互作用的描述，即力场模型。虽然力场模型是基于精确的第一性原理电子结构计算或实验结果的，但是在一些特别的系统中，如可能发生化学键断裂现象的系统中，力场方法往往会失效。为了解决这个困难，自 20 世纪 90 年代，Tuckerman、Marx、Parrinello、Klein 等将基于第一性原理电子结构计算的 Car-Parrinello 分子动力学方法与路径积分分子动力学方法进行了有效的结合[33,34]，并利用该方法对一些氢键系统中的质子传输进行了系统的研究[35]。2000 年以来，基于玻恩-奥本海默分子动力学方法的路径积分分子动力学研究也逐步展开，比如李新征和 Michaelides 等在这个方向上做的一些工作[36,37]。为减少数值上很大的计算量，最近，由 Ceriotti 等提出的量子热浴方法在数值上提供了一个有效的方法[38]。总之，基于路径积分方法的分子模拟手段已经成为目前人们在真实体系中针对核量子效应的统计性质展开研究的一个成熟的、重要的工具，使得人们可以在原子尺度对与核量子效应相关的诸多物理、化学性质进行深入的分析。

但是，紧束缚方法在许多情况下，比如计算体系的尺度比较大、模拟长时的物理问题、综合的结构搜索等，依然具有不可替代的优势。这主要是因为紧束缚方法具有更好的计算效率，速度上比 DFT 快几个数量级。密度泛函紧束缚（DFTB）方法[39]是在 Slater-Koster 两中心积分近似[40]的基础上，通过拟合 DFT 的计算结果得到参数化跃迁函数，从而产生类似 DFT 计算的结果。因此，与其他紧束缚模型相比，DFTB 方法具有较好的精度和可移植性，不仅适用于共价体系，而且适用于金属体系，如金团簇[41]，甚至还可以用来处理具有强关联作用的体系，如铁团簇等[42]，在材料计算领域具有比较广泛的应用。目前，已有的跃迁参数表不仅包括单元素体系（如碳、硅等[39,43]），也包括多元素体系（如硼氮、过渡金属硫化合物等[44]），具体可见 dftb.org。

DFTB 方法的核心是通过 DFT 计算获得跃迁参数表。

（1）定义类似原子轨道的基函数（由 Slater 轨道和球谐函数组成），

$$\varphi_v(\boldsymbol{r}) = \sum_{n,\alpha,l_v,m_v} a_{na} r^{l_v+n} e^{-\alpha r} Y_{l_v,m_v}(\boldsymbol{r}/r) \tag{1-20}$$

然后，求解 Kohn-Sham 方程：

$$\left[\hat{T} + V^{\text{pseudoatoms}}(r)\right]\varphi_v(\boldsymbol{r}) = \varepsilon_v^{\text{pseudoatoms}} \varphi_v(\boldsymbol{r}) \tag{1-21}$$

（2）Kohn-Sham 方程中势能项定义为

$$V^{\text{pseudoatoms}}(r) = V_{\text{nucleus}}(r) + V_{\text{Hartree}}[n(r)] + V_{\text{xc}}^{\text{LDA}}[n(r)] + \left(\frac{r}{r_0}\right)^N \tag{1-22}$$

（3）包括：原子核势能 V_{nucleus}、电子排斥作用形成的有效势 V_{Hartree} 和局域密度近似下的交换关联作用 $V_{\text{xc}}^{\text{LDA}}$。额外项 $(r/r_0)^N$ 用来加速波函数的收敛，起到压缩电子密度的作用。N 一般取到 2。r_{cov} 定义为原子的共价半径，$r_0 = 2r_{\text{cov}}$。

通过自洽求解 Kohn-Sham 方程，得到基函数 $\varphi_v(\boldsymbol{r})$，我们就可以通过它来获得紧束缚模型的参数。重叠积分矩阵元是基函数之间的积分，是原子间距的函数。为了得到哈密顿矩阵元，首先需要构造一个有效势函数：

$$V_{\text{eff}}(\boldsymbol{r}) = \sum_n V_0(n)(|\boldsymbol{r} - \boldsymbol{R}_n|) \tag{1-23}$$

其中，$\boldsymbol{R}_n$ 是原子的位置矢量；V_0 是这个原子的 Kohn-Sham 势，也就是公式（1-22），但是去掉最后一项 $(r/r_0)^N$。有了有效势函数，哈密顿矩阵元就得到了：

$$H_{uv} = \begin{cases} \varepsilon_u^{\text{free atom}}, & u = v \\ <\varphi_u^A | T + V_0^A + V_0^B | \varphi_v^B>, & A \neq B \\ 0, & \text{其他} \end{cases} \tag{1-24}$$

原子波函数和 Kohn-Sham 势以 n 和 n' 所标示的不同原子为中心。不难看出，哈密顿矩阵元仅仅包括两中心积分。哈密顿矩阵的对角项取自由原子的本征值 $\varepsilon_u^{\text{free atom}}$，保证了孤立原子能量极限的合理性。

DFTB 的能带计算就是以得到的重叠积分和哈密顿矩阵元（跃迁积分）为基础进行的。与其他紧束缚模型一样，DFTB 的总能包括电子能带能量和一个短程的二体排斥势能 E_{rep}：

$$E_{\text{tot}} = E_{\text{band}} + E_{\text{rep}} = \sum_i f_i \varepsilon_i + \sum_n \sum_{n'>n} V_{\text{rep}}(|R_{n'} - R_n|) \tag{1-25}$$

其中，V_{rep} 描述原子核之间的排斥作用。但是，实际中 V_{rep} 描述的是 DFT 电子能带与紧束缚能带 ε_i 的差，在一定程度上包含更为复杂的相互作用。f_i 为

第 i 轨道的电子占据数。

    以上讲述了 DFTB 方法的基本思路。在这个模型的基础上，可以继续发展电荷的自洽场计算 [45]（scc-DFTB）以及对于电子自旋极化效应的计算 [46]。电荷的自洽场计算指为了提高原子之间电荷转移量定量描述而进行的自洽计算，从而提高 DFTB 的计算精度。实际上，已经有实例证明 scc-DFTB 在精度上与 DFT 相当 [47]。scc-DFTB 提供共线和非共线两种处理电子自旋极化的方法。图 1-4 的结果是在计算由碳、氧、氮、硅、硫等元素组成的分子的超精细耦合常数时，DFT 计算结果和 scc-DFTB 计算结果与实验的比较 [48]。可以看出，绝大多数 scc-DFTB 数据与实验一致。同时，scc-DFTB 结果与 DFT 结果也基本一致。

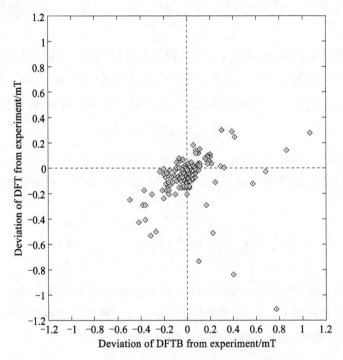

图 1-4　以实验为参照，DFT 计算误差分布和 scc-DFTB 计算误差分布。0 mT 标示计算与实验完全一致。摘自文献 [47]

    同时，含时 DFTB 方法 [49]、基于 DFTB 的格林函数方法 [50]、输运性质的计算 [51] 以及对范德瓦耳斯相互作用的处理 [52]，丰富了 DFTB 方法的用途。

第三节　半导体低维体系中的拓扑量子态

根据拓扑不变量对电子态划分是一个强有力的工具，最先由 Thouless、Kohmoto、Nightingale 和 den Nijs (TKNN)[53] 在整数量子霍尔效应中尝试。他们确立了非相互作用的整数量子霍尔效应相应的拓扑不变量。TKNN 整数 n 给出了每个带的量子霍尔电导率 $\sigma_{xy}=ne^2/h$，n 由布洛赫波函数对磁布里渊区的积分给出，对应于环上 $U(1)$ 主纤维丛的第一陈类。这种拓扑分类区分了普通绝缘体和量子霍尔态，并且解释了霍尔电导率对弱无序和无作用的不敏感性。非零 TKNN 整数同样与样品边界出现的无能隙边缘态密切相关。

自从量子霍尔效应发现以来，人们一直在时间反演对称的系统中寻找拓扑量子态。Haldane 最早在这方面做出开创性的工作，即无朗道能级的量子霍尔效应模型[54]。他采用二维的蜂巢晶格模型（即类石墨烯的晶格），考虑相邻晶胞通过大小相等、方向相反的磁通，显示出时间反演对称的系统在没有外磁场的情况下霍尔电导率 σ_{xy} 出现非零的量子化；在临界参数下有无质量费米子产生，并且展示出 2+1 维所谓的"宇称反常"；采用模型的低能量态模拟了"2+1 维"相对论性量子场论，显示出所谓的"宇称反常"和 2+1 维手性费米子的特性，如图 1-5 所示。

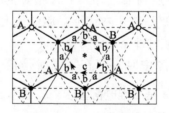

图 1-5　Haldane 模型

Haldane 采用的是"二维石墨"（即石墨烯）模型。二维石墨有蜂窝状结构，由两个互相穿透的三角晶格（A 子格和 B 子格）构成，在元胞中各有一个格点。他采用每点含一个轨道和一个相邻不同子格格点间跃迁的实矩阵元 t_1 的紧束缚模型，并考虑破坏空间反演性的位能（A 格点为 $+M$；B 格点为 $-M$）。这种模型有 C_{6v} ($M=0$) 和 C_3($M \neq 0$) 的点群对称性。该模型中时间反演不变。Haldane 在次近邻点中引入第二项实跃迁项（即相同子格的最

近邻点）。尽管它破坏了原来模型中的粒子空穴对称性，但这并不改变空间群对称性。为了保证时间反演不变，Haldane 在垂直于二维平面的 z 方向加入局域周期性磁通密度 $B(x)$，同时保持晶体的完全对称性和穿过元胞总磁通量为 0。因为元胞的净磁通消失了，矢势 $A(r)$ 可以选为周期性的。这种局域场的效应是将不同点间的跃迁矩阵元乘以幺模的相因子 $\exp\left[i\frac{e}{\hbar}\int A\cdot dr\right]$，其中积分沿跃迁路径，取作直线。总相位沿闭合路径累加即为以单位量子磁通 $\Phi_0=\left|\dfrac{\hbar}{e}\right|$ 量度的（量子化的）磁通。因为第一近邻跃迁的闭合路径包含了整个单位元胞（因此没有净通量），t_1 矩阵元不受影响。t_2 矩阵元获得一个相位 $\phi=2\pi(2\Phi_a+\Phi_b)/\Phi_0$，其中 Φ_a、Φ_b 为通过元胞中 a 和 b 区域的磁通。次近邻跃迁方向如图 1-5 中箭头所示，其强度为 $t_2\exp(+i\phi)$，可以看到在局域磁场存在下哈密顿量获得了手性。这样一个内建磁场的来源原则上可以用被放置于六边形原胞（Wigner-Seitz）中间的磁偶极矩 μ 来实现，磁场 $B(r)$ 是偶极场的总和。

采用两个子格布洛赫波函数构造的二分量旋量为基，可以使哈密度量对角化。哈密顿量对角化后可以写为

$$H(k)=2t_2\cos\phi\left[\sum_i\cos(k\cdot b_i)\right]I+t_1\left\{\sum_i\left[\cos(k\cdot a_i)\sigma^1+\sin(k\cdot a_i)\sigma^2\right]\right\}$$
$$+\left\{M-2t_2\sin\phi\left[\sum_i\sin(k\cdot b_i)\right]\right\}\sigma^3 \tag{1-26}$$

其中，a_1，a_2，a_3 为 B 格点到最近邻 3 个 A 格点的格矢。布里渊区为相对 Wigner-Seitz 原胞转动 90° 后的正六边形晶胞。从上式可以得出，仅当 3 个 Pauli 矩阵的系数均为衰减时带隙才会闭合。

当费米能级处于带隙中时，σ^{xy} 在零温时是量子化的，它的值可通过 $\sigma^{xy}=\left.\dfrac{\partial\sigma}{\partial B_0}\right|_{\mu,T,B_0=0}$ 得到，σ 是二维电荷密度，B_0 表示 z 方向均匀外磁场的磁通密度。将哈密顿量在 k_α^0 附近展开 $\delta k=k-k_\alpha^0, \hbar\delta k\to\Pi(\Pi^x,\Pi^y)$，可以得到两个顶点附近两个独立的哈密顿量：

$$H_\alpha=c\left(\Pi_\alpha^1\sigma^2-\Pi_\alpha^2\sigma^1\right)+m_\alpha c^2\sigma^3 \tag{1-27}$$

进而得到能谱。从上式可以看出，第一项非常类似于 Rashba 自旋轨道耦合项，第二项代表质量项，它打开能隙。

（1）对于 $B_0=0$，相对论性朗道能级为

$$\varepsilon_{\alpha\pm}(k)=\pm\left[(\hbar ck)^2+(m_\alpha c^2)^2\right]^{1/2} \tag{1-28}$$

其中，$c = \dfrac{3}{2} t_1 |a_i| / \hbar$；$m_\alpha c^2 = M - 3\sqrt{3}\alpha t_2 \sin\phi$。

（2）对于 $B_0 \neq 0$，有

$$\begin{cases} \varepsilon_{\alpha n\pm} = \pm\left[n\hbar |eB_0| c^2 + \left(m_\alpha c^2 \right)^2 \right]^{1/2}, & n \geqslant 1 \\ \varepsilon_{\alpha 0} = \alpha m_\alpha c^2 \, \mathrm{sgn}(eB_0) \end{cases} \qquad (1\text{-}29)$$

在外净磁场非零情况下，每个 $n \geqslant 1$ 由上面的带产生的朗道能级都被下面的带产生的朗道能级抵消（$B_0 \rightarrow -B_0$ 变换下是对称的）。然而，$n=0$ 的零模式能量在变换下不是对称的：如果从上面能带产生取正号，从下面能带产生取负号，则时间反演不变导致 $\sigma^{xy}=0$。

为了计算模型中 m_+ 和 m_- 反号时的 σ^{xy}，连续地在外磁场存在的情形下改变 m_+ 和 m_- 直到它们变得相等，与此同时变化费米能级使得它始终处在带隙中。通过这种方式得到的朗道能级占据数和通过连续改变时间反演不变系统的外场获得的占据数相比较，会显示出它们在完全占据一个朗道能级上的差别。因此，在零温下，同时有一个固定化学势时，向 m_+ 和 m_- 反号的系统施加外加弱磁场会有一个额外的场依赖的基态电荷密度 $\Delta\sigma = \pm e^2 B_0 / h$（当 m_+ 和 m_- 同号时，其和场独立的电荷密度相关）。

这允许 σ^{xy} 在 $B_0=0$ 时用 ve^2/h 衡量，其中 $v = \dfrac{1}{2}\left[\mathrm{sgn}(m_-) - \mathrm{sgn}(m_+) \right] = \pm 1$ 或 0。不考虑自旋的电子 v 为 M/t_2 和 φ 的函数的模型的相图如图 1-6 所示。（$|t_2/t_1| < \dfrac{1}{3}$，当 $|M/t_2| < 3\sqrt{3}|\sin\phi|$ 即 $m_\alpha c^2$ 在 $\alpha = \pm 1$ 反号时，零场量子霍尔效应的相会出现）。

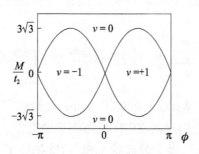

图 1-6 无自旋电子 $|t_2/t_1|<1/3$ 时的相图

当 $m_\alpha=0$ 时，由两个无能隙顶点哈密顿量导出的费米场理论有电荷共轭对称性（粒子空穴对称性），这在推导出该哈密顿取 $t_2 \neq 0$ 时的晶格模型中

并不存在。在连续场理论中充满电子态的费米海没有下界，σ^{xy} 的绝对值而非相对值是不确定的。Jackiw[55] 主张顶点哈密顿量的电荷共轭对称性和 $m_\alpha=0$ 赋予 $\sigma^{xy}=0$ 是在电荷空穴对称朗道能级的情况下，$B_0 \neq 0$ 的零模朗道能级是半填充时。这暗示了当零模式是填充时，量子霍尔系数 $\nu = \frac{1}{2}\alpha$，而在空态时，$\nu = -\frac{1}{2}\alpha$。这就是提议了 "电荷分数化"，而违背了一个非相互作用电子系统只允许有整数量子霍尔效应的事实。这里研究的模型显示高能量怎样肢解了由顶点相对论性哈密顿描述非倍增费米子的模型结构，该哈密顿在低能下必须破坏电荷共轭对称性，从而将额外的 ±1/2 给 ν，产生整数的量子霍尔效应。因此，尽管低能能谱是由非倍增手性费米子构成的，但它们的共轭子必须在高能态产生合理的整数量子霍尔效应。

当电子自旋包含在内而没有其他改变时，两个自旋取向有相同的贡献，从而 σ^{xy} 变为了 2 倍。然而，一个有完全晶格对称性的周期性局域磁场也会以一个塞曼项耦合到电子上 $H'=\gamma\phi S^z$，其中 S^z 是方位角的电子自旋角动量。这一项相对以 $\gamma\phi S^z$ 能量间隔错置了自旋向上和自旋向下的带，而且如果间隔超过了费米能级的能隙，系统会变成部分自旋极化的金属。如果 $\frac{1}{2}|\gamma|h > 3\sqrt{3}\,|t_2|$，量子霍尔相会被完全消除，但如果该项小一些，相会在足够小的 M 和 $t_2\sin\phi$ 下保持（随 M 改变，从常规到反常半导体相的直接相变会被插入其中的自旋极化金属相替代）。对于之前提到内建磁场的实现，γh（在里德伯单位下）由 $C'g/a^2$ 给出，C' 是序单位的另一个几何参数，g 是朗德因子。

尽管这里展示的特殊模型在物理上很难直接实现，但它暗示，原则上量子霍尔效应可以在更广泛的时间反演不变性被破坏的相关现象中出现，并且不必要求外磁场的存在，而可以在准二维系统中由磁序产生。

第四节　Z2 拓扑序和量子自旋霍尔效应

在 Haldane 的工作基础上，2005 年 Kane 和 Mele[56] 提出了在石墨烯中实现量子自旋霍尔相。他们发现在时间反演不变的有体态能隙的电子体系中存在无能隙的金属边缘态。他们发现这个相与 Z2 拓扑不变量[57] 有关，使其与普通绝缘体相区别。这种在时间反演不变的哈密顿量中定义的 Z2 分类和量子霍尔效应定义的陈数分类相似。对于这些物质的态，可以根据它们的拓扑性质进行区分。如同整数量子霍尔效应由拓扑整数 n 来表征，这确定了霍尔电导率量子化取值和手性边缘态的数目。量子自旋霍尔相和分数量子霍尔相一样，是一个新的拓扑可分辨的物质态。

他们计算了石墨烯两带模型的量子自旋霍尔效应，并提出一个适用于多带和相互作用系统的一般性的讨论。由于石墨烯由碳原子构成，并且碳原子的原子序数较小（$Z=4$），因此自旋轨道耦合很弱（自旋轨道耦合强度正比于 Z^4）。作为一个模型，石墨烯定义了新的一类自旋霍尔绝缘体，提供了寻找其他强自旋轨道耦合的拓扑绝缘体的全部物理基础。

考虑最简单的石墨烯紧束缚哈密顿量（一个 π 电子含有平面镜像对称的紧束缚模型），其中计入时间反演不变的自旋轨道相互作用：

$$H = t\sum_{\langle ij\rangle} c_i^\dagger c_j + i\lambda_{SO}\sum_{\langle ij\rangle} v_{ij} c_i^\dagger s^z c_j + i\lambda_R \sum_{\langle ij\rangle} c_i^\dagger \left(s\times d_{ij}\right)c_j + \lambda_v\sum_i \xi_i c_i^\dagger c_i \quad (1\text{-}30)$$

其中，第一项是晶格中的最近邻跃迁；第二项是镜像对称的自旋轨道相互作用；第三项是来自垂直电场的 Rashba 自旋轨道相互作用；第四项是交错子格势。自旋轨道耦合 $\sigma_z\tau_z s_z$ 产生的能隙与交错子格势 σ_z 或者 $\sigma_z\tau_z$ 形成的带隙是不同的。后者的基态与强耦合下的普通绝缘相（其中两个子格退耦合）绝热联系。自旋轨道耦合对应的哈密顿与 Haldane 模型有联系，$s_z = \pm 1$ 各自单独考虑时破坏了时间反演对称性，与 Haldane 模型中的无自旋电子相等价，可以通过引入没有净磁通的周期性磁场来实现。

他们发现，自旋轨道相互作用在有体态能隙的单一石墨烯平面会导致时间反演不变的量子自旋霍尔（QSH）态，表现为在样品边界处出现一对无能隙自旋分离的边缘态。当 S_z 不变时，石墨烯和一个简单绝缘体的区分容易理解：每种自旋有独立的 TKNN 整数 $n_\uparrow, n_\downarrow$。时间反演对称性要求 $n_\uparrow + n_\downarrow = 0$，但是二者差值 $n_\uparrow - n_\downarrow$ 非零并定义了一个量子自旋霍尔电导率。在能隙中会导致量子化的霍尔电导 $\sigma_{xy} = \pm\dfrac{e^2}{h}$。这个霍尔电导可以解释为 Berry 曲率在动量空间的拓扑陈数。

尽管由于带间耦合（如 Rashba 自旋轨道耦合），镜像对称破坏，或是无序导致 S_z 不再守恒，这些扰动会破坏自旋霍尔的电导率量子化，但不会破坏 QSH 的拓扑序，因为 Kramers 定理阻止时间反演不变的扰动在边缘打开能隙。因此，QSH 基态和简单绝缘体是可区分的。从石墨烯模型出发显示，尽管 S_z 不恒定，QSH 相却是鲁棒的。

根据布洛赫定理，H 可以对角化，以布洛赫波函数 $|u(k)\rangle$ 为本征矢的布洛赫哈密顿量为

$$H(\boldsymbol{k}) = \sum_{a=1}^{5} d_a(\boldsymbol{k})\Gamma^a + \sum_{a<b=1}^{5} d_{ab}(\boldsymbol{k})\Gamma^{ab} \qquad (1\text{-}31)$$

其中，d 矢量和 d 张量由上面 4 项系数表示。由于 $H(\boldsymbol{k}+\boldsymbol{G})=H(\boldsymbol{k})$，因此 $H(\boldsymbol{k})$ 是定义在环上的。上述哈密顿量给出四条能带，其中两条被占据。

对于 $\lambda_R=0$，存在大小为 $\left|6\sqrt{3}\lambda_{SO}-2\lambda_v\right|$ 的能隙。$\lambda_v>3\sqrt{3}\lambda_{SO}$ 能隙取决于 λ_v，且该系统为绝缘体。$3\sqrt{3}\lambda_{SO}>\lambda_v$ 描述了 QSH 相。尽管 Rashba 项（第四项）破坏了 S_z 守恒，对于 $\lambda_R<2\sqrt{3}\lambda_{SO}$，相图中有限区域与 $\lambda_R=0$ 的 QSH 相之间存在绝热联系。图 1-7 显示了通过解锯齿形（zigzag）条带的几何对应的晶格模型中的属于绝缘和 QSH 相中的代表点得到的能带图像。两种相都有体态能隙和边缘态，QSH 相中的边缘态成对横穿能隙。

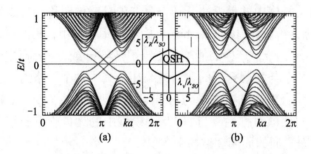

图 1-7　一维锯齿形条带的能带：（a）QSH 相 λ_v=0.1t；（b）绝缘体相 λ_v=0.4t。二者均取 λ_{SO}=0.06t 和 λ_R=0.05t。边缘态交叉于 ka=π

这些边缘态的行为显示了两种相之间明显的区别。在 QSH 相中每个边缘，体态能隙中的每个能量取值都有一个时间反演的相伴的本征态。因为时间反演对称性阻止了 Kramer 简并态的混合，所以这些边缘态对于微扰是鲁棒的。这些无能隙态甚至可以存在于空间反演进一步破坏的情况下（如在哈密顿量中去掉 $C3$ 转动对称性）。由于单粒子弹性背散射是被禁戒的，因此弱无序不会导致这些边缘态的局域化。

时间反演对称性确定了布洛赫哈密顿量 $H(\boldsymbol{k})$ 张成空间两个重要的子空间和其对应的占据态波函数 $\left|u_i(\boldsymbol{k})\right\rangle$。"偶"子空间，满足 $\Theta H(\boldsymbol{k})\Theta^{-1}=H(\boldsymbol{k})$，具有 $\Theta\left|u_i(\boldsymbol{k})\right\rangle$ 在 $U(2)$ 转动下等价于 $\left|u_i(\boldsymbol{k})\right\rangle$ 的性质。根据对角化后的哈密顿量形式，这个子空间 $d_{ab}(\boldsymbol{k})=0$。时间反演对称性要求 $H(\boldsymbol{k})$ 在 Γ 点和 M 点上属于偶子空间，如图 1-8 所示。奇子空间有基 $\left|u_i(\boldsymbol{k})\right\rangle$ 张开的空间与基 $\left|u_i(\boldsymbol{k})\right\rangle$ 张

开的空间相正交的性质。我们通过奇子空间的一系列 k 来研究 Z_2 分类。

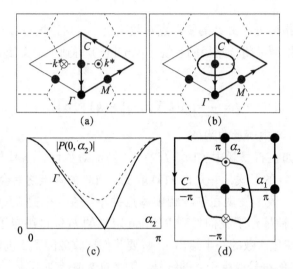

图 1-8　QSH 相 $\pm k^*$ 点上的 $P(k)$ 零点：(a) $\lambda_v \neq 0$；(b) $\lambda_v = 0$；(c) 实线表示 QSH 相，虚线表示绝缘相；(d) 实心表示对称点不含零点，C 为 Z_2 指标定义中的积分路径

　　特殊的子空间可以通过考虑交叠矩阵 $\langle u_i(k)|\Theta|u_j(k)\rangle$ 确定。由 Θ 性质，可以清楚地看到矩阵是反对称的，并且可以用单复数 $\varepsilon_{ij} P(k)$ 表达，$P(k)$ 实际上等于 Pfaffian：

$$P(k) = \mathrm{Pf}\left[\langle u_i(k)|\Theta|u_j(k)\rangle\right] \qquad (1\text{-}32)$$

　　对于 $2*2$ 反对称阵 A_{ij}，简单地会对 A_{12} 选择。我们在下面看到 Pfaffian 是多于两个占据带时自然的推广。$P(k)$ 不是规范不变量。在 $U(2)$ 变换下 $|u'_i\rangle = U_{ij}|u_i\rangle$，$P' = P\mathrm{e}^{2\mathrm{i}\theta}$。在偶子空间中，$\Theta|u_i\rangle$ 在 $U(2)$ 转动下与 $|u_i\rangle$ 等价，我们有 $|P(k)| = 1$。在奇子空间中 $P(k)=0$。

　　如果没有空间转动限制它的形式，$P(k)$ 零点通过调制两个参数可以出现，并通常出现在布里渊区的点上。一阶零点产生在由相反"涡量度"的时间反演的点 $\pm k^*$ 构成的对上，$P(k)$ 的相位在点附近沿相反方向增加。对于 $\lambda_v \neq 0$，QSH 相可以通过 $P(k)$ 的单对一阶零点与普通绝缘体相区别。我们模型的 $C3$ 转动对称性限制了 k^* 在布里渊区的顶角上。如果不存在 $C3$ 转动对称性，k^* 可以产生于除了四个对称点 $|P(k)|=1$ 之外的任何地方。零点对数是 Z_2 拓扑不变量。这可以通过两个对 $\pm k^*_{1,2}$ 放到一起后当 $k^*_1 = -k^*_2$ 时相消看出。但是单一的 $\pm k^*$ 零点对在 Γ 点或 M 点遇上时不会相消，因为 $|P(k)|=1$。

如果时间反演被破坏，那么零点将不再被阻止相消，QSH 相的拓扑分辨将会丢失。

因此，Z_2 指标可以由 P 的复零点对数决定。这可以通过计算 $P(k)$ 的相位沿围绕半个布里渊区闭合路径的卷绕（winding）得到（定义使 k 和$-k$ 不同时包含）。

$$I = \frac{1}{2\pi i} \int_C dk \cdot \nabla_k \log\left[P(k) + i\delta \right] \tag{1-33}$$

其中，C 是图 1-8 中所示的路径。

当 $\lambda_v=0$（如在石墨烯中）时，H 有 C2 转动对称性，当其与时间反演结合时限制了 $H(k)$ 的形式，并允许 $P(k)$ 取实。$P(k)$ 的零点之后会出现在线上，而不是在点上。我们发现在绝缘相中零点并不存在，但是在 QSH 相中会被封入 M 点。这种情形下我们发现 Pfaffian 定义的 $P(k)$ 也决定了 Z_2 指标（由 C 路径上符号变化次数的一半给出），只要我们把收敛因子 δ 也包括在内。需要指出的是，I 的符号取决于 δ 的符号，而 I 对 2 取余则不是。我们可以总结 QSH 相和绝缘体用 Z_2 指标 I 区分。

考虑到重原子的自旋轨道耦合较强，张首晟等[58]独立地提出在 HgTe-CdTe 半导体量子阱中实现量子自旋霍尔效应。当量子阱的宽度增加时，电子态在临界宽度 d_c 出现一个从正常能带序向能带反转体系的转变。他们发现，这种转变对应一个从普通绝缘体相到有一对手性（螺旋性）边缘态的 QSH 相的拓扑量子相变。

他们认为，时间反演对称性在手性边缘态的动力学中扮演了重要角色。当偶数对边缘态在边缘时，杂质散射和多体相互作用会在边缘打开一个能隙，并使系统变为拓扑平庸。然而，当有奇数对手性边缘态在边缘时，这些效应不会打开能隙，除非时间反演对称性在边缘被自发破坏。

他们研究了 Ⅲ 型 HgTe/CdTe 半导体量子阱，发现 QSH 态可以在能带反转的区域实现。他们在一般的对称性考虑基础上，利用标准的半导体能带扰动模型（即 $k \cdot p$ 理论），发现 Γ 点附近的电子态可以用 2+1 维狄拉克方程描述。垒区材料 CdTe 有正常的能带序列，s 型 Γ_6 带位于 p 型 Γ_8 带的上方，阱区材料 HgTe 有反转的能带序列，Γ_6 带位于 p 型 Γ_8 带的下方。两种材料都是直接能隙，位于布里渊区 Γ 点。他们忽略了体态分裂的 Γ_7 带，采用了 6 带 Kane 模型：

$$\Psi = \left(\left| \Gamma_6, \frac{1}{2} \right\rangle, \left| \Gamma_6, -\frac{1}{2} \right\rangle, \left| \Gamma_8, \frac{3}{2} \right\rangle, \left| \Gamma_8, \frac{1}{2} \right\rangle, \left| \Gamma_8, -\frac{1}{2} \right\rangle, \left| \Gamma_8, -\frac{3}{2} \right\rangle \right) \quad （1\text{-}34）$$

在 [001] 方向生长的量子阱，立方和球对称性退化为平面内绕轴（z）转动对称性。六带结合形成 3 个量子阱子带，即 E1、H1 和 L1 自旋向上和自旋向下的态 ±。L1 子带与其他两个带分离，我们忽略它，从而得到有效 4 带模型。用基 $\left| E1, m_J = \frac{1}{2} \right\rangle$，$\left| H1, m_J = \frac{3}{2} \right\rangle$ 和 $\left| E1, m_J = -\frac{1}{2} \right\rangle$，$\left| H1, m_J = -\frac{3}{2} \right\rangle$ 表示。

$$H_{\mathrm{eff}}\left(k_x, k_y \right) = \begin{pmatrix} H(k) & 0 \\ 0 & H^*(-k) \end{pmatrix}, \quad H(k) = \varepsilon(k) + d_i(k)\sigma_i \quad （1\text{-}35）$$

上式中 $d_3(k)$ 中包含了 E1 和 H1 的能量差，是一个重要的参数，即质量或者能隙常数 M。在量子阱几何中，HgTe 能带反转会导致 HgTe 层取特定厚度 d_c 时发生能带交错。$d < d_c$ 是通常情况，对于 $d > d_c$，E1 和 H1 能带必须在某个 d_c 处交叉，M 在转变点 $d = d_c$ 的两侧取相反符号。采用 Γ 点附近紧束缚模型可以使有效哈密顿进一步简化。霍尔电导率由

$$\sigma_{xy} = -\frac{1}{8\pi^2} \iint \mathrm{d}k_x \cdot \mathrm{d}k_y \hat{\boldsymbol{d}} \cdot \partial_x \hat{\boldsymbol{d}} \partial_y \hat{\boldsymbol{d}} \quad （1\text{-}36）$$

给出，以 $\frac{e^2}{h}$ 为单位，其中 $\hat{\boldsymbol{d}}$ 表示单位 $d_i(k)$ 向量，进一步得到 $\sigma_{xy} = \frac{1}{2}\mathrm{sign}(M)$。$M$ 符号的变化会导致霍尔电导率在转变点有 $\Delta\sigma_{xy} = 1$ 的变化。

他们讨论 QSH 态的实验探测。他们提出采用纯电学测量可以探测 QSH 态的基本特性。通过扫描栅极电压，我们可以测量两末端电导率 $G_{L,R}$，从 p 掺杂到体态绝缘再到 n 掺杂区域。在体态绝缘区域，对于 $d < d_c$，普通绝缘体低温下 $G_{L,R}$ 消失，然而对于 $d > d_c$，$G_{L,R}$ 会非常接近 $\frac{2e^2}{h}$。

张首晟等还提出利用 InAs/GaSb 量子阱实现量子自旋霍尔效应[59]，目前已被美国莱斯大学的杜瑞瑞小组[60] 实验证实。该体系是由两种正常能带结构的半导体 InAs 和 GaSb 构成的，由于两者之间特殊的能带相对位置，可以形成两者之间的能带翻转，从而实现拓扑转变。

常凯等[61] 提出，利用极性界面形成的强极化电场可以在主流半导体材料（如 InN/GaN，Ge/GaAs）极性界面异质结中实现拓扑相。他们通过计算表明，在极性界面处存在高达 10 MV/cm 的局域电场，该电场可以显著地改

变量子阱区材料的能隙，改变的范围可达 1 eV 量级。这主要是源自量子限制效应和局域强极化电场的竞争。随着层厚的增加，电场效应开始显现，导致能隙急剧下降，并形成翻转的能带序。目前来自美国 AMES 国家实验室和 Sadia 及普林斯顿大学的实验组[62]证实了局域电场的存在，理论计算结果和实验吻合。

三元 Heusler 化合物化学式为 X_2YZ 或 XYZ（X、Y 为过渡或者稀土金属，Z 为主族元素），它们形成了一类非常适合于自旋电子应用的材料。这些化合物的半导体属性来自其强烈的共价成键倾向。从基本结构和成键考虑，有 18 或 24 个价带电子的 X_2YZ Heusler 化合物（L21 结构）和有 18 个价带电子的 XYZ（C1b）预期在费米能上有带隙。很多 C1b 结构的 Heusler 化合物是三元半导体，在结构上和电子学上与二元半导体有关，并且可以调制带隙的大小。通过选择有合适组分的化合物实现所需的能带反转以及自旋轨道耦合的强度。基于第一性原理计算，Chadov 等证明了大概有 50 种 Heusler 化合物会表现出和 HgTe 相似的能带行为[63]。这些零带隙半导体拓扑绝缘态可以通过施加应力或者设计量子阱结构来实现。很多三元零带隙半导体（LnAuPb、LnPdBi、LnPtSb 和 LnPtBi）包含稀土元素 Ln，可用于实现超导电性（如 LaPtBi）到磁性（如 GdPtBi）和重费米子行为（如 YbPtBi）。

特别是化合物，如 YPtSb、YPdBi 和 ScAuPb，它们晶格常数的实验值和普通绝缘体与拓扑绝缘体临界值接近，且所有相关能带在布里渊区中心点 Γ 简并。这样的材料容易通过应变从普通绝缘体转变到拓扑绝缘体。很多候选的 Heusler 化合物（LnAuPb、LnPdBi、LnPtSb、LnPtBi）包含稀土元素 Ln，其有强关联 f 电子包含自旋序、轨道序等，导致磁性、超导电性和重费米子行为，使得实现诸多新的拓扑效应和新奇粒子成为可能。通常，XYZ 可以被视为有一个 X^{n+} 填充闪锌 YZ^{n-} 子格，其中价带电子数量与 YZ^{n-} 相关联的等于 18（图 1-9）。18 电子化合物是闭壳的种类，没有磁性且具有半导体性（图 1-10）。

基于 Heusler 化合物的拓扑绝缘体自然具有 f 壳层稀土元素。在化学功能（传递 3 个电子到闪锌晶格并决定晶格大小）外，未闭合的 f-壳层电子呈现出丰富的物性。例如，①LnPtBi 中发现的体态可以实现动力学轴子，其自旋波激发与电磁场相拓扑耦合，这样的效应提供了可调光学调制器新的设计；②YbPtBi 中的重费米子行为可能实现最近提出的拓扑 Kondo 绝缘体[64]；③非中心对称低载流子 LaPtBi 系统中的超导性，这里空间反演对称的缺失理论上支持拓扑超导[65]。

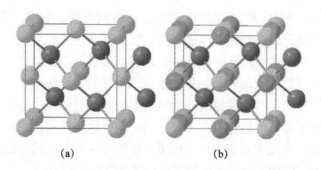

图 1-9　（a）闪锌矿结构；（b）填充闪锌结构后的 XYZ

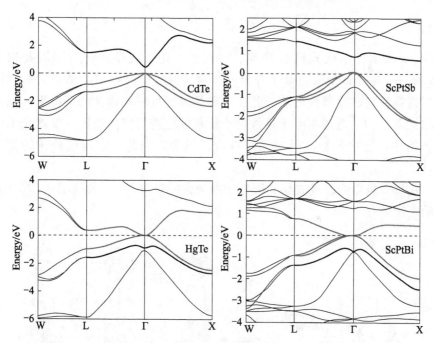

图 1-10　CdTe 和 HgTe 与 ScPtSb 和 ScPtBi 对比。红色表示 Γ_8 对称性，
蓝色表示 Γ_6（书末附彩图）

　　由于以上的电子拓扑态是由能带的拓扑不变量来决定的，因此光子晶格中冷原子气体和光子晶体中的能带也可以具有类似的效应。最近有人提出了尝试在超冷原子系统中观察简单量子霍尔行为，提出了利用一维 Harper 方程进行 Hofstadter 蝴蝶能谱的模拟[66]。人们还设想利用类似的方案来实现单向传输的光子边缘态及其拓扑性质来实现新型功能光子器件。Hafezi 等[67] 模拟了通过线性光学元素，利用二维的耦合共振光波导（CROW）网络构造量子自旋哈密顿量，发现量子霍尔系统的关键特征，包括特有的 Hofstadter 蝴蝶

（Hofstadter butterfly）图形和鲁棒边缘态。特别是他们证实了拓扑保护可以用来改进光延迟线的性能，以克服光子技术中一些和无序有关的限制。

他们提出用合适的光器件构成的 CROW 实现拓扑保护的光子器件。他们模拟了一个二维磁紧束缚哈密顿量，考虑顺时针周转（赝自旋向下）和逆时针周转（赝自旋向上）两种模式作为赝自旋的两个分量。这不需要显见的时间反演对称性破坏。通过在二维系统排列中耦合这些模式，他们发现在合适条件下，这样一个光子系统可由采用紧束缚模型正方晶格的带电玻色子哈密顿量描述，但是增加了一项正交的赝自旋依赖的有效磁场：

$$H_0 = -\kappa \left(\sum_{\sigma,x,y} \hat{a}^\dagger_{\sigma x+1,y} a_{\sigma x,y} e^{-i2\pi\alpha y\sigma} + a^\dagger_{\sigma x,y+1} a_{\sigma x,y} + h.c. \right) \qquad （1-37）$$

其中，κ 表示光学模式耦合概率。特别地，光子绕晶片转一圈需要相位 $2\pi\alpha\sigma$——与含 α 个磁通量子等价。当顺时针和逆时针模式退简并时，就可以选择性地驱使每种模式，并在不破坏时间反演对称性的情况下，观测到边缘态行为。通过与电子整数量子霍尔效应进行直接类比，发现光子在系统的边缘态中传输，且对无序效应不敏感，因此可以构成鲁棒的光子器件。

在每个竖直的连接波导和谐振腔中考虑一对散射子（图 1-11），其对应的哈密顿量为

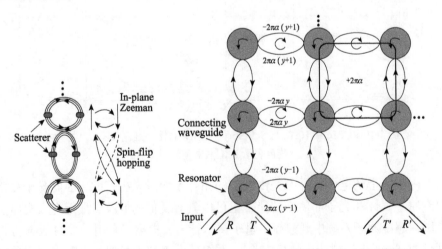

图 1-11　有合成磁场的光子系统模型

$$H_{mag} = -\kappa \sum_{x,y} \begin{pmatrix} \hat{a}^{\dagger}_{\uparrow x,y+1} & \hat{a}^{\dagger}_{\downarrow x,y+1} \end{pmatrix} \begin{pmatrix} 1 & 0 \\ 0 & 1 \end{pmatrix} \begin{pmatrix} \hat{a}_{\uparrow x,y} \\ \hat{a}_{\downarrow x,y} \end{pmatrix} + h.c.$$

$$-\frac{4\varepsilon\kappa F}{\pi} \sum_{x,y} \begin{pmatrix} \hat{a}^{\dagger}_{\uparrow x,y} & \hat{a}^{\dagger}_{\downarrow x,y} \end{pmatrix} \begin{pmatrix} 0 & 1 \\ 1 & 0 \end{pmatrix} \begin{pmatrix} \hat{a}_{\uparrow x,y} \\ \hat{a}_{\downarrow x,y} \end{pmatrix} \qquad (1\text{-}38)$$

光子组成的量子霍尔系统中边缘态局域在两个 Hofstadter 带之间（图1-12）。在延迟线中，他们发现增加系统的周长，CROW 内的输运降低而边缘态的输运不受影响。

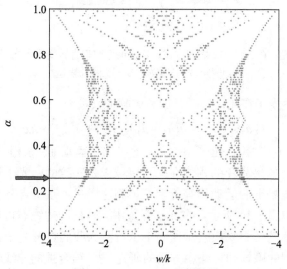

图 1-12 Hofstadter 蝴蝶能谱

在光子系统中实现磁性的许多设想中都要求有外场，比如大的外磁[68]、应力[69]、简谐调制[70]或者光力学诱导的非互易性[71]等。然而，已经发现这样的外场不是必要的。通过偏振方法[72]，差分光学路径[67]或是双各向异性超材料（metamaterial）[73]，我们可以得到一个类磁哈密顿量，可与电子系统中的自旋轨道相互作用直接类比，实现光的拓扑态[74]。特别是这样的系统在硅光子学中有直接的应用[67, 69]。利用诱导的赝自旋-轨道相互作用可以实现衍生的规范势。由于谐振腔的尺寸较大（几十微米），允许人们通过光成像对波函数进行直接测量。最近的实验测量（图1-13）[75]发现，①光沿体系的边缘态传播；②边缘态光传播的性质在宽的带中仍然保持，即对内禀无序不敏感；③边缘传播对外在的无序也是鲁棒的，实际上甚至在边缘谐振腔消失的情况下边缘态输运也不被阻止。

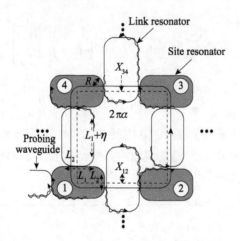

图 1-13　实验装置：在 34 和 12 之间区域，连接谐振腔垂直转变导致光子获得非零相位。实线表示光子沿逆（或顺）时针输运

实验中描述光子在晶片中跃迁的总体哈密顿量为

$$-J\left[\hat{a}_2^\dagger \hat{a}_1 \mathrm{e}^{-\mathrm{i}\phi_{12}} + \hat{a}_3^\dagger \hat{a}_2 + \hat{a}_4^\dagger \hat{a}_3 \mathrm{e}^{-\mathrm{i}\phi_{34}} + \hat{a}_1^\dagger \hat{a}_4\right] + h.c. \qquad (1\text{-}39)$$

式中，J 为跃迁概率；光子沿晶片逆时针运动获得相位 $2\pi\alpha$，其中 $\alpha = 2n(x_{34}-x_{12})/\lambda$。如果晶片的相位在一个区域内是一致的，光子运动与带电粒子在均匀正交磁场下的运动相等价。可预测这样一个系统含有存在于区域边界的边缘态，如图 1-14 所示。在光子系统中，这样的边缘态可以通过驱使系统位于特定频率的带中来激发。这一平台可能为我们打开光子体系中由谐振腔引致不同类型的磁场和拓扑序方面的研究[76]。结合强的非线性，人们进一步模拟和研究多体物理的效应。

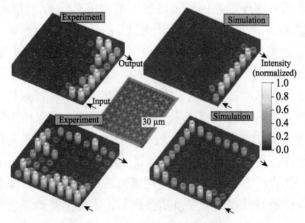

图 1-14　均匀磁场下的边缘态输运

第五节 半导体异质界面能带调控引发的新奇量子相变

2000 年诺贝尔物理学奖得主赫伯特·克勒默（Herbert Kroemer）就预言"界面就是器件"，如今已成为全世界半导体科学技术领域内经常使用的一句口头禅。作为硅集成电路基本单元，初期的场效应晶体管，无论是金属-二氧化硅-半导体（MOS）器件，还是互补式的金属-二氧化硅-半导体（CMOS）遇到的最大挑战是：如何控制 SiO_2/Si 界面处的界面态数量及其稳定性，它决定了能否用 CMOS 器件构建成大规模硅集成电路芯片。这是 20 世纪 70 年代初"界面就是器件"的确切含义——控制 CMOS 器件中 SiO_2/Si 界面态的数量和稳定性。将近半个世纪过去了，正因为人们能很好地控制了 SiO_2/Si 界面的性能，今天才有了过去无法想象的超大规模集成芯片。

近年来，"界面就是器件"这句话增添了全新的内涵。人们发现利用分子束外延生长（MBE）或金属有机物化学气相沉积（MOCVD）技术，可以制备高质量的极性界面。利用不同半导体材料界面间的电荷转移、应变、轨道杂化和再构以及晶格对称性的差异等因素已经可以从量子层面进行界面设计，能在界面处产生极强的局域极化电场和形成高浓度的二维电子气和 / 或空穴气。更重要的是，能在 1eV 的范围内显著地改变和调控半导体的能隙，甚至可以将一些主流半导体材料变成半金属、拓扑绝缘体和拓扑半金属，以及激子绝缘体等形形色色的量子相。因此，这些极性界面为半导体物理提供了全新的实验平台，其奇特的物性也极有可能用来构造出全新的半导体电子和光电子器件。

追溯制备极性异质结的历史，1982 年，日本电工实验室 Yoshida 等尝试在蓝宝石衬底上生长制备 GaN-AlN 极性异质结[77]。由于 GaN 与 AlN 晶格相对较为匹配，因此当 GaN 生长在外延 AlN 薄膜上时晶体质量较高。Yoshida 等利用蓝宝石（0001）面做基底，1200 ℃下将单晶 AlN 薄膜用 Al 蒸汽分子束生长在基底表面，随后冷却到 700 ℃，并利用 Ga 分子束将 GaN 长在 AlN 薄膜上。这种通过 MBE 方法生长得到的 GaN 薄膜的阴极发光强度比用 GaN-蓝宝石异质结的高几十倍。同时，它的高 Hall 电导表明这些薄膜具有较好的晶体质量，如图 1-15 所示。

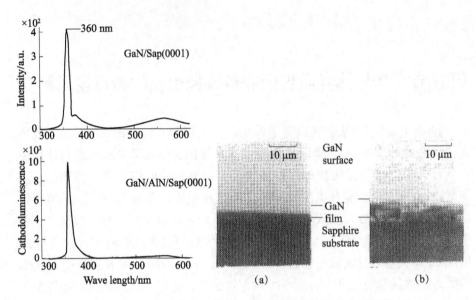

图 1-15　利用缓冲层生长的 GaN 薄膜与直接生长在蓝宝石
基底的 GaN 薄膜的阴极发光强度对比

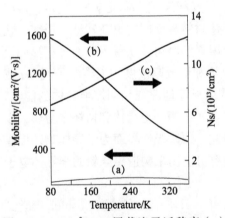

图 1-16　3000 Å GaN 层载流子迁移率（a）、
3000 Å AlGaN/GaN 层载流子迁移率（b）、
3000 Å AlGaN/GaN 异质结载流子面密度（c）
随温度变化关系

1985 年，日本川崎实验室 Amano 等[78] 在前面工作的基础上进一步改进了生长方法，采用低压 MOVPE 方法在 AlN 缓冲层上成功地生长出表面平整且没有裂纹的单晶 GaN 薄膜。这种利用缓冲层异质结制备 GaN 薄膜的方法成功改进了 GaN 薄膜的晶体质量与电学特性，奠定了 GaN 基光电器件的基础。1991 年美国阿帕光学公司 Khan 等[79] 利用 MOCVD 方法得到了 GaN/AlGaN 异质结。与单纯的 GaN 薄膜相比，其电子迁移率提高了几十倍（图 1-16）。多层异质结在 77K 下迁移率可高达 1980cm^2/（V·s）。但是，人们并没有去测量界面处的局域极化电场，弄清迁移率提高的原因。

近年来界面领域内一个新兴的研究方向是过渡金属氧化物的界面，随着氧化物薄膜生长技术的发展，科学家已经能有效控制过渡金属氧化物的界面。在这样的氧化物界面上，过渡金属的 s 电子转移到氧离子上，界面的物理性质主要由关联性更强的 d 电子决定，使得过渡金属氧化物的界面表现出完全不同于其体材料的新奇特性。比如 2004 年，美国贝尔实验室 Ohtomo 等在单晶（001）$SrTiO_3$ 衬底上长出了 $LaAlO_3/SrTiO_3$ 异质结，并通过精确控制界面处的原子种类分别实现了空穴掺杂和电子掺杂。在空穴掺杂情况下，界面呈绝缘性；而在电子掺杂情况下，界面则呈导电性且具有很高的载流子迁移率，并出现磁阻振荡现象[80]。后续的系统研究更揭示出，通过调控界面对称性以及 d 电子的自由度，可以在过渡金属氧化物界面产生丰富的层展现象。比如，破坏界面的空间反演对称性将导致绝缘体-金属转变[80]；破坏界面的时间反演对称性会引致磁性[81]；破坏规范对称性则会导致超导相出现[82]。2012 年，*Nature Materials* 刊发氧化物界面专辑，详细阐述了这种层展现象[83]，并认为"界面仍旧是器件"（图 1-17）。

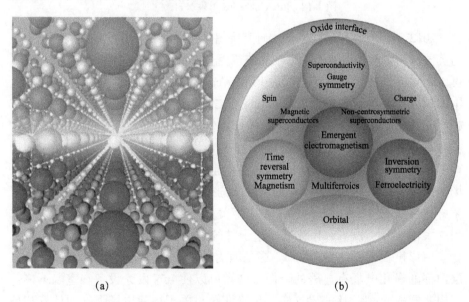

(a)　　　　　　　　　　　　　(b)

图 1-17　（a）绝缘体 $LaAlO_3/SrTiO_3$ 异质结界面上出现高迁移率的导电层；（b）调控氧化物界面对称性与关联电子自由度可以产生丰富的层展现象

以前的研究表明，利用半导体材料原子的电负性不同，沿极性面方向生长材料，可以实现高浓度的二维电子气。例如，2007 年日本筑波大学研究组成功制备了含有单层 InN 的 InN/GaN 多量子阱，并在室温下观察到波长为 350nm 左右的荧光峰（图 1-18）[84]。这些实验发现均表明，氧化物极性界面会呈现多种多样的新奇效应，但是对它们的物理机制并不清楚。

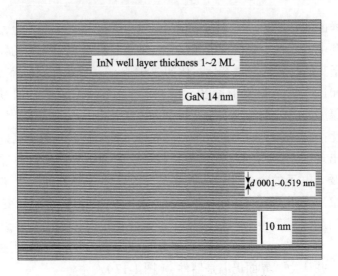

图 1-18　InN/GaN 多量子阱 XTEM 图像

2012 年，中国科学院半导体研究所超晶格国家重点实验室常凯理论小组与美国加州大学圣塔芭芭拉分校的苗茂生合作，提出了在 InN/GaN 量子阱中可以产生极强的局域电场，可达 10 MV/cm 量级。该电场可在 0～2 eV 大范围内调控半导体材料的带隙[85]。InN 和 GaN 虽然同为Ⅲ-Ⅴ族氮化物，具有相同的空间点群，但二者的晶格常数却相差较大。界面应力所带来的压电效应会在垂直于界面的方向上形成巨大的内建极化电场。通过第一性原理计算的预测，该电场高达 10 MV/cm。并且，通过改变 InN 层厚可以调节电场，预计可在 0.8 eV 到 0 eV 的大范围调控带隙，甚至导致能带翻转，实现拓扑绝缘体相（图 1-19）[85]。2013 年美国 AMES 国家实验室和亚利桑那州立大学实验组发现，InN/GaN 量子阱的极化场会导致光致发光峰随 GaN 势垒层厚度而偏移（图 1-20）。这是因为随着 GaN 势垒层厚度增加，势垒层内部的极化电场有显著的降低。这样可以使 InN 发光设备在室温下覆盖有用波段的光[86]。该实验证实了理论课题组关于内建电场强度的计算和预测[85]。2014 年，美国桑迪亚国家实验室的潘伟和诺贝尔奖得主崔琦研究组的实验声称，在 InN 单层和 10nm GaN 势垒层组成的 40 个量子阱超晶格结构中得到了不依赖于温度的、具有较高迁移率的二维电子气，如图 1-21 所示，他们认为观察到了拓扑转变的迹象[87]，在他们的文章中多次大段引用理论工作[85]来解释和理解实验结果。

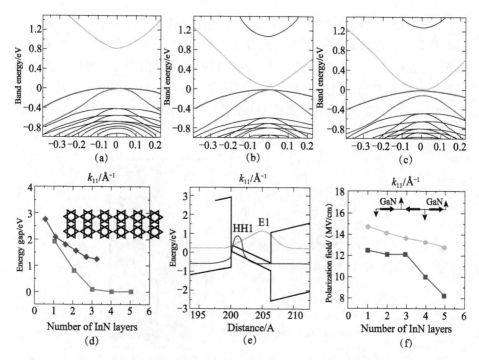

图 1-19　GaN/InN/GaN 量子阱系统带隙与 InN 层厚关系，改变 InN 层厚，可以实现近 1eV 调节

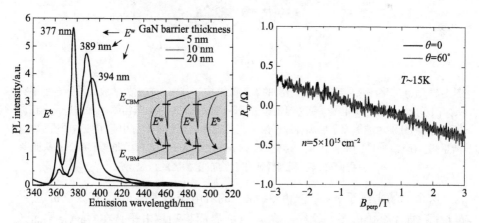

图 1-20　GaN 势垒层对荧光峰波长的调制

图 1-21　θ 表示平面法向和所加磁场的夹角，从图中可以看出不同角度的霍尔电阻相重合，体现出电子气的二维性质

常凯理论小组又研究了晶格匹配的主流半导体材料（如锗、砷化镓）之间的界面。他建议通过外延生长的方式，沿［111］极化方向生长 GaAs/Ge/GaAs 量子阱 [88]。一方面，通过布里渊区折叠可使锗由间接半导体变为直接半导体；另一方面，通过确保一侧的界面是 As—Ge 原子成键，而另一侧为 Ga—Ge 原子成键，就会在超薄的 Ge 原子夹层区域上产生一个强大的自建电场（图 1-22）。

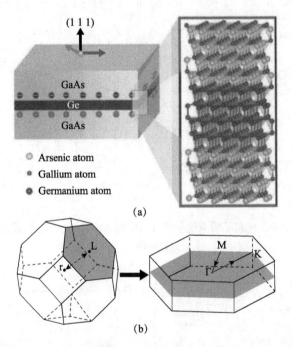

图 1-22　(a) 砷化镓夹层超薄锗原子层的人工微结构。其中，右上方的放大图例显示了夹层为四双原子层锗的砷化镓/锗/砷化镓量子阱的原子构型。尤其需要注意的是，在锗原子层的两侧分别对应镓原子层和砷原子层。正是这种结构的不对称引起了如左图所示的电荷累积。(b) 沿［111］晶向生长的砷化镓/锗/砷化镓量子阱的布里渊区示意图，从此图中我们可以看到闪锌矿化合物布里渊区的折叠情况

这个电场来源于 As 原子和 Ga 原子的价电子数差异，As 有 5 个价电子，而 Ga 只有 3 个价电子，这样，在 As-Ge 界面将积累电子，在 Ga-Ge 界面会累积空穴，相当于在锗原子层产生很强的局域内建电场。该内建电场导致锗原子层能隙减小。当内建电场足够强时，可以期待系统的能隙变成负带隙，并且产生很强的自旋轨道耦合，从而能打开较大的非平庸带隙，并进入拓扑绝缘体相。

　　他们第一性原理计算的结果表明，在 GaAs/Ge/GaAs 量子阱中，由于量子限域效应和内建电场的存在，内建电场可以高达 14 MV/cm。并且，通过改变层厚，系统能隙可以由 1.6 eV 变化至 0 eV，即从可见光到 THz 的范围变化。值得注意的是，在该量子阱系统中，应力可以作为辅助手段使能隙连续变化，这样的方案可用来制作宽谱光电器件（图 1-23）。

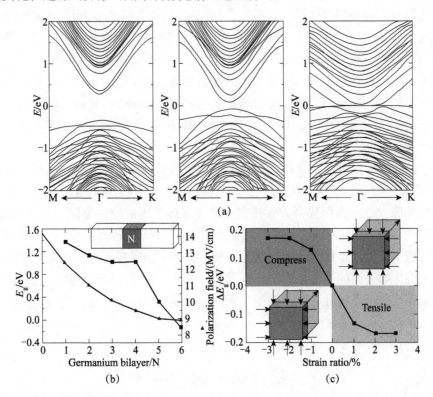

图 1-23　（a）不同锗组分的 GaAs/Ge/GaAs 量子阱杂化密度泛函能带，从左到右分别为 2 个锗双原子层，4 个锗双原子层以及 3% 平面内张应力下 4 个锗双原子层结果；（b）锗双原子层层数与带隙（三角形线）及内建极化电场强度（方形线）的关系；（c）应力对带隙的调控

　　应当强调，这类极性界面调控方案，不但可以在大范围内调控主流半导体的能隙，而且具有普适性和重要的应用前景。近来，常凯小组又证明利用界面能带调控还有可能实现拓扑半金属相、自旋半金属相[89] 等多种新奇量子相。

　　近年来凝聚态物理的发展揭示了许多新奇的物相，如拓扑绝缘体（topological insulator）、拓扑半金属（topological semimetal）以及自旋半金属（half-metal）等。由界面调控方案产生的极强内建电场，能够在 1 eV 的量级上大范围调控能隙，正好提供了引发主流半导体发生新奇相变的关键手段[90,91]，使主流半导体材料中可以展现一些原本在重元素或含有 d-或 f-电子的材料体系中才有的量子相。

极性界面的量子调控方案已经开始成为半导体物理重要的前沿领域。密度泛函理论先驱、美国科罗拉多大学教授 Alex Zunger 等已将这一方案应用于Ⅲ-Ⅴ族和Ⅱ-Ⅵ族化合物半导体异质结[92]及二维材料黑磷[93]中，均实现了上述材料的拓扑绝缘体转变。最近，*Review of Modern Physics* 关于拓扑能带理论的文章[94]已经将通过极性界面设计作为开辟 2D 材料拓扑相的第四类新方案。同时，将 GaAs/Ge/GaAs 系统单独列为有希望的拓扑材料重点介绍给读者。第一类是 Kane 和 Mele 提出的在石墨烯上吸附重原子；第二类是光子晶体中光子的拓扑态；第三类是叠加符号相反 Rashaba 自旋轨道耦合的二维电子气。《物理学进展》最近在关于二维材料拓扑相的综述文章中推介了极性界面方案[95]。

总而言之，随着半导体器件尺度的不断缩小，界面效应愈发明显。已有的研究成果表明，界面调控可以在很大范围（$0\sim2$ eV）内调控主流半导体材料的带隙。这一方面将会大大拓宽主流半导体材料的应用范围；另一方面，由于极性界面所提供的 10MV/cm 量级的内建电场是界面生长的自洽结果，多种诸如自旋半金属相、拓扑绝缘体相、拓扑半金属相等新奇相变的实现成为可能。这方面的工作是由中国科学家引领的，为界面能带调控、新奇量子相变调控等基础物理研究提供了全新的方向和领域，应当给予大力支持，以期从实验上获得重大突破。

第六节　展　望

半导体能带计算方法的发展目标在于解释和预测半导体材料及其微纳结构的电子结构，发展普适的第一性或半经验的计算方法与理论，不断改进方法以精确地计入库仑相互作用、范德瓦耳斯相互作用等多种因素对电子结构的影响。

半导体能带第一性原理计算方法历经近半个世纪的发展与沿革，在陆续考虑 GW 近似或杂化泛函 HSE 的修正后，已经可以准确地预测绝大多数半导体材料力学和电子结构性质。第一性原理的计算方法虽然较精确，但是仍然受到计算量的限制，难以计算原子数目巨大的半导体纳米结构的电子结构。近年来人们开始发展无轨道的密度泛函理论（orbital-free density functional theory）来计算包含百万电子体系的能谱，这套理论基于 Thomas-Fermi 模型，通过直接计算电子密度为基础预测体系能带结构，其计算精度高度依赖于动能的密度泛函，近年来利用蒙特卡罗取样 [96]、半局域近似 [97] 等手段在动能密度泛函的精确性与可拓展性方面获得了长足的进步，是半导体电子结构计算方法值得期待的发展方向之一。

半导体能带计算的方法发展开始与计算硬件平台相结合，众核计算平台，尤其是目前新兴的 GPU 加速科学计算在半导体电子结构预测方面极为成功。究其原因在于：① GPU 的双精度浮点运算能力较传统的 CPU 计算核心显著增强，为更高精度要求的第一性原理计算提供了基础条件；② GPU 的带宽更宽，满足第一性原理计算中常用的快速傅里叶变换（fast Fourier transform，FFT）等带宽密集型计算；③ GPU 由于其在图形渲染等方面广泛的应用，催生出了众多的数值计算库（如 CUBLAS、MAGMA、CUDPP、CUFFT 等）的不断发展，为使用 GPU 完成 PWP-DFT 计算提供了便利条件。现在，与 GPU 结合的第一性原理计算方法正经历从特殊定制的机器语言向更为易用的高级语言（如 CUDA、OPENCL 等）发展，这些语言将会方便地被 C、C++、Fortran 等传统高级语言调用，极大地增强现有半导体电子结构计算方法的计算能力。

另外值得注意的新动向是，人们开始采用遗传算法以及基于人工智能的机器深度学习方法预测材料晶体结构和电子结构 [98-100]。这些新的计算方式将极大地降低计算能力要求（使计算需求由N3增长依赖关系降低为线性增长），显著提升半导体预测效率，并革命性地提高和拓展新型半导体材料结构的搜寻方式。可以期待的是，半导体能带计算方法必将伴随半导体物理的深入研究保持着旺盛的生命力。

最后，希望重点推介的是利用不同半导体材料界面间的电荷转移、应变、轨道杂化和再构，以及晶格对称性的差异等因素已经可以从量子层面进行界面设计，能在界面处产生极强的局域极化电场和形成高浓度的二维电子气和 / 或空穴气。更重要的是，这类极性异质界面能在 1 eV 的范围内显著地改变和调控半导体的能隙，甚至可以将一些主流半导体材料变成半金属、拓扑绝缘体和拓扑半金属，以及激子绝缘体等量子相，成为研究新奇量子相变的新体系。各种奇特量子相的物性也极可能用来构造出全新的半导体电子和光电子器件。

常凯（中国科学院半导体研究所，中国科学院半导体超晶格国家重点实验室）

参 考 文 献

[1] Hohenberg P H. Kohn Inhomogeneous Electron Gas. Phys. Rev., 1964, 136: B864.

[2] Kohn W, Sham L J. Self-consistent equations including exchange and correlation effects. Physical Review, 1965, 140(4A):A1133-A1138.

[3] Van Schilfgaarde M , Kotani T, Faleev S. Quasiparticle self-consistent GW theory. Physical Review Letters, 2006, 96(22):226402.

[4] Onida G, Reining L, Rubio A. Electronic excitations: Density-functional versus many-body Green's-function approaches. Rev. Mod. Phys. , 2002, 74 : 601.

[5] Surh M P, Northrup J E, Louie S G. Occupied quasiparticle bandwidth of potassium. Physical Review B, 1988, 38(9):5976.

[6] Koelling D D. Self-consistent energy band calculations. Reports on Progress in Physics, 1981, 44(2):140.

[7] Aryasetiawany F, Gunnarssonz O. The GW method.Rep. Prog. Phys., 1998, 61:237.

[8] Hedin L. New method for calculating the one-particle green's function with application to the electron-gas problem. Physical Review, 1965, 139:A796.

[9] Aulbur W G, Jönsson L, Wilkins J W. Quasiparticle Calculations in Solids //Solid State Physics: Advances in Research and Applications.San Diego: Academic Press, 2000: 1-218.

[10] Rohlfing M, Krüger P, Pollmann J. Quasiparticle band-structure calculations for C, Si, Ge, GaAs, and SiC using Gaussian-orbital basis sets. Physical Review B, 1993, 48(24):17791-17805.

[11] Hybertsen M S, Louie S G. Electron correlation in semiconductors and insulators: Band gaps and quasiparticle energies. Physical Review B (Condensed Matter), 1986, 34(8):5390.

[12] Hott R. GW-approximation energies and Hartree-Fock bands of semiconductors. Physical Review B (Condensed Matter), 1991, 44(3):1057-1065.

[13] Hybertsen M S, Louie S G. Model dielectric matrices for quasiparticle self-energy calculations.Physical Review B (Condensed Matter), 1988, 37(5):2733-2736.

[14] Li X Z, Gómezabal R, Jiang H, et al. Impact of widely used approximations to the G_0W_0 method: An all-electron perspective. New Journal of Physics, 2012, 14(4):23006-23026(21).

[15] Broido M M, Taylor J G. Bethe - salpeter equation. Journal of Mathematical Physics, 1969, 10(1):184-209.

[16] Cammi R, Mennucci B, Tomasi J J. Fast evaluation of geometries and properties of excited molecules in solution: A tamm-dancoff model with application to 4-dimethylaminobenzonitrile. Journal of Physical Chemistry A, 2000, 104(23):5631-5637.

[17] Deslippe J, Samsonidze G, Strubbe D A, et al. Berkeley GW: A massively parallel computer package for the calculation of the quasiparticle and optical properties of materials and nanostructures. Computer Physics Communications, 2012, 183(6):1269-1289.

[18] Katsnelson M I, Irkhin V Y, Chioncel L, et al. Half-metallic ferromagnets: From band structure to many-body effects. Review of Modern Physics, 2008, 80(2): 315.

[19] Basov D N, Averitt R D, van Der Marel D, et al. Electrodynamics of correlated electron materials. Review of Modern Physics, 2011, 83(2): 471.

[20] Freysoldt C, Grabowski B, Hickel T, et al. First-principles calculations for point defects in solids. Review of Modern Physics, 2014, 86(1):253-305.

[21] Runge E, Gross E K U. Density-Functional theory for time-dependent systems. Phys. Rev. Lett. , 1984, 52:997.

[22] Ren J, Kaxiras E, Meng S. Optical properties of clusters and molecules from real-time time-dependent density functional theory using a self-consistent field. Molecular Physics, 2010, 108(14):1829-1844.

[23] Meng S, Kaxiras E. Electron and hole dynamics in dye-sensitized solar cells: Influencing factors and systematic trends. Nano Letters, 2010, 10(4):1238-1247.

[24] Born M, Oppenheimer R.Quantum theory of molecules. Ann. Phys. , 1927, 389:457.

[25] Feynman R P. Space-time approach to quantum electrodynamics. Physical Review, 1949, 76(6):769-789.

[26] Feynman R P, Hibbs A R. Quantum Mechanics and Path Integrals. New York: McGraw-Hill Inc, 1965, 91:1291-1301.

[27] Feynman R P. Atomic Theory of the Transition in Helium. Physical Review, 1953, 91(6):1291-1301.

[28] Li X Z, Wang E G. Computer Simulations of Molecules and Condensed Matters: from Electronic Structures to Molecular Dynamics. Beijing:Peking University Press, 2014.

[29] Chandler D, Wolynes P G. Exploiting the isomorphism between quantum theory and classical statistical mechanics of polyatomic fluids. Journal of Chemical Physics, 1981, 74(7):4078.

[30] Berne J B, Thirumalai D. On the simulation of quantum systems: Path integral methods. Annual Review of Physical Chemistry, 1986, 37(1):401-424.

[31] Ceperley D M. Path integrals in the theory of condensed helium. Reviews of Modern Physics, 1995, 67(2):279-355.

[32] Pollock E L, Ceperley D M. Path-integral computation of superfluid densities. Physical Review B (Condensed Matter), 1987, 36(16):8343.

[33] Tuckerman M E, Marx D, Klein M L, et al. Efficient and general algorithms for path integral

Car-Parrinello molecular dynamics. Journal of Chemical Physics, 1996, 104(14):5579-5588.

[34] Marx D, Parrinello M. Ab initio path integral molecular dynamics: Basic ideas.J. Chem. Phys, 1996, 104:4077.

[35] Tuckerman M E, Marx D, Parrinello M. The nature and transport mechanism of hydrated hydroxide ions in aqueous solution. Nature, 2002, 417:925.

[36] Li X Z, Probert M I, Alavi A, et al. Quantum nature of the proton in water-hydroxyl overlayers on metal surfaces. Physical Review Letters, 2010, 104(6):066102.

[37] Morales M A, Pierleoni C, Schwegler E, et al. Evidence for a first-order liquid-liquid transition in high-pressure hydrogen from ab initio simulations. Proceedings of the National Academy of Sciences of the United States of America, 2010, 107(29):12799-12803.

[38] Ceriotti M, Bussi G, Parrinello M. Nuclear quantum effects in solids using a colored-noise thermostat.Physical Review Letters, 2009, 103(3):030603.

[39] Porezag D, Frauenheim T, Köhler T, et al. Construction of tight-binding-like potentials on the basis of density-functional theory: Application to carbon. Physical Review B (Condensed Matter), 1995, 51(19):12947-12957.

[40] Slater J C, Koster G F. Simplified LCAO Method for the Periodic Potential Problem. Physical Review, 1954, 94(6):1498.

[41] Koskinen P, Häkkinen H, Seifert G, et al. Density-functional based tight-binding study of small gold clusters. New Journal of Physics, 2006, 8(40):6456-6460.

[42] Köhler C, Seifert G, Frauenheim T. Density functional based calculations for Fen ($n \leqslant 32$). Chemical Physics, 2005, 309(1):23-31.

[43] Th.Frauenheim, Weich F, Th.Kohler, et al. Density-functional-based construction of transferable nonorthogonal tight-binding potentials for Si and SiH. Phys.Rev.B, 1995, 52:11492.

[44] Guishan Zheng , H A W, Bobadovaparvanova P, et al. Parameter calibration of transition-metal elements for the spin-polarized self-consistent-charge density-functional tight-binding (DFTB) method: Sc, Ti, Fe, Co, and Ni. Journal of Chemical Theory & Computation, 2007, 3(4):1349-1367.

[45] Elstner M, Porezag D, Jungnickel G, et al. Self-consistent-charge density-functional tight-binding method for simulations of complex materials properties. Phys. Rev. B, 1998, 58:7260.

[46] Köhler C, Frauenheim T, Hourahine B, et al. Treatment of collinear and noncollinear electron spin within an approximate density functional based method. Journal of Physical Chemistry A, 2007, 111(26):5622-5629.

[47] Haugk M, Elsner J, Th F, et al. Structures, energetics and electronic properties of complex

III-V semiconductor systems. Physica Status Solidi, 2000, 217(1):473-511.

[48] Kohler C, Seifert G, Gerstmann U, et al. Approximate density-functional calculations of spin densities in large molecular systems and complex solids. Physical Chemistry Chemical Physics, 2001, 3(23):5109-5114.

[49] Niehaus T A, Suhai S, Sala F D, et al. Tight-binding approach to time-dependent density-functional response theory. Physical Review B, 2001, 63(8):247-250.

[50] Niehaus T A, Rohlfing M, Della S F, et al. Quasiparticle energies for large molecules: A tight-binding-based Green's-function approach. Physical Review A, 2005, 71(2):2508.

[51] Pecchia A, Carlo A D. Atomistic theory of transport in organic and inorganic nanostructures. Reports on Progress in Physics, 2004, 67(8):1497-1561.

[52] Elstner M, Hobza P, Frauenheim T, et al. Hydrogen bonding and stacking interactions of nucleic acid base pairs: A density-functional-theory based treatment. Journal of Chemical Physics, 2001, 114(12):5149-5155.

[53] Thouless D, Kohmoto M, Nightingale M, et al. Quantized hall conductance in a two-dimensional periodic potential. Phys. Rev. Lett. , 1982, 49:405.

[54] Haldane F D M. Model for a quantum hall effect without Landau levels: condensed-matter realization of the "parity anomaly". Physical Review Letters, 1988, 61: 2015.

[55] Jackiw R. Fractional charge and zero modes for planar systems in a magnetic field. Phys. Rev. D, 1984, 27: 2375.

[56] Kane C L, Mele E J. Quantum spin Hall effect in graphene. Physical Review Letters, 2005, 95(22):226801.

[57] Kane C L, Mele E J. Z2 topological order and the quantum spin Hall effect. Physical Review Letters, 2005, 95(14):146802.

[58] Bernevig B A, Hughes T L, Zhang S C. Quantum spin Hall effect and topological phase transition in HgTe quantum wells. Science, 2006, 314(5806):1757-1761.

[59] Liu C, Hughes T L, Qi X L, et al. Quantum spin Hall effect in inverted type-II semiconductors. Physical Review Letters, 2008, 100(23):236601.

[60] Du L, Knez I, Sullivan G. Robust Helical Edge Transport in Gated InAs/GaSb Bilayers. Phys. Rev. Lett. , 2005, 114: 096802.

[61] Miao M S, Yan Q, Lou W K, et al. Polarization-driven topological insulator transition in a GaN/InN/GaN quantum well. Physical Review Letters, 2012, 109(18): 186803.

[62] Zhou L, Dimakis E, Hathwar R, et al. Measurement and effects of polarization fields on one-monolayer-thick InN/GaN multiple quantum wells. Physical Review B, 2013, 88:125310.

[63] Chadov S, Qi X, Kübler J, et al. Tunable multifunctional topological insulators in ternary Heusler compounds. Nature Materials, 2010, 9(7):541-545.

[64] Dzero M, Sun K, Galitski V, et al. Topological kondo insulators. Physical Review Letters, 2010, 104(10):2909-2915.

[65] Qi X L, Hughes T L, Zhang S C. Topological invariants for the Fermi surface of a time-reversal-invariant superconductor. Physical Review B (Condensed Matter), 2010, 81(13):134508.

[66] Aidelsburger M, Atala M, Lohse M, et al. Realization of the hofstadter hamiltonian with ultracold atoms in optical lattices. Physical Review Letters, 2013, 111(18):185301.

[67] Hafezi M, Demler E A, Lukin M D, et al. Robust optical delay lines with topological protection. Nature Physics, 2012, 7(11):907-912.

[68] Haldane F , Raghu S. Possible Realization of Directional Optical Waveguides in Photonic Crystals with Broken Time-Reversal Symmetry. Phys. Rev. Lett. ,2008, 100: 013904; Wang Z, Chong Y, Joannopoulos J D,et al, Observation of unidirectional backscattering-immune topological electromagnetic states. Nature, 2009, 461: 772.

[69] Rechtsman M C, Zeuner J M, Tünnermann A, et al. Strain-induced pseudomagnetic field and photonic Landau levels in dielectric structures. Nature Photonics, 2013, 7(2):153-158.

[70] Fang K, Yu Z, Fan S. Realizing effective magnetic field for photons by controlling the phase of dynamic modulation. Nature Photonics, 2012, 6(11):782-787.

[71] Hafezi M, Rabl P. Optomechanically induced non-reciprocity in microring resonators. Optics Express, 2012, 20(7):7672-7684.

[72] Umucalilar R, Carusotto I.Artificial gauge field for photons in coupled cavity arrays. Phys. Rev. A, 2011, 84: 043804.

[73] Khanikaev A B, Mousavi S H, Tse W K, et al. Photonic topological insulators. Nat. Mater. , 2013, 12: 233.

[74] Bernevig B, Zhang S C.Quantum spin hall effect. Phys. Rev. Lett. , 2006, 96: 106802.

[75] Hafezi M, Mittal S, Fan J, et al. Imaging topological edge states in silicon photonics. Nat. Photon. , 2013, 7: 1001.

[76] Rechtsman M, Zeuner J, Plotnik Y, et al. Photonic topological insulators. Nature Materials, 2013, 12(3):233-239.

[77] Yoshida S, Misawa S, Gonda S. Improvements on the electrical and luminescent properties of reactive molecular beam epitaxially grown GaN films by using AlN - coated sapphire substrates. Applied Physics Letters, 1983, 42(5):427-429.

[78] Amano H, Sawaki N, Akasaki I. Metalorganic vapor phase epitaxial growth of a high quality GaN film using an AlN buffer layer. Applied Physics Letters, 1986, 48(5):353-355.

[79] Asif Khan M, Van Hove J M, Kuznia J N, et al. High electron mobility GaN/Al$_x$Ga$_{1-x}$N heterostructures grown by low - pressure metalorganic chemical vapor deposition. Applied

Physics Letters, 1991, 58(21):2408-2410.

[80] Ohtomo A, Hwang H Y. Corrigendum: A high-mobility electron gas at the LaAlO$_3$/SrTiO$_3$ heterointerface. Nature, 2004, 441(6973):423.

[81] Brinkman A, Huijben M, Zalk M V, et al. Magnetic effects at the interface between non-magnetic oxides. Nature Materials, 2007, 6(7):493-496.

[82] Reyren N, Thiel S, Caviglia A D, et al. Superconducting interfaces between insulating oxides. Science, 2007, 317(5842):1196-1199.

[83] Hwang H Y. Emergent phenomena at oxide interfaces. Nature Materials, 2012, 11(2):103-113.

[84] Yoshikawa A, Che S B, Yamaguchi W, et al. Proposal and achievement of novel structure InN / GaN multiple quantum wells consisting of 1 mL and fractional monolayer InN wells inserted in GaN matrix. Applied Physics Letters, 2007, 90(7):481.

[85] Miao M S, Yan Q, Lou W K, et al. Polarization-Driven Topological Insulator Transition in a GaN/InN/GaN Quantum Well. Physical Review Letters, 2012, 109(18):186803.

[86] Zhou L, Dimakis E, Hathwar R, et al. Measurement and effects of polarization fields on one-monolayer-thick InN/GaN multiple quantum wells. Physical Review B, 2013, 88: 125310.

[87] Pan W, Dimakis E, Wang G T, et al. Two-dimensional electron gas in monolayer InN quantum wells.Appl. Phys. Lett., 2014, 105:213503.

[88] Zhang D, Lou W, Miao M, et al. Interface-induced topological insulator transition in GaAs/Ge/GaAs quantum wells. Physical Review Letters, 2013, 111(15):156402.

[89] Zhang D, Zhang D B, Yang F, et al. Electronic and magneto-optical properties of monolayer phosphorene quantum dots. 2D Materials, 2015, 2:041001.

[90] Zhang H, Xu Y, Wang J, et al. Quantum spin hall and quantum anomalous hall states realized in junction quantum wells. Physical Review Letters, 2014, 112(21):216803.

[91] Zhang H, Wang J, Xu G, et al. Topological states in ferromagnetic CdO/EuO superlattices and quantum wells. Physical Review Letters, 2014, 112(9):096804.

[92] Liu Q , Zhang X, Abdalla L B, et al., Transforming common III-V and II-VI semiconductor compounds into topological heterostructures: The case of CdTe/InSb superlattices. Advanced Functional Materials, 2016, 26(19): 3259-3267.

[93] Liu Q, Zhang X, Abdalla L B, et al. Switching a normal insulator into a topological insulator via electric field with application to phosphorene. Nano Letters, 2015, 15(2):1222.

[94] Bansil A, Lin H, Das T. Colloquium: Topological band theory. Reviews of Modern Physics, 2016, 88(2):021004.

[95] Ren Y, Qiao Z, Niu Q. Topological phases in two-dimensional materials: a review. Reports on Progress in Physics Physical Society, 2016, 79(6):066501.

[96] Gottlieb A D, Mauser N J. New measure of electron correlation. Physical Review Letters, 2005, 95(12):123003.

[97] Constantin L A, Fabiano E, Laricchia S, et al. Semiclassical neutral atom as a reference system in density functional theory. Physical Review Letters, 2011, 106(18):186406.

[98] Louis-François A, Alejandro L, O Anatole von L, et al.Machine learning for many-body physics: The case of the Anderson impurity model. Physical Review B, 2014, 90:155136.

[99] Lee J, Seko A, Shitara K, et al. Prediction model of band gap for inorganic compounds by combination of density functional theory calculations and machine learning techniques. Physical Review B, 2016, 93(11):115104.

[100] Pilania G, Mannodikanakkithodi A, Uberuaga B P, et al. Machine learning bandgaps of double perovskites. Scientific Reports, 2016, 6:19375.

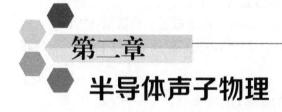

第二章
半导体声子物理

声子是固体材料中晶格振动本征模式的量子力学描述，是一种具有动量和能量的准粒子。声子是玻色子，遵从玻色统计规律。声子与固体材料的热导率、电导率以及光电性质有着密切关系。固体材料中与声子相关的重要物理性质，早在玻恩与黄昆合著的经典著作《晶格动力学理论》（*Lattice Dynamic Theory in Solids*）[1] 中已有详尽的描述。这里着重介绍固体材料中，特别是半导体中，声子物理的新进展及其新的器件应用。

第一节　处理晶格振动动力学的密度矩阵理论

固体的一系列性质都与它们的晶格动力学行为有关。特别是电子-声子相互作用对固体材料的红外光谱、拉曼光谱、中子散射谱、比热容、热膨胀、热导率、金属电阻率和超导等有重要的影响。事实上，从声子的角度来理解上述性质，也为验证量子力学基本原理的正确性提供了令人信服的证据。

晶格振动的基础理论建立于 20 世纪 30 年代。玻恩和黄昆 1954 年的著作《晶格动力学理论》至今仍是本领域的权威参考书。早期的晶格动力学重在研究晶格动力学本身的基本性质，没有考虑声子与电子之间的耦合作用，直至 20 世纪 70 年代才开始系统地揭示了体系中电子和声子耦合作用对晶格动力学的重要影响 [2,3]。

随着理论凝聚态物理和计算材料科学的发展，现在已可以依据材料化学成分采用第一性原理量子力学方法来直接计算特定材料的各种物理特性。这类密度泛函理论同样也用来研究晶格振动的线性响应。现在已经能够精确计算涵盖整个布里渊区内的声子色散，并可与声子散射实验数据直接比较。因此，已可以预言材料体系中一系列与声子有关的物理性质，如比热容、热膨胀率和带隙与温度的关系等。

一、电子结构理论中的晶格动力学

为了处理与晶格动力学有关的问题，Born 和 Oppenheimer 提出了一种绝热近似[4]，也即分开考虑晶格振动自由度和电子自由度。在该近似下，体系的晶格动力学性质由下列薛定谔方程本征值 ε 和本征函数 Φ 决定[4,5]：

$$\left(-\sum_I \frac{\hbar^2}{2M_I}\frac{\partial^2}{\partial \boldsymbol{R}_I^2} + E(\boldsymbol{R})\right)\Phi(\boldsymbol{R}) = \varepsilon\Phi(\boldsymbol{R}) \tag{2-1}$$

其中，$\boldsymbol{R}_I$ 是第 I 个原子的坐标，M_I 是其质量；$\boldsymbol{R} \equiv \{\boldsymbol{R}_I\}$ 是所有原子坐标的集合；$E(\boldsymbol{R})$ 是体系中固定离子的能量，也被称为 Born-Oppenheimer 能量面。实际上，$E(\boldsymbol{R})$ 是相互作用的电子在固定原子核势场中运动的基态能量，体系的哈密顿量依赖于 $\boldsymbol{R}$，即

$$H_{\text{BO}}(\boldsymbol{R}) = -\frac{\hbar^2}{2m}\sum_i \frac{\partial^2}{\partial r_i^2} + \frac{e^2}{2}\sum_{i\neq j}\frac{1}{|\boldsymbol{r}_i - \boldsymbol{r}_j|} - \sum_{iI}\frac{Z_I e^2}{|\boldsymbol{r}_i - \boldsymbol{R}_I|} + E_N(\boldsymbol{R}) \tag{2-2}$$

这里，Z_I 是第 I 个原子核的电荷；$-e$ 是电子电荷；$E_N(\boldsymbol{R})$ 是不同原子核之间的静电相互作用：

$$E_N(\boldsymbol{R}) = \frac{e^2}{2}\sum_{I\neq J}\frac{Z_I Z_J}{|\boldsymbol{R}_I - \boldsymbol{R}_J|} \tag{2-3}$$

平衡态时体系的几何结构由每个原子上的作用力都应消失这一条件给出：

$$\boldsymbol{F}_I \equiv \frac{\partial E(\boldsymbol{R})}{\partial \boldsymbol{R}_I} = 0 \tag{2-4}$$

振动频率 ω 由 Born-Oppenheimer 能量的 Hessian（一个多变量实值函数的二阶偏导数组成的方块矩阵）本征值决定，经用原子质量归一化后，有下述方程[4,5]：

$$\det\left|\frac{1}{\sqrt{M_I M_J}}\frac{\partial^2 E(\boldsymbol{R})}{\partial \boldsymbol{R}_I \partial \boldsymbol{R}_J} - \omega^2\right| = 0 \tag{2-5}$$

这样，计算体系平衡态几何结构和振动性质化解为计算 Born-Oppen-heimer 能量面的一阶和二阶导数。所用的基本工具就是 Hellmann-Feynman 定理。它证明哈密顿量 H_λ 本征值的一阶导数只与 λ 有关，它的平均值为

$$\frac{\partial E_\lambda}{\partial \lambda} = \left\langle \Psi_\lambda \left| \frac{\partial H_\lambda}{\partial \lambda} \right| \Psi_\lambda \right\rangle \tag{2-6}$$

其中，ψ_λ 是 H_λ 对应于本征值 E_λ 的本征函数：$H_\lambda \psi_\lambda = E_\lambda \psi_\lambda$。在 Born-Oppenhei-mer 近似中，原子核坐标实际上是公式（2-2）中电子哈密顿量的参数。第 I 个原子在电子处于基态时所受到的力为

$$F_I \equiv \frac{\partial E(\boldsymbol{R})}{\partial R_I} = \left\langle \Psi(\boldsymbol{R}) \left| \frac{\partial H_{BO}(\boldsymbol{R})}{\partial R_I} \right| \Psi(\boldsymbol{R}) \right\rangle \tag{2-7}$$

这里，$\psi(\boldsymbol{R})$ 是 Born-Oppenheimer 哈密顿量的电子基态波函数。该哈密顿量因电子-离子相互作用仍依赖于 $\boldsymbol{R}$，这种相互作用又通过电子电荷密度与电子自由度发生耦合。在这种复杂情形下，采用 Hellmann-Feynman 理论的表述则有

$$F_I = \int n_R(\boldsymbol{r}) \frac{\partial V_R(\boldsymbol{r})}{\partial R_I} \mathrm{d}\boldsymbol{r} + \frac{\partial E_N(\boldsymbol{R})}{\partial R_I} \tag{2-8}$$

其中，$V_R(\boldsymbol{r})$ 是电子-原子核相互作用势：

$$V_R(\boldsymbol{r}) = \sum_{iI} \frac{Z_I e^2}{|\boldsymbol{r}_i - \boldsymbol{R}_I|} \tag{2-9}$$

$n_R(\boldsymbol{r})$ 是在原子位置 $\boldsymbol{R}$ 处的基态电子电荷密度。公式（2-5）中出现的 Born-Oppenheimer 能量表面（Hessian）可以通过将 Hellmann-Feynman 力对原子坐标微分得到

$$\frac{\partial^2 E_N(\boldsymbol{R})}{\partial R_I \partial R_J} = \frac{\partial F_I}{\partial R_J} = \int \frac{\partial n_R(\boldsymbol{r})}{\partial R_J} \frac{\partial V_R(\boldsymbol{r})}{\partial R_I} \mathrm{d}\boldsymbol{r} + \int n_R(\boldsymbol{r}) \frac{\partial^2 V_R(\boldsymbol{r})}{\partial R_I \partial R_J} \mathrm{d}\boldsymbol{r} + \frac{\partial^2 E_N(\boldsymbol{R})}{\partial R_I \partial R_J} \tag{2-10}$$

公式（2-10）表明，要计算 Born-Oppenheimer 能量表面，需要计算基态电子电荷密度 $n_R(\boldsymbol{r})$ 及其对原子几何位置的线性响应 $\dfrac{\partial n_R(\boldsymbol{r})}{\partial R_I}$。这一基本结果已由 Decicco-Johnson[2] 和 Pick-Cohen-Martin[3] 求得。这里，Hessian 矩阵通常也被称为原子间力常数矩阵。

二、密度泛函理论

根据前面的讨论，已知要想计算 Born-Oppenheimer 能量表面对原子位移微分，仅需要知道电子电荷密度分布即可。应当指出，这只是相互作用电子体系的一个特例，通常叫作 Hohenberg-Kohn 定理[6]。根据这一理论，任意两种作用于电子上的不同势不会导致相同的基态电子电荷密度。利用这一性质和标准 Rayleigh-Ritz 量子力学变分原理可以导出如下结论：一定存在一个电子电荷密度的广义函数 $F[n(r)]$，会使下述泛函等式成立[5,6]：

$$E[n] = F[n] + \int n(r)V(r)\mathrm{d}r \qquad (2\text{-}11)$$

在保证 $n(r)$ 对空间的积分应当等于电子总数的条件下，寻找到外势场 $V(r)$ 作用下的最小基态电子电荷密度。与它对应的能量最小值应当就是基态能量。上述定理为现在所熟知的密度泛函理论（DFT）[7,8]打下了基础。它从概念上极大地简化了寻找相互作用电子体系基态性质的问题，因为它将基于波函数的传统描述（依赖于 $3N$ 个独立变量，N 是电子数量）替换为更容易处理的、仅依赖三个变量的电荷密度。但是，仍然有两个主要问题：一是泛函 F 的形式未知，二是函数 $n(r)$ 要成为可接受的基态电荷分布（从而泛函 F 的域也是可接受的）需满足的条件也还不知道。第一个问题可以通过将体系映射到一个辅助的无电子相互作用体系（Kohn-Sham 方程）[9]去处理。该虚拟体系中的粒子（通常是电子）在无相互作用的有效势场中运动，粒子密度在空间各点均与真实系统相同。虚拟系统中的粒子是彼此无相互作用的费米子，因此 Kohn-Sham 方程的精确解为单个 Slater 行列式（多电子体系波函数的一种表达方式，以量子物理学家 Slater 的名字命名。这种形式的波函数可以满足对多电子波函数的反对称要求，即所谓泡利原理：交换体系中任意两个电子，则波函数的符号将会反转。在量子化学中，所有基于分子轨道理论的计算方法都用斯莱特行列式的形式来表示多电子体系的波函数），行列式中的轨道则称为 Kohn-Sham 轨道。每一个 Kohn-Sham 轨道都可以表示为原子轨道的线性组合，也可以按照基函数展开。而这个有效势场包括了外部势场以及电子间库仑相互作用的影响，如交换和关联作用。处理交换关联作用是 Kohn-Sham 密度泛函理论的难点，目前尚没有精确求解交换相关能的方法。最简单的近似求解方法是局域密度近似（LDA）[5,9,10]。局域密度泛函是密度泛函理论中的一类，它是在交换关联能量泛函中使用的近似。该近似认为交换关联能量泛函仅仅与电子密度在空间各点的取值有关，而与其梯度、拉普拉斯等无关。LDA 用均匀电子气来计算体系的交换能（均匀电子气的交换能是可以精确求解的），而采用对自由电子气进行拟合的方法来处理关联能。

第二节　相干声子学

一、产生相干声子的物理机制

超快超强飞秒激光器的发展使得人们可以探测半导体材料振动谱的时间演化。借助于超短激光脉冲，我们不仅可以在时间尺度上探测声子整体激发的寿命和退相干时间，而且可以对单个声子的振动周期进行实时观测。原则上，通过监测材料声子谱在不同阶段的时间演化，可以对离子键或共价键的伸张和弯曲、晶格的畸变以及其他非平衡结构的变化进行"实时抓拍"（stop-action）[11]。正是这种"实时抓拍"技术使得我们能够对一些非平衡体系的中间过程，例如材料相变过程甚至化学反应的中间过程，进行直接测量和给以更为直观的理解。要想能从实验上对声子谱进行实时"抓拍"，不仅要求探测方法具有足够高的时间分辨率，而且要有将晶格振动初始化的激发机制，也即如何实现振动相位的相干（phase-coherent）。这既要求"超短超强脉冲"的持续时间小于单个声子的振动周期，还需要有一种对相位敏感的探测技术。利用泵浦-探测的实验技术，通过对光子能量、强度和偏振等参数的调控，人们现在已经可以对半导体和半导体异质结中处于非平衡的、载流子-声子相互作用进行精细的测量。

采用超快光学脉冲相干激发固体的振动模式是探测电子激发态与晶格振动耦合的一种灵敏探测手段。目前，人们已经在一系列材料上进行了相干声子振荡的激发和检测实验。其中，以对有 s-p 键的材料（Te、Bi 和 Sb）的研究为最多。另外，一些已研究过的材料包括过渡金属（Zn 和 Cd）、铜酸盐（特别是 YBCO）、Ⅲ-Ⅳ族层状化合物（GaSe 和 InSe）、Ⅲ-Ⅴ族半导体（特别是 GaAs）、石墨、石墨烯和Ⅳ族半导体（Ge 和 Si）等[12]。这些实验研究反过来又促进了这类吸收型材料中相干声子激发理论的发展。尽管这些理论有半经典的，也有依据量子场论的，但每种理论最终都是将声子模式的相干振幅 Q 描述成受激谐振子，由下式描述[11,12]：

$$\frac{d^2 Q}{dt^2} + 2\beta \frac{dQ}{dt} + \Omega_0^2 Q = F(t) \qquad (2\text{-}12)$$

这里，$Q/2\pi$ 是无阻尼谐振子的固有频率；β 是阻尼系数。不同模型之间的差异主要来自所采用的激励 $F(t)$ 形式不同而已。

目前，所采用的相干声子激发理论是最初由 Zeiger 及其合作者完成的半经典理论，也即所谓的相干声子位移激励（DECP）理论[13]。根据这一理论，超快激光脉冲产生一个时间相关的激发载流子分布，研究该分布与所研究的振动模式之间耦合，给出式（2-12）中的 $F(t)$。DECP 理论最初成功地描述了 s-p 材料中 A_1 对称声子模式 A_1 的激发。对这种模式而言，$F(t)$ 正比于激发载流子密度的平均值。但是，只要将激发载流子密度的适当部分取作激励，这一理论也同样可以用来描述低对称性模式的激发。由于 s-p 材料中振荡相位与位移力一致，故该理论采用了"位移"一词。实际上，DECP 理论并不要求力一定是位移型的。按照 DECP 理论，所诱导的振荡相位与所激发的电荷密度分量的时间相关性十分敏感。因此，原则上，根据相位测试结果可以对该理论进行实验检测。

随着 DECP 理论的发展，Merlin 及合作者意识到描述 $F(t)$ 还应当包括虚电子激发态[14-16]。在激光脉冲中，相差一个声子频率的两个光子可以通过虚电子激发态与晶格发生耦合，后者可用一个拉曼张量来描述。这一拉曼过程在 $F(t)$ 中增加了与激光脉冲强度的时间相关性成正比的脉冲项。这一理论是一种用来描述透明物质的瞬态受激拉曼散射（transient stimulate Raman scattering，TSRS）的理论，其中的虚跃迁是激励相干振荡的唯一机制。要想将它扩展到非透明物质中去，其关键是如何考虑虚/实电子激发态的拉曼张量，这样才能使 Merlin 理论对透明和非透明的物质都适用。

后来发现，对 s-p 材料 Te、Bi 和 Sb 来说，DECP 和 TSRS 理论都预测 A_1 模式振荡相位与纯位移力一致，还无法确定哪个理论更适合用来描述相干振荡的产生。因此，研究人员转而考察其他手段来区分这两个理论。Merlin 及合作者验证了 TSRS 的合理性[14]。Misochko 等对时间相关性进行的频率解析检测结果也倾向于支持 TSRS 理论[17]。但是，Lobad 和 Taylor 等进行的三脉冲测试更支持 DECP 理论对 s-p 材料中 A_1 模式的解释[18]。

Riffe 和 Sabbah 对 Si 的时间分辨光谱进行了仔细的研究，发现 DECP 和 TSRS 在描述 Si 光学声子激发时都很重要[12]。他们的相位测试结果表明激励已逼近于脉冲极限，而且激励主要来自虚电子激发，后者正是 TSRS 理论的重要组成部分。但是，DECP 模型的特征——耦合电荷密度的有限寿命也同样对激励的脉冲特性有贡献。为了将这些脉冲项也考虑到激励之中，他们扩展了 Merlin 及其合作者的 TSRS 描述，进一步考虑了耦合载流子密度对有限寿命的影响。扩展后的理论所描述的相位与测量得到的 Si 光学声子相位在数值上非常吻合。在 1.55 eV 的飞秒激光的激发下，Si 光学声子相干激发的实验数据促使 Riffe 和 Sabbah 对 Merlin 等的双带 TSRS 模型（two-band TSRS model）进行扩展，进一步考虑相干振荡耦合产生的电荷密度寿命有限的影响，从形式上将 DECP 和 TSRS 理论中激励相干声子的力都统一起来。他们还自然地解释了 Sb 中模式 E_g 具有非零相位的原因，并重新讨论了先前 Si 和 Ge 的实验结果。从总体上来讲，该模型更适用于描述由双带项主导的拉曼散射中相干振荡的相位。模型的所有参数都直接来源于相干振荡极快激发与探测的实验，或来源于介电函数的频率相关性测试。因此，人们更容易在其他材料中验证这一模型。

综上所述，在远离共振的透明区，TSRS 占主导地位；在共振激发下，DECP 机制起主要贡献；当处于不透明区域时，DECP 和 TSRS 都会起作用。

二、光声子学

如何控制电子的运动已是当代信息科技中的关键科学问题。随着信息科技对元器件提出了越来越高的要求：单一操控电子运动已经不够了，进一步要求在器件、电路中利用和操控声子的运动，将器件的发热降到最低水平。这就要对晶格弹性结构的振动模式进行更深入的研究，以得到固体中能量、动量等详细信息。因此，声子物理已成为当代信息科技中的另一关键科学问题。例如，无所不在的电-声子相互作用和声子引发的能量耗散是低维固体结构中量子态退相干的主要来源。又例如，声子可以调控纳米结构中的弛豫动力学、能级展宽乃至超导电性等物理效应。但是，目前对声子操控的应用还远远不及对电子操控的应用。

量子点（QD）和量子点分子（QDM）是最常用的能对电荷、自旋和光子量子态进行调控的体系。最近，利用声子作为量子点与光子共振腔模之间的耦合介质，可以用来调控一些特殊的量子态。在光力学领域，发现声子和光子对于量子信息技术具有互补性。光子可作为宽带远程信息传送的载体，而声子可作为长时间的信息存储器[19]。

下面将给出一个实例来具体说明如何在半导体中产生相干的和非耗散的声子。如图 2-1（a）所示，用两个垂直堆叠放在一起的自组装的 InAs/GaAs 量子点可构成量子点分子。两个量子点之间用一层 4 nm 厚的 GaAs 势垒分开。构成 QDM 的两个量子点具有与单一量子点相同的分立的能谱。沿 QDM 轴线方向（也即生长方向）施加电场，既可以改变 QDM 的整体能量，同时可以改变它们彼此之间的相对能量。后者的操作可避免量子点中不同光跃迁发生重叠，便于观察到 QDM 中的所有分立谱线。

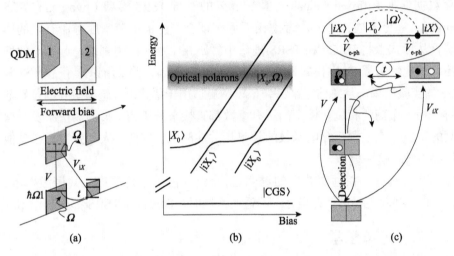

图 2-1 QDM 中的极性分子和法诺（Fano）效应。（a）量子点分子（QDM）样品的几何形状和所涉及的光子、电子和声子过程的能带图。（b）在垂直电场作用下的中性 QDM 激子的分裂谱线，包括单量子点 QD1 基态激子能级 $|X_0\rangle$，第一极化子能级 $|X_0, \Omega\rangle$，以及当电子位于 QD1 的基态 $|X_0\rangle$ 和空穴位于 QD2 的第 n 激发态时所形成的耦合激子能级 $|iX_n\rangle$。（c）电场下的能级图，其中有由 $|iX\rangle$ 和 $|X_0, \Omega\rangle$ 之间的 Fano 共振产生的分子极化子，（$|iX\rangle \pm |X_0, \Omega\rangle$）。顶部为用费曼图描述的分子极化子的形成过程和格林函数 $G(\omega)$ 中自能 $\Sigma ph(\omega)$ 的形成。插图取自文献 [19]

　　原则上，电子可以处在两个量子点中的任意一个和任何允许的能量状态上。下面只讨论电子位于 QDM 中 QD1 的基态情况。图 2-1（b）描绘了在垂直电场作用下中性 QDM 激子的分裂谱线。所有状态用激子的类别做了标示。$|X_n\rangle$ 表示电子和空穴在同一量子点（QD1）中的单量子点激子能级；$|iX_n\rangle$ 表示量子点之间的耦合激子能级，对应电子在 QD1 中而空穴在 QD2 中的情况。n 表示空穴位于相应量子点的第 n 能态上，其中"0"标记的是基态能级，"$n>0$"标记的是第 n 激发态能级［图 2-1（b）］。可以明显看出，$|X_n\rangle$ 只有微弱的电场依赖性，而 $|iX_n\rangle$ 有很强的电场依赖性。这是因为当电荷间的空间距离较大时，所形成的电偶极矩也越大。这种大偶极矩更便于用来调控量子点之间的耦合激子能级，使 $|X_0\rangle$ 激子和光学声子产生共振态 $|X_0, \Omega\rangle$。这种激子-声子的共振态被称为极化子。极化子的概念最早是由朗道引入的，它是由电荷和电荷所造成的晶格变形形成的一种准粒子。由于光学声子在 k 空

间中的色散关系，InAs/GaAs 异质结构中的应变，界面效应和界面混合效应等影响，这种极化子是一种连续态。从它们与晶体基态 $|CGS\rangle$ 之间的跃迁光谱图能得到有关 QDM 的能级信息。

不难看出，图 2-1 具有 Fano 构型的能级结构。当 QD1 的空穴基态能级与 QD2 的第 n 个空穴激发态能级之间的能量差与光学声子能量 $\hbar\Omega$ 相同时，应当会发生 Fano 效应［图 2-1（a）］。在这种情况下，两个量子点之间由第 n 激发态形成的耦合激子能级 $|iX_n\rangle$，可以与光学极化子的连续态 $|X_0, \Omega\rangle$ 出现共振［图 2-1（b）和（c）］。当它们之间通过两种不同途径即 V 和 V_{iX} 发生相干时［图 2-1（c）］，就会发生声子诱导的 Fano 效应。所以，如果能观测到 Fano 效应，就表明相应能态间发生了耦合。反过来，如果采用光激发量子点，并由量子点之间的耦合使激子能级与极化子能级发生耦合，最后可以在 QDM 中形成极化子能级 $|MP\rangle = |iX_n\rangle \pm |X_0, \Omega\rangle$。这样，可在量子点之间诱导出共振极化子状态，它具有很长的相干时间［图 2-1（c）］。由此可见，分子极化子可以将非相干的和耗散型的声子变成相干的和非耗散的，从而增强两个量子点之间的相干作用。因此，这类分子极化子可以当作弱耦合通道的放大器。

下面用一个简化的模型来模拟量子点分子体系的光吸收，计算出图 2-1（c）构型中的能量吸收率。选择一个共振量子态 $|iX_n\rangle$（图 2-1），可以从下面的公式得到吸收谱[19]：

$$
\left\{
\begin{aligned}
& I(\omega, V_g) = -2\omega\,\pi v^2 \rho_0 g\ \mathrm{Im}\left[q_{\mathrm{Fano}}^2\frac{\Delta_{\mathrm{ph}}\left(1+\dfrac{1}{q_{\mathrm{Fano}}}F(\omega)\right)^2}{\hbar\omega - \varepsilon_{iX} + \mathrm{i}\,\gamma_{iX} - \sum_{\mathrm{ph}}} + F(\omega) \right] \\
& F(\omega) = \frac{1}{\pi}\int_{-D}^{+D}\mathrm{d}\delta\varepsilon_{\mathrm{ph}}\frac{1}{\hbar\omega - \varepsilon_{X_0} - \hbar\omega_{\mathrm{ph},0} - \delta\varepsilon_{\mathrm{ph}} + \mathrm{i}\,\gamma_{X_0}\Omega}\ ,\ \sum_{\mathrm{ph}} = \Delta_{\mathrm{ph}}F(\omega)
\end{aligned}
\right.
\tag{2-13}
$$

这里，$\varepsilon_{iX} = \varepsilon_{iX_n}(V_g)$；$\varepsilon_{X_0}$ 为相应激子的跃迁能；V_g 为门电压；$\Delta_{\mathrm{ph}} = \pi\rho_0 t^2$，是声子辅助隧穿导致的展宽，$\rho_0$ 是声子态密度；$q_{\mathrm{Fano}} = v_{iX_n}t/v\Delta_{\mathrm{ph}}$ 是 Fano 因子；$\omega_{\mathrm{ph},0}$ 和 D 分别是中心声子能量和声子能带半宽。自能项 $\sum_{\mathrm{ph}}$ 是来自 QDM 中价带电子和声子模的相干耦合。

当 $D \to \infty$ 时，方程（2-13）退化为原始的 Fano 公式。q_{Fano} 的符号依赖于两个量子振幅 v 和 v_{iX} 符号的乘积。当 $|q_{\mathrm{Fano}}| \gg 1$ 时，Fano 效应很小，谱线是

对称的；当 $|q_{Fano}| \sim 1$ 时，谱线变成很不对称；当 $|q_{Fano}| \sim 0$ 时，谱线表现为典型的反共振型，成为一个很窄的透明窗口。这种反对称的吸收结构来自 Fano 过程的干涉，并受参数 $|q_{Fano}|$ 控制。同时，谱线也依赖于声子能带中的光子能量。

图 2-2（a）中给出了 $q_{Fano} = 1$ 时 Fano 共振的计算结果；相似的特征也在实验数据上得到验证，如图 2-2（b）所示。很明显，量子点分子的激子 $|iX_4\rangle$ 光学跃迁表现为强 Fano 线型。从图 2-2（b）电场色散谱中可提取出的二维谱图中，我们可以看到类反共振的线型，这是典型的 $q_{Fano} > 0$ 的 Fano 效应［图 2-2（c）～（h）］。我们也可以找出任意 q_{Fano} 值下的 Fano 共振范例，包括 $q_{Fano} = 0$（未标出）和 $q_{Fano} < 0$［图 2-2（i）～（n）］。另外，这种由声子参与的 Fano 构型也可以通过 Fano 因子得到验证。上述分析表明 QDM 是一个可以在很宽范围内实现可调的声子诱导光学透明的体系。

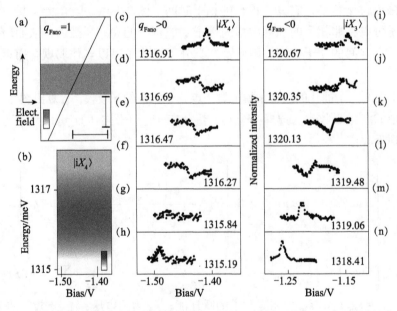

图 2-2　声子诱导透明理论（a）和实验（b）得到的 Fano 共振结果。理论计算是当 $q_{Fano} = 1$ 时的结果。实验数据按能量最大信号进行了归一化。两张图中的比例尺为 1 meV 和 0.1 V，灰色表示吸收（PLE 强度），颜色越深表示吸收越强。（c）～（h）从实验数据中提取出的 Fano 因子为正值（$q_{Fano} \approx +1$）的几个具体例子，此时 $|iX_4\rangle$ 跃迁与同一个 QDM 的连续极化子能带发生耦合；（i）～（n）给出了当 Fano 因子为负值（$q_{Fano} \approx -1$）时的几个具体例子，此时 $|iX_3\rangle$ 跃迁与不同 QDM 的连续极化子能带发生耦合。插图取自文献 [19]

下面的问题是如何调控声子诱导光学透明效应。从原则上讲，如果把每个孤立量子点看成体声子的量子限制体，那么 QDM 极化子的形成一定会急剧地改变其中的声子特性。另外，QDM 中电子态的变化也一定会影响 QDM 中的力学激发，不同的分子极化子提供不同的 q 因子，同样可以直接调节声子诱导光学透明。

总而言之，通过分子极化子的形成，我们可以将声子、光子和耦合量子点中的电荷实现相干耦合。这种用电场调控来实现的声子局域化的机制为光子学和量子技术提供了新的调控可能性。例如，分子极化子可以作为声子电路中的控制单元，还可以被用到内嵌耦合量子点的光子晶体波导中，传递相位相干信息。如果进一步将类似的概念移植到金刚石中的氮空位缺陷中心的自旋体系中，声子诱导的透明也可以成为室温量子信息处理的一种手段[19, 20]。

三、表面声学波

在压电半导体的表面用叉指换能器（IDT）可以激发沿表面传播的单色表面声学波，它在压电半导体中诱发产生的感应电势波可用来调控其中的电子输运特性。例如，携带单个电子和自旋信息，在声表面波的几个周期内就可以完成单电子输运。如果进一步通过在时间和空间上对声表面波进行调制，还有可能更加灵活地和动态地控制电子的运动。表面声学波也可以用作激发量子点中电子的单色激励源，并预计可以用来对电子态实施相干或非相干的调控。凡此种种均表明表面声学波在量子信息中有着重要应用的前景[21, 22]。

然而，要想迈向上述目标，必须克服许多技术难题。作为一个例子，要想生成驱动单个电子或单个自旋运动所需的表面声学波脉冲串，必须避开半导体装置中表面声学波之间的相干和由电磁波（EMW）引入的干扰与串扰。一种方案是采用时域分析方法分离每种信号。具体是：采用量子点接触的串联结构，测量处于不同位置上 QPC 电位随时间的变化。由于这些量子点接触之间的距离与表面声学波波长相关，我们能够分离出电磁波（EMW）和表面声学波，同样也可以分离出向左移动和向右移动的表面声学波。具体方案如图 2-3 所示[21]。

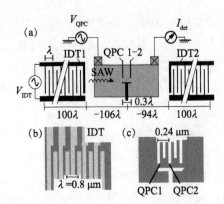

图 2-3 （a）器件的结构示意图，包括中心的量子点接触（QPC）和左侧的叉指换能器 1（IDT1）以及右侧的叉指换能器 2（IDT2）。量子点接触做在 AlGaAs/ GaAs 异质结构上面；两个叉指换能器放置在腐蚀掉异质结构后 GaAs 衬底上。每个 IDT 有 M=100 对金属梳齿，金属梳齿的周期为 λ=0.8 μm。(b) 它们的扫描电镜照片（SEM）。(c) 量子点接触照片，显示的是双量子点。实验中将对其中一对量子点通电（QPC1 和 QPC2，间隔为 0.24μm）。所有实验均在约 5K 的氦气环境中进行。插图选取自文献 [21]

两个射频脉冲串波，即 V_{IDT} 和 V_{QPC} 的波形如图 2-4（a）所示，分别加到 IDT 和作为 QPC 的源电极。脉冲载波频率为 0.18 GHz，并在足够长的时间 T_r=2500T_0 内重复 N=50 周期。V_{QPC} 脉冲比 V_{IDT} 脉冲延后，延迟时间 t_d 以 0.05T_0 的倍数变化 [21]。

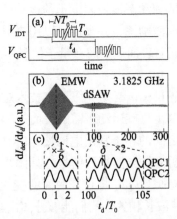

图 2-4 （a）给出了 V_{IDT} 和 V_{QPC} 的波形及彼此之间的时间延迟关系。（b）和（c）表示在 QPC1 上得到的导数值 dI_{det}/dt_d，可以观察到 $I_{det}(t_d)$ 随周期 T_0 的振荡情况。（b）只给出了振荡的包络函数。$t_d \sim 0$ 附近的菱形包络（标记为 EMW）是由电磁串扰引起的。直接表面声学波（dSAW）出现在 $t_d/T_0 \sim 100$ 处，与 IDT1 和 QPC（106λ）之间的间隔相对应。由蚀刻工序和金属模型中反射形成的间接声表面波出现在更晚的时间段（未画出）。很明显，上述这些波由于出现在不同的时域内，可以被区分开。插图取自文献 [21]

加在 IDT1 的脉冲波产生 $M + N = 150$ 周期的 SAW 脉冲,后者经过约 106 T_0 时间传播通过 QPC,最后测试 QPC 的电势随时间变化关系。这种势垒电势随时间的依赖关系还可通过 QPC 的源极和漏极之间的施加电压 V_{QPC} 进行调节。这里 QPC 实际起放大器作用,因为电流变化是由偏压调控通过 QPC 的传输概率引起的。直流(平均)电流 I_{det} 与延迟时间 t_d 的函数实际反映了势垒电势随时间的变化。

利用 QPC2 也观察到类似的包络函数,但其相位变化不同于 QPC1,如图 2-4(c)所示。EMW 的相位不依赖于 QPCs,它是设备的电磁串扰所致。与此相反,QPC1 和 QPC2 的 dSAW 之间的相位差($\delta \sim 0.25$)与波长(0.8 μm)的空间分离(0.24 μm)相一致,表明 QPC1 的 SAW 是从左向右传播的。从 IDT2 产生的 SAW 是从右向左传播的。即使左右传播的波发生干扰,从理论上仍可将两个 QPC 的贡献分离开来。最后要特别强调的是,由于双量子点体系是一个可操控的双能级电子能级体系,其中的直流电子电流可用来直接测量两个能级之间的弹性和非弹性跃迁速率。非弹性跃迁是由于能量与周围环境中的玻色子发生交换的结果,它的速率可以由联系受激发射吸收系数和自发发射吸收系数的爱因斯坦系数来描述。这里所用的半导体体系中最有效的耦合玻色子是声学声子。

第三节　新型声子态

前面讨论的声子态仍然是传统半导体结构中的类体声子态,主要包括声学声子和光学声子。本节将介绍一些其他的声子态,包括在非传统材料中的声子模式,如拓扑绝缘体中的拓扑声子态等 [23-29];偏离线性色散的声子性质,如非线性声子以及多声子相互作用下的非谐声子等 [16, 30-32]。

拓扑绝缘体(TI)是一种体内有像普通绝缘体那样的带隙,而表面有受拓扑保护的导电态的材料。拓扑绝缘体的一个有趣的性质是自旋的螺旋性,它会将自旋锁定在与表面电子态垂直的方向。具有这种自旋结构的表面态对于自旋无关的背散射都十分稳定。因此,拓扑绝缘体中的拓扑表面态是一种非常稳定的状态。虽然拓扑绝缘体的质量可以通过谨慎的生长过程来控制,然而即使在最完美的晶体中声子依然存在。因此,在有限温度下电声子耦合(EPC)成为表面电子态的主要散射机制。开展对拓扑绝缘体中电声子耦合的研究对开拓 TIs 的潜在应用具有重要的意义。下面将从实验和理论两方面介绍典型的三维 TIs，比如 Bi_2Se_3 和 Bi_2Te_3 两种拓扑绝缘体表面的电声子耦合。

拓扑绝缘体是一类新的材料，强自旋轨道耦合作用会使费米能级附近具有相反宇称的能带发生翻转，形成新带隙。它和普通的绝缘体的不同之处是，同时还存在有一个无带隙的金属性表面态。它十分类似量子霍尔体系中具有手性的边缘态，但是却具有非常规的自旋结构。这种独特的金属态是受拓扑不变性的保护，它允许电子在这些表面上传播，却不会受到杂质的散射。

电子和玻色子的集体激发之间的相互作用起源于多体效应，其中电子声子耦合（electron phonon coupling，EPC）是其中最重要的相互作用之一。它在许多物理性质中（无论是热容还是电导乃至超导）都起着至关重要的作用。例如，EPC 会改变材料中电子态和声子态的色散关系和寿命。从理论上讲，由 EPC 导致的电子能带结构及声子带的重整化可以从复数电子自能 Σ 和声子自能 Π 体现出来[23,29]。实部 $\mathrm{Re}\Sigma$ 或 $\mathrm{Re}\Pi$ 重整化将影响电子（声子）色散关系，而虚部 $\mathrm{Im}\Sigma$ 或 $\mathrm{Im}\Pi$ 重整化会改变电子或声子态的有限寿命。通常情况下，靠近费米面的电子有效质量和色散关系会被 EPC 重整化。例如，有效质量被 EPC 重整后会增加，这可用关系式 $m^*=m^0(1+\lambda)$ 来描述，其中 m^* 和 m^0 分别是有 EPC 和无 EPC 时的有效质量，λ 为 EPC 质量增长因子，是由 Eliashberg 方程 $\lambda=2\int_0^{\omega_{\max}}\dfrac{\alpha^2 F(\omega)}{\omega}\mathrm{d}\omega$ 来定义的。它也可以通过电输运和热输运的测量得到。$\alpha^2 F(\omega)$ 是能量为 $\hbar\omega$ 声子的态密度 $F(\omega)$ 与有效电声子耦合强度 α^2 的乘积，决定了质量增长因子。利用 $\alpha^2 F(\omega)$，可以将不同 ω 能量声子的贡献区分开来。采用隧道谱或者热容等实验手段都可以测量得到 $\alpha^2 F(\omega)$。

虽然拓扑绝缘体表面的狄拉克电子主要经受背散射过程，但是其他散射也会影响它们预期的轨道。随着技术的进步，相信会不断减小乃至最终消除表面缺陷，但是声子不可避免地会始终存在，所以表面的狄拉克费米子与声子的耦合是有限温度下的主要散射机制。近年来，针对 TI 表面的电声子耦合开展了不少的研究，实验上主要采用角分辨光电子能谱（ARPES）以及氦原子散射（HAS）等手段。前者通过测量电声子作用引起的费米面附近表面电子能量的重整变化来推断出其耦合的强度。氦原子散射关注的是由电声子作用引起的表面声子色散关系的重整变化，确定出特定模式的表面电声耦合程度。研究电声子耦合机制的理论方法主要有解析模型和第一性原理计算两种，所得到的结论并不一致[23,29]。

由 ARPES 实验可以直接得到固体中的电子能带结构和多体效应对其的影响[33]。在有限寿命时间内光电子发射的多体效应比较显著，它起因于电子态经历的各种可能散射机制，如电子-电子（EE）散射、电子-声子（EP）散射，或者电子与晶格缺陷的相互作用。光电子谱的线宽与寿命有关系；光电子强度和谱函数成正比。典型的 ARPES 实验包括一个单色光源（如气体放电光源）、一个 X 射线管（或者同步辐射光源）和一个球偏转静电分析器。在普通装置中光源和分析器的方向是固定的，而样品的方位角和极化方向可以变动。对于固定光子能量和固定的发射角，所得到的光电子谱强度 $I(E)$ 是动能的函数，称为能量分布曲线（EDC）。固定电子动能得到的则是动量分布曲线（MDC）。分析弱色散（接近平带）的电子能带位置和形状的最佳方法是测量 EDC，这时谱仪的角分辨率可以忽略；相反，分析强色散（陡带）电子能带的位置和形状应采用 MDC，以减小仪器角分辨的影响。通过 ARPES 测量我们最终可以得到电子自能。一旦得到自能，我们就可以得到电声子耦合强度。

现在已经采用相干非弹性氦原子散射（HAS 技术）测量了几种二元和三元拓扑绝缘体（001）表面的声子色散曲线[23,34]，并且采用基于赝电荷模型（PCM）的适用于平面集合的包含 30 QLs 的唯象表面晶格动力学计算得到的色散曲线具有如下两个特征：一是存在长波长瑞利线；二是在 Γ 点附近出现低的光学声子支，呈各向同性凸形散射的特征。上述基于 PCM 的晶格动力学计算表明，当狄拉克费米子不存在时，光学声子支呈现凹的形状，并在 $2k_\mathrm{F}$ 附近呈现出科恩异常。为了认清表面狄拉克费米子态在声子能量重整中的物理作用，借助无规相近似下的基于库仑类型的微观模型也开展了不少研究。这类模型在计算中考虑了螺旋性和表面狄拉克费米子的线性色散对密度-密度关联函数的影响。

为了从声子测量中得到电声子耦合的强度，我们需要得到电声子耦合导致的声子线宽。然而，声子谱线的展宽通常很小，即使对于强耦合的超导也是这样。由于仪器本身的展宽就有几 meV，用中子和氦原子散射实验几乎不可能测到这么小的展宽。再则，除电声子耦合之外对于声子展宽还有其他内在的贡献，比如声子-声子作用（非简谐）、声子缺陷散射以及声子和其他支的交叉等。这使得要想从声子线宽中提取电声子耦合贡献几乎是不可能的。因此，只能采用另一种非直接的方式来得到电声子耦合强度。具体的方法是，首先将声子自能的实部与测得的表面声子色散曲线拟合。它的虚部以及对于声子线宽有贡献的电声子作用部分可以通过 Hilbert（或 Kramers-Kronig）

变换得到。

最近在对 Bi_2Se_3 的红外光学研究中发现 7.6 meV 的光学声子模式的线型是高度非对称的，反映了存在有很强的电声子耦合[35]。这一模式很可能与 HAS 测量中发现的科恩异常模式是一样的[29]。超快时间分辨的差分反射测量发现有三个弛豫过程会导致反射率发生变化，并发现 EPC 和缺陷对电荷的俘获是发生上述三个过程的主要原因。用拉曼光谱测量若干层 Bi_2Se_3 纳米片的声子模线宽，发现所得到的 EPC 值与体材料中完全不同，这一结果与基于各向同性弹性连续声子模型的理论结果相符[36]。最近理论研究表明，在零度或者在非零温度下，窄带隙半导体中声子导致的带隙重整会对能带反转起很重要作用。这就是说，EPC 可以改变狄拉克绝缘体和半金属的拓扑性质[24]。事实上，最近已有研究发现，用 800 nm 飞秒脉冲可以从 Bi_2Se_3 的（001）表面和掺 Cu 的 Bi_2Se_3 单晶中激发出太赫兹波。它的特征证明了存在由狄拉克费米子重整化所导致的表面光学声子支。

第四节 新型声子器件

一、声波受激放大

除了传统可见光或近红外线的光子（激光器，Laser）和微波光子（微波激射器，Maser）的受激放大和激射以外，原则上其他几种玻色子也都可以实现受激放大和激射，比如 X 射线激光（也称为 X 射线激光器）和伽马射线激光器（GRASERS）等高能量激光器。最近，一个非常激动人心的领域是原子激光器。它是通过光学或者电学的手段来实现冷原子中振动量子态（声子）的激射，这些新型"激光"装置在许多领域有着非常重要的应用，比如高精密引力的测量等。原子激光器的研究激发了受激辐射导致振动模式放大（VASER）的研究热潮。从本质上讲，原子激光器就是对声子实施受激放大和激射[37-39]。

早在 20 世纪 60 年代初，人们就已经在理论上探讨了相干声子产生的可能性，并在实验上观察到了相干声子。利用超强、超短激光脉冲对特定的系统进行激发，可以实现类似于激光的声子受激辐射放大。如果存在一个很好的、能满足高声子反馈增益的谐振腔，我们就可以得到声子的激射和声子激光器。而且，声子的受激发射可以通过电学泵浦来产生，从而实现电驱动的声子放大器和激光器[40]。

在许多系统中已预言和报道了受激辐射下的声子放大和激射。Bron 和 Grill 报道了在 V^{4+} 掺杂 Al_2O_3 中的三能级系统中直接观察到频率为 24.7cm^{-1} 声子的受激发射[41]。Prieur 等研究了玻璃材料中双能级系统的声子发射，它们的声子频率在 0.34GHz 附近有很宽的频率分布[42]。Zavtrak 和合作者设计出由带有小颗粒或气泡的介电液体所构成的器件，该器件的工作方式很类似于自由电子激光器。该装置可以通过受激发射，在频率 ω=2kHz 处产生相干声学声子。Fokker 等利用红宝石中的亚稳态塞曼分裂所构成的双能级态来产生频率大约为 60MHz 的声子受激发射，并通过声学腔测量到了这种声子受激发射[43]。

下面着重介绍一种典型的声子放大结构——GaAs/Al$_x$Ga$_{1-x}$As 半导体超晶格（SLS）结构。如果对超晶格施加偏压使相邻周期量子阱之间的能量差超过超晶格微带宽度（Wannier-Stark 结构），电子被局限在量子阱（QW）中，并可以在声子协助下通过在相邻量子阱之间的跳跃激发垂直电子传输。理论预测和随后的实验都表明，在上述条件下，对于能量接近 Stark 分裂能量差的特定声子而言，可以通过相邻量子阱之间的电子跳跃过程实现受激声子发射［图 2-5（a）］。而且，这些受激发射出的太赫兹声子在粒子数反转的超晶格电子态之间跃迁时还会被相干放大[38]。

图 2-5（c）所示样品为采用分子束外延方法生长在 0.4 mm 厚的半绝缘 GaAs 衬底上的 50 个周期的 GaAs/AlAs 超晶格结构。每个周期包括一个 5.9 nm 厚的 GaAs 量子阱和一个 3.9 nm 厚的 AlAs 势垒，它们均为 n 型掺杂，掺杂浓度为 2×10^{16}cm^{-3}。超晶格与 n$^+$ 接触区域（2×10^{18}cm^{-3}）之间被 20 nm 厚的未掺杂 GaAs 间隔层分离。根据先前报道的非平衡声子测量结果，这种结构是观察声子放大的最佳选择。直径为 400 μm 的光学器件台面通过刻蚀加工成型，与发射极层和集电极层之间的欧姆接触使用的是 InGeAu，并经过在 360℃退火后再进行引线键合。顶部接触蚀刻成一个环形［图 2-5（c）］，留下金属自由区域为后面的光激发做准备。为了减少热背景，测试是在 10 K 条件下进行的，因此声子频率 ω 满足 $k_BT<\hbar\omega$。直流电流-电压（I-V）特性如图 2-5（e）所示。在暗场下，该器件在 50mV 的偏置电压下导通，这是使发射极的费米能级和最近邻的势阱之间达到匹配所需的电压。在此之后，电流

随偏压单调增加，直到偏压达到～250 mV 为止。采用光波长 λ=773 nm 的激发光与超晶格的电子空穴对共振（1.6 eV），平均功率约为 10 mW，在光照射下该装置的阈值下降至约 30 mV，并且电流有所增加。除此之外，直流电流-电压（I-V）特性与暗场情况下大致相同。

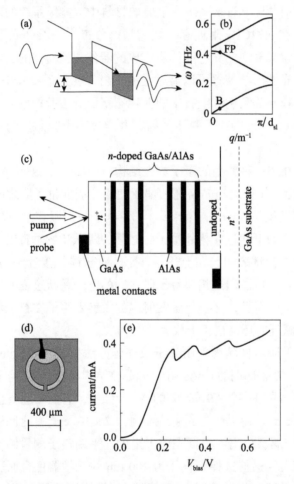

图 2-5　(a) 超晶格中相邻量子阱间声子辅助隧穿诱导的受激发射过程示意图；(b) 周期为 10 nm 的 GaAs/AlAs 超晶格 LA 声子色散关系，B 表示布里渊背散射声子模，FP 表示折叠声子模；(c) 实验器件结构示意图；(d) 光学台面结构的照片和 (e) 器件 I-V 特性（顶接触偏压为负）。插图取自文献 [38]

使用飞秒泵浦-探测技术进行相干声子测量时，由于构成超晶格的两种半导体之间的声阻抗存在差值，与周期性结构的声子布拉格反射相对应的 q

波矢声子的色散曲线的窄间隙会被打开，如图2-5（b）所示。在能量接近声子色散曲线间隙的窄频带中存在相干折叠声子（FP），采用与电子-空穴对共振的飞秒激光激励超晶格样品就可以激发它们。FP的相干是通过测量飞秒探测脉冲激光的反射率变化 $\Delta R(t)$ 随泵浦和探测脉冲之间的延迟时间 t 的函数关系得到的，测量结果如图2-6所示。

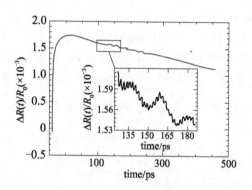

图2-6 零偏压时反射率随时间的变化。图中还给出 $\Delta R(t)$ 随时间变化的一个片段，证明
存在FP模式的振动。插图取自文献 [38]

实验还发现，对弱耦合半导体超晶格施加偏压会增加由飞秒光脉冲所激发的相干折叠声子的振幅。随偏压增大，超晶格中每个周期间的能量差会大于声子能量，会使相干声子振荡的光谱比零偏压时更窄，而且幅度也增大。这实际是在电泵浦作用下的声子相干放大过程。

另一种声子放大体系是所谓的相干声子腔体系（声子激光器）[44]。该体系将光激励下的半导体量子点与太赫兹声呐腔耦合构成相干声子腔。将外部的激光泵浦光与反斯托克斯信号共振，在双能级量子点中形成一个有效的Lambda型系统，由此可以得到相干声子的统计信息。采用密度矩阵运动方程可估计实验中要实现声子激光器的实际参数范围。结果发现，尽管存在辐射和声子阻尼，按上述方法选取参数所创建的非平衡声子体系是比较稳定的。它要求光学拉比频率达到电声子耦合强度的数量级即可。

下面将采用单腔声子模与双能级量子点（QD）耦合的方案实现相干光控制的声子激发作为例子进一步说明。这里的关键是如何驱动量子点的反斯托克斯共振，再由量子点的缀饰态能级发射声子进入声学腔，产生拉曼跃迁 [44]。

如图2-7所示，设法将一个双能级量子点与单个纳米腔的声子模式相耦合，即可作为声子源用。声子发射用一个外部激光场来控制，用它来驱动量

子点的反斯托克斯共振跃迁（受激拉曼过程）。因此，描述相干驱动的双能级系统的哈密顿量包括有两个电子态 $|v\rangle$ 和 $|c\rangle$ 与谐振子模式的耦合项，其耦合强度为 g。哈密顿量的形式为[44]

$$\hat{H}(t) = \frac{\hbar\omega_{cv}}{2}\sigma_z + \hbar\omega_{ph}b^+b^- + \Omega(t)\sigma_x + g\sigma^+\sigma^-(b^+ + b^-) \qquad （2-14）$$

这里，$\sigma_z \equiv |v\rangle\langle v| - |c\rangle\langle c|$；$\sigma_x \equiv |v\rangle\langle c| + |c\rangle\langle v|$；$\sigma \equiv |v\rangle\langle c|$；$b^+$、$b^-$ 为声子的产生、湮灭算符。激发光以 $\Omega(t) = \Omega\sin\omega_l t$ 的形式对系统进行泵浦，其频率 ω_l 与量子点共振频率 ω_{cv}、声学腔模频率 ω_{ph} 满足反斯托克斯共振条件 $\omega_l = \omega_{cv} + \omega_{ph}$。结果表明，被驱动的双能级量子点系统变成具有三个缀饰态 $|v,n\rangle$、$|c,n\rangle$ 和 $|c,n+1\rangle$ 的 Λ 型系统，其中 n 表示声子 Fock 态。

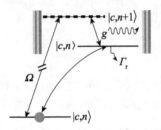

图 2-7　量子点与外部激光场的相互作用示意图（拉比频率为 Ω）。量子点被假定为价带能级 $|v\rangle$ 和导带能级 $|c\rangle$ 组成的双能级系统。量子点与一个单频太赫兹声子模式相耦合。两端的多层结构表示声子模。插图取自文献 [44]

图 2-8（a）给出声子布居数 $\bar{n} \equiv \langle b^+b\rangle$（实线）和声子-声子的相关函数 $g_{ph}^{(2)}(\tau=0) \equiv \langle b^+b^+bb\rangle/\langle b^+b\rangle^2$（虚线）的时间演化曲线。外加泵浦场开启后，在短于电-声子耦合和泵浦场的拉比频率给定的时间尺度内，声子从一个非常低声子数的初始状态［初始温度 $T = 4$ K，热值 $g_{ph}^{(2)}(\tau=0) = 2$］跃变到高占据态（$g_{ph}^{(2)} \gg 2$）。在泵浦场开启期间，声子系统的热值达到热平衡状态 $g_{ph}^{(2)} = 2$。这是因为激光开启引发的微小涨落会立即导致大的聚束效应。随后，在一段时间范围内（$t < 200$ ps）会出现低占据数 $\bar{n}$ 和 $g_{ph}^{(2)} < 1$ 的反聚束区域。这是因为激光与频率为 $\omega_l = \omega_{cv} + \omega_{ph}$ 处的反斯托克斯声子发生持续共振激发，外部激光诱导产生的拉曼跃迁将声子发射进空腔内，电子从基态转移到激发态。这种过程破坏了热平衡，发生了声子占据的 Fock 态。

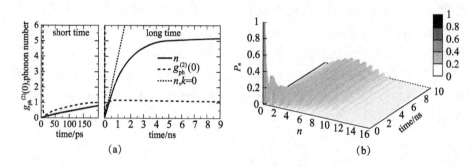

图 2-8 （a）声子布居数 $\bar{n}$（实线）和声子–声子相关函数 $g_{\mathrm{ph}}^{(2)}(0)$（虚线）随时间的演化；
（b）稳态激发下声子数概率 $P_n = \langle\!|n\rangle\langle n|\!\rangle$ 随时间的演化。插图取自文献 [44]

但是，在更长的纳秒时间尺度范围内，声子数逐渐增加，声子统计值达到相干极值，即 $g_{\mathrm{ph}}^{(2)} = 1$，如图 2-8（b）所示。这是因为随着时间增加，原则上，激发出的 Fock 态声子会被再吸收，也即电子再次被激发到虚能级 $|c, n+1\rangle$ 上。然而，最终高能级上的电子布居［导带密度 $C^{(0|0)}$］在辐射阻尼 Γ_{r} 的作用下会衰变到基态，而先前发射的声子仍留在腔中，导致声子数 $\bar{n}$ 增加。这种辐射衰减（Γ_{r} 为常数）会引入时序上的随机性，导致声子统计值的涨落，也即 Fock 场（$g_{\mathrm{ph}}^{(2)} < 1$）变为随机的相干声子场［声子统计接近于 1，$g_{\mathrm{ph}}^{(2)}(0) = 1$ ］。

为了进行比较，图 2-8（a）同时给出了没有声子阻尼（$\kappa = 0$）情况下的声子数随时间的演化。在有阻尼情形下，声子具有有限的寿命 $\tau = \kappa^{-1}$，并且声子数 $\bar{n}$ 在几个纳秒后就达到饱和（实线）。然而，在无阻尼的时候，也即假设声子寿命无穷大，由图 2-8（a）可知声子数 $\bar{n}$ 会呈现指数上升的特性。这种指数上升的特性是受激发射的典型特征，可以导致相干声子的激射。

在图 2-9（a）上图中，给出声子布居数 $\bar{n}$ 和声子–声子相关函数 $g_{\mathrm{ph}}^{(2)}$ 随激光强度 Ω 的变化，这里 Γ_{r} 和 κ 与图 2-7 中的数值一致。很明显，系统并未表现出一个随激发光功率增加的阈值。在所用参数的范围，整个系统处于少声子的极限（$\bar{n} < 6$）。在这个区域内，自发发射会导致声子数持续增加，并从热占据平缓地过渡到相干声子发射。器件的阈值可以用 Mandel-Q 参数 $Q = \bar{n}(g_{\mathrm{ph}}^{(2)} - 1)$（灰色曲线）来定义，它反映了系统与相干统计的偏离度。从图 2-9（a）可以定义三个具有不同发射性质的区域（A，B，C）。在区域 A，声子数和 Mandel-Q 参数是同时增加的。器件工作在经典的非激射区域。在 B 区域的起初，Q 出现第一个极值（阈值），随后声子数逐渐增加，Q 则减小到一个最

小值。$\bar{n}$ 和 Q 这种同步变化行为表明这是一种相干激射区域。在区域 C，只在有限的 Ω 值区内仍存在相干声子布居（自淬灭），很类似于单原子激光器的性质。为了进一步确证这种声子发射行为，图 2-9（b）又给出了声子概率分布图。在低激发 Ω=0.6 meV 和非常高激发 Ω=0.6 meV 强度下，声子场是聚束性的。只有在这两者之间，当 Ω 与电-声子强度 g 处于同一量级时，声子概率分布才是相干的。

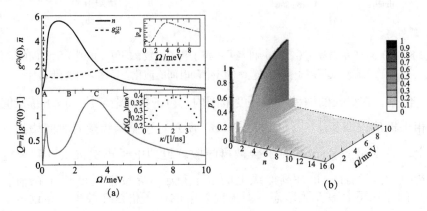

图 2-9　（a）上：声子布居数 $\bar{n}$（黑色实线）和声子-声子相关函数 $g_{ph}^{(2)}(0)$（虚线）随激光强度的变化；下：品质因子 Q（灰色实线）和第一阈值泵浦功率 Ω (Q_{max})（点曲线）在 A 区域随声子阻尼 κ 的变化。（b）在稳态区声子概率数随激光强度的变化。插图取自文献 [44]

二、声学激光器

激光的发明已经过去了 50 年，但是声学激光器直到最近才得以实现。继 1961 年声放大现象在微波泵浦的红宝石中观察到以后，"声子激光"的设想才被提出来，随后才在红宝石中研究了声子发射光谱和多模过程的发射光谱；接着又开展了光学泵浦异质结构的实验工作和电学泵浦异质结构的理论研究，其中包括在半导体超晶格中观察到电学泵浦声子发射，受激发射的放大和光谱变窄等特性。同时，也对光泵浦条件下红宝石中声子发射的相干性进行了详细研究，最终设计出红宝石"声子激光器"（受激辐射声音放大）。此后不久，又在光学泵浦的谐波约束镁离子中实现了声子激光。后来又发现，采用光力系统中的光学泵浦增益装置就可以产生自激力学振动，该系统也可以称为"声子激光器"。这些系统是将梁和悬臂装置与光学谐振腔、微型谐振环相耦合，或者是通过光学带隙去激励具有振动增益的悬臂装置来实现声子激射。与激光相关的各种现象，诸如受激发射、振荡阈值、增益变窄、注入锁相等都已在上述系统中被证实[45]。

鉴于在光热系统中已经观察到多模振荡，人们很自然地想到能否采用纯辐射压力耦合来实现单模振荡特性？研究表明，当力学增益超过多模的损耗时，在稳态状况下总是保持单一的振荡模式。计算发现，正如在常规的激光器中一样，强的振荡模式容易从竞争模式"偷取"增益。实际上，当振荡幅度足够强时会迫使弱振荡模式的增益符号反转，迫使它们衰变。

下面我们介绍两种典型的声子激光器。

1. 光学泵浦的光力微腔系统 [46,47]

在一个与射频模式相耦合的化合物微腔系统中，它的工作模式非常类似于双能级激光系统，如图 2-10（a）所示，在高于 7 μW 的泵浦功率阈值时就会产生声子激光。该器件具有频率连续可调的增益谱，可以对从射频到微波中间的所有振动模式进行有选择的放大。如果按布里渊散射过程来看，系统中的声子是由传统意义上的 Stokes 散射产生。出于这个原因，该系统应该可以在声子激射和光子激射之间互相切换。此外，还可以实现力学振动模式的冷却和基于微腔光力系统的量子计算以及量子信息的处理[47]。

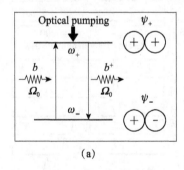 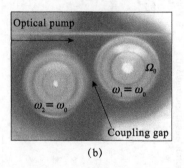

图 2-10　（a）双能级声子激光器的能级图，包括光子的分子对称和反对称轨道的示意图。（b）利用耦合微环实现的声子激光器。激光激发和结果观测是通过锥形光纤耦合器实现的。两个微型环的直径大约为 63 μm：左侧环芯使用 4 μm 的二氧化硅层制成，且具有大约 12.5 μm 的直径，而右侧环芯使用 2 μm 的二氧化硅层制成，并且具有大约 8.7 μm 的直径。插图取自文献 [46]

图 2-10 是系统原理图和光力系统的显微照片。光力系统配备了两个回音壁模式（WGM）谐振器，虽然每一个谐振器具有许多光学模式，但是只有两种模式（每个微型环中发出一种模式）对激射有贡献。这两种模式可以通

过对微型环进行热控制达到频率共振。为了方便系统与激光泵浦的耦合和退耦合作用，图 2-10 中使用锥形光纤。

首先，通过调节微型环之间的空气间隙使原来不存在耦合作用的微型环谐振模式之间发生倏逝的耦合。这将把最初简并的非耦合模式变为两个新的标准模式（超模），它们是非耦合模式的对称和反对称组合。它们的固有频率差值与空气间隙呈现指数关系。图 2-11（a）给出了几个不同的空气间隙下的模式频率。采用激光泵浦锥形光纤并调节其位置，在光学共振的频率附近进行扫描探测，就可以获得这些模式频率。所测量到的超模之间的频率差与空气间隙呈现指数函数关系。频率差从 10 MHz 变到 10 GHz。如果使用更小半径的微型环来增强倏逝耦合强度，还可以得到较大的频率差。这种耦合也是一种反交叉耦合。通过热调制，扫描其中一个微型环的共振频率为 ω_1，使其越过另一个微型环的共振频率 ω_2，所得的正常模式分裂如图 2-11（b）所示。

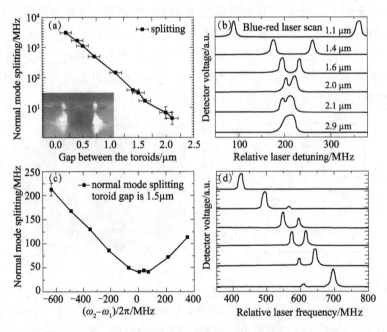

图 2-11　耦合微腔中超模的可控劈裂。插图取自文献 [46]

从原则上说，波长较短的超模光子的散射与受激布里渊散射类似。它在形式上类似于参量下转换，相互作用的双方中阻尼较弱的一方在参数转换过程中可以受激发射和被放大。以往的布里渊散射或拉曼散射系统通常只激发光子。与其相比，该系统提供了声子和光子的两种作用模式，一种是声子受激模式，另一种是光子受激模式。事实上，声子和光子的作用模式在早期的受激布里渊散射研究中已经被证实，并按行波几何解释成为声子放大器。只不过在当时的条件下，相对于光子而言，由于声子存在较强的空间阻尼，因此只观察到了光子放大。系统中的操作自由度的变化（光子或声子振动）、系统的波动、运动的相干性和增益带宽等都会对系统产生显著影响，会出现不稳定性。这些将对微型装置的应用产生重要影响。

图 2-12 给出了用谱分析仪测量到的光电流信号。具体是利用波长为 1550 nm、线宽为千赫量级的光纤激光器作为光学泵浦源，并先通过一个锥形光纤耦合器后再向系统传送功率。光电流是用 New Focus 放大探测器 1611 和 1817 来探测。为了得到系统中相干振动的情况，将光电流中的频谱分量再送到电频谱分析仪进行监测分析，发现当达到阈值条件时，这些频谱分量的幅度明显地增加。通过调节振动增益谱就可以有选择地把这些频谱分量从噪声信号中提取出来，如图 2-12（c）所示。图中的每条谱线是通过设置不同的空气间隙来改变超模的分裂频率，以此改变增益谱线中心位置来完成的。扫描频率范围为 40～400 MHz。频率较高的凸点就是声子放大结果。这些凸点可以通过增加气隙逐步调谐到较低的频率，其中几个放大的振动模式已经接近激光线。为了产生声子激光，如图 2-12（a）和（b）所示，将振动增益中心分别调节为 21.5 MHz 和 41 MHz，这样泵浦光足以选择性地诱发声子激射。

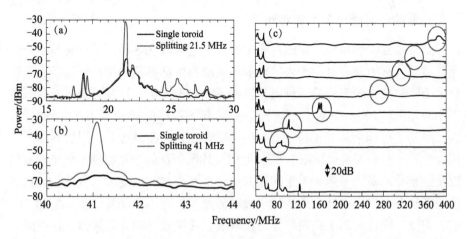

图 2-12 （a）、（b）用谱分析仪测量到的光电流信号。虚线表示力学模的声子激射，实线是在同样的泵浦功率下共振腔处于退耦合情形下的测量结果。（c）亚阈值泵浦下的声子放大。插图取自文献 [46]

　　图 2-13 给出了射频信号功率随激光泵浦功率的变化，它证实了声子激光的阈值行为。除了声子信号强度的急剧增强外，我们可以看到当泵浦功率大于阈值时，声子模的线宽也急剧地变窄，这均是典型的声子激射特征。

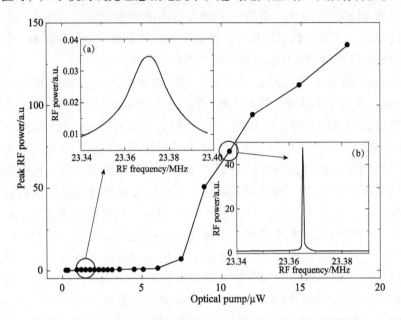

图 2-13　射频信号功率随激光泵浦功率的变化。插图取自文献 [46]

2. 电泵浦的量子阱级联结构 [40]

　　受激拉曼散射是一种非线性光学过程，它可以在各种不同的材料中产生光学增益。它的频率对应于入射辐射偏离材料内部振荡频率的频移量，这需要采用诸如拉曼激光器的一种可调谐源。一般情况下，这些可调谐源仅具有很小的增益（$10^{-9}\,\mathrm{cm\cdot W^{-1}}$），因此需要具有大功率的激光器用作外部泵浦，这就限制了可调谐激光的应用。2005 年，Troccoli 等报道了利用半导体注入式拉曼激光器来规避这些限制 [40]。他们设计所依据的物理原理不同于现有的拉曼激光器，采用了基于三重共振的量子限制态之间的受激拉曼散射。这些量子限制态构成了内部光泵的量子级联激光器，它不需要外部激光泵浦，为电驱动型，这将有助于提高拉曼增益幅度、转换效率和降低阈值。这种激光器结合了非线性光学器件和半导体注入式激光器的优点，开创了一类新的便携式、波长可调的中远红外激光光源。

　　在这种电注入器件中，拉曼频移是由量子阱能态之间的电子跃迁［这些跃迁被称为子带间跃迁（IST）] 决定的，而不是像传统的固体拉曼激光那样由激发的声子能量决定，并且电注入器件的拉曼频移可以在很宽的范围内进行调谐。

早在 20 世纪 90 年代初，人们已经证明半导体量子阱子带间跃迁具有强的共振非线性光学性质。利用子带间跃迁和带间跃迁在量子级联（QC）激光器中生成了具有增强转换效率的二次谐波。人们在 CO_2 激光器泵浦下的 GaAs/AlGaAs 双量子阱结构中观察到了拉曼激射的现象。这里最重要的事是近红外拉曼激光器的设计，它采用了高品质因子（高 Q 值）电介质球形谐振器来实现超低阈值。

在如图 2-14（a）所示的拉曼过程中，介质内部振荡对应于能级 1 和 2 之间的跃迁。能量为 $\hbar\omega_L$ 的入射光被转换成能量为 $\hbar\omega_S$ 的信号（称为斯托克斯辐射）。为了避免强的一阶吸收，这两个频率通常与其他较高激发态不发生共振 [也即与图 2-14（a）中能级 3 的宽度相比，$\varDelta$ 比较大]。在这种情况下，只能发生通过中间虚态做中介的能态 1 和 2 之间的双光子跃迁。其结果是，由于斯托克斯束的能量直接来自泵浦光束，没有中间能量存储在介质中，因此由受激拉曼散射（SRS）得到的拉曼增益是一个纯参量过程。

与此相反，在共振拉曼激光器中泵浦频率和斯托克斯频率与介质的 1-3 和 2-3 跃迁近共振，进而相干地驱动 $\omega_{12} \approx \omega_L$-$\omega_S$ 的跃迁。与非谐振情况相比，这种三重共振过程将受激拉曼增益提高了许多数量级。在这种情况下，非线性偏振项与线性项在大小上是可以相比拟的。

在采用注入式泵浦的共振拉曼激光器中，基本辐射和拉曼辐射都是通过电子跃迁产生的。这些跃迁发生在量子级联激光器导带中的量子限制能级之间 [图 2-14（b）]。拉曼激光是由相干电子极化的激发产生的，而相干电子极化发生在中红外子带间跃迁能态 1 和 2 之间。三阶拉曼极化系数的共振增强和腔内光泵浦机制使上述拉曼过程的效率变得非常高（~30% 的能量转换）。采用在级联系统中的分级腔内进行泵浦的方式突破了常规拉曼振荡器外部泵浦呈指数衰减的限制，使空腔的整个长度都对拉曼激光产生贡献。最后，波导的几何形状可确保拉曼模式和泵浦模式之间的模式重叠最佳化。每个周期的峰值拉曼增益系数可从斯托克斯发射的阈值条件估计出来。

器件是采用分子束外延和晶格匹配技术在 InP 衬底上生长 InGaAs / InAlAs 构成的异质结构。山脉形波导器件的典型发射光谱如图 2-15（a）所示。在 80 K 温度下测量的泵浦波长（图中深色线）为 λ_S=6.7 μm，与 E_{76}=186 meV 非

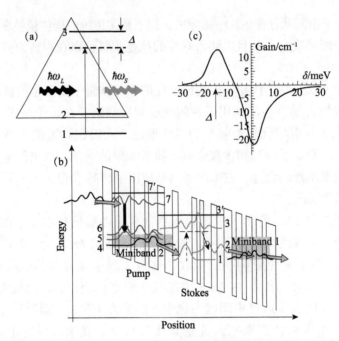

图 2-14　拉曼效应和能带结构设计。（a）拉曼斯托克斯过程。实线和虚线分别表示实能
级和虚能级状态。泵浦激发（深色）被转换成低能量辐射（浅色）。Δ 是 1-3 跃迁的频
率失谐量。（b）30 阶拉曼激光器的一个周期内的导带结构的计算结果。该曲线表示沿
着材料生长方向的电势分布。为了清楚起见，其中最显著的波函数模的平方被标出。由
$Al_{0.48}In_{0.52}As$ 和量子阱 $Ga_{0.47}In_{0.53}As$ 共同得到能量势垒（0.52 eV）。量子级联激光器的状态
（4，5，6，7）和拉曼区域状态（1，2，3）被分别标记出。两个较高激发态由直线（3′,
7′）表示，而灰色框表示间隔紧密的能量连续态（微带1和2）。箭头指示电子传输的方向。
微带 1 的基态电子通过共振隧穿注入下一个周期的高激发能级（能级 7）。实线和虚线垂
直箭头表示层内部产生的泵浦激光辐射。（c）拉曼增益谱与失谐量 $\delta=\omega_S-\omega_{32}$ 之间对应关
系的计算结果。泵浦激光与 3-1 跃迁之间的失谐量 Δ 等于 15 meV。在计算中使用的驱动
电流对应于斯托克斯发射的阈值，因此峰值增益非常接近斯托克斯波长的波导损失估计
值。峰值对应于双光子共振 $\omega_S=\omega_L-\omega_{21}$。插图取自文献 [40]

常符合。斯托克斯光谱峰值在波长 $\lambda_S=6.7\ \mu m$ 处（图中浅色线），与预期值相
符合。斯托克斯光谱随着电流的增加逐渐变窄，表明它是一个 SRS 的过程。
当注入电流达到 2.6 A 的阈值电流时开始观察到拉曼激光的发射，这可以由
频率中心在 λ_S 附近的窄腔模看出。图 2-15（b）给出由相同材料加工成圆
形平面器件在拉曼激光发射阈值处（电流密度为 $J \approx 4.5\ kA \cdot cm^{-2}$）的
电致发光光谱（为了防止来自晶面和激光作用的反馈）。我们可以清楚地标
记主峰是泵浦跃迁 E_{76}（图中深色线），而出现在较低能量处的两个低强度峰

与斯托克斯发射无关。拉曼激光阈值处的电场估计为 51 kV·cm^{-1}。最强的电致发光峰值恰好集中在泵浦激光光子能量 E_{76} 处。拉曼激光线的频率位置（图中浅色线）清晰可分辨，它不同于已经指认的 7'-3' 和 3-2 跃迁的两个小峰。这排除了斯托克斯线是由电泵浦导致能级之间粒子数反转而产生激射的可能性。

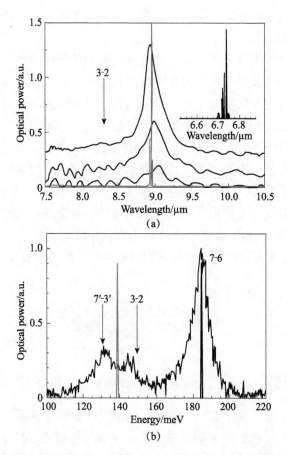

图 2-15　电泵浦量子级联激光器的光谱特征。(a) 量子级联激光的拉曼光谱（黑线），从底部到顶部电流强度 I 分别为 2.43 A、2.45 A 和 2.5 A。浅色曲线表示阈值以上（I=2.6）的拉曼激光。插图是在 I=0.8 A 时的基础激光发射光谱。垂直箭头标记的地方对应 3-2 跃迁。(b) 电致发光光谱。垂直箭头表示 3-2 和 7'-3' 跃迁。插图取自文献 [40]

三、新型声子器件 [48-50]

电导（电子）和热导（声子）是两个最基本的能量传输现象，它们从本质上应具有相似的重要性，但是从未被同等对待过。以电子作为输运载体的晶体管的发明为信息技术的发展带来了翻天覆地的变化，改变了我们日常生活的方方面面。然而，迄今，以声子为控制对象的声子设备仍没有问世。人们从理论上已提出了具有热整流作用的热二极管，热能转换和调制热流的热晶体管，可以进行基础逻辑运算的热逻辑门，能逆温差传输能量的热泵浦等方案；从实验上已实现了如纳米管声子波导、热导调谐、纳米尺度的固态热整流器等。上述研究开启了一门新的学科——声子器件学，这是一门利用热量加工信息的新学科。

如同现代电子设备一样，如果能制成控制热传导的类似设备，对于热力循环、热能管理以及声子场的调控有着深远意义。近年来提出了一些热整流器的理论设想，但是在实验上还都很难实现。然而，Peierls 指出，由于一维热量输运具有反常特性，也即傅里叶定律的失效，如果将它与包括整流在内的非线性热效应结合起来，也许会有新的突破。

纳米管是近似一维的，所以是研究热整流效应的理想材料。之前的研究表明一维碳纳米管（CNTs）和氮化硼纳米管（BNNTs）的热导率较高，且由声子控制。未修改过的质量分布均匀纳米管的热导率是对称的（即与沿轴向的热流方向无关）。为了研究一维不均匀介质中非对称的热传播，可将碳纳米管和氮化硼纳米管进行修改，使它们具有非均匀的质量分布（图 2-16）。

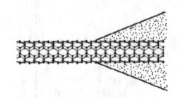

图 2-16　非晶 $C_9H_{16}Pt$（黑点）沉积在纳米管（晶格结构）上的示意图。插图取自文献 [50]

在扫描电子显微镜（SEM）下，利用压电驱动的操纵器，将纳米管放置到定制的微观尺度的热导率测试夹具上。夹具与悬浮的 SiN_x 衬垫是独立的，对称制作的 Pt 膜电阻作为加热器或者传感器。纳米管的一端与加热器绑定，另一端与传感器绑定，纳米管的中部悬浮。

图 2-17（a）给出了装在测试夹具上的多壁碳纳米管的 SEM 图像，图 2-17（b）给出了同一碳纳米管在 $C_9H_{16}Pt$ 沉积前后的低倍透射电子显微镜（TEM）图像。为了进行热导测量，给加热器一定的功率 P，利用加热器和传感器的电阻变化来判断加热器的温度变化 ΔT_h 和传感器板的温度变化 ΔT_s。纳米管的热导率 K 由 ΔT_h 和 ΔT_s 通过下式确定 [50]：

$$K = \frac{P}{\Delta T_h - \Delta T_s}\left(\frac{\Delta T_s}{\Delta T_h + \Delta T_s}\right)$$ （2-15）

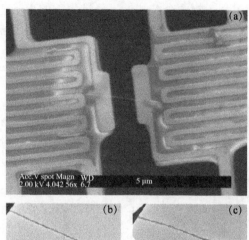

图 2-17 （a）器件的 SEM 图像；（b）碳纳米管在 $C_9H_{16}Pt$ 沉积前和（c）沉积后的低倍
TEM 图像。插图取自文献 [50]

外加质量负载之后，同时在纳米管两个方向测热导率，纳米管的热整流
定义由下式给出 [50]：

$$Rectification = \frac{K_{H \to L} - K_{L \to H}}{K_{L \to H}} 100\%$$ （2-16）

其中，$K_{L \to H}$ 和 $K_{H \to L}$ 分别为当热流从低质量端流向高质量端和从高质量端流
向低质量端的纳米管的热导率，所测得的热导率为 305 W/(m·K)，室温下的
整流效率为 2%。

下面将讨论观察到的热整流的起源。如图 2-18 所示，不对称结构引入了
不对称的声子边界散射，所以沿一个方向的热传导可以被抑制，而另一个方
向的热传导被增强。在这种情景下，当热流从窄区域流到宽区域时，它的热
导率更高。根据式（2-16）的定义，通常整流系数为负。但是，所观察到的
热整流总是为正的，这表明由形状非对称引起的效应不是主要的机制。采用
将声子传播与光子传播作类比的办法，写出穿过不同介质时声波反射率 R 和
反射系数 r 的表示式 [50]：

$$R = r^2 = \left(\frac{k_i - k_t}{k_i + k_t}\right)^2$$ （2-17）

其中，k_i 和 k_t 分别是入射波和透射波的波数。式中的平方关系表明了 R 与入射波方向无关。同样，接触电阻的阻抗失配也不会导致热整流。其他非线性微扰效应，如倒逆过程（指两个波矢的 x 分量为正的声子碰撞生成一个波矢的 x 分量为负的声子散射过程），只会降低纳米管的总热导率，但不会发生热整流。

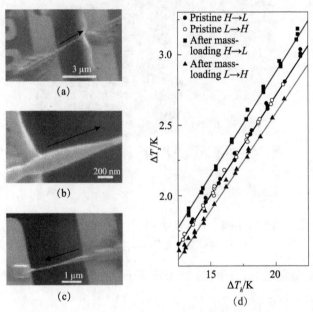

图 2-18 （a）～（c）展示了三个同样用 $C_9H_{16}Pt$ 进行质量负载加工后的 BNNTs，相应的热整流效率为 7%、4% 和 3%。图中的箭头标记了所观察到的热流方向。所有的测量表明，当热流从高质量区域（沉积了更多的 $C_9H_{16}Pt$）向低质量区域流动时，可以观测到更高的热导率。由于电子对于 BNNTs 的热传输没有贡献，所观察到的热整流效应与电子激发无关。插图取自文献 [50]

理论计算已证实纳米管中存在稳定的孤子。孤子是一种非线性系统中的非微扰解。它是一种局域的准粒子，经相互碰撞后其形状仍不会改变。许多孤子模型都发现在不均匀介质中出现非对称热流是一种普遍的特征。例如，Korteweg-deVeries 等式中的反射幅值 r 为[50]

$$r = \begin{cases} 0, & v = \sqrt{\dfrac{m_2}{m_1}} \leqslant 1,\ \text{no soliton} \\[4mm] \left(\left(\sqrt{2\dfrac{v-1}{v+1}+\dfrac{1}{4}}-\dfrac{1}{2}\right)\right)^2, & v = \sqrt{\dfrac{m_2}{m_1}} > 1,\ \text{one soliton} \end{cases} \qquad (2\text{-}18)$$

其中，m_1 和 m_2 分别代表入射波和反射波的原子质量移动。式（2-18）最重要的结果是 m_2/m_1 导致了非对称性。热整流的方向总是正的，也即从高质量区域到低质量区域的热流动性更好，与纳米管整流的结果是一致的。下面对整流效应幅值进行粗略估计：式（2-18）对 m_2/m_1 约为 5〔接近 $C_9H_{16}Pt$ 相对于（C—C）5 和（BN）5 的分子比重〕，热整流值为 7%。由此得到的结论是线性或者非线性微扰系统不会发生热整流，只有非微扰孤子模型才预计了热整流现象的发生。相对于 CNTs，BNNTs 更加呈离子型特性，也就更具非线性，这就是 BNNTs 比 CNTs 有更显著的热整流效应的原因。

一种热晶体管的构想如图 2-19（a）所示[48]。D 和 S 分别连接温度供给源 T_+（= 0.2）和 T_-（= 0.03）。G 端的温度 T_G 由输入信号调控。

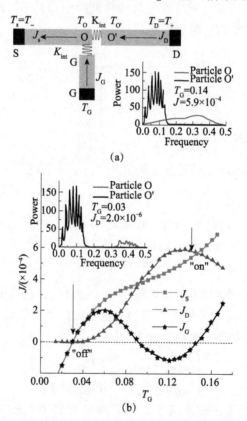

(a)

(b)

图 2-19 （a）热晶体管的构造图；（b）通过 D、G、S 三端的热流随温度的变化，我们可以清楚地看到在一个很宽的温度范围内新负微分热阻存在。插图取自文献 [48]

每个组成部分都采用 Frenkel-Kontorova (FK) 模型来模拟。哈密顿量具体为[48]

$$H_{FK} = \sum_i \left[\frac{1}{2}\dot{x}_i^2 + \frac{1}{2}k(x_i - x_{i-1})^2 + U_i(x_i) \right] \qquad (2\text{-}19)$$

这里，k 为弦常数；$U_i(x) = 1 - \dfrac{V}{(2\pi)^2} \times \cos 2\pi x$ 为势能函数。FK 模型描述了外加正弦势下的简谐振荡，而热传导遵从傅里叶定律。连接 D 和 S 之间的弹簧弹性系数为 k_{int}，S 和 G 之间的为 k_{intG}。k_{int} 是热晶体管最重要的参数，用它可以控制"负微分热阻"。

在图 2-20（a）中，当温度 T_G 改变时，T_O 比 T_G 的改变量大，使得 T_O 总是比 T_G 更加接近于 T_{on} 或者 T_{off}。图 2-20（b）中，$T_{O'}$ 与 T_G 变化方向相反。这可以理解为 J_D/T_O 的改变。随 T_G 增加，热流 J_D 增加，T_D-$T_{O'}$ 增加，即 $T_{O'}$ 减小。这种超响应以及负响应在任何线性回路中都是不可能的。接下来我们展示如何用热晶体管构造热逻辑门。

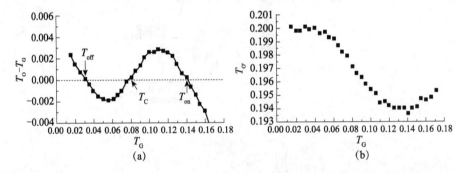

图 2-20　（a）T_O-T_G 与 T_G 的变化关系。T_O-T_G 随 T_G 增大而增大，甚至 T_O 的增加超过 T_G，称之为超响应。（b）$T_{O'}$ 与 T_G 的关系。其中出现了负响应，也即 $T_{O'}$ 随 T_G 的增大而减小。

插图取自文献 [48]

在电路中常采用 1 和 0 标记电压的两个标准值，在这里采用 T_{on} 和 T_{off} 表示，并固定 $T_{on}=0.16$，$T_{off}=0.03$。最简单的逻辑门就是信号复位器，有两个终端，分别为输入和输出。响应方程为 [48]

$$\begin{cases} T_{output} = T_{off}, & \text{if } T_{input} < T_C \\ T_{output} = T_{on}, & \text{if } T_{input} > T_C \end{cases} \qquad (2\text{-}20)$$

当输入信号低于（或者高于）一个临界值 T_C（$T_{off}<T_C<T_{on}$ 时），输出信号恰好为 T_{off}（或者 T_{on}）。将每个这样的装置连起来，就可以得到理想的复位器。显然要求 T_{output} 比 T_{input} 要大，否则 T_{on} 和 T_{off} 会不稳定。利用 G 作为输入，O 作为输出，可以轻松实现上述功能，具体如图 2-21（a）所示。这是任何线性热回路都不可能实现的功能。$T_G=T_{on}$ 和 T_{off} 是稳定的固定点，$T_G=T_C$ 是两个

稳定点分开后的非稳定固定点。

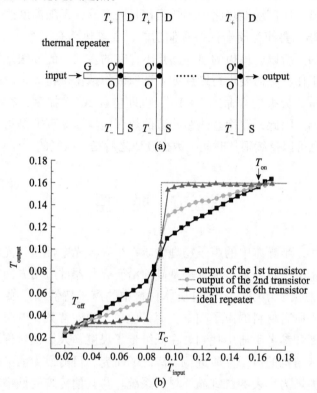

图 2-21　（a）六个热晶体管级联的复位器；（b）给出了其函数。非常接近于理想复位器。
插图取自文献 [48]

非门是用来将输出转置，也即如果 $T_{input}=T_{on}/T_{off}$，那么 $T_{output}=T_{on}/T_{off}$。它可以通过将 G 用作输入，O' 用作输出来实现［图 2-20（b）］。$T_{O'}$ 总是比 T_C 大，可以作为下一个晶体管的"开"信号。类似电子电路中的分压结构，热电路中也有"分热结构"，也即输出是输入的一部分。通过调节这一比例，当最初的输入为 $T_G=T_{on}/T_{off}$ 时，我们将输出调到高于或者低于 T_C。通过将热复位器归一化后就可得到非门。由于高温意味着熵的增加或者无序度的增加，如果增加某一部分的无序度，就可降低另一部分的无序度。其实现的效果和电逻辑门相同。

普通的电存储器是通过将电容充电，使它保持在一定的电压下来实现信息的记录，那么热存储器就是通过保持其温度来实现的。任何热绝缘的系统均可用作热存储器。读取数据也即测量温度。没有外界能量源时，数据读取（测量温度）之后任何热绝缘系统都不会回复到原态，因此，必须在热回路中加入热槽。任何线性热路中的热阻都是固定的，不随温度改变，要遵从Kirchhoff定律。要使存储器保持存储功能，要求热路有一个未知的稳定态，这是做不到的。所以，理想的热存储是不存在的。唯一的办法是按动态随机存储器那样工作，只需要进行刷新或者读取时将数据保持下来。假设所存数据按泊松衰减，数据的寿命约 5×10^9，也即包含 10^9 个振荡，在碳纳米管里相当于 100 μs。因此，双稳态热路构造的热存储器在原理上是可行的，热存储器中的信息可以持续很长时间，数据读取之后是自恢复的[49]。

第五节　展　望

如前所述，半导体中的声子物理性质在半导体光电性质、光电器件、基于半导体的量子信息与量子计算等基础前沿研究和器件应用方面起着重要的作用。在过去几十年中，人们对块体材料中的声子特性已经做了比较详细的研究，几乎所有材料的声子频率、声子色散、弹性常数、电声子耦合等都可以在数据库和参考手册中找到。在低维量子尺度，人们也对许多从三维到零维人工纳米结构的声子性质进行了广泛的研究。目前最为前沿的低维量子体系是以石墨烯为代表的二维晶体材料系统。与其他传统的低维纳米结构不同，二维晶体材料的家族非常广泛，覆盖了几乎所有的材料领域，包括绝缘体（如 hBN）、半导体（如 TMDs）、拓扑绝缘体（如 Bi_2Se_3、Bi_2Te_3）、金属导体（如 $NbSe_2$）和超导体（如 FeSe）等。进一步理解，声子在这些二维晶体材料的物理性质中起着非常重要的作用。此外，声子拉曼光谱在二维原子晶体及其异质结快速表征和物理性质测量方面具有独特的优势，已经成为研究二维原子晶体许多性质的重要工具，如在快速确定二维原子晶体的结构、层数、堆叠方式、层间耦合、异质结结构、边界、缺陷、电声子耦合、热导率、形变和应力、界面等方面。因此，进一步对二维晶体材料及其异质结的声子拉曼散射进行研究是未来二维晶体材料研究的一个重要方向[51]。

在器件方面，随着半导体器件尺寸的缩小和集成电路密度的提高，器件中单位面积所产生的热量增加会极大影响器件的工作性能，因此需要高的热导来加速传热。相反，在热电子材料中，希望更低的热导率来得到更高的热电转化效率。因此，进一步仔细研究低维量子体系中的声子输运对于解决这些问题十分关键。

与光子晶体类似，利用微加工技术，人们可以设计出弹性常数、密度周期分布的材料或结构形成的一种新型声子晶体（phononic crystals）功能材料。通过调节声子晶体的弹性常数分布、单元尺寸和周期以及拓扑结构等，可以有效地调控声波在声子晶体的传播和响应特性，实现一些非常奇特的效应（如声子晶带隙效应、负折射效应、超棱镜效应和双折射效应等）。这些特性在热传导、声聚焦、声全息、声表面波器件、地震预报和生化灵敏检测等方面有着广阔的应用前景。目前的挑战是如何设计出更高响应频率的声子晶体。

在量子调控方面，声子也扮演着非常重要的角色。激光冷却技术已被成功应用于冷却单个微纳米光力器件的力学振动模式[47]。现在人们试图用它来控制声子自由度。目前，接近量子基态的力学谐振器已经在不同的实验装置中实现了。力学振子和其他量子系统，例如超导量子比特、自旋和光子之间的界面也正在探索之中。这些实验进展除了为解答量子物理的基础问题提供新的思路，同时也为新的基于声子的量子技术提供技术基础。例如，提出了采用光力（optomechanics，OM）效应减慢光速的思想和实现力学量子存储；提出利用力学-量子转换器来实现不同量子比特系统间的连接方案等在量子信息和量子通信中应用的可能性。力学系统也能从它与其他电、磁和光量子系统等的相互作用中获益，可以保持较长的相干时间。

在量子信息中早就提出了利用声子的方案。在提出量子计算机之初，就已提出利用囚禁离子的维格纳（Wigner）晶格的振动模式在空间分离的量子比特间传递量子信息。最近的研究显示，这些想法同样可以用来耦合宏观力学谐振器，将量子总线的概念推广到更大范围的原子和固态系统。类似于光场，声子可以被束缚在声子腔内（如高品质因子的光力谐振腔），同时又能沿声子波导自由传播。这表明，在光量子网络中的许多量子通信和态传输协议都可以利用声学声子在更小的物理尺度上实现。

声子晶格结构设计和模拟声子波导的新方法为实现这样的声子网络提供了一个通用的平台。当然，与相对先进的光量子网络领域相比，声子信道中存在不可避免的热噪声，它们通常远远超过编码在单声子激发上的量子信号。面对这一难题，许多等效的声子量子系统的控制技术还有待发展出来。声子网络中的量子态通信协议可以在扩展的光力谐振器阵列中，或者在声子波导中，通过声子的传播来执行。这样就有可能建立由开关和路由器等构成的声子网络，并在其中进行量子通信。由于力学系统可以与不同类型的量子比特发生相互作用，声子信道更适合于采用杂化量子态构成的系统上。除了在量子信息上的应用外，OM 控制技术也可用于探测单声子波的传播和散射。

虽然微腔光力器件在声子的量子调控方面起着非常重要的作用，但是因其力学谐振子有效质量大和回复力小，其力学声子的频率都比较低（几十 MHz 到十几 GHz），所以很难做到高频范围。这样的振动频率通常需要工作在 4 K 甚至更低的温度，很难实现室温的量子调控和量子器件。一个方向是利用晶体中本征的晶格声子。由于晶格声子的作用力是非常大的原子间和化学键作用力，而其有效质量是几个原子的质量，因此其振动频率可以高达几百 THz。如果能够实现对晶格声子的调控，就有望实现基于室温的声子固态量子信息和量子计算器件。最近人们已经利用金刚石中位于 1590 cm^{-1} 的 C—C 振动声子成功演示了室温宏观量子纠缠和 THz 速度的量子计算 [52, 53]。

晶格声子的量子调控的另一个重要方面是激光制冷，这包括与原子激光冷却和光力器件激光冷却相似的特定声子模式的激光冷却，以及大量声子模式的激光冷却而导致的宏观样品温度的降低。激光冷却宏观样品在航空航天探测器冷却、无振动制冷器和自冷却激光器等方面有着重要的应用，是人们梦寐以求的制冷技术。目前人们已经实现了液氮温区以上（大于 77 K）的激光冷却，分别在稀土掺杂晶体（从室温冷却到 100 K）和半导体中（从室温冷却到 250 K）实现了大量声子的激光冷却而导致的样品宏观温度降低 [54, 55]。未来的重要方向和挑战是如何突破低于 77 K 和液氮温区激光制冷的瓶颈。

与声子激光冷却相反的就是声子的放大和激射，这方面的挑战是如何探索新技术和新原理来实现宽带 THz 频率梳、连续可调、高温和高功率的 THz 激光器和量子级联激光器。

张俊、谭平恒（中国科学院半导体研究所，中国科学院半导体超晶格国家重点实验室）

参 考 文 献

[1] Born M, Huang K. Dynamical Theory of Crystal Lattices.Oxford: Oxford University Press, 1954.

[2] Decicco P D, Johnson F A. Quantum theory of lattice dynamics Ⅳ. Proceedings of the Royal Society of London Series a-Mathematical and Physical Sciences, 1969, 310: 111-119.

[3] Pick R M, Cohen M H, Martin R M. Microscopic theory of force constants in adiabatic approximation. Physical Review B-Solid State, 1970, 1: 910.

[4] Born M, Oppenheimer R. Quantum theory of molecules. Annalen Der Physik, 1927, 84: 0457-0484.

[5] Baroni S, de Gironcoli S, Dal Corso A D, et al. Phonons and related crystal properties from density-functional perturbation theory. Reviews of Modern Physics, 2001, 73: 515-562.

[6] Hohenberg P, Kohn W. Inhomegeneous electron gas. Physical Review B, 1964, 136: B864.

[7] Parr R G, Yang W. Density Functional Theory of Atoms and Molecules. Oxford: Oxford University Press, 1989.

[8] Dreizler R M, Gross E K U. Density Functional Theory. Berlin: Springer, 1990.

[9] Kohn W, Sham L J. Self-consistent equations including exchange and correlation effects. Physical Review, 1965, 140: 1133.

[10] Perdew J P, Zunger A. Self-interaction correction to density-functional approximations for many-electrons systems. Physical Review, 1981, B 23: 5048-5079.

[11] Dhar L, Rogers J A, Nelson K A. Time-resolved vibrational spectroscopy in the impulsive limit. Chemical Reviews, 1994, 94: 157-193.

[12] Riffe D M, Sabbah A J. Coherent excitation of the optic phonon in Si: Transiently stimulated Raman scattering with a finite-lifetime electronic excitation. Physical Review B, 2007, 76: 085207.

[13] Zeiger H J, et al. Theory for displacive excitation of coherent phonons. Physical Review B, 1992, 45: 768-778.

[14] Stevens T E, Kuhl J, Merlin R. Coherent phonon generation and the two stimulated Raman tensors. Physical Review B, 2002, 65: 144304.

[15] Liu Y, Frenkel A, Garrett G A, et al. Impulsive light scattering by coherent phonons in $LaAlO_3$: Disorder and boundary effects. Physical Review Letters, 1995, 75: 334-337.

[16] Först M, Mankowsky R, Bromberger H, et al. Displacive lattice excitation through nonlinear phononics viewed by femtosecond X-ray diffraction. Solid State Communications, 2013, 169: 24-27.

[17] Misochko O V, Muneaki H, Kitajima M. Spectrally filtered time domain study of coherent phonons in semimetals. Journal of Physics: Condensed Matter, 2004, 16: 1879.

[18] Lobad A I, Taylor A J. Coherent phonon generation mechanism in solids. Physical Review B, 2011, 64: 180301.

[19] Kerfoot M L, Govorov A O, Czarnocki C, et al. Optophononics with coupled quantum dots. Nature Communications, 2014, 5(1):3299.

[20] Svensson S F, Hoffmann E A, Nakpathomkun N, et al. Nonlinear thermovoltage and

thermocurrent in quantum dots. New Journal of Physics , 2013, 15: 105011.

[21] Fujisawa T, Nishio K, Nagase T, et al. Time resolved potential measurement at quantum point contacts under irradiation of surface acoustic burst wave. AIP Conference Proceedings, 2011, 1399: 269-270.

[22] Fujisawa T, Ooserkamp T H, van der Wilfred G, et al. Spontaneous emission spectrum in double quantum dot devices. Science, 1998, 282: 932-935.

[23] Xuetao Z, Colin H, Jiandong G. Electron-phonon coupling on the surface of the topological insulators. arXiv, 2013, 307:4559.

[24] Saha K, Garate I. Phonon-induced topological insulation. Physical Review B, 2014, 89: 205103.

[25] Costache M V, Neumann I, Sierra J F, et al. Fingerprints of inelastic transport at the surface of the topological insulator Bi_2Se_3: Role of electron-phonon coupling. Physical Review Letters, 2014, 112: 086601.

[26] Prodan E, Prodan C. Topological phonon modes and their role in dynamic instability of microtubules. Physical Review Letters, 2009, 103: 248101.

[27] Strohm C, Rikken G L J A, Wyder P. Phenomenological evidence for the phonon Hall effect. Physical Review Letters, 2005, 95: 155901.

[28] Zhang L, Ren J, Wang J S. Topological nature of the phonon Hall effect. Physical Review Letters, 2010, 105: 225901.

[29] Zhu X T, Santos L, Howard C, et al. Electron-phonon coupling on the surface of the topological insulator Bi_2Se_3 determined from surface-phonon dispersion measurements. Physical Review Letters, 2012, 108: 185501.

[30] Cheng L, Laovorakiat Chan, Tang C S, et al. Temperature-dependent ultrafast carrier and phonon dynamics of topological insulator $Bi_{1.5}Sb_{0.5}Te_{1.8}Se_{1.2}$. Applied Physics Letters, 2014, 104: 211906.

[31] Brar V W, Jang M S, Sherrott M, et al. Hybrid surface-phonon-plasmon polariton modes in graphene/monolayer h-BN heterostructures. Nano Letters, 2014, 14: 3876-3880.

[32] Subedi A, Cavalleri A, Georges A. Theory of nonlinear phononics for coherent light control of solids. Physical Review B, 2014, 89: 220301.

[33] Hsieh D, Xia Y, Qian D, et al. A tunable topological insulator in the spin helical Dirac transport regime. Nature, 2009, 460: 1101-1105.

[34] Farias D, Rieder K H. Atomic beam diffraction from solid surfaces. Report of Progress in Physics, 1998, 61: 1575-1664.

[35] LaForge A D, Frenzel A, Pursley B C, et al. Optical characterization of Bi_2Te_3 in a magnetic

field: Infrared evidence for magnetoelectric coupling in a topological insulator material. Physical Review B, 2010, 81: 125120.

[36] Zhang J, Peng Z, Soni A, et al. Raman spectroscopy of few-quintuple layer topological insulator Bi_2Se_3 nanoplatelets. Nano Letters, 2011, 11: 2407-2414.

[37] Camps I, Makler S S, Pastawski H M, et al. GaAs/Al_xGa_{1-x}As double-barrier heterostructure phonon laser: A full quantum treatment. Physical Review B, 2011, 64:125311.

[38] Beardsley R P, Akimov A V, Henini M. Coherent terahertz sound amplification and spectral line narrowing in a stark ladder superlattice. Physical Review Letters, 2010, 104:085501.

[39] Mahboob I, Nishiguchi K, Fujiwara A. Phonon lasing in an electromechanical resonator. Physical Review Letters, 2013, 110:127202.

[40] Troccoli M, Belyanin A, Capasso F, et al. Raman injection laser. Nature, 2005, 433: 845-848.

[41] Bron W E, Grill W. Stimulated phonon emission. Physical Review Letters, 1978, 40: 1459-1463.

[42] Prieur J Y, Höhler R, Joffrin J. Sound amplification by stimulated emission of radiation in an amorphous compound. Europhysics Letters, 1993, 24: 409.

[43] Zavtrak S T. Acoustic laser with dispersed particles as an analog of a free-electron laser. Physical Review E, 1995, 51: 2480-2484.

[44] Kabuss J, Carmele A, Brandes T, et al. Optically driven quantum dots as source of coherent cavity phonons: a proposal for a phonon laser scheme. Physical Review Letters, 2012, 109: 054301.

[45] Kemiktarak U, Durand M, Metcalfe M, et al. Mode competition and anomalous cooling in a multimode phonon laser. Physical Review Letters, 2014, 113: 030802.

[46] Grudinin I S, Lee H, Painter O, et al. Phonon laser action in a tunable two-level system. Physical Review Letters, 2010, 104: 083901.

[47] Markus A, Tobias J K, Florian M. Cavity optomechanics. Reviews of Modern Physics, 2014, 86: 1391-1452.

[48] Wang L, Li B. Thermal logic gates: Computation with phonons. physical Review Letters, 2007, 99: 177208.

[49] Wang L, Li B. Thermal memory: A storage of phononic information. Physical Review Letters, 2008, 101: 267203.

[50] Chang C W, Okawa D, Majumdar A, et al. Solid-state thermal rectifier. Science, 2006, 314: 1121-1124.

[51] Zhang X, Qiao X F, Shi W, et al. Phonon and Raman scattering of two-dimensional transition metal dichalcogenides from monolayer, multilayer to bulk material. Chemical Society Reviews, 2015, 44: 2757-2785.

[52] Lee K C, Walmsley I A. Macroscopic non-classical states and terahertz quantum processing in room-temperature diamond. Nature Photonics, 2012, 6: 41-44.

[53] Lee K C, Sprague M R, Sussman B J, et al. Entangling macroscopic diamonds at room temperature. Science, 2011, 334:1253-1256.

[54] Zhang J, Li D, Chen R, et al. Laser cooling of a semiconductor by 40 Kelvin. Nature, 2013, 493: 504-508.

[55] Epstein R I, Buchwald M I, Edwards B C, et al. Observation of laser-induced fluorescent cooling of solid. Nature, 1995, 377: 500-503.

第三章
半导体中的杂质态、掺杂机制和单杂质态的量子调控

绝大多数半导体材料如果不能进行精准可控的掺杂，就无法用来制备各种高性能的电子、光电子器件。为此，就必须研究半导体及纳米结构材料中杂质和缺陷的行为及其调控的方法，这就是半导体缺陷物理的主要研究内容。比如，对于大多数电子、光电器件来说，都需要对材料进行双极掺杂，也即同一材料中既能有效地掺杂成为 n 型，又能成为 p 型导电体。然而，迄今大量的实验和理论研究都已证实，绝大多数半导体往往只适合一种掺杂类型，或者是 n 型或者是 p 型。这类单极性掺杂的趋向在宽禁带半导体和半导体纳米结构中表现得尤其明显。不仅如此，不少半导体材料通常还存在掺杂极限的问题以及掺杂所导致的器件稳定性问题。近年来，如何通过控制杂质和缺陷来调控器件的性能，如何构建单一杂质电子器件乃至量子比特器件等，成为缺陷物理新的重要研究方向。

第一节 半导体中的杂质、缺陷物理

一、当前进展介绍

当今科学技术的发展离不开以半导体为基础的信息科学技术的飞速发展，过去几十年中，半导体科学技术发展日新月异。半导体材料能否应用于

光电子和微电子器件的一个关键因素就在于其是否具有优良的可掺杂性，即在一定工作温度下，是否能够产生足够多的自由载流子，成为优良的 n 型或 p 型导电材料。例如，GaInN 中成功实现 p 型掺杂，对宽禁带 III-V 氮化物 LED 的发展起着至关重要的作用[1]，促使蓝光 LED 获得 2014 年诺贝尔物理学奖[1]。然而，目前很多半导体材料仍然存在着掺杂瓶颈的问题，例如，掺杂极限（doping limit）以及宽禁带、纳米半导体材料中难以实现双极性掺杂问题，这些都严重地限制了其潜在的应用前景。为了更好地调制半导体材料的性质以达到期望的器件性能和功能，这些问题都需要加以控制或克服。值得庆幸的是，近几十年来，在这一领域人们做了大量的研究工作[2-23]，并取得了许多进展。

本节将在总结以往研究经验和进展的基础上，着重介绍如下九方面内容：①半导体纳米结构中缺陷和杂质的形成及表面钝化的影响；②半导体和绝缘体中过渡金属掺杂；③半导体和绝缘体中的磁性掺杂；④有机/无机混合半导体结构中的缺陷性质；⑤非平衡条件下的缺陷性质及掺杂极限理论，例如，外延生长或离子注入条件下的杂质和缺陷的扩散行为；⑥光照下的缺陷行为；⑦纳米和多孔材料中的表面辅助掺杂；⑧缺陷调控下材料性质的改变与优化；⑨缺陷物理中新的能带理论计算方法。我们期望上述讨论将有助于提高人们对半导体材料中掺杂极限的物理根源，特别是宽禁带与纳米结构半导体中缺陷物理性质的理解，并探讨可能的优化或克服掺杂困难的方法。这些问题的探讨将有助于设计出拥有更多功用和更具应用前景的半导体器件，如高效太阳能电池、蓝色及紫外发光二极管、大功率激光器和探测器、新一代集成电路、自旋电子学以及半导体纳米科学技术等。

宽禁带半导体，如金刚石、AlN、GaN、MgO、ZnO 等，由于其独特的物理特性，非常适合于制备短波长及透明光电子器件[16-24]。为了实现这些应用，制备出高质量的同质 p-n 结是人们一直所追求的目标，换句话说，希望这些宽禁带半导体材料能够实现高质量的双极性掺杂。然而，当前的实验和理论研究都表明绝大多数宽禁带半导体材料只适合一种实现类型的掺杂，即容易实现 n 型或者 p 型掺杂，但不能很容易同时实现二者[15]。例如，金刚石容易实现 p 型掺杂，但不容易实现 n 型掺杂[21-23]；ZnO 则与之相反[16, 19, 24]。而对于像 AlN 和 MgO 这些更宽带隙的材料，连实现 p 型和 n 型掺杂中的一种都非常困难[25]。

在半导体纳米科学领域，有效掺杂面对着更多的问题。一方面，随着纳米结构的尺寸越来越小，杂质的浓度及分布的均匀性会显著影响器件的性能；另一方面，在量子限制效应作用下，能隙带边能级的移动将会导致缺陷具有更高的形成能和离化能[26-29]。除此以外，纳米结构的表面也会影响缺陷性质[30]。换句话说，许多半导体材料可能在体相时具有非常优良的掺杂性能，而在纳米结构相时其掺杂性能有可能变得非常差[26]。然而，如何在纳米结构生长过程中形成杂质和缺陷，及其如何影响纳米材料的光电特性，对于这些问题我们都还知之甚少。对于宽禁带半导体，其纳米结构的掺杂性能会变得更糟。但是，纳米结构同体相晶体最显著的区别就在于其非常大的表面比，这也为其缺陷性能的优化提供了一条有效途径。例如，在没有掺入任何实际杂质的情况下，可以通过调控表面化学势或外加电场实现载流子注入。总之，由于纳米结构具有不同的波函数的特性、更大的原子弛豫自由度以及波函数局域性造成的较大激子结合能等性质，给原本适合于体相材料的掺杂理论提出新的挑战。

过去几十年中，已经有大量研究工作探索宽禁带和纳米半导体材料的双极掺杂困难的物理根源并寻找合适的途径优化或克服这些困难，从而通过掺杂实现调控材料性能的目标。一般来说，宽禁带和纳米半导体材料双极掺杂困难的根源来自掺杂极限定律（doping limit rule），其取决于材料中是否会自发形成电荷相反的本征补偿杂质，这是一种材料的本征性质。目前最流行的缺陷理论计算方法是基于密度泛函理论（DFT）第一性原理方法。近年来，采用该计算方法，人们通过系统地计算不同宽禁带和纳米半导体材料的本征与非本征缺陷的形成能和离化能，提出了许多优化或克服双极掺杂困难的方法[2-4, 6, 7, 9, 12, 14, 15, 31-35]，其中一些方法已经被实验所验证。

至今，大多数半导体缺陷物理的研究都集中在平衡掺杂理论，对非平衡掺杂理论的研究相对较少。最近的一些研究表明，许多材料在非平衡条件下掺杂可以获得更好的缺陷性质，如氧化物、Ⅲ-Ⅵ氮化物的 p 型掺杂、共价化合物和透明导电氧化物（TCOs）中的超高浓度掺杂等。近年来，为了理解非平衡掺杂中缺陷的物理性质，人们也尝试着做了一些研究工作。例如，发现低温下外延生长可以有效地压制有害的次生相成核，显著地提高杂质的固溶度（solubility）；高温生长后快速退火也可以有效地增加载流子浓度。

二、缺陷理论计算

缺陷的理论计算通常采用超原胞方法，即将一个缺陷或者缺陷复合体放在一个超原胞中间，原胞的边界采用周期性边界条件，然后采用基于第一性原理密度泛函理论计算其电子结构[3,36]。对于纳米结构，其表面悬挂键利用氢或赝氢进行钝化处理[13,14]。由于缺陷或杂质一般会引起局域应变，在所有计算中，原胞中的原子总是被允许弛豫到应变能最小的位置。对于带电杂质，计算时总是加上电性相反等量均匀的背景电荷以保持整个超原胞的电中性[7]。

为了计算缺陷的形成能和离化能，首先需要计算在一个超原胞中包含电荷为 q 的缺陷 α 的总能 $E(\alpha,q)$、同样大小的超原胞没有缺陷时的总能 $E(host)$，以及在掺杂过程中所涉及的元素 i 在其最稳定单质相的总能 $E(i)$。同时，我们还须注意到由于在掺杂过程中涉及粒子交换及杂质态上电子的电离与俘获，因此，缺陷的形成能还应该与原子的化学势 μ_i 和电子的费米能级 E_F 相关。基于上面这些物理量，就可以得出缺陷的形成能 $\Delta H_f(\alpha,q)$：

$$\Delta H_f(\alpha,q)=\Delta E(\alpha,q)+\Sigma n_i\mu_i+qE_F \qquad (3\text{-}1)$$

其中，$\Delta E(\alpha,q)=E(\alpha,q)-E(host)+\Sigma n_iE(i)+q\varepsilon_{VBM}(host)$，$E_F$ 是以主体材料（host）的价带顶（VBM）作为参照能级，不同元素 i 的化学势 μ_i 是以其在稳定气相或固相单质总能 $E(i)$ 作为参照的。n_i 是从超原胞中取出（$n_i>0$）或放入超原胞中（$n_i<0$）杂质原子的数量，q 是在形成带电缺陷过程中超原胞同电子源之间交换电子的数目。可知，电中性缺陷的形成能不依赖费米能级，而带电缺陷的形成能与费米能级相关。缺陷离化能 $\varepsilon_\alpha(q/q')$ 定义为同一缺陷在两种不同的带电状态 q 和 q' 具有相等的形成能时所对应的费米能级位置。由方程（3-1），很容易推导出相对于主体材料 VBM 的缺陷离化能的表达式，即

$$\varepsilon_\alpha(q/q')=[\Delta E(\alpha,q)-\Delta E(\alpha,q')]/(q'-q)-\varepsilon_{VBM}(host) \qquad (3\text{-}2)$$

由于在计算过程中总是采用有限大小的超原胞，我们需要仔细验证计算参数的收敛性。例如，必须选取足够多的布里渊区 k 点，以保证计算得到的电荷密度和总能收敛。同时，由于在超原胞方法中不同体系的能量本征值参考零点会发生变化，因此，在计算缺陷离化能时，对于不同的带电体系需要选取共同的能量参考点。我们一般会选取在超原胞中远离缺陷的原子内层电子的芯能级（core level）作为共同的能量参考点。另外，超原胞方法中所采用的周期性边界条件会引起带电杂质与其自身"镜像"电荷间的非物理的库仑相互作用，这将给计算缺陷形成能带来误差，在低维系统中尤为严重。目前，人们已经提出了一些方法来估算这些误差的大小[37]。

另一个比较重要的问题就是，LDA 或 GGA 计算会严重低估半导体材料的能隙，这会对缺陷计算带来不确定性。因此，我们通常需要修正 LDA 或 GGA 计算造成的误差。一种修正方法就是计算杂质态到主体材料 CBM 和 VBM 态的投影，当人为地移动 CBM 或 VBM 能级来修正能隙时，缺陷能级也根据其投影比例做相应的移动[35]。另外一种修正方法就是使用像 GW 这种能够显著减小能隙误差的更高级别 DFT 计算方法[38]。但是，目前这种高级方法应用于缺陷计算的计算量相当巨大，很难广泛应用。最近，一种利用 GGA 赝势混合 Hartree-Fork 势的经验杂化泛函方法（HSE）在缺陷计算

中被广泛采用 [39,40]。虽然这种经验的方法可以很好地修正材料的能隙，但是Hartree-Fork 势的引入将会破坏缺陷的对称性，因此其在缺陷计算方面的准确性仍有待实验结果的进一步验证。

在计算缺陷性质之前，知道体系单电子能级的对称性和波函数特性往往是非常有用的，因为它不仅可以帮助确定缺陷能级的位置，还有助于分析杂质态的来源及其行为。而且，对于修正因 LDA 或 GGA 计算能隙被低估对缺陷计算所造成的误差，这也是非常有用的。例如，虽然在 II-VI 半导体中阳离子反位和阴离子反位缺陷都具有 t_{2d} 对称性 [3]，但是阴离子反位缺陷的 t_{2d} 对称性态来自导带，而阳离子反位 t_{2d} 对称性态来自价带。因此，在 II-VI 半导体中，这两种缺陷的能级和原子弛豫应该会具有不同的物理趋势。

对于非本征缺陷，原则上总是可以凭借掺杂物与被掺杂物间的价电子数目的不同来判断一个杂质是施主还是受主。例如，在 CdTe 中，第一族元素替代 Cd 位 X_{Cd}^{I} 杂质应该是受主，而第七族元素替代 Te 位 Y_{Te}^{VII} 杂质应该是施主。一般来说，如想产生比较浅的受主缺陷，最好使用电负性强的杂质，如想产生比较浅的施主缺陷，最好使用电负性弱的杂质。

对于本征杂质，情况就复杂得多了。如果从电势的角度来看，一般来说，当一个高价原子被一个低价原子替代（如 Cd_{Te}）或者形成空位（如 V_{Cd} 和 V_{Te}）时，杂质态主要是由主体材料的价带向上移动形成的。这些杂质态将会由一个能量较低具有 a_1^v 对称性的单态和能量较高具有 t_2^v 对称性的三重态组成（V 表示来自价带的态）。a_1^v 和 t_2^v 态都有可能高于 VBM，这取决于杂质原子同被掺杂原子间电势差的大小。这些态会被来自杂质原子及其周围原子上的名义上的价电子数所占据（例如在 CdTe 中，如果杂质原子被四个 Te 原子或四个 Cd 原子所包围，其电子数分别为 6 和 2）。另外，如果当一个低价原子被一个高价原子替代（如 Te_{Cd}）或者形成间隙杂质（如 Cd_i 和 Te_i）时，a_1^v 和 t_2^v 态会被杂质原子电势向下拉并仍旧淹没在价带中，但是，a_1^c 和 t_2^c 态将会由主体材料的导带向下移动形成杂质态（C 表示来自导带的态）。同样，a_1^c 和 t_2^c 都有可能移至带隙中，这同样取决于杂质原子同被掺杂原子间电势差的大小。值得注意的是，如果杂质能级是简并的并且是部分占据的，这时，系统的对称性有可能自发降低造成杂质能级的劈裂，从而降低占据能级的能量，提高未占据能级的能量。在这种情况下，施主有可能成为受主，受主也有可能成为施主，这取决于能级劈裂后的位置。

三、掺杂极限定律

通常限制材料可掺杂性的主要因素有以下三方面：①杂质本身的固溶度

低；②杂质虽然具有很高固溶度，但是其缺陷能级太深，在室温下很难电离；③自发形成带相反电荷的补偿缺陷中心。第一个因素主要取决于所选杂质及杂质的生长条件，第二个因素仅仅取决于杂质的选取。因此，这两者在一定程度都可以通过仔细选择合适的掺杂物和控制生长条件进行优化。而第三个因素是材料自身内在原因造成的，也是最难克服的，对于宽禁带半导体及其多元化合物来说更是如此。这是因为，从式（3-1）可以看出，杂质的形成能同原子的化学式和费米能级线性相关。随着杂质的掺入和载流子浓度的增加，费米能级会发生移动，这将有助于具有相反电荷的补偿杂质的自发形成。例如，在进行 p 型掺杂时，费米能级将移至靠近主体材料的 VBM，在这种情况下，由于具有相反电荷的施主杂质将会贡献电子到费米能级，因此其形成能就会降低。由于在宽禁带或纳米半导体材料中，VBM 的能量可以非常低，因此补偿杂质形成能的降低也会比较大。当在某一费米能级 $E_{\mathrm{F}} = \varepsilon_{\mathrm{pin}}^{(p)}$ 时，补偿杂质的形成能降为零，即在此时补偿杂质将自发形成（图 3-1），因此再进一步降低费米能级已经不太可能。而且，低的 VBM 能量也会导致高的缺陷电离能。因此，价带顶能量越低，越难进行 p 型掺杂。对 n 型掺杂也有类似规律，即导带底能量越高，越难进行 n 型掺杂，这就是所谓的掺杂极限定律。利用掺杂极限定律，可以很好地解释宽带隙材料为什么在热平衡生长条件下很难进行掺杂或者只能进行单极掺杂。掺杂极限定律也提供了，当知道了不同材料间的带边能，如何判定某种材料是容易实现 p 型还是 n 型掺杂的原则。例如，图 3-2 给出了不同 II-VI 族及 I-III-VI 材料间的带边能，我们很容易看出，ZnO 材料同时具有很低的 VBM 和 CBM，因此很容易实现 n 型掺杂，但 p 型掺杂却很难。相反，ZnTe 材料同时具有很高的 VBM 和 CBM，因此其 p 型掺杂很容易，n 型掺杂却很难。对于 I-III-VI 族化合物，CuInSe$_2$ 既容易实现 n 型掺杂又容易实现 p 型掺杂，而对于 CuCaSe$_2$，n 型掺杂相对比较困难。这是因为在 CuCaSe$_2$ 中补偿 Ga$_{\mathrm{Cu}}$ 反位缺陷的 Cu 空位缺陷的形成能比较低。

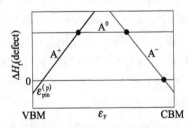

图 3-1　施主和受主型带电缺陷的形成能同费米能级的关系。p 型掺杂的钉扎能量 $\varepsilon_{\mathrm{pin}}^{(p)}$ 就是当施主 A 的形成能为零时费米能级所在的位置。插图取自文献 [12]

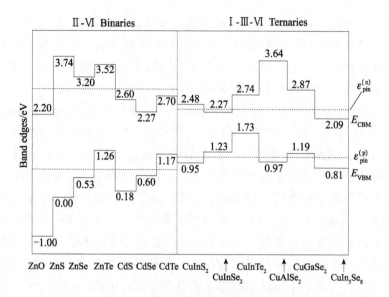

图 3-2　Ⅱ-Ⅵ族及Ⅰ-Ⅲ-Ⅵ族半导体材料间的带边能及 n 和 p 型掺杂时的钉扎能量。
插图取自文献 [15]

　　基于上述理解，我们相应地提出了克服掺杂极限问题的方案，包括：
①通过非平衡制备方法，提高杂质的固溶度。例如，通过分子掺杂，扩展杂
质化学势可选范围或者利用表面吸附提高主体材料的能量，实现降低缺陷的
形成能。②通过设计浅能级缺陷或缺陷复合体以降低离化能。③通过修正主
体材料带边的能带结构降低缺陷的离化能及压制本征补偿缺陷形成。我们将
在宽禁带半导体中选取一些例子详细阐述上述机制。例如，如何克服 ZnTe
和金刚石的 n 型掺杂，ZnO 中的 p 型掺杂。这些原则同样适合所有其他宽禁
带半导体。

第二节　半导体中的掺杂调控

一、提高掺杂固溶度

　　从式（3-1）可以看出，缺陷的形成能非常敏感地依赖于主体材料和掺杂
原子的化学势。因此，通过调制生长条件和选择合适的杂质源可以有效地提
高杂质的掺杂度。在热平衡生长条件下，元素化学势的取值总是受到一定的
热力学条件的限制。首先，为了避免杂质和主体材料原子单质相的形成，系

统中所有元素的化学势需小于或等于其稳定单质相的化学势（$\mu_i \leqslant 0$）；其次，为了维持主体材料的稳定性，主体材料元素化学势之和需等于热平衡条件下主体材料的形成能；最后，为了避免杂质同主体元素之间形成有害的次生相，各元素化学势的取值还需进一步限制。

图 3-3 给出了 ZnO 中一些中性缺陷的形成能随 O 元素化学势变化的关系。这里 μ_N 是在氮气条件下计算得到的。可以看出，N_O 缺陷在富 O 条件下形成能相对较高，而在贫 O 条件下具有更低的形成能。因此，为了增加 N 的固溶度，掺杂过程需要在贫 O 的条件下进行。掺杂过程中生成其他次生相往往也会大大降低杂质固溶度。图 3-3 中虚线左边的区域表示在热平衡生长条件下 O 元素的化学势在此区域时掺杂过程中容易形成次生相 Zn_3N_2 化合物，因此，为了避免发生这种现象，O 元素的化学势需远离此取值范围。值得注意的是，其他的本征补偿缺陷的形成能也非常依赖生长环境。在贫 O 条件下，ZnO 中一些"受主杀手"缺陷的形成能也会降低，如 Zn 间隙（Zn_i）和 O 空位（V_O），这将大大地限制了 N 的掺杂效率。因此，选取 N 作为掺杂物以提高 ZnO 中的 p 型掺杂效率也存在些问题。

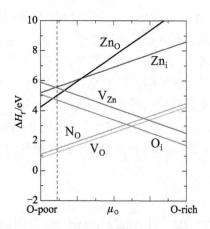

图 3-3　ZnO 中性缺陷的形成能随 O 元素化学势变化的关系。虚线的左边区域表示 O 元素的化学势在此区域时掺杂过程中容易形成次生相 Zn_3N_2 化合物。插图取自文献 [12]

为了提高缺陷的固溶度，从控制次生相形成的角度来说，也存在着一些优化方法。已经证明通过外延生长可以有效地压制次生杂质相的形成。例如，由于次生 GaN 相的形成，理论上预言在温度为 650℃时 GaAs 中 N 的固溶度 [N] < 10^{14}cm^{-3}。但是，如果在外延生长过程中在 GaAs 表面上施加连续应变，次生 GaN 相的形成将极大地被压制，因此 GaAs 中 N 的固溶度会有

显著提高[34]。另一种方法是用亚稳相分子进行掺杂。例如，在 N 掺杂 ZnO 中（或其他氧化物），至少存在四种可供选择的气体作为 N 源，即 N_2、NO、NO_2 和 N_2O。如果这些分子能完整地到达反应表面，那么它们的化学势将会影响掺杂效率。理论与实验都已证明，如果选用 NO 或者 NO_2 作为 N 源，将显著提高 N 的固浓度[11]。这是因为 NO 和 NO_2 只需打断成键相对较弱 N—O 键便可以提供一个 N 原子形成杂质，而 N_2 和 N_2O 则需要打断成键相对较强 N—N 键。

因为无论是外来杂质还是本征补偿杂质的形成能，不仅依赖于原子化学势，还取决于费米能级的位置，所以，如果可以控制费米能级在某一理想位置，也可以有效地提高杂质的固溶度同时抑制本征补偿杂质的形成。电子或空穴注入往往是一种控制费米能级非常有效的方法。高温生长再快速退火也可以有效地控制费米能级，这是因为在高温下，由于热激发，费米能级往往被钉扎在能隙中间。另外一种非常受欢迎的方法就是利用 H 钝化共掺。例如，在 Mg 掺杂的 GaN 中，随着 Mg 越掺越多，H 的引入可以阻止费米能级更进一步靠近 VBM，这样就可以进一步提高 Mg 的掺杂浓度[41]。当掺杂过程完成后，H 原子可以通过退火从样品中排出，因此实现高浓度的 p 掺杂。在 N 掺杂的 ZnO（或其他氧化物）中，H 的引入也会阻止费米能级向 VBM 的移动。另外 H 与 N 原子会在被替代的 O 位形成 NH 杂质复合体 $[(NH)_O]$，但是由于 $(NH)_O$ 复合体同 O 具有类似的价电子结构，相比 N_O 缺陷，$(NH)_O$ 具有更小的晶格弛豫和更低的形成能。$(NH)_O$ 的缺陷浓度将会大于 N_O[12]。

很显然，缺陷的形成能可以理解为缺陷形成过程中初态与末态间的能量差。因此，为了降低缺陷的形成能，通常采用两种方式：一种是提高初始掺杂物的能量，这正是我们前面章节中所讨论的思想；另一种是提高初始主体材料的能量。最近的研究表明，在外延生长过程中引入适当的表面活性剂（surfactant）可以提高主体材料的能量，其基本物理思想如图 3-4 所示[33]。外延生长的表面活性剂漂浮在生长前沿的上表面，其存在有可能大大提高表面下缺陷的固溶度。例如，对于 p 型掺杂，杂质将会在 VBM 附近引入缺陷能级，同样，附着在表面的活性剂也会引入表面吸附能级（surfactant level），如果表面吸附能级的能量高于缺陷能级且被电子占据，此时，表面能级上的电子就会转移到缺陷能级，同时在这二者之间形成库仑吸附。这种由电荷转移导致的系统能量的降低会有效地降低杂质在主体材料中的形成能。显然，表面吸附能级同缺陷能级的能量差越大，缺陷形成能的降低越大。这一原则同样适合 n 型掺杂。只是在 n 型掺杂中，杂质能级靠近 CBM，表面吸附能级必须具有更低的能量，以确保电子从缺陷能级转移到空的表面吸附能级。总之，利用此原理的关键是确保表面吸附能级高于（低于）缺陷能级，从而保证在 p 型（n 型）掺杂中空穴（电子）占据表面吸附能级。例如，用 S 原子作为表面活性剂时，ZnO（0001）表面下 Ag_{Zn} 杂质的形成能比没有表面活性剂时低 2.3 eV。

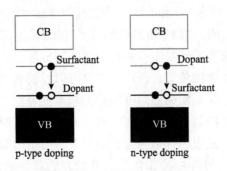

图 3-4　外延生长过程中表面活性剂辅助掺杂的原理示意图。插图取自文献 [33]

为了提高缺陷的固溶度和压制补偿缺陷的形成，除了控制生长条件之外，还可以通过分析、确定补偿缺陷的特性，选取合适的掺杂物进行调控。例如，ZnO 中补偿受主的主要本征缺陷是 Zn_i 和 V_O。在前文的讨论中，我们已经知道在富 O 条件下生长可以有效地压制这些本征补偿缺陷。但是这种生长条件不利于 N 这类替代阴离子位杂质的掺入，却有利于替代阳离子位杂质的掺入。而且，半导体化合物中替代阳离子位杂质往往也比替代阴离子位杂质更容易形成浅受主能级。这是因为，对于大多数半导体材料，价带带边主要来自阴离子的轨道能级。因此，杂质替代阳离子引起的微扰对主体材料的价带边的影响要远远小于杂质替代阴离子所产生的影响。理论研究也已经证实，在 ZnO 中第一族元素杂质（如 Li 和 Na）具有较浅的受主能级，而第五族元素杂质（如 N、P、As 和 Sb）具有较深的受主能级 [32]。一般来说，替代阴离子位受主杂质态同主体材料的 VBM 具有类似的波函数特性，也即其主要来自阴离子的 p 轨道及少量的阳离子 p 和 d 轨道。因此，为了得到浅受主能级，杂质的电负性越强越好，即杂质须具有很低的 p 轨道能量。在第五族元素中，N 的电负性最强，p 轨道能量最低（图 3-5），因此，与其他的第五族元素相比，N 是最有可能在 II-VI 族半导体中形成浅受主能级的掺杂物。然而，在氧化物中，由于 O 的 p 轨道能量比 N 更低，即使掺入 N 也很难得到浅受主能级。例如，ZnO 中 N_O 的受主杂质能级仍高于 VBM 0.4 eV，在常温下，这是很难电离的。其他的第五族元素由于其电负性比 N 高，更加不可能在氧化物中形成浅受主能级，这也是氧化物中 p 型掺杂困难的根本原因。最近实验上发现 ZnO 中 Zn 空位 V_{Zn}，不管它是同 As_{Zn} 杂质形成 $As_{Zn}+2V_{Zn}$ 复合杂质 [31]，还是同 N 和 H 共掺形成 $H+N_O+V_{Zn}$ 复合杂质，都可以产生很好的 p 型导电性。

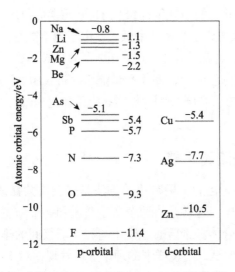

图 3-5　LDA 计算得到的一些中性原子 p 和 d 轨道的相对能量 [14]

从上述分析可知，阴离子位替代掺杂很难在 II-VI 族半导体氧化物中产生浅受主能级，另一种可能不错的选择是利用第 Ia 族元素（Li，Na）和第 Ib 族元素（Cu，Ag）在 II-VI 族半导体中进行 p 型掺杂。但是，实验上却发现 Ia 族掺杂的 II-VI 半导体很难得到 p 型样品。这是因为，虽然在 II-VI 族半导体中，Ia 族原子替代 II 族元素在 T_d 对称性的四配位中心很容易产生浅受主能级，但是，随着掺杂浓度的增加，费米能级越来越接近主体材料的 VBM，此时，Ia 族元素更容易形成间隙位，而成为施主。因此，事实上 Ia 族元素很难在 II-VI 半导体中实现有效的 p 型掺杂。为什么 Ia 族元素在 II-VI 半导体容易占据间隙位而不容易占据替代位？这是因为 Ia 族元素的 s 电子在间隙位很容易电离，尤其是当费米能级靠近主体材料 VBM 时。另外，Ia 族元素在替代位时具有很大的尺寸不匹配。这些都造成了 Ia 族元素在 II-VI 半导体中替代位的形成能高于间隙位。显然这种尺寸不匹配对于第 Ib 族元素来说会小很多。从这一角度来说，虽然在 II-VI 半导体中 Ib 族元素替代掺杂的离化能可能比 Ia 族元素深，但 Ib 族元素可能比 Ia 族元素更适合在 II-VI 半导体中进行 p 型掺杂。为什么 Ib 族元素替位掺杂的离化能比 Ia 族元素的更深？这主要是因为，在 Ib 族替位掺杂中，缺陷能级主要来自阴离子 p 和阳离子 d 轨道构成的主体材料的 VBM 态。Ib 族元素中占据的 d 轨道非常靠近阴离子的 p 轨道。由于在正四面体结构中，二者都具有 t_2 对称性，因此具有很强的 p-d 耦合相互作用，从而极大地推高了缺陷能级。而 Ia 族元素没有活跃的 d 轨道，不存在 p-d 耦合相互作用，因此它们的缺陷能级比 Ib 族元素低很多。在所有的 Ib 族元素中，Ag 具有最大的原子半径和最低的 d 电子轨道能量，因此会具有最弱的 p-d 耦合相互作用，这就是在 Ib 族掺杂的 II-VI 半导体中 Ag$_{II}$ 具有最低的离化能的原因。理论上也已证实，即使费米能级靠近 VBM，Ib 族元素也不易形成间隙位。因此，在 II-VI 半导体中，Ib 族元素比 Ia 族元素更容易实现高浓度的 p 型掺杂。

二、降低缺陷离化能

为了降低缺陷离化能，最常用的方法是多杂质共掺或团簇掺杂法[42-44]。在传统的共掺方法中，通常是将两个受主杂质和一个施主杂质共掺在一起形成一个受主杂质复合体。希望通过受主与施主能级间的排斥相互作用，从而得到浅受主能级。但是，通过详细的理论分析发现，对于许多 sp 型直接半导体材料，如 ZnO，因为受主和施主杂质往往具有不同的对称性和波函数特性，即施主态具有类 s 态的 a_1 对称性，而受主态往往具有类 p 态的 t_2 对称性，两者的相互作用很弱，这种传统的共掺方法对降低杂质离化能的作用非常小。而且，由于在共掺复合体中，两个受主杂质往往占据了 fcc（或者铅锌矿 hcp）最近邻的位置，受主与受主能级间的排斥相互作用也会提高杂质的离化能[3]。

为了避免如上问题，我们可以采用另外的解决方法。例如，可以利用一个完全占据的深施主能级与另一个部分占据的施主能级相互作用，从而降低部分占据的施主能级的离化能[45]（图 3-6）。在 ZnTe 中，研究者发现，双施主杂质（如 Si、Ge 或者 Sn 替换 Zn 位）可以有效地同单施主杂质（如 F、Cl、Br 或者 I 替位 Te 位）形成缺陷杂质对。其不同于传统的共掺方法中依靠带不同电性施主和受主间库仑相互作用结合在一起，这种杂质对的结合主要依靠两个施主态间的强共价耦合相互作用。这种耦合相互作用降低了满占据能级的能量，而形成稳定的施主-施主对，同时提高了部分占据施主态能量，降低了其离化能。由于类 a_1^{IV} 态的施主能级是电中性的，因而施主态之间不存在库仑相互作用。而且，由于双施主和单施主态都具有同样的对称性，二者之间的耦合相互作用非常强。例如，理论计算发现 ZnTe 中 Br$_{Te}$-Sn$_{Zn}$ 杂质对的结合能可以达到 0.9 eV，同时可以使 Br$_{Te}$ 的离化能从 240 meV 降到 70 meV，有效地成为浅施主缺陷。类似的想法也被用于其他一些材料中，例如，

可以利用 Si_C-N_C 共掺有效地提高金刚石中的 n 型掺杂浓度[9]，及利用 N_O+V_{Zn} 共掺提高 ZnO 的 p 型掺杂浓度[8]。

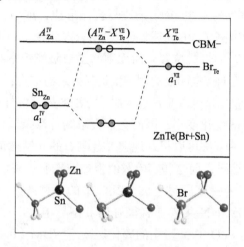

图 3-6　ZnTe 中单施主 Br_{Te} 同双施主 Sn_{Zn} 缺陷相互作用形成 Br_{Te}-Sn_{Zn} 缺陷复合体，降低施主离化能的物理过程

　　为了降低 ZnO 中 p 型掺杂杂质的离化能，我们也提出了一些其他的方法[7]。例如，正如在前面章节中所讨论的，为了降低离化能，人们期望选取具有很低 p 轨道能量的掺杂物替代阴离子。因为 V_{Zn} 杂质的波函数主要分布在四个邻近的 O 原子周围，所以，用电负性更低的 F 原子（F 原子的 2p 轨道能量比 O 的 2p 能量低 2.1 eV）替代其中的一个 O 原子可以降低 V_{Zn} 的电离能。同时，由于单施主 F_O 和双受主 V_{Zn} 杂质间具有很强的结合能，因此 V_{Zn}+F_O 也是非常稳定的。而且，由于 V_{Zn}+F_O 杂质复合体只是单一的受主，不存在施主-施主间的排斥相互作用，类似的方法也可以形成 N_O+nMg_{Zn}（n=1～4）杂质复合体。另外，我们意识到 N_O 缺陷在 ZnO 具有深的杂质能级的另一个原因是 N 的 2p 轨道同最近邻 Zn 的 3d 轨道间存在很强的耦合相互作用，这种相互作用会提高 N_O 的缺陷能级。如果我们用一个等价态的 Mg 原子替代 N 周围的 Zn 原子，由于 Mg 没有 d 轨道且原子大小同 Zn 相差不多，因此会降低 N_O 缺陷的离化能。显然，当 n=4 时，N_O 缺陷周围的正四面体结构完整保持且不存在对称性降低导致能级劈裂，此时这种方法的效果也非常显著。

三、杂质能带辅助掺杂

　　本小节中我们将讨论另一种非常普遍且能有效地克服宽禁带和纳米半导

体中掺杂极限问题的方法。其主要思想是通过在带边构造一个钝化的杂质能带，从而同时实现降低缺陷离化能和抑制补偿杂质的自发形成[4]。这一杂质能带可以由相互钝化的施主-受主杂质复合体形成，或者由等电子杂质能带构成。由于杂质能带高于 VBM 或低于 CBM，因此在带边形成的杂质能带等效于移动了主体材料的带边位置，而无须移动缺陷能级本身，这样也可以降低施主或受主的离化能。最明显的例子就是当掺杂物本身就是形成杂质能带的元素时，杂质离化能总是可以非常小。这一方法的另一好处就是，带边位置的移动使得费米能级的变化变小，因而会大大限制补偿杂质的形成。基于 DFT 的理论计算证实这一方法可以很好地解释金刚石的 n 型掺杂和 ZnO 中 p 型掺杂相关的一些实验结果，而这些实验数值很难被先前的缺陷理论所解释。

如我们在本节中一直所讨论的，ZnO 中的 p 型掺杂是很难实现的。然而，实验上发现 Ga 和 N 共掺具有很好的 p 型导电性[16,24]。绝大多数可靠的理论计算都得到 ZnO 中 N 受主的离化能高于 VBM（0.4 ± 0.1）eV。但是实验测量结果却显示，ZnO 中 Ga 和 N 共掺 N 的受主能级非常浅，只有高于 VBM[5,32,46]0.1~0.2 eV[17,19]，这其中的掺杂机制并不是很清楚。如果利用传统的共掺机制，计算得到的 Ga+2N 杂质复合体的受主能级也非常深，大约为 0.4 eV，这也很难解释如上差异。其实，如果我们考虑，Ga 和 N 共掺的第一步是先成功形成了相互钝化的稳定的 Ga+N 杂质复合体，这种相互钝化复合体在 ZnO VBM 上形成了完全被占据的杂质能带，如上实验结果就不难理解了。由于 Ga 和 N 杂质彼此间相互钝化，因此 Ga+N 杂质复合体也是相当稳固的。图 3-7 给出计算得到纯相体 ZnO（深色线）和包括 Ga 和 N 相互钝化杂质复合体系统（浅色线）的态密度（DOS）。可以清楚地看出，相互钝化的 Ga+N 杂质复合体并没有改变 ZnO 基本的电子结构，只是在 VBM 上引入了额外的完全被占据的杂质能带。当过量的 N 原子再被掺入形成杂质时，电子的电离会发生在 N 的缺陷能级同杂质带之间，而不是同最初的价带间。显然此时 N 缺陷的离化能会小得多。

这一方法背后的物理原则是非常清楚的，也即首先构造一条完全被占据的杂质能带，然后再依托此杂质能带进行掺杂。原则上，此方法可以用于克服所有的宽禁带和纳米半导体掺杂极性问题。需要指出的是，这一方法成功的关键是杂质和共掺物的掺杂浓度必须要超过某一极限，才可以获得理想的载流子输运性质。此方法的另一不足之处就是形成杂质能带会减少主体材料的能隙，这可以通过同其他元素形成合金加以改善。例如，在 ZnO 掺入少量的 Mg 和 Be 可以在不改变掺杂性质的前提下有效地增加能隙[48,49]。

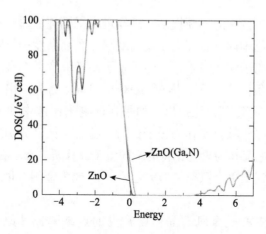

图 3-7 纯体相 ZnO（深色线）和包括 Ga+N 杂质复合体系统（浅色线）的态密度（DOS）。插图取自文献 [12]

第三节 半导体中单个杂质

长久以来，半导体掺杂及其引发的效应都是用杂质的宏观平均量进行表征，也即掺杂对半导体物性的影响一般是杂质浓度的函数，单个杂质原子的自然离散特性并没有表现出来，这种现状在最近二十年发生了改变，基于单个杂质的电子器件和量子比特器件已见诸报端。在过去半个世纪内，晶体管按照摩尔定律不断地缩小其尺寸，目前英特尔最先进的集成电路已经进入 14 nm 工艺，晶体管的沟道长度只有 20 nm 或 16 个硅原子层。在这种尺度下，沟道内单个离散杂质的变动就会引起杂质浓度的局域涨落。这种局域涨落已经对器件性能产生了很大影响，给芯片的大规模集成造成很大的困难，必须引入更加复杂的工艺设计来消除由此带来的不良影响。单个杂质对晶体管性能的影响早在 20 世纪 80 年代就已经在低温下观察到了。当晶体管沟道长度小于 100 nm 后，引发漏电流的载流子输运机制主要由直接隧穿、莫特跳跃传导以及单个缺陷辅助的共振隧穿这三种机制造成，而后者的作用随器件尺寸的缩小变得越来越重要。另外，由于沟道内掺入的杂质数目已经很少，单个掺杂的涨落和位置的变化都可以显著改变器件的输运性质。实验发现，如果使用聚焦离子束技术，不仅可以进行单个离子的注入，而且可以精确控制晶体管沟道内的杂质数目以及它们的排列，这样可以有效克服单个掺杂原子离散特性引起的器件性能的涨落。

随着晶体制备技术的不断提高，已经可以得到纯度非常高的单晶体，能够在纳米尺度的范围内不含任何杂质和缺陷。在高精度扫描隧道显微镜的帮助下，采用单个离子注入技术，已经具备了制备只含单个杂质或单个原子的电子器件的必要条件[47, 50, 51]。早在1998年，Kane首先提出了采用单一杂质的硅量子计算机方案[52]，他提出，如果在硅电子器件中掺入单个磷施主杂质，就可用磷的原子核自旋作为量子比特。随后，他又分别提出了以磷施主电子的自旋或者电荷作为量子比特的不同量子计算机方案。在1997年，在金刚石中首次探测到了单个氮空位 NV⁻ 色心[53]，成为金刚石量子信息技术革命的起点[54]。

NV⁻氮空位中心是金刚石晶体中常见的点缺陷，其原子构型如图 3-8（a）所示，它由一个氮原子置换金刚石晶格中的一个碳原子并和相邻格点上的一个碳空位一起构成的复合缺陷。NV⁻中心的基态是一个自旋三重态，电子的自旋方向可以在室温下用外电磁场进行控制。由于 NV⁻ 中心能级间的荧光跃迁是自旋守恒的，可以用简单的光学方法实现电子自旋的初始化和读取操作。另外，它具有荧光强度高、光稳定性好；电子自旋态在室温下

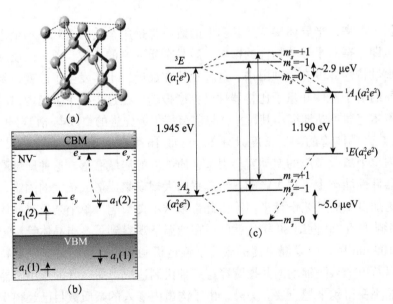

图3-8 （a）金刚石中 NV 中心的结构示意图。其中 V 代表空位，N 代表氮原子，灰色的球代表碳原子。（b）NV⁻ 中心的缺陷能级示意图。白色区域代表金刚石的能带间隙。（c）NV⁻ 中心的电子结构示意图。垂直的箭头标示了实验上观察到的可见光和红外零声子线的跃迁。斜的虚线标示了非辐射跃迁。插图取自文献 [47]、[75]

具有很长的相干时间；周围原子的核自旋为它提供了丰富的超精细相互作用等优点。这些优点均是构建多量子比特系统的必要因素 [47,51,54-62]，因此，金刚石 NV⁻ 中心是理想的量子计算平台。单一杂质不仅可以用作量子计算中的量子比特，也可以作为量子光源，用于量子信息科学中的密钥分配系统、量子中继器、量子成像、多值逻辑和局域电磁场探测器等。目前，除金刚石 NV⁻ 中心外，已经报道的单一杂质量子器件包括磷掺杂硅 [52]、金刚石 NV⁻ 中心 [54]、金刚石硅空位中心 [63]、ZnSe 中的 Te 等价杂质中心 [50]、ZnSe 中的氮受主杂质 [59]、SiC 中的 NV⁻ 中心 [63] 等。

如何可控制备出由单一杂质构成的量子器件是当前所面临的最大挑战之一。最近的一篇综述论文对此作了比较全面的总结 [50]。文献报道的单一杂质研究大都是使用扫描隧道显微镜或者光学显微镜对样品中的杂质进行随机选取，或者从大批器件中寻找单个杂质碰巧出现在有源区内的器件。要想实现对单一杂质量子器件的可控制备，需要能对单一杂质的密度、间距以及排列方式进行精确控制。下面以 NV 中心的制备过程为例来了解实现单一杂质量子器件可控制备的要求。目前，大部分 NV 中心的制备都是在金刚石中先找到已由氮原子置换碳原子后所形成的缺陷中心，再对它们进行辐照，以期产生空位。适用于辐照的高能粒子主要包括电子、中子、离子和伽马光子等。由于所产生的空位在室温下很难在金刚石中移动，故需要再经过 700℃ 的高温退火过程，让它们能够在金刚石中移动。当某个空位移动到一个氮置换碳形成的缺陷中心附近时，氮原子引起的应变能够有效将空位捕捉住，从而形成 NV 中心 [65]。在化学气相沉淀法制备的金刚石中，只有少量的单一氮原子置换碳原子所形成的缺陷中心能够捕捉到由等离子体合成过程产生的空位从而形成 NV 中心，并且，所产生的 NV 中心偏向于沿生长方向互相对齐 [66]。对于单一 NV 中心器件，需要 NV 中心的浓度足够低，保证相邻两个 NV 中心的间距能够达到微米尺度，这可以通过改变辐照剂量调节 NV 中心的浓度来实现。以这种方式得到的单一 NV 中心的位置取决于氮置换碳缺陷中心的位置。可幸的是，离子注入技术已经取得了很大的突破，使得我们能够把掺杂剂的原子一个一个地注入样品中，并且，离子注入的横向精度也已经达到 20 nm 以内。使用该技术已经成功制备出由硅中的两个磷原子构成的有源器件。很显然，这类器件的功能仍受到离子注入技术精度的限制。例如，由于深能级缺陷的电子态波函数局域在缺陷附件的原子尺度空间内，为了实现两个 NV 中心间的共振耦合，它们的间距必须控制在几个纳米以内，这就要求对当前相间 20 nm 的单个杂质注入精度进行大幅度提高[50]。

1981 年，Binning 和 Rohrer 发明了扫描隧道显微镜（STM），并因此获得 1986 年的诺贝尔物理学奖。经过三十多年的不断发展，扫描隧道显微镜的水平分辨率已经达到 0.01 nm，垂直分辨率可达 0.001 nm，这保证了可以用它来探测材料表面和界面纳米尺度的原子结构[67]。扫描隧道显微镜因能测量材料表面上的原子结构，已经被广泛地应用于物理学、化学、生命科学等领域。通过探针针尖和样品表面原子间的相互作用，扫描隧道显微镜还可以用于对材料表面进行改性。早在 1990 年，IBM 公司阿尔马登研究中心的科学家成功对单个原子进行了重排，首次在一小片镍晶体上用 35 个氙原子拼出了该公司名称"IBM" 3 个字母，原子间的间距只有 1.3 nm 左右。这是首次有目的、有规律地移动和排布单个原子的尝试。它展示了通过操控单个原子形成新物质的可能性，是纳米科技的一大进步。最近，在 GaAs 和 InAs 的（110）表面用扫描隧道显微镜演示了用单一 Mn、Fe、Co 原子置换衬底原子的过程，实现单个原子水平上的置换掺杂[50]。在表面杂质和扫描隧道显微镜针尖之间外加脉冲电压来操纵原子的置换过程，不可避免地存在随机性，导致原子操作的最小精度限制在 1～2 nm。幸好，使用该技术的原子置换是一个可逆过程，可以重复进行很多次同样的置换以最终达到满意的结果，这弥补了采用扫描隧道显微镜进行原子置换精度不足的问题。

实现可规模化制备单一杂质器件的另一种潜在方法是在氢原子完全覆盖的硅表面，用扫描隧道显微镜的针尖移去某些部位的氢原子，让硅原子裸露出来，然后在整个表面上沉积一层磷原子。由于磷原子不和氢原子成键而只与硅原子成键，随着硅表面上的氢原子和磷分子的剥离，只剩下与硅成键的磷原子，然后再继续处延生长硅，完成在硅里面镶嵌一组磷原子的目的，实现单一杂质器件的规模化制备。

虽然在半导体中采用扫描隧道显微镜人工制备杂质原子阵列取得了快速发展，已接近金属表面上原子操纵的水平，但是我们应该认识到，不管这个方法有多么精巧，最终都不能适合真正规模化应用的要求。这就要求我们发展一种自组装的过程来实现半导体中杂质原子的自发排列。这就需要寻找到更多的新型双稳态杂质和移动杂质等缺陷，从而能够实现更加复杂的功能，以满足自组装排列杂质等更高的需求[50]。

第四节　单一杂质的量子比特

尽管量子计算和量子信息技术已经取得了很大的进展，但是它仍面临着巨大的科学挑战。通过设计量子信息处理平台可以允许我们有效地求解最复杂的量子力学问题，诸如蛋白质化学、生物分子和量子相变物理等。半导体中的单一杂质拥有许多独特的性质，使其成为制作自旋量子比特很有希望的候选者。我们在此主要介绍磷掺杂硅和金刚石 NV⁻ 中心这两个典型的单一杂质量子器件。

一、嵌于硅晶体中的磷原子量子比特方案

Kane 的原始量子计算机方案 [52] 是将一组杂质磷原子嵌于纯硅晶体中，杂质磷原子的间距是 20 nm，距离器件表面也是约 20 nm，再在硅表面生长一层 5 nm 厚的氧化物绝缘体，在绝缘体层表面上有两组水平方向排列的不同金属门电极 A 和 J，门电极 A 位于杂质磷原子的上方，门电极 J 位于相邻两个杂质磷原子的中间（图 3-9）。杂质磷原子在硅的禁带中产生一个在能量上非常靠近导带的浅施主电子态，将磷原子的核自旋用作量子比特可以用来存储量子信息。它与电子自旋之间的电子-核子超精细耦合会改变电极处的电荷分布，这为实现量子计算和量子信息的读取提供了所需的相互作用。其中，所需的磷原子为具有核自旋 1/2 的纯 ^{31}P 同位素，硅是具有核自旋为零的纯 ^{28}Si

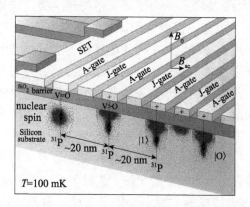

图 3-9　用硅（Si）中掺磷（P）施主杂质可能会实现规模化的量子计算机。施主磷原子核自旋用作量子比特。核自旋与电子自旋的超精细相互作用改变了在电极端的电荷分布，成为量子比特计算和读取所需的相互作用。其中，A 门电压控制施主电子波函数，J 门电压控制两个施主电子间的交换相互作用。插图取自文献 [68]

同位素。用杂质磷原子作为量子比特具有两个优势[69]：第一，量子态具有特别长的退相干时间，在温度为几 mK 时它的退相干时间可以达到 10^{18} s；第二，类似经典的核磁共振量子比特方案，可以使用一个振荡磁场来操控量子比特。在门电极 A 上施加一个电压可以改变单个施主杂质的拉莫尔频率，通过调节电压大小使它们与外加的振荡磁场达到共振，实现施主杂质的编址。量子计算机的最基本运算是进行两个量子比特的逻辑操作，但是两个相距 20 nm 的核自旋不存在明显的相互作用，难以实现两个量子比特的相干操作。采用磷原子的电子自旋则可以实现两个量子比特的操作。例如，在门电极 A 的控制下，自旋从原子核传递到施主电子上，门电极 J 可以驱动两个相邻施主电子进入同一个公共区域，显著提高相邻电子自旋的相互作用，从而通过控制门电极 J 可以实现两个量子比特的操作。

把量子比特与任何能够引起退相干的环境隔离开来是实现长退相干时间的重要手段[69]。在普通的硅片中含有大量的核自旋为非零的 ^{29}Si 和 ^{27}Si 同位素，这是 Kane 方案中的主要退相干机制。为了延长退相干时间，需要使用提纯 ^{28}Si 同位素的技术，目前的技术已经可以达到 99.98% 的纯度[70]。在此基础上，澳大利亚新南威尔士大学的科学家已经实现了使用单个磷原子电子自旋的量子比特[71,72]，进行量子信息的"写入"和"读取"，其准确率已经达到 99.6%[73]。采用单个磷原子核的核自旋量子比特的读写准确率甚至高达 99.99%[73]，这创下了固态器件中量子比特读取准确率的新纪录，与当今世界上最好的量子比特不相上下。后者是采用电磁场把单个原子囚禁在真空室内，"离子阱"技术在 2012 年获得了诺贝尔物理学奖。硅基核自旋量子比特有着类似的准确率，但它不需要体积庞大的真空室，可以安置在硅芯片上，用导线互连，像普通的集成电路一样用电来操作。硅是微电子工业中最主要的原料，这意味着采用单一杂质中心的量子比特能够与现有的硅芯片技术兼容，也更容易实现规模化制造。如果能获得更纯净的硅晶体，可以进一步提高它们的核自旋和电子自旋量子比特的准确率。

但是 Kane 的量子计算机方案仍面临着诸多挑战，下面列举其中最为关键的两个。

一是硅的导带含有六重简并的 X 谷，这种多重能谷消除了泡利自旋阻塞，而后者恰恰是很多自旋操纵方案中必须具备的一种基本物理性质。幸运的是，磷掺杂硅以后降低了硅的晶格对称性，硅的六个等价 X 导带谷被分裂开来，出现了 11.7 meV 的能量间隙，消除了电子基态的简并度[74]。但是，硅的电子基态是来自布里渊区边界的 X 谷，这导致施主杂质态在实空间呈现周期为 1 nm 的振荡态，引起两个施主电子间的交换相互作用随距离的变化出现振荡。这对量子电子器件的设计和制备提出了严重的挑战[74]。

二是由于硅的磷施主杂质电离能很小，在室温下，易自旋退相干而导致量子比特的消失。因此，Kane 的量子计算机方案要在非常低的温度下才能工作。如果量子计算要得到大规模应用，室温下工作的量子比特方案是必需的，这是 Kane 的量子计算机方案当前无法实现的。

二、基于金刚石 NV 中心的量子比特方案

1. 金刚石 NV⁻ 中心的电子结构及其特异性质

NV 中心是金刚石中 500 多个色心（即发光点缺陷）之一，也是被最广泛研究的一个，它由金刚石中一个碳空位以及与之相邻的一个碳原子被氮原子取代所构成的一个复合缺陷，它的对称性从金刚石的 O_h 群下降到 C_{3v} 群。采用光谱测量、电子顺磁共振（EPR）和理论计算相结合的方法，已经建立了如图 3-8 所示的 NV 中心电子结构图像[47,51,58,59,64,76]。

大部分的理论计算使用了第一性原理密度泛函理论（DFT）以及它的各种变体，并结合群论方法考虑了金刚石晶体的对称性以及 NV 中心自身的对称性。NV 中心的缺陷点群为 C_{3v} 群，它拥有的不可约表示为 A_1、A_2 和 E，可以使用 C_{3v} 的不可约表示对 NV 中心的能级进行逐个标记。单粒子能级由小写字母表示，多体问题能级则用大写字母表示，其中"单粒子"表示不考虑粒子间的相互作用，而"多体问题"则考虑了粒子间的库仑和交换关联相互作用。多体能级 ^3E 的数字 3 表示其所允许自旋态 m_s 的数目或者自旋态的多重度。对于给定的自旋量子数 $S=1$，m_s 则可以为 -1、0 或 1 三者之一。

在金刚石中单个碳空位的缺陷处于四面体对称环境中，与空位相邻的四个悬挂键含有一个 s 轨道和三个 p 轨道，sp3 轨道杂化后形成一个非简并的 a_1 能级和一个三重简并的 t_2 能级，其中 a_1 能级的能量要小于 t_2 能级。NV 中心中相邻空位的一个碳原子被氮原子置换后，把空位的四面体对称降低到了三角形对称 C_{3v}，从而三重简并的 t_2 能级进一步分裂为一个 a_1 能级和一个两重简并的 e 能级，而同属于 e 的两个态可以分别表示为 e_x 和 e_y。如图 3-8（b）所示，a_1 能级在能量上要低于 e 能级。加上原来在四面体对称性就存在的非简并 a_1 能级，就出现了两个 a_1 能级，分别用 $a_1(1)$ 和 $a_1(2)$ 进行区分，其中 $a_1(2)$ 表示来自 t_2 的那个能级[47,56]。在实验上观察到 NV 中心可以有两个电荷态，分别是电中性的 NV^0 和带一个负电荷的 NV^-。利用 NV^- 中心的独特性质，

文献中已经报道了大量的量子器件方案。因此，在此主要讨论 NV$^-$ 中心。

一个 NV$^-$ 中心束缚了 6 个价电子，其中空位周围的三个碳原子贡献了三个价电子，相邻的氮原子贡献了两个价电子，另外一个电子则来自金刚石块体。如图 3-8（b）所示，这六个束缚电子首先把 a_1（1）能级填充满（单个非简并的能级可填充自旋向上和自旋向下两个电子），然后是 a_1（2）能级，剩余的两个电子填充两重简并的 e 能级，称为 e^2 组态。根据 Hund 规则，这两个电子分别占据 e_x 和 e_y 能级的自旋向上分量，自旋向下的分量则没有被电子占据，成为自旋三重态 $^3A_2$，它是 NV$^-$ 中心的基态，如图 3-8（c）所示。如果违反 Hund 规则，占据 e_x 和 e_y 能级的两个电子可以分别是自旋向上和自旋向下，这样就形成了自旋单态 $^1A_1$ 和 ^1E 两个激发态 [47,77]，如图 3-8（c）所示。在不改变自旋方向的情况下，占据 a_1（2）能级自旋向下的电子可以通过吸收一个光子激发到 e_x 和 e_y 能级 [47,75]，那么就有 3 个电子占据 e_x 和 e_y 这两个能级，其中自旋向上和自旋向下的两个电子形成配对，剩下一个非配对电子占据 e_x 和 e_y 能级，在 a_1（2）能级存在一个非配对电子，称为 ae 组态。这两个未配对电子可以形成自旋单态 ^1E 和自旋三重态 ^3E [77]，该自旋三重态 ^3E 是一个激发态，它的能量要比处于基态的自旋三重态 $^3A_2$ 高 1.945 eV。这两个自旋三重态间自旋守恒的光学跃迁对应 NV$^-$ 中心光谱的 1.945 eV（或波长 637 nm）特征零声子线 [47,77]。应该注意，在光子能量大于 1.945 eV 的连续光照下，实验上还观察到了一个额外的红外零声子线 [57]，它的信号很弱，能量为 1.190 eV（或波长 1046 nm）。这个额外的红外零声子线被认为来自图 3-8（c）所示的电子从自旋单态 $^1A_1$ 到自旋单态 ^1E 的光学跃迁。在观察到这个红外零声子线之前，自旋单态 $^1A_1$ 和 ^1E 还未在实验上被直接测量到，它们的存在只是一种理论上的预测。$^1A_1$ 和 ^1E 这两个自旋单态在 NV$^-$ 中心光致发光的淬灭中扮演了关键的角色。

在多体问题中，非配对电子间的自旋-自旋相互作用和自旋-轨道相互作用可以将 NV$^-$ 中心的单粒子自旋三重态进一步分裂成三个不同的自旋子能级，这是 NV$^-$ 中心 C$_{3v}$ 对称性的一个自然结果 [47,55]。C$_{3v}$ 点群的不可约表示分别为一维的 A_1、A_2 和二维的 E，自旋三重态的三个自旋态不可能属于同一个不可约群表示，从而导致自旋能级的劈裂。如图 3-8（c）所示，NV$^-$ 中心基态自旋三重态 $^3A_2$ 的精细结构劈裂为 5.6 μeV [55]；激发态三重态 ^3E 的精细结构劈裂为 2.9 μeV [51]。这种精细劈裂为自旋三重态中 $m_s=0$ 自旋态与 $m_s=\pm1$ 自旋态间的能级间距。在研究 NV$^-$ 中心的第一个电子顺磁共振实验中 [55]，就已经测得自旋三重态 $^3A_2$ 5.6 μeV 的精细结构劈裂，但那时还不能确定 $m_s=0$，±1 自旋态在能量上的排列次序。直到做了拉曼外差电核双共振实验[68]和双核磁共振实验后[60]，才最终确认：两个电子的自旋平行排列的时候（$m_s=\pm 1$）其能量要大于两个电子自旋反平行排列的时候（$m_s=0$）。激发态自旋三重态 ^3E 的精细结构直到最近才在实验上被精确测量到[51]，这是由于早期实验上测量的并不是单个 NV^- 中心的光谱，而是样品中大量 NV^- 中心的一个系综平均，这样的光谱中混杂了诸如系综中的应变展宽、光谱扩散、应变下自旋态间的混合和光学极化等效应[47]，导致无法从光谱中分辨自旋三重态的精细结构。另外，由于样品质量的问题，早期 NV^- 中心的光谱具有比较宽的零声子峰，所以无法得到自旋三重态的精细结构[76]。最近，对单个 NV^- 中心进行光激发稳态光谱测量，结果显示了线宽非常窄的发光峰，从而从光谱中直接获得了三重态的精细结构[51]。磁共振实验显示，$^3A_2$ 和 ^3E 自旋三重态对应变和电场作用只有微弱反应[47]，但是，NV^- 中心的低温激发光谱揭示，光学零声子线的精细结构可以灵敏地感应应变[51]，并受电场[61]的影响。当加外磁场时，NV^- 中心的自旋单态 $^1A_1$ 和 ^1E 以及自旋三重态的 $m_s=0$ 自旋态都不受磁场的影响，但是，磁场可以使 $m_s=\pm 1$ 两个自旋态的能级发生分裂。如果沿 NV^- 中心轴向的磁场足够大，使得自旋三重态中的 $m_s=-1$ 和 $m_s=0$ 的两个能级在能量上相同，这时它们之间的相互作用会导致自旋极化，可以显著地影响相应的光学吸收和发光跃迁强度[65]。

　　NV^- 中心的光跃迁动力学过程要求，从一个电子态到另一个电子态的跃迁必须伴随吸收或者产生一个光子，以达到能量守恒的要求。根据量子力学电子跃迁选择定则：跃迁只能在总自旋量子数 S 以及它在 z 方向分量 m_s 都守恒的条件下进行，也即 $\Delta S=0$，$\Delta m_S=0$。由于自旋三重态（$^3A_2$ 和 ^3E）和自旋单态（$^1A_1$ 和 ^1E）间的跃迁势必会违反自旋守恒选择定则，因此，它们的跃迁是非辐射的，也即发光被淬灭。在不加外磁场的情况下，从 $m_s=\pm 1$（如激发态三重态 ^3E）到 $m_s=0$（如基态三重态 $^3A_2$）的跃迁都是禁止的。但是外加磁场可以引起基态三重态 $^3A_2$ 中 $m_s=\pm 1$ 自旋态和 $m_s=0$ 自旋态的混合，从而使上述跃迁成为可能。因此，外磁场可以用来调控发光强度。利用 $m_s=0$ 和 $m_s=\pm 1$ 自旋态的荧光强度的差异，我们可以用光学方法来探测 NV^- 中心磁共振。如图 3-8（c）所示，存在由自旋单态 $^1A_1$ 和 ^1E 这些中间暗态进行辅助的非辐射衰退路径，其中激发态 $m_s=\pm 1$ 到 $^1A_1$ 的非辐射跃迁速率要远大于从激发态 $m_s=0$ 到 $^1A_1$ 的非辐射跃迁速率，而 ^1E 到基态 $m_s=0$ 的非辐射跃迁速率要大于到基态 $m_s=\pm 1$ 的非辐射跃迁速率。三重态内的自旋态可以通过自旋翻转进行相互间的转换，但是由于自旋翻转的速率要比辐射和非辐射跃迁的速率慢几个量级，我们一般可以忽略掉自旋翻转引起的跃迁。Batalov 等首先在实验上测得 ^3E 激发态各自旋态的寿命。他们发现 ^3E 激发态 $m_s=0$ 自旋态的寿命为 12.0 ns，$m_s=\pm1$ 自旋态的寿命为 7.8 ns[62]。大量实验表明，$m_s=0$ 自旋态的寿命不随温度变化，这说明相对于辐射衰减，$m_s=0$ 自旋态的非辐射衰减可以忽略不计[47, 62]。如果电子态间不存在自旋相关的相互作用，实验上发现 ^3E 激发态的寿命跟自旋无关[58]，那么，$m_s=\pm1$ 自旋态的非辐射衰减导致它的寿命只有 $m_s=0$ 自旋态的一半。Acosta 等测得 $^1A_1$ 态的寿命为（0.9±0.5）ns，在 4.4～70K 的测量温度范围内发现该寿命与温度无关[64]。相对于信号很弱的红外辐射衰减，声子辅助非辐射衰减对 $^1A_1$ 态的寿命减起主导作用。^1E 态的寿命为（462±10）ns[64]，这主要由跃迁到基态 $^3A_2$ 的声子辅助非辐射衰减过程所决定，其中跃迁到 $m_s=0$ 自旋态的速率要远大于到 $m_s=\pm1$ 自旋态的速率，所以它的寿命会随温度而变化。

根据上面关于 NV$^-$ 中心光学动力学的讨论，我们可以知道，电子处于自旋三重激发态的 $m_s=\pm1$ 自旋态时，很快就会通过非辐射路径衰减，回到自旋三重基态的 $m_s=0$ 自旋态。而处于自旋三重激发态的 $m_s=0$ 自旋态的电子，就有很大概率通过辐射一个光子回到自旋三重基态的 $m_s=0$ 自旋态，所以，NV$^-$ 中心的最强荧光来自 $m_s=0$ 自旋态的跃迁。这样，通过单次光学激发就可以使 NV$^-$ 中心处于自旋三重基态的 $m_s=0$ 自旋态，呈现出自旋极化。但是，从 NV$^-$ 中心荧光光谱随时间的变化可以看出，单次光学激发电子以及随后的电子从激发态衰减到基态的过程不能保证 100% 地完成基态的自旋极化[47]，必须通过几个这样的光学循环过程才能完成自旋极化过程。如果采用连续光照下随时间变化的荧光光谱，初始的光谱信号代表的是 NV$^-$ 中心基态的电子自旋态；如果发射的是强荧光，说明 NV$^-$ 中心处于基态的 $m_s=0$ 自旋态；如果发射的是弱荧光，说明 NV$^-$ 中心处于基态的 $m_s=\pm1$ 自旋态[78]。经过一段时间后，荧光强度处于一个稳定的光学状态，这说明完成了自旋极化过程。因此，NV$^-$ 中心的光学动力学可以用来光学读取 NV$^-$ 中心的自旋态，在完成读取自旋态的同时完成了一个新的自旋极化过程，使 NV$^-$ 中心处于自旋三重基态的 $m_s=0$ 自旋态[59]。

2. 基于 NV$^-$ 中心的量子比特方案

NV$^-$ 中心室温自旋量子比特的操纵如图 3-10 所示，包括自旋量子比特的初始化、操控（或相互作用）和读取系列的操作。首先，用一个非共振的初始光脉冲对 NV 中心进行初始化，使电子占据自旋三重基态的 $m_s=0$ 自旋态。随后，利用应变或者微波场来操控电子自旋（无线电辐射场可用来操控与电子自旋耦合的核自旋），按要求实现自旋三重基态 $^3A_2$ 的各自旋态间的跃迁。由于 $^3A_2$ 各自旋态间的跃迁率不太高 这需要一个足够长的时间间隔来确保完成所需的演变过程。最后，用一个共振光脉冲进行激发，使电子从自旋三重基态 $^3A_2$ 跃迁到自旋三重激发态 ^3E，读取电子自旋并同时完成下一个量子比特操纵循环的初始化。由于电子跃迁需要遵守自旋守恒，激发前如果电子处于自旋三重态 $^3A_2$ 的 m_s=0 自旋态，跃迁后电子也应该处于自旋三重激发态 ^3E 的 m_s=0 自旋态；激发前如果电子处于 $^3A_2$ 的 $m_s=\pm1$ 自旋态，跃迁后电子也应该处于自旋三重激发态 ^3E 的 $m_s=\pm1$ 自旋态。另外，由于激发态的 $m_s=\pm1$ 自旋态通过非辐射过程衰减很快，它的发光强度很弱，而 m_s=0 自旋态主要通过辐射过程衰减，所以它的发光强度很强。这样通过测量共振光脉冲激发后的荧光强度，并与基准光谱进行比较，可以得到量子比特操控后的电子所处的自旋态。

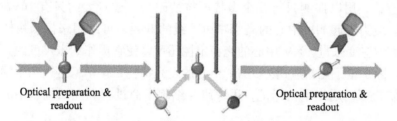

图 3-10　金刚石 NV$^-$ 中心自旋量子比特的初始化－操作（或相互作用）－读取这一完整量子比特计算过程的示意图。一个非共振的初始光脉冲通过光学自旋极化来初始化 NV$^-$ 中心基态的自旋。利用微波、静电场、磁场或应变场等来操控自旋，甚至操控与它有相互作用的邻近自旋（用带箭头的圆圈表示）。最后，用一个非共振的光脉冲来读取自旋，并同时为下一个量子比特的运算完成初始化。插图取自文献 [47]

　　考虑到存在一定概率的自旋反转和非自旋守恒的跃迁，因此，上述量子比特操纵的单次循环得到的结果会存在比较大的误差，通过多次执行上述量子比特操纵的循环过程，测量多次循环过程中的积分荧光强度，就可以提高量子比特运算的准确性。电子自旋的操纵运行模式依赖于自旋极化的光学初始化和自旋的光学读取机制，而目前对这两个机制的理解还很粗浅，文献中报道的基态的光学自旋极化程度很不一致。大量文献报道的结果分布于 42%～96% 这样一个大的范围内 [47]。由于自旋三重基态 $^3A_2$ 的自旋极化代表了量子比特初始化的保真度，所以它是一个十分重要的指标。然而，至今还没有系统研究过电磁场、应变和温度对自旋极化的影响。另外一个重要的问题是，由于当前设备的低光子收集效率，自旋读取的对比度只能达到几分之一个光子。因此，单个量子比特的操纵必须执行多次循环才能获得足够的信噪比，得以区分电子自旋态。最近，有两个不同的研究小组分别报道了使用氮原子和 ^{13}C 核自旋间的超精细耦合[64, 79]来改进量子比特读取的技术，这意味着或许将来有一天我们能够找到全新的方法来显著提高量子比特的读取[60]。基于 NV⁻中心的量子技术最近几年进入了快速发展的通道，如哈佛大学的一个科学家团队在室温下做出量子比特[80]，存储的量子信息可达 2 s 的寿命，较早期的寿命几乎提高了 6 个数量级，创造了量子信息存储的新纪录。

除上述室温量子比特应用外，金刚石 NV⁻中心还有其他应用。NV⁻中心可作为采用外部触发的室温按需单光子源，已经成功应用于实际的量子保密通信中的量子密钥分配系统。NV⁻中心的光信号强度和频谱形状对外场的响应非常灵敏，NV⁻中心的这个特性可以用来设计应变、电场和磁场的超灵敏感应器，用以探测只有几个微特斯拉的磁场，或者大约只有 10V/cm 的电场。应力引起 NV⁻中心的光学零声子线的劈裂，可以用来探测块体材料中的力学应变张量。NV⁻中心的光稳定性还可以使它用作纳米尺度的光学显微镜。除了量子光学应用外，NV⁻中心的发光特性、化学稳定性和生物相容性等使它可以用作生物标记，用来研究细胞生命过程和在活细胞中的液体流动。

金刚石 NV⁻中心在量子光学方面的应用虽然已经取得了巨大的进步，但是仍有许多障碍。Doherty 等设法把 NV⁻中心的关键理论计算结果和实验测量数据集成在一个自洽的物理图像中，总结出了关于 NV⁻中心的四个亟待解决的关键问题：①NV 中心平衡电子态、光转换过程和光谱扩散等的微观机制，理解这些问题有助于提高在制备和实现过程中对 NV⁻中心电荷态的控制；②NV⁻中心的自旋三重基态 $^3A_2$ 和自旋三重激发态 ^3E 的精细结构随温度的变化，这个问题的解决有助于理解温度涨落引起的 NV⁻中心自旋的退相干过程；③仔细分析 Jahn-Teller 效应以及它对 NV⁻中心可见光和红外发光振动带来的影响，将有助于提高控制光跃迁和与光子结构的耦合，并为低温单光子纠缠扩展到室温提供可能性；④NV⁻中心光学自旋极化和读取机制的界定方法，有助于在量子比特和测量应用中提高 NV⁻中心的自旋初始化和读取的保真度。如果这四个问题能够得到解答，就清除了当前 NV⁻中心应用发展的障碍，甚至有可能提出和发展新的应用与新的思想。

除此以外，为了优化高质量 NV⁻中心的辐射模式，有可能需要将金刚石 NV⁻中心发射器耦合到光学结构中，特别是微腔和波导，这就需要开发可规模化制作的金刚石波导、微腔及其与单光子源的集成等技术。金刚石加工是当前限制发展基于全金刚石光子平台的量子计算和量子通信技术的最大障碍[81]。总而言之，基于NV[-]中心的量子比特、量子计算仍面临着巨大的挑战。

第五节　展　望

展望未来，在半导体缺陷物理相关领域中仍有许多工作需要开展，尤其在如下的方向：①基于近年来实验研究成果，扩展缺陷物理现有的理论研究的方法和领域，尤其是在低维半导体材料及量子结构领域。近年来纳米科学技术飞速发展，但这一领域缺陷物理的研究还相对滞后，处于发展初期。发展一套普适的理论解释这些材料中新的缺陷相关的物理现象与性质已迫在眉睫，这些研究对于高性能电子器件及能量产生和存储材料都起着至关重要的作用。②宽禁带半导体中非传统杂质掺杂，如过渡金属掺杂，这对发展透明的光电器件有着非常重要的作用。③半导体和绝缘体中的磁性掺杂，这对自旋电子学发展非常重要。④有机／混合半导体中的缺陷性质，这同最近发展非常迅速的一些能源材料紧密相关，如钙钛矿太阳能电池材料。⑤非平衡条件下的缺陷性质及掺杂极限理论。例如，在MBE，MOCVD生长条件下的缺陷行为，包括杂质的扩散行为及热力学降温或退火对缺陷的影响等。这些问题的研究都有助于发展一套普适的缺陷理论用于理解非平衡掺杂极限问题（也称为动力学掺杂极限）。⑥表面转移掺杂（surface transfer doping）。目前这也为低维纳米材料提高掺杂度、避免杂质散射和不稳定性提供了一条可靠的解决途径。⑦光照条件下的缺陷行为。这同太阳能电池材料、LED固态光源以及其他一些光照条件下的缺陷稳定性问题密切相关。⑧新的能带结构和缺陷计算方法。我们需要进一步提高计算方法以便更精确地描述各种不同的缺陷系统。目前基于传统的DFT理论的第一性原理缺陷计算方法存在着低估能隙的缺陷，因此我们需要更高级别的第一性原理方法以弥补这一缺陷，如GW、HSE方法等，但是，目前在超原胞缺陷理论中应用这些修正方法仍存在着不少问题。

下面将更加具体地讨论若干重要问题。

1. 半导体纳米结构中的掺杂

毫无疑问，纳米结构掺杂将会在未来缺陷物理的研究中得到更多的关注和探讨。以往的经验告诉我们，缺陷物理的性质在纳米尺寸区域可能会显著不同于体相材料。例如，堆积层错在体材料中是需要消耗能量的，然而在纳米结构中，即使只是轻微产生少量堆积层错，纳米结构的能量也会有相当程度的降低，也就是说，纳米结构会自动引入层错缺陷，这显然会显著地影响其电子结构，这也远远超出了一个简单量子限制效应所能描述的范畴。另外，假若在体相材料中一个缺陷很容易离化而产生自由载流子，但是，当纳米结构的尺寸足够小时，这一缺陷行为可能也不再如此了[13,26,27]。然而，截至目前，我们对这些材料中的缺陷物理机制研究相对较少，还处于发展初期。随着纳米材料的研究越来越趋向于实用化，掺杂和缺陷相关的问题也变得越来越重要。为了发展一套适用于纳米尺寸半导体材料的普适缺陷理论，首要的是知道杂质是如何同纳米结构的表面相互作用的。一个明显的特征就是掺杂纳米结构中杂质的表面离析[30]，这往往是有害的，因此需要避免。即使不发生表面离析，由于表面同杂质间很强的相互作用，在纳米结构内部杂质的分布也不可能是均匀的。另外，实验上发现，纳米结构中杂质的固溶度会有显著的提高。例如，Cu 在纳米结构的 CdSe 中的掺杂浓度可以高达10%，这一值相比于体相的热力学掺杂极限提高了几个数量级，但对于其原因却是知之甚少。纳米结构的表面钝化对其内部的杂质固溶度也有着比较大影响。实验上已经观察到，Cu 掺杂可以导致 CdSe 量子点从铅锌矿到闪锌矿发生结构相变。总之，半导体纳米结构中的缺陷行为还存在着许多尚未澄清的问题，都有待于进一步证实和解答。

2. 过渡金属掺杂

在相当长一段时间内，人们总是认为半导体中过渡金属掺杂是非常不好的，因为它们会产生非常深的缺陷能级而成为电子-空穴的复合中心及杂质散射中心。然而，最近的一些实验结果却发现，在透明导电氧化物（TCO）中，过渡金属 Mo 掺杂会显著提高载流子浓度。人们还发现，过渡金属也可以用于一些传统的低带隙的氧化物进行掺杂，如 CdO，可以获得一些新的、具有更好性能的 TCO 材料。如果在半导体材料中过渡金属杂质能产生浅缺陷能级，由于其比传统的杂质具有更多的价电子，显然，它们的掺杂效率将会更高。

3. 稀磁半导体中的杂质行为

近年来，过渡金属掺杂半导体中发现的铁磁性（FM）及取得的一些新进展引起了人们极大关注。在稀磁半导体（DMSs）中，主体材料的 s 和 p 电子同过渡金属的 d 电子的相互作用会导致一些新颖的物理性质与现象，这也促进了自旋电子学的发展。稀磁半导体的磁学性质非常敏感地取决于磁性原子的掺杂类型和在晶格中的掺杂位置，如 Mn，由于其在所有的 3d 过渡金属中具有最大的磁矩，因此是最常用的稀磁半导体的掺杂元素。在 Mn 掺杂的Ⅲ-Ⅴ半导体中，为了获得较高的 T_C 温度，人们总是希望 Mn 原子尽可能多地替代阳离子位，而尽可能少地占据间隙位。由于价带顶附近的空穴交换分裂大于导带底附近的电子交换分裂，因此目前绝大多数有关稀磁半导体的研究都集中在空穴诱导铁磁性（hole-mediated ferromagnetism）的材料中。然而，电子诱导高 T_C 铁磁性材料也是非常期望获得的，这将为稀磁半导体材料的选取开辟新的可能性和途径。更为重要的是，目前大多数具有潜在高 T_C 的材料（如氮化物和氧化物）都是很容易实现 n 型掺杂，而 p 型掺杂非常困难。初步研究表明，在氮化物和氧化物中通过掺入稀土元素是有可能加强导带边的磁交换分裂，如掺入 Gd 元素，或者通过应变或量子限制效应增强 s-d 耦合相互作用，这些都将为稀磁半导体中掺杂增添新的内容和问题。

4. 有机／混合半导体

由于有机薄膜生长技术获得一系列新进展，有机和无机混合型半导体材料技术近年来有了很大的发展。有机／混合半导体材料存在着许多优异的物理性质，例如，①在可见光范围具有极高的吸收系数；②很强的吸收红移，这可以大大降低不良光再吸收的概率；③局域的分子饱和结构，这可以避免形成大规模悬挂键；④选择多样性。因此，这些材料在有机LEDs（OLEDs）、大面积、低成本的有机太阳能电池方面都有着广泛的应用前景。同无机半导体材料不同，有机材料往往都是无序结构，这也给有机材料缺陷物理带来了新的挑战，因为目前没有一套合适的缺陷理论可以用热力学描述无序结构中缺陷的动力学行为。另外，实验上发现一些有机半导体材料具有很好的 p 型导电性。然而，n 型掺杂却非常困难。这是因为 n 型掺杂需要主体材料具有高的电子亲和能，但大多数有机／半导体混合材料的电子亲和能都比较低。最近，一类新型的有机-无机混合型半导体材料——钙钛矿型有机-无机混合材料，由于在光电子器件方面的应用，如太阳能电池、固态照明及激光技术，得到人们极大的关注。这也要部分地归功于实验上合成了高质量的有序的混合半导体晶体。这类混合晶体实现了无机和有机材料的优势互补，例如，无机晶体结构的稳定性，有机晶体晶格匹配的灵活性、有机晶体低重量和低成本等。这类混合晶体同时具有可以同无机晶体相比拟的卓越的电光学性质。其次，其结构的多样性和易裁剪性也为满足不同器件需求提供了更为灵活的选择。同无机半导体一样，混合半导体的掺杂也在很大程度上决定了材料的性能。绝大多数混合半导体都具有比较大的能隙，应该也有可能存在掺杂极性的问题。同时，载流子局域在有机或无机材料部分也可能显著影响掺杂效率。总之，混合半导体掺杂研究正处于起步阶段，还有许多问题值得去探讨和研究。

5. 非平衡条件下的缺陷性质及掺杂极限理论

在前面的章节中，我们已经讨论过不同的生长条件会显著影响杂质的固溶度，以往的缺陷理论也往往是建立在平衡生长条件下。非平衡外延生长中的缺陷性质很大程度上取决于晶体的生长面、被掺杂半导体薄膜的电气特性及表面环境。因此，非平衡掺杂过程应该更复杂，调控方式更具多样性，更值得深入理解和研究。在这方面，基于第一性原理方法的理论计算可以在如下领域发挥至关重要的作用。①发展表面再构的"相图"理论。对于普通的闪锌矿半导体，electron-counting 模型可以有效解释其表面再构，但是对于离子性很强的化合物，如Ⅱ-Ⅵ族化合物，这一模型就不太有效了。因此，非常有必要发展一套更为普适的表面相变模型。②表面结构的动力学行为对掺杂的影响。最近的研究表明，不同的表面力能学（surface energetics）特征将会影响杂质的掺入速率和稳定性。因此，这一部分的研究应该主要集中在对这些现象的理解及发展一套有科学依据的杂质表面生长调控理论。另一个非常重要的方向是研究热力学降温和快速退火对掺杂性质的影响。在外延生长过程中，除了直接相关的表面的动力学行为，考虑其他一些动力学因素也非常重要，如各种各样的扩散效应。另一个非常重要的非平衡掺杂方法是先离子注入，然后再快速退火。不同于外延生长方法，这种方法制备出的样品往往具有非常高的缺陷浓度。这二者之前的主要区别在于外延生长法是表面处的热力学平衡，而离子注入可以实现在表面以下有限尺度的热力学平衡。显然，离子注入下有效掺杂机制需要发展一套全面的理论模型。

6. 表面转移掺杂

金刚石是一种非常重要的宽禁带半导体材料。目前对于这一材料的一个重要研究方向就是如何深入理解表面的 p 型导电性。表面转移掺杂的概念就是由此而生的。这是一个比较新的概念。对于其他一些低维小尺寸的半导体材料，这一概念也同样适用。例如，利用接触表面间的电荷转移，可以实现石墨烯的有效掺杂。

7. 光照条件下缺陷性质

光照条件下缺陷和杂质的稳定性对于所有的光电器件都是一个至关重要的问题，甚至包括应用最为广泛的硅基材料，由光导致的缺陷复合体的扩散及分解可能对器件的性能有着非常不利的影响，如太阳能电池。因此，基于基本的理论架构，研究如何消除这些影响或者至少降低其影响就显得很重要了。在一些非平衡掺杂生长的材料中，如 N 掺杂的 p 型 ZnO，常常观测到光照会导致导电类型由 p 型转化变为 n 型。理论上对于这种现象存在着几种可能的解释：①光照可能会导致一些相互钝化的杂质复合体分解。例如，一个中性的双 H 化的 Zn 间隙杂质往往是良性的，但是如果它在光照下分解为单独一个 Zn 间隙杂质，由于 Zn 间隙是双施主缺陷，因此对于 p 型掺杂是非常不利的。为了避免此类问题的出现，我们需要选取可以抵制光分解的掺杂物或复合体。②光诱导的杂质扩散，例如 Cu_2S 的中性 Cu 间隙杂质 Cu_i 的扩散。③光诱导杂质类型的转换。我们认为这是光导致掺杂性质变差的一个最主要原因。④光照也会导致材料已存在带电缺陷的结构弛豫。最有名的就是 GaAs 的 EL2 中心，以及 ZnO 中光诱导结构改变也会在很大程度上改变一些缺陷的电子结构从而导致的持久光电导性（persistent photoconductivity，PPC）。

8. 理论方法的发展

目前，基于 DFT 第一性原理缺陷理论计算方法存在的最大问题就是，在局域密度近似下（LDA）的半导体材料的能隙被低估。这一缺陷有时会导致计算得到的缺陷能级位置，甚至缺陷形成能存在着一定的误差。因此，发展更好的理论计算方法避免这一问题成为必然的选择。在过去十几年中，人们也尝试了许多新的计算方法，如 GW 方法。但是，GW 方法结合超原胞计算往往需要耗费大量的计算资源。另一种非常受欢迎的方法是杂化泛函方法。虽然这种方法可以通过调节某些参数很好地修正能隙，但是，其计算缺陷能级的准确性仍需通过实验验证。另一种近似的方法就是在杂质计算过程中只考虑带边的、最有可能被能隙大小影响的一些态，而把其他的所有价带和导带态简单地随能隙刚性移动。另一个目前缺陷理论计算的难点就是带电缺陷态的处理。这往往需要在超原胞中人为地增加等量均匀的背景电荷，这也会给缺陷能级计算带来一定的误差，尤其对于低维半导体系统。

在采用单个杂质原子制作量子比特方面的研究已取得突破性进展。采用单个磷原子电子自旋做成量子比特，进行量子信息的"写入"和"读取"，其准确率已经达到甚至高达 99.99%。这创下了固态器件中量子比特读取准确率的新纪录。它不需要真空室，可以安置在硅芯片上，可以用导线互连，可以像普通的集成电路一样用电来操作，能够与现有的硅芯片技术兼容。这是该方案最吸引人之处。但是 Kane 的量子计算机方案同样面临着诸多挑战。例如，如何抑制硅 X 谷电子导致的、两个施主电子间的交换相互作用随距离的变化出现振荡和由此带来的、量子电子器件的设计和制备方面的挑战；由于硅的磷施主杂质电离能很小，Kane 的量子计算机方案只能在非常低的温度下工作。

在对金刚石 NV⁻中心的电子结构及其特异性质进行深入研究的基础上，金刚石 NV⁻中心在量子光学方面的应用已经取得了巨大的进步，但是也面临许多挑战。例如，NV 中心平衡电子态、光转换过程和光谱扩散等的微观机制；NV⁻中心的自旋三重态 $^3A_2$ 和自旋三重态 ^3E 的精细结构随温度的变化；Jahn-Teller 效应以及对它对 NV⁻中心可见光和红外发光振动带来的影响；NV⁻中心光学自旋极化和读取机制的界定方法等。另外，为了将金刚石 NV⁻中心发射器耦合到光学结构中，特别是微腔和波导，就需要开发可规模化制作的金刚石波导、微腔加工技术和与单光子源的集成等技术。这些均成为今后发展基于全金刚石光子平台的量子计算和量子通信技术必须克服的障碍。

骆军委、邓惠雄（中国科学院半导体研究所，
中国科学院半导体超晶格国家重点实验室）
魏苏淮（北京计算科学研究中心）

参 考 文 献

[1] Nakamura S, Mukai T, Senoh M. Candela-class high-brightness InGaN/AlGaN double-heterostructure blue-light-emitting diodes. Applied Physics Letters, 1994, 64(13): 1687-1689.

[2] Wei S H, Krakauer H. Local-density-functional calculation of the pressure-induced metallization of BaSe and BaTe. Physical Review Letters, 1985, 55(11): 1200-1203.

[3] Wei S H, Zhang S B. Chemical trends of defect formation and doping limit in II-VI semiconductors: The case of CdTe. Physical Review B, 2002, 66(15): 155211.

[4] Yan Y, Li J, Wei S H, et al. Possible approach to overcome the doping asymmetry in wideband gap semiconductors. Physical Review Letters, 2007, 98(13): 135506.

[5] Li J, Wei S H, Li S S, et al. Design of shallow acceptors in ZnO: First-principles band-structure calculations. Physical Review B, 2006, 74(8):081201.

[6] Yan Y, Al-Jassim M M, Wei S H. Doping of ZnO by group-IB elements. Applied Physics Letters, 2006, 89(18):181912.

[7] Wei S H. Overcoming the doping bottleneck in semiconductors. Computational Materials Science, 2004, 30(3-4): 337-348.

[8] Kim Y S, Park C H. Rich variety of defects in ZnO via an attractive interaction between O vacancies and Zn interstitials: Origin of n-type doping. Physical Review Letters, 2009, 102(8): 086403.

[9] Segev D, Wei S H. Design of shallow donor levels in diamond by isovalent-donor coupling. Physical Review Letters, 2003, 91(12): 126406.

[10] Sheinman B, Ritter D. Measurement of the energy dependent impact ionization rate in $Ga_{0.47}In_{0.53}As$ near threshold. Physical Review Letters, 1999, 83(17): 3522-3525.

[11] Yan Y, Zhang S B, Pantelides S T. Control of doping by impurity chemical potentials: predictions for p-type ZnO. Physical Review Letters, 2001, 86(25): 5723-5726.

[12] Yan Y W, Wei S H. Doping asymmetry in wide-bandgap semiconductors: origins and solutions. Physica Status Solidi B, 2008, 245(4):641-652.

[13] Li J, et al. Origin of the doping bottleneck in semiconductor quantum dots: A first-principles study. Physical Review B, 2008, 77(11):113304.

[14] Li J, Wei S H, Wang L W. Stability of the DX$^-$ center in GaAs quantum dots. Physical Review Letters, 2005, 94(18):185501.

[15] Zhang S B, Wei S H, Zunger A. A phenomenological model for systematization and prediction of doping limits in II-VI and I-III-VI$_2$ compounds. Journal of Applied Physics, 1998, 83(6): 3192-3196.

[16] Mathew J, Hitoshi T, Tomoji K. P-type electrical conduction in ZnO thin films by Ga and N codoping. Japanese Journal of Applied Physics, 1999, 38(11A): L1205.

[17] Tsukazaki A, Kubota M, Ohtomo A, et al. Blue light-emitting diode based on ZnO. Japanese Journal of Applied Physics, 2005, 44(5L): L643.

[18] Huang M H, Mao S, Feick H, et al. Room-temperature ultraviolet nanowire nanolasers. Science, 2001, 292(5523):1897-1899.

[19] Tsukazaki A, Ohtomo A, Onuma T, et al, Repeated temperature modulation epitaxy for p-type doping and light-emitting diode based on ZnO. Nature Materials, 2005, 4(1):42-46.

[20] Taniyasu Y, Kasu M, Makimoto T. An aluminium nitride light-emitting diode with a

wavelength of 210 nanometres. Nature, 2006, 441(7091): 325-328.

[21] Teukam Z, Chevallier J, Saguy C, et al. Shallow donors with high n-type electrical conductivity in homoepitaxial deuterated boron-doped diamond layers. Nature Materials, 2003, 2(7): 482-486.

[22] Isberg J, Hammersberg J, Johansson E, et al. High carrier mobility in single-crystal plasma-deposited diamond. Science, 2002, 297(5587): 1670-1672.

[23] Koizumi S, Watanabe K, Hasegawa M, et al. Ultraviolet emission from a diamond pn junction. Science, 2001, 292(5523): 1899-1901.

[24] Look D C, Claflin B, Alivov Y I, et al. The future of ZnO light emitters. Physica Status Solidi A, 2004, 201(10):2203-2212.

[25] Neumark G F. Defects in wide band gap II-VI crystals. Materials Science and Engineering R Reports, 1997, 21(1):1-46.

[26] Xu Q, Luo J W, Li S H, et al. Chemical trends of defect formation in Si quantum dots: The case of group-III and group-V dopants. Physical Review B, 2007, 75(23): 235304.

[27] Ma J, Wei S H. Chemical trend of the formation energies of the group-III and group-V dopants in Si quantum dots. Physical Review B, 2013, 87(11): 115318.

[28] Chan T L, Zhang S B, Chelikowsky J R. An effective one-particle theory for formation energies in doping Si nanostructures. Applied Physics Letters, 2011, 98(13): 133116.

[29] Cantele G, Degoli E, Luppi E, et al. First-principles study of n and p-doped silicon nanoclusters. Physical Review B, 2005, 72(11): 113303.

[30] Chan T L, Kwak H, Eom J H, et al. Self-purification in Si nanocrystals: an energetics study. Physical Review B, 2010, 82(11): 115421.

[31] Limpijumnong S, Zhang S B, Wei S H, et al. Doping by large-size-mismatched impurities: The Microscopic origin of arsenic- or antimony-doped p-type zinc oxide. Physical Review Letters, 2004, 92(15): 155504.

[32] Park C H, Zhang S B, Wei S H. Origin of p-type doping difficulty in ZnO: The impurity perspective. Physical Review B, 2002, 66(7): 073202.

[33] Zhang L, Yan Y, Wei S H. Enhancing dopant solubility via epitaxial surfactant growth. Physical Review B, 2009, 80(7): 073305.

[34] Zhang S B, Wei S H. Nitrogen solubility and induced defect complexes in epitaxial GaAs:N. Physical Review Letters, 2001, 86(9): 1789-1792.

[35] Zhang S B, Wei S H, Zunger A. Intrinsic n-type versus p-type doping asymmetry and the defect physics of ZnO. Physical Review B, 2001, 63(7): 075205.

[36] Kresse G, Hafner J. Ab initio molecular dynamics for liquid metals. Physical Review B, 1993, 47(1): 558-561.

[37] Wang D, Han D, Li X B, et al. Determination of formation and ionization energies of charged defects in two-dimensional materials. Physical Review Letters, 2015, 114(19): 196801.

[38] Rinke P, Janotti A, Scheffler M, et al. Defect formation energies without the band-gap problem: Combining density-functional theory and the GW approach for the silicon self-interstitial. Physical Review Letters, 2009, 102(2): 026402.

[39] Oba F, Togo A, Tanaka I, et al. Defect energetics in ZnO: A hybrid hartree-fock density functional study. Physical Review B, 2008, 77(24): 245202.

[40] Janotti A, Varley J B, Rinke P, et al. Hybrid functional studies of the oxygen vacancy in TiO_2. Physical Review B, 2010, 81(8): 085212.

[41] Neugebauer J, Van de Walle C G. Hydrogen in GaN: Novel aspects of a common impurity. Physical Review Letters, 1995, 75(24): 4452-4455.

[42] Wang L G, Zunger A. Cluster-doping approach for wide-gap semiconductors: The case of p-type ZnO. Physical Review Letters, 2003, 90(25): 256401.

[43] Lischka K. Epitaxial ZnSe and cubic GaN: Wide-band-gap semiconductors with similar properties? Physica Status Solidi B, 1997, 202(2): 673-681.

[44] Katayama-Yoshida H, Nishimatsu T, Yamamoto T, et al. Codoping method for the fabrication of low-resistivity wide band-gap semiconductors in p-type GaN, p-type AlN and n-type diamond: prediction versus experiment. Journal of Physics: Condensed Matter, 2001, 13(40): 8901.

[45] Janotti A, Wei S H, Zhang S B. Donor–donor binding in semiconductors: Engineering shallow donor levels for ZnTe. Applied Physics Letters, 2003, 83(17): 3522-3524.

[46] Wang L G, Zunger A. Phosphorus and sulphur doping of diamond. Physical Review B, 2002, 66(16): 161202.

[47] Doherty M W, Manson N B, Delaney P, et al. The nitrogen-vacancy colour centre in diamond. Physics Reports, 2013,528(1): 1-45.

[48] Ohtomo A, Kawasaki M, Koido T, et al. $Mg_xZn_{1-x}O$ as a Ⅱ-Ⅵ widegap semiconductor alloy. Applied Physics Letters, 1998, 72(19): 2466-2468.

[49] Ryu Y R, Lee T S, Lubguban J A, et al. Wide-band gap oxide alloy: BeZnO. Applied Physics Letters, 2006, 88(5): 052103.

[50] Koenraad P M, Flatté M E. Single dopants in semiconductors. Nature materials, 2011, 10: 91-100.

[51] Batalov A, Jacques V, Kaiser F, et al. Low temperature studies of the excited-state structure of negatively charged nitrogen-vacancy color centers in diamond. Physical Review Letters, 2009,102(19): 195506.

[52] Kane B E. A silicon-based nuclear spin quantum computer. Nature, 1998, 393(6681): 133-137.

[53] Gruber A. Scanning confocal optical microscopy and magnetic resonance on single defect centers. Science, 1997,276(5321): 2012-2014.

[54] Awschalom D D, Epstein R, Hanson R. The diamond age of spintronics. Scientific American, 2007, 297: 84-91.

[55] Loubser J H N, Wyk J A V. Electron spin resonance in the study of diamond. Reports on Progress in Physics, 1978, 41(8): 1201.

[56] Lenef A, Rand S C. Electronic structure of the NV center in diamond: Theory. Physical Review B, 1996, 53(20): 13441-13455.

[57] Rogers L J, Armstrong S, Sellars M J, et al. Infrared emission of the NV centre in diamond: zeeman and uniaxial stress studies. New Journal of Physics, 2008,10:4306-4309.

[58] Manson N B, Harrison J P, Sellars M J. Nitrogen-vacancy center in diamond: model of the electronic structure and associated dynamics. Physical Review B, 2006, 74(10): 104303.

[59] Harrison J, Sellars M J, Manson N B. Optical spin polarisation of the N-V centre in diamond. Journal of Luminescence, 2004, 107(1-4): 245-248.

[60] He X F, Manson N B, Fisk P T H. Paramagnetic resonance of photoexcited NV defects in diamond. I. Level anticrossing in the ^{3}A ground state. Physical Review B, 1993, 47(14): 8809-8815.

[61] Ph T, Manson N B, Harrison J P, et al. Spin-flip and spin-conserving optical transitions of the nitrogen-vacancy centre in diamond. New Journal of Physics, 2008, 10(4): 045004.

[62] Batalov A, Zierl C, Gaebel T, et al. Temporal coherence of photons emitted by single nitrogen-vacancy defect centers in diamond using optical rabi-oscillations. Physical Review Letters, 2008, 100(7): 077401.

[63] Sipahigil A, Jahnke K D, Rogers L J, et al. Indistinguishable photons from separated silicon-vacancy centers in diamond. Physical Review Letters, 2014, 113(11): 113602.

[64] Acosta V M, Jarmola A, Bauch E, et al. Optical properties of the nitrogen-vacancy singlet levels in diamond. Physical Review B, 2010, 82(20): 201202.

[65] Fuchs G D, Dobrovitski V V, Hanson R, et al. Excited-state spectroscopy using single spin manipulation in diamond. Physical Review Letters, 2008, 101(11): 117601.

[66] Edmonds A M, D'Haenens-Johansson U F S, Cruddace R J, et al. Production of oriented nitrogen-vacancy color centers in synthetic diamond. Physical Review B - Condensed Matter and Materials Physics, 2012:86.

[67] Bai C. Scanning Tunneling Microscopy and Its Applications. New York: Springer-Verlag, 2000.

[68] Holliday K, Manson N B, Fisk P T H, et al. Raman heterodyne detection of electron paramagnetic resonance. Optics Letters, 1990, 15(18): 983-985.

[69] Awschalom D D, Bassett L C, Dzurak A S, et al. Quantum spintronics: engineering and manipulating atom-like spins in semiconductors. Science, 2013, 339(6124): 1174-1179.

[70] Tezuka H, Stegner A R, Tyryshkin A M, et al. Electron paramagnetic resonance of boron acceptors in isotopically purified silicon. Physical Review B, 2010, 81(16): 161203.

[71] Pla J J, Tan K Y, Dehollain J P, et al. A single-atom electron spin qubit in silicon. Nature, 2012, 489(7417): 541-545.

[72] Pla J J, Tan K Y, Dehollain J P, et al. High-fidelity readout and control of a nuclear spin qubit in silicon. Nature, 2013, 496(7445): 334-338.

[73] Muhonen J T, Dehollain J P, Laucht A, et al. Storing quantum information for 30 seconds in a nanoelectronic device. Nat Nano, 2014, 9(12): 986-991.

[74] Zwanenburg F A, Dzurak A S, Morello A, et al. Silicon quantum electronics. Reviews of Modern Physics, 2013, 85(3): 961-1019.

[75] Weber J R, Koehl W F, Varley J B, et al. Quantum computing with defects. Proceedings of the National Academy of Sciences of the United States of America, 2010, 107: 8513-8518.

[76] Dräbenstedt A, Fleury L, Tietz C, et al. Low-temperature microscopy and spectroscopy on single defect centers in diamond. Physical Review B, 1999, 60(16): 11503-11508.

[77] Search H, et al. Properties of nitrogen-vacancy centers in diamond: The group theoretic approach. New Journal of Physics, 2011, 13:025025.

[78] Steiner M, Neumann P, Beck J, et al. Universal enhancement of the optical readout fidelity of single electron spins at nitrogen-vacancy centers in diamond. Physical Review B, 2010, 81(3): 035205.

[79] Jiang L, Hodges J S, Maze J R, et al. Repetitive readout of a single electronic spin via quantum logic with nuclear spin ancillae. Science, 2009, 326(5950): 267-272.

[80] Maurer P C, Kucsko G, Latta C, et al. Room-temperature quantum bit memory exceeding one second. Science, 2012, 336(6086): 1283-1286.

[81] Aharonovich I, Greentree A D, Prawer S. Diamond photonics. Nature Photonics, 2011, 5: 397-405.

第四章
一维、零维半导体结构中的量子现象

第一节　自组织量子点物理

半导体量子点是指电子和空穴在实空间三维受限，是人造的类原子能级结构，与光场耦合的量子点 K 空间满足直接光学跃迁，是直接带隙半导体材料。制备这类量子点的方法主要是半导体异质结外延生长技术，以及结合外延生长和半导体工艺加工技术。这些技术的结合有利于开展量子点定位生长、量子点片上集成研究。以下简要介绍这方面的研究进展。

一、自组织量子点生长机制和方法

1. 自组织（stranski-krastanow，SK）生长方法[1]

这类量子点的产生原因在于外延材料的晶格常数大于衬底材料，如 InAs 材料在 GaAs 衬底上外延（两种晶格常数适配量为 7%）。对于 SK 生长模式，随着外延厚度的增加，当约大于 1 个 InAs 原子层厚度时，生长模式由二维转为三维岛状生长，以后用带隙较大的材料 GaAs 覆盖量子点，这样的量子点没有缺陷，是高质量的发光材料。SK 模式生长 In（Ga）As 量子点的形貌是类金字塔形状，底盘直径为几十 nm，高度约几 nm。高度的变化是控制或调谐这类量子点发光波长的主要原因；而平面的旋转对称决定量子点激子发光的精细结构及发光的偏振特性。常规方法生长量子点的密度为 $10^9 \sim 10^{10}$ cm^{-2}，通过控制生长参数可以使生长量子点密度低于 10^8 cm^{-2}，这个密度适合研究单个量子点的光学性质。通常 SK 系综量子点的荧光发光波长为 1.1～1.3 μm，线型为高斯分布，半高宽度为几十 meV。SK 生长的量子点具有较大的限制势能（几百 meV），可以在室温发光。单个量子点的半高宽度在 μeV 量级，具有非常锐的发光谱线，其发光波长为 0.9～1.0 μm。目前对这类量子点研究得较多。

2. 晶格匹配量子点生长技术 [1]

SK 模式的生长主要靠晶格不匹配，而晶格匹配的 GaAs/AlGaAs 不可能利用该方法生长量子点。GaAs 量子点基于单层 GaAs/AlGaAs 量子阱厚度涨落形成，然而这样的量子点的限制势能约为 10 meV，只能在低温下开展光谱研究，而且量子点的几何形貌也不十分清楚，其优势是光谱在可见光范围，相应的测量设备性能非常好。相比 SK 量子点，这样的量子点有较大的偶极跃迁的振子强度，更适合于研究固态系统中 QED，具有较强的与腔光学模式的耦合。

3. 液滴方法生长量子点 [1]

这种方法用于制备晶格常数匹配的量子点，量子点可以不带浸润层（wetting layer，WL）。生长步骤为：在 GaAs 衬底上生长 AlGaAs，低温（～300 K）沉积 Ga 液滴在 AlGaAs 表面上，打开 As 源，与 Ga 反应形成 GaAs 量子点。由于是低温生长，生长过程中会形成缺陷态，影响量子点的光学性质，因此其光学特性不够好。

4. 多步分层组装 GaAs/AlGaAs 量子点 [2]

首先制备 SK 生长 InAs/GaAs 量子点模板，原位 AsBr$_3$ 气体刻蚀，应力优先增强刻蚀导致去掉掩埋的 InAs 岛，并在该处形成纳米孔。随后，沉积一层 AlGaAs，这样 GaAs 表面的纳米孔就转移到 AlGaAs 表面。在孔中填充 GaAs，然后再覆盖 AlGaAs 层和 GaAs 保护层，形成 GaAs 量子点。发光波长约为 700 nm，半宽为几十 meV，限制势能约为 200 meV，对应单量子点谱线宽度约为 200 μeV，这种量子点的底盘形状是类长方平面，对称性很差，可以预测具有较大的精细结构劈裂，不利于该量子点在量子信息中使用。

5. 局域液滴刻蚀方法 [3]

首先在 GaAs 衬底上生长一层 AlGaAs，然后沉积 0.5 单层的 Al，形成 Al 液滴，在 As 环境下退火 5 min。在此过程中液滴与下层的 AlGaAs 反应生成圆形边缘纳米孔，是一种近似倒立圆锥形纳米孔，孔的底面直径约为 50 nm，圆锥的高度约为 5 nm，纳米孔的浓度小于 10^8 cm^{-2}。在空中填充 GaAs 形成量子点，以填充量的多少来控制量子点的大小，量子点由 AlGaAs 覆盖作为势垒。量子点的形状与孔一致，低温发光波长约为 790 nm，随着量子点高度减小，FSS 从几十到几 μeV，对应激子线宽约 20 μeV，显示出较好的光学特性。

6. 定位生长量子点 [4-6]

控制量子点生长位置、量子点形貌，同时具有高质量的光学性质是我们一直追求的目标。通常定位生长量子点的光学性质不好。一般是在 GaAs 衬底（111）晶向生长或在 GaAs 衬底（001）晶向生长。采用 EBL 在 GaAs 上刻蚀纳米孔，再转移 MBE 或 MOVPE 外延生长。图形衬底生长方法：首先在衬底上制作微孔掩埋，之后通过调节生长条件的方式使量子点在微孔内生长以实现定位，可能出现一个微孔内生长几个量子点的情况。图形衬底生长方法可以在一定程度上实现对量子点生长位置的控制，但是生长得到的量子点的发光效率不理想。通过图形衬底生长的量子点同样难以实现对量子点形状、大小及能级结构的有效控制。

2014 年，日本 Arakawa 小组报道了基于定位生长的方式制备 GaN 纳米线量子点，有源区为 InGaN 量子点，制备的量子点尺寸在 30 nm 左右，具有室温下单光子特性。

7. 刻蚀技术 [7,8]

首先生长 GaAs/AlGaAs 量子阱结构，再采用 EBM 从上向下刻蚀，刻蚀圆柱的尺度与激子的玻尔半径可比，横向的尺寸限制及量子阱的纵向限制，形成量子点。由于 SK 生长的量子具有非常好的光学性质，晶格匹配量子点生长技术也可以提供较好的量子点光学特性。很少有研究组采用这种方法生长 InGaAs/GaAs 或 GaAs/AlGaAs 量子点作为光谱物理研究。

为了使基于量子点的单光子源能够在室温下工作，要求量子点的激子束缚能较大，因此氮化物半导体量子点具有明显的优势。微纳加工中很重要的一方面是制备具有量子点特性的纳米柱，其加工对象是含有量子阱的外延材料。常见的工艺路线是先利用电子束曝光在基片表面形成尺度为几十 nm 到 100 nm 的掩模，然后通过干法刻蚀等技术制作出极小尺寸的微纳米结构，来实现具有三维量子限制效应的量子点。这类方法也被称为自顶向下（top-down）的制备方法。自顶向下方法需要利用刻蚀方法来制备量子点，在纳米结构的制作过程中不可避免地会在刻蚀表面引入缺陷或杂质，形成表面态，影响量子点的光学质量。通过化学腐蚀和二次外延可以消除部分缺陷、杂质和表面态。微纳加工的量子点的发光效率虽然可以在一定程度上得到提高，但仍不及自组织量子点。

8. 纳米量子点生长 [9-11]

纳米线相当于一个天线，可以对量子点的发光进行调制，有效地提高光的收集效率。自催化 GaAs 纳米线 MBE 外延方法：首先制备 Ga 液滴自催化生长 GaAs/AlGaAs 核壳纳米线，利用自组织的方法将 InAs 量子点及 GaAs 量子点嵌入 GaAs/AlGaAs 纳米线中。GaAs 量子点易于在纳米线的侧面成核，具有很好的稳定性，低温量子点的线宽较宽为 100μeV。目前报道的 GaAs 量子点是闪锌矿（ZB）结构，但由于 GaAs 纳米线可以存在纤锌矿（WZ）结构，预期可实现 WZ 结构的 GaAs 量子点。纳米线上量子点有利于提高量子点的提取效率，特别是制备 1.3 μm 和 1.55 μm 光通信波段量子点，是很有发展前途的研究领域。

二、量子点光谱壳层结构

量子点中导带电子和价带空穴为三维受限，对应的光学跃迁是一些分立的能级，具有类原子电子跃迁能级，也称人造原子。$n=1$ 的基态，称为 S 壳层，接下的能级称为 P 壳层，等等。用原子的壳层结构来标定量子点的束缚态能级。类比原子光学跃迁能级状态，量子点有其更复杂的一面，即量子点存在多个电子或空穴的荷电激子组态，存在较强的库仑相互作用和交换相互作用。

采用量子点内共振激发，只能制备量子点激子；而非共振激发量子点势垒可以制备量子点激子、双激子及荷电激子。此外，荷电激子可以通过给量子点样品 n 或 p 型掺杂，使量子点初始含有一个电子或空穴来实现。荷电激子对应圆偏振光跃迁，因此被用来研究量子点电子/空穴的自旋弛豫，以及与量子点点阵核自旋间的相互作用等物理问题 [12]。在量子点中，不同于其他半导体异质结，可以同时存在正负荷电激子、非常复杂的荷电激子及双激子。双激子的束缚能可正可负，甚至可以为零[13]。对于导带电子基态，其原子轨道函数具有类 s 对称性，为自旋简并态。对价带空穴，其原子轨道态有类 p 对称性，包含重空穴态、轻空穴态和自旋轨道耦合态三个能带。由于轻、重空穴态间的能量间隔较大，一般情况下带间跃迁只考虑重空穴[14]。量子点内常见的激子态表示为单激子（X）、双激子（XX）、正电荷激子（X^+）和负电荷激子（X^-）。几种激子组态的能级占据情况如图 4-1 所示。其中，每个能级上最多可存在两个自旋方向相反的电子（空穴）。

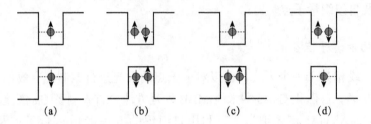

图 4-1　量子点激子组态简图：(a) 单激子；(b) 双激子；(c) 正电荷激子；(d) 负电荷激子

1. 电注入荷电激子产生[15]

可以通过含有量子点的肖特基结构［图 4-2（a）、(b)］向量子点注入电子，得到量子点的荷电激子光学跃迁，如 X^{1-}，X^{2-}，X^{3-}，X^{4-}，X^{5-}［图 4-2（c）］。图 4-3 给出量子点荷电激子发光谱线和对应电子占据壳层 s，p 态的示意图，以及光学跃迁初态和终态电子、空穴占据量子点能级的壳层情况。

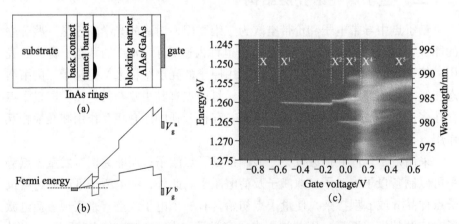

图 4-2　(a) 量子点肖特基结构；(b) 在两个外加偏压下的能带示意图；(c) 随着外加偏压的变化光谱的灰度图，更多的电子注入量子点中，形成多电子组态的光谱跃迁

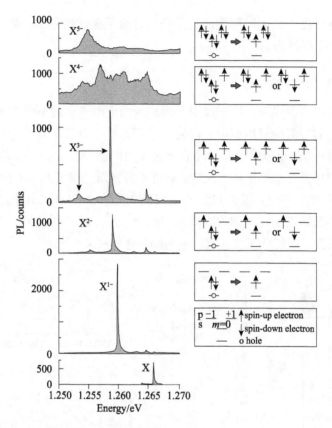

图 4-3　量子点光谱图（自下而上）外加电压 V_g=-0.76 V，-0.16 V，-0.10 V，0.40 V，0.22 V，0.50 V，对应的荷电激子发光谱线 X，X^{1-}，X^{2-}，X^{3-}，X^{4-}，X^{5-}。右边框图对应电子、空穴占据量子点能级的壳层结构，以及光学跃迁前后电子、空穴的占据分布

2. 单激子光学跃迁

　　量子点中包含一对电子空穴对的最低能量态是单激子基态。其导带电子在 z 轴方向的自旋投影为 ±1/2，重空穴的自旋投影为 ±3/2，因此激子的总角动量在 z 轴上的投影为 ±1 或 ±2。光子的角动量为 ±1，激子复合过程应保证角动量守恒，只有角动量为 ±1 的激子态（|-1/2，3/2〉和 |1/2，-3/2〉）能够通过发出光子跃迁到基态，称激子态为明激子（bright exciton）；对应角动量为 ±2 的激子态（|1/2，3/2〉和 |-1/2，-3/2〉），不能辐射光子，称为暗激子（dark exciton）。对于自组织生长的量子点，由于 z 轴没有旋转对称性，电子空穴交换相互作用导致简并激子能级劈裂，其辐射光将为两个非简并的正交线偏振态[14]。对应能级劈裂为精细结构劈裂（fine structure splitting），其劈

裂大小依赖于量子点的对称性。当劈裂超过激子辐射线宽时,使光学跃迁可分辨,不利于纠缠态的产生。

3. 双激子光学跃迁

在较高功率激发下,量子点中会形成由两个电子和两个空穴构成的四粒子态。在它的最低能量构型中,自旋反平行的两个电子和两个空穴分别占据着量子点的导带和价带中最低的量子化能态。因此,XX 态是一个总自旋 $J = 0$ 的单态。根据跃迁选择定则,XX 态不可能直接跃迁到基态($J = 0$)。XX 复合的终态是 X,实验上报道双激子束缚能为几 meV。当双激子谱线处在单激子谱线的低能一侧时,称为束缚态双激子;相反地,则称为反束缚态双激子。单、双激子能级跃迁及其谱线示意图具体如图 4-4 所示。

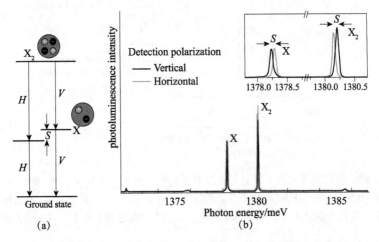

图 4-4 (a) 量子点的双激子级联跃迁示意图;(b) 量子点的典型光谱图,插图为源于单激子能级的精细结构劈裂的线偏振跃迁光谱图。取自文献 [16]

4. 荷电激子(三粒子态)跃迁

对于三粒子态的荷电激子而言,需要区分三重态(具有同性电荷的两个载流子自旋是平行的)和单态(自旋反平行)。荷电激子的三重态是一个激发态,由于泡利阻塞效应,第二个电子(或空穴)占据 p 能级。由总自旋耦合得出 $J_z = \pm 1/2$、$\pm 3/2$ 和 $\pm 5/2$(空穴的角动量为 3/2)[17]。实验上,很难直接观察到三重态到基态的跃迁,因为三重态通常会通过自旋翻转而很快地转化成单态 [17-19]。荷电激子跃迁之后的终态是一个带单个电荷的量子点。与中性激子相比，三个荷电粒子间的库仑相互作用会使荷电激子的结合能发生移动，带正电荷的激子的束缚能一般是正的，带负电荷的激子的束缚能一般是负的。

三、量子点中量子光学特性

二能级系统的自发辐射是由光场真空态的涨落造成的。受激量子点的自发辐射不是量子点本身的特性，而是量子点与真空场耦合的结果。选择光学谐振腔来改变真空场的模式分布，甚至只选择某一特殊的光学模式，就可以改变受激量子点的自发辐射特性。这种光学谐振腔引起的变化不仅可以使自发辐射得到增强，也可以使之受到抑制，具体取决于量子点的荧光波长与光学谐振腔的尺度是否匹配。量子点-光场之间的耦合强弱所表现的物理特性与早期在二能级原子和腔相互作用系统出现的物理现象，如 Purcell 效应、Rabi 振荡和 Mollow 三峰结构是一致的[20]。

从量子理论出发，量子点和微腔的耦合，品质因子 Q 表示微腔储存能量能力，定义为

$$Q = \frac{\omega_{cav}}{\Delta \omega_{cav}}$$

其中，ω_{cav} 为腔模频率；$\Delta \omega_{cav}$ 为腔模频宽。$\Delta \omega_{cav}$ 与腔内光子衰减速率 κ、腔内光子寿命 τ_{cav} 有关系：$\Delta \omega_{cav} = 1/\tau_{cav} = \kappa$。当量子点的自发辐射频率与腔模频率相同时，它们可以通过共振的方式相互作用。量子点激子跃迁和腔内电场的相互作用强度用耦合参数 g 表示，有

$$g = \frac{|\langle d \cdot E \rangle|}{\hbar}$$

其中，d 为量子点激子跃迁偶极矩；E 为电场强度。根据 g 与衰减速率的大小关系，可以把量子点和腔之间的耦合分为弱耦合和强耦合。

1. 弱耦合

在弱耦合中，$g < (\kappa, \gamma_0)$，γ_0 为在自由空间中激子自发辐射速率。此时，量子点和腔之间的相互作用较小，激子态与腔模耦合后光子会迅速逃逸出腔，为不可逆的自发辐射过程，Purcell 效应属于弱耦合，说明腔可以改变量子点的自发辐射速率。根据费米黄金定则（Fermi golden rule）[21]，量子点的自发辐射速率 γ 为

$$\gamma = \frac{1}{\tau} = \frac{2\pi}{\hbar}\left|\langle \boldsymbol{d}\cdot\boldsymbol{E}\rangle\right|^2 \rho(\omega)$$

其中，$\rho(\omega)$ 为系统的光子态密度，ω 为光子角频率。在真空中，$\rho_{\text{vac}}(\omega) = \frac{\omega^2 V_0}{\pi^2 c^3}$，$c$ 为光速，V_0 为模式体积。在单模光学腔中，此时光子态密度呈现标准的洛伦兹函数特性，有

$$\rho_{\text{cav}}(\omega) = \frac{2}{\pi}\frac{\Delta\omega_{\text{cav}}}{4(\omega - \omega_{\text{cav}})^2 + \Delta\omega_{\text{cav}}^2}$$

真空和单模腔内的光子密度示意图如图 4-5 所示。由图可知，与真空光子态密度相比，在腔中，腔模附近的态密度得到增大，而远离腔模频率的态密度受到抑制。通过调节腔模频率和激子辐射频率的差值，可以增加（调谐）或者减小（失谐）其自发辐射速率，量子点辐射可以得到提高或抑制。

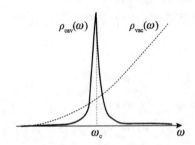

图 4-5　真空和单模腔内的光子态密度示意图

自发辐射速率增加/减小的程度，可以用 Purcell 因子 F_{P} 表示，它等于量子点处于腔中时的自发辐射速率和无腔结构时的自发辐射速率之比：

$$F_{\text{P}} = \frac{\gamma^{\text{cav}}}{\gamma^{\text{free}}} \equiv \frac{\tau_r^{\text{free}}}{\tau_r^{\text{cav}}} = \frac{3Q(\lambda/n)^3}{4\pi^2 V_{\text{eff}}}\xi^2 \frac{\Delta\omega_{\text{cav}}^2}{4(\omega - \omega_{\text{cav}})^2 + \Delta\omega_{\text{cav}}^2}$$

其中，$V_{\text{eff}} = \dfrac{\int_V \varepsilon(\boldsymbol{r})\left|\boldsymbol{E}(\boldsymbol{r})\right|^2 \mathrm{d}^3\boldsymbol{r}}{\varepsilon(\boldsymbol{r})\left|\boldsymbol{E}_{\max}\right|^2}$；$\xi = \dfrac{\left|\boldsymbol{E}(\boldsymbol{r})\right|}{\left|\boldsymbol{E}_{\max}\right|}\cdot\dfrac{\left|\boldsymbol{d}\cdot\boldsymbol{E}(\boldsymbol{r})\right|}{\left|\boldsymbol{d}\right|\cdot\left|\boldsymbol{E}(\boldsymbol{r})\right|}$，$\boldsymbol{E}$ 为电场强度，$\boldsymbol{r}$ 为量子点的空间位置，$E_{\max}$ 为腔中的最大场强。有效模式体积 V_{eff} 根据应用不同，有多种定义方式，此处给出常用的一种，它为光场总能量与能量密度最大值之比。ξ 表示量子点偶极矩与腔模电场强度的耦合程度。$F_{\text{P}}>1$，自发辐射被增强；$F_{\text{P}}<1$，自发辐射被抑制。当微腔参数不变时，要想实现更大的 F_{P} 变化，不仅要实现频率的调谐（失谐），还需要将量子点置于腔电场强度最

大处，且使其偶极子方向与电场方向平行，以实现两者更强的相互作用。当实现频率共振、量子点位置和偶极矩方向与电场强度最佳配对时，以上 F_P 的表达式可以简化为

$$F_P = \frac{3}{4\pi^2}\left(\frac{\lambda}{n}\right)^2 \frac{Q}{V}$$

此时，Purcell 效应只依赖于腔本身的参数。耦合因子可简化为

$$g = \left(\frac{e^2 f}{4\varepsilon m_0 V_{\text{eff}}}\right)^{1/2}$$

其中，f 为量子点的振子强度[22]。

除了 F_P 外，我们还经常用另一个参数——自发辐射耦合因子 β 因子来衡量腔对自发辐射的作用，定义为全部自发辐射中耦合到腔模部分的比例：

$$\beta \equiv \frac{\gamma^{\text{cav}}}{\gamma^{\text{total}}} = \frac{\gamma^{\text{cav}}}{\gamma^{\text{free}} + \gamma^{\text{cav}}} = \frac{F_P}{1 + F_P}$$

其中，γ^{total} 为总的自发辐射速率。当 F_P 很大时，β 因子接近于 1。

图 4-6 为通过温度调谐时腔模和激子辐射的弱耦合。可以看到，当量子点的发光频率与腔模频率相同时，量子点的辐射强度得到了明显的增强，而当两者的频率差距较大时，量子点的发光强度受到抑制，整个过程中强度与失谐量呈现高斯线型。

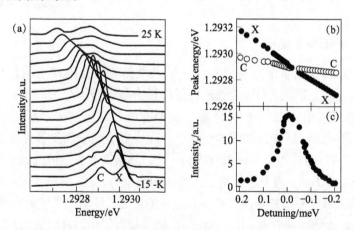

图 4-6　通过温度调谐的单量子点和微柱腔之间的耦合[23]。（a）不同温度下的腔模和量子点发光 PL 光谱；（b）量子点和腔模能量变化；（c）量子点强度随失谐量的变化

2. 强耦合

当耦合因子 $g>\kappa$、γ_0 时，量子点和腔之间会发生强耦合，此时，两者之间的耦合强度大于腔的泄漏，即量子点发出的光子被较好地限制在腔内，量子点可在光子泄漏之前再次吸收这个光子，自发辐射过程是可逆的。一次激发会导致两种耦合态（量子点为激发态，腔为空态；量子点为基态，腔为单光子态）之间的时间函数的 Rabi 振荡，本征角频率[24,25]为

$$\omega_{\pm} = \frac{1}{2}\left(\omega_0 + \omega_{\mathrm{cav}} + \mathrm{i}\kappa \pm \sqrt{\left(\omega_0 - \omega_{\mathrm{cav}} - \mathrm{i}\kappa\right)^2 + 4g^2} \right)$$

在共振情况（$\omega_0 = \omega_{\mathrm{cav}}$）下，出现如图 4-7 所示的反交叉（anti-crossing）曲线[26]。

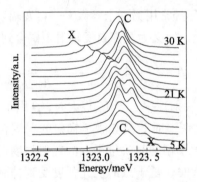

图 4-7 温度调谐量子点激子与腔模共振，强耦合产生劈裂的两个发光峰

3. 量子点共振荧光

量子点二能级量子态与共振（量子点发光波长与激发光波长相同）强激光场耦合时，形成量子点-激光场新的耦合量子态，称为缀饰态（dressed state）。原来的量子点二能级劈裂为四个能级，对应的光学跃迁为三峰结构，称为 Mollow 三峰，如图 4-8 所示，这一量子光学现象首先在理论上由 Mollow 预言，随后在原子体系观测到[27,28]。其缀饰态频谱可以表示为中间激子跃迁能量为 $\hbar\omega_0$，两个边带激子发光峰的能量为 $\hbar\omega_0 \pm \hbar\Omega$，其中 $\Omega = \mu E/\hbar$ 为 Rabi 频率，对应激子跃迁偶极矩 μ 和电场强度 E。量子点共振荧光的 Mollow 三峰结构在实验中观察到[29-35]。Mollow 理论预言，中心峰的峰值高度是边峰的 3 倍，中心峰的发光强度是边峰的 2 倍，这一预言得到固态量子点体系共振荧光实验的验证[35]。

量子点 Mollow 三峰结构是近年来才获得的，其主要原因是在固态系统

中泵浦激光的散射光非常强，实验技术上存在很大难度。目前，解决的方法有两种，一种是量子点嵌在上下分布布拉格反射器（DBR）之间，泵浦光从侧面沿着平面波导激发量子点，从样品的正面接收量子点的发光信号［图 4-9（a）］[29]；另一种是通过精巧设计及采用多个具有高偏振消光比的偏振组合，在交叉垂直偏振激发、收集条件下实行量子点共振荧光实验［图 4-9（b）］[34]。

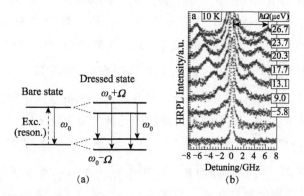

图 4-8 （a）激光场与量子点共振耦合产生缀饰态；（b）测量随激发功率增加产生的Mollow 三峰

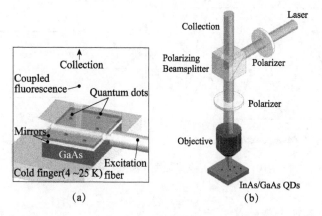

图 4-9 共振荧光实验方案：（a）激发光与收集荧光垂直；（b）激发光与收集荧光线偏振方向垂直

4. 量子点共振荧光相干 Rabi 振荡光谱[36]

单量子点具有类原子二能级系统，其 Rabi 振荡的物理过程与原子类似。设二能级原子基态为 $|g\rangle$，激发态为 $|e\rangle$，光学跃迁频率 $\omega_0=(E_e-E_g)/\hbar$，与激

光驱动场的频率相等。载流子占据激发态的概率为 $P_e(t)=\sin^2\left(\dfrac{vt}{2\hbar}\right)$，时间为 $t=\pi\hbar/v$ 时，所有的原子都处于激发态。通常定义原子占据态的反转概率为

$$w(t)=P_e(t)-P_g(t)=\sin^2\left(\frac{vt}{2\hbar}\right)-\cos^2\left(\frac{vt}{2\hbar}\right)=-\cos(vt/\hbar)=-\cos(\Omega_R t)$$

其中，$\Omega_R=v/\hbar$ 为 Rabi 频率。当 $t=\pi\hbar/v$ 时，$W(\pi\hbar/v)=1$，即所有的原子存在于激发态。采用 NMR 实验表示方法，这种转移过程称为 π 脉冲。若 $t=\pi\hbar/2v$，$W(\pi\hbar/v)=0$，基态与激发态的占据概率相等，是一种叠加态，$\left|\psi(\pi\hbar/2v)\right\rangle=\dfrac{1}{\sqrt{2}}(\left|g\right\rangle+\mathrm{i}\left|e\right\rangle)$，即从载流子占据基态到叠加态的操作脉冲称为 π/2 脉冲。以上这种 π 脉冲和 π/2 脉冲是在实验中制备载流子的自旋态或能级占据的基本操作过程。对于激发的脉冲激光场，操作原子作用时间的积分定义一个操作脉冲面积，即 $\theta=\dfrac{\mu}{\hbar}\displaystyle\int_0^\infty E(t')\mathrm{d}t'$，这里 $E(t')$ 为激光脉冲电场，μ 为光学跃迁偶极矩，这样脉冲面积正比于激光功率的平方根。因此，在实验中，通过改变激光的激发功率，载流子在二能级原子或单量子点中的占据将随激发功率而产生周期变化的 Rabi 振荡，其振动示意如图 4-10 所示[37]。

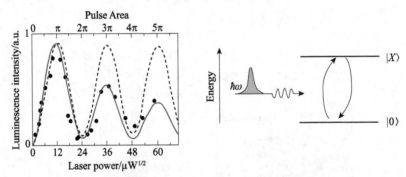

图 4-10　共振荧光发光强度与激发功率（脉冲面积）

5. 制备不可分辨的单光子

当两个不可分辨的光子同时到达分束器（BS）的两个垂直的平面上时，就会产生双光子干涉，而双光子干涉是线性光量子计算的实验基础。双光子干涉要求入射的光子具有相同频率、线宽、场空间分布模式、偏振方向，并且要同时到达 BS 的两端。当两个不可分辨的光子同时到达 50/50 BS 的两个端面时，由于双光子干涉的存在，两个光子不可能都发生反射或都发生透射［图 4-11（c）、（d）］，而是只可能一个反射，一个透射［图 4-11（a）、（b）］。

这种双光子干涉最先由 Hong、Ou 和 Mandel（HOM）发现，于是双光子干涉实验也可叫作 HOM 实验[38]。

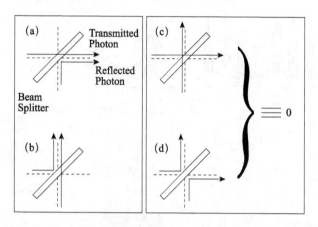

图 4-11　当两个不可分辨的光子同时到达 50/50 BS 的两个端面时，它们可能发生的反射或透射有以下几种情况：一个光子发生反射，而另一个发生透射［(a)、(b)］；两个光子都发生透射（c）；两个光子都发生反射（d）。因为量子干涉的存在，两个光子同时透射和同时反射的情况消失了，两个光子只能一起从 BS 的一个端面出射

光子的本征时间宽度（激子相干时间）$T_2 = 2 / \Delta \omega$，$\Delta \omega$ 为自然线宽，T_2 则可被写为

$$\frac{1}{T_2} = \frac{1}{2T_1} + \frac{1}{T_2^*}$$

其中，T_1 是发射光子的寿命；T_2^* 则是退相位的时间。在量子点中，激子与光子间的相互作用及载流子之间的散射都是产生退相位的原因。在理想条件下，光子波包时间 - 频率满足 Fourier 变换（$T_2=2T_1$[39]）。

图 4-12 显示出一种利用迈克耳孙干涉仪的双光子干涉装置[40-42]。这种装置不需要两个不可分辨的单光子源，而是用间隔为 ΔT=2 ns 的脉冲激光激发同一个单光子源。激光的重复周期为 12 ns。产生的单光子先后进入两个臂长差为 ΔT 的迈克耳孙干涉仪。探测光子分别接入光子计数器，再接入 TAC、MCA 系统中。从二阶关联函数的结果中可以看出，每一次激光脉冲重复周期可以产生五个峰，这五个峰来源于两个光子在迈克耳孙干涉仪中所走的路径不同。对于 $\tau = \pm 2\Delta T$ 的峰值，对应的是第一个光子经过的是短臂，第二个光子经过的是长臂。对于 $\tau=\Delta T$ 的峰值，两个光子经过的路径是相同的。对于 $\tau = 0$ 的位置，则表示第一个光子经过长臂，而第二个光子经过短臂，此时两个光子到达 BS 的时间是相同的。0 时刻在关联函数中表现出的凹陷就说明

此时发生了双光子干涉。

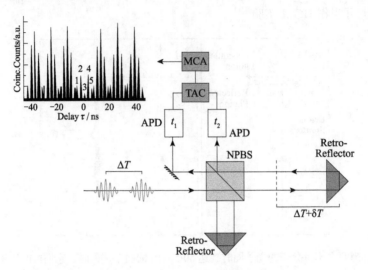

图 4-12　固定时间间隔的脉冲激光激发同一个单光子源产生双光子干涉的实验装置示意
　　　　图。产生的五个峰中，位于中间的峰被抑制的效应证明了双光子干涉

　　除了上面介绍的来自同一个量子点的双光子干涉实验外，也有报道来自两个独立量子点发射单光子的干涉实验[43,44]、不同金刚石色心的光子干涉实验[45]。制备高质量的单光子及不可分辨光子需要量子点具有较长的退相位时间 T_2^*（T_2 增加）。通常导致退相位时间减小的机制主要是激子与声子的相互作用，实验中的主要手段是降低样品温度和减小量子点激子能量与泵浦激光能量的差值[39,46]，以及把量子点嵌入微腔中来减小激子的发光寿命（Purcell 效应），以此增加发射光子的相互相干性。实验中采用量子点内准共振激发量子点 p 壳层、共振激发量子点基态来恢复量子点发射光子的不可分辨性[39,40,47-50]。

四、量子点中量子态的操作

　　量子非线性光学-单光子水平相互作用是一个基本的物理问题，同时具有非常复杂的实验技术。传统的光场间的相互作用是在非线性介质中实现的，这种方法不适用于弱光或单光子间的相互作用。近年来量子光学的发展显示几种可在单光子水平的非线性光学现象，展现强的光子间的相互作用，具有独特的应用，如单光子开关、全光量子逻辑门和光与物质的强关联作用，这方面的早期工作主要是在原子-微腔耦合系统中实现的，可参考综述

文献 [51]。在原子-微腔系统中，原子需要一套复杂的冷却和俘获系统。这些早期典型腔量子电动力学实验可以推广到原子-纳米光子晶体系统[52-54]，或全固态量子系统，如半导体量子点[55]、金刚石氮空位中心[56]。下面将介绍量子点-微腔系统在量子点存在方面的典型实验。

1. 量子存储问题 [57,58]

不同量子系统（原子、离子和固态单量子体系）的耦合是构建量子网络的核心，光子作为飞行的量子比特，是连接不同量子体系的桥梁。同时，光子量子比特可以存储在寿命较长的原子或离子中。对于量子点光学跃迁，由跃迁的选择定则，量子点自旋量子比特与光子的偏振态是关联的，因此量子态的存储也是建立不同量子体系量子态的传递及纠缠。下面介绍以光子为媒介的量子点与离子的耦合实验，量子点为 X⁻激子，离子为 Yb^+，实验光路图及主要结果为：量子点处于低温（4.2K）和磁场（4.2T）系统中，离子 Yb^+ 放在光学微腔中。两者的发光波长相同，为 935 nm，对应右圆偏振光学跃迁，如图 4-13（a）和（b）所示。实验中，为制备高相干度的单光子，采用垂直偏振激发和收集量子点荧光测量系统[59]，量子点发射的光子通过光纤耦合到离子 Yb^+ 中。图 4-13（c）给出对应量子点和离子光吸收的线宽，可以看出两者的跃迁光谱半高宽度相差近 100 倍，不利于它们之前的耦合以及量子态的传递。因此，制备相干的窄线宽（傅里叶变换极限）量子点发光谱线是实现固态量子信息的基础。

2. 量子开关 [60]

低光子数甚至单光子水平光学开关将在量子信息处理和量子网络中应用，腔中原子-光子、量子点-光子的强相互作用提供量子开关研究平台。这里介绍的是利用单量子点与光子晶体微腔的强耦合，实现 140 光子数、皮秒时间尺度的光开关，实验结果描述如下：泵浦光和探测光从波导的一端入射，两者相对延迟为 $\Delta\tau$，探测光传输或散射依赖于泵浦光的强度和它们之间的相对延迟；量子点与腔共振并与入射泵浦光耦合，单泵浦光与探测光同时到达量子点-腔耦合系统时，探测光被反射，如图 4-14（b）和（c）中黑色数据点。当两者时间延迟 4 ns 时，泵浦脉冲作用后探测脉冲到达，两者作用在量子点在不同的时间，因此探测的散射光受到抑制，类似的量子开关及光子的位相移动可参考文献 [55]、[61]、[62]。

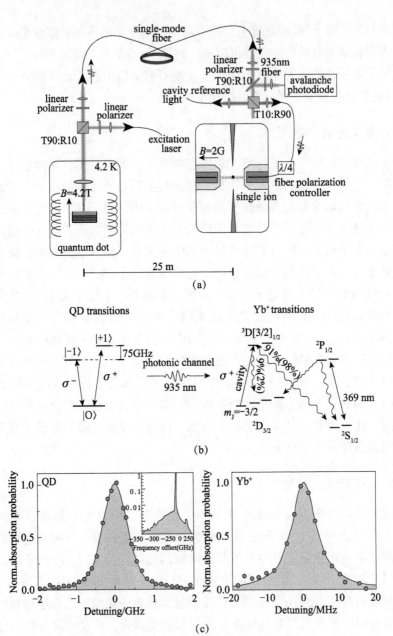

图 4-13　(a) 实验光路原理图；(b) 量子点和 Yb+ 光学跃迁图；(c) 量子点和 Yb+
　　　　光学吸收图

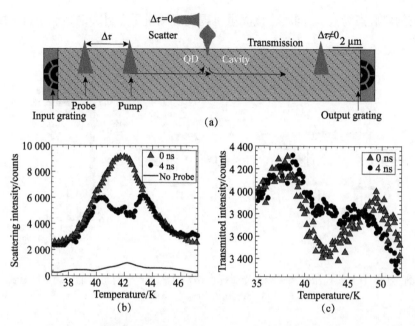

图 4-14 （a）量子点光子晶体微腔和波导耦合、泵浦－探测脉冲以及探测脉冲散射和传输示意图；（b）探测脉冲散射强度温度的函数，量子点－微腔共振时，泵浦－探测零时延迟对应散射光最大，而对应的透射光（c）最小

3. 量子测量问题[63]

量子比特的操作及测量是量子信息的基本问题，一方面，需要分离量子系统与周围的噪声的扰动；另一方面，获取信息需要量子比特与经典探测器的耦合。相对于量子比特的操作，量子测量还是较慢的物理过程[64]。下面介绍基于量子点荷电激子（X⁻）共振荧光相关的量子点单电子自旋的快速读取，单次自旋读取保真的超过 80%，读取窗口为 800 ns，相对自旋测量时间大约提高了 3 个量级[65]。

如图 4-15 所示，在外加磁场 $B=2T$，量子点能级图（a）表示垂直跃迁的泵浦激光 Ω_1 和探测激光 Ω_2。图（b）显示泵浦光对角光学跃迁，该跃迁强度远低于量子点垂直光学跃迁。为了单次自旋态测量，激光 Ω_1 制备电子自旋 $|\uparrow\rangle$ 或 $|\downarrow\rangle$，然后采用共振荧光 Ω_2 读取自旋态 $|\downarrow\rangle$，光子计数概率显示在图（c）中。可以看到，当制备电子自旋态为 $|\uparrow\rangle$ 时，最大的概率是探测到零光子。而自旋制备 $|\downarrow\rangle$ 态，较大的概率是探测到一个或多个光子。这样，在自旋态测量中，若测量零光子，则自旋态为 $|\uparrow\rangle$，若探测 1 个或更多光子，则测

量前的自旋态为 $|\downarrow\rangle$。同时，该测量也提供观测量子点自旋动力学中量子跳跃现象。

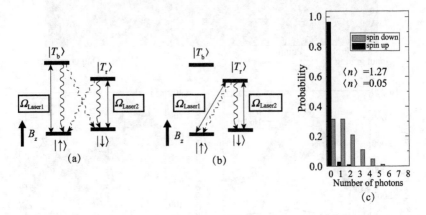

图 4-15　(a) 泵浦激光和探测激光跃迁；(b) 泵浦光和探测光 Λ 能级结构跃迁图；
(c) 探测电子自旋取向概率

4. 量子点中电子自旋态的操作[66]

量子信息处理需要快速的单量子比特的操作，以自旋基量子比特为例，在自旋退相干时间内对自旋态进行任意的相干翻转操作，这里介绍单量子点 X⁻激子中对单电子自旋 Kerr 进动的相干操作。图 4-16（a）中 A 为 X⁻、激子荧光和 Kerr 旋转测量；图 4-16（a）中 B 为光学跃迁示意图；图 4-16（a）中 C 为实验原理图。在时间分辨 Kerr 自旋进动泵浦-探测实验中，引入能量稍低于 X⁻激光跃迁能量的光学斯塔克自旋操作脉冲［TP 脉冲，图 4-16（a）中 A］，沿着入射光方向产生一个有效磁场 $B\sim10$ T。通过选择 TP 脉冲相对泵浦脉冲的延迟及脉冲强度，可以实现对量子点中单电子 Kerr 旋转进动的操作。

在横向（z 方向）磁场 $B_z=715\mathrm{G}$ 下单自旋的相干进动，如图 4-16（b）所示，包括没有 TP 脉冲作用的泵浦-探测实验（入射光沿着 y 方向），光泵浦产生电子自旋叠加态 $|\uparrow\rangle+|\downarrow\rangle$，叠加态绕 z 方向进动的 Kerr 信号及 Bloch 球表示［图 4-16（b）中 A］；当在时间 $t=1.3$ ns 沿着 y 方向加上 TP 脉冲时［图 4-16（b）中 B］，脉冲等效作用使电子自旋绕 y 轴旋转 π，Kerr 进动角度发生变化；而当 Kerr 信号进动到沿着 y 轴方向时，TP 脉冲仅有小的影响［图 4-16（b）中 C］。此外，有关量子点-光子晶体微腔系统中单电子自旋量子比特的制备、操作和测量见文献 [67]。

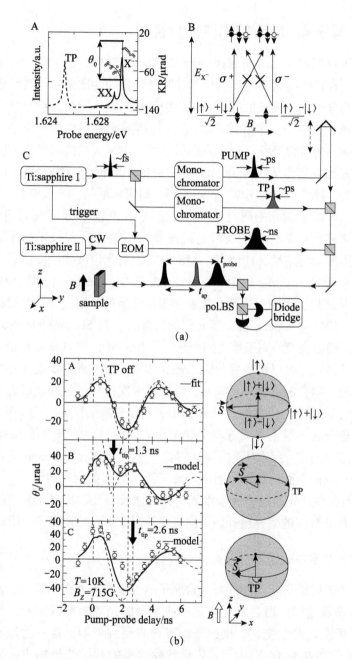

(a)

(b)

图 4-16 （a）A：荷电激子 X⁻ 荧光谱，TP 脉冲位置和 X⁻ 激子 Kerr 信号；B：光学跃迁；
C：实验光路图。（b）Kerr 旋转进动信号，A：没有 TP 时，Kerr 进动信号和 Bloch 球表示；
B，C：在时间 t_{tip}=1.3 ns 和 2.6 ns 施加操作脉冲，Kerr 信号测量结果和对应在 Bloch 球上
的操作表示

五、量子点–表面等离激元耦合

表面等离激元（surface plasmon polaritons，SPP）是金属与电介质界面上存在的一种特殊的表面电磁波模式，其最独特的性质是将光波约束在空间尺度小于其自由空间波长的区域。现代加工技术制备的金属纳米结构将增强表面电磁场，提供一个很好的物质-表面等离激元相互作用操作平台。该平台可用于调控物质偶极跃迁的自发辐射过程，纳米天线提高发光的收集效率等。随着表面等离激元（plasmonics）研究的不断深入，等离激元已经成为一个专门的学科，它是光子学（photonics）研究领域的一个重要分支。

对表面等离子激元的研究最早可以追溯到 20 世纪初，Wood 于 1902 年在实验中观察到金属光栅的反常衍射现象[68]，这正是入射光耦合到金属表面产生等离激元的结果。1908 年，Mie 发展了至今仍被广泛使用的球形粒子的光学散射理论——Mie 理论[69]。Zenneck 和 Sommerfeld 分别于 1907 年和 1909 年，从理论上研究了损耗介质和非损耗介质的界面上支持的射频表面电磁波[70,71]。1941 年，Fano 将金属光栅的反常衍射与 Sommerfeld 的理论工作联系起来，提出表面等离子体波的概念[72]。1957 年，Ritchie 从理论上证明了表面等离子体激元可以被激发[73]。Ferrell 于同一年发现金属表面存在和表面等离子体相互耦合的电磁辐射模式，并且第一次推导了这种金属表面电磁波模式的色散关系[74]。1968 年，Otto 提出了利用衰减全反射（ATR）方法来激发光波频段金属薄膜上表面等离子激元[75]。随后，他的方法被 Kretschmann 改进[76]，提出了广泛用于激发表面等离子激元的 Kretschmann 方法。1982 年，Agranovich 全面地总结了表面等离子激元的相关物理问题[77]。1998 年，Ebbesen 等观察到光通过金属膜中周期性亚波长小孔时出现了异常透射增强效应[78]，从此更多的研究组开始关注表面等离子激元的物理和应用研究。

1. 表面等离子激元腔（plasmonic cavity）

原子的偶极矩与光场的耦合导致原子从激发态到基态的跃迁，对应的过程为自发辐射过程，用自发辐射速率或寿命的倒数来定量标定。若原子周围的电磁场模式发生变化，则原子的寿命将受到调制，这一物理现象首先是 Purcell 于 1946 年预言的[79]。从此各种类型的共振腔被提出，期望通过腔来有效地控制发光体的发光过程，研究光-物质相互作用的基本物理过程。Purcell 因子可以写成[80]

$$F_{\mathrm{P}} = \frac{3}{4\pi^2}\left(\frac{\lambda_0}{n}\right)^3 \frac{Q}{V} \cdot \frac{\Delta\omega_0^2}{4(\omega-\omega_0)^2+\Delta\omega_0^2} \cdot \frac{|\boldsymbol{E}(\boldsymbol{r})|^2}{|\boldsymbol{E}_{\max}|^2} \cdot \left|\frac{\boldsymbol{d}\cdot\boldsymbol{E}(\boldsymbol{r})}{|\boldsymbol{d}\,\|\,\boldsymbol{E}(\boldsymbol{r})|}\right|^2$$

式中，λ_0/n 是腔的共振波长；Q 是腔的品质因子；V 是光场的模式体积；F_{P} 因子的增加主要是增加 Q/V 的比值，即制备超高 Q 值腔，减小模式体积 V。对于介质光学腔，V 的最小值受到波长衍射极限的限制，最小为 $(\lambda_0/2n)^3$。对于金属等离子激元腔，共振的腔模很宽，Q 值较小，但光与金属耦合产生的等离子激元场可以被压缩到纳米量级金属纳米腔内，具有非常小的模式体积，以此提高原子的自发辐射速率。从上面的 Purcell 因子公式可以看出，腔有效控制原子发射需要角频率与腔模共振、原子处于场强的峰值位置、偶极矩平行于电场。从实验上，$F_{\mathrm{P}}=\tau_{\mathrm{R}}/\tau_0$，其中 τ_0 为真空场下原子的自发辐射寿命，而 τ_{R} 为腔中原子的自发辐射寿命。对于介质腔，测量的发光强度的增加就是发光速率的增加，以及与测量系统物镜收集角有关的提取效率的变化。因此，若没有非发光中心参与，Purcell 因子的增加与发光强度增加的差别就反映腔导致的提取效率的变化。对于金属腔，寿命 τ_{R} 的减小与发光强度的变化要复杂一些，$\tau_{\mathrm{R}}=\tau_{\mathrm{scatter}}+\tau_{\mathrm{coupling}}$，若发光体与金属不存在耦合，则 $\tau_{\mathrm{R}}=\tau_{\mathrm{scatter}}=\tau_0$，测量的寿命不变。光在金属纳米颗粒的散射可使光的收集效率增加。若存在与腔共振耦合，则 $\tau_{\mathrm{R}}=\tau_{\mathrm{coupling}}$，使发光体的寿命减小，测量的发光强度增加等于 Purcell 因子的增加（忽略金属腔的欧姆损耗）。发光强度增加倍数大于 Purcell 因子的增加，说明金属腔同时具有纳米天线作用，提高了发光的提取效率；发光强度增加小于 Purcell 因子的增加，金属腔的欧姆损耗不能忽略。更极端的情况是导致偶极跃迁的淬灭[81]。因此，金属纳米腔的设计要比介质微腔复杂得多，根据不同的物理研究需要设计不同结构的金属纳米腔。在可见波波段通常选择金属 Ag、Au，根据金属的几何形状，可以激发传播的表面等离子激元或局域的等离子激元模式；设计不同的金属纳米结构，可以实现不同波长的等离子激元共振波长［图 4-17（a）、（b）］[82]。以下介绍几种典型的金属纳米腔。

2. 等离子激元纳米阵列腔 [83]

等离子激元纳米二维腔阵列结构嵌在二维均匀光增益环境中，在光泵浦下观察到耦合等离子激元纳米粒子阵列相干激射，具有非常好的方向输出［图 4-18（a）、（b）］。其物理过程为：每个等离子激元纳米粒子类比于一个偶极发射器（类似于点光源），以球面波向远场发射；对于周期阵列，纳米粒子间具有较强的偶极-偶极耦合，导致纳米阵列同位相相干振荡；球面波相干加强远场方向辐射，实现等离子激元纳米腔阵列激光输出。

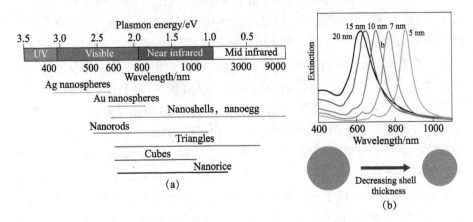

图 4-17　（a）不同金属纳米结构等离子激元共振波长；（b）不同金属包层 plasmon 共振波长的变化，玻璃核心的直径为 120 nm，金属包层的厚度为 5～20 nm，共振波长蓝移

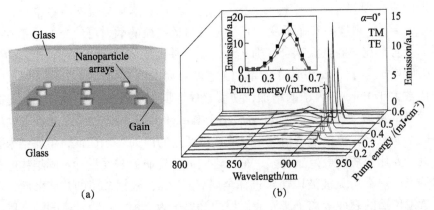

图 4-18　（a）含有 Au 纳米结构和增益介质的示意图；（b）远场测量发射谱与泵浦功率的关系

3. 金属涂层纳米腔[84]

传统的微尺度激光器是基于介质腔形成的，减小腔的尺度将受到光波长的衍射限制，微腔的尺度最小，约为 $\lambda/2n$，而对于金属腔，其限制光的尺度可以小于 $\lambda/2n$。如图 4-19（a）和（b）所示，为电驱动金属涂层纳米腔激光结构，模式体积为 $V_{\text{eff}} = 0.38(\lambda/2n)^3$，远小于介质光波衍射极限。纳米尺度的激光器在未来数字化光子电路、光开关中具有潜在的应用。

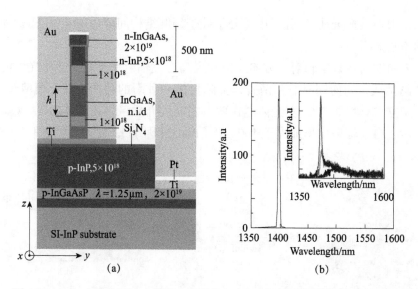

图 4-19 （a）金属涂层纳米腔激光器结构；（b）随泵浦电流增加激光的发光谱

4. 光场的定向发射

光辐射天线：光学天线（金属纳米结构）可以使传播的光辐射聚焦于局域的场，或使局域的电磁场按一定的方向角度产生光辐射，可在纳米尺度（亚波长尺度）上控制和操作光场（图 4-20）。光学天线的基本特性类比于微波天线，但其天线的尺度较小。光学天线将在提高光探测效率、光辐射、传感器、光谱学等领域应用，成为一个非常重要的研究方向[85]。光学天线的特征尺度是辐射波长量级，需要制备的精度在纳米量级，主要采用自上而下的制备工艺，如电子束光刻或聚焦离子束刻蚀。

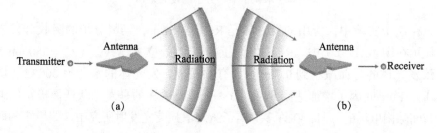

图 4-20 （a）传输天线：金属天线的定向远场辐射；（b）收集天线：辐射的光会聚在接收端

超明亮单光子源：当单个偶极发射体（dipole emitter）接近光学天线时，其光学模式密度将受到调制。当偶极跃迁与天线共振时，发光强度将大幅度增强，如在共振天线-单分子中（分子处于领结结构间隙中），其超辐射强度增加 500 倍[85,86]。

方向发射与自发辐射：方向发射和提高自发辐射率是实用化单光子源最重要的挑战，如何同时兼顾两者，文献提出一种新的结构，即金属薄膜-耦合纳米立方体结构[87]，发光体嵌在两者之间的介质区域（图 4-21）。实验结果显示，自发辐射率增加大于 1000 倍（Purcell 因子），方向发射提取效率达到 84%。

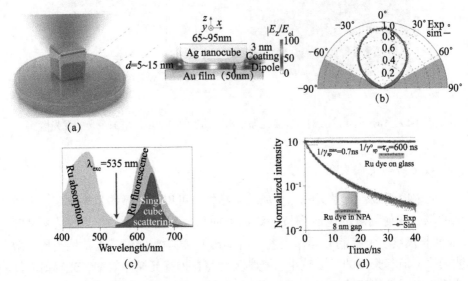

图 4-21 （a）银纳米立方放在金膜上，中间的间隙为 5～15 nm，见截面图给出金膜的厚度，显示在立方体的棱角处电场最强。上方的锥体表示增加的方向发射，具体辐射方向测量结果见图（b）。（c）染料分子的吸收、发光谱和立方体的共振增强散射波长。（d）有无金属纳米粒子染料分子的发光寿命

在这个实验中，所用的发光体是 Ru 染料分子，染料分子的吸收和发光谱显示在图 4-21（c）中。Ru 的发光正好与薄膜-立方体共振（$\lambda_{np}\sim 650$ nm），导致发光体的寿命减小到 0.7 ns。没有共振腔，发光体的寿命为 600 ns（图 4-21），Purcell 因子增加达到 857。另一个值得关注的是发光跃迁偶极矩的取向与间隙内电场的方向，在许多等离子激元增强荧光发射研究中，偶极矩的取向被认为是各向同性的，这决定于偶极矩与局域场的耦合及方向辐射问题。

这里介绍的是具有长寿命的发光体，类似的结果可以应用到短寿命的发光体，如量子点、色心等半导体材料中，而对应偶极发光的寿命在 ns 量级，预计 Purcell 因子的作用不会增加这么大，而方向发射及提取效率显得尤为重要。

5. 塔姆等离子激元模式 [88-90]

Gazzano 等于 2011 年通过将微米尺寸的金属盘放置于分布布拉格反射器（DBR）上方来实现对光场的限制 [90]，这种结构实现了有效的 TE 极化场耦合和高方向性的发射。这种模型被称为塔姆等离子激元模式（Tamm plasmon modes，TPPs），是 Tamm 于 1933 年最早提出的 [91]。利用塔姆模型提高单光子的收集效率达到 60% [92]。与传统的表面等离子激元不同（表面等离子激元通过棱镜或衍射光栅在金属的界面产生），TPPs 平面波矢小于光在真空中的波矢，直接的光激发可以在金属与介质 DBR 的交界面处产生 TPPs。具体样品结构示意图、腔模及电场分布的模拟结果，以及单量子点发光寿命的调制实验结果见图 4-22（a）～（e）。

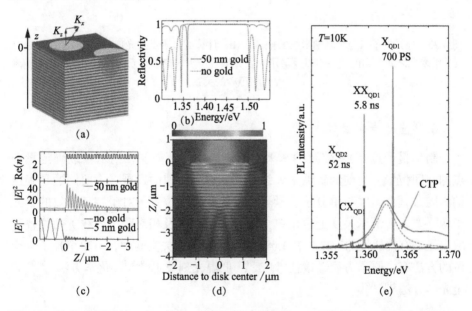

图 4-22 （a）金属圆盘 -DBR 结构，阴影区域为激发的 TPPs 模式场，金属圆盘的厚度为 50 nm，圆盘直径为 2.5 mm。（b）计算的腔的反射谱，深色为没有金属圆饼，浅色为有金属圆饼。（c）自上而下分别为折射率的实部沿 z 轴的分布、沿着 z 轴场强的空间分布。（d）FDTD 的模拟结果，显示 TPPs 模式的灰度图。（e）显示单量子点辐射寿命与 TPPs 腔调谐的变化，共振时量子点寿命为 700 ps，而量子点发光能量远离腔模时，量子点的寿命为 52 ns，说明金属圆饼 -DBR 结构可以增加量子点发光的 Purcell 因子

除了上面介绍的金属纳米腔和金属-DBR 耦合腔外，存在宽带无腔光子-偶极发光体之间的能量交换（相互作用），使光场限制在金属纳米结构与偶极发光体亚波长范围内，如图 4-23 所示，单个 CdSe 量子点与银纳米线的耦

合[93]，量子点的发光部分耦合到纳米线，产生沿着纳米线传播的表面等离子激元，在纳米线的另一端产生光辐射，可以设计纳米线出射端的几何形状，产生光的定向发射。

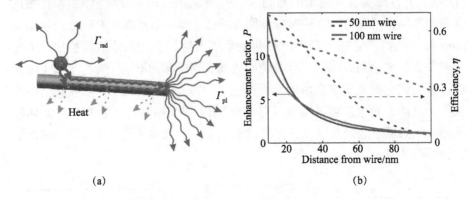

(a) (b)

图 4-23 （a）量子点与金属纳米线的耦合；（b）计算的量子点发光增强因子（P）与量子点和纳米线之间距离的关系，以及量子点发光耦合产生等离子激元的效率与量子点和纳米线之间距离的关系

6. 单量子点定位技术

制备量子点-纳米腔及纳米天线的方向发射，需要在纳米量级确定量子点的空间位置。目前制备纳米天线的工艺得到快速的发展，主要问题是确定纳米腔或耦合天线与单分子、量子点和氮空位的位置。对于制备高效的单光子源，要想在纳米尺度上定位单个发光源的位置及相对腔（天线）的位置和取向是富有挑战性的工作。在 InAs 单量子点的相关实验中，对单个量子点定位的方法有：原子力显微镜技术[94,95]、低温光刻技术[96,97]、化学方法[98,99]和全光学方法[100-102]。

六、量子点的单光子和纠缠光子发射

1. 单光子源的发展历史

作为量子光学实验的重要对象和载体，单光子和纠缠光子的获取成为当今科研领域的一个重要课题。一种直接的方法是通过衰减脉冲激光来获得单光子[103]。然而，由于衰减后的光子数受限于泊松统计，该方法所产生的等时间间隔的光子序列当中可能有的没有光子或有多个光子，因此只能是在很小的概率上获得单光子[104]。后来，人们发现单光子可由具有二能级结构的量子荧光体系获得[105]。如图 4-24 所示，荧光体系由激发态跃迁至基态的过程中会放出一个光子；之后，需要经外部激励使其跃迁回激发态，再跃迁至基态才能放出下一个光子；一般来说，前后两个光子之间存在着两次能级跃迁过程，因此会形成一定的时间间隔，从而可实现严格的单光子输出。

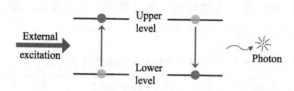

图 4-24　理想的二能级量子体系的单光子发射过程

Clauser 等于 1974 年提出利用 Ca 原子级联跃迁释放出的纠缠光子对（波长分别为 551 nm 和 423 nm）来验证 Bell 不等式的实验设想[106,107]，成为人们开发和利用量子体系单光子源的开端。在此基础上，出于对 Bell 不等式严格实验验证的需要，Aspect 等通过改进实验，成功地实现了 Ca 原子的单光子输出[108]。1977 年，Kimble 等利用处于激发态的单 Na 原子束，首次实现了对光子反聚束效应的实验观测[109]。为了能获得可操控的单光子源，Diedrich 和 Walther 等于 1987 年利用囚禁单个离子的方法，首次实现了单光子的长时间输出。与此同时，利用非线性晶体对脉冲激光参量下转换来获得纠缠光子对和单光子的方法也被提出并得到了发展[106,110,111]。

进入 20 世纪 90 年代，随着材料制备工艺和弱光探测技术的发展和完善，人们开始关注和研究诸如单个有机分子、单个半导体异质结等多原子量子体系的荧光特性[4]。早期在气态的原子和离子上进行过的一系列量子光学实验，在不同的固态体系中相继被成功地重复出来；同时，它们易于操控的优势在实验过程中得到了充分体现。Basché 等于 1992 年首次观测到了单个染料分子荧光的反聚束效应[112]。1999 年，Kim 等实现了半导体量子阱的单光子输出[113]。2000 年，Kurtsiefer 等研究发现了色心（金刚石中的 N 空位）单光子源[114]；与此同时，Michler[115] 和 Lounis[116] 等团队分别实现了自组织量子点 (CdSe) 和半导体纳米晶体 (CdSe/ZnS) 的单光子输出。2002 年，Strauf 等通过 δ 掺杂方法，获得了 ZnSe 中 N 杂质的单光子输出[117]。

而近几年来，固态单光子源又有了新的发展，其中比较有代表性的有：2012 年，Morfa[118] 等报道了 ZnO 晶体当中的 Zn 空位单光子源；Kolesov 等于 2012[119] 和 2013 年[120] 分别开发出了单个 Pr^{3+} 和 Ce^{3+} 掺杂的 YAG 纳米晶体，并首次实现了室温固态环境中稀土离子的单光子输出；2014 年，Castelletto

等 [121] 报道了利用电子辐照和退火工艺在高纯的 SiC 晶体中获得由 C 反位空位（antisite-vacancy）对形成的单光子源。

最后，为了对不同类型的单光子源有一个总体的了解，现将它们主要的光谱信息概括于表 4-1[105]。表中具体总结和比较了不同类型单光子源能够实现的输出波长范围、本征光谱线宽、荧光效率、工作温度、输出的空间模式以及单光子特性好坏（$g^{(2)}(0)$）等性质。

表 4-1[105]   不同类型单光子源的性质对比

Source type	Prob. or Deter.	Temp. /K	Wavelength range general	Wavelength tunability specific	Inherent bandwidth	Emission efficiency	Output spatial mode	$g^{(2)}(0)$
Faint laser	P	300	vis-IR	nm	GHz	1	Single	1
Two photon（heralded）								
Atomic cascade	P	⋯	Atomic line	MHz	10MHz	0.0001	Multi	⋯
PDC								
Bulk	P	300	vis-IR	nm	nm	0.6	Multi	0.0014
Periodically poled	P	300～400	vis-IR	nm	nm	0.85	Multi	⋯
Waveguide（periodically poled）	P	300～400	vis-IR	nm	nm	0.07	Single	0.0007
Gated	D	300	vis-IR	nm	nm	0.27	Single	0.02
Multiplexed	D	300	vis-IR	nm	nm	0.1	Single	0.08
FWM								
DSF	P	4～300	IR	nm	nm	0.02	Single	⋯
BSMF	P	300	vis-IR	nm	nm	0.26	Single	0.022
PCF	P	300	vis-IR	10nm	nm	0.18	Single	0.01
SOI waveguide	P	300	IR	10nm	nm	0.17	Single	⋯
Laser-PDC hybrid	P	300	vis-IR	nm	nm	⋯	Single	0.37
Isolated system								
Single molecule	D	300	500～750 nm	30nm	30nm	0.04	Multi	0.09
Color center（NV）	D	300	640～800 nm	nm	nm	0.222	Multi	0.07
QD（GaN）	D	200	340～370 nm	nm	nm	⋯	Multi	0.4
QD（CdSe/ZnS）	D	300	500～900 nm	nm	15nm	0.05	Multi	0.003
QD（InAs）in cavity	D	5	920～950 nm	10 GHz	1 GHz	0.1	Single	0.02

续表

Source type	Prob. or Deter.	Temp. /K	Wavelength range general	Wavelength tunability specific	Inherent bandwidth	Emission efficiency	Output spatial mode	$g^{(2)}(0)$
Single ion in cavity	D	≈ 0	Atomic line	MHz	5 MHz	0.08	Single	0.015
Single atom in cavity	D	≈ 0	Atomic line	MHz	10 MHz	0.05	Single	0.06
Ensemble								
Rb.Cs	D	10^{-4}	Atomic line	MHz	10 MHz	0.2	Single	0.25

注：表中所列光源被区分成概率性的（P）和确定的（D）两类（此处要注意的是，这里所谓的 D 型单光子源在实际应用中由于其他因素影响，也会变成 P 型的单光子发射）

2. 单光子源的重要应用

单光子荧光材料的开发和利用同光谱学和量子光学领域的研究进展是相辅相成的；近二十多年来，国际上以单光子源为核心的科研成果更是呈指数形式快速增长（图 4-25）。随着研究的不断扩展和深入，可靠、明亮的单光子源的重要应用价值得到了不断体现，如在弱吸收测量[106]、随机数产生[106]、量子密钥分配[122]、量子存储[123]、量子计算[123]、量子隐形态传输[22]等方面的重要应用。

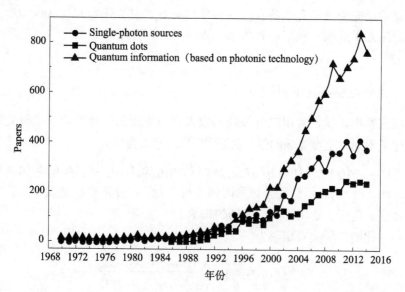

图 4-25　单光子源、量子点和量子信息（基于光子学技术）领域文章发表数量随年份的变化。数据来自 ISI Web of Science 检索

3. 光子统计性质

可以通过一定时间间隔内光子计数的统计分布，即光子统计[125-127]，对光源进行分类。这种统计分布可以得到光子流在很短时间间隔内的光子数，而非长时间的平均值，通过比较这些光子数，可以了解光子流的"混乱"程度。

1）热光：超泊松（super-Poissonian）光

此种光源包括黑体辐射光源，如白炽灯、火光等，其短时间内观测到 n 个光子（$n = 0, 1, 2, \cdots$）的概率为

$$P(n) = \frac{\bar{n}^n}{(\bar{n}+1)^{n+1}}$$

这个分布为 Bose-Einstein 分布，其光子数起伏 $\Delta n = (\bar{n}+\bar{n}^2)^{1/2} > \sqrt{\bar{n}}$。

2）相干光：泊松（Poissonian）光，属于相干光，其光子数概率分布满足

$$P(n) = \frac{\bar{n}^n}{n!} \mathrm{e}^{-\bar{n}}$$

这个分布为泊松分布，其光子数起伏 $\Delta n = \sqrt{\bar{n}}$。

3）单光子源：亚泊松（sub-Poissonian）光

亚泊松光为量子光场特有的一种非经典光，其光子数起伏 $\Delta n < \sqrt{\bar{n}}$。光子数态是光子数唯一确定的光场态。$\Delta n = 0$，即光子数起伏为零，是理想的单光子源。

4. 二阶关联函数（$g^{(2)}(\tau)$）

在实验中，我们常用二阶关联函数来表示光源的统计性质。二阶关联函数描述了不同时空点光场的强度关联[126,128]，定义为

$$G^{(2)}(\boldsymbol{r}_1, t_1, \boldsymbol{r}_2, t_2) = \left\langle I_1(\boldsymbol{r}_1, t_1) \middle| I_2(\boldsymbol{r}_2, t_2) \right\rangle = \left\langle \boldsymbol{E}_1(\boldsymbol{r}_1, t_1) \boldsymbol{E}_2(\boldsymbol{r}_2, t_2) \middle| \boldsymbol{E}_2(\boldsymbol{r}_2, t_2) \boldsymbol{E}_1(\boldsymbol{r}_1, t_1) \right\rangle$$

其中，$\boldsymbol{r}$ 和 t 分别表示空间坐标和时间坐标；I 和 $\boldsymbol{E}$ 分别表示光强和光的电场分量强度；角标 1, 2 用于区分光场的来源。

归一化的二阶关联函数为

$$g^{(2)}(\boldsymbol{r}_1, t_1, \boldsymbol{r}_2, t_2) = \frac{\left\langle I_1(\boldsymbol{r}_1, t_1) \middle| I_2(\boldsymbol{r}_2, t_2) \right\rangle}{\left\langle I_1(\boldsymbol{r}_1, t_1) \right\rangle \left\langle I_2(\boldsymbol{r}_2, t_2) \right\rangle}$$

二阶关联函数可用于表示点光源的统计性质，此时 $\boldsymbol{r}_1 = \boldsymbol{r}_2$，令时间差 $\tau = t_2 - t_1$，则有

$$g^{(2)}(\tau) = \frac{\langle I(t)|I(t+\tau)\rangle}{\langle I(t)\rangle^2}$$

表示在 t 时刻观测到一个光子后，在 $t+\tau$ 时刻观测到另一个光子的概率。图 4-26 为三种光场二阶关联函数 $g^{(2)}(\tau)$ 的典型示意图。对黑体辐射（超泊松光），有 $g^{(2)}(0)>1$，光子趋于同时发射，表现出群聚特性；对单模激光（泊松光），有 $g^{(2)}(0)=1$，光子随机发射；对反聚束源（亚泊松光），有 $0 \leqslant g^{(2)}(0)<1$，光子发射间存在时间间隔，表现出反群聚特性。其中，单光子源的 $g^{(2)}(0)=0$，体现了理想的单光子特性。

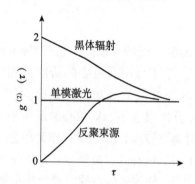

图 4-26　三种光场的二阶关联函数 $g^{(2)}(\tau)$ 随延迟时间 τ 的变化 [129]

5. 典型的单光子源及其特性

1）单原子和离子

1977 年，Kimble 等首次报道了钠原子蒸汽的共振荧光现象，并证实了其具有反聚束效应[109]。2004 年，McKeever 等又实现了限制在腔中的 Cs 原子的单光子发射[130]。此后，Grangier 小组采用受限制的 ^{87}Rb 原子得到了可控单光子源[131]，并观测到了量子干涉效应[132]。原子和离子可以提供纯净的二能级系统。冷原子和囚禁离子的跃迁线宽也非常窄（几 MHz），寿命有限（~30 ns）。此外，这两种源所提供的量子态十分稳定，其发光在可见光和近红外波段。但是分离、操控和捕获其单个粒子对所应用的技术手段要求很高，无法应用于集成系统中。同时，单原子和单离子的发光也不在光通信波段，且发光能量难以调谐。这些缺陷的存在使单原子和单离子在单光子源方面不能得到有效的应用。

2）单分子

1992 年，Basché 等首次在低温下发现了单个染料分子的反聚束效应[112]。1997 年，Ambrose 等在室温下发现了单分子的反聚束效应[133]。由于室温下众多暗态的存在，光子辐射不稳定[134]。2012 年，Nothaft 等在 *Nature Communication* 上报道了室温电致单光子的成功发射[135]。目前，采用这种方法已经可以在室温下得到很高的发射效率[136]。但由于分子存在振动能级和声子，其电子能级展宽较大，除零声子线外还存在一系列谱线。此外，分子的耐光性不好，容易产生强烈的闪烁。这些使得其难以成为理想的单光子源材料[137]。

3）缺陷中心（色心）

色心一般指晶体中能吸收光的点缺陷，这种缺陷导致电子态局域化形成一个二能级系统。目前，基于金刚石色心的研究得到了广泛关注，其中氮-空位色心（NV 色心）的研究最为成功，使其成为第一个商用室温单光子源。2000 年，Kurtsiefer 首次报道了 NV 色心的反聚束效应[114]，但其谱线过宽（~120 nm），且发射速率较低，限制了其作为单光子源的应用。2007 年，Wu 等第一次实现了基于 NV 色心的室温触发式单光子源[138]。2011 年，Choy 等通过等离子激元微腔[139]，使 NV 色心的发射效率得到了极大的提高。2006年，Roch 小组通过脉冲激发金刚石镍空位（NE8）色心，制备了室温下的触发式单光子源[140]。色心的优点是可在室温下稳定工作，相干时间长，但其寿命也长，限制了光子发射速率，零声子线附近伴随多声子辐射线，同时其光谱不在光通信波段，限制了其单光子源的应用。

4）单量子点

单量子点[141,142]是制备量子光源的重要候选之一。量子点三个维度的尺寸都在 100 nm 以下，其内部电子在三维空间都受限制，分立的电子能级态密度类似于单个原子。

目前，化学溶胶量子点和外延生长量子点是主要的光源研究对象。化学溶胶量子点一般由 II-VI 族半导体材料，如 CdS、CdSe、PbS 等构成，其形状多为球形或者棒形，易溶于液态试剂内。胶体量子点尺寸通常在 3~5 nm，是一种强受限量子体系。2000 年，Lounis 等首次在室温下从该系统中发现反聚束现象[143]。胶体量子点具有尺寸可控、波长可调、成本低等优点，但其光谱扩散、长的发光寿命[144]和光闪烁[145]，限制了它们作为单光子源的应用。

外延生长量子点是通过分子束外延或者化学气相沉积技术，利用超纯材料、高质量衬底以及高真空参数精密控制等条件获得的量子点[146]。基于其生长特点，可以方便地将此种量子点嵌入微腔或 p-i-n 等结构中[147-149]，便于调节其发光特性和制作集成器件。外延生长量子点系统有极窄的线宽（μeV 量级）[150]、短的辐射寿命（～1 ns）且可以通过控制量子点组分和尺寸，使其发光波长在较大范围内变化，可覆盖可见至近红外波段。

不同材料体系的量子点有着不同的特性，根据这些性质，可以简单地将其分为三类。

（1）InAs/GaAs 体系。此类量子点是最常见的单光子源体系[151]，其发光波长在 850～1000 nm，可通过引入 InGaAs 盖层将其发光波长扩展至 1300 nm[152,153]。由于较浅的势垒限制，其发光需要在低温下进行。目前，已在该系统中实现单光子辐射[154]、量子密钥分布[155]、电泵浦单光子辐射[156]、强耦合[157]、共振荧光[158] 和单光子激光器[159] 等。

（2）InAs/InP 体系。InAs/InP 中，量子点发光可位于光通信波段。目前，此体系已实现 1.3～1.55 μm 光通信波长范围的单光子发射[160,161]。由于其具有较深的限制势，相比于 InAs/GaAs 体系，其发光可在较高温度实现。基于该系统的光致和电驱动的单光子辐射已被报道[162,163]。

（3）宽带隙体系。宽带隙体系包括Ⅲ-N 材料量子点和 CdTe/CdSe 量子点。由于大的能带带阶差和强的载流子束缚，此系统可在更高的温度（甚至室温）下工作。其光谱可在可见光至紫外光谱范围。目前，该体系也实现了光致和电致的单光子辐射[164,165] 以及腔耦合[166-168] 等。

表 4-2 给出了不同材料体系的量子点系统的特性，其中 λ 表示量子点的发光波长，τ 表示量子点的辐射寿命，T_{max} 表示已报道的最高发光温度。

表 4-2　不同材料体系量子点的特性比较 [169]

Material System	λ/nm	τ/ns	T_{max}/K	Comments
InAs/GaAs	850～1000	1	50	
InGaAs/InAs/GaAs	1300	1.1～8.6	90	Biexponential decay
InP/InGap	650～750	1	50	
InP/AlGaInP	650～750	0.5～1	80	
InAs/InP	1550	1～2	50～70	
GaN/AlN	250～500	0.1～1000	200	Lifetime increases with wavelength
InGaN/GaN	430	8～60	150	
CdTe/ZnTe	500～550	0.2	50	

续表

Material System	λ/nm	τ/ns	T_{max}/K	Comments
CdSe/ZnSSe	500~550	0.2	200	
CdSe/ZnSSe/MgS	500~550	1~2	300	Linewidths broaden significantly after 100 K

6. 微腔结构

由于量子点的尺寸和分布密度具有一定的随机性，其发射的光子波长会在一定范围内变化。同时，由于半导体材料通常具有较高的折射率，其发光在界面处发生全反射（对 GaAs 材料全反射角度仅为 17°），则只有少部分光子能被收集测量。因此，如何调谐量子点发光波长，提高光子收集效率成了量子点作为单光子源的应用的关键科学问题。随着生长和加工手段的提高，越来越多的研究关注于将量子点置于微结构中，以改变其光学模式的空间和频谱分布，甚至可以改变其自发辐射性质。

20 世纪 50 年代，Purcell 预言了置于腔中的发光体（光源）的自发辐射跃迁受到调制[170]，当腔模与光源辐射光子模式相同时，由于光子态密度增加，光源自发辐射得以增强。自发辐射增强因子可以由 Purcell 因子 F_P 表示[171]，对于理想腔结构：

$$F_P = \frac{3}{4\pi^2}\left(\frac{\lambda}{n}\right)^2\frac{Q}{V}$$

其中，λ 是辐射光子的真空波长；n 是材料的折射率；Q 是腔的品质因子；V 是光场有效模式体积。品质因子 Q 定义为微腔中储存的能量与每周期内损失的能量之比。模式体积用 V 表示，指存储在模式中的总电磁波能量与最大的能量密度之比。Q/V 是描述光学腔性质的一个重要指标。Q/V 的比值越高，光源与腔的相互作用时间越长，单位体积光子态密度越高，发光效率越高，腔模线宽越窄。因此，制备好的微腔就需要高的 Q 值和小的 V。由此可以看出，对于给定的光子能量和材料，要获得较高的 Purcell 因子，就需要提高腔的品质因子，同时减小有效模式体积。微腔的特点在于，至少在一个维度上其尺寸与光波长可比拟，它能在提供高的品质因子 Q 的同时，保持小的模式体积 V，因此，能够很好地改变光子态密度。

几种典型微腔结构如图 4-27 所示，以下将详细介绍各种微结构的特点。

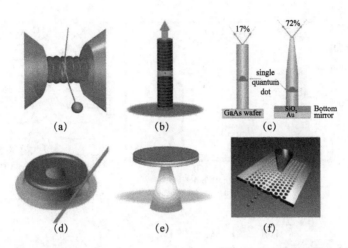

图 4-27 不同类型腔结构示意图：（a）Fabry-Pérot 腔 [172]，（b）微柱腔 [173]，（c）纳米线结构 [174]，（d）微型环芯腔 [173]，（e）微盘腔 [173]，（f）光子晶体微腔 [175]

1）微柱腔（micropillar cavities）

微柱腔属于 F-P 微腔的一种，其通常由上下两组 DBR 和中间的有源介质层组成。在 F-P 腔中，DBR 由折射率不同、厚度为 $\lambda/4n$ 的两种光学介质交替生长组成，这两种介质具有较大的折射率差，并对工作波段透明，它会形成以波长 λ 为腔模中心的具有一定宽度的高反射率带。可以通过调节 DBR 的对数来调节反射率的高低。一般光出射面的 DBR 对数会低于非出光面。两组 DBR 中间的有源区厚度为 $\lambda/2n$ 的整数倍，此系统将构成一个滤波片，只允许谐振腔腔模附近的光透过。此种结构具有很高的 Q 值（$\sim 10^5$），但由于其在其他维度没有限制，模式体积很大。通过采用刻蚀等方法，可使其形成微柱结构，这样可以有效减小模式体积，同时也便于分离出单个量子点。但由于侧壁粗糙度的限制，通常微柱腔的 Q 值会低于对应的 F-P 腔的 Q 值。

微柱结构通常是采用光刻 / 电子束曝光和刻蚀完成的，其结构如图 4-28 所示，量子点层位于中间介质层处。2001 年，Moreau 等首次报道了基于微柱结构的单光子源 [176]。2004 年，Reithmaier 等第一次报道了 InGaAsP 量子点与微柱腔的强耦合效应，并得到激子辐射与腔模共振耦合的反交叉曲线 [157]。2007 年，该组通过优化刻蚀工艺，使微柱的 Q 值达到了 165 000（直径为 4 μm）[177]。2012 年，Munsch 报道了椭圆截面微柱的偏振态控制结果 [178]。目前，已报道的微柱单光子源最高提取效率为 0.79[179]。

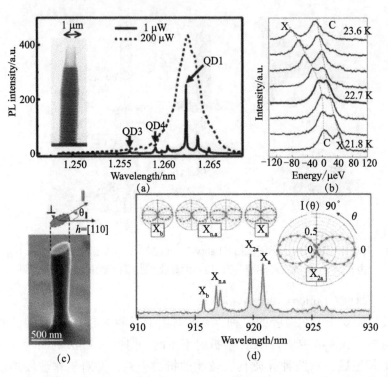

图 4-28 （a）微柱结构 SEM 图及其腔模内的量子点发光 [176]；（b）微柱结构下的激子 - 腔模强耦合的反交叉曲线 [157]；（c）偏振控制微柱的 SEM 图；（d）微柱内各激子谱线图及其极化情况 [178]

2）回音壁型微腔（whispering gallery cavities）

光从光密向光疏介质入射时，可在介质表面发生全反射。当光在弯曲闭合的高折射率介质界面传播时，则可以通过全反射一直被囚禁在墙体内，从而保持稳定的行波传输模式。早在 1910 年，Raleigh 就研究了声波在回音壁中的类似效应 [180]，北京天坛的回音壁和伦敦圣保罗教堂的耳语回廊都体现出这种效应。因此，我们称这种模式为回音壁模式（whispering gallery mode，WGM）。1939 年，Richtmyer 最先分析了介质谐振腔的电磁波回音壁模式，理论预言了其高 Q 值的性质 [181]。1961 年，贝尔实验室的 Garrett 等首次在实验中实现回音壁模式的激光 [182]，使研究人员开始关注 WGM。随着微纳加工技术的发展，1992 年，McCall 等在半导体芯片上制备了微盘腔，实现了连续光泵浦和电注入的低阈值激光器 [183]。2000 年，Michler 等利用微盘腔实现了单个 InGaAs 量子点发光峰与腔模的耦合，其 Q 值可达 6500[154]。2005 年，Peter 等展示了 GaAs 量子点与微盘腔的强耦合效应 [184]。2007 年，Srinivasan

等报道的 GaAs 微盘 Q 值可达 100 000[185]。2012 年，Hausmann 等报道了金刚石微环和 NV 色心的荧光耦合，实现了 WGM 增强的 NV 色心发光[186]。可见回音壁模式是研究光和腔相互作用以及实现高效光源的重要手段。图 4-29 展示了半导体材料的 WGM 微腔及其对光场辐射性质的改变。

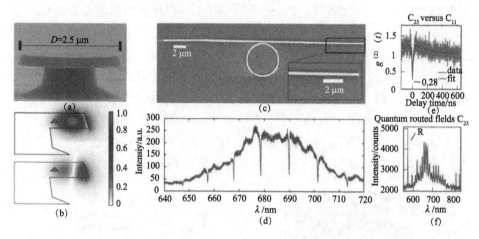

图 4-29 半导体材料的 WGM：（a）GaAs 材料微盘的 SEM 图[185]；（b）微盘截面模拟光场强度分布；（c）金刚石材料微环的 SEM 图[186]；（d）金刚石材料微环透射谱测量；（e）金刚石微环中的 NV 色心二阶关联函数；（f）微环中金刚石色心荧光光谱测量

3）光子晶体微腔（photonic crystal cavities）

光子晶体（photonic crystal）的概念由 Ohtaka 于 1979 年最先提出[187]。随后，Yablonovitch 和 John 指出了"光子禁带"（photonic bandgap，PBG）的存在[188]。光子禁带就是一定频率的光无法在此禁带中传播。光子晶体是不同介电常数的介质周期排列而构成的一种人工微结构材料，前面介绍的 DBR 就是一种常见的一维光子晶体。光子晶体对在其中传播的电磁波有类似晶体对电子的作用，会在 k 空间产生类似晶体能带的 PBG。PBG 可以阻止特定方向和频率的光波的传播[189]。如果在完整的光子晶体中引入缺陷，则类似晶体中的缺陷引入新能级一样，可以产生新的传播模式。在二维光子晶体中引入线缺陷时，会产生新的波导模，可以引导特定频率的光在缺陷内传播。当引入点缺陷时，将引入高光子态密度的缺陷模，使位于光子晶体禁带内的所有自发辐射模都聚集在缺陷态，其他模几乎全部被抑制，模数量减少。由于自发辐射速率正比于模式密度，处于光子晶体腔中的量子点自发辐射能量基本全部参与缺陷模发光，使得发光具有高的强度和窄的线宽，提高作为光源的量子点的出光效率。

　　20 世纪 90 年代，波长相对较长的微波波段的光子晶体理论假设首先得到证实。随着半导体微纳加工工艺的发展，光子晶体逐渐被应用到光波频段。对于依托于集成光路的芯片而言，一般采用二维光子平板设计来对光路进行导向或耦合。2004 年，Yoshie 等报道了量子点发光和光子晶体点缺陷腔的强耦合效应[190]。2006 年，Chang 等报道了光子晶体腔内的单光子发射[191]。当光子频率与腔模耦合时，其自发辐射速率增强了 3 倍；当两者不耦合时，自发辐射速率降为原来的 1/4。2007 年，Vučković 等通过光子晶体中的腔-波导-腔设计，实现了源腔和量子点的共振激发[192]。2011 年，Sato 等报道了腔-波导-腔之间的 Rabi 振荡（Q 值达 460 000）[193]。2011 年，Nakamura 等报道了可调节 Q 值的光子晶体微腔，研究光子晶体腔与量子点耦合的特性[194]。图 4-30 为光子晶体微腔的 SEM 图像及其对量子点发光的影响。可以看到，量子点辐射在与腔模共振（失谐）时，可以提高（减小）自发辐射速率。

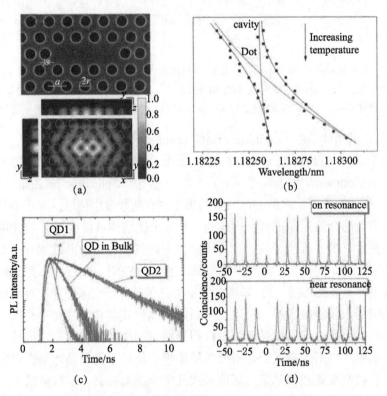

图 4-30　（a）光子晶体微腔的 SEM 图像和模拟场强分布[190]；（b）光子晶体腔模与量子点激子的强耦合反交叉曲线；（c）体材料、耦合和不耦合情况下的量子点荧光寿命测量[191]；（d）共振和近共振情况下的量子点荧光二阶关联函数测量

4）纳米线微腔（Nanowire micro cavities）

纳米线结构在两个维度上受到限制，如图 4-31 所示。其横截面尺度在几纳米至亚微米量级，长轴方向的长度为几微米。这种"准一维"结构使得光倾向于沿长轴方向传播，而且其他两个方向受到限制[195]，此时，纳米线的作用类似于波导。

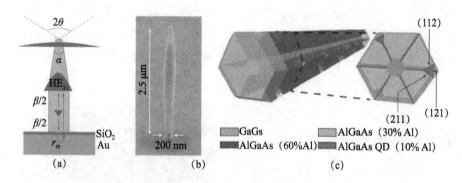

图 4-31 （a）纳米线微结构和辐射场示意图；（b）刻蚀方法得到的 GaAs 材料纳米线的 SEM 图[196]；（c）纳米线棱上生长纳米线的示意图[198]

2010 年，Claudon 等报道了通过微纳加工方法（即"自上而下"的方法）制备纳米线微结构中的量子点发光，通过对顶部角度的修饰，其收集效率可达 72%，同时饱和功率下测得的 $g^{(2)}(0)$ 低于 0.008[196]。由于此种方法受加工缺陷的影响较大，因此基于自组织生长（即"自下而上"的方法）的纳米线结构，因其无须后加工，且易于集成，而引起人们的关注。2012 年，Reimer 等报道了自组织生长的纳米线结构，可直接在生长过程中嵌入量子点位置的优化和顶端角度控制，提取效率达到 42%[197]。2013 年，Heiss 等报道了一种核壳结构纳米线内非轴向自组织生长的 AlGaAs 量子点，由于生长过程中 Al 和 Ga 原子在不同晶面上的迁移率不同，在 GaAs/AlGaAs 核壳结构的顶角处形成了量子点，这种量子点的位置偏离轴心为纳米线光源的研究提供了新的思路[198]。

5）其他微腔

除了以上提到的微结构，近些年来还出现了一些其他的新结构，也可以实现对量子点发光的调控，如表面等离激元和高对比度亚波长光栅。

表面等离激元（surface plasmon polaritons，SPP）由入射电磁波与金属表面自由电子的集体振荡相互作用产生，以共振的形式存在于介质与金属的界面上，是入射电磁场和自由电子相互耦合产生的元激发，其具有表面局域和近场增强的性质。2007 年，Akimov 等研究了 CdSe 单量子点和银纳米线 SPP 的耦合，得到了 2.5 倍的荧光增强 [93]。此后，对不同材料和不同结构的 SPP 模式的研究层出不穷，以实现高荧光收集效率和强耦合等量子效应。

2004 年，Mateus 等报道了一种新颖的具有宽带高反射率谱的光栅结构——高对比度亚波长光栅（high-index-contrast subwavelength grating，HCG）[199]。其与普通光栅的区别是，此种光栅下是一层低折射率介质，并且光栅的周期比入射波长短。HCG 由于具有很大的容差（结构参数可以容忍 ±20% 的变化），十分便于实际应用。上面两种结构的示意图如图 4-32 所示。

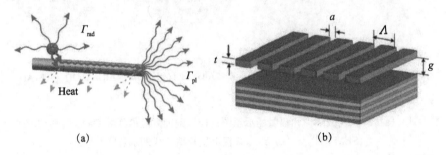

(a)   (b)

图 4-32 （a）量子点和银纳米线 SPP 的耦合 [93]；（b）高对比度亚波长光栅微腔 [200]

7. 量子点产生纠缠光子源

量子纠缠态是两个或多个量子态间本质的非经典的关联效应，是量子力学最典型的特性。纠缠态是量子信息科学的中心，即量子物理在量子信息领域的存储、传递和处理。量子信息潜在的应用是量子密钥、量子态远距离传递和量子计算。自从纠缠态概念被提出以来，在双光子纠缠领域几个主要的研究物理体系是：基于原子的级联辐射过程 [201]，基于非线性过程双光子参数下转换过程 [202]，基于单量子点中双激子的辐射过程 [203]。

近年来，纠缠光子对的研究在理论和实验上得到相当大的关注，并提出以单个半导体量子点中双激子的级联辐射作为偏振纠缠光子源。在双激子级联辐射过程中，存在激子的各向异性导致的交换劈裂的限制。这个劈裂来源于量子点的几何尺度不是完好的柱对称性。考虑到平面对称性对激子交换相互作用和激子本征态的影响，重空穴激子自旋哈密顿量可写为 [204]

$$H = a_z J_{h,z} S_{e,z} + \sum_{i=x,y,z} b_i J_{h,i}^3 S_{e,i}$$

这里，a，b 为自旋耦合常数；$S_{e,i}$ 和 $J_{h,i}$ 是电子和空穴的自旋算符。对于柱对

称的量子点，具有 D_{2d} 对称性（$b_x = b_y$），激子的辐射态为 $|\pm 1\rangle$。对量子点具有较低的对称性（$<D_{2d}$ 或 $b_x \neq b_y$），平面限制势的不对称性导致激子的辐射态为两个单态，具有精细结构劈裂 $\delta \sim |b_x - b_y|$，劈裂态为 $|\pm 1\rangle$ 态的线性组合，即两个相互垂直的偏振态。当交换劈裂能量小于激子的辐射展宽时，双激子的发射路径具有不可分辨性，得到的双激子辐射为偏振纠缠的双光子发射。而当交换劈裂能量大于激子的发射展宽时，双激子的发射路径是可分辨的，双激子发射为偏振关联辐射，而不是偏振纠缠光子对辐射。在 InAs 单量子点中，激子的辐射展宽约 1 μeV，而交换劈裂能量是几十 μeV。因此，通常双激子的级联辐射不是纠缠光子对。

在已报道的文献中，有非常多的实验方法来调节量子点中的精细结构劈裂。这些方法包括调节量子点纳米结构参数，如控制生长过程[205]或对量子点退火[205-208]；或者是利用外部扰动，如外加平面内磁场调节[209]、电场调节[210,211]、应力调节[212]等。

1）双激子级联发射产生纠缠光子[146]

2000 年，斯坦福大学的 Benson 和 Yamamoto 等提出可以通过单量子点中双激子态级联发射的过程产生纠缠光子[213]。双激子中电子空穴连续的复合会级联发出两个光子，发光过程示意图如图 4-33 所示。

在基态时，双激子中两个电子的自旋量子数为 $m_z = \pm 1/2$，而两个重空穴的自旋量子数为 $m_z = \pm 3/2$。在 InAs/GaAs 量子点中一般不考虑轻空穴态。激子自旋角动量与发射光子的偏振特性相关：如果复合的电子空穴对的总角动量为-1，就会产生左圆偏振（L）的光；如果总角动量为 +1，则产生右圆偏振（R）的光。而激子总角动量为 ±2，不会和光场耦合，称为暗激子态。

如图 4-33 所示，双激子级联发射有两条可能的路径，1/2 的电子与-3/2 的空穴先复合，产生 L 偏振的光子；然后剩下的-1/2 的电子与 3/2 的空穴复合发出 R 偏振的光子。另一种情况恰好相反，先产生 R 偏振的光子再产生 L 偏振的光子。在双激子级联发射过程中，我们无法确定级联发射到底是经过了上述两条路径中的哪一条，此时两个光子所处的状态就可以写成纠缠态：

$$|\psi^+\rangle = (|LR\rangle + |RL\rangle)/\sqrt{2} \tag{4-1}$$

式中两种状态的加权表明级联发射经过两条路径的概率是相同的。式（4-1）中是用圆偏振基矢表达的，也可以用两个互相垂直线偏振态（$|H\rangle, |V\rangle$）或是对角偏振态（$|D\rangle, |A\rangle$）来表达。其中 $|H\rangle = (|L\rangle + |R\rangle)/\sqrt{2}$，

$|V\rangle = i(|R\rangle - |L\rangle)/\sqrt{2}$；$|D\rangle = (|H\rangle + |V\rangle)/\sqrt{2}$，$|A\rangle = (|H\rangle - |V\rangle)/\sqrt{2}$。于是，

$$|\psi^+\rangle = (|LR\rangle + |RL\rangle)/\sqrt{2} \equiv (|HH\rangle + |VV\rangle)/\sqrt{2} \equiv (|DD\rangle + |AA\rangle)/\sqrt{2} \quad (4\text{-}2)$$

从式（4-2）中可以看出，纠缠态在三种基矢上都能表达；同时可以看出，纠缠光子在三种偏振方向上有内在联系。实验上判定纠缠光子的方法就是测量光子在三种偏振方向上的关联特性。

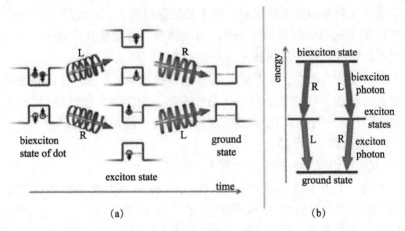

图 4-33 （a）单量子点中双激子态级联发射过程示意图。双激子中的一个电子－空穴对复合发光，发出一个光子形成单激子态，剩下的电子－空穴对再复合发光，发出第二个光子并到达基态。理想情况下发射的光子是左右（L，R）圆偏振的。（b）同一个双激子级联发射的能级示意图

2）各向异性的量子点的级联发射 [146]

上面介绍的产生纠缠光子的量子点是具有高度对称性的理想量子点，而实际生长的量子点并没有那么高的对称性，于是真实量子点中的单激子能级存在劈裂，这个劈裂一般被称为精细结构劈裂（δ 或 FSS）。由于 FSS 的存在，级联发射的光子的纠缠特性被破坏了，本身不可分辨的两条路径变得可分辨了。因为存在精细结构劈裂，双激子的级联发射过程就要考虑系统的相位变化过程，如图 4-34（a）所示。当双激子态中的第一对电子-空穴对复合后就会产生 H 线偏振或 V 线偏振的光子（H_{XX} 或 V_{XX}），剩下的则是单激子态 X_H 或 X_V。因为两个激子态的能量不同，把它们投影到纠缠态的时候就会产生随时间变化的相位，记作 $e^{i\delta\tau/\hbar}$，即为精细结构劈裂。

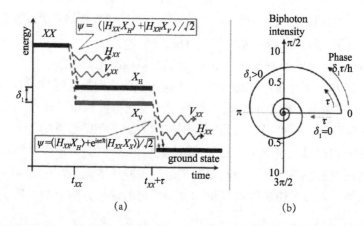

图 4-34 （a）单量子点中双激子能量随时间的变化情况；（b）对于有精细结构劈裂（深色）和没有精细结构劈裂（浅色）的量子点不同激子态之间的双光子强度和相位的变化情况

如果经过时间 τ 后，单激子发射，产生光子，此时级联发射的状态可写为

$$|\psi\rangle = \left(\left|H_{XX}H_X\right\rangle + e^{i\delta\tau/\hbar}\left|V_{XX}V_X\right\rangle\right)/\sqrt{2} \qquad (4\text{-}3)$$

方程（4-3）类似表示纠缠态的方程（4-1）（ δ =0 情况），多了一个与时间延迟相关的位相因子。图 4-34（b）显示光子对波函数强度随位相因子的变化，δ=0 对应确定的位相，对不同时间 τ 积分，得到最大的纠缠态；而对于一定的非零 δ，对不同时间 τ 积分，导致纠缠态的叠加态消失。也有理论预言对于一定的 δ 值，满足单双激子跃迁交叉能量相等，可以通过后时间延迟的方法得到纠缠态。[214]

3）纠缠光子的测量 [146]

纠缠光子态可以由 3 种偏振的基矢来表达，也就是说，纠缠光子满足 3 种偏振状态下的相互关联，于是分别对 3 种偏振方向上的光子关联函数测量才能最终确定光子是否纠缠。光子之间的关联性可以由关联系数 $E_{\alpha\beta}$ 来描述，这里 α、β 分别表示两个光子的偏振探测基矢。定义 $E_{\alpha\beta}$ 为

$$E_{\alpha\beta} = I(a,b) + I(\overline{a},\overline{b}) - I(a,\overline{b}) - I(\overline{a},b) \qquad (4\text{-}4)$$

其中，$I(a,b)$ 是探测偏振方向 a 上的第一个光子和偏振 b 方向上的第二个光子的归一化强度，a,b 来源于探测基矢 α、β，而 $\overline{a},\overline{b}$ 表示与 a，b 正交的偏振方向。定义纠缠度 f^+，可以得到由光子关联系数表达的纠缠度：

$$f^+ = \left(E_{rr} + E_{dd} - E_{cc} + 1\right)/4 \qquad (4\text{-}5)$$

其中，E_{rr} 是线偏振探测基矢的关联系数；E_{dd} 是对角偏振探测基矢的关联系数；E_{cc} 是圆偏振探测基矢的关联系数。要想测量纠缠光子的纠缠度，就要

在线偏振、对角偏振、圆偏振方向上分别测量关联函数来得到关联系数。经过理论计算可知，经典关联的光源的纠缠度 f^+ 会大于 0.5，而如果测量的是纠缠光源，则它的纠缠度 f^+ 一定小于 0.5。这是测量纠缠光子的普遍标准。

图 4-35 单量子点中单双激子在 3 种偏振下关联函数的测量示意图。首先用 50/50 的对偏振不敏感的分束器将量子点发光分成两束。让这两束光分别通过两个单色仪，就可以在两路中分别得到双激子和单激子的发光。通过控制 1/2 波片（H）和 1/4 波片（Q），线偏振检偏器（LP）分别对单双激子偏振特性进行控制，得到两两相同偏振再进行关联函数测量就能得到 3 种基矢的关联系数。采用上述装置可以得到分别正交的偏振方向上的二阶关联函数 $g_{ab}^{(2)}(\tau)$ 和 $g_{a\bar{b}}^{(2)}(\tau)$。光子的归一化强度 $I(a,b)$ 与 $g_{ab}^{(2)}$ 成比例。于是就得到

$$E_{\alpha\beta} = I(a,b) - I(a,\bar{b}) = \frac{g_{ab}^{(2)} - g_{a\bar{b}}^{(2)}}{g_{ab}^{(2)} + g_{a\bar{b}}^{(2)}} \tag{4-6}$$

于是纠缠度就与单双激子的二阶关联函数建立起了直接的关系，通过测量不同偏振下的 $g^{(2)}(\tau)$，来证明光源的纠缠特性。

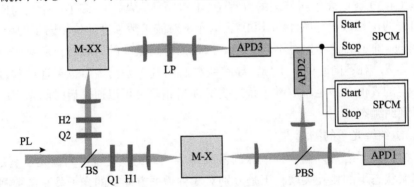

图 4-35　单量子点中单双激子在 3 种偏振下关联函数的测量示意图

图 4-36 中显示了两个不同量子点的单双激子的关联系数 E，其中（a）中量子点的精细结构劈裂为 25 μeV，（b）中量子点的劈裂则接近于零。图中的关联系数测量分别是在线偏振、对角偏振和圆偏振方向上测量的。比较（a）、（b）两图可知，对于精细结构劈裂几乎为零的量子点，其在 3 个偏振方向上都显示出了突出的关联效应。它的 $E_{rr}=0.7$，$E_{dd}=0.61$。值得注意的是，在圆偏振方向上，这个量子点的单双激子表现出了反关联的效应，$E_{cc}=-0.58$。这种效应恰好说明两个光子处于纠缠态。而对于精细结构劈裂较大的量子点，只在其线偏振方向上看到了关联效应，而在对角偏振和圆偏振上都没

有关联效应。

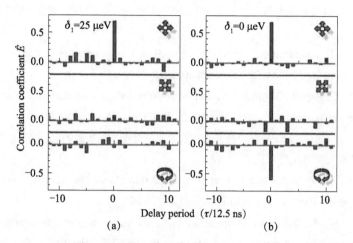

图 4-36 两个不同量子点的单双激子发光在 3 个偏振方向（线偏振、对角偏振、圆偏振）上的关联系数 E。(a) 量子点具有较大的精细结构劈裂；(b) 量子点的精细结构劈裂几乎为零

孙宝权（中国科学院半导体研究所，
中国科学院半导体超晶格国家重点实验室）

参 考 文 献

[1] Michler P. Single Semiconductor Quantum Dots. Berlin: Springer-Verlag, 2009: 33-60.

[2] Rastelli A, Stufler S, Schliwa A, et al. Hierarchical self-assembly of GaAs/AlGaAs quantum dots. Physical Review Letters, 2004, 92:166104.

[3] Huo Y H, Křápek V, Rastelli A, et al. Volume dependence of excitonic fine structure splitting in geometrically similar quantum dots. Physical Review B, 2014, 90: 041304(R).

[4] Ishikawa T, Nishimura T, Kohmoto S, et al. Site-controlled InAs single quantum-dot structures on GaAs surfaces patterned by *in situ* electron-beam lithography. Applied Physics Letters, 2000, 76(2): 167-169.

[5] Pfau T J, Gushterov A, Reithmaier J P, et al. High optical quality site-controlled quantum dots. Microelectronic Engineering, 2010, 87(5-8): 1357-1359.

[6] Holmes M J, Choi K, Kako S, et al. Room-temperature triggered single photon emission from a III-nitride site-controlled nanowire quantum dot. Nano Letters, 2014, 14: 982-986.

[7] Claudon J, Bleuse J, Malik N S, et al. A highly efficient single-photon source based on a

quantum dot in a photonic nanowire. Nature Photonics, 2010, 4(3): 174-177.

[8] 胡豫陇. GaN 基纳米柱量子点的微加工制备与特性研究. 北京: 清华大学博士学位论文, 2015.

[9] Reimer M E, Bulgarini G, Akopian N, et al. Bright single-photon sources in bottom-up tailored nanowires. Nature Communications, 2012, 3: 737.

[10] Heiss M, Fontana Y, Gustafsson A, et al. Self-assembled quantum dots in a nanowire system for quantum photonics. Nature Materials, 2013, 12(5): 439-444.

[11] 喻颖 .(In)GaAs 单量子点的可控外延生长及其单光子发射特性研究. 北京: 中国科学院半导体研究所博士学位论文, 2014.

[12] Urbaszek B, Marie X, Amand T, et al. Nuclear spin physics in quantum dots: An optical investigation. Reviews of Modern Physics, 2013, 85:79.

[13] Wu X F, Wei H, Dou X M. *In situ* tuning biexciton antibinding-binding transition and fine-structure splitting through hydrostatic pressure in single InGaAs quantum dots. Europhysics Letters, 2014, 107:27008.

[14] Bayer M, Ortner G, Stern O, et al. Fine structure of neutral and charged excitons in self-assembled In(Ga)As/(Al)GaAs quantum dots. Physical Review B, 2002, 65(19): 195315.

[15] Warburton R J, Schäflein C, Haft D, et al. Optical emission from a charge-tunable quantum ring. Nature, 2000, 405:926.

[16] Shields A J. Semiconductor quantum light sources. Nature Photonics, 2007, 1(4): 215-223

[17] Michler P. Single Semiconductor Quantum Dots. Berlin: Springer-Verlag, 2009: 33-40.

[18] 窦秀明 . InAs 单量子点的光学性质研究. 北京: 中国科学院半导体研究所博士学位论文, 2009 : 13-115.

[19] 常秀英. P-I-N 和肖特基二极管内 InAs 单量子点光学性质研究. 北京: 中国科学院半导体研究所博士学位论文, 2011: 9-76.

[20] 张卫平, 等. 量子光学研究前沿. 上海: 上海交通大学出版社, 2014.

[21] Gerry C, Knight P. Introductory Quantum Optics. New York: Cambridge University Press, 2004.

[22] Reithmaier J P. Strong exciton-photon coupling in semiconductor quantum dot systems. Semiconductor Science and Technology, 2008, 23(12): 123001.

[23] Michler P. Single Semiconductor Quantum Dots. Berlin: Springer-Verlag, 2009: 59.

[24] Kavokin A, Baumberg J J, Malpuech G. Microcavities. New York: Oxford University Press, 2007.

[25] Weisbuch C, Nishioka M, Ishikawa A, et al. Observation of the coupled exciton-photon mode splitting in a semiconductor quantum microcavity. Physical Review Letters, 1992,

69(23): 3314-3317.

[26] Reithmaier J P, Sek G, Löffler A, et al. Strong coupling in a single quantum dot-semiconductor microcavity system. Nature, 2004, 432:197.

[27] Mollow B R. Power spectrum of light scattered by two-level systems. Physical Review, 1969, 188:1969.

[28] Wu F Y, Grove R E, Ezekiel S. Investigation of the spectrum of resonance fluorescence induced by a monochromatic field. Physical Review Letters, 1975, 35:1426.

[29] Muller A, Flagg E B, Bianucci P, et al. Resonance fluorescence from a coherently driven semiconductor quantum dot in a cavity. Physical Review Letters, 2001, 99:187402.

[30] Flagg E B, Muller A, Robertson J, et al. Resonantly driven coherent oscillations in a solid-state quantum emitter.Nature Physics, 2009, 5:203.

[31] Ates S, et al. Post-selected indistinguishable photons from the resonance fluorescence of a single quantum dot in a microcavity. Physical Review Letters, 2009, 103:167402.

[32] Ulrich S M, Ates S, Reitzenstein S, et al. Dephasing of triplet-sideband optical emission of a resonantly driven InAs/GaAs quantum dot inside a microcavity. Physical Review Letters, 2011, 106:247402.

[33] Melet R, Voliotis V, Enderlin A, et al. Resonant excitonic emission of a single quantum dot in the Rabi regime. Physical Review B, 2008, 78:073301.

[34] Vamivakas A N, Zhao Y, Lu C Y, et al. Spin-resolved quantum-dot resonance fluorescence. Nature Physics, 2009, 5:198.

[35] Dou X M, Yu Y, Sun B Q, et al. The resonant fluorescence of a single InAs quantum dot in a cavity. Chinese Physics Letters, 2012, 29(10):104203.

[36] Sculy M O, Zubairy M S. Quantum Optics. Cambridge: Cambridge University Press, 1997.

[37] Melet R, Voliotis V, Enderlin A, et al. Resonant excitonic emission of a single quantum dot in the Rabi regime. Physical Review B, 2008, 78:073301.

[38] Hong C K, Ou Z Y, Mandel L. Measurement of subpicosecond time intervals between two photons by interference. Physical Review Letters, 1987, 59:2044.

[39] Beveratos A, Abram I, Gérard J M. Quantum optics with quantum dots. Eur. Phys. J. D, 2014, 68: 377.

[40] Santori C, Fattal D, Vuckovic J, et al. Indistinguishable photons from a single-Photon Nature, 2002, 419:594.

[41] Varoutsis S, Laurent S, Kramper P, et al. Restoration of photon indistinguishability in the emission of a semiconductor quantum dot. Physical Review B, 2005, 72:041303.

[42] Benson O, Santori C, Pelton M, etal. Regulated and entangled photons from a single

quantum dot. Physical Review Letters, 2005, 84:2513

[43] Flagg E B, Muller A, Polyakov S V, et al. Interference of single photons from two separate semiconductor quantum dots. Physical Review Letters, 2010, 104:137401.

[44] Gold P, Thoma A, Maier S, et al. Two-photon interference from remote quantum dots with inhomogeneously broadened linewidths, Physical Review B, 2014, 89:035313.

[45] Sipahigil A, Jahnke K D, Rogers L J, et al. Indistinguishable photons from separated silicon-vacancy centers in diamond. Physical Review Letters, 2014, 113:113602.

[46] Kammerer C, Voisin C, Cassabois G, et al. Line narrowing in single semiconductor quantum dot: Toward the control of enviroment effeets. Physical Review B, 2002, 66:041306.

[47] Gazzano O, de Vasconcellos S M, Arnold C, et al. Bright solid-state sources of in-distinguishable single photons. Nature Communications, 2013, 4:1425.

[48] Weiler S, Stojanovic D, Ulrich S M, et al. Postselected indistinguishable single-photo emisson from the Mollow triplet sidebands of a resonantly excited quantum dot. Physical Review B, 2013, 87:241302(R).

[49] He Y M, He Y, Wei Y J, et al. Nature Nanotechnology, 2013, 8:213.

[50] Monniello L, Reigue A, Hostein R, et al. Non post-selected indistinguishable single photons generated by a quantum dot under resonant excitation. Physical Review B, 2014, 90:041303(R).

[51] Chang D E, Vuletić V, Lukin M D. Quantum nonlinear optics-photon by photon. Nature photonics, 2014, 8:685.

[52] Vetsch E, et al. Optical interface created by laser-cooled atoms trapped in the evanescent field surrounding an optical nanofiber. Physical Review Letters, 2010, 104:203603.

[53] Goban A, et al. Atom-light interactions in photonic crystals. Nature Communications, 2014, 5:3808.

[54] Thompson J D, et al. Coupling a single trapped atom to a nanoscale optical cavity. Science, 2013, 340:1202-1205.

[55] Fushman I, et al. Controlled phase shifts with a single quantum dot. Science, 2008, 320:769-772.

[56] Hausmann B J M, et al. Integrated diamond networks for quantum nanophotonics. Nano Letters, 2012, 12:1578-1582.

[57] Meyer H M, Stockill R, Steiner M, et al. Direct photonic coupling of a semiconductor quantum dot and a trapped ion. Physical Review Letters, 2015, 114:123001.

[58] Riedmatten H de, Afzelius M, Staudt M U, et al. A solid-state light-matter interface at the single-photon level. Nature, 2008, 456:773.

[59] Matthiesen C, Vamivakas A N, Atatüre M. Subnatural linewidth single photons from a quantum dot. Physical Review Letters, 2008, 108:093602.

[60] Bose R, Sridharan D, Kim H, et al. Low-photon-number optical switching with a single quantum dot coupled to a photonic crystal cavity. Physical Review Letters, 2012, 108: 227402.

[61] Englund D, et al. Ultrafast photon-photon interaction in a strongly coupled quantum dot-cavity system. Physical Review Letters, , 2012, 108:093604.

[62] Volz T, Reinhard A, Winger M, et al. Ultrafast all-optical switching by single photons. Nature Photonics., 2012, 6:605.

[63] Aymeric D, Gao W B, Parisa F, et al. Observation of quantum jumps of a single quantum dot spin using submicrosecond single-shot optical readout. Physical Review Letters, 2014, 112:116802.

[64] Robledo L, Childress L, Bernien H, et al. High-fidelity projective read-out of a solid-state spin quantum register. Nature, 2011, 477:574.

[65] Vamivakas A N, Lu C Y, Matthiesen C, et al. Observation of spin-dependent quantum jumps via quantum dot resonance fluorescence. Nature, 2010, 467:297-300.

[66] Berezovsky J, Mikkelsen M H, Stoltz N G, et al. Picosecond coherent optical Manipulation of a single electron spin in a quantum dot. Science, 2008, 320:349.

[67] Carter S G, Sweeney T M, Kim M, et al. Quantum control of a spin qubit coupled to a photonic crystal cavity. Nature Photonics, 2013, 7:329-334.

[68] Wood R W. On a remarkable case of uneven distribution of light in a diffraction grating spectrum. Proceedings of the Physical Society, 1902, 18:269.

[69] Mie G. Beiträge zur optik trüber medien, speziell kolloidaler metallösun. Annalender Physik, 1908, 25:377.

[70] Zenneck J. Fortplfanzung ebener elektromagnetischer Wellen laengs einer ebenen Leiterflaeche. Annalender Physik, 1907, 23:846.

[71] Sommerfeld A. Über die Ausbreitung der Wellen in der drahtlosen Telegraphie. Annalender Physik, 1909, 333(4):665.

[72] Fano U. The theory of anomalous diffraction gratings and of quasi-stationary waves on metallic surfaces (Sommerfeld's waves). Journal of the Optical Society of America, 1941, 31:213.

[73] Ritchie R H. Plasma losses by fast electrons in thin films. Physical Review, 1957, 106(5):874.

[74] Ferrell R A. Predicted radiation of plasma oscillations in metal films. Physical Review, 1957,

111(5):1214.

[75] Otto A. Excitation of nonradiative surface plasma waves in silver by the method of frustrated total reflection. Z.Phys., 1968, 216(4):398.

[76] Kretschmann E, Raether H. Radiative decay of non radiative surface plasmons excited by light. Z. Naturforsch, 1968, 23:2135.

[77] Agranovich V M. Surface Plasmons. Amsterdam:North-Holland, 1982.

[78] Ebbesen T W, Lezec H J, Ghaemi H F, et al. Extraordinary optical transmission through sub-wavelength hole arrays. Nature, 1998, 391(12):667.

[79] Purcell E M. Spontaneous emission probabilities at radio frequencies.Physical Review, 1946, 69(11-1): 681-681.

[80] Song J H, Kim J, Jang H, et al. Fast and bright spontaneous emission of Er^{3+} ions in metallic nanocavity. Nature Communications, 2015, 6:7080.

[81] Anger P, Bharadwaj P, Novotny L. Enhancement and quenching of single-molecule fluorescence. Physical Review Letters, 2006, 96:113002.

[82] Lal S, Link S, Halas N J. Nano-optics from sensing to waveguiding. Nature Photonics, 2007, 1:641.

[83] Zhou W, Dridi M, Suh J Y, et al. Lasing action in strongly coupled plasmonic nanocavity arrays. Nature Nanotechnology, 2013, 8:506.

[84] Hill M T, Oei Y S, Smalbrugge B, et al. Lasing in metallic-coated nanocavities. Nature Photonics, 2007, 1:589.

[85] Novotny L, van Hulst N. Antennas for light. Nature Photonics, 2011, 5:83.

[86] Kinkhabwala A, et al. Large single-molecule fluorescence enhancements produced by a bowtie nanoantenna. Nature Photonics, 2009, 3:654-657.

[87] Akselrod G M, Argyropoulos C, Hoang T B, et al. Probing the mechanisms of large Purcell enhancement in plasmonic nanoantennas. Nature Photonics, 2014, 8:835-840.

[88] Sasin M E, Seisyan R P, Kalitteevski M A, et al. Tamm plasmon polaritons: Slow and spatially compact light. Applied Physics Letters, 2008, 92:251112.

[89] Kaliteevski M, Iorsh I, Brand S, et al. Tamm plasmon-polaritons: Possible electromagnetic states at the interface of a metal and a dielectric Bragg mirror. Physical Review B, 2007, 76:165415.

[90] Gazzano O, de Vasconcellos S M, Gauthron K, et al. Evidence for confined tamm plasmon modes under metallic microdisks and application to the control of spontaneous optical emission. Physical Review Letters, 2011, 107:247402.

[91] Tamm I E. Zhurnal Eksperimentalnoi I Teoreticheskoi Fiziki，1933, 3:34.

[92] Gazzano O, de Vasconcellos S M, Gauthron K, et al. Single photon source using confined Tamm plasmon mode. Applied Physics Letters, 2012, 100:232111.

[93] Akimov A V, Mukherjee A, Yu C L, et al. Generation of single optical plasmons in metallic nanowires coupled to quantum dots. Nature, 2007, 450:402.

[94] Hennessy K, Badolato A, Winger M, et al. Quantum nature of a strongly coupled single quantum dot-cavity system. Nature, 2007, 445:896.

[95] Ratchford D, Shafiei F, Kim S, et al. Manipulating coupling between a single semiconductor quantum dot and single gold nanoparticle. Nano Letters, 2011, 11:1049.

[96] Lee K H, Green A M, Taylor R A, et al. Photoluminescence enhancement of the single InAs quantum dots through plasmonic Au island films. Applied Physics Letters, 2006, 88:193106.

[97] Lee K H, Brossard F S F, Hadjipanayi M, et al. Towards registered single quantum dot photonic devices. Nanotechnology, 2008, 19:455307.

[98] Ringler M, Schwemer A, Wunderlich M, et al. Shaping emission spectra of fluorescent molecules with single plasmonic nanoresonators. Physical Review Letters, 2008, 100:203002.

[99] Ropp C, Cummins Z, Probst R, et al. Positioning and immobilization of individual quantum dots with nanoscale precision. Nano Letters, 2010, 10:4673-4679.

[100] Thon S M, Rakher M T, Kim H, et al. Strong coupling through optical positioning of a quantum dot in a photonic crystal cavity. Applied Physics Letters, 2009, 94:111115.

[101] van der Sar T, Heeres E C, Dmochowski G M, et al. Nanopositioning of a diamond nanocrystal containing a single nitrogen-vacancy defect center. Applied Physics Letters, 2009, 94:173104.

[102] 王海艳. 金属表面等离激元增强 InAs/GaAs 单量子点荧光辐射研究. 物理学报, 2014, 63:027801.

[103] Muller A, Herzog T, Huttner B, et al. Plug and play systems for quantum cryptography. Applied Physics Letter, 1997, 70(7): 793-795.

[104] Shan G C, Yin Z Q, Chan H S, et al. Single photon sources with single semiconductor quantum dots. Frontiers Physics, 2014, 9(2) : 170-193.

[105] Eisaman M D, Fan J, Migdall A, et al. Invited review article: Single-photon sources and detectors. Review of Scientific Instruments, 2011, 82: 071101.

[106] Lounis B, Orrit M. Single-photons sources. Reports on Progress Physics, 2005, 68: 1129-1179.

[107] Clauser J F. Experimental distinction between quantum and classical field-theoretic predictions for photoelectric effect. Physical Review D, 1974, 9(4): 853-860.

[108] Cohen-Tannoudji C, Dupont-Roc J, Grynberg G. Atom-Photon Interactions. New York: Wiley, 1992:1-280.

[109] Kimble H J, Dagenais M, Mandel L. Photon anti-bunching in resonance fluorescence. Physical Review Letters, 1977, 39(11): 691-695.

[110] Burnham D C, Weinberg D L. Observation of simultaneity in parametric production of optical photon pairs. Physical Review Letters, 1970, 25(2): 84.

[111] Hong C K, Mandel L. Experimental realization of a localized one-photon state. Physical Review Letters, 1986, 56(1): 58-60.

[112] Basché T, Moerner W E, Orrit M, et al. Photon antibunching in the fluorescence of a single dye molecule trapped in a solid. Physical Review Letters, 1992, 69(10): 1516-1519.

[113] Kim J, Benson O, Kan H, et al. A single-photon turnstile device. Nature, 1999, 397: 500-503.

[114] Kurtsiefer C, Mayer S, Zarda P, et al. Stable solid-state source of single photons. Physical Review Letters, 2000, 85(2): 290-293.

[115] Michler P, Imamolu A, Mason M D, et al. Quantum correlation among photons from a single quantum dot at room temperature. Nature, 2000, 406: 968-970.

[116] Lounis B, Moerner W E. Single photons on demand from a single molecule at room temperature. Nature, 2000, 407(6803): 491-493.

[117] Strauf S, Michler P, Klude M, et al. Quantum optical studies on individual acceptor bound excitons in a semiconductor. Physical Review Letters, 2002, 89(17): 177403.

[118] Morfa A J, Gibson B C, Karg M, et al. Single-photon emission and quantum characterization of zinc oxide defects. Nano Letter, 2012, 12(2): 949-954.

[119] Kolesov R, Xia K, Reuter R, et al. Optical detection of a single rare-earth ion in a crystal. Nature Communication, 2012, 3: 1029.

[120] Kolesov R, Xia K, Reuter R, et al. Mapping spin coherence of a single rare-earth ion in a crystal onto a single photon polarization state. Physical Review Letters, 2013, 111: 120502.

[121] Castelletto S, Johnson B C, Ivády V, et al. Silicon carbide room-temperature single-photon source. Nature Materials, 2014, 13(2): 151-156.

[122] Bennett C H, Brassard G. Eavesdrop-detecting quantum communications channel. IBM Technical Disclosure Bulletin, 1984, 26(8): 4363-6.

[123] Bennett C H, DiVincenzo D P. Quantum information and computation. Nature, 2000, 404(6775): 247-255.

[124] Bennett C H, Brassard G, Crepeau C, et al. Teleporting an unknown quantum state via dual classical and EPR channels. Physical Review Letters, 1993, 70(13): 1895-1899.

[125] Michler P, et al. A Quantum Dot Single Photon Source// Rolf Haug. Advances in Solid

State Physics. Berlin: Springer, 2001.

[126] Scully M O, Zubairy M S. Quantum Optics. Cambridge: Cambridge University Press, 1997.

[127] Knight C, Knight P. Introductory Quantum Optics. Cambridge: Cambridge University Press, 2004.

[128] Glauber R J. The quantum theory of optical coherence. Physical Review, 1963, 130(6): 2529-2539.

[129] 360 百科. 量子光学. http://baike.haosou.com/doc/5646549.html.2019-08-07.

[130] McKeever J, et al. Deterministic generation of single photons from one atom trapped in a cavity. Science, 2004, 303(5666): 1992-1994.

[131] Darquie B, et al. Controlled single-photon emission from a single trapped two-level atom. Science, 2005, 309(5733): 454-456.

[132] Beugnon J, et al. Quantum interference between two single photons emitted by independently trapped atoms. Nature, 2006, 440(7085): 779-782.

[133] Ambrose W P, et al. Fluorescence photon antibunching from single molecules on a surface. Chemical Physics Letters, 1997, 269(3-4): 365-370.

[134] Zondervan R, et al. Photoblinking of rhodamine 6G in poly(vinyl alcohol): Radical dark state formed through the triplet. Journal of Physical Chemistry A, 2003, 107(35): 6770-6776.

[135] Nothaft M, et al. Electrically driven photon antibunching from a single molecule at room temperature. Nature Communications, 2012, 3: 628.

[136] Lukishova S G, et al. Dye-doped cholesteric-liquid-crystal room-temperature single-photon source. Journal of Modern Optics, 2004, 51(9-10): 1535-1547.

[137] Gruber A, et al. Scanning confocal optical microscopy and magnetic resonance on single defect centers. Science, 1997, 276(5321): 2012-2014.

[138] Wu E, et al. Room temperature triggered single-photon source in the near infrared. New Journal of Physics, 2007, 9(12): 434.

[139] Choy J. T, et al. Enhanced single-photon emission from a diamond-silver aperture. Nature Photonics, 2011, 5(12): 738-743.

[140] Wu E, et al. Narrow-band single-photon emission in the near infrared for quantum key distribution. Optics Express, 2006, 14(3): 1296-1303.

[141] Ashoori R C. Electrons in artificial atoms. Nature, 1996, 379(6564): 413-419.

[142] Orlov A O, et al. Realization of a functional cell for quantum-dot cellular automata. Science, 1997, 277(5328): 928-930.

[143] Lounis B, et al. Photon antibunching in single CdSe/ZnS quantum dot fluorescence.

Chemical Physics Letters, 2000, 329(5-6): 399-404.

[144] Labeau O, Tamarat P, Lounis B. Temperature dependence of the luminescence lifetime of single CdSe/ZnS quantum dots. Physical Review Letters, 2003, 90(25): 257404.

[145] Kuno M, et al. "On" / "off" fluorescence intermittency of single semiconductor quantum dots. The Journal of Chemical Physics, 2001, 115(2): 1028-1040.

[146] Michler P. Single Semiconductor Quantum Dots. Berlin: Springer-Verlag, 2009: 56.

[147] Bockler C, et al. Electrically driven high-Q quantum dot-micropillar cavities. Applied Physics Letters, 2008, 92(9): 091107.

[148] Albert F, et al. Observing chaos for quantum-dot microlasers with external feedback. Nature Communications, 2011, 2: 366.

[149] Nowak A K, et al. Deterministic and electrically tunable bright single-photon source. Nature Communications, 2014, 5: 3240.

[150] Muller A, et al. Resonance fluorescence from a coherently driven semiconductor quantum dot in a cavity. Physical Review Letters, 2007, 99(18): 187402.

[151] Petroff P M. Semiconductor self-assembled quantum dots: Present status and future trends. Advanced Materials, 2011, 23(20): 2372-2376.

[152] Alloing B, et al. Growth and characterization of single quantum dots emitting at 1300 nm. Applied Physics Letters, 2005, 86(10): 101908.

[153] Zinoni C, et al. Time-resolved and antibunching experiments on single quantum dots at 1300nm. Applied Physics Letters, 2006, 88(13): 131102.

[154] Michler P, et al. A quantum dot single-photon turnstile device. Science, 2000, 290(5500): 2282-2285.

[155] Waks E, et al. Secure communication: Quantum cryptography with a photon turnstile. Nature, 2002, 420(6917): 762-762.

[156] Yuan Z, et al. Electrically driven single-photon source. Science, 2002, 295(5552): 102-105.

[157] Reithmaier J P, et al. Strong coupling in a single quantum dot-semiconductor microcavity system. Nature, 2004, 432(7014): 197-200.

[158] Flagg E B, et al. Resonantly driven coherent oscillations in a solid-state quantum emitter. Nature Physics, 2009, 5(3): 203-207.

[159] Nomura M, et al. Laser oscillation in a strongly coupled single-quantum-dot-nanocavity system. Nature Physics, 2010, 6(4): 279-283.

[160] Kazuya T, et al. Non-classical photon emission from a single InAs/InP quantum dot in the 1.3 μm optical-fiber band. Japanese Journal of Applied Physics, 2004, 43(7B): L993.

[161] Toshiyuki M, et al. Single-photon generation in the 1.55 μm optical-fiber band from an

InAs/InP quantum dot. Japanese Journal of Applied Physics, 2005, 44(5L): L620.

[162] Ugur A, et al. Single-photon emitters based on epitaxial isolated InP/InGaP quantum dots. Applied Physics Letters, 2012, 100(2): 023116.

[163] Reischle M, et al. Electrically pumped single-photon emission in the visible spectral range up to 80 K. Optics Express, 2008, 16(17): 12771-12776.

[164] Fedorych O, et al. Room temperature single photon emission from an epitaxially grown quantum dot. Applied Physics Letters, 2012, 100(6): 061114.

[165] Arians R, et al. Electrically driven single quantum dot emitter operating at room temperature. Applied Physics Letters, 2008, 93(17): 173506.

[166] Jarjour A F, et al. Cavity-enhanced blue single-photon emission from a single InGaN/GaN quantum dot. Applied Physics Letters, 2007, 91(5): 052101.

[167] Lohmeyer H, et al. Enhanced spontaneous emission of CdSe quantum dots in monolithic II-VI pillar microcavities. Applied Physics Letters, 2006, 89(9): 091107.

[168] Robin I C, et al. Purcell effect for CdSe/ZnSe quantum dots placed into hybrid micropillars. Applied Physics Letters, 2005, 87(23): 233114.

[169] Buckley S, Rivoire K, Vuckovic J. Engineered quantum dot single-photon sources. Reports on Progress in Physics, 2012, 75(12): 126503.

[170] Purcell E M. Spontaneous emission probabilities at radio frequencies. Physical Review, 1946, 69(11-1): 681-681.

[171] 彭银生. 二维光泵浦 / 电注入 GaAs 基光子晶体微腔的研究. 北京 : 中国科学院半导体研究所博士学位论文 , 2010.

[172] Hood C J, et al. The atom-cavity microscope: Single atoms bound in orbit by single photons. Science, 2000, 287(5457): 1447-1453.

[173] Vahala K J. Optical microcavities. Nature, 2003, 424(6950): 839-846.

[174] Strauf S. Quantum optics: Towards efficient quantum sources. Nature Photonics, 2010, 4(3): 132-134.

[175] Schwagmann A, Kalliakos S, Farrer I, et al. On-chip single photon emission from an integrated semiconductor quantum dot into a photonic crystal waveguide. Applied Physics Letters, 2011, 99(26): 261108-3.

[176] Moreau E, Robert I, Gérard J M, et al. Single-mode solid-state single photon source based on isolated quantum dots in pillar microcavities. Applied Physics Letters, 2001, 79(18): 2865-2867.

[177] Reitzenstein S, Hofmann C, Gorbunov A, et al. AlAs/GaAs micropillar cavities with quality factors exceeding 150.000. Applied Physics Letters, 2007, 90(25): 251109.

[178] Munsch M, Claudon J, Bleuse J, et al. Linearly polarized, single-mode spontaneous emission in a photonic nanowire. Physical Review Letters, 2012, 108(7): 077405.

[179] Gazzano O, Michaelis de V S, Arnold C, et al. Bright solid-state sources of indistinguishable single photons. Nature Communications, 2013, 4: 1425.

[180] Lord R. The problem of the whispering gallery. Philosophical Magazine, 1910, 20(115-20): 1001-1004.

[181] Richtmyer R D. Dielectric resonators. Journal of Applied Physics, 1939, 10(6): 391-398.

[182] Garrett C G, Kaiser W, Bond W L. Stimulated emission into optical whispering modes of spheres. Physical Review, 1961, 124(6): 1807.

[183] McCall S L, et al. Whispering-gallery mode microdisk lasers. Applied Physics Letters, 1992, 60(3): 289-291.

[184] Peter E, Senellart P, Martrou D, et al. Exciton-photon strong-coupling regime for a single quantum dot embedded in a microcavity. Physical Review Letters, 2005, 95(6): 067401.

[185] Srinivasan K, Painter O. Linear and nonlinear optical spectroscopy of a strongly coupled microdisk-quantum dot system. Nature, 2007, 450(7171): 862-865.

[186] Hausmann B J M, Shields B, Quan Q, et al. Integrated diamond networks for quantum nanophotonics. Nano Letters, 2012, 12(3): 1578-1582.

[187] Ohtaka K. Energy band of photons and low-energy photon diffraction. Physical Review B, 1979, 19(10): 5057-5067.

[188] Notomi M. Manipulating light with strongly modulated photonic crystals. Reports on Progress in Physics, 2010, 73(9): 096501.

[189] Joannopoulos J D, Johnson, S G, Winn J N, et al. Photonic Crystals: Molding the Flow of Light. New Jersey: Princeton University Press, 2008.

[190] Yoshie T, Scherer A, Hendrickson J, et al. Vacuum Rabi splitting with a single quantum dot in a photonic crystal nanocavity. Nature, 2004, 432(7014): 200-203.

[191] Chang W H, Chen W Y, Chang H, et al. Efficient single-photon sources based on low-density quantum dots in photonic-crystal nanocavities. Physical Review Letters, 2006, 96(11): 117401.

[192] Englund D, Faraon A, Zhang B Y, et al. Generation and transfer of single photons on a photonic crystal chip. Optics Express, 2007, 15(9): 5550-5558.

[193] Sato Y, Tanaka Y, Upham J, et al. Strong coupling between distant photonic nanocavities and its dynamic control. Nature Photonics, 2012, 6(1): 56-61.

[194] Nakamura T, Asano T, Kojima K, et al. Controlling the emission of quantum dots embedded in photonic crystal nanocavity by manipulating Q-factor and detuning. Physical Review B,

2011, 84(24): 245309.

[195] Yan R, Gargas D, Yang P. Nanowire photonics. Nature Photonics, 2009, 3(10): 569-576.

[196] Claudon J, Bleuse J, Malik N S, et al. A highly efficient single-photon source based on a quantum dot in a photonic nanowire. Nature Photonics, 2010, 4(3): 174-177.

[197] Reimer M E, Bulgarini G, Akopian N, et al. Bright single-photon sources in bottom-up tailored nanowires. Nature Communications, 2012, 3: 737.

[198] Heiss M, Fontana Y, Gustafsson A, et al. Self-assembled quantum dots in a nanowire system for quantum photonics. Nature Materials, 2013, 12(5): 439-444.

[199] Mateus C F R, Huang M C Y, Deng Y F, et al. Ultrabroadband mirror using low-index cladded subwavelength grating. Ieee Photonics Technology Letters, 2004, 16(2): 518-520.

[200] 王莉娟. 自组织量子点与微腔耦合结构单光子发光器件制备. 北京：中国科学院半导体研究所博士学位论文, 2014.

[201] Aspect A, Grangier P, Roger G. Experimental realization of Einstein-Podolsky-Rosen-Bohm gedanken experiment: A new violation of Bell's inequalities. Physical Review Letters, 1982, 49:91.

[202] Ou Z Y, Mandel L. Violation of Bell's inequality and classical probability in a two-photon correlation experiment. Physical Review Letters, 1988, 61:50.

[203] Stevenson R M, Young R J, Atkinson P, et al. A semiconductor source of triggered entangled photon pairs. Nature, 2006, 439:179.

[204] Kulakovskii V D, Bacher G, Weigand R, et al. Fine structure of biexciton emission in symmetric and asymmetric CdSe/ZnSe single quantum dots. Physical Review Letters, 1999, 82:1780.

[205] Young R J, Stevenson R M, Shields A J, et al. Inversion of exciton level splitting in quantum dots. Physical Review B, 2005, 72:113305.

[206] Inoue T, Kita T, Wada O, et al. Electron tomography of embedded semiconductor quantum dot. Applied Physics Letters, 2008, 92:031902.

[207] Langbein W, Borri P, Woggon U, et al. Control of fine-structure splitting and biexciton binding in $In_xGa_{1-x}As$ quantum dots by annealing. Physical Review B, 2004, 69:161301.

[208] Ellis D J P, Stevenson R M, Young R J, et al. Control of fine-structure splitting of individual InAs quantum dots by rapid thermal annealing. Applied Physics Letters, 2009, 90:011907.

[209] Stevenson R M, Young R J, See P, et al. Magnetic-field-induced reduction of the exciton polarization splitting in InAs quantum dots. Physical Review B, 2006, 73:033306.

[210] Gerardot B D, Seidl S, Dalgarno P A, et al. Manipulating exciton fine structure in quantum dots with a lateral electric field. Applied Physics Letters, 2007, 90:041101.

[211] Kowalik K, Krebs O, Lematre A, et al. Influence of an in-plane electric field on exciton fine structure in InAs-GaAs self-assembled quantum dots. Applied Physics Letters, 2005, 86:041907.

[212] Seidl S, Kroner M, Hgele A, et al. Effect of uniaxial stress on excitons in a self-assembled quantum dot. Applied Physics Letters, 2006, 88:203113.

[213] Benson O, Santori C, Pelton M, et al. Regulated and entangled photons from a single quantum dot. Physical Review Letters, 2000, 84:2513.

[214] Avron J E, Bisker G, Gershoni D, et al. Entanglement on demand through time reordering. Physical Review Letters, 2008, 100:120501.

第二节　栅控量子点和量子线中的量子输运

随着半导体材料生长技术特别是分子束外延生长技术的发展，半导体材料的质量越来越高。调制掺杂方法的发明，使得半导体中的载流子和提供载流子的杂质原子可以在空间上分离开来，这就显著降低了电离杂质对载流子的散射。迁移率是表征样品材料质量的重要标志，在 GaAs/AlGaAs 异质结中的二维电子气里，低温迁移率早就已经超过"千万级"[1]，即 $10^7 cm^2 \cdot V^{-1} \cdot s^{-1}$。

与此同时，微细加工技术的发展使得器件制备的水平大大提高，在微米乃至亚微米的尺度上制备几个甚至更多电极已经成为常规工艺，每个电极都可以单独控制，这样就能够独立地调节器件的每个特征参数。在高质量样品中，电子的相干传输距离可以达到几微米、几十微米甚至更长，超过了器件本身的物理尺寸，从而表现出与众不同的量子特性，这通常属于介观物理学的研究领域[2]。

本节将从以下几个方面来讨论介观器件中的量子输运问题。

一、量子点接触

在 GaAs/AlGaAs 异质结中，二维电子气位于 GaAs 和 AlGaAs 界面附近的势阱里，电子可以在平行于界面的平面内自由运动，而垂直于此平面的运动受到了限制。二维电子气到异质结材料表面的距离通常是几百纳米，在表面上制备金属电极并施加负偏压（相对于二维电子气），就可以在电极下方的二维电子气平面内形成一个势垒，从而限制电子在该平面的运动。这就是劈裂栅技术[3]。

量子点接触（quantum point contact）[4,5]是劈裂栅技术制备的最简单电子器件，可以用来研究半导体低维结构中电子的量子性质，如波粒二象性。

在二维电子气样品表面沉积一对间距很小（通常是亚微米尺寸）的劈裂栅，在栅极和二维电子气之间施加负电压（栅极为负），在源极和漏极之间测量电导[5]。随着电压的增大，起初是栅极下方的二维电子气被耗尽，两端电导显著减小；随着电压的进一步增大，劈裂栅间隙处的导电区间也逐渐变窄，直至最终截断。在此期间，两端电导表现出明显的台阶结构，平台电导的数值是$2e^2/h$（量子电导，2来自自旋简并，e是电子电荷，h是普朗克常量）的整数倍（图4-37），这反映了电子的波动性质：量子点接触的狭窄区间内导电通道数目是有限的，每个导电通道都是自旋简并的，它们贡献了$2e^2/h$的电导。随着温度的降低，台阶结构更加清楚，这是因为电子的费米分布函数变得更加陡峭。在两个台阶的过渡区域，电导随着栅电压的增加而减小，这是因为有一个导电通道被逐渐截断，该通道内电子的透射系数T不再是1，而是介于0和1之间。

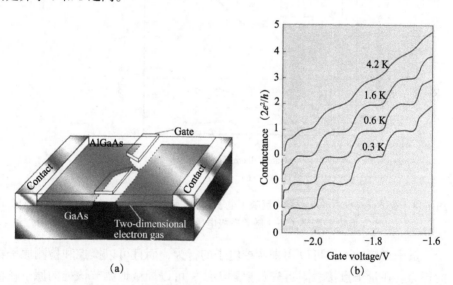

图4-37　量子点接触。（a）器件结构示意图；（b）不同温度下的电导随栅极电压的变化关系，低温下可以看到明显的电导平台。插图取自文献[5]

此时测量通过量子点接触的散粒噪声，可以看到电导平台处的散粒噪声为0，而过渡区中间（$T=1/2$）的散粒噪声达到最大值[6]（图4-38），这反映了电子的粒子性质：每个电子带有分立的电荷数e，它们以随机方式隧穿通过量子点接触，由此产生了散粒噪声。散粒噪声技术还被广泛地用于研究半导体低维量子体系中许多奇特性质。例如，分数量子霍尔效应中的分数电荷（1/3 平台区的 1/3 电荷[7]，2/5 平台区的 1/5 电荷[8]，5/2 平台区的 1/4 电荷[9]，等等）和中性流[10]。

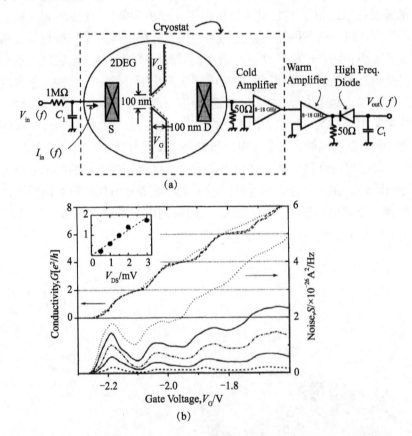

图 4-38　量子点接触中的散粒噪声反映了电子的粒子特性。（a）测量装置示意图；（b）电导（上）和散粒噪声（下）随着栅极电压的变化关系。插图取自文献 [6]

　　量子点接触不仅可以用来调控电子的行为，而且可以操控和检测原子核的行为。在量子点接触附近安放射频天线，可以局域地调节该处的原子核极化情况（调节外加磁场强度和射频微波的频率，可以选择某种特定的原子核，如 ^{69}Ga、^{71}Ga 或 ^{75}As），由于原子核自旋和电子自旋的超精细相互作用，这种原子核极化可以导致量子点接触的电导发生变化，这就提供了一种局域地操控和检测原子核自旋的全电学方法[11]（图 4-39），为实现固态量子计算提供了新途径。

考虑到电子-电子相互作用，量子点接触还会表现出更为丰富的行为，一个典型的例子就是所谓的"0.7 奇异性"。在量子台阶的过渡区，电导有时候并不是光滑地由 $2e^2/h$ 减小到 0，而是在 $0.7 \times 2e^2/h$ 附近表现出曲折甚至尖峰结构，这种奇异性对温度和磁场的依赖关系非常类似于近藤效应（见后文）。有些理论认为，这可以归结为量子点接触附近由于多体相互作用而自发出现的局域态，从而导致了类似于近藤关联的行为。关于这个问题，已经有很多理论 [12] 和实验 [13] 方面的工作，但是目前仍然没有定论。

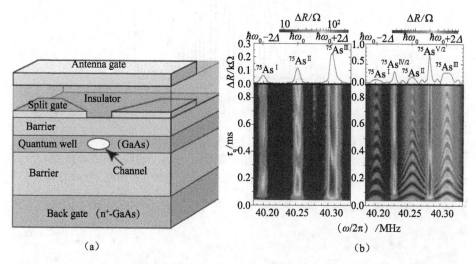

图 4-39 用量子点接触来检测原子核的极化。（a）样品结构示意图，劈裂栅上方的天线提供了原子核磁共振所需要的微波；（b）不同微波功率下量子点接触的电导改变量对微波频率的依赖关系。插图取自文献 [11]

二、量子点

利用多个劈裂栅可以在二维电子气系统中围出一个很小的区域，形成"量子点"（quantum dot）[14,15]，具有如下特点：它的尺寸很小，因此其中的能级是分立的；它的电容也很小，额外添加一个电子所需要的能量远大于能级间距以及环境温度对应的能量；它与外界（源极和漏极）具有一定的耦合（其耦合强度可以通过改变栅极电压来调控），这些耦合决定了能级的宽度；通常还有一个或多个栅极，用来调节量子点内的能级与费米能级之间的相对位置。在低温下，这种量子点表现出库仑阻塞效应 [14,15]（图 4-40），有时候也被称为"人造原子" [16]（图 4-41）。

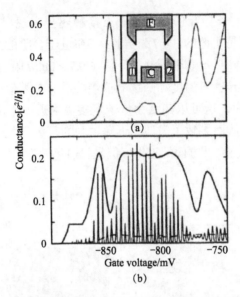

图4-40　量子点的库仑阻塞效应。(a) 器件结构示意图和库仑阻塞区的电导峰；
(b) 量子点库仑阻塞电导峰实验与理论计算结果。其中，虚线为经典理论预计
结果，梳长实线为量子理论预计结果，包络为实验结果。插图取自文献 [15]

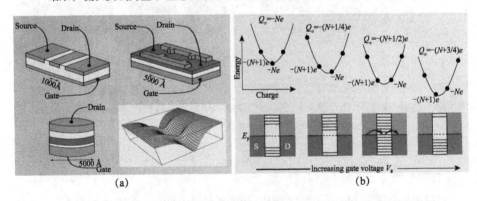

图 4-41　人造原子。(a) 几种不同的人造原子，小图是人造原子的势场分布；
(b) 库仑阻塞现象的物理图像。当量子点内的能级与外部的费米能级对齐时，
电子才可以通过量子点从源极进入漏极。插图取自文献 [16]

　　重要的是，这些决定了量子点性质的参数，不仅可以通过实验测量出来，而且可以通过器件设计和栅极电压来调节。通过测量电导随着源漏电压（调节源极和漏极之间费米面的能量差）和栅极电压（调节量子点能级与费米能级的相对位置）的变化关系 [17]［钻石结构图（diamond structure），图4-42］，可以完全地标定器件的特征参数，包括库仑充电能 U，能级宽度 Γ，

能级间距 Δ，在某特定构型下被电子占据的最高能级到费米能级的间距 ε，再加上器件所处的温度 T（通常是指所谓的电子温度，而不是晶格温度）和磁场 B 都是实验室可控的，所有与量子点性质有关的参数就都是可测而且可控的了。

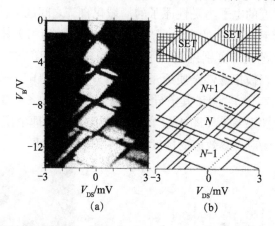

图 4-42　测量电导随着源漏电压和栅极电压的变化关系，可以标定量子点器件的特征参数。(a) 实验数据；(b) 钻石结构的示意图。插图取自文献 [17]

　　需要指出的是，这种量子点是由二维体系围造而来的，其能级的填充规律与真正的原子（它们都是三维的）有些差别。最明显的例子是 Tarucha 等制备的垂直量子点[18]（由量子阱而非异质结制成，图 4-43），从其电导随着栅压的变化关系可以明显地看出，其中电子壳层的填充是 2、6、12……而不是化学元素周期律的 2、10、18……

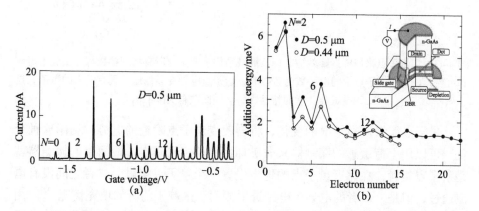

图 4-43　人造原子的"化学元素周期律"。(a) 电流随栅压的变化关系；(b) 额外添加一个电子所需要的能量，第 2 个、第 6 个和第 12 个电子显然需要比邻近情况更多的能量。插图取自文献 [18]

正是因为这些参数完全可测和可控，量子点成为研究和检验一些重要物理模型的得力工具，最鲜明的例子就是近藤效应。在带有磁性杂质原子的金属中，随着温度的降低，其电阻先是下降，然后再上升。近藤认识到这种行为来自费米面附近的电子与磁性原子的局域化自旋之间的多体相互作用，在理论上定性地解释了相关的实验现象[19]。但是，因为相关体系的一些物理参数无法精确地测定（更别说调节了），一些重要的理论预言一直没有得到检验。量子点可以模拟磁性杂质原子的行为（量子点里电子数的奇偶性可以表征局域磁矩的有无），测量其电导行为随着量子点的各种参数以及外界磁场和温度的变化关系[20-21]（图 4-44），可以定量地检验理论模型的所有预言，包括重正化群方法对近藤效应的标度行为的很多理论结果。

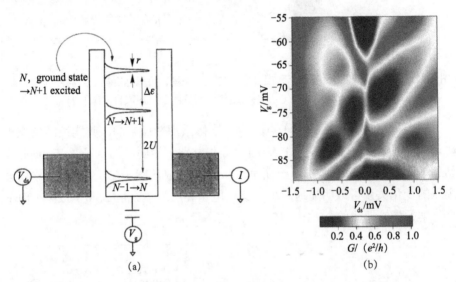

(a)   (b)

图 4-44　用量子点来研究近藤效应。（a）能级结构示意图，所有物理参数都在实验上可测和可控；（b）当量子点中的电子数为奇数时，量子点电导在零偏压下具有较大的数值，这是近藤关联的特性之一。插图取自文献 [20]

量子点能级填充情况的变化，将会改变量子点附近的电势，利用这种变化，可以用电荷敏感的探测器来非破坏性地监视量子点。最简单的探测器就是量子点接触，在靠近量子点的地方设置一个量子点接触，二者之间没有电流通过，但是，后者的电导（电子透射概率）依赖于前者的填充情况[22]。用这种方法可以确切地读出量子点中的电子数目[23]，观测到具有近藤关联的量子点中的自旋-电荷分离[24]，还可以对量子点进行实时探测[25]，甚至做到一次性（single shot）测量[26]。把量子点的某个栅极制备成金属栅单电子晶体管的形式并用微波进行探测（RF-SET），可以在提高探测灵敏度的同时提高响应速度[26]。用阻抗匹配的同轴电缆将量子点的栅极与外部世界连接起来，可以实现 GHz 频率的操作，从而可以相干地控制量子点里电荷乃至自旋的时间演化[27]（图 4-45）。

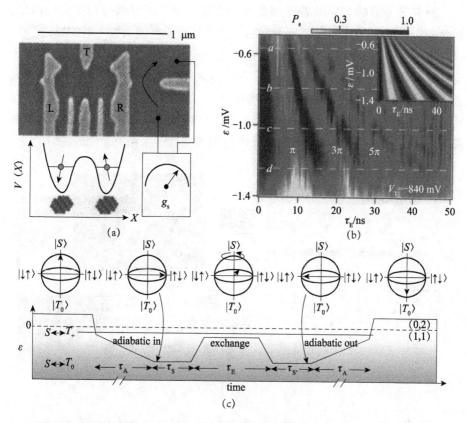

(a)

(b)

(c)

图 4-45 量子点中的自旋操控。(a) 器件结构和能级结构示意图；(b) 拉比振荡（Rabi oscillation）的实验数据，小图是理论计算结果；(c) 操控栅压的时序示意图。插图取自文献 [28]

由于库仑阻塞效应，量子点位于电流流动的咽喉要道，每次只能让一个电子通过。这样就可以制备出"旋转门"器件[29]，用稳定的交流电压来调节量子点的状态（主要是调节量子点与源极和漏极的耦合的时间依赖关系），使得电子有条不紊地从源极向漏极转移，从而在实验上建立起电流和频率之间的联系（$I=ef$，其中 I 为电流，f 为频率，e 为电子电荷）。另一种方式是利用两个栅极来周期性地调节量子点内波函数的分布方式，从而改变其与外界的耦合，这样也可以制备出一种电子的量子泵[30]。

在一些特殊设计（或者因工艺原因而偶然出现）的量子点中，除了分立的能级以外，还可能存在连续谱，这样就会在 *I-V* 特性中表现出法诺效应（Fano effect）[31]，实际上是分立能级和连续谱中的电子进行相干干涉的结果。这样的器件为定量地研究法诺效应及其线形提供了条件 [32]。

研究量子点的电导随着外加磁场的变化关系，还可以得到更多的信息，包括能级填充的具体方式 [18]、激发态能级和基态能级波函数之间的异同 [33]。

有了人造原子，自然也可以制备人造分子，只需要把两个或更多的量子点安放在一起 [34-37]。在这种体系里，量子点之间的耦合使得其 *I-V* 特性表现出更多新奇的行为，如 *I-V* 特性的蜂房结构 [34]、自旋阻塞效应 [35]。在三个量子点构成的人造分子里 [36,37]，甚至还可能出现由自旋构型竞争导致的自旋阻挫和电荷阻挫现象 [37]（图 4-46），可以用来定量地研究自旋冰相关理论的预言。

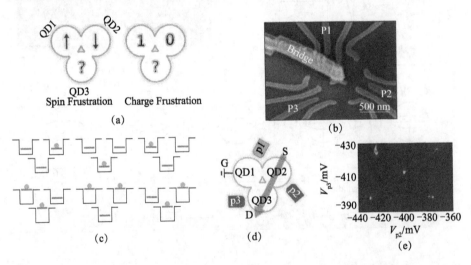

图 4-46　用于研究自旋阻挫和电荷阻挫的三原子分子。（a）（b）器件构型示意图和扫描电子显微镜照片；（c）～（e）典型实验情况。插图取自文献 [37]

三、电子干涉仪

在介观体系中，由于电子输运的相干性，样品的电导依赖于散射中心的具体分布（不能像宏观系统那样简单地平均掉），普适电导涨落（universal conductance fluctuations）[2, 38] 现象就是因为这个缘故。尽管在金属微环样品中 [39] 观测到了阿哈罗诺夫-玻姆效应（Aharonov-Bohm effect），高质量的半导体材料与微纳加工技术的结合，才制备出了更适合研究固体中电子波动行为的器件。

　　把劈裂栅和空气桥（金属电极的一部分不接触半导体材料的表面，就像一座人行天桥一样，这样就不会耗尽桥下方的电子气了）技术，可以实现构型更为复杂的器件，便于研究电子的波动行为，如电子双缝干涉仪[40]。在这样的电子干涉仪（electronic interferometer）里，电子可以选择两条不同的路径从源极到达漏极，源极和漏极之间的电导不仅依赖于电子在这两条路径上的透射率，还依赖于它们的相位差。有两种方式可以改变这个相位差：用栅极来改变经过某条路径的电子的波矢；用磁场调节两条路径上的相位差（AB效应）。从图 4-47 中可以看出，这两种改变相位的方式都导致了源极和漏极之间电导的振荡，直观地证明了电子的波动行为。

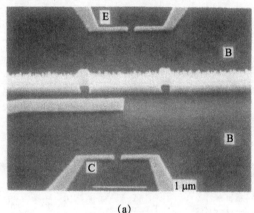

(a)

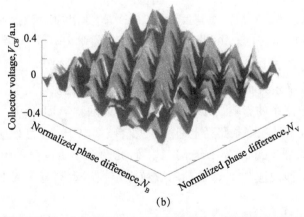

(b)

图 4-47　电子双缝干涉仪。（a）器件的电子显微镜照片，空气桥下面的电子不会被耗尽，从而形成了两个电子通道，左边路径上的栅极可以改变该路径上的电子相位，而磁场可以改变两条路径上的电子相位差；（b）电子的干涉信号，随着栅极电压和磁场强度都呈现出振荡行为。插图取自文献 [40]

　　把一个小的量子体系塞到双缝干涉仪中的一条路径上，就可以研究这个小量子体系的许多量子参数，如透射系数和反射系数。在量子力学中，这些参数都是复数，不可能用通常的 I-V 测量方法得到。已经研究过的量子体系包括库仑阻塞区的量子点[41]，带有近藤关联的量子点[42]，等等。

　　然而，这种干涉仪只能工作在小磁场的情况下：磁场的存在破坏了左和右的对称性，电子会偏向于选择其中的一条路径，干涉就消失了。在强磁场下，可以利用量子霍尔效应的边缘态来制备反射式的多路径干涉的电子干涉仪[43]，用来测量强磁场中量子点的反射系数。更有趣的是一种基于边缘态的电子马赫-曾德尔干涉仪[44]，如图 4-48 所示，它实现了真正的双路干涉，可以工作在几个特斯拉的强磁场下，干涉条纹的对比度超过了 60%。

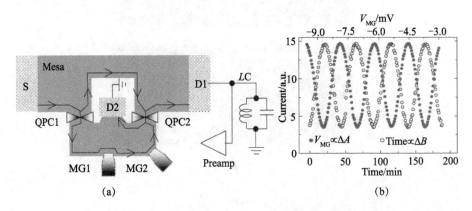

(a)　　　　　　　　　　　　(b)

图 4-48　基于边缘态电子马赫-曾德尔干涉仪。(a) 器件结构和测试系统的示意图，这种电子干涉仪工作在强磁场下；(b) 电子的干涉信号，随着栅极电压和磁场强度都呈现出振荡行为。插图取自文献 [44]

　　电子干涉仪还为研究量子力学的一些基本问题提供了机会：可以研究观测过程对量子体系的影响，最典型的就是所谓的 "which path" 实验[45]，如果能够知道电子是在哪条路径上通过，就会破坏电子的干涉效应；制备电子型的量子擦除器（quantum eraser）[46]；研究两个不可区分的电子源发出的电子之间的干涉效应[47]，这是利用散粒噪声技术观测电子的干涉行为，如图 4-49 所示。

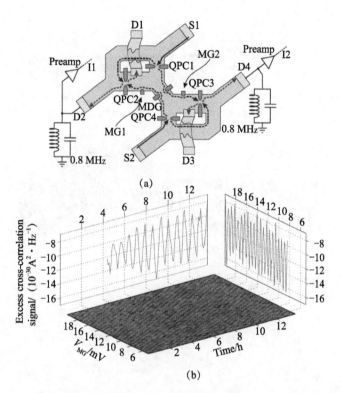

图 4-49　两个不可区分的电子源发出的电子之间的干涉效应。(a) 器件结构和测试系统的
示意图；(b) 散粒噪声测量给出了电子的干涉信号，它随着栅极电压和时间（磁场强度）
都呈现出振荡行为。插图取自文献 [47]

四、量子线

量子线（quantum wire）对器件质量的要求比量子点接触、量子点甚
至电子干涉器件还要高很多，因为器件的尺寸要更长、更均匀，缺陷也要
更少。

在量子线器件中，自旋轨道相互作用的影响不能忽略，它可以使其中
的电子发生自发的自旋极化。在二维电子气样品中制备的量子线中，观察
到了自旋极化的证据：量子线的电导在 $0.5 \times (2e^2/h)$ 处出现了平台[48]。
在二维空穴气样品解理生长的量子线中，同样观察到了类似的现象[49]。
在用劈裂栅技术在二维电子气样品中制备出高质量的弹道输运的量子通
道中，利用其中的自旋轨道相互作用，还可以实现电子自旋共振[50]，如
图 4-50 所示。

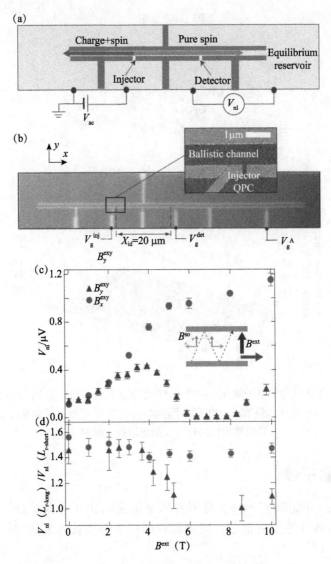

图 4-50　弹道输运的电子自旋共振。(a)、(b) 器件结构示意图；(c)、(d) 自旋相关
信号对不同取向的外磁场的依赖关系。注意，只有当外磁场沿 y 方向时，自旋信号出
现凹坑（三角形符号），即发生了电子自旋共振。插图取自文献 [47]

　　由于电子间相互作用的缘故，量子线中电子的行为往往不能用费米液
体理论来描述，而是需要用拉廷格理论（Luttinger theory，有时也被称为
Tomonaga-Luttinger theory）。电子电子相互作用诱导出了玻色型的集体激发
（自旋密度波和电荷密度波），只承载电荷或只承载自旋的拉廷格液体，即自

旋-电荷分离[51]。

在量子阱解理面再生长技术得到的高质量 T 型量子线中，观测到了拉廷格理论预言的自旋-电荷分离现象[52]。在双量子阱样品用劈裂栅制备的多量子线样品中，也观测到了类似现象[53]，如图 4-51 所示。强磁场下的量子霍尔效应边缘态也是一种量子线，为研究拉廷格液体的性质[54] 提供了一种可能性。把这些研究结果与从其他体系中得到的研究结果进行对比，如碳纳米管[55]、光格子中的冷原子[56]、一维的 $SrCuO_2$ 材料[57]，可以更加深入地理解这类行为。

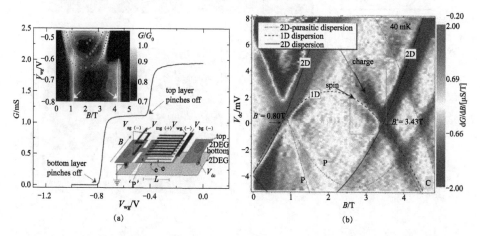

图 4-51 拉廷格液体中的自旋－电荷分离现象。(a) 器件结构和能级结构示意图；(b) 电导随磁场和直流偏压的变化关系，注意，虚线部分与自旋有关，而实线部分与电荷有关。插图取自文献 [53]

关于拉廷格理论是否能够全面地说明量子线中的物理现象，现在也有了一些理论上的新看法，特别是考虑到无序的存在，有可能出现拉廷格液体到费米液体的过渡[58]。

还有一个重要的研究领域是以高质量半导体纳米线为基础构建的混合型器件（hybrid device）。例如，在 InAs 纳米线上制作普通电极的器件中，已经实现了拉比振荡[59]，有可能用来做量子比特；用超导材料作电极，还观测到了纳米线中的超导电流[60]。更重要的是，在超导电极 / 半导体纳米线的混合器件中，已经有几个研究小组报道了理论上早就预言[61]但实验中从未观测到的马约拉纳（Majorana）费米子[62-64]，如图 4-52 所示。

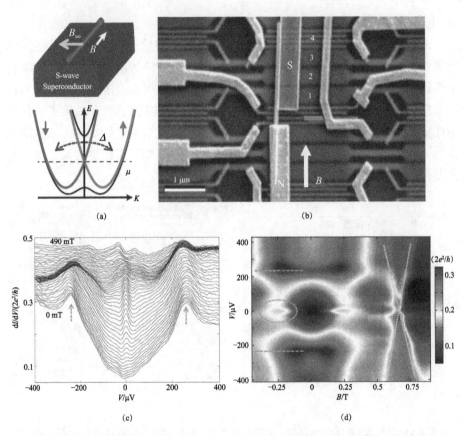

图 4-52　N/NW/S 混合器件（正常电极 /InSb 纳米线 / 超导电极）中的马约拉纳费米子。
（a）、（b）器件结构和能带结构示意图；（c）、（d）器件电导随磁场和直流偏压的变化关系，
给出了马约拉纳费米子存在的证据。插图取自文献 [62]

第三节　展　望

　　本章第一节总结了具有类原子特性的固态单量子体系的基本物理及实验，一些经典的利用单个原子或非线性过程的量子光学实验在单量子点中重新再现，丰富了量子光学的研究体系。由于固态量子体系的独特性质，以及与现代半导体工艺的有效对接，固态量子点的研究具有潜在的应用价值。另外，不同原子间具有非常好的全同性和相干性，而很难找到完全相同的两个量子点，这是固态类原子体系走向应用的最大障碍，目前还没有找到解决的

办法。即使如此，人们还在探索单个量子点在量子点 QED、高质量单光子发射和纠缠光子态的制备研究，以及少数以至于单个光子的非线性过程，不同物理量间的纠缠关联在量子信息处理上的基础研究工作。

对应 MBE 等外延生长的量子点样品，量子点的大小（发光波长）各不相同，量子点在外延片上的分布是随机的。因此，后选择定位量子点在样品上的准确位置是一切量子点物理研究及应用的先决条件，在第一节第五部分我们介绍了几种定位单量子点的实验方法。根据定位的量子点可以制备高质量的微柱腔、光子晶体腔以及微盘微腔，根据量子点与腔的耦合强度，研究量子点 QED 物理或高质量的单光子发射。前者（量子点 QED 研究）需要制备高质量的含有单个量子点的微腔，目前还没有达到像研究原子-微腔中实现的超强相互作用（微腔的 Q 值为 $10^7 \sim 10^9$）。我们知道，具有回音壁腔模的 SiO_2 微球、微盘腔具有极高的 Q 值，但目前还不知怎样把单个量子点嵌入其中。后者（单光子发射）不需要太高的微腔 Q 值，希望利用 Purcell 效应（正比于 Q/V）来提高量子点的复合发光效率，同时利用共振荧光实验技术来光泵量子点，期望达到较窄的量子点发光谱线线宽，同时使光子波包时间-频率满足傅里叶变换关系（$T_2 = 2T_1$）。这是制备高质量相干光子及全同光子的条件，目前在量子点发光波长 900 nm 左右可以实现。然而，人们期望的实现 1.3 μm 或 1.55 μm 的高质量的单光子还未见报道。

在基于单量子点双激子纠缠光子的实验中，由于 MBE 生长的量子点基本不具有量子点平面内旋转对称性，激子发光的精细结构劈裂，发光的偏振由本征的左右圆偏振光退化为两个相互垂直的线偏振光。因此，采用后调谐技术来消除量子点精细结构劈裂，制备纠缠光子的必备方法，目前报道比较有效的方法是采用外加应力及结合电场的调谐方法。除了制备基于量子点双激子纠缠光子的方法外，还有制备量子点发射光子的偏振态和电子自旋态的纠缠实验技术，以及采用单量子点的泵浦-探测技术实现探测的偏振光与量子点自旋态的纠缠，目前可测到的 Kerr 偏转角度（6°）还没有达到理论预计（45°）的完美纠缠贝尔基的制备。这方面的工作是该领域的研究重点，需要把量子点嵌入高质量的微腔中。

本章第二节总结了在过去 30 年内栅控量子点和量子线中的量子输运研究主要的进展。在重要参数完全可测和可控的条件下，不仅定量地验证了许多以前在实验室无法验证的理论预言，而且还发现了许多新的物理现象。这些研究为研制基于栅控量子点和量子线的量子比特奠定了基础。例如，最近在栅控双量子点体系中实现了一种混合型的量子比特 [65]；将栅控人工原子与超导共振腔结合，实现了单原子作为增益介质的微波激射器[66]等。随着半导体材料质量、微纳加工技术水平的进一步提高，特别是更多新的物理概念的引入，这个研究领域必将奉献出更为丰硕的成果。同时，这方面的研究也面临着一系列的挑战。例如，随着量子比特位数增加，所需做的复杂量子操控是否现实？所需要的极低温条件（小于 4.2 K）是否会制约它今后的实际应用？

姬扬（中国科学院半导体研究所，中国科学院

半导体超晶格国家重点实验室）

参 考 文 献

[1] Pfeiffer L, West K W, Stormer H L, et al. Electron mobilities exceeding 10^7 cm^2/(V · s) in modulation-doped GaAs. Appl. Phys. Lett., 1989, 55:1888; Umansky V, Heiblum M, Levinson Y, et al. MBE growth of ultra-low disorder 2DEG with mobility exceeding 35×10^6 cm^2/(V · s). Journal of Crystal Growth, 2009, 311:1658.

[2] Imry Y. Introduction to Mesoscopic Physics. 2nd edition. Oxford: Oxford University Press, 2008; Datta S. Electronic Transport in Mesoscopic Systems. Cambridge: Cambridge University Press, 1995.

[3] Thornton T J, Pepper M, Ahmed H, et al. One-dimensional conduction in the 2D electron gas of a GaAs-AlGaAs heterojunction. Phys. Rev. Lett., 1986, 56:1198; Zheng H Z, Wei H P, Tsui D C. Gate-controlled transport in narrow GaAs/Al$_x$Ga$_{1-x}$As heterostructures. Phys. Rev. B, 1986, 34:5635.

[4] van Wees B J, van Houten H, Beenakker C W J, et al. Quantized conductance of point contacts in a two-dimensional electron gas, Phys. Rev. Lett., 1988, 60:848; van Wees B J, Kouwenhoven L P, Willems E M M, et al. Quantum ballistic and adiabatic electron transport studied with quantum point contacts. Phys. Rev. B, 1991, 43:12431.

[5] van Houten H, Beenakker C. Quantum point contacts. Physics Today, 1996, 49(7):22-27.

[6] Reznikov M, Heiblum M, Shtrikman H, et al. Temporal correlation of electrons: Suppression of shot noise in a ballistic quantum point contact. Phys. Rev. Lett., 1995, 75:3340; Kumar A, Saminadayar L, Glattli D C, et al. Experimental test of the quantum shot noise reduction theory. Phys. Rev. Lett., 1996, 76:2778.

[7] de Picciotto R, Reznikov M, Heiblum M, et al. Direct observation of a fractional charge. Nature, 1997, 389:162; Saminadayar L, Glattli D C, Jin Y, et al. Observation of the *e*/3

fractionally charged Laughlin quasiparticles. Phys. Rev. Lett., 1997, 79:2526.

[8] Reznikov M, de Picciotto R, Griffiths T G, et al. Observation of quasiparticles with one-fifth of an electron's charge. Nature, 1999, 399:238.

[9] Dolev M, Heiblum M, Umansky V, et al. Observation of a quarter of an electron charge at the $v = 5/2$ quantum Hall state. Nature, 2008, 452:829.

[10] Bid A, Ofek N, Inoue H, et al. Observation of neutral modes in the fractional quantum Hall regime. Nature, 2010, 466:585.

[11] Yusa G, Muraki K, Takashina K, et al. Controlled multiple quantum coherences of nuclear spins in a nanometre-scale device. Nature, 2005, 434:1001.

[12] Meir Y, Hirose K, Wingreen N S. Kondo model for the '0.7 anomaly' in transport through a quantum point contact. Phys. Rev. Lett., 2002, 89:196802; Rejec T, Meir Y. Magnetic impurity formation in quantum point contacts. Nature, 2006, 442:900.

[13] Cronenwett S M, Lynch H J, Goldhaber-Gordon D, et al. Low-temperature fate of the 0.7 structure in a point contact: A Kondo-like correlated state in an open system. Phys. Rev. Lett., 2002, 88:226805; Lüscher S, Moore L S, Rejec T, et al. Charge rearrangement and screening in a quantum point contact. Phys. Rev. Lett., 2007, 98:196805; Iqbal M J, Levy R, Koop E J, et al. Odd and even Kondo effects from emergent localization in quantum point contacts. Nature, 2013, 501:79.

[14] Fulton T A, Dolan G J. Observation of single-electron charging effects in small tunnel junctions. Phys. Rev. Lett., 1987, 59:109; Meirav U, Kastner M A, Wind S J. Single-electron charging and periodic conductance resonances in GaAs nanostructures. Phys. Rev. Lett., 1990, 65: 771.

[15] Johnson A T, Kouwenhoven L P, de Jong W, et al. Zero-dimensional states and single electron charging in quantum dots. Phys. Rev. Lett., 1992, 69:1592.

[16] Kastner M A. Artificial atoms. Physics Today, 1993, 46(1):24-31.

[17] Weis J, Haug R J, Klitzing K V, et al. Competing channels in single-electron tunneling through a quantum dot. Phys. Rev. Lett., 1993, 71:4019.

[18] Tarucha S, Austing D G, Honda T, et al. Shell filling and spin effects in a few electron quantum dot. Phys. Rev. Lett., 1996, 77:3613.

[19] Kondo J. Solid State Physics. New York: Academic Press, 1964:183.

[20] Goldhaber-Gordon D, Shtrikman H, Mahalu D, et al. Kondo effect in a single-electron transistor. Nature, 1998, 391:156.

[21] Goldhaber-Gordon D, Göres J, Kastner M A, et al. From the Kondo regime to the mixed-valence regime in a single-electron transistor. Phys. Rev. Lett., 1998, 81:5225; Cronenwett S M, Oosterkamp T H, Kouwenhoven L P. A tunable Kondo effect in quantum dots. Science,

1998, 281:540; Grobis M, Rau I G, Potok R M, et al. Universal scaling in nonequilibrium transport through a single channel Kondo dot. Phys. Rev. Lett., 2008, 100:246601.

[22] Field M, Smith C G, Pepper M, et al. Measurements of Coulomb blockade with a noninvasive voltage probe. Phys. Rev. Lett., 1993, 70:1311-1314.

[23] Ciorga M, Sachrajda A S, Hawrylak P, et al. Addition spectrum of a lateral dot from Coulomb and spin-blockade spectroscopy. Phys. Rev. B, 2000, 61(24): R16315.

[24] Sprinzak D, Yang J, Heiblum M, et al. Charge distribution in a Kondo-correlated quantum dot. Phys. Rev. Lett.,2002, 88:176805.

[25] Lu W, Ji Z, Pfeiffer L, et al. Rimberg, Real-time detection of electron tunnelling in a quantum dot. Nature, 2003, 423:422.

[26] Elzerman J M, Hanson R, Willems van Beveren L H, et al. Single-shot read-out of an individual electron spin in a quantum dot. Nature, 2004, 430:431.

[27] Schoelkopf R J, Wahlgren P, Kozhevnikov A A, et al. The radio-frequency single-electron transistor (RF-SET): A fast and ultrasensitive electrometer. Science, 1998, 280:1238.

[28] Petta J R, Johnson A C, Taylor J M, et al. Coherent manipulation of coupled electron spins in semiconductor quantum dots. Science, 2005, 309:2180.

[29] Geerligs L J, Anderegg V F, Holwey P A, et al. Frequency-locked turnstile device for single electrons, Phys. Rev. Lett., 1990, 64: 2691; Kouwenhoven L P, Johnson A T, et al. Quantized current in a quantum-dot turnstile using oscillating tunnel barriers. Phys. Rev. Lett., 1991, 67:1626; Keller M W, Martinis J M, et al. Accuracy of electron counting using a 7-junction electron pump. Appl. Phys. Lett., 1996, 69:1804; Pekola J P, Vartiainen J J, et al. Hybrid single-electron transistor as a source of quantized electric current. Nature Physics, 2008, 4:120.

[30] Switkes M, Marcus C M, Campman K, et al. An adiabatic quantum electron pump. Science, 1999, 283:1905.

[31] Fano U. Effects of configuration interaction on intensities and phase shifts. Phys. Rev., 1961, 124: 1866; Fano U, Cooper J W. Line profiles in the far-UV absorption spectra of the rare gases. Phys. Rev., 1965, 137:A1364.

[32] Göres J, Goldhaber-Gordon D, Heemeyer S, et al. Fano resonances in electronic transport through a single-electron transistor. Phys. Rev. B, 2000, 62:2188; Zacharia I G, Goldhaber-Gordon D, Granger G, et al. Temperature dependence of Fano line shapes in a weakly coupled single-electron transistor. Phys. Rev. B, 2001, 64:155311.

[33] Stewart D R, Sprinzak D, Marcus C M, et al. Correlations between ground and excited state spectra of a quantum dot. Science, 1997, 278:1784; Kouwenhoven L P, Oosterkamp T H, et al. Excitation spectra of circular, few-electron quantum dots. Science, 1997, 278:1788.

[34] Austing D G, Honda T, Muraki K, et al. Quantum dot molecules. Phys. B (Cond. Matter), 1998, 249-251:206.

[35] Weber B, Matthias Tan Y H, Mahapatra S, et al. Spin blockade and exchange in Coulomb-confined silicon double quantum dots. Nature Nano, 2014, 9:430.

[36] Gaudreau L, Studenikin S A, Sachrajda A S, et al. Stability diagram of a few-electron triple dot. Phys. Rev. Lett., 2006, 97:036807.

[37] Seo M, Choi H K, Lee S Y, et al. Charge frustration in a triangular triple quantum dot. Phys. Rev. Lett., 2013, 110:046803.

[38] Lee P A, Stone A D. Universal conductance fluctuations in metals. Phys. Rev. Lett., 1985, 55:1622.

[39] Umbach C P, Washburn S, Laibowitz R B, et al. Magnetoresistance of small, quasi-one-dimensional, normal-metal rings and lines. Phys. Rev. B, 1984, 30:4048; Webb R A, Washburn S, Umbach C P, et al. Observation of h/e Aharonov-Bohm oscillations in normal-metal rings. Phys. Rev. Lett., 1985, 54:2696; Stone A D. Magnetoresistance fluctuations in mesoscopic wires and rings. Phys. Rev. Lett., 1985, 54: (25)2692.

[40] Yacoby A, Heiblum M, Umansky V, et al. Unexpected periodicity in an electronic double slit interference experiment. Phys. Rev. Lett., 1994, 73:3149.

[41] Yacoby A, Heiblum M, Mahalu D, et al. Coherence and phase sensitive measurements in a quantum dot. Phys. Rev. Lett., 1995, 74:4047; Schuster R, Buks E, Heiblum M, et al. Phase measurement in a quantum dot via a double-slit interference experiment. Nature, 1997, 385:417; Avinun-Kalish M, Heiblum M, Zarchin O, et al. Crossover from 'mesoscopic' to 'universal' phase for electron transmission in quantum dots. Nature, 2005, 436:529.

[42] Ji Y, Heiblum M, Sprinzak D, et al. Phase evolution in a Kondo-correlated system. Science, 2000, 290:779; Zaffalon M, Bid A, Heiblum M, et al. Transmission phase of a singly occupied quantum dot in the Kondo regime. Phys. Rev. Lett., 2008, 100:226601; Takada S, Buerle C, Yamamoto M, et al. Transmission phase in the Kondo regime revealed in a two-path interferometer. Phys. Rev. Lett., 2014, 113:126601.

[43] Buks E, Schuster R, Heiblum M, et al. Measurement of phase and magnitude of the reflection coefficient of a quantum dot. Phys. Rev. Lett., 1996, 77:4664.

[44] Ji Y, Chung Y, Sprinzak D, et al. An electronic Mach-Zehnder interferometer. Nature, 2003, 422:415.

[45] Buks E, Schuster R, Heiblum M, et al. Dephasing in electron interference by a 'which-path' detector. Nature, 1998, 391:871; Sprinzak D, Buks E, Heiblum M, et al. Controlled dephasing of electrons via a phase sensitive detector. Phys. Rev. Lett., 2000, 84:5820; Weisz E, Choi H K, Heiblum M, et al. Controlled dephasing of an electron interferometer with a

path detector at equilibrium. Phys. Rev. Lett., 2012, 109:250401.

[46] Weisz E, Choi H K, Sivan I, et al. An electronic quantum eraser. Science, 2014, 344:1363.

[47] Neder I, Ofek N, Chung Y, et al. Interference between two indistinguishable electrons from independent sources. Nature, 2007, 448:333.

[48] Crook R, Prance J, Thomas K J, et al. Conductance quantization at a half-integer plateau in a symmetric GaAs quantum qire. Science, 2006, 312:1359.

[49] Quay C H L, Hughes T L, Sulpizio J A, et al. Observation of a one-dimensional spin-orbit gap in a quantum wire. Nature Physics, 2010, 6:336.

[50] Frolov S M, Luscher S, Yu W, et al. Ballistic spin resonance. Nature, 2009, 458:868.

[51] Giamarchi T. Quantum Physics in One Dimension. Oxford: Oxford University Press, 2004.

[52] Auslaender O M, Steinberg H, Yacoby A, et al. Spin-charge separation and localization in one dimension. Science, 2005, 308:88.

[53] Jompol Y, Ford C J B, Griffiths J P, et al. Probing spin-charge separation in a tomonaga-luttinger liquid. Science, 2009, 325:597.

[54] Parmentier F D, Anthore A, Jezouin S, et al. Strong back-action of a linear circuit on a single electronic quantum channel. Nature Physics, 2011, 7:935; Jezouin S, Albert M, Parmentier F D, et al. Tomonaga-Luttinger physics in electronic quantum circuits. Nature Communications, 2013, 4:1802.

[55] Bockrath M, Cobden D H, Lu J, et al. Luttinger-liquid behaviour in carbon nanotubes. Nature, 1999, 397:598.

[56] Paredes B, Widera A, Murg V, et al. Tonks-Girardeau gas of ultracold atoms in an optical lattice. Nature, 2004, 429:277.

[57] Kim B J, Koh H, Rotenberg E, et al. Distinct spinon and holon dispersions in photoemission spectral functions from one-dimensional $SrCuO_2$. Nature Phys., 2006, 2:397.

[58] Gornyi I V, Mirlin A D, Polyakov D G. Dephasing and weak localization in disordered luttinger liquid. Phys. Rev. Lett., 2005, 95:046404; Levy E, Tsukernik A, Karpovski M, et al. Luttinger-liquid behavior in weakly disordered quantum wires. Phys. Rev. Lett., 2006, 97:196802; Mirlin A D, Polyakov D G. Vinokur V M. Transport of charge-density waves in the presence of disorder: Classical pinning versus quantum localization. Phys. Rev. Lett., 2007, 99:156405; Imambekov A, Glazman L I. Phenomenology of one-dimensional quantum liquids beyond the low-energy limit. Phys. Rev. Lett., 2009, 102:126405; Imambekov A, Schmidt T L, Glazman L I. One-dimensional quantum liquids: Beyond the Luttinger liquid paradigm. Rev. Mod. Phys., 2012, 84:1253.

[59] Nadj-Perge S, Frolov S M, Bakkers E P A M, et al. Spin orbit qubit in a semiconductor nanowire. Nature, 2010, 468:1084.

[60] Doh Y J, van Dam Jorden A, Roest A L, et al. Tunable supercurrent through semiconductor nanowires. Science, 2005, 309:272.

[61] Wilczek F, Majorana returns, Nature Phys., 2009, 5:614; Kitaev A Y. Unpaired Majorana fermions in quantum wires. Phys.-Usp., 2001, 44:131; Fu L, Kane C L. Superconducting proximity effect and Majorana fermions at the surface of a topological insulator. Phys. Rev. Lett., 2008, 100:96407; Oreg Y, Refael G, Oppen F V. Helical liquids and Majorana bound states in quantum wires. Phys. Rev. Lett., 2010, 105:177002.

[62] Mourik V, Zuo K, Frolov S M, et al. Signatures of Majorana fermions in hybrid superconductor-semiconductor nanowire devices. Science, 2012, 336:1003.

[63] Deng M T, Yu C L, Huang G Y, et al. Observation of majorana fermions in a Nb-InSb nanowire-Nb hybrid quantum device. Nano Lett., 2012, 12:6414-6419.

[64] Das A, Ronen Y, Most Y, et al. Zero-bias peaks and splitting in an Al-InAs nanowire topological superconductor as a signature of Majorana fermions. Nature Physics, 2012, 8:887.

[65] Cao G, Li H O, Yu G D, et al. Tunable hybrid qubit in a GaAs double quantum dot. Phys. Rev. Lett., 2016, 116:086801.

[66] Liu Y Y, Stehlik J, Eichler C, et al. Semiconductor double quantum dot micromaser. Science, 2015, 347:285.

第五章
光和物质的强相互作用

第一节　概　况

从人类文明开始，人们就一直沉迷于各种奇妙的光与物质相互作用。在远古时期，人类通过钻木取火来获得光照，并且用火可以获得更高能量的食物，使得人类改变了茹毛饮血的野蛮时代，人类的活动范围也得以延伸。近代以来，特别是 1917 年爱因斯坦提出了一套全新的技术理论"光与物质相互作用"，即受激辐射的概念，使得人类获得光放大成为可能。1960 年，美国加利福尼亚州休斯实验室的科学家梅曼宣布获得了波长为 0.6943 μm 的激光，这是人类有史以来获得的第一束激光。正是激光的出现，使得人们研究光与物质相互作用获得了极大的进步，为人们解开光与物质相互作用的奇妙世界提供了很好的手段。事实上，早在 20 世纪 50 年代，中国著名的科学家黄昆先生就提出了固体环境中光子与晶格连续相互作用的时间演化图像，并且指出了光子与声子在时间上连续不断的相互转化会在物质中形成声子极化激元波 [1]，而且从理论上给出了声子极化激元波的色散关系。1958 年，Hopfield 在理论上把光子和声子相互作用的物理图像推广到了半导体的环境中，并且预测了光子和半导体材料中的激子强相互作用后的激子极化激元的存在 [2]。但是，由于固体材料中激子极化激元波的表征问题，这方面的研究没有受到广泛的关注。光学微腔制备技术的进步，极大地激发了人们对激子极化激元的研究热情。半导体光学微腔是研究光物质相互作用的良好载体。在光学微腔中，光场与电子体系弱耦合时，发生 Purcell 效应，能够增强半导体激子辐射复合的自发辐射率，提高材料发光的荧光强度，可以用于制造垂直腔表面激光器；光与发光物质发生强耦合时，发生能级劈裂，形成一种新的具有玻色子特性的准粒子——极化激元。1992 年，Weisbuch 等用金属氧化物气相沉积（MOCVD）的方法生长了 GaAlAs/GaAs 的量子阱微腔，第一次在实验上观测到了微腔内光子和激子的能量劈裂，从而在实验上验证了激子极化激元的存在 [3]。

　　近年来，半导体激子与微腔光子强耦合相互作用形成的激子极化激元得到了广泛深入的研究，人们在实验上不仅观测到了能级劈裂、粒子的凝聚行为，而且通过更为精细的样品结构和实验手段，实现了激子极化激元体系的参量散射、超流、孤子传播等非线性过程，这些都为半导体激子极化激元在光电子器件中的可能应用做了铺垫。而腔激子极化激元的研究发展到现阶段，人们不再局限于原来的物理概念、材料和体系框架，而是用更为开阔的思维和眼界去拓展这一研究领域。随着微纳加工工艺的成熟发展，人们可以对纳米光学微腔进行进一步加工处理，在保证微腔品质因子的情况下，对微腔进行刻蚀和微结构镀膜，从物理上实现对准粒子更多维度上的调控，改变其能带结构，更多新奇的物理模型能够在人工调控的方式下得到实现。比如，2010 年，法国 Bloch 等科研团队利用光学定点激发引入的光斑等效势场，实现了激子极化激元的三维受限和对凝聚体的相干调控。2013 年，Amo 等结合微纳结构裁剪和光学调控手段，在双圆柱微腔体系中观测到激子极化激元凝聚体的约瑟夫森振荡。2015 年，国内陈张海课题组在一维 ZnO 微腔体系中利用缺陷势阱实现了激子极化激元的蒸发冷却和室温凝聚。同年，该课题组还利用微区自组装技术制造出激子极化激元超晶格，并在此体系中观测到激子极化激元凝聚体的多重相变。在光与物质强耦合的实现方式上，近年来也有所创新，人们不仅仅局限于光子晶体和微腔结构，2005 年，Alexey Kavokin 将电子体系的 Tamm 局域态应用到光学领域，提出了光学 Tamm 态的概念，这种靠界面的截断机制实现光场局域的方法与光子晶体有异曲同工之处，但对纳米加工工艺要求会大大降低，理论上的局域效果足以实现强耦合；在增益介质的选择上，研究者们不再局限在传统的 III-V 族和 II-VI 族无机半导体微腔，而是向有机半导体、钙钛矿体系等软物质材料进军。大部分软物质材料中弗伦克尔激子较大的束缚能及其较大的振子强度使得室温下有机激子极化激元的存在成为可能，而且成熟的电致发光工艺会加速激子极化激元在发光器件应用方面的发展。与此同时，单原子层直接带隙半导体材料也逐渐受到微腔领域研究者们的青睐，对激子极化激元的新物理机制探索方面的研究更加深入，关于激子极化激元第二个阈值的物理机制理解、BEC-BCS-Lasing 不同相之间的转换等基础物理特性的理论和实验研究方面也更加多元化。人们在进一步深入研究激子极化激元凝聚体量子调控的同时，将拓展激子-微腔体系与其他关联体系的互耦交叉，发展如声子-激子-腔耦合、SPP 表面波与界面甚至体激子极化激元耦合、光学拓扑态-激子极化激元等交叉学科，并更加注重新性能（如关联与时间统计、自旋极化、光电传导）和新物理行为的探索和研究。在器件应用方面，人们将更注重光电调控手段的结合，光电性能的双向渗透发展，基于电学成熟的制备加工工艺，完善操作平台，融合光元素在通信传导、量子关联建立和保持方面的优势，探索开发新型光电集成量子功能器件。

第二节　激子极化激元

研究光与物质相互作用是腔量子电动力学的一个重要方向，无论是对于物理学理论的发展需求，还是实际应用的需要，都有着重要的意义。早在 20 世纪 50 年代，黄昆先生就提出了固体环境中的光子与晶格连续作用的时间演化图像，并指出光子-声子时间上连续不断的相互转化会在物质中形成声子极化激元波[1]，而且从理论上计算了声子极化激元波的色散关系。不久，Hopfield 就把这种图像推广到半导体环境中的光子-激子作用上[2]。后来，人们在实验上证实了这种激子极化激元波的存在。但是，由于体材中激子极化激元波表征的问题，这方面的研究没有受到广泛的关注。直至 80 年代，Haroche 等在原子-微腔体系中观测到原子的拉比振荡行为[4]，随后人们又在微腔中实现了单原子、单量子点激子的真空拉比振荡，使光-微观粒子的强耦合作用领域的研究成为热点。

近年来，微腔加工工艺的发展更加促进了这一领域的发展，尤其是光与半导体激子[5]强耦合的研究，更是取得了惊人的成果，实验和理论呈现出齐头并进、相互带动的局面。从 1992 年 Arakawa 等第一次在微腔体系下观测到强耦合的能级劈裂，到 2000 年 Dang Lesi 课题组观测到这种准粒子的 BEC[2, 3, 6-8]，再到近些年来观测到的波导、参量散射、超流、孤子等非线性现象[9-15]，这一研究领域始终保持着生机和活力。在器件处理方面，人们已经在二维平板微腔体系下实现了电注入的极化激元激光[16]，这些研究趋势表明，微腔强耦合体系的研究已经开始向理论的细致处理研究和器件的制作发展。

一、激子极化激元的概念

　　激子极化激元是光与激子发生强耦合产生的新的准粒子，是光与物质发生强耦合的一个重要实例。要理解其本质，我们还要从基本的光与物质的作用着手：物质提供了能够吸收和辐射光子的能级系统，可以是原子，也可以是激子。这里我们将物质简化为一个二能级系统的原子，光与物质有三种基本作用形式：吸收跃迁、自发辐射、受激辐射。通常情况下，原子吸收光子跃迁到激发态，完成第一个过程，如图 5-1（a）所示，接下来在真空场的诱导下，进行自发辐射，释放光子。如果把原子置于微腔中，如图 5-2 所示，激发态原子释放出的光子可以经过微腔反射后，再次被原子吸收和释放，如此循环往复地有序进行，原子在基态和激发态之间以频率 Ω 振荡，光子也以这个频率周期性地被吸收和释放。在光场作用下，原子的这种振荡行为称为拉比振荡，频率 Ω 称为拉比频率。在能级上，拉比振荡体现在体系能级的解简并，称为拉比分裂。上述光与物质相互作用，产生拉比分裂的过程称为强耦合。从这个角度可以说，拉比分裂是强耦合的标志。

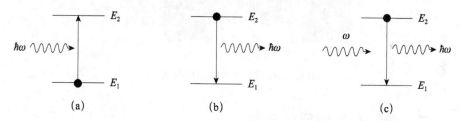

图 5-1　光与物质作用的三种基本形式：（a）吸收跃迁；（b）自发辐射；（c）受激辐射

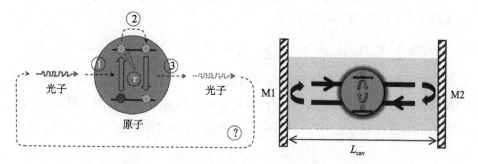

图 5-2　利用微腔实现的光与物质相互作用的过程

我们以量子点微腔体系为例，定性地解释在微腔中实现量子点强耦合的

条件（图 5-3）：空间上局域的量子点（体积为 V_{QD}）位于微腔内部，微腔体积为 V_0，设计微腔的腔模能量与量子点激子能级共振，频率为 ω。在微腔中引入一个频率为 ω 的光子，由于微腔的限制作用，光子可以在微腔中来回反射，每一次来回反射的过程都有可能被量子点再次吸收和释放。这个过程需要的周期为 T，相应的频率 $1/T \propto \left(f, \sqrt{V_{QD}/V_0} \right)$，其中 $f = \dfrac{2m\omega}{\hbar} \left| \langle u_v | r \cdot e | u_c \rangle \right|^2 \dfrac{V}{\pi a_B^3}$，为激子的偶极振子强度。微腔对光子的束缚时间为 τ_c，$\tau_c \sim Q$，即微腔的品质因子越高，对光子的束缚能力越强；只有当 $T < \tau_c$ 时，光子才能在逃逸前被激子重新吸收。量子点吸收光子后产生激子，激子也有一定的寿命 τ_x，激子荧光峰的实际展宽远大于其本征展宽，这是由于其释放光子的过程受到其他散射弛豫过程（激子间散射，激子与光子的散射）的影响更大。同样，只有满足 $T < \tau_x$ 时，激子才能在耗散前被诱导发光，在寿命完结前继续进行吸收和释放光子的过程。综合以上两个方面，只要体系满足 $T < \tau_c$，$T < \tau_x$ 两个条件，就能实现光与量子点激子的强耦合。

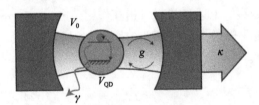

图 5-3　微腔量子点的强耦合条件

二、激子极化激元的色散

利用二次量子化理论可以推导出激子极化激元的色散公式：在二次量子化表象中，系统的哈密顿量为

$$\hat{H}_{pol} = \sum E_{cav}(k_{\parallel}, k_c) \hat{a}_{k_{\parallel}}^+ \hat{a}_{k_{\parallel}} + \sum E_{exc}(k_{\parallel}) \hat{e}_{k_{\parallel}}^+ \hat{e}_{k_{\parallel}} + \sum \hbar\Omega \left(\hat{a}_{k_{\parallel}}^+ \hat{e}_{k_{\parallel}} + \hat{a}_{k_{\parallel}} \hat{e}_{k_{\parallel}}^+ \right)$$

这里，$\hat{a}_{k_{\parallel}}^+$ 是光子产生算符，其具有平面波数 $k_{\parallel}$，纵向（即垂直于量子阱方向）的波数，k_c 由腔的共振能量决定；$\hat{e}_{k_{\parallel}}^+$ 是平面波数为 $k_{\parallel}$ 的激子产生算符；$\hbar\Omega$ 表示激子电偶极矩与光子相互作用能，将哈密顿量对角化：

$$\hat{H}_{pol} = \sum E_{LP}(k_{\parallel}) \hat{p}_{k_{\parallel}}^+ \hat{p}_{k_{\parallel}} + \sum E_{UP}(k_{\parallel}) \hat{q}_{k_{\parallel}}^+ \hat{q}_{k_{\parallel}}$$

其中，$\hat{p}_{k_{\parallel}} = X_{k_{\parallel}} \hat{e}_{k_{\parallel}} + C_{k_{\parallel}} \hat{a}_{k_{\parallel}}$，$\hat{q}_{k_{\parallel}} = -C_{k_{\parallel}} \hat{e}_{k_{\parallel}} + X_{k_{\parallel}} \hat{a}_{k_{\parallel}}$，新的算符 $\left(\hat{p}_{k_{\parallel}}^+, \hat{p}_{k_{\parallel}} \right)$ 和

$\left(\hat{q}_{k_\parallel}^+, \hat{q}_{k_\parallel}\right)$ 对应于新产生的上激子极化激元和下激子极化激元，一个激子极化激元其实就是具有相同平面波数 $k_\parallel$ 的光子和激子的线性叠加。激子和光子成分在每个下激子极化激元（上激子极化激元情况相反）所占的比例就由 $X_{k_\parallel}$ 和 $C_{k_\parallel}$ 的平方（又称为 Hopfield 系数）来决定，它们满足：

$$\left|C_{k_\parallel}\right|^2 + \left|X_{k_\parallel}\right|^2 = 1$$

定义激子光子的能量差，失谐量（detuning），$\Delta E(k_\parallel) = E_{cav}(k_\parallel, k_c) - E_{exc}(k_\parallel)$，通过对角化哈密顿量，我们可以得到激子极化激元的能量本征值为

$$E_{LP,UP}(k_\parallel) = \frac{1}{2}\left[E_{exc} + E_{cav} \pm \sqrt{4\hbar^2\Omega^2 + (E_{exc} - E_{cav})^2}\right]$$

对照原子体系，激子也可以简化为二能级系统，在一定条件下（如光学微腔中）与光子发生强耦合，发生能级劈裂，形成激子极化激元。考虑到在半导体微腔中，激子和光子都具有色散和连续的能带，拉比分裂产生的不再是单一的上下能级，而是激子极化激元的上下能支，如图 5-4 所示。

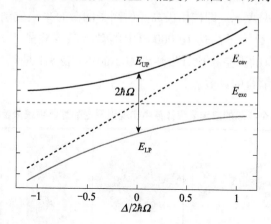

图 5-4　激子极化激元的色散关系以及拉比分裂

当激子能量和腔模能量相等时，上下能支能量劈裂最小，为 $2\hbar\Omega$，这就是激子光子强耦合产生的拉比分裂。当腔模的能量接近并穿过激子能量时，上下能支表现出反交叉现象，这也是实验上证明强耦合发生的一个重要证据。当 $|E_{exc} - E_{cav}| \gg \hbar\Omega$ 时，激子极化激元退化成纯的激子或者光子，这时激子极化激元的概念就不再适用。

以上的结论都是在腔模光子和激子寿命无限长的假设下得出的，但实际上半导体微腔中光子寿命和激子寿命都是有限的，与原子体系不同，我们要把粒子的自发辐射考虑进来。此时能量的本征值修正为

$$E_{\mathrm{LP,UP}}(k_{\parallel}) = \frac{1}{2}\left[E_{\mathrm{exc}} + E_{\mathrm{cav}} + \mathrm{i}(\gamma_{\mathrm{cav}} + \gamma_{\mathrm{exc}}) \pm \sqrt{4\hbar^2\Omega^2 + \left[E_{\mathrm{exc}} - E_{\mathrm{cav}} + \mathrm{i}(\gamma_{\mathrm{cav}} - \gamma_{\mathrm{exc}})\right]^2}\right]$$

其中，γ_{exc} 是激子展宽，通常由激子间相互作用、激子与光子间相互作用引起；γ_{cav} 反映了纯光模的展宽，$\gamma_{\mathrm{cav}} \sim Q^{-1}$，即与微腔的品质因子成反比。当 $2\hbar\Omega > \gamma_{\mathrm{cav}} - \gamma_{\mathrm{exc}}$ 时，系统能够出现上下能支，处于强耦合区，反之，系统处于弱耦合区。

三、常见的激子极化激元体系

人们可以调控激子所处的固态环境，如将其置于不同受限维度的量子材料中，来调控其与光场的空间耦合效率；将其置于不同的微腔体系中，来研究光场模式对其耦合过程的影响。

（1）对于量子点体系，一般是 $t_0 < \tau_c$ 的条件比较苛刻[17]，所以要实现量子点体系的强耦合，就要：①尽量缩短 t_0，比如利用特殊的材料组分和形貌制备大 $|\mu|$ 的量子点，把量子点尽量放在腔中光场最集中的地方，以及增大 V_{QD}/V_0；②尽量增大 τ_c，即选用极高品质因子的微腔来集成制备样品。目前，人们能制备获得 Q 因子高达 10 000 以上的盘状微腔样品[18]，并成功地把 t_0 缩短至 5ps，单点的真空拉比分裂达到 400 μeV。表 5-1 是几个实际的三维受限体系中实现强耦合的参数。

表 5-1　几个实际的三维受限体系中实现强耦合的重要物理量参数值[18-21]

Cavity	Length=42.2 μm Width=23.4 μm	Photonic crystal slab	Micropillar	Microdisk
λ/nm;E/eV	852.4; 1.45	1 182; 1.32	937; 1.32	744; 1.66
Q	4.4×10^7	6 000	7 350	12 000
$V/\mu m^3$	18 148=$3 \times 10^4(\lambda/n)^3$	0.04=$(\lambda/n)^3$	0.3=16$(\lambda/n)^3$	0.07=8$(\lambda/n)^3$
$F_{\mathrm{P}} = \dfrac{3Q\lambda^3}{4\pi^2 n^3 V}$	114	441	36	125
$(\kappa/2\pi)$/GHz	0.008	42	44	34
Oscillator	Trapped Cs atom	InAs QD	In$_{0.3}$Ga$_{0.7}$As QD	GaAs QD
Size	d=0.54 nm	d<25 nm	30 nm × 100 nm	d=44 nm

续表

μ/D	8	29	60	92
$(\gamma_0/2\pi)$/GHz	0.005	0.088	0.76	3.6
$(\gamma/2\pi)$/GHz	0.005	22	18	68
VRS				
$(2g/2\pi)$/GHz	0.068	41	39	196
VRS/linewidth	5	1.3	0.7	2.2

表 5-1 中，λ 为共振的腔模波长；V 为腔的模体积；κ 为腔模展宽；γ_0，γ 分别为无腔时量子点的本征和实际展宽；存在腔的增强时，$\gamma_0 \rightarrow F_P \cdot \gamma_0$，$F_P$ 为自发辐射率增强因子，即 Purcell 因子；μ 为量子点的电偶极矩值；在出现真空拉比分裂（VRS）时，拉比频率为 $2g$。

（2）在量子阱体系中，光子经过量子阱截面时，吸收概率大大增强，从而能更轻易地实现光与量子阱中激子的强耦合，同时体现出更显著的拉比分裂（能量量级为 10 meV）（图 5-5）。

量子阱体系与量子点体系的另一个重要差别是激子的寿命。量子阱中，激子的能级展宽一般在 1 meV 的量级（低温下），对应的激子寿命约为 1 ps[22-25]。其中，激子的辐射寿命约为 10 ps（由于量子阱的增强效应，其值可以明显短于体材料中的 1 ns），但其与声子作用时间一般约为 1 ps，所以最终激子寿命由非辐射复合和辐射复合过程共同决定。在这种情况下，要想实现量子阱中激子与光的强耦合，还需将其置于微腔中（Q 值要求达到几千），利用腔的增强效应使激子的自发辐射时间进一步缩短至 1 ps 以下，以保证激子在耗散前被诱导辐射。而在量子点体系中，激子的能级展宽一般在 10 μeV 的量级。由于空间局域（孤立），激子的寿命相对较长，所以在强耦合实现问题上，两种受限体系的短板不同：量子点体系的强耦合对微腔受限光子的能力有很高的要求；而量子阱体系中这方面的要求降低了，取而代之的是要让激子具有更高的自发辐射速率。

此外，量子阱体系还有不同于量子点体系的地方是：激子可以在量子阱平面内自由运动。所以基于激子与光耦合形成的准粒子——激子极化激元也可以在二维平面内运动，从而更容易相互作用从而发生各种散射行为[27-29]，而且这种散射所需的时间~ps，是激子极化激元弛豫的主要渠道之一[30]。

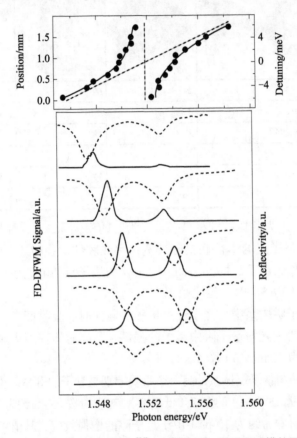

图 5-5　量子阱体系中光与激子的强耦合[26]。未耦合时，激子和腔模的展宽约为 1.5 meV（$\tau \sim 3$ ps），耦合后拉比分裂 4.3 meV（$T \sim 0.9$ ps）

（3）在体材料增益介质体系中，光与物质耦合有其新的特点。在增益介质中，激子极化激元是光与物质的耦合波[5]，通常表现为一种正在传播的波动：具有某动量 k，频率为 ω 的光子在材料中传播一定距离后，被吸收转化成具有相同动量和能量的激子。此激子也以动量 k 向前传播，同时在一定时间后自发辐射出相同 k，ω 的光子。随后光子再被吸收，如此反复……在整个过程中，材料并没有真正吸收光子，而是在不停地吐纳。光场的能量也在以一种新的形式向前传播。这种"缀饰波"的稳定存在，与材料的性质和环境息息相关。从光-物质耦合的空间重叠角度来讲，把增益介质做成微腔的体交叠模式，使光-物质耦合的空间重叠效率上升到了极限值。

比较图 5-6 中三种不同受限维度的增益介质体系，我们可以发现：随着增益介质受限维度的解除，光-物质耦合的空间重叠效率在逐渐升高（点交叠→体交叠）；同时，表征光-物质耦合强弱的拉比分裂值也在逐渐增大（100 μeV → 100 meV）；在强耦合实现的过程中，对微腔的需求也在逐步降低。其实，在体材料增益介质体系，不再需要微腔就能实现强耦合，因为：①利用未退相的激子保证每次释放的光子具有固定的 k 和 ω，从而不依赖于微腔。而其他两个受限体系是依靠微腔选择性增强某固定 k 和 ω 的真空光场模式，来实现对激子（由于增益介质尺寸受限，其动量不定）辐射过程的定向诱导。②利用增益介质大至宏观尺度的分布空间来"补偿"光子的逃逸损耗，从而不需要微腔的介入。而其他两个受限体系是引入微腔来受限光子，使光与物质的作用过程能衔接有序地进行下去。另外，这三种体系中的激子极化激元也有着不同的空间局域性。在原子、量子点体系中，激子极化激元是完全局域的（物质构成是局域的，波函数是扩展的）；在量子阱体系中，激子极化激元是可以沿阱平面自由运动的；在体材料体系，存在的形式是激子极化激元波。

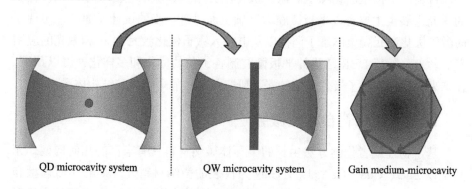

QD microcavity system   QW microcavity system   Gain medium-microcavity

图 5-6　三种光与物质耦合的空间重叠模式

第三节　材料结构体系及实验方法

一、平板微腔

腔激子极化激元的出现得益于平板微腔制备工艺的快速发展[31]，平板微腔，又称法布里-珀罗微腔（F-P 微腔），其典型结构：中间是半波长整数倍的腔体，两侧由分布式布拉格反射器（DBRs）组成。DBRs 由介电常数不同的材料交替生长而成，每层的光程厚度设定为 1/4 波长。DBRs 的周期性结构其实就是一维光子晶体，光从每个界面反射经历了干涉相消，从而对于透射光来说形成了全反射带。因此，DBRs 对于波长处在全反射带里的光就是一面高反射率的镜子，如图 5-7 所示。

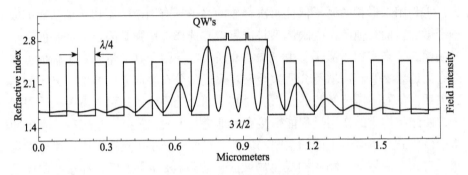

图 5-7　典型平板微腔结构

目前，平板微腔仍然是腔激子极化激元研究领域的主要载体，比较重要的研究进展也主要是以平板微腔为基础，通过进一步的设计及加工，实现了向激子极化激元凝聚体量子调控以及电注入激子极化激元 LED 和激光的应用发展 [32-41]。随着 DBR 结构的平板微腔制备工艺的优化和多样化，可以预见，在未来几年，腔激子极化激元的深入研究仍然依靠平板微腔结构体系。

二、微纳材料自构型微腔

基于物理或者化学方法生长的半导体微纳材料具有丰富的几何构型，尤其是以 ZnO、CdS、GaAs 以及 GaN 为代表的微纳材料，规则的几何构型和平滑的表面，非常有利于自构型微腔的形成。该类微腔利用材料自身的高折射率及由此产生的光场高反射或全反射效果，将光场限制在亚微米模体积内。另外，由于这类微腔本身也是增益介质，受限的光场可以充分与激子耦合，从而获得比较大的拉比分裂和性能优越的高温特性。这类自构型微腔中典型的几何构型有：回音壁微腔、平板波导微腔和纳米线波导微腔等 [42-47]。

1. 回音壁微腔

回音壁微腔是自构型微腔中的典型代表，相关研究也非常深入。利用气相传输方法或者沉积方法制备的 ZnO 四角晶须或者纳米线的截面一般具有规则的正六边形结构。光电磁波在该正六边形结构中传播时，如果满足界面的全反射条件，光电磁波就可以被限制在介质体内。这种正六边形结构就是人们常说的回音壁共振腔[42-44]，如图5-8所示。

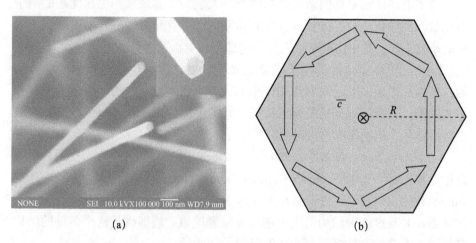

图5-8　（a）ZnO纳米线及其截面扫描电子显微镜图；（b）光场受限于回音壁微腔示意图

2. 平板波导微腔和纳米线波导微腔

这类微腔一般以纳米带或纳米线为载体，如图5-9所示，纳米带的纵向或者横向形成平面波导，利用断面折射率的突变形成对光场的较强反射，从而实现光场的限域效应。目前该类微腔虽然品质因子不高，但是在一些DBR制备工艺有待提高的材料体系内（如CdS、ZnO等）仍然具有应用的价值，以相对简单的方式呈现了激子极化激元的某些特征。

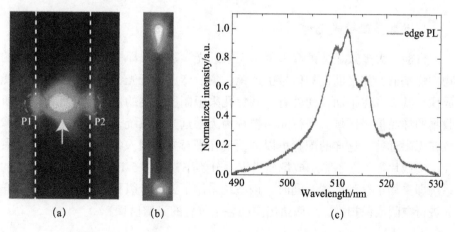

图5-9　（a）纳米带光波导微腔[45]；（b）纳米线波导微腔[46]；（c）典型波导型微腔模式[45]

三、其他微腔结构

除了上述比较常见的微腔体系以外，人们为了实现某些更加优越的激子极化激元功能化或可控操作，在微腔体系的制备及新型微腔开发方面做了大量的研究工作，其中比较有代表性的微腔结构有以下两种。

（1）光子晶体微腔。光子晶体是光学介电常数周期性分布的光学微结构，基本原理是多光子散射作用产生的共振增强效应，在周期分布的材料中引入缺陷，从而达到光场局域的效果。其主要优势为：腔模 Q 值较高，有极小的模体积，但制作工艺相对复杂[48]。

（2）光学 Tamm 型微腔。2005 年，Alexey 教授和他的合作团队最先通过理论计算提出了光学 Tamm 态（optical Tamm state，OTS）的概念。与电子的 Tamm 不同，OTS 不能被限制在固体的表面，而是限制在两种光场周期结构的表面，并且这两种结构的光子带隙有重叠区域。能够满足这个条件的结构都能够产生 OTS，达到限制光场的目的[49-51]。

四、光学探测方法

激子极化激元运动到系统边界会以光子的形式逃逸出来，所发出的光子就携带了激子极化激元的能量、动量、相位等信息。所以，这一特性让人们很快意识到光谱方法应该是最方便的探测研究激子极化激元的物理特性的手段。而且目前的光谱测量手段向多功能集成化发展，光谱设备可以方便地结合变温设备、强磁场设备以及单光子探测设备等。这种具有综合功能的光学探测系统对于研究激子极化激元的特性及其器件研发至关重要。

1. 共焦显微荧光光谱

目前，大多数显微镜都采用了无限远光学系统，即样品放在显微物镜的物方焦平面，焦平面上的信号由透镜收集后变成平行光，然后又被另一透镜成像在其像方焦平面，此处有一共焦孔来限制所收集的信号，从而限制了所收集的样品信号区域。平行光路被称为无限远光学系统，意思就是样品的像成在无限远处。这样的配置可以方便地在平行光路插入各种光学器件（分束片、偏振片等）而不影响成像质量以及分辨率，如图 5-10 所示。本实验室的系统即采用了这种配置。同时，该系统采用了亚微米级移动平台，可以对样品进行空间成像扫描，从而给出空间各个位置的光谱信息。

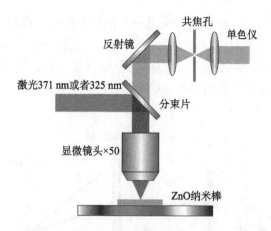

共焦孔
单色仪
反射镜
激光371 nm或者325 nm
分束片
显微镜头×50
ZnO纳米棒

图 5-10　无限远光学配置的共聚焦显微系统原理示意图 [52]

为了探究微观纳米尺度的半导体材料及其微结构的物理性质以及各种小量子体系的电子态及其相互作用的物理过程，人们考虑把各种光谱手段进行整合，比如可以在一套系统上实现荧光光谱测量、拉曼光谱测量、反射谱测量、透射谱测量甚至时间分辨光谱测量等，而且附加各种外界环境和微扰条件（如电场、磁场、低温、压强等），这样可以在空间、时间、自旋、能量等多个维度上对光电子过程进行探测、研究和调控。

2. 角分辨的荧光光谱系统

我们知道，激子极化激元由微腔逃逸出来变成光子，光子反映了处在微腔中的激子极化激元的能量和动量。对于平板微腔来说，在沿着微腔垂直平面的方向，由于腔体的限制作用，激子极化激元在此方向只能取特定的波矢 $k_\perp$。而在微腔（量子阱）平面内，激子极化激元具有自由的波矢 $k_\parallel$，所以人们通常可以观测到的腔激子极化激元的色散关系就是 $E = E(k)$。通过分析人们发现，$k_\parallel$ 决定于激子极化激元传播方向与轴向的夹角 θ_{ext}，所以，我们可以探测来自不同角度的光子能量来描绘激子极化激元的色散关系。具有角分辨功能的光谱方法有两种，一种是利用测角器搭建的角分辨光谱系统，通过移动圆形轨道上空间分辨率极高的荧光探头来实现不同角度上的荧光测量；另一种是利用傅里叶面成像的方法，在 CCD 上一次性实现所有收集角度上荧光的能量分辨。其具体的光学原理如图 5-11 所示。以不同角度发出的荧光信号通过显微镜头会聚到置于其后的傅里叶平面，可以设想以不同角度出来的荧光信号自然会被收集到傅里叶平面的不同位置，这样就实现了角度向空间位置的转化。然后，在后面再设置一个消色差透镜，通过此透镜将显微物镜后傅里叶面成像到单色仪的狭缝处，从而沿狭缝方向上不同角度的荧光信号就对应了不同的空间位置。经过单色仪的能量分辨，就会在CCD上描绘出横坐标为空间位置（即角度），纵坐标为波长的色散图谱。

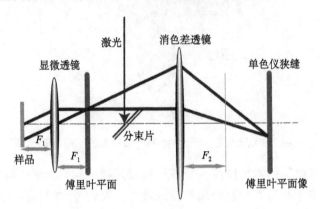

图 5-11 动量空间成像的示意图[52]

3. 激子极化激元相干性测试装置

为了更好地研究激子极化激元在凝聚状态下的相关表征及物理特性，在显微角分辨测试系统的基础上可以扩展相干性测试系统，典型的有迈克耳孙干涉仪系统，如图5-12所示，在该系统通过前后移动发射镜M，能够测量不同延迟下的相干信号，从而分析荧光的相干时间。由于倒置反射镜的配置，还可以探测空间相干长度的大小。这样一套系统为探测激子极化激元凝聚的相干性提供了测试手段。

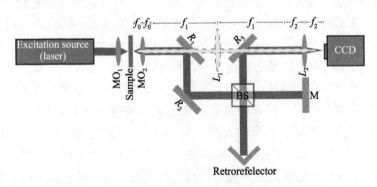

图 5-12 基于迈克耳孙干涉原理的相干性测试系统[53]

　　另外，为了探测空间不同位置处的荧光的相干性，还可以在显微系统引入双缝测试方法，精确观测样品空间两点的干涉现象，如图 5-13 所示。

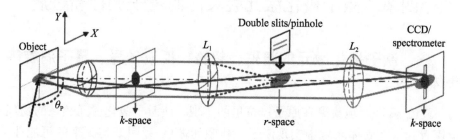

图 5-13　基于双缝干涉的空间相干显微测试系统 [53]

4. 激子极化激元动力学测试系统

　　目前，探测激子极化激元动力学的实验装置主要分为两类，一类是基于荧光光谱仪的条纹相机系统（图 5-14），该系统具有 2 ps 的时间分辨率，快速全光谱寿命测量，对于一般的激子极化激元凝聚态探测完全可以满足要求。

　　另一类是泵浦-探测系统或双泵浦探测系统（图 5-15），该系统具有更加高的时间分辨率，一般在几百 fs 以内，这更有利于动力学过程特别快的激子极化激元体系的测试。

图 5-14　基于荧光光谱仪的条纹
相机系统

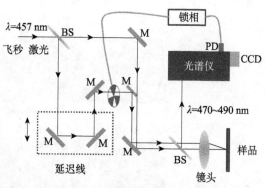

图 5-15　泵浦-探测系统或双泵浦系统搭建示意图

第四节 激子极化激元凝聚体的量子调控新进展

一、激子极化激元的凝聚、超流、孤波传导、量子涡旋等集体行为

玻色-爱因斯坦凝聚在原子体系里的实现，使激子极化激元领域的物理学家看到了在固体环境中实现激子极化激元玻色-爱因斯坦凝聚的可能性。由于激子极化激元的有效质量比原子低 8 个数量级，所以理论上预测其发生凝聚的临界温度 T_c 也可能相应地有 8 个数量级的提高，也就是说，T_c 可以由 μK 提高到 K 的量级。令人振奋的是，2006 年法国 CNRS Neel 研究所的 Le Si Dang 教授领导的小组在 CdTe 微腔体系中实现了温度最高达到 20 K 的激子极化激元 BEC（图 5-16）。尽管激子极化激元的寿命只有皮秒量级，达到 BEC 所需要的热平衡条件很难满足，并且激子极化激元之间相互作用导致其不是"理想气体"，但是，作者在实验上实现了所有严格 BEC 所表现出来的各种现象。例如，阈值功率以上大量激子极化激元在最低能态上的凝聚，表征自发对称性破缺的荧光线偏振性的建立，以及凝聚系统中长程空间相干性的观测，等等[54]。

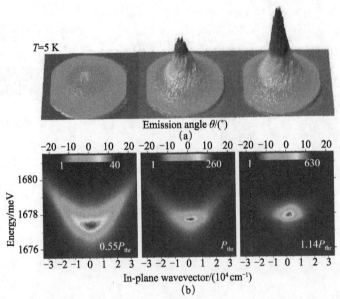

图 5-16 远场荧光光谱测量动量空间中激子极化激元发生 BEC 过程时所表现出来的色散特征

　　而 2008 年在 *Nature physics* 同时发表的两篇实验文章，给出了更加具有说服力的可以描述激子极化激元 BEC 特性的证据：一个是 Lagoudakis 等在 CdTe 微腔中观测到激子极化激元凝聚体系中的涡旋（vortices）现象[54, 55]；另一个是美国斯坦福大学的 Yamamoto 教授领导的实验小组在 GaAs 微腔中观测到激子极化激元凝聚体系中的 Bogoliubov 激发子[56]。正如前面提到的，具有相互作用的玻色子体系在特定条件下观测到超流现象是该体系发生 BEC 的一种表现。就在 2012 年，激子极化激元体系中的超流现象也被人们从实验上观测到了[57]。Amo 等在 GaAs 微腔中利用时间分辨和空间分辨光谱技术直接观测到凝聚状态下的激子极化激元无摩擦流动以及线性的色散关系（图 5-17）。

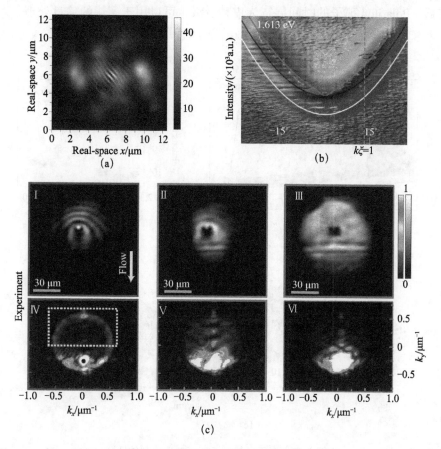

图 5-17　（a）利用荧光光谱并结合迈克耳孙干涉仪观测到激子极化激元 BEC 系统中的涡旋现象，体现在空间干涉谱图上出现了叉形位错；（b）利用角分辨荧光光谱观测到激子极化激元 BEC 系统线性的色散关系，从而证明了 Bogoliubov 激发子的存在；（c）利用时间分辨和空间分辨光谱观测到凝聚状态下激子极化激元无摩擦流动

　　由于激子成分间有库仑相互作用，因此激子极化激元之间存在着非线性相互作用，一些传统光学材料中的非线性现象在微腔激子极化激元体系中将焕发新的活力，并展现独特的性质。孤子是非线性光学中一个非常重要的概念，在未来光纤通信中占有重要地位，孤子的形成需要非线性作用项来补偿波包色散，从而产生一个有一定动量的波形不变的波包，因此激子极化激元是实现光学孤子的理想载体。2011 年 Sich 等在半导体光学微腔中实现了激子极化激元的孤子传播，如图 5-18 所示，在共振激发的条件下，通过一束激光提供 Polariton 凝聚体，再利用另一束光提供激发，当激发功率和角度等满足一定条件时，非线性效应就能够和波包色散匹配，实现激子极化激元的孤子传播。Polariton 孤子的时间展宽为皮秒量级，可以用于超快的信息处理，对于未来量子信息比特的开发具有很强的启示性[57]。

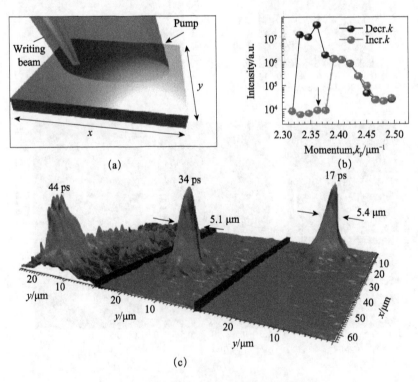

图 5-18　激子极化激元孤子的形成和传播

　　激子极化激元的研究已经从线性区的基本色散深入非线性区的宏观相干，其半光半物质、玻色子的特性总能给研究者带来惊喜，而随着对这种基本微观粒子研究的深入，新的研究方向也正在孕育。

二、利用微纳结构、光学手段调控激子极化激元凝聚体

人们对激子极化激元的多维受限效应的相关研究，一般都是基于微腔中的激子极化激元，不同维度的半导体微腔提供了多维受限的光子，而受限的光子与半导体中的激子强耦合形成的激子极化激元也就相应受到了限制。也就是说，激子极化激元的受限效应源自半导体微腔对其光子部分的限制。随着微腔合成技术的成熟，人们已经在不同的材料体系中实现了微腔调制的激子极化激元的多维受限效应 [58-62]，其中包括：CdTe 微腔，GaAs/GaN/InGaAs 量子阱，GaN/ZnO 纳米线，有机材料等。以上不同的材料体系都是通过微腔来实现对激子极化激元的限制效应。

实现激子极化激元的三维受限或者说零维（0D）的激子极化激元的限制效应，可以从对激子极化激元的激子成分或者光子成分入手。比如，Deveaud 等通过高品质因子的微腔对激子极化激元光子成分的限制产生了零维的激子极化激元。样品如图 5-19 所示，在生长顶面 DBR 镜面层之前，通过腐蚀的方法形成一个高于周围介质层的平顶山结构 [58, 63]。激子极化激元较轻的有效质量使得这样一种横向尺寸为微米量级，因此高度为几纳米的平顶山结构就足以有效地实现激子极化激元态的量子化。这个平顶山结构就形成了一个激子极化激元的能量陷阱。由于受限势场的能量势垒较低，在这个陷阱中的受限态与高于陷阱的连续态都是可以存在的。实验中的平顶山结构是圆形的，因此作者对不同尺寸的样品结构做了研究。

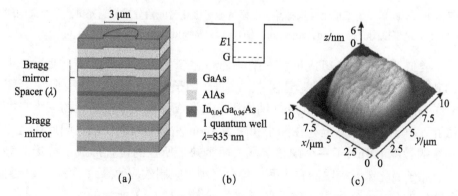

图 5-19　（a）样品结构示意图；（b）能级示意图；（c）样品表面的原子力显微镜图 [58, 63, 64]

图 5-20 给出了不同尺寸下受限的激子极化激元的角分辨荧光光谱。在光

谱中我们看到了由三维受限效应所导致的分立的色散光谱；在分立的光谱上面连续的色散来自受限势场外的激子极化激元的发光；尺寸较小的平顶山结构激子极化激元态表现出较强的量子效应及较少的分立能级。对于尺寸较大的平顶山结构（$R=19\ \mu m$），如 5-20（c）图所示，在该光谱分辨率下已经很难看到分立能级的色散。由拟合结果也可以看到，三维限制效应下大尺寸的结构允许的能量态密集分布。

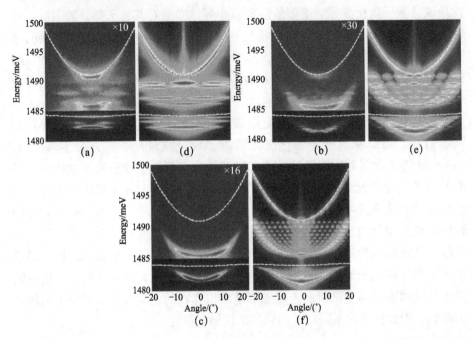

图 5-20　不同半径的平顶山结构样品中受限的激子极化激元角分辨荧光光谱图及相应的理论模拟图。(a)、(d) $R=3\ \mu m$；(b)、(e) $R=9\ \mu m$；(c)、(f) $R=19\ \mu m$[58]

　　类似地，我们小组成员在一维的 ZnO 微米棒上引入缺陷势，使得一维的激子极化激元受限在缺陷势阱中，实现了激子极化激元的三维受限[65]。图 5-21（a）中是一个一维的 ZnO 纳米棒，其形成了激子极化激元的一维自由微腔。由于在这根棒上存在两个相距为 3 μm 左右的表面缺陷，因此在这个一维的微腔上引入了一个缺陷势场，两个缺陷所在的位置形成了势场的势垒。激子极化激元被限制在了两个势垒之中，限制效应便导致了激子极化激元能级的分立，在激射条件下便形成了如图 5-21（c）所示的光谱，这是三维受限条件下典型的分立光谱。

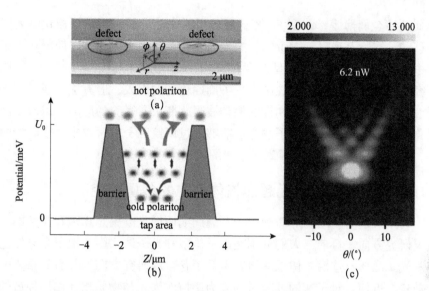

图 5-21　(a)、(b) 一维 ZnO 纳米棒中的缺陷势；(c) 三维受限的激子极化激元激射荧光谱[65]

　　2007 年美国斯坦福大学的 Yamamoto 教授领导的科研小组在二维的镓砷平板微腔中成功引入周期势场，如图 5-22 所示，通过在平板腔的上表面镀

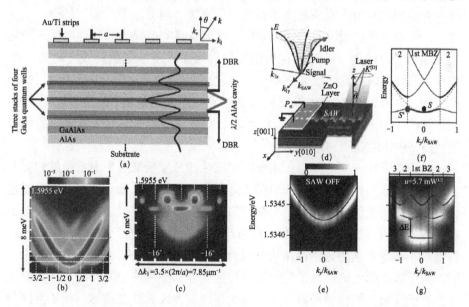

图 5-22　二维平板微腔体系中引入周期势场 (a)～(c)，通过金属光栅改变界面边界条件实现对激子极化激元的周期调控；(d)～(g)，通过相干声子波的方法实现对激子极化激元的周期调控

上周期性金属薄膜，改变 FP 腔的有效折射率，从而引起激子极化激元能级的移动。实验上观察到能带的折叠，以及锁相的多个凝聚体，使得在固态系统中研究 Bose-Hubbard 模型以及 Mott 绝缘体迈出了重要一步[66-68]。德国的研究小组同样在二维平板腔中实现了周期势场的引入，但方法是通过相干声子波的方法引起振动，周期性的振动波腹改变了对微腔的应力，以改变激子极化激元的能级，相干声子的方法能够通过调控声子的振幅来改变势场的大小，以控制激子极化激元凝聚体之间的相干性[69, 70]。

三、激子极化激元超晶格体系中的多重相变

利用人造周期结构对微观粒子实现周期调控是凝聚态物理和光学的一个重要研究方向。目前，人们分别在电子体系和光子体系中实现了半导体超晶格和光子晶体，这两个体系的研究引领了各自的研究方向，并有着重要的应用前景。近期，对于新的准粒子的人为调控作为光与物质相互作用领域的新兴方向备受人们关注，如对具有半光、半物质特性的准粒子——激子极化激元的相干调控。由于激子极化激元耦合粒子的特性，其具有很强的非线性和长的相干长度，与之对应的激子极化激元晶体也具有独特的性能，并能承载许多有趣的宏观量子现象和集体行为，如凝聚、超流、孤波等。然而，至今为止，人们还无法通过简单而有效的方法制备具有明显本质特征的激子极化激元晶体。2015 年，陈张海课题组采用具有强激子极化激元效应的 ZnO 纳米棒为载体，研究此一维系统中激子极化激元受外结构势调制后所呈现的特殊行为，并且发现在该体系下首次观测到一种新的激射相变过程——弱激射，如图 5-23 和图 5-24 所示，从理论上发现，在很强的非线性效应的耗散型超晶格中才能观测到这种现象[71]。

对于粒子数守恒的体系，系统的稳态往往是能量基态，而系统的相变一般伴随着关联的建立和粒子间重整束缚引发的能量再降低。但是，在激子极化激元这种耗散体系（准粒子寿命有限，为皮秒量级或更短）中，系统处于粒子注入和损耗的动态平衡中，其稳态布居取决于注入、损耗两者的博弈。特别是在临界浓度附近的高浓度非线性区，当某些能态布居数逼近或超过 1时，激子极化激元的玻色子受激特性可削弱外部注入的限制，激子极化激元作为种子受激诱导获得增益，从而极大地改变系统的能态布居、粒子空间分布以及相位关联，引发相变过程。

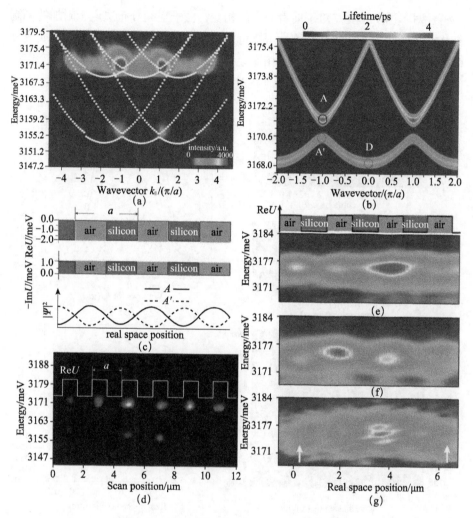

图 5-23　激子极化激元晶体中的相干凝聚 [71]

　　在激子极化激元这种耗散体系（准粒子寿命有限，为皮秒量级或更短）中，系统处于粒子注入和损耗的动态平衡中，其稳态布居取决于注入、损耗两者的博弈。在空间均匀注入、能量非共振激发的简单情况下，体系各能态的注入速率相近，不同能态通过自发的积累达到受激增益条件，此时系统的布居与能态的损耗息息相关。而对于半导体微腔体系中激子极化激元这种半光-半物质的准粒子，其能态寿命同时与光学成分的逃逸和物质成分的散射相关。所以，通过附加外部结构调制光场的受限强弱，或改变激发浓度调控物质成分的散射概率，均可在适当临界条件下（达到临界浓度，体现玻色子受激特性时）诱发相变。对于前者引发的相变，粒子空间分布决定于附加的调制结构，相变前后空间分布对称性可增可减；而对于后者引发的相变，物质成分的散射与激子的浓度分布有关，相变会自发地从粒子空间局域的分布状态向空间延展分布的情况演化，从某一纯态占据发展为多能态锁相杂合的形式。

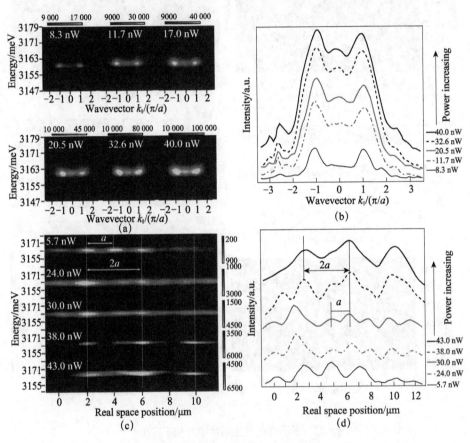

图 5-24   激子极化激元晶体中的弱激射行为 [71]

长程关联的建立对相变的发生至关重要。不同于 nK 温度下的原子 BEC 相变或液氦温度下的电子超导、超流相变，由于激子极化激元极轻的有效质量（电子质量的万分之一），其室温下热德布罗意相干波长便可达微米量级或更长。另外，温度引发的空间分布和能态布居的热涨落也无法与能态间的寿命差异、相位失锁等体系主要参数引发的布居分布变化相比拟。所以，建立稳固的长程关联并不是激子极化激元体系相变的制约短板。相反，借助于这种半光-半物质准粒子，我们可以研究室温甚至更高温度下的宏观量子相变行为。

四、激子极化激元的非线性散射和偏振态间的相互耦合

在激子极化激元体系，粒子的非线性散射行为早已被人们发现、揭示。研究激子极化激元的非线性效应时，激子极化激元的高密度体（即大的 N_0）是不可或缺的。人们通常用共振激发的方法来激发产生激子极化激元的高密度体。但其实即使是非共振激发，也可以制备激子极化激元的高密度体。利用激子极化激元的凝聚效应，人们可以获得相干的激子极化激元的高密度体。如图 5-25 所示，这些通过受激终态散射而聚集的粒子一般处于色散的底部（占据低能量态），很容易诱导带间的非线性散射过程，产生平衡对称的激子极化激元对[72]。这种激子极化激元对是研究量子关联、量子纠缠及压缩态的良好载体。

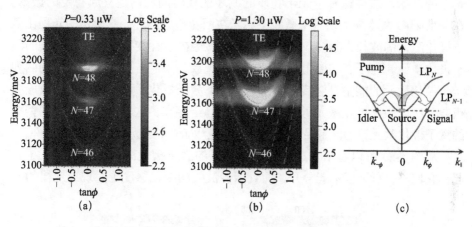

图 5-25　激子极化激元室温下的凝聚和参量散射过程 [72]

另外，从应用的角度来说，非线性效应的实现温度至关重要。在以往的激子极化激元的非线性效应中，最高的实现温度也只有 220 K，还不能满足室温操作的需要。但如果利用基于 ZnO、GaN 材料制备的样品，由于其激子束缚能和耦合振子强度大，激子极化激元可以在室温甚至更高的温度下稳定存在，所以，基于 ZnO、GaN 材料的体系，激子极化激元非线性效应的实现温度预期可以提高到室温或更高。2012 年，陈张海课题组利用 ZnO 一维的回音壁微腔体系，首次实现了室温下的激子极化激元非线性效应[11]并通过非共振激发的方法，制备了高密度的激子极化激元。在一维的微腔中，这些高密度的激子极化激元相互散射，受激地产生特定的对称的激子极化激元对。

另外，以往对于激子极化激元效应的研究，往往基于单个偏振模式的激子极化激元研究（TE 模式或者 TM 模式），而没有去关注偏振模式之间的激

子极化激元互耦合。2015 年，陈张海课题组借助低温下 ZnO 微米棒内的激子极化激元效应，实现了不同偏振激子极化激元态间的相互耦合研究[73]。由于低温下声子的散射效应很弱，激子可以在更高能态稳定存在，这样就可以调节不同偏振模式（TE 模式和 TM 模式）的激子极化激元的能量差，通过内在的电场作用，可以实现不同偏振的激子极化激元的相互作用。

对于一维 ZnO 微米棒的固体回音壁微腔体系，要想实现不同偏振模式的激子极化激元之间的强相互作用，特定的相位匹配条件必须要满足。首先，就是在一维 ZnO 微米棒的二维受限六角形截面内，两个不同偏振的激子极化激元波的空间场分布必须有很大的重叠，也就是两列激子极化激元波的波矢必须要满足共振条件。其次，两列不同偏振的激子极化激元波也要满足在频率上的共振，这样这种半光半物质的波才能在时间域内建立起稳定的振荡。在一维 ZnO 微米棒的回音壁微腔中，光在回音壁内循环一圈所走的光程比激子极化激元的波长大很多，所以在回音壁微腔内会存在很多阶不同模式的激子极化激元。为了在实验上观察到这样的现象，人们需要让不同偏振的两列激子极化激元的能量足够接近。由于低温下激子极化激元的声子散射效应会很弱，所以激子极化激元可以在更高能态稳定存在，这样就可以让不同偏振的激子极化激元波的能量足够靠近，以满足激子极化激元的偏振耦合条件。

从图 5-26 可以看出，这两阶不同偏振的激子极化激元已经耦合在了一起，它们不仅是强度不能分开，而且随着波矢的变化强度也呈现出规律的变

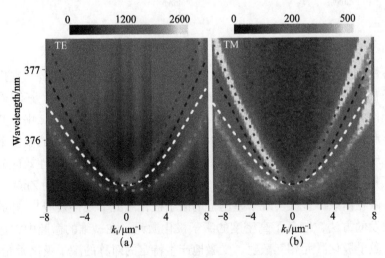

图 5-26　低温下（10K）不同偏振的 K 空间激子极化激元的角分辨荧光光谱。
（a）TE 模式偏振；（b）TM 模式偏振

化趋势。对于 TE 偏振的激子极化激元的上支而言，强度随着波矢的增大逐渐减小；而对于下支的 TE 模式而言，强度随着波矢的增大而逐渐增强。但是，对于 TM 模式而言，这种趋势正好相反。TM 模式的激子极化激元的上支强度随波矢的增大逐渐增加，下支却刚好相反。这些现象都说明，对于这两阶激子极化激元而言，它们之间确实已经发生了强耦合效应。

第五节　新材料及新物理机制发展

一、新材料体系

新型二维材料的出现使得腔激子极化激元领域获得了新的发展方向，层状过渡金属硫化物（TMDs）因其单层二维特性及带隙特征，在电子学和光电子学物理特性研究及器件应用方面展现了很好的前景[74-80]。这类二维材料一般具有较好的直接带隙荧光效率、非常巨大的激子束缚能，保证了该类二维材料有望应用于室温器件。另外，该类二维材料中偶极子的取向使得激子荧光表现出很高的各向异性。基于上述二维材料特性，单层的 MoS_2 埋入 DBR 平板微腔并成功地观测到拉比分裂约 46 meV，利用角分辨系统，室温下反交叉行为及上下能支清楚可见[81]，如图 5-27 所示。

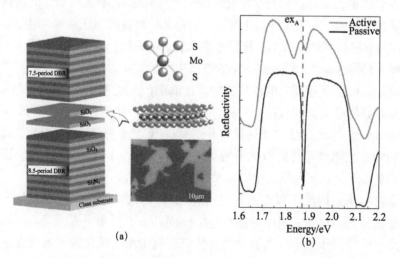

图 5-27 （a）单层 MoS_2 平板微腔结构及晶体结构示意图；（b）平板微腔中有 MoS_2 和无 MoS_2 反射光谱对比[81]

异质结构的单层体系植入微腔中为电驱动的基于二维材料体系激子极化激元态的实用器件开辟了新道路，谢菲尔德大学的研究人员及其合作者成功地将 $MoSe_2$/hBN 异质结构植入可调间距的高反射 DBR 微腔中（图 5-28），利用反射和荧光光谱观测到了清晰的反交叉色散行为，实验上证明了强耦合的存在，单层情况下拉比分裂约 20 meV，双层情况下拉比分裂提高到 29 meV。利用耦合强度可以推算出 0.4 ps 的激子辐射寿命[32]。

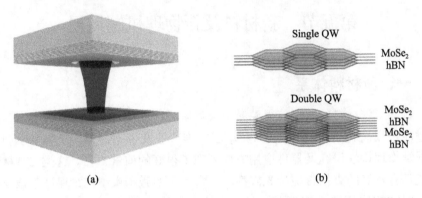

图 5-28 （a）平板微腔结构示意图；（b）单层 $MoSe_2$/hBN 异质结构[82]

随着光电子器件的深入发展，人们在追求集成化、微型化的同时，开始将更多目光投向光电子器件的可折叠、可穿戴甚至可植入性方面，这类需求使得人们更加注重软材料光学特性的研究。这其中有机-无机杂化的钙钛矿材料发展尤其迅速，利用这种杂化结构有望将无机材料的高迁移率、电泵浦、能带调控与有机材料的低成本、高荧光效率结合在一起，为光电子器件注入新的强心剂，目前这种杂化结构在太阳能领域中的研究非常活跃，而在光物质强耦合领域，人们也注意到它的优良特性。在前期研究的基础上，现在关注度的不断提升必将推动该领域迅速发展。回顾以前的一些研究成果，如图 5-29 所示，Deleporte 等将二维层状钙钛矿半导体 $[(C_6H_5C_2H_4-NH_3)2PbI_4]$ 植入平板微腔内，观测到明显的拉比分裂行为（~190 meV）[83]。Bloch 教授课题组报道了室温下钙钛矿基微腔中零维激子极化激元[84]。

软材料体系内除了以上的有机-无机杂化钙钛矿结构，还有大分子组成的聚合物材料，这类有机半导体材料中同样具备了强激子束缚能、高振子强度以及很好的量子效率，所有这些特征都有利于激子极化激元激射在室温下工作。2010 年，Kena-Cohen 和 Forrest 在实验上实现了蒽单晶微腔中的室温激子极化激元激射，尽管该激子极化激元凝聚来自振动协助的光泵浦非相干激子辐射弛豫。最近 Kena-Cohen 组和 Plumhof 组各自独立地在实验上证实了有机半导体微腔中室温激子极化激元凝聚态的存在[85, 86]，如图 5-30 所示。

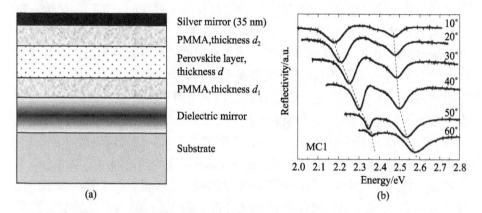

图 5-29　(a) 钙钛矿材料平板微腔结构示意图；(b) 角分辨实验中的反交叉行为

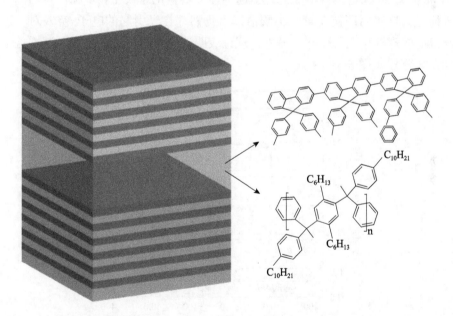

图 5-30　有机半导体微腔结构示意图，其中右上图中的化学结构为 Kena-Cohen 组使用的低聚芴，右下图中的化学结构为 Plumhof 和其同事所用的聚合物结构[87]

二、第二个阈值的理解

在半导体激子极化激元系统中，激子极化激元的玻色-爱因斯坦凝聚得到极大关注。现在一个非常重要的问题是激子极化激元时如何从热平衡的

BEC 状态转变到本质上非平衡的电子-空穴等离子体增益的激射状态。前期
的实验表明，随着激发密度的增加，激子极化激元经历两个不同的阈值，第
一个阈值是发生激子极化激元 BEC 的阈值，第二个一般认为是由 BEC 转变
到传统激射的阈值。大多数情况下，第二个阈值机制可解释为因库仑束缚在
一起的电子-空穴离解为电子-空穴等离子体，从而系统进入了弱耦合区。可
是直到现在，人们仍然无法给出合理的机制来解释为什么这种激子的离化
会导致系统的非平衡态。另一种可能性认为第二个阈值是由 BEC 转变成包
括类 BCS 关联的新的有序态。总之，关于第二个阈值的理解仍然存在争议。
Makoto Yamaguchi 等通过研究 BEC-BCS-Laser 转变的理论揭示了第二个阈值
的机制。通过研究发现，有两种不同类型的第二个阈值：一个是由激子极化
激元 BEC 转变成光子型极化激元 BEC（准平衡态）；另一个是转变为激射
（非平衡态）。在这两种情况下光引起的能带重整化导致在导带和价带内部产
生能隙，这表明即使在第二个阈值以上仍然存在光引起的电子-空穴对，这
与以前的理解完全不一样。另外，理论表明这两类阈值可以通过测试增益谱
加以区分[88]（图 5-31）。

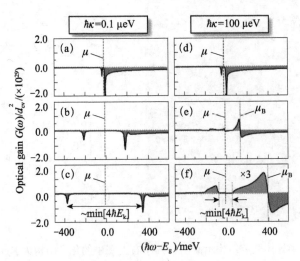

图 5-31 增益谱中不同激子极化激元展宽条件下随着激发功率变化所产生的能隙大小[88]

三、电子-空穴-光子关联系统

激子极化激元是由电子-空穴束缚对与微腔中光子强耦合产生的复合准
玻色子，因此，激子极化激元的许多基本特征都来自这些基本构成单元，也

就是说，电子、空穴和光子，尤其是光子在实现 BEC 上起着非常重要的作用。首先，腔光子质量比激子质量小大约四个数量级，这导致激子极化激元的有效质量非常小，非常利于实验实现高转变温度和低阈值密度的 BEC；其次，微腔中光子的超快逃逸导致激子极化激元寿命非常短（ps），这对于形成 BEC 非常不利，因为系统保持热平衡需要激子极化激元的寿命比其热化时间足够长。但是，激子极化激元 BEC 在实验上仍然可以看到。另外，电子和空穴的特征在某些情况下也变得非常重要，比如当载流子密度变得相对比较高时，激子可能由于多体效应而离化成为电子-空穴等离子体态。也就是说，激子在低密度下可以认为是玻色子，但是到高密度下，激子变成了弱作用的费米子。在这种情况下，即使没有光物质相互作用，激子气很可能潜在地变成激子 BEC，而电子-空穴等离子体可以凝聚成电子-空穴 BCS 态。这些凝聚相被认为是随着密度增加逐渐从一个相变到另一个相，得益于相关粒子会从玻色特性向费米特性平滑地转化。这种现象被称为 BEC-BCS 转变。因此，电子-空穴系统以及电子-空穴-光子系统中的多体效应本身会产生非常多有趣的物理现象[89-92]。从理论研究来看，构建一个全面的框架去解释所有关于电子-空穴-光子系统的现象是非常困难的，往往是理论框架只能部分解释某些现象。为此，Ogawa 组发展了一套较为完整的理论，系统地研究了电子-空穴-光子系统。首先他们在热平衡下研究了凝聚相，然后利用 MSBE（Maxwell-Semiconductor-Bloch equations）理论研究了非平衡稳态下的传统光子激光现象。随后，他们发展了一个新的理论框架，去解释介于这两种状态之间的中间态区域，该理论框架是非平衡格林函数方法的扩展。研究表明，该理论可以同时描述热平衡态和非平衡稳态，随着激发密度的增加，数值模拟结果澄清了凝聚相到激射的转变过程[93]（图 5-32）。

四、实验进展

人们从理论上对激子极化激元在不同激发密度下的相态进行了更加详细的研究，并提出了新的关于第二个相变阈值以及 BEC-BCS-Lasing 转变的物理机制，但是实验上关于该方面的报道很少。虽然有一些相关实验涉及对物理机制的验证，但更加令人信服的实验证据还比较少，这里主要回顾最近公布的一些实验进展。

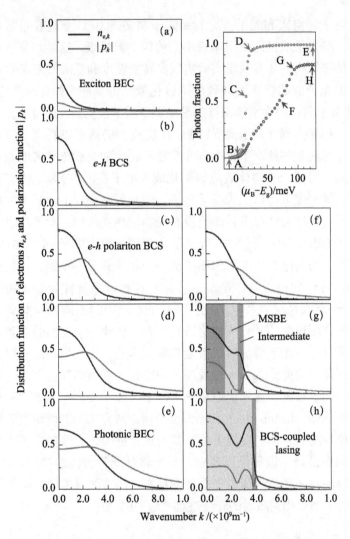

图 5-32　理论计算获得的不同相态下电子和空穴的分布特征 [93]

（1）Matsuo 等利用时间分辨系统详细研究了激子极化激元由凝聚态向光子激射转变过程中的空间、时间及偏振依赖的动力学特性。他们发现，在空间不均匀泵浦条件下，弛豫动力学特征上同时存在激子极化激元凝聚和第二个阈值以上的光子激射弛豫过程。第二个阈值 P/P_{th} 约为 213.5，这远远高于以前报道的 P/P_{th}（～10）。实验上也清楚地表明这种转变是逐渐变化的，而不是突然的跳变。另外，在第二个阈值以上，线偏振度在 500～600 ps 时间尺度上的守恒和旋转意味着电子、空穴和光子的协同性是在激射态保持的 [94]。

（2）Hsu 等详细研究了高激发条件下 GaAs 微腔中室温自旋极化的超快激射现象。实验发现，随着光激发密度的增加，自旋极化的激射表现出非线性的能量移动、自旋依赖的能量劈裂及线宽展宽现象。这很可能归因于高激发密度下费米面附近形成了关联电子-空穴对 [95]（图 5-33）。

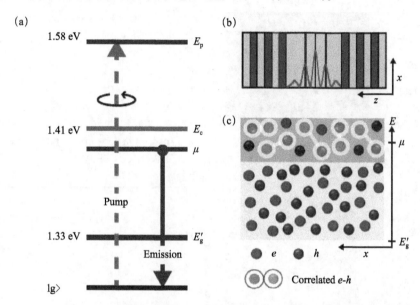

图 5-33　（a）激光能量示意图；（b）微腔结构示意图；（c）高激发密度下量子阱内的电子 - 空穴等离子体及在费米面附近形成的关联电子 - 空穴对 [95]

（3）最近关于这方面的研究还在深入开展，比如 Yamamoto 课题组详细研究了高激发状态下 AlAs/AlGaAs 微腔中激子极化激元的荧光光谱 [96]，如图 5-34 所示，在实验上，随着激发功率增强，在主峰的高能侧出现了一个明显的侧峰，该现象很难用传统的激射理论解释。为此，作者详细研究了该侧峰随激发功率的变化趋势以及动力学特征，引入非平衡电子-空穴-光子系统的理论框架，因此一些定性的关于侧峰的特征可以得到自洽的解释，但是更多的定性和定量的实验现象仍然无法解释。

另外一个非常有趣的实验是纳米线中的激射行为，人们利用新的双泵浦探测技术，发现单个纳米线中激射状态的退相现象表现出非常令人吃惊的行为。通过探测双泵浦条件下前后两个脉冲的干涉现象，人们发现激射脉冲中的光学相位可以保持 30 ps 以上，这远长于激射脉冲的脉冲宽度（2 ps）。利用光学 Bloch 方程进行模拟发现，在增益弛豫到阈值之前相位信息可以很好地保存在增益介质内，而这种保持方式来源于增益介质内耦合的电子-光子系统（图 5-35）。

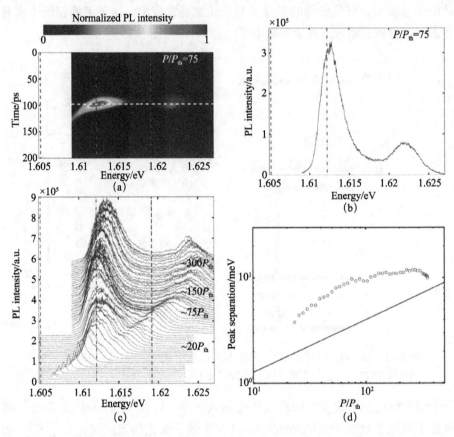

图 5-34　(a) 时间分辨荧光光谱；(b) 为图 (a) 水平点线处荧光光谱截面图；(c) 随激发功率变化的荧光光谱图；(d) 实验测得的两峰之间的能量间隔[96]

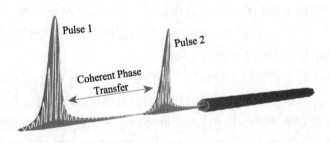

图 5-35　双泵浦条件，前后两个激射脉冲相位传递示意图[97]

第六节 展 望

激子极化激元领域自微腔激子极化激元开始已经发展了二十多年时间，从起初主要集中在低激发功率的线性区域逐渐发展到高激发功率的非线性区域（如凝聚、超流、激射等），从平板微腔逐渐扩展到半导体自构微腔、光子晶体微腔、Tamm 型微腔、开源微腔及其他组合设计的微纳光学腔体系，从低温激子极化激元发展到高温激子极化激元及电注入等实用性器件。过去更加深入的研究主要集中在激子极化激元凝聚体的量子调控及新材料、新物理机制的探讨，未来几年这种趋势不会改变，人们更加注重新材料、新制备在器件化、实用化方面的发展，用材从原有的无机半导体增益材料（如GaAs、GaN、ZnO 等）扩展到有机-无机混合的新型功能材料（如钙钛矿），以及低维甚至原子分子层薄膜材料等（如过渡金属硫族化合物）；在基础物理方面，发展新的理论构架解释电子-空穴-光子耦合体系在高温高密度区域的新相变行为和量子关联，并发展新的实验技术、探测手段及新的样品材料，证明和完善电子-空穴-光子耦合体系的新相图。人们在进一步深入研究激子极化激元凝聚体量子调控的同时，拓展了激子-微腔体系与其他关联体系的互耦交叉，发展如声子-激光-腔耦合、SPP 表面波与界面甚至体激子极化激元耦合、光学拓扑态-激子极化激元等交叉学科，更加注重新性能（如关联与时间统计、自旋极化、光电传导）和新物理行为的探索和研究；在器件应用方面，将更注重光电调控手段的结合，使光电性能双向渗透发展，并基于电学成熟的制备加工工艺和完善的操作平台，融合光元素在通信传导、量子关联建立和保持方面的优势，探索开发新型光电集成量子功能器件。

在新材料方面，人们已经在最近非常热的二维层状材料体系内观测到了明显的光-二维激子强耦合效应，而且拉比分裂值较大，非常有利于室温激子极化激元器件化发展。但是，截至目前，实验还停留在激子极化激元线性区域，关于基于二维材料的激子极化激元凝聚或者激射还没有报道，这将是该领域科学人员努力的方向，以进一步推动二维层状材料在光-物质强耦合领域的发展。同样在软物质领域，尤其是钙钛矿材料体系，也面临这样一个问题，如何更快动实现基于钙钛矿材料的腔激子极化激元凝聚和激射将是未来几年的研究重点。虽然在其他纯有机材料中已经观测到了令人信服的激子极化激元激射和凝聚现象,但是更加深入地理解有机材料独有特性的激射、凝聚机制仍然需要更多的理论和实验的支持。类似无机半导体中全面地、深刻地认识激子极化激元自发相干态及相关物理特性仍然是有机材料领域科研人员努力的方向。

在新机制及实验研究方面,现在主要集中在关于激子极化激元在高激发密度下相变的基础物理机制的理解上。在原来固有观念上发展了新的理论框架,从而对高激发功率密度下激子极化激元由 BEC-BCS-Lasing 转变有了新的理解,该方向的发展使得人们重新开始认真研究电子-空穴 BCS 态这一半个世纪前就提出的理论,虽然也有关于其的实验报道,但都缺乏说服力。微腔的引入使得原来的电子-空穴变成了电子-空穴-光子系统,使得该领域的研究更加丰富,也更加吸引人。理论上的发展是可喜的,但是实验却明显落后很多,未来该方面关于实验的研究必将深入下去,如何给出令人信服的实验证据以证明第二个阈值的理论预测,如何在实验上证明 BCS 态的存在及其随激发功率、温度及其他外部条件的变化规律是实验科研人员必须面对的难题。

在新物理探索方面,对原有激子-腔耦合体系的物理规律研究已趋于完善和成熟,新元素的引入和新方向的突破有待孕育发展。在激子极化激元体系中,声子往往跟退相和能量耗散关联。为了实现相干和信息传递,人们通常利用一些方法削弱和消除声子的影响。然而,合理利用声子与激子、微腔的耦合,可能会在体系性能和物理行为方面带来意想不到惊喜。研究激子-微腔体系与其他关联体系的互耦交叉,将有助于深入了解激子极化激元本身的性质,并给激子-腔耦合体系带来新的活力和发展方向。发展等离子体与激子极化激元耦合、光学拓扑态-激子极化激元等交叉学科,有助于丰富光-物质耦合领域的物理。同时,强化对一些新性能的研究,如光-物质态的关联与时间统计、自旋极化、光电传导等特性,可以研究新元素的引入对体系物性所造成的改变。

在器件应用方面,激子极化激元之所以引起人们巨大的研究热情,除了其在光-物质耦合的基础物理方面展现了极其丰富的物理现象,很重要的原因是其在低阈值激光器、LED、单光子源、量子调控方面所蕴含的潜在应用价值。过去十几年的发展,基于激子极化激元的原型器件的制备和性能表征取得了一定的成果,比如,电注入 GaAs 微腔激子极化激元 LED、电注入低温和室温工作条件下的激子极化激元激光、基于激子极化激元效应的全光开关及逻辑门设计等。这些成果都展示了激子极化激元器件化发展的优势。但是，总体来说，这个领域的发展还是比较缓慢，理论上基于激子极化激元的超低阈值的激光仍然是一个愿望，受材料制备技术的限制，室温工作的高品质因子的微腔结构、欧姆接触、pn 结制备以及高质量界面等仍然需要大量的实验工作才能得以改进。关于这些方面的研究应该是未来几年致力于激子极化激元器件应用发展的科研工作人员努力的方向。

陈张海（复旦大学物理系）

参 考 文 献

[1] 黄昆, 韩汝琦. 固体物理学. 北京: 高等教育出版社, 1985.

[2] Hopfield J. Theory of the contribution of excitons to the complex dielectric constant of crystals. Physical Review, 1958, 112(5): 1555-1567.

[3] Weisbuch C, Nishioka M, Ishikawa A, et al. Observation of the coupled exciton-photon mode splitting in a semiconductor quantum microcavity. Physical Review Letters, 1992, 33:495.

[4] Kaluzny Y, Goy P, Gross M, et al. Observation of self-induced rabi oscillations in two-level atoms excited inside a resonant cavity: The ringing regime of superradiance. Physical Review Letters, 1983, 51(13): 1175-1178.

[5] 沈学础. 半导体光谱和光学性质. 北京: 科学出版社, 2002.

[6] Deng H, Weihs G, Santori C, et al. Condensation of semiconductor microcavity exciton polaritons. Science, 2002, 298:199, 202.

[7] Wouters M, Carusotto I. Excitations in a nonequilibrium bose-einstein condensate of exciton polaritons. Physical Review Letters, 2007, 99:140402.

[8] Richard M, Kasprzak J, Romestain R,et al. Spontaneous coherent phase transition of polaritons in CdTe microcavities. Physical Review Letters, 2005, 94: 187401.

[9] Utsunomiya S, Tian L, Roumpos G, et al. Observation of bogoliubov excitations in exciton-polariton condensates. Nature, 2008, 4:700-705.

[10] Lagoudakis K G, Wouters M, Richard M, et al. Quantized vortices in an exciton-polariton condensate. Nature, 2008, 4:706-710.

[11] Amo A, Sanvitto D, Laussy F P, et al. Collective fluid dynamics of a polariton condensate in a semiconductor microcavity. Nature, 2009, 457: 291.

[12] Deveaud-plédran B. Polaritonics in view. Nature, 2008, 453:297.

[13] Christopoulos S, von Högersthal G B H, Grundy A J D, et al. Room-temperature polariton lasing in semiconductor microcavities. Physical Review Letters, 2007, 98: 126405.

[14] Sich M, Krizhanovskii D N, Skolnick U S, et al. Observation of bright polariton solitons in a semiconductor microcavity. Nature Photon, 2012, 6:50-55.

[15] Wertz E, Ferrier L, Solnyshkov D D, et al. Spontaneous formation and optical manipulation of extended polariton condensates. Nature Physics, 2010, 6:860.

[16] Bhattacharya P, Frost T, Deshpande S, et al. Room temperature electrically injected polariton laser. Physical Review Letters, 2014, 112: 236802.

[17] Khitrova G, Gibbs H M, Kira M, et al. Vacuum Rabi splitting in semiconductors. Nature Physics, 2006, 2(2): 81-90.

[18] Peter E, Senellart P, Martrou D, et al. Exciton-photon strong-coupling regime for a single quantum dot embedded in a microcavity. Physical Review Letters, 2005, 95(6):067401.

[19] Boca A, Miller R, Birnbaum K, et al. Observation of the vacuum rabi spectrum for one trapped atom. Physical Review Letters, 2004, 93(23):233603.

[20] Reithmaier J P, Sek G, Loffler A, et al. Strong coupling in a single quantum dot-semiconductor microcavity system. Nature, 2004, 432(7014): 197-200.

[21] Yoshie T, Scherer A, Hendrickson J, et al. Vacuum Rabi splitting with a single quantum dot in a photonic crystal nanocavity. Nature, 2004, 432(7014): 200-203.

[22] Deveaud B, Clérot F, Roy N, et al. Enhanced radiative recombination of free excitons in GaAs quantum wells. Physical Review Letters, 1991, 67(17): 2355-2358.

[23] Hanamura E. Rapid radiative decay and enhanced optical nonlinearity of excitons in a quantum well. Physical Review B, 1988, 38(2): 1228-1234.

[24] Andreani L C, Tassone F, Bassani F. Radiative lifetime of free excitons in quantum wells. Solid State Communications, 1991, 77(9): 641-645.

[25] Feldmann J, Peter G, Göbel E O, et al. Linewidth dependence of radiative exciton lifetimes in quantum wells. Physical Review Letters, 1987, 59(20): 2337-2340.

[26] Kuwata-Gonokami M, Inouye S, Suzuura H, et al. Parametric scattering of cavity polaritons. Physical Review Letters, 1997, 79(7): 1341-1344.

[27] Saba M, Ciuti C, Bloch J, et al. High-temperature ultrafast polariton parametric amplification in semiconductormicrocavities. Nature, 2001, 414:731-735.

[28] Savvidis P G, Baumberg J J, Stevenson R M, et al. Angle-resonant stimulated polariton amplifier. Physical Review Letters, 2000, 84(7): 1547-1550.

[29] Savvidis P, Ciuti C, Baumberg J, et al. Off-branch polaritons and multiple scattering in semiconductor microcavities. Physical Review B, 2001, 64(7): 075311.

[30] Kavokin A, Baumberg J, Malpuech G, et al. Microcavities. New York: Oxford University

Press, 2006.

[31] Weisbuch C, Nishioka M, Ishikawa A, et al. Observation of the coupled exciton-photon mode splitting in a semiconductor quantum microcavity. Physical Review Letters, 1992, 33:495.

[32] Deng H, Weihs G, Santori C, et al. Condensation of semiconductor microcavity exciton polaritons. Science, 2002, 298:199-202.

[33] Richard M, Kasprzak J, Romestain R, et al. Spontaneous coherent phase transition of polaritons in CdTe microcavities. Physical Review Letters, 2005, 94: 187401.

[34] Utsunomiya S, Tian L, Roumpos G, et al. Observation of Bogoliubov excitations in exciton-polariton condensates. Nature, 2008, 4: 700-705.

[35] Lagoudakis K G, Wouters M, Richard M, et al. Quantized vortices in an exciton-polariton condensate. Nature, 2008 4:706-710.

[36] Amo A, Sanvitto D, Laussy F P, et al. Collective fluid dynamics of a polariton condensate in a semiconductor microcavity. Nature, 2009, 457: 291.

[37] Deveaud-plédran B. Polaritonics in view. Nature, 2008, 453: 297.

[38] Christopoulos S, von Högersthal G B H, Grundy A J D, et al. Room-temperature polariton lasing in semiconductor microcavities. Physical Review Letters, 2007, 98: 126405.

[39] Sich M, Krizhanovskii D N, Skolnick M S, et al. Observation of bright polariton solitons in a semiconductor microcavity. Nature Photon, 2012, 6:50-55.

[40] Wertz E, Ferrier L, Solnyshkvo D D, et al. Spontaneous formation and optical manipulation of extended polariton condensates. Nature Physics, 2010,6: 860.

[41] Bhattacharya P, Frost T, Deshpande S, et al. Room temperature electrically injected polariton laser. Physical Review Letters, 2014, 112: 236802.

[42] Sun L, Chen Z, Ren Q, et al. Direct observation of whispering gallery mode polaritons and their dispersion in a ZnO tapered microcavity. Physical Review Letters, 2008, 100: 156403.

[43] Xie W, Dong H, Zhang S, et al. Room-temperature polariton parametric scattering driven by a one-dimensional polariton condensate. Physical Review Letters, 2012,108:166401.

[44] Zhang L, Xie W, Wang J, et al. Weak lasing in one-dimensional polariton superlattices. PNAS, 2015, 112 (13): 1516-1519.

[45] Sun L X, Ren M L, Liu W J, et al. Resolving parity and order of fabry-perot modes in semiconductor nanostructure waveguides and lasers : Young's interference experiment revisited. Nano Letters, 2014, 14:6564.

[46] van Vugt L K, Piccione B, Agarwal R. Incorporating polaritonic effects in semiconductor nanowire waveguide dispersion. Applied Physics Letters, 2010, 97: 061115.

[47] van Vugt L K, Piccione B, Cho C H, et al. One-dimensional polaritons with size-tunable

and enhanced coupling strengths in semiconductor nanowires. Proceedings of the National Academy of Sciences of the U S A, 2011, 108: 10050-10055.

[48] Song B S, Noda S, Asano T, et al. Ultra-high-Q photonic double heterostructure nanocavity. Nature, 2005, 4:207-210.

[49] Sasin M E, Seisyan R P, Kalitteevski M A , et al. Tamm plasmon polaritons: Slow and spatially compact light. Applied Physics Letters, 2008, 92: 251112.

[50] Kaliteevski M, Brand S, Abram R A, et al. Hybrid states of Tamm plasmons and exciton polaritons. Applied Physics Letters, 2009, 95: 251108.

[51] Kaliteevski M, Iorsh I, Brand S, et al. Tamm plasmon-polaritons: Possible electromagnetic states at the interface of a metal and a dielectric Bragg mirror. Physical Review B, 2007, 76: 165415.

[52] Sun L X, et al. Direct observation of whispering gallery mode polaritons and their dispersion in a ZnO tapered microcavity. Physical Review Letters, 2008, 100:156403.

[53] Wang J, Xie W, Zhang L, et al. Exciton-polariton condensate induced by evaporative cooling in a three-dimensionally confined microcavity. Physical Review B, 2015, 91:165423.

[54] Lagoudakis K G, Wouters M, Richard M, et al. Quantized vortices in an exciton-polariton condensate. Nature Physics, 2008, 10: 1051.

[55] Amo A, Sanvitto D, Laussy F P, et al. Collective fluid dynamics of a polariton condensate in a semiconductor microcavity. Nature, 2009, 457: 291.

[56] Utsunomiya S, Tian L, Roumpos G, et al. Observation of Bogoliubov excitations in exciton-polariton condensates. Nature, 2008, 4:700-705.

[57] Sich M, krizhanovskii D N, Skolnick M S, et al. Observation of bright polariton solitons in a semiconductor microcavity. Nature Photon, 2012, 6: 50-55.

[58] Kaitouni R I, Daïf O E, Richard A B M, et al. Engineering the spatial confinement of exciton polaritons in semiconductors. Physical Review B, 2006, 74: 155311.

[59] Bajoni D, Peter E, Senellart P, et al. Polariton parametric luminescence in a single micropillar. Applied Physics Letters, 2007, 90:051107.

[60] Balili R, Hartwell V, Snoke D, et al. Bose-Einstein condensation of microcavity polaritons in a trap. Science, 2007, 316: 1007-1010.

[61] Lai C W, Kim N Y, Utsunomiya S, et al. Coherent zero-state and π-state in an exciton-polariton condensate array. Nature, 2007, 450: 529-532.

[62] Strelow C, Rehberg H. Schultz C M. Optical microcavities formed by semicondufctor microbubes using a bottlelike geometry. Physical Review Letters, 2008, 101:127403.

[63] Baas A, Daïf O E, Richard M, et al. Zero dimensional exciton-polaritons. Physical Status Solidi B, 2006, 243(10): 2311-2316.

[64] Daïf O E, Baas A, Guillet T. Polariton quantum boxes in semiconductor microcavities. Applied Physics Letters, 2006, 88: 061105.

[65] Wang J, Xie W, Zhang L, et al. Exciton-polariton condensate induced by evaporative cooling in a three-dimensionally confined microcavity. Physical Review B, 2015, 91:165423.

[66] Kim N Y, Kusudo K, Wu C J, et al. Dynamical d-wave condensation of exciton-polaritons in a two-dimensional square-lattice potential. Nature Physics, 2011, 7:681-686.

[67] Lai C W, Kim N Y, Utsunomiya S, et al. Coherent zero-state and π-state in an exciton-polariton condensate array. Nature, 2007, 450:529-533.

[68] Bruckner R, Zakhidov A A, Scholz R. Phase-locked coherent modes in a patterned metal-organic microcavity. Nature Photon, 2012, 6:322-326.

[69] Cho K, Okumoto Kazunori, Nikolaev N I. Bragg diffraction of microcavity polaritons by a surface acoustic wave. Physical Review Letters, 2005, 94: 226406.

[70] de Lima M M, Hey R, Santos P V. Phonon-induced optical superlattice. Physical Review Letters, 2005, 94:126805.

[71] Zhang L, Xie W, Wang J, et al. Weak lasing in one-dimensional polariton superlattices. PNAS, 2015, 112 (13): 1516-1519.

[72] Xie W, Dong H X, Zhang S F, et al. Room-temperature polariton parametric scattering driven by a one-dimensional polariton condensate. Physical Review Letters, 2012, 108:166401.

[73] Wang Y L, Hu T, Xie W, et al. Polarization-coupled polariton pairs in a birefringent microcavity. Physical Review B, 2015, 91:121301.

[74] Geim A K, Grigorieva I V. Van der Waals heterostructures. Nature, 2013, 499:419-425.

[75] Novoselov K S, et al. Two-dimensional atomic crystals. Proceedings of the National Academy of Sciences of the U S A., 2005, 102:10451–10453.

[76] Wang Q H, Kalantar-Zadeh K, Kis A, et al. Electronics and optoelectronics of two-dimensional transition metal dichalcogenides. Nature Nanotechnology, 2012, 7:699-712.

[77] Chhowalla M, Shin H S, Eda G, et al. The chemistry of two-dimensional layered transition metal dichalcogenide nanosheets. Nature Chemistry, 2013, 5:263-275.

[78] Xu M, Liang T, Shi M, et al. Graphene-like two-dimensional materials. Chemical Reviews, 2013, 113:3766-3798.

[79] Mak K F, Lee C, Hone J, et al. Atomically thin MoS_2: A new direct-gap semiconductor. Physical Review Letters, 2010, 105:136805.

[80] Splendiani A, Sun L, Zhang Y, et al. Emerging photoluminescence in monolayer MoS_2. Nano Letters, 2010, 10:1271-1275.

[81] Liu X, Galfsky T, Sun Z, et al. Strong light–matter coupling in two-dimensional atomic crystals. Nature Photonics, 2014, 9(1):30-34.

[82] Dufferwiel S, Schwarz S, Withers F, et al. Exciton-polaritons in van der Waals heterostructures embedded in tunable microcavities. Nat. communications, 2015, 6:8579.

[83] Lanty G, Brehier A, Parashkov R. Strong exciton-photon coupling at room temperature in microcavities containing two-dimensional layered perovskite compounds. New Journal of Physics, 2008, 10:065007.

[84] Nguyen H S, Han Z, Abdel Baki K, et al. Quantum confinement of zero-dimensional hybrid organic-inorganic polaritons at room temperature. Applied Physics Letters, 2014, 104: 081103.

[85] Daskalakis K S, Maier S A , Murray R, et al. Nonlinear interactions in an organic polariton condensate. Nature Materials, 2014, 13:271-278.

[86] Plumhof J D, Stoferle T, Mai L. Room-temperature Bose-Einstein condensation of cavity exciton-polaritons in a polymer. Nature Materials, 2014, 13: 247-252.

[87] Lagoudakis P. Polariton condensates going soft. Nature Materials, 2014, 13:227-228.

[88] Yamaguchi M, Kamide K, Nii R, et al. Second thresholds in BEC-BCS-Laser crossover of exciton-polariton Systems. Physical Review Letters, 2013, 111:026404.

[89] Kamide K, Ogawa T. What determines the wave function of electron-hole pairs in polariton condensates? Physical Review Letters, 2010, 105:056401.

[90] Byrnes T, Horikiri T, Ishida N. BCS wave-function approach to the BEC-BCS crossover of exciton-polariton condensates. Physical Review Letters, 2010, 105 :186402.

[91] Kamide N, Ogawa T. Ground-state properties of microcavity polariton condensates at arbitrary excitation density. Physical Review B, 2011, 83:165319.

[92] Yoshioka T, Asano K. Exciton-Mott physics in a quasi-one-dimensional electron-hole system. Physical Review Letters, 2011, 107:256403.

[93] Yamaguchi M, Kamide K, Ogawa T, et al. BEC-BCS-Laser crossover in Coulomb-correlated electron-hole-photon systems. New Journal of Physics, 2012, 14: 065001.

[94] Matsuo Y, Fraser M D, Kusudo K, et al. Spatial and temporal dynamics of the crossover from exciton-polariton condensation to photon lasing. Japanese Journal of Applied Physics, 2015, 54:092801.

[95] Hsu F, Xie W, Lee Y, et al. Ultrafast spin-polarized lasing in a highly photoexcited semiconductor microcavity at room temperature. Physical Review B, 2015, 91:195312.

[96] Horikiri T, Yamaguchi M, Kamide K, et al. Coherent electron-hole-photon coupling in high density exciton-polariton condensates. arXiv:1511.03786.

[97] Mayer B, Regler A, Sterzl S, et al. Long-term mutual phase locking of picosecond pulse pairs generated by a semiconductor nanowire laser. arXiv:1603.02169.

第六章
半导体中的自旋量子现象

第一节　半导体中单自旋的操控

　　微电子技术是当前信息技术发展的基石，它深刻地影响着我们日常生活的方方面面。随着微加工工艺的不断进步，当前信息的储存密度和处理速度按照摩尔定律向前发展，大约 18 个月翻一番，14 nm 尺寸的芯片工艺已于 2015 年投入工业生产中。但是随着器件尺寸进一步变小，量子效应变得越来越重要，量子隧穿的发生会极大地增加器件的漏电流，导致器件的能耗大幅度增加，这些都制约着信息技术的进一步发展，所以需要寻求新的技术手段来实现技术突破。利用电子的自旋，而不是电子电荷来携带信息，这有可能成为微电子新一轮革命的候选技术之一。电子自旋态由于具有相对强的抗退相干特性，很早就被证实有希望用来实现量子比特，20 世纪 90 年代，Loss 和 DiVincenzo 首先提出利用量子点中电子的自旋来实现量子计算 [1]。自相关方案提出以来，就引起了相关领域科学家的广泛关注，基于量子点（尤其是半导体量子点）作为电子自旋载体的研究取得了丰硕的成果 [2]。量子点中单电子自旋量子态的可控操作，是发展可扩展的基于自旋的量子计算机的核心内容。利用量子力学的叠加态和纠缠态的计算机，在理论上比传统计算机能更快地解决重要的数学和物理问题。但是这也面临着严峻挑战，因为它需要实现对脆弱量子态的快速和精确的控制，包括量子点中自旋态的初始化、操作和读取。因此，量子点中自旋的可控操作是构建自旋量子比特的关键。

自旋是最典型的两能级量子系统。自旋最简单的图像是电子磁矩有向上或者向下两种状态。不同自旋量子态之间的叠加和纠缠是自旋量子特性最明显的体现。量子点既可以捕获单个电子，以便研究单自旋的量子特性；也可以精确调控其中的电子数目（0，1，2，……），从而调控自旋态量子数的变化。在量子点中，可以采用不同的方式并利用不同的自旋态来完成不同的自旋操控，包括采用电子自旋、空穴自旋、核自旋以及它们之间的耦合自旋态来制备量子比特。迄今，人们在各种可扩展的系统中探索了对自旋量子比特进行精确操控的物理系统，并且利用光学、电学、核磁共振等各种探测手段来实现对自旋量子比特的操控和处理。

本节主要回顾半导体量子点中自旋量子比特的操控，利用光学手段、电学方法和磁共振方法，对量子点中的自旋进行操控和探测。

一、自旋态的光学调控

量子点中的能级是分立的，它是研究自旋量子比特的理想载体。为了实现基于量子点的自旋量子比特，需要对其自旋态进行初始化（即制备出特定的自旋态），还需要完成对不同自旋态的检测（即读取自旋态的方法）。这里首先介绍自旋态的制备和检测。

在量子点中引入磁性粒子，可以产生自旋；用光跃迁激发电子在不同能级之间的跃迁，将轨道角动量转化为自旋角动量，也可以产生自旋。如果采用超快脉冲光激发，还可以在量子点中形成自旋相干态，这不仅可以控制自旋的数目，还可以控制其相位。

在 InAs/GaAs 量子点中掺杂单个 Mn 原子来产生自旋，通过沿光轴和垂直于光轴的微区荧光谱测量发现，正的 Trion 特征光谱均劈裂为圆偏振极化部分，场诱导的劈裂主要来源于 Mn 杂质中的中性受主复合体 A^0 的横向塞曼劈裂，以及 p-d 交换相互作用[3]。利用显微光谱，探测单量子点中的单个磁离子的磁特性，通过仔细分析单个 Mn^{2+} 交换场中的限定激子的精细结构，发现 Mn^{2+} 和激子的交换相互作用使得激子能量发生偏移，而且偏移值与 Mn^{2+} 的自旋状态密切相关，并在零磁场下观察到 6 条谱线，如图 6-1 所示。磁光测量表明，圆偏振光谱线的强度主要取决于 Mn 离子自旋在量子点中的位置和它与激子的相互作用，但也与磁场、晶格温度和光生载流子的有效温度有关。在磁场作用下，电子与 Mn 离子相互作用会引发亮激子态、暗激子态的混合[4]。

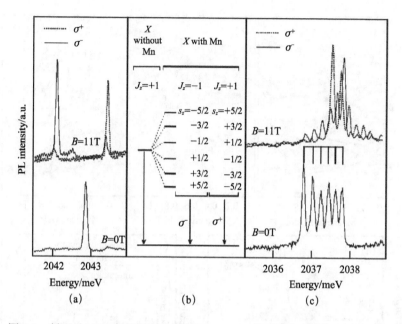

图 6-1　低温（5 K）条件下各向同性 CdTe/ZnTe 量子点在零磁场（a）和 11T
（c）下的光致发光谱；（b）零磁场下的 Mn 离子－激子耦合系统中亮激子态的
能级示意图，激子和 Mn^{2+} 交换相互作用对激子能级的偏移取决于 Mn^{2+} 自旋的
投影。插图取自文献 [4]

在掺杂单个 Mn 离子的 InAs/GaAs 单量子点中，在几个特斯拉纵向磁场
下测量其光谱，发现 Mn 杂质呈中性施主态 A^0，并且量子点中的电势和应变
场均会影响磁性杂质的有效自旋 $J=1$。这表明，Mn 离子的 A^0 结构是一个两
能级系统，与更高能级态明显分开，是研究基于自旋的量子信息处理系统的
一个理想载体 [5]。共振的泵浦 InAs/GaAs 量子点中的单个 Mn 掺杂的 $|\pm 1\rangle$
自旋态，不仅制备了大于 50% 的 $|+1\rangle$ 或者 $|-1\rangle$ 的自旋态，而且成功地读
出了自旋信号，实验结果如图 6-2 所示 [6]。采用光激发掺有 Mn 的单个 InAs/
GaAs 量子点，可以让中性施主态 A^0 的两个自旋态发生耦合，也就是说，这
两个自旋态与光诱导的空穴同时发生交换耦合。在纵向和垂直磁场条件下的
微区光荧光谱中，观察到由 $2A^0$ 空穴交换相互作用导致的四个自旋态的劈裂，
如图 6-3 所示。结合理论模拟 [7]，发现由空穴调制的两个 A^0 之间的交换耦合
能约为 70 μeV。

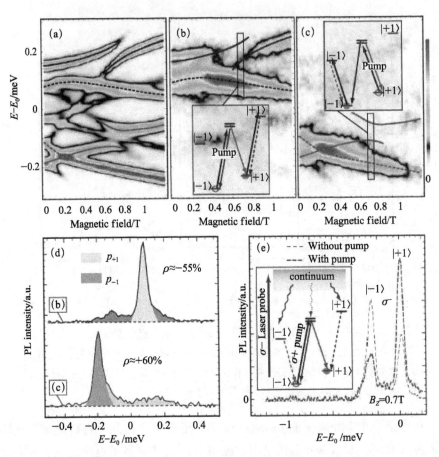

图 6-2　(a) 放大后的低能量、小磁场下的微区 PL，其中实线为 σ^+，虚线为 σ^-；(b)、(c) 分别为零场下 $A^0\text{-}X^0$ 双重态的上支和下支在共振激发条件下的 PL 强度，σ^+ 的反交叉线在 0.7T 附近消失，然而 σ^- 线仍旧保留，甚至增大；(d) 对应于图 (b) 和 (c) 在 0.7T 的结果；(e) 在有和没有 σ^+ 共振激发上分支的条件下，采用 σ^- 准共振激发（E_0+50 meV）所得的 PL 谱。用泵浦激光增强（减弱）$|+1\rangle$（$|-1\rangle$）线。插图取自文献 [6]

　　产生自旋的方法还有很多。例如，在 GaAs 量子阱中，采用低于量子阱吸收带边约 10 meV 的脉冲光激发，也可以实现掺杂电子自旋的极化。当外加磁场垂直于入射激光的光轴时，圆偏振泵浦光脉冲可以通过绝热拉曼过程来极化电子自旋，与直接吸收大于或者等于带边能量的圆偏振光产生的自旋极化载流子相比，在磁场中旋转的自旋极化进动有 $\pi/2$ 的相位差。这种方法不但可以产生自旋极化的电子，还避免了高于带边的光激发同时产生电子和空穴所带来的麻烦 [8]。采用克尔旋转来探测这类电荷可调量子点中的单电子自旋，可以降低对系统的干扰，因为这是对自旋态的非共振探测。采用能量分辨的磁光谱，不仅可以探测电子自旋极化的变化，还可以得到横向自旋寿命，既研究了量子点中的自旋动力学，还实现了光学操控单量子点中的自旋的非破坏性测量[9]。

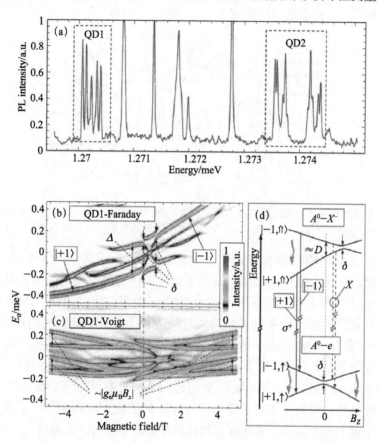

图 6-3 （a）零磁场下微区 PL 谱，两套相关的谱线（虚线框内）分别来自 Mn 掺杂的两个量子点 1 和 2；（b）、（c）在 Faraday 和 Voigt 构型下，量子点 1 由 σ^+ 偏振光激发的 PL 谱强度随磁场的变化关系（E_0=1.2702 eV）；（d）在 Faraday 构型下对应的 σ^+ 信号中重要能级示意图，反交叉 δ 发生的磁场大小决定了交叉能级的特征位置（上方为 A^0-X^- 态，下方为 A^0-e 态）。插图取自文献 [7]

有很多方法可以操控自旋，这里介绍其中的几种。设计出与微腔耦合的带电量子点，再利用激光脉冲序列，就可以实现双比特门的功能。将脉冲序列的启动时间定为 t=0，并使得脉冲间隔都等于一个拉莫尔周期，就可以保证每次激发的自旋都沿着同一轴线（定义为 x 方向）旋转。如果脉冲延迟为 1/4 或者 1/2 时钟周期，会导致自旋分别沿着 y 和 -x 方向旋转（图

6-4）。这种方法不仅可以高保真度地操控单量子比特和双量子比特，还可以在小于单个塞曼周期内完成自旋旋转操作所需的三个脉冲序列。常见体系的拉曼劈裂频率为 100 GHz，这种方法可以在 10 ps 内实现任意的单比特门操纵，而非局域两量子比特门的操作也只需要几十皮秒[10]。

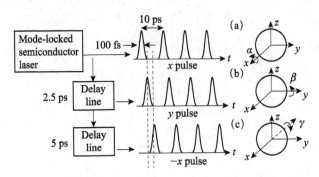

图 6-4　利用激光脉冲序列，操控电子自旋沿着不同的轴旋转：（a）沿 x 方向的脉冲序列；（b）沿 y 方向的脉冲序列；（c）沿 $-x$ 方向的脉冲序列。插图取自文献 [10]

利用非共振的皮秒光脉冲（图 6-5），Berezovsky 等实现了单电子自旋任意角度的旋转，并且检测了自旋操控的效果，通过与理论模型比对，发现自旋旋转的原因主要是电子和核自旋的相互作用。通过测量自旋旋转与激光失谐和强度的关系，发现光学斯塔克效应是操控自旋旋转的物理机制[11]。Greilich 等在 InGaAs 自组织量子点中，首先利用周期性的激光脉冲将量子点中的自旋制备到 z 方向（量子点生长方向）。当外加磁场沿 x 方向时，将激光调谐到 Trion 共振附近（图 6-6），就可以只操纵已有的电子自旋，而不产生新的自旋极化，控制激光来实现电子自旋沿着任意方向旋转[12]。采用光来调控半导体量子点中自旋，其速度比微波调控方法要快几个数量级。

利用单量子点自旋作为量子信息存储的主要障碍是，原子核磁场的缓慢变化导致了自旋退相干，通常其寿命只有纳秒量级。利用超快、全光学自旋回波技术，Press 等增大了量子点中自旋退相干时间，从纳秒量级增加到毫秒量级，这对于未来的光子量子信息处理器和中继网络的发展具有重要意义[13]。采用周期激光脉冲序列来同步自旋的相位和进动，Greilich 等通过双泵浦实验证实，优化响应时间可以有效地控制自旋系综的相干效应；这种相位的同步是非常稳固的，具有很强的信噪比。在由很多量子点组成的集合系统中，电子自旋进动频率的分布比较广，能够容忍一定的外部条件变化（包括激光的重复频率以及外加磁场强度等），所以可以用来构建自旋电子学和量子信息的硬件组件[14]。

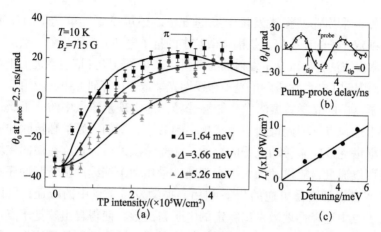

图 6-5 （a）当 X^- 跃迁处于三个不同大小的失谐条件 Δ，单自旋克尔旋转信号与翻转脉冲强度的依赖关系，其中的灰线是理论模拟结果；（b）翻转脉冲到达的时间为 $t_{tip}=1.3$ ns，探测激光固定在 $t_{probe}=2.5$ ns；（c）翻转脉冲强度 I_π 随失谐大小的变化关系。插图取自文献 [11]

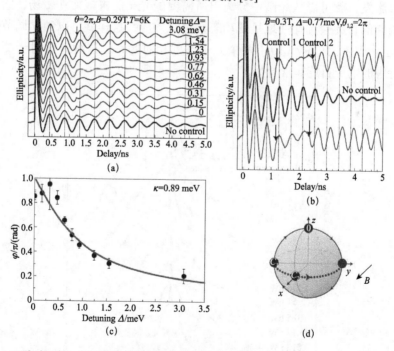

图 6-6 双脉冲调控：（a）椭偏度依赖于控制脉冲和泵浦脉冲的能量差（控制脉冲和泵浦脉冲之间有延迟）；（b）旋转角依赖于控制脉冲和泵浦脉冲的能量差；（c）间隔不同的控制脉冲得到的椭偏度（每一个控制脉冲都会引起沿着 z 轴的 $\pi/2$ 旋转，合作的效果是实现了沿着 z 轴方向的 π 旋转）；（d）用布洛赫球描述双脉冲控制，C_1 和 C_2 点分别标记为第一和第二控制脉冲对自旋的作用。插图取自文献 [12]

　　此外，采用非共振激发量子点的方法，还可以研究单光子的反聚束效应、纠缠双光子的产生以及强耦合微腔中的量子电动力学等现象。然而，这种非共振激发方法会导致光子发射的时间抖动，量子点跃迁谱展宽远大于跃迁线宽，从而限制了非共振激发单光子在线性光学量子计算研究中的应用。

　　量子点中的光学共振激发，能够选择性地实现量子点中的电子跃迁，可以克服上述缺点，因此得到了越来越多的关注。例如，光学翻转脉冲可以通过光学斯塔克效应来转动电子的自旋。在光学激发后，自旋在横向磁场下的转动量可以通过自旋进动的大小来判断；采用两个连续的翻转脉冲序列，还可以证实自旋翻转是可逆的[15]。利用共振激发量子点中的跃迁，可以在自组装量子点中选择性地激发出特定的电子自旋数，使得自组装量子点可以和近红外光子发生相互作用，从而提供静止量子比特和动态量子比特之间的接口。当共振激发产生量子点中的光学跃迁时，零磁场下，在荧光谱中观察到Mollow 三重态［图 6-7（a）］，这是共振荧光光谱的典型标志。通过光跃迁驱动共振激发，就可以从光谱中分离出所需要的光子。再施加外磁场，同一束激光诱导的自旋会选择性地呈现动态斯塔克效应，这样就可以独立调节带不同自旋标记的［图 6-7（b）］两个光子态的相对频率。这种方法对于测量量子比特中的电子自旋非常有用[16]。

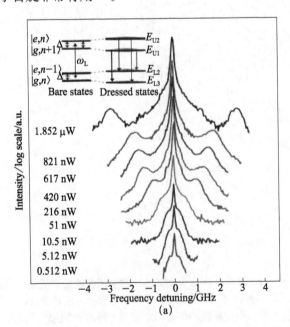

(a)

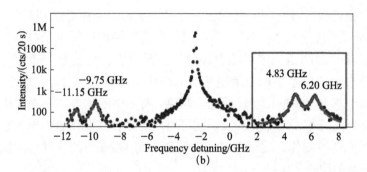

图 6-7　(a) 零磁场下,随着共振激光强度从 0.512 nW 增加到 1.852 μW 的 Mollow 三重态谱的演化过程;(b) 在 100 mT 外加磁场下,在频率为 2.5 GHz,功率为 13.2 μW 的调谐激光作用下,观测到自旋相关的 Mollow 态。插图取自文献 [16]

　　利用飞秒激光脉冲,可以对量子点中的电子进行量子操控 (图 6-8):首先改变激光脉冲的强度,可以观察到两个自旋态间发生了六个拉比振荡;然后,施加两个连续脉冲,观察到具有高对比度的拉姆齐干涉条纹,这种方法可以在飞秒量级内实现任意单比特门的操控;最后,通过对自旋初态和自旋末态的投影测量,可以实现全光学的自旋比特操控 [17]。

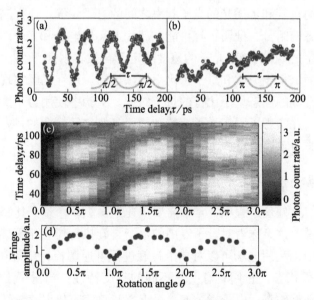

图 6-8　实验演示拉姆齐干涉。(a) 同一对 π/2 脉冲激发的拉姆齐干涉条纹;(b) 同一对 π 脉冲产生的拉姆齐干涉条纹,(a) 和 (b) 中的实验数据可以用指数衰减的正弦曲线来拟合;(c) 光子计数率随着旋转角度和脉冲间延迟时间的变化关系;(d) 拉姆齐条纹振幅与旋转角度的依赖关系。插图取自文献 [17]

受激拉曼激发带有相干光学场，可以用来相干调控 GaAs 量子点中带电激子 Trion 态的自旋，从而可以在拉莫尔进动周期内控制电子自旋。激子和自旋的退相干时间是决定退相干快慢的主要因素，它的寿命通常为皮秒量级，而掺杂量子点基态的自旋退相干时间大大增加，为 200～2500 ps[18, 19]。因此，基于基态电子的自旋进行光学调控会有更多的优势[20]。对单电荷量子点自旋基态进行相干瞬态光激发，就可以产生耦合和非耦合的电子自旋，再通过适当的调控操作，就可以实现自旋基态到 Trion 态的选择性激发以及部分自旋矢量的偏转[21]。

用光学方法读出单量子点中自旋的主要困难在于，同一束激光既要翻转电子自旋，又要读取电子自旋。在量子点分子中，可以采用单独、独立的各种状态来实现光学跃迁、操纵和测量，从而避免了单量子点依靠同一个跃迁来实现电子自旋制备、操纵和测量的困境。例如，采用外加电场来控制量子点分子，通过间歇性量子点共振荧光测量，可以获得实时的单电子自旋态，从而实现对自旋量子态的实时读取[22]。

在量子网络和量子通信中，最重要的环节是在静态自旋和动态光子量子比特之间产生有效的纠缠，Gao 等采用高速单光子探测器，成功地观察到半导体量子点的自旋和传播光的光子频率之间的量子纠缠，还探测到红光和蓝光频率叠加态的组分，证明了有可能在芯片上实现电子和光子纠缠。这个实施方案所产生的纠缠自旋-光子的速度决定于自发辐射速率[23]。纠缠光子已广泛应用于测试量子力学和量子密码学等领域中。现在已经实现了单光子极化和单电子自旋的固态量子比特的量子纠缠。实验中使用量子擦除技术来验证量子纠缠，并实现了固态量子比特和量子光场之间耦合的良好操控，相关研究为将来的固态量子光学网络提供了关键的构建模块[24]。

二、电场操控量子点中自旋态

在量子信息处理过程中，常常需要快速地操纵单个量子比特。对于自旋量子比特来说，这意味着对量子点中的电子自旋执行任意相干旋转调控。在单个量子点中，利用电场可以对单个自旋进行可逆调控，制备 0、+1e 和-1e 三种电子电荷状态，它们具有明显不同的自旋特性：当量子点在中性状态时，量子点是顺磁态；电子掺杂的量子点，其自旋态仍保持旋转不变性；空穴掺杂的量子点，其自旋按生长方向量子化[25]。

制备类似于场效应晶体管的自旋器件结构，用电学方法可以实现单电子自旋的操纵和探测。通常采用两种实验方法：直接测量电子通过量子点导致的电流；利用与量子点靠得很近的电荷探测器，检测量子点中电子数目的变化。后一种方法不需要电流直接通过量子点，实现了对量子点的无损测量。栅极电场可以用来调节量子点的化学势，从而实现了对单电子的完全操控，包括对自旋的调控。量子点中的自旋填充也可以通过磁场来实现，在磁场的作用下，不同自旋态的电子会发生塞曼劈裂，从而导致库仑峰位的偏移。假设不考虑磁场对量子点轨道能级的干扰，在添加第 N 个电子以后，量子点自旋的分量增加 1/2（添加的是自旋向上的电子），或者减少 1/2（添加的是自旋向下电子），这种电子自旋的变化会直接导致电化学势的改变。

对单自旋的操控是自旋量子信息处理中的核心。用电场替代磁场来调控具有重要意义，因为电场更容易实现对芯片的局部操控。图 6-9 给出了处在静态磁场中的量子点中的单电子。综合电子的自旋和轨道自由度，可以定义一个两能级量子比特系统。无须依赖随时间变化的磁场与自旋轨道的耦合，只需施加栅极电压就可以相干地操纵叠加自旋态，从而实现单量子比特旋转和非门操作。这种自旋量子比特更容易操纵，并且比电荷量子比特具有更好的品质因数[26]。

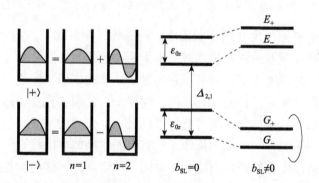

图 6-9 （a）自旋和轨道杂化波函数 $|+\rangle$ 和 $|-1\rangle$ 在空间振荡的示意图；（b）两轨道能级间距（$\Delta_{2,1}$）和恒定的塞曼能 ε_{0z} 的能谱（b_{SL} 是磁场梯度），其中，$|G_{\pm}\rangle$ 能级组成一个比特，而 $|E_{\pm}\rangle$ 是激发态。插图取自文献 [26]

利用局域栅极电压产生的振荡电场，可以对 GaAs 量子点中单电子自旋进行相干控制（图 6-10）。电场可以调制自旋轨道耦合相互作用，栅极电场诱导相干跃迁（拉比振荡），使得自旋在 55 ns 内就产生了 90° 旋转，证实了自旋量子比特全电动操作的可行性[27]。

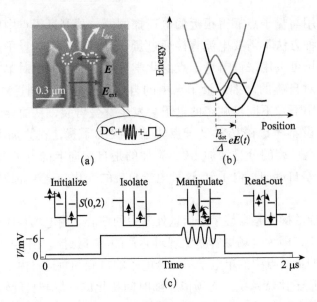

图 6-10 （a）器件结构扫描电镜照片，GaAs 异质结 90 nm 下面是二维电子气，TiAu 为栅
极，既可以施加 DC 电压，又可以对右边的栅极施加脉冲和微波；（b）在栅极激励下，沿
电场方向的电子波函数的中心位置和势阱深度会发生变化 [Δ 是轨道能级分裂，l_{dot} 是量
子点的尺寸，而 $E(t)$ 是电场]；（c）自旋操控和探测示意图。插图取自文献 [27]

  随着微电子器件尺寸的不断缩小，硅晶体管中的量子效应越来越重要。
一方面，对微处理器的进一步发展提出了重大挑战；另一方面，引发了一场
巨大的革新，自旋电子器件和基于它的量子计算机就属其中之一。硅单晶不
仅一直以来都是集成芯片的基石，而且同样也是未来实现量子器件和电路的
重要材料体系。硅中的单电子自旋可以代表一个孤立的量子比特，由于自旋
轨道耦合作用很弱，加上采用提纯工艺有可能将晶体中的核自旋浓度降到极
低的水平，所以会有很长的自旋相干时间。尽管如此，如何操控硅中的单电
子仍具有很大的挑战性。利用磷掺杂的硅，可按需在电子和核自旋之间产生
纠缠，从而形成一个量子系综。在低温高磁场条件下，可以利用电子顺磁共
振来极化 ^{31}P 核自旋，获得纯度足够的非经典的不可分割的初始状态（其保
真率可以达到 98%），并可以高保真地在 10^{10} 个自旋对中实现纠缠操作，满
足了硅基量子信息处理器的基本要求 [28]。Morello 等演示了单次发射并时
间分辨地读出硅中的电子自旋。注入磷元素做施主，并将它耦合到金属氧
化物半导体单电子晶体管中，从而制备出硅单电子自旋器件。在 1.5 T 磁场
下，他们观察到硅中自旋寿命大约是 6 s，而且自旋读出的保真度达到 90%
以上 [29]。

通过测量硅纳米线的量子点，可以完全理解前四个空穴自旋态的性质（图 6-11）。具体步骤是：首先，改变栅极电压，使得量子点中的空穴个数为 1；然后，详细研究硅中单个空穴自旋在垂直磁场下的塞曼劈裂，得到量子点中从一个到四个空穴的自旋基态结构。9T 下的磁谱测量结果表明，自旋向下和自旋向上的填充是交替排列的。此外，他们还证实了可以分别利用背栅和侧栅来控制器件中的空穴自旋[30]。

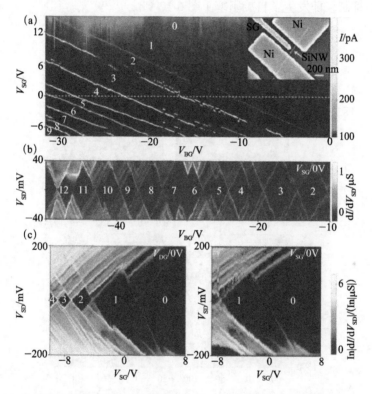

图 6-11　（a）电流与侧栅电压 V_{SG} 和背栅电压 V_{BG} 的变化关系（对角线对应于从 N 到 $N+1$ 的空穴跃迁，并用白色数字表示）；（b）dI/dV_{SD} 与背栅电压 V_{BG}、源漏电压 V_{SD} 之间的关系 [$V_{SG}=0$，即沿着图（a）中横着的白线]；（c）用两个栅极电压控制量子点中的电子数目，最后一个菱形完全打开，证实量子点中完全没有电子。插图取自文献 [30]

与单量子点不同的是，双量子点可以利用泡利自旋阻塞效应将自旋转化成电荷的输运。当两个量子点都有未配对的电子时，电子就可以通过自旋选择的相干隧穿在这两个量子点之间运动：当两个电子的自旋相反时，允许通过隧穿达到同一个量子点上；当两个电子的自旋平行时，不发生隧穿。这样就可以精细地探测双自旋态的量子系统了。Weber 等分别调控硅双量子点器件中量子点 1 和 2 中的电化学势，测量通过量子点器件的电流，得到一系列的三角谱图，并标定了两个量子点中不同自旋态之间发生的隧穿过程。例如，对于（1，2）→（0，3）的隧穿，偏置电压反向后的隧穿电流三角图谱表现出对称关系：在正负偏置两种情况下，单个未成对的自旋都可以自由地在两个量子点中隧穿［图 6-12（a）］。然而，对于（1，3）→（0，4）的隧穿，观察到明显的整流效应：在正向偏压下电流导通，而在负偏置下电流受到强烈的抑制，即发生了自旋阻塞［图 6-12（b）］[31]。

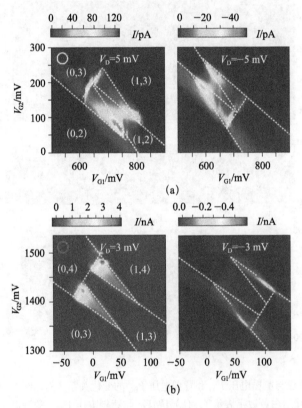

图 6-12　双量子点在（a）正负偏置情况下的（1，2）→（0，3）隧穿图谱；（b）正负偏置情况下的（1，3）→（0，4）隧穿图谱，并在负偏置情况下观察到自旋阻塞。插图取自文献 [31]

充分利用现代能带工程技术，同样可以设计出新型的单电子自旋晶体管，进而探测或操控其中的单自旋。针对不同的合金成分，栅极偏压对电子波函数的调制程度也不同。例如，硅锗异质结中硅锗的 g 因子不同，会造成电子波函数发生偏移并改变塞曼能，从而有效地操控单量子比特。将电子移动到更远的位置，并且与邻近的量子比特波函数发生重叠，就可以操控双量子比特。某些硅锗合金的量子相干长度超过 200 nm，当前的微纳加工工艺完全可以满足这个要求 [32]。

需要强调的是，上述工作采用的都是半导体行业中最重要的硅材料，这很可能开辟了通向新一代量子计算和量子自旋电子器件的重要途径。

三、磁共振操控量子点的自旋

通常认为，电子与原子核的超精细相互作用主导着半导体量子点中电子的自旋退相干过程。在外磁场中，如果能将电子自旋进动集中在几个特定的模式上，并且保持与激光脉冲同步，就抑制了作用在电子上的超精细核场，从而大大延长了电子自旋相干时间。这时，电子自旋进动所携带的信息刻印在原子核上，能够在黑暗中存储几十分钟。通过频率聚焦，驱动电子自旋汇集到一个几乎没有退相干的亚空间，有可能制备成单频进动的汇集系统 [33]。

很多方法都可以操控单电子在塞曼能级之间的跃迁，大家最熟悉的就是电子顺磁共振（ESR）和核磁共振。

在电子顺磁共振测量中施加与沿 z 方向静磁场垂直的高频磁场后，即可测量电子顺磁共振谱，此时自旋翻转共振跃迁的频率为 $f_{ac}=g\mu_B B/h$。利用这种方法，可以观测到单分子磁体 SMMV15 的量子相干性（图 6-13）。选择不同的频率，可以观察到 $S=1/2$ 基态和 $S=3/2$ 的激发态的量子振荡，其相干时间分别为（149±10）ns 和（188±4）ns，远小于自旋晶格弛豫时间（12 μs），从而保证了实现可扩展量子比特的可能性 [34]。

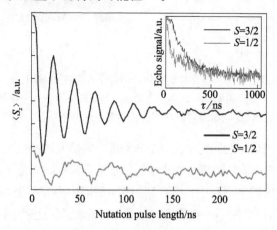

图 6-13　电子顺磁共振测得的平均自旋随时间的演化过程（浅色线为
$S=1/2$ 的基态，深色线为 $S=3/2$ 的激发态）；插图为 $S=1/2$（浅色线）
基态和 $S=3/2$（深色线）激发态的相干时间。插图取自文献 [34]

　　结合最近邻自旋之间的交换控制，驱动相干的单自旋旋转，就可以实现通用的量子操作：首先，在双量子点芯片上施加连续振荡磁场，在自旋相关输运测量中观察到电子自旋共振；然后，施加额外的振荡磁场脉冲，实现对电子自旋量子态的相干控制，并观察到八个左右的自旋振荡态（拉比振荡），发现量子点电流在很宽的范围内随着射频功率和脉冲时间而发生振荡变化（图6-14），其拉比振荡周期约为100 ns，这种缓慢的衰减或者是由于核涨落比自旋翻转慢，或者是由于自旋轨道相互作用减弱了对自旋相干的干扰。为了更好地理解拉比振荡的振幅和衰减随时间的变化关系，首先假设拉比振荡在两个量子点中的幅度相同，由于电子自旋动力学比核的自旋动力学行为快很多，因此包含两个自旋的塞曼劈裂以及射频场的含时哈密顿量理论模型可写成如下形式：

$$H = g\mu_B(B_{ext} + B_{L,N})S_L + g\mu_B(B_{ext} + B_{R,N})S_R + g\mu_B\cos(\omega t)B_{ac}(S_L + S_R)$$

这里$B_{L,N}$和$B_{R,N}$对应于左和右量子点中的核场。这个理论可以很好地描述随时间演化的自旋操作，模拟的结果如图6-14（a）所示[35]。

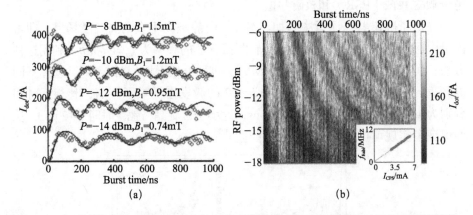

图 6-14　相干自旋翻转。（a）包含自旋态信息的量子点电流随射频脉冲长度的振荡关系，随着射频功率减小，振荡周期增大，阻尼也增大；（b）振荡量子点电流随射频功率和脉冲时间的变化关系，拉比频率对射频功率的依赖关系如插图所示。插图取自文献 [35]

　　在磁共振操控自旋的研究中，一个非常重要的研究体系是金刚石。金刚石的晶格与自旋无关，自旋轨道耦合作用很弱，是适合制备固态量子寄存器的理想载体。在同位素富集的金刚石中，可以利用 NV 缺陷中心和单个 ^{13}C 核构成的耦合系统，也可以利用 ^{13}C 的第一和第二核壳层的电子能级跃迁来进行量子计算。

　　金刚石中的单个 NV 缺陷中心与单个 ^{13}C 核构成了耦合系统，该系统在室温条件下也能够获得高保真的极化，并且可以分别探测出单电子和核自旋态。NV 中心的电子自旋（$S=1$）展现出非常慢的弛豫，其纵向弛豫时间为毫秒量级，相位记忆时间大约为 0.6 ms，所以这种缺陷已成为调控量子态和量子信息处理的重要候选者，基于它可以实现可扩展的量子寄存器以及高分辨率的磁强计。NV 中心是点缺陷，电子自旋主要都是局限在缺陷位，但是仍有 11% 的电子自旋态分布在最近邻的碳原子位置（这是由空位造成的悬键），因此，可以测量局域在缺陷附近的单个原子核，测量它所导致的超精细和偶极耦合。利用这种耦合，可以有效地控制两个 ^{13}C 核自旋，演示了它们之间的量子纠缠（图 6-15），获得了四个最大的纠缠态（贝尔态）[36]。

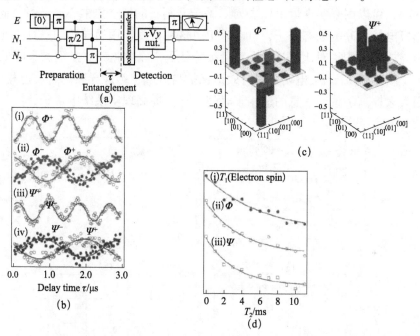

图 6-15 （a）用脉冲序列在金刚石中两个 ^{13}C 核自旋中产生贝尔态，用方框表示自旋选择脉冲，垂直方向的线表示逻辑关联，控制的比特态 $|1\rangle$ 和 $|0\rangle$ 分别用实心和空心圆表示；（b）贝尔态的拉姆齐条纹的六个相干态；（c）态密度矩阵重构中两个相干态 $\boldsymbol{\Phi}^-$ 和 $\boldsymbol{\Psi}^+$ 的实部；（d）贝尔态相干时间与电子的自旋晶格弛豫时间。插图取自文献 [36]

　　Neumann 等探讨了金刚石中单独可以寻址的、不同色心中单电子自旋间的长程磁偶极耦合，证明可以用它来制备量子逻辑元件。他们还发现，耦合强度强烈地依赖于电子自旋间的距离，所以可以用耦合强度来描述单量子比特（98 ± 3）Å 之间的距离，其精度接近于晶格间距值。采用这种体系，他们演示了电子自旋的相干控制，选择性地读取电子自旋态，并且能调整交互耦合的强弱。这种基于金刚石中电子自旋的光学寻址方案，为固态量子器件在室温条件下操作提供了一种可行的方案 [37]。利用互相耦合的 NV 缺陷中心，可以形成大量的量子比特，从而进行量子计算：如果缺陷中心的间距在 10 nm 以内，就可以利用光学偶极矩跃迁把它们耦合起来——现在已经可以利用电子显微镜来制造缺陷，并且聚焦精度可以到 1 nm 以下，因此，完全有可能通过制备纳米量级间距的缺陷矩阵，开展量子计算的研究[38]。

对金刚石中 NV 缺陷中心的单个电子和单个 ^{13}C 的核自旋的实验研究，已经发现了固体中单个核自旋的拉比振荡，并且已经用于量子逻辑 NOT 和条件双比特门（CROT）。在 CROT 的密度矩阵成像实验中，门保真度达到了 90%，可以用来实现量子算法[39]。基于金刚石的氮空位中心，采用一定强度栅极电场脉冲的动态修正，可以矫正由核和自旋作用而导致的失真，使得噪声与控制场的相对比值从两个数量级降低到六个数量级，从而大大降低失真率（图 6-16）。栅极电场可以有效地保护自旋晶格弛豫导致的自旋退相干，从而大大提高了量子信息的退相干时间，这是提高现实系统中量子计算容错率的有效途径[40]。

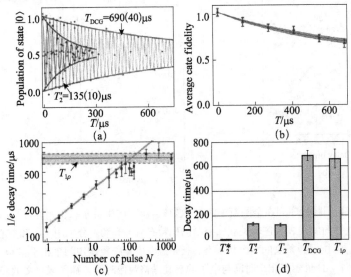

图 6-16　(a) 金刚石 NV 中心里，动力学栅极脉冲和平面脉冲导致的量子振荡（深色的量子振荡为平面脉冲导致的拉比振荡，而浅色的量子振荡为 5 个栅极脉冲导致的，外部包洛为拟合结果）；(b) 通过量子过程层析成像，获得在 5 个栅极脉冲作用下量子振荡保真度的衰减变化；(c) 周期性的动力学解耦可以增加退相干时间，在使用超过 1000 个脉冲后，延长的相干时间主要受限于自旋晶格弛豫时间（660 μs）；(d) 衰减时间的比较，T_2^* 为没有动力学退相干控制，T_2' 为单个重新聚焦 π 脉冲作用下的结果，而 T_2 为一个正常的脉冲作用的结果，T_{DCG} 为五个动力学修正栅极脉冲的结果，$T_{1\rho}$ 是自旋晶格弛豫时间。插图取自文献 [40]

寻找固体中的最优动力学解耦，可以进一步延长电子的自旋退相干时间，对量子计算的发展非常重要。在丙二酸晶体中电子自旋相干过程的研究中，通过顺磁共振实验，验证了脉冲动力学解耦的可行性：没有动力学解耦时，自旋相干时间是 0.04 ms；采用单个动力学解耦控制，其相干时间为 6.2 ms；七脉冲为最优动力学解耦序列，自旋相干时间延长到大约 30ms。通过实验结果与微观理论的比较，成功证实了固体中相关的电子自旋退相干机制，并且这种脉冲动力学解耦也可以应用于其他固态系统（如金刚石 NV 中心），利用这种方法可能实现室温固体自旋量子相干控制 [41]。

对于具有较强自旋轨道相互作用的材料，自旋共振也可以由高频电场产生：电子高频振荡产生了与动量有关的有效磁场，作用于电子自旋，从而发生了共振。例如，在 GaAs 二维电子气中施加高频电场，在微米尺度的通道中，自由电子以几十 GHz 的频率进行弹跳，从而产生自旋共振。然而，芯片上的自旋共振实验是非常困难的。当振荡的自旋轨道耦合场与静磁场中的电子进动处于共振时，自旋的弛豫时间大大增加，就有可能利用电学方法来测量纯自旋流。自旋轨道相互作用还可以用来操控自旋电子学器件的电子自旋，即使没有外加交流电场，也可以利用栅极来调控弹道纳米结构中自旋的相干旋转 [42]。

除了在量子计算领域，磁共振波谱在化学分析领域也具有非常重要的应用价值。通过在动态解耦控制条件下对金刚石 NV 中心的退相干测量，可以成功地在纳米距离附近检测单个 ^{13}C 核的自旋。对单分子结构分析的最终目标是直接测量由单核组成的相互作用集群。如图 6-17 所示，通过测量一个位于偏离 NV 中心约 1 nm 的 ^{13}C—^{13}C 的核自旋二聚体，可以表征原子核自旋相互作用的特性。通过分析核自旋二聚体的测量结果，得到了原子尺度分辨率的二聚体的空间构型。相关结果表明，结合先进的材料表面工程和内部自旋退相干动态解耦控制，核磁共振有可能成为分析单分子结构的一种有效探针 [43]。

核磁共振技术还可以实现对纳米结构的非侵入性分析，对于均匀球形电荷分布的原子，核磁共振的谱线很窄，这有利于检测。然而，对于非球形电荷分布的原子，会出现电四极矩，导致核磁共振谱线加宽，不利于检测。应变通常可以诱导出显著的四极 NMR 光谱展宽，所以，它的应用一直都被限

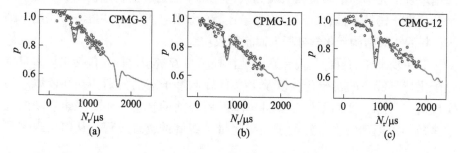

(a)　　　　　　　　　(b)　　　　　　　　　(c)

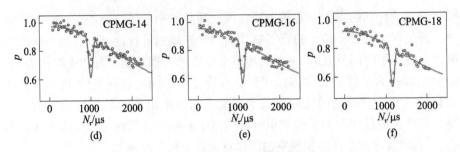

图 6-17　核自旋二聚体的相互作用：在不同的动态脉冲解耦控制下，金刚石 NV 中心自旋退相干随时间的整体演化过程（脉冲数分别为 8，10，12，14，16 和 18，纵轴表示系统处于 |0⟩ 态的概率）。圆圈是实验数据，实线是理论模拟。插图取自文献 [43]

制在无应变半导体纳米结构中。采用连续宽带射频激发光谱模式，核磁共振方法成功地探测了包含 1×10^5 个四极核自旋的单个应变纳米结构。这种技术不但可以检测量子点中的应变分布和化学组成，还可以解决在量子信息处理过程中核自旋的精确控制问题[44]。

核自旋噪声是纳米结构中自旋量子比特退相干最主要的来源，核自旋是产生局部磁场的根源，通过控制核自旋来增强局部磁场并降低噪声，是有效操控自旋量子比特的途径之一。III 和 V 族的同位素具有很大的自旋，并且有不同的旋磁比，所以基于此类纳米尺度应变材料的核磁共振谱线，会出现较大的原子依赖四极矩谱线偏移。普通的核磁共振方法难以探测，通过啁啾射频脉冲来测量核磁共振，不仅实现了含有 10^5 个核自旋的量子点中的核自旋翻转，还证实了可以连续翻转 100 次以上。啁啾核磁共振是测定化学成分、自旋的初始温度和所有主要同位素四极矩频率分布的强大方法，还可以用来操纵纳米级的非均匀核自旋集合，以及探索这种介观系统中的自旋相干物理过程[45]。

四、展望

在过去的 20 多年里，量子点中的自旋调控已经取得了长足的进步，我们深刻理解了光学、电学及磁共振方法调控量子点自旋的物理机制，实现了单个自旋量子比特和耦合的双自旋量子比特的操作，并在磁共振波谱应用于纳米材料的空间结构和化学分析方面获得成功。

下一步研究的目标是高保真度地操控多自旋量子比特：包括实现多自旋量子比特自旋态的初始化，以及多个自旋态量子态的分别调控和读取。为实现这一目标，我们不仅需要进一步发展当前的技术，还要探索崭新的技术途径，深刻理解多自旋量子比特间量子纠缠的物理过程，从而实现多自旋量子比特的可控操作。实现了上述目标，就会对未来信息技术的发展产生革命性的影响；在此过程中发现的新技术，也可以应用到材料、物理和化学等相关领域。

王开友（中国科学院半导体研究所，

中国科学院半导体超晶格国家重点实验室）

参 考 文 献

[1] Loss D, DiVincenzo D P. Quantum computation with quantum dots. Phys. Rev. A, 1998, 57:120.

[2] DiVincenzo D P. Quantum computation. Science, 1995, 270:255.

[3] Krebs O, Benjamin E, Lemaître A. Magnetic anisotropy of singly Mn-doped InAs/GaAs quantum dots. Phys. Rev. B, 2009, 80:165315.

[4] Besombes L, Léger Y, Maingault L, et al. Probing the spin state of a single magnetic ion in an individual quantum dot. Phys. Rev. Lett., 2004, 93:207403.

[5] Kudelski A, Lemaître A, Miard A, et al. Optically probing the fine structure of a single Mn atom in an InAs quantum dot. Phys. Rev. Lett., 2007, 99: 247209.

[6] Baudin E, Benjamin E, Lemaître A, et al. Optical pumping and a nondestructive readout of a single magnetic impurity spin in an InAs/GaAs quantum dot. Phys. Rev. Lett., 2011, 107:197402.

[7] Krebs O, Lemaître A. Optically induced coupling of two magnetic dopant spins by a photoexcited hole in a Mn-doped InAs/GaAs quantum dot. Phys. Rev. Lett., 2013, 111:187401.

[8] Carter S G, Chen Z, Cundiff S T. Ultrafast below-resonance Raman rotation of electron spins in GaAs quantum wells. Phys. Rev. B(R), 2007, 76:201308.

[9] Berezovsky J, Mikkelsen M H, Gywat O, et al. Nondestructive optical measurements of a single electron spin in a quantum dot. Science, 2006, 314:1916.

[10] Clark S M, Fu K M C, Ladd T D, et al. Quantum computers based on electron spins controlled by ultrafast off-resonant single optical pulses. Phys. Rev. Lett., 2007, 99:040501.

[11] Berezovsky J, Mikkelsen M H, Stoltz N G, et al. Picosecond coherent optical manipulation of a single electron spin in a quantum dot. Science, 2008, 320:349.

[12] Greilich A, Economou S E, Spatzek S, et al. Ultrafast optical rotations of electron spins in quantum dots. Nat. Phys., 2009, 5:262.

[13] Press D, De Greve K, McMahon P L, et al. Ultrafast optical spin echo in a single quantum dot. Nature Photonics, 2010, 4:367.

[14] Greilich A, Yakovlev D R, Shabaev A, et al. Mode locking of electron spin coherences in

singly charged quantum dots. Science, 2006, 313:341.

[15] Gupta A, Knobel R, Samarth N, et al. Ultrafast manipulation of electron spin coherence. Science,2001, 292:2458.

[16] Vamivakas A N, Zhao Y, Lu C Y, et al. Spin-resolved quantum-dot resonance fluorescence. Nature Physics, 2009, 5:198.

[17] Press D, Ladd T D, Zhang B Y, et al. Complete quantum control of a single quantum dot spin using ultrafast optical pulses. Nature, 2008, 456:218.

[18] Tribollet J, Bernardot F, Menant M, et al. Interplay of spin dynamics of trions and two-dimensional electron gas in a n-doped CdTe single quantum well. phys. Rev. B, 2003, 68: 235316.

[19] Kennedy T A, Shabaev A, Scheibner M, et al. Optical initialization and dynamics of spin in a remotely doped quantum well. Phys. Rev. B, 2006, 73: 045307.

[20] Dutt M V G, Cheng J, Wu Y W, et al. Ultrafast optical control of electron spin coherence in charged GaAs quantum dots. Phys. Rev. B, 2006, 74:125306.

[21] Wu Y W, Kim E D, Xu X D, et al. Selective optical control of electron spin coherence in singly charged GaAs-$Al_{0.3}Ga_{0.7}As$ quantum dots. Phys. Rev. Lett., 2007, 99:097402.

[22] Vamivakas A N, Lu C Y, Matthiesen C, et al. Observation of spin-dependent quantum jumps via quantum dot resonance fluorescence. Nature , 2010, 467:297.

[23] Gao W B, Fallahi P, Togan E, et al. Observation of entanglement between a quantum dot spin and a single photon. Nature, 2012, 491:426.

[24] Léger Y, Besombes L, Fernández-Rossier J, et al. Electrical control of a single Mn atom in a quantum dot. Phys. Rev. Lett., 2006, 97:107401.

[25] Léger Y, Besombes L, Fernández-Rossier J, et al. Electrical control of a single Mn atom in a quantum dot. Phys. Rev. Lett., 2006, 97:107401.

[26] Tokura Y, Wilfred G. van der Wiel, Obata T, et al.Coherent single electron spin control in a slanting zeeman field.Phys. Rev. Lett., 2006, 96: 047202.

[27] Nowack K C, Koppens F H L, Nazarov Y V, et al.Coherent control of a single electron spin with electric fields. Science, 2007, 318:1430.

[28] Simmons S, Brown R M, Riemann H, et al.Entanglement in a solid-state spin ensemble. Nature, 2011, 470: 69.

[29] Morello A, Pla J J, Zwanenburg F A, et al. Single-shot readout of an electron spin in silicon. Nature, 2010, 467: 687.

[30] Zwanenburg F A, van Rijmenam C E W M, Fang Y, et al.Spin states of the first four holes in a silicon nanowire quantum dot. Nano Lett., 2009, 9:1071.

[31] Weber B, Matthias Tan Y H, Mahapatra S, et al.Spin blockade and exchange in Coulomb-confined silicon double quantum dots.Nature. Nano, 2014, 9:430.

[32] Vrijen R, Yablonovitch E, Wang K , et al.Electron-spin-resonance transistors for quantum computing in silicon/germanium heterostructures.Phys. Rev. A, 2000, 62: 012306.

[33] Greilich A, Shabaev A, Yakovlev D R.Nuclei-induced frequency focusing of electron spin coherence.Science, 2007, 317: 1896.

[34] Yang J H, Wang Y, Wang Z X, et al.Observing quantum oscillation of ground states in single molecular magnet.Phys. Rev. Lett., 2012, 108: 230501.

[35] Koppens F H L, Buizert C, Tielrooij K J, et al.Driven coherent oscillations of a single electron spin in a quantum dot.Nature, 2006, 442: 766.

[36] Neumann P, Mizuochi N, Rempp F, et al.Multipartite entanglement among single spins in diamond. Science, 2008, 320: 1326.

[37] Neumann P, Kolesov R, Naydenov B, et al.Quantum register based on coupled electron spins in a room-temperature solid.Nature Phys., 2010, 6:249.

[38] Martin J, Wannemacher R, Teichert J, et al.Generation and detection of fluorescent color centers in diamond with submicron resolution.Appl. Phys. Lett., 1999, 75: 3096.

[39] JelezkoF, Gaebel T, Popa I, et al. Observation of coherent oscillation of a single nuclear spin and realization of a two-qubit conditional quantum gate, , Phys. Rev. Lett., 2004, 93:130501.

[40] Rong X, Geng J P, Wang Z X, et al.Implementation of dynamicallycorrected gates on a single electron spin in diamond.Phys. Rev. Lett., 2014, 112:050503.

[41] Du J F, Rong X , Zhao N , et al.Preserving electron spin coherence in solids by optimal dynamical decoupling.Nature, 2009, 461: 1265.

[42] Frolov S M. Lüscher S, Yu W, et al. Ballistic spin resonance. Nature, 2009, 458:868.

[43] Shi F Z, Kong X, Wang P F, et al.Sensing and atomic-scale structure analysis of single nuclear-spin clusters in diamond.Nature Phys., 2014, 10:21.

[44] Chekhovich E A, Kavokin K V, Puebla J, et al. Structural analysis of strained quantum dots using nuclear magnetic resonance.Nature Nano., 2012, 7: 646.

[45] Munsch M, Wüst G, Kuhlmann A V, et al. Manipulation of the nuclear spin ensemble in a quantum dot with chirped magnetic resonance pulses.Nature Nano., 2014:9, 671.

第二节 半导体自旋电子器件中的自旋注入、检测和滤波

研究半导体自旋电子学的最终目标是要找到在半导体中操控自旋极化输运的有效办法，使得像自旋场效应晶体管（sFET）这类概念器件能真正成为仅依靠反转自旋取向就能完成逻辑运算的器件。为此，必须完成以下几个基本功能：首先是要能够实现从铁磁体向半导体注入自旋极化电流；其次是在自旋极化电流由注入电极向探测电极输运的过程中要能用有效的办法操控自旋极化电流的自旋取向；最终，在到达漏电极时能按自旋取向不同（而非按电荷量的多少）检测出信号，也即自旋滤波或自旋检测的功能。要想实现半导体 sFET 器件的最终目标，必须首先弄清上述过程所涉及的基本物理问题，

寻找出解决方案。除了下面要详细介绍的自旋注入和检测外，还涉及自旋流在源、漏电极间沟道中的输运和如何实现对其自旋极化的有效操控，将会在其他有关章节对其做详细介绍，这里只是简要地提及遇到的主要问题。操控自旋流自旋取向的主要方案是采用电学可操控的、由自旋-轨道耦合效应产生的有效磁场。另外，自旋流从注入极流到探测电极过程中要确保它所载的自旋信息不会被必然存在的自旋退相干过程抹去。这里会发生相互矛盾的现象，例如，为实现自旋取向有效调控所需的强自旋-轨道耦合效应必然会同时加快自旋退相干的过程。由此可以看出一般所涉及的物理问题的复杂性。

一、由铁磁体向半导体的自旋注入

由于铁磁体在室温下仍具有很高的自旋极化度，采用铁磁体往半导体注入自旋流似乎是很自然的选择。然而，早在 2000 年 Schmidt 等[1] 在假设与电子的其他散射相比，自旋散射要慢得多的情况下，发现自旋方向相反的电子的电化学势是不一样的，并且它们在铁磁体/半导体异质结构的两侧具有特定的空间分布。当在半导体体内只考虑扩散电流的贡献时，用简单的欧姆定律，他们发现向半导体注入的电流几乎没有自旋极化度。考虑一个典型的探测 FM/SC 界面，半导体一侧自旋积累的非局域电极的几何配置，电流沿 x 轴方向流动，具体如图 6-18 所示。

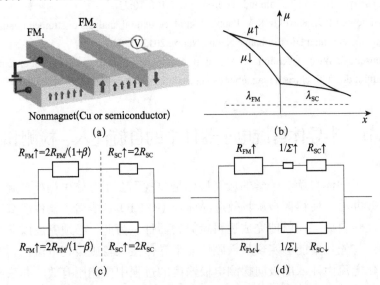

图 6-18 （a）探测 FM/SC 界面半导体一侧自旋积累的非局域电极配置；（b）由 FM$_1$ 注入的自旋积累向电极两侧沿相反方向扩散时自旋分辨电化学势的空间变化；（c）和（d）没有和有对自旋有选择性的界面势垒层时的等效电路

　　假定铁磁体中自旋向上、向下的电子分别沿两个独立通道越过 FM/SC 界面注入半导体一侧（也即在 FM 一侧没有自旋交换散射）。定义 FM 体自旋极化度为 $\beta=\left(\sigma^{\uparrow}-\sigma^{\downarrow}\right)/\left(\sigma^{\uparrow}+\sigma^{\downarrow}\right)$，其中 $\sigma^{\uparrow}$，$\sigma^{\downarrow}$ 分别为铁磁体内自旋向上、向下的电导率。FM 中每个自旋通道的电阻为 $R_{\mathrm{FM}}^{\uparrow\downarrow}=2R_{\mathrm{FM}}/(1\pm\beta)$，总电阻 R_{FM} 为 $R_{\mathrm{FM}}^{\uparrow}$ 和 $R_{\mathrm{FM}}^{\downarrow}$ 的并联。同样，在半导体一侧也可以用自旋向上、向下两个通道的并联来描述其中的输运过程。但是，由于半导体能带是自旋简并的，两个自旋方向上在费米面上的态密度是一样的，故 $\beta=0$，$R_{\mathrm{SC}}^{\uparrow\downarrow}=2R_{\mathrm{SC}}$。这样就可以用图 6-18（c）的等效电路来描述由 FM 向 SC 的注入过程。

　　定义电流的自旋极化度 $\gamma=\left(j^{\uparrow}-j^{\downarrow}\right)/\left(j^{\uparrow}+j^{\downarrow}\right)$，经简单计算可得

$$\gamma=\beta\frac{R_{\mathrm{FM}}}{R_{\mathrm{SC}}}\frac{1}{R_{\mathrm{FM}}/R_{\mathrm{SC}}+\left(1-\beta^{2}\right)}\qquad(6\text{-}1)$$

由式（6-1）可导出一个重要结果：虽然半导体中电流的自旋极化度正比于铁磁金属中的自旋极化度 β，但是，起决定因素的是 $R_{\mathrm{FM}}/R_{\mathrm{SC}}$ 的比值，它最终决定了注入电流自旋极化度的大小。一般而言，$R_{\mathrm{FM}}/R_{\mathrm{SC}}\approx10^{-4}$，注入电流自旋极化度就很小了（<0.1%[1]）。这主要是因为自旋由 FM 向 SC 的注入过程是一个扩散过程，电化学势在界面 x_0 处是连续的，也即 $\mu_{\uparrow(\downarrow)}\left(x=x_0^{+}\right)=\mu_{\uparrow(\downarrow)}\left(x=x_0^{-}\right)$。这种情况下，FM 和 SC 之间的电导失配成为主要障碍。很自然，人们想到，如果能将一个隧穿势垒插入 FM 和 SC 之间，并且在隧穿注入过程中不发生自旋反转，它的作用只是增加 $R_{\mathrm{FM}}^{\uparrow\downarrow}$ 的阻值。由式（6-1）可知，这会大大提高注入电流的自旋极化度。这种情况下的等效电路如图 6-18（d）所示。实际上，界面隧穿势垒使得在外偏压下两边的电化学势不相等，这样就可以定义一个与自旋取向有关的界面电阻 $r_{\uparrow(\downarrow)}$ [2]：

$$\mu_{\uparrow(\downarrow)}\left(x=x_0^{+}\right)-\mu_{\uparrow(\downarrow)}\left(x=x_0^{-}\right)=r_{\uparrow(\downarrow)}J_{\uparrow(\downarrow)}\left(x=x_0\right)$$

其中，$\mu_{\uparrow}\left(x=x_0^{+}\right)$，$\mu_{\downarrow}\left(x=x_0^{+}\right)$ 和 $\mu_{\uparrow}\left(x=x_0^{-}\right)$，$\mu_{\downarrow}\left(x=x_0^{-}\right)$ 分别为两个自旋方向上的电化学势在界面 x_0 左（+）和右（-）的值。所导出的界面电阻为

$$r_{\uparrow(\downarrow)}=2r_b^{*}[1\mp\gamma]\qquad(6\text{-}2)$$

　　对于铁磁金属/普通金属界面而言，r_b^{*} 为 $10^{-16}\sim10^{-15}\,\Omega\cdot m^2$，非常小，但是在嵌入绝缘层后，$r_b^{*}$ 就大多了。γ 是自旋相关隧穿的极化度[3]。Rashba[4]讨论了隧穿势垒电阻应该多大才能实现高自旋极化度注入的条件，发现只要

$r_T \geqslant L_F / \sigma_F$ 和 $r_T \geqslant \min\{L_{SC}, w\} / \sigma_{SC}$ 即可。其中，L_F 和 L_{SC} 是 FM 和 SC 中的自旋扩散长度，σ_F 和 σ_{SC} 是它们各自的电导率，w 是 SC 层的宽度。事实上，上述条件是可以实现的。

根据上述思想，目前已采用了许多不同 FM/SC 自旋注入结构，获得了较高的自旋注入极化度。

2002 年 Hanbicki 等 [5] 为了利用 Fe/GaAs 异质结获得向 GaAs 高极化度的自旋注入，在 GaAs 一侧设计了一种特殊的掺杂分布，具体如 6-19（b）所示。紧靠界面的高掺杂层保证了 Schottky 势垒比较薄，尽量减少隧穿过程中的自旋反转散射，而离界面稍远的体内，掺杂浓度降到 $4 \times 10^{16} \mathrm{cm}^{-3}$ 的水平，以减少冷电子与注入电子间的自旋交换散射。这一结构后来被广泛地采用。2007 年 Li 等 [6] 采用了上述电注入结构与发光二极管（LED）结合的方案。要想从电荧光的极化度 P_{circ} 导出注入电子的自旋极化度 P_e，需要先理解所涉及的多重过程。首先，自旋极化的电子被注入半导体的导带，其动能高于 kT。其次，在它们与空穴复合以前，需要弛豫到导带底，在此过程中会发生自旋散射和退相干，从而使测量到的电荧光极化度远小于最初注入电子的极化度。通过下述关系 [7] $P_e = P_{circ}(1 + \tau_r / \tau_S)$ 就可以从电荧光的极化度 $P_{circ} = (I^+ - I^-) / (I^+ + I^-)$ 推出电子极化度，其中 I^+，I^- 分别为电荧光中 σ^+，σ^- 圆偏振光的强度；τ_r，τ_S 则分别为复合发光寿命和自旋相干时间；由光学泵浦实验得知 τ_r 和 τ_S 大致相等。采用上述方法，他们在 50K 的温度下求得的注入电子自旋极化度 P_e 高达 55%。

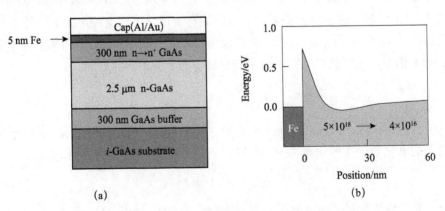

(a)   (b)

图 6-19　Fe/GaAs 异质结自旋注入结构示意图 [5]

除了采取前面所述的半导体 Schottky 势垒作为自旋注入结构外，另一显

而易见的选择是采用绝缘层做隧穿势垒。van't Erve 等 [8] 同样采用自旋注入
结与 LED 相结合的方式比较了 Fe/AlGaAs 和 Fe/Al$_2$O$_3$ 两种隧穿注入结的性能。
与以往不同的是生长在 AlGaAs 的 Fe 是晶态的。采用 Fe/AlGaAs Schottky 注
入结构得到的电子自旋极化度约为 32%；Fe/Al$_2$O$_3$ 注入结构得到的电子自旋
极化度最高为 40%（一般为 30%）。但是，前者所需的功耗要小得多，这对
将来的自旋器件也很重要。

如图 6-18（d）所示，如果界面电阻是自旋相关的，对提高自旋极化
度有很大好处。Wada 等 [9, 10] 采用 Au/Fe$_3$O$_4$/n-AlGaAs 结构做自旋注入（图
6-20）。Fe$_3$O$_4$ 具有亚铁磁结构，理论预计它在室温下仍具有很高的自旋极化
度。它的另一重要物性是在 120K 时会发生 Vewey 转变，出现电荷有序相：
Fe^{2+} 和 Fe^{3+} 形成有序排列，材料呈现绝缘体性能。

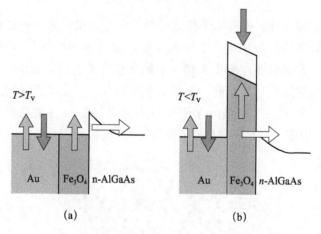

图 6-20　（a）当 $T>T_V$ 时 Fe$_3$O$_4$ 层处于金属相时的隧穿注入过程；（b）当 $T<T_V$ 时 Fe$_3$O$_4$ 层
处于绝缘相时的隧穿注入过程，在 300K 得到的电子自旋极化度约
为 10%。插图取自文献 [9] 和 [10]

在 FM/SC 界面插入一层薄绝缘层形成 FM/I/SC 隧穿结构虽然避免了阻抗
失配造成的低自旋注入效率的问题，但同时带来了由薄绝缘层中缺陷、陷阱
电荷和材料间相互扩散等产生的新问题。2012 年 Van't Erve 等 [11] 采用将单层
石墨烯夹在 FM 和 SC 之间构成一种新型自旋注入结构。石墨烯虽然在平面
内有很高的电导，但是沿垂直方向是绝缘的。它提供了无针孔的原子层平整
性、化学和热稳定的新型隧穿势垒，预计可以避免普通绝缘层的上述固有问
题。具体的非局域自旋探测结构示意图如图 6-21 所示。就硅自旋 MOS 场效
应晶体管之类的器件而言，FM/Si 接触的电阻与面积乘积是决定器件能否实

用的关键参数[12]。它是一个由硅导电沟道电导、自旋寿命和电极宽度与间隙等共同决定的参量。以往所有普通的 FM/I/Si 隧穿结构都达不到该参数的要求，只有 FM/ 石墨烯 /Si 隧穿结构才符合。这是它的优势所在。

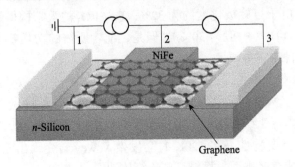

图 6-21　单层石墨烯夹层隧穿示意图

　　除了石墨烯以外，由硅原子构成的单原子层二维晶体——硅烯，它的能隙和自旋极化态场可以用垂直电场来调控。2013 年 Tsai 等[13] 采用第一性原理进行计算，发现分布在布里渊角区上的狄拉克锥可以有近 100% 的自旋极化度。如果用它来做自旋滤波，不仅效率高而且可以受垂直电场的调控。在如图 6-22 所示带有三个栅极的 Y 形结构中分流至栅 2，3 的电流具有相反的自旋 / 谷的自由度，也是一种自旋 / 谷的注入 / 滤波效应。

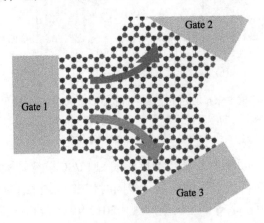

图 6-22　硅烯自旋滤波结构示意图

　　最后应当指出，自旋注入是为了在半导体中产生自旋流。从广义的角度而言，产生自旋流的方法有很多，自旋注入只是其中一种。其他产生自旋流的方法，如自旋 Hall 效应、量子棘轮效应等，将在其他相应章节中介绍。

二、自旋的电学检测 [14]

在进行自旋注入时，采用了正向偏置的 FM/SC 异质结构（FM 加负，SC 加正）。同样的 FM/SC 异质结构在负向偏置时是否可以完成对积累在 SC 一侧界面附近的自旋的探测？为此，最简明的方法是采用光泵在 GaAs 中产生自旋极化的电子，再用离光泵区不远的 FM/SC 异质结构进行探测。这相当于自旋注入的逆过程。FM/SC 异质结两端的电压极性和大小将随半导体一侧积累的自旋取向变化而变化；大小与半导体一侧所积累的自旋极化度成正比。具体的测量配置如图 6-23（a）所示。泵浦光经过光弹调制器 PEM 后变成左圆/右圆调制的光，它在没有 FM 层覆盖的 GaAs 区激发出自旋沿 $+z$ 和 $-z$ 方向极化的电子，在沿 x 方向的恒流电流驱动下流向右边的 FM/SC 结。在该过程中由于沿 y 方向的外加磁场 $\pm B_y$ 作用下的进动，当电子到达探测电极时可以与 FM 沿 x 方向的磁化矢量平行或反平行。那么在探测电极应当看到相应的变化。

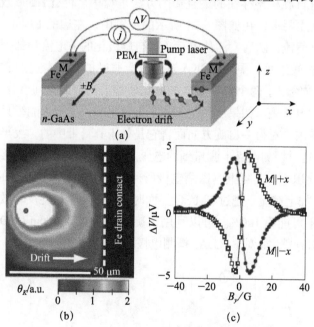

图 6-23　光学自旋注入电学自旋检测的测量配置和结果 [14]

图 6-23（b）是用 Kerr 显微镜得到的光激发自旋在 x-y 平面内分布，可很清楚地看到它被电场驱向探测电极。由图 6-23（c）可很清楚地看到，随 B_y 磁场从零增加，当电子自旋与 FM 电极磁化矢量同方向时，FM/SC 结上的电压变化 ΔV 会达到最大值，随后又衰减到零；并且随 B_y 磁场反向，其极性

也随之反转。这就是所谓的 Hanle 效应。应当指出，实际上，在图 6-23（a）中左、右两个 FM 电极上的总电压是很大的，与自旋相关的电压变化 ΔV 只有 mV 量级，只是总电压的百万分之几。尽管如此，上述实验表明，由 FM/SC 构成的 Schottky 隧穿势垒能对来自未被覆盖 GaAs 沟道的部分的自流极化流进行检测。

但是要对如图 6-24 所示的电注入自旋进行非局域探测要复杂得多。左边 F1 的 FM 电极在恒流源的驱动下向 SC 注入了自旋极化的电子，右边 F2 的 FM 电极用来探测由 F1 注入的自旋极化电子经扩散到 F2 的自旋。人们已经发现，当有电荷流流过一个 FM/SC 探测电极时［如图 6-23（a）中的测量配置］，就会因局域 Hall 效应、各向异性磁阻（AMR）和隧穿各向异性磁阻（TAMR）效应等产生背景信号[15]。为了避免出现这种情况，能采取的措施就是将电荷流与自旋流分开，即所谓的非局域的探测方案[16, 17]，如图 6-24 所示。另外，确认有自旋积累存在的最直接的方法是观察是否有 Hanle 效应［图 6-23（c）］。根据上述要求，在如图 6-24 所示的配置中，左边的 F1 向 SC 一侧注入自旋极化的电荷流；随后，漂移电荷（无自旋极化的）电流和部分自旋流会被 F1 左边的电极吸纳掉；剩下的注入自旋流会通过扩散向右边的 F2 电极流动。图 6-24 的下方给出了两个自旋方向的电化学势沿沟道的空间变化。F2 是探测自旋极化度的电压表。如果所用的 FM 是半金属的，其费米能级只处于一个自旋方向的能带内，对另一自旋方向而言它是处于其禁带中的，故半金属的极化度是 100%。这时探测电极上测量到的电压差 $\Delta V=(\mu_\uparrow-\mu_\downarrow)/e$ 直接反映了半导体一侧的自旋积累。实际上，探测电极所用的 FM 在费米能级处的极化度 P_{FM} 总是小于 1，加上载流子越过 FM/SC 界面时必然会发生自旋反转散射等，探测器的效率 η 不可能为 100%。可以利用自旋发光二极管（spin-LED）的测量来估计探测效率 η[18]，如对 Fe/GaAs 探测电极而言 $\eta \sim 50\%$。

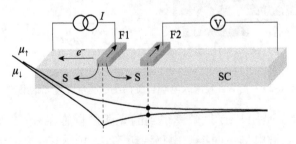

图 6-24　电注入自旋非局域探测示意图[14]

为了得到探测电极处两个自旋方向相反的电化学势的差，实际要进行两次非局域电压测量。它们对应于注入 FM 的磁化方向和探测 FM 的磁化方向相同（相反）时的电压 $V_{\uparrow\uparrow}$（$V_{\uparrow\downarrow}$）。它们的差值 $\Delta V_{NL} = V_{\uparrow\downarrow} - V_{\uparrow\uparrow}$ 是与两个自旋方向相反的电化学势差 $\Delta\mu$ 相联系的。这样做可以消除各种寄生的背景信号[15]。

$$\Delta\mu = e\Delta V_{NL} / (\eta P_{FM}) \tag{6-3}$$

其中，P_{FM} 是铁磁体费米面处的自旋极化度。半导体中的电子自旋极化度 P_{GaAs} 则由 $\Delta\mu$、载流子浓度 n 和态密度 $\partial n / \partial\mu$ 决定，具体为

$$P_{GaAs} = \frac{n_{\uparrow} - n_{\downarrow}}{n_{\uparrow} + n_{\downarrow}} = \frac{\Delta\mu}{n}\left(\frac{\partial n}{\partial\mu}\right) \tag{6-4}$$

粗略估计，$P_{GaAs} \sim 0.01$，$\Delta V_{NL} \sim 10\ \mu V$，它们数值量级对物理研究而言是足够大的，可以被探测到。

但是，这种非局域自旋探测方案并非如图 6-24 所示的那么简单。事实上，由注入极 F1 产生的无自旋极化的电荷流仍有一部分通过扩散向左边 F2，在它上面会产生较大的电势差（若干 mV 量级），而且这种背景均随磁场和温度而变化，因此增加了正确解释测量结果的难度。不管怎样，在不同的 FM/SC 结构，如 Fe/GaAs[19, 20]，MnAs/GaAs[21]，Si[22]，GaMnAs/GaAs[23]，NiFe/InAs[24] 和 Co/graphene[25, 26] 等，特别是在 Si 的自旋阀晶体管中[27, 28]，均演示

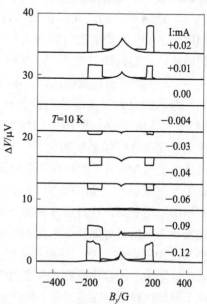

了对上述非局域电子自旋积累的测量，同时也观察到 Hanle 效应。但是，仍然有许多非局域电子自旋积累的测量结果难以理解[14]。例如，如图 6-25 所示是在不同的注入电流下（从正到零，再到负），测量 ΔV_{NL} 在正负磁场（$\pm B_y$）扫描中的行为。正如预期的那样，当 B_y 扫到使注入电极与探测电极的磁化方向在相互平行和反平行之间转换时，ΔV_{NL} 发生跳变。零偏压处的峰是电子自旋与核自旋的超精细相互作用的结果。当注入电流极性从 +0.02 mA，+0.01 mA 变到 −0.004 mA，−0.03 mA 和 −0.04 mA 时，无论是 ΔV_{NL} 还是零偏压峰均变成负的。但是，奇怪的是，负偏置电流超过 −0.06 mA 以后，

图 6-25 不同注入电流下非局域电子自旋积累测量结果。插图取自文献 [14]

ΔV_{NL} 和零偏压峰又都变成正的。

为了得到界面半导体一侧所积累的自旋方向的信息，可以采用测量 Kerr 转角 θ_K 的方法，发现所得结果会因样品而变：在一些样品中 ΔV_{NL} 和 θ_K 的偏压依赖关系完全重合；而在另一些样品中 ΔV_{NL} 和 θ_K 的偏压依赖关系变成镜像对称关系，即符号相反。这些均表明还有很多 FM/SC 界面在微观层面的特性以及它们对自旋注入、探测的影响没有被完全认识。

三、广义自旋滤波效应

有效的自旋注入和探测始终是半导体自旋电子学的重要课题。自旋滤波效应，即只有某一自旋极化方向的电子（极化电流）可以通过，而相反方向自旋极化的电子（极化电流）被有效抑制而不能通过，因而也成为研究高效率自旋注入和探测的重要基础问题。尽管人们在不同材料体系（如铁磁/半导体异质结[29-32]、稀磁半导体[33, 34]、量子点[35]结构）中均已经实现了显著的自旋滤波效应，但是最为引人关注的是在纯半导体材料体系中实现极长的自旋寿命和显著的自旋滤波效应，这都与半导体材料体系中少量或单个磁性杂质态或缺陷态密不可分，也引领了半导体材料中关于缺陷态或者杂质态的量子层次的光、电和能带的调控研究，促使人们在多种材料体系中开展少数或者孤立磁性杂质或者缺陷态自旋极化的初始化、调控和探测研究，如近年来被广泛关注的金刚石中 N-V 缺陷[36-38]的研究；Ⅱ-Ⅵ族材料量子点中单个 Mn 离子的自旋[39]，GaAs 中稀掺杂 Mn 离子杂质自旋的研究[40]；以及稀掺 N 的 GaNAs 中 Ga 间隙原子顺磁缺陷中心的研究等[41-49]。其中，稀掺 N 的 GaNAs 中 Ga 间隙原子顺磁缺陷中心产生的室温自旋极化以及极高的自旋滤波效应尤为受到关注。

美国加州大学圣塔芭芭拉分校 Awschalom 教授领导的小组对 10 nm 宽稀掺 Mn 的 Mn:GaAs 量子阱（Mn 掺杂浓度为 $10^{16} \sim 10^{19} cm^{-3}$）中 A^0_{Mn} 发光峰的荧光极化度进行了系统研究[40]。他们证实在零磁场下，使用光学方法注入的极化电子与 Mn 离子相互作用可以导致 Mn 离子自旋态能量发生劈裂，进而使价带发生劈裂[40]，如图 6-26 所示，外加纵向磁场后发现激子荧光极化度随外磁场增强而变高，且自旋劈裂随外加纵向磁场增大而增大。这一实验表明有可能实现零磁场下对低掺杂浓度 Mn 离子自旋的调控。俄罗斯约飞物理技术研究所与法国图卢兹大学、瑞典哥德堡大学针对稀掺 N 的 GaNAs 中 Ga 间隙原子顺磁缺陷中心的合作研究工作更为激动人心，证实了可以在无须磁性异质结的纯半导体材料中，在室温和不加外磁场情况下实现高达 40% 的自旋滤波[45, 46]。这些代表性的工作是基于纯半导体材料缺陷量子调控工程的自旋电子器件研制重要演示性工作。其物理机制主要是稀掺 N 的 GaNAs 与 Ga 间隙原子顺磁缺陷中心自旋相关的辐射复合，简称为 SDR（spin-dependent recombination）。

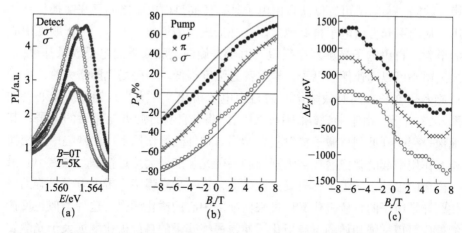

图 6-26 量子阱中激子自旋的动态自旋极化。(a) 零磁场下量子阱中激子荧光由动态自旋极化导致的交换劈裂，图中 σ^+ 与 σ^+ 代表激发能量为 1.65 eV 的圆偏振光激发下测量的左圆与右圆偏振荧光响应；(b) 在不同偏振光激发下，激子荧光极化度随外加纵向磁场的变化；(c) 在不同偏振光激发下，自旋劈裂随外加纵向磁场的变化；Mn 掺杂浓度为 7.3×10^{18} cm^{-3}[40]

人们首先在 20 世纪 70 年代初在 Si 中通过光电导和光荧光观察到约为 1% 量级的 SDR 现象[50, 51]，随后在 $Al_{0.4}Ga_{0.6}As$ 体材料中也观测到 SDR 效应[52]。1980 年，Miller 等[53] 首次在 MBE 生长的 GaAs/AlGaAs 超晶格（AlGaAs 中掺 Be）结构中观察到自旋相关辐射过程。由于 GaAs 中 SDR 方面的研究受材料制备影响较大，研究并不广泛。俄罗斯约飞物理技术研究所与法国、瑞典的合作者关于 GaAsN 中的 SDR 研究取得了很大进展。自旋相关的辐射复合理论研究最早开始于 Weisbuch 和 Lampel 针对 AlGaAs 材料体系[52]。所谓缺陷中心自旋相关的辐射复合，是指 GaNAs 中 N 的掺入产生 Ga 间隙原子顺磁缺陷中心 Ga_i^{2+}。Ga_i^{2+} 本身有一个单电子，由于泡利不相容原理，缺陷中心只能俘获与其本身自旋相反的电子成为 Ga_i^+，而 Ga_i^+ 上的两个电子都有可能同空穴复合，当材料中存在极化的 Ga_i^{2+} 时，自旋相反的电子就会被快速俘获，而自旋同向的电子则无法被俘获，从而导致材料中自由电子具有极高的极化度，如图 6-27 和图 6-28 所示。其俘获电子的过程可以表示为[45]

$$Ga_i^{2+} \xrightarrow{\text{photo-excitation}} Ga_i^{2+} + e+h \xrightarrow{\text{e capture}} Ga_i^{1+} + h \xrightarrow{\text{h capture}} Ga_i^{2+}$$

其中，Ga_i^{2+} 为顺磁中心，具有局域自旋，是一种理想的自旋滤波缺陷。缺陷中心的极化可以有两种方式：一是外加纵向磁场下由 Zeeman 效应导致的极化；二是自由电子与缺陷中心的相互作用以及动态的俘获和弛豫过程导致的极化，这种极化过程只与自由电子的自旋极化度有关。由于存在局域磁矩，缺陷中心除了可以俘获自由电子外，还同自由电子之间存在交换相互作用，从而引起自由电子自旋弛豫。在外加纵向磁场 $B = 0$ 时，由于顺磁中心的散射，自由电子自旋寿命很短。由于自旋向上和向下的电子数量都很多，缺陷中心可以迅速俘获电子，导致荧光强度很低。当磁场逐渐增大时，电子自旋寿命变长，同时缺陷中心被自由电子极化，并成为自旋滤波中心，如图 6-28 所示。由于顺磁缺陷中心只能俘获与自身自旋方向相反的电子，其弛豫过程受到抑制，激子辐射复合增强。在外磁场作用下，由缺陷中心交换相互作用引起的弛豫途径被强烈抑制，荧光强度增大接近饱和。顺磁中心沿外磁场的极化，增强了其自旋滤波效应，进一步增强了导带中电子自旋的极化，导带电子的自旋极化又反过来使缺陷中心的磁化增强。这种类似正反馈的效应可以增强初始的自旋极化，使得最终获得的自旋极化度远大于光激发注入的载流子起始极化度。在外磁场作用下，顺磁中心 D 沿外磁场的取向增强了其自旋滤波效应，进一步使导带中的电子自旋取向极化，导带电子的自旋极化又会使 D 中心的磁化增强。这种类似正反馈的效应可以使较小的起始极化得到增强，荧光极化度可以远大于光生载流子的起偏极化度。

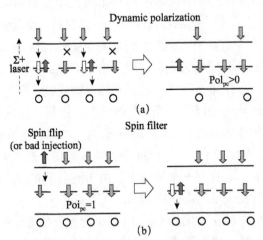

图 6-27　自由电子与缺陷中心的相互作用以及动态的俘获和弛豫过程导致的极化。（a）在 $t = 0$，右圆偏振光 Σ+ 激发的自旋极化电子通过非辐射复合过程使得缺陷中心极化（假设光激发导致 100% 的电子极化）；（b）缺陷中心被自由电子极化后，成为自旋滤波中心。顺磁缺陷中心只能俘获与自身自旋方向相反的电子，而自旋同向的电子则无法被俘获，导致材料中自由电子具有极高极化度（图示中也假设缺陷中心被 100% 极化）

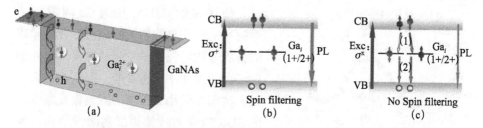

图 6-28　Ga 间隙原子自旋滤波方式示意图。（a）表示自由电子在输运过程中会被具有一定自旋取向的 Ga 间隙原子选择性俘获，从而实现自旋滤波；（b）描述了用左旋圆偏光激发的情况，光生的极化载流子使得 Ca$_i^+$ 原子上的单自旋发生极化，抑制了自旋向上电子的进一步俘获，并且加快了自旋向下电子的俘获，从而实现自旋极化增强；（c）描述了用线偏光激发的情况，由于光生电子无极化度，单电子缺陷中心上的电子取向也随机分布，这时不存在自旋滤波效应，并且缺陷中心不断俘获自旋相反的电子，导致载流子浓度下降[45]

在自旋相关的辐射复合（SDR）理论中，缺陷中心的极化及进一步对导带电子自旋极化的影响可以用约飞物理技术研究所与法国的研究小组发展的非线性率方程来进行定量模拟[41, 45, 54]：

$$\frac{\mathrm{d}n_\pm}{\mathrm{d}t} = -\gamma_e n_\pm N_\mp - \frac{n_\pm - n_+}{2\tau_s} + G_\pm - \frac{n_\pm}{\tau_r} \qquad (6\text{-}5)$$

$$\frac{\mathrm{d}N_\pm}{\mathrm{d}t} = -\gamma_e n_m N_\pm - \frac{N_\pm - N_\mp}{2\tau_{sc}} + \frac{1}{2}\gamma_h p N_{\uparrow\downarrow} \qquad (6\text{-}6)$$

$$N_c = N_{\uparrow\downarrow} + N_+ + N_- \qquad (6\text{-}7)$$

$$\frac{\mathrm{d}p}{\mathrm{d}t} = -\gamma_h p N_{\uparrow\downarrow} + G_+ + G_- - \frac{n_+ - n_-}{\tau_r} \qquad (6\text{-}8)$$

其中，$G_\pm$ 是光生自由载流子速率；$n_\pm$ 和 $N_\pm$ 是自由电子密度及缺陷中心的局域电子密度；其中"+"和"-"号代表 $S_z = \pm 1/2$ 的自旋取向；N_c 是顺磁中心缺陷浓度；$N_{\uparrow\downarrow}$ 代表具有一对自旋相反电子（非极化）的缺陷中心的浓度；p 为自由空穴密度；τ_r、τ_s 和 τ_{sc} 分别是辐射复合时间、自由与局域电子自旋弛豫时间；γ_e（γ_h）是自由电子和空穴被缺陷中心俘获的复合系数。其中通过实验测量可以获得辐射复合时间 τ_r，以及自由与局域电子自旋弛豫时间 τ_s 和 τ_{sc}，例如带间荧光，$\tau_r = 10$ ns，$\tau_{sc} = 1.5$ ns，$\tau_s = 150$ ps。自由电子和空穴被缺陷中心俘获的复合系数 γ_e（γ_h）以及顺磁中心缺陷浓度 N_c 可以作为拟合参数。

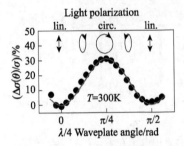

图6-29 样品-电子自旋动态极化随线偏光偏振方向与1/4波片光轴夹角的变化。实线为拟合结果[46]

稀掺 N 的 GaNAs 中与 Ga 间隙原子顺磁缺陷中心自旋相关的辐射复合所导致的自旋极化增强与激发光的偏振态、外加磁场、激发功率、激发能、温度等密切相关。法国实验小组报道的圆偏振光激发下的 SDR 效应较线偏振配制激发增强，验证了顺磁缺陷中心电子自旋被动态极化导致的 SDR 增强[46]，如图6-29 和图6-30 所示。

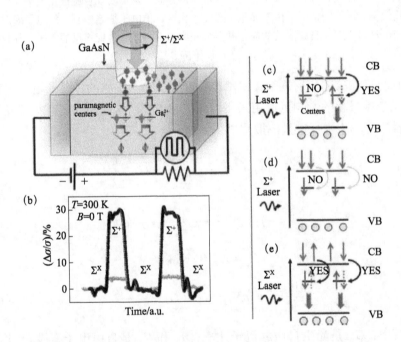

图6-30 （a）用于光电流测试的 GaAsN 结构示意图：实心向下箭头和圈、实心向上箭头和圈分别代表导带光生电子及顺磁缺陷中心电子自旋向上和向下的态；空心向上和向下箭头和圈代表非极化的光生空穴；（b）自旋极化光电流随激发光偏振态的变化：样品Ⅰ（深色）样品Ⅱ（浅色）；（c）在圆偏振光激发的 t=0 初始时刻，导带光生电子以及顺磁缺陷中心电子的自旋态示意图，为简便起见，假设光生电子自旋极化度为 P_{cir}=100%。（d）和（e）为 σ^+ 圆偏振光激发下，顺磁缺陷中心电子自旋被动态极化后的自旋取向示意图[46]

　　除了上述稀掺 N 的 GaNAs 中 Ga 间隙原子顺磁缺陷中心研究所演示的室温和零磁场下实现的有效自旋滤波，半导体材料中杂质工程的最新研究结果也证实了在传统的半导体硅材料中通过控制浅杂质掺杂，可以获得异常巨大的磁电阻效应（IMR）。半导体晶体硅中浅杂质受主硼（B）及施主杂质磷（P）的能级示意图如图 6-31 所示 [55]。如 Delmo 等报道的在掺 P 杂质浓度极低的 n-Si 中，由于空间电荷区电中性被打破，载流子的空间分布是非均匀的，所以在 0～3T 外场下，室温巨磁电阻率可达 1000%，而在低温 25 K 时则可达 10 000%[56]，如图 6-32 所示。这些研究结果突破了利用传统磁性金属材料的巨磁阻效应研制磁传感器等磁电子器件的限制，使得人们可以把这种器件很方便地集成到传统、成熟的硅基微电子工业中，从而推动传统金属基磁电子学向半导体基磁电子学特别是向硅基磁电子学的升级。

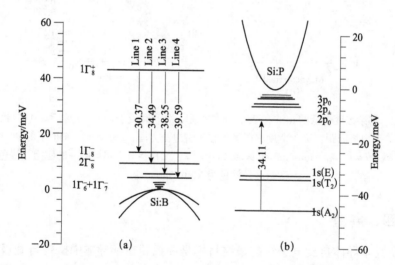

图 6-31　半导体晶体硅中浅杂质受主硼（B）(a) 及施主杂质磷（P）(b) 的能
　　　　　级示意图。浅杂质受主 Al 和 Ga 等具有与 B 相似的能级 [55]

　　上述稀掺 N 的 GaNAs 中 Ga 间隙原子顺磁缺陷中心，掺杂浓度极低的晶体硅中的巨磁电阻效应及金刚石中的 NV 缺陷，是半导体材料中杂质和缺陷量子调控工程的代表性工作，为基于纯半导体材料的新型自旋电子器件研制提供了可能的材料载体和实现方案。

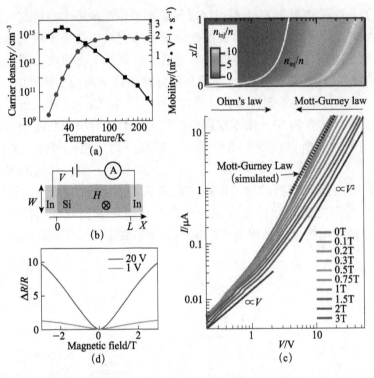

图 6-32　掺杂浓度极低的 n-Si 在 25 K 下的磁阻。(a) 载流子密度与迁移率；(b) 器件示意图，L 为电极间距，W 为宽度，磁场加在垂直电流方向；(c) H=0 ～ 3T 下的 I-V 响应：欧姆区域（$I \propto V$）和 Mott-Gurney 区域（$I \propto V^2$）；(d) 相对于零场归一的磁阻，浅色线为欧姆区，深色为 Mott-Gurney 区 [56]

四、展望

研究半导体自旋电子学的最终目标是要找到在半导体中操控自旋极化输运的有效办法，使得像自旋场效应晶体管（sFET）这类概念器件能真正成为仅依靠反转自旋取向就能完成逻辑运算的器件。为此，必须完成以下几个基本功能：首先是要能够实现从铁磁体向半导体注入自旋极化电流；其次是在自旋极化电流由注入电极向探测电极输运的过程中要有有效的办法操控自旋极化电流的自旋取向；最终，在到达漏电极时能按自旋取向不同（而非按电荷量的多少）检测出信号，也即自旋滤波或自旋检测的功能。到目前为止，科学家在深入理解利用铁磁金属／半导体（FM/SC）结向半导体导电沟道注入自旋极化电子（自旋注入）和检测来自沟道的自旋极化流（自旋滤波）的物理机制和过程的基础上，已经从实验上令人信服地分别验证了 FM/

SC 结的自旋注入和自旋滤波功能。不仅如此，由于采用了"非局域式"自旋场效应管，大幅度地抑制了沟道中电荷流，观测到改变栅极电压时漏电极的电导出现的振荡变化。这是首次提供了由栅电场诱导的、Rashba 自旋-轨道耦合所产生的等效磁场对自旋极化方向进行调控的证据——自旋场效应晶体管（sFET）的核心机制。在我们庆祝 sFET 所取得的重要进展时，必须认清所面对的严峻挑战。例如，即使在极低温下，FM/SC 源电极自旋注入的极化度仍远小于 100%。尽管采用"二次测量法"在 FM/SC 漏电极可以检测出净自旋电流，但是，在实际器件应用时是不采用"二次测量法"的。再加上占大比重的电荷流经 sFET 只会增加器件功耗，并削弱了 Rashba 场的调控功能，也无法满足 sFET 所需要的极低温（~4.2 K）条件。因此，人们需要突破 sFET 的概念，寻找更有可能实用的基于自旋调控的能与半导体衬底兼容的新器件。

除了利用 FM/SC 结可实现自旋滤波的功能外，人们发现向半导体材料体系中引入少量或者单个杂质态或者缺陷态后也会呈现出广义的"光激发自旋滤波作用"。针对稀掺 N 的 GaNAs 中 Ga 间隙原子顺磁缺陷中心的研究证实了：无须磁性异质结，在纯半导体材料中光激发的光生电子经自旋滤波后其极化度可高达 40%。所用的物理机制是稀掺 N 的 GaNAs 在光激发后的辐射复合与 Ga 间隙原子顺磁缺陷中心的自旋是相关的，即顺磁缺陷中心只能俘获与自身自旋方向相反的电子。利用这种自旋依赖的复合机制 SDR（spin-dependent recombination），最终获得的自旋极化度远高于光激发注入的载流子起始极化度。这种基于半导体材料中单个缺陷态或者杂质态的光、电新奇效应与调控的研究很可能会为我们提供一种有效调控半导体材料体系中自旋寿命和极化度的有效手段。

郑厚植、张新惠（中国科学院半导体研究所，
中国科学院半导体超晶格国家重点实验室）

参 考 文 献

[1] Schmidt G, Molenkamp L W, Filip A T, et al. Basic obstacle for electrical spin-injection from a ferromagnetic metal into a diffusive semiconductor. Physical Review B, 2000, 62(8):R4790-R4793.

[2] Fert A, Jaffrès H. Conditions for efficient spin injection from a ferromagnetic metal into a semiconductor. Physical Review B, 2001, 64: 184420.

[3] Meservey R, Tedrow P M, Fulde P. Magnetic field splitting of the quasiparticle states in superconducting aluminum films. Physical Review Letters, 1970, 25(18):1270-1272.

[4] Rashba E I. Theory of electrical spin injection: Tunnel contacts as a solution of the conductivity mismatch problem. Physical Review B, 2000, 62(24):R16267-R16270.

[5] Hanbicki A T, Jonker B T, Itskos G, et al. Efficient electrical spin injection from a magnetic metal/tunnel barrier contact into a semiconductor. Applied Physics Letters, 2002, 81: 1240.

[6] Li C H, Kioseoglou G, Hanbicki A T, et al. Electrical spin injection into the InAs/GaAs wetting layer. Applied Physics Letters, 2007, 91: 262504.

[7] Adelmann C, Lou X, Strand J, et al. Spin injection and relaxation in ferromagnet-semiconductor heterostructures. physical Review B, 2005, 71(12):121301(R).

[8] Van t E O M J, Kioseoglou G, Hanbicki A T, et al. Comparison of Fe/Schottky and Fe/Al$_2$O$_3$ tunnel barrier contacts for electrical spin injection into GaAs. Applied Physics Letters, 2004, 84(21):4334-4336.

[9] Wada E, Watanabe K, Shirahata Y, et al. Efficient spin injection into GaAs quantum well across Fe$_3$O$_4$ spin filter. Applied Physics Letters, 2010, 96: 102510.

[10] Wada E, Shirahata Y, Naito T, et al. Spin polarized electron transmission into GaAs quantum well across Fe3O4: optical spin orientation analysis. Applied Physics Letters, 2010, 97 : 172509.

[11] Om V' E, Friedman A L, Cobas E, et al. Low-resistance spin injection into silicon using graphene tunnel barriers. Nature Nanotechnology, 2012, 7(11):737.

[12] Sugahara S, Nitta J. Spin-transistor electronics: An overview and outlook. Proceedings of the IEEE, 2010, 98(12):2124-2154.

[13] Tsai W F, Huang C Y, Chang T R, et al. Gated silicene as a tunable source of nearly 100% spin-polarized electrons. Nature Communications, 2013, 4(2):1500.

[14] Paul A, Crowell, Scott A.Spin transport in ferromagnet/III-V semiconductor heterostructures. Handbook of Spin Transport and Magnetism,2011: 463.

[15] Tang H X, Monzon F G, Jedema F J, et al. Spin Injection and Transport in Micro- and Nanoscale Devices//Loss D, Samarth N. Semiconductor Spintronics and Quantum Computation. Berlin: Springer, 2002.

[16] Johnson M, Silsbee R H. Interfacial charge-spin coupling: Injection and detection of spin magnetization in metals. Physical Review Letters, 1985, 55(17):1790-1793.

[17] Johnson M, Silsbee R H. Spin-injection experiment. Physical Review B Condensed Matter, 1988, 37(10):5326-5335.

[18] Adelmann C, Lou X, Strand J, et al. Spin injection and relaxation in ferromagnet-semiconductor heterostructures. Physical Review B, 2005, 71(12):121301(R).

[19] Salis G, Fuhrer A, Alvarado S F. Signatures of dynamically polarized nuclear spins in all-

electrical lateral spin transport devices. Physical Review B, 2009, 80(11):115332.

[20] Awo-Affouda C, Van t E O M J, Kioseoglou G, et al. Contributions to Hanle lineshapes in Fe/GaAs nonlocal spin valve transport. Applied Physics Letters, 2009, 94: 102511.

[21] Saha D, Holub M, Bhattacharya P, et al. Epitaxially grown MnAs /GaAs lateral spin valves. Applied Physics Letters, 2006, 89: 142504.

[22] van't Erve O M J, Hanbicki A T, Holub M, et al. Electrical injection and detection of spin-polarized carriers in silicon in a lateral transport geometry. Applied Physics Letters, 2007, 91: 212109.

[23] Ciorga M, Einwanger A, Wurstbauer U, et al. Electrical spin injection and detection in lateral all-semiconductor devices. Physical Review B Condensed Matter, 2008, 79: 165321.

[24] Koo H C, Kwon J H, Eom J, et al. Control of spin precession in a spin-injected field effect transistor. Science, 2009, 325(5947):1515-1518.

[25] Tombros N, Jozsa C, Popinciuc M, et al. Electronic spin transport and spin precession in single graphene layers at room temperature. Nature, 2007, 448(7153): 571-574.

[26] Han W, Pi K, Bao W, et al. Electrical detection of spin precession in single layer graphene spin valves with transparent contacts.Applied Physics Letters, 2009, 94: 222109.

[27] Appelbaum I, Huang B, Monsma D J. Electronic measurement and control of spin transport in silicon. Nature, 2007, 447(7142):295-298.

[28] Huang B, Monsma D J, Appelbaum I. Coherent spin transport through a 350 micron thick silicon wafer. Physical Review Letters, 2007, 99(17):177209.

[29] Zhu H J, et al. Room-temperature spin injection from Fe into GaAs. Phys. Rev. Lett., 2001, 87: 016601.

[30] Hammar P R,Johnson M. Detection of spin-polarized electrons injected into a two-dimensional electron gas. Phys. Rev. Lett., 2002, 88: 066806.

[31] Jiang X, et al. Highly spin-polarized room-temperature tunnel injector for semiconductor spintronics using MgO(100). Phys. Rev. Lett., 2005, 94: 056601.

[32] Jonker B T, et al. Electrical spin-injection into silicon from a ferromagnetic metal/tunnel barrier contact. Nature Phys., 2007, 3: 542-546.

[33] Fiederling R,et al. Injection and detection of a spin-polarized current in a light-emitting diode. Nature, 1999, 402: 787-790.

[34] Ohno Y,et al. Electrical spin injection in a ferromagnetic semiconductor heterostructure. Nature, 1999, 402: 790-792.

[35] Folk J A, et al. A gate-controlled bidirectional spin filter using quantum coherence. Science, 2003, 299: 679-682.

[36] Epstein R J, Mendoza F M, Kato Y K, et al. Anisotropic interactions of a single spin and dark-spin spectroscopy in diamond. Nature Physics, 2005, 1(2):94-98.

[37] Hanson R, Dobrovitski V V, Feiguin A E, et al. Coherent dynamics of a single spin interacting with an adjustable spin bath. Science, 2008, 320(5874):352-355.

[38] Fuchs G D, Dobrovitski V V, Toyli D M, et al. Gigahertz dynamics of a strongly driven single quantum spin.Science, 2009, 326(5959):1520-1522.

[39] Besombes L, Leger Y, Maingault L, et al. Optical probing of the spin state of a single magnetic ion in an individual quantum dot. Physical Review Letters, 2004, 93(20):207403.

[40] Myers R C. Zero-field optical manipulation of magnetic ions in semiconductors. Nature Materials, 2008, 7(3):203-208.

[41] Kalevich V K, Ivchenko E L, Afanasiev M M, et al. Spin-dependent recombination in GaAsN solid solutions. Journal of Experimental & Theoretical Physics Letters, 2005, 82(7):455-458.

[42] Kalevich V K, Shiryaev A Y, Ivchenko E L, et al. Spin-dependent electron dynamics and recombination in GaAs$_{1-x}$N x alloys at room temperature. Jetp Letters, 2007, 85(3):174-178.

[43] Kalevich, V. K, Shiryaev, et al. Hanle effect and spin-dependent recombination at deep centers in GaAsN. Physica B Physics of Condensed Matter, 2009, 404(23):4929-4932.

[44] Wang X J, Puttisong Y, Tu C W, et al. Dominant recombination centers in Ga(In)NAs alloys: Ga interstitials. Applied Physics Letters, 2009, 95: 241904.

[45] Wang X J, Buyanova I A, Zhao F, et al. Room-temperature defect-engineered spin filter based on a non-magnetic semiconductor. Nature Materials, 2009, 8(3):198.

[46] Zhao F, Balocchi A, Kunold A, et al. Spin-dependent photoconductivity in nonmagnetic semiconductors at room temperature. Applied Physics Letters, 2009, 95: 241104.

[47] Kunold A, Balocchi A, Zhao F, et al. Giant spin-dependent photo-conductivity in GaAsN dilute nitride semiconductor. Physical Review B Condensed Matter, 2011, 83(16):165202.

[48] Puttisong Y, Wang X J, Buyanova I A, et al. Electron spin filtering by thin GaNAs/GaAs multiquantum wells. Applied Physics Letters, 2010, 96: 052104.

[49] Puttisong Y, Wang X J, Buyanova I A, et al. Room-temperature spin injection and spin loss across a GaNAs/GaAs interface. Applied Physics Letters, 2011, 98(1):012112.

[50] Lepine D J. Spin-dependent recombination on silicon surface. Physical Review B, 1972, 6(2):436.

[51] Street R A, Biegelsen D K, Knights J C, et al. The magnetic field dependence of luminescence in plasma-deposited amorphous silicon. Solid State Electronics, 1978, 21(11-12):1461-1463.

[52] Weisbuch C,Lampel G.Spin-dependent recombination and optical spin orientation in semiconductors.Solid State Communications,1974, 14:141.

[53] Miller R C, Tsang W T, Nordland W A J. Spin-dependent recombination in GaAs. Physical Review B, 1980, 21(4):1569-1575.

[54] Lagarde D, Lombez L, Marie X, et al. Electron spin dynamics in GaAsN and InGaAsN structures. Physica Status Solidi a-Applications and Materials Science, 2007, 204: 208-220.

[55] Vinh N Q, Redlich B, van der Meer A F G, et al.Time-resolved dynamics of shallow acceptor

transitions in silicon.Physical Review X 2013, 3: 011019.

[56] Delmo M P, Yamamoto S, Kasai S, et al. Large positive magnetoresistive effect in silicon induced by the space-charge effect. Nature, 2009, 457(7233):1112.

第三节 半导体中光激发诱导的自旋极化现象

一、光致磁化现象

20 世纪 60 年代，人们开展了对硫族化合物 EuX（X=S，Se）及以尖晶石结构 $CdCr_2Se_4$ 为代表的浓磁半导体材料研究，但是由于材料制备质量较差，居里温度较低，这类磁性半导体材料并未获得应用[1, 2]。20 世纪 80 年代，人们开始尝试将少量磁性离子掺入 II-VI 族非磁性半导体中形成合金，代表性的有（Cd，Mn）Te 和（Zn，Mn）Se 等[3, 4]，这类稀掺杂或少量掺入磁性离子的非磁性半导体合金被称为稀磁半导体（diluted magnetic semiconductor，DMS），有别于早期受到人们关注的浓磁半导体材料[1, 4]，如（Cd，Mn）Te、（Zn，Mn）Te、（Zn，Co）S、（Hg，Fe）Se 等。得益于迅速发展的分子束外延技术，人们可以制备出高质量的 II-VI 族稀磁半导体薄膜及异质结构，由于 II-VI 族稀磁半导体材料有较高的 3d 元素固溶度，所以能够获得较高的磁性掺杂浓度（可达到 10%～25%）。但由于 II-VI 族半导体中的 II族元素被等价的磁性过渡族金属原子替代，产生的自由载流子（电子或空穴）很少，并且很难控制。而且这些 II-VI 族的稀磁半导体中很难进行 n 型或者 p 型掺杂，导电特性接近绝缘体，不利于电子器件的应用。另外，由于 n 型掺杂的 II-VI族稀磁半导体中磁性离子的局域磁矩间的耦合是反铁磁超交换相互作用，这类材料通常仅表现为顺磁性、反铁磁性或自旋玻璃态[3-5]。虽然 p 型掺杂的 II-VI族稀磁半导体低温下可观察到铁磁转变[6,7]，但是由于居里温度（～2K）过低，迄今都未能实现有效的 p 型掺杂，加上 II-VI 族稀磁半导体的材料质量较差且具有类似绝缘体的导电性能，因此难以谈及实际器件应用。也正因为此，人们对 II-VI 族稀磁半导体的研究主要集中在光学性质方面，在这类材料中发现了诸如巨 Zeeman 效应、巨 Faraday 旋转等许多奇特的低温磁光性质。目前对 II-VI族稀磁半导体磁光性质的物理机制主要建立在 sp-d 交换作用上。sp-d 交换作用是发生在非磁原子的 s 和 p 轨道与磁性原子的 d 轨道之间的电子自旋交换作用[8-10]。由载流子和磁离子之间的 sp-d 交换相互作用引起的电子和空穴的巨大的自旋劈裂效应即为巨塞曼分裂[11, 12]。巨 Faraday 和 Kerr 旋转在未来的磁-光-电一体化的半导体器件中有着广泛的应用前景，如光隔离器、磁旋光器、磁传感器等。

1986 年，Story 等首次在 PbSnMnTe 体系中发现载流子引起的磁性[8]。他们的研究结果表明：PbSnMnTe 的铁磁转变温度和磁化率等对阳离子空位浓度比较敏感，由于 PbSnMnTe 中的空穴来源于阳离子空位，意味着空穴浓度直接调控了 PbSnMnTe 的铁磁转变温度和磁化率。由于 DMS 中磁性离子数量很少，它们之间的平均距离较远，铁磁性不可能起源于磁性离子之间直接的交换作用，因而 RKKY（Ruderman-Kittel-Kasuya-Yosida）模型，即通过载流子为媒介的间接交换作用被认为是稀磁半导体材料中磁性的来源，因而也能够成功解释这类材料中载流子对磁性的调控。我们知道 RKKY 相互作用是一种间接交换作用[13]。在这种作用下，局域化磁矩以处于它们之间的传导电子为媒介而耦合在一起。传导电子的极化作用是鲁德曼（Ruderman）和基特尔（Kittle）在描述金属性核磁矩通过导带电子的相互耦合作用时首先提出的，后来由胜谷（Kasuya）和良田（Yosida）进一步发展，给出了现在人们熟知的巡游电子调控的长程间接交换机制，形成 RKKY 相互作用理论[13]。RKKY 模型描述的是局域磁性离子通过极化电子作为媒介发生的间接交换作用，使磁性离子的自旋形成长程有序。磁性晶体中存在局域化的 f 或 d 电子以及非局域化的 s 或 p 电子，其中磁性离子的 f 或 d 电子局域性很强，其轨道半径远小于磁性离子的近邻间距。局域磁矩与载流子的交换作用使载流子发生极化，即在局域磁矩周围自旋向上和向下的载流子密度不再相同。20 世纪 50 年代，从 Zener 开始[9]，就提出了 RKKY 机制下磁离子 d 电子产生的局域磁矩通过半导体的导电电子（s 电子）或价带空穴（p 电子）的间接耦合相互作用。这种间接交换作用能够用一个简单的类 Heisenberg 公式描写[3, 14]：

$$H_{\text{sp-d}} = -\sum_{R_n} J(r - R_n) s \cdot S_n \tag{6-9}$$

其中，s 是在 r 处的一个 s 电子（或 p 电子）的自旋算符；S_n 是在 R_n 处磁离子 3d 壳层的总自旋；$J(r-R_n)$ 是交换相互作用常数：对于 $J>0$，s 与 S_n 趋于同向排列，为铁磁相互作用；对于 $J<0$，s 与 S_n 趋于反向排列，为反铁磁相互作用。间接交换作用主要集中在 R_n 附近，当偏离 R_n 迅速趋于零，反映了 3d 电子的局域性质。

利用平均场近似，即将 Mn^{2+} 随机指向的角动量用热平均 $\langle S \rangle$ 来代替。其中，在无外磁场时，$\langle S \rangle = 0$；设外磁场沿 z 方向，则 $\langle S \rangle$ 只有一个不等于零的分量 $\langle S_z \rangle$。

$$\langle S_z \rangle = -S B_s \left[\frac{g S \mu_B B}{k_B (T + T_0)} \right] \tag{6-10}$$

在半导体中采用虚晶近似，即把随机分布的 Mn^{2+} 等效为 Mn^{2+} 连续密度分布的理想晶体，从而可将 $\sum\limits_{R_n} J(r - R_n)$ 用 $x \sum\limits_R J(r - R)$ 替代。R 表示所有晶格离子的位置，x 为磁离子的浓度。式（6-9）可简化为

$$H_{sp\text{-}d} = -x \sigma_z \langle S_z \rangle \sum_R J(r - R) \tag{6-11}$$

上式中哈密顿量的优点是具有晶格周期性，因此可以用布洛赫函数作为基函数，令 $J(r) = \sum\limits_R J(r - R)$，$J(r)$ 具有晶格周期性，并且局限在正离子格点附近，具有各向同性的性质，因此，$J(r)$ 对价电子波函数不等于零的交换积分只有

$$\alpha = \langle S | J(r) | S \rangle, \quad \beta = \langle X | J(r) | X \rangle = \langle Y | J(r) | Y \rangle = \langle Z | J(r) | Z \rangle \tag{6-12}$$

其中，$|S\rangle$ 和 $|X\rangle$，$|Y\rangle$，$|Z\rangle$ 分别为未考虑自旋-轨道耦合时导带和价带的布洛赫函数；α，β 符号同 J，当其值为正时，对应于铁磁的交换作用；当其值为负时，对应于反铁磁的交换作用。

以闪锌矿半导体为例，以其考虑自旋－轨道耦合项的导带、价带基函数组为基，按微扰论方法，可得到 sp-d 相互作用下的能级劈裂。若考虑二阶微扰论能量修正：

$$E_m = E_m^0 + H_{mm}^{sp\text{-}d} = E_m^0 + \langle m | H_{sp\text{-}d} | m \rangle + \sum_n {}' \frac{\left| \langle n | H_{sp\text{-}d} | m \rangle \right|^2}{E_m^0 - E_n^0} \tag{6-13}$$

对于导带，有

$$\begin{cases} E_c^{\uparrow} = E_c - \dfrac{1}{2} x N_0 \alpha \langle S_z \rangle \\[2mm] E_c^{\downarrow} = E_c + \dfrac{1}{2} x N_0 \alpha \langle S_z \rangle \end{cases} \tag{6-14}$$

对于重空穴带，有

$$\begin{cases} E_{hh}^{\uparrow} = E_v - \dfrac{1}{2} x N_0 \beta \langle S_z \rangle \\[2mm] E_{hh}^{\downarrow} = E_v + \dfrac{1}{2} x N_0 \beta \langle S_z \rangle \end{cases} \tag{6-15}$$

对于轻空穴带，有

$$\begin{cases} E_{lh}^{\uparrow} = E_{v} - \dfrac{1}{6}xN_{0}\beta\langle S_{z}\rangle + \dfrac{2\left(xN_{0}\beta\langle S_{z}\rangle\right)^{2}}{9\varDelta_{so}} \\[4mm] E_{lh}^{\downarrow} = E_{v} + \dfrac{1}{6}xN_{0}\beta\langle S_{z}\rangle + \dfrac{2\left(xN_{0}\beta\langle S_{z}\rangle\right)^{2}}{9\varDelta_{so}} \end{cases} \qquad (6\text{-}16)$$

对于自旋-轨道耦合带，有

$$\begin{cases} E_{so}^{\uparrow} = E_{v} - \Delta E_{so} + \dfrac{1}{6}xN_{0}\beta\langle S_{z}\rangle - \dfrac{2\left(xN_{0}\beta\langle S_{z}\rangle\right)^{2}}{9\varDelta_{so}} \\[4mm] E_{lh}^{\downarrow} = E_{v} - \Delta E_{so} - \dfrac{1}{6}xN_{0}\beta\langle S_{z}\rangle - \dfrac{2\left(xN_{0}\beta\langle S_{z}\rangle\right)^{2}}{9\varDelta_{so}} \end{cases} \qquad (6\text{-}17)$$

其中，N_{0}是半导体中磁离子的浓度，通常将$N_{0}\alpha$，$N_{0}\beta$分别称为导带和价带的交换积分，它们的数值由实验确定。如果自旋–轨道分裂能量远大于sp-d分裂能量，即$\varDelta_{so} \gg xN_{0}\beta\langle S_{z}\rangle$，则式（6-16）和式（6-17）中可省略最后一项，即省略了引入自旋–轨道耦合相互作用后的价带耦合，此时能级劈裂与只考虑能量的一阶修正相同。

相比普通的 Zeeman 分裂，取 g=2，B=1T，$\Delta E_{z}= g\mu_{B}B$=0.116 meV，因而在稀磁半导体中，sp-d 交换作用导致的能带劈裂较通常半导体材料约大两个数量级，被称为巨 Zeeman 分裂。巨 Zeeman 分裂使得稀磁半导体对左圆、右圆偏振光的吸收产生了明显的差异，如图 6-33 所示，从而使得稀磁半导体具有显著的磁光效应，如巨 Faraday 旋转和巨 Kerr 旋转。

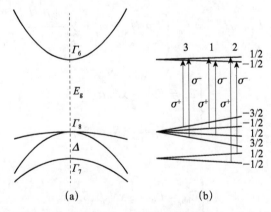

图 6-33　（a）闪锌矿结构的稀磁半导体在 $\varGamma$ 点附近的能带结构；（b）在外磁场下的能带结构劈裂示意图和允许的带间光跃迁；假定磁场沿 z 轴方向，s-d 交换作用是铁磁性的，p-d 交换作用是反铁磁性的 [15]

磁性半导体除了可以像铁磁金属材料一样，可通过外磁场、应力、温度、维度等对其磁性进行调控，最重要的优势在于可以利用光操控磁离子的自旋取向，实现光对自旋集体激发或者说宏观磁矩的调控，即光致磁化效应[16-18]。光致磁化效应就是利用光生载流子的自旋状态通过与磁性离子磁矩的 sp-d 交换作用，使得磁性半导体中的磁离子磁矩呈有序排列，因而诱导宏观磁矩（磁化）的产生。其物理机制主要是：利用圆偏振光激发磁性半导体产生自旋极化载流子，自旋极化的载流子进而和磁离子通过上面描述的 sp-d 相互作用，使得磁离子呈有序排列（即极化）。极化的磁离子反过来又进一步通过 sp-d 交换作用影响电子或空穴的自旋极化和巨塞曼劈裂。这实际上是磁性半导体材料中磁离子和载流子自旋两个子系统之间的相互影响，通常称之为动态极化。

1985 年，Krenn 等利用超导量子干涉仪（SQUID）在低温 4.2 K 下，在 HgMnTe 材料中观察到光致磁化现象[16]，并提出了解释该现象的理论模型，即认为 HgMnTe 半导体中利用圆偏振光激发产生的自旋极化载流子和 Mn 离子通过 s-d 交换相互作用主要导致了如下两种效应：①在圆偏振光激发下，导带电子在沿着激发光传播方向上产生自旋极化；②自旋极化的导带电子通过 s-d 交换相互作用等自旋翻转散射机制将自旋极化传递给 Mn 离子[16]。实验测得磁通量随泵浦光偏振度改变时的变化情况如图 6-34～图 6-37 所示。由图可以发现，在泵浦光的偏振度由线偏光转变为圆偏振光的过程中，$Hg_{0.88}Mn_{0.12}Te$ 的磁通量持续增大，当泵浦光完全为圆偏振光时，其磁通量达到最大，表明所观察到的磁通量增强不是源于泵浦光激发的激光热效应，而是由光激发产生的自旋极化载流子造成的，即光致磁化效应。对于非磁性材料 $Hg_{0.77}Cd_{0.23}Te$ 和 InSb，则没有观测到光致磁化现象。而对于零带隙的 $Hg_{0.93}Mn_{0.07}Te$ 材料，由于光子能量远大于带隙，所激发的载流子具有很大动量，载流子的弛豫时间很短，光致磁化效应很弱以至于无法观测到。1989 年 Krenn 与 Dietl 等对在 HgMnTe 材料中观察到的光致磁化现象[18]，以及 Awschalom 等在 CdMnTe[17] 体系中观察到的较小的光致磁化现象进行了更为详细的理论研究，建立了圆偏振光激发下导带电子产生的稳态平均自旋极化场与自旋极化载流子密度的关系，以及自旋极化电子通过 s-d 交换相互作用（非对角项）的自旋翻转散射将自旋极化传递给 Mn 离子，从而引起 Mn 离子极化的磁有序产生。磁化强度与光生载流子自旋和磁离子的自旋弛豫时间紧密相关，即磁性半导体中影响光致磁化效应的主要因素是 sp-d 交换作用、光载流子和磁离子的自旋弛豫时间、光偶极跃迁的振子强度及光激发自旋极化载流子密度等，在理论上很好地解释了 CdMnTe 材料中存在大量束缚态，导致光生载流子自旋弛豫时间很短，使得 CdMnTe[17] 体系较 HgMnTe 中观察到的光致磁化效应要弱。

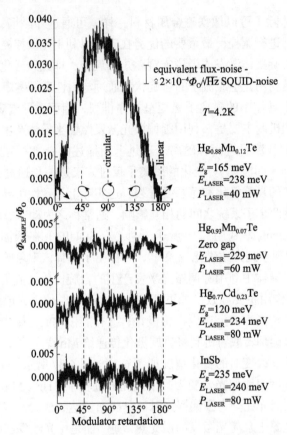

图 6-34　HgMnTe 材料光致磁化的实验结果：自上至下分别是 $Hg_{0.88}Mn_{0.12}Te$、
$Hg_{0.93}Mn_{0.07}Te$、$Hg_{0.77}Cd_{0.23}Te$、InSb 的结果 [16]

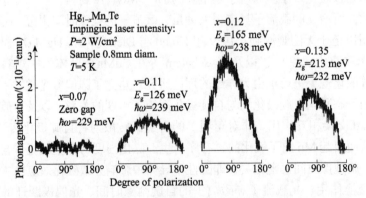

图 6-35　HgMnTe 材料的光致磁化：注意对 $x=0.07$ 的零带隙 $Hg_{1-x}Mn_xTe$ 材料，在线偏振
光激发下不存在光致磁化，而圆偏振光激发下具有最大的光致磁化响应。Y 轴表示光诱导
下产生的总磁矩 [18]

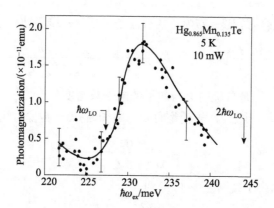

图 6-36　对 $x=0.135$ 的 $Hg_{1-x}Mn_xTe$ 材料，光激发能量依赖的光致磁化产生的磁矩。其中光致磁矩最小的区间能量对应 17 meV 的 LO 声子能量[18]

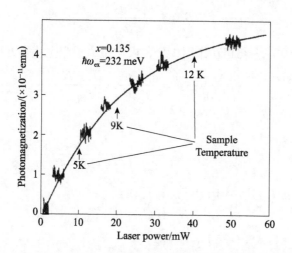

图 6-37　在 $x=0.135$ 的 $Hg_{1-x}Mn_xTe$ 薄膜中，光激发功率依赖的光致磁化。在光激发功率小于 15 mW 的激发条件下，可以观测到光致磁化与光激发功率的线性依赖；而在大于 15 mW 激发时，则由于激光热效应增大而偏离线性关系[18]

在圆偏振光激发下，激发重（hh）、轻空穴（lh）跃迁所产生的极化载流子产生率为[18]

$$(G_+ - G_-)_{hh} = \frac{P_i(hh)|M_{hh}|^2 D_{hh}}{|M_{hh}|^2 D_{hh} + |M_{lh}|^2 D_{lh}} G \qquad (6\text{-}18)$$

$$(G_+ - G_-)_{lh} = \frac{P_i(lh)|M_{lh}|^2 D_{lh}}{|M_{hh}|^2 D_{hh} + |M_{lh}|^2 D_{lh}} G \qquad (6\text{-}19)$$

其中，$P_i(hh)$、$P_i(lh)$、$|M_{hh}|$、$|M_{lh}|$、D_{hh}、D_{lh} 分别是重、轻空穴的初始极化度、

跃迁矩阵元、联合态密度；G为总的载流子产生率；则极化电子产生速率为[16]

$$\frac{\partial(n_+ - n_-)}{\partial t} = G_+ - G_- - \frac{n_+ - n_-}{\tau} - \frac{n_+ - n_-}{T_{\text{eph}}} - \frac{n_+ - n_-}{T_{\text{eMn}}} \qquad （6\text{-}20）$$

其中，n_+、n_-分别是自旋向上与向下的电子数密度；τ、T_{eph}、T_{eMn}分别为电子-空穴复合时间、电子-声子弛豫时间、电子-磁离子弛豫时间，其稳态解为

$$n_+ - n_- = \frac{G_+ - G_-}{1/\tau + 1/T_{\text{eph}} + 1/T_{\text{eMn}}} \qquad （6\text{-}21）$$

由于通常T_{eMn}远小于τ、T_{eph}，可得到

$$n_+ - n_- \cong (G_+ - G_-)\, T_{\text{eMn}} \qquad （6\text{-}22）$$

则自旋极化载流子对磁离子的平均磁场为

$$B^* = -\frac{n_+ - n_-}{2g\mu_{\text{B}}}\alpha \qquad （6\text{-}23）$$

其中，$\alpha = \langle S|J|S\rangle$是s-d相互作用积分，极化磁离子产生速率方程为

$$\frac{\partial(N_+ - N_-)}{\partial t} = \frac{n_+ - n_-}{T_{\text{eMn}}} - \frac{N_+ - N_-}{T_{\text{Mnph}}} \qquad （6\text{-}24）$$

其稳态解为

$$N_+ - N_- = (G_+ - G_-)\frac{T_{\text{Mnph}}}{T_{\text{eMn}}}\frac{1}{1/\tau + 1/T_{\text{eph}} + 1/T_{\text{eMn}}} \qquad （6\text{-}25）$$

同样，由于通常T_{eMn}远小于τ、T_{eph}，可得到

$$N_+ - N_- \cong (G_+ - G_-)\, T_{\text{Mnph}} \qquad （6\text{-}26）$$

比较式（6-22）与式（6-26），可得到

$$N_+ - N_- \cong (n_+ - n_-)T_{\text{Mnph}}/T_{\text{eMn}} \qquad （6\text{-}27）$$

Piermarocchi 等在理论上提出光与半导体量子点作用的系统中光学 RKKY 相互作用的概念[19]。他们在对相邻量子点局域化电子自旋间的相互作用研究中，发现光辐照下产生的退局域化激子诱导了相邻量子点局域电子自旋间的自旋耦合相互作用，即光 RKKY（ORKKY）作用。ORKKY 作用类似于 RKKY 作用，区别在于参与 sp-d 自旋交换作用的是光激发产生的极化载流子，而不是金属或半导体材料中固有的传导电子，这种局域磁矩通过光激发产生的巡游电子为媒介的间接耦合交换作用被称为光 RKKY 作用。Fernandez-Rossier 等进一步把这一概念应用到稀磁半导体材料体系中[20]，报道了光子能量小于带隙宽度的激光辐照引起的 $Zn_{0.988}Mn_{0.012}S$ 铁磁性的光学调控（如通过选择激发光的

强度和激发能量以及温度来控制其铁磁性的有无），指出激光辐照下近带边虚拟激发产生的激子调控了磁性离子间的耦合。Mn^{2+}局域磁矩与光激发产生的电子或空穴自旋的间接耦合交换作用可表达为

$$H_{exch} = \sum_{i,b} J_b M_i \cdot S_b(R_i) \qquad (6\text{-}28)$$

其中，M_i为掺入的位于晶格R_i的Mn^{2+}的d轨道局域磁矩；$S_b(R_i)$为光激发电子或空穴的自旋密度；J_b为交换耦合系数。近带边光激发产生具有一定自旋极化密度的电子或者空穴，通过与Mn^{2+}的sp-d交换耦合，导致Mn^{2+}的局域自旋取向化，从而形成一个等效磁场。如上面对sp-d交换耦合的理论描述，在平均场与半导体虚晶近似下，即把晶格中随机分布的Mn^{2+}等效为Mn^{2+}连续密度分布的理想晶体，Mn^{2+}的局域自旋取向化而形成的等效磁场为

$$g\mu_B B^{eff} \equiv J_{e,h} C_{Mn} M \qquad (6\text{-}29)$$

其中，C_{Mn}为Mn^{2+}的掺杂浓度；M为Mn的平均磁矩。

由于 II-VI 族稀磁半导体所表现出的材料质量与物性不佳，人们进一步探索其他新型稀磁半导体材料。利用低温分子束外延技术（LT-MBE）生长的 Mn 掺杂 III-V 族稀磁半导体，如 1992 年（In，Mn）As[21] 和 1996 年（Ga，Mn）As[22] 稀磁半导体材料的成功制备，又掀起了稀磁半导体领域的新一轮研究热潮，并推动了半导体自旋电子学的发展。目前已报道的（In，Mn）As和（Ga，Mn）As 的居里温度最高可达到 90 K 和 200 K[23, 24]。在 III-V 族化合物半导体中，掺入的 +2 价磁性离子部分替代 III-V 族半导体中的 III 族阳离子成为受主杂质，能提供高载流子浓度的空穴，因而可以通过电学或光学手段控制载流子浓度来调控材料的磁性质。

Koshihara 于 1997 年在顺磁性 p 型掺杂的 p-（In，Mn）As/GaSb 异质结中发现光生空穴载流子引起的铁磁性 [25]。利用 0.88～1.55 eV 的光辐照，在 0.02 T 的垂直磁场以及低温下（<35 K），发现光辐照 20min 后在顺磁性（In，Mn）As/GaSb 异质结中观察到铁磁性，并且光照结束后铁磁性仍然能够保持，如图 6-38 和图 6-39 所示。由于（In，Mn）As/GaSb 异质结存在内建电场，光照下电子-空穴对分离，空穴由 GaSb 层聚集在（In，Mn）As 层，磁学测量和霍尔测量都表明（In，Mn）As 中宏观铁磁性有明显增强。分析表明，InMnAs 层中光照导致的空穴载流子浓度的增加，增强了 InMnAs 层中以空穴为媒介的 Mn 离子间的铁磁相互作用 [23]。2002 年 Oiwa 等在铁磁性（Ga，Mn）As 中还发现不同圆偏振光可引起磁性的增强或减弱 [26]。光照引起霍尔

电阻值变化（相对磁化饱和时的霍尔电阻）达到 15%，相当于 2mT 的光生磁场。研究表明，这是由光诱导的极化空穴自旋与 Mn 离子局域自旋通过 p-d 交换耦合相互作用导致的。紧接着 2004 年 Mitsumori 等发现圆偏振光激发可以诱导铁磁性（Ga，Mn）As 中发生超快磁旋转[27]，所观察到的磁旋转随着光激发空穴自旋极化的产生而瞬时发生，并随着空穴自旋的弛豫而弛豫，特征弛豫时间尺度为几十皮秒。随后 Wang 等在铁磁性（Ga，Mn）As 中也观察到居里温度 T_c 在超快激光激发下有 0.5 K 的瞬态提高[28]。

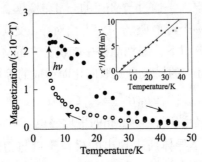

图 6-38　在无光照降温制冷时测得的温度与磁化（M-T）曲线（空心圆圈）以及升温 M-T 曲线（实心圆圈）。在 5K、外加 0.02T 磁场以及光照下的结果如箭头所示，观察到磁化增强。插图为无光照下的居里－外斯图，表明顺磁居里温度为 1.1K，居里常数为 2.5×10^{-1}K[25]

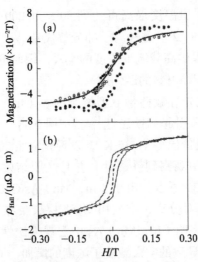

图 6-39　(a) 5 K 温度时，光照前（空心圆圈）、后（实心圆圈）的磁化曲线，实线为理论拟合；(b) 光照前（虚线）、后（实线）的霍尔电阻。光照前，磁化随外场呈非线性变化，且无磁滞行为，光照后则有磁滞行为，且 0.2T 后呈磁化饱和状态[25]

2008 年 Mishra 等对稀磁半导体中光诱导铁磁性进行了理论研究，指出光子能量大于半导体带隙的激光辐照能够产生大量空穴载流子，可有效调控局域磁矩以空穴为媒介的耦合交换作用，使得光生载流子对居里温度的调控可达 1 K[29, 30]。该理论研究中假设局域磁矩之间无相互作用，无光照时也不存在自由载流子，系统无光照时完全为顺磁的，光照作用下产生自由电子-空穴对。根据平均场理论，稀磁半导体系统可以看成是由相互独立的磁性离子体系和载流子体系组成，载流子子系统和磁性离子子系统的自由能之和为体系的总自由能，二者通过磁性离子与载流子的 s-d 交换作用（铁磁性）和 p-d 交换作用（反铁磁性）之间的竞争而相互影响。这里 s，p-d 相互作用主要包括载流子与 Mn^{2+} 的 d 电子间以 $1/r$ 为关系的库仑势场交换作用，使电子自旋趋向于与 Mn^{2+} 自旋同向排列，因此是铁磁性的交换作用；而 Mn^{2+} 的 $3d^5$ 能级与 p 电子（空穴）的杂化为反铁磁作用[31-33]。Mishra 等采用博戈留波夫-瓦拉京（Bogoliubov-Valatin）哈密顿量的变换对角化方法，计算了系统的最小磁自由能随温度和载流子浓度的变化关系，发现系统由顺磁到铁磁相的转变温度与光激发能量密切相关，随着光激发能量增大，光生自由电子-空穴对密度增大，通过 s，p-d 耦合导致的局域磁矩间的耦合进一步增强，使得顺磁到铁磁相的转变温度 T_c 也升高，正如 Wang 于 2007 年在（Ga，Mn）As 中所观察到的[28]。

二、自旋注入、操控的光学探测

自旋的注入、操控和探测始终是自旋电子学研究最基本也是最重要的三个课题，其中自旋注入的基本要求是在材料中产生并保持大的自旋极化电流，且能够持续很长时间，传输距离也足够远，因此足够长的自旋扩散长度和自旋弛豫时间在自旋电子器件的研究中至关重要。现在已经知道，电子自旋寿命可达纳秒（ns）量级，这比电子的动量弛豫时间（飞秒）长很多。在半导体自旋电子学研究中，自旋的注入与探测普遍采用的是光学方法。光学方法自旋注入效率高于电学方法，而且对样品结构没有改变和损坏。在实验中，用圆偏振光在样品中产生电子自旋极化，由于某一种或几种自旋弛豫机制作用，自旋极化逐渐消失，同时导带电子也将弛豫到导带最低点附近与空穴复合发光。在以 GaAs 为代表的 III-V 族半导体中，产生自旋极化意味着导带电子自旋向上和向下态的占据数有一定的差异。当特定能量的探测光到达样品时，由于对应跃迁的电子自旋态可能已经被占据使跃迁概率下降，即降低对左旋或右旋分量的吸收。由于 Faraday/Kerr 旋转角正比于自旋极化强度，通过对 Faraday/Kerr 旋转角的测量能够得到材料中自旋极化的信息，因而目前在实验研究中，时间分辨 Faraday/Kerr 旋转谱方法是研究自旋动力学强有力的手段[34-36]。在这种实验技术中，采用半导体材料带隙能量附近的脉冲激光分束后的一束作为泵浦光，调制成左旋或右旋圆偏振态激发样品产生电子自旋极化，另一束探测光为线偏振光，经过光学延迟线系统与泵浦光分开 Δt 时间后入射到样品的相同位置。探测光的 Faraday/Kerr 旋转角即反映了自旋极化经历 Δt 时间后的极化度，如图 6-40 所示。通过控制延迟线调节 Δt，能够完整描绘自旋极化从产生经历弛豫最终完全消失的过程。

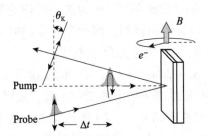

图 6-40　时间分辨 Kerr 旋转实验配置示意图，其中磁场 B 为 Voigt 配置[35]

　　美国加利福尼亚大学 Awschalom 教授小组利用时间分辨 Faraday/Kerr 旋转谱方法在用光学方法进行自旋注入、探测和自旋弛豫动力学研究方面做了先驱性的里程碑式的工作。早在 1997 年，Kikkawa 和 Awschalom[35] 就通过时间分辨 Kerr 旋转谱方法，对 Ⅱ-Ⅵ族 ZnSe/Zn$_{1-x}$Cd$_x$Se 量子阱形成的二维电子气温度依赖的（4～300 K）电子自旋相干弛豫寿命进行了研究。实验发现，通过对量子阱的 n 型掺杂设计，ZnSe/Zn$_{1-x}$Cd$_x$Se 二维电子气中的自旋相干弛豫寿命较相应的绝缘材料要长很多，在 5.7 K 下为 3.9 ns，270 K 下为 1.3 ns，见图 6-41。测量得到的自旋寿命远长于量子阱中电子－空穴复合寿命。在相应的体材料中也观察到掺杂使得电子自旋寿命相对未掺杂情况要更长。1998 年，他们又进一步通过时间分辨 Faraday 实验，调节 n 型 GaAs 体材料的掺杂浓度或温度，发现电子自旋寿命可以从几十皮秒延长至 100 多 ns[35]。如图 6-42 所示，随着掺杂浓度的增加，电子自旋寿命先增大后减小，在电子浓度为 $1 \times 10^{16} \text{cm}^{-3}$ 时，电子自旋寿命达到最大。他们认为温度较高时，掺杂导致 DP 自旋弛豫机制主导下的电子-电子散射起非常重要的作用，而在较低温度下，EY 自旋弛豫机制开始起作用。在 n 型 GaAs 中长达 100ns 自旋寿命实验结果的鼓舞下，他们又紧接着对 n 型 GaAs 中的自旋相干输运长度进行了研究[36]。在这一工作中，Kikkawa 和 Awschalom 将一束泵浦光照射在 n-GaAs 材料的某一点（如 x 点），利用光泵产生自旋注入，而在 $x+dx$ 处探测自旋相干，结果如图 6-43 所示。水平的相干条纹表示自旋输运的距离，为 100 μm 左右[36]，这表明自旋可以输运超过 100μm 的宏观距离而不损失其相干性，为克服以前半导体材料中实现自旋极化输运的困难[37, 38]迈出重要一步，也为实现半导体材料中的自旋极化输运奠定了基础。

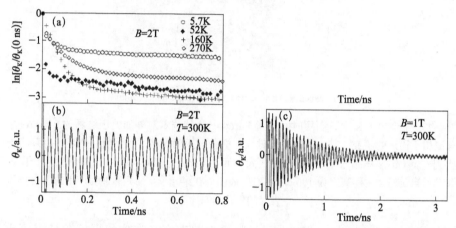

图 6-41　（a）外磁场 B=2T 时对样品的时间分辨 Kerr 测量结果，温度从 5.7 K 升高到 270 K 时，共振激发能量由 2.70 eV 降低到 2.61 eV；（b）外磁场 B=2T，室温时对样品的时间分辨 Kerr 旋转测量结果，电子激发能量 2.60 eV；（c）外磁场 B=1T，室温时对样品的测量结果，激发能量为 2.72 eV，较 ZnSe 带边高出 20 meV。单脉冲光激发电子浓度为 10^{11}cm^{-2}[34]

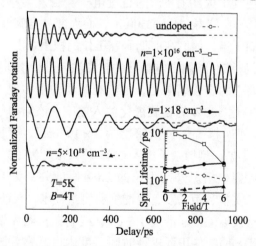

图 6-42　本征和 n 型 GaAs 体材料的时间分辨 Faraday 曲线，磁场 B=4T，温度为 5 K。插图显示了自旋退相干时间与外加磁场的关系[35]

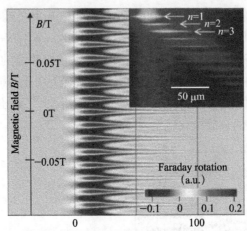

图 6-43　低温 1.6 K 下，利用时间分辨 Faraday 旋转技术对外加偏压电场的 n-GaAs 中自旋相干输运的研究。其中纵轴代表磁场，横轴为探测光相对于泵浦光的距离。泵浦光照射在 n-GaAs 样品的 x，产生自旋注入，而在 x+dx 处探测自旋相干，水平的相干条纹表示自旋输运的距离，为 100 μm 左右。插图为在第 n 个泵浦光脉冲后产生的垂直样品表面的极化自旋[36]

在对 n 型掺杂 ZnSe 和 GaAs 材料中自旋寿命和自旋相干扩散长度研究的基础上，2000 年，Awschalom 教授小组尝试了在 n-GaAs/ n-ZnSe 异质结中自旋极化的注入[39]。他们利用光泵浦在 n-GaAs 衬底的导带中产生自旋极化的电子，实验发现其中大约有 5% 的自旋电子会自发转移到 n-ZnSe 外延层附近，且注入的电子自旋寿命仅有 500 ps，而大部分自旋极化电子仍然被俘获在衬底一侧。2001 年，他们在前期研究工作的积累之上，进一步对肖特基 n-GaAs/ n-ZnSe 异质结在外偏压电场下的自旋注入进行了研究[40]，如图 6-44 所示。非常振奋人心的实验结果是，他们在此结构中实现了由 n-GaAs 衬底向 n-ZnSe 外延层高达 500% 的自旋极化注入效率。该结构包括 400 μm 厚的 GaAs 衬底，其 n-型（掺 Si）掺杂密度为 $3 \times 10^{16} cm^{-3}$，背面为 In 电极；外延长的 ZnSe 也具有 n-型掺杂（掺入 Cl），掺杂浓度为（5～15）×$10^{17} cm^{-3}$，并有 40 nm 厚的铟锡电极。外延生长的 ZnSe 厚度分别为 100 nm，150 nm，200 nm，300 nm。实验利用了双色泵浦探测测量技术，泵浦光为 100 fs 的圆偏振光，激发能量设在 GaAs 带边 1.5 eV，线偏振探测光设在 ZnSe 带边的 2.8 eV。不加外偏压时，在几百皮秒时间尺度内可观察到 n-GaAs 向 n-ZnSe 层有 2%～10% 的自发自旋转移注入，大部分自旋极化电子被俘获在衬底一边；而在外加偏压后，由 n-GaAs 衬底导带中电子自旋向 n-ZnSe 外延层的自旋极化注入效率高达 500%。这是由于低掺杂的（$3 \times 10^{16} \text{cm}^{-3}$）的 n-GaAs 体材料中，自旋弛豫时间可达 100 ns，因而可以成为相干自旋的一个库源。在外加偏压后（$E > 0$），被俘获在衬底 GaAs 自旋库源中的自旋在偏压电场作用下扩散进 ZnSe 层，形成自旋极化电流。ZnSe 层中随时间演化的自旋极化可表达为

$$S_{\text{ZnSe}}(\Delta t) = A \sum_{n=0}^{\infty} \left\{ e^{-\frac{\Delta t + nt_{\text{rep}}}{T_{2\text{ZnSe}}^*}} \cos(\omega_{\text{ZnSe}} \Delta t + \phi) - e^{-\frac{\Delta t + nt_{\text{rep}}}{\tau_{\text{sff}}}} \cos(\omega_{\text{GaAs}} \Delta t + \phi) \right\}$$

其中，$\phi = \arctan \left[\tau_{\text{eff}} (\omega_{\text{GaAs}} - \omega_{\text{ZnSe}}) \right]$，$T_{2\text{GaAs}}^*$、$\omega_{\text{GaAs}}$ 和 $T_{2\text{ZnSe}}^*$、ω_{ZnSe} 分别为 GaAs 和 ZnSe 的自旋寿命与拉莫尔进动频率；t_{rep} 为激光重复频率；$T_{\text{eff}}^* = \tau^{-1} + T_{2\text{GaAs}}^{*-1}$ 为有效自旋累积时间；τ 为自旋累积时间。上式通过对不同时间 t_i 渡越界面的随时间呈指数衰减 $\left(\sim e^{-\frac{t_i}{\tau}} \right)$ 的所有自旋求和而获得。假设最快和最慢的两种自旋极化注入过程 A 和 B，由于低掺杂（$3 \times 10^{16} \text{cm}^{-3}$）的 n-GaAs 中自旋弛豫时间 $T_{2\text{GaAs}}^*$ 为 100 ns，远大于最快和最慢的两种自旋累积时间 τ^A，τ^B（τ^A=20 ps，τ^B=500 ps），并且在外加偏压下，由于存在来自 GaAs 自旋库源中的持续自旋极化电流，其提供的自旋累积时间原则上可以无穷大，即 $\tau^C \sim \infty$。考虑到 $T_{2\text{GaAs}}^*$=100 ns，则持续自旋极化电流导致的有效自旋累积时间 $\tau_{\text{eff}}^C \approx T_{2\text{GaAs}}^*$，因此 ZnSe 层中随时间演化的总的自旋极化为 $S_{\text{ZnSe}}(\Delta t) = S^A + S^B + S^C$。他们利用此模型可以对实验结果进行很好的拟合，如图6-45所示。他们又进一步在 p-GaAs/n-ZnSe 的 p-n 结中实现了高达 4000% 的自旋极化注入效率[7]，如图6-46所示，表明通过半导体量子结构中的受限电子态调控，有可能实现电场或者磁场控制的多功能自旋存储和逻辑器件。

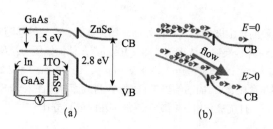

(a) (b)

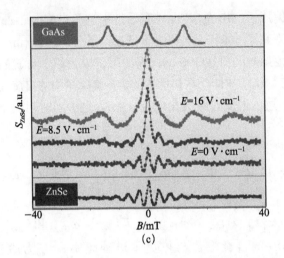

图 6-44　5 K，不同外加偏压下，肖特基 n-GaAs/n-ZnSe 异质结中由 n-GaAs 衬底向 n-ZnSe 外延层的自旋极化注入。(a) n-GaAs/n-ZnSe 异质结能带示意图；(b) 加偏压前后，导带中自旋转移注入示意图；(c) 自旋共振放大测试结果，固定时间延迟 10 s，扫描磁场的实验结果，其中 n-GaAs 为 100 nm 厚，掺杂浓度为 $5.3 \times 10^{17} \text{cm}^{-3}$，浅色与深色代表泵浦与探测光调节到 GaAs 和 ZnSe 带隙[40]

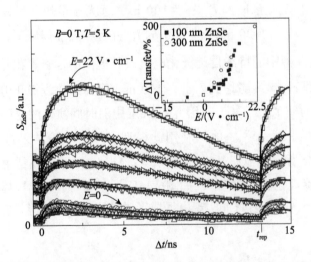

图 6-45　偏压依赖的自旋极化注入：当外加磁场为 0 时，自旋转移随时间的演化。其中 300 nm 厚的 ZnSe 外延层掺杂浓度为 $1.53 \times 10^{18} \text{cm}^{-3}$，外加偏压为：$E=-16.5 \text{ V} \cdot \text{cm}^{-1}$，$0 \text{ V} \cdot \text{cm}^{-1}$，$4.5 \text{ V} \cdot \text{cm}^{-1}$，$7.5 \text{ V} \cdot \text{cm}^{-1}$，$9.8 \text{ V} \cdot \text{cm}^{-1}$，$12 \text{ V} \cdot \text{cm}^{-1}$ 和 $22 \text{ V} \cdot \text{cm}^{-1}$（偏压更高时热效应将非常显著），插图给出来自 GaAs 自旋库源中注入 ZnSe 外延层的持续自旋极化电流相对于不加偏压时的百分比[40]

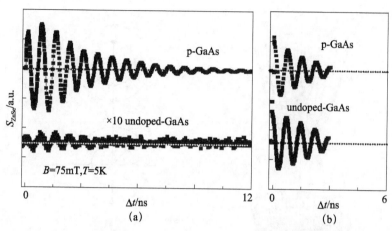

图 6-46　p-GaAs/n-ZnSe 异质结中由 p-GaAs 衬底向 n-ZnSe 外延层的自旋极化注入 p 型掺杂浓度为 $1 \times 10^{19} \mathrm{cm}^{-3}$。作为比较，未掺杂 GaAs/n-ZnSe 异质结的自旋极化注入结果也在图中。点虚线代表零自旋极化注入；（a）双色泵浦－探测结果（泵浦 p-GaAs，在 ZnSe 带边－探测）；（b）单色泵浦－探测结果（泵浦、探测均在 n-ZnSe 中）

三、圆偏振光电流效应

　　自旋－轨道耦合是由半导体材料体系的反演不对称性造成的。在异质结和量子阱中，由于空间反演对称性被破坏，产生了零场下能带的自旋劈裂。根据对称性的不同来源，反演不对称性可以分为体反演不对称性（bulk inversion asymmetry，BIA）和结构反演不对称性（structure inversion asymmetry，SIA）。与之对应，自旋－轨道耦合也分成 Dresselhaus 和 Rashba 两种效应。Dresselhaus 自旋－轨道耦合产生于材料自身的体反演不对称性，而 Rashba 自旋－轨道耦合来源于二维结构限制势的反演不对称。非对称量子阱结构设计、非对称掺杂、非对称界面、外加电场和内建电场等均会产生半导体材料的反演不对称性。自旋－轨道耦合相互作用导致的能带分裂示意图如图 6-47 所示，其中也给出不同自旋－轨道耦合强度的体系中费米能级上的自旋取向示意。实验确定自旋－轨道耦合系数的方法主要包括：通过量子输运测量 Shubnikov-de Haas（SdH）振荡、弱反局域化（weak anti-localization，WAL）以及利用圆偏振光电流效应（circular photogalvanic effect，CPGE），其中 CPGE 是确定 Rashba 和 Dresselhaus 自旋－轨道耦合系数之比的重要实验手段。

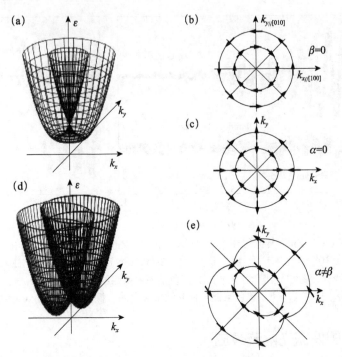

图 6-47 C_{2v} 对称点群的二维能带结构（仅考虑动量线性项）以及不同 SIA 和 BIA 强度下费米面处的自旋取向分布。（a）只有 Rashba 或者 Dresselhaus 一种自旋-轨道耦合；（b）（c）（e）分别为不同 SIA 和 BIA 强度下费米面处的自旋取向分布。其中，（b）为 Dresselhaus 系数为 0，（c）为 Rashba 系数为 0，（e）为 Dresselhaus 系数与 Rashba 系数不同，（d）Rashba 和 Dresselhaus 自旋-轨道耦合两种效应并存时自旋取向（等效磁场）示意图。图中箭头表示自旋取向[41, 53]

1. 圆偏振光电流效应

对于空间反演对称性破缺的结构，自旋-轨道耦合导致能带劈裂。用一束圆偏振光激发样品，由于圆偏振光光子的角动量与半导体中载流子的自旋角动量发生耦合，电子的角动量进一步转化成线动量，即产生载流子的横向运动，从而产生一个净电流，净电流来源于能带中电子自旋简并解除而引起的电子在动量空间中的不对称分布，即圆偏振光电流效应（circular photogalvanic effect，CPGE）。苏联科学家 Ivchenko、Pikus[42] 和 Belinicher[43] 在 1978 年分别在理论上首次预言圆偏振光电流效应，随后 Asnin 等在半导体体材料碲（Te）中观察到了这一现象[44]。2000 年，Ganichev 等首次在 p 型 GaAs/Al$_x$Ga$_{1-x}$As 量子阱中观测到圆偏振光致电流效应[45]。之后 Ganichev 等又在理论上完善了圆偏振光致电流效应，给出了圆偏振光致电流效应与对称性的关系，并从微观物理机制解释了这一现象[46-49]。

圆偏振光电流效应的微观机制可以从图 6-48 中理解。采用圆偏振光 σ^+ 激发，选择合适的激发能使得只有重空穴带被激发（量子阱中轻、中空穴带分裂），则实际发生的跃迁由图 6-48（b）的虚线竖直箭头和左边的实线竖直箭头所代表，激发到导带上的电子自旋相同，属于同一分裂带。但由于该带对于动量坐标是非中心对称的，两种跃迁所激发的电子动量不同。具体来说，它们的动量方向相反，大小不同，所以在这两种激发概率相同的前提下产生电子的净动量，因而形成自旋电流。

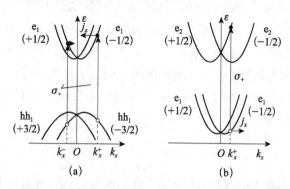

图 6-48 圆偏振光电流效应的微观起源示意图。圆偏振光 σ^+ 激发：（a）带间跃迁情形，即从价带的 hh$_1$ 子带（$m_s = -3/2$）到导带的 e$_1$ 子带（$m_s = -1/2$）的跃迁；（b）导带子带间跃迁，即从导带 e$_1$ 子带（$m_s = -1/2$）到导带 e$_2$ 子带（$m_s = 1/2$）的跃迁。光学选择定则和自旋劈裂导致了电子在正 k_x^+ 态和 k_x^- 态的不平衡分布，从而导致自旋极化的光电流。对于 σ^- 的圆偏振光激发，载流子的自旋取向和电流方向都发生反向。在两个图中，箭头的方向表示非平衡载流子运动的方向[47]

在非对称二维结构中自旋-轨道耦合相互作用项可以写为统一形式 $H = \sum_{lm} \beta_{lm} \sigma_l k_m$，其中 β_{lm} 是一个二阶赝势，σ_l 是泡利矩阵。二阶赝势 β_{lm} 的具体形式取决于量子阱的具体点群表象和对称性以及坐标系。在考虑自旋-轨道耦合相互作用下，最低导带子带和最高重空穴子带的能量色散分别为

$$\varepsilon_{e_1, \pm 1/2}(k) = [(\hbar^2 k_x^2 / 2m_{e_1}) \pm \beta_{e_1} k_x + \varepsilon_g] \qquad (6\text{-}30)$$

和

$$\varepsilon_{hh_1, \pm 3/2}(k) = -[(\hbar^2 k_x^2 / 2m_{hh_1}) \pm \beta_{hh_1} k_x] \qquad (6\text{-}31)$$

这里，ε_g 表示带隙。对于光子能量为 $\hbar\omega$ 的 σ^+ 光的带间激发过程，如图 6-48（a）所示，产生 -3/2 空穴态到 -1/2 电子态的跃迁，由能量和动量守恒要

求，仅有两个不同 kx 值处的态可以发生跃迁。这两个 $k^\pm_x$ 值为

$$k^\pm_x = +\frac{\mu}{\hbar^2}(\beta_{e_1} + \beta_{hh_1}) \pm \sqrt{\frac{\mu^2}{\hbar^4}(\beta_{e_1} + \beta_{hh_1})^2 + \frac{2\mu}{\hbar^2}(\hbar\omega - \varepsilon_g)} \quad （6-32）$$

式中，$\mu = (m_{e_1} \cdot m_{hh_1})/(m_{e_1} + m_{hh_1})$ 为折合质量。显然，质量中心的动量从 $k_x = 0$ 移到了 $(\beta_{e_1} + \beta_{hh_1})/(\mu/\hbar^2)$。因此，对所有导带电子速度求和不为零，而是

$$v_{e_1} = \hbar(k^-_x + k^+_x - 2k^{min}_x)/m_{e_1} = 2/[\hbar(m_{e_1} \cdot m_{hh_1})] \cdot (\beta_{hh_1}m_{hh_1} - \beta_{e_1}m_{e_1}) \quad （6-33）$$

式中，k^{min}_x 是-1/2电子带最低点的动量值。当计算载流子群速度时，k^+_x 和 k^-_x 处符号相反，大小不等，这样就会得到净电流。这里 k^+_x 和 k^-_x 处的电子自旋取向是相反的，而速度又不能相互抵消，因此所得到的电流是自旋极化的。如果改用 σ^- 的圆偏振光激发，k^+_x 和 k^-_x 的取值刚好交换，这样使得所产生的电流方向也相反。根据宏观对称性分析，对于具有Cs对称性的量子阱，圆偏振光电流为[1]

$$j_x = -e(\tau^e_p - \tau^h_p)\left(\frac{\beta_e}{m_v} + \frac{\beta_h}{m_c}\right)\frac{\mu_{cv}}{\hbar}\frac{\eta_{eh}I}{\hbar\omega}P_c \quad （6-34）$$

对于如图 6-48（b）所示的导带子带间激发过程，光的波长在红外或远红外范围，跃迁发生在导带 e_1 子带（$m_s = -1/2$）和导带 e_2 子带（$m_s = 1/2$）之间。对于 σ^+ 的单色圆偏振光，光跃迁仅仅发生在入射光与跃迁能相匹配的固定 k^+_x 处，因而光跃迁导致一个非平衡的动量分布，使两个子带都产生沿 x 方向的电流。因为在 n 型量子阱中，e_1 和 e_2 子带的能量差一般比纵向光学声子的能量高，e_2 子带电子的非平衡分布会由于发射声子迅速弛豫，这样 e_2 子带电子对于电流的贡献就消失了，而只剩下 e_1 子带的贡献，因而总光电流的大小和方向由 e_1 子带激发出的空穴的群速度和动量弛豫时间决定。根据宏观对称性分析，导带子带间的圆偏振光电流为 [41]

$$j^{(e_1)}_x = e(v^{(e_2)}_x\tau^{(2)}_p - v^{(e_1)}_x\tau^{(1)}_p)\frac{\eta_{21}}{\hbar\omega}P_{circ} \quad （6-35）$$

在式（6-34）和式（6-35）中，$P_{circ} = \dfrac{I_{\sigma_+} - I_{\sigma_-}}{I_{\sigma_+} - I_{\sigma_-}} = \sin 2\varphi$ 为圆偏振光的偏振度，而 φ 为入射光场 x 和 y 分量之间的相位差。

2. 自旋光电流效应

自旋光电流效应（spin-galvanic effect，SGE），来源于自旋在磁场下的进

动而导致的样品平面内自旋极化。在一个有自旋劈裂的体系中，如果载流子自旋处于非平衡占据，而对于每个自旋分支能量占据是平衡的，那么自旋弛豫就可能导致电流的产生。这个效应最早由 Ivchenko 预言[50]，而 Ganichev 等首次在实验中观察到[51]。从微观上讲，自旋光电流效应是由存在自旋－轨道耦合的体系中自旋极化电子的非对称自旋翻转弛豫造成的。图 6-49（a）中示意地画出了有自旋依赖哈密顿量项 $\beta_{yx}\sigma_y k_x$ 的电子沿 k_x 方向的能谱，其中，σ_y 是一个好量子数。y 方向的自旋极化会导致子带中非平衡的电子分布。因为存在 k 依赖的自旋翻转弛豫过程，自旋的弛豫就会导致宏观电流出现。自旋沿 y 方向极化的电子从多数填充的自旋向下子带 $|-1/2\rangle_y$，沿着 k_x 被散射到多数填充的自旋向上子带 $|+1/2\rangle_y$。在图 6-49（a）中用箭头标出了四种不同的自旋翻转散射机制。由于自旋翻转散射的概率依赖于初态和终态的 k 值，因而图 6-49（a）中的实线箭头有着相同的散射概率。它们保护了子带间对称的载流子分布，因而单独这两个过程并不产生电流。但是，由虚线箭头表示的散射过程的概率是不相等的，因而在两个子带的带底产生了非对称载流子分布，进而导致沿着 x 方向的电流。根据文献 [52] 中的推导，x 方向和 y 方向的自旋光电流为

$$j_{\text{SGE},x} = Q_{xy}S_y \sim en_e \frac{\beta_{yx}^{(1)}}{\hbar}\frac{\tau_p}{\tau_s'}S_y, \quad j_{\text{SGE},y} = Q_{yx}S_x \sim en_e \frac{\beta_{xy}^{(1)}}{\hbar}\frac{\tau_p}{\tau_s'}S_x \qquad （6-36）$$

其中，n_e 是二维电子气浓度；S_x 和 S_y 是平面内的平均自旋极化，并且以自旋弛豫时间 τ_s' 衰减；τ_p 是动量弛豫时间。与圆偏振光电流不同的是，自旋光电流以自旋弛豫时间 τ_s' 衰减；而圆偏光电流以动量弛豫时间 τ_p 衰减。对于子带间吸收圆偏光所造成的自旋弛豫，即图 6-49（b）的情况，光电流可以写为

$$j_{\text{SGE},x} = Q_{xy}S_y \sim en_e \frac{\beta_{yx}^{(1)}}{h}\frac{\tau_p \tau_s}{\tau_s'}\frac{\eta_{21}I}{\hbar\omega}P_{\text{circ}}\xi e_y \qquad （6-37）$$

$$j_{\text{SGE},y} = Q_{yx}S_x \sim en_e \frac{\beta_{yx}^{(1)}}{h}\frac{\tau_p \tau_s}{\tau_s'}\frac{\eta_{21}I}{\hbar\omega}P_{\text{circ}}\xi e_x \qquad （6-38）$$

这里，η_{21} 是 e_1 和 e_2 子带间跃迁的吸收系数；参数 ξ 可以在 0～1 变化，是光激发电子跃迁到 e_1 子带自旋翻转和不翻转的比例。式（6-38）说明自旋光电流正比于吸收系数和导带第一子带的自旋劈裂，即 $\beta_{yx}^{(1)}$ 或者 $\beta_{xy}^{(1)}$。

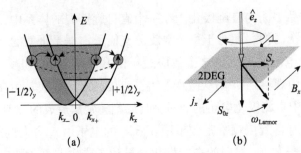

(a) (b)

图 6-49 （a）自旋光电流效应的微观起源的（二维）示意图。哈密量中的 $\sigma_y k_x$ 项使得导带劈裂成两支，自旋分别为 $m_s = \pm 1/2$，取向沿 y 方向。如果通过自旋注入，使得其中一支自旋电子占据较多，（如图中 $|-1/2\rangle_y$ 态），那么非对称的自旋翻转散射会导致一个沿 x 方向的电流。虚线箭头标出的电子翻转产生了一个两子带电子的非对称占据，因而产生电流。如果初始时使 $|+1/2\rangle_y$ 占据较多，则电流方向会发生反号。（b）利用光注入的办法产生平面内自旋极化导致自旋光电流的示意图。圆偏振光产生垂直于量子阱平面的自旋极化，通过一个平面内的磁场，可以使得自旋取向通过拉莫尔进动转到量子阱平面内 [47]

3. 利用 CPGE 区分 Rashba 和 Dresselhaus 自旋轨道耦合

2004 年 Ganichev 等提出根据 Rashba 和 Dresselhaus 在 k 空间的自旋取向与波矢 k 夹角的不同依赖关系，可以利用自旋光电流效应将 Rashba 和 Dresselhaus 自旋–轨道耦合效应的贡献区分开来，并可以通过测量不同方向的 SGE 电流得到 Rashba 和 Dresselhaus 自旋–轨道耦合系数的比值 [53, 54]。2007 年同一课题组的 Giglberger 用 CPGE 和 SGE 两种方法研究了（001）面生长的 GaAs 基和 InAs 基二维电子气的 Rashba 和 Dresselhaus 自旋–轨道耦合效应的相对不同贡献 [55]。

沿（001）方向生长的闪锌矿材料的量子阱具有 C_{2v} 对称结构，有两个非零二阶赝张量 $\alpha = \beta_{xy} = -\beta_{yx}$ 和 $\beta = \beta_{xx} = -\beta_{yy}$，其中 α，β 分别为 Rashba 和 Dresselhaus 系数。取坐标系为 $x//[100]$，$y // [010]$，对应的基态电子的哈密顿量表示为

$$H = \hbar^2 k^2 / 2m^* + H_{so} \tag{6-39}$$

其中，H_{so} 包含 Rashba 和 Dresselhaus 自旋–轨道耦合效应

$$H_{so} = \alpha\left(\sigma_x k_y - \sigma_y k_x\right) + \beta\left(\sigma_x k_x - \sigma_y k_y\right) \tag{6-40}$$

其中，k 为波矢；σ 是泡利矩阵的矢量。上式只考虑了波矢 k 的线性项，因为

Dresselhaus的立方项只影响β的大小，不会改变哈密顿量的形式。当考虑三次方项时，β的大小由$\beta = \gamma \langle k_z^2 \rangle$变为$\beta = \gamma \left(\langle k_z^2 \rangle - k^2/4 \right)$[53]，其中$\gamma$是体材料的自旋-轨道耦合系数；$\langle k_z^2 \rangle$是波矢沿生长方向的均方值。实际上立方项对CPGE电流没有贡献，但是会影响自旋劈裂、自旋弛豫以及各向异性的自旋翻转拉曼散射[55]。相应的能量色散关系为

$$\varepsilon_{\pm}(k) = \frac{\hbar^2 k^2}{2m^*} \pm k\sqrt{\alpha^2 + \beta^2 + 2\alpha\beta\sin(2\theta_k)} \qquad (6\text{-}41)$$

其中，θ_k是k与x轴的夹角。图6-47给出了单独的Rashba或Dresselhaus效应存在或者二者同时存在时的能量色散关系以及在费米面附近的自旋取向分布。当只有一种效应时，二者具有相同的能量色散关系[图6-47（a）]，但是二者在k空间的自旋取向分布却是不同的。为了更好地理解二者的自旋取向，可以把自旋-轨道耦合表示成：$H_{so} = \sigma \cdot B_{eff}(k)$，其中$B_{eff}(k)$是有效磁场。通过和式（6-40）对比，得到只有Rashba和只有Dresselhaus效应的有效磁场$\beta_{eff}^R(k) = \alpha(k_y, -k_x)$和$\beta_{eff}^D(k) = \beta(k_x, -k_y)$，自旋取向如图6-47（b）和（c）所示，这里假设$\alpha > 0$，$\beta > 0$。

对于Rashba效应，等效磁场和自旋取向总是垂直于波矢k，而对于Dresselhaus效应，自旋方向与波矢k相关。当Rashba和Dresselhaus两种效应同时存在时，在[110]和[1$\bar{1}$0]两个方向分别得到最大和最小的自旋劈裂$2(\alpha + \beta)k$和$2(\alpha - \beta)k$（图6-47（e））。由于CPGE电流来源于体系的反演不对称性，定义j_R与j_D分别为Rashba效应和Dresselhaus效应对CPGE电流的贡献。CPGE电流正比于圆偏振光的偏振度P_c和光的传播方向$\hat{e}$，可以表示成[55]

$$j_{CPGE} = \begin{pmatrix} \beta & -\alpha \\ \alpha & -\beta \end{pmatrix} \hat{e} p_c \qquad (6\text{-}42)$$

其中，

$$j_R = C\alpha \begin{pmatrix} 0 & -1 \\ 1 & 0 \end{pmatrix} p_c \hat{e} , \quad j_D = C\beta \begin{pmatrix} 1 & 0 \\ 0 & -1 \end{pmatrix} p_c \hat{e} \qquad (6\text{-}43)$$

其中，C由光学选择定则和动量弛豫时间决定。从式（6-43）中的两个矩阵可以看出，$j_R \perp \hat{e}$，而j_D与$\hat{e}$关于$x//[100]$轴对称。可以根据对称性分离出Rashba和Dresselhaus效应。图6-50给出了光的传播方向$\hat{e}$与CPGE电流的Rashba光电流j_R以及Dresselhaus光电流j_D的角度关系。当圆偏振光沿$x//[100]$

方向入射时，沿 x 方向测得的 CPGE 电流为 j_D，而沿 y 方向测得的 CPGE 电流为 j_R。

$$\frac{\alpha}{\beta} = \frac{j_y\left(\hat{e}//x\right)}{j_x\left(\hat{e}//x\right)} \tag{6-44}$$

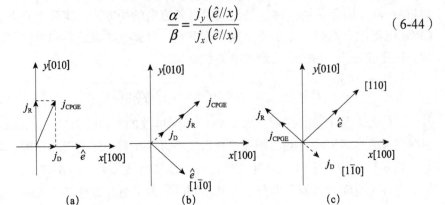

图 6-50　n-InAs 单量子阱中的光电流。演示了自旋极化与 Rashba 和 Dresselhaus 自旋–轨道耦合效应产生的电流间的三种典型关系[49]

因此，当入射光沿 x' //[1$\bar{1}$0] 方向入射时，垂直于入射面方向（即沿 y'//[110] 方向）测得的 CPGE 电流为 $j_R + j_D$ ［图 6-50（b）］；当入射光沿 y' //[110] 方向入射时，垂直于入射面（即沿 x' //[1$\bar{1}$0] 方向）的 CPGE 电流为 $j_R - j_D$ ［图 6-50（c）］。因此当 $\hat{e}$ // x' //[1$\bar{1}$0] 及 $\hat{e}$ // y' //[110] 时，有

$$\frac{\alpha}{\beta} = \frac{j_{y'}\left(\hat{e}//x'\right) + j_{x'}\left(e//y'\right)}{j_{y'}\left(\hat{e}//x'\right) - j_{x'}\left(e//y'\right)} \tag{6-45}$$

因此，通过系统变化圆偏振光的入射方向，可以在实验上实现 Rashba 和 Dresselhaus 自旋劈裂大小的定量分离。

Ganichev 等利用自旋光电流效应将 Rashba 和 Dresselhaus 自旋–轨道耦合效应的贡献区分开的实验示意图如图 6-51 所示[53]。该工作中所用样品为（001）方向 MBE 生长的 n 型掺杂 InAs/Al$_{0.3}$Ga$_{0.7}$Sb 单量子阱，自由载流子浓度为 $1.3 \times 10^{-12} \mathrm{cm}^{-2}$，室温迁移率为 $2 \times 10^{4}\mathrm{cm}^{2}/$（V•s）。样品边沿 [110] 和 [1$\bar{1}$0]。利用 8 对电极以便实现不同方向电流的测试。他们采用远红外 NH$_3$ 分子激光器产生的 148μm 的激光，在 10kW 输出功率下激发子带间跃迁，通过测量不同方向的 SGE 电流得到 Rashba 和 Dresselhaus 自旋–轨道耦合系数的比值，如图 6-52 所示。电流大小以图（c）中的极大值 $j = j_R + j_D$ 予以归一，Rashba 和 Dresselhaus 效应贡献的电流比值可由图（a）中 $j_R/j_D = j(\pi/2)/j_0$ 读出，或从图（b）和（c）中电流的极大值计算得出，可得到

$j_R/j_D = 2.15 \pm 0.25$，即 $\alpha/\beta = 2.15$。

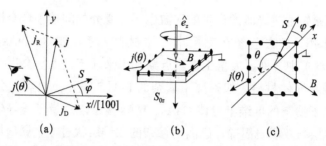

图 6-51 （a）自旋光电流的角度依赖关系；（b）、（c）实验几何配制 [53]

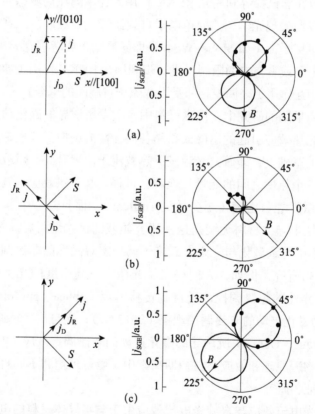

图 6-52 （001）面生长的 n-InAs/Al$_{0.3}$Ga$_{0.7}$Sb 量子阱体系（C$_{2v}$ 点群）中 Rashba、Dressel-haus 自旋－轨道耦合效应引起的光电流以及 CPGE 电流与入射方向的关系。（a）入射光沿 [100] 方向时，j_R，j_D 分别在垂直和平行入射面方向；（b）入射光沿 [1$\bar{1}$0] 方向时，j_R，j_D 都在垂直入射面方向；（c）入射光沿 [110] 方向时，j_R，j_D 都在垂直入射面方向，但方向相反 [53]

四、展望

对局域磁矩通过光激发产生的巡游电子为媒介的间接耦合交换作用，即光 RKKY 作用，过去已经在磁性半导体材料体系（如 GaMnAs、InMnAs、HgMnTe 材料）中开展了大量工作。近期和未来几年，人们会进一步发展不同新型低维半导体材料，如磁离子掺杂的 II-VI 族量子点材料；分子束外延生长的磁离子掺杂的低维半导体 GaAs、InAs 量子点、量子线等体系；磁离子掺杂的单层与双层石墨烯；磁离子掺杂的二维层状过渡金属硫族化物，如 SnSe：Mn 等，并研究其中的光 RKKY 作用。对于非磁性掺杂的半导体材料体系，人们也在尝试探寻利用光 RKKY 作用调控束缚在局域态的受限单电子的自旋态，以期实现光学调控的单电子自旋比特，如最近在二维层状过渡金属硫族化物单层平面（如 $MoSe_2/WSe_2$ 平面异质结）或者垂直异质结界面中，实现对单个电子或者空穴的限制，进一步利用光 RKKY 作用（如激发非局域激子与电子相互作用）来调控相邻受限载流子自旋间的耦合。

另外，在早期的研究中，铁磁材料中光激发所诱导的磁化动力学行为主要来源于激光热效应引起的退磁或磁晶各向异性的调控。该理论是建立在热动力学理论的基础上，即研究光激发下热载流子浓度升高，热载流子与晶格声子、自旋三个热库之间的能量交换耦合过程。基于热效应的调控不仅需要非常高的光激发能量密度（至少达到 $1mJ/cm^2$），而且是一个非相干的较慢的调控。磁性半导体材料无疑是这一研究领域的优选新材料。过去对（Ga,Mn）As 薄膜中光致磁化与光激发载流子调控宏观磁性的非热调控物理机制开展了一系列研究，例如，人们提出了光激发下高密度的光生极化载流子对磁晶各向异性的超快调控；光自旋转移力矩（optical spin transfer torque，OSTT）驱动磁化进动的非热调控现象（2012 年）；光自旋–轨道矩（optical spin orbit torque，OSOT）所诱导的磁化进动的非热调控效应（2013 年）。但是，这些新物理原理和效应还在初期探索中，亟待理论和不同材料实验体系的进一步验证、研究。

圆偏振光电流效应与自旋光电流效应由于与半导体材料的电子能带、空间反演对称性、自旋-轨道耦合效应等密不可分，是一种能定量区分 Rashba 和 Dresselhaus 自旋-轨道耦合系数的研究方法。关于圆偏振光电流效应与自旋光电流效应的理论与实验工作过去主要集中在 InAs、GaAs 量子阱或者异质结中，以 Ganichev、Ivchenko、Pikus 等一批苏联科学家为首的研究者在上述材料体系中已经建立了比较完善的理论体系，实验上也在可见光到太赫兹波段激发观测到圆偏振光电流与自旋光电流，并且可以进行有效的光、电、磁场的调控。未来这一理论体系和实验技术将在新型半导体低维材料研究中广泛应用，可以用来探索新材料、新物相中与电子能带、自旋-轨道耦合效应密切相关的物理过程，例如，拓扑绝缘体 HgTe、InAs/GaSb 材料中对应于拓扑非平庸带隙激发的圆偏振光电流响应；各种反演对称破缺以及具有大的自旋-轨道耦合效应的新型纳米材料，如 InAs、InSb、GaAs 纳米线；二维层状过渡金属硫族化物（如 MoS_2、WSe_2）中圆偏振光电流响应及其相应电子能带、自旋-轨道耦合效应等的研究。

张新惠（中国科学院半导体研究所，
中国科学院半导体超晶格国家重点实验室）

参 考 文 献

[1] Ohno H. Making nonmagnetic semiconductors ferromagnetic. Science, 1998, 281(5379):951-956.

[2] Tanaka M. Spintronics: Recent progress and tomorrow's challenges. Journal of Crystal Growth, 2005, 278(1-4): 25-37.

[3] Furdyna J K. Diluted magnetic semiconductors. Journal of Applied Physics, 1988, 64: R29.

[4] Furdyna J K, Kossut J. Semiconductor and Semimetal. New York: Academic Press, 1988.

[5] Awschalom D D, Loss D, Samarth N. Semiconductor spintronics and quantum computation. Berlin: Springer, 2002.

[6] Haury A, Wasiela A, Arnoult A, et al. Observation of a ferromagnetic transition induced by two-dimensional hole gas in modulation-doped CdMnTe quantum wells. Physical Review Letters, 1997, 79(3): 511-514.

[7] Ferrand D, Cibert J, Bourgognon C, et al. Carrier induced ferromagnetic interactions in p-doped $Zn_{1-x}Mn_xTe$ epilayers. Journal of Crystal Growth, 1999, 214(11): 387-390.

[8] Story T, Gałazka R R, Frankel R B, et al. Carrier-concentration-induced ferromagnetism in PbSnMnTe. Physical Review Letters, 1986, 56: 777.

[9] Zener C. Interaction between the d-shells in the transition metals. Ⅲ. Calculation of the Weiss Factors in Fe, Co, and Ni. Physical Review, 1951, 81: 44.

[10] Furdyna J K. Diluted magnetic semiconductors: An interface of semiconductor physics and magnetism (invited). Journal of Applied Physics, 1982, 53(11):7637-7643.

[11] Dai N, Ram-Mohan L R, Luo H, et al. Observation of above-barrier transitions in superlattices with small magnetically induced band offsets. Physical Review B Condensed Matter, 1994, 50(24):18153.

[12] Lee S, Dobrowolska M, Furdyna J K, et al. Magneto-optical study of interwell coupling in double quantum wells using diluted magnetic semiconductors.Physical Review B Condensed Matter, 1997, 54(23):16939-16951.

[13] Kittel C, Mitchell A H. Theory of donor and acceptor states in silicon and germanium. Physical Review, 1954, 96: 99; Kasuya T. Electrical resistance of ferromagnetic metals. Progress of Theoretical Physics, 1956, 16: 45; Yosida K. Magnetic properties of Cu-Mn alloys. Physical Review, 1957, 106(5):893-898.

f[14] 夏建白，葛惟昆，常凯. 半导体自旋电子学. 北京：科学出版社，2011.

[15] Szczytko J, Bardyszewski W, Twardowski A. Optical absorption in random media: Application to $Ga_{1-x}Mn_xAs$ epilayers. Physical Review B, 2001, 64(7):075306.

[16] Krenn H, Zawadzki W, Bauer G. Optically induced magnetization in a diluted magnetic semiconductor: $Hg_{1-x}Mn_x$xTe. Physical Review Letters, 1985, 55(14):1510.

[17] Awschalom D D, Warnock J, Molnár A S V. Low-temperature magnetic spectroscopy of a dilute magnetic semiconductor. Physical Review Letters, 1987, 58(8):812.

[18] Krenn H, Kaltenegger K, Dietl T, et al. Photoinduced magnetization in dilute magnetic (semimagnetic) semiconductors.Physical Review B Condensed Matter, 1989, 39(15): 10918.

[19] Piermarocchi C, Chen P, Sham L J, et al. Optical RKKY interaction between charged semiconductor quantum dots.Physical Review Letters, 2002, 89(16):167402.

[20] Fernándezrossier J, Piermarocchi C, Chen P, et al. Coherently photoinduced ferromagnetism in diluted magnetic semiconductors.Physical Review Letters, 2004, 93(12):127201.

[21] Ohno H, Munekata H, Penney T, et al. Magnetotransport properties of p-type (In,Mn)As diluted magnetic III-V semiconductors. Physical Review Letters, 1992, 68(17):2664.

[22] Ohno H, Shen A, Matsukura F, et al. (Ga,Mn)As: A new diluted magnetic semiconductor based on GaAs. Applied Physics Letters, 1996, 69(3):363-365.

[23] Chen L, Yang X, Yang F, et al. Enhancing the curie temperature of ferromagnetic semiconductor (Ga,Mn)As to 200 K via nanostructure engineering. Nano Letters, 2011, 11(7):2584.

[24] Dietl T, Ohno H. ChemInform abstract: Dilute ferromagnetic semiconductors: Physics and spintronic structures. Rev. Mod. Phys., 2015, 45(35):187-251.

[25] Koshihara S, Oiwa A, Hirasawa M, et al. Ferromagnetic order induced by photogenerated carriers in magnetic III - V semiconductor heterostructures of (In,Mn)As/GaSb. Physical Review Letters, 1997, 78(24):4617-4620.

[26] Oiwa A, Mitsumori Y, Moriya R, et al. Effect of optical spin injection on ferromagnetically coupled Mn spins in the III-V magnetic alloy semiconductor. Physical Review Letters, 2002, 88: 37202.

[27] Mitsumori Y, Oiwa A, Slupinski T, et al. Dynamics of photoinduced magnetization rotation in ferromagnetic semiconductor p-(Ga, Mn) As. Physical Review B, 2004, 69: 033203.

[28] Wang J, Cotoros I, Dani K M, et al. Ultrafast enhancement of ferromagnetism via photoexcited holes in GaMnAs. Physical Review Letters, 2007, 98(21):217401.

[29] Mishra S, Tripathi G S,Satpathy S.Theory of photoinduced ferromagnetism in dilute magnetic semiconductors. Physical Review B, 2008, 77: 125216.

[30] Mishra S. Theory of photo-induced ferro-magnetism in dilute magnetic semiconductors. A Dissertation presented to the Faculty of the Graduate School University of Missouri-Columbia, 2006.

[31] Myers R C, Poggio M, Stern N P, et al. Erratum: Antiferromagnetic Exchange Coupling in GaMnAs. Physical Review Letters, 2005: 95, 017204.

[32] Stern N P, Myers R C, Poggio M, et al. Confinement engineering of s-d exchange interactions in GaMnAs/AlGaAs quantum wells. Physical Review B, 2006, 75(75):045329.

[33] Sliwa C, Dietl T. Electron-hole contribution to the apparent s-d exchange interaction in III - V diluted magnetic semiconductors. Physical Review B (Condensed Matter), 2008, 78(16):165205.

[34] Kikkawa J M, Smorchkova I P, Samarth N, et al. Room-temperature spin memory in twodimensional electron gases. Science, 1997, 277: 1284-1287.

[35] Kikkawa J M Awschalom D D. Resonant spin amplification in n-type GaAs. Physical Review Letters, 1998, 80: 4313-4316.

[36] Kikkawa J M, Awschalom D D. Lateral drag of spin coherence in gallium arsenide. Nature,1999, 397: 139-141.

[37] Monzon F G, Roukes M L. Spin injection and the local hall effect in InAs quantum wells. J.Mag. Magn. Mater., 1999, 198: 632-635.

[38] Filip A T, Hoving B H, Jedema F J, et al. Experimental search for the electrical spin

injectionin a semiconductor. Physical Review B, 2000, 62: 9996-9999.

[39] Malajovich I, Kikkawa J M, Awschalom D D, et al. Coherent transfer of spin through a semiconductor heterointerface. Physical Review Letter, 2000, 84: 1015-1018.

[40] Malajovich I, Berry J J, Samarth N, et al. Persistent sourcing of coherent spins for multifunctional semiconductor spintronics. Nature, 2001, 411: 770.

[41] Dyakonov M I. Spin Physics in Semiconductors. Berlin: Springer-Verlag, 2008.

[42] Ivchenko E L, Pikus G E. New photogalvanice effect in gyrotropic crystals. Sov. Phys. JETP Lett., 1978, 27:604.

[43] Belinicher V I. Space-oscillating photocurrent in crystals without symmetry center. Physical Review A, 1978, 66:213.

[44] Asnin V M, Bakun A A, Danishevskii A M, et al. Circular photogalvanic effect in opticallyactive crystals. Solid State Communications, 1979, 30: 565.

[45] Prettl W, Ivchenko E L, Vorobjev L E, et al. Circular photogalvanic effect induced by monopolar spin orientation in p-GaAs/AlGaAs multiple-quantum wells. Appl. Phys. Lett.,2000, 77: 3146.

[46] Ganichev S D, Ivchenko E L, Prettl W. Photogalvanic effects in quantum wells. Physica E,2002, 14: 166-171.

[47] Ganichev S D, Prettl W. Spin photocurrents in quantum wells. J. Phys.: Condens.Matter, 2003,15: R935.

[48] Ganichev S D, Ivchenko E L, Danilov S N, et al. Conversion of spin into directed electric current in quantum wells. Physical Review Letter, 2001, 86:4358.

[49] Ivchenko E L. Circular Photo-Galvanic and Spin-Galvanic Effects. New York: Springer,2005.

[50] Ivchenko E L, Lyanda-Geller Y B, Pikus G E. Photocurrent in structures with quantum wells with an optical orientation of free carriers. JETP Lett., 1989, 50: 175.

[51] Ganichev S D, Ivchenko E L, Bel'kov V V, et al. Spin-galvanic effect. Nature, 2002, 417 (6885):153.

[52] Ganichev S D, Schneider P, Bel'kov V V, et al. Spin-galvanic effect due to optical spin orientation in n-type GaAs quantum well structures. Physical Review B, 2003, 68 (8): 081302.

[53] Ganichev S D, Bel'kov V V, Golub L E, et al. Experimental separation of Rashba and Dresselhaus spin splittings in semiconductor quantum wells. Physical Review Letter, 2004, 92:256601.

[54] Ivchenko E L, Ganichev S D. Spin-Photogalvanics// In Spin Physics in Semiconductors. New York: Springer, 2008: 245-277.

[55] Giglberger S, Golub L E, Bel'kov V V, et al. Rashba and dresselhaus spin splittings in semiconductor quantum wells measured by spin photocurrents. Physical Review B, 2007, 75:035327.

第四节　FM/2DEG/FM 横向自旋阀器件、自旋 Hall 晶体管和自旋 FET

目前，大容量的信息处理及通信器件都是基于半导体功能设计的，然而信息存储器件却依赖于铁磁金属和绝缘体的多层膜结构。在传统的信息处理器件内部，信号的通断是通过控制电荷的行为实现的，而在磁存储器件中，信息的存储及恢复则依赖于控制磁畴的方向。半导体自旋电子学的研究目的是为同时实现逻辑运算、通信和存储功能提供一条可行的道路[1]。半导体自旋场效应晶体管（spin-FET）和自旋发光二极管（spin-LED）的概念如图 6-53 所示[2]，自旋场效应晶体管的结构包括铁磁源极、高迁移率半导体沟道、铁磁漏极和栅电极。为实现自旋场效应晶体管的功能，首要问题是实现自旋极化电子由铁磁源极经过界面向半导体沟道中的有效注入，这一过程可以利用自旋发光二极管进行探测研究。随后电子自旋受到栅极电压的调控[3]，其方向在铁磁漏极处被探测到。尽管器件的概念相当简单，而且与传统的场效应晶体管十分类似，但是实现这一器件功能却并不那么容易，因为在铁磁/半导体界面，甚至是一些半导体内部，自旋电流将会很快地退极化，使得自旋信息在大约几百皮秒的时间内丢失[4]，这与电荷流的性质正好相反。因此，在实现半导体自旋电子器件的道路上依然有许多障碍需要克服，为了实现这一目标，不仅需要弄清电子由铁磁体向半导体的输运过程，准确理解半导体中的电子自旋动力学行为也是十分重要的。在非磁性半导体中，一系列针对半导体中电子自旋动力学过程设计执行的实验及分析推进了人们对半导体中自旋输运的理解，并为整合铁磁注入电极、半导体沟道、铁磁探测电极，进而实现全电学器件的制备提供了可信的依据[5]。

在半导体自旋电子器件中，器件功能实现的三个关键过程包括：自旋注入、自旋相干输运与调控以及自旋探测[2]。本节将列举近年来关于半导体自旋电子学器件研究中的一些代表性工作，并对这三个过程加以简单说明。

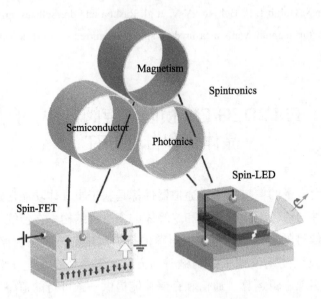

图 6-53　自旋依赖电子器件的原理示意图。在半导体自旋场效应晶体管中，自旋极化电子由铁磁源极注入半导体中并由铁磁漏电极进行探测。半导体自旋发光二极管在自旋注入时发射圆偏振光 [2]

一、自旋注入的电学方法

半导体中非平衡自旋极化载流子可以通过光学注入或者电学注入得到。前者在 *Optical Orientation* 一书中有详细的介绍 [6]，并且需要借助一些光学手段，而后者对于器件的实际应用则更为重要，然而这类器件对铁磁注入电极、探测电极与半导体的整合在 21 世纪初才取得重大突破 [7]。这是由于对能带对称性在辅助自旋穿过异质结时的作用、金属与半导体电导率的巨大差异这两个基本性问题的正确理解，对于成功制备铁磁金属 / 半导体异质结构以及优化由铁磁金属向半导体中的电学自旋注入十分关键 [8]。

1. 能带对称与自旋透射

相关理论工作者已经研究过在铁磁金属 / 半导体界面的电子结构以阐明能带结构在自旋注入中所起的作用 [9-12]，这些工作强调了金属与半导体之间能带对称性及其能量的匹配对于自旋注入效率的重要性。

图 6-54 示出了 Fe、GaAs[12, 13] 和 Si[14] 沿着（001）方向的部分能带结构。一些典型的半导体，包括 GaAs、InAs、GaP、ZnSe 和 Si，在 s 和 p_z 轨道的贡献下，导带（图中所示虚线）在区域中心（导带底）附近表现出 Δ_1 对称性。而 Fe 自旋多子的能带（图中所示穿过费米能级的虚线），在 s、p_z 和 d_z^2 轨道的贡献下，也具有 Δ_1 对称性。s 和 p_z 轨道有很大的空间尺度，p_z 和 d_z^2 轨道则直接指向了半导体，因而在 Fe/GaAs 异质结界面处，这些轨道与半导体导带之间发生强烈的重叠。而 Fe 的另一个具有 Δ_1 对称性的能带对应其自旋少子态，处于费米能级之上 1.3eV 处，它并不会对电子输运产生贡献。相反地，穿过费米能级的几个铁自旋少子的能带，表现出了不同的对称性（Δ_2，Δ_5），其轨道分量并没有与半导体发生强烈的耦合。因此，半导体的导带与 Fe 自旋多子的能带在轨道分量或者说对称性以及能量上匹配得很好，而与 Fe 自旋少子的能带耦合得并不强烈[12, 15]。在 Fe/GaAs 自旋注入体系中，自旋多子电子将优先从 Fe 中穿过界面进入 GaAs，而自旋少子电子将会被阻挡，从而自旋注入效率得到了增强。在这些例子中，金属 / 半导体界面起到了自旋过滤的作用。人们在 Fe/Si（001）[16]、Fe/InAs（001）[17] 以及外延生长的 Fe/MgO 隧穿势垒[18] 体系中均得到了类似的结论。

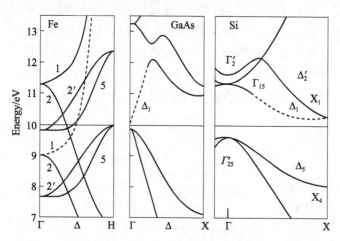

图 6-54　Fe、GaAs 和 Si 沿着（001）方向的部分能带结构，水平直线表示费米能级。Fe 的能带结构中，标记为 "1" 的虚线对应 Fe 自旋多子的能带，具有 Δ_1 对称性，标记为 "2" 和 "5" 的曲线对应其自旋少子的能带，具有 Δ_2 和 Δ_5 对称性；而在 GaAs 和 Si 的能带结构中，虚线对应的导带边在导带底附近也具有 Δ_1 对称性（Si 为间接带隙）。这一能带的对称性促进了自旋多子而抑制了自旋少子的注入，从而起到了辅助自旋穿过异质结的作用 [8, 12, 14]

2. 电导失配

当电子由铁磁金属注入半导体中时，若将金属中自旋输运的标准模型 [19-22] 直接套用到半导体上 [23]，没有观察到自旋积累的信号。这一现象本质上是由于流入半导体中的自旋流被半导体相对于金属来说大得多的电阻所限制，也就是所谓的电导失配难题。这一问题可以简单地从"二电流模型"来理解 [22]。该模型认为自旋向上的自旋多子电子与自旋向下的自旋少子电子在两个沟道中输运，类似于电流的并联关系。当电子由自旋极化、高载流子浓度的铁磁金属注入非自旋极化、低载流子浓度的半导体时，由于半导体高电阻的强烈限制，两个沟道中输运到半导体中的电子数量最终近乎相等，使得注入无法令半导体中得到自旋极化载流子。所以，在扩散输运的体系中，有效自旋注入只能在两种情况下发生：①铁磁金属必须是 100% 自旋极化；②铁磁金属与半导体电导率相近。显然，没有金属能满足这两个条件之一，即使一些理论上具有 100% 自旋极化的半金属材料 [24, 25]，材料的缺陷将会使其自旋极化度低于 100%[26]。

为解决这一难题，起初人们寻找并制备出了一些稀磁半导体如（Ga，Mn）As 作为自旋注入电极材料 [27-29]，但是受限于其较低的居里温度，这一过程只能在低温下得以实现。与此同时，通过对二电流模型的简单计算 [23, 30-34]，人们很快意识到自旋注入所面临的这一障碍还可以通过在铁磁金属与半导体之间插入隧穿势垒层进行解决。如图 6-55 所示为二电流模型的等效电路 [35]，铁磁金属与半导体的面电阻为 L_F/σ_F 和 L_S/σ_S，其中 L 和 σ 为自旋扩散长度及对应的电导率，并且界面处的电导与自旋相关。自旋注入系数 γ 可以表示为

$$\gamma = \frac{I_\uparrow - I_\downarrow}{I} = \frac{r_F \dfrac{\Delta\sigma}{\sigma_F} + r_C \dfrac{\Delta\Sigma}{\Sigma}}{r_F + r_S + r_C}$$

其中，$r_F = L_F \dfrac{\sigma_F}{4\sigma_\uparrow \sigma_\downarrow}$，$r_C = \dfrac{\Sigma}{4\Sigma_\uparrow \Sigma_\downarrow}$，$r_S = \dfrac{L_S}{\sigma_S}$ 分别是铁磁金属、接触界面以及半导体的有效电阻；$I_\uparrow$ 和 $I_\downarrow$ 分别是自旋多子和自旋少子电流；$\Delta\sigma = \sigma_\uparrow - \sigma_\downarrow$，$\Delta\Sigma = \Sigma_\uparrow - \Sigma_\downarrow$。对于铁磁金属，$r_F/(r_F + r_C + r_S) \sim 0$，因此 γ 中第一项可以忽略，所以如果要求有效的自旋注入，必须要满足 $\Delta\Sigma \neq 0$ 和 $r_C \gg r_F$，r_S，即金属与半导体的界面电阻具有自旋选择性并且主导靠近界面处的电阻。可以想象，在铁磁金属与半导体之间加入隧穿势垒插层可以同时满足这两个条件，自旋选择性（$\Delta\Sigma \neq 0$）是铁磁金属在费米面处具有自旋极化

态密度的自然结果，而势垒层的引入可以轻易达到$r_C \gg r_F$，r_s的条件[31, 36]。事实上，这一原理已经在更早之前通过扫描隧道显微镜的铁磁金属探针对GaAs进行自旋注入的实验中利用了[37]。

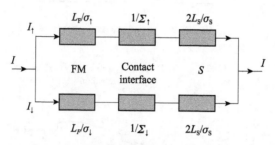

图 6-55　铁磁金属 / 半导体界面附近二电流模型的等效电路，其中铁磁金属与界面处的面
电阻与自旋相关 [35]

金属 / 半导体界面的隧穿势垒最少可以通过两种方法引入：剪裁半导体在界面附近的能带弯曲形成肖特基势垒 [38-40]；或者在界面处插入一层薄的绝缘体势垒层 [41-43]。

1）肖特基势垒

使用肖特基势垒可以避免后者由孔洞和厚度不均匀导致的问题。在 n 型半导体与金属接触的情况下，电子由半导体进入费米面更低的金属中，从而使半导体在靠近界面的部分发生耗尽，导带向上弯曲，形成一个类似于三角形的势垒，并以对数衰减的形式向半导体内部延伸 [44]。与肖特基势垒相关的耗尽层宽度依赖于半导体的掺杂浓度，而且一般情况下耗尽层过宽，隧穿无法发生。例如，在 n-GaAs 中，掺杂浓度 $n \sim 10^{17} \text{cm}^{-3}$，耗尽层宽度约为 100 nm，而掺杂浓度 $n \sim 10^{18} \text{cm}^{-3}$，耗尽层宽度约为 40 nm[45]。因此，耗尽层宽度是可以通过掺杂分布进行调节的 [46]，而且在半导体表面区域进行重掺杂可以将耗尽层宽度降到几纳米，从而使得在反向偏压下，电子由金属隧穿进入半导体中成为可能。

这一方法最早应用在由铁电学自旋注入 AlGaAs/GaAs 量子阱发光二极管结构中 [39, 47, 48]。n-AlGaAs 表面附近的掺杂浓度分布可以通过解泊松方程得到，要求是：①辅助隧穿的肖特基势垒耗尽层宽度尽可能小；②在满足①的条件下，掺杂浓度尽可能低，因为 n 型掺杂浓度越高，自旋散射越严重，自旋寿命越短 [49, 50]；③避免形成电子的堆积区域，因为这会降低注入电子极化率，并且使自旋散射更加严重。如图 6-56 所示为经过计算得到满足要求的结构之一 [48]。

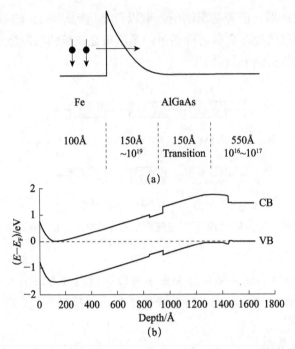

图 6-56 (a) Fe/AlGaAs 界面处的掺杂分布,其耗尽层宽度较小,自旋极化电子可以通过肖特基势垒隧穿进入半导体中;(b) 对应掺杂分布下 AlGaAs/GaAs 量子阱结构的泊松方程解 [48]

2)绝缘体隧穿势垒

绝缘体层也可以用作铁磁金属与半导体之间的隧穿势垒,常用绝缘体氧化物包括 Al_2O_3、SiO_2、MgO 和 Ga_2O_3 等。虽然绝缘体层作为势垒会引入额外的界面,并且可能会由于厚度不均匀以及孔洞的存在带来许多问题,但是由于其具有相对简单的势垒结构,并且在探测金属自旋极化度的隧道谱 [51] 以及磁性隧道结电阻器件 [52-55] 巨大发展的基础上,人们对绝缘体势垒更加熟悉和了解,所以在此不做详细介绍。

二、自旋动力学过程探测

20 世纪 80 年代前,一些光泵浦实验建立了Ⅲ-Ⅴ族半导体中自旋动力学的基本物理图像 [6],而时间分辨法拉第旋转等技术手段的出现,使掺杂浓度在金属-绝缘体转变点(~10^{16}cm^{-3})附近的 n-GaAs 进入人们的视野 [49]。在低温下,该掺杂浓度的 n-GaAs 具有相对较长的电子自旋寿命(~100 ns),如果选择合适的材料和结构作为源电极与探测电极,这一特点将在工艺上具有巨大优势 [49, 50, 56]。然而在考虑自旋注入与探测电极的选择之前,讨论半导体中的自旋动力学过程是很有必要的。

半导体自旋电子器件中自旋动力学过程探测的发展大致经过了三个步骤：①在距离铁磁性的源极或者漏极较远的地方对自旋积累进行实验探测。最开始，人们利用扫描克尔显微镜与 Hanle-Kerr 效应进行探测，确定了由铁磁电极向半导体沟道中的有效自旋注入，并且直接测量了相关的自旋输运参数（τ_s、D、v_d），建立了自旋输运的漂移-扩散模型[57-59]；②通过实验证明了 Fe/GaAs 肖特基势垒可以用作自旋探测电极的结构[57, 60]；③在横向结构中实现电学自旋注入与探测[61]，文献 [61] 中的实验使用非局域测量方法使电荷流与自旋流在空间上分开，其器件结构则是 Johnson 和 Silsbee 于 20 世纪 80 年代提出的[19, 20]。由此可见，自旋探测对自旋输运器件的实现起到了十分重要的作用。

在对半导体中的自旋动力学及自旋探测进行说明之前，需要提到一个很关键的前提，自旋输运并不会破坏相关的自旋信息，这一点由 Kikkawa 和 Awschalom 最早在 n-GaAs 材料中通过时间分辨法拉第旋转技术探测到[62]，他们发现掺杂浓度在 $10^{16} cm^{-3}$ 量级的 n-GaAs 中，电子自旋相干进动的输运距离可以达到 100 μm，而且在实验中外加电场也没有令自旋发生退相干而丢失自旋信息。

1. 自旋发光二极管对自旋注入的探测

由前文所述，使用隧穿势垒可以克服自旋注入所遇到的电导失配问题，但是这一选择并没有为电子自旋探测提供直接的解决方案。与此同时，Ohno 等在研究由磁性半导体向非磁性半导体中的注入问题［如由（Ga，Mn）As 向 GaAs 中自旋注入］时，提出了可以通过测量发光偏振度对自旋注入进行探测，并应用在一些光泵浦实验中[28]。这些实验使用磁性半导体作为 p-i-n 结发光二极管的电极，通过探测电致发光的圆偏振度得到了自旋极化电流的信号[27, 28]。

其实早在 20 世纪 70 年代，人们就提出了自旋发光二极管的概念[63]，自旋极化电子被注入半导体的导带上并与价带上的非极化空穴发生辐射复合，由于选择定则，这一过程辐射光的圆偏振度可以表征非平衡载流子的自旋极化度。

基于稀磁半导体的自旋发光二极管探测自旋注入的实验报道之后，研究由铁磁金属向半导体中自旋注入的科学家便将其优化并应用到实验当中。2001 年，Zhu 等首次报道了利用自旋发光二极管的结构由 Fe 向 GaAs/$In_{0.2}Ga_{0.8}As$ 量子阱中进行自旋注入的光学探测[38]，其中，铁与半导体 GaAs

之间存在肖特基势垒。然而，他们在分析样品电致发光的左旋及右旋圆偏振光的极化度时，并没有观测到两种圆偏振光在强度上的明显差别，这一点与在此之前 Fiederling 和 Jonker 等使用磁性半导体 ZnMnSe 作电极的实验结果并不相同[27, 29]。在使用脉冲电流注入和锁相技术，并且扣除背底之后，通过测量电致发光峰的高能和低能尾端（他们把这两部分的发光归为电子与轻空穴和重空穴复合的贡献），得到了一个可以归因于由铁电极电子自旋注入而产生的特征信号。通过实验得出最后的结论：探测到自旋极化电子注入 GaAs 中效率达到了 2%，而且这一信号在 25～300 K 并没有明显变化。但是，这一信号对温度依赖的缺失，使得他们对这一特征信号的解释存在许多问题，因为在 GaAs 中电子自旋寿命会随着温度的升高而迅速降低[64]。

随后，通过对肖特基势垒的剪裁，Hanbicki 等报道了在 Fe/Al$_x$Ga$_{1-x}$As 自旋发光二极管中自旋注入效率的显著提高，达到了 30%[39]。与此同时，Motsnyi 和 Jiang 等对基于绝缘体隧穿势垒的自旋发光二极管进行了研究[41, 42]，发光的圆偏振度在低温下达到了约 10%。至 2005 年，基于肖特基势垒的自旋发光二极管的理论与技术已经相当成熟，并且这一结构被用来研究一些新的自旋注入材料体系，包括 Heusler 合金[65]及一些具有垂直磁各向异性的材料[66, 67]。

自旋发光二极管的探测方法依然存在限制，首先，它是在具有铁磁性的源极位置处探测半导体中的自旋极化的；其次，探测技术完全是光学手段。关键是在自旋发光二极管中对于自旋注入而言完全足够的隧穿势垒，在低偏压下对于电子而言并不是特别透明。由 Hanbicki 设计的典型肖特基势垒的面电阻为 10^5～$10^6\Omega\cdot\mu m^2$[39]，这一数值比经典的磁隧道结大好几个数量级。这也是"电导失配难题"另一方面的限制，高电阻势垒使有效的自旋注入成为可能，但是自旋探测到的效率却会因电荷流输运能力变差而降低。

这里顺便提及，除用作极化自旋探测器之外，自旋发光二极管还有许多潜在的用途，如长距离输运自旋信号的光通信、利用光的圆偏振度转换的光开关、三维显示屏幕等。

2. 标准自旋漂移-扩散模型

20 世纪 70 年代，标准的自旋漂移-扩散模型为人们利用电学方法对半导体进行自旋注入的设计提供了框架[68]。在半导体中，电子自旋密度 S 满足：

$$\frac{\partial S}{\partial t} = D\nabla_r^2 S + \mu(E\cdot\nabla_r)S + g_e\mu_B\hbar^{-1}(B_{eff}\times S) - \frac{S}{\tau_s} + G(r) = 0$$

其中，D 为扩散系数，E 为外加电场，B_{eff} 为作用在电子自旋上的有效磁场，

τ_s 为自旋寿命，$G(r)$ 表示外部源引入自旋的空间分布。由弛豫机制决定的自旋寿命（决定自旋输运器件的尺寸）τ_s，有效磁场的特征分布 B_{eff}（如外加磁场、自旋轨道场、核超精细场）和内部电场存在下的漂移项使得半导体自旋动力学过程具有非一般性特征。

对于 n-GaAs 而言，低温时自旋寿命 τ_s 的最大值（100 ns）位于金属-绝缘体转变点附近（$2 \times 10^{16} \mathrm{cm}^{-3}$），掺杂浓度过高，自旋寿命将会由于体 Dresselhaus 自旋轨道耦合的抑制（GaAs 反演对称性的破缺，$\propto n_e^{-2}$）而迅速降低[49, 50, 69]，过低的掺杂也会由各向异性交换相互作用与超精细作用的共同影响导致自旋寿命的缩短[50]。

有效磁场 B_{eff}（包括外加磁场和等效磁场）的强度尺度由旋磁比及自旋寿命所决定，例如，自旋极化衰减之前进动一个完整周期所需的磁感应强度大小为 $2\pi/\gamma\tau_s \sim 17\mathrm{G}$（自旋寿命理论上可以达到 100 ns），这一相对较小的磁感应强度使得实验探测其他与自旋耦合的场成为可能，特别是那些由超精细结构和自旋轨道耦合产生的有效磁场。在金属-绝缘体转变点附近，人们通过光泵浦实验对 GaAs 的一些超精细效应进行了大量研究，目前有充分证据表明，由原子核作用在电子自旋上的有效场可以轻易超过 1 kG，而且这一超精细场将极大地影响输运器件中的电子自旋动力学过程[70, 71]。相反，在 GaAs 体材料中，自旋轨道耦合场较小，但是它对自旋输运的影响更为精细[72]。

在匀强电场（$E \sim 1 \mathrm{V/cm}$）下，轻掺杂 GaAs 中电子的漂移速率 $v_d = \mu E$ 量级为 $10^4 \mathrm{cm/s}$，自旋漂移的长度 $v_d\tau_d$ 与自旋扩散的长度相当，因此在标准漂移-扩散模型中二者都需要考虑，这与传统金属中漂移项可以忽略完全不同。另外，自旋漂移的距离是有限制的，在外加电场达到 10 V/cm 以上时，由于碰撞电离，自旋寿命将陡然下降[73]，这意味着即使掺杂浓度在金属-绝缘体转变点附近，自旋漂移的长度最大也只有十几微米。因此，由于较高的非均匀电场的存在，界面处将会有更加丰富的物理内容[74, 75]。

3. 外磁场对自旋的调控——Hanle 效应

自旋在与其方向垂直的磁场下输运时将会发生进动（自旋是粒子的内禀属性，这只能说是一种唯象模型，而不能说是经典对应），一些基于面内易磁化铁磁金属的自旋发光二极管也利用这一点使得顶部发光成为可能[41]。下面将要介绍的是电子自旋在横向结构中相干进动的输运过程。为了更加清楚地说明问题，本部分将以基于 Fe/GaAs 的两端自旋输运器件进行简单说明，更加详细的内容读者可以参考文献[57, 58, 60]。

1）基于 Hanle 效应的光学测量

与金属不同的是，半导体中的自旋极化电子或空穴可以通过许多磁光手段探测到，比如扫描磁光克尔显微镜[76]，如图 6-57 所示。

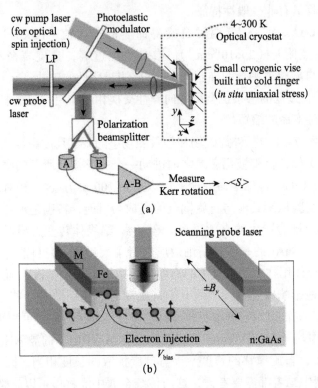

(a)

(b)

图 6-57 (a) 用于探测注入半导体沟道中电子自旋的扫描磁光克尔显微镜示意图。由反射回来的探测激光测得的极化克尔旋转角 θ_K 正比于传导电子自旋极化在面外的分量 S_z；(b) 电子由 Fe 电极隧穿进入 n-GaAs 沟道中，初始自旋 S_0 的方向与 Fe 电极的磁化方向反平行，外加一个较小的垂直磁场 $\pm B_y$ 使得自旋在 n-GaAs 沟道中运动时发生进动，从而使得自旋可以通过极化克尔效应探测到[67]

在半导体沟道的某一处，垂直入射线偏振探测光的极化克尔旋转角 θ_K 正比于传导电子自旋极化在面外的分量 S_z。如前文所述，自旋极化电子由 Fe 注入 n-GaAs，极化方向与 Fe 的面内易磁化轴平行。当外加垂直于自旋极化方向的磁场 B_y 时，自旋将绕外磁场的方向进动，从而由扫描磁光克尔显微镜可以探测到极化电子自旋的面外分量，如图 6-57 所示。除此之外，改变外加磁场的方向进行测量还可以对自旋弛豫及退相位进行研究，这些由外加磁场持续作用于自旋上产生的现象称为"局域 Hanle 效应"[5]。

图 6-58 所示为克尔旋转的图像以及在距离 Fe 电极 4 μm 处的 Hanle 曲线。（a）所示为具有矩形 Fe/GaAs 源极和漏极以及 300 μm 长 n-GaAs 沟道的自旋输运器件，虚线框内为测量区域；（b）为观测区域内反射激光功率，清楚地显示了器件的结构特点；（c）表示外加磁感应强度 B_y 由-8.4G 变到 8.4G 的克尔旋转图像，当 B_y 指向-y 时，初始极化方向为-x 的电子将会绕着外磁场向 +z 方向进动，当 B_y 反向时，自旋也会向相反方向进动。在外电场的作用下，自旋电子以平均的漂移速度 v_d 在 n-GaAs 沟道中输运，这些传导电子进动的速率与 $|B_y|$ 成正比，因此当 $|B_y|$ 增大时，观察到的自旋周期变短。

将探测激光聚焦在 n-GaAs 沟道的某一点，改变外加磁场的强度测量克尔旋转角，可以得到这一点处具有反对称性质的局域 Hanle 曲线，如图 6-58（d）所示，图中仅列举了距离 Fe 电极 4 μm 处的 Hanle 曲线及理论模型。Hanle 曲线中包含了许多有关电子自旋输运动力学的信息，包括电子自旋寿命 τ_s，扩散系数 D，漂移速率 v_d[57, 77]，而且改变 Fe 电极的磁化方向，Hanle 曲线也将发生翻转。

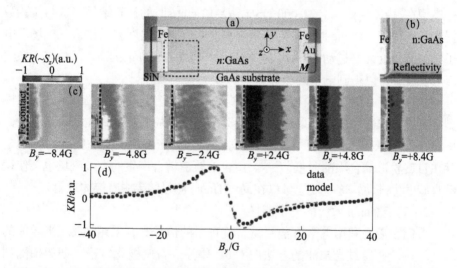

图 6-58 （a）基于 Fe/GaAs 肖特基结的两端自旋输运器件，n-GaAs 沟道长 300 μm，虚线框内为利用扫描磁光克尔显微镜观测的区域，面积为 80 μm×80 μm；（b）观测区域内反射激光功率；（c）在 n-GaAs 沟道中电学自旋注入与输运的图像，注入极与探测极之间的电压 V_b=0.4 V，电流 I=90 μA。注入电子的初始自旋极化在 -x 方向，外加磁感应强度 B_y 由 -8.4G 变到 8.4G 使得自旋发生进动，从而使自旋在 ±z 方向存在分量；（d）探测激光聚焦在距离 Fe 电极 4 μm 处，克尔旋转 KR 与外加磁感应强度的关系，即 Hanle 曲线（光学方法），其中虚线为利用自旋漂移-扩散模型对数据进行拟合的结果，相关参数 τ_s=125 ns，v_d=24 000 cm/s，D=10 cm^2/s[58]

Hanle 曲线的模型可以简单地从 GaAs 沟道中自旋漂移、扩散、进动的一维图像出发。先看单个电子，$t=0$ 时刻注入电子的初始自旋为 S_0（$x=0$，$t=0$），并在 GaAs 沟道中以漂移速率 v_d 进行输运，在 x_0/v_d 时刻到达探测点 x_0 处，此时，$S_z=S_0\exp(-t/\tau_s)\sin(\Omega_L t)$，其中 $\Omega_L=g_e\mu_B B_y/\hbar$ 表示拉莫进动频率。在测量时刻（自旋注入及输运过程已经过了足够长的时间，远大于 τ_s），x_0 处测量得到的 S_z 为 t 由 $0\sim\infty$ 中每一时刻的自旋在这一点处 z 方向上自旋的叠加，如果将这些自旋的 S_z 看成是一个激励信号，那么这些 S_z 都属于高斯分布[57]。

$$S_z(B_y)=\int_{x_0}^{x_0+w}\int_0^\infty\frac{S_0}{\sqrt{4\pi Dt}}e^{-(x-v_d t)^2/4Dt}\times e^{-t/\tau_s}\sin(\Omega_L t)\mathrm{d}t\mathrm{d}x$$

其中，$v_d=\mu E$ 为漂移速率，μ 为电子迁移率，E 为沟道中的电场强度。另外还考虑了源极的宽度 w。实际上，这一积分也是在一维无应力条件下，自旋漂移扩散公式的格林函数解[57]，而这种类型的平均也正是一些光泵浦和自旋输运实验所观察到的 Hanle 效应的基础[20, 78, 79]。图 6-58（d）中的虚线正是使用这一模型在 $\tau_s=125$ ns，$v_d=24\,000$ cm/s，$D=10$ cm²/s 时的计算结果，这与实验数据匹配得很好。Hanle 曲线中第一个峰对应的磁感应强度表示在这一磁场下电子在探测点处恰好进动了 1/4 周期，即 $T=\pi/(2\Omega_L)=\pi\hbar/g_e\mu_B B_{peak}$，对应于探测点的位置，可以得到电子的漂移速率。

在更加复杂的器件结构中模拟自旋输运需要更加精细的自旋漂移-扩散模型。对于二维器件来说，尽管自旋漂移-扩散模型的二维形式在一些限制条件下存在分析解[59]，但是使用数值方法求解傅里叶变换往往更加简便，特别是存在自旋轨道耦合项的时候[57, 77]。由自旋轨道耦合产生的有效磁场也会使运动自旋发生进动，这一效应可以在局域 Hanle 测量结果中直接体现出来[57, 80]。

2）基于 Hanle 效应的电学测量

人们在最初利用电学方法测量自旋积累的信号时，采用铁磁/半导体的纵向结构，并通过光泵浦的方法向 GaAs 中注入自旋极化电子，期望探测到铁磁/半导体界面对应的电导变化，得到自旋积累的信号[81, 82]。然而，在这些研究中，激发光在进入半导体之前需要经过半透明的铁磁电极，由于热电子的产生和铁磁电极对激发光的磁吸收，实验观察到的信号与背景信号相当，而且没有观测到 Hanle 效应。

横向器件不仅可以避免铁磁电极对激发光的磁吸收，还可以使电子在自旋输运到铁磁探测极时冷却下来[57, 83]。如图 6-59[57, 58] 所示为利用光学方法进行自旋注入并在横向器件中进行电学探测自旋积累信号的实验，注入电子初始自旋极化方向垂直于沟道表面与 z 方向平行，激发光焦点位于距离正向偏置（Fe 电极处于高电势）的漏极 40 μm 处。在零外加磁场下，克尔旋转角 θ_K 的图像如图 6-59（a）所示。垂直于自旋方向的外加磁场将会使这些自旋在漂移扩散过程中发生进动，在特定的磁感应强度下，剩余的自旋极化在漏电极处的方向可以与 Fe 电极磁化方向 M 平行或反平行。图 6-59（c）所示为实验利用锁相技术测量得到的调制电导随外加磁场及 Fe 电极磁化方向的变化关系[57, 84, 85]，其中高电导态对应于漏极处电子自旋极化与 Fe 电极磁化方向平行的状态，低电导态则对应反平行状态。这一电信号曲线与前文提到的具有反对称性的局域 Hanle 曲线十分类似，而且改变漏极的磁化方向，这一曲线也会发生翻转。

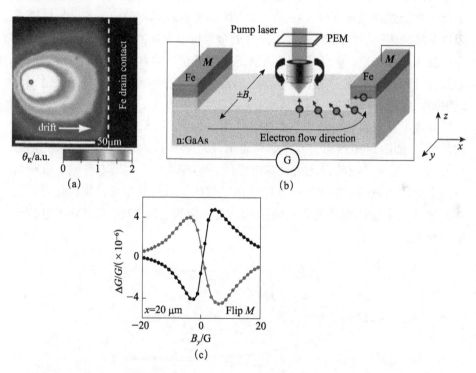

图 6-59　（a）在外加磁场为零时，光注入自旋极化电子向漏电极输运过程中克尔旋转角 θ_K 的图像，初始自旋极化在 $+z$ 方向，如图（b）所示，自旋极化随电荷流向 Fe/GaAs 漏电极进行输运，外加的垂直磁场使自旋发生进动，并在特定的磁感应强度下，剩余的自旋极化在漏电极处的方向可以与 Fe 电极磁化方向 M 平行或反平行，从而得到如图（c）所示的电学信号，调制电导 $\Delta G/G$ 随 B_y 的变化曲线具有反对称性，高电导和低电导态分别对应于漏电极处自旋极化方向与 Fe 电极磁化方向平行和反平行的状态，当改变漏极的磁化方向时，这一曲线也会发生翻转[57, 58]

上述实验结果也表明了 Fe/GaAs 肖特基势垒可以作为探测电极对 GaAs 中电子的自旋极化进行探测，Lou 等于 2006 年对这一点进行了详细的报道[60]，并很快在基于 Fe/GaAs 肖特基势垒的非局域结构中证实了横向磁场使自旋在半导体沟道中发生进动以及退相位（Hanle 效应），从而抑制了探测电极处的非局域信号[61]，这些内容将在自旋积累的非局域测量中进行说明。

4. 自旋积累的非局域测量

由前文所述，人们利用光学和电学方法测量得到了自旋积累的局域信号，并利用标准自旋漂移-扩散模型进行了很好的拟合。然而在这些自旋电子学横向输运器件中，一些新的问题产生了[7]。首先，这些局域测量实验中，电荷流均流过铁磁探测极，在这一过程中，由局域霍尔效应、各向异性磁电阻以及隧穿各向异性磁电阻[86, 87]产生的背景信号会使测量复杂化；其次，验证自旋积累存在最令人信服的方法就是去探测它的动力学响应[60]。前者可以通过设计器件结构在空间上对电荷流与自旋流进行分离，后者可以通过探测其 Hanle 效应进行解决。

分离电荷与自旋流的经典方法是利用 Johnson 和 Silsbee 提出的非局域结构[19, 20]，如图 6-60 所示，其中曲线表示理想情况下自旋依赖化学势的分布。自旋在 F1 处通过电学方法由铁磁电极注入半导体中，由于电势差，电荷流只向半导体沟道的一端输运，而半导体中发生扩散的非平衡自旋极化则是以相同概率向半导体沟道的两端输运的，同时探测电极 F2 并没有处于电荷流的回路上。

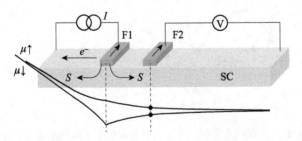

图 6-60　非局域自旋输运器件的原理图。F1 和 F2 分别是铁磁注入和探测电极，SC 为半导体沟道。注入自旋在半导体沟道中向两个方向扩散。图中曲线为理想情况下自旋依赖电化学势的分布，在注入极右边，电场很快消失，因此理想条件下只有纯自旋流经过探测极。通过改变 F2 的磁化方向，非局域电压的变化反映了自旋积累的信号[5]

考虑最简单的情况，如果铁磁探测极为半金属，那么对应于探测极两种磁化状态（↑和↓）的电化学势为 $\mu_{\uparrow}$ 和 $\mu_{\downarrow}$，那么 $\Delta V = (\mu_{\uparrow} - \mu_{\downarrow})/e$ 则是自旋积累的直接测量信号。实际上，铁磁金属在费米面处的极化度 P_{FM} 是小于 1 的，因此载流子在探测极界面处的来回运动将会使自旋发生翻转，这一过程可以由有效因子 η 来表征。

自旋依赖电化学势可以由测得的非局域电压 $V_{\uparrow\uparrow}$ 和 $V_{\uparrow\downarrow}$ 推导得出，其中 $V_{\uparrow\uparrow}$ 和 $V_{\uparrow\downarrow}$ 分别表示注入电极与探测电极的磁化方向平行与反平行状态下测得的电压。两种状态下的电压之差 $\Delta V_{\mathrm{NL}} = V_{\uparrow\downarrow} - V_{\uparrow\uparrow}$ 与自旋相关电化学势之差存在关系：

$$\Delta\mu = \frac{e\Delta V_{\mathrm{NL}}}{\eta P_{\mathrm{FM}}}$$

导体中的自旋极化度 P_{SC} 可以由 $\Delta\mu$、载流子浓度 n 和态密度 $\partial n/\partial\mu$ 推知：

$$P_{\mathrm{SC}} = \frac{n_{\uparrow} - n_{\downarrow}}{n_{\uparrow} + n_{\downarrow}} = \frac{\Delta\mu}{n}\left(\frac{\partial n}{\partial\mu}\right)$$

对测量信号 ΔV_{NL} 进行估算，以载流子浓度 $n \sim 3 \times 10^{16}\mathrm{cm}^{-3}$ 的 GaAs 为例，电子有效质量 $m^* = 0.07m_{\mathrm{e}}$，假设自旋极化的空间分布大致为 $P_{\mathrm{SC}}(x) \propto \mathrm{e}^{-x/\lambda_s}$，在探测电极处（与源极之间的距离为几微米）半导体中自旋极化度 $P_{\mathrm{GaAs}} \sim 0.01$，$\eta \sim 0.5$[88]，$P_{\mathrm{FM}}$ 使用 Fe 的自旋极化度 0.4[89]，这时，这已经是一个比较大的信号了。然而实际上，非局域测量在实验上的难点存在于一些理想化的方面。比如，当达到 mV 量级时，由于从注入电极传过来的电荷流的影响，测量得到的非局域信号会有一个显著的下降趋势。这并不依赖于自旋的背景信号，相对强烈地依赖于磁场和温度，所以稳定的温度条件是在测量中得到稳定背景信号不可或缺的条件。

图 6-61 为自旋阀结构中测得的粗略数据。由（a）和（c）可知其自旋依赖非局域电压只依赖于源电极与探测电极磁化方向的相对取向，（a）中包含了由少量电荷流产生的背景信号；（b）和（d）表示外加垂直磁场时的 Hanle 效应，（b）中包含了由于载流子受到洛伦兹力而产生的抛物线形背景信号，同时在高磁场下，自旋的完全退相位使得铁磁电极在两种相对取向下的信号完全一致。利用自旋漂移-扩散模型进行拟合的曲线也在（d）中给出，并且在这一情况下自旋寿命 $\tau_s = 4\mathrm{ns}$，自旋扩散长度 $\lambda_s = 4\mu\mathrm{m}$。

由前文所述，自旋积累的非局域测量避免了局域的电学测量中许多寄生效应的影响，因而受到了广泛关注，并且在许多材料体系中得到了自旋积累的信号，如 Fe/GaAs[90]、GaMnAs/GaAs[91]、NiFe/InAs[92]、Fe/Al$_2$O$_3$/Si[93] 和 Co/石墨烯[94, 95]。

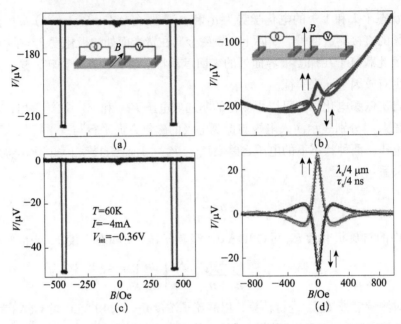

图 6-61　温度为 60 K、正向偏置电流为 4 mA 时自旋积累的非局域电学探测信号。注入电极的为 5 μm × 80 μm，探测电极的为 5 μm × 50 μm²，二者之间的距离为 8 μm。（a）自旋阀信号的原始数据；（b）注入与探测极磁化方向平行与反平行状态下 Hanle 信号的原始数据，虚线为高场下背景信号的抛物线拟合；（c）扣除自旋非相关背景后的自旋阀信号；（d）扣除抛物线拟合背景后的 Hanle 数据，实线为利用漂移－扩散模型进行拟合的数据，由拟合结果可以知自旋寿命为 4 ns，自旋长度为 4 μm[5]

5. 栅电压对自旋的调控与自旋场效应晶体管

1990 年，Datta 和 Das 提出了一种自旋电子学器件，也就是经典的 Datta-Das 自旋场效应晶体管[96]，如图 6-62（a）所示。在二维电子气系统中，它对自旋的调控来自窄带隙半导体中自旋轨道耦合产生的有效磁场[96]，这一有效磁场与 Hanle 测量中的外加磁场一样，都可以使自旋发生进动。虽然结构和原理比较简单，但是实现这一器件并不容易，因为强的自旋轨道耦合意味着短的自旋寿命，这一器件结构在实验上观测到 Hanle 效应并不是那么容易的事情。但是通过选择合适的合金组分以及量子阱方向[97]，在铁磁金属 / 二维电子气 / 铁磁金属的自旋阀结构中得到合适的 Rashba 场以及自旋寿命，实现在单个器件中观察到 Hanle 效应以及栅电压对自旋积累的调控是有可能的[5]。

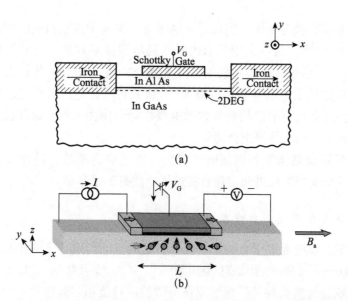

图 6-62　（a）Datta-Das 自旋场效应晶体管 [96]；（b）自旋注入场效应晶体管的原理图，电子
由铁磁电极电学注入高迁移率二维电子气沟道中，初始极化指向 x 方向，与外加磁场 B_a 平行，
与有效磁场垂直，在有效磁场的作用下，电子自旋发生进动，并受到栅电压的调控 [92]

　　半导体中电子和空穴态的自旋简并是空间和时间反演对称性的共同结
果 [98]。两种对称性的操作都会使波矢 k 变为 $-k$，但是时间反演会使自旋的
方向也发生翻转，因此将空间反演对称性（$E_+(k)=E_+(-k)$）与时间反演
对称性（$E_+(k)=E_-(-k)$）联系起来可以得到 $E_+(k)=E_-(k)$，即所谓的
自旋简并。当载流子运动时感受到的势场反演对称性发生破缺，即使不加
外磁场，能态也会发生自旋劈裂，电子自旋也将受到影响。在准二维的量
子阱或者异质结中，自旋劈裂可能由多种原因导致：晶体结构带来的体反
演对称性破缺（bulk inversion asymmetry，BIA）（如闪锌矿结构 [99]）和限
制势带来的结构反演对称性破缺（structural inversion asymmetry，SIA）[3, 100]，
以及界面处原子较低的微观对称性 [101]。在二维电子系统中，带来结构反
演对称性破缺的限制势 $V(r)$ 可以展开为 $V(r)=V_0+e\varepsilon \cdot r+\cdots$，一阶项中
的 ε 即为内禀电场 [72]。在这一内禀电场的作用下，运动电子的哈密顿量包含
了 Rashba 项 [102, 103]，正比于 $\sigma \cdot (k \times \varepsilon)$，相当于在垂直于电子动量和内禀电
场的方向上存在一个有效磁场作用在自旋上，其大小与 $|\varepsilon|$ 成正比，而栅电
压正是通过调控这一内禀电场的大小改变有效磁场的大小进而对自旋进行调
控的。

　　Koo 等在 2009 年报道了自旋注入场效应晶体管的制备，并观察到器件的

电导随栅电压的振荡变化，实现了栅电压对二维电子气中自旋的调控，如图 6-62（b）所示[92]，这一实验采取的是非局域的测量方法，与文献 [92] 中所述的 Datta-Das 场效应晶体管的结构并不完全一致。Chuang 等报道了全电学全半导体自旋场效应晶体管的制备[104]，除了利用栅电压对自旋进动进行调控，他们甚至利用有效磁场替代铁磁电极作为自旋注入极与探测极（这两个有代表性的工作稍后将详细介绍）。

自旋场效应晶体管利用栅电压对自旋输运进行调控，进而改变输出信号，为实现全电学器件进而实现自旋逻辑电路打下了基础。

6. 自旋霍尔效应与自旋霍尔效应晶体管

自旋霍尔效应起源于自旋轨道耦合引起的自旋与电荷流的相互作用，最早由 Dyakonov 和 Perel 于 1971 年预测到[105, 106]，十几年后，Fleisher 小组进对这一领域进行实验并观测到了现在所谓的逆自旋霍尔效应[107, 108]，然而自旋霍尔效应却在时隔预测 33 年之后才在实验上被观测到[109, 110]。

自旋霍尔效应的物理图像如图 6-63[111] 所示，在通过电流的导体中，由于不同自旋载流子的偏转，横向边界上存在自旋积累。对于圆柱体形状的导线，自旋的分布类似于通过电流产生的磁力线。同时，样品边界处的自旋极化度正比于电流强度，并且自旋极化的方向会随着电流方向的反转而改变。

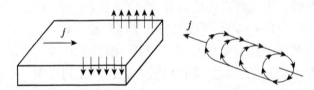

图 6-63　自旋霍尔效应，由电流引起样品横向边界上自旋积累的效应。在圆柱体线中，自旋的分布如同通过电流产生的磁力线一样。然而，样品边界处的自旋极化度远比磁场中的平衡自旋极化度高[111]

自旋霍尔效应的概念最早由 Hirsch 在 1999 年正式提出[112]，这一效应在一定程度上确实有些类似于正常霍尔效应，只是后者由于洛伦兹力的作用在边界上累积的是电荷。然而，二者之间有着很关键的不同之处。首先，前者自旋积累并不需要外加磁场，相反地，如果外加一个垂直于自旋方向的磁场，自旋极化反而会被破坏。其次，边界处的自旋极化度受到自旋弛豫的限制，但自旋极化却存在于相对较宽的自旋层中，尺寸由自旋扩散长度（～1 μm）决定，而正常霍尔效应中由于德拜屏蔽的存在，电荷累积只存在于边界很短的部分。

为排除一些由反演对称性破缺带来的特殊效应,下面仅考虑具有反演对称性的各向同性介质。自旋电流可以由二阶张量 q_{ij} 表征,其中 i 指标表示自旋流的输运方向,j 指标表示载流子的自旋极化方向。例如,浓度为 n 在 z 方向完全自旋极化的电子,以速率 v 沿 x 方向输运,那么 q_{ij} 中唯一的非零元素为 $q_{xz}=nv$(为求简化,忽略电子的自旋量子数 1/2)。在空间反演下(x 空间反演,电荷流和自旋流符号(正负)都会发生改变(自旋为赝矢量)。相反地,二者在时间反演下的结果并不相同:电荷流符号发生改变而自旋流不会(自旋在时间反演下也会改变)。

引入电荷与自旋流密度 $q^{(0)}$ 和 $q_{ij}^{(0)}$,不考虑自旋轨道耦合并忽略迁移率与自旋极化的关系,有

$$q_i^{(0)} = -\mu n E_i - D\frac{\partial n}{\partial x_i} \tag{6-46}$$

$$q_{ij}^{(0)} = -\mu n E_i P_j - D\frac{\partial P_j}{\partial x_i} \tag{6-47}$$

其中,μ 和 D 分别为漂移和扩散系数;n 为电子浓度;E 为外加电场;P 为自旋极化密度矢量。式(6-46)对应电子标准的漂移-扩散模型,式(6-47)描述了极化电子的自旋流。

自旋轨道相互作用使两种电流耦合在一起并对其电流密度进行了修正,有

$$q_i = q_i^{(0)} + \gamma\varepsilon_{ijk}q_{jk}^{(0)} \tag{6-48}$$

$$q_{ij} = q_{ij}^{(0)} - \gamma\varepsilon_{ijk}q_k^{(0)} \tag{6-49}$$

其中,q_i 和 q_{ij} 分别表示修正后的电荷与自旋流密度;ε_{ijk} 为单位反对称张量;γ 为正比于自旋轨道耦合强度的无量纲小量。式(6-48)和式(6-49)中加减号(±)不同是由电荷与自旋流对于时间反演而言具有不同性质导致的。因此,q_{xy} 自旋流将会在自旋轨道耦合作用下引入一个 z 方向的电荷流;相反地,z 方向的电荷流将会引入自旋流 q_{xy} 和 q_{yx}。

由式(6-46)~式(6-49),并定义 $j=-eq$,可以得到

$$\frac{j}{e} = \mu n E + D\nabla n + \beta E \times P + \delta\nabla \times P \tag{6-50}$$

$$q_{ij} = -\mu E_i P_j - D\frac{\partial P_j}{\partial x_i} + \varepsilon_{ijk}\left(\beta n E_k + \delta\frac{\partial n}{\partial x_k}\right) \tag{6-51}$$

其中,$\beta=\gamma\mu$,$\delta=\gamma D$,因此 β 与 δ 也满足爱因斯坦关系。然而,由于 γ 在时间反

演变换下会发生变号，β 和 δ 为无耗散的动力学参数，这一点与漂移-扩散系数并不相同。同时，式（6-50）和式（6-51）需要满足自旋极化矢量的连续性方程的约束：

$$\frac{\partial P_j}{\partial t} + \frac{\partial q_{ij}}{\partial x_i} + \frac{P_j}{\tau_s} = 0 \qquad (6\text{-}52)$$

其中，τ_s 为自旋弛豫时间。

式（6-50）～式（6-52）描述了自旋-电荷流耦合的物理结果[105, 106]，而自旋轨道耦合作用则被包含在有系数 β 和 δ 的附加项中。式（6-50）中 $\beta E \times P$ 描述了反常霍尔效应，由霍尔于 1881 年在铁磁体中观察到，但是却在70 年后人们才理解反常霍尔效应是来自自旋轨道耦合[113, 114]；$\delta \nabla \times P$ 描述了由不均匀的自旋密度引入的电流，即所谓的逆自旋霍尔效应，它也可以被认为是反常霍尔效应中扩散的对应项。式（6-51）中，$\beta n \varepsilon_{ijk} E_k$ 项以及它的扩散对应项 $\delta \varepsilon_{ijk} \partial n / \partial x_k$ 描述了自旋霍尔效应：电荷流引入了横向的自旋流，从而导致样品边界处的自旋积累[105]。

在半导体中自旋极化产生与调控的重要来源，也是许多自旋依赖霍尔效应产生的必然因素，如反常霍尔效应、自旋霍尔效应、逆自旋霍尔效应、自旋注入霍尔效应[115]。半导体中自旋轨道耦合机制大致可以分为两类。第一类是只发生在杂质附近的外禀机制，这类机制将会导致自旋依赖散射，包括莫特斜散射（Mott skew scattering）；第二类是内禀的自旋轨道耦合，可以理解为本身就存在于能带结构内的自旋轨道场。自旋轨道耦合强烈依赖于对称性，因此在结构、维度、杂质散射以及系统的载流子浓度等多种因素的影响下，自旋轨道耦合是不同的，也就是说，产生自旋霍尔效应的微观过程严格依赖于材料体系的性质[115]。

在具有时间反演对称性和自旋轨道耦合的体系中，反常霍尔效应的相关物理可以很自然地演化为自旋霍尔效应。在描述产生反常霍尔效应的不同机制时，交换场引入非平衡自旋使得在样品横向边界上可以测得电压信号。但是在自旋霍尔效应中，并没有交换场引起不同自旋能态的对称性破缺，因此自旋霍尔效应的信号并不能通过直接测量横向电压得到。实验一般采用逆自旋霍尔效应来探测自旋极化电流在横向边界上产生的电压信号[115]。

在具有强自旋轨道耦合的铁磁材料中，对于内禀反常霍尔效应而言，散射的贡献并不占主导地位，受到此启发，Murakami 和 Sinova 提出了内禀自旋霍尔效应的可能性[116, 117]。这一构想的提出引发了人们对自旋霍尔效应在低耗散器件中作为自旋注入手段的理论争论。然而 Kato 和 Wunderlich 所在的两个实验小组第一次观察到 n 型半导体[109, 117] 和二维空穴气中[110] 的自旋霍尔效应，引发了研究自旋霍尔效应的热潮，特别是基于半导体的一系列实验[118-121]。

自旋霍尔效应除了在自旋注入方面的潜在应用之外，对于实现器件的逻辑功能也有着重要的贡献[122, 123]，因而，在非磁性材料体系中有关自旋注入、调控与探测方面，自旋霍尔器件也有着越来越广泛的研究内容。

Wunderlich 在 2010 年报道了使用圆偏振光进行自旋注入并观测到了逆自旋霍尔效应的信号，同时利用这一效应在栅电压下的调控，得到了自旋霍尔效应晶体管[122]。如图 6-64 所示[122, 123]，实验通过使激光聚焦在样品上（光斑直径～1μm）产生自旋极化光电子并局域注入平面二维电子气的沟道中。在添加栅电极之前，器件有两种不同的测量模式：一种得到自旋注入霍尔效应的信号，如图 6-64（a）所示，其漏极在沟道远离自旋注入点的一端，当外加反向偏压 V_B 时，电荷流将经过霍尔器件；另一种对应逆自旋霍尔效应的测量，如图 6-64（b）所示，电荷流在经过霍尔器件之前就通过漏极流走了，从而使纯自旋流在沟道中继续扩散输运，也就是说在这种模式下，V_B 可以控制半导体沟道的通断。两种模式下测得的横向电信号与自旋霍尔现象的唯象理论一致[122, 124]。实验结果显示，在这两种情况下，当改变入射光的圆偏振方向，即改变注入光电子的自旋极化方向时，测量得到的霍尔电压的正负也会发生改变，而且其大小与入射光的圆偏振度呈线性关系[124]。

在二维电子气中进行的逆自旋霍尔效应实验有一个很明显的特点就是由内在 Rashba 和 Dresselhaus 自旋轨道场引起的自旋进动[122, 124]。由于自旋扩散的长度大约为 L_{SO}^2/w[122]，所以在宽度 $w=1$、$L_{SO}～11$ 的二维电子气沟道中自旋进动是有可能被观察到的，对应地，自旋霍尔电压信号的振荡可以通过测量不同的霍尔十字或者改变激光光斑的位置得到，与此同时，通过在两个霍尔十字之间施加栅电压，现对 Rashba 和 Dresselhaus 有效场的强度的调控，进而实现对自旋进动的电学调控，如 6-64（c）所示。

由 Wunderlich 报道的自旋霍尔器件依然需要光学手段的辅助，虽然避开了铁磁金属 / 半导体结构作为注入极带来的一些问题，但是并不利于实际应用。2010 年，Garlid[125] 等在 n 掺杂 InGaAs 半导体沟道上外延生长 Fe 薄膜的异质结构中进行的全电学自旋霍尔效应测量。通过测量沟道边界处的自旋积累，他们探测到了电流在流过 InGaAs 沟道时产生的横向自旋流。值得一提的是，这一实验可以通过改变 In 的组分含量来调控自旋轨道耦合强度，并且改变样品的电导，这使得不同因素对自旋霍尔电导的贡献可以被提取出来。正如所期望的那样，在三维 n 型掺杂的半导体中，自旋霍尔电导由外禀机制所主导。Ando 等于 2011 年报道了半导体中自旋信号的电学调控[126]。实验使用铁磁共振自旋注入的方法将自旋极化电子由 NiFe 合金通过肖特基势垒注入 GaAs 中，通过在 NiFe/GaAs 肖特基势垒上施加偏压，实现了对自旋注入效率的调控，并将其解释为偏压对界面处自旋的耦合进行了抑制或者增强。

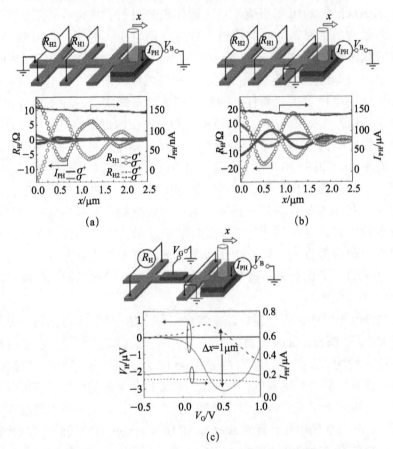

图 6-64　基于逆自旋霍尔效应的晶体管。（a）自旋注入霍尔效应测量实验示意图，光注入自旋极化电流在 Hall bar 中输运时 H1 和 H2 处测得的霍尔电阻 R_H。$R_H=V_H/I_{PH}$，其中 V_H 为霍尔电压，I_{PH} 为不同螺旋的光焦点在不同位置时对应的光电流。V_B 为 p-n 结的偏置电压，σ^+ 和 σ^- 为偏振光的螺旋。I_{PH} 与偏振光的螺旋无关，且大小随着入射光焦点位置的移动并没有明显变化；（b）与（a）类似，实验得到逆自旋霍尔效应的信号，不同的是（b）中电流在到达 H1 之前流走了；（c）自旋霍尔晶体管示意图和实验测量得到的 Hall 信号 V_H 随栅电压的变化关系，曲线与虚线对应入射光焦点的位置相差 1 μm，表明这确实是逆自旋霍尔效应的信号。$V_B=-10\,V$，激光的波长为 870 nm，激光功率为 700 W/cm^2[122, 123]

到目前为止，有关自旋霍尔器件的实验帮助人们建立了自旋霍尔和逆自旋霍尔效应的基本物理图像，并且显示内禀和外禀机制均可以对这类现象产生贡献，同时自旋霍尔效应和逆自旋霍尔效应在具有自旋轨道耦合的金属与半导体体系中是一致的。如果体系的自旋轨道耦合强度增加，由自旋霍尔效应产生的自旋流也会增强，然而自旋寿命却会缩短，寻找最理想的条件来平衡这两者之间的相互约束依然是这一领域的重要问题[122, 124, 127]。

由于自旋霍尔和逆自旋霍尔效应在非磁性体系中作为自旋注入或探测手段的应用，许多新的自旋电子学功能有待人们去探索。其中一个最近被提出的领域是光自旋电子学，相关实验显示了逆自旋霍尔效应可以被用作光圆偏振度直接的电学测量手段[124, 128]，其他的应用包括光电池、光开关和光变频等。最近的一些实验还提出了在逆自旋霍尔效应的电学自旋探测中使用电学调控的方法，使得自旋晶体管在自旋霍尔领域的应用受到人们的关注。在这些报道中，一些器件类似于场效应晶体管[122, 126, 127]，这些器件中通过栅电压改变薄膜中的电场强度或者费米能级的位置来控制自旋轨道耦合[122, 127]或者界面处自旋的相互作用[126]。

三、自旋逻辑

虽然人们在半导体自旋电子学领域有了许多重要的发现，但是铁磁/半导体系统与实际应用还有相当的距离，原因之一是这一体系中逻辑运算的效果比较差[129]。2007年，Dery等报道了半导体计算机回路的理论设计[129]，并基于半导体中的自旋积累，提出了利用半导体沟道整合多个铁磁电极的结构在噪声、室温环境下实现快速、可重复编程的逻辑运算。如图6-65所示为与非运算一般的磁逻辑门（magnetologic gate，MLG）及其电学行为的模拟信号[129]，任意二进制逻辑函数都可以通过使用有限个栅电极得以实现。图6-65（a）中两个相反的磁化方向对应信号的"1"和"0"，逻辑运算的操作数为电极A、B、X和Y的磁化方向，$I_M(t)$为逻辑门的输出电流，这一电流是由中间电极M磁化方向旋转引起的短暂响应，如图6-65（c）所示。电子在半导体中的输运可以由电化学势进行描述，如图6-65（b）所示为与非运算其中一种操作数下化学势的分布。与全金属非局域自旋阀类似，化学势轮廓主要由电极A、B、X和Y决定，对电极M的磁化方向并不敏感，但是在这一例子中，瞬时电流可以流过探测电极M，因而当铁磁电极与半导体之间的自旋依赖电导随着M磁化方向的旋转发生变化时，电容对新的稳态条件下的充放电过程将导致瞬时电流$I_M(t)$的产生。这一报道对铁磁/半导体结构实现自旋逻辑功能有着重要的意义，然而其逻辑门的输出信号需要相当复杂的电路进行放大，并且需要安培磁场对纳米磁体的磁化进行操控，较为烦琐[130]。

一般情况下，自旋逻辑的应用如前文所述使用自旋作为内部变量，却依然在每个独立的逻辑门处得到电荷信号[129, 131, 132]，这就导致了重复的自旋-电荷信号的转换，2010 年 Behtash 等报道了完全使用自旋作为操作变量的自旋电子学器件[130]，其输入与输出信息均可以由纳米磁体的磁化表示，这些纳米磁体之间通过自旋相干沟道进行通信。

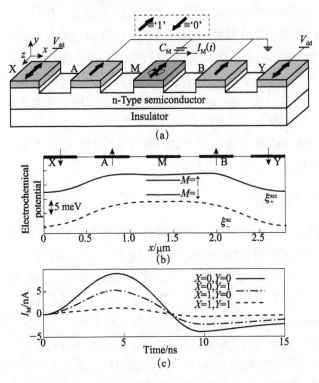

图 6-65 (a) 可重复编程的磁逻辑门设计，输入信号为 A、B、X 和 Y 电极的磁化方向，其布尔通式为 OR（XOR（A，X），XOR（B，Y）），设定 A、B 的磁化方向，这一设计可以进行不同的逻辑运算，例如（a）中所示 X 和 Y 之间即为与非运算；（b）和（c）为磁逻辑门在（a）所示情形下电学行为的模拟结果

四、展望

本节回顾了半导体自旋电子学器件方面的一些典型工作，包括自旋发光二极管、自旋场效应晶体管、非局域自旋输运器件以及自旋霍尔晶体管，并简单介绍了这些器件在自旋注入、自旋动力学与自旋探测方面涉及的背景知

识、遇到的问题及相应的解决办法。半导体自旋电子学器件的基本思想是，通过光学或者电学注入的方法在半导体中得到非平衡自旋极化载流子，随后，自旋在半导体沟道中以漂移或者扩散的方式进行输运，并由外加磁场或者栅电压进行调控，从而在自旋探测电极得到对应于器件不同状态下的电学信号。值得强调的是，在金属自旋电子学中，许多实验的研究中心在于自旋注入、外加磁场的调控以及非平衡电流的影响（如自旋转矩效应），这些研究中，自旋轨道耦合是自旋退极化的重要源头，因此使其尽可能小对于许多金属自旋电子学效应的加强十分重要；然而，在半导体自旋电子学中，自旋轨道耦合却是自旋极化产生与调控的重要来源[115]，在半导体自旋电子学器件中有着十分重要的应用。

实现半导体自旋电子学器件的前提是在半导体中通过电学自旋注入产生自旋极化。从现有的、对铁磁金属 / 半导体异质结横向自旋阀结构中自旋注入、输运和探测以及自旋场效应晶体管的大量理论和实验研究揭示出来的问题出发，将来的努力方向就清楚了。

（1）寻找合适的方法和材料体系进一步提高电学自旋注入效率。人们在铁磁金属 / 半导体异质结中自旋注入效率的提高方面做了大量努力。例如，采用具有高自旋极化度的铁磁金属增强界面处自旋积累量；采用 Schottky 势垒或绝缘体势垒解决电导失配问题等[133]。后来，由于理论预计 Fe_3O_4 在室温下仍具有很高的自旋极化度，有人又采用 $Au/Fe_3O_4/n\text{-}AlGaAs$ 结构做自旋注入，在 300K 下注入电子的极化度达 10%。2012 年有人将单层石墨烯夹在 FM 和 SC 之间构成一种新型自旋注入结构。石墨烯虽然在平面内有很高的电导，但是沿垂直方向是绝缘的。它提供了无针孔、原子层平整且化学和热稳定的新型隧穿势垒，期望能得到高自旋极化度的注入。

（2）除此之外，人们又探索了在半导体中产生自旋极化的新方法。例如，若能在半导体单层膜中利用自旋-轨道耦合导致的新奇量子效应（如自旋霍尔效应）直接产生自旋极化，可避免界面质量对自旋注入效率的影响。同时，由于不再需要铁磁金属，将与传统的半导体加工工艺更为兼容，更有利于半导体自旋电子学与微电子学的无缝衔接。但是，如何对环绕样品边缘的纯自旋流进行有效的调控以实现自旋场效应晶体管的功能，仍是有待解决的问题[134]。

（3）与自旋注入类似，自旋检测信号的大小也与铁磁金属 / 半导体界面紧密关联。因此，发展新的自旋探测方法也是将来努力的方向之一。

（4）发展新的自旋场效应晶体管模型[135]。传统电学自旋注入方法在注入端注入的是自旋极化电流而非纯自旋流，这意味着仍有大量能量以电荷流产生焦耳热的形式损耗了。除此以外，在半导体沟道中，往往无法兼顾自旋扩散长度和栅极控制能力。这是因为自旋扩散长度随自旋轨道耦合强度增强而减小，而栅控能力则随自旋轨道耦合强度增强而增强。因此，期待能在纯自旋流的基础上发展新的自旋场效应晶体管模型，将有望实现真正的低功耗半导体自旋电子学。从这个角度分析，寻找新的自旋场效应晶体管模型特别是新的栅控方式（不仅仅依赖于自旋轨道耦合产生的等效磁场）具有重要意义。

赵建华（中国科学院半导体研究所，
中国科学院半导体超晶格国家重点实验室）

参 考 文 献

[1] Awschalom D D, Flatté M E. Challenges for semiconductor spintronics. Nature Physics，2007, 3（3）: 153-159.

[2] Taniyama T, Wada E, Itoh M, et al. Electrical and optical spin injection in ferromagnet/semiconductor heterostructures. NPG Asia Materials, 2011, 3（7）: 65-73.

[3] Bychkov Y A, Rashba E I. Oscillatory effects and the magnetic susceptibility of carriers in inversion layers. Journal of Physics C: Solid state physics, 1984, 17（33）: 6039.

[4] Wu M W, Jiang J H, Weng M Q. Spin dynamics in semiconductors. Physics Reports, 2010, 493（2）: 61-236.

[5] Crowell P A, Crooker S A. Spin Transport in Ferromagnet/III-V Semiconductor Heterostructures. Handbook of Spin Transport and Magnetism, 2011: 463.

[6] Meier F, Zakharchenya B P. Optical orientation. Modern Problems in Condensed Matter Sciences, 1984, 8: 1.

[7] Tang H X, Monzon F G, Jedema F J, et al. Spin injection and transport in micro-and nanoscale devices//Semiconductor spintronics and quantum computation. Berlin: Springer, 2002: 31-92.

[8] Jonker B T. Electrical Spin Injection and Transport in Semiconductors. Handbook of Spin Transport and Magnetism, 2011: 329.

[9] Butler W H, Zhang X G, Wang X D. Electronic structure of FM semiconductor FM spin tunneling structures. Journal of Applied Physics, 1997, 81（8）: 5518-5520.

[10] MacLaren J M, Butler W H, Zhang X G. Spin-dependent tunneling in epitaxial systems: Band dependence of conductance. Journal of Applied Physics, 1998, 83（11）: 6521-6523.

[11] MacLaren J M, et al. Layer KKR approach to Bloch-wave transmission and reflection: Application to spin-dependent tunneling. Physical Review B, 1999, 59（8）: 5470.

[12] Olaf W, et al. Ballistic spin injection from Fe（001）into ZnSe and GaAs. Physical Review B, 2002, 65（24）: 241306.

[13] Phivos M, Wunnicke O, Dederichs P H. Ballistic spin injection and detection in Fe/semiconductor/Fe junctions. Physical Review B, 2002, 66（2）: 024416.

[14] Chelikowsky J R, Cohen M L. Nonlocal pseudopotential calculations for the electronic structure of eleven diamond and zinc-blende semiconductors. Physical Review B, 1976, 14（2）: 556.

[15] Vutukuri S, Chshiev M, Butler W H. Spin-dependent tunneling in FM/semiconductor/FM structures. Journal of Applied Physics, 2006, 99（8）: 08K302.

[16] Phivos M. Spin injection from Fe into Si（001）: Ab initio calculations and role of the Si complex band structure. Physical Review B, 2008, 78（5）: 054446.

[17] Maciej Z, et al. Spin injection through an Fe/InAs interface. Physical Review B, 2003, 67（9）: 092401.

[18] Butler W H, et al. Spin-dependent tunneling conductance of Fe/MgO/ Fe sandwiches. Physical Review B, 2001, 63（5）: 054416.

[19] Johnson M, Silsbee R H. Interfacial charge-spin coupling: Injection and detection of spin magnetization in metals. Physical Review Letters, 1985, 55, 17: 1790.

[20] Johnson M, Silsbee R H. Spin-injection experiment. Physical Review B, 1988, 37（10）: 5326.

[21] Van Son P C, Van Kempen H, Wyder P. Boundary resistance of the ferromagnetic-nonferromagnetic metal interface. Physical Review Letters, 1987, 58（21）: 2271.

[22] Valet T, Fert A. Theory of the perpendicular magnetoresistance in magnetic multilayers. Physical Review B, 1993, 48（10）: 7099.

[23] Schmidt G, et al. Fundamental obstacle for electrical spin injection from a ferromagnetic metal into a diffusive semiconductor. Physical Review B, 2000, 62, 8: R4790.

[24] De Groot R A, et al. New class of materials: Half-metallic ferromagnets.Physical Review Letters, 1983, 50（25）: 2024.

[25] Pickett W E, Moodera J S. Half metallic magnets.Physics Today, 2001, 54（5）: 39-45.

[26] Orgassa D, et al. First-principles calculation of the effect of atomic disorder on the electronic structure of the half-metallic ferromagnet NiMnSb. Physical Review B, 1999, 60,（19）: 13237.

[27] Fiederling R, et al. Injection and detection of a spin-polarized current in a light-emitting diode. Nature, 1999, 402（6763）: 787-790.

[28] Ohno Y, et al. Electrical spin injection in a ferromagnetic semiconductor heterostructure. Nature, 1999, 402（6763）: 790-792.

[29] Jonker B T, et al. Robust electrical spin injection into a semiconductor heterostructure. Physical Review B, 2000, 62（12）: 8180.

[30] Filip A T, et al. Experimental search for the electrical spin injection in a semiconductor. Physical Review B, 2000, 62（15）: 9996.

[31] Rashba E I. Theory of electrical spin injection: Tunnel contacts as a solution of the conductivity mismatch problem. Physical Review B, 2000, 62（24）: R16267.

[32] Smith D L, Silver R N. Electrical spin injection into semiconductors. Physical Review B, 2001, 64（4）: 045323.

[33] Fert A, Jaffres H. Conditions for efficient spin injection from a ferromagnetic metal into a semiconductor. Physical Review B, 2001, 64（18）: 184420.

[34] Yu Z G, Flatté M E. Electric-field dependent spin diffusion and spin injection into semiconductors. Physical Review B, 2002, 66（20）: 201202.

[35] Jonker B T, et al. Electrical spin injection and transport in semiconductor spintronic devices. MRS Bulletin, 2003, 28（10）: 740-748.

[36] Fert A, et al. Semiconductors between spin-polarized sources and drains.Electron Devices, IEEE Transactions on, 2007, 54（5）: 921-932.

[37] Alvarado S F, Renaud P. Observation of spin-polarized-electron tunneling from a ferromagnet into GaAs. Physical Review Letters, 1992, 68（9）: 1387.

[38] Zhu H J, et al. Room-temperature spin injection from Fe into GaAs. Physical Review Letters, 2001, 87（1）: 016601.

[39] Hanbicki A T, et al. Efficient electrical spin injection from a magnetic metal/tunnel barrier contact into a semiconductor. Applied Physics Letters, 2002, 80（7）: 1240-1242.

[40] Strand J, et al. Dynamic nuclear polarization by electrical spin injection in ferromagnet-semiconductor heterostructures. Physical Review Letters, 2003, 91（3）: 036602.

[41] Motsnyi V F, et al. Electrical spin injection in a ferromagnet/tunnel barrier/semiconductor heterostructure. Applied Physics Letters, 2002, 81（2）: 265-267.

[42] Jiang X, et al. Optical detection of hot-electron spin injection into GaAs from a magnetic tunnel transistor source. Physical Review Letters, 2003, 90（25）: 256603.

[43] Jiang X, et al. Highly spin-polarized room-temperature tunnel injector for semiconductor spintronics using MgO（100）. Physical Review Letters, 2005, 94（5）: 056601.

[44] Huw R E, Williams R H. Metal-Semiconductor Contacts. Oxford: Clarendon Press, 1988.

[45] Parker E H C. The Technology and Physics of Molecular Beam Epitaxy. New York Plenum: 1985: 313-343.

[46] Sze S M, Ng K K. Physics of Semiconductor Devices. John Wiley & Sons, 2006.

[47] Jonker B T. Progress toward electrical injection of spin-polarized electrons into semiconductors. Proceedings of the IEEE, 2003, 91（5）: 727-740.

[48] Hanbicki A T, et al. Analysis of the transport process providing spin injection through an Fe/AlGaAs Schottky barrier. Applied Physics Letters, 2003, 82（23）: 4092-4094.

[49] Kikkawa J M, Awschalom D D. Resonant spin amplification in n-type GaAs. Physical Review Letters, 1998, 80（19）: 4313.

[50] Dzhioev R I, et al. Low-temperature spin relaxation in n-type GaAs. Phys. Rev. B, 2002, 66:245204.

[51] Meservey R, Tedrow P M. Spin-polarized electron tunneling. Physics Reports, 1994, 238（4）: 173-243.

[52] Moodera J S, Kinder L R, Wong T M, et al. Large magnetoresistance at room temperature in ferromagnetic thin film tunnel junctions. Physical Review Letters, 1995, 74（16）: 3273.

[53] Daughton J M. Magnetic tunneling applied to memory. Journal of Applied Physics, 1997, 81（8）: 3758-3763.

[54] Parkin S Kaiser C, Panchula A. Giant tunnelling magnetoresistance at room temperature with MgO（100）tunnel barriers. Nature Materials, 2004, 3（12）: 862-867.

[55] Yuasa S, et al. Giant room-temperature magnetoresistance in single-crystal Fe/MgO/Fe magnetic tunnel junctions. Nature Materials, 2004, 3（12）: 868-871.

[56] Dzhioev R I, Zakharchenya B P, Korenev V L, et al. Spin diffusion of optically oriented electrons and photon entrainment in n-gallium arsenide. Physics of the Solid State, 1997, 39（11）: 1765-1768.

[57] Crooker S A, et al. Imaging spin transport in lateral ferromagnet/semiconductor structures. Science, 2005, 309（5744）: 2191-2195.

[58] Crooker S A, et al. Optical and electrical spin injection and spin transport in hybrid Fe/GaAs devices. Journal of applied physics, 2007, 101（8）: 081716.

[59] Furis M, et al. Local Hanle-effect studies of spin drift and diffusion in n-GaAs epilayers and spin-transport devices. New Journal of Physics, 2007, 9（9）: 347.

[60] Lou X H, et al. Electrical detection of spin accumulation at a ferromagnet-semiconductor interface. Physical Review Letters, 2006, 96（17）: 176603.

[61] Lou X H, et al. Electrical detection of spin transport in lateral ferromagnet–semiconductor devices. Nature Physics, 2007, 3（3）: 197-202.

[62] Kikkawa J M, Awschalom D D. Lateral drag of spin coherence in gallium arsenide. Nature, 1999, 397（6715）: 139-141.

[63] Scifres D R, et al. A new scheme for measuring itinerant spin polarizations.Solid State

Communications, 1973, 13（10）: 1615-1617.

[64] Miller R C, et al. Luminescence studies of optically pumped quantum wells in GaAs-Al$_x$ Ga$_{1-x}$ As multilayer structures. Physical Review B, 1980, 22（2）: 863.

[65] Dong X Y, et al. Spin injection from the Heusler alloy Co$_2$MnGe into Al$_{0.1}$Ga$_{0.9}$As/GaAs heterostructures. Applied Physics Letters, 2005, 86（10）: 102107.

[66] Gerhardt N C, et al. Electron spin injection into GaAs from ferromagnetic contacts in remanence. Applied Physics Letters, 2005, 87（3）: 2502.

[67] Adelmann C, et al. Spin injection from perpendicular magnetized ferromagnetic δ -MnGa into（Al, Ga）As heterostructures. arXiv preprint cond-mat/0606013, 2006.

[68] Aronov A G, Pikus G E. Spin injection into semiconductors. Soviet Physics Semiconductors-Ussr, 1976, 10（6）: 698-700.

[69] Dyakonov M I, Perel V I. Spin relaxation of conduction electrons in noncentrosymmetric semiconductors. Soviet Physics Solid State, Ussr, 1972, 13（12）: 3023-3026.

[70] Fleisher V G, Merkulov I A. Optical orientation of the coupled electron-nuclear spin-system of a Semiconductor. Optical Orientation, 1984: 173-258.

[71] Paget D, Lampel G, Sapoval B, et al. Low field electron-nuclear spin coupling in gallium arsenide under optical pumping conditions. Physical Review B, 1977, 15（12）: 5780.

[72] Winkler R. Spin-Orbit Coupling Effects in Two-Dimensional Electron and Hole Systems. Springer Science & Business Media, 2003.

[73] Furis M, Smith D L, Crooker S A, et al. Bias-dependent electron spin lifetimes in n-GaAs and the role of donor impact ionization. Applied Physics Letters, 2006, 89（10）: 102102.

[74] Yu Z G, Flatté M E. Spin diffusion and injection in semiconductor structures: Electric field effects. Physical Review B, 2002, 66（23）: 235302.

[75] Žutić I, Fabian J, Sarma S D. Spin injection through the depletion layer: A theory of spin-polarized pn junctions and solar cells. Physical Review B, 2001, 64（12）: 121201.

[76] Pikus G E, Titkov A N. Optical Orientation. Zakharchenya Amsterdam: North-Holland, 1984: 73-131

[77] Hruška M, Kos Š, Crooker S A, et al. Effects of strain, electric, and magnetic fields on lateral electron-spin transport in semiconductor epilayers. Physical Review B, 2006, 73（7）: 075306.

[78] Jedema F J, Heersche H B, Filip A T, et al. Electrical detection of spin precession in a metallic mesoscopic spin valve. Nature, 2002, 416（6882）: 713-716.

[79] Strand J, Schultz B D, Isakovic A F, et al. Dynamic nuclear polarization by electrical spin injection in ferromagnet-semiconductor heterostructures. Physical Review Letters, 2003, 91（3）: 036602.

[80] Kato Y, Myers R C, Gossard A C, et al. Coherent spin manipulation without magnetic fields in strained semiconductors. Nature, 2004, 427（6969）: 50-53.

[81] Prins M W J, Van Kempen H, Van Leuken H, et al. Spin-dependent transport in metal/semiconductor tunnel junctions. Journal of Physics: Condensed Matter, 1995, 7（49）: 9447.

[82] Hirohata A, Xu Y B, Guertler C M, et al. Spin-polarized electron transport in ferromagnet/semiconductor hybrid structures induced by photon excitation. Physical Review B, 2001, 63（10）: 104425.

[83] Crooker S A, Garlid E S, Chantis A N, et al. Bias-controlled sensitivity of ferromagnet/semiconductor electrical spin detectors. Physical Review B, 2009, 80（4）: 041305.

[84] Hirohata A, Xu Y B, Guertler C M, et al. Spin-polarized electron transport in ferromagnet/semiconductor hybrid structures induced by photon excitation. Physical Review B, 2001, 63（10）: 104425.

[85] Isakovic A F, Carr D M, Strand J, et al. Optically pumped transport in ferromagnet-semiconductor Schottky diodes. Journal of Applied Physics, 2002, 91（10）: 7261-7266.

[86] Gould C, Rüster C, Jungwirth T, et al. Tunneling anisotropic magnetoresistance: A spin-valve-like tunnel magnetoresistance using a single magnetic layer. Physical Review Letters, 2004, 93（11）: 117203.

[87] Moser J, Matos-Abiague A, Schuh D, et al. Tunneling anisotropic magnetoresistance and spin-orbit coupling in Fe/GaAs/Au tunnel junctions. arXiv preprint cond-mat/0611406, 2006.

[88] Adelmann C, Lou X, Strand J, et al. Spin injection and relaxation in ferromagnet-semiconductor heterostructures. Physical Review B, 2005, 71（12）: 121301.

[89] Soulen R J, Byers J M, Osofsky M S, et al. Measuring the spin polarization of a metal with a superconducting point contact. Science, 1998, 282（5386）: 85-88.

[90] Salis G, Fuhrer A, Alvarado S F. Signatures of dynamically polarized nuclear spins in all-electrical lateral spin transport devices. Physical Review B, 2009, 80（11）: 115332.

[91] Ciorga M, Einwanger A, Wurstbauer U, et al. Electrical spin injection and detection in lateral all-semiconductor devices. Physical Review B, 2009, 79（16）: 165321.

[92] Koo H C, et al. Control of spin precession in a spin-injected field effect transistor. Science, 2009, 325（5947）: 1515-1518.

[93] Van't Erve O M J, Hanbicki A T, Holub M, et al. Electrical injection and detection of spin-polarized carriers in silicon in a lateral transport geometry. Applied Physics Letters, 2007, 91（21）: 212109.

[94] Tombros N, Jozsa C, Popinciuc M, et al. Electronic spin transport and spin precession in single graphene layers at room temperature. Nature, 2007, 448（7153）: 571-574.

[95] Han W, Pi K, Bao W, et al. Electrical detection of spin precession in single layer graphene spin valves with transparent contacts. Applied Physics Letters, 2009, 94（22）: 222109.

[96] Datta S, Das B. Electronic analog of the electro-optic modulator. Applied Physics Letters, 1990, 56（7）: 665-667.

[97] Ohno Y, Terauchi R, Adachi T, et al. Spin relaxation in GaAs（110）quantum wells. Physical Review Letters, 1999, 83（20）: 4196.

[98] Charles K, Fong C. Quantum Theory of Solids. New York: Wiley, 1963.

[99] Dresselhaus G. Spin-orbit coupling effects in zinc blende structures. Physical Review, 1955, 100（2）: 580.

[100] Fusayoshi J O, Yasutada U. Quantized surface states of a narrow-gap semiconductor. Journal of the Physical Society of Japan, 1974, 37（5）: 1325-1333.

[101] Rössler U, Josef K. Microscopic interface asymmetry and spin-splitting of electron subbands in semiconductor quantum structures. Solid State Communications, 2002, 121(6): 313-316.

[102] Bychkov Y A, Rashba E I. Oscillatory effects and the magnetic susceptibility of carriers in inversion layers. Journal of Physics C: Solid State Physics, 1984, 17（33）: 6039.

[103] Bychkov Y A, Rashba E I. Properties of a 2D electron gas with lifted spectral degeneracy. JETP Lett, 1984, 39（2）: 78.

[104] Chuang P, Ho S C, Smith L W, et al. All-electric all-semiconductor spin field-effect transistors. Nature Nanotechnology, 2015, 10（1）: 35-39.

[105] Dyakonov M I, Perel V I. Possibility of orienting electron spins with current. Soviet Journal of Experimental and Theoretical Physics Letters, 1971, 13: 467.

[106] Dyakonov M I, Perel V I. Current-induced spin orientation of electrons in semiconductors. Physics Letters A, 1971, 35（6）: 459-460.

[107] Tkachuk M N, Zakharchenya B P, Fleisher V G. Resonant photovoltaic effect in the NMR of nuclei in a semiconductor lattice. JETP Lett, 1986, 44（1）: 47-50.

[108] Bakun A A, Zakharchenya B P, Rogachev A A, et al. Observation of a surface photocurrent caused by optical orientation of electrons in a semiconductor. JETP Lett, 1984, 40（11）: 464-466.

[109] Kato Y K, Myers R C, Gossard A C, et al. Observation of the spin Hall effect in semiconductors. Science, 2004, 306（5703）: 1910-1913.

[110] Wunderlich J, Kaestner B, Sinova J, et al. Experimental observation of the spin-Hall effect in a two-dimensional spin-orbit coupled semiconductor system. Physical Review Letters, 2005, 94（4）: 047204.

[111] Dyakonov M I, Khaetskii A V. Spin Hall Effect//Dyakonov M I. Spin Physics in Semiconductors. Berlin: Springer, 2008: 211-243.

[112] Hirsch J E. Spin hall effect. Physical Review Letters, 1999, 83（9）: 1834.

[113] Smit J. Magnetoresistance of ferromagnetic metals and alloys at low temperatures. Physica,

1951, 17（6）: 612-627.

[114] Karplus R, Luttinger J M. Hall effect in ferromagnetics. Physical Review, 1954, 95（5）: 1154.

[115] Sinova J, Wunderlich J, Jungwirth T. Spin Transport in Ferromagnet/Ⅲ-Ⅴ Semiconductor Heterostructures. Handbook of Spin Transport and Magnetism, 2011: 497.

[116] Murakami S, Nagaosa N, Zhang S C. Dissipationless quantum spin current at room temperature. Science, 2003, 301（5638）: 1348-1351.

[117] Sinova J, Culcer D, Niu Q, et al. Universal intrinsic spin-hall effect. Physical Review Letters, 2004, 92: 126603.

[118] Weber C P, Orenstein J, Andrei Bernevig B, et al. Nondiffusive spin dynamics in a two-dimensional electron gas. Physical Review Letters, 2007, 98（7）:07664.

[119] Stern N P. Current-induced polarization and the spin Hall effect at room temperature. Physics Reviews Letters, 2006, 97（12）: 126603-126800.

[120] Stern N P, Steuerman D W, Mack S, et al. Drift and diffusion of spins generated by the spin Hall effect. Applied Physics Letters, 2007, 91（6）:062109 - 062109-3.

[121] Wunderlich J, Kaestner B, Sinova, et al. Experimental observation of the spin-Hall effect in a two dimensional spin-orbit coupled semiconductor system. Physical Review Letters, 2005, 94（4）: 047204.

[122] Wunderlich J, Park B G, Irvine A C, et al. Spin Hall effect transistor. Science, 2010, 330（6012）:1801-1804.

[123] Jungwirth T, Wunderlich J, Olejník K. Spin Hall effect devices. Nature Material, 2012, 11（5）: 382-390.

[124] Wunderlich J, Irvine A C, Sinova J, et al. Spin-injection Hall effect in a planar photovoltaic cell. Nature Physics, 2009, 5（9）: 675-681.

[125] Garlid E S, Hu Q O, Chan M K, et al. Electrical measurement of the direct spin Hall effect in Fe/In$_x$ Ga$_{1-x}$ As heterostructures. Physical Review Letters, 2010, 105（15）: 156602.

[126] Ando K, Takahashi S, Ieda J, et al. Electrically tunable spin injector free from the impedance mismatch problem. Nature Materials, 2011, 10（9）: 655-659.

[127] Brüne C, Roth A, Novik E G, et al. Evidence for the ballistic intrinsic spin Hall effect in HgTe nanostructures. Nature Physics, 2010, 6（6）: 448-454.

[128] Ando K, Morikawa M, Trypiniotis T, et al. Photoinduced inverse spin-Hall effect: Conversion of light-polarization information into electric voltage. Applied Physics Letters, 2010, 96（8）: 082502.

[129] Dery H, Dalal P, Sham L J. Spin-based logic in semiconductors for reconfigurable large-

scale circuits. Nature, 2007, 447（7144）: 573-576.

[130] Behin-Aein B, Datta D, Salahuddin S, et al. Proposal for an all-spin logic device with built-in memory. Nature Nanotechnology, 2010, 5（4）: 266-270.

[131] Xu P, Xia K, Gu C, et al. An all-metallic logic gate based on current-driven domain wall motion. Nature nanotechnology, 2008, 3（2）: 97-100.

[132] Ney A, Pampuch C, Koch R, et al. Programmable computing with a single magnetoresistive element. Nature, 2003, 425（6957）: 485-487.

[133] Akiho T,Shan J H,Liu H X,et al. Electrical injection of spin-polarized electrons and electrical detection of dynamic nuclear polarization using a Heusler alloy spin source. Phys. Rev. B, 2013, 87 : 235205.

[134] Kohda M, Nakamura S, Nishihara Y, et al. Spin–orbit induced electronic spin separation in semiconductor nanostructures. Nature Communications, 2012, 3(3):1082.

[135] Sugahara S, Masaaki T. A spin metal-oxide-semiconductor field-effect transistor using half-metallic-ferromagnet contacts for the source and drain.Applied Physics Letters, 2004, 84:2307.

第五节　稀磁半导体

一、Ⅲ-Ⅴ族半导体中过渡金属 Mn 的电子态

Mn 是Ⅲ-Ⅴ族半导体中最常见也是研究得最多的过渡金属杂质之一。除了 Cu 以外，它是固溶度和扩散系数很高的过渡金属杂质。Mn 离子在 GaAs 晶格中主要占据两种位置。第一种是 Mn 占据 Ga 原子的位置，构成替位杂质 Mn_{Ga}，它是一个受主，可以提供一个空穴；第二种是 Mn 进入 GaAs 晶格的间隙，形成间隙杂质 Mn_I，它是一个双施主，可以补偿替位受主 Mn_{Ga}，从而降低空穴浓度。另外，如果是低温生长的 GaMnAs，还会形成很多的 As 反位缺陷，即 As 原子占据 Ga 原子的位置 As_{Ga}，其也是一个双施主缺陷。由于 Mn 原子的外壳层为 $[Ar]3d^5 4s^2$，Ga 原子为 $[Ar]3d^{10}4s^2$，As 原子为 $[Ar]3d^{10}4s^2 p^3$，如果 Mn 替代 Ga 原子的位置，其外壳层的两个 4s 电子会像 Ga 原子一样很自然地参与 GaAs 晶体中的成键，由此产生了包括在 GaMnAs 半导体中诱导出磁性等新奇物性。这也是一直以来 Mn 替位杂质是人们最感兴趣的杂质的原因。为此，有必要进一步介绍 Mn 替位杂质三种可能的电子结构。

1. Mn³⁺ 结构的 $A^0(3d^4)$

由于 Mn 替代 Ga 以后，需要有 3 个电子才能和它最近邻 As 原形成化学键。作为一种中性受主 A^0，其 3d 壳层捕获一个空穴成为 $S=2$ 的 $3d^4$ 组态。同时，外壳层带有 3 个价电子，习惯用 $^5T_2$ 来标记其基态。这种 Mn³⁺ 电子结构在 GaAs 中从来没有被发现过，在 GaP 中曾被观察到过。

2. Mn²⁺ 结构的 $A^-(3d^5)$

Mn³⁺ 俘获一个电子并将它紧束缚在 d 壳层，形成 $S=5/2$ 的 d^5 配置。这样一个带负电的 $A^-(3d^5)$ 中心还可以微弱地束缚一个空穴，形成 (d^5+h) 络合物，其基态为 $^6A_2$。但是，外围的空穴和内核彼此间的相互作用很小，它们各自基本保持着原有的特性。

3. $A^0(3d^5+h)$

所有的 d 轨道都分别被一个电子占有，且自旋取向一致，总自旋角动量为 $S=5/2$，而空穴占据了三个 sp-d 反键态中的一个，主要具有 As 的 4p 态特性。很明显，只有当空穴 $j=3/2$ 处于 Mn 替位杂质的 S 态时 [标记为 $1S_{3/2}$ ($\Gamma 8$)] 才与 Mn 自旋 $S=5/2$ 有明显的交换作用。目前，从能量上来考虑，普遍认为 $A^0(3d^5+h)$ 是有利的。

为了弄清按照 $A^0(3d^5+h)$ 中心的基态，可采用 $j-j$ 耦合图像，考虑空穴自旋 (j) 与 d 壳层自旋 (S) 间的 p-d 交换作用的哈密顿量为 $H_{ex}=\varepsilon(S\cdot j)$，好量子数是总角动量 $J=j+S$。$A^0(3d^5+h)$ 的基态会按照 $J=1，2，3，4$ 分裂成能量相间为 $0，2\varepsilon，5\varepsilon$ 和 9ε 的能级。如果 $J=4$，空穴与 Mn 自旋呈铁磁性相互作用；如果 $J=1$，空穴与 Mn 自旋为反铁磁性相互作用。采用将主量子数为 n 的、3d 内核与空穴的耦合态 $|nSjJM_J\rangle$ 按 $|SM_S\rangle|njm_j\rangle$ 基矢展开的方法，求出 $A^0(3d^5+h)$ 中心在磁场中的 Zeeman 劈裂算符形式为 [1]

$$H_{Zeeman}=g_S\mu_B BgS+g_1'\mu_B Bgj+g_1'\mu_B\left(B_x j_x^3+B_y j_y^3+B_z j_z^3\right) \quad (6-53)$$

实验上可测量的各向同性的 g 因子表达式则可写成

$$g_{J=1}=\frac{7}{4}g_S-\frac{3}{4}g_1'+\frac{41}{20}g_2' \quad (6-54)$$

这样，就可以与电子顺磁共振（EPR）实测的 g 因子 [2] 相比较。结果表明，只有当 $J=1$ 时，才能得到与 EPR 实验相符的 g 因子，从而从实验证实空穴自旋与 Mn 自旋呈反铁磁耦合。

由于 A^0（$3d^5$+h）中心可当作浅受主来处理，仍可用有效质量近似来求其离化能。但是，必须考虑上述已讨论过的空穴和 Mn 离子之间的 p-d 交换相互作用。

有效质量近似系统的哈密顿量可以写为[3, 4]

$$H = H_{LK} + V + H_{ex} \tag{6-55}$$

式（6-55）中的第一项表示半导体的空穴哈密顿量，即Luttinger-Kohn 哈密顿量，略去自旋轨道劈裂带的影响，它具有下述形式：

$$H_{LK} = \left(\gamma_1 + \frac{5}{2}\gamma_2\right)\frac{p^2}{2m_0} - \frac{\gamma_2}{m_0}\left(p_x^2 j_x^2 + p_y^2 j_y^2 + p_z^2 j_z^2\right)$$
$$- \frac{2\gamma_3}{m_0}\left[\{p_x, p_y\}\{j_x, j_y\} + \{p_y, p_z\}\{j_y, j_z\} + \{p_z, p_x\}\{j_z, j_x\}\right] \tag{6-56}$$

其中，$\{a,b\} = (ab + ba)/2$；m_0 是自由电子的质量；γ_1，γ_2，γ_3 分别是 Luttinger参数，p是动量算符，j是总角动量算符（$j = 3/2$）。

式（6-55）的第二项，表示空穴与 Mn 离子相互作用的库仑作用以及由晶格畸变所引入的一个唯象的中心势场的修正项：

$$V = V_{Col} + V_x \tag{6-57}$$

其中，式（6-57）的第一项，代表受到屏蔽的库仑作用：

$$V_{Col} = -\frac{e^2}{4\pi\varepsilon_0\varepsilon_r r}e^{-r/\lambda} \tag{6-58}$$

其中，ε_0，ε_r 分别表示真空的介电常数和GaAs的相对介电常数；λ 是 Thomas-Fermi 屏蔽长度，可以写为

$$\lambda = \frac{\hbar(3\pi^2)^{1/3}(\varepsilon_r\varepsilon_0)^{1/2}}{e(m^*)^{1/2}n^{1/6}} \tag{6-59}$$

其中，m^* 是空穴的有效质量；n是空穴的浓度。

式（6-57）的第二项，表示晶格畸变所引起的中心势场修正项，可以唯象地写为

$$V_x = -ae^{-r/b} \tag{6-60}$$

其中，a，b是唯象参数。

式（6-55）的第三项，是空穴和 Mn 离子之间的 p-d 交换相互作用项，可以写为

$$H_{ex} = \varepsilon j \cdot S \tag{6-61}$$

其中，j是空穴的总角动量算符；S是Mn离子的角动量算符。

引入二阶张量算符：

$$P_{ik} = 3p_i p_k - \delta_{ik} p^2 \qquad (6\text{-}62)$$

其中，$i, k = 1, 2, 3$ 分别代表 x，y，z；并且以有效里德伯能量 $R_0 = e^4 m_0 / 2\hbar^2 (\varepsilon_r \varepsilon_0)^2 \gamma_1$ 和有效玻尔半径 $a_0 = \hbar^2 (\varepsilon_r \varepsilon_0) \gamma_1 / e^2 m_0$ 为能量和长度的单位，可以把上面的哈密顿量重新改写为

$$
\begin{aligned}
H_{LK} = {} & \frac{1}{\hbar^2} p^2 - \frac{1}{9\hbar^2} \mu(P^{(2)} \cdot J^{(2)}) \\
& + \frac{1}{9\hbar^2} \delta \left\{ \left[P^{(2)} \times J^{(2)} \right]_4^{(4)} + \frac{1}{5}\sqrt{70} \left[P^{(2)} \times J^{(2)} \right]_0^{(4)} + \left[P^{(2)} \times J^{(2)} \right]_{-4}^{(4)} \right\}
\end{aligned} \qquad (6\text{-}63)
$$

其中，$\delta = (\gamma_3 - \gamma_2) / \gamma_1$，$\mu = (6\gamma_3 + 4\gamma_2) / 5\gamma_1$。式（6-63）的前两项为球对称项，而最后一项具有立方对称性。直接对角化式（6-63），可以得到自由的轻重空穴的色散关系。

采用式（6-55）的哈密顿量和所给出的各分量的表达式，最终可以计算出 GaAs 中 A^0（$3d^5$+h）中性受主的电离能为 111.48 meV[5, 6]，与实验测量值相符合。

近年来，用同样的有效质量近似方法还预言了带正电的 A^+（$3d^5$+2h）受主中心（$3d^5$ 加两个空穴）的存在 [6]。它的哈密顿算符可以写成

$$H = H(1) + H(2) + V_{12} = H_{LK}(1) + H_{LK}(2) + V(1) + V(2) + V_{12} + H_{ex}(1) + H_{ex}(2) \qquad (6\text{-}64)$$

和式（6-55）一样，$H_{LK}(i)$ 仍是第 i 个空穴的 Luttinger-Kohn 哈密顿算符；$V(i)$ 是第 i 个空穴感受到 Mn 内核的库仑势；$H_{ex}(i)$ 是第 i 个空穴与 Mn 自旋为 5/2 的交换作用；V_{12} 是两个空穴之间的排斥势。计算结果表明，当空穴浓度从 $1 \times 10^{16} cm^{-3}$ 变到 $1 \times 10^{17} cm^{-3}$ 时，第二个空穴的束缚能从 7.29 meV 减小到 4.57 meV。这说明 A^+（$3d^5$+2h）受主中心是稳定的。这一理论预言已被实验证实 [7]。采用 n-i-p-i-n 结构，其 10nm 基区掺有 $1 \times 10^{17} cm^{-3}$ Mn，测量 p 型基区的光荧光光谱（PL）时发现，除了常见的 817.3nm 束缚激子峰（X，A^0）、830 nm 碳受主峰（e，A_c^0）外，还出现了两个新的 PL 峰。位于 879 nm 处的 PL 峰位以前报道的导带电子 e 与 A^0（$3d^5$+h）的复合发光峰一致。在 820.3 nm 处还出现了另一个新的发光峰 A。在外加磁场下，（X，A^0），（e，A^0）和 A 峰的 PL 极化度随磁场的变化关系均满足顺磁布里渊函数关系，说明新出现的 A 峰和（X，A^0）和（e，A^0）一样，是与 Mn 相关的。使用布里渊函数拟合求得自旋角动量 $S=1/2$，g 因子为 2.09，这与理论预计一致，表明第二个被束缚的空穴为 $S=1/2$ 的轻空穴 [6]。A 峰与（X，A^0）峰之间的

能量差为 5.6 meV，正好在理论预计的 A$^+$（3d^5+2h）电离能的范围内，这也恰好是当温度由 3.3 K 上升至 12 K 时 A 峰消失的原因。因此，可以确定 A 峰是源于电子与 A$^+$（3d^5+2h）中心的复合发光。

上述的有效质量近似在计算 Mn 的 A^0（3d^5+h）中心和 A$^+$（3d^5+2h）中心的电离能及理解它们详细的电子结构方面取得了很大的成功。但是，它只能得出 k=0 附近的受主态性质。随着角分辨的光电子能谱（ARPES）成为测量新材料能带结构（包括杂质态）的有效方法，采用第一性原理可同时计算出体材料的能带和杂质带，能更为方便地与实验进行比较。例如，在 2005 年，Ernst[8] 等考虑了 Mn$_I$ 和 Mn$_{Ga}$ 同时存在，并且利用相干势近似（coherent potential approximation，CPA）考虑无序的效应，他们用 LDA 近似计算了掺杂浓度为 3.5% 的 GaMnAs 的能带，其中间隙 Mn 的浓度为 0.5%，替位 Mn 的浓度为 3%，发现在自旋向下的能带图中 [图 6-66（c）] 费米能级下面大概 0.5eV 的地方出现了基本没有色散的杂质能带。如果只有 Mn 替位杂质存在，在费米面下面很近的地方均没有发现这个杂质带 [图 6-66（a）和（b）]。他们的结论对理解 GaMnAs 中形成杂质带的微观机制和解释铁磁性的杂质带模型都十分重要。

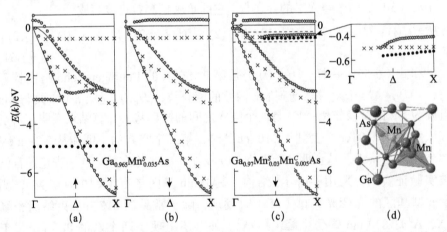

图 6-66　考虑了间隙 Mn 之后利用 LDA 近似计算的 GaMnAs 的能带，插图摘自文献 [8]

Mn 原子替代了 GaAs 晶格中 Ga 原子后，除了会形成 A^0（3d^5+h）受主中心外，其裸露的 d 壳层还会受到晶体中配位场的作用，这对研究 Mn 原子的内部跃迁和激发态尤其重要。自由的二价 Mn^{2+} 按 Hund 规则其基态为 ^{6}S，代表总自旋量子数为 S=5/2，总轨道角动量 L=0 的状态。它的第一激发态为 S=5/2，L=4 的 ^{4}G 态。当 Mn^{2+} 替位到晶格中以后，晶体中的配位场使得 Mn

原子的 3d 壳层的单电子轨道不再用 $|nlm_lm_s\rangle$ 来描述，而要用它们的叠加态来描述。3d 壳层的自旋角动量仍为 $S = 5/2$，其轨道角动量则为 $L = \sum_{m_l} M_l = 0$，习惯把这种现象称为角动量淬灭。当然，实际上角动量不会被完全淬灭掉，自旋-轨道耦合仍有可能存在。组合以后的波函数分成两类，一类为 $\Psi_\xi, \Psi_\eta, \Psi_\varsigma$，它们均沿着三个等效 ⟨110⟩ 伸展，避开晶体主轴，以降低库仑作用能，用 dε 或 t_2 群表述；另两个 Ψ_u, Ψ_v 波函数则沿晶体主轴（等效 ⟨110⟩）伸展，属 dγ 或 e 群，具体如图 6-67 所示。

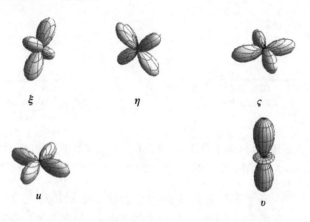

ξ　　　　　η　　　　　ς

u　　　　　　　　v

图 6-67　$L = 2$ 的五个 d 轨道在 Td 晶体场中分裂后的波函数角度分布示意图

由于它们的波函数空间取向不同，这两类态所感受到的库仑相互作用、交换作用和共价成键都不一样，使得 Ψ_u, Ψ_v 态的能量与 $\Psi_\xi, \Psi_\eta, \Psi_\varsigma$ 态的劈裂开来，前者的能量高于后者，它们之间的劈裂 $\Delta = E(e_g) - E(t_{2g})$ 描述了晶体中配位场的强弱。具体的计算发现[9]：晶体中的配位场并没有改变 ^{6}S 基态，只是将它移位，形成 $^6A_1$（Bethe 表示，对应于 Mulliken 表示的 $^6\Gamma_1$）。但是，自由 Mn 的 ^{4}G 激发态在配位场作用下分裂成四个能级：$^4T_1$ 和 $^4T_2$（对应的 Mulliken 表示为 $^4\Gamma_4$, $^4\Gamma_5$），简并的 ^{4}E 和 $^4A_1$（对应的 Mulliken 表示为 $^4\Gamma_1$, $^4\Gamma_3$）。按能量从低向高的方向排序为 $^4T_1$, $^4T_2$, ^{4}E 和 $^4A_1$，对应的简并度为 3，3，2 和 1。图 6-68（a）给出了相应的理论计算结果，发现 Mn 离子内部跃迁能量随配位场强度 $|Dq|$ 的增大变化很快。需要说明的是图 6-68（a）中的 $|Dq|$ 等价于配位场的强弱 $\Delta = E(e_g) - E(t_{2g})$。图 6-68（b）给出了 Mn^{2+} 相对于 GaAs 和 $Al_xGa_{1-x}As$ 能带的内部能级位置。其中 $^6A_1 \rightarrow {}^4T_1$ 跃迁发生在 GaAs 导带，其跃迁能量随 Al 组分 x 值的变化为 $E_{Mn}(^4T_1 - {}^6A_1) = (1.48 + 0.2x)\text{eV}$。需

要强调，上述跃迁除了有能量变化外，还涉及 Mn 离子内部电子结构的变化。例如，初始态 $^6A_1$ 的 d 壳自旋为 $S=5/2$，而 $^4T_1$ 的 d 壳层自旋则为 $S=3/2$。

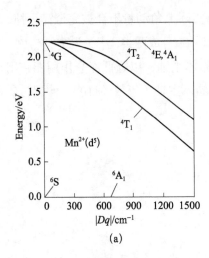
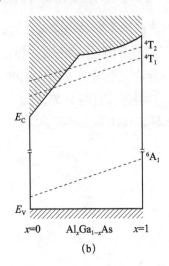

图 6-68　(a) 在晶体中 Mn 离子内部能级随配位场强度 $|Dq|$ 的变化，插图取自文献 [9]；
(b) 在 $Al_xGa_{1-x}As$ 中 Mn 离子内部能级随 Al 组分 x 值的变化。插图取自文献 [10]

过渡金属 TM 离子在半导体中的电子态决定了晶体中与 TM 有关的光跃迁类型和特性。它可分成四类：① TM 离子内部的跃迁，是没有电荷转移的纯离子内部的 d-d 跃迁；②激发到参与成键的最近邻（NN）原子，是一种带间跃迁；③将一个电子从 NN 原子转移到 TM 的跃迁；④将一个电子从 TM 转移到 NN 的跃迁。最后两类是孤立 TM 离子与半导体之间的涉及电荷转移的跃迁。研究光跃迁的实验手段很多，包括：用 Fourier 变换吸收测量 Mn 受主的 Lyman 光谱和各种光荧光（PL）光谱［自由激子发光，束缚在浅施主、受主上的激子发光（X，A^0_{Mn}），（e，A^0）$_{Mn}$ 发光和 Mn 施主-受主对（D^0，A^0）$_{Mn}$ 发光 [11, 12] 等］，在此不再赘述。

除了上面讲到的 3d 杂质作为浅受主，或作为深中心的基本性质外，它们还表现出很有意思的其他物理性质。例如，它们具有自调整的响应 [13-15]，即往 3d 杂质能级加填电子并不会改变围绕它们的电子密度。因为在晶格配位原子周围的轨道会重新混合以便减小杂质荷电改变的影响。另一个现象是"真空钉扎"现象，无论选哪种主晶格，3d 杂质能级位置均大致一样。于是，利用这一性质可以求出不同材料能带之间的偏移 [16]。负 U 的交换-关联作用会导致不同荷电状态的杂质间形成不同的交换劈裂，产生有效的电子-电子的吸引现象[17]。

直到 20 世纪末，人们研究半导体中过渡金属离子电子态的主要兴趣还是集中在由它们所形成的浅杂质态、深杂质中心的特异性质方面。随着未来进行信息存储、输运和处理的器件势必会"撞入"新量子世界时代的到来，与其想办法去避免因量子效应引入的干扰和不确性，还不如利用各种新奇量子效应构建新的量子器件。被嵌入到半导体晶格中的 Mn 离子不仅具有很好的全同性，而且也具有确定的孤立自旋（$S=5/2$），其自旋退相干的时间也比较长，适合用来构建自旋量子逻辑门或者其他自旋器件[18]。作为向上述目标努力的第一步，首先要具备探测和调控孤立自旋的可能性。

Leger 等用光学方法探测含有单个 Mn^{2+} 的孤立 CdTe/ZnTe 自组织生长量子点（QD）的磁量子态[19]。他们观测到由单个 Mn^{2+} 和单个激子的交换相互作用引起的 6 个劈裂开来的光荧光光谱。单个 Mn^{2+} 和单个激子的交换相互作用哈密顿量为

$$H_{ex} = I_e \left[\sigma_z S_z + \frac{1}{2}(\sigma_- S_+ + \sigma_+ S_-) \right] + I_h j_z S_z \qquad （6-65）$$

其中，$I_{e(h)}$ 是 e-Mn(h-Mn) 的交换积分；σ，j 和 S 分别为电子、空穴和 Mn 的自旋算符。在激子的交换作用场的作用下，$S=5/2$ 的六重简并被消除，单个 Mn 离子的自旋取向可以在劈裂后 6 个态（$\pm5/2$，$\pm3/2$，$\pm1/2$）之间随机涨落，使得在光荧光这类时间平均的测量中能看到 6 个荧光峰。他们的实验表明：作为一种光学读出方式，通过测量光荧光即可探知孤立 Mn 离子的自旋空间取向及其分布[20, 21]。Leger 等在一个 p-ZnTe/i-ZnTe/Al 金属电极的复合结构中的 i-ZnTe 层中嵌入一层自组织生长的、掺 Mn 的 CdTe 量子点，获得了只含单个 Mn 离子的 CdTe 量子点。通过改变加在 Al 电极上的正偏压还可以调控向 CdTe 量子点输送的空穴数，以改变量子点的荷电状态。通过测量中性激子（e+h）、带负电激子（2e+h）和带正电激子（e+2h）的显微光荧光光谱，发现荷电激子的光荧光光谱与中性激子的有很大的不同，揭示了 Mn 的孤立磁矩态十分敏感地因量子点荷电状态（中性、带正电和带负电）的不同而改变。这体现了用电学手段对 Mn 孤立磁矩进行的一种调控[22]。

从原则上来讲，量子点中 Mn 孤立自旋与载流子或激子的交换作用可以用来调控孤立自旋的量子态。但是，这种交换作用的强弱很明显取决于 Mn 离子在激子波函数范围内的具体位置，考虑到自组织生长量子点大小的涨落和 Mn 离子在其中位置的不确定性，很难做到全同性。

为此，人们想到嵌入半导体格点上的 Mn^{2+} 不仅是全同的，而且它们与半导体中载流子之间的交换相互作用可以通过能带工程手段进行调控。具体而言，如前面介绍的那样，GaAs 类的 III-V 族半导体中的 Mn 替位杂质在禁带中形成的是受主能级，导带电子与 Mn 受主上空穴的复合光（e，A^0）$_{Mn}$可以用来探测甚至调控 Mn 的孤立自旋。另外，Mn 受主能级与价带的混合还提供了用电学方法调控 Mn 孤立自旋的可能性[23]。Myers 等[24]利用（e，A^0）$_{Mn}$ 发光已探测到几百个 Mn 孤立自旋。和前面介绍的 II-VI 磁性半导体不同，现在不再是利用 sp-d 相互作用来建立非平衡的 Mn 自旋极化，而是类似电子自旋诱导的动态核自旋极化那样，光激发的自旋极化载流子与 Mn自旋通过自旋翻转交换，使得 Mn 形成非热平衡的自旋极化——动态交换劈裂（DES）。当 Mn 离子获得部分自旋极化以后，Mn-Mn 离子间的自旋耦合成为决定 Mn（$S=5/2$）自旋劈裂、Mn 自旋退相干时间及 GaAs 价带自旋劈裂的主导因素。

上述结果朝探测和调控半导体中孤立自旋方向迈出了一步。理论上预计当探测单个 Mn 自旋时，仍可保持长的自旋退相干时间。但是，测量中的噪声极限将限制实际可探测的最少孤立自旋数。如果将单一 Mn 的（e，A^0）$_{Mn}$发光与光子晶体微腔耦合也许是提高测量灵敏度的一种方法。尽管从物理上而言，仍保留了用电学手段调控 Mn 孤立自旋的可能性，但迄今仍没有得到实验的证实。在晶体中带有孤立自旋的体系有许多，其中最典型的是金刚石中氮-空位（NV）缺陷。目前已经能在室温下调控单个 NV 缺陷的自旋状态，并且利用自旋回波（spin echo）技术测到它的自旋退相干时间 T_2 已达到了 0.35ms[25]。这使得 NV 中心成为一种采用光学手段调控单个自旋的最佳载体。

二、稀磁半导体中由巡游空穴媒介的铁磁性平均场理论

半导体物理学和磁学是凝聚态物理中两个独立的分支学科。半导体的性质会很敏感地随杂质的掺入和缺陷的形成而发生变化。磁性是一种由关联现象诱导的、可维持到很高温度的磁有序态，它反过来也会对材料的电学、光学性质产生重要影响。自 20 世纪 70 年代起，人们就开始试图将半导体特性与磁性结合到同一种材料之中，简单说就是将磁性引入半导体之中，使之成为一种新型稀磁半导体。（III，Mn）V 就是其中的典型材料，它除了保持原有的半导体性质外，还会由半导体中的电子或空穴作媒介在磁矩之间建立起

磁有序关联。

下面简单介绍基于平均场近似的、由空穴媒介的 sp-d 交换作用诱导的（Ga，Mn）As 铁磁性理论。Ga 原子被 Mn 替代之后，引入了局域磁矩。它们既可以与导带的 s 电子发生自旋依赖的散射，即 s-d 交换相互作用，也可以与价带的空穴发生 p-d 交换相互作用。

s-d 交换相互作用可以用近藤哈密顿量描述[26]：

$$H = H_0 + H_{\text{s-d}}$$

其中，$H_0 = \sum_k \varepsilon_k C_{k\sigma}^+ C_{k\sigma}$ 代表自由电子的哈密顿量；$H_{\text{s-d}} = -\dfrac{J}{N}\sum_n (S_n \cdot s)\delta(r - R_n)$ 代表电子自旋 s 与 Mn 离子局域自旋 S_n 之间的 s-d 交换相互作用；r, R_n 分别代表电子和 Mn 离子的位置矢量；N 代表原子数。上式表明，s-d 相互作用是电子与离子之间的短程交换相互作用。它的二次量子化形式为

$$
\begin{aligned}
H_{\text{s-d}} &= -\frac{J}{N}\sum_n (S_n \cdot s)\delta(r - R_n) \\
&= -\frac{J}{N}\sum_n \sum_{k,k'} e^{i(k'-k)\cdot R_n}\left[(C_{k,\uparrow}^+ C_{k',\uparrow} - C_{k,\downarrow}^+ C_{k',\downarrow})S_n^z + C_{k,\uparrow}^+ C_{k',\downarrow}S_n^- + C_{k,\downarrow}^+ C_{k',\uparrow}S_n^+\right]
\end{aligned}
$$

$$（6\text{-}66）$$

其中，J 代表交换相互作用的强度，可以表示为

$$J = N\alpha = \iint a^*(r_1)\phi_L^*(r_2)(e^2/|r_1 - r_2|)\phi_L(r_1)a\,(r_2)\mathrm{d}r_1\mathrm{d}r_2 \qquad （6\text{-}67）$$

代表同一格点周围 s 电子与 d 电子之间的交换积分。

另外，Mn 离子的 d 轨道能级在半导体的价带内（如 II-VI 族半导体）可以与价带的 p 轨道耦合导致 p-d 相互作用。p-d 交换相互作用可以由 Anderson 哈密顿量描述：

$$H_0 = \sum_k \varepsilon_k C_{k\sigma}^+ C_{k\sigma} + \sum_\sigma \varepsilon_{d\sigma} d_\sigma^+ d_\sigma + U d_\uparrow^+ d_\uparrow d_\downarrow^+ d_\downarrow + \sum_{k,\sigma} V_{kd}(C_{k\sigma}^+ d_\sigma + d_\sigma^+ C_{k\sigma}) \quad （6\text{-}68）$$

其中，第一项代表自由电子能量；第二项代表磁性离子能量；第三项代表磁性离子周围两个自旋相反 d 电子的排斥能，即 Hubbard 能（U）；最后一项代表 p-d 交换相互作用项。通过 Schrieffer-Wolff 变换，可以由式（6-66）求出 p-d 交换作用强度为[26]

$$N\beta \approx -\frac{(4V_{\text{pd}})^2}{S}\left[\frac{1}{\varepsilon_v - \varepsilon_d} + \frac{1}{\varepsilon_d + U - \varepsilon_v}\right] \qquad （6\text{-}69）$$

其中，S 代表磁性离子的自旋量子数；ε_v 代表价带顶的能量；ε_d 代表磁性离子

d轨道在晶体配位场中劈裂的三重简并T_2轨道的能量。图6-69给出了一个具体的例子，说明磁性半导体CdMnTe和GaAs：（Mn，Fe，Co）中的由上述表达式描述的p-d交换相互作用的图像。

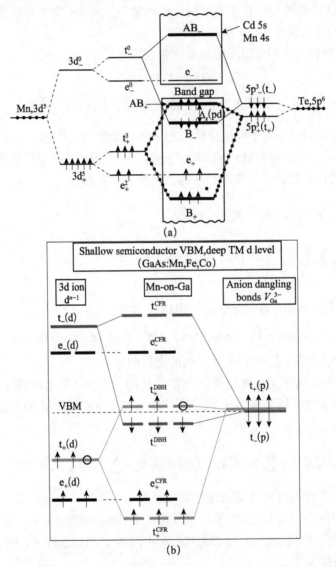

图 6-69　（a）CdMnTe 中的 p-d 相互作用示意图：未自旋极化的自由 Mn 离子的初始原子轨道；Hubbard 能量使得 d（Mn）p（Te）轨道的自旋向上和向下方向能级劈裂开；晶体配位场的作用使得 d 轨道进一步发生劈裂；最后的相互作用形成的状态。（b）GaAs：（Mn，Fe，Co）的 p-d 相互作用示意图。插图取自文献 [27]

图 6-69（a）和（b）分别给出了 CdMnTe 和 GaAs：（Mn，Fe，Co）中的 p-d 相互作用示意图。当主晶格的阳离子（Ga）被 3d 杂质原子（Mn）替代后，原子轨道会发生怎样的变化取决于主晶格阳离子空缺态［具有 t（p）对称性的悬浮键］和 3d 杂质原子轨道之间会形成什么样的耦合，进而最终决定形成什么样的成键和反键态。对 Mn 在 GaAs 而言，上述 t（p）反键态习惯称为悬键混合态（DBH），而 t（d）成键态和 e（d）非成键态习惯称为晶格场共振态（CFR）。当这些混合态中间处于高能量的态是部分填充时就会产生铁磁性。

由式（6-67）和式（6-69）和图 6-69 可以看出，一般情况下，$N\alpha>0$ 而 $N\beta<0$，即 s-d 相互作用是铁磁性的，而 p-d 相互作用是反铁磁的。由前面的讨论可知，sp-d 交换作用可以写成

$$H_{\text{sp-d}} = -\frac{J}{N}\sum_n (S_n \cdot s)\delta(r - R_n) = -\sum_n J(r - R_n)S_n \cdot s$$

的形式。

由于电子的波函数在空间中是扩展的，一个电子波函数中包含多个磁性离子，因此 S_n 可以用它的平均值来代替，即平均场近似的含义。设在 z 方向上施加一个磁场 B，则有

$$H_{\text{sp-d}} = -\sum_n J(r - R_n)S_n \cdot s = -\frac{1}{2}\sigma_z x\langle S_z\rangle\sum_n J(r - R_n) = -\frac{1}{2}\sigma_z x\langle S_z\rangle\chi(r) \quad (6\text{-}70)$$

其中，x 代表 Mn 的掺杂浓度；σ_z 为 Pauli 矩阵；$\langle S_z\rangle$ 为 S_n 在 z 方向的平均值；$\chi(r) = \sum_n J(r - R_n)$。

在外磁场下，电子的能量将发生 Zeeman 劈裂，而 sp-d 相互作用会极大地增大这种劈裂值。在考虑自旋轨道耦合后，GaAs 半导体的能带电子波函数可以用如下的方程描述：

导带电子：

$$\left|\frac{1}{2},\frac{1}{2}\right\rangle_{\text{c}} = |S\rangle\lambda$$
$$\left|\frac{1}{2},-\frac{1}{2}\right\rangle_{\text{c}} = |S\rangle\mu \quad (6\text{-}71)$$

价带空穴：

$$\left|\frac{3}{2}, \frac{3}{2}\right\rangle_{\mathrm{v}} = \frac{1}{\sqrt{2}}\left(|X\rangle + \mathrm{i}|Y\rangle\right)\lambda$$

$$\left|\frac{3}{2}, \frac{1}{2}\right\rangle_{\mathrm{v}} = \frac{1}{\sqrt{6}}\left(|X\rangle + \mathrm{i}|Y\rangle\right)\mu - \sqrt{\frac{2}{3}}|Z\rangle\lambda$$

（6-72）

$$\left|\frac{3}{2}, -\frac{1}{2}\right\rangle_{\mathrm{v}} = -\frac{1}{\sqrt{6}}\left(|X\rangle - \mathrm{i}|Y\rangle\right)\lambda - \sqrt{\frac{2}{3}}|Z\rangle\mu$$

$$\left|\frac{3}{2}, -\frac{3}{2}\right\rangle_{\mathrm{v}} = \frac{1}{\sqrt{2}}\left(|X\rangle - \mathrm{i}|Y\rangle\right)\mu$$

在式（6-71）和式（6-72）中，$|S\rangle, |X\rangle, |Y\rangle, |Z\rangle$ 分别代表导带和价带的布洛赫函数，$\lambda = \begin{pmatrix} 1 \\ 0 \end{pmatrix}$ 代表自旋向上，$\mu = \begin{pmatrix} 0 \\ 1 \end{pmatrix}$ 代表自旋向下。忽略自旋轨道劈裂带和价带的耦合以及导带和价带的耦合，式（6-71）和式（6-72）为基函数，以式（6-70）为微扰哈密顿量，可以发现导带和价带的微扰哈密顿量都是对角的，其对角元就是能量的本征值，可以很方便地计算得到下列结果：

在磁场下，导带劈裂为两个子能带：

$$E_{\mathrm{c}}(j_z = \pm 1/2) = E_{\mathrm{g}} m\frac{1}{2}xN\alpha\langle S_z\rangle \qquad (6\text{-}73\mathrm{a})$$

价带劈裂成四个子能带：

$$E_{\mathrm{v}}(j_z = \pm 3/2) = m\frac{1}{2}xN\beta\langle S_z\rangle \qquad (6\text{-}73\mathrm{b})$$

$$E_{\mathrm{v}}(j_z = \pm 1/2) = m\frac{1}{6}xN\beta\langle S_z\rangle \qquad (6\text{-}73\mathrm{c})$$

其中，$\alpha = \langle S|J(r)|S\rangle$；$\beta = \langle X|J(r)|X\rangle = \langle Y|J(r)|Y\rangle = \langle Z|J(r)|Z\rangle$。一般 $N\beta \approx$ 1eV，所以磁场下价带的劈裂比正常的Zeeman效应大很多，称之为巨Zeeman劈裂。

而 S_z 可以由顺磁性的量子理论得到

$$\langle S_z\rangle = -SB_{\mathrm{s}}\left[\frac{gS\mu_{\mathrm{B}}B}{k_{\mathrm{B}}T}\right], \quad S=5/2 \qquad (6\text{-}74\mathrm{a})$$

其中，k_{B} 为玻尔兹曼常量；g 为Mn离子的 g 因子；μ_{B} 为玻尔磁子；B_{s} 为布里渊函数：

$$B_s(y) = \left(\frac{2S+1}{2S}\right)\coth\left(\frac{2S+1}{2S}y\right) - \frac{1}{2S}\coth\left(\frac{1}{2S}y\right) \qquad (6\text{-}74\mathrm{b})$$

图 6-70 给出了 GaMnAs 中巨 Zeeman 劈裂的示意图。

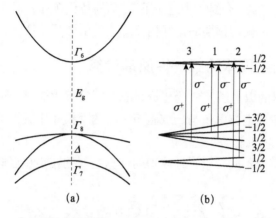

图 6-70 （a）GaAs 半导体的能带示意图；（b）能带在外磁场中的巨 Zeeman 劈裂和相应的带带光跃迁。数字 1，2，3 代表相应的跃迁强度的大小，σ^+，σ^- 表示右圆偏振光和左圆偏振光。插图取自文献 [28]

上面介绍的以空穴为媒介的磁性离子之间的长程铁磁耦合最早是由 Zener 提出来的 [29]。它实际上与 Ruderman-Kittel-Kasuya-Yosida（RKKY）模型是一样的 [30]。按照 Zener 模型，载流子与局域磁矩的交换作用会使能带发生自旋劈裂，从而降低载流子的能量。在足够低的温度下，载流子能量的降低足以抵消局域磁矩极化带来的熵的降低，也即自由能的增加。早期，由于 Zener 模型没有考虑局域磁矩周围电子自旋的 Friedel 量子波动所导致的铁磁与反铁磁的竞争，用它去解释磁性金属是不成功的。在半导体中载流子间的平均距离要远大于孤立磁离子间的距离，因此上述的 Friedel 量子波动可以不考虑，这使得载流子媒介的铁磁性占主导，它的铁磁性可以被 Zener 模型成功解释。Dietl[31] 用 Zener 模型详细计算了（Ga，Mn）As 和（Zn，Mn）Te 的居里温度、自发磁化率、空穴磁化率和自旋极化度、易磁轴和磁各向异性、圆双色性（MCD）等性质，并与实验进行了对比，取得了成功。他们还对各种稀磁半导体进行了化学趋向的计算，并预测由 GaN、InN、ZnO 和 C 重掺杂铁磁金属后，它们的居里温度有可能接近甚至超过室温 300K。

应当指出 RKKY 哈密顿量是一种模型哈密顿量。它要求使用者首先要猜想哪一种磁相互作用起主导作用，由此来构建哈密顿算符。但是，人为的猜想永远不能保证与实际体系内所发生的是一致的。例如，当把 GaAs 中的阴离子 As 替代成 P 或 N 以后，禁带增加了。但是，禁带的增加主要是靠价带顶能量的下移完成的。由于携带空穴的杂质能级的位置是相对固定的，价带顶的下移使它们逐渐远离价带顶，受主能级上空穴变得更加局域，使空穴媒介的磁相互作用变弱。结果是按上述阴离子的替代顺序，居里温度反而是下降的，与非 RKKY 模型预期的正好相反。这已由微观计算所证实[32]。

三、稀磁半导体的第一性原理计算

上文所介绍的以巡游空穴为媒介的铁磁性平均场理论是基于能带理论，用 RKKY 模型考虑巡游电子与局域磁矩之间的交换作用后得出稀磁半导体出现磁有序态的物理机制。

与 RKKY 模型不同，第一性原理的计算是回到在绝热近似下系统的原始多体哈密顿量：

$$H = \sum_i \left(-\frac{\hbar^2}{2m} \nabla_i^2 \right) + \frac{1}{2} \sum_{i,j} \frac{e^2}{|\boldsymbol{r}_i - \boldsymbol{r}_j|} - \sum_{i,l} \frac{Ze^2}{|\boldsymbol{r}_i - \boldsymbol{R}_l|} \tag{6-75}$$

其中，Z 代表原子实的电荷；$\boldsymbol{r}_i, \boldsymbol{R}_l$ 分别代表电子和原子实的位置矢量。上述多体哈密顿量的基态解是由如下 Slater 行列式

$$\boldsymbol{\Phi} = \frac{1}{\sqrt{N!}} \det \begin{pmatrix} \phi_1(\boldsymbol{r}_1, \sigma_1) & .... & \phi_1(\boldsymbol{r}_N, \sigma_N) \\ \vdots & & \vdots \\ \phi_N(\boldsymbol{r}_1, \sigma_1) & .... & \phi_N(\boldsymbol{r}_N, \sigma_N) \end{pmatrix} \tag{6-76}$$

组合而成的。要想求解出上述波函数几乎是不可能的。

如果不从波函数出发，而是从电子密度分布出发，人们发现也可以严格地把多体问题转化为单体问题，这就是 Kohn-Sham 方程。

将式（6-75）表示的哈密顿量改写成两部分：$H = H_0 + V$，其中

$$H_0 = \sum_i \left(-\frac{\hbar^2}{2m} \nabla_i^2 \right) + \frac{1}{2} \sum_{i,j} \frac{e^2}{|\boldsymbol{r}_i - \boldsymbol{r}_j|} \tag{6-77a}$$

$$V = -\sum_{i,l} \frac{Ze^2}{|\boldsymbol{r}_i - \boldsymbol{R}_l|} = \sum_i \left(\sum_l -\frac{Ze^2}{|\boldsymbol{r}_i - \boldsymbol{R}_l|} \right) = \sum_i V(\boldsymbol{r}_i) = \sum_i \int V(\boldsymbol{r}) \delta(\boldsymbol{r} - \boldsymbol{r}_i) \mathrm{d}\boldsymbol{r} \tag{6-77b}$$

$$V(\boldsymbol{r}) = -\sum_l \frac{Ze^2}{|\boldsymbol{r} - \boldsymbol{R}_l|} \tag{6-77c}$$

定义电子密度算符：

$$\hat{\rho}(\boldsymbol{r}) = \sum_i \delta(\boldsymbol{r} - \boldsymbol{r}_i) \tag{6-78}$$

设体系的基态波函数为 $|\Psi\rangle$，可以算出电子密度：

$$\rho(\boldsymbol{r}) = \langle \Psi | \hat{\rho}(\boldsymbol{r}) | \Psi \rangle \tag{6-79}$$

1964 年，Hohenberg 和 Kohn 证明了，在基态下 $\rho(\boldsymbol{r})$ 与 $V(\boldsymbol{r})$ 之间具有一一对应的关系，即 Hohenberg-Kohn 定理 [33]。这样，对于基态来说，一旦给定了 $\rho(\boldsymbol{r})$，便可以确定 $V(\boldsymbol{r})$，从而可以确定哈密顿量（认为 H_0 不变），进而确定体系的波函数。有了波函数，就可以知道系统所有的信息。系统所有的物理量都只是跟 $\rho(\boldsymbol{r})$ 相关，都是 $\rho(\boldsymbol{r})$ 的泛函。系统的能量可以写为

$$E = E[\rho(\boldsymbol{r})] \tag{6-80}$$

假设相互作用的基态的电子密度可以写为

$$\rho(\boldsymbol{r}) = \sum_i \phi_i^*(\boldsymbol{r}) \phi_i(\boldsymbol{r}) \tag{6-81}$$

这相当于假设存在一个有 N 个电子的、没有相互作用的多体系统，它的电子密度与相互作用系统的电子密度相同，具有式（6-81）的形式。系统的基态由式（6-80）的极小值决定，并满足

$$N = \int \mathrm{d}\boldsymbol{r} \rho(\boldsymbol{r}) \tag{6-82}$$

具体写出变分方程，则有

$$\delta \left\{ E[\rho(\boldsymbol{r})] - \varepsilon \left(\int \mathrm{d}\boldsymbol{r} \rho(\boldsymbol{r}) - N \right) \right\} = 0 \tag{6-83}$$

其中，ε 是 Lagrange 乘子。

将上面的变分方程具体写出来，就得到 Kohn-Sham 方程 [34]

$$\left[-\frac{\hbar^2}{2m} \nabla^2 + V_{\mathrm{eff}}(\boldsymbol{r}) \right] \phi_i(\boldsymbol{r}) = \varepsilon_i \phi_i(\boldsymbol{r}) \tag{6-84a}$$

这就相当于单电子在有效势场中的运动了。其中的有效势场可以写为

$$V_{\mathrm{eff}}(\boldsymbol{r}) = V(\boldsymbol{r}) + \int \rho(\boldsymbol{r}') \frac{e^2}{|\boldsymbol{r} - \boldsymbol{r}'|} \mathrm{d}\boldsymbol{r}' + V_{\mathrm{xc}}(\boldsymbol{r}) \tag{6-84b}$$

式（6-84b）的第三项包括了多体相互作用的所有部分，称为交换关联势 [35]。这样，从电子的密度泛函出发，严格地把多体运动转化为单电子的图像。但是，交换关联势的形式还是未知数，它的形式为

$$V_{\mathrm{xc}}(\boldsymbol{r}) = \delta E_{\mathrm{xc}}[\rho(\boldsymbol{r})] / \delta \rho(\boldsymbol{r}) \tag{6-84c}$$

其中，$E_{\mathrm{xc}}[\rho(\boldsymbol{r})]$ 泛函称为交换关联能。

从上述的讨论中可以看到，Kohn-Sham（KS）方程必须知道交换关联势的形式才可以自洽求解。当具体应用 KS 方程时，需要对交换关联势做具体的近似处理。通常有下面一些近似方法。

1. LDA 近似 [33]

LDA 近似即局域密度近似（local density approximation）。当电子密度的空间变化足够缓慢时，可以将交换关联能写成如下形式：

$$E_{xc}^{LDA}[\rho(r)] = \int \rho(r)\varepsilon_{xc}(\rho(r))\mathrm{d}r \tag{6-85}$$

由式（6-84c）可知：

$$V_{xc}(r) = \delta E_{xc}[\rho(r)] / \delta\rho(r) = \varepsilon_{xc}(\rho(r)) + \rho(r)\frac{\mathrm{d}\varepsilon_{xc}(\rho(r))}{\mathrm{d}\rho(r)}$$

一旦知道了 $\varepsilon_{xc}[\rho(r)]$ 的具体关系，就可以求出交换关联势了。一般来说，$\varepsilon_{xc}[\rho(r)]$ 取为相互作用均匀电子气的每个电子的多体交换关联能。

2. LSDA 近似

LSDA 近似即自旋极化体系的局域密度（local spin density approximation）近似。LDA 近似适用于体系没有极化的情况，即自旋向上和自旋向下的电子是一样多的。对于自旋极化的体系，需要利用 LSDA 近似方法。这时，交换关联能可以写成

$$E_{xc}^{LSDA}[\rho_\uparrow(r), \rho_\downarrow(r)] = \int \rho(r)\varepsilon_{xc}(\rho_\uparrow(r), \rho_\downarrow(r))\mathrm{d}r \tag{6-86}$$

其中，$\rho_\uparrow(r), \rho_\downarrow(r)$ 代表自旋向上和自旋向下的电子密度分布。

3. GGA 近似 [36-38]

GGA 近似即局域的梯度近似。在上面两种近似方法中，交换关联能只跟密度相关，是最低阶的近似。在高阶近似中，交换关联能泛函不仅跟电子密度函数相关，也跟其方向导数即梯度相关，交换关联能泛函可以写为

$$E_{xc}^{GGA}[\rho_\uparrow(r), \rho_\downarrow(r)] = \int \rho(r)\varepsilon_{xc}(\rho_\uparrow(r), \rho_\downarrow(r), \nabla\rho_\uparrow(r), \nabla\rho_\downarrow(r))\mathrm{d}r \tag{6-87}$$

4. Meta-GGA（MGGA）近似 [39]

在 MGGA 近似中，多体系统的交换关联能泛函不仅跟电子密度及其导数相关，也跟其二阶导数相关。交换关联能的形式可以写为

$$E_{\mathrm{xc}}^{\mathrm{MGGA}}[\rho_\uparrow(\boldsymbol{r}),\rho_\downarrow(\boldsymbol{r})] = \int \rho(\boldsymbol{r})\varepsilon_{\mathrm{xc}}(\rho_\uparrow(\boldsymbol{r}),\rho_\downarrow(\boldsymbol{r}),\nabla\rho_\uparrow(\boldsymbol{r}),\nabla\rho_\downarrow(\boldsymbol{r}),\nabla^2\rho_\uparrow(\boldsymbol{r}),\nabla^2\rho_\downarrow(\boldsymbol{r}))\mathrm{d}\boldsymbol{r}$$

$$（6\text{-}88）$$

5. LDA+U 近似 [40-43]

在处理强关联体系的时候，特别是含有 d 轨道和 f 轨道的材料时（如过渡金属与稀土金属材料），这些材料的外层 s，p 电子都已经成带，d 轨道和 f 轨道具有很强的局域性质，类似于原子轨道。同一个轨道上自旋相反的电子之间有很大的排斥能量，即 Hubbard 能 U。U 的数值大概在 10 eV，会强烈地影响材料的能带性质，例如，会使得费米面附近的能带发生劈裂，从而发生金属绝缘体的转变。在计算这类材料时，需要用 LDA+U 的近似方法。

前面回顾了第一性原理计算的基本概念，下面简单介绍稀磁半导体第一性原理计算所得到的重要结论 [44]。

产生交换作用有三种机制：Zener 型双交换铁磁耦合 [45-47]，Zener 型 p-d 交换铁磁耦合 [48-52]，超交换反铁磁耦合。为了便于与平均场理论作对比，先推导出平均场理论中交换耦合常数 J_{ij} 与居里温度的关系，再根据基本电子结构用第一性原理算出 J_{ij}，结果发现它是随距离呈指数衰减的，其上面还叠加了 RKKY 型的振荡。在此基础上，第一性原理计算首先研究了这三种机制与磁性杂质浓度、费米能级位置的依赖关系和它们的作用范围等，发现在像 GaN 和 ZnO 这样的宽禁带稀磁半导体中短程双交换作用很强。在（Ga，Mn）As 和（Ga，Mn）Sb 窄带隙稀磁半导体中 Zener 型的长程 p-d 交换作用虽占主导，但是由于是依赖于磁渗透过程，其作用很弱。因此，和基于 RKKY 模型的平均场理论所预言的长程 sp-d 交换作用相反，由 DFT 得到的交换作用是相当短程的。它更多地反映了构建晶格原子的轨道特性。当用这种原子间的短程交换作用去计算稀磁半导体保持磁有序态的温度时，发现居里温度降低很多 [53-55]。DFT 方法的所得结果与实验是相符合的，它并不支持居里温度会高于室温的 RKKY 模型的预言。许多实验观察到的高 T_{c} 现象很可能是因为稀磁半导体材料中存在有大的磁性团簇，或者因相分离形成了高掺杂区，并非是均匀 DMS 的行为。

第一性原理计算的主要思想是从同时考虑主晶格和杂质的基本电子结构出发，"自然地"从多体哈密顿量的解得到磁相互作用的具体类型，而不是像平均场理论采用事先"猜想"出来的磁相互作用。就这点而言，它要比平均场理论可靠，因此，也纠正了平均场的错误预测，如前面所述的宽禁带稀磁半导体的居里温度可以高于室温的预测。尤其是随着现在有整套的计算软件包可提供给科学家，第一性原理计算似乎成为一种可自我导向的计算工具。很遗憾的是第一性原理计算也并不是万能的，它也会出现不少虚假的似乎很乐观的理论导向。

例如，众所周知，LDA 和 GGA 近似都有一个通病，就是低估了非金属材料的能隙，即把导带底算得比实际要低很多（图 6-71）[56]。

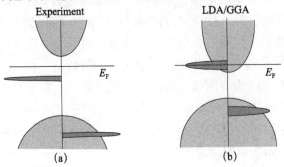

图 6-71　自旋极化的轨道态密度与导带、价带相对位置的示意图。（a）实验观察到的情况；（b）LDA/GGA 的计算结果。尖端向左的是自旋向下的轨道局域态密度，尖端向右的是自旋向上的轨道局域态密度。插图取自文献 [56]

一般来说，要呈现铁磁性必然要求 d 轨道上自旋向上和向下的填充不一样。如果实验没有观察到铁磁性，被检测材料一定是 d 轨道上自旋向上和向下都是填满的。但是，由于 LDA 计算得到的导带要比实际低许多，计算出来的导带把自旋向下的 d 轨道吞了进去，所以，发生了电荷从 3d 杂质的轨道溢出到导带，形成虚假的自旋向上和向下 d 轨道上的填充不平衡。外加那些撤空的、类主晶格的轨道也有助于和其他 3d 杂质轨道发生长程关联，就此而给出了虚假的由电子诱导的铁磁性预测。对 III－V 族半导体中的 Mn 并不出现上述情况，因为它们的导带足够高，即使是用 LDA 计算出的携带空穴的 Mn 杂质 d 轨道仍是在禁带中。但是，换成氧化物（如 Mn 在 ZnO）就会出现所述的情况。由此可看，在用第一性原理处理宽禁带稀磁半导体时出现了两种矛盾的预测：一方面，如前所说，在宽禁带稀磁半导体中由于价带顶下沉，DFT 得到的 p-d 交换作用是相当短程的，居里温度比平均场所预测的低得多；另一方面，它所预测的导带底过低，导致吞进了自旋向下的 d 轨道，又虚假地预测了过高的居里温度。所以，第一性原理计算同样会起误导的作用。

四、磁性半导体中的杂质带

最初人们对磁性半导体的浓厚兴趣是想要找到一种材料体系，它不只是简单地同时具有磁性和半导体性，但彼此间互不相关，而是希望由磁性原子d电子支持的磁性和由 s，p 电子支持的半导体性质之间存在相互作用。这就是 6.5 节第二部分所介绍的基于 s，p-d 交换作用的 Dietl 平均场理论所希望的。有了这种 s，p-d 交换作用就可以用电场来调控磁学性质。反过来，磁性半导体中 s，p 电子的能量与它们自旋状态有关，可用磁体来调控。

显而易见，上述基于 RKKY 的平均场理论隐含了费米能级是位于价带内的假设。从半导体掺杂的物理过程可知：当分离的 Mn 原子替代了 Ga 位后形成了位于价带顶上面 110 meV 左右的受主能级。这种分离受主的束缚势主要是由长程库仑势、短程中心势和 sp-d 交换势组成的。随着 Mn 的掺杂浓重逐渐提高，超过一个临界值以后会出现绝缘体向金属的相变：杂质间波函数交叠使得费米能级附近的波函数不再局域在某个 Mn 原子上，相应的孤立能级展开成杂质带。在 $T=0$ 极限下，普通的金属-绝缘体相变会使得金属电导发生突变。但是，在半导体中金属-绝缘体相变是一个渐变过程。在弱掺杂时费米能级位于与价带分离的狭窄的杂质带内，这时电子的关联效应起主要作用。当进入金属态以后，对分离杂质束缚能起主要作用的长程库仑势被屏蔽，杂质带向价带顶靠近，最终与价带融合。所形成的体系可以看成被无序展宽和移位的 Bloch 能带。

这种由低向高对半导体进行掺杂的一般规律提出了一系列的问题：①在实验能观察到铁磁性的 Mn 浓度（$10^{21}\sim10^{22}$cm^{-3}）下还存在与价带分开的杂质带吗？②随着杂质融入价带顶和杂质的局域态混入价带顶后，原来的价带结构和对称性还能保持吗？③费米能级的位置在哪里？是在合并后的价带内，还是处在与价带分离开来的杂质带内？④如果费米能级是处在与价带分离开来的杂质带内，这种稀磁半导体还能像人们所期望的那样用 sp-d 的关联性实现电场调控磁性或反过来用磁性调控其电学性质吗？除了上述人们最关心的问题外，还有因采用低温非热平衡生长提高 Mn 掺杂浓度所带来的诸如缺陷、无序、局域化和电子-电子关联及它们之间的连带效应等一系列新问题，这些对载流子媒介的铁磁性都有很大影响。图 6-72 形象地描述上述两种不同的演化结果。如果是图 6-72（a）所示的情况，由空穴媒介的铁磁性可以成立。如果是图 6-72（b）所示的情况，由于价带中没有空穴，也就没有 p-d 交换作用。已经有工作表明（GaMn）As 的价带是没有磁性的[58]。产生铁磁性的主要物理机制起源于杂质带中的 Zener 双交换作用，它依赖于自旋极化空穴在 Mn 离子间的跳跃输运[45-47, 59]。

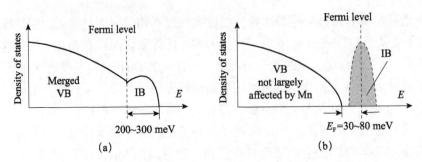

图 6-72　（a）在价带导电模型中 GaMnAs 的能带结构——价带与杂质带融合在一起；
（b）杂质带导电模型——费米能级位于与价带分离的杂质带中，价带受 Mn 掺杂的
影响不是很大。插图取自文献 [57]

　　由此可见，解释稀磁半导体磁性起源的杂质带模型的核心是，认为存在一个与价带顶分开的杂质带，并且费米能级位于杂质带之中。实验验证也聚焦在这一点上，下面对其做一简单介绍。

　　采用测量交流电导的办法是鉴别费米能级位置的一种有效办法。在半经典的 Drude-Lorentz 的模型中，交流电导可表示为

$$\sigma_1\left(\omega,x,T\right)=\frac{\varGamma_{\mathrm{D}}^2\sigma_{\mathrm{dc}}}{\varGamma_{\mathrm{D}}^2+\omega^2}+\frac{A\omega^2\varGamma_{\mathrm{L}}}{\left(\varGamma_{\mathrm{L}}\omega\right)^2+\left(\omega^2-\omega_0^2\right)^2} \qquad (6\text{-}89)$$

其中，第一项表示自由载流子的响应，$\varGamma_{\mathrm{D}}^2$ 为自由载流子的散射率，σ_{dc} 是直流电导；第二项起源于频率为 ω_0 的带间跃迁的贡献，ω_0 为带间跃迁的中心频率，$\varGamma_{\mathrm{L}}$ 是带宽，A 是幅度。

　　由图 6-73 和式（6-89）可知，不管是基于价带模型，还是杂质带模型，在中红外区均会出现一个频率为 ω_0 的交流电导峰。不过，如果是依据价带模型，其峰位会随掺杂浓度的升高而蓝移［图 6-73（a）和（b）］。如果是依据杂质带模型，其峰位会随掺杂浓度的升高而红移［图 6-73（c）和（d）］。Burch 等[60] 在 292～7 K 的温度范围内用椭圆仪测量了在 0.62～6.0 eV 范围内的交流电导，同时也在 0.005～1.42 eV 范围内测量了透射系数。他们发现在中红外区的交流电导峰（ω_0）随空穴浓度的增加是红移的，支持了杂质带模型，即费米能级位于杂质带。后来更多的红外交流电导的测量虽然都在 Mn 掺杂高于 >2% 的样品中在 250 meV 左右处观察到类似的电导峰，并且随掺杂增加到 7% 左右，交流电导峰红移了 80 meV 左右，而且电导峰没有出现展开现象。但是，更多的人认为不能简单地将这种红移就认作是杂质带模型的有力证据[61]。首先，如果费米能级位于杂质带中，为什么没有看到直流电导的

热激发行为？其次，上述的交流电导峰为什么是出现在二倍的孤立 Mn 受主束缚能（$2E_{a0}$）的位置处？最后，为什么交流电导峰不随 Mn 掺杂的增加而变宽，杂质带本身理应是要变宽的？要解释实验上看到的交流电导峰红移现象，必须要知道（Ga，Mn）As 中在什么掺杂浓度下发生金属-绝缘体相变。与熟知的浅受主（如碳）不同，前者当碳浓度在 $10^{19}\sim10^{20}\mathrm{cm}^{-3}$ 时已经进入金属相一边。对于 Mn 浓度在 $10^{20}\sim10^{21}\mathrm{cm}^{-3}$ 时体系仍只是临近金属-绝缘体相变点，（Ga，Mn）As 价带顶的态仍为局域态，它们在能量上不仅是离散的，而且会出现更为复杂的情况。Yang 等 [62] 采用有限尺度的严格对角化方法计算了在强无序的价带中会出现中红外的交流电导峰，并且随体系电导的增加而红移。

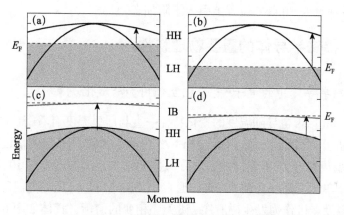

图 6-73 （a）、（b）对应于低掺杂、高掺杂两种情况下费米能级 E_F 在价带中的能级位置；（c）、（d）当费米能级 E_F 位于杂质带时，低掺杂、高掺杂两种情况下杂质带与价带的相对位置。插图取自文献 [60]

除了用测量交流电导的办法来鉴别费米能级究竟是位于价带，还是位于杂质带外，Ohya 等 [63, 64] 在价带内构建的共振隧穿结构，采用共振隧穿或自旋分辨的共振隧穿电学测量方法，来鉴别价带的能带结构，并以此来鉴别费米能级的位置。他们的思想是，如果费米能级位于杂质带内，价带是完全填满的，应当能在电流-电压的一阶、二阶导数上测量到隧穿进入重空穴子带 HH1，HH2，HH3，…和轻空穴子带 LH1，…引起的全面特征结构。他们指定出 HH 的多个子带，表明费米能级是位于价带顶以上，并且与按 $6\times6\ \mathbf{k\cdot p}$ 理论导出的传输矩阵法所得结果相比较，符合得很好。但是，正如上面已指出的那样，由于在大多数情况下（Ga，Mn）As 仍处在临近金属-绝缘体相变点的绝缘体一侧，强无序会使价带结构不同于晶态下的正常结构，导致它们的带顶是不可能分辨清楚的 [61]。他们所做的基于 k·p 理论的隧穿计算是否反映真实情况是值得怀疑的。迄今为止，（Ga，Mn）As 中磁性起源的杂质带模型还没有直接的理论，更多是基于假设的物理模型。

无序对（Ga，Mn）As 能带的影响已经被硬 X 射线、角分辨光子能谱仪（HARPES）的实验结果所证实。Gray 等 [65] 对比了体 GaAs 和 $Ga_{0.97}Mn_{0.03}As$ 的 HARPES 结果，发现由于 Mn 的大量引入破坏了原晶体的长程有序，$Ga_{0.97}Mn_{0.03}As$ 能带结构不仅受到扰动，而且 E-k 关系线变粗。最引人注意的是 Γ 点附近的 HARPES 亮度比体 GaAs 要亮不少，说明 Γ 点附近的价带结构变模糊了。他们采用 One-step 理论计算出的体 GaAs 和 $Ga_{0.97}Mn_{0.03}As$ 频谱函数也表现出与上述同样的差别。对价带顶 HARPES 做进一步的分析也证实了 Mn 在价带顶上 0～0.4eV 位置上引入了附加态。

五、稀磁半导体的重要物理特性

1. 稀磁半导体中的电子-电子相互作用和局域化现象

（Ga，Mn）As 电导随温度的变化特性一直与居里温度有着密切的关联 [66]。如果从室温开始降低温度，（Ga，Mn）As 电导会持续下降直到临近居里温度为止。当温度低于居里温度后，电导又开始增加；当温度降到 10 K 左右时，电导又开始单调下降一直到 10 mK。通常，（Ga，Mn）As 电导随温度变化特性上的最小温度点可作为发生磁有序 / 磁无序相变的信标，具体如图 6-74 所示。

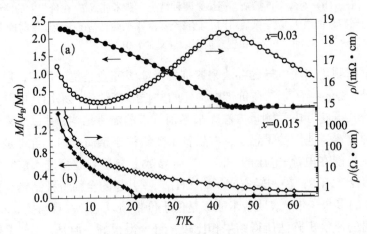

图 6-74　x=0.03 和 0.015 的 $Ga_{1-x}Mn_xAs$ 外延层电阻率（空心圆）和沿 [100] 晶向的磁化强度（实心圆）随温度的变化关系。插图取自文献 [66]

但是，发生上述现象的物理机制却十分复杂。在居里温度附近所出现的电导最小值曾被解释为形成了磁极化子[67]；由普适电导涨落引起的现象[68]；由 Kondo 散射所致的结果[69]；由局域化效应所致的结果[70, 71]，等等。但是，要想解释最后一段温区（10K 以下）的电导为什么开始单调下降，就必须考虑电子-电子相互作用。最近的工作[66]发现在二维薄膜上所观察到电导随温度的下降服从 $\log(T/T_0)$ 关系，而在一维量子线中服从 $-1/\sqrt{T}$ 关系。这种行为正好与电子-电子相互作用引起的量子电导修正相符合[72]。在一维、二维和三维下，具体的量子电导修正由下述各式给出[73]。

$$\Delta\sigma^{1D} = -\frac{F^{1D}}{\pi wt}\frac{e^2}{\hbar}\sqrt{\frac{\hbar D}{k_B T}} \quad (1D)$$

$$\Delta\sigma^{2D} = \frac{F^{2D}}{2t\pi^2}\frac{e^2}{\hbar}\log\frac{T}{T_0} \quad (2D) \qquad (6\text{-}90)$$

$$\Delta\sigma^{3D} = \frac{F^{3D}}{4\pi^2}\frac{e^2}{\hbar}\sqrt{\frac{k_B T}{\hbar D}} \quad (3D)$$

式中，w, t 分别是样品的宽度和厚度；T_0 是最低温度；$F^{1D; 2D; 3D}$ 是库仑屏蔽长度；D 是扩散系数。很明显，上式表明，电子-电子相互作用一方面是通过影响载流子的扩散运动（D）直接影响量子电导修正；另一方面，又会通过对库仑势屏蔽的修正起作用。通过测量电子-电子相互作用起主导作用的最低温区量子电导修正还可以求出扩散系数 D，再利用电导的 Einstein 表达式 $\sigma = N(E_F)De^2$ 就可以求出费米能级处的态密度 $N(E_F)$，它也是判别价带模型和杂质带模型的重要参量。Neumaier 等[72]发现他们所测到的 $N(E_F)$ 支持费米能级处于价带中的模型，并且杂质带是与价带融合在一起的。实验测出的空穴有效质量与电子的有效质量大致相当。

2. 稀磁半导体中的弱局域化效应

通常在弱无序导体中观察到的弱局域化效应是由沿顺时针、逆时针方向经历一个由多个杂质组成的散射环返回原点后的两个电子波之间的干涉增强现象引起的。因而，它会阻止电子向远处扩散，引入一个电阻的修正[74]。当外加磁场后，由于破坏了时间反演性，上述干涉现象将会消失，电阻下降。因此，会在零磁场附近出现负磁阻现象。

正如图 6-75 所示，在 GaMnAs 这样的磁性合金中依然观察到十分明显的负磁阻效应本身就是一件令人惊奇的事情，因为这表明由无序引起的电输运现象与磁有序态共存。具体来讲，既然无序已导致空穴局域化，它们又如何通过 p-d 交换作用为磁长程有序做贡献？这也是有人依此就认为费米能级是位于杂质带之中的原因[75]。但是，并不能如此简单地下断论。

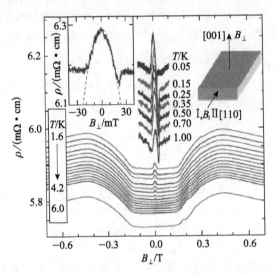

图 6-75　不同温度下含 5% Mn 的 GaMn As 样品电阻随垂直磁场的变化。当温度低于 3.4 K 以后，在零场附近出现了磁阻峰。插图取自文献 [75]

　　最近，用扫描隧穿显微镜揭示了在金属-绝缘体相变附近由空穴掺杂导致的电子态的空间分布图，如图 6-76 所示[76]，可以发现空穴电子态的长程有序与短程无序是共存的。

图 6-76　由空穴掺杂导致的在金属-绝缘体相交点附近的电子态空间分布。插图取自文献 [76]

为了弄清 Anderson-Mott 局域化究竟是增强还是削弱磁长程有序性，Sawicki 等[77] 把生长在 GaAs（001）衬底上厚度为 3.5nm 的 $Ga_{0.93}Mn_{0.07}As$ 膜作为一个金属-绝缘体-半导体（MIS）结构中的半导体层，整个 MIS 结构又直接放置在 SQUID 磁场计上面。用在 MIS 结构上外加电压的办法可在测量中直接改变 $Ga_{0.93}Mn_{0.07}As$ 膜中的空穴浓度，测量不同空穴浓度下 $Ga_{0.93}Mn_{0.07}As$ 膜的居里温度。他们发现无论是居里温度还是饱和磁化强度均随着空穴的耗尽而单调下降，表明局域化是破坏磁长程有序性的。他们的实验表明，在 Anderson-Mott 相变点附近，量子临界涨落很可能会使类铁磁相、类超顺磁相和顺磁相共存。

3. 稀磁半导体的磁晶各向异性及其外场（磁、电、光等）的调控作用

1）磁晶各向异性

磁性材料的磁晶各向异性是其区别于其他材料的一种特性。从经典的观点来看，它的自发磁化是由于材料中许多自旋矩之间交换作用的结果，这使得其中的自旋矩自发地沿某个方向进行平行排列。磁晶各向异性反映了随磁化方向的变化，体系内能发生的变化。因此，首先考虑如图 6-77 所示的两个磁偶极子之间的势能，图中给出了用计算机算出的一对偶极子间的磁力线分布。

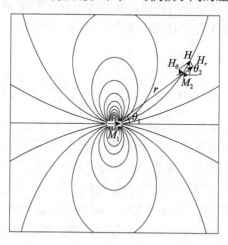

图 6-77　两偶极子间磁力线分布的计算机模拟结果

$$U = -M_2 H_r \cos\theta_2 - M_2 H_\theta \sin\theta_2 = -\frac{M_1 M_2}{4\pi\mu_0 r^3}(2\cos\theta_1\cos\theta_2 - \sin\theta_1\sin\theta_2)$$

$$(6\text{-}91)$$

其中，H_r 和 H_θ 分别为 M_1 在 M_2 的位置 P 处所产生的磁场 H 的径向和切向分量。具体如图 6-77 所示，磁场分量与 M_1 的关系由下式给出：

$$H_r = \frac{M_1}{4\pi\mu_0}\frac{2\cos\theta_1}{r^3}, \quad H_\theta = \frac{M_1}{4\pi\mu_0}\frac{\sin\theta_1}{r^3} \qquad (6\text{-}92)$$

如果两个磁偶极子的大小相等，且相互平行，$M_1 = M_2 = M$ 和 $\theta_1 = \theta_2 = \theta$，最后式（6-91）可简化为

$$U = -\frac{3M^2}{4\pi\mu_0 r^3}(\cos^2\theta - 1/3) \qquad (6\text{-}93)$$

其中，U 是一对偶极子之间的相互作用能，它的大小随方位角不同而不同，只有在 $\theta = 0$ 方向上最小，这就反映了有磁晶各向异性的存在。当然，磁性体的内能还包含更多的项（在温度远低于居里温度以下，自由能 $F=U-TS$ 中的热能部分 TS 变化很小，所以自由能 F 近似为内能 U）。从原则上讲，体系内能包括交换能，电子轨道磁矩与自旋磁矩间的耦合所致的磁晶各向异性能，磁性与形变的耦合作用能，磁性体受外磁场作用所具有的能量和退磁场能。后者是铁磁体被磁化后在其表面或体内不均匀处会产生磁荷，随之又在体内产生磁场，即所谓的退磁场，退磁场与磁化强度的作用会产生退磁场能。在上述各项中只有磁晶各向异性能有明确的方向依赖关系并与晶体对称性有关。由于存在有磁晶各向异性，铁磁体的磁化强度 M 在没有外磁场时总是沿易磁轴方向，因此可等效地认为沿易磁轴方向存在一个"磁晶各向异性场"H_k，其大小为

$$\frac{\partial F}{\partial\theta} = \mu_0 H_k M\sin\theta, \quad H_k = \left[\frac{1}{\mu_0 M\sin\theta}\left(\frac{\partial F}{\partial\theta}\right)\right]_{\theta=0} \qquad (6\text{-}94)$$

当磁化方向偏离易磁轴时，H_k 场会将磁化方向重新拉回到易磁轴方向。

磁晶各向异性在本质上是一种起源于自旋-轨道耦合的量子现象。如第五节第一部分讨论的那样，虽然 3d 壳层在晶体中配位场的作用下会发生角动量猝灭现象，实际上角动量并没有完全被淬灭，会有自旋-轨道效应存在。后者是一种相对论效应。当磁化方向，或者说自旋方向改变时，自旋-轨道耦合能也随之变化，影响了轨道波函数的性质。这就会改变原子间的成键状况（如 p-d 混合程度）。最终，体系的总能就发生了变化。这就是产生磁晶各向异性的量子力学解释。虽然 Dirac 建立了在有外电磁场作用下单电子的相对论方程，但是并没有处理多电子体系的相对论方程。要想处理磁性材料这样的多电子体系的相对论效应，类似于密度泛函理论和局域密度近似，Kohn 和 Sham 将它推广到相对论量子理论中，建立 Kohn-Sham 相对论方程[80]。其

中，最重要的是相对论交换-关联能的引入。它是电子电荷密度 $\rho(r)$、电流密度 $J(r)$ 和自旋矩 $m(r)$ 的函数，是产生各种磁晶各向异性现象的根本原因。用它可以计算出自旋-轨道耦合能。应当指出，这种第一性原理算出的自旋-轨道耦合能与实验符合得不是很好。

就解释实验所观察到的各种磁晶各向异性现象及磁性半导体中的其他物理性质的目的而言，平均场理论还是相对比较成功的 [78, 79]。采用四带、六带价带包络波函数近似并将自旋轨道耦合和应力效应包含进去，在此基础上用平均场近似处理局域 3d 磁性离子与价带自由空穴的交换作用是处理磁晶各向异性现象的平均场理论的基本思路。平均场理论不仅估算了磁各向异性能，又提示了调控各种材料参数（空穴浓度、交换作用强度、温度、应力等）会怎样影响磁各向异性能，也即磁各向异性。具体来讲有下述主要结论：①按照高居里温度样品所要求的交换积分常数 J_{pd} 和空穴浓度 p，要求不止一个价带被空穴占有；②在 GaAs 衬底上生长的 $Ga_{1-x}Mn_xAs$ 所受的压应力主导了磁各向异性能，使得它的易磁轴处于平面内，在 InGaAs 衬底上生长的 $Ga_{1-x}Mn_xAs$ 所受的是张应力，使得其易磁轴转至法线方向；③和磁性金属不同，在磁性半导体中形状磁各向异性所起作用很小；④就提高矫顽力而言，应当采用只有单个价带被空穴部分占有的样品。当然，应当始终记住平均场近似本身的粗略性、忽略空穴-空穴间相互作用和不考虑巡游空穴被杂质的散射等带来的问题，它们都会影响平均场理论预言的准确性。

为了方便与实验相比较，人们常使用由体系内能导出的磁各向异性能的唯象表达式。对于闪锌矿结构的磁性薄膜而言 [81]，内能可用下式表达：

$$U = MH\left[\cos\theta\cos\theta_H + \sin\theta\sin\theta_H\cos(\varphi - \varphi_H)\right] + 2\pi M^2\cos^2\theta$$
$$+ \frac{1}{2}M\left(-H_{2\perp}\cos^2\theta - H_{2\parallel}\sin^2\theta\sin^2\varphi - \frac{1}{2}H_{4\perp}\cos^4\theta - \frac{1}{4}H_{4\parallel}\sin^4\theta\cos^2 2\varphi\right)$$

$$(6\text{-}95)$$

其中，H 是外加磁场；M 是磁化强度。第一项为 Zeeman 能，第二项为退磁能（或形状异性能），最后一项为由单轴和立方各向异性产生的能量。$H_{2\perp}$ 和 $H_{4\perp}$ 分别为垂直方向上的单轴和立方各向异性场；$H_{2\parallel}$ 和 $H_{4\parallel}$ 分别为沿平面内的单轴各向异性场和立方各向异性场；θ 和 θ_H 是按 [001] 方向定义的方向角；φ 和 φ_H 是按（001）面中的 [110] 方向定义（图 6-78）。在没有外磁场时，只有第二和第三项。

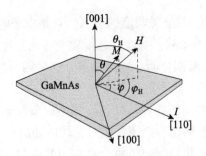

图 6-78　GaMnAs 磁各向异性示意图

2）稀磁半导体中的磁输运现象[82]

磁阻、各种正常/反常 Hall 效应等磁输运现象是表征稀磁半导体特性的重要实验手段，也为检验描述稀磁半导体的相关理论提供了新的实验依据。上文中我们从探讨铁磁性机制的角度介绍了稀磁半导体中观察到的弱局限化现象、Mott 金属-绝缘体相变行为及其对形成磁长程有序的影响。本节中我们着重讨论磁晶各向异性在磁输运现象中的体现。如图 6-79 所示，当电流沿 x 轴时，磁化矢量可以被外加磁场取向在 x-y 平面内且 $M \perp I$（$M /\!/ y$），或者取向成垂直平面（$M /\!/ z$）。磁各向异性电阻 AMP_{ip} 定义为平面内两种配置：$M /\!/ I$（$M /\!/ x$）和 $M \perp I$（$M /\!/ y$）之间的相对电阻差，也即

$$\mathrm{AMP}_{ip} = \left[\rho_{xx} \left(M /\!/ \hat{x} \right) - \rho_{xx} \left(M /\!/ y \right) \right] / \rho_{xx} \left(M /\!/ y \right) \tag{6-95a}$$

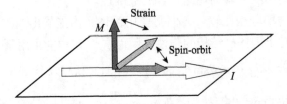

图 6-79　磁各向异性测试配置示意图。插图取自文献 [83]

磁各向异性电阻 AMP_{op} 定义为 $M /\!/ I$（$M /\!/ x$）和 $M \perp I$（$M /\!/ z$）两种配置之间的相对电阻差，也即

$$\mathrm{AMP}_{op} = \left[\rho_{xx} \left(M /\!/ \hat{x} \right) - \rho_{xx} \left(M /\!/ \hat{z} \right) \right] / \rho_{xx} \left(M /\!/ z \right) \tag{6-95b}$$

图 6-80（b）是在厚度为 200 nm、受压应力作用的 $\mathrm{Ga}_{0.95}\mathrm{Mn}_{0.05}\mathrm{As}$ 层上，在电流 $I /\!/ [110]$（$I /\!/ [100]$）配置下测量当磁化矢量 M 垂直平面、在平面内与电流 I 垂直和在平面内与电流 I 平行三种情况下的磁阻随磁场的变化。图 6-80（c）是在生长在（In, Ga）As 衬底上厚度为 200 nm、受张应力作用

的 $Ga_{0.957}Mn_{0.043}As$ 层上，在电流 $I//[110]$ 配置下测量当磁化矢量 M 垂直平面、在平面内与电流 I 垂直和在平面内与电流 I 平行三种情况下的磁阻随磁场的变化。实验结果清楚地表明：无论是在同一样品中改变磁场与电流的相对方面，还是改变（Ga，Mn）As 样品的应力情况均会使反常磁阻 AMP 发生很大的变化，突出地反映了磁晶各向异性所起的作用。在磁阻测量中所看到的现象从根本上来说是 Kohn-Sham 相对论方程[80] 中的相对论交换-关联能会随电子电荷密度 $\rho(r)$、电流密度 $J(r)$ 和自旋矩 $m(r)$ 而变化所致。

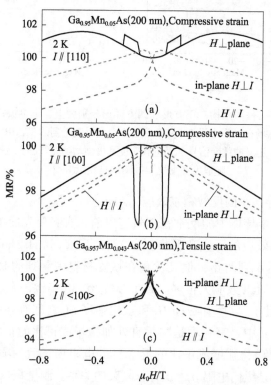

图 6-80　$Ga_{0.95}Mn_{0.05}As$ 层在三种不同配置下的磁阻随磁场变化。
插图取自文献 [83]

　　Gould 等[84] 还在测量一个由 $Au-Al_2O_3-$（Ga，Mn）As 构成的隧穿器件的隧穿各向异性磁阻（TAMR）时观察到类自旋阈效应。具体如图 6-81 所示。

　　上面所观察到的 TAMR 现象被认为是当磁场在平面内取不同方位时费米能级附近态密度的各向异性所致。

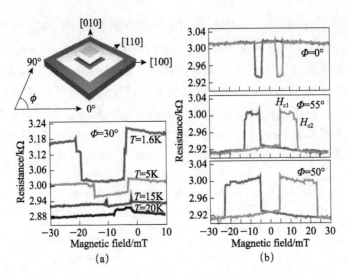

图 6-81 （a）隧穿器件的结构，正方形和四方环形分别为上、下电极；（b）在 4.2 K 和 1 mV 偏压下，当磁场在平面内沿 0°、50° 和 55° 取向时测量到的 TAMR，发现类自旋阀的信号（由 H_{c1} 和 H_{c2} 定义的跳变信号）无论其宽度和极性均随磁场的方位而变；（c）同时也随温度而变化。插图取自文献 [84]

3）稀磁半导体中的反常霍尔效应（AHE）

在讨论稀磁半导体中的反常霍尔效应以前，有必要先简单回顾一般磁性材料中反常霍尔效应的历史和现状。自 1879 年 Edwin H. Hall 在普通导体中发现 Hall 效应后不到两年，他又发现在铁磁材料中测到的 Hall 效应比在普通材料中测到的 Hall 效应大很多。到了 20 世纪 30 年代，人们已经发现磁性材料的 Hall 电阻 ρ_{xy} 与垂直磁场 H_z 和磁化强度 M_z 之间存在一个唯象关系：$\rho_{xy}=R_0H_z+R_sM_z$。其中，第一项是与垂直外加磁场成正比的正常 Hall 电阻项；第二项是与材料磁化强度成正比的反常 Hall 电阻项。后一项的 R_s 和材料的特殊参量，特别是纵向电阻 $\rho_{xx}=\rho$ 有着复杂的关系。测量霍尔电阻 ρ_{xy} 与电阻率 ρ 的关系时发现二者之间服从 $\rho_{xy}\sim\rho^\beta$ 的关系，一般 β 取 1 或 2 的数值。到了 20 世纪 50 年代起，逐渐形成了解释反常霍尔效应的三种机制：本征机制、弯道散射机制（skew-scattering）和侧向跳跃（side-jump）机制。

Karplus 和 Luttinger（KL）[85] 首先提出：外加电场以后会在固体中诱发带间相干混合，它与动量（k）空间中的 Berry 位相的曲率有关，会使电子得到一个与电场方向垂直的额外的群速度，因而，会对 Hall 效应做贡献。在铁磁材料中该反常群速度对所有被占有的能带求和以后并不相消为零，故对 Hall 电导 σ_{xy} 有贡献。由于这项贡献只与能带结构有关，故称之为对 AHE 的本征贡献项。对 KL 理论最大的反对意见也是来自同一项，因为在有限温度下来自声子或自旋波的散射必然存在，如果不考虑它们的影响，KL 理论能正确吗？

1955 年 Smit[86] 提出了由弯道散射机制产生的 AHE 贡献。它是在有自旋-轨道耦合作用的铁磁体中由无序散射的手征特性造成的。

1964 年 Berger[87] 提出了当准粒子被具有自旋-轨道耦合作用杂质散射时自旋相反的电子会感受到电场相反，使它们沿相反方向发生侧向跳变。上述三种机制以卡通方式在图 6-82 中展示出来。

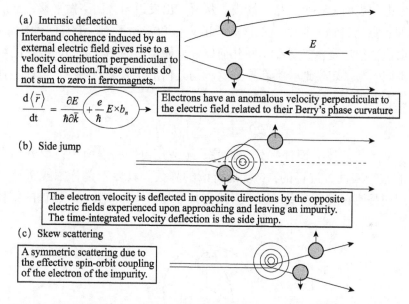

图 6-82　反常霍尔效应三种机制：本征机制，弯道散射机制和侧向跳跃机制。
插图取自文献 [88]

但是，上述的分类有一个疑惑之处是：由侧向跳变理论得出的 $R_s \sim \rho_{xx}^2$ 关系和 KL 的本征贡献完全一样。

另外，从繁多材料的实验结果分析中发现可按三个区域来区分 AHE 的行为。

（1）高电导区（ $\sigma_{xx} > 10^6 \left(\Omega \cdot cm\right)^{-1}$ ），常规 Hall 电导 σ_{xy} 起主导作用，反常 Hall 电导与 σ_{xx} 呈线性关系 $\sigma_{xy}^{AH} \sim \sigma_{xx}$，表明弯道散射机制起主要作用。

（2）本征区（即与散射无关区） $10^4 \left(\Omega \cdot cm\right)^{-1} < \sigma_{xx} < 10^6 \left(\Omega \cdot cm\right)^{-1}$，其中 σ_{xy}^{AH} 与 σ_{xx} 无关。

（3）非良导体区（ $\sigma_{xx} < 10^4 (\Omega \cdot cm)^{-1}$ ），其中 σ_{xy}^{AH} 随 σ_{xx} 减小快速减小。

自从 1980 年发现量子 Hall 效应以后，Thouless 等[89] 很快发现可以用电子波函数拓扑性质来解释整数 Hall 电阻准确的量子化值。因为 Hall 电阻是由 Bloch 波函数在第一 Brillouin 区的拓扑整数（即 Chern 数）决定的。后来分数 Hall 电阻也同样可用上述电子波函数拓扑性质来解释。从 1998 年起这种解释量子 Hall 效应的新思维开始对深入理解反常 Hall 效应发挥了重要作用。下面将更加深入地讨论上面介绍的三种反常 Hall 电阻的物理内涵。

为了便于后面的讨论，先简单介绍几何相位和拓扑不变性。如图 6-83 所示，考虑球表面上一个矢量（箭头）从原点出发沿闭合回路做平移，最后又返回到起点的过程。很明显，该矢量的方位角转动了 Ω，没有回到初始态。人们很快会猜想到该矢量在不同几何体表面做类似的平移运动，最后的结果也会不同。为了定性地分类和描述这种与几何形状有关的属性，也即拓扑性质，引入了拓扑不变量——陈数：

$$2(1-g) = \frac{1}{2\pi} \int_S K dA$$

其中，K 是几何体表面任一处的曲率；A 是几何体的表面积；积分是在几何体的整个表面 S 进行的；g 就是所谓的陈数。只要不是分割或重叠几何体，即使是使它发生形变，也不会改变某个几何体的陈数——所谓的拓扑不变性。

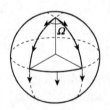

图 6-83 几何相位示意图

一个量子态是可以用在简约态空间中的矢量 $|n[R]\rangle$ 来描述的。$[R = (R_1, R_2, \cdots)$ 表示若干随时间变化的外部参量] 这些态矢量同样可以按上面的方式在哈密顿量 $H[R]$ 的影响下做类似的 "运动"。这样就可以探讨能带在动量空间的拓扑性质。

第一种引起反常霍尔效应的机制为本征机制。如前所说，外加电场以后会在固体中诱发带间相干混合，因此可以从计算与频率有关的带间 Hall 电导出发，最后只要取其直流极限就可得到本征的反常 Hall 电导。设布洛赫哈密

顿量 H 对应的本征态为 $|n,\boldsymbol{k}\rangle$，能量本征值为 $\varepsilon_n(\boldsymbol{k})$，直接从计算理想晶格的 Hall 电导的 Kubo 公式出发可得

$$\sigma_{ij}^{\text{AH-int}} = e^2\hbar \sum_{n\neq n'}\int\frac{\mathrm{d}\boldsymbol{k}}{(2\pi)^3}\Big[f\big(\varepsilon_n(\boldsymbol{k})\big) - f\big(\varepsilon_{n'}(\boldsymbol{k})\big)\Big]$$

$$\times \mathrm{Im}\,\frac{\langle n,\boldsymbol{k}|v_i(\boldsymbol{k})|n',\boldsymbol{k}\rangle\langle n',\boldsymbol{k}|v_j(\boldsymbol{k})|n,\boldsymbol{k}\rangle}{\big(\varepsilon_n(\boldsymbol{k}) - \varepsilon_{n'}(\boldsymbol{k})\big)^2} \qquad （6\text{-}96）$$

$$v(\boldsymbol{k}) = \frac{1}{\mathrm{i}\hbar}\big[\boldsymbol{r}, H(\boldsymbol{k})\big] = \frac{1}{\hbar}\nabla_k H(\boldsymbol{k}) \qquad （6\text{-}97）$$

式中，$H(\boldsymbol{k})$ 为 Bloch 波函数中周期性部分的哈密顿量。式（6-97）给出的是速度算符。与上面介绍的坐标空间中几何相位和拓扑性质相对照，很容易发现，$\sigma_{ij}^{\text{AH-int}}$ 直接与动量空间的拓扑性质有关，也即正比于每个占有能带的 Berry 曲率（$\nabla_k H(\boldsymbol{k})$）在 $\boldsymbol{k}$ 空间费米海上的积分，或者 Berry 相位在费米截面上的积分。因为

$$\langle n,\boldsymbol{k}|\nabla_k|n',\boldsymbol{k}\rangle = \frac{\langle n,\boldsymbol{k}|\nabla_k H(\boldsymbol{k})|n',\boldsymbol{k}\rangle}{\varepsilon_{n'}(\boldsymbol{k}) - \varepsilon_n(\boldsymbol{k})} \qquad （6\text{-}98）$$

由式（6-98），式（6-96）可简化成

$$\sigma_{ij}^{\text{AH-int}} = -\varepsilon_{ijk}\frac{e^2}{\hbar}\sum_n\int\frac{\mathrm{d}\boldsymbol{k}}{(2\pi)^d}f\big(\varepsilon_n(\boldsymbol{k})\big)b_n^l(\boldsymbol{k}) \qquad （6\text{-}99）$$

其中，ε_{ijk} 为反对称张量；$a_n(\boldsymbol{k}) = \mathrm{i}\langle n,\boldsymbol{k}|\nabla_k|n,\boldsymbol{k}\rangle$ 为态 $\{|n,\boldsymbol{k}\rangle\}$ 的 Berry 相位连接（Berry-phase connection），$b_n(\boldsymbol{k})$ 为 Berry 相位曲率（Berry-phase curvature），$b_n(\boldsymbol{k}) = \nabla_k \times a_n(\boldsymbol{k})$。 　　　　（6-100）

　　对反常霍尔效应的本征贡献可以根据第一性原理先计算出电子结构，再根据上述公式可以比较准确地进行估计，发现在有强自旋轨道耦合的材料中本征贡献应当占主导地位。

　　第二种引起反常霍尔效应的机制为弯道散射机制。弯道散射被明确定义为与 Bloch 态的输运寿命成正比的、对反常 Hall 效应做贡献的部分。它应在近乎完整的晶体中起主要作用，并可以从传统的 Boltzmann 输运理论直接导出。从物理上来说，如前所说，它是由有自旋-轨道耦合的铁磁体中的无序引发的、有手征特性的散射所致。

　　在传统的、半经典的 Boltzmann 输运理论中，按照费米黄金规则，电子从 $n \to n'$ 的散射概率 $W_{n\to n'}$ 可用 $W_{n\to n'} = (2\pi/\hbar)\langle n|V|n'\rangle^2\delta(E_n - E_{n'})$ 来表达，

其中 V 是引发散射的微扰电势。在没有自旋-轨道耦合的晶体中应当存在 $W_{n \rightarrow n'} = W_{n' \rightarrow n}$ 的精细平衡。但是，当晶体中存在自旋-轨道耦合作用时，以晶体中的磁化方向 $\boldsymbol{M}_s$ 为准，按右手进行的弯道散射概率就不再与按左手进行的弯道散射概率相同。这种不对称的弯道散射概率通常可表示为

$$W_{kk'}^A = -\tau_A^{-1} \boldsymbol{k} \times \boldsymbol{k'} \cdot \boldsymbol{M}_s \tag{6-101}$$

无论是 Hall 电导 σ_H 还是电导 σ 均正比于输运寿命 τ，Hall 电阻则为 $\rho_H^{\text{skew}} = \sigma_H^{\text{skew}} \rho^2$，正比于纵向电阻 ρ。应当强调弯道散射对 Hall 电导 σ_H 的贡献，既可以来自铁磁材料中磁性杂质的自旋-轨道耦合作用，也可以来自铁磁材料本身的自旋-轨道耦合作用。$\sigma_{xy}^{\text{AH-skew}}$ 同时与晶体材料本身和其中的杂质类型有关。

第三种引起反常霍尔效应的机制为侧向跳跃机制。现在更倾向于将侧向跳跃贡献定义为总的 Hall 电导与前两项贡献之差：

$$\sigma_{xy}^{\text{AH}} = \sigma_{xy}^{\text{AH-int}} + \sigma_{xy}^{\text{AH-skew}} + \sigma_{xy}^{\text{AH-sj}}$$

对侧向跳跃贡献的半经典说法是从考虑一个 Gaussian 波包从带有自旋-轨道耦合作用的球形杂质的散射而来。采用形式为 $H_{\text{SO}} = \left(1/2m^2c^2\right)\left(r^{-1}\partial V / \partial r\right)S_z L_z$ 的自旋-轨道耦合作用项，发现经散射以后波矢 $\boldsymbol{k}$ 会沿其垂直方向偏转 $\frac{1}{6}k\hbar^2 / m^2c^2$。侧向跳跃对电导的贡献部分与散射时间 τ 无关，而且它对 AHE 的贡献与本征贡献是同一量级。由于本质贡献与侧向跳跃都与散射时间无关，因此区分 σ_{xy}^{AH} 是来自本征贡献还是来自侧向跳跃变得很困难。目前通用的办法是，如果发现 σ_{xy}^{AH} 与电导 σ_{xx} 无关，就先计算 AHE 的本征贡献。如果能解释实验，就认为是由本征机制主导的；如果不能完全解释，就会认为还有侧向跳跃的贡献。

除了上述区分 AHE 三种机制方面的困难，目前已发现局域化效应对 AHE 有重要影响，这也是它与正常 Hall 效应的不同之处，后者是不受局域化效应影响的 [90]。因而，局域化效应进一步增加了认清 AHE 物理机制的困难。

在了解磁性材料中反常 Hall 效应的机制以后，将具体介绍（Ga，Mn）As 类稀磁半导体中的 AHE。人们研究它们的原动力主要来自两方面：一方面，由于稀磁半导体中载流子的能带结构相对比较简单，又具有强自旋-轨道耦合效应，其成为理解 AHE 物理机制的很好平台；另一方面，稀磁半导体给人们一种希望，提供了电学和磁学特性之间交互控制的可能性。

图 6-84 是 Chiba 等 [91] 采用由 $Ga_{1-x}Mn_xAs$ 构成的 MIS 结构，通过外加偏压可以在线控制 GaMnAs 中的空穴浓度。他们在不同的 Mn 组分 x 值和同一组分的不同空穴浓度（不同偏压下）详细测量了 R_{yx}，R_{xx} 随温度的变化。当温度低于居里温度时，R_{yx} 突然变大；而 R_{xx} 除了 $x=7\%$ 的样品，在其他高 Mn 组分样品中随温度变化很小。

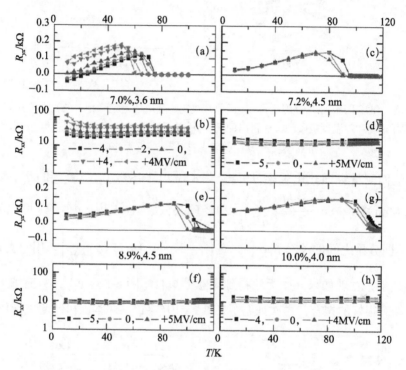

图 6-84　不同 Mn 组分及同一组分不同空穴浓度下，GaMnAs 的 R_{yx}，R_{xx} 随温度变化。
插图取自文献 [91]

目前，大多数实验都表明在金属相的 GaMnAs 中的 AHE 是由一种与散射无关的机制主导 [92] 的（图 6-85），也即

$$\rho_{xy}^{AH} \propto \rho_{xx}^2$$

通过将 $\rho_{xy}(B)$ 外推到零磁场和零温度极限，在更宽广的非绝缘相（Ga，Mn）As 中确定了上述关系。

后来 Pu 等 [93] 在研究生长在 InAs 上的垂直磁化 GaMnAs 时，再次确定了金属相（Ga，Mn）As 中本征机制主导了 AHE。

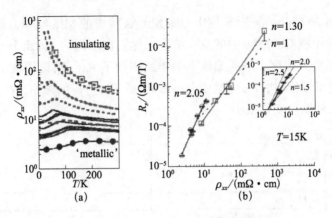

图 6-85 （a）采用取 $T=0$ 附近 $\partial\rho_{xx}/\partial T$ 值来决定是金属还是绝缘相；（b）用将 $\rho_{xy}(B)$ 外推到零磁场和零温度极限的方法得出的 $R_s \sim \rho_{xx}$ 关系。很明显，用深色标的金属相范畴内，$\rho_{xy}^{AH} \propto \rho_{xx}^2$ （$n=2$）。插图取自文献 [92]

他们测量纵向热电输运 $J = \sigma E + \alpha(-\nabla T)$ 中系数 ρ_{xx}，ρ_{xy} 和 α_{xx}，α_{xy}，

利用 Mott 关系 $\alpha = \dfrac{\pi^2 k_B^2 T}{3e}\left(\dfrac{\partial\sigma}{\partial E}\right)_{E_F}$ 和经验公式 $\rho_{xy}(B=0) = \lambda M_z \rho_{xx}^n$ 可以导出

$[\alpha]$ 不同分量之间的关系式 $\alpha_{xy} = \dfrac{\rho_{xy}}{\rho_{xx}^2}\left[\dfrac{\pi^2 k_B^2 T}{3e}\dfrac{\lambda'}{\lambda} - (n-2)\alpha_{xx}\rho_{xx}\right]$。用它去拟合

实验结果，发现如果 $n=1$ 无法得到满意的拟合［图 6-86（a）］，只有取 $n=2$ 时才能有很好的拟合，再次证明了 $\rho_{xy}(B=0) \propto \rho_{xx}^2$，即本征机制起主导作用。

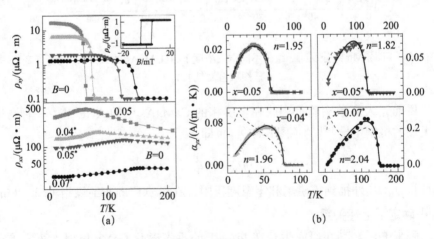

图 6-86 ZnAs 上生长的 GaMnAs 样品在不同温度下 ρ_{xx}，ρ_{xy} 及 α_{yx} 变化，实验表明金属相 GaMnAs 中本征机制主导 AHE。插图取自文献 [93]

上文对反常 Hall 效应三种机制的讨论主要是基于 Boltzmann 输运理论，这就要求随温度的降低局域化效应和电子-电子相互作用均不起主导作用。这一假定显然是不完善的。另外，当温度不太低时，非弹性散射对 AHE 的影响也必须考虑，目前还不知道它对所说的三种机制有什么样的影响。不仅如此，在一定温度下必定会存在自旋涨落，平均场理论不再适用，如何考虑它的影响是对现有磁学理论的一种挑战。

根据已有的实验和理论，图 6-87 在温度 T 和 Boltzmann 电导 σ_{xx} 的坐标平面内给出了勾画不同区域的示意相图，包括临近居里温度的铁磁临界区，温度稍低的非相干区。在温度较低的区域，沿 σ_{xx} 由低到高的方向会经历局域化-跳跃电导区、Mott 相变点、本征金属区和弯道散射区。电导 σ_{xx} 实际反映了无序程度。

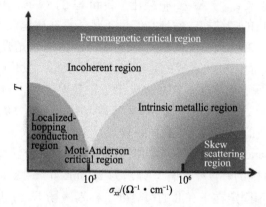

图 6-87　温度 T 和 Boltzmann 电导 σ_{xx} 的坐标平面内的示意相图。插图取自文献 [65]～[88]

4）稀磁半导体的其他物理性质

稀磁半导体中的磁畴和它们之间的磁畴壁在磁学中占有很重要的地位，决定了磁存储单元（bits）的最小可能尺寸。为了要完成存储信息的编码，原则上可以采用外加磁场完成磁存储单元磁化方向的翻转，但是所需的磁场太大。另外，也可以用自旋极化电流的扭矩（STT）来完成，不过所需的电流密度 $10^7 \sim 10^8 A \cdot cm^{-2}$ 已高出了集成电路互连金属线能承受的极限 $10^5 A \cdot cm^{-2}$。于是人们又采用电流驱动磁畴壁运动来完成存储编码，现在所需的电流密度仍为 $10^7 A \cdot cm^{-2}$ 左右。为了进一步降低驱动磁畴壁运动的电流大小，必须深入理解畴壁对铁磁材料输运性质的影响，诸如自旋流越过畴壁的输运，垂直和沿平面电流驱动下的巨磁阻效应，载流子在非均匀磁场中形成的 Berry 相位变化，畴壁对局域化效应的影响和自旋极化电流移动畴壁的效率等。简而言之，就是要在非均匀磁化背景下弄清电荷、自旋的输运过程。作为第一步，就是要确定畴壁电阻的大小和正负。由此可见，铁磁材料中的磁畴涉及丰富的物理知识。

和传统的铁磁材料相比，（Ga，Mn）As 稀磁半导体有其独特之处。虽然它的饱和磁化强度比普通铁磁金属要低两个数量级，但是它的磁晶各向异性能和自旋刚性（spin stiffness）与传统铁磁材料相当。这就意味着（Ga，Mn）As 中偶极子离散场比较弱，未来进行集成时会带来不少优点，如发生不希望的交叉耦合的概率大大下降；易获得矩形的磁滞回线；易形成单一的畴结构；改变温度即可进行自发的畴再构等；和普通的铁磁材料相比，驱动畴壁开关的临界电流密度已降到 $10^5 A \cdot cm^{-2}$。

2000 年 Shono 等[94] 最先采用扫描 Hall 探针显微镜（SHPM）[95] 对生长在 1μm 厚的（$In_{0.16}Ga_{0.84}$）As 缓冲层上 0.2μm 厚的（$Ga_{0.957}Mn_{0.043}$）As 的薄膜测量了垂直磁化的畴结构，发现它们呈条状，且在居里温度以下，条宽随温度下降而变宽。2003 年 Welp 等[96] 采用高分辨力的磁光成像技术对（Ga，Mn）As 外延层平面内磁化形成的畴结构进行了观察，发现畴的尺寸可达几百微米。当温度高于 $T_c/2$ 时，样品表现出单轴各向异性，易磁轴沿 [110] 方向；当温度远低于 $T_c/2$ 时，易磁轴沿 [100] 或 [010] 方向，随温度上升，两个易磁轴以二级相变的形式逐渐混合在一起。

2000 年 Yamanouchi 等[97] 采用如图 6-88 所示的 Hall 桥结构，其中沟道部分的 Ⅰ、Ⅱ、Ⅲ区的厚度不一样，分别为 25 nm，17～18 nm 和 22 nm，这样可以将初始畴壁固定在 Ⅰ 和 Ⅱ 的边界处。在零磁场下，先用一个电流脉冲驱动畴壁沿沟道移动，然后再用一小电流测量 Hall 电压以确定磁畴位置。他们在电流密度 $10^5 A \cdot cm^{-2}$ 下观察到畴壁开关引起的磁化矢量的反转。他认为这是孤立 Mn 自旋和巡游空穴之间的 p-d 交换作用所产生的自旋角动量传递所致。尽管开关速度很慢，并需要低温，但这毕竟是用电脉冲驱动磁翻转的一种尝试。

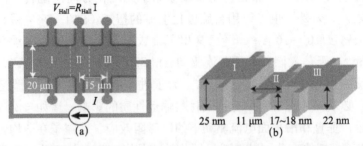

图 6-88　电流驱动畴壁运动引起磁化矢量翻转的器件结构示意图。插图取自文献 [65]、[97]

与磁畴相关的另一物理问题是单一畴壁究竟是增加还是减小电阻？2004年 Tang 等[98]在测量平面 Hall 效应的实验中，采用恒定和脉冲磁场的方式小心地将单个畴壁固定在样品中确定的位置，他们观察到本征的负畴壁电阻，它的大小与 Hall 桥沟道宽度有关。已有的理论均预言了正的畴壁电阻，例如，载流子受到畴壁的反射；由 Hall 效应使得畴壁内电流按 z 字形的分布所致；类似巨磁阻效应（GMR）中的与自旋方向有关的散射等。负畴壁电阻可能由在畴壁处弱局域化效应被抑制所致。2006年 Chiba 等[99]利用磁输运和磁光 Kerr 效应（MOKE）相结合的方式来研究磁畴壁电阻的起源。他们发现在垂直磁化的（Ga, Mn）As 中，随畴壁的形成，电阻会增加。该正畴壁电阻主要是由畴壁处 Hall 电场的极性会交替变化所致。2008年 Sugawara 等[100]利用透射电子显微镜中电子会被（Ga, Mn）As 中平面内的磁化矢量偏转的特性，得出了磁畴类型和宽度与畴壁的取向及温度的依赖关系。2007年 Yamanouchi 等[101]还研究了畴壁运动如何诱发磁化矢量翻转的机制。

稀磁半导体中的铁磁共振（FMR）、自旋波共振（SWR）和磁振子研究也很重要[102]。稀磁半导体中的铁磁共振十分类似于核磁共振（NMR）和电子顺磁共振（EPR）。在测量 $III_{1-x}Mn_xV$ 薄膜的 FMR 时，样品中的总磁矩在由外加磁场、磁各向异性场和退磁化场组成的总磁场中做频率为 ω 的拉莫进动。在实验中通常是固定微波频率 ω，通过扫描外加磁场实现共振。

图 6-89 在 4.0 K 温度下测量 $Ga_{0.94}Mn_{0.06}As$（5.6 nm）/$Ga_{0.76}Al_{0.24}As$：Be（13.5 nm）异质结构的微波吸收导数随外加磁场强度的变化关系。磁场取 $H // [001]$，$H // [\bar{1}10]$，$H // [110]$ 和 $H // [100]$ 四种配置。所观察到的 FMR

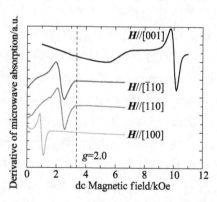

图 6-89 $Ga_{0.94}Mn_{0.06}As/Ga_{0.76}Al_{0.24}As$：Be 不同磁场配置下的微波吸收导数与外加磁场强度的变化关系。插图取自文献[102]

峰并不在 $g = 2.00$（$H = \omega/\gamma$）的线上，而是或低于或高于它，并且在磁场四种不同配置下测到的 FMR 峰型也很不一样。

很显然，磁化矢量围绕其平衡位置的时间演化必须用如下的 Landau-Lifshitz-Gilbert 方程来求解，即

$$-\frac{1}{\gamma}\frac{\partial \boldsymbol{M}}{\partial t} = \boldsymbol{M} \times \left(-\frac{\partial F}{\partial \boldsymbol{M}} + \boldsymbol{h}\right) - \frac{G}{(\gamma M_S)^2}\left[\boldsymbol{M} \times \frac{\partial \boldsymbol{M}}{\partial t}\right] \qquad (6\text{-}102)$$

其中，$\gamma = g\dfrac{\mu_{\mathrm{B}}}{h}$ 为旋磁比（gyromagnetic ratio）；$g, \mu_{\mathrm{B}}, h, G, M_S$ 分别为频谱劈裂因子、玻尔磁子、Planck 常数和饱和磁化；$\boldsymbol{M}, F, \boldsymbol{h}$ 则分别为磁化矢量、自由能密度和微波磁场。为更方便地决定在任意取向的磁场下的共振条件，可以由式（6-95）的自由能（$U{=}F$）表达式出发，即可求出[102]

$$\left(\frac{\omega}{\gamma}\right)^2 = \frac{1}{M_S^2 \sin^2\theta}\left[\frac{\partial^2 F}{\partial \theta^2}\frac{\partial^2 F}{\partial \varphi^2} - \left(\frac{\partial^2 F}{\partial \theta \partial \varphi}\right)^2\right] \qquad (6\text{-}103)$$

$Ga_{1-x}Mn_xAs$ 薄膜的 FMR 可以提供立方和单轴磁晶各向异性场的数值，研究退火、温度和掺杂对磁晶各向异性的影响。所测到的磁晶各向异性场随温度的变化对易磁轴为什么转向给出了解释。

FMR 共振模式只限定于一种特殊情况，也即在任何时刻整个样品中的所有磁矩都是平行的，它们同步地绕样品内总磁场做进动。如果以自旋波的语言来表达，FMR 只是 $k{=}0$ 的特殊自旋波。在实际情况中，由于热激发或者有其他能量输入，不同时间、不同地点的磁化矢量是不同，也即 $M{=}M(r, t)$。如果把 $T{=}0$ 时的特殊自旋波作为铁磁材料的"真空态"，那么，随温度的升高，会有越来越多的磁化矢量不再按平行自旋排列，这些磁化矢量可以看成"准粒子"，称为 magnon。取决于薄膜的具体边界条件，在磁性薄膜中所激发的 magnon 连续谱中某种 magnon 因类似 Fabry-Perot 谐振效应而被放大，会因此而产生额外的吸收峰。这就是 $k{\neq}0$ 自旋波共振（SWR）。图 6-90 给出了 $d{=}100\text{nm}$，150nm，200nm 三种厚度的 $Ga_{0.924}Mn_{0.076}As$ 薄膜微波吸收导数随外加磁场的变化关系。在 8 kOe 处附近的峰仍为 FMR 峰，但是在它的低场区出现了一系列 $k \neq 0$ 的 SWR 峰。它们的出现也反映跨过整个样品的磁序是相干的，即是长程有序的。也很明显，随样品厚度减小，SWR 峰间距增加。

5）稀磁半导体重要物理性质的电学、光学调控

（1）稀磁半导体物性的电学调控。稀磁半导体重要物理性质的电学调控

是研究稀磁半导体的初衷之一，希望能够用电学方式来操控其磁学性质，特别是用电学方式实现磁化矢量反转。为此，人们已经做了大量的实验进行尝试。

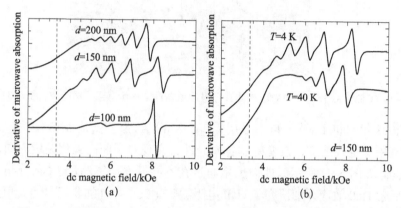

图 6-90　不同厚度的 GaMnAs 薄膜微波吸收导数随外加磁场的变化关系。
插图取自文献 [65]、[102]

2000 年 Ohno 等[103]采用在半绝缘（001）GaAs 衬底上依次外延生长了 100 nm AlSb/400 nm（Al，Ga）Sb（Al 组分为 0.6）/ 10 nm InAs/5 nm（In，Mn）As（Mn 组分为 0.03）的半导体结构，然后将它用光刻＋干法刻蚀的办法做出 Hall 桥的图形，在它上面涂覆 0.8mm 厚聚酰亚胺介质层。在其上面蒸上 Cr（5nm）/Au（95nm）栅电极构成 MIS 电容，通过外加正负栅压调控（In，Mn）As 中的空穴浓度。前面已多次阐明：稀磁半导体的磁性起源于 p-d 交换作用，它高度依赖于空穴浓度（p），因而，调控空穴浓度自然会影响它的磁学特性。他们在 22.5 K 温度下分别在栅电压为 +125 V，0 V，-125 V 三种情况下测量样品的 Hall 电阻随磁场变化的关系。在对于空穴积累的-125 V 下，无论是 Hall 电阻平台值还是矫顽力都比 0 V，+125 V 下大得多，特别是 +125 V 下由于空穴耗尽，材料稀磁半导体呈现出顺磁的特性。

2008 年 Stolichnov 等[104]把（Ga，Mn）As 层嵌入一个铁电场效应晶体管中做导电通道。他们克服了众多的困难，特别是 GaMnAs 和铁电氧化物所需的退火温度的不匹配，成功制备出如图 6-91 所示的器件，并在积累和耗尽 7 nm 厚（Ga，Mn）As 层两种条件下测量它的反常 Hall 效应，发现 $R_{xy} \sim B$ 关系上表现出来的矫顽力发生了改变。

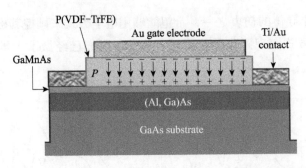

图 6-91 GaMnAs 作为铁电效应晶体管导电通道器件结构示意图。插图取自文献 [104]

2008 年 Chiba 等 [105] 再次采用（Ga，Mn）As 层构造成 MIS 结构，通过控制其中的空穴浓度，改变磁晶各向异性，实现对平面内磁化矢量方向的调控，具体如图 6-92 所示。他们也是通过在不同栅电压下测量（Ga，Mn）As 层中反常 Hall 效应详细研究了 Hall 电阻随磁化矢量与外加磁场之间夹角的变化关系，提取出磁晶各向异性场、磁化矢量的方向角和空穴浓度随电场的变化关系。他们的结果大体上可用 p-d Zener 模型预言的、价带的各向异性与磁化矢量的大小和方向以及空穴浓度的依赖关系来解释。

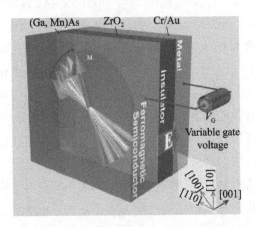

图 6-92 GaMnAs 的层构造 MIS 结构示意图。插图取自文献 [105]

2009 年 Chernyshov 等 [106] 将 GaMnAs 层刻成直径为 6 μm 的圆盘（图 6-93），在它的圆周边上制备了间隔均匀的 8 条普通金属引线，以便沿不同晶向通电流，产生沿不同方向的 Rashba 等效磁场。例如，若沿 [1$\bar{1}$0] 正（反）方向通电流，就会产生沿 [110] 正（反）两个方向的 Rashba 等效磁场。测量平面 Hall 电阻及其随电流方向的变化，可以探测到磁化矢量在外加磁场和 Rashba 等效磁场共同作用下在平面内发生的旋转。

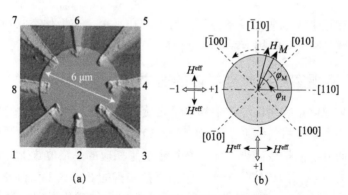

图 6-93　GaMnAs 圆盘配置 Hall 电阻测试器件图。插图取自文献 [65]、[106]

（2）稀磁半导体物性的光学调控。与常规的铁磁金属相比，由于（Ⅲ，Mn）V 类半导体铁磁性起源于空穴媒介的 p-d 交换作用，它们的磁有序性受载流子浓度的影响很大，因而，除了上面已介绍过的、通过栅极电场来改变载流子密度外，光辐射自然也是十分有效的手段。

早在 1997 年 Koshihara 等 [107] 用激发带-带跃迁的光照射 p-（In，Mn）As/GaSb 异质结构，让光生空穴从 GaSb 转移到 InMnAs 中。他们发现当温度为 35K 时，光照诱导的铁磁性在撤光后依然能保留。但是，在高于 35K 以后，在撤光后原来由光照诱导的铁磁性又变回顺磁性。他们将上述现象归结为空穴浓度增加导致的相变。2005 年 Munekata 等 [108] 在零磁场下测量生长在 GaAs 衬底上的（Ga，Mn）As 的反常 Hall 效应。由于易磁轴是在平面内，在没有光照时是不会有反常 Hall 效应发生的。当采用激发带-带跃迁的圆偏光激发时，他们观察到反常 Hall 电压。很明显，圆偏光激发了自旋取向垂直平面的电子和空穴，通过 p-d 交换作用会引入一个垂直磁化矢量分量，它会诱发反常 Hall 效应。

采用时间分辨磁光克尔效应（TRKR）的测量已经揭示了稀磁半导体（Ga，Mn）As 中的光致退磁 [109]、光致磁化转动 [110]、超快磁化增强 [111] 等物理现象。采用的主要实验手段是时间分辨线偏振磁光双色性（MLD）测量，它可以同时探测（Ga，Mn）As 中克尔旋转的运动和双轴四度磁化翻转 [112, 113]。他们采用波长 $\lambda=775$ nm、能流密度高达 8.25 mJ/cm^2 的泵浦光进行时间分辨极化克尔测量时，观察到的是持续时间不超过 2 ns 的铁磁性（Ga，Mn）As 的退磁动力学过程。这是由价带热空穴和锰离子局域自旋之间的自旋交换散射所致。后来，采用接近带边的波长 $\lambda=816$ nm，能流密度小于 30 μJ/cm^2 的泵浦光进行 $\Delta \mathrm{MLD} = \mathrm{MLD}_{\mathrm{pump-on}} - \mathrm{MLD}_{\mathrm{pump-off}}$ 的扫描磁场测量时，发现在历时 $\Delta t =13.10$ ns 以后仍可以看到双轴四度磁化翻转行为 [114]。这一结果表明，在近带边的弱激发条件下，价带的非平衡、非极化空穴与锰离子 d 壳层的局域自旋之间的相干耦合具有较持久的稳定性。

六、实现室温稀磁半导体的努力

磁性半导体是利用半导体中的电子自旋自由度进行信息加工处理、传输及存储的一类重要材料体系[115]。20 世纪 60 年代，一些研究组就开展了浓磁半导体的研究。所谓浓磁半导体即在每个晶胞相应的晶格位置上都含有磁性元素，如 Eu 或 Cr 的硫族化合物，包括岩盐结构的 EuO、EuS 和尖晶石结构的 $CdCr_2S_4$、$CdCr_2Se_4$ 等，这类磁性半导体有很大的磁化强度并且其磁性质在金属-绝缘体相变点附近强烈依赖于外磁场的大小。然而，由于浓磁半导体的居里温度（T_C）较低，且很难获得高质量的晶体材料，所以，自 20 世纪 80 年代人们的兴趣点又转移到了（Zn，Mn）Se 和（Cd，Mn）Te 等磁性元素掺杂的 II-VI 族半导体上。Mn 元素很容易掺入 II-VI 族半导体中，提供局域自旋，因此人们在 II-VI 族半导体中观察到了丰富的自旋相关现象。遗憾的是，在磁性掺杂的 II-VI 族半导体中，局域磁矩之间往往倾向于反铁磁耦合，并且很难对 II-VI 族磁性半导体进行 n 型或 p 型掺杂，这些因素极大地限制了此类材料的应用。之后，利用非平衡低温分子束外延技术（LT-MBE），人们成功合成了 III-V 族磁性半导体，主要包括（In，Mn）As 和（Ga，Mn）As 等。与 II-VI 族磁性半导体不同的是，在 Mn 掺杂的 III-V 族磁性半导体中，替代 III 族元素的 Mn 不仅提供了局域磁矩，还扮演着受主角色提供空穴。理论和实验均表明，这些材料的铁磁性是以空穴为媒介诱导的[116-119]。在过去近 20 年的时间里，基于 III-V 族磁性半导体的自旋发光二极管、磁隧道结和电流诱导磁畴壁运动等多种自旋电子学器件功能在低温下得到了演示[120-122]，典型的磁性半导体（Ga，Mn）As 连续薄膜和纳米结构的最高居里温度分别被提高到 191 K 和 200 K[123, 124]。但是如何将（Ga，Mn）As 的居里温度进一步提高到室温以上仍是一个巨大的挑战。下面将主要针对近年来人们在（Ga，Mn）As 材料方面开展的研究工作进行回顾，包括：为实现室温铁磁性（Ga，Mn）As 付出的努力；在高浓度（Ga，Mn）As 中无序、局域化和电子-电子间关联作用如何影响载流子媒介的铁磁性；如何检验（Ga，Mn）As 是真正稀磁半导体的有效方法等。

1. 实现室温稀磁半导体的努力

要提高（Ga，Mn）As 的居里温度，首先需要了解其磁性起源及影响居里

温度的主要因素。从晶体结构来看，Mn 元素并入 GaAs 后的（Ga，Mn）As
仍维持闪锌矿结构，Mn 在（Ga，Mn）As 中主要有两种占据状态：一是替代
Ga 原子的位置，标记为 Mn_{Ga}；二是占据 GaAs 中的间隙位置，标记为 Mn_I，
包括四面体间隙和八面体间隙等[125]，如图 6-94 所示。人们通过对细致系统
的研究发现，利用低温分子束外延技术生长的（Ga，Mn）As 中，Mn 的分
布是随机均匀的，且其磁性也是均匀分布的[126, 127]。由于在稀磁半导体（Ga，
Mn）As 中磁性元素 Mn 原子之间的平均空间距离较大，局域磁矩之间是通
过空穴来实现间接铁磁耦合的[125]。

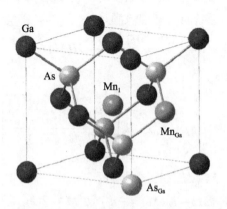

图 6-94　（Ga，Mn）As 的晶体结构示意图，其中标记出了 Mn 的两种典型占据状态[143]

在（Ga，Mn）As 的能带结构方面，目前主要有两种主流的看法，即所
谓的"杂质带模型"和"价带模型"，它们各自都解释了很多实验现象[128]。
这两种模型的主要争论点在于诱导铁磁性的空穴是在 Mn 杂质带中还是在弱
无序的价带中，前者认为空穴位于 Mn 杂质带中，而后者则认为不存在所谓
的 Mn 杂质带[129]。按杂质带理论，提高 T_C 的关键在于将费米能级调节到 Mn
杂质带的中间位置，因为此时空穴态在空间上是最为扩展的[130]。人们提出
了几种调节费米能级位置的方法，例如，控制生长条件以调节 Mn_I 的浓度、
共掺杂 C 或 Si 以调节载流子浓度等[131-133]。而按照价带理论，p-d Zener 模型
（考虑材料的具体能带结构、p-d 交换作用和自旋-轨道耦合作用）预言，当
x_{eff}=12.5% 而 p=3.5 × 10²⁰ cm⁻³ 时（Ga，Mn）As 的居里温度将会达到室温[134]。
p-d Zener 模型的中心思想是局域离子的自旋与空穴通过 p-d 交换作用而导
致铁磁有序。载流子和局域磁性离子系统的总自由能 $F(M)=F_C(M)+F_S$
(M)，这里 $F_C(M)$ 和 $F_S(M)$ 分别为空穴子系统和局域自旋子系统的自由
能。其中，将 6 × 6 的 Kohn-Luttinger 矩阵哈密顿量和 p-d 交换作用哈密顿量

对角化并结合统计力学可以得到 $F_C(M)$；而局域自旋子系统的自由能可以表示如下：

$$F_S(M) = \int_0^M \mathrm{d}M H(M) \qquad (6\text{-}104)$$

其中，M 是磁性离子在磁场 H 下的磁化强度，H 包括外磁场和内磁场。

平均场模型下，M 和 H 的关系是

$$M = g\mu_B S N_0 x_{\mathrm{eff}} B_S \left[\frac{g\mu_B S H}{k_B(T + T_{\mathrm{AF}})} \right] \qquad (6\text{-}105)$$

上式考虑了由反铁磁带来的对居里温度的修正 T_{AF}。

在任意状态下，系统自由能应该满足

$$\frac{\partial F(M)}{\partial M} = \frac{\partial F_C(M)}{\partial M} + H(M) = 0 \qquad (6\text{-}106)$$

将上式代入式（6-105）得到

$$M = g\mu_B S N_0 x_{\mathrm{eff}} B_S \left[\frac{g\mu_B S \left(-\dfrac{\partial F_C(M)}{\partial M} \right)}{k_B(T + T_{\mathrm{AF}})} \right] \qquad (6\text{-}107)$$

根据相变理论，当系统接近居里温度时，有

$$F_C(M) - F_0(M) = -A_F \rho_S \beta^2 M^2 / 2(2g\mu_B)^2 \qquad (6\text{-}108)$$

其中，ρ_S，β 分别是费米能级处态密度和交换作用强度；A_F 是费米液体常数。

将式（6-108）代入式（6-107），并利用如下关系：

$$B_S(x) = \frac{1}{3}\frac{S+1}{S}x, \quad x \ll 1 \qquad (6\text{-}109)$$

可得

$$T_C = \frac{x_{\mathrm{eff}} \rho_S N_0 S(S+1)\beta^2 A_F}{12 k_B} - T_{\mathrm{AF}} \qquad (6\text{-}110)$$

上式表明，居里温度与有效磁离子含量 x_{eff} 成正比，与费米能级处的态密度 ρ_S 成正比。在Ⅲ-Ⅴ族磁性半导体中，进一步的计算表明：$T_{\mathrm{AF}} \sim 0$，且 ρ_S 与空穴浓度 p^γ 成正比，因此可以通过提高有效 Mn 含量和空穴浓度两种方法实现 T_C 的提高。

然而，生长（Ga，Mn）As 薄膜采用的是低温分子束外延技术，不可避免地带来了大量的不利缺陷，如起到补偿空穴效果的 As 反位 As_{Ga} 和 Mn_I，其中，Mn_I 还会通过与 Mn_{Ga} 的反铁磁耦合部分地抵消 Mn_{Ga}-Mn_{Ga} 之间的铁磁耦合，极不利于进一步增强（Ga，Mn）As 的铁磁性[135]。因此，要提高（Ga，Mn）As 的居里温度，最直接的办法便是提高有效 Mn 含量 x_{eff} 和空穴

浓度 p，目前主要的办法包括：通过共掺杂以减少 As 反位 As_{Ga} 和 Mn_I 的含量来提高载流子浓度[136-138]；在某些高指数面的 GaAs 衬底上生长（Ga，Mn）As 实现更高浓度的 Mn 离子的掺杂[139, 140]；进一步降低生长温度和 V/III 束流比实现重 Mn 掺杂以提高占据位 Mn 含量[123]；通过生长后退火使 Mn_I 扩散至样品表面从而提高 x_{eff} 等[141-142]。此外，人们还利用磁近邻效应在铁磁金属/（Ga，Mn）As 异质结中成功地观察到了界面处 Mn 离子的室温自旋极化现象[143]。下面简单介绍几类典型的提高（Ga，Mn）As 居里温度的方法。

1）共掺杂和低温退火处理

人们首先在（Ga，Mn）As 中掺入受主元素，如 Be 和 Cr 等，希望直接提高空穴浓度。然而，这些元素的掺入并未如想象中那样提高（Ga，Mn）As 的居里温度，而是产生了较为复杂的结果。例如，Be 的共掺杂反而降低了空穴浓度[136]，Cr 的共掺杂甚至导致高居里温度的金属相（Ga，Mn）As 变为绝缘相，致使 T_C 大幅度降低[137]。Park 等通过将 Mn 离子注入 GaAs：C 样品的方法，在 280K 左右观察到了铁磁-顺磁转变，但没有直接的证据表明此处的铁磁性来源于本征的（Ga，Mn）As[138]。上述方法使得原位生长的（Ga，Mn）As 薄膜居里温度在短时间内达到了 110 K，但由于 Mn_I 的存在，这个数值维持了好长时间都没能得到进一步的提高。几年后，几个研究组相继发现，在空气或氧气氛围中对（Ga，Mn）As 薄膜进行退火，且退火温度控制在其生长温度附近时，不仅可以防止其他稳定相（如六方结构 MnAs）的生成，还能大幅度地提高其居里温度至 173 K[141, 142]。这是由于在退火过程中，Mn_I 在扩散至表面后与空气中的氧气或氮气发生了钝化反应，从而保证了 Mn_I 持续地向表面扩散，减少了对 Mn_{Ga} 提供的空穴载流子的补偿，致使居里温度提高。需要注意的是，As_{Ga} 缺陷在 450℃ 以下能保持稳定，而铁磁性的（Ga，Mn）As 薄膜在这样的高温下退火会受到破坏，所以为了减少 As_{Ga} 的浓度，在（Ga，Mn）As 的生长过程中应该尽量提高衬底温度。之后，尽管人们尝试利用多种方法提高（Ga，Mn）As 薄膜的居里温度，进展却十分缓慢，如图 6-95 所示[143]。更进一步的研究结果表明，对（Ga，Mn）As 进行的生长后低温退火处理有饱和效应，具体表现在（Ga，Mn）As 薄膜的 T_C 不再随着退火时间的增加而进一步提高，如图 6-96 所示。各种实验结果表明，低温退火的饱和效应并不是因为 Mn_I 已经被完全去除，相反，是因为 Mn_I 扩散到表面与空气中的氧气或氮气反应钝化并完全覆盖表面后会阻碍 Mn_I 与 O_2 的后续反应[144]。

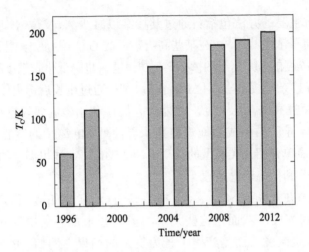

图 6-95　提高（Ga，Mn）As 薄膜居里温度方面的重要进展示意图 [143]

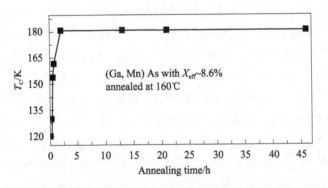

图 6-96　有效 Mn 含量为 8.6% 的（Ga，Mn）As 薄膜居里温度
与退火时间的关系曲线 [143]

2）重 Mn 掺杂

与此同时，人们也在尝试逐步提高 Mn 的掺杂量，并获得了有效 Mn 含量约 10% 的（Ga，Mn）As 薄膜 [123, 141, 142, 145-149]。但是直至 2008 年，（Ga，Mn）As 的最高居里温度只有 185K。2009 年，Chen 等结合低温分子束外延生长和低温退火处理的方法，制备出高质量的高 Mn 含量（Ga，Mn）As 薄膜，低温退火后其居里温度被提高到 191 K[123]。图 6-97（a）中的插图示出了（Ga，Mn）As 样品在 5 K、170 K 和 190 K 时的磁滞回线，可以看到，当温度为 190 K 时，仍能够观察到磁滞现象。Chen 等还系统地研究了高 Mn 含量的（Ga，Mn）As 薄膜的磁输运行为。图 6-97（b）示出了零磁场下该高Mn 含量的（Ga，Mn）As 薄膜在退火前后电阻与温度的关系曲线，可以看

到，退火前后的两条曲线分别在居里温度 141 K 和 191 K 附近发生了金属–绝缘体相变，但是居里温度以下的电阻最小值对应的温度却大幅度提高，退火前67K，退火后41K，这与 Mn 含量低于 10% 的（Ga，Mn）As 样品的磁输运特征大不相同。Chen 等分析模拟了低温磁输运行为，发现 Mott 变程跃迁可能是其低温输运的内在机制。

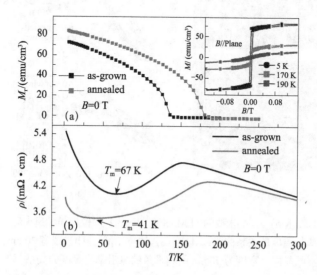

图 6-97 厚度为 10 nm、名义 Mn 含量为 20%（Ga，Mn）As 薄膜的残余磁矩（a）和电阻（b）与温度的关系。插图示出了温度为 5 K、170 K 和 190 K时的磁滞回线 [123]

3）微纳加工

如果能提高（Ga，Mn）As 薄膜的表面积/体积比，则有可能提高退火效率，从而进一步提高（Ga，Mn）As 的居里温度。这是因为把薄膜加工到纳米尺寸，增加了退火所需的比表面积，使得相对多的 Mn 间隙原子从（Ga，Mn）As 纳米条的侧面扩散出来，故可以提高退火效率，减小 Mn_I 对空穴载流子的补偿，增强局域 Mn 离子之间的相互作用，达到提高其居里温度的目的。Eid 和 Sheu 等通过电子束曝光技术，将原位生长的居里温度为 60K 的（Ga，Mn）As 薄膜加工成纳米尺寸，其 SEM 图像如图 6-98 所示 [150, 151]。他们利用输运数据测量确定出经过 190℃ 5h 低温退火后线宽为 1 μm 的纳米条居里温度升高到 70 K，而线宽为 70 nm 的纳米条居里温度升高到 120 K，实验证明了微纳加工的确可以大幅度提高退火效率。

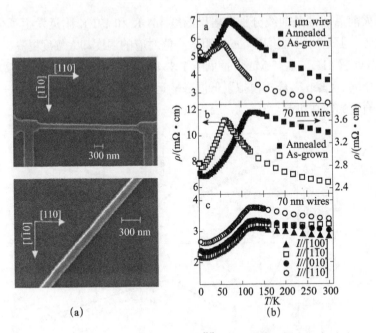

图 6-98 (a)(Ga, Mn) As 纳米线的 SEM 图像 [36];(b) 原位生长和退火后(Ga, Mn) As 纳米条的电阻率与温度的关系曲线,其中 (a) 线宽 1 μm,(b) 线宽 70 nm,(c) 电流沿不同晶向时宽度为 70 nm 的纳米条的电阻率与温度的关系 [150]

  Chen 等综合了重 Mn 掺杂、低温退火和微纳加工技术,大幅度地提高了(Ga, Mn) As 的 T_C [124]。他们将重 Mn 掺杂(名义 Mn 含量高于 10%)的(Ga, Mn) As 样品通过纳米加工工艺制作成宽度为 300 nm 的纳米条,结合低温退火的方法,成功将(Ga, Mn) As 的 T_C 提高到了 200 K 以上,创下了国际最高纪录,这个数值一直保持到现在。需要指出的是,由于纳米尺度的(Ga, Mn) As 磁矩很小,无法通过直接的磁性测量手段(如 SQUID)来确定其 T_C,其磁性行为的测量必须借助于与磁化强度相关的方法。在这里,Chen 等考虑到(Ga, Mn) As 磁学和电学性质的内在关联,利用两种电学测量方法间接获得了其 T_C:第一种方法利用金属相(Ga, Mn) As 薄膜在 T_C 附近电阻-温度(R-T)曲线出现峰值来确定其 T_C;第二种方法则是考虑到反常霍尔电阻正比于磁化强度垂直分量的特点,从而利用 Arrott 方法确定其 T_C,如图 6-99 所示,在测量过程中磁场方向垂直于样品表面 [124]。

  如上面所述,厚度为 10 nm、宽度为 310 nm 的(Ga, Mn) As 的纳米条在低温退火处理后,其居里温度可以提高到 200 K。但是,当(Ga, Mn) As 纳米条的宽度继续减小至低于 310 nm 时,低温退火处理后其居里温度并不再继续提高，反而降低。这种现象可能源于（Ga，Mn）As 的纳米条的应力释放。因为重 Mn 掺杂的（Ga，Mn）As 薄膜与 GaAs 衬底之间存在着较大的晶格失配，纳米条的宽度进一步减小可能会导致应变弛豫，加之自上而下的微纳加工方法通常难以避免对结构带来损伤，这些因素都可能导致（Ga，Mn）As 的晶体质量降低，因此其居里温度不升反降。但是，如果采用自下而上自组织分子束外延生长高质量的（Ga，Mn）As 纳米线，这种现象就有可能发生改变。基于这样的思路，Yu 等采用了 Ga 液滴自催化方法来制备闪锌矿结构（Ga，Mn）As 纳米线。采用 Ga 液滴自催化方法而不是使用外来媒介（如 Au）作为催化剂，主要是为了避免可能发生的杂质混入，从而影响（Ga，Mn）As 纳米线的晶体质量。

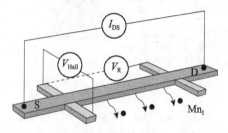

Mn_I atoms also diffuse out at side walls
Nano-device of heavily Mn-doped (Ga, Mn) As
(a)

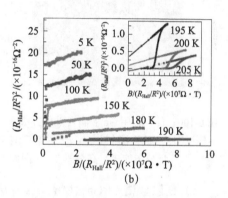

(b)

图 6-99　将重 Mn 掺杂的（Ga，Mn）As 薄膜加工成纳米条 (a) 后，结合低温退火方法将（Ga，Mn）As 的居里温度提高到了 200 K (b) [124]

　　Yu 等首先使用 Ga 液滴自催化方法，在 Si（111）衬底上生长出纯闪锌矿结构的 GaAs 纳米线[152]，如图 6-100（a）所示。在此基础上，以 GaAs 纳米线为核，通过低温分子束外延技术，在自催化生长 GaAs 纳米线的侧面上外延生长（Ga，Mn）As，成功地制备出全闪锌矿结构 GaAs/（Ga，Mn）As 核-壳径向异质结纳米线，如图 6-100（b）所示[153]。这种方法的特点是，Ga 液滴自催化生长方法保证了 GaAs 核纳米线的纯闪锌矿结构，而低温分子束外延技术则避免了（Ga，Mn）As 壳层纳米线中 MnAs 第二相的形成。但是需要指出的是，利用这种技术得到的全闪锌矿结构 GaAs/（Ga，Mn）As 核-壳径向异质结纳米线的生长窗口比较窄，迄今只在生长温度为 245℃、Mn 浓度为 2% 的生长条件下得到了侧面平滑的全闪锌矿结构 GaAs/（Ga，Mn）As 核-壳径向异质结纳米线。当生长温度或 Mn 含量过高时，在纳米线侧面上容易形成树杈分支或纳米晶，或者有 MnAs 第二相形成[153]。因为 Mn 含量过低，这种高晶体质量的 GaAs/（Ga，Mn）As 核-壳径向异质结纳米线的居里温度目前只有 18K（图 6-100），是否能够通过优化生长条件继续提高居里温度，还有待于进一步的实验证明。

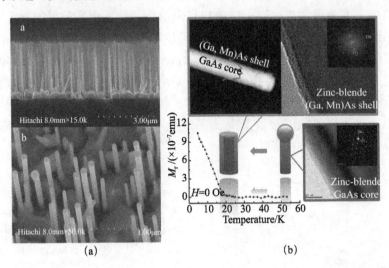

图 6-100　（a）利用 Ga 液滴自催化方法在 Si（111）衬底上生长的 GaAs 纳米线的形貌，a 侧视图，b 俯视图 [38]；（b）全闪锌矿结构 GaAs/（Ga，Mn）As 核 - 壳纳米线 Mn 含量分布能谱、高分辨 TEM 图像以及残余磁矩与温度的关系曲线 [153]

4）铁磁金属 /（Ga，Mn）As 双层膜界面处磁近邻效应

前面概括总结了提高（Ga，Mn）As 单层膜居里温度方面的主要工作，另外，自 2008 年起还陆续报道了在铁磁金属 Fe/（Ga，Mn）As 双层膜异质结构中利用磁近邻效应将（Ga，Mn）As 居里温度提高到室温的实验结果 [154]。例如，Maccherozzi 等在 2008 年利用 X 射线磁圆二色谱（XMCD）方法证实在 Fe/（Ga，Mn）As 双层膜界面附近约 2nm 厚的（Ga，Mn）As 在 300 K 的室温下仍然保持着自旋极化；对 Fe 和 Mn 元素 L3 边磁滞回线的测量表明界面附近 Mn 离子与 Fe 原子以反铁磁形式耦合，如图 6-101 所示 [154]。

Nie 等选择理论上具有 100% 自旋极化度的半金属 Co_2FeAl 作为铁磁层，用分子束外延方法制备了高质量的 Co_2FeAl/（Ga，Mn）As 双层膜异质结构。如图 6-102 所示 [155]，由于界面处铁磁近邻效应的存在，当温度为 300K 时，双层膜界面处 2.1nm 厚（Ga，Mn）As 层中的 Mn 离子保持着自旋极化，即使温度上升到 400K，在厚度为 1.36nm 的（Ga，Mn）As 中 Mn 离子仍保持着自旋极化。如果能够把这个厚度提高至 5nm，那么实现室温环境下工作的（Ga，Mn）As 基自旋电子器件将不再仅仅是科学家的梦想。

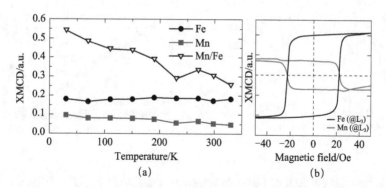

图 6-101　Fe/（Ga，Mn）As 双层膜 XMCD 测量结果。（a）Fe 和 Mn 的 XMCD 信号及二者比值随温度的变化曲线；（b）Fe 和 Mn 的 L3 边 XMCD 信号随外场的响应曲线，表明两者是反铁磁耦合[154]

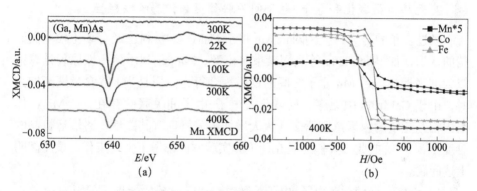

图 6-102　Co₂FeAl/（Ga，Mn）As 双层膜的 XMCD 测量结果。（a）不同温度下 Mn 元素的 XMCD 曲线；（b）Co、Fe 和 Mn 的 L3 边 XMCD 信号随外场响应曲线，表明三种元素之间是铁磁耦合[155]

　　进一步的研究表明，磁近邻效应不仅能使界面附近极薄的区域内 Mn 离子保持室温自旋极化，还能有效地提高 GaMnAs 薄膜整体的居里温度[156]。例如，Song 等通过自旋注入实验证明在 Fe/GaMnAs 双层膜中，GaMnAs 薄膜整体的居里温度甚至可以提高两倍，如图 6-103 所示[156]。然而，铁磁金属覆盖在 GaMnAs 薄膜上阻碍了 Mn_I 的扩散，很难获得高 T_C 的母体 GaMnAs，目前报道的 GaMnAs 的 T_C 都在 100K 以下。此外，必须指出，这种磁近邻效应使界面处 GaMnAs 极薄层中的 Mn 离子局域磁矩在室温下保持一致朝向，但在 GaMnAs 中 Mn 离子与 Mn 离子之间是否能因此而产生耦合还没有得到实验证实。

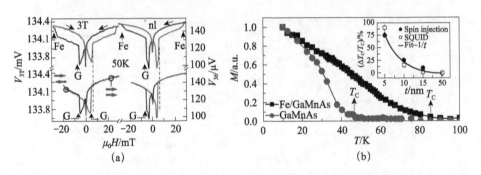

图 6-103 （a）温度为 50 K 时 Fe/GaMnAs/n-GaAs 中的三端和非局域自旋阀信号，同时观察到了来自 Fe 和 GaMnAs 的贡献；（b）GaMnAs 和 Fe/GaMnAs 薄膜的 *M-T* 曲线，插图为 GaMnAs 居里温度提高的幅度与厚度的关系 [156]

2. 无序、局域化和电子-电子间关联作用如何影响铁磁性

经过多年的努力，人们对低 Mn 掺杂 GaMnAs 材料已经有了比较全面清楚的认识，如早期 Flatte 等利用紧束缚模型、Zunger 利用第一性原理计算都较为准确地描述了 Mn 原子之间的铁磁耦合行为。但是当 Mn 含量逐渐增大时，由于 GaMnAs 中无序、局域化及电子-电子间关联的存在，GaMnAs 体系内相互竞争的因素急剧增多，大大增加了分析理解其磁性、磁输运机制的难度[157]。尽管如此，人们还是在理论和实验方面都做了大量工作，试图阐明上述问题。

1）无序、局域化和电子-电子关联对 GaMnAs 磁输运性质的影响

A. 局域化对电导的修正

实际晶体中，由于杂质、缺陷等无序因素存在，金属的电导率由 Boltzmann 方程给出[158]：

$$\sigma = \frac{ne^2\tau}{m^*} \tag{6-111}$$

这里，n 为载流子浓度；m^* 为载流子有效质量，它包含了周期场的作用；τ 是输运弛豫时间，它的物理意义是处于某动量本征态电子的平均寿命。输运时间包括各种相互作用的贡献，主要有杂质散射、电子-声子相互作用、电子-电子相互作用等，其相应的弛豫时间分别为 τ_{imp}、τ_{e-ph} 和 τ_{e-e}。根据 Mathiessen 定则：

$$\tau^{-1} = \tau_{imp}^{-1} + \tau_{e-ph}^{-1} + \tau_{e-e}^{-1} + \cdots \tag{6-112}$$

对于较纯的金属，杂质散射的贡献较少，电子-电子相互作用由于传导电

子的屏蔽效应而变得很弱。在温度较高时，声子散射起主要作用，随着温度降低，声子浓度不断减小，电导率将趋于常数，对应电阻称为剩余电阻[159]。

上述观点是半经典的准粒子模型，电子被看成粒子，忽略了电子波的干涉作用。图 6-104 是电子在固体中的扩散路径。一个电子沿不同的布朗运动路径从 M 点到达 N 点，为简化起见，只考虑处于相同能量本征态电子波的干涉。也就是说，电子经历的散射全部是弹性的，则经过第 i 条路径电子相位随时间变化 $\varphi_i = Et/h$。各分波叠加结果可以表示为

$$\left| \sum_i A_i \right|^2 = \sum_i A_i^2 + \sum_{i \neq j} A_i A_j^* \tag{6-113}$$

其中，$A_i = |A_i| \exp(i\varphi_i)$ 为第 i 条路径波函数。上式第一项是不考虑干涉效应的结果，第二项为干涉的贡献。可能的路径很多，且路径长度又明显不同，导致的相对相移 $\varphi_i - \varphi_j$ 不同，因而对所有路径求和时，干涉的平均值为零。这就是在传统的固体理论中，如 Drude-Boltzmann 方程、Kubo 公式都略去相位相干性的原因。

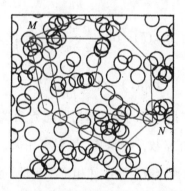

图 6-104　电子从 M 到 N 的不同路径

电子在固体中扩散运动时有一定概率返回出发点，这种路径称为自相交路径。如图 6-105 所示，电子可沿顺时针方向多次散射，或沿逆时针方向经过同样的但顺序相反的散射回到出发点。基于上面的讨论，仅考虑弹性散射的情形，则出射波 A_+ 和入射波 A_- 有相同的振幅和相位。那么，这两分波叠加的结果为

$$|A_+ + A_-|^2 = |A_+|^2 + |A_-|^2 + A_+A_-^* + A_+^*A_- = 4A^2 \tag{6-114}$$

是经典值的 2 倍。电子回到途中某一点概率的增加意味着电导率的减小或电阻率的增加。这种发生在闭合路径上量子局域化的影响给出对经典电导率的

量子力学修正。可以看到，在计及量子效应之后，电子更趋向于待在原点，这便是弱局域化现象（weak localization）。

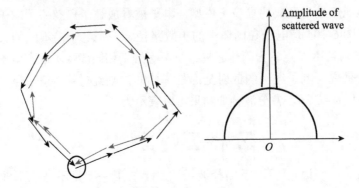

图 6-105　沿时间反演对称的闭合路径上两电子分波及电子弱局域化效应

局域化对 Drude 电导的量子修正，严格的计算结果如下[159]：

$$\sigma_{3D}(T) = \sigma_0 + \frac{e^2}{\hbar\pi^3}\frac{1}{a}T^{P/2} \tag{6-115a}$$

$$\sigma_{2D}(T) = \sigma_0 + \frac{p}{2}\frac{e^2}{\hbar\pi^2}\ln\left(\frac{T}{T_0}\right) \tag{6-115b}$$

$$\sigma_{1D}(T) = \sigma_0 - \frac{ae^2}{\hbar\pi}T^{-p/2} \tag{6-115c}$$

其中，σ_0 是剩余电导率；T_0 是与弹性散射时间 τ_0 有关的温度；a 是与非弹性散射有关的常数；p 是正常数，与非弹性散射率相关，$\frac{1}{\tau_i} \propto T^P$。由于弹性散射保持相位相干性，非弹性散射则破坏相位相干性，温度降低或者减小样品的尺寸，电子的相干性增强，则需要考虑局域化效应对电导率的修正[160]。

B. 电子-电子相互作用对电导的修正

弱局域化对电导的修正来源于单电子的量子干涉效应。事实上，单电子的库仑相互作用也给出电导的量子力学修正。金属中的电子之间具有长程的库仑相互作用，由于库仑作用受到电子云的屏蔽，大多数情况下单电子近似仍是很好的近似。

严格的计算给出电子-电子相互作用对电导率的修正如下[161]：

$$\sigma_{3D}(T) = \frac{F^{3D}}{4\pi^2}\frac{e^2}{\hbar}\sqrt{T/D} \tag{6-116a}$$

$$\sigma_{2D}(T) = \frac{F^{2D}}{\pi} \frac{e^2}{\hbar} \ln \frac{T}{T_0} \qquad (6\text{-}116b)$$

$$\sigma_{1D}(T) = -\frac{F^{1D}}{\pi A} \frac{e^2}{\hbar} \sqrt{\frac{\hbar D}{k_B T}} \qquad (6\text{-}116c)$$

在二维样品中，弱局域化和电子-电子相互作用对电导修正均呈对数下降趋势，值得注意的是 Kondo 效应也给出相同的修正：$\sigma(T) \propto -\sigma_{00} \ln(T)$。仅依据电导与温度的关系无法区分这三种机制。由于电子-电子相互作用对磁场引起电导变化不敏感，我们可以通过磁致电阻来研究弱局域效应[159]。

图 6-106 是不同维数（Ga，Mn）As 样品的电导率与温度的关系曲线。可以看到对于一维样品，$\sigma_{1D}(T) \propto T^{-1/2}$；对于二维样品，$\sigma_{2D}(T) \propto \ln T$；对于三维样品，$\sigma_{3D}(T) \propto T^{1/2}$，实验测量数据与电子-电子相互作用对电导率的修正符合得较好[162]。

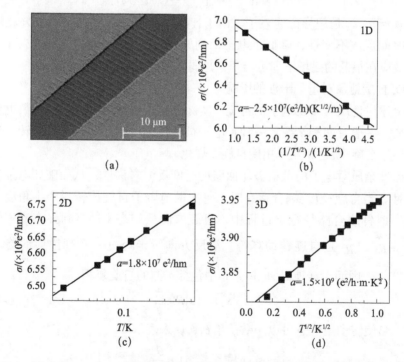

图 6-106 （a）（Ga，Mn）As 纳米线的 SEM 图，该纳米线列阵由 25 条长度为 10 μm，宽度为 92 nm 的纳米线平行排列；（b）一维（Ga，Mn）As 纳米线阵列；（c）二维 Hall bar 和（d）三维 Hall bar 的电导率与温度的关系。各直线的斜率已经在图中标出[162]

C. 弱局域化磁致电阻

弱局域化现象源于两束时间反演闭合路径的电子波的干涉，改变它们的相对相位将影响其干涉。考虑垂直于二维平面的磁场对电子波的影响，电子在磁场中运动时获得的附加相位为

$$\delta\varphi = \frac{e}{\hbar}\boldsymbol{A}\cdot\mathrm{d}\boldsymbol{r} \qquad (6\text{-}117)$$

其中，$\boldsymbol{A}$ 为磁矢势。沿顺时针方向运动的电子返回原点时的相移为

$$\delta\varphi_+ = \frac{e}{\hbar}\int_+ \boldsymbol{A}\cdot\mathrm{d}\boldsymbol{r} = \frac{e}{\hbar}\iint \boldsymbol{B}\cdot\mathrm{d}\boldsymbol{S} = \frac{e}{\hbar}\phi \qquad (6\text{-}118)$$

沿逆时针方向运动的电子返回原点时的相移为

$$\delta\varphi_- = \frac{e}{\hbar}\int_- \boldsymbol{A}\cdot\mathrm{d}\boldsymbol{r} = -\frac{e}{\hbar}\iint \boldsymbol{B}\cdot\mathrm{d}\boldsymbol{S} = -\frac{e}{\hbar}\phi \qquad (6\text{-}119)$$

因此两电子分波的波函数为 $A_\pm = A\exp(\pm\mathrm{i}\phi/\phi_0)$，在原点找到电子的概率为

$$\left|A_+ + A_-\right|^2 = 2A^2\left[1+\cos(4\pi\phi/\phi_0)\right] \qquad (6\text{-}120)$$

这里 $\phi_0 = h/2e$ 是超导磁通量子。由于 $\left[1+\cos(4\pi\phi/\phi_0)\right]\leqslant 2$，可见外磁场破坏了时间反演不变性，降低了电子回到原点的概率，导致正磁导或负磁阻，这种效应在很低的磁场下即可出现，是弱局域化存在的重要证据。

D. 自旋弛豫对量子干涉的影响

上述讨论没有涉及电子的自旋，实际上电子被散射时自旋波函数也要发生改变。一般有两种情况：一种是电子被磁性杂质散射时的自旋翻转，另一种是通过自旋-轨道相互作用使自旋无规化。

磁性杂质对电子的散射破坏回路的时间反演对称性，从而破坏电子波的相干性。当自旋-轨道耦合存在时，每次散射电子自旋旋转一个小角度。电子沿顺时针闭合路径行走过程中，自旋取向从初态 s 过渡到终态 s^+，可写成 $s^+ = \hat{R}s$，$\hat{R}$ 是自旋转动算符。沿反方向行走经过一系列散射的终态为 $s^- = \hat{R}^{-1}s$，因而干涉项 $A_+A_-^* + A_+^*A_-$ 中包括不同的自旋点积

$$\langle s_+|s_-\rangle = \langle s|R^2|s\rangle \qquad (6\text{-}121)$$

其中，自旋转动矩阵 $\hat{R}$ 可以用欧拉角 θ,ϕ,ψ 来表示

$$\hat{R} = \begin{pmatrix} \cos\dfrac{\theta}{2}\mathrm{e}^{\mathrm{i}(\phi+\psi)/2} & \mathrm{i}\sin\dfrac{\theta}{2}\mathrm{e}^{-\mathrm{i}(\phi-\psi)/2} \\ \mathrm{i}\sin\dfrac{\theta}{2}\mathrm{e}^{\mathrm{i}(\phi-\psi)/2} & \cos\dfrac{\theta}{2}\mathrm{e}^{-\mathrm{i}(\phi+\psi)/2} \end{pmatrix} \qquad (6\text{-}122)$$

设自旋初态 $|s\rangle = \begin{pmatrix} 1 \\ 0 \end{pmatrix}$，则有

$$\langle s_+|s_-\rangle = \langle s|R^2|s\rangle = \cos^2\frac{\theta}{2}e^{i(\phi+\psi)} - \sin^2\frac{\theta}{2} \qquad (6\text{-}123)$$

由于自旋在多次散射之后是无规的，上式的全空间角平均给出 $\overline{\langle s_+|s_-\rangle} = -\dfrac{1}{2}$，这样干涉项的贡献为 $-A^2$，即考虑自旋-轨道耦合散射后量子干涉效应反而导致电子返回原点的概率减小了一半，也就是出现了反弱局域化效应（weak anti-localization）[159]。

必须指出的是：首先，由于 $\tau_{so} \gg \tau_0$，只有那些足够大的回路才产生反弱局域化，而那些较小的回路总是产生弱局域化；其次，只有当 $\tau_{so} < \tau_\varphi$ 时，电子才可能经历足够多的弹性散射而不是遇到非弹性散射。

对于二维体系，我们用图 6-107 定性地描述弱局域化磁致电阻。为了简单起见，我们用一个圆表示与之具有相同面积的回路。标记"+"的小圆导致弱局域化；标记"-"的较大的圆导致反弱局域化；标记"0"的圆因为其周长大于相位相干长度 $L_\varphi = (D\tau_\varphi)^{1/2}$，对干涉没有贡献。当磁场逐渐加强时，首先影响的是面积最大的回路，但那些回路本来就没有贡献，所以电阻上升很慢。当磁场继续增强时，反弱局域化的回路逐渐被破坏，导致电阻上升。这时可以观测到正磁致电阻。当所有标记为"-"的回路的贡献都被去除时，电阻达到最大，更强的磁场将破坏那些产生弱局域化的回路，电阻将逐渐下降，实验如图 6-108 所示。

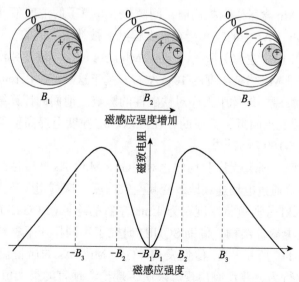

图 6-107　磁场对弱局域化效应影响的示意图及相应的磁致电阻[159]

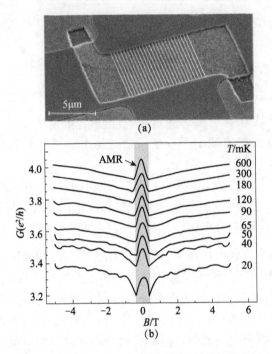

图 6-108　(a)（Ga，Mn）As 纳米线的 SEM 图，是由 25 条长度为 10 μm、宽度为 92 nm 的纳米线平行排列成的一维（Ga，Mn）As 纳米线阵列；（b）该样品在不同温度下电导量子与磁场的关系，磁场垂直于样品表面 [163]

2）无序、局域化和电子-电子关联对（Ga，Mn）As 磁性质的影响

考虑到当 Mn 含量逐渐提高时，间隙位 Mn 原子的浓度不可避免地随之提高，（Ga，Mn）As 中的空穴会在很大程度上被补偿。例如，对于重 Mn 掺杂（Mn 含量在 10% 左右）情况，（Ga，Mn）As 的空穴浓度并没有得到相应提高，通常只是 Mn 掺杂浓度的 10% 左右。基于这一点，Berciu 等利用平均场近似研究了稀磁半导体中无序对铁磁性的影响。他们的计算结果表明，在金属-绝缘体转变点附近，无序的存在可以一定程度上提高稀磁半导体的居里温度，如图 6-109 所示 [164]。

在实验方面，研究无序和局域化对（Ga，Mn）As 铁磁性影响的最直接有效的办法便是通过电场连续地改变其空穴浓度，探测相应条件下材料的磁性行为。Sawicki 等通过将厚度仅为 4 nm 左右的绝缘相（Ga，Mn）As 薄膜加工成场效应电容器结构，借助 SQUID 研究了不同栅压下材料的残余磁化强度，如图 6-110 所示 [119]。他们发现（Ga，Mn）As 的居里温度随着栅压呈现单调变化行为，并没有出现"杂质带理论"预言的最大值，如图 6-111

（a）所示。换言之，当温度不变时，施加正电压耗尽（Ga，Mn）As 中的空穴可以使（Ga，Mn）As 由铁磁态转变为顺磁态，如图 6-111（b）所示。更细致的测量表明，上述过程中（Ga，Mn）As 样品实际上同时存在铁磁、超顺磁和顺磁区域，如图 6-112 所示。他们认为在（Ga，Mn）As 中存在的这种相分离现象可以归结为空穴局域态密度的量子涨落，而这种现象在金属-绝缘体转变点附近表现得尤为明显。与上述关于金属相样品的理论预言结果不同，随着样品中无序度的增强，对长程铁磁耦合有贡献的磁矩数量逐渐减少，从而导致自发磁化强度的降低甚至消失。

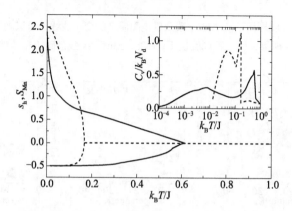

图 6-109 平均 Mn 原子自旋和空穴自旋随温度的变化，实线和虚线分别代表 Mn 无序和立方有序情况，插图为相应的 Mn 原子的比热随温度的变化曲线 [164]

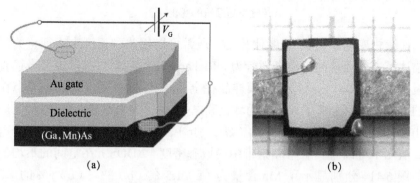

图 6-110 用于 SQUID 测量的场效应电容器结构示意图（a）和实物图（b）[119]

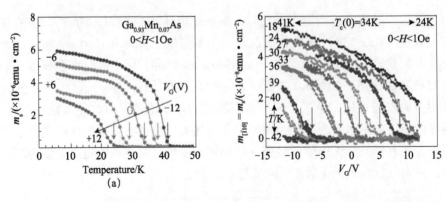

图 6-111　（a）不同栅压下 GaMnAs 残余磁矩随温度的变化曲线，可以观察到居里温度受到栅压的调控现象；（b）不同温度下，（Ga，Mn）As 残余磁矩栅压的变化曲线[119]

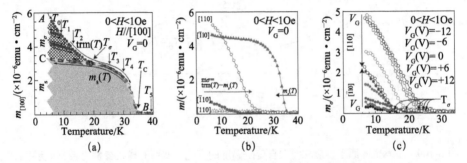

图 6-112　（a）通过变温测试确定（Ga，Mn）As 薄膜中铁磁相和类超顺磁相所占比重；（b）沿不同晶向测量的结果表明自发磁化和类超顺磁相的易轴相互垂直；（c）类超顺磁相磁矩随栅压的变化[119]

　　连续相变（如金属-绝缘体相变）通常可以用关联长度来表征，关联长度描述了空间涨落的指数衰减行为。Richardella 等利用扫描隧道显微镜直接测量了不同（Ga，Mn）As 薄膜样品在金属-绝缘体转变点附近电子态在空间的分布，从而分析了无序、局域化和电子-电子关联对磁性的影响[165]。图 6-113 给出了 Mn 含量为 1.5% 的（Ga，Mn）As 样品能量分辨 STM 微分电导图，从图中可以看到价带和禁带中局域态密度（LDOS）在空间的不均匀分布。图 6-114 分别显示了 Mn 含量为（a）1.5%、（b）3%、（c）5% 的（Ga，Mn）As 薄膜样品费米能级处局域态密度在空间中的分布情况。通过对比不同 Mn 含量 LDOS 在空间中的分布情况表明，无序和电子-电子关联在很大程度上影响了载流子诱导的铁磁性。

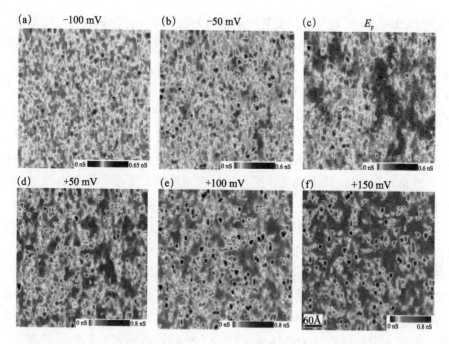

图 6-113　Mn 含量为 1.5% 的（Ga，Mn）As 样品能量分辨 STM 微分电导图 [51]

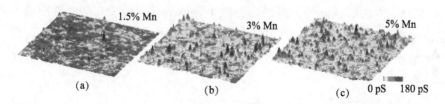

图 6-114　Mn 含量为（a）1.5%、（b）3%、（c）5% 的（Ga，Mn）As 薄膜样品费米能级
处局域态密度在空间中的分布情况 [165]

3. 检验（Ga，Mn）As 是否是真正稀磁半导体的有效方法

前文提到，有很多报道声称成功制备了居里温度高于室温甚至接近 1000 K 的磁性半导体，但由于缺少令人信服的实验证据，迄今得到公认的本征磁性半导体仅有寥寥数种。考虑到很多新的磁性半导体材料通常都是在非平衡条件下合成的，从而不可避免地引入了一些杂质相，如何有效地在实验上判断某种材料是真正的磁性半导体，或者说如何才能证明某种材料的磁性是本征的而不是源自磁性纳米团簇是亟待解决的问题。

通常来说，磁性半导体特别是稀磁半导体的铁磁性都较弱，其磁化强度一般在100emu/cm³以下，因此几十纳米厚的磁性半导体薄膜表现出的总磁矩一般在$10^{-7}\sim10^{-5}$emu，恰好在超导量子干涉仪（SQUID）磁强计的测量精度范围之内。然而，由于SQUID磁强计测量的是样品的总体磁矩信号，并不能证明测得的磁学信号是来源于磁性半导体样品。不仅如此，不当操作还可能会引入磁性杂质污染，从而导致错误的结论。例如，Coey等报道在HfO_2中观察到了铁磁性行为[166]，但随后很快便被更仔细的实验证明这是由于在SQUID装样品过程中使用了磁性镊子[167]。由于上述原因，测量样品总体磁信号的SQUID磁强计及振动样品磁强计等磁性测量手段并不能有效地判断材料的微观磁性来源。

为了证明磁性来源于磁性半导体，人们经常用一些衡量材料晶体质量的方法来证明样品不含有强磁性杂质，如X射线衍射（XRD）和高分辨透射电镜（HRTEM）等。但是，前者的灵敏度很低而后者只能探测很小的一块区域，都不具有说服力[168]。因此，要从实验上证明某种材料是磁性半导体，必须找到一种与半导体宿主材料的内禀性质相关的磁性测量手段。这些手段包括：与半导体能带结构（特别是禁带宽度）相关的磁圆二色谱（MCD）方法以及与元素特征X射线吸收谱相关的X射线磁圆二色谱（XMCD）方法等。此外，考虑到磁性半导体的导电性质和磁学性质通常都是由于磁性元素的掺杂，即其电学性质和磁学性质有内在关联，还可以通过磁输运测量间接判断材料磁性的来源。下面对上述几种磁性测量方法做简要介绍。

1）检验磁性来源的方法：MCD和XMCD

MCD方法利用的是磁性材料对左旋和右旋圆偏振光吸收谱的不同来研究材料的磁性质。但与SQUID等磁矩测量方法不同的是，MCD方法还能反映材料的能带结构。如此一来，通过观察材料MCD谱形是否符合磁性半导体的宿主半导体材料能带结构特点，便成为判断所测材料是否是真正的磁性半导体的一个必要条件。例如，利用SQUID磁强计都能观察到GaN：Mn、GaN：Cr和ZnO：Ni等材料的铁磁信号，但都观察不到MCD信号；而ZnO：Co的MCD信号则与顺磁性的（Zn，Co）O（Co掺杂量远小于前者）大相径庭。因此，可以判断这些材料的磁信号都是来源于其他杂相或磁性纳米团簇。图6-115显示了在不同温度下（Ga，Mn）As薄膜带边附近的MCD信号，可以看到随温度的上升MCD信号逐渐减小直至消失，与SQUID磁强计测量结果一致，这为（Ga，Mn）As 薄膜的铁磁性质是本征的提供了一个有力证据。

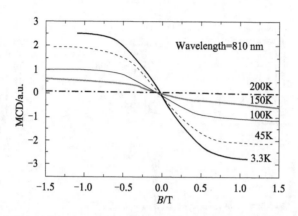

图 6-115　重 Mn 掺杂（Ga，Mn）As 薄膜在不同温度下的典型 MCD 信号 [169]

随着同步辐射 X 射线和 XMCD 理论和实验技术的提高，XMCD 不仅具有元素分辨功能，还能分辨出同一元素不同微观状态对磁性贡献的大小，因此是判断磁性来源的强大手段 [170]。XMCD 谱是利用磁性样品对左旋和右旋 X 射线吸收谱的差别实现对特定元素的磁性质进行探测技术 [170]。以 3d 过渡族磁性金属为例，其 d 壳层的电子净磁矩不为零，此时若用能量合适的圆偏振 X 射线激发其 2p 电子到 3d 壳层，由于 2p 到 3d 的跃迁主要是自旋反转禁戒的偶极跃迁，而 3d 壳层不同自旋的电子态被占据的数目不同，因此会导致不同的左旋和右旋圆偏振 X 射线吸收强度谱。具体的，由于符号相反的自旋轨耦合作用，2p 轨道劈裂为 $2p^{1/2}$ 和 $2p^{3/2}$ 两个能级，这两个能级分别对应于 XMCD 的 L_2 边和 L_3 边，两者的符号亦相反，如图 6-116 所示。此外，利用 XMCD 方法还能计算出某种元素中电子轨道磁矩和自旋磁矩的大小，它是理解材料磁性起源的有力手段 [170]。

对于（Ga，Mn）As 而言，虽然不同微观状态（如空间占位）的 Mn 元素磁性状态都会贡献 XMCD 信号，且 XMCD 不具有空间分辨能力，但对 Mn 元素 L_2 峰的细致测量可以发现，处于金属环境和半导体环境中 Mn 元素的 XMCD 谱形不同。如图 6-117 所示，处于半导体环境中的 Mn 元素在 L_2 边呈现出双峰结构，而处于金属环境中的 Mn 元素 L_2 边则为单峰结构 [154]。

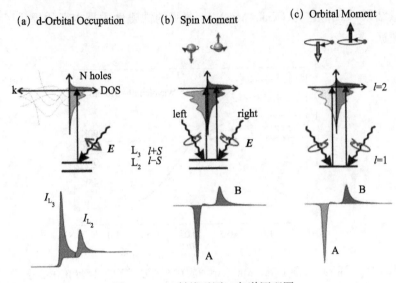

图 6-116　X 射线磁圆二色谱原理图

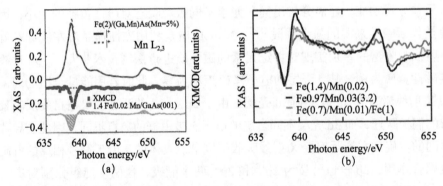

图 6-117　在各种不同材料体系中 Mn 元素的 XMCD 谱 [154]。(a) 在金属环境中 Mn 元素的 XMCD 谱 L_2 峰是单峰结构；(b) 在半导体环境中共价结合 Mn 的 XMCD 谱出现了 L_2 双峰结构

2）检验载流子是否自旋极化的方法：磁输运测量

对于过渡族磁性金属掺杂的稀磁半导体，磁性元素之间空间距离过大无法实现短距离的直接交换耦合，其局域磁矩往往是通过间接交换作用实现铁磁耦合的。典型的耦合机制便是以载流子为媒介的 RKKY 机制，具体到（Ga,Mn）As 中，其铁磁性来源于以空穴为媒介的 p-d 交换作用。因此，对于磁性半导体特别是稀磁半导体，对其载流子的自旋极化的实验验证不仅可以判断已有的理论是否正确，还往往成为判别某种材料是否是本征磁性半导体的标

准之一。上述提到的 MCD 和 XMCD 方法本质上都属于光学探测手段，它们分别与材料能带结构和原子壳层结构相关联，能给出大量丰富的信息，但却很难给出载流子自旋极化方面的直接信息。解决上述问题最有效的手段便是磁输运方法，具体到实验中即测量薄膜电阻和霍尔电阻对磁场和温度的依赖关系。

基于上述分析，对于含有自旋极化载流子的磁性材料而言，载流子受到不对称的自旋相关散射，会导致自旋依赖的电荷在样品边界的积累。因此，若对材料霍尔电阻进行测量，将会观察到其与磁化矢量的相关性。对于磁性材料，霍尔电阻包括正常霍尔项和反常霍尔项，可以表示为

$$R_{\text{Hall}} = \frac{R_0}{d} B + \frac{R_{\text{S}}}{d} M_z$$

其中，R_0 和 R_{S} 分别是正常和反常霍尔系数；d 是样品厚度；B 和 M_z 分别是外磁场感应强度和样品磁化强度垂直于表面的分量。正常霍尔项来源于载流子在外磁场运动中受到的洛伦兹力，而反常霍尔项则与材料的磁化状态密切相关。通常情况下，由于反常霍尔系数远大于正常霍尔系数，因此正常霍尔效应的贡献往往可以忽略，直接测得的霍尔电阻往往就能直观地反映磁性材料在垂直于样品表面方向的磁化行为。图 6-118 给出了温度为 5K 时垂直易磁化（Ga，Mn）As 薄膜（厚度为 10nm，Mn 含量约为 5%）的磁矩和霍尔电阻随外磁场的变化关系，两者表现出几乎一致的磁滞行为。两者矫顽力的不同可能是在器件加工过程中应力部分释放的结果。

前面提到，是否存在自旋极化的载流子往往成为判别某种材料是否是本征磁性半导体的标准之一。这是因为如果在磁性半导体中载流子与磁性有关联，那么通过改变材料磁化强度的方向和大小或载流子浓度便能观察到反常霍尔电阻的改变。图 6-119 给出了利用外磁场改变磁化强度方向导致反常霍尔电阻变化的例子，可以明显地看到随着温度的升高，反常霍尔电阻逐渐减小的现象[171]。此外，在场效应电容器结构中，施加电场耗尽或积累载流子可以减弱或增强材料的磁性，反映在磁输运测量结果上便是反常霍尔电阻的减小或增大。图 6-120 展示了电场对（Ga，Mn）As 薄膜磁性质的调控，可以明显观察到样品矫顽力随栅电压改变而改变。这些实验证据都表明磁输运方法是判断载流子是否自旋极化，进而进一步判断某种材料是否是真正磁性半导体的有力手段之一。

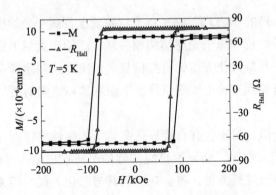

图 6-118 温度为 5K 时垂直易磁化（Ga，Mn）As 薄膜（厚度为 10 nm，Mn 含量约为 5%）的磁矩和霍尔电阻随外磁场的变化关系

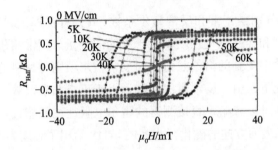

图 6-119 不同温度下（Ga，Mn）As 薄膜霍尔电阻随磁场的变化曲线 [171]

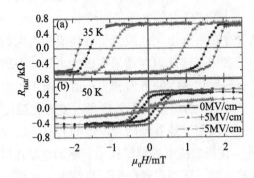

图 6-120 温度为 35 K（a）和 50 K（b）时电场对（Ga，Mn）As 薄膜磁性的调控现象 [166]

七、展望

稀磁半导体最大的特点便是同时具备半导体和磁性材料的特性，这类材料的研究历史甚至可以追溯到 20 世纪 60 年代浓缩磁性半导体的研究 [172-175]。

已报道的稀磁半导体种类繁多，包括 3d 过渡族金属如 V、Cr、Mn、Fe 和 Co 掺杂的各类半导体材料。然而，获得公认的本征稀磁半导体材料却不多，主要还是集中在 Mn 掺杂的 II-VI 和 III-V 族稀磁半导体上。目前，阻碍这些磁性半导体转向应用研究的最大问题在于其居里温度仍然低于室温。

尽管如此，我们认为稀磁半导体仍然具有很强的基础物理研究价值和潜在的应用价值，相关研究仍在继续。展望未来，关于稀磁半导体的研究目标主要应该定位在以下几个方面。

（1）寻找居里温度高于室温的本征稀磁半导体。实现该目标的努力方向大致有两个：一是提高理论预测的效率和可靠性，为材料设计提供更为精确的理论指导[174-176]；二是对已有的材料体系进行进一步研究，深入思考总结已有实验方法、技术的不足和可能忽略的关键因素[172-174]。经过多年的研究，在稀磁半导体的理论研究方面，不论是第一性原理还是基于模型哈密顿量的计算都已经做出了大量的预测，相应的实验数据也得到了逐步的积累，但是仅有部分结果吻合得较好。由此看来，现有理论和计算方法仍有许多不足和欠缺考虑之处，相关的突破首先应该建立在对已有模型的不足进行总结并加以改进的基础上。此外，发展更为高效的计算方法对庞大的半导体材料库进行快速搜索也是提高理论预测能力的必要因素。在实验方面，科学家们首先需要重新审视已有的实验数据，在纷繁复杂的实验数据中筛选出最可靠的结果，进而抽取最核心的概念并思考实验方向的局限性，加以调整并对实验方法和技术进行相应改进。以（Ga，Mn）As 为例，如何在分子束外延过程中尽量提高 Ga 占据位上的 Mn 含量以及如何更有效全面地去除间隙位 Mn 含量？这是一种面对掺杂极限定律（doping limit rule）的一种挑战。后者是一种材料的本征性质：随掺杂的增加会自发形成电荷相反的本征补偿杂质。除此以外，如何降低缺陷离化能？能否实现杂质能带辅助掺杂？非平衡掺杂理论和技术等还有待去探索。

（2）充分理解在稀磁半导体中发现的新奇物理效应和现象，并考虑将这些新奇物理效应和现象转移到磁性金属上的可能性。与磁性金属不同，稀磁半导体最大的特点是其磁性质与载流子浓度有直接的关系，且半导体载流子浓度比金属通常小 2~3 个数量级。正因为如此，一些过去没有观测到的新奇物理现象在稀磁半导体中得以实现，最直接和典型的新物理效应便是磁性的电场调控[177]。此外，考虑到半导体最常见的闪锌矿结构并不具有空间反演对称性，"自旋轨道矩"（SOT）也首次在稀磁半导体（Ga，Mn）As 中被成功观察到[178]。这一新物理现象迅速被应用到铁磁金属薄膜中，成为当前自旋电子学的前沿课题之一[179-182]。在稀磁半导体中观测到的新奇物理现象还有很多，如隧穿磁各向异性电阻（TAMR）、巨平面霍尔效应（GPHE）、隧穿各向异性磁热能（TAMT）等，对这些效应物理机制的深入研究不仅有助于提高人们对于自旋相关现象的理解，还将促进金属自旋电子学的快速发展[172, 173]。

（3）以稀磁半导体作为材料平台探索新的物理效应和物理现象，以期为自旋电子学的发展开辟新思路。特别是稀磁半导体中与自旋轨道耦合相关的现象非常丰富，如（Ga，Mn）As 相关结构中包括由空间反演对称性破缺和结构反演对称性破缺导致的多种自旋轨道耦合项。因此，与铁磁金属中 SOT 起源有很大争议不同，稀磁半导体中 SOT 的机制能比较容易地进行确定和判断[178, 183]。这些新的物理效应不仅可以转移到铁磁性金属中，还对反铁磁性金属和半导体的研究具有很大的借鉴价值[184]。

郑厚植、赵建华（中国科学院半导体研究所，

中国科学院半导体超晶格国家重点实验室）

参 考 文 献

[1] Condon E U, Shorttley G H. The Theory of Atomic Spectra. Cambridge : Cambridge University Press, 1963.

[2] Szczytko J, Twardowski A, Swia.tek, et al. Electronic structure and magnetism of complex materials. Phys. Rev B, 1999, 60:8304.

[3] Baldereschi A, Lipari N O. Spherical model of shallow acceptor states in semiconductors. Physical Review B, 1973, 8(6):2697-2709.

[4] Baldereschi A, Lipari N O. Cubic contributions to the spherical model of shallow acceptor states. Physical Review B, 1974, 9(4):1525-1539.

[5] Jungwirth T, Sinova J, Masek J, et al. Theory of ferromagnetic (Ⅲ, Mn) Ⅴ semiconductors. Reviews of Modern Physics, 2006, 78(3):809-864.

[6] Wang L G, Shen C, Zheng H Z, et al. Stability of the positively charged manganese centre in GaAs heterostructures examined theoretically by the effective mass approximation calculation near the Γ critical point. Chinese Physics B, 2011, 20: 100301.

[7] Shen C, Wang L G, Zheng H Z, et al. Positively charged manganese acceptor disclosed by photoluminescence spectra in an n-i-p-i-n heterostructure with a Mn-doped GaAs base. Journal of Applied Physics, 2011, 109: 093507.

[8] Ernst A, Sandratskii L M, Bouhassoune M, et al. Weakly dispersive band near the fermi level of GaMnAs due to Mn interstitials. Physical Review Letters, 2005, 95(23):237207.

[9] Bantien F, Weber J. Properties of the optical transitions within the Mn acceptor in As. Physical.Review B, 1988, 37(17):10111-10117.

[10] Hofmann G, Keckes A, Weber J, et al. Manganese-doped GaAs$_{1-x}$P$_x$ in the compositional range 0.25. Semicond. Sci. Technol., 1993, 8: 1523.

[11] Tarhan E, Miotkowski I, Rodriguez S, et al. Lyman spectrum of holes bound to substitutional 3d transition metal ions in a Ⅲ-Ⅴ host: GaAs(Mn^{2+}, Co^{2+}, or Cu^{2+}), GaP(Mn^{2+}), and InP(Mn^{2+}). Physical Review B, 2003, 67: 195202.

[12] Sapega V F, Sablina N I, Panaiotti I E, et al. Hole spin polarization in the exchange field of the dilute magnetic (Ga,Mn)As semiconductor studied by means of polarized hot-electron photoluminescence spectroscopy. Physical Review B Condensed Matter, 2009, 80: 041202(R).

[13] Haldane F D M, Anderson P W. Simple model of multiple charge states of transition-metal impurities in semiconductors. Physical Review B Condensed Matter, 1976, 13(6):2553-2559.

[14] Zunger A, Lindefelt U. Substitutional 3d impurities in silicon: A self-regulating system.Solid State Communications, 1983, 45(4):343-346.

[15] Raebiger H, Lany S, Zunger A. Charge self-regulation upon changing the oxidation state of transition metals in insulators.Nature, 2008, 453(7196):763-766.

[16] Caldas M J, Fazzio A, Zunger A. A universal trend in the binding energies of deep impurities in semiconductors. Applied Physics Letters, 1984, 45(6):671-673.

[17] Zunger A. Composition-dependence of deep impurity levels in alloys. Physical Review Letters, 1985, 54: 849.

[18] Myers R C. Zero-field optical manipulation of magnetic ions in semiconductors. Nature Materials, 2008, 7(3):203-208.

[19] Besombes L, Leger Y, Maingault L, et al. Optical probing of the spin state of a single magnetic ion in an individual quantum dot. Physical Review Letters, 2004, 93(20):207403.

[20] Léger Y, Besombes L, Maingault L, et al. Hole spin anisotropy in single Mn-doped quantum dots. Physical Review B Condensed Matter, 2005, 72: 241309.

[21] Besombes L, Leger Y, Maingault L, et al. Carrier-induced spin splitting of an individual magnetic atom embedded in a quantum dot. Physical Review B, 2005, 71(16):161307.

[22] Léger Y, Besombes L, Fernández-Rossier J, et al. Electrical control of a single Mn atom in a quantum dot. Physical Review Letters, 2006, 97(10):107401.

[23] Tang J M, Levy J, Flatté M E. All-electrical control of single ion spins in a semiconductor.

Physical Review Letters, 2006, 97(10):106803.

[24] Myers R C. Zero-field optical manipulation of magnetic ions in semiconductors. Nature Materials, 2008, 7(3):203-208.

[25] Gaebel T, Domhan M, Popa I, et al. Room-temperature coherent coupling of single spins in diamond. Nature Physics, 2006, 2(6):408-413.

[26] Schrieffer J R, Wolff P A. Relation between the Anderson and Kondo Hamiltonians. Physical Review, 1966, 149(2):491-492.

[27] Dyakonov M I.Spin physics in semiconductors.Berlin:Springer, 2008;Zunger A, Lany S, Raebiger H. Trend: the quest for dilute ferromagnetism in semiconductors: guides and misguides by theory. Physics,2010, 3:53.

[28] Szczytko J, Bardyszewski W, Twardowski A. Optical absorption in random media: Application to Ga_{1-x} Mn_x As epilayers. Physical Review B, 2001, 64(7):075306.

[29] Zener C. Interaction between the d -Shells in the Transition Metals. Ⅲ . Calculation of the Weiss Factors in Fe, Co, and Ni. Physical Review, 1951, 83(2):299-301.

[30] Ruderman M A,Kittel C.Indirect exchange coupling of nuclear magnetic moments by conduction electrons.Phys. Rev. ,1954, 96, 99; Kasuya T. A theory of metallic ferro- and antiferromagnetism on Zener's Model. Prog. Theor. Phys., 1956, 16:45; Yosida K. Magnetic properties of Cu-Mn Alloys. Phys. Rev., 1957, 106:893.

[31] Dietl T,Ohno H,Matsukuraet F, et al.Zener model description of ferromagnetism in zinc-blende magnetic semiconductors.Science, 2000, 287: 1019;Dietl T, Ohno H, Matsukura F.Hole-mediated ferromagnetism in tetrahedrally coordinated semiconductors.Phy. Rev. B, 2001, 63:195205.

[32] Mahadevan P, Zunger A, Sarma D D. Unusual directional dependence of exchange energies in GaAs diluted with Mn: is the RKKY description relevant?. Physical Review Letters, 2004,93(17):177201;Mahadevan P, Zunger A, First-principles investigation of the assumptions underlying model-Hamiltonian approaches to ferromagnetism of 3d impurities in III-V semiconductors.Phys. Rev. B, 2004, 69:115211.

[33] Honhenberg P H, Kohn W. Inhomogeneous electron gas. Physical Review, 1964, 136: B864.

[34] Kohn W, Sham L J. Self-consistent equations including exchange and correlation effects. Physical Review, 1965, 140(4A):A1133-A1138.

[35] Kohn W. Electronic structure of matter: Wave functions and density functionals. Reviews of Modern Physics, 1999, 71(5):1253-1266.

[36] Perdew J P. Accurate density functional for the energy: Real-space cutoff of the gradient expansion for the exchange hole. Physical Review Letters, 1985, 55(16):1665-1668.

[37] Perdew J P, Wang Y. Accurate and simple density functional for the electronic exchange

energy:generalized gradient approximation.Phys. Rev. B, 1986, 33:8800(R).

[38] Perdew J P, Burke K, Ernzerhof M. Generalized gradient approximation made simple. Physical Review Letters, 1998, 77(18):3865-3868.

[39] Engel E,Dreizler R M. Density Functional Theory:An Advanced Course.Berlin: Springer, 2011.

[40] Anisimov V I, Zaanen J, Andersen A O K. Band theory and Mott insulators: Hubbard Uinstead of stoner I. Physical Review B Condensed Matter, 1991, 44(3):943.

[41] Anisimov VI V I, Solovyev IV I V, Korotin M A, et al. Density-functional theory and NiO photoemission spectra. Physical Review B (Condensed Matter), 1993, 48(23):16929.

[42] Liechtenstein A I, Anisimov VI V I, Zaanen J. Density-functional theory and strong interactions: Orbital ordering in Mott-Hubbard insulators.Physical Review B, 1995, 52(8):R5467.

[43] Anisimov V I,Aryasetiawan F,Liechtenstein A I.First-principles calculations of the electronic structure and spectra of strongly correlated systems: the LDA+ U method.J. Phys: Condens. Matter, 1997, 9:767.

[44] Sato K,Bergqvist L, Kudrnovský J, et al.First-principles theory of dilute magnetic semiconductors. Rev. Mod. Phys., 2010, 82:1633.

[45] Zener C. Interaction between the d-hells in the transition metals.II. ferromagnetic compounds of manganese with perovskite structure. Physical Review, 1951, 82(3):403-405.

[46] Anderson P W, Hasegawa H. Considerations on double exchange. Physical Review, 2008, 100(2):675-681.

[47] de Gennes P G. Effects of double exchange in magnetic crystals.Phys. Rev.,1960, 118:141.

[48] Zener C.Interaction between the d shells in the transition metals.Phys. Rev.,1951, 81: 440.

[49] Dietl T, Ohno H, Matsukura F, et al. Zener model description of ferromagnetism in zinc-blende magnetic semiconductors. Science, 2000, 287(5455):1019-1022.

[50] Kanamori J,Terakura K.A general mechanism underlying ferromagnetism in transition metal compounds. J. Phys. Soc. Jpn., 2001, 70:1433.

[51] Sato K, Dederichs P H, Katayamayoshida H, et al. Exchange interactions in diluted magnetic semiconductors. Journal of Physics Condensed Matter, 2004, 16(48):S5491.

[52] Dalpian G M, Wei S H, Gong X G. Phenomenological band structure model of magnetic coupling in semiconductors. Solid State Communications, 2006, 138(7):353-358.

[53] Bergqvist L, Eriksson O, Kudrnovsky J, et al. Magnetic percolation in diluted magnetic semiconductors. Physical Review Letters, 2004, 93(13):137202.

[54] Fukushima T,Sato K,Katayama-Yoshida H.Theoretical prediction of curie temperature in (Zn,Cr)S, (Zn,Cr)Se and (Zn,Cr)Te by first principles calculations. Jpn. J. Appl. Phys., 2004, 43: L1416.

[55] Sato K, Schweika W, Dederichs P H, et al. Low temperature ferromagnetism in (Ga, Mn)N. Physical Review B, 2004, 70: 201202(R).

[56] Zunger A, Lany S, Raebiger H. The quest for dilute ferromagnetism in semiconductors: Guides and misguides by theory. Physics, 2010, 3: 53.

[57] Basov D N, Chubukov A V. A very cool birthday. Nature Physics, 2011(4):271.

[58] Ohya S, Takata K, Tanaka M. Nearly non-magnetic valence band of the ferromagnetic semiconductor GaMnAs. Nature Physics, 2011, 7(4):342-347.

[59] Hirakawa K, Katsumoto S, Hayashi T, et al, Double-exchange-like interaction in Ga1-xMnxAs investigated by infrared absorption spectroscopy. Phys. Rev. B, 2002, 65: 193312.

[60] Burch K S, Shrekenhamer D B, Singley E J, et al. Impurity band conduction in a high temperature ferromagnetic semiconductor. Physical Review Letters, 2006, 97(8):087208.

[61] Jungwirth T, Sinova J, Macdonald A H, et al. On the character of states near the Fermi level in (Ga,Mn)As: Impurity to valence band crossover. Physics, 2007, 76: 125206.

[62] Yang S R E, Sinova J, Jungwirth T, et al. Non-drude optical conductivity of (Ⅲ, Mn) Ⅴ ferromagnetic semiconductors. Physical Review B Condensed Matter, 2003, 67: 045205.

[63] Vaira D, Vakil N, Rugge M, et al. Effect of helicobacter pylori eradication on development of dyspeptic and reflux disease in healthy asymptomatic subjects. Gut, 2003, 52(11):1543-1547.

[64] Ohya S, Muneta I, Hai P N, et al. Valence-band structure of the ferromagnetic semiconductor GaMnAs studied by spin-dependent resonant tunneling spectroscopy. Physical Review Letters, 2010, 104(16):167204.

[65] Gray A X, Minár J, Ueda S,et al. Bulk electronic structure of the dilute magnetic semiconductor $Ga_{1-x}Mn_xAs$ through hard X-ray angle-resolved photoemission.Nature Materials, 2012, 11(11):957-962.

[66] Neumaier D, Schlapps M, Wurstbauer U, et al. Electron-electron interaction in one- and two-dimensional ferromagnetic (Ga, Mn) As. Physical Review B, 2008, 77(4):041306; Sheu B L, Myers R C, Tang J M, et al. Onset of ferromagnetism in low-doped $Ga_{1-x}Mn_xAs$. Physical Review Letters, 2007, 99(22):227205.

[67] Majumdar P, Littlewood P B. Dependence of magnetoresistivity on charge-carrier density in metallic ferromagnets and doped magnetic semiconductors. Nature, 1998, 395(6701):479-481.

[68] Timm C, Raikh M E, Von O F. Disorder-induced resistive anomaly near ferromagnetic phase transitions. Physical Review Letters, 2005, 94(3):036602.

[69] He H T, Yang C L, Ge W K, et al, Resistivity minima and kondo effect in ferromagnetic GaMnAs films. Appl. Phys. Lett., 2005, 87: 162506.

[70] Matsukura F, Sawicki M, Dietl T, et al. Magnetotransport properties of metallic (Ga,Mn)As films with compressive and tensile strain. Physica E: Low-Dimensional Systems and Nanostructures, 2004, 21(2):1032-1036.

[71] Honolka J, Masmanidis S, Tang H X, et al. Magnetotransport properties of strained $Ga_{0.95}Mn_{0.05}As$ epilayers close to the metal-insulator transition: Description using Aronov-Altshuler three-dimensional scaling theory. Physical Review B, 2007, 75: 245310.

[72] Neumaier D, Turek M, Wurstbauer U, et al. All-electrical measurement of the density of states in (Ga,Mn)As. Physical Review Letters, 2009, 103(8):087203.

[73] Lee P A,Ramakrishnan T V.Disordered electronic systems.Rev. Mod. Phys., 1985, 57: 287.

[74] Altshuler B L, Khmel'Nitzkii D, Larkin A I, et al. Magnetoresistance and Hall effect in a disordered two-dimensional electron gas. Physical Review B, 1980, 22(11):5142-5153.

[75] Rokhinson L P, Lyanda-Geller Y, Ge Z, et al. Weak localization in $Ga_{1-x}Mn_x As$: Evidence of impurity band transport. Physical Review B, 2007, 76: 121601.

[76] Richardella A, Roushan P, Mack S, et al. Visualizing critical correlations near the metal-insulator transition in $Ga_{1-x}Mn_xAs$. Science, 2010, 327(5966):665-669.

[77] Sawicki M, Chiba D,Korbecka A, et al.Experimental probing of the interplay between ferromagnetism and localization in (Ga, Mn)As.Nature Physics,2010,6 : 22-25.

[78] Dietl T, Ohno H, Matsukura F, et al. Zener model description of ferromagnetism in zinc-blende magnetic semiconductors. Science, 2000, 287(5455):1019-1022.

[79] Abolfath M, Jungwirth T, Brum J, et al. Theory of magnetic anisotropy in $III_{1-x}Mn_x V$ ferromagnets. Physical Review B, 2001,63: 054418.

[80] Bland J A C,Heinrich B.Ultrathin Magnetic Structure 1t. Spriner-Verlag, 1994:21.

[81] Liu X, Liu X, Lim W L, et al. Ferromagnetic resonance study of the free-hole contribution to magnetization and magnetic anisotropy in modulation-doped $Ga1_{1-x}MnxAs/Ga_{1-y}AlyAs$:Be. Phys. Rev. B, 2005, 71 :035307 ; Titova L V , Kutrowski M, Liu X, et al.Competition between cubic and uniaxial anisotropy in $Ga_{1-x}MnxAs$ in the low-Mn-concentration limit. Phys. Rev. B, 2005, 72 :165205 ; Lee S H,Chung J H, Liu X Y, et al. Ferromagnetic semiconductor GaMnAs. Materials today, 2009.12 :14.

[82] Jungwirth T, Sinova J, Masek J, et al. Theory of ferromagnetic (III ,Mn) V semiconductors. Reviews of Modern Physics, 2006, 78(3):809-864.

[83] Matsukura F, Sawicki M, Dietl T, et al. Magnetotransport properties of metallic (Ga,Mn)As films with compressive and tensile strain. Physica E: Low-dimensional Systems and Nanostructures, 2004, 21(2):1032-1036.

[84] Gould C, Rüster C, Jungwirth T, et al. Tunneling anisotropic magnetoresistance: A spin-valve-like tunnel magnetoresistance using a single magnetic layer. Physical Review Letters,

2004, 93(11):117203.

[85] Karplus R, Luttinger J M. Hall Effect in Ferromagnetics.Phys. Rev., 1954, 95: 1154.

[86] Smit J.The spontaneous hall effect in ferromagnetics I.Physica, 1955, 21:877; Smit J.The spontaneous hall effect in ferromagnetics II. Physica, 1958, 24: 39.

[87] Berger L. Influence of spin-orbit interaction on the transport processes in ferromagnetic nickel alloys, in the presence of a degeneracy of the 3d band. Physica, 1964, 30(6):1141-1159.

[88] Nagaosa N. Anomalous Hall effect. Reviews of Modern Physics, 2009, 82(2):1539-1592.

[89] Thouless D J, Kohmoto M, Nightingale M P, et al. Quantized Hall Conductance in a Two-Dimensional Periodic Potential. Phys. Rev. Lett., 1982, 49: 405.

[90] Wölfle P, Muttalib K A. Anomalous Hall effect in ferromagnetic disordered metals. Annalen Der Physik, 2010, 15(7-8):508-519.

[91] Chiba D, Werpachowska A, Endo M, et al. Anomalous Hall effect in field-effect structures of (Ga,Mn)As. Physical Review Letters, 2010, 104(10):106601.

[92] Chun S H, Kim Y S, Choi H K, et al. Interplay between carrier and impurity concentrations in annealed $Ga_{1-x}Mn_xAs$: Intrinsic anomalous Hall effect. Physical Review Letters, 2007, 98(2):026601.

[93] Pu Y, Chiba D, Matsukura F, et al. Mott relation for anomalous Hall and Nernst effects in $Ga_{1-x}Mn_xAs$ ferromagnetic semiconductors. Physical Review Letters, 2008, 101(11):117208.

[94] Shono T, Hasegawa T, Fukumura T, et al. Observation of magnetic domain structure in a ferromagnetic semiconductor (Ga,Mn)As with a scanning Hall probe microscope. Applied Physics Letters, 2000, 77(9):1363-1365.

[95] Chang A M, Hallen H D, Harriott L, et al. Scanning Hall probe microscopy. Applied Physics Letters, 1992, 61(16):1974-1976.

[96] Welp U, Vlasko-Vlasov V K, Liu X, et al. Domain structure and magnetic anisotropy in $Ga_{1-x}Mn_xAs$. Physical Review Letters, 2003, 60: 167206.

[97] Yamanouchi M, Chiba D, Matsukura F, et al. Current-induced domain-wall switching in a ferromagnetic semiconductor structure. Nature, 2004, 428(6982):539-542.

[98] Tang H X, Masmanidis S, Kawakami R K, et al. Negative intrinsic resistivity of an individual domain wall in epitaxial (Ga,Mn)As microdevices. Nature, 2004, 431(7004):52-56.

[99] Chiba D, Yamanouchi M, Matsukura F, et al. Domain-wall resistance in ferromagnetic (Ga,Mn)As . Physical Review Letters, 2006, 96(9):096602.

[100] Sugawara A, Kasai H, Tonomura A, et al. Domain walls in the (Ga,Mn)as diluted magnetic semiconductor. Phys.rev.lett, 2008, 100(4):047202.

[101] Yamanouchi M, Ieda J, Matsukura F, et al. Universality classes for domain wall motion in

the ferromagnetic semiconductor (Ga,Mn)As. Science, 2007, 317(5845): 1726-1729.

[102] Liu X Y,Furdyna J K.Ferromagnetic resonance in $Ga_{1-x}Mn_xAs$ dilute magnetic semiconductors.J. Phys.: Condens. Matter, 2006, 18:R245-R279.

[103] Ohno H, Chiba D, Matsukura F, et al. Electric-field control of ferromagnetism. Nature, 2000, 408(6815):944-946.

[104] Stolichnov I, Riester S W, Trodahl H J, et al. Non-volatile ferroelectric control of ferromagnetism in (Ga,Mn)As. Nature Materials, 2008, 7(6):464-467.

[105] Chiba D, Sawicki M, Nishitani Y, et al. Magnetization vector manipulation by electric fields. Nature, 2008, 455(7212):515-518.

[106] Chernyshov A, Overby M, Liu X, et al. Evidence for reversible control of magnetization in a ferromagnetic material by means of spin–orbit magnetic field. Nature Physics, 2009, 5(9):656-659.

[107] Koshihara S, Oiwa A, Hirasawa M, et al. Ferromagnetic order induced by photogenerated carriers in magnetic Ⅲ-Ⅴ semiconductor heterostructures of (In,Mn)As/GaSb. Physical Review Letters, 1997, 78(24):4617-4620.

[108] Munekata H. Optical manipulation of coupled spins in magnetic semiconductor systems: A path toward spin optoelectronics. Physica E: Low-dimensional Systems and Nanostructures, 2005, 29(3):475-482.

[109] EKojima E, Shimano R, Hashimoto Y, et al. Observation of the spin-charge thermal isolation of ferromagnetic $Ga_{0.94}Mn_{0.06}As$ by time-resolved magneto-optical measurements. Physical Review B, 2003, 68:193203.

[110] Mitsumori Y, Oiwa A, Slupinski T, et al. Dynamics of photoinduced magnetization rotation in ferromagnetic semiconductor p-(Ga, Mn) As. Physical Review B, 2004, 69: 033203.

[111] Wang J, Cotoros I, Dani K M, et al. Ultrafast enhancement of ferromagnetism via photoexcited holes in GaMnAs. Physical Review Letters, 2007, 98(21):217401.

[112] Moore G P, Ferre J, Mougin A, et al. Magnetic anisotropy and switching process in diluted Ga1-xMnxAs magnetic semiconductor films. Journal of Applied Physics, 2003, 94(7):4530-4534.

[113] Zhu Y, Zhang X, Tao L, et al. Ultrafast dynamics of four-state magnetization reversal in (Ga,Mn)As. Applied Physics Letters, 2009, 95: 052108.

[114] Luo J, Zheng H Z, Shen C, et al. Dynamics of photo-enhanced magneto-crystalline anisotropy in diluted ferromagnetic GaMnAs. Solid State Communications, 2010, 150(29):1419-1421.

[115] Macdonald A H, Schiffer P, Samarth N. Ferromagnetic semiconductors: Moving beyond （Ga, Mn）As. Nature Mater., 2005, 4: 195.

[116] Chambers S A, Farrow R F C. New possibilities for ferromagnetic semiconductors. Mater. Res. Soc. Bull., 2003, 28: 729.

[117] Ohno H, et al. Electric-field control of ferromagnetism. Nature, 2000, 408: 944.

[118] Chiba D, et al. Magnetization vector manipulation by electric fields. Nature, 2008, 455: 515.

[119] Sawicki M, et al. Experimental probing of the interplay between ferromagnetism and localization in (Ga, Mn) As. Nature Phys., 2010, 6: 22.

[120] Ohno Y, et al. Electrical spin injection in a ferromagnetic semiconductor heterostructure. Nature, 1999, 402: 790.

[121] Chiba D, et al. Magnetoresistance effect and interlayer coupling of (Ga, Mn) As trilayer structure. Appl. Phys. Lett., 2000, 77: 1873.

[122] Yamanouchi M, et al. Current-induced domain-wall switching in a ferromagnetic semiconductor heterostructure. Nature, 2004, 428: 539.

[123] Chen L, et al. Low-temperature magnetotransport behaviors of heavily Mn-doped (Ga, Mn) As films with high ferromagnetic transition temperature. Appl. Phys. Lett., 2009, 95: 182505.

[124] Chen L, et al. Enhancing the Curie temperature of ferromagnetic semiconductor (Ga, Mn) As to 200 K via nanostructure engineering. Nano Lett., 2011, 11: 2584.

[125] Ohno H, et al. Making nonmagnetic semiconductors ferromagnetic. Science, 1998, 281: 951.

[126] Kodazua M, et al. 3DAP analysis of (Ga, Mn)As diluted magnetic semiconductor thin film. Ultramicroscopy, 2009, 109: 644.

[127] Dunsiger S R, et al. Spatially homogeneous ferromagnetism of (Ga, Mn)As. Nature Mater., 2010, 9: 299.

[128] Dietl T, et al. A ten-year perspective on dilute magnetic semiconductors and oxides. Nature Mater., 2010, 9: 965.

[129] Sato K, et al. Curie temperatures of III-V diluted magnetic semiconductors calculated from first principles. Europhys. Lett., 2003, 61: 403.

[130] Dobrowolska M, et al. Controlling the Curie temperature in (Ga, Mn)As through location of the Fermi level within the impurity band. Nature Mater., 2012, 11: 444.

[131] Wang W, et al. Influence of Si doping on magnetic properties of (Ga, Mn)As. Phys. E, 2008, 41: 84.

[132] Cho Y, et al. Effect of donor doping on GaMnAs. Appl. Phys. Lett. , 2008, 93: 262505.

[133] Scott G, et al. Doping of low-temperature GaAs and GaMnAs with carbon. Appl. Phys. Lett., 2004, 85: 4678.

[134] Dietl T, et al. Zener model description of ferromagnetism in zinc-blende magnetic

semiconductors. Science, 2000, 287: 1019.

[135] Jungwirth T, et al. Theory of ferromagnetic (III, Mn) V semiconductors. Rev. Mod. Phys., 2006, 78: 809.

[136] Onomitsu K, et al. Mn and Be codoped GaAs for high hole concentration by low-temperature migration-enhanced epitaxy. J. Vac. Sci. Technol. B, 2006, 22: 1746.

[137] Ibanez J, et al. Electrical characterization of (Ga, Mn, Cr) As thin films grown by molecular-beam epitaxy. J. Crystal Growth, 2005, 278: 695.

[138] Park Y, et al. Carrier-mediated ferromagnetic ordering in Mn ion-implanted GaAs:C. Phys. Rev. B, 2003, 68: 085210.

[139] Wang K, et al. (Ga, Mn)As grown on (311) GaAs substrates: Modified Mn incorporation and magnetic anisotropies. Phys. Rev. B, 2005, 72: 115207.

[140] Wurstbauer U, et al. Ferromagnetic GaMnAs grown on (110) faced GaAs. Appl. Phys. Lett., 2008, 92: 102506.

[141] Wang K, et al. Magnetism in (Ga, Mn) As thin films with TC up to 173 K. AIP Conf. Proc., 2005, 772: 333.

[142] Ohno K, et al. Properties of heavily Mn-doped GaMnAs with Curie temperature up to 172.5 K. J. Supercond. Nov. Magn., 2007, 20: 417.

[143] Wang H, et al. Enhancement of the Curie temperature of ferromagnetic semiconductor (Ga, Mn) As. Sci. China: Phys. Mechan. & Anstron., 2013, 56: 99.

[144] Nemec P, et al. The essential role of carefully optimized synthesis for elucidating intrinsic material properties of (Ga, Mn) As. Nature Commun., 2013, 4: 1422.

[145] Ohya S, et al. Magneto-optical and magnetotransport properties of heavily Mn-doped GaMnAs. Appl. Phys. Lett., 2007, 90: 112503.

[146] Mack S, et al. Stoichiometric growth of high Curie temperature heavily alloyed GaMnAs. Appl. Phys. Lett., 2008, 92: 192502.

[147] Wang M, et al. Achieving high Curie temperature in (Ga, Mn) As. Appl. Phys. Lett., 2008, 93: 132103.

[148] Chiba D, et al. Properties of $Ga_{1-x}Mn_xAs$ with high Mn composition ($x > 0.1$) . Appl. Phys. Lett., 2007, 90: 122503.

[149] Chiba D, et al. Properties of $Ga_{1-x}Mn_xAs$ with high x (> 0.1) . J. Appl. Phys., 2008, 103: 07D136.

[150] Eid K F, et al. Nanoengineered Curie temperature in laterally patterned ferromagnetic semiconductor heterostructures. Appl. Phys. Lett., 2005, 86: 152505.

[151] Sheu B L, et al. Width dependence of annealing effects in (Ga, Mn) As nanowires. J Appl. Phys., 2006, 99: 08D501.

[152] Yu X Z, et al. Evidence for structural phase transitions induced by the triple phase line shift

in self-catalyzed GaAs nanowies. Nano Lett., 2012, 12: 5436.

[153] Yu X Z, et al. All zinc-blende GaAs/（Ga, Mn）As core-shell nanowires with ferromagnetic ordering. Nano Lett., 2013, 13: 1572.

[154] Maccherozzi F, et al. Evidence for a magnetic proximity effect up to room temperature at Fe/（Ga, Mn）As interfaces. Phys. Rev. Lett., 2008, 101: 267201.

[155] Nie S, et al. Ferromagnetic interfacial interaction and the proximity effect in a Co_2FeAl/（Ga, Mn）As bilayer.Phys. Rev. Lett., 2013, 111: 027203.

[156] Song C, et al. Proximity induced enhancement of the Curie temperature in hybrid spin injection devices. Phys. Rev. Lett., 2011, 107: 056601.

[157] Samarth N, et al. A model ferromagnetic semiconductor. Nature Mater., 2010, 9: 955.

[158] 黄昆 . 固体物理学 . 北京：高等教育出版社 , 2002.

[159] 阎守胜, 甘子钊 . 介观物理 . 北京：北京大学出版社 , 1997.

[160] Lee P A, et al. Disordered electronic systems. Rev. Mod. Phys., 1985, 57: 287.

[161] 冯端, 金国钧 . 凝聚态物理学 . 北京：高等教育出版社 , 2006.

[162] Neumaier D, et al. All electrical measurement of the density of states in（Ga, Mn）As. Phys. Rev. Lett., 2009, 103: 087203.

[163] Neumaier D, et al. Weak localization in ferromagnetic（Ga, Mn）As heterostructure. Phys. Rev. Lett., 2007, 99: 116803.

[164] Berciu M, et al. Effects of disorder on ferromagnetism in diluted magnetic semiconductors. Phys. Rev. Lett., 2001, 87: 107203.

[165] Richardella A, et al. Visualizing critical correlations near the metal-insulator transition in （Ga, Mn）As. Science, 2010, 327: 665.

[166] Venkatesan M, et al. Unexpected magnetism in a dielectric oxide. Nature, 2004, 430: 630.

[167] Abraham D, et al. Absence of magnetism in hafnium oxide films. Appl. Phys. Lett., 2005, 87: 252502.

[168] Ando K, et al. Seeking room-temperature ferromagnetic semiconductors. Science, 2006, 312: 1883.

[169] Zhu K, et al. Magneto-optical properties of diluted magnetic semiconductors. Dissertation for Doctoral Degree, Chinese Academy of Sciences, 2010.

[170] Chen C, et al. Experimental confirmation of the X-ray magnetic circular dichroism sum rules for iron and cobalt. Phys. Rev. Lett., 1995, 75: 152.

[171] Chiba D, et al. Electric-field control of ferromagnetism in（Ga, Mn）As. Appl. Phys. Lett., 2006, 89: 162505.

[172] Dietl T, Ohno H. Dilute ferromagnetic semiconductors: Physics and spintronic structures. Rev.mod.phys, 2015, 45(35):187-251.

[173] Jungwirth T, Wunderlich J, Novák V, et al. Spin-dependent phenomena and device concepts explored in (Ga,Mn)As. Reviews of Modern Physics, 2014, 86(3):855-896.

[174] Jungwirth T, Wang K Y, Masek J, et al. Prospects of high temperature ferromagnetism in (Ga,Mn)As semiconductors. Physical Review B, 2005, 72: 165204.

[175] Jungwirth T, Sinova J, Masek J, et al. Theory of ferromagnetic (Ⅲ, Mn)Ⅴ semiconductors. Reviews of Modern Physics, 2006, 78(3):809-864.

[176] Sato K, et al. Magnetic spin excitations in Mn doped GaAs: A model study. Rev. Mod. Phys. 2012, 82: 1633.

[177] Ohno H, Chiba D, Matsukura F, et al.Electric-field control of ferromagnetism.Nature, 2000, 408:944.

[178] Chernyshov A, Overby M, Liu X, et al. Evidence for reversible control of magnetization in a ferromagnetic material by means of spin-orbit magnetic field. Nature Physics, 2009, 5(9):656-659.

[179] Miron I M, Gaudin G, Auffret S, et al. Current-driven spin torque induced by the Rashba effect in a ferromagnetic metal layer. Nature Materials, 2010, 9(3):230-234.

[180] Miron I M, Garello K, Gaudin G, et al. Perpendicular switching of a single ferromagnetic layer induced by in-plane current injection.Nature, 2011, 476(7359):189.

[181] Yu G, Upadhyaya P, Fan Y, et al. Switching of perpendicular magnetization by spin-orbit torques in the absence of external magnetic fields. Nature Nanotechnology, 2014, 9(7):548-554.

[182] Qiu X, Narayanapillai K, Wu Y, et al. Spin-orbit torque engineering via oxygen manipulation. Nature Nanotechnology, 2015, 10(4):333.

[183] Kurebayashi H, Sinova J, Fang D, et al. An antidamping spin-orbit torque originating from the Berry curvature. Nature Nanotechnology, 2014, 9(3):211.

[184] Jungwirth T, Marti X, Wadley P, et al. Antiferromagnetic spintronics.Nature Nanotechnology, 2016, 11(3):231.

第六节　硅自旋电子学

一、为什么研究 Si 中的自旋电子学

基于传统硅（Si）电子学的计算机正在面临严峻的挑战，处理器速度不断提高、内存不断加大，功耗密度更是遵循着摩尔定律而不断增加，一个笔

记本电脑都可以在冬天为我们取暖了。这些迫使科研人员去探索传统 Si 电子学以外的解决方案。我们知道，自旋电子学旨在用电子自旋自由度代替电荷自由度构建高速、低功耗、非易失性的新型信息器件。自 1988 年发现了金属多层膜的巨磁阻（GMR）效应以来 [1, 2]，科研人员投入大量精力研究各类材料中的自旋输运现象，如 GaAs、Si、Ge、石墨烯和拓扑绝缘体等 [3-9]。Si 是当代最重要也是最丰富最廉价的半导体材料。与其他半导体材料相比，Si 的原子序数（$Z=14$）很小，自旋轨道耦合正比于 Z^4，因此 Si 中自旋轨道耦合很弱；Si 具有空间反演对称性的金刚石结构，其导带是自旋简并的，这就消除了体 Si 中的 DP（D'yakonov Perel）自旋散射机制；地球上 92% 的 Si 是同位素 Si^{28}，它没有核自旋，因此 Si 中的自旋核相互作用很弱；这些因素都预期 Si 中的自旋相干寿命预期很长 [10]。基于半导体 MOS 器件，Datta 和 Das 提出了自旋场效应晶体管（spin-FET）的概念 [11]，此后，各种基于自旋的电子器件和电路的新概念的提出，极大地促进了 Si 基自旋电子学的发展，如自旋二极管 [12-14]、自旋可编程门阵列 [15]、动态自旋逻辑电路 [16]、纯自旋逻辑以及基于自旋的 Si 互连等 [17, 18]。与其他种类的半导体一样，在 Si 中自旋极化度的产生、检测和操纵构成了 Si 基自旋电子器件的三大要素，如图 6-121 所示，近年来在这些方面的研究取得了重要进展。

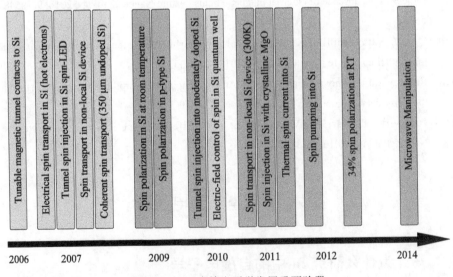

图 6-121　Si 自旋电子学发展重要阶段

在半导体中操纵电子自旋首要解决的问题就是如何在半导体中产生强的

自旋极化。人们首先想到通过磁性元素的掺杂直接在半导体中产生自旋极化，如 Fe、Co 和 Mn 过渡金属掺杂的 III-V 族和 II-VI 族半导体等。$Si_{1-x}Mn_x$ 等 IV 族稀磁半导体受到了特殊的关注 [19-22]，Dietl 等的平均场理论预言 $Si_{0.95}Mn_{0.05}$ 的居里温度比 $Ge_{0.95}Mn_{0.05}$（80K）高，接近 110K[19]。但 Si 基稀磁半导体受制于相对很低的固溶度（N 为 $10^{16} \sim 10^{17} cm^{-3}$）发展较慢 [23]，并且其铁磁性来源也存在很大的争议 [22, 24-26]。第一原理研究显示在 Si 中 Mn 有形成二聚合物的趋势，因为这种二聚合物的形成能比它们单独存在的能量和要低，而且在 p 型 Si 中构成二聚合物的 Mn 原子之间是铁磁耦合的，而在 n 型 Si 中构成二聚合物的 Mn 原子之间则是反铁磁耦合的 [27]。不同的制备方法和生长条件得到的 $Si_{1-x}Mn_x$ 的居里温度各不相同。例如，Kwon 等用离子注入结合退火的方法制备的 $Si_{1-x}Mn_x$ 材料是铁磁性的，对于 $Si_{0.95}Mn_{0.05}$，其居里温度达到 75 K[24]。Bolduc 等在 Mn 离子注入的 Si 薄膜中观察到了室温铁磁性 [22]。Nakayama 等用 MBE 制备的 $Si_{0.95}Mn_{0.05}$ 薄膜的居里温度约为 70K[28]，利用 MBE 技术制备的 $Si_{1-x}Mn_x$ 中处于替代位置的 Mn 含量比 Mn 在 Si 中的平衡溶解度大好几个数量级，但不是所有的 Mn 都在替代位置，其替代比例随 Mn 浓度的增大而下降，处于替代位置 Mn 的含量随 Mn 浓度增大而增大 [29]。Zhang 等用溅射技术和真空蒸发方法制备的 $Si_{1-x}Mn_x$ 的居里温度分别达到了 250K 和室温以上 [30, 31]，他们对 $Si_{1-x}Mn_x$ 进行 B 共掺杂时发现薄膜中有少量 Mn_4Si_7 相（居里温度约为 47K），认为居里温度达 250K 左右的铁磁性则是由稀释到 Si 中的 Mn 所致 [32]。Ma 等用电弧融化技术制备了多晶 $Si_{1-x}Mn_x$，其居里温度也达到 250K，并且发现其居里温度随 Mn 含量的增大而增大，在居里温度附近，这种材料发生金属-绝缘体相变 [33]。迄今为止，与其他族稀磁半导体一样，尚未有可用于室温环境中的 $Si_{1-x}Mn_x$ 稀磁半导体被制备出来。

除了上述通过磁性元素的掺杂直接在半导体中产生自旋极化，在半导体中产生强的自旋极化还有其他两个常用的方案：①采用圆偏振光在半导体中激发出自旋极化的电子和空穴，体材料的电子自旋极化率可达 50%，在量子阱中由于轻重空穴带简并的解除极化率可达 100%。光学注入的方案在实验室是很容易实现的，但不利于实际应用。不同于 III-V 族稀磁半导体，Si 属于间接带隙半导体，不利于通过光学手段产生和探测自旋，所以这方面的进展比较缓慢。②自旋极化的电学注入、调控及检测，例如，通过铁磁性隧穿接触技术。Jansen 等提供了一种室温下在 Si 中进行自旋极化电学注入、调控及探测的方法 [34]，如图 6-122 所示。下面将重点介绍铁磁性隧穿器件中的 Si 基自旋电子学。

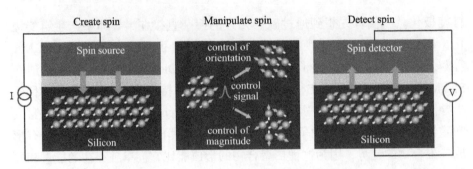

图 6-122　利用铁磁性隧穿接触技术在 Si 中实现自旋的产生、调控和检测方法示意图 [34]

二、自旋注入及探测基础

很多新奇的自旋相关现象都是首先在 GaAs 中被实验论证的 [35, 36]，本小节中我们将重点关注 Si 中的自旋相关现象。由于在平衡状态下，Si 是一种非磁性材料，所以首要的事情便是在 Si 中诱导产生自旋极化电子，就是说电子自旋角动量在特定方向上优先平行排列，大量电子自旋指向这一方向而少量电子自旋指向其他方向（反方向）。图 6-123 示出了实现自旋极化电子注入和探测的几种不同方法 [34]。

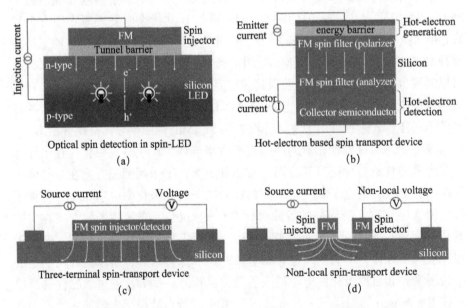

图 6-123　Si 中自旋极化电子注入及探测器件示意图。（a）Spin-LED 中的光学探测；（b）自旋热电子注入及探测器件；（c）、（d）利用三端器件和非局域结构器件的磁隧穿注入及探测器件 [34]

1968 年，Lampel 发现 Si 电子的非平衡自旋极化可以由圆偏振光照射材料诱发，这一过程即所谓的自旋光学定向（spin optical orientation）[37]。由于 Si 是间接带隙半导体，自旋弛豫远比载流子复合速度要快，所以导致 Si 中稳态自旋极化只有百分之几。2007 年，Appelbaum 及其合作者利用弹道热电子的方法首次在 Si 中实现了自旋的电学注入、输运及探测，发现未掺杂的 Si 在低温下的自旋相干长度达到 350μm[38, 39]。然而，这种热电子方法却存在一个严重的缺陷，即其中的电流强度太小。大部分电流由于铁磁性金属中热电子的快速能量弛豫而损失，而且器件探测电路中的电流和注入电流相比微不足道（约为注入电流的 10^{-4}）。所以利用铁磁性隧穿接触产生和探测自旋极化是一种更便捷并且在技术上可行的方法。2007 年，Jonker 等首次报道了在低温下利用 Fe/Al_2O_3 隧穿接触在 Si 中实现电子自旋注入，并利用自旋极化载流子复合产生的圆偏振光发光的特性，通过设计二极管的结构探测了 Si 中的自旋极化[40]。同年，van't Erve 等报道了 10K 低温下利用铁磁性隧穿接触在 Si 中的电学自旋极化注入和探测[41]。2009 年，Dash 等取得突破性进展，首次在 300K 实现了在 n 型 Si 和 p 型 Si 半导体中的自旋电注入及探测[6]。这些研究将磁性隧穿接触确立为一种在宽温度范围内实现自旋注入及探测的可靠且有效的方式。因此，这一方法如今被广泛运用，事实上这已经成为 Si 基自旋电子学领域的一个标准。下面将重点介绍利用铁磁性隧穿接触的 Si 基自旋电子器件的基本物理原理。

1. 通过隧穿在 Si 中产生自旋极化

在铁磁体和半导体构成的隧道结中，隧穿电导依赖于自旋，所以其隧道电流是自旋极化的，如图 6-124 所示。

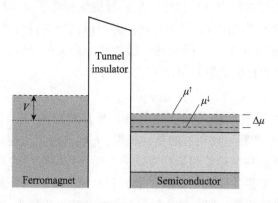

图 6-124　铁磁体 / 绝缘体 / 半导体隧道结。在半导体中存在自旋积累，用自旋劈裂的化学势 $\Delta\mu = \mu^{\uparrow} - \mu^{\downarrow}$ 描述，V 是相对于自旋平均化学势的偏压[34]

铁磁体中的自旋多子（spin up）和自旋少子（spin down）的磁矩与磁化方向平行或反平行时具有不同的隧穿电导，分别用 $G^{\uparrow}$ 和 $G^{\downarrow}$ 表示。因此，一种类型的自旋电子会比另一类自旋电子以更快的速度注入半导体，从而导致半导体中出现净自旋密度。这可以用电化学势的自旋劈裂加以描述：$\Delta\mu = \mu^{\uparrow} - \mu^{\downarrow}$，其中 $\Delta\mu$ 表示自旋积累。在线性输运机制下，自旋多子和自旋少子的隧道电流（$I^{\uparrow}$ 和 $I^{\downarrow}$）分别由以下式子给出：

$$I^{\uparrow} = G^{\uparrow}\left(V - \frac{\Delta\mu}{2}\right) \tag{6-124}$$

$$I^{\downarrow} = G^{\downarrow}\left(V + \frac{\Delta\mu}{2}\right) \tag{6-125}$$

式中，电压 V 由 $V_n - V_{fm}$ 决定，其中 V_n 和 V_{fm} 分别是非磁性（Si）电极和铁磁电极的自旋平均电势。总的电荷隧道电流 $I = I^{\uparrow} + I^{\downarrow}$ 和自旋电流 $I_s = I^{\uparrow} - I^{\downarrow}$ 分别表示如下：

$$I = GV - P_G G\left(\frac{\Delta\mu}{2}\right) \tag{6-126}$$

$$I_s = P_G GV - G\left(\frac{\Delta\mu}{2}\right) \tag{6-127}$$

其中，$G = G^{\uparrow} + G^{\downarrow}$，表示总电导；$P_G = \left(G^{\uparrow} - G^{\downarrow}\right)/\left(G^{\uparrow} + G^{\downarrow}\right)$，表示隧穿自旋极化度。注意到，由于非零 $\Delta\mu$ 的存在，P_G 与隧穿极化电流（I_s/I）并不相同。

$\Delta\mu$ 对 I_s/I 的反馈意味着要得到方程的解需要建立另一个独立 $\Delta\mu(I_s)$ 关系。这可由非磁性材料中自旋积累的稳态条件提供，即在相关体积内隧穿注入的自旋电流 I_s 与材料中自旋弛豫产生的自旋流相互平衡。与自旋弛豫相关的自旋流与自旋积累成比例，并且这种关系可以借助材料参数表示出来[42-44]。然而，为了说明自旋注入和探测的一般性质，定义一个唯象的参量更为明了，非磁性材料的自旋电阻 r_s 可由下式定义：

$$\Delta\mu = 2I_s r_s \tag{6-128}$$

参数 r_s 描述了隧穿注入的自旋电流 I_s 与自旋积累 $\Delta\mu$ 转变关系，其中 $\Delta\mu$ 表示界面处与隧穿过程相关的自旋积累。r_s 的这种定义是非常普遍的，而且没对非磁性材料中自旋积累的空间分布做任何特殊的假设，也没有用于计算它的公式。如果我们利用自旋扩散方程和随离开注入界面的距离增大而呈指数衰减的自旋积累，那么单位接触面积的自旋电阻即为 $\rho_n L_{sd}$，其中 ρ_n 是非磁性材料的电阻率，L_{sd} 是自旋扩散长度，稍后将对此进行深入讨论。

于是，自旋积累和自旋电流最终可以表示如下：

$$\Delta\mu = \frac{2r_{s}R_{tun}}{R_{tun}+\left(1-P_{G}^{2}\right)\cdot r_{s}}P_{G}I \qquad (6\text{-}129)$$

$$I_{s} = \frac{R_{tun}}{R_{tun}+\left(1-P_{G}^{2}\right)\cdot r_{s}}P_{G}I \qquad (6\text{-}130)$$

其中，$R_{tun}=1/G$。如图 6-125 所示，我们确定了两个显著不同区域：当 $R_{tun}\gg r_{s}$ 时，自旋积累保持极小值，对自旋/电荷电流的效应可以忽略，故而 $I_{s}\approx P_{G}I$，此时 $\Delta\mu$ 与非磁性电极的自旋电阻呈线性关系，且 $\Delta\mu/I$ 与 R_{tun} 无关；相反地，当 $R_{tun}\ll r_{s}$ 时，自旋流则因为大量的自旋积累的建立而减小，此时 $\Delta\mu$ 与 r_{s} 无关，但是受到 R_{tun} 的制约。

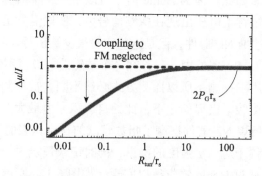

图 6-125　$\Delta\mu/I$ 与 R_{tun} 的标度关系。虚线代表 $\Delta\mu$ 跨越势垒对自旋流及电流的反馈可以忽略的结果 [34]

习惯上用 $\left(1-P_{G}^{2}\right)\cdot r_{B}^{*}$ 代替真实的隧穿电阻 R_{tun}，称 r_{B}^{*} 为有效隧穿电阻 [42-45]。这样就移去因子 $\left(1-P_{G}^{2}\right)$ 得到简化表达式。然而，这样一来，就很难看出两种机制间的转化是由 R_{tun} 和 $\left(1-P_{G}^{2}\right)\cdot r_{s}$ 的比值控制的，也就不易发现这种转化是依赖于 P_{G} 的。举一个极端的例子，当 $|P_{G}|=1$ 时，转变到 $\Delta\mu$ 对隧穿的反馈便不会发生了。

2. 自旋操纵和探测

自旋积累的存在可以通过铁磁性隧穿接触进行电学检测，因为总电荷电流（或电阻 V/I）依赖于 $\Delta\mu$ 的数值，即

$$V = R_{tun}I + \left(\frac{P_{G}}{2}\right)\Delta\mu \qquad (6\text{-}131)$$

在一个非局域（NL）检测器件结构中［图 6-123（d）］，探测电极处的电流为零，则所测电压在理想情况下为（$P_G/2$）$\Delta\mu$。P_G 是探测电极处的隧穿自旋极化，$\Delta\mu$ 是探测电极界面处的自旋积累（由探测电极的磁化方向决定自旋积累量化的方向）。实际中，NL 器件总有一个有限的背景电压，这个电压比自旋信号大 1~2 个数量级（特别是采用半导体沟道的器件）。所以，我们通常测量注入和探测电极磁化方向相对平行和反平行两个状态之间的电压差，测量得到的电压变化为（P_G）·$\Delta\mu$。但是需要注意，在一定的背景电压下，这种器件并非是严格的 NL 测量，与自旋积累无关的干扰（如局部霍尔效应和磁阻效应）没有从探测信号中完全消除，因为它们仍然能够通过背景电压耦合。NL 器件中的 Hanle 效应测量通常被认为是沟道中自旋输运的确凿证据，但事实并非如此，因为 Hanle 信号可以由一个单隧穿电极产生（如注入电极）并且通过背景电压出现在探测信号中，所以需要恰当地对照实验确定如何更好地描述准 NL 器件，但是这些实验很少被执行。

在一个三端（3T）器件中，只存在一个铁磁性电极，不仅用于在 Si 中产生自旋极化，也用于探测，所以探测方式必然不同。被探测的自旋积累恰好位于铁磁性注入接触电极界面之下，此处自旋积累值最大并随离注入点的距离呈指数衰减，所以 NL 器件探测了指数衰减的自旋积累的尾部。3T 器件中对自旋的探测依赖于对 $\Delta\mu$ 强度的操纵，同时记录恒定电流下隧穿结电压的变化。这种操纵通过 Hanle 效应得以实现，如图 6-126 所示，通过在半导体中施加一个与自旋方向成 θ 角的磁场 B，从而引起了自旋进动并导致 $\Delta\mu$ 值的减少，其减小值与 θ、自旋寿命 τ_s 以及拉莫尔频率 $\omega_L = g\mu_B B/\eta$ 相关，其中 g 是朗德因子，μ_B 是玻尔磁矩，η 是普朗克常数除以 2π。

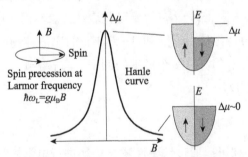

图 6-126 利用 Hanle 效应通过垂直自旋方向的磁场操纵半导体中的自旋极化。随着磁场 B 的增大，自旋积累逐渐趋于零。图中实线代表铁磁隧穿接触的半导体 3T 器件中典型的 Hanle 曲线[34]

当隧穿电阻足够大时（$R_{tun} \gg r_s$），自旋积累与铁磁体的耦合便可以忽略不计，自旋进动导致 $\Delta\mu$ 以洛伦兹形式衰减[46]：

$$\Delta\mu = \Delta\mu^\circ \left(\cos^2\theta + \frac{\sin^2\theta}{1+\left(\omega_L\tau_s\right)^2} \right) \qquad （6\text{-}132）$$

在不存在任何磁场的情况下，便不存在自旋进动而自旋积累值为 $\Delta\mu$。如果保持恒定 I，同时施加一个垂直于自旋方向的磁场，逐渐增加磁场使其满足 $\omega_L\tau_s \gg 1$，则自旋积累将逐渐减小到零。这将引起所需电压变化了 $V\big|_{\omega_L=0} - V\big|_{\omega_L\tau_s \gg 1}$，变化值可表述如下：

$$\Delta V_{Hanle} = \left(\frac{P_G}{2} \right) \Delta\mu \qquad （6\text{-}133）$$

从 Hanle 测量中也可以提取 τ_s，因为 Hanle 曲线的宽度与自旋寿命成反比（严格而言应该是自旋退相干时间）。对于体材料中的 NL 载流子，室温下的自旋退相干和纵向自旋弛豫源于相同的微观散射过程，这里简单使用自旋寿命这一概念[47]。

值得注意的是，偏离 Lorentzian 线型是会发生的。如果半导体厚度与 L_{sd} 相当，那么垂直于隧穿界面的自旋扩散将修正 Hanle 曲线，由此得到的自旋寿命相比于 Lorentzian 拟合也将提高 50%[6, 48]。其次，在 $R_{tun} < r_s$ 时，$\Delta\mu$ 的大小随着自旋积累与铁磁电极耦合而减小，而且 $\Delta\mu$ 与 B 的函数关系也将修正，方程（6-133）不再有效。$\omega_L=0$ 和 $\omega_L\tau_s \gg 1$ 时 $\Delta\mu$ 的最大值和最小值依然有效，所以自旋积累强度依然可以得到。然而要提取自旋寿命，就要考虑自旋与铁磁电极的相互作用下详细的 Hanle 曲线线型的描述。这在 NL 构型中已经讨论过，而对于 3T 器件还没有深入研究[49]。最后，由于粗糙度引起的局域静磁杂散场可以在不改变 τ_s 的前提下造成 Hanle 曲线的展宽[46]，一般认为由此提取的数值应为自旋寿命的下限。

三、铁磁性注入电极与半导体界面接触工程

Si 基自旋电子学存在的一个重要问题是如何控制和优化铁磁性注入电极及探测电极与半导体接触界面的质量，使其具有高极化自旋电子注入效率和高检测自旋灵敏度。铁磁体和半导体界面容易发生相互扩散甚至是严重的界面反应，对于 Si，几乎任何顺磁性的 Si 化合物都会对穿过界面的自旋输运产生负面影响。插入一个隧穿氧化层是避免材料之间出现这些问题普遍采用的方法。另外，以氧化物为隧穿势垒的铁磁性隧道结在室温以上表现出很

大的隧穿自旋极化率，这在硬盘读出磁头和磁随机存储器件中可得到广泛应用[50-52]。这里我们主要关注与 Si 接触的磁隧道结的电学性能，因为铁磁体和半导体之间的自旋输运是与电荷在隧道结处的传输紧密联系的，具有高隧穿自旋极化的材料无疑是高效的自旋注入和探测的保证。因为铁磁体与 Si 之间存在着阻抗失配、肖特基势垒和接触电阻、非隧穿输运（热电子发射）等必须解决的三个关键问题，隧道结的能带工程是极其关键的。下面将首先讨论这三个问题，然后描述控制与半导体磁性隧道接触性质的不同方案。

1. 阻抗失配

早期通过铁磁体与半导体的欧姆接触没有观察到自旋注入，这归因于所谓的阻抗失配[53-55]。在欧姆接触下，半导体与铁磁体界面两侧的自旋化学势分别表示为

$$\Delta\mu_s = 2I_s \frac{L_s}{G_s A} \tag{6-134}$$

$$\Delta\mu_f = I(R_\uparrow - R_\downarrow) = I\left(\frac{\lambda}{G_\uparrow A} - \frac{\lambda}{G_\downarrow A}\right) \tag{6-135}$$

由界面两侧的自旋化学势表达式（6-134）、（6-135）相等得到半导体中的电流自旋极化度：

$$\frac{I_s}{I} \approx \frac{G_s}{G} \frac{\lambda}{L_s}\left[\frac{P}{1-P^2}\right] \tag{6-136}$$

其中，λ 是铁磁金属中非平衡电化学势衰减的尺度；L_s 是半导体中自旋弛豫长度。表达式（6-136）中有两个小量 $\frac{G_s}{G}$ 和 $\frac{\lambda}{L_s}$，这就导致通过铁磁金属与半导体的欧姆接触向半导体中注入自旋极化电子的效率极低。自旋积累及相关的自旋翻转就发生在铁磁体一侧，所以在注入半导体之前电流就已经去极化了。阻抗失配来自两种材料自旋电阻的巨大不同，"自旋电阻失配"的说法可能更加准确。如果界面本身具有自旋相关电阻，同时它比半导体的自旋电阻 r_s^n 和铁磁体的自旋电阻 r_s^{fm} 都大很多，将迫使穿过界面的电流自旋极化，那么这个问题便可迎刃而解。界面电阻一般由隧穿势垒提供，隧穿电阻 R_{tun} 与 r_s^n 和 r_s^{fm} 的差别将具有决定性作用。因为一般有 $r_s^{fm} \ll r_s^n$，所以隧穿电阻做控制参数，有如下三种情况：① $R_{tun} \ll r_s^n$，r_s^{fm}；② $r_s^{fm} < R_{tun} < r_s^n$；③ r_s^n，$r_s^{fm} \ll R_{tun}$。

在第三种情况中，隧穿势垒决定通过界面的自旋输运，阻抗失配也随之克服了。在①中，阻抗失配将阻碍自旋极化电流注入半导体中。然而，在半

导体上的铁磁性隧穿接触中，①几乎不可能出现，因为对于过渡金属铁磁体，r_s^{fm} 通常小于 $0.01\,\Omega \cdot \mu m^{2[42-44]}$。由于肖特基势垒的形成以及相关耗尽区的存在，金属-半导体接触电阻通常比这要大得多，甚至专门设计的欧姆接触也很难达到这么低的界面电阻。金属基磁性隧道结中的超薄氧化层势垒也有 $1\sim10\,\Omega \cdot \mu m^2$ 甚至更大的面电阻[51, 56]。实际中，半导体铁磁性接触不需要考虑①的情况，而更接近于中间情形②。在这种情况下，由于与铁磁体存在一定的耦合，自旋积累被自旋回流所限制，同时由于较小的自旋电阻，也提供了一个额外的自旋弛豫沟道。然而，$\Delta\mu$ 不是受 r_s^{fm} 而是由 R_{tun} 控制的，正如 R_{tun} 限制自旋向铁磁体中流动一样。尽管这也是阻抗失配的一种表现，但它经常被称为"反馈"或"回流"机制。所以，有限的铁磁性耦合同样会降低自旋积累，而这一问题可以通过选择足够大的隧穿电阻来克服，然而这并非问题的全部，将在下面两段内容加以分析。

2. 肖特基势垒和接触电阻

Min 等利用与一系列从低浓度到中等浓度掺杂的 Si 的隧穿接触，首次认识到接触电阻并不是由隧穿氧化层决定的，而是取决于比隧穿电阻大几个数量级的肖特基势垒电阻[57, 58]。随着耗尽层变宽，更大的接触电阻便随之出现，因为这阻碍了隧穿效应。这不同于阻抗失配问题，其中一点区别在于输运过程转变为热电子发射，这点将在下文进行介绍。这里，我们重点关注肖特基势垒产生的高接触电阻问题。

Fert 和 Jaffres 已经证实，在有两个铁磁接触的半导体沟道结构中，只有当接触电阻值处于一个相对较窄的窗口时才能观察到明显的磁阻（MR）[42-44]。如果接触电阻太小，由于阻抗失配而无法实现自旋向半导体中的注入。然而，对于过大的接触电阻，沟道中的自旋积累也会消失，原因则与前者不同，是因为沟道中电子平均驻留时间超过了自旋寿命。Min 等考虑到了以上原因后，计算得到了预期的不同掺杂浓度和接触电阻条件下的 MR，如图 6-127 所示[57]。事实上，有一个最优的接触电阻，在这一电阻下，可以得到最大的 MR，而这依赖于 Si 的掺杂浓度。对于更大掺杂浓度的 Si，则需要更小的接触电阻。重要的是，Min 等将 Si/Al_2O_3 铁磁体接触中测量的实际电阻与计算得到的最优接触电阻相比较，发现当测量的实际接触电阻比最优值要高几个数量级时无法获得显著的 MR[57]。造成这一现象的原因是宽的耗尽区，而且实验表明减少 Al_2O_3 厚度没有任何效果，因为接触电阻不是由它所决定。

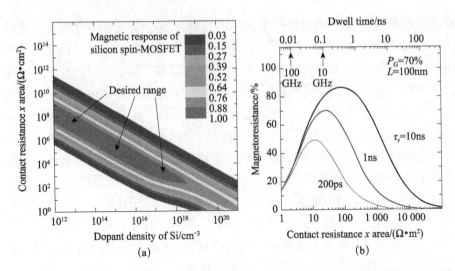

(a) (b)

图 6-127　FM/I/Si/I/FM spin-MOSFET 中接触电阻对自旋隧穿器件的影响，展示了不同自旋寿命 τ_s 值的 Si 中 MR 和接触电阻的关系。（a）FM/I/Si/I/FM spin-MOFET 中归一化的磁阻 MR 计算值随隧道结面电阻 RA 及 Si 掺杂浓度的变化，其中半导体沟道长度 L=100 nm，自旋寿命 τ_s=7ns，温度 T= 300K；（b）隧穿自旋极化 P_G=70% 时，Si 中不同自旋寿命对应的 MR 随 RA 的变化，上坐标轴代表电子在 Si 沟道中的居留时间[34]

　　当 τ_s 比较大时（10ns），在一个较大的范围内都能得到显著的 MR，最大可达到 90%；当 τ_s 较小时，由于高电阻截止（由驻留时间和 τ_s 的比值决定）转变，窗口会变窄。尽管这看起来好像大的 τ_s 更有利，但我们需要记住的是，这只保证在很大的接触电阻下得到一个显著的 MR，对应于大的驻留时间，也即低频率。高频率操作需要相应的低接触电阻，因为自旋寿命为几百皮秒，载流子需要以足够快的速度穿出。在这种情况下，MR 与自旋寿命的关系不是很大。真实的情况则是，宽的耗尽区无法得到小的接触电阻。肖特基势垒及其大接触电阻阻碍了高频率操作。

　　注意到图 6-127 中的计算用到了文献 [42] 中的方程（23）和（25），由于 r_{fm} 的典型值在研究范围内比接触电阻小很多，所以直接将它设为零。MR 在低接触电阻下的衰减对应于"反馈"或"回流"机制②，就像前文中讨论的一样。

3. 非隧穿输运（热电子发射）

　　肖特基势垒的存在改变了输运过程。对于低掺杂到中等掺杂的半导体，其耗尽区对隧穿来说过宽，因此依赖于热单子发射的输运过程占主导地位。热电子发射电流由势垒和发射极电子分布尾部的高能量电子数决定。这些高能量电子对金属间隧穿或经过一个窄耗尽区几乎没有贡献，然而，在一个存在宽肖特基势垒的隧道结中它们将主导输运过程。这就不适合自旋注入和探测的标准模型，因为这些模型考虑了隧穿输运却忽略了与半导体接触形成的能量势垒[45, 55]。

考虑到能带弯曲、载流子耗尽和热激活输运，输运过程的改变严重阻碍了自旋流的隧穿，也降低了探测自旋积累的能力，如图 6-128 所示[34]。器件中除了铁磁体和半导体之间的隧穿势垒，还有一个肖特基势垒，其宽度和高度足以阻碍隧穿输运[59]。假设能量弛豫很快，那么电子在各处保持一定的热分布，然后就可以在半导体体内和界面分别定义与自旋相关的电化学势。界面处的自旋劈裂由平衡自旋相关隧穿电流 J_{tun} 和从半导体界面到体内的热电子发射电流 J_{th} 来决定。根据这种平衡，可以对自旋电流和自旋信号进行估算[59]。由此我们得到如下重要的结论：

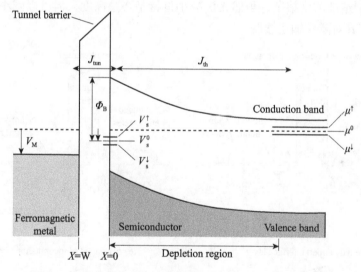

图 6-128　FM/I/N-Si 中的能带图。隧穿势垒厚度通常约 1nm，半导体中耗尽区宽 100nm，ΔV_s 和 $\Delta \mu$ 分别为半导体界面处的自旋劈裂和体自旋积累隧穿电流 J_{tun} 和热发射电流 J_{th}[34]

（1）铁磁体不能直接探测半导体体内的自旋积累；

（2）自旋输运发生的能级与肖特基势垒高度差～eV，与自旋积累的典型能量范围～meV 不同；

（3）热电子发射引起的电流对自旋信号产生了极大的抑制，并且自旋信号随偏压和温度非单调改变。

（4）热电子发射使接触电阻对自旋积累不敏感，不仅是恒流模型中这样，用于 NL 器件的电位检测也是如此。

所以，具有宽耗尽区的肖特基势垒成为铁磁体和半导体之间自旋输运的主要障碍[59]。

4.铁磁性注入电极与半导体界面接触工程方法

以上描述的三个问题说明了与 Si 铁磁性隧穿接触的能带调控工程是必不可少的，大量关于接触特性的研究也已经被报道[60-67]。为了获得低电阻接触和隧穿主导的输运而发展出不同的界面工程方法，如图 6-129 所示[34]。图 6-129（a）和（b）所示的两种方法分别优化氧化层和铁磁层与铁磁体之间的界面以及氧化层与 Si 之间的界面。最终的效果是将肖特基势垒的高度减小到零，同时减小了耗尽区宽度。电子便能直接从铁磁体隧穿进入半导体，而热电子发射可以忽略不计。另外两种方法如图 6-129（c）和（d）所示，依靠在 Si 中制造高浓度掺杂，虽然无法减小肖特基势垒高度，但可以减小耗尽区宽度，使其对隧穿输运透明。

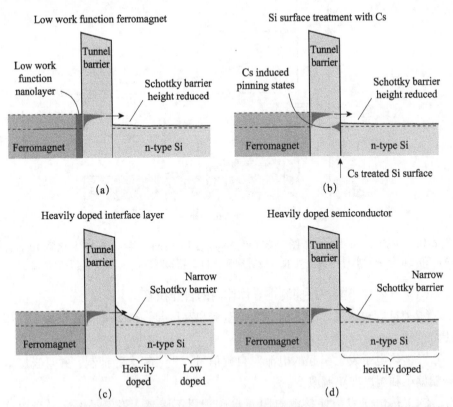

图 6-129　自旋隧穿接触的能带调控方法。不同隧穿接触的能带结构（a）低功函数铁磁纳米层；(b) Si 表面 Cs 处理；(c) 界面附近渐变或δ重掺杂的低掺杂半导体；(d) 重掺杂半导体[34]

如图 6-129（a）所示的第一种方法是通过引入具有低功函数的纳米铁磁性材料薄层来调整铁磁电极 [57]，因为在隧穿氧化层与 Si 的界面处，其界面态密度相对很小，费米能级没有钉扎于 Si 表面，肖特基势垒的高度依赖于金属电极功函数。对于 n 型 Si 上磁性隧穿接触，Min 等在隧穿势垒 Al_2O_3 和铁磁体 $Ni_{80}Fe_{20}$（功函数 5 eV）之间引入 Gd（功函数 3.1eV）金属纳米层 [57]，减小了铁磁电极的有效功函数，这在实验中得到了证实 [68]。很小的 Gd 纳米层已经能减小肖特基势垒高度，如果插入 Gd 的厚度达到 0.8nm 就完全消除了肖特基势垒，同时电流-电压特性中的二极管行为和整流效应也消失了，如图 6-130 所示，从而接触电阻大幅度减小，通过调整 Gd 纳米层的厚度，接触电阻可以被调整超过 8 个数量级。随着肖特基势垒高度的消除，隧道氧化层便可决定接触电阻大小。对于掺杂浓度为 $10^{15} cm^{-3}$ 的 Si，可以得到 $10^5 \Omega \cdot \mu m^2$ 的接触电阻，这已经是在最优值的范围内（图 6-127）。

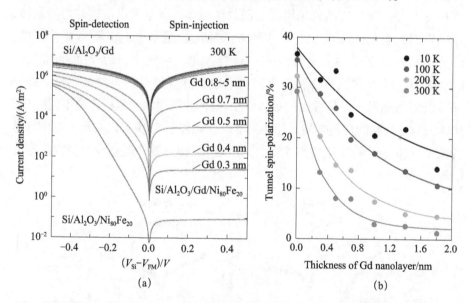

图 6-130　Si 基自旋器件中通过低功函数材料修饰隧道结。（a）不同厚度 Gd 修饰的 Si/Al_2O_3/Gd/$Ni_{80}Fe_{20}$ 隧道结的 I-V 曲线；（b）不同温度下 Al_2O_3/Gd/$Ni_{80}Fe_{20}$ 隧穿自旋极化随 Gd 厚度变化关系 [57]

相比于半导体技术中的接触工程，自旋输运有一个额外的要求：需要保持自旋敏感度。引入 Gd 层后，铁磁体/Al_2O_3 界面的隧穿自旋极化就减小了，但是在低温条件下，减小量比较小，仍然可以保持显著的自旋极化 [57, 69]。在

300K 时，自旋极化大幅度减小，这是因为在相对低温下 Gd 的磁有序性消失了（体 Gd 只有 293K）。因此，发展室温低功函数和高自旋极化的铁磁材料是理想的解决方案。尽管还没有报道过这种方法的自旋注入，但是低温下采用 Gd 接触探测自旋极化的能力已经得到了证实[70]。

图 6-129（b）所示的第二种方法是在隧穿氧化层沉积之前，在 Si 表面先沉积 Cs，这一方式同样显示出对肖特基势垒的抑制作用，如图 6-131 所示[71]。亚单原子层数目的 Cs 原子在 Si 导带下大约 0.1eV 禁带处产生电子态[71, 72]。Si 界面处电中性水平的改变引起 n 型 Si 中肖特基势垒的减小。相比于那些没有经 Cs 处理的隧穿接触，尤其是在低（或中等）载流子密度下，处理后的隧穿接触可以明显减弱二极管行为和整流效应；而在重掺杂 Si 中，以上变化则很小，因为对于重掺杂 Si，即使没有经 Cs 处理，其接触电阻也是由隧穿效应决定的。对于高功函数的铁磁电极，肖特基势垒高度减小到大约 0.2eV，而 Cs 处理结合采用低功函数铁磁体，甚至可以使能带弯曲翻转，并在界面处生成二维电子气。这种方法的优势是铁磁电极不需要被修整，而且仍然可以在室温下实现高隧穿自旋极化。事实上，Cs 界面修整已经成功地用于注入和探测自旋极化，且不影响隧穿接触的自旋敏感性。Si 基 Spin-LED 数据显示，是否经过 Cs 处理的器件，测得的自旋极化是不同的[71]。300K 时 Cs 接触的自旋电注入和探测不仅在高掺杂 Si 中得以实现，在中等掺杂 Si（$\sim 10^{18} cm^{-3}$）中也得以实现，后者在没有 Cs 处理时则没有观察到自旋信号[6, 71]。

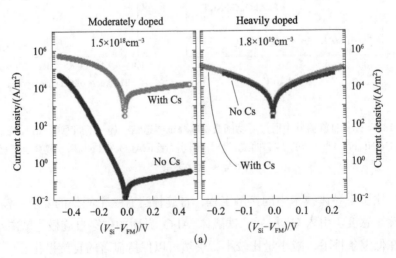

(a)

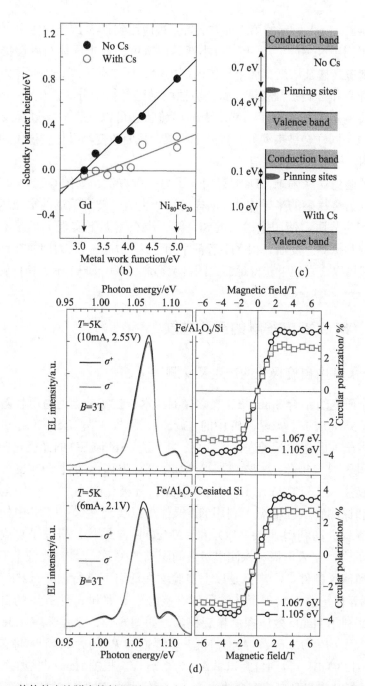

图6-131　Cs 修饰的自旋隧穿接触界面工程。（a）两种掺杂浓度下，Cs 修饰对 *I-V* 曲线的影响；（b）Cs 修饰对肖特基势垒高度的影响，以及肖特基势垒高度随电极功函数的变化；（c）Cs 修饰对 Si 禁带中界面态位置的影响；（d）Si spin-LED 光荧光谱及荧光极化随磁场的变化[71]

图 6-129（c）所示的第三种方法首先被应用到Ⅲ-Ⅴ族半导体中[73, 74]，后来也应用到了 Si 中[75-77]。为了减小耗尽层宽度，在半导体与磁性接触的界面区域制造高掺杂浓度，而半导体内部仍然是低掺杂浓度，因此体内有更长的自旋寿命和自旋扩散长度。这一方法的缺陷是掺杂分布产生了一个势阱，使得自旋输运更加复杂了。势阱中的局域状态可以改变隧穿过程及自旋极化[78]。电子同样会被束缚并在势阱中积累，从而改变半导体沟道中的自旋积累和探测电极得到的自旋信号[79]。

为了避免这些困难，Dash 等引入了另一种方法，如图 6-129（d）所示，即使用均匀重掺杂的半导体[6]，同样可以产生适合隧穿输运的窄耗尽区，而且不会产生势阱。使用重掺杂的 Si，第一次在室温下实现了半导体中自旋积累产生和探测。随后，很多学者都采用了这一方法，因为即使在重掺杂水平，依然可以在常温下获得足够大的自旋寿命（100 ps～1 ns）和自旋扩散长度（100 nm～0.5 μm）[80-83]。

四、Si 自旋电子学的实验进展

（一）Si 中自旋极化的产生及探测

几个研究组结合 Spin-LED 光学探测技术，在实验上通过磁性隧穿接触在低温（5～80K）下实现了 Si 中的自旋注入[40, 71, 84-86]。Dery 等对 Si 中自旋依赖的声子辅助光学跃迁进行了计算，将 Si 基 Spin-LED 的光极化转换成了 Si 中的电子自旋极化（27%）[40, 87]。Park 等首先提出通过 SiO$_2$ 也可实现 Si 中的自旋注入，只是与 Al$_2$O$_3$ 相比其隧穿自旋极化略小[88]。Si 中全电子自旋注入和探测首次在低温下利用 NL 器件得以实现[41, 89-95]。Si 中的自旋注入、探测及进动利用了 Fe/Al$_2$O$_3$ 和 Fe/MgO 隧穿结构，研究了自旋积累衰减与温度[91]、注入电极和探测电极之间距离的关系[92, 93]，比较了不同的测量结构和偏置条件[93-95]。但是以上实验均在低温下进行（8～125K）。2009年 Dash 等在室温下实现了从铁磁隧穿接触到 n 型和 p 型 Si 中的自旋的电注入，并利用 Hanle 效应探测自旋积累，如图 6-132 所示[6]。Hanle 信号的振幅 ΔV_{Hanle} 约为 0.2 mV，Al$_2$O$_3$/Ni$_{80}$Fe$_{20}$ 界面的 P_G 约为 0.3[57]，将它们代入方程（6-133）中，得到自旋积累 $\Delta \mu$ 约为 1.2 mV。根据 Hanle 曲线的宽度，通过洛伦兹拟合，得到自旋寿命约为 140 ps。值得注意的是，这应是寿命下限，使用考虑了垂直扩散的表达式进行拟合则会得到 210 ps[6]。实现室温下自旋注入及探测的重要因素之一是对 Si 进行重掺杂（300K 下有效载流子密度达到 $1.8 \times 10^{-19} \mathrm{cm}^{-3}$），Si 中的耗尽层可以忽略不计，通过 Al_2O_3 的隧穿输运起到主要作用。另外，高质量 Al_2O_3 势垒（1~2 nm 厚）保证了高温下依然存在的隧穿自旋极化。高效的可重复的隧穿自旋极化注入使我们能够对自旋积累的影响因素开展更加深入的研究，包括偏置电压、电流密度的变化，温度和电极材料的影响等。

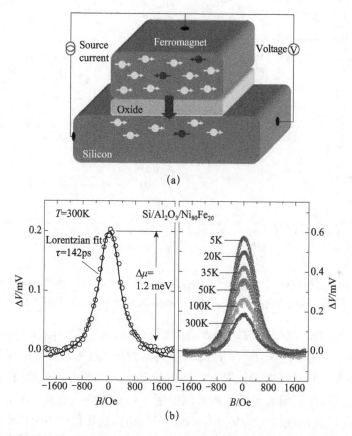

图 6-132　室温下在 Si 中实现自旋的电注入及探测。（a）3T 自旋输运器件示意图，隧穿接触面积 100 μm × 200 μm；（b）n-Si（$1.8 \times 10^{-19} \mathrm{cm}^{-3}$）中不同温度下的 Hanle 效应曲线 [6]

Dash 等研究了 $\Delta\mu$ 随着偏置电压和电流方向变化。图 6-133 给出了 n 型 Si 上不同铁磁体形成的隧穿接触 [6]。如预期一样，自旋积累随电流密度的增大而增大；其次，自旋积累不仅可以由自旋极化载流子从铁磁电极注入 Si 中（$V > 0$），还能通过对 Si 中载流子的自旋抽取获得（$V < 0$）。对于以 Al_2O_3 为

势垒的过渡金属铁磁体，自旋多子的隧穿电导相对更大[96]，因此自旋注入会在硅中产生自旋多子的净剩余。对于相反的电流方向，由于自旋多子的优先抽取也可在 Si 诱导自旋积累，但是自旋积累符号是相反的。

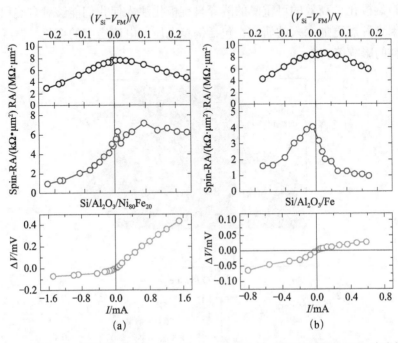

图 6-133　300K 时，不同铁磁电极（a）$Ni_{80}Fe_{20}$ 和（b）Fe 隧穿接触的 n 型 Si 中自旋信号随偏压及电流密度的变化，其中 Spin-RA 由（$\Delta V/I$）× 面积给出[6]

对于 $Ni_{80}Fe_{20}$ 电极接触，Dash 等发现自旋信号相对于电压／电流极性是不对称的[6]。对于电子注入，Hanle 信号以近线性的关系随着电流密度增加而快速增大，而对于电子抽取，自旋信号更小。因此，spin-RA 在负偏压下产生衰减，而在正偏置电压下则近似恒定。就自旋注入而言，ΔV_{Hanle} 最大值 0.43 mV，对应 $\Delta \mu \sim 2.9$ meV（$P_G = 0.3$）。然而，这种偏压不对称不是一个普遍现象。在采用 Fe 电极的相同隧道结中，spin-RA 不同偏置极性下都发生衰减，但没有极强的不对称性。采用 Fe 和 $Ni_{80}Fe_{20}$ 电极的自旋器件具有几乎相同的 RA，在负偏压条件下，两种情况下 spin-RA 的衰减形式和幅度很相似，但在正偏电压下，spin-RA 的变化却极不相同。Jeon 等在 MgO/CoFe 隧穿接触的重掺杂 n 型 Si 器件中同样观察到不同极性偏压下的非对称性[80, 81]，铁磁体／绝缘体界面处的电子结构可能起到了关键作用。事实上，因为隧穿自旋极化与隧穿电子的能量有关，所以注入的自旋依赖于偏置电压。对于正偏置电压，低于铁磁电极费米能级的电子对隧穿电流贡献最大，而在负偏置电压下，电子从 Si 这侧隧穿到铁磁体费米能级以上的空态上，这些态的隧穿自旋极化与在费米能级处的隧穿自旋极化有很大不同。对于 Al_2O_3/铁磁体结构界面，P_G 随偏置电压非对称衰减，而且对于费米能级以上态衰减速度更快（与自旋抽取相关）[97, 98]。

不仅自旋电流（导致自旋积累发生）随着偏置电压变化，自旋探测的效率也依赖于偏置电压。在 3T 几何结构中，注入极化和探测效率共同决定了 ΔV_{Hanle} 如何随偏压变化。探测效率被 Hamaya 等用来解释肖特基隧穿接触 Si 基器件中自旋信号的偏置电压依赖关系[75, 99]。

1. 低温条件下 Si 中的自旋积累

由于隧穿自旋极化 P_G 和半导体的自旋电阻 r_s 都与温度相关，所以自旋积累应随着温度的变化而变化。对于金属基的铁磁性隧道结，P_G 按 $P_G \propto (1-\alpha T^{3/2})$ 的规律随温度 T 变化，对于 $Al_2O_3/Ni_{80}Fe_{20}$ 界面，$\alpha = (3\sim5)\times10^{-5}K^{-3/2}$[100]。因为 Hanle 信号正比于 $(P_G)^2$，所以在低温下，自旋信号增大到室温时的 2.5 倍。在自旋注入和自旋扩散的标准理论中，自旋电阻 r_s 由 ρL_{sd} 给出[42-44]。对于重掺杂的 Si，由于 ρ 和 L_{sd} 受温度的影响都很小，所以 r_s 也不会随温度发生很大的变化[6]。假设自旋弛豫源于 Elliott-Yafet 物理机制，那么自旋寿命 τ_s 可以用 $\tau_k/4\langle b^2\rangle$ 进行衡量，其中 τ_k 是动量散射时间，而经过计算，参数 $\langle b^2\rangle$ 从室温到低温 T 减少了 30%~50%[10]。因为重掺杂 Si 的迁移率随温度的改变也是很小的，所以其自旋寿命只能变化 2 倍左右。

n-$Si/Al_2O_3/Ni_{80}Fe_{20}$ 自旋器件中 Spin-RA 随温度的变化如图 6-134 所示[6]，与预期一致，在低温环境中自旋信号增大了；在大偏置电压下，自旋信号变化了 3~4 倍，鉴于 $(P_G)^2$ 和 τ_s 的增加，这种变化是合理的。然而，在小偏置电压下，信号增加很快，甚至高出 2 个数量级，自旋信号达到 $10^3 k\Omega \cdot \mu m^2$。Jeon 等在 MgO/CoFe 接触的重掺杂 n 型 Si 基器件中也观察到了相似的现象[80]。Jonker 等在大的偏置电压下（~1V）观察到 SiO_2 势垒器件中 Spin-RA 随温度的微小变化，与图 6-134 中所示的趋势一致[82]。超出预料的大自旋信号的来源将在后文中详细讨论。

2. p 型 Si 中的空穴自旋极化

2009 年，Dash 等报道室温下通过铁磁性隧穿接触（$Al_2O_3/Ni_{80}Fe_{20}$）向 B

掺杂的 p 型 Si 中自旋极化的电注入，实验结果如图 6-135 所示，其中 300K 测得的空穴密度是 $4.8 \times 10^{18} cm^{-3}$[6]。正负电流下都观察到了清晰的 Hanle 信号，表明在 p-Si 价带中实现了电注入空穴自旋极化、空穴的自旋进动以及空穴的自旋积累。

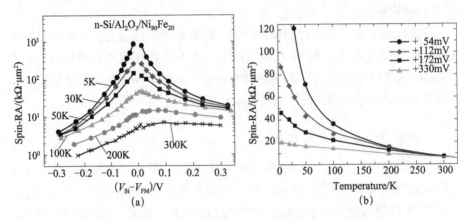

图 6-134　n-Si/Al$_2$O$_3$/Ni$_{80}$Fe$_{20}$ 自旋器件中 Spin-RA 随温度的变化。（a）不同温度下 Spin-RA 随偏置电压变化；（b）不同偏置电压下 Spin-RA 随温度变化[6]

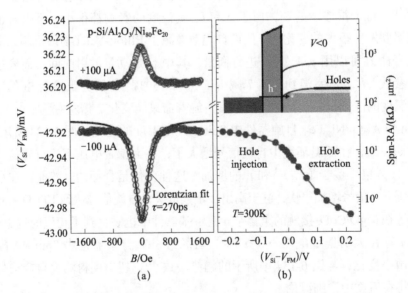

图 6-135　300 K 时 p-Si /Al$_2$O$_3$/Ni$_{80}$Fe$_{20}$ 自旋器件中的空穴自旋积累。（a）+100μA 和 -100μA 是 p-Si/Al$_2$O$_3$/Ni$_{80}$Fe$_{20}$ 自旋器件的 Hanle 曲线；（b）spin-RA 随偏置电压的变化[6]

从 Hanle 曲线可以得出，300K 时空穴自旋寿命 τ_s 为 270ps，比 n 型 Si 中的电子自旋寿命还大。在没有精确价带空穴 g 因子值时，这里使用自由电子的 g 因子值为 2[101]。如果空穴的 g 因子不同，那么 τ_s 的值就需要相应调整。和 n 型 Si 一样，这里提取出的自旋寿命都是其下限值。结合空穴迁移率（~117cm^2·V/s）和扩散常数（3.6cm^2/s），可以得到空穴的自旋扩散长度 L_{sd}=310nm。图 6-135（b）给出了 spin-RA 随偏置电压的变化情况。有趣的是，正如 Al$_2$O$_3$/Ni$_{80}$Fe$_{20}$ 接触的 n 型 Si 中观察到的一样，当空穴注入 Si 中（$V<0$）时，spin-RA 几乎为一个常数，而当我们抽取空穴产生自旋积累时（$V>0$），spin-RA 则快速衰减。

3. 对比实验

已经证实，在半导体自旋输运实验中，进行适当的对比实验来排除寄生信号和测量假象是十分必要的。铁磁性接触的存在可以产生各向异性磁阻，在磁场作用下会产生霍尔电压、磁阻以及半导体载流子输运参数的局部改变。由于 Hanle 效应是 3T 器件中自旋积累的主要探测方法，所以需要另一个独立的对照实验。研究人员们提出一个新奇的、令人信服的对照实验来验证通过铁磁性隧穿接触的半导体中的自旋注入及探测，这一实验充分利用了自旋极化隧穿效应的界面敏感性[6, 102]。通过在势垒层与铁磁层之间插入一层（几纳米）非磁性材料，隧穿自旋极化便可以被抑制到可忽略不计的程度，而不需要移除磁性材料、外部磁场和相关的寄生效应[102]。在这样一个对比器件中，由于 P_G=0，真自旋信号是不存在的，但其他干扰信号仍然存在。这个对照实验同样可以用于 NL 器件中，这种器件中干扰信号也并不总是自动被排除的。

图 6-136 给出了这类对比器件的 Hanle 测量结果，实验中在 n 型 Si 中插入 Yb 或 Au 纳米非磁性层，在 p 型 Si 中插入 Au 纳米非磁性层，为了进行数据对比，其他器件及测量参数都与标准 Si/Al$_2$O$_3$/Ni$_{80}$Fe$_{20}$ 结保持一致[34]。结果发现，所有的对比器件都没有发现 Hanle 信号，从而验证了标准隧道结中观察到的 Hanle 信号的真实可靠性和由自旋极化隧穿注入产生的自旋积累。这类对照实验到目前为止，只有 Jeon 等在 Si/MgO/CoFe 器件重复了，他们发现 Cr 插层的确减少了自旋积累，这与对真实自旋信号的预期是一致的[80]。

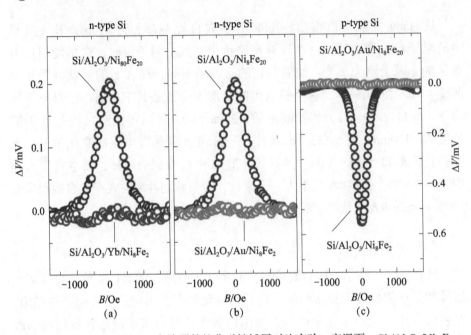

图 6-136　Si /Al$_2$O$_3$/Ni$_{80}$Fe$_{20}$ 自旋器件的非磁性插层对比实验。室温下 n-Si /Al$_2$O$_3$/Ni$_{80}$Fe$_{20}$ 自旋器件中纳米插层（a）Yb（2nm）、（b）Au（3nm）(n-Si)、（c）Au（10nm）(p 型 Si) 对 Hanle 效应的影响 [34]

4. 最近的一些进展

自从 Dash 等在重掺杂的 Si 中实现室温自旋注入之后 [6]，很多研究组都采用了这一方法。Suzuki 等在 MgO/Fe 隧穿接触的 NL 器件中使用了有效载流子密度为 5×10^{19} cm^{-3} 的 n 型 Si[83]，他们设计加工出自旋阀结构，用 Hanle 测量证实了 Si 中自旋积累的产生，并且提取了室温下 Si 中自旋寿命 1.3 ns。NL 测量可以改变注入电极和探测电极之间的距离，从而可以探测自旋积累随注入电极距离呈指数衰减，由此可以得到在 300 K 时 n 型 Si 中的自旋扩散长度约为 600 nm。需要注意的是，沟道中的自旋输运由自旋扩散控制，正如在 3T 器件中发生的一样，隧穿注入产生的自旋积累通过自旋扩散向半导体中各个方向衰减。3T 测量是探测在磁性隧穿接触下的自旋积累和扩散，从而对接触电极引入的自旋弛豫更加敏感，而且 NL 器件主要探测沟道中的自旋扩散。因此，这两种方式具有互补性。

2011 年，Jonker 和 Jeon 等分别采用 SiO$_2$ 势垒和外延 MgO 势垒在重掺杂 Si 中通过 3T 测量再现了 Dash 等室温时的实验结果 [80-82]。Jonker 等还将测量的温度范围扩展到了 500 K[82]。Hamaya 及其同事们采取了不同的方法，利用非一致掺杂的 Si 沟道和外延生长的 CoFe/Si（111）肖特基（10nm δ-Sb 掺杂）[75, 76, 99, 103]。他们展示了 3T 器件中的室温 Hanle 信号，并通过一个背栅电极来调整 Hanle 信号 [76]，但是其中的物理机制尚不清楚。2013 年 Janson 等在 Si/MgO/Fe 和 Si/Al$_2$O$_3$/ 铁磁体中观察到各向异性自旋积累 [104]，接着又详细讨论了 Si 中自旋积累的反常标度关系 [105]。继 Si 之后，在其他半导体中（n 型 GaAs[106]，n 型 Ge[107, 108] 以及 p 型 Ge）也实现了室温下的自旋电注入和探测。

（二）Si 中的自旋寿命

1. Si 中的自旋弛豫

自旋寿命决定了注入的非平衡自旋极化在没有新的自旋注入时的衰减速度，以及在连续注入条件下稳态自旋极化的大小。Si 中导带电子的自旋弛豫相对较慢，有以下几个原因。

（1）晶体具有空间反演对称性，不存在本征内在电场诱导的自旋弛豫（DP 机制）[47]。

（2）对于低温局域电子超精细作用诱导自旋弛豫是十分重要的机制，但在室温范围内对于非定域传导电子是可以忽略的，此外，相对含量为 92% 和 3% 的同位素 ^{28}Si 和 ^{30}Si 没有核自旋。

（3）Elliott-Yafet 自旋弛豫机制在 Si 中占据主导地位 [10, 109, 110]，起源于动量散射和自旋轨道相互作用的结合，但 Si 中的自旋轨道相互作用是很小的。

事实上，在 60 K 左右在未掺杂的体 Si 中已经测到了 500~1000ns 量级的自旋寿命，在这种情况下，通过杂质散射的自旋弛豫是可以忽略的 [39, 111]。在更高的温度下，低掺杂 Si 中声子散射增强，自旋寿命逐渐减小，到 150K 时约为 70ns，室温时为 7~10ns。这种行为已被电子自旋共振（ESR）[112-116] 和热电子器件中的自旋输运等不同的实验技术所证实 [39, 111]。同时，最近几年，包含自旋-轨道相互作用的声子诱导的传导电子 Elliott-Yafet 自旋弛豫理论取得了很大的进展 [10, 109, 110]，指明了不同的微观弛豫过程，特别是阐明了谷内和谷间散射的相对贡献。实验和理论在定量和定性上符合得很好。在本征或低掺杂 Si 中声子诱导的电子自旋弛豫也已经得到很好的解释。

2. ESR 测得的掺杂 Si 中的自旋寿命

在实际的自旋电子器件中，Si 是掺杂的，Si 中电子的自旋寿命变短，因为这时杂质散射诱导的自旋弛豫占主导地位，而不是声子散射。早些时候，主要利用 ESR 研究掺杂 Si 中的自旋弛豫。这方面的文献资料很丰富，我们使用文献 [114] ～ [116] 中的 ESR 数据，总结了掺杂范围为 10^{18}～10^{19}cm^{-3} 的 n 型 Si 的一些主要研究结果，并且假定 g 因子为 2，将共振线宽转变为自旋寿命。图 6-137 给出了 T=10 K 和 T=300 K 时的结果，由此可得到几个显著特征：低温下，自旋寿命在几纳秒和几百纳秒之间；室温下，τ_s 始终很小，为 2～10 ns；对于给定的掺杂元素，自旋寿命随掺杂浓度增加而减小，这与通过杂质诱导自旋弛豫机制相一致；自旋寿命对掺杂元素类型很敏感，对于元素 P、As 及 Sb，自旋寿命 τ_s 依次减小，表明 τ_s 受到杂质位置的局域自旋-轨道相互作用的控制，而不是 Si 导带的本征自旋轨道耦合 [114-116]。

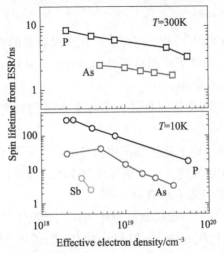

图 6-137　不同温度下由 ESR 数据提取的 n 型 Si 中的自旋寿命随掺杂浓度和掺杂元素（P、As 和 Sb）的变化 [114-116]

　　基于 ESR 数据，工作在室温时的实际器件中，掺杂 Si 中的自旋寿命应有几纳秒。Si 基铁磁隧穿器件的出现为研究掺杂 Si 中的自旋弛豫提供了不同的方法。下面我们将回顾到目前为止获得的一些结果，并与 ESR 做比较。

　　3. 由电子器件中 Hanle 效应提取的自旋寿命

　　从 3T 和 NL 自旋器件的 Hanle 数据提取出 n 型 Si 中的自旋寿命示于表 6-1 中。由于器件参数的变化以及部分数据的分散，所以无法进行更为详细的比较，但是可以看出存在的一些普遍趋势。在 P 掺杂的 Si 基自旋器件中提取得到了最大的自旋寿命，低温时 1～10 ns，室温时依然高于 1ns。通过 ESR 技术同样在 P 掺杂时测得了最大的自旋寿命。另一个趋势是在 As 和 Sb 掺杂的 Si 基 3T 器件中，在 10 K 和 300 K 时 τ_s 典型范围是 0.1～0.3 ns。这一数值比体 Si 中 ESR 所测值小了 6～10 倍。这表明自旋寿命被与铁磁隧穿接触相关的外部因素减小了。平均而言，NL 器件比 3T 器件表现出更长的自旋寿命，这一事实也暗示了铁磁隧穿接触等外部因素对自旋寿命的影响。在 NL 器件中，Hanle 测量 Si 沟道中的自旋进动，自旋寿命可能更接近体 Si 值。另外，3T 器件直接探测铁磁隧穿接触下的自旋积累，由于隧穿氧化层 [6, 89] 和（或）铁磁电极的近邻效应 [6]，自旋寿命因此而减小。因此，3T 和 NL 器件恰好提供了互补的相关信息。尤其对于 3T 器件，自旋寿命随着温度的变化很小，这和外部因素是一致的。

表 6-1 由 3T 和 NL 自旋器件的 Hanle 数据提取的自旋寿命 τ_s 随载流子浓度 n_e、掺杂元素、势垒材料、铁磁电极（FM）及温度（T）的变化 [34]

Si	n_e at 300K /cm^{-3}	Dopant	Tunnel barrier	FM	Method	T/K	τ_s/ns	文献
n-Si	1.8×10^{19}	As	Al$_2$O$_3$	Ni$_8$Fe$_2$	3T	300	>0.14	[6]
n-Si/Cs	1.8×10^{19}	As	Al$_2$O$_3$	Ni$_8$Fe$_2$	3T	300	>0.14	[6]
n-Si	1.8×10^{19}	As	Al$_2$O$_3$	Ni	3T	300	>0.29	[46]
n-Si	1.8×10^{19}	As	Al$_2$O$_3$	Co	3T	300	>0.08	[46]
n-Si	1.8×10^{19}	As	Al$_2$O$_3$	Fe	3T	300	>0.06	[46]
n-Si	2.5×10^{19}	As	MgO	CoFe	3T	300	>0.16	[80]
n-Si	3×10^{19}	As	SiO$_2$	Ni$_8$Fe$_2$	3T	300	>0.13	[82]
n-Si	3×10^{18}	Sb	SiO$_2$	Ni$_8$Fe$_2$	3T	300	>0.30	[82]
n-Si	1.5×10^{19}	Sb	Al$_2$O$_3$	Ni$_8$Fe$_2$	3T	300	>0.14	[71]
n-Si	5×10^{19}	P	MgO	Fe	NL	300	1.3	[83]
n-Si	6×10^{17}	P	Schottky	Co$_6$Fe$_4$	3T	300	1.4	[99]
n-Si	1.8×10^{19}	As	Al$_2$O$_3$	Ni$_8$Fe$_2$	3T	10	>0.14	[6]
n-Si	1.8×10^{19}	As	Al$_2$O$_3$	Ni$_8$Fe$_2$	3T	10	>0.19	[6]
n-Si	2.5×10^{19}	As	MgO	CoFe	3T	10	>0.19	[80]
n-Si	3×10^{19}	As	SiO$_2$	Ni$_8$Fe$_2$	3T	10	>0.13	[82]
n-Si	3×10^{19}	As	SiO$_2$	Co$_9$Fe$_1$	3T	10	>0.10	[82]
n-Si	3×10^{18}	Sb	SiO$_2$	Ni$_8$Fe$_2$	3T	10	>0.30	[82]
n-Si	2×10^{18}	P	Schottky	Co$_6$Fe$_4$	3T	25	3.1	[75]
n-Si	6×10^{17}	P	Schottky	Co$_6$Fe$_4$	3T	40	3.0	[99]
n-Si	2×10^{18}	P	Al$_2$O$_3$	Fe	NL	5	0.9	[41, 89]
n-Si	5×10^{19}	P	MgO	Fe	NL	10	10	[83]
n-Si	1×10^{19}	P	MgO	Fe	NL	8	9	[94]

在掺杂浓度约为 10^{18}cm^{-3} 的 NL 器件中，观察到了大约 1ns 的自旋寿命 [41, 89]。令人感到意外的是，同样在 NL 器件中，在掺杂浓度为 5×10^{19}cm^{-3} 的 Si 中观

察到最大的自旋寿命（10ns）[83]。这一趋势与 ESR 数据相反，尽管这可能与器件的详细信息有关。考虑到现有的所有数据，我们还不能得到如 ESR 数据中一样清晰的自旋寿命随掺杂浓度的变化趋势。部分原因是使用了不同的掺杂元素（Sb 掺杂浓度为 1×10^{18}cm$^{-3[71, 82]}$；As 掺杂浓度 5×10^{19}cm$^{-3[6, 80, 82]}$）。然而，一个更可能的原因是自旋寿命受外部因素控制，此时自旋弛豫不受掺杂杂质控制，所以不应期望自旋寿命随掺杂浓度变化。最近一个关于 Si 中自旋寿命随掺杂浓度变化的报道很有可能是由外部贡献的意外波动引起的[82]。

从 3T 器件中自旋寿命和扩散常数，Dash 等确定了室温下重掺杂 n-Si 自旋扩散长度为 200～300 nm[6]，但这是一个下限值[46]。300K 时在 NL 器件中提取的自旋扩散长度为 600 nm[83]。这些值比最先进的电子电路中的晶体管的沟道长度要大，足以满足纳米尺度 Si 基自旋电子器件的要求。自旋寿命接近 1ns，这也可满足高频器件的要求。

4. 铁磁隧道接触的影响

磁性隧穿接触可以引入额外的自旋弛豫。界面会导致额外的动量散射，这体现在超薄膜中更小的迁移率。这将使自旋寿命减小，因为 Elliott-Yafet 自旋弛豫速率正比于动量散射速率[10, 47]。依赖于器件的详细信息，自旋寿命减小为体材料 Si 值的 1/3～1/2 倍。顺磁性缺陷可能也会出现在与氧化层势垒的界面处，例如，界面悬挂键态的存在，都会与传导电子相互作用引起自旋交换散射。更为重要的是，在界面附近，晶体反演对称性被破坏了，内电场产生并导致了 D'yakonov-Perel 机制的自旋弛豫，而这在体 Si 中是不存在的。另外，由于静磁杂散场的存在，铁磁体修正了其接触之下的自旋进动和自旋积累动力学[46]。杂散场来自铁磁界面有限的粗糙度，且具有局域性和空间不均匀性。这导致如下结果[46]：没有外磁场时，自旋进动依然存在，而且在零外场时，自旋积累小于其最大值；Hanle 曲线被人为加宽，但 τ_s 实际没有减小；反 Hanle 效应产生，意味着施加一个与铁磁体磁化方向平行的外场时，$\Delta\mu$ 将增强。

Hanle 曲线的展宽正比于杂散场强度，而杂散场强度由铁磁电极的粗糙度和磁化强度来衡量。事实上，Dash 等观察到，对于 Si/Al$_2$O$_3$/ 铁磁体器件，Hanle 曲线宽度系统地依赖于铁磁电极，如图 6-138 所示[46]。从 Ni、Ni$_{80}$Fe$_{20}$、Co 到 Fe，磁化强度逐渐增强，Hanle 曲线也相应扩展。反 Hanle 效应在所有器件中也都被观察到了，并且从 Ni 到 Fe 其线宽也增加了。

Hanle 曲线修正对提取自旋寿命具有重要影响，因为 Hanle 曲线线宽不再由自旋寿命所决定。真实的自旋寿命比从 Hanle 测量中提取的要大。除非明确排除杂散场展宽，否则文献中提到的自旋寿命值应当认为是其下限值。反 Hanle 效应可作为一种验证杂散场是否存在的标志，这在 Si、GaAs 和 Ge 器件中都观察到了 [46, 80, 81, 107, 117-119]。杂散场随垂直远离隧穿界面的距离而衰减，其典型范围是 10～50 nm（由粗糙度的横向周期性所决定），由于自旋扩散的存在，其影响扩展到整个薄膜厚度。如果自旋积累没有扩展到隧穿界面，那么杂散场效应就会被减弱。在肖特基接触中，自旋积累和铁磁体被 10～20 nm 厚的重掺杂半导体形成的隧穿势垒所分开。这就可以解释为什么在肖特基接触中没有观察到反 Hanle 效应 [120]。同样，杂散场效应在低掺杂浓度下就不是十分重要了，因为低掺杂时耗尽区很宽，所以研究自旋寿命随掺杂浓度的变化时应这些因素考虑进去 [82, 121]。

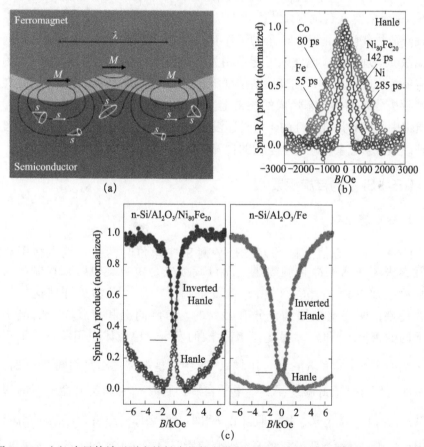

图 6-138　（a）半导体铁磁隧穿接触中的静杂散场以及由此诱导的自旋进动；（b）不同铁磁电极 FM 的 Si /Al$_2$O$_3$/FM 器件的 Hanle 曲线；（c）磁场垂直（或平行）隧穿界面的 Hanle 曲线（或反 Hanle 曲线）[46]

5. p-Si 中的自旋寿命

对于 p 型 Si，从 Hanle 测量得到的自旋寿命是 270 ps[6]，相比于 n 型 Si，这么大的数值是不可思议的，部分原因可能是使用了轻掺杂元素 B[6]。然而，尽管 Si 中的自旋轨道相互作用很弱，但是价带直接受其影响并且包含了混合自旋态特征。由于轻空穴和重空穴态之间的散射，在动量散射时间尺度上的自旋弛豫可能出现，但这在 p-Si 中还没有明确的计算结果辅证。在名义上未掺杂的 GaAs[122] 和 Ge[123] 的光学实验中，观察到了小于 1ps 的空穴自旋寿命，而在低掺杂的 Ge 中，这一数值可以达到 100ps[124]。有趣的是，最近通过自旋泵浦电注入技术，在重掺杂的 p 型 Si 中观察到 9ps 和 94ps 的空穴自旋寿命 [125]。此外，在重掺杂 p 型 Ge 自旋输运器件中观察到了低温时 35ps 和室温时 10 ps 的空穴自旋寿命 [108, 117, 118]。是什么决定了这些 p 型半导体的空穴自旋寿命目前尚不清楚，未来的工作有必要弄清楚自旋电输运器件中空穴自旋弛豫的物理机制。电注入可能在相关空穴态上产生特殊的空穴分布。另一个需要考虑的因素是，在高掺杂浓度下，大多数的空穴并不在价带而是在非局域随机分布的杂质态形成的能带上。对于文献 [6] 中所用的掺杂浓度，在杂质带中的传导是金属性的，并且还没有和价带融合 [126]。目前为止，还没有从理论上探索过杂质能带上空穴的自旋弛豫。

（三）Si 中的自旋积累

1. 标准理论

计算 $\Delta\mu$ 稳态值的标准方法是平衡 Si 中单位时间由自旋翻转引起的自旋损失与注入的净自旋数量，而自旋损失是由自旋电阻 r_s 控制的。根据自旋扩散方程，r_s 又可以由 $r_s = \rho L_{sd}$ 得到 [42-44, 127-129]。为了评估这一结果的普适性，明确地推导是十分有必要的。自旋向上和自旋向下的电子具有不同的密度 $n^{\uparrow}$ 和 $n^{\downarrow}$，引起自旋弛豫的发生。单位体积相关自旋电流为 $J_s^V = \partial\left(n^{\uparrow} - n^{\downarrow}\right)\big/\partial t = 2\left(n^{\uparrow} - n^{\downarrow}\right)e\big/\tau_{sf}$，其中 e 是电荷，τ_{sf} 是自旋翻转时间，每一次自旋翻转恰好减少了 2 个电子自旋，所以 τ_{sf} 和自旋寿命 τ_s 具有以下关系：$\tau_{sf} = 2\tau_s$。接下来，我们假设 $\Delta\mu$ 很小，那么 $\left(n^{\uparrow} - n^{\downarrow}\right) = \Delta\mu\left(\partial n^{\sigma}\big/\partial E_F\right)e$，其中 $\partial n^{\sigma}/\partial E_F$ 表示当费米能级偏离平衡位置时自旋向上或向下的电子密度 n^{σ} 的变化。那么，就有 $J_s^V = (1/\tau_s)\Delta\mu\left(\partial n^{\sigma}\big/\partial E_F\right)e^2$，只要 $\Delta\mu$ 很小，线性近似就有效，这一结果就是普适的。

下面我们利用通用的爱因斯坦关系 $\mu_e n^{tot} = De\left(\partial n^{tot}/\partial E_F\right)$，其中 μ_e 是载流子迁移率，D 是扩散常数，n^{tot} 是自旋积分的电子密度。它适用于任意态密度的材料，包括简并和非简并的半导体和金属，这些材料具有不同的 $\partial n^{tot}/\partial E_F$ 值，无须进行估算或近似就能继续推导。唯一的边界条件是材料处于热平衡，利用 $\rho = 1/\left(n^{tot} e\mu_e\right)$，$L_{sd} = \left(D\tau_s\right)^{0.5}$ 和 $\partial n^{tot}/\partial E_F = 2\partial n^{\sigma}/\partial E_F$，我们得到

$$\Delta\mu = 2\left(\rho L_{sd}^2\right)J_s^V \tag{6-137}$$

我们可以定义单位体积的自旋电阻为 $r_s^V = \Delta\mu/2J_s^V = \rho L_{sd}^2$，单位为 $\Omega \cdot m^3$。这一公式描述了局域自旋积累和局域自旋电流由于空间中某一点的自旋弛豫而产生的关系。

最后一步是通过自旋积累的空间延展对 J_s^V 进行积分，并通过注入的自旋电流使其平衡。根据自旋扩散理论[42-44]，$\Delta\mu$ 随着垂直距离 z（离注入界面的）呈指数衰减，$\Delta\mu(z) = \Delta\mu(0)\exp(-z/L_{sd})$，假设注入是横向均匀的，对方程（6-134）积分后得到 $2\left(\rho L_{sd}^2\right)\int_0^{\infty} J_s^V dz = \Delta\mu(0)L_{sd}$。利用自旋流的平衡条件 $J_s = \int_0^{\infty} J_s^V dz$，其中 J_s 是注入的自旋流密度，我们可以得到 $2\left(\rho L_{sd}\right)J_s = \Delta\mu(0)$。将此式与方程（6-128）相比，可以得到面自旋电阻是 $r_s = \rho L_{sd}$，单位是 $\Omega \cdot m^2$。下面我们将把这个结果与实验数据进行比较，但是必须注意的是，这个公式只适用于半导体沟道厚度 d、注入接触的横向尺寸 W_x 和 W_y 比 L_{sd} 大很多的情况。将器件的几何校正考虑进去，得到如下结果[42, 44]：

$$r_s = \rho L_{sd} \qquad d \gg L_{sd} \text{ 且 } W_x, W_y \gg L_{sd} \tag{6-138}$$

$$r_s = \rho L_{sd}\left(L_{sd}/d\right) \qquad d \ll L_{sd} \text{ 且 } W_x, W_y \gg L_{sd} \tag{6-139}$$

$$r_s = \rho L_{sd}\left(W_y/L_{sd}\right) \qquad d, W_x \gg L_{sd} \text{ 且 } W_y \ll L_{sd} \tag{6-140}$$

在 NL 器件中，还需要考虑 $\Delta\mu$ 随注入电极与探测电极之间的距离增大而呈指数衰减。

2. 实验结果

标准理论预言自旋信号 $\Delta V_{Hanle}/J = \left(P_G\right)^2 \rho L_{sd}$，其中 J 表示隧穿电流密度。将它和室温时 Si/氧化层/铁磁体器件的实验结果进行比较，见图 6-139。在 $P_G = 30\% \sim 50\%$，$L_{sd} = 0.3 \sim 1\mu m$ 以及 $\rho = 2 \sim 20 m\Omega \cdot cm$ 的条件下，得到期望值为 $0.001 \sim 0.01 k\Omega \cdot \mu m^2$。Dash 等在 300K 时观察到重掺杂 n 型 Si 基 $Al_2O_3/Ni_{80}Fe_{20}$ 接触中自旋积累信号为 $2 \sim 6 k\Omega \cdot \mu m^2$，比理论预言值大几个数

量级[6]。如此大的数值后来被其他实验小组用相似的方法（重掺杂 Si、3T Hanle 测量以及大的接触面积）采用不同的隧道势垒 MgO 和 SiO_2 重现出来[80, 82]。同样的结论也适用于掺杂浓度稍低（$\sim 10^{18} cm^3$）的器件[59, 82]和 p 型 Si 基器件[6]，所以无论采取何种隧穿氧化层，总能观察到比理论预言值（P_G）$^2 \rho L_{sd}$ 大几个数量级的自旋信号。这种理论和实验矛盾的情况也发生在 Ge[107, 117-120, 130] 和 $GsAs$[131]基器件中。值得注意的是，Jonker 等错误地认为他们测得了与理论相符的自旋信号幅度[82]，因为他们用方程（6-140）和几何因子（W_y /L_{sd}）=750 进行了计算，而实际上他们本应该使用没有几何修正的公式（6-138），因为在他们所测量的器件中隧道结的横向尺寸和半导体沟道厚度远大于 L_{sd}，这已经在文献[34]中指出。

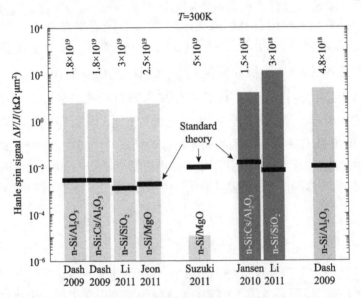

图 6-139　实验测得 Hanle 信号 $\Delta V/J$ 与理论预测值比较，图中给出了各器件参数（300K 时载流子浓度及隧道结结构）[6, 71, 80, 82, 83]

　　然而，Suzuki 等在 NL 器件中观察到了大约 $10^{-5} k\Omega \cdot \mu m^2$ 的自旋信号[83]，为了使之与理论一致，必须假设使用的 Fe/MgO 接触的 P_G 只有 1%～2%。但是 Fe/MgO 是以其界面处极大的 P_G 而著称[51]，所以如果假设其 P_G 大于 50%，则自旋信号的期望值就大约为 $10^{-2} k\Omega \cdot \mu m^2$。在这种情况下，实际测到的自旋信号比期望值小了几个数量级，并且与 NL 几何测量无关，因为在相同器件上的 3T 和 NL 测量都呈现为小信号[94]。在 Fe/MgO 接触的 Ge 沟道 NL 器件中，甚至报道了更小的 P_G（0.23%）[130]。

最近，Jansen 等在不同厚度 MgO 或 Al_2O_3 势垒的隧穿自旋注入器件中观察到 $\Delta V_{Hanle}/J$ 并不是常数，而是随隧穿面电阻的增大而增大，如图 6-140 所示 [105]。这一结果尚不能由标准模型解释，也很难由下述其他几种机制解释。

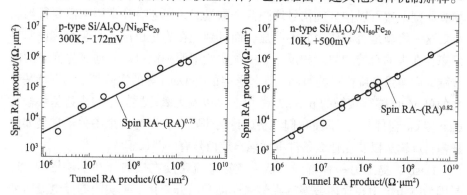

图 6-140 p 型和 n 型 Si /Al_2O_3/$Ni_{80}Fe_{20}$ 自旋器件中 Hanle 信号 Spin-RA 随隧穿面电阻 Tunnel RA 的变化 [105]

实验中 3T 和 NL 器件中的自旋积累大小与理论期待值的巨大差异是否源于同一因素尚不明确。我们需要尽可能地了解控制自旋积累大小的原因，因为通过铁磁隧穿势垒接触实现自旋注入和探测是硅基自旋电子学的基础。这一问题尽管是由 3T 器件实验数据引发的 [131]，但是不限于 3T 几何结构。它涉及半导体上铁磁隧穿接触的自旋输运性质，因而可能在任何隧穿接触器件中都起到重要作用，包括 NL 器件和 Spin-LED。

3. 讨论

到目前为止讨论过的导致实验与理论出现矛盾的四个可能原因有：①非隧穿输运（热电子发射）[59]；②借助局域态的两步隧穿 [131]；③隧穿电流密度的横向不均匀性 [6]；④从 Hanle 曲线提取的 τ_s 值比真实值低 [6,46]。

标准理论基于线性区的直接隧穿，当对主导输运的机制不是隧穿时就可能无法给出与实验相符的期望值。热电子激发主导输运时，$\Delta\mu$ 转换成电压的表达式将不同（文献 [59] 中的 4.1.3 节）。所以，在整流、类二极管及热激发占主导的器件中，自旋信号与 $(P_G)^2\rho L_{sd}$ 不匹配也就不足为奇了。这适用于掺杂浓度约 10^{18} cm^3 或更小的器件（图 6-139 中深色标注的器件），对 n 型 Ge 基器件也一样 [121]。然而，基于 Fe/MgO 接触的 p 型 Ge 器件并不存在这个问题，是由于没有肖特基势垒，甚至对非一致掺杂浓度的情况也不表现出二极管行为 [117, 118]。

　　Tran 等提出了另一种偏离标准隧穿输运的机制，他们认为铁磁体和半导体之间的输运是通过靠近半导体界面的局域态两步隧穿实现的[131]。大的自旋积累可以通过自旋电流进入界面态而产生，当界面态密度小时尤其如此。尽管原则上这可以使自旋信号增强几个数量级，但还有几个要求需要得到满足。这一机制是否起作用并不明显，而且到现在为止也没有实验直接证明界面态存在大的自旋积累。相反，在一些实验中明确地排除了通过界面态的两步隧穿而增强自旋信号的机制，比较著名的有 Dash 等的实验[6]、无肖特基势垒的单 MgO 隧穿接触的 p-Ge 器件[117, 118]以及无氧化层势垒的肖特基势垒接触 n 型 Ge 器件[120]。下面我们还将讨论两步隧穿，因为文献中关于它是如何影响自旋输运以及在什么条件下增强自旋信号有一些误解。

　　Dash 等提出另一种解释，认为隧穿电流密度在横向存在不均性[6]。这是因为隧道结中在面内普遍存在势垒厚度和组分变化。真实的隧穿电流密度可能比平均电流密度大很多。那么，局域自旋积累便会增强，甚至可能达到几个数量级。第四种可能的因素与真实 τ_s 值的低估有关，因为 Hanle 曲线会因为局域静磁杂散场干扰而展宽。由于满足 $L_{sd} \propto (\tau_s)^{1/2}$，真实的 τ_s 值比由 Hanle 测量提取值要大，但这种影响远不足以使理论与实验一致。

　　Tran 等提出了通过半导体界面处局域态的两步隧穿机制[131]。在半导体界面处具有密度为 D_{1s} 的局域态，这些态与铁磁体之间被阻值为 R_1 的隧穿势垒分离，并且又被另一个隧穿势垒与半导体能带分离，如一个很薄的阻值为 r_b 的肖特基势垒，如图 6-141 所示[132]。

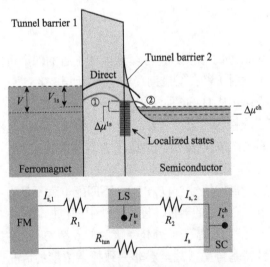

图 6-141　两步隧穿能带图及计算模型[132]

假设铁磁体和半导体主体之间的电荷和自旋流是以局域态为中间态的两步隧穿为主导，自旋电流在半导体体能带产生自旋积累 $\Delta\mu^{\mathrm{ch}}$，在局域态处产生 $\Delta\mu^{\mathrm{ls}}$。通过解局域态和半导体中自旋弛豫的速率方程得到 $\Delta\mu^{\mathrm{ls}} = \Delta\mu^{\mathrm{ch}}\left(1 + r_{\mathrm{b}}/r_{\mathrm{s}}^{\mathrm{ch}}\right)$，其中 $r_{\mathrm{s}}^{\mathrm{ch}}$ 是半导体沟道的自旋电阻。此外，有证据表明铁磁体并没有探测到半导体体内的自旋积累。所以，Hanle 自旋信号是由 $\Delta\mu^{\mathrm{ls}}$ 决定的，在 $R_{\mathrm{I}} \gg r_{\mathrm{b}}$ 时：

$$\Delta V_{\mathrm{Hanle}} = \left(\frac{P_{\mathrm{G}}}{2}\right)\Delta\mu^{\mathrm{ls}} = \left(P_{\mathrm{G}}\right)^2 r_{\mathrm{s}}^{\mathrm{eff}} I \tag{6-141}$$

$$r_{\mathrm{s}}^{\mathrm{eff}} = \frac{r_{\mathrm{s}}^{\mathrm{ls}}\left(r_{\mathrm{b}} + r_{\mathrm{s}}^{\mathrm{ch}}\right)}{r_{\mathrm{s}}^{\mathrm{ls}} + r_{\mathrm{b}} + r_{\mathrm{s}}^{\mathrm{ch}}} \tag{6-142}$$

其中，$r_{\mathrm{s}}^{\mathrm{eff}}$ 表示局域态和半导体沟道系统的有效自旋电阻，通过隧穿电阻 r_{b} 耦合在一起。注意，这里假设 $R_{\mathrm{I}} \gg r_{\mathrm{s}}^{\mathrm{eff}}$，那么进入铁磁体中的自旋回流就可以忽略了。局域态的自旋电阻是 $r_{\mathrm{s}}^{\mathrm{ls}} = \tau_{\mathrm{s}}^{\mathrm{ls}}/(eD_{\mathrm{ls}})$，其中 $\tau_{\mathrm{s}}^{\mathrm{ls}}$ 是局域态的自旋寿命，e 是电荷。尽管 Tran 没有明确给出，但可以知道从局域态进入半导体沟道的自旋电流为

$$I_{\mathrm{s}}^{\mathrm{ls}\to\mathrm{ch}} = \left\{\frac{r_{\mathrm{s}}^{\mathrm{ls}}}{r_{\mathrm{s}}^{\mathrm{ls}} + r_{\mathrm{b}} + r_{\mathrm{s}}^{\mathrm{ch}}}\right\} I_{\mathrm{s}}^{\mathrm{fm}\to\mathrm{ls}} \tag{6-143}$$

其中 $I_{\mathrm{s}}^{\mathrm{fm}\to\mathrm{ls}} = \Delta\mu^{\mathrm{ls}}/r_{\mathrm{s}}^{\mathrm{eff}}$ 是从铁磁体注入局域态的自旋电流。

Tran 模型最重要的启示如下：①如果 $r_{\mathrm{s}}^{\mathrm{ls}}$ 和 r_{b} 远大于 $r_{\mathrm{s}}^{\mathrm{ch}}$，那么 $r_{\mathrm{s}}^{\mathrm{eff}}$ 就远大于 $r_{\mathrm{s}}^{\mathrm{ch}}$，就会在界面处产生一个很大的自旋积累，相应的 Hanle 信号也会增强；②如果 $r_{\mathrm{s}}^{\mathrm{ls}} \gg r_{\mathrm{b}}$，那么 $I_{\mathrm{s}}^{\mathrm{ls}\to\mathrm{ch}} = I_{\mathrm{s}}^{\mathrm{fm}\to\mathrm{ls}}$ 而且进入半导体的自旋电流不会减小，即局域态自旋电流可以忽略，因为自旋以足够快的速度进入半导体中；③增强的 Hanle 信号不可能比 $\left(P_{\mathrm{G}}\right)^2 r_{\mathrm{s}}^{\mathrm{ls}}$ 大；④增强的 Hanle 信号不可能比 $\left(P_{\mathrm{G}}\right)^2 r_{\mathrm{b}}$ 大。

最后一项常常被忽视，但其实这是很重要的一个性质，而且它为从实验上测试局域态的自旋积累是否起作用提供了思路。由于 $\Delta\mu^{\mathrm{ls}}$ 受到局域态和半导体体态耦合的限制，所以自旋信号对 r_{b} 的值很敏感。实验上我们可以改变 r_{b} 的大小，如通过抑制肖特基势垒，然后研究自旋信号是否会相应减小。

需要记住的是，Tran 等假设所有的电流都是通过界面态流动的，即不存在直接隧穿。而现实中，直接隧穿和两步隧穿总是并行存在的[132]。而且最近的研究表明，通过忽略直接隧穿，Tran 模型显然高估了探测到的自旋信号，尤其对低界面态密度，他们预测会出现最大的信号加强。然而实际上，此时

界面态对电荷和自旋输运的贡献应该是最小的。

所以，界面态的存在并不能保证会产生大自旋积累，它需要满足多个条件才行。要实现大的自旋积累，那么界面态必须有很大的自旋寿命以及较小的密度，但又不能太小，否则直接隧穿会成为主要输运过程。另外，还必须有足够大阻值 r_b 的隧穿势垒隔离界面态与半导体体能带的耦合，只有这样界面态的自旋积累才会比体能带大很多。

实验排除局域态引起增强。Dash 等考虑实验和标准理论之间的偏离是否能够用局域界面态进行解释，并对这个方案进行了实验验证[6]。他们制作了表面用 Cs 处理过的 Si 基器件，这一措施将肖特基势垒从 0.7～0.8 eV 减小到了 0.2～0.25 eV，耗尽层宽度也从 5 nm 减小到了 3 nm，从而将相关的 r_b 值减小 3～4 个数量级。所以，如果由于界面态的原因在没有 Cs 处理的纯净器件中观察到了很大的自旋信号，那么在 Cs 处理过的器件中界面态的自旋积累会急剧减小。事实恰恰相反，Dash 等发现 Cs 处理过的器件在室温下表现出 2～6 kΩ·μm 的自旋信号，如图 6-142（a）所示。这和界面态处导致的自旋积累的解释是不一致的。此外，由于 Si 的高掺杂，0.2～0.25 eV 的肖特基势垒宽度很窄，界面态和体能带之间可以有效地耦合（r_b 可以忽略），这也抑制了大自旋积累在界面态的建立。

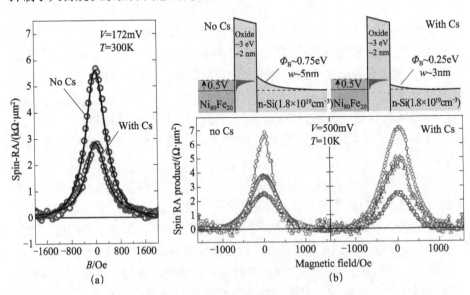

图 6-142　Cs 处理对 Si /Al₂O₃/Ni₈₀Fe₂₀ 自旋器件中 Hanle 信号的影响[6]

图 6-142（b）中给出了低温高注入偏置电压下的附加数据。由于隧穿电

子的能量分布在铁磁体费米能级附近达到峰值，在大偏置电压下电子很容易隧穿 0.75eV 势垒的狭窄顶部，而且越过 0.25eV 的势垒直接进入半导体体能带中。因此，我们预期肖特基势垒的电阻可以忽略不计，这与实验中观察到 Cs 处理没有引起器件电阻的任何显著变化是一致的。有无 Cs 处理，并没有明显影响自旋信号。这些结果为大的自旋积累真正存在于 Si 体能带中提供了有利的证据。

最近关于 Ge 器件的实验得到了相同的结论。Saito 小组和 Iba 小组在没有肖特基势垒的器件中观察到比标准理论的预期值大得多的自旋信号 [117, 118]。在这些器件中，界面态与体能带直接相联系，同时第二个隧穿势垒也被有效地去除了。相似地，在 n 型 Ge 基肖特基接触（没有任何氧化层势垒）的器件中也观察到了超出预期的大自旋信号 [120]。在这种情况下，半导体界面和铁磁体是直接接触的。最后，对于由不同隧穿氧化层（Al_2O_3、SiO_2 及 MgO）制备的 Si 基自旋器件（图 6-139），它们的界面态显著不同，然而自旋信号幅度却很类似。所有这些数据都说明界面态的自旋积累并不是实验与理论出现偏差的根源，还需要更多的工作来确认大自旋积累的真正起因。

（四）Si 中自旋的电场调控

通过电场操纵自旋是半导体自旋电子学的基础之一。在晶体管器件中，就像 Datta 和 Das 所提出的那种 [11]，通过栅压调控自旋极化反转从而控制输出状态，进而处理由自旋取向所表示的数据。最近，最受关注的方法是通过由电场导致的进动产生自旋反转。这很有可能是因为自旋轨道相互作用把与载流子运动方向垂直的电场转化为引起载流子自旋进动的有效磁场 [11]。这种自旋轨道耦合作用导致的进动现象已经被实验所证实 [133]。进动频率正比于半导体中的电场、自旋轨道耦合强度以及电荷载流子的动量。

可惜的是，电场控制所需的大自旋轨道相互作用同样会引起自旋弛豫，要减小自旋弛豫，最好是采用相反的手段，如利用小的自旋轨道相互作用。尽管在特殊情况下可能有办法解决这一矛盾，但这里还有一个更为重要的问题，即自旋的进动反转所需长度太大。对特定的电场，为了达到 180° 的翻转，一个载流子需要移动的距离大约是 100 nm 或者更大，即使在有强自旋轨道相互作用的材料中也是这样。尽管每一代晶体管器件的尺寸逐渐缩小也不是那么直截了当的，但要在小于 100 nm 的自旋电子器件中利用自旋轨道耦合实现自旋进动反转是不可能的，尤其是利用具有小的自旋轨道相互作用的 Si 基和 C 基的材料器件中。在 Si 量子阱中由结构反演不对称引起的自旋轨道场可引入可测量的效应[134]，但这一效应依然很弱。

因此，对 Si 中自旋的电场调控是一个很大的挑战，需要发展新的方法。事实上，自旋极化的调控也可以是针对其强度而不是其取向，如图 6-122 所示。这是一个在低温下 Si 量子阱中进行的原理证明性实验，利用 Zeeman 自旋分裂的离散态和载流子密度的电场调控产生自旋极化强度的共振[135]。这与铁磁性半导体中磁性的栅压调控相似[136]，通过静电场调整载流子密度来控制自旋极化的强度[135]。通过静电场控制载流子密度是半导体系统非常有效的属性，因此也可以用于自旋系统的调控。Si 中自旋的电场控制不同于自旋进动调控，下面我们将重点描述这一方法的一般性质。

Si 量子阱中自旋极化的电场控制。这里以及文献 [135] 中描述的电场控制自旋极化的方法并不需要自旋轨道相互作用。事实上，它依赖于量子阱中二维电子气 2DEG 能态谱的离散[137]。在金属 / 绝缘体 /Si 隧道结中，如图 6-143（a）所示，在 n-Si 表面能带弯曲反转产生了一个势阱，将 Si 中的电子限制在一个平行于邻近隧穿势垒界面的平面内，如图 6-143（b）所示。二维电子气的电子态是量子化的，包含一系列的电子子带，可以表示为

$$E_n = E_{z,n} + \eta^2 \left(k_x^2 + k_y^2 \right) \big/ 2m^*$$

其中，E_n 和 $E_{z,n}$ 分别表示总能量和垂直于二维电子气平面的 z 方向的量子化能量[137]；下标 $n=0$，1，…表示一系列离散的能态；k_x 和 k_y 是二维电子气 x-y 平面内非量子化的波矢；η 是普朗克常量除以 2π；m^* 是电子有效质量。相应的子带的态密度是阶梯函数，即大于 $E_{z,n}$ 时等于 $m^*/\pi\eta^2$，小于 $E_{z,n}$ 时为零。外加磁场 B 在 Si 量子阱中产生大小为 $g\mu_B B$ 的 Zeeman 自旋劈裂，将使子带阈值和自旋相关。

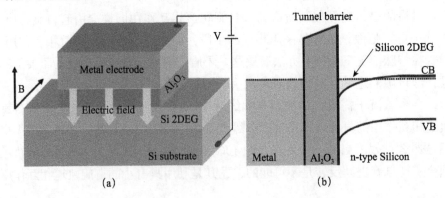

(a)   (b)

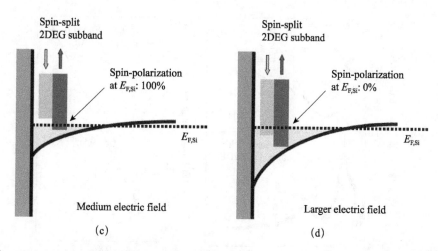

图 6-143　Si 2DEG 的器件结构及能带图（a）和（b），Si 2DEG 中自旋的电场调控效应示
意图（c）和（d）

　　Si 2DEG 中电子自旋极化依赖于其费米能级与二维电子气量子态的相对
位置，如图 6-143（c）和（d）所示。这可通过电场进行调整，进而可以调
控 Si 2DEG 中的自旋极化。当在结上施加一个电压时，不完全的屏蔽使部分
电场穿透到量子阱中，改变了束缚势阱的深度（和宽度）。当势阱的深度不
断增大时，2DEG 子带底部会转移到费米能级之下，导致 2DEG 中电子数量
的突然升高。当 $B=0$ 时，只有唯一的阈值，但是当能级自旋分裂时，对于自
旋反平行（平行）于磁场的电子，其能量阈值减小（增高）了 $g\mu_B B/2$。因此，
当电场将费米能级调整到两个阈值之间时，就得到了在 $E_{F,Si}$ 处拥有自旋极化
的 2DEG 隧道结，如果不考虑热拖尾和势场波动极化度，可达 100%；相反，
当 $E_{F,Si}$ 在两个阈值之上或之下时，自旋极化就变为 0。Zeeman 劈裂与磁场线
性相关，可作为一种实验标志。

　　在文献 [135] 的实验中，通过 Si 表面的 Cs 处理以及采用低功函数的金属
电极实现了 Si 中能带弯曲反转 [57,71]。尽管经过上述处理已可以通过非磁性金
属电极的电场效应产生自旋极化，但还需要一种探测自旋极化改变的方式。
为此，采用铁磁电极探测 2DEG 中由电场引起的自旋极化变化，这种变化反
映在 2DEG 与铁磁体之间小的共振隧穿电流上 [135]。如图 6-144（a）所示，
隧穿电导谱在特定偏压下出现陡峭的台阶，这是因为在电场作用下 2DEG 中
子带的底部转移到费米能级之下而产生了更多的可隧穿电子。所以，电导谱
反映了 Si 2DEG 中离散能谱在电场下的偏移结构。

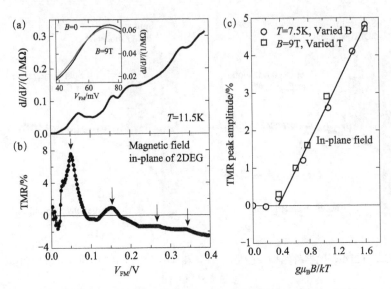

图 6-144 Si 2DEG 中由电场引起的自旋极化以及自旋极化隧穿振荡。（a）T=11.5K 时 Si/Al$_2$O$_3$（1.4 nm）/Gd（0.8nm）/Ni$_{80}$Fe$_{20}$（10nm）中 dI/dV 谱；（b）面内磁场 B=9T 对应的 TMR 振荡；（c）TMR 峰值随 $g\mu_B B/kT$ 的变化

在 B=0 时，电导只有单个台阶，施加磁场使其分裂成两个台阶，并使自旋极化出现一个极值。正如图 6-144（b）所示，这表现在隧穿磁阻（TMR）出现峰值，TMR 定义式为 $100 \times [I(B)\text{-}I(0)]/I(0)$，其中 $I(B)$ 是磁场下的隧穿电流。TMR 随电场振荡，最大达 8%。Si 中费米能级刚刚进入下一个自旋劈裂子带时 TMR 出现最大值，此时自旋劈裂子带仅被一个自旋方向的电子占据。TMR 的最小值对应于电场作用下子带被两种自旋电子占据，此时 $E_{F,Si}$ 处的自旋极化最小。TMR 共振的存在证实电场可以改变 Si 2DEG 中的自旋极化。此外，对比器件（由 Yb 插入层[102]）的附加实验和数据排除了 TMR 的调制仅仅由磁场导致的 2DEG 态的改变、隧穿各向异性磁阻[138]或朗道能级形成等因素的可能性[139]。文献 [135] 的数据明确证明了 TMR 振荡起源于 Si 2DEG 中电场引起的自旋极化隧穿。

以上的结果原则性地证明了无自旋轨道相互作用下电场调控 Si 量子阱中自旋极化的机制。正如图 6-144（c）所示，TMR 峰值随 $g\mu_B B/kT$ 变化，即 Zeeman 自旋劈裂能和热能的比值。因此，磁场要足够大来诱导 Si 中的自旋极化，并且温度需要足够低，这样才能观察到子带的自旋分裂。依赖于 Zeeman 劈裂来诱导自旋极化的方法目前还无法在实际中得到应用。可替代方法包括穿越绝缘体与铁磁电极的交换耦合，或者与铁磁绝缘体间的交换耦合。这种方式也可以和从铁磁隧道结电注入的自旋积累相互结合，在这种情况下，自旋极化并非能态的自旋劈裂而是电化学势。有趣的是，最近报道了在 Si 器件中自旋积累引起的 Hanle 信号可以通过电场来调控[76]。对于具有小自旋轨道相互作用和大自旋寿命的材料，探索不依赖于自旋轨道相互作用的自旋极化的电调控是非常有潜力的。2DEG 材料系统离散的电子结构为利用电场来影响自旋提供了新的途径，例如，通过改变子带的占据而改变自旋扩散长度或者非平衡自旋积累，在这些方面还需要做更多的努力。

（五）Si 自旋电子学的最新进展

下面将简要总结近期Ⅳ族半导体自旋电子学中有价值的进展。

1. 热自旋流

最近提出的赛贝克（Seebeck）自旋隧穿是一个新的概念，即通过热流驱动产生穿越势垒的自旋流[140-143]。热自旋流起源于自旋极化隧穿的能量差异，或者说是磁隧穿接触的 Seebeck 系数的自旋依赖性[141]。因此，Seebeck 自旋隧穿是自旋极化隧穿的热电模型，自旋极化隧穿在 40 年前就被观察到了[96, 144]。正如自旋极化隧穿可以用于电自旋注入，Seebeck 自旋隧穿可以用于热驱动的自旋注入。结果表明，隧道结两侧的温度差可以驱动纯自旋电流从铁磁体进入 Si 中，而没有电荷隧穿电流。Seebeck 自旋隧穿提供了非常不同的方式去产生自旋积累。基于热的多功能利用，它可用来替代或者结合电自旋输运发展节能器件。

2. 自旋泵浦

另一种在 Si 中产生自旋极化的方法是自旋泵浦[125, 145]。结果表明，在 Si/铁磁体直接接触的器件中自旋泵浦源于磁动力学产生的自旋流，并可以通过反自旋霍尔效应来探测[125, 145]。同电自旋注入一样，这种方式也存在自旋进入铁磁体的"反馈"或者"回流"问题。2014 年，Morton 等通过微波实现了 Si 中电注入自旋态的调控[146]。

3.Ge 自旋电子学

受到 Si 自旋电子学发展的触发，Ge 自旋电子学已经受到了极大的关注，例如，低温时在 p 型 Ge 中实现了自旋积累的全电学注入和探测[117]，随后是低温时 n 型 Ge 基 NL 器件[130]以及室温 n 型 Ge 基 3T 器件[107]。一些相关的报道也相继出现[108, 119-121]，包括 p 型 Ge 中的室温自旋极化[108]。Ge 的优势源自可以制造晶格匹配的 MgO/Fe 隧穿接触，以及在高迁移率 p 型 Ge 上制造无肖特基势垒的隧穿接触[108, 117, 118]。

总的来说，在 Si 自旋电子学三个关键方面，即自旋的产生、调控及探测都取得了关键性的进展。特别是铁磁隧穿接触，已经被证明是一个室温时在 Si 中产生和探测自旋的强大、有效及实用的方法，已成为 Si 自旋电子学中的一个标准。Si 基自旋输运器件中的物理、材料设计和工艺技术都得到了深入理解，但是自旋积累的强度及自旋寿命还有待深入研究。Si 中自旋的电场调控依然是一个很大的挑战。这里所讲述的工作说明在 Si 自旋电子学领域已经取得了显著成果，新的发展正在快速并接连出现。这些都使我们更接近于在 Si 中自旋应用功能建立自旋信息技术。

五、展望

综上所述，硅元素由于其一系列特点成为自旋电子学研究的重点材料之一。目前，在 Si 中产生自旋极化也主要采用自旋注入和掺杂成磁性半导体两种办法。与其他铁磁金属／半导体异质结中自旋注入类似，Si 基异质结也面临相同的问题。虽然很多研究组都发现了在铁磁金属/Si 异质结中巨大的室温自旋注入信号，但大部分报道并没有得到非局域测量结果，并且与已有的模型的计算结果相差好几个数量级，因此仍处于广受质疑的状态[147]。在磁性掺杂方面，目前并没有获得公认的本征 Si 基磁性半导体。上述两条研究途径都遇到了很多困难。相比之下，基于 Si 同位素核自旋的量子计算机方面的研究越来越受到人们的关注[148, 149]。

赵建华（中国科学院半导体研究所，

中国科学院半导体超晶格国家重点实验室）

参 考 文 献

[1] Baibich M N, Broto J M, Fert A, et al. Giant magnetoresistance of（001）Fe/（001）Cr magnetic superlattices. Phys. Rev. Lett. , 1988, 61: 2472-2475.

[2] Binasch G, Grunberg P, Saurenbach F, et al. Enhanced magnetoresistance in layered magnetic structures with antiferromagnetic interlayer exchange. Phys. Rev. B, 1989, 39: 4828-4830.

[3] Jedema F J, Filip A T, van Wees B J. Electrical spin injection and accumulation at room

temperature in an all-metal mesoscopic spin valve. Nature, 2001, 410: 345-348.

[4] Jedema F J, Heersche H B, Filip A T, et al. Electrical detection of spin precession in a metallic mesoscopic spin valve. Nature, 2002, 416: 713-716.

[5] Lou X, Adelmann C, Crooker S A, et al. Electrical detection of spin transport in lateral ferromagnet-semiconductor devices, Nat. Phys., 2007, 3: 197-202.

[6] Dash S P, Sharma S, Patel R S, et al. Electrical creation of spin polarization in silicon at room temperature. Nature, 2009, 462: 491-494.

[7] Zhou Y, Ogawa M, Bao M, et al. Engineering of tunnel junctions for prospective spin injection in germanium. Appl. Phys. Lett., 2009, 94: 242104.

[8] Tombros N, Jozsa C, Popinciuc M, et al. Electronic spin transport and spin precession in single graphene layers at room temperature. Nature, 2007, 448: 571-U574.

[9] Yu R, Zhang W, Zhang H J, et al. Quantized anomalous hall effect in magnetic topological insulators. Science, 2010, 329: 61-64.

[10] Cheng J L, Wu M W, Fabian J. Theory of the spin relaxation of conduction electrons in silicon. Phys. Rev. Lett., 2010, 104: 016601.

[11] Datta S, Das B. Electronic analog of the electro - optic modulator. Appl. Phys. Lett., 1990, 56: 665-667.

[12] Flatte M E, Vignale G. Unipolar spin diodes and transistors. Appl. Phys. Lett., 2001, 78: 1273-1275.

[13] Castelano L K, Sham L J. Proposal for efficient generation of spin-polarized current in silicon. Appl. Phys. Lett., 2010, 96: 212107.

[14] Rueth M, Gould C, Molenkamp L W. Zero field spin polarization in a two-dimensional paramagnetic resonant tunneling diode. Phys. Rev. B, 2011, 83: 155408.

[15] Tanamoto T, Sugiyama H, Inokuchi T, et al. Scalability of spin field programmable gate arrary: A Reconfigurable architecture based on spin metal-oxide-semiconductor field effect transistor. J. Appl. Phys., 2011, 109: 07c312.

[16] Dery H, Dalal P, Cywinski L, et al. Spin-based logic in semiconductors for reconfigurable large-scale circuits. Nature, 2007, 447: 573-576.

[17] Behin-Aein B, Datta D, Salahuddin S, et al. Proposal for an all-spin logic device with built-in memory. Nat. Nanotechnol., 2010, 5: 266-270.

[18] Dery H, Song Y, Li P, et al. Silicon spin communication. Appl. Phys. Lett., 2011, 99: 082502.

[19] Dietl T, Ohno H, Matsukura F, et al. Zener model description of ferromagnetism in zinc-blende magnetic semiconductors. Science, 2000, 287: 1019-1022.

[20] Kwon Y H, Kang T W, Cho H Y, et al. Formation mechanism of ferromagnetism in $Si_{1-x}Mn_x$ diluted magnetic semiconductors. Solid State Commun., 2005, 136: 257-261.

[21] Abe S, Nakayama H, Nishino T, et al. Subtracted Auger electron spectra of heavily doped

transition-metal impurities in Si. J. Cryst. Growth, 2000, 210: 137-142.

[22] Bolduc M, Awo-Affouda C, Stollenwerk A, et al. Above room temperature ferromagnetism in Mn-ion implanted Si. Phys. Rev. B, 2005, 71: 033302.

[23] Weber E R. Transition-metal in silicon. Applied Physics a-Materials Science & Processing, 1983, 30: 1-22.

[24] Kwon Y H, Kang T W, Cho H Y, et al. Formation mechanism of ferromagnetism in $Si_{1-x}Mn_x$ diluted magnetic semiconductors. Solid State Commun., 2005, 136: 257-261.

[25] Zhou S, Potzger K, Zhang G, et al. Structural and magnetic properties of Mn-implanted Si. Phys. Rev. B, 2007, 75: 085203.

[26] Yunusov Z A, Yuldashev S U, Igamberdiev K T, et al. Ferromagnetic states of p-type silicon doped with Mn. Journal of the Korean Physical Society, 2014, 64: 1461-1465.

[27] Bernardini F, Picozzi S, Continenza A. Energetic stability and magnetic properties of Mn dimers in silicon. Appl. Phys. Lett., 2004, 84: 2289-2291.

[28] Nakayama H, Ohta H, Kulatov E. Growth and properties of super-doped Si: Mn for spin-photonics. Physica B, 2001, 302-303: 419-424.

[29] Zhang Y, Jiang Q, Smith D J, et al. Growth and characterization of $Si_{1-x}Mn_x$ alloys on Si （100）. J. Appl. Phys., 2005, 98: 033512.

[30] Zhang F M, Zeng Y, Gao J, et al. Ferromagnetism in Mn-doped silicon. J. Magn. Magn. Mater., 2004, 282: 216-218.

[31] Zhang F M, Liu X C, Gao J, et al. Investigation on the magnetic and electrical properties of crystalline $Mn_{0.05}Si_{0.95}$ films. Appl. Phys. Lett., 2004, 85: 786-788.

[32] Liu X C, Lu Z H, Lu Z L, et al. Hole-mediated ferromagnetism in polycrystalline $Si_{1-x}Mn_x$: B films. J. Appl. Phys., 2006, 100: 073903.

[33] Ma S B, Sun Y P, Zhao B C, et al. Magnetic and electronic transport properties of Mn-doped silicon. Solid State Commun., 2006, 140: 192-196.

[34] Jansen R, Dash S P, Sharma S, et al. Silicon spintronics with ferromagnetic tunnel devices. Semicond. Sci. Technol., 2012, 27: 26.

[35] Dietl T, Ohno H. Dilute ferromagnetic semiconductors: Physics and spintronic structures. Rev. Mod. Phys., 2014, 86: 65.

[36] Jungwirth T, Wunderlich J, Novak V, et al. Spin-dependent phenomena and device concepts explored in（Ga, Mn）As. Rev. Mod. Phys., 2014, 86: 855-896.

[37] Lampel G. Nuclear dynamic polarization by optical electronic saturation and optical pumping in semiconductors. Phys. Rev. Lett., 1968, 20: 491.

[38] Appelbaum I, Huang B, Monsma D J. Electronic measurement and control of spin transport in silicon. Nature, 2007, 447: 295-298.

[39] Huang B, Monsma D J, Appelbaum I. Coherent spin transport through a 350 micron thick silicon wafer. Phys. Rev. Lett., 2007, 99: 177209.

[40] Jonker B T, Kioseoglou G, Hanbicki A T, et al. Electrical spin-injection into silicon from a ferromagnetic metal/tunnel barrier contact. Nat. Phys., 2007, 3: 542-546.

[41] van't Erve O M J, Hanbicki A T, Holub M, et al. Electrical injection and detection of spin-polarized carriers in silicon in a lateral transport geometry. Appl. Phys. Lett., 2007, 91: 212109.

[42] Fert A, Jaffres H. Conditions for efficient spin injection from a ferromagnetic metal into a semiconductor. Phys. Rev. B, 2001, 64: 184420.

[43] Jaffres H, Fert A. Spin injection from a ferromagnetic metal into a semiconductor. J. Appl. Phys., 2002, 91: 8111-8113.

[44] Fert A, George J M, Jaffres H, et al. Semiconductors between spin-polarized sources and drains. IEEE Trans. Electron Devices, 2007, 54: 921-932.

[45] Rashba E I. Theory of electrical spin injection: Tunnel contacts as a solution of the conductivity mismatch problem. Physical Review B (Condensed Matter) , 2000, 62: R16267-R16270.

[46] Dash S P, Sharma S, Le Breton J C, et al. Spin precession and inverted Hanle effect in a semiconductor near a finite-roughness ferromagnetic interface. Phys. Rev. B, 2011, 84: 054410.

[47] Zutic I, Fabian J, Das Sarma S. Spintronics: Fundamentals and applications. Rev. Mod. Phys., 2004, 76: 323-410.

[48] Fabian J, Matos-Abiague A, Ertler C, et al. Semiconductor spintronics. Acta Physica Slovaca, 2007, 57: 565-907.

[49] Popinciuc M, Józsa C, Zomer P J, et al. Electronic spin transport in graphene field-effect transistors. Phys. Rev. B, 2009, 80: 214427.

[50] Chappert C, Fert A, van Dau F N. The emergence of spin electronics in data storage. Nat. Mater., 2007, 6: 813-823.

[51] Yuasa S, Djayaprawira D D. Giant tunnel magnetoresistance in magnetic tunnel junctions with a crystalline MgO (001) barrier. Journal of Physics D-Applied Physics, 2007, 40: R337-R354.

[52] Fert A. Nobel lecture: Origin, development, and future of spintronics. Rev. Mod. Phys., 2008, 80: 1517-1530.

[53] Jia Y Q, Shi R C, Chou S Y. Spin-valve effects in nickel/silicon/nickel junctions. IEEE Trans. Magn., 1996, 32: 4707-4709.

[54] Hacia S, Last T, Fischer S F, et al. Study of spin-valve operation in Permalloy-SiO$_2$-Silicon nanostructures. J. Supercond., 2003, 16: 187-190.

[55] Schmidt G, Ferrand D, Molenkamp L W, et al. Fundamental obstacle for electrical spin injection from a ferromagnetic metal into a diffusive semiconductor. Phys. Rev. B, 2000, 62: R4790-R4793.

[56] Yakushiji K, Saruya T, Kubota H, et al. Ultrathin Co/Pt and Co/Pd superlattice films for MgO-based perpendicular magnetic tunnel junctions. Appl. Phys. Lett., 2010, 97: 232508.

[57] Min B C, Motohashi K, Lodder C, et al. Tunable spin-tunnel contacts to silicon using low-work-function ferromagnets. Nat. Mater., 2006, 5: 817-822.

[58] Min B C, Lodder J C, Jansen R, et al. Cobalt-Al_2O_3-silicon tunnel contacts for electrical spin injection into silicon. J. Appl. Phys., 2006, 99: 08s701.

[59] Jansen R, Min B C. Detection of a spin accumulation in nondegenerate semiconductors. Phys. Rev. Lett., 2007, 99: 246604.

[60] Uhrmann T, Dimopoulos T, Brueckl H, et al. Characterization of embedded MgO/ferromagnet contacts for spin injection in silicon. J. Appl. Phys., 2008, 103: 063709.

[61] Kohn A, Kovacs A, Uhrmann T, et al. Structural and electrical characterization of SiO_2/MgO (001) barriers on Si for a magnetic transistor. Appl. Phys. Lett., 2009, 95: 042506.

[62] Dimopoulos T, Schwarz D, Uhrmann T, et al. Magnetic properties of embedded ferromagnetic contacts to silicon for spin injection. Journal of Physics D-Applied Physics, 2009, 42: 085004.

[63] Uhrmann T, Dimopoulos T, Kovacs A, et al. Evaluation of Schottky and MgO-based tunnelling diodes with different ferromagnets for spin injection in n-Si. Journal of Physics D-Applied Physics, 2009, 42: 145114.

[64] Lee J, Uhrmann T, Dimopoulos T, et al. TEM study on diffusion process of NiFe schottky and MgO/NiFe tunneling diodes for spin injection in silicon. IEEE Trans. Magn., 2010, 46: 2067-2069.

[65] Saito Y, Marukame T, Inokuchi T, et al. Spin injection, transport, and read/write operation in spin-based MOSFET. Thin Solid Films, 2011, 519: 8266-8273.

[66] Saito Y, Inokuchi T, Ishikawa M, et al. Spin-Based MOSFET and Its Applications. J. Electrochem. Soc., 2011, 158: H1068-H1076.

[67] Gao Y, Lundstrom M S, Nikonov D E. Simulating realistic implementations of spin field effect transistor. J. Appl. Phys., 2011, 109: 07c306.

[68] Zenkevich A V, Matveyev Y A, Lebedinskii Y Y, et al. The effect of a ferromagnetic Gd marker on the effective work function of Fe in contact with Al_2O_3/Si. J. Appl. Phys., 2012, 111: 07c506.

[69] Min B C, Lodder J C, Jansen R. Sign of tunnel spin polarization of low-work-function Gd/Co nanolayers in a magnetic tunnel junction. Phys. Rev. B, 2008, 78: 212403.

[70] Jansen R, Min B C, Dash S P. Oscillatory spin-polarized tunnelling from silicon quantum wells controlled by electric field. Nat. Mater., 2010, 9: 133-138.

[71] Jansen R, Min B C, Dash S P, et al. Electrical spin injection into moderately doped silicon enabled by tailored interfaces. Phys. Rev. B, 2010, 82: 241305.

[72] Biagi R, Fantini P, de Renzi V, et al. Photoemission investigation of the alkali-metal-induced two-dimensional electron gas at the Si（111）（1 × 1）: H surface. Phys. Rev. B, 2003, 67: 155325.

[73] Zhu H J, Ramsteiner M, Kostial H, et al. Room-temperature spin injection from Fe into GaAs. Phys. Rev. Lett., 2001, 87: 016601.

[74] Hanbicki A T, Jonker B T, Itskos G, et al. Efficient electrical spin injection from a magnetic metal/tunnel barrier contact into a semiconductor. Appl. Phys. Lett., 2002, 80: 1240-1242.

[75] Ando Y, Kasahara K, Yamane K, et al. Bias current dependence of spin accumulation signals in a silicon channel detected by a Schottky tunnel contact. Appl. Phys. Lett., 2011, 99: 012113.

[76] Ando Y, Maeda Y, Kasahara K, et al. Electric-field control of spin accumulation signals in silicon at room temperature. Appl. Phys. Lett., 2011, 99: 132511.

[77] Sugiura K, Nakane R, Sugahara S, et al. Schottky barrier height of ferromagnet/Si（001）junctions. Appl. Phys. Lett., 2006, 89: 072110.

[78] Dery H, Sham L J. Spin extraction theory and its relevance to spintronics. Phys. Rev. Lett., 2007, 98: 046602.

[79] Hu Q O, Garlid E S, Crowell P A, et al. Spin accumulation near Fe/GaAs（001）interfaces: The role of semiconductor band structure. Phys. Rev. B, 2011, 84: 085306.

[80] Jeon K R, Min B C, Shin I J, et al. Electrical spin accumulation with improved bias voltage dependence in a crystalline CoFe/MgO/Si system. Appl. Phys. Lett., 2011, 98: 262102.

[81] Jeon K R, Min B C, Shin I J, et al. Unconventional Hanle effect in a highly ordered CoFe/MgO/n-Si contact: non-monotonic bias and temperature dependence and sign inversion of the spin signal. New J. Phys., 2012, 14: 023014.

[82] Li C H, van't Erve O M J, Jonker B T. Electrical injection and detection of spin accumulation in silicon at 500 K with magnetic metal/silicon dioxide contacts. Nature Communications, 2011, 2: 245.

[83] Suzuki T, Sasaki T, Oikawa T, et al. Room-temperature electron spin transport in a highly doped Si channel. Applied Physics Express, 2011, 4: 023003.

[84] Grenet L, Jamet M, Noe P, et al. Spin injection in silicon at zero magnetic field. Appl. Phys. Lett., 2009, 94: 032502.

[85] Kioseoglou G, Hanbicki A T, Goswami R, et al. Electrical spin injection into Si: A comparison between Fe/Si Schottky and Fe/Al$_2$O$_3$ tunnel contacts. Appl. Phys. Lett., 2009, 94: 122106.

[86] Li C H, Kioseoglou G, van 't Erve O M J, et al. Electrical spin injection into Si（001）through a SiO$_2$ tunnel barrier. Appl. Phys. Lett., 2009, 95: 172102.

[87] Li P, Dery H. Theory of spin-dependent phonon-assisted optical transitions in silicon. Phys. Rev. Lett., 2010, 105: 037204.

[88] Park B G, Banerjee T, Min B C, et al. Tunnel spin polarization of $Ni_{80}Fe_{20}/SiO_2$ probed with a magnetic tunnel transistor. Phys. Rev. B, 2006, 73: 172402.

[89] van't Erve O M J, Awo-Affouda C, Hanbicki A T, et al. Information processing with pure spin currents in silicon: Spin injection, extraction, manipulation, and detection. IEEE Trans. Electron Devices, 2009, 56: 2343-2347.

[90] Sasaki T, Oikawa T, Suzuki T, et al. Electrical spin injection into silicon using MgO tunnel barrier. Applied Physics Express, 2009, 2: 053003.

[91] Sasaki T, Oikawa T, Suzuki T, et al. Temperature dependence of spin diffusion length in silicon by Hanle-type spin precession. Appl. Phys. Lett., 2010, 96: 122101.

[92] Sasaki T, Oikawa T, Suzuki T, et al. Evidence of electrical spin injection into silicon using MgO tunnel barrier. IEEE Trans. Magn., 2010, 46: 1436-1439.

[93] Sasaki T, Oikawa T, Suzuki T, et al. Local and non-local magnetoresistance with spin precession in highly doped Si. Appl. Phys. Lett., 2011, 98: 262503.

[94] Sasaki T, Oikawa T, Shiraishi M, et al. Comparison of spin signals in silicon between nonlocal four-terminal and three-terminal methods. Appl. Phys. Lett., 2011, 98: 012508.

[95] Shiraishi M, Honda Y, Shikoh E, et al. Spin transport properties in silicon in a nonlocal geometry. Phys. Rev. B, 2011, 83: 241204.

[96] Meservey R, Tedrow P M. Spin-polarized electron-tunneling. Physics Reports-Review Section of Physics Letters, 1994, 238: 173-243.

[97] Park B G, Banerjee T, Lodder J C, et al. Tunnel spin polarization versus energy for clean and doped Al_2O_3 barriers. Phys. Rev. Lett., 2007, 99: 217206.

[98] Valenzuela S O, Monsma D J, Marcus C M, et al. Spin polarized tunneling at finite bias. Phys. Rev. Lett., 2005, 94: 196601.

[99] Ando Y, Kasahara K, Yamada S, et al. Temperature evolution of spin accumulation detected electrically in a nondegenerated silicon channel. Phys. Rev. B, 2012, 85: 035320.

[100] Shang C H, Nowak J, Jansen R, et al. Temperature dependence of magnetoresistance and surface magnetization in ferromagnetic tunnel, junctions. Phys. Rev. B, 1998, 58: R2917-R2920.

[101] Feher G, Hensel J C, Gere E A. Paramagnetic resonance absorption from acceptors in silicon. Phys. Rev. Lett., 1960, 5: 309-311.

[102] Patel R S, Dash S P, de Jong M P, et al. Magnetic tunnel contacts to silicon with low-work-function ytterbium nanolayers. J. Appl. Phys., 2009, 106: 016107.

[103] Hamaya K, Ando Y, Sadoh T, et al. Source-drain engineering using atomically controlled heterojunctions for next-generation SiGe transistor applications. Japanese Journal of Applied Physics, 2011, 50: 010101.

[104] Sharma S, Spiesser A, Saito H, et al. Crystal-induced anisotropy of spin accumulation in Si/MgO/Fe and Si/Al_2O_3/ferromagnet tunnel devices. Phys. Rev. B, 2013, 87: 085307.

[105] Sharma S, Spiesser A, Dash S P, et al. Anomalous scaling of spin accumulation in ferromagnetic tunnel devices with silicon and germanium. Phys. Rev. B, 2014, 89: 075301.

[106] Salis G, Fuhrer A, Schlittler R R, et al. Temperature dependence of the nonlocal voltage in an Fe/GaAs electrical spin-injection device. Phys. Rev. B, 2010, 81: 205323.

[107] Jeon K R, Min B C, Jo Y H, et al. Electrical spin injection and accumulation in CoFe/MgO/Ge contacts at room temperature. Phys. Rev. B, 2011, 84: 165315.

[108] Iba S, Saito H, Spiesser A, et al. Spin accumulation and spin lifetime in p-Type germanium at room temperature. Applied Physics Express, 2012, 5: 053004.

[109] Li P, Dery H. Spin-orbit symmetries of conduction electrons in silicon. Phys. Rev. Lett., 2011, 107: 107203.

[110] Tang J M, Collins B T, Flatte M E. Electron spin-phonon interaction symmetries and tunable spin relaxation in silicon and germanium. Phys. Rev. B, 2012, 85: 045202.

[111] Appelbaum I. Introduction to spin-polarized ballistic hot electron injection and detection in silicon. Philosophical Transactions of the Royal Society a-Mathematical Physical and Engineering Sciences, 2011, 369: 3554-3574.

[112] Lepine D J. Spin resonance of localized and delocalized electrons in phosphorus-doped silicon between 20 and 30° K. Phys. Rev. B, 1970, 2: 2429.

[113] Lancaster G, Vanwyk J A, Schneider E E. Spin relaxation of conduction electrons in silicon. Proc. Phys. Soc. London, 1964, 84: 19.

[114] Pifer J H. Microwave conductivity and conduction-electron spin-resonance linewidth of heavily doped Si: P and Si: As. Phys. Rev. B, 1975, 12: 4391-4402.

[115] Ochiai Y, Matsuura E. ESR in heavily doped n-type Silicon near metal-nonmetal transition. Physica Status Solidi a-Applied Research, 1976, 38: 243-252.

[116] Zarifis V, Castner T G. Observation of the conduction-electron spin resonance from metallic antimony-doped silicon. Phys. Rev. B, 1998, 57: 14600-14602.

[117] Saito H, Watanabe S, Mineno Y, et al. Electrical creation of spin accumulation in p-type germanium. Solid State Commun., 2011, 151: 1159-1161.

[118] Iba S, Saito H, Spiesser A, et al. Spin accumulation in nondegenerate and heavily doped p-type germanium. Applied Physics Express, 2012, 5: 023003.

[119] Jain A, Louahadj L, Peiro J, et al. Electrical spin injection and detection at Al$_2$O$_3$/n-type germanium interface using three terminal geometry. Appl. Phys. Lett., 2011, 99: 162102.

[120] Kasahara K, Baba Y, Yamane K, et al. Spin accumulation created electrically in an n-type germanium channel using Schottky tunnel contacts. J. Appl. Phys., 2012, 111: 07c503.

[121] Hanbicki A T, Cheng S F, Goswami R, et al. Electrical injection and detection of spin accumulation in Ge at room temperature. Solid State Commun., 2012, 152: 244-248.

[122] Hilton D J, Tang C L. Optical orientation and femtosecond relaxation of spin-polarized holes in GaAs. Phys. Rev. Lett., 2002, 89: 146601.

[123] Loren E J, Rioux J, Lange C, et al. Hole spin relaxation and intervalley electron scattering in germanium. Phys. Rev. B, 2011, 84: 214307.

[124] Hautmann C, Surrer B, Betz M. Ultrafast optical orientation and coherent Larmor precession of electron and hole spins in bulk germanium. Phys. Rev. B, 2011, 83: 161203.

[125] Ando K, Saitoh E. Observation of the inverse spin Hall effect in silicon. Nature Communications, 2012, 3: 629.

[126] Conwell E M. Impurity band conduction in germanium and silicon. Phys. Rev., 1956, 103: 51-60.

[127] Takahashi S, Maekawa S. Spin injection and detection in magnetic nanostructures. Phys. Rev. B, 2003, 67: 052409.

[128] Osipov V V, Bratkovsky A M. Spin accumulation in degenerate semiconductors near modified Schottky contact with ferromagnets: Spin injection and extraction. Phys. Rev. B, 2005, 72: 115322.

[129] Song Y, Dery H. Spin transport theory in ferromagnet/semiconductor systems with noncollinear magnetization configurations. Phys. Rev. B, 2010, 81: 045321.

[130] Zhou Y, Han W, Chang L T, et al. Electrical spin injection and transport in germanium. Phys. Rev. B, 2011, 84: 125323.

[131] Tran M, Jaffres H, Deranlot C, et al. Enhancement of the spin accumulation at the interface between a spin-polarized tunnel junction and a semiconductor. Phys. Rev. Lett., 2009, 102: 036601.

[132] Jansen R, Deac A M, Saito H, et al. Injection and detection of spin in a semiconductor by tunneling via interface states. Phys. Rev. B, 2012, 85: 134420.

[133] Nitta J, Akazaki T, Takayanagi H, et al. Gate control of spin-orbit interaction in an inverted $In_{0.53}Ga_{0.47}AS/In_{0.52}Al_{0.48}AS$ heterostructure. Phys. Rev. Lett., 1997, 78: 1335-1338.

[134] Wilamowski Z, Malissa H, Schaffler F, et al. G-factor tuning and manipulation of spins by an electric current. Phys. Rev. Lett., 2007, 98: 187203.

[135] Jansen R, Min B C, Dash S P. Oscillatory spin-polarized tunnelling from silicon quantum wells controlled by electric field. Nat. Mater., 2010, 9: 133-138.

[136] Ohno H, Chiba D, Matsukura F, et al. Electric-field control of ferromagnetism. Nature, 2000, 408: 944-946.

[137] Ando T, Fowler A B, Stern F. Electronic-properties of two dimensional systems. Rev. Mod. Phys., 1982, 54: 437-672.

[138] Gould C, Ruster C, Jungwirth T, et al. Tunneling anisotropic magnetoresistance: A spin-valve-like tunnel magnetoresistance using a single magnetic layer. Phys. Rev. Lett., 2004, 93: 117203.

[139] Tsui D C. Electron-tunneling studies of a quantized surface accumulation layer. Phys. Rev.

B, 1971, 4: 4438.

[140] Le Breton J C, Sharma S, Saito H, et al. Thermal spin current from a ferromagnet to silicon by Seebeck spin tunnelling. Nature, 2011, 475: 82-85.

[141] Jansen R, Deac A M, Saito H, et al. Thermal spin current and magnetothermopower by Seebeck spin tunneling. Phys. Rev. B, 2012, 85: 094401.

[142] Jeon K R, Min B C, Park S Y, et al. Thermal spin injection and accumulation in CoFe/MgO tunnel contacts to n-type Si through Seebeck spin tunneling. Appl. Phys. Lett., 2013, 103: 142401.

[143] Jansen R, Le Breton J C, Deac A M, et al.Thermal creation of a spin current by seebeck spin tunneling. Spintronics Ⅵ, 2013, 88130A: 8813.

[144] Tedrow P M, Meservey R. Spin-dependent tunneling into ferromagnetic nickel. Phys. Rev. Lett., 1971, 26: 192.

[145] Shikoh E, Ando K, Kubo K, et al. Spin-pump-induced spin transport in p-type si at room temperature. Phys. Rev. Lett., 2013, 110: 127201.

[146] Lo C C, Li J, Appelbaum I, et al. Microwave manipulation of electrically injected spin-polarized electrons in silicon. Physical Review Applied, 2014, 1: 014006.

[147] Uemura T, Kondo K, Fujisawa J, et al.Critical effect of spin-dependent transport in a tunnel barrier on enhanced Hanle-type signals observed in three-terminal geometry. Applied Physics Letters, 2012, 101:132411.

[148] Ladd T D, Goldman J R, Yamaguchi F, et al. All-silicon quantum computer. Physical Review Letters, 2002, 89(1):017901.

[149] Veldhorst M, Yang C H, Hwang J C, et al. A two-qubit logic gate in silicon. Nature, 2014, 526(7573):410-414.

第七节　宽禁带半导体中的自旋量子现象

2000 年，Dietl 等采用平均场模型乐观地预言 Mn 掺杂的宽禁带稀磁半导体 GaN 和 ZnO 的居里温度分别可以提高到 300K 和 400K 以上 [1]。图 6-145 给出当 Mn 掺杂含量为 5%、空穴浓度为 $3.5 \times 10^{20} cm^{-3}$ 时各种 p 型半导体材料居里温度的计算结果。从图 6-145 可以看到，在相同的 Mn 掺杂含量和空穴浓度下，含有质量较轻阳离子的半导体居里温度普遍较高，Dietl 等认为这是由在含较轻元素的半导体中 p-d 杂化作用较强、自旋-轨道耦合较小所致，所以与居里温度较低的稀磁半导体（Ga，Mn）As 和（In，Mn）As 不同，如果 Mn 含量和空穴浓度分别达到 5% 和 $3.5 \times 10^{20} cm^{-3}$，GaN 和 ZnO 等宽禁带半导体可以实现室温铁磁性。这一理论计算结果掀起了一个探索制备具有室温铁磁性宽禁带稀磁半导体的热潮，使得过渡族金属掺杂的 GaN 和 ZnO 等成为继（Ga，Mn）As 和（In，Mn）As 之后另一类在全球范围内被广泛研究的稀磁半导体材料。人们采用了离子注入、固态扩散、脉冲激光沉积、磁控溅射、射频溅射、金属-有机物化学气相沉积和分子束外延等多种材料制备方法，使用了 Mn、Cr、Co、Ni、Fe 和 V 等过渡族金属掺杂剂，观察到了铁磁、顺磁和自旋玻璃态等磁性特征。关于近几年宽禁带稀磁半导体材料生长制备和基本磁性表征已经有了一些比较系统的综述文章[2-9]。下面以两种典型的宽禁带稀磁半导体 GaMnN 和 ZnMnO 为例，首先简单介绍一下磁性机制的理论模型，然后介绍近年来在宽禁带半导体中的自旋量子现象方面开展的一些代表性工作。

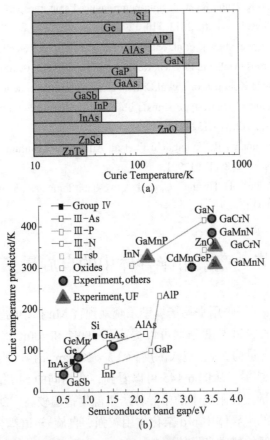

图 6-145　（a）基于平均场模型计算的 Mn 掺杂含量为 5%，空穴浓度为 $3.5 \times 10^{20} \mathrm{cm}^{-3}$ 的各种 p 型半导体材料的居里温度[6]；（b）宽禁带半导体中预言的居里温度与带隙的关系图[1, 9]

一、宽禁带稀磁半导体 GaMnN 和 ZnMnO 的磁性机制

对于 Mn 含量为 0.1%～0.2% 低 Mn 掺杂的 GaN 薄膜，磁性离子自旋能彼此很好地分离，通常表现出顺磁行为和 n 型导电特征。当 Mn 含量高于 0.2% 时，GaMnN 薄膜仍保持 n 型导电特征，但是 d-d 电子之间却是反铁磁耦合的。这种 GaMnN 样品的磁矩在磁场中饱和比 Mn 离子间没有相互作用的 GaMnN 样品要慢得多，磁矩与磁场的关系曲线可以用修正的 Brillouin 函数及有效温度和有效 Mn 浓度来描述。而当 Mn 含量高于 9% 时，GaMnN 样品磁矩与温度的关系曲线清楚地证明了其反铁磁耦合特征，其居里-外斯温度为-12.5K[3]。紧接着 Dietl 等的预言有很多关于 GaMnN 样品中观察到的铁磁有序的报道，其居里温度范围为从 10K 到室温以上。但是大部分数据来自 SQUID 的直接测量结果，显示的是整块样品的磁性质，很难把不同的铁磁相分离开来。GaMnN 样品的均匀性一直是难以解决的问题，普遍认为，GaMnN 是顺磁和铁磁的多相混合体，但是 GaMnN 中铁磁相的确认是一个困难问题，尽管有时磁测量数据已经显示出多相存在，但是 X 射线衍射技术在很多情况下还不够灵敏，不能把铁磁性相识别出来。也有猜测观察到的铁磁性与 MnN$_4$ 偏析物有关，但却没有直接的证据。关于 GaMnN 铁磁性的一种解释认为旋节线分解（spinodal decomposition）是导致其铁磁性的根源。旋节线分解造成 GaMnN 中 Mn 分布不均匀，即 GaMnN 中存在富 Mn 区和贫 Mn 区，其中富 Mn 区是铁磁性的，而贫 Mn 区是顺磁性的，所观察到的铁磁性与 GaMnN 中的富 Mn 区有关，也就是说，GaMnN 中只有部分 Mn 与观测到的铁磁性行为有关。这种旋节线分解导致的纳米尺度不均匀已被理论和实验证明[3]。但是，关于导致铁磁性的机制还是令人费解，到底是什么机制导致了 GaN 中富 Mn 区域的铁磁性？因为不像 GaMnAs，GaN 浅受主的能级相对较高，大于 200 meV，技术上很难在宿主 GaN 中实现高达 10^{20} cm^{-3} 的空穴载流子浓度，这就使得 Dietl 等基于空穴载流子为媒介导致铁磁性的平均场模型受到了质疑，所以需要有新的理论模型来解释在 GaMnN 中观察到的高温铁磁性。另外，旋节线分解等因素产生的富 Mn 团簇之间可能存在弱的耦合（超顺磁）现象，会导致居里温度减小，但是如果 Mn 含量很高，这些富 Mn 团簇之间可能会出现强的磁性耦合，导致居里温度升高。因此，在非均匀的稀磁半导体中，居里温度不仅与单个团簇的铁磁序有关，而且还与这些富 Mn 团簇的形状、尺寸及空间分布有关。所以，如果能有效地控制 GaMnN

中富 Mn 团簇的形状、尺寸及空间分布，或许就能够将 GaMnN 作为自旋材料在实际中应用。Sato 等提出的双交换作用机制不失为替代空穴载流子为媒介导致铁磁性的一种合适的模型，该模型假设在位于 GaN 带中的杂质带自旋守恒跳跃导致了 Mn 自旋的铁磁有序，他们预言的居里温度比 Zener 模型低，这可以很好地解释 GaMnN 中低温铁磁有序[3]。但是这种双交换作用机制还需进一步的实验证明。尽管人们对（Ga，Mn）N 铁磁性的起源分析方面存在着分歧，但是（Ga，Mn）N 仍可视为一种有潜在应用前景的稀磁半导体材料。

2000 年 Dietl 等关于 Mn 掺杂的 p 型 ZnO 的居里温度可以高于室温的预言也激起了人们研究氧化物稀磁半导体的热情，像有关 GaMnN 室温铁磁性的报道一样，同样也有很多关于在过渡族元素掺杂的 ZnO 样品中观察到室温铁磁性的报道，但是，实验结果并不完全像理论学家们预言的那样，随之而来的也有很令人困惑的问题[2]。例如，实验中观察到铁磁性的 Mn 掺杂 ZnO 不是 p 型导电的，导电类型多是 n 型；不同的实验室使用不同的样品制备条件得到的样品具有不同的性质，包括不同的缺陷浓度、不同的氧空位浓度、不同的均匀性（有无团簇）；不同维度的材料（块材、薄膜、颗粒）磁性行为也不同，等等。更为严重的是，一个研究组得出的实验结果很难被其他研究组重复出来。理论学家们一直在寻找着合适的模型来解释过渡族元素掺杂 ZnO 的磁性行为。2004 年没有磁性元素掺杂的 HfO_2 薄膜显现的磁性行为提醒磁学界重新审视磁性掺杂剂的作用，最近在 ZnO、TiO_2、HfO_2、In_2O_3、CeO_2 和 Al_2O_3 等多种氧化物中观察到的铁磁性表明铁磁性确实可以存在于没有磁性掺杂的氧化物中，说明铁磁性可能来源于氧空位或者在表面及界面形成的缺陷。目前比较认可的是，RKKY 相互作用不是导致稀磁半导体氧化物磁性的主要原因，缺陷在这里起着重要的作用。相比于 Dietl 等以载流子为媒介诱导铁磁性的理论解释，2005 年，Coey 等提出的束缚磁极子（bound magnetic polarons，BMP）理论能够更好地解释氧化物稀磁半导体的磁性。如图 6-146（a）和（b）所示，他们认为，杂质能带通常是由晶格缺陷如由氧空位捕获 1 个或者 2 个电子形成的。杂质能带上的电子类似于氢原子的核外电子，是局域化的，它与邻近的 3d 磁性阳离子耦合形成束缚磁极化子。随磁性离子含量的增加，形成的束缚磁极化子数量增加。邻近的磁极化子互相交叠、互相影响形成一个"极化子区域"，当这种区域的面积大到一定范围以后，人们可以在宏观上观察到铁磁效应[10]。2008 年，Coey 等又提出了电荷转移的铁磁性（charge-transfer ferromagnetism，CTF）模型来揭示氧化物稀磁半导体铁磁性机制［图 6-146（c）］[11]，这个模型认为掺杂的过渡族金属离子很容易迁移到缺陷所在的样品表面或者晶粒的边界处，氧化物稀磁半导体中观测到的磁性非均匀现象与之相关。

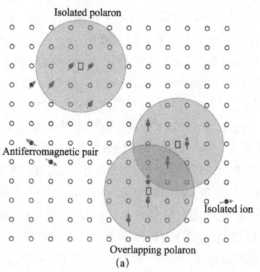

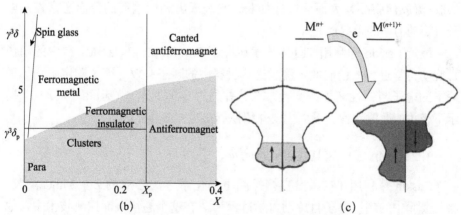

图 6-146 （a）磁极化子的形成示意图；（b）空穴浓度以及磁性阳离子相关的磁相分布图；（c）电荷转移的铁磁性模型示意图 [10, 11]

尽管氧空位等缺陷带来了很多有趣的物理现象，但是如何控制这些缺陷的稳定性，如何调控并将之用于实际器件中是非常重要的，否则对实际应用毫无价值。

二、宽禁带磁性半导体 $Zn_{1-x}Mn_xO$ 和 $Ga_{1-x}Mn_xN$ 中超快自旋动力学

尽管目前对宽禁带稀磁半导体的室温铁磁性起源仍存在争议，但是这并不妨碍人们通过研究其磁性掺杂离子与电荷载流子之间的相互作用来了解其超快自旋动力学过程，并达到调控载流子自旋的目的。时间分辨法拉第旋转（TRFR）光谱是揭示半导体中物理过程的一个强大工具。利用 TRFR 技术，1998 年，Kikkawa 等发现了 n 型掺杂 GaAs 体材料中 100 ns 超长的电子自旋退相干时间[12]。2001 年，Beschoten 等发现宽禁带半导体 GaN 在低温下宽退相干时间可以达到 20 ns，并且室温下可以观察到电子自旋的相干性[13]。2005 年，Ghosh 等对 ZnO 材料进行的超快自旋动力学的时间分辨实验，证明了室温下其退相干时间可至 190 ps[14]。2011 年，Whitaker 等首次在磁性掺杂的宽禁带半导体中进行了超快自旋动力学研究，并利用 TRFR 谱确定了 $Zn_{1-x}Co_xO$ 的溶胶-凝胶薄膜中平均场电子 Co^{2+} 之间的交换能为 $N_0\alpha=$（$+0.25 \pm 0.02$）eV[15]。他们还发现集体自旋退相干时间 T_2^* 随着温度的增加而增加，为室温下观测到自旋行为提供了条件。这种异常的 T_2^* 温度依赖关系同样发生在没有磁性掺杂的 ZnO 中，其中 T_2^* 在纳秒的范围。此效应来源于溶胶-凝胶薄膜晶粒表面的空穴捕获，它表现出利用电荷的分离态来控制电子自旋动力学的重要性[15]。

最近 Raskin 等利用 TRFR 技术研究了 $Zn_{1-x}Mn_xO$ 和 $Ga_{1-x}Mn_xN$ 中的超快自旋动力学过程，他们通过测量这些材料中的瞬态有效 g 因子确定平均场理论下的电子与磁性离子的交换常数，并通过分析集体自旋退相干时间 T_2^* 揭示了相关的散射过程。下面主要介绍他们在这方面开展的工作。

1. $Zn_{1-x}Mn_xO$ 中的超快自旋动力学

Raskin 等利用 TRFR 谱直接探测了用化学方法合成的 $Zn_{1-x}Mn_xO$ 溶胶-凝胶薄膜中的超快电子自旋动力学过程[16]。在这个超快泵浦探测技术中，他们利用紫外激光脉冲泵浦并探测自旋极化的载流子。为了确保最大的激发效率，他们调谐激光波长与在 368.4 nm 处的 D^0X 激子转变发生共振。

在零泵浦-探测延迟的情况下记录的 TRFR 瞬态变化呈现三角形和缓慢变化的背底（图 6-147 中未展示数据），因此在进行数据分析之前需要减去这些信号。图 6-147 给出未掺杂 ZnO 溶胶-凝胶薄膜在 T=10K 和外部横向磁场 B=1.4T 下的 TRFR 信号，并收集了不同 Mn^{2+} 掺杂浓度的 $Zn_{1-x}Mn_xO$ 的数据。

通过拟合未掺杂的 ZnO 薄膜，他们得到一个有效的 g 因子 g^*=1.98，这个数值与外延生长和溶胶-凝胶 ZnO 薄膜电子的 g^* 因子是一致的 [14, 15]。相比之下，他们还确定了在外延生长或是商用 ZnO 基片中空穴自旋的有效 g 因子为 0.5～1.2[17, 18]。观察到的 $Zn_{1-x}Mn_xO$ 信号是以如下双指数方式阻尼振荡的：

$$\theta_F(t) = A_1 e^{-(t/T_{21}^*)} \cos(\omega_{L1}t - \varphi_1)$$
$$+ A_2 e^{-(t/T_{22}^*)} \cos(\omega_{L2}t - \varphi_2) \qquad (6\text{-}144)$$

其中，θ_F 是法拉第旋转角度；A_1 和 A_2 是两个进动分量的振幅；ω_{L1} 和 ω_{L2} 是拉莫尔进动频率；t 是泵浦和探测脉冲之间的时间延迟；T_{21}^* 和 T_{22}^* 是集体自旋退相干时间；φ_1 和 φ_2 是两个分量的相位移动。

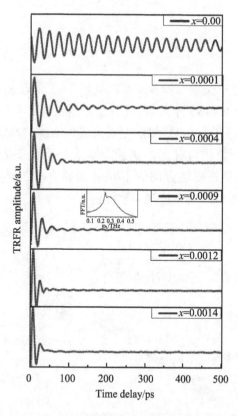

图 6-147 ZnO 和 $Zn_{1-x}Mn_xO$ 溶胶－凝胶薄膜的时间分辨法拉第旋转（TRFR）谱。实验数据是在 T=10K，B=1.4T 和激光波长 λ=368.4nm 时记录的结果，虚线代表与式（6-144）相对应的呈双指数形式衰减的正弦波。插图：x=0.0009 样品 TRFR 信号的傅里叶变换，表明有两个不同衰减时间的分量 [16]

根据 ω_L 确定有效 g 因子（g^*）为

$$g^* = \frac{\hbar\omega_L}{\mu_B Bx}$$ （6-145）

2. 电子-Mn^{2+} 磁交换耦合

Raskin 等首先研究了振荡的快速衰减部分，只持续了几十皮秒[16]。这个信号来源于与磁性掺杂离子相互作用的电子的自旋。对具有不同 Mn^{2+} 浓度的样品测量结果，使他们能够确定电子和 Mn^{2+} 之间的平均场交换能 $N_0\alpha$ 的符号和幅值。Mn^{2+} 浓度达到 0.0014 时其进动频率增加高达 30%，并且与有效的 g 因子呈线性关系。利用平均场和虚拟晶体近似，在稀磁半导体中导带电子的 g^* 可以表达如下：

$$g^* = g_{int} - \frac{xN_0\alpha\langle S_x\rangle}{\mu_B B_x}$$ （6-146）

平均场 Mn^{2+}-电子交换参数 $N_0\alpha$ 可以从 g^*（x）依赖关系的斜率得出，如图 6-148 所示。式（6-146）中的第一项 g_{int} 是当磁杂质不存在时本征的电子 g 数值，他们得到未掺杂的 ZnO 溶胶-凝胶薄膜的 g_{int}=+1.98；第二项描述了电子-Mn^{2+} 磁性交换耦合作用对 g^* 的贡献。$\langle S_x\rangle$ 是垂直于 ZnO 的 c-轴的 Mn^{2+} 自旋期望值，如沿着外磁场方向的（B_x）。按照常规，$\langle S_x\rangle$ 被定义为负数，其对温度的依赖关系可以由布里渊函数得到。

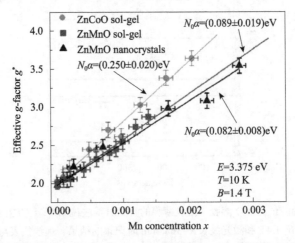

图 6-148　随磁性离子掺杂浓度变化的 $Zn_{1-x}Mn_xO$（溶胶－凝胶薄膜和纳米晶）中有效的电子 g 因子 g^* 以及与 $Zn_{1-x}Co_xO$ 溶胶－凝胶薄膜对照的结果[16]

根据在温度 T=10K 和外磁场 B=1.4T 时得到的数据拟合，得出了 $N_0\alpha$ = （+0.089 ± 0.019）eV。$N_0\alpha$ 的符号由很容易观察到的 g^* 的增加（而不是随着 Mn^{2+} 掺杂量增加而减少）来确定的［见式（6-146）］。他们得到的 $N_0\alpha$ 数值比对这种材料的理论预言值低很多[19]。从原理上，我们可以想象 $Zn_{1-x}Mn_xO$ 中的 Mn^{2+} 并没有完全进入 ZnO 的主晶格位置，其结果是，Mn^{2+} 在 $Zn_{1-x}Mn_xO$ 中的掺杂浓度可能被高估了，他们所确定的 $N_0\alpha$ 数值代表一个下限。因此 Raskin 等对 $Zn_{1-x}Mn_xO$ 纳米晶进行了另外的测试，其中 Mn^{2+} 的浓度采用电感耦合等离子体原子发射光谱的方法来确定。直径为 4～5nm 的纳米晶被分散到十二（DDA）基质中并旋涂在蓝宝石衬底上。如图 6-148 所示，从 TRFR 的测量结果可以得到 $N_0\alpha$ =（+0.082 ± 0.008）eV，与 $Zn_{1-x}Mn_xO$ 溶胶-凝胶薄膜得到的数值是高度一致的。

$N_0\alpha$ 也可以由图 6-149 中的温度依赖关系测量确定。对于 x=0.0014 的 $Zn_{1-x}Mn_xO$ 溶胶-凝胶薄膜 $N_0\alpha$=（0.090 ± 0.016）eV，这也与改变磁性离子掺杂浓度后得到的数值是一致的。$Zn_{1-x}Mn_xO$ 中相对较低的 $N_0\alpha$ 数值可以用 Mn^{2+} 处的空穴局域化来解释[16]，也就是说他们利用 TRFR 测得了表观 $N_0\alpha$ 数值。

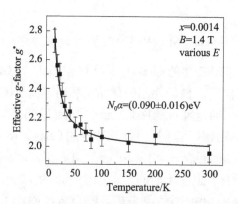

图 6-149　温度为 10K 和由带隙随温度的位移而导致的各种光子能量下的 x=0.0014 的 $Zn_{1-x}Mn_xO$ 溶胶－凝胶薄膜中 g 因子 g^* 的温度依赖关系[16]

3. $Zn_{1-x}Mn_xO$ 中的超快自旋退相干效应

像前面所提到的，第一个快速衰减分量来自电子和磁性离子之间的相互作用，其时间常数是几十皮秒，有效 g 因子数值大于 1.98；第二项比较慢的分量在 100～200ps 变化，并且有效 g 因子大约是 2。这个现象要么来源于与磁性离子没有相互作用的电子，要么来源于 Mn^{2+} 本身。为了解决这个问题，

Raskin 等测量了 TRFR 谱随温度变化的曲线[16]。如图 6-150 所示，较慢的自旋退相干时间在 T=10～110K 保持常数不变，这一点充分证明了这部分 TRFR 信号是来源于 Mn^{2+} 的进动而不是电子。对于电子来说，我们更期待 T_2^* 随温度的改变，而且，在 100～200ps 范围内的自旋退相干时间的绝对值与之前在（Zn，Cd，Mn）$Se^{[20,\ 21]}$ 和 GaMnAs 量子阱[22] 的测量结果吻合得非常好。

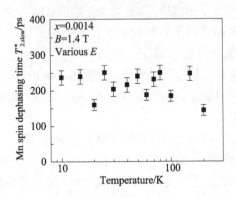

图 6-150　温度为 10K 和由带隙随温度的位移而导致的各种光子能量下 $Zn_{1-x}Mn_xO$（x=0.0014）溶胶 - 凝胶薄膜中的较慢自旋退相干时间对温度的依赖关系[16]

4. 纤锌矿 GaN 和 $Ga_{1-x}Mn_xN$ 中的超快自旋动力学

Raskin 等利用 TRFR 谱直接探测了纤锌矿 GaN 和 $Ga_{1-x}Mn_xN$ 中的瞬态电子自旋动力学过程[16]。他们使用的样品是利用等离子体辅助分子束外延技术（PAMBE）在 c 取向蓝宝石基片上生长的 1mm 厚的 n 型纤锌矿 GaN 薄膜。电子密度、Si 和 O 杂质密度通过弹性反冲探测（elastic recoil detection，ERD）和室温霍尔测量确定为 n_e=$n_D\approx 1\times 10^{17}cm^{-3}$。Beschoten 等报道了这个载流子浓度下 GaN 的电子自旋退相干时间[13]。两个厚度为 1.2～1.3 μm 的 $Ga_{1-x}Mn_xN$ 薄膜样品也是利用 PAMBE 技术制备的，ERD 方法确定了其 Mn 含量分别为 x_{Mn}=0.0134（样品 1）和 0.005（样品 2）。98% 的掺杂离子处于"M^{3+}"或者"Mn^{2+}+ 空穴"状态。这类样品的高阻抗特征使得霍尔测量变得很困难。

Raskin 等首先在温度为 10K 时测量了未掺杂的 n 型 GaN 样品光致发光光谱（PL）、透射谱和 TRFR 谱（图 6-151），得到了 n 型 GaN 的 g^*=1.953 ± 0.005，这个数值与他们之前的工作吻合得很好，并且显示出确切的电子特征[16]。与之相比，Hu 等确定了 GaN 中空穴的有效 g 因子 g^* 沿着正交方向分别是 2.17 和 2.27[23]。光子能量 3.488eV 和 3.483eV 处的振荡 TRFR 信号是由在自由激子（FX）能量处的电子自旋进动引起的，自旋极化的衰减呈现双指数形式，其第一个分量以 $T_{2,\text{fast}}^{*}$=30～50ps 衰减，这是由于在脉冲光激发和自旋极化电子数量的减少之后发生了初始激子的快速重新组合。的确，就像 ZnO 的量子点一样，GaN 中的载流子和自旋动力学在初始的几十皮秒范围内是密切关联的。第二个退相干时间，即更长寿命的分量在 $T_{2,\text{fast}}^{*}$=2.0～2.5ns 范围内变化，这个 TRFR 信号来源于自由的掺杂相关的电子，它们的自旋衰减由 Dyakonov-Perel 机制（DP）导致，并与之前的 n 型掺杂 GaN（在 B=2T 时 2.8ns，见文献 [13]）的工作是一致的。

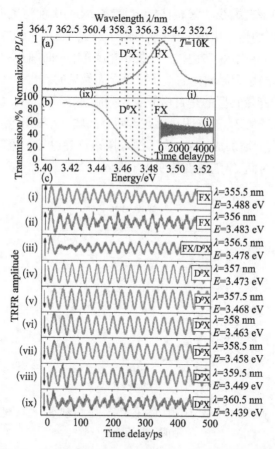

图 6-151　T=10K 时 n 型 GaN 的光致发光光谱（PL）、透射谱和 TRFR 谱。（a）PL 发射，垂直虚线代表在 TRFR 测量中的光子能量 (i) ～ (ix)；（b）透射谱［插图：光子能量为 E=3.488eV 的 TRFR 信号 (i)］；（c）对于光子能量 (i) ～ (ix) 前 500ps 的 TRFR 瞬变谱（深色线），其中浅色线是根据式（6-144）的拟合结果，黑色垂直箭头表示第一个振荡周期的相位，一个标志性的改变发生在自由激子 FX 和束缚态激子 D⁰X 的交叉处 [16]

在光子能量 3.478 eV 处［曲线（iii）］，在自旋进动过程中一个突出的变化发生了，即在 TRFR 振荡中当时间延迟 t_D=50ps 时观察到一个显著的 180° 相位的移动，轨迹（iv）仍然表示出短寿命的进动分量，但是幅度非常低。在更低的电子能量范围 3.468～3.439eV（v）～（ix），只有单一的指数衰减存在。（i）、（ii）和（iii）中的第一个振荡幅度是正值，由图 6-151 中的垂直黑色箭头所示。然而法拉第信号（iv）～（ix）有一个负值，曲线（iv）～（ix）是它们在施主束缚激子能量 D^0X 处测量了法拉第旋转信号，见光致发光谱中的垂直虚线［图 6-151（a）］。GaN 的中性施主束缚激子的结合能 6～7meV 和正的施主束缚激子结合能 11.2eV，表示它们在低温 T=10K 中存在。有趣的是，在图 6-151 中，当分析自旋退相干时间 T_2^* 时，对应于高和低光子能量的非局域和局域化的电子也是显而易见的。

无论与光子能量共振的是自由激子还是施主束缚激子，在较宽的能量范围内和几乎是常数的 T_2^* 下，明显存在着两个区域，在 FX 能量处它们是 2ns，在 D^0X 能量处它们增加成 4ns。为了深入探索自旋退相干机制，Raskin 等研究了自旋退相干时间 T_2^* 随温度的变化（图 6-152）。

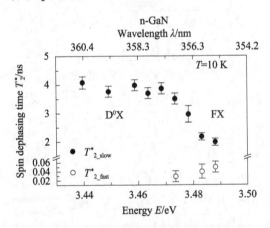

图 6-152　从图 6-151（c）中 TRFR 信号得出的 n 型 GaN 自旋退相干时间 T_2^* 随能量的依赖关系 [16]

在测量中，他们调节激光光子能量使其在 3.483eV（T=10K）和 3.415eV（T=300K）之间，便于研究在升高温度的同时光学带隙的逐步移动。在 T=50K 附近存在着不同函数依赖关系的两个自旋退相干区域，这个数值与此系统 45K 的费米温度 $T_F = [\hbar^2 (3\pi^2 n_e)^{2/3}] / (2m_{eff}k_B)$ 是一致的，其中 $m_{eff} = 0.2m_0$ 是 GaN 的有效电子质量，$n_e = 1 \times 10^{17} cm^{-3}$ 是样品的电子密度。在

温度 $T<T_F$ 时，因为在退化区域中存在离子化的杂质散射，电子自旋动力学由 Dyakonov-Perel 机制主导。

Raskin 等的测量数据（图 6-153）与所期待的 $T_2^* \sim T^0$ 的依赖关系吻合得很好[16]，在温度低于 $T_F = 45K$ 时，他们的数据表明束缚激子 D^0X 的光子能量满足 $T_2^* \sim T^{0.29}$ 的温度依赖关系，自由激子 FX 的能量满足一个几乎独立于温度的 $T_2^* \sim T^{0.07}$ 的温度依赖关系。对于 $T>T_F$，自旋退相干时间 T_2^* 随着 T^{-2} 成比例减少（图 6-153）。其他研究组的工作在类似的实验条件下也报道了 GaN 在 $T>25$ K 时符合 $T_2^* \sim T^{-1.3}$ 的比例关系[13]，GaAs 在 $T>30K$ 时符合 $T_2^* \sim T^{-2.5}$ 的比例关系[12]，这与 Raskin 等的数据是一致的。在更高的温度区域 $T>T_F$，对于离子化的杂质散射和额外的散射机制，温度依赖关系会变化，比如纵向光学光子散射增益的重要性导致观察到的总信号呈 T^{-2} 的比例。

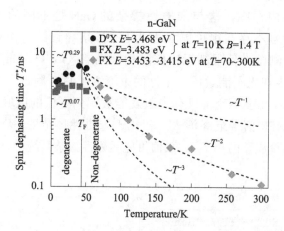

图 6-153　在 n 型的 $n_e \approx 1 \times 10^{17} cm^{-3}$ 的 GaN 中自旋退相干时间 T_2^* 随温度的变化，其中竖线表示费米温度 $T_F \approx 45K$，它分开了退化和未退化的电子散射机制，束缚激子（D^0X）在高于 $T \approx 90K$ 的温度时消失[16]

接下来，Raskin 等研究了磁性掺杂的 $Ga_{1-x}Mn_xN$ 的自旋动力学行为。样品 1 的 Mn 载流子浓度为 $x_{Mn} = 0.0134$，其在束缚激子 D^0X 的光子能量处表现出较弱的光致发光强度，而 $x_{Mn} = 0.005$ 的样品 2 没有表现出任何可探测的光致发光。相比未磁性掺杂的 GaN，透射光谱的开始阶段在本质上没有任何变化，只有一个微弱的 3meV 的红移（数据未出示），两个光谱都被施主束缚激子导致的光吸收所主导。

Raskin 等在两个 $Ga_{1-x}Mn_xN$ 样品中观察到阻尼振荡法拉第旋转瞬态谱

（图 6-154（a）），有趣的是，振荡频率随着时间的延迟发生了剧烈的变化。他们利用微波分析来提取瞬间频率和有效 g 因子。在样品 1 中发现，在前几十皮秒有效 g 因子急剧下降，然后变为常数 $g^* \approx 1.97$［图 6-154（b）］。由于磁性离子在晶体中的随机分布，电子存在于不同的磁性环境中并有着不同的有效 g 因子 $g^{*[15]}$。在零泵浦探测延迟之后，TRFR 信号的振荡周期达到最小值，表明在 T=8K 时有效 g 因子 g^*=2.8。这些电子停留在最高 Mn^{3+}（或者"Mn^{2+}+ 空穴"）载流子浓度和最快退相干（$T_{2,fast}^*$）的区域里，更低的 Mn^{3+} 载流子浓度所围绕的电子自旋有着更低的 g^* 因子和更慢的退相干时间。在 50ps 后，所有的在 Mn^{3+} 附近的电子自旋已经退相干，只剩下一个有着常数有效 g 因子 $g^* \approx 1.97$ 的信号。为了弄清楚它的起源，Raskin 等研究了自旋退相干时间 $T_{2,slow}^*$ 随着光子能量（T=10K）和温度的变化。在 $Ga_{1-x}Mn_xN$ 样品中，TRFR 振荡只在一个介于 E=3.460～3.485eV 的非常窄的光谱范围内存在，这与未磁性掺杂的 GaN 是不同的。$Ga_{1-x}Mn_xN$ 中 FX 的 TRFR 信号不存在很可能是因为 Mn 掺杂导致的自由激子能量蓝移（$\geq$ 40 meV），测试设备限制无法探测到该光谱区域 [16]，$Ga_{1-x}Mn_xN$ 中能观测到的振荡发生在光子能量位于中性的束缚激子 D^0X 附近［图 6-155（a）］，$T_{2,slow}^*$ 保持 100ps 几乎不变，只有当激发能被调到更低的区域，它才增加到 500ps，这时 TRFR 信号最终消失。相比于未磁性掺杂的 GaN 中纳秒量级，$Ga_{1-x}Mn_xN$ 中几百皮秒的小 $T_{2,slow}^*$ 数值可能是磁性掺杂系统中杂质相关散射增加的结果。

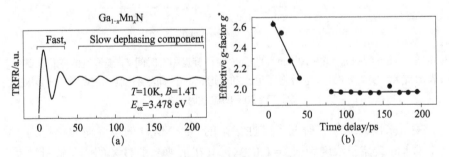

图 6-154　（a）在光子能量 E=3.478eV 和温度 T=10K 时测得的 $Ga_{1-x}Mn_xN$ 样品（x_{Mn} = 0.0134，样品 1）的时间分辨法拉第旋转曲线；（b）有效 g 因子 g^* 的时间依赖关系。由于和 Mn 离子的相互作用，快速分量 g^* 随着时间而减少，而较慢的分量保持常数 g=1.97。这里没有展示出靠近时间延迟 t_D = 70ps 的 g^* 数值，是由于有一个非本征的相位移动出现。其中实线为方便观察而标出的 [16]

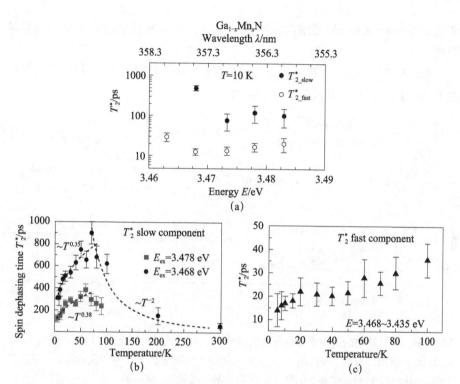

图 6-155　（a）在 T=10K 时测得的 x_{Mn} = 0.0134 的 $Ga_{1-x}Mn_xN$ 样品（样品 1）慢和快的退相干分量的自旋退相干时间 T_2^* 随着光子能量的变化关系；（b）在 D^0X 光谱区域中慢的退相干分量的自旋退相干时间 T_2^* 随着温度的变化关系；（c）在光子能量 E=3.468 ～ 3.435eV 范围内测得的快的退相干分量的自旋退相干时间 T_2^* 随温度的变化关系[16]

　　图 6-155（b）描述了 D^0X 区域的低（E = 3.468 eV）和高（E = 3.478 eV）能量部分 T_2^* 随温度的变化关系，总体上的温度依赖关系与未掺杂磁性的 GaN 是类似的（图 6-153）。对于 $Ga_{1-x}Mn_xN$，其最大值出现在 T=75K，比未磁性掺杂 GaN 略高，关于这个行为的原因至今还不是很清楚，但是有可能是杂质中心数量的增加，即 $Ga_{1-x}Mn_xN$ 中 Mn^{3+} 的增多所致。他们在低温测量到的 $Ga_{1-x}Mn_xN$ 中 $T_2^* \sim T^{0.35}$（E=3.468 eV）和 $T_2^* \sim T^{0.38}$（E=3.478eV）关系进一步揭示了中性束缚激子 D^0X 的作用，因为类似的依赖关系 $T_2^* \sim T^{0.29}$ 也在未磁性掺杂的 GaN 中被观测到。

　　他们在更高的温度也发现了 T^{-2} 的依赖关系，这与未磁性掺杂的 GaN 是一样的，并且可以由 Dyakonov-Perel 自旋散射弛豫机制解释。在这个温度范围内，束缚激子消失并分散到自由激子中去。相比之下，图 6-155（c）表示了与电子和磁性离子相互作用相关联的快速分量 $T_{2,fast}^*$ 的温度依赖关系，在光子

能量 E=3.468～3.435eV 范围内观察到 $T_{2,\text{fast}}^*$，并且发现其随着温度的升高单调增加。

Raskin 等通过测量 $T_{2,\text{fast}}^*$ 对温度的依赖关系，研究了有效 g 因子 g^* 和磁性离子-电子的交换耦合特点（图 6-156）。

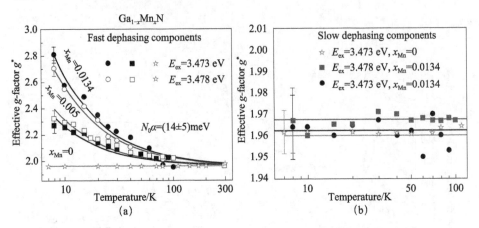

图 6-156　（a）从快的退相干分量所提取出的 $Ga_{1-x}Mn_xN$ 样品 1（x_{Mn}=0.0134，圆点）、样品 2（x_{Mn}=0.005，方框）和样品 3（x_{Mn}=0，三角）的有效 g 因子 g^* 对温度的依赖关系，对于 x_{Mn} = 0.0134 和 x_{Mn} = 0.005 的样品，在两个激子能量处（实心符号：E_{ex} = 3.473eV；空心符号：E_{ex} = 3.478eV）观察到稍有不同的 g^* 值，实线由式（6-126）计算得出并且对应于 $N_0\alpha$ =+ 13.3meV 和 $N_0\alpha$ =+ 15.5meV；（b）$Ga_{1-x}Mn_xN$ 样品 1（x_{Mn}=0.0134）中的有效 g 因子 g^* 对温度的依赖关系，这个结果是由两个光子能量（实心圆点：E_{ex} = 3.473eV；实心方块：E_{ex} = 3.478eV）实心方块的慢的退相干分量提取得到，此外空心的五角星是未磁性掺杂的样品 3，实线是相应数据组的线性拟合，为了清晰只在第一个数据点放置了误差棒 [16]

只有用 TRFR 瞬态谱的第一个振荡周期才能确定 g^*，因为前面已经提到过随着时间的延迟，g 因子会减小。通过提取频率 $\omega_{L,1}$，他们由式（6-125）得到有效 g 因子 g^*。图 6-156 表示了两种不同 Mn 含量（x=0.0134，样品 1；x=0.005，样品 2）的 $Ga_{1-x}Mn_xN$ 样品的 g^* 随着温度的变化关系，并用未磁性掺杂的 n 型 GaN 做对比。对于样品 1 来说，在 T=8K 和 E=3.473eV 处，得到 g^*=2.80 ± 0.05，随着温度的开高，g^* 呈单调减少的趋势，并且趋向于在未掺杂的 GaN 中电子的 g 因子～1.96（T=100K）。样品 2 表现出相同的行为，但是在低温下由于更低的 Mn 含量，有着更小的 g^* 数值。这种行为是由于 Mn^{3+} 和电子的交换耦合作用，它可以通过平均场电子-Mn^{3+} 交换能量 $N_0\alpha$ 来量化。对于一个 DMS 中的导带电子，g^* 可以被描述为

$$g^* = g_{\text{int}} - \frac{x_{\text{eff}} N_0 \alpha \langle S_x \rangle}{\mu_B B x} \qquad (6\text{-}147)$$

式（6-147）与式（6-146）唯一的不同之处就是 x_{eff}，即有效 Mn^{3+} 含量，它反映了当掺杂水平为 1% 时，在 Mn^{3+} 之间可能发生的反铁磁耦合作用。在样品 1 中 Raskin 等通过部分 Mn^{3+} 之间的反铁磁耦合估计了有效载流子浓度约为 $x_{\text{eff}} = 0.0114$（当 $x > 0.01$ 时有必要进行此校正）。

当对两个 $Ga_{1-x}Mn_xN$ 样品在不同光子能量处测量时，提取出的有效 g 因子 g^* 有微小的差别（图 6-156），$N_0\alpha$ 也跟着改变，这个现象可能表示了在束缚激子的光子能量处有着微小增加的磁性耦合。然而，$N_0\alpha$ 的偏差比由 Mn 含量、温度和拉莫尔频率的不确定性导致的误差要小，通过 $Ga_{1-x}Mn_xN$ 样品数据的一个整体拟合可以得到 $N_0\alpha = (14 \pm 5)$ meV。

Raskin 等的数据与由电子顺磁共振测得的 GaN：Mn^{3+}（$N_0\alpha = 0 \pm 100$ meV）[24] 和 GaN：Mn^{2+}（$N_0\alpha = \pm 14$ meV）[25] 的 $N_0\alpha$ 数值是吻合的，$Ga_{1-x}Mn_xN$ 中确定的数值 $N_0\alpha$ 比 II-VI 族 DMS 纤锌矿的数值小一个数量级。更有趣的是，在 III-V 族稀磁半导体（Ga，Mn）As 中，对于低的 Mn 载流子浓度 $x \le 0.0013$，观察到一个类似的小数值 $N_0\alpha = (-20 \pm 6)$ meV。（Ga，Mn）As 样品是有着强关联的空穴的体系，小的 $N_0\alpha$ 数值可以由衰减的 s-p 轨道耦合作用来解释 [26]，然而，在对 $Ga_{1-x}Mn_xN$ 的测量中很难分辨 Mn^{3+} 和 Mn^{2+}+h。

图 6-156（b）表明了慢的退相干分量的有效 g 因子 g^* 对温度的依赖关系，实验采用光子能量值与图 6-156（a）相同。随着温度的改变，有效 g 因子基本保持不变，在 $g^* = 1.96$ 附近浮动，这个值与在未掺杂 GaN 中的电子 g 因子是一致的，并且证实了长寿命自旋进动的电子与 Mn 离子没有相互作用。

三、展望

近年来开展了大量的关于宽禁带稀磁半导体的磁性机制的理论与实验方面的研究工作，但是总体来说，每一种理论模型只是得到了部分实验的验证，迄今尚没有得到广泛认可的理论模型，因此，宽禁带稀磁半导体磁性机制有待于进一步探讨厘清。在自旋量子现象方面，我们主要以 $Zn_{1-x}Mn_xO$ 和 $Ga_{1-x}Mn_xN$ 薄膜为例，介绍了利用时间分辨法拉第旋转瞬态谱研究宽禁带稀磁半导体中的超快自旋动力学方面的典型工作。通过测试分析时间分辨法拉第旋转瞬态谱，可以获知 $Zn_{1-x}Mn_xO$ 和 $Ga_{1-x}Mn_xN$ 中有效 g 因子 g^* 和总的自旋退相干时间 T_2^*，在此基础上可以确定平均场下的电子-离子交换能量 $N_0\alpha$

和载流子的类型。这些结果对于设计基于宽禁带稀磁半导体材料的自旋电子器件是非常重要的。

尽管与 GaAs 基的稀磁半导体不同，宽禁带磁性半导体中是否真正存在本征磁性仍受到了很多质疑。这意味着相关研究结果不够成熟，但同时也表明该领域仍然可能有很多机遇。总体而言，我们认为系统性地表征磁性掺杂的宽禁带半导体以确定磁性起源仍然是该领域未来研究的重点和难点[27]。考虑到基于 GaN 和 ZnO 等的宽禁带半导体载流子浓度比（III，Mn）V 要低一个数量级以上，一些表征本征铁磁性的方法在有些情况下并不适用，例如，对于高阻材料往往很难进行反常霍尔效应的测量。尽管如此，仍有许多有效的表征方法，如 X 射线磁圆二色谱（XMCD）和扩展 X 射线吸收精细谱（EXAFS）等，对系统表征这些材料磁性质起重要作用，为确定磁性起源提供重要依据。这将是探索室温磁性半导体道路上不可或缺的过程。

赵建华（中国科学院半导体研究所，
中国科学院半导体超晶格国家重点实验室）

参 考 文 献

[1] Dietl T, Ohno H, Matsukura F, et al. Zener model description of ferromagnetism in zinc-blende magnetic semiconductors. Science, 2000, 287（11）: 1019-1022.

[2] Hong N H. Magnetic oxide semiconductors//Handbook of Spintronics, Berlin: Springer, 2015, 563-584.

[3] Wolos A, Kaminska M. Magnetic impurities in wide band-gap III-V semiconductors. Spintronics, 2008, 82: 325-369.

[4] Dietl T. A ten-year perspective on dilute magnetic semiconductors and oxides. Nature Materials, 2010, 9: 965-974.

[5] Pearton S J, Abernathy C R, Norton D P, et al. Advances in wide bandgap materials for semiconductor spintronics. Materials Science and Engineering , 2003, R40: 137-168.

[6] Pearton S J, Abernathy C R, Thaler G T, et al. Wide bandgap GaN-based semiconductors for spintronics. Journal Physics: Condensed Matter, 2004, 16: R209-R245.

[7] Newman N, Wu S Y, Liu H X, et al. Recent progress towards the development of ferromagnetic nitride semiconductors for spintronic applications. Phys. Stat. Sol., 2006, 203

（11）：2729-2737.

[8] 许小红, 李小丽, 齐世飞, 等. 氧化物稀磁半导体的研究进展. 物理学进展, 2012, 32（4）: 199-227.

[9] Pearton S J, RAbernathy C, Thaler G T, et al. Wide bandgap GaN-based semiconductors for spintronics. Journal of Physics: Condensed. Matter , 2004, 16: R209-R245.

[10] Coey J M D, Venkatesan M, Fitzgerald C B. Donor impurity band exchange in dilute ferromagnetic oxides. Nature Materials, 2005, 4（2）: 173-179.

[11] Coey J M D, Wongsaprom K, Alaria J et al.Charge-transfer ferromagnetism in oxide nanoparticles. J. Phys. D: Appl. Phys., 2008, 41: 134012.

[12] Kikkawa J M, Awschalom D D. Resonant spin amplification in n-type GaAs. Phys. Rev. Lett., 1998, 80: 4313.

[13] Beschoten B, Johnston-Halperin E, Young D K, et al. Spin coherence and dephasing in GaN. Phys. Rev. B, 2001, 63: R121202.

[14] Ghosh S, Sih V, Lau W H, et al. Room-temperature spin coherence in ZnO. Appl. Phys. Lett., 2005, 86: 232507.

[15] Whitaker K M, Raskin M, Kiliani G, et al. Spin-on spintronics: ultrafast electron spin dynamics in ZnO and $Zn_{1-x}Co_xO$ sol-gel films. Nano Lett., 2011, 11: 3355.

[16] Raskin M, Stiehm T, Cohn A W, et al. Ultrafast spin dynamics in magnetic wide-bandgap semiconductors. Physica Status Solidi B, 2014, 251（9）: 1685-1693.

[17] Chanier T, Sargolzaei M, Opahle I, et al. LSDA+U versus LSDA: Towards a better description of the magnetic nearest-neighbor exchange coupling in Co- and Mn-doped ZnO. Phys. Rev. B, 2006, 73: 134418.

[18] Lagarde D, Balocchi A, Renucci P, et al. Hole spin quantum beats in bulk ZnO. Phys. Rev. B, 2009, 79: 045204.

[19] Chanier T , Virot F, Hayn R. Chemical trend of exchange coupling in diluted magnetic Ⅱ-Ⅵ semiconductors: Ab initio calculations. Phys. Rev. B, 2009, 79: 205204.

[20] Crooker S A, Baumberg J J, Flack F, et al. Terahertz spin precession and coherent transfer of angular momenta in magnetic quantum wells. Phys. Rev. Lett., 1996, 77: 2814.

[21] Crooker S A, Awschalom D D, Baumberg J J, et al. Optical spin resonance and transverse spin relaxation in magnetic semiconductor quantum wells. Phys. Rev. B, 1997, 56: 7574.

[22] Myers R C, Mikkelsen M H, Tang J M, et al. Zero-field optical manipulation of magnetic ions in semiconductors. Nature Mater., 2008, 7: 203.

[23] Hu Y, Morita K, Sanada H, et al. Spin precession of holes in wurtzite GaN studied using the time-resolved Kerr rotation technique. Phys. Rev. B, 2005, 72: 121203（R）.

[24] Suffczynski J, Grois A, Pacuski W, et al. Effects of s, p-d and s-p exchange interactions probed by exciton magnetospectroscopy in (Ga, Mn) N. Phys. Rev. B, 2011, 83: 094421.

[25] Wolos A, Palczewska M, Wilamowski Z, et al. S-dexchange interaction in GaN:Mn Studied by electron paramagnetic resonance. Appl. Phys. Lett., 2003, 83: 5428.

[26] Sliva C, Dietl T. Electron-hole contribution to the apparent s-d exchange interaction in Ⅲ-Ⅴ dilute magnetic semiconductors. Phys. Rev. B, 2008, 78: 165205.

[27] Chambers S. Is it really intrinsic ferromagnetism? Interview by Fabio Pulizzi. Nature Mater., 2010, 9(12) : 956.

第七章

半导体/非半导体界面物理

半导体的能带理论告诉我们，在无限半导体晶体中电子波函数具有 Bloch 函数的形式，其波矢 k 的各分量必须为实数，在无穷远处波函数为有限值。但是，实际晶体的大小总是有限的，晶格周期性在表面处被中断，其波矢 k 成为复数，形成局域在晶体表面附近的电子态，即所谓的 Tamm 理想表面态。在有限晶体的内部仍允许有波矢为实数的解，它们和无限晶体有相同的 $E\sim k$ 色散关系。而且，电子沿三维晶体表面的运动仍可以是非局域的，一般会在两个允许能带之间形成有色散的表面态[1]。近年来，在晶体表面态的研究方面取得了具有里程碑意义的重大进展，即拓扑绝缘体的发现。拓扑绝缘体具有非常特别的性质：其体内是绝缘体，表面是具有拓扑不变性的导电态。有关这方面的内容已经在本书第一章进行了详细的介绍，这里不再赘述。

实际在用半导体构建诸如金属-绝缘体-半导体 MIS 或 MOS 晶体管、电荷耦合器件（CCD）等器件和电路时，其表面必然要覆盖氧化层或其他绝缘层。这样，绝缘层中的电荷，绝缘层与半导体界面处的电荷、界面态以及半导体表面层的性质均会对半导体器件的性能产生重要影响。最传统的研究方法有测量 MIS 结构的电容-电压（C-V）特性、栅控表面电导测量和栅控二极管测量等，以便得到表面势/表面电荷层（积累、耗尽和反型），界面态及其荷电状况和表面复合速度等重要信息[1]。近年来，对半导体/非半导体界面的研究已完全超出了传统的研究范畴，主要聚焦在半导体/非半导体（磁性材料、复杂金属氧化物和超导体等）界面附近的晶格和轨道再构、电荷转移产生的偶极场和界面处自旋极化所产生的新奇量子效应方面。

第一节 铁磁金属／半导体界面的新奇量子效应

从经典角度来说，铁磁薄膜的磁矩会在铁磁／半导体异质结构的半导体一侧成反比产生杂散磁场，它的大小与距离磁矩南极或北极的径向距离 r 的三次方成反比。当磁化矢量在面内时，在多磁畴情况下的杂散磁场甚至比单磁畴情况下的还要大。当磁化矢量与界面垂直时，由于径向距离 r 短，在半导体一侧产生的杂散磁场要更大一些。但是，它的量级一般只有几个 O_e。所以，下面将主要介绍铁磁金属／半导体界面的新奇量子效应。

自 20 世纪 80 年代起，磁性金属和半导体构成的异质结因在构建新型隧穿磁阻（TMR）器件方面的潜在应用而受到人们的重视，成为固体物理中新的前沿领域。尽管一直以来对磁性金属多层膜结构中有关自旋矩、自旋极化和自旋流等研究受到了广泛的关注，但是对其微观机制仍不清楚。已有许多实验证实了界面附近的磁性变化对调控上述效应起着重要作用。追溯历史，早在 40 年前 Zuckermann[2] 就用唯象理论阐明了当顺磁体与铁磁体紧密接触时会使顺磁体的居里温度不为零，即所谓的磁近邻效应（MPE），铁磁近邻极化（FPP）效应。

随后有大量的实验工作证实了 MPE 的存在。例如，最近 Chien 教授研究组的工作表明，Pt 会受到其邻近磁性层的影响而变得具有铁磁性，导致其中多重物理效应的纠缠[3]。近年来，MPE 效应的研究还扩展到铁磁体与其他材料的复合体系之中，揭示了许多新奇量子效应。例如，铁磁／超导双层体系中铁磁关联序也会渗透到超导层中，相反，超导关联序也会渗透到铁磁层，诱发了由轨道和自旋自由度相互作用产生的新奇量子效应[4]。在 $Bi_{2-x}Mn_xTe_3$ 上覆盖一层 Fe 膜后，由于 MPE 效应，也可以诱导出室温拓扑铁磁性[5]。第一性原理计算表明，当石墨烯与磁绝缘体 EuO 紧密接触时，会使其 π 轨道出现 24% 的自旋极化度，并出现 36 meV 交换作用劈裂[6]。石墨烯／EuO 体系的第一性原理计算也表明 MPE 只是发生在界面附近的微观物理现象的一种唯象统称。它起源于界面附近的轨道再构、电荷转移产生的偶极场、费米面附近界面少子自旋能带的出现和填充变化、d 轨道与非 d 轨道的混合等多种效应以及它们之间的相互作用。这些均表明 MPE 是近年来具有普适性的、受到高度关注的科学问题。例如，自 20 世纪 80 年代起，由磁性金属（FM）和半导体（SC）构成的异质结因在构建新型隧穿磁阻器件方面的潜在应用而受到人们的重视。同样，人们希望知道界面附近的轨道再构、电荷转移产生的偶极场和自旋极化对跨越 FM/SC 界面的自旋注入、滤波和界面附近半导体一侧载流子输运的影响。

一、铁磁／半导体异质结中的动态铁磁近邻极化现象

铁磁近邻极化（ferromagnetic proximity polarization，FPP）是泛指原来没有自旋极化的电子由于它们与铁磁／半导体（FM/SC）界面的相互作用而发生的自发自旋极化现象（既可以是动态的，也可以是热平衡的）。它是由铁磁金属自旋向上和自旋向下的电子在费米面的态密度、波矢的不同所致，使得自旋向上和向下的电子在 FM/SC 界面感受到不同的透射率、反射率。具体可以用一个简单的、与自旋取向有关的 FM/SC 界面反射模型来说明[7]。在认为两个自旋方向的电子迁移率相同的情况下，根据 Drude 的电导表达式 $\sigma^{\pm}=n_{\uparrow\downarrow}e\mu$，只需求出 $n_{\uparrow\downarrow}$ 即可。它应当是态密度在 k 空间的积分。可以直接写出自旋极化率为

$$\frac{n_{\uparrow}-n_{\downarrow}}{n_{\uparrow}+n_{\downarrow}}=\frac{\int_0^{k_{\mathrm{f}}}\mathrm{d}k_z k_z\int_0^{\sqrt{k_{\mathrm{f}}^2-k_z^2}}\mathrm{d}k_{\mathrm{P}}k_{\mathrm{P}}\left(T_{\uparrow}-T_{\downarrow}\right)}{\int_0^{k_{\mathrm{f}}}\mathrm{d}k_z k_z\int_0^{\sqrt{k_{\mathrm{f}}^2-k_z^2}}\mathrm{d}k_{\mathrm{P}}k_{\mathrm{P}}\left(T_{\uparrow}+T_{\downarrow}\right)} \qquad （7\text{-}1）$$

其中，$T_{\uparrow}$ 和 $T_{\downarrow}$ 分别为自旋向上、自旋向下的透射系数；k_{P}，k_z 和 k_{f} 分别为平面内、沿垂直平面方向和费米面上的波矢。

Awschalom 研究组对铁磁／半导体异质结中的 FPP 效应做了系统的实验研究。2001 年他们[8]采用如图 7-1 所示的 FM/GaAs 异质结构和泵浦光／探测光与沿平面的磁化矢量相垂直的配置，并沿平面外加与磁化矢量 M 平行的磁场。在 $-1000\sim1000$G 的范围内每隔 10G 逐步测量 Faraday 旋转角随泵浦-探测光之间延迟 Δt 的变化关系，即

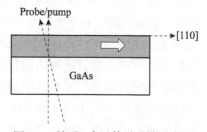

图 7-1　铁磁／半导体异质结泵浦探测配置示意图

$$S_x\left(\Delta t\right)=S_0\mathrm{e}^{-\Delta t/T_2^*}\cos\left(\omega\Delta t+\phi\right)$$

其中，$S_x(\Delta t)$ 是随 Δt 振荡变化的、沿法线（x）方向的自旋投影；S_0 是电子的自旋幅值；T_2^* 是自旋的横向寿命；$\omega=g\mu_{\mathrm{B}}B_{\mathrm{tot}}/\hbar$ 为拉莫尔进动频率；ϕ 是自

旋进动的相位；g 为电子的 g 因子；μ_B 为玻尔磁子；B_{tot} 是样品内的总磁场，包括外加磁场和各种内部局域磁场。

他们在 Δt 时间延迟和磁场的二维平面内用色标标记出 Faraday 旋转角的振荡变化，如图 7-2（a）和（b）所示。他们发现当铁磁层的易磁轴在沿平面外加的磁场作用下发生反转时，Faraday 旋转角同时发生反号。如前所述，Faraday 旋转角反映的是垂直入射到样品上的圆偏振泵浦光所激发的、极化沿样品法线（x）方向的电子自旋绕面内总磁场（外加磁场和动态核自旋极化的有效磁场之和）做拉莫尔进动时，由经过不同 Δt 延迟后的线偏振探测光所探测到的偏振旋转。Faraday 转角随磁化矢量反转而改变 π 相位说明了是磁化矢量在控制电子做拉莫尔进动的相位。他们还测量了拉莫尔进动频率随外加磁场扫描的变化，同样发现，当磁化矢量反转时拉莫尔进动频率也反号，如图 7-2（c）和（d）所示。更为重要的是他们发现所测到的进动频率要高于由外加磁场所决定的进动频率，这说明 B_{tot} 中除了外加磁场外，还存在由动态核极化产生的有效磁场 B_N。他们认为核极化有效磁场的产生可分成两个阶段。首先，因光激发电子与 FM/SC 界面作用，它们的自旋沿 M 方向极化。然后，自旋极化的电子通过与核自旋的超精细作用再将核自旋极化，所产生的有效磁场反过来和外磁场一起驱使电子自旋做拉莫尔进动，使得进动频率变高。他们 2001 年 [8] 的工作首次揭示了，在动态情况下，光激发电子确实会因 FM/SC 界面的铁磁近邻极化效应而发生自旋极化，即它们的自旋极化方向或与 FM 的磁化方向平行，或反平行。例如，铁会将 GaAs 中电子自旋极化成与 M 平行，而 MnAs 会使它们极化成与 M 反平行。这是由它们各自的能带结构决定的，在 MnAs 中费米面的少子态密度大于多子的，而在 Fe 中恰好相反。他们的工作还证明了无论用泵浦探测配置中的泵浦光，还是再加第三束光做泵浦，相对平面内磁化矢量轴而言所激发的光生电子和空穴都是无自旋极化的，与它们原来是圆偏振还是线偏振无关。上述各种光激发的作用主要是用来产生光生电子和空穴以降低 FM/SC 界面的 Schottky 势垒的高度，使得光生电子有更多机会"撞击"到称为"火墙"的界面，通过与自旋方向有关的反射获得更高的自旋极化度。这一机制可以正确解释为什么他们所测到的拉莫尔进动频率随泵浦光功率的增加而增加。但是，他们无法解释图 7-2（c）和（d）的结果：随着磁场扫描，拉莫尔进动频率并没有完全跟随磁化矢量的变化。

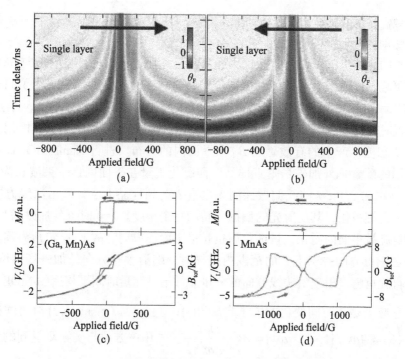

图 7-2 （a）、（b）二维 Faraday 旋转实验图；（c）、（d）拉莫尔进动频率随外加磁场的变化。
插图取自文献 [8]

　　2002 年 Epstein 等 [9] 将平面内的外加磁场 **B** 固定成与面内磁化矢量 **M** 垂直，并采用线偏振泵浦光激发，仍然观察到了光生电子绕外加磁场的拉莫尔进动。与用圆偏振泵浦光激发的情况相比，它们拉莫尔进动的相位差了 $\pi/2$。这一实验事实进一步证明了线偏振泵浦光激发的电子本来没有自旋极化，但是它们很快就被 FM 极化成沿 **M** 平行的方向，故仍会绕外加磁场做拉莫进动。与圆偏振泵浦光激发的、沿法线取向的电子的拉莫尔进动相比，相位差正好为 $\pi/2$。当将 **M** 和 **B** 之间的夹角 α 从 $90°$ 减小到 $0°$ 时，线偏振激发的自旋振幅 S_0^{LP} 减小到零。同时，动态核极化产生的等效磁场 B_{N} 则由零增加到最大。这均和光激发电子首先被 FM 极化的物理图像是一致的。

　　2003 年 Epstein 等 [10] 设法在 FM 层和 n-GaAs 层（Si：$7 \times 10^{16}\,\mathrm{cm}^{-3}$）之间外加不同偏压（0V、+0.5 V 和 +1 V）的情况下同样用 TRFR 进行光生电子的拉莫尔进动的测量。他们发现在零偏压下进动频率最慢，但自旋相干时间最长。随偏压增加到 +0.5 V 和 +1 V，进动频率增高，自旋相干时间持续变短。与光生载流子的作用类似，由于正电压下 FM/GaAs 界面的 schottky 势垒高度降低，电子流向界面，有利于它们被 FM 极化。这样，核自旋被动态极化的程度越高，B_N 就越大，进动频率也越高。他们在不同光强条件下测量到的进动频率 ω_L 的变化关系与前面已介绍的正偏压下 FM/SC 结的 I-V 特性是紧密关联的。这进一步说明，无论用光照还是外加正偏压都是将电子向 FM/SC 界面驱赶，因而大大增强了 FPP 效应。2004 年 Epstein 等[11]又采用了 Hanle-MOKE 和 TRKR 两种方法，进一步研究了当 MnAs/n-GaAs Schottky 结加正向偏置时在 n-GaAs 层邻近 MnAs 界面的、经时间平均后的电子自旋极化 $\langle S \rangle$ 和核动态极化产生的有效磁场 B_N 在平面内的分布。进行 Hanle-MOKE 测量所采用的配置是外加磁场垂直样品，而磁化矢量在平面内，一束波长为 812 nm、功率为 550μW 的线偏振探测光垂直入射到样品上。如果沿法线方向存在电子自旋极化，其反射光的偏振会转动一个角度。T=0 时刻外加磁场为零，电子自旋被平面内磁化矢量极化后也是沿平面内方向，故 Kerr 转角为零。当磁场在正负方向一个不大的范围内扫描时，随沿垂直方向外加磁场的增加，电子自旋也随之出现沿法线方向的分量。如果是测量时间平均后的 MOKE 信号，它应当是随时间变化的电子自旋 $S(t) = A\exp(-t/\tau)\sin(\omega_L t)$ 对时间的积分：$\langle S \rangle = A\omega_L / (1/\tau^2 + \omega_L^2) = A\tau \dfrac{\omega_L \tau}{1 + \omega_L^2 \tau^2}$。先用该方程与实际测量到的、经时间平均后的 MOKE 数据拟合，就可求出自旋寿命 τ 和参量 A。$A\tau$ 反映了经时间平均后的电子自旋极化。然后用时间分辨的 Kerr 转角（TRKR）来测量拉莫进动频率，由此可求出核自旋的极化程度 B_N。他们发现 $\langle S \rangle$ 和 B_N 二者的空间分布基本是相互对应的，如图 7-3 所示。而且，只有当 MnAs/n-GaAs Schottky 结处于正向偏置时，电子因被驱动至界面才会出现明显的 $\langle S \rangle$ 和 B_N。由于来自 n-GaAs 的电子流在遇到 MnAs 层的前沿后，大部分均被 MnAs 金属层导走，不再沿 n-GaAs 层继续向深处流动，所以只能在 MnAs 层的前沿附近测到明显的 $\langle S \rangle$ 和 B_N。

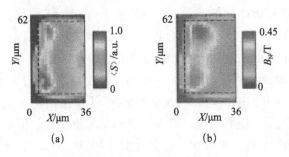

(a)　　　　　　　(b)

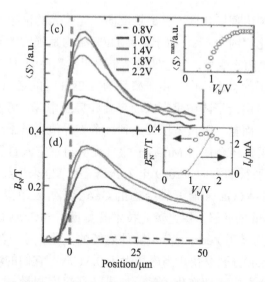

图 7-3 （a）在外加摆幅为 0 ～ 1.5 V 的 6 kHz 偏置脉冲作用下在 7.5 K 测到的时间平均的
电子自旋（$A\tau$）的二维分布图；（b）当外加 1.5 V 正向偏压和 2 kG 外加磁场时在 7.5 K 下
测到的有效核磁场 B_N 的二维分布图；（c）在 0.8 ～ 2.2 V 范围内的不同正偏压下（$A\tau$）的
二维分布图的线切图；（d）沿着图（a）中所示路径测得的 B_N。插图取自文献 [11]

二、铁磁／半导体异质结中的稳态铁磁近邻极化现象

2004 年 Awschalom 小组 [12] 采用了层次很复杂的样品结构：在绝缘 GaAs
衬底上生长了复杂的缓冲结构后，再依次生长 200 nm n-GaAs（Si：$n=1 \times$
10^{18} cm^{-3}）/200 nm GaAs/500 nm LT Al$_{0.4}$Ga$_{0.6}$As/350 nm Al$_{0.4}$Ga$_{0.6}$As/7.5 nm
GaAs QW/d- Al$_{0.4}$Ga$_{0.6}$As 层次结构。其中，d 是 Al$_{0.4}$Ga$_{0.6}$As 层的厚度，可以
是 5 nm 或 9 nm。然后，将样品传送到另一生长室，再用单原子层外延生长
法（ALE）生长数字磁性（MnAs）异质结构（DFH）。它们具体是由 5 个周
期的、0.5 层 MnAs/20 层 Al$_{0.4}$Ga$_{0.6}$As（5×（0.5/20）），或者由 5 个周期的、0.3
层 MnAs/20 层 Al$_{0.4}$Ga$_{0.6}$As（5×（0.3/20））构成。最后在其顶部蒸 Ti/Au 作
为顶电极，另一电极做在 200 nm n-GaAs 上，以便用外电压控制 7.5 nm GaAs
QW 势阱形状。在零偏压下，下层的 200 nm n-GaAs 和顶层 MnAs 层之间的
接触电势差已经使半导体一侧的能带不再是平的了。顶电极加负偏压将使能
带进一步倾斜。在 5K 温度下，用线偏振光垂直照射样品激发光荧光，测量
光荧光的偏振度：$p_{PL}=（p_{RCP}-p_{LCP}）/（p_{RCP}+p_{LCP}）$ 时，发现当垂直磁场为零
时，光荧光没有极化度。当磁场为 ±2 kG 时，在 7.5 nm GaAs QW 的发射峰

位附近的光荧光峰出现极化度，且磁场反向，光荧光的偏振度也反号。稳态光荧光的峰值极化度约为 6%。由于磁性 DFH 结构是顺磁性的，外磁场反向使它的磁化矢量也随之变号，上述实验结果表明是磁性 DFH 结构的磁化矢量操控着光生载流子的自旋取向。由于磁场为 ±2kG 时的 Zeeman 分裂可以忽略，他们认为这是由量子阱中重空穴的自旋和势垒中 Mn 离子孤立自旋之间的直接耦合所致。而且，随负偏压加大到一个临界值，量子阱中空穴波函数更靠近 Mn 离子层，还会使得 Mn 离子的自旋从与重空穴自旋成反平行的方向反转到相互成平行的方向。2009 年 Zaitsev 等[13] 也采用类似的样品结构，在一个 GaAs/InGaAs/GaAs 量子阱结构的 GaAs 势垒区距离 InGaAs 阱 3～5 nm 处嵌入一个 Mn 的 δ 层，用光荧光技术既测量了 InGaAs 阱发光的圆偏振极化度，同时又测量了 Zeeman 分裂随外磁场的变化关系，发现它们增加的都比正常的 Zeeman 分裂要快。当磁场大于 0.5T 后，它们的增加都变缓，按正常的 Zeeman 分裂成线性变化关系。如果升高温度测量，二者均按正常的 Zeeman 分裂呈线性变化。他们认为上述反常劈裂 ΔE_M 是起源于 GaAs 垒区 Mn 离子的 d 电子与 InGaAs 量子阱中的电子、空穴的 s，p–d 交换作用的结果。2012 年 Korenev 等[14] 采用了与 Zaitsev 类似的 GaAs/InGaAs/GaAs 量子阱结构，只不过只在单边 GaAs 垒区距离 InGaAs 阱 2 nm，或 5 nm，或 10nm 处嵌入一个 Mn 的 δ 层。由于 Mn 的扩散，该 δ-Mn 层变成了 1 nm 厚的 GaMnAs 层，可提供浓度为 $10^{13}\sim10^{14}\ \mathrm{cm}^{-2}$ 的空穴，形成了空穴媒介的 GaMnAs 铁磁性，居里温度为 $T_\mathrm{c}\sim35$ K。他们用能量为 1.92 eV、功率为 2 mW 的光作为激发光，InGaAs QW 的光荧光峰出现在 ～1.46 eV，其极光度 p_PL 约为 4%。所测量的 p_PL 随外加磁场的变化曲线呈现出磁滞回线现象，反映了 GaMnAs 层的铁磁性。他们还发现饱和光荧光（PL）极化度随 Mn 的 δ 层距离 InGaAs QW 间距的减小而增加，而 PL 的强度随之而变弱。这一事实反映的是 QW 中载流子通过隧穿在 GaMnAs 被捕获。他们又发现 PL 光谱的高能拖尾处的光荧光极化度反而增大。因此，他们认为由于一种自旋方向的电子被 GaMnAs 层选择性地捕获（自旋方向选择性捕获 SDC），InGaAs QW 导带自旋方向相反态上所填充的电子数目不再相同，具体如图 7-4 所示。很显然，由能量比较高的电子激发的 PL 的极化度高。

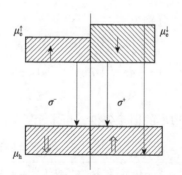

图 7-4　量子阱中自旋极化载流子跃迁导致荧光极化示意图。插图取自文献 [14]

原则上，QW 中电子与 GaMnAs δ 层中 d 电子之间也会因直接交换作用产生 ΔE_{ex} 的劈裂，他们又利用 Hanle 效应和 TRKR 直接测量 ΔE_{ex}，发现分别为 1μeV 和 2.4μeV，这远不能解释他们所观察到的现象。

三、铁磁 / 半导体异质结中铁磁近邻极化现象的理论

1. 基于铁磁 / 半导体界面的、与自旋方向相关反射系数的唯象理论

为了在有效质量近似下计算不同自旋方向电子在铁磁 / 半导体界面的反射率 $r_{\pm,k}$，可直接利用如下边界衔接条件[14]：

$$\frac{1}{2m_{SC}^*}\frac{\psi_{SC}'}{\psi_{SC}} = \frac{1}{m_{fm}^*}\frac{\psi_{fm}'}{\psi_{fm}}$$

实际的半导体 / 铁磁金属的界面存在如图 7-5（a）所示 Schottky 势垒。为了便于 $r_{\pm,k}$ 计算，将采用如图 7-5（b）所示的简化势垒。

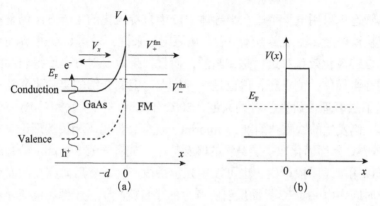

图 7-5　半导体 / 铁磁金属界面能带示意图

波函数在三个区域的形式分别为

$$\psi(x)=\begin{cases} \mathrm{e}^{ik_x x}+r_{\pm}\mathrm{e}^{-ik_x x}, & x<0 \\ A\mathrm{e}^{k_b x}+B\mathrm{e}^{-k_b x}, & 0<x<a \\ S\mathrm{e}^{ik_{\mathrm{fm}} x}, & x>a \end{cases}$$

利用波函数及其导数在边界的衔接条件，可求出

$$R_{\pm}=\frac{\left(ik_{\pm}^{\mathrm{fm}}-k_b\right)\left(ik_x+k_b\right)\mathrm{e}^{2k_b a}-\left(ik_{\pm}^{\mathrm{fm}}+k_b\right)\left(ik_x-k_b\right)}{\left(ik_{\pm}^{\mathrm{fm}}-k_b\right)\left(ik_x-k_b\right)\mathrm{e}^{2k_b a}-\left(ik_{\pm}^{\mathrm{fm}}+k_b\right)\left(ik_x+k_b\right)} \qquad (7\text{-}2)$$

或者

$$r_{\pm}=\frac{\mathrm{e}^{2k_b a}\left(iv_{\pm}^{\mathrm{fm}}-v_b\right)\left(iv_x+v_b\right)-\left(iv_{\pm}^{\mathrm{fm}}+v_b\right)\left(iv_x-v_b\right)}{\mathrm{e}^{2k_b a}\left(iv_{\pm}^{\mathrm{fm}}-v_b\right)\left(iv_x-v_b\right)-\left(iv_{\pm}^{\mathrm{fm}}+v_b\right)\left(iv_x+v_b\right)} \qquad (7\text{-}3)$$

其中，$k_b=\sqrt{2m_s\left(U_b+E_s\right)/\hbar^2-k_x^2}$ 和 $v_b=\hbar k_b/m_s$ 分别为势垒中消失波的波矢和速度；$v_+^{\mathrm{fm}}=\sqrt{2E_F/m_{\mathrm{fm}}}$ 和 $v_-^{\mathrm{fm}}=\sqrt{2(E_F-\Delta)/m_{\mathrm{fm}}}$ 分别为铁磁金属多子、少子的费米速度；Δ 是 FM 中的交换劈裂；上述表达式暗示了 $v_+^{\mathrm{fm}}>v_-^{\mathrm{fm}}$；$v_x=\hbar k_x/m_s$ 为半导体一侧的入射速度，$E_s=\hbar^2(3\pi^2 n)^{2/3}/(2m)$ 是 n 型半导体的费米能量。实际的 Schottky 势垒是用一个按抛物线弯曲的电势 $V(x)$ 来表示，其耗尽层宽度为 $d\approx\sqrt{\varepsilon_0 U_b/\left(2\pi n e^2\right)}$。作为一种近似，对 k_x 每个值，用厚度为 $a=a(k_x)$ 的矩形势垒来计算 k_x 值的反射系数。

2. 基于铁磁／半导体（FM/SC）界面自旋方向相关反射的铁磁"刻录"的量子理论[15]

尽管迄今采用电学手段在半导体中产生自旋极化的主流方法仍是将自旋极化流从铁磁金属注入半导体中去。从原则上来说，采用 FM/SC 界面反射所产生的自旋极化效率和透射是相当的，而且，采取反射方案使得全部的自旋过程均在半导体一侧进行，这也是一种优点。上文介绍的实验研究从一开始就引起了从事理论研究学者的兴趣。2002 年 Ciuti 等[15] 就针对 FM/SC 界面半导体一侧发生的铁磁"刻录"（imprint）现象，提出了相关的理论解释。他们将 FM/SC 界面简化成一层绝缘的隧穿势垒，或者看成 Schottky 势垒，电子源既可以用电学手段产生，也可以用光学手段产生，然后研究在激发后的动量弛豫时间内由 FM/SC 界面反射所产生的净自旋相干电子源和电流。他们所考虑的实验配置结构如图 7-6 所示。

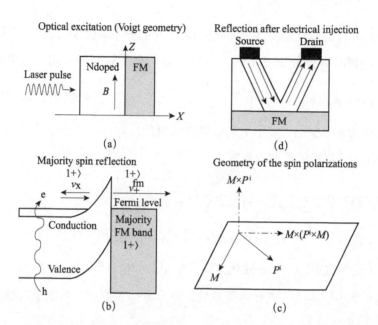

图 7-6　（a）按 Voigt 配置用光激发 FM/SC 异质结；（b）SC 中自旋方向与 FM 中多子平行的电子入射到 Schottky 势垒后的反射和透射；（c）当泵浦电子的自旋极化为 P^i，FM 的磁化矢量为 $\hat{M}$，铁磁刻录效应使反射电子的极化方向沿 $\hat{M} \times P^i$。当 $P^i=0$ 时，铁磁刻录的自旋沿 $\hat{M}$ 方向；（d）弹道电子通过 SC 上的源、漏电极向 FM 发射。摘自文献 [15]

适用图 7-6（a）～（c）的 FM/SC 结的哈密顿量为

$$H = -\frac{\hbar^2}{2}\frac{d}{dx}\left[\frac{1}{m^*(x)}\frac{d}{dx}\right] + V(x) + \frac{g^*}{2}\mu_B\sigma \cdot B_T\Theta(-x) + \frac{\Delta}{2}\sigma \cdot \hat{M}\Theta(x) \quad （7\text{-}4）$$

其中，它包括有半导体一侧导带中电子的动能和 FM 一侧两个劈裂开 Δ 的自旋带的动能之和 $K = -\frac{\hbar^2}{2}\frac{d}{dx}\left[\frac{1}{m^*(x)}\frac{d}{dx}\right]$（$x<0$ 为半导体一侧的动能，$x>0$ 为 FM 一侧的动能）；Schottky 势垒项为 $V(x)$；半导体一侧（$\Theta(-x)$）中的 Zeeman 能（对 GaAs 来说 $g^*=-0.44$）；μ_B 为玻尔磁子；σ 为泡利矩阵矢量；磁场 B_T 为外加磁场和核极化有效磁场之和；$\sigma_M = \sigma \cdot \hat{M}$ 是按磁化方向 $\hat{M}$ 定义的泡利矩阵；$\Theta(x)$ 是台阶函数，代表 FM 一侧。朗道轨道运动效应在弱磁场下忽略不计。由于空穴自旋弛豫时间远短于光学复合寿命，因此，式（7-4）中不考虑空穴自旋极化。

用 $|+\rangle$ 和 $|-\rangle$ 标记自旋的多子和少子态，它们是铁磁交换劈裂算符：

$\sigma_M|\pm\rangle = m|\pm\rangle$ 的本征态。注意磁化矢量 M 与电子净自旋 S^{fm} 设为反平行。

在 FM/SC 界面处所发生的、与自旋方向有关的反射可用自旋空间的反射矩阵 $\hat{r}(k)$ 来表示：$\hat{r}(k) = \begin{pmatrix} r_{+,k} & 0 \\ 0 & r_{-,k} \end{pmatrix}$，其中 $r_{-,k}(r_{+,k})$ 是当半导体中电子自旋按照铁磁体中少子（多子）自旋带取向时的反射率。在铁磁体的自旋基矢 $\{|-\rangle, |+\rangle\}$ 中反射矩阵取对角形式：

$$\hat{r}(k) = |-\rangle r_{-,k}\langle-| + |+\rangle r_{+,k}\langle+|$$

为了提取出自旋极化，将反射矩阵表示成如下形式：

$$\hat{r}(k) = \frac{1}{2}\left[(r_{-,k} + r_{+,k})\hat{I} + (r_{-,k} - r_{+,k})M\cdot\sigma\right] \tag{7-5}$$

其中，$\hat{I}$ 是单位矩阵；$\hat{M}$ 是磁化方向上的单位矢量。

当 n 型半导体受到光脉冲激发后，在半导体一侧产生的电子自旋密度矩阵可表达成

$$\hat{\rho}^{\text{i}}(k, t=0) = f^{\text{i}}(k)\frac{1}{2}\left(\hat{I} + P^{\text{i}}\cdot\sigma\right) \tag{7-6}$$

其中，$f^{\text{i}}(k)$ 为激光脉冲所建立起来的非平衡电子分布，括号中第 1（2）项代表与 FM 没有（有）相互作用的部分。极化度 P^{i} 取决于半导体一侧的光跃迁选择定则：对线偏光 $P^{\text{i}}=0$，对圆偏光 $P^{\text{i}} \neq 0$。当用泵浦光激发光生电子后，它们会沿光的入射方向（x 轴）射向铁磁层［图 7-6（a）和（b）］，所产生的电流为入射流和反射流之和：

$$\hat{j}(t) = \hat{j}^{\text{i}}(t) + \hat{j}^{\text{r}}(t) = \int_{k_x>0}\frac{\text{d}^3 k}{(2\pi)^3}\left[\hat{\rho}^{\text{i}}(k,t) - \hat{\rho}^{\text{r}}(k,t)\right]v_x \tag{7-7}$$

其中，$v_x = \hbar k_x / m_s$ 为垂直界面的速度；$\hat{\rho}^{\text{i}}(k,t)$ 和 $\hat{\rho}^{\text{r}}(k,t)$ 分别为入射和反射的自旋密度矩阵。反射自旋密度矩阵由下式给出：

$$\hat{\rho}^{\text{r}}(k,t) = \hat{r}(k)\hat{\rho}^{\text{i}}(k,t)r^*(k) = f^{\text{i}}(k,t)\frac{1}{2}\left[R_0(k)\hat{I} + R(k)\cdot\sigma\right] \tag{7-8}$$

$$R_0 = \frac{1}{2}\left[\left(|r_-|^2 + |r_+|^2\right) + \left(|r_-|^2 - |r_+|^2\right)\hat{M}\cdot P^{\text{i}}\right] \tag{7-9}$$

$$R = \frac{1}{2}\left[\left(|r_-|^2 - |r_+|^2\right) + \left(|r_-|^2 + |r_+|^2\right)\hat{M}\cdot P^{\text{i}}\right]\hat{M}$$
$$+ \text{Re}(r_-r_+^*)(\hat{M}\times P^{\text{i}})\times\hat{M} - \text{Im}(r_-r_+^*)\hat{M}\times P^{\text{i}} \tag{7-10}$$

入射电荷密度 $\hat{\rho}^{\text{i}}(k,t)$ 的时间依赖关系由热载流子分布 $f^{\text{i}}(k,t)$ 的弛豫过

程所决定。自旋弛豫过程比上述过程长得多，故在弛豫时间近似下非稳态的电子占据按 $f^i(k,t) = f^i(k)\exp(-t/\tau_k)$ 方式变化。

因反射在半导体形成的净自旋应当与流入铁磁体净自旋符号相反，反射引起的自旋密度则为

$$S^r = -Tr\left\{\frac{\hbar}{2}\boldsymbol{\sigma}\int dt\left[\hat{j}^i(t) + \hat{j}^r(t)\right]\right\} = \frac{\hbar}{2}\int_{k_x>0}\frac{d^3k}{(2\pi)^3}f^i(k)\left[\boldsymbol{R}(k) - \boldsymbol{P}^i\right]\tau_k v_x \quad (7\text{-}11)$$

很显然，S^r 正比于平均自由程 $\tau_k v_x$。

当泵浦电子密度远小于 n 型的掺杂浓度时，在瞬态过程结束后半导体表面的总自旋密度为 $S^{tot} = n^i L\frac{\hbar}{2}\boldsymbol{P}^i + S^r$，其中 $n^i = \int\frac{d^3k}{(2\pi)^3}f^i(k)$ 为泵浦电子的体密度，L 是半导体的厚度。

下面对两种情况进行讨论。

1）非极化激发（注入电子的初始极化 $P^i = 0$）

由 FM/SC 界面反射形成的净自旋面密度为

$$S^r = \frac{\hbar}{4}\hat{M}\int_{k_x>0}\frac{d^3k}{(2\pi)^3}f^i(k)\left(\left|r_{-,k}\right|^2 - \left|r_{+,k}\right|^2\right)\tau_k v_x \quad (7\text{-}12)$$

由式（7-12）可知，在半导体内被刻录出的净自旋面密度直接由两个自旋方向相反的反射率之差决定。k 空间的积分时只考虑平均自由程 $\tau_k v_x$ 内的贡献。上述理论也预言了采用图 7-6（d）配置，用电学方式注入的非极化电流同样会出现自旋极化现象。

2）极化激发（$P^i \neq 0$）

当在半导体中被激发的电子气已具有一定的被预置的自旋极化度时，无论是由它诱导出的自发电流，还是半导体中的自旋极化度都会因界面反射而改变。除了在由磁化矢量和初始自旋矢量定义的平面内有两个分量外，还会受到因被铁磁体反射所形成的自旋扭矩的作用，在垂直平面的方向上也出现自旋极化分量［图 7-6（c）］。该额外分量正比于 $Im(r_- r_+^*)$，表明自旋少子、多子被界面反射后具有不同的相位移，因而会产生自旋扭矩。

他们详细计算了 $\left|r_{-,k}\right|^2 - \left|r_{+,k}\right|^2$ 作为掺杂浓度和 Schottky 势垒高度的关系，发现当通过 Schottky 结的隧穿电流较大时，自旋多子和少子的反射率差异可达 25%。而且，当 $\left|r_{-,k}\right|^2 - \left|r_{+,k}\right|^2$ 为正（负）时，刻录的自旋面密度 S^r 与 M 平行（反平行）。

虽然一般认为刻录的电子自旋极化方向是可以与铁磁体的磁化方向取平行或反平行的方向,这主要由铁磁体费米面上的、不同自旋方向态密度不同所致,但是,对于FM/SC界面而言,他们发现由于存在Schottky势垒,半导体的掺杂浓度和势垒高度都会影响被刻录的电子自旋极化方向相对FM磁化方向的取向。

2004年Bauer等[16]采用了与Ciuti等[15]类似的方法,专门针对时间分辨Faraday旋转的实验情况提出了"点火-余晖"(fireball-afterglow)原则,研究了电荷和自旋守恒体系随时间的演化过程。由于在由金属/n型半导体结中其Schottky接触形成的是电子的势垒,所以只是将空穴陷落在结界面。当用光激发"点火"后,光生电子被驱至界面,才有机会被界面反射,受到铁磁体的自旋刻录(FPP)。他们用越过FM/SC界面的自旋流来描述FPP作用。FPP的形成时间估计为35ps左右。在点火后的长余辉时间尺度上,空穴或因进入铁磁层,或因与电子复合而消失。与此同时,光生电子团离开了界面,并在相当长的时间内保持着所得到的自旋极化度S_{FPP}。他们定义了一个由光激发形成的非热平衡电子的总化学势$\langle\mu| = \langle\mu_c,\mu_s|$,它包含电荷和自旋化学势分量:$\mu_c$和$\mu_s = \langle\mu_x,\mu_y,\mu_z|$。它们均以能量为单位,实际反映的是电荷和自旋密度。他们又用电流$\langle I| = \langle I_c,I_s|$表示流过FM/SC界面的电荷和自旋流,由界面处与自旋相关的电导量$g_{\uparrow\uparrow}$、$g_{\downarrow\downarrow}$和$g_{\uparrow\downarrow}$所决定。特别要说明的是,$g_{\uparrow\downarrow}$[17]的实部反映的是与FM交换的角动量,如自旋流引起的磁化扭矩,非局域的Gilbert衰减。$g_{\uparrow\downarrow}$的虚部则起有效磁场的作用。他们采用如下的连续性方程,研究自旋、电荷密度随时间的演化过程。

$$-2hD\left(\frac{d\boldsymbol{\mu}_c}{dt}\right)_{bias} = (g_{\uparrow\uparrow} + g_{\downarrow\downarrow})(\mu_c - e\varphi) + (g_{\uparrow\uparrow} - g_{\downarrow\downarrow})(m\cdot\mu_s) \quad (7\text{-}13)$$

$$-2hD\left(\frac{d\mu_s}{dt}\right)_{bias} = 2\text{Re}(g_{\uparrow\downarrow}\mu_s) - 2\text{Im}(m\times\mu_s)g_{\uparrow\downarrow} + \left[(g_{\uparrow\uparrow} - g_{\downarrow\downarrow})(\mu_c - e\varphi)\right.$$

$$\left. + (g_{\uparrow\uparrow} + g_{\downarrow\downarrow} - 2\text{Re}\,g_{\uparrow\downarrow})(m\cdot\mu_s)\right]m$$

$$(7\text{-}14)$$

其中,D为半导体中单自旋取向的能态密度。静电势可以是外加偏压,或者是由电子和空穴的电荷不平衡所致。有磁场时还需考虑下述拉莫尔进动方程:

$$\left(\frac{d\mu_s}{dt}\right)_{field} = \frac{g_e\mu_B}{h}B\times\mu_s \quad (7\text{-}15)$$

其中,B为由外加磁场和核自旋极化形成的有效磁场。

如果是为了专门解释自旋输运现象，仍可以采取标准的自旋扩散漂移方程[18]。把半导体中的自旋密度作为矢量场来处理，它满足动态自旋扩散漂移方程

$$\frac{\partial S}{\partial t} = D\nabla_r^2 S + \mu(E \cdot \nabla_r)S + g_e \mu_B (B_{eff} \times S)/\hbar - \frac{S}{\tau_s} + G(r) = 0 \quad (7-16)$$

其中，D 为自旋扩散系数；E 为外加电场；B_{eff} 为有效磁场；τ_s 为自旋寿命；$G(r)$ 为由外来源产生的自旋空间分布；μ 为电子迁移率；GaAs 中电子的 Landé g 因子 $g_e = -0.44$；旋磁比 $\gamma = |g_e| \mu B/\hbar$。上式右边第一项为自旋扩散流 $-D\nabla_r S$，第二项来自自旋漂移流的散度 μES，第三项为拉莫尔进动项。产生项 $G(r)$ 要根据情况给出。一旦知道 $G(r)$ 后，就可以得出在铁磁层下面二维沟道中电子自旋密度的空间分布。

3. 铁磁/半导体（FM/SC）界面的第一性原理计算

从原则上来说，当磁性金属盖在半导体上形成异质结以后，金属中的传播态会与局域在半导体表面的衰减态耦合，形成所谓的金属诱导的带隙态（MIGS）。后者还可能会通过与半导体体内传播态的混合继续向体内渗透，这将影响在半导体一侧诱导出来的自旋极化程度和它向体内的延伸分布。要想从微观上弄清楚上述问题，显然需要采用第一性原理（ab initio）计算出 FM/SC 界面的能带结构，弄清它们的晶格和电子结构，这些对理解界面特异的磁学和输运等性质有着重要作用。人们曾先后针对不同的 FM/SC 异质结构，如 Fe/（110）Ge[19]、Fe/ZnSe 超晶格[20]、bcc Fe/GaAs[21]、Fe/Ge/Fe 和 Fe/GaAs/Fe 隧穿结构[22]、Fe/ZnSe/Fe[23, 24]等进行过第一性原理计算，结果发现磁性金属界面层的态密度和纯电荷与其体内层有很大的不同，这使得各向异性能、轨道角动量等十分敏感地因界面几何结构的不同而变化。

2001 年 Cabria 等[25]用第一性原理 LMTO（linear-muffin-tin orbital）方法计算了 bcc Fe/Ge（001）和 bcc Fe/GaAs（001）结构的磁化分布和磁晶各向异性。他们发现电子的磁各向异性能（MAE）会使磁化方向沿法线取向，并随铁磁层厚度的增加而增加。它们与所采用的半导体类型，Ge 或 GaAs 的关系不太大，主要由界面的 Fe 层所决定。电子 MAE 与轨道角动量之间的关系服从范德瓦耳斯提出的关系。FM/SC 多层结构中的磁晶各向异性主要与磁化方向变动时 Fe 界面层 3d 自旋向下能级上的占据情况变化有关。2004 年 Sacharow 等[26]计算了由单层 Fe 和（110）InAs 构成的异质界面的原子构架、

磁学性质、界面电子结构，发现 Fe 原子取与两个 As 原子和一个 In 原子都等距的位置，并会将所有表面原子向外拉，离开原来 InAs（110）清洁表面的位置。他们发现 As-p_x，In-sp 和 Fe-d 之间的单重键刚好在费米面 E_F 上，而它们之间的三重键位于 E_F 上面 0.9 eV 处。上述分子键使得 Fe 层和 InAs 层中都形成了较大的自旋极化。在 E_F 面上 InAs 层中自旋极化可大到 60%，并随离界面的距离振荡变化。

2008 年 Herpera 等[27] 采用 1~3 层 Fe₃Si 和 5 层（110）取向的 GaAs 层组成的周期结构，其中，具有 DO3 对称性的 Fe₃Si 是一种准 Heusler 合金，具有 43% 的自旋极化度。他们应用 VASP 计算上述异质结构的界面结构和磁性，发现异质结构的磁矩比 Fe₃Si 体材料还要大，并随 FM 层厚的增大而减小。

Mavropoulos 等[28] 用 DFT 方法先计算 Fe/Si（001）界面的电子结构，再用 Landauer-Büttiker 方法计算由 Fe 向 Si 注入的自旋电流。在考虑 Si 的 6 个导带能谷对自旋电流的贡献时，先将它们投影到（001）表面，得出表面布里渊区（SBZ）。它包括位于 SBZ 的一个中心能谷和 4 个对称的卫星能谷。计算结果发现：由经中心能谷隧穿的电流在零偏压附近具有接近 100% 的自旋极化度，而通过卫星能谷的隧穿电流最大可具有接近 50% 的自旋极化度。他们还发现，取决于 E_F 的位置和界面 Schottky 势垒的厚度，Si 的复杂能带结构还会使卫星能谷对隧穿电流自旋极化度的贡献或高于或低于中心能谷的贡献。这种可调性如能实现，将会增加相应的自旋器件的调控功能。

如前面介绍的那样，尽管已经有许多工作采用第一性原理计算方法，研究了各种 FM/SC 界面晶格和电子结构，都发现 FM/SC 异质结构内的磁化分布和磁晶各向异性等性能主要是由紧临界面的原子层结构决定的，但是，直到 2013 年，Fleet 等[29] 才将实验观察到的 Fe/GaAs（001）界面的原子分辨图像与所测到的磁输运和磁光效应关联起来。他们首先用高角度分辨的环形暗场扫描透射电子显微镜（HAADF-STEM）观察 Fe/GaAs（001）界面，发现突变界面和局部互混界面是同时存在的；然后再根据实际所看到的界面，先采用 VASP 得出界面的电子结构，再计算由 Fe 向 GaAs 注入的自旋电流，获得了与实验相符的结果。

按前面所述，采用第一性原理计算方法揭示的 FM/SC 异质结构内的磁化分布和磁晶各向异性等性能似乎很成功，但是，实际上，由于受计算机计算能力的限制，进行第一性原理计算所允许采用的超元胞尺寸大小十分有限，它向半导体体内延伸的原子层的层数很有限（一般不超过 5 个原子单层）。从已有的在半金属 NiMnSb（001）面上加上半导体、绝缘体盖层以后的计算结果来看 [30]，与人们所希望的刚好相反，盖层不能阻挡自旋少子在半导体中出现。事实上，随着盖层数从零层开始向半个、一个、两个和三个单层增加，在自旋多子态的禁带中出现了越来越多的自旋少子态，表明半导体盖层中自旋极化仅局限于它与 FM 的界面处。这一结果很可能意味着在 FM/SC 异质结构中的半导体一侧被铁磁层诱导的自旋极化仅限于离界面的 2～3 单原子层之内。

四、铁磁／半导体界面处的自旋量子效应

1. 铁磁／半导体界面处的自旋泵浦效应

与磁性金属多层膜结构一样，无须通过自旋注入，利用自旋泵浦也可以在铁磁／半导体结的半导体一侧实现自旋极化电流。Ando 等在室温下利用自旋泵浦效应在 $Ni_{81}Fe_{19}$/GaAs 结的 GaAs 一侧激发了自旋极化电流 [31]。自旋泵效应与普通的自旋注入的不同如图 7-7 所示。在图 7-7（a）所示的自旋注入情况下，磁化矢量在面向的 FM 将沿同方向极化的自旋向 GaAs 注入。由于阻抗失配的问题，只有少数注入电子是自旋极化的（比如，4 个中只有 1 个）。因为 FM 和 SC 之间的阻抗失配大也意味着在界面处二者的费米波矢差异大，很难满足自旋多子、少子波矢在界面两侧的匹配条件。

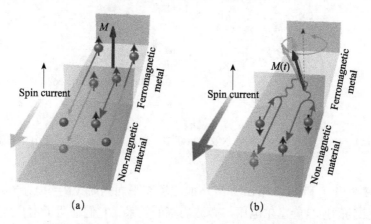

图 7-7　（a）普通的自旋注入示意图；（b）自旋泵浦效应示意图。插图取自文献 [31]

如图 7-7（b）所示的是自旋泵浦效应，它并不需要电子渡越界面。当铁磁层中的磁化矢量在面内施加的外磁场下做进动时，会激发一个自旋角

动量。通过界面附近的动态自旋交换作用 $H_{ex} = -J_{ex}S \cdot s$ 就可以将所激发的自旋角动量 S 传递给半导体一侧的电子 s。因此,如图 7-7(b)所示,两个向界面入射的自旋向下的电子经界面反射后变成两个自旋向上的电子。为了测量由自旋泵浦激发的沿 x 方向的自旋流,他们采用逆自旋 Hall 效应(ISHE),如图 7-8(a)所示,测量沿 y 轴的 Hall 电场。逆自旋 Hall 效应有 $E_{ISHE} \propto j_s \times \sigma$ 的关系[32],其中 σ 与 $Ni_{81}Fe_{19}$ 铁磁膜的磁化方面平行。这就是说沿 x 轴的自旋流可以在 y 方向建立起电场或电压。

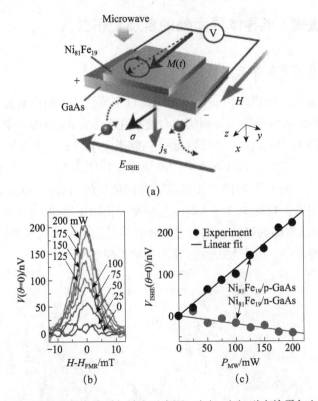

图 7-8 (a)自旋泵浦导致逆自旋霍尔效应示意图;(b)、(c)逆自旋霍尔电压与微波功率
关系

图 7-8(b)和(c)给出了当外加磁场在平面内时($\theta = 0$)在铁磁共振峰附近测到的逆自旋霍尔电压与微波功率的关系,它们证明了由自旋泵浦效应产生的沿 x 方向的自旋流和沿 y 方向的霍尔电压的存在。但是,这种利用自旋泵浦效应实现自旋流的方法虽然能在室温下工作,但需要沿平面外加磁场,使其无法有真正的器件及集成的应用价值。

2. 铁磁/半导体界面处的自旋及逆自旋霍尔效应（SHE、ISHE）

早在 1929 年 Mott [33] 提出了一种双散射实验，希望验证自旋是电子的本征特性，具体如图 7-9 所示。左侧的圆点表示是用一个重原子核做散射中心。当电子沿平面入射碰撞到它的时候，会发生近 90° 的大角度散射，使电子拐向右方。同时，电子也具有了沿平面法线方向的自旋极化。当它撞到右侧第二个散射中心时，自旋-轨道耦合的作用会使向右散射的粒子数 N_R 和向左散射的粒子数 N_L 不一样。这样，沿横向就建立起一定的霍尔电势差。

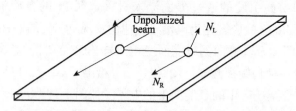

图 7-9　验证自旋是电子本征特性的双散射实验示意图

后来，Mott 双散射的实验是证明 [34] 相对论量子力学成立的重要支点。

如何在固体中实现 Mott 双散射实验一直是从事磁学研究的科学家追求的目标。直到 2004 年 Hankiewicz 等 [35] 提出了一种如图 7-10（a）的 H 型的微器件，其左半部是 SHE 部分。自上而下流入的无自旋极化电流（弯曲箭头表示产生自旋向下、向上的经典旋转方向）。由于 SHE 中自旋向下、向上电子沿样品周边做逆向运动，自旋向下电子被从 H 型微器件的右下方抽到左方；自旋向上电子被堆积在 H 型微器件的右上方。这样，在 H 型微器件的右半方可以测到 ISHE 效应引起的电势差。2010 年 Brüne 等 [36] 首次在由贵重金属（nobel metal，NM）/半导体制成的 H 型微器件中观察到了由 ISHE 效应引起的电势差。

图 7-10（b）是由 Hirsch[37] 提出的在固体中同时观察到 SHE/ISHE 的双散射实验，他省掉了用 SHE 产生自旋极化流的部分。由于 SHE 在贵重金属左半部上、下建立起非热平衡的自旋极化，相当于上、下的自旋向上、向下的化学势不再一样。当左、右部分用导线按图中方式互连起来后，自旋化学势会驱动出闭合的自旋流，可以用 ISHE 检测出来。但是，迄今，Hirsch 的方案并未被实验所证实。

采用 ISHE 效应已成为探测自旋流的标准方法，它也同样可以用来探测不是由 SHE 产生的由任何其他方法在贵重金属中产生的自旋流。

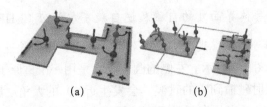

图 7-10　在固体中观测自旋霍尔效应及反自旋霍尔效应示意图

2010 年 Ando[38] 在 NM/SC 异质结构中用圆偏振光在 GaAs 中激发出自旋极化载流子和由此引发的通过界面流入贵重金属 Pt 的自旋流，在贵重金属 Pt 内再利用 ISHE 效应转化为电信号。他们发现所测到的 ISHE 信号随圆偏振激发光的椭圆度及其方向的改变而变化，与 ISHE 的现象完全符合。因此，NM/SC 结成为一种自旋探测器。图 7-11（a）给出了 GaAs 的能带结构和由圆偏振光 σ 激发带跃迁产生的自旋向上的电子。如图 7-11（b）所示是自旋沿 y 方向极化的电子沿 z 方向进入 Pt。如图 7-11（c）所示是在 Pt/GaAs 异质结构两端点上测到的电势差 $V_R - V_L$ 与 θ 的变化关系。其中，θ 是入射面在样品平面的投影与 x 轴之间的夹角；实心圆点是实验点，曲线是 $\sin\theta$ 的函数关系。

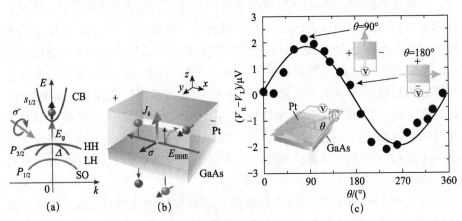

图 7-11　（a）GaAs 能带结构及圆偏振光激发自旋极化示意图；（b）自旋极化电子的流动；
（c）电势差与 θ 之间的关系

第二节　绝缘体 / 半导体界面

从各种半导体器件被发明和开发以来，绝缘层的使用是无法避免的。

为此，它也带来了一系列科学技术方面的难题。绝缘层中的电荷，绝缘层与半导体界面处的电荷、界面态和半导体表面层的性质及其可控度均会对半导体器件的性能产生重要影响。尽管和硅 MOS 器件发明之初相比，当前硅 CMOS 技术就 SiO_2/Si 界面性能及其可控度已达到近乎完美的程度，但对绝缘体/半导体界面性能控制的要求并没有尽头。当 CMOS 沟道区的尺度向小于 100 Å 逼近时，在器件有源区内的绝缘体/半导体界面结构在原子尺度上的变化和涨落就会造成 CMOS 器件性能发生很大的弥散性，使得超大规模 CMOS 芯片无法工作。这从 GaAs-MOS 器件的研制历程可见一斑。

一直以来，基于Ⅲ-V族半导体材料的 MOS 器件的研制，因为很难得到电学性能良好且又稳定的绝缘体/Ⅲ-V族半导体界面而进展缓慢。研究发现[39]，GaAs 表面即使只是化学吸附上少于 1% 单层的 O_2，费米能级就会被界面态钉扎住，使器件不能工作。尽管为解决这一问题尝试过各种方法，诸如去除自然氧化层[40]，在淀积栅介质层前先淀积只有一个分子层的钝化层等[41]，但是，这些方法均无法防止自然氧化层在绝缘体/Ⅲ-V族半导体界面出现。

2009年Kim等[42]采用原子层淀积（ALD）技术在（100）面的 $In_{0.53}Ga_{0.47}As$ 层上淀积 Al_2O_3 介质层，在淀积前先将衬底表面的自然氧化层去掉。通过 X 射线光电子谱（X-PES）和电子显微镜的观察发现。在 $In_{0.53}Ga_{0.47}As$（100）-4×2 表面原位淀积一层 As_2 保护层后再用 ALD 淀积 Al_2O_3 可以形成原子层突变的界面，而且费米能级不再被钉扎。对得到的 $PtAl_2O_3$ InGaAs 电容结构进行变温、变频的电容-电压和电导-电压特性的测量，表明费米能级没有被钉扎，可以在 InGaAs 整个禁带移动。而且，采用功函数不同的栅极金属均可以达到平带条件，表明界面处的偶极电场也很小。他们又对理想的 Al_2O_3/$In_{0.53}Ga_{0.47}As$（100）-4×2 界面进行 DFT 计算，无定形氧化层与In/富 Ga 的 $In_{0.5}Ga_{0.5}As$（100）-4×2 再构层键合在一起。计算结果表明，上述界面既没有发生互混，也没有出现 As—O 键。最终，界面附近只有 As—Al 键和偶极场与 As—Al 键相反的 In/Ga—O 键。InGaAs 界面原子的位移和形变都很小。DFT 的计算结果表明，通常会在禁带中形成界面态的三种情况：As—O 键的出现，界面混合和衬底晶格的破损并没有出现，与实验结果相符。

文献[42]工作的意义不仅限于上述所获得的具体结果，表明绝缘体/半导体界面性能的控制必须在原子尺度上进行才能保证 CMOS 器件在 Down-Scaling 的过程中保持优异的性能。这种从原子尺度层面上对异质界面的认识和调控还引发了许多新奇量子现象的发现。事实上，早年在（001）Ge 面上生长 GaAs 层时就开始关注界面处的键断裂可能引发的物理现象 [43, 44]。最近十多年以来，人们尝试通过原子尺度上的界面设计补偿掉悬浮键，可以将电荷从体内转移到两种氧化物的界面附近的几个原子层内，形成了准二维电子气。这种氧化物异质结成了新兴氧化物电子学的基础结构。由于复杂氧化物本身是一种具有多种新奇量子效应（铁电、磁性、超导和多铁等）的材料体系，将不同的氧化物组合成异质结还会呈现出单一氧化物所不具备的许多新现象。因此，由复杂氧化物组成的异质结受到科学家的高度关注。作为一个例子，在 LaAlO$_3$ 和 SrTiO$_3$ 界面 [45] 也出现高迁移率［4.2K 温度下为 $10^4 cm^2/$（V·S）］的准二维电子气，电子气的浓度要比 GaAs/AlGaAs 异质结中的二维电子气浓度高出几个数量级。这种出现在不同氧化物界面的二维电子气是由界面处晶格、轨道再构引起的电荷转移所造成的。下面用 MgZnO/ZnO 氧化物半导体异质结为例做进一步说明。

2010 年 Tsukazaki 等 [46] 报道了在 MgZnO/ZnO 异质结中观察到 $\nu = 4/3, 5/3, 8/3$ 的分数量子霍尔效应。位于 MgZnO/ZnO 界面二维电子气的低温迁移率高达 180 000 cm^2/（V·S）。在所用的异质结中的 MgZnO 层几乎没有应力，而 ZnO 层中有相当大的张应力。压电效应会驱使 ZnO 层中的电荷向界面转移，并且，通过控制层厚还可以调控界面处的二维电子气浓度和进入分数量子霍尔效应区所需的低浓度。很明显，这和通常调制掺杂 GaAs/AlGaAs 异质结形成二维电子气的机制是完全不同的。后者是通过与界面分离的 AlGaAs 层中 n 型 δ 掺杂层向导带提供电子，再转移落入 GaAs 一侧导带中的类三角势阱之中。

值得一提的是，还有一种特殊的绝缘体／半导体界面——铁磁绝缘体／半导体界面，它和铁磁金属／半导体界面有很大的不同。如图 7-12（b）所示，FM 金属／半导体界面的近邻效应表明，电子渗入铁磁金属一侧不仅会引起半导体一侧向下、向上的自旋能级发生劈裂，而且能级也会有所展宽；而在铁磁绝缘体／半导体界面处只会形成劈裂开的自旋向下和向上的孤立能级，如图 7-12（a）所示。

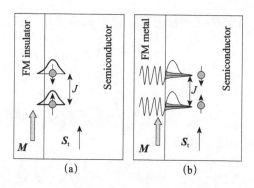

图 7-12 铁磁绝缘体／半导体与铁磁金属／半导体界面近邻效应示意图

因此，铁磁绝缘体／半导体界面不会使半导体一则的自由载流子发生自旋极化，但是，如果设法在金属／半导体之间引入一层薄磁性绝缘膜，如 Fe_3O_4，自旋交换作用使得它对自旋向上、向下的隧穿势垒高度不同，会造成自旋向上、向下电子通过它的隧穿概率不同。用这种自旋滤波效应可以获得高自旋极化流的注入[47]。

第三节 超导体／半导体界面

与一般超导体／非超导体界面一样，超导体／半导体界面会因超导近邻效应在半导体一侧诱导出弱超导电性，并无非常特别之处。但是，近年来因寻找马约拉纳（Majorana）费米子一事，超导体／半导体界面体系又重新受到许多物理学家的重视[48]。为此，首先需要了解什么是 Majorana 费米子。回顾量子理论的发展，20 世纪 20 年代末，薛定谔创建了非相对论的波动方程，两年之后狄拉克就提出了相对论的波动方程。1937 年，Ettore Majorana 采用了一种特殊表象来表达狄拉克方程。自从那以后，Majorana 费米子和它的提出人 Ettore Majorana 的身世一样成为未解之谜。因为在发表文章的第二年（1938 年），Ettore Majorana 乘船从巴勒莫到那不勒斯旅行，之后再也没有关于他的消息。

什么是 Majorana 费米子？最简单的表述就是，Majorana 费米粒子是自身的反粒子。采用二次量子化表象来表述，其含义是一目了然的。在上述表象中电子作为费米粒子可以用一组产生算符 $C_j^\dagger$ 和消灭算符 C_j 来表示。$C_j^\dagger$ 表示产生一个量子数为 j 的费米电子；C_j 则代表消灭一个量子数为 j 的费米电子的操作。量子数 j 可包括空间自由度、轨道和自旋量子数。它们满足如下正则反对易关系：

$$\begin{cases} \{C_i^\dagger, C_j^\dagger\} = \{C_i, C_j\} = 0 \\ \{C_i^\dagger, C_j\} = \delta_{ij} \end{cases} \tag{7-17}$$

在不失一般性的条件下，通过以下变换关系就可以将体系的 Hamiltonian 量变换到所谓的 Majorana 基[48]，即

$$C_j = \frac{1}{2}\left(\gamma_{j1} + \mathrm{i}\gamma_{j2}\right), \quad C_j^\dagger = \frac{1}{2}\left(\gamma_{j1} - \mathrm{i}\gamma_{j2}\right) \tag{7-18}$$

其中，$\gamma_{j\alpha}$ 满足下述新代数关系：

$$\{\gamma_{i\alpha}, \gamma_{j\beta}\} = 2\delta_{ij}\delta_{\alpha\beta}, \quad \gamma_{i\alpha}^\dagger = \gamma_{i\alpha} \tag{7-19}$$

关系式（7-19）告诉我们，用 $\gamma_{i\alpha}^\dagger$ 产生一个粒子等同于消灭它，或者说等同于产生原来粒子的反粒子，因为消灭一个原来粒子等同于产生一个它的反粒子。这就是 Majorana 费米子。

基本粒子中尚无已被证实的 Majorana 费米子，目前对中微子的本质尚未认识清楚。比如，为什么中微子质量会如此小？一种被学界接受的推测是，它可能就是天然的 Majorana 费米子，所以才有如此小的质量。

科学家又在准粒子中寻找 Majorana 费米子。超导体中其费米能级位于超导能隙的中央，被设为能量零点。由于超导体中的准粒子激发会产生电子-空穴对，这种激发把能量为 E 的产生算符 $\gamma^\dagger(E)$ 与能量为 $-E$ 的消灭算符 $\gamma(E)$ 关联起来。在能量为零的费米能级处满足 $\gamma^\dagger(0) = \gamma(0)$，称之为 Majorana 零阶模。它可能会被俘获在超导体的量子涡旋之中，或超导线的端点或线中缺陷处。这种 Majorana 束缚态是遵守非阿贝尔统计（non-Abelian statistics）的任意子，变换次序会改变体系的状态[49-52]。另外，分数量子霍尔效应也可成为 Majorana 费米子的发源地之一[53]。

但是，仔细考察式（7-18），式（7-18）将体系的 Hamiltonian 量变换到所谓的 Majorana 基以后，并没有带来实际的好处。因为用这样两个 Majorana 费米子纠缠起来组成一个电子来处理问题反而使问题变得更复杂了。后来，科学家发现只有在一种特殊体系，即拓扑超导体中，组成单个电子的两个 Majorana 费米子在空间上分开了，除了 Majorana 表象外，其他表象都无法准确考虑体系的自由度。如果对式（7-18）做逆变换即可得到

$$\gamma_{j1} = C_j^\dagger + C_j, \quad \gamma_{j2} = \mathrm{i}\left(C_j^\dagger - C_j\right) \tag{7-20}$$

　　上式就是 BCS 超导理论[54]中出现超导序的一种表示方式：电子与空穴的相干叠加。而且，由式（7-20）定义的算符只有作用在超导体基态时才有意义。按上述推理就会明白，要想观察到 Majorana 费米子，只能在一种特殊的拓扑超导体中进行试验。

　　2001 年 Kitaev[55] 提出一类特殊的一维晶格，无自旋的费米子在其中做跳跃运动，这就是所谓的一维 Kitaev 链。经严格求解可证明在这样的一维链中有 Majorana 费米子存在。起初，这只被当成一种玩具模型。因为在大多数实际中的一维链中电子的自旋会使所有能带均为双重简并的，使一维体系费米面上的交点总是偶数。后来，人们才意识到只要存在强自旋-轨道耦合（SOC）和 Zeeman 磁场，实际电子的行为就会像无自旋的费米子一样。为此，人们把注意力集中到像 InSb 或 InAs 这种具有强自旋-轨道耦合的常规半导体量子线体系上。它们很快成为研究 Majorana 零模的主要实验体系。下面具体介绍该体系的电子能态[48]。描述体系的 Hamiltonian 量为

$$H(q_z) = \frac{\hbar^2 q_z^2}{2m_{\text{eff}}} + \alpha \hat{n} \cdot (\sigma \times q) \qquad (7\text{-}21)$$

其中，m_{eff} 为电子有效质量；α 为描述 SOC 强度的系数；$\hat{n}$ 为其方向。当量子线是放置在一个衬底上，$\hat{n}$ 指向与衬底垂直的方向，这时 SOC 取 $\alpha \sigma^x q_z$，q_z 为沿一量子线轴向的波矢。所得的激发谱是由两个错开的抛物线组成的［图 7-13（a）］。

$$\varepsilon(q_z) = \frac{\hbar^2 q_z^2}{2m_{\text{eff}}} \pm \alpha q_z \qquad (7\text{-}22)$$

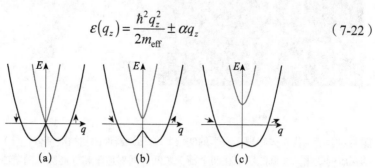

图 7-13　由式（7-22）描述的在不同 Zeeman 耦合强度（V_z/E_{S0}）下的单沟道半导体量子线的激发能谱。(a) $V_z/E_{S0}=0$；(b) $V_z/E_{S0}=0.4$；(c) $V_z/E_{S0}=1.2$。箭头表示费米点处的自旋方向。
插图取自文献 [48]

　　如图 7-13（a）所示，在没有 Zeeman 分裂时，SOC 只是将两个自旋方向不同的能带投影沿波矢 q 轴向相反方向分开。但是，在右半边的费米面上仍有偶数个狄拉克点。如果再外加与 x 轴垂直的磁场，在 $q_z=0$ 处将打开一个能

隙，如图 7-13（b）所示。如果磁场是沿量子线轴线 z 方向，

$$\varepsilon(q_z) = \frac{\hbar^2 q_z^2}{2m_{\text{eff}}} \pm \sqrt{\alpha^2 q_z^2 + V_z^2} \qquad (7\text{-}23)$$

当化学势调节进入 Zeeman 能隙，即 $|\mu| < V_z$，体系的能谱在 $q_z > 0$ 方向上只有单个狄拉克点。

剩下的工作是只需向 InSb 或 InAs 量子线引入超导电性。只要将量子线与超导体接触，通过 Cooper 对隧穿向量子线引入超导电性（Δ 为超导能隙）即可。当 $\sqrt{\mu^2 + \Delta^2} < V_z$ 时，体系就会进入拓扑超导相。

迄今，只在半导体量子线中探测到 Majorana 零阶模。2012 年 Mourik 等[56]首次在 InSb 单晶量子线上发现了有 Majorana 零阶模存在的证据（图 7-14）。他们将 InSb 单晶量子线放置在带有若干栅电极的衬底上，量子线本身一端用 Au做欧姆电极，另一端与超导电极紧密接触形成隧穿结。做在衬底上的栅极可用来调控量子线的电导，建立起一个弱连接。所测量的微分隧穿电导 $g(V) = \text{d}I/\text{d}V$ 近似与具有超导电性那一部分（即与超导体紧临的部分）的量子线态密度有关。上述结果几乎同时被几个实验组独立地观察到[57-60]。

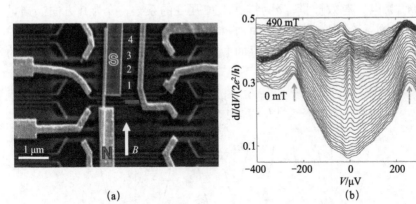

(a)　　　　　　　　　　　　(b)

图 7-14　荷兰代尔夫特理工大学的实验[56]。（a）器件的扫描电镜像；（b）隧穿电导 $g(V)$随偏压的变化。在低磁场下在两个箭头之间区间对应于超导能隙。随着磁场增加，位于零偏压处出现由 Majorana 费米子零模引起的电导峰

但是，在半导体量子线中观察到零偏压电导峰并不能唯一地确认就是Majorana 费米子存在的结果，例如，量子线中有缺陷或者能带有多重结构时也可能会出现零偏压电导峰。所以，有必要进一步验证 Majorana 费米子的其他属性，包括分数 Josephson 效应[55]、弹道输运区的电导量子化[61, 62]、各类非局域性[63-65]和非阿贝尔交换统计[66]。2012 年 Rokhinson 等[67]观察到了

分数 Josephson 效应。遗憾的仍是在由普通超导体构成的 Josephson 结在某些条件下也会看到分数 Josephson 效应，但是没有同时看到 Majorana 零阶模的存在[68]。鉴于上述原因，到目前为止，还不能肯定地说实验已确认 Majorana 费米子在上述一维量子线体系中存在。

上述介绍只限于凝聚态中的一个特定的体系——由一维量子线与超导体耦合在一起的体系。事实上，如果 Majorana 费米子是真实存在的，它将会对许多科学领域，从天体物理到粒子物理、固体物理产生不可估量的影响。这已超出了本书的范畴，在此不再赘述。

第四节　展　望

半导体/非半导体界面的早期研究主要集中在绝缘层中的电荷，绝缘层与半导体界面处的电荷、界面态以及半导体表面层的性质对半导体器件的性能所产生的影响和控制方法。近年来关于这方面的研究已完全超越了传统的研究范围，主要聚焦在半导体/非半导体（磁性材料、复杂金属氧化物和超导体等）界面附近的晶格和轨道再构、电荷转移产生的偶极场和界面处自旋极化所产生的新奇量子效应方面，如铁磁/半导体异质结界面处半导体一侧电子的自旋产生动态铁磁近邻极化现象；铁磁/半导体界面处所呈现的自旋及逆自旋霍尔效应。特别是 2010 年，首次在由贵重金属/半导体制成的 H 型微器件中观察到由 ISHE 效应引起的电势差，证实了 Mott 在 1929 年作为验证相对论量子力学提出的双散射实验。

氧化物异质结成了新兴氧化物电子学的基础结构。由于复杂氧化物本身是一种具有多种新奇量子效应（铁电、磁性、超导和多铁等）的材料体系，将不同的氧化物组合成异质结还会呈现出单一氧化物所不具备的许多新现象。例如，在 $LaAlO_3$ 和 $SrTiO_3$ 界面也出现高迁移率 [4.2K 温度下为 10^4 $cm^2/(V \cdot S)$] 的准二维电子气，电子气的浓度要比 GaAs/AlGaAs 异质结中的二维电子气浓度高出几个数量级。这种出现在不同氧化物界面的二维电子气是由界面处晶格、轨道再构引起的电荷转移所产生的。

尽管迄今基本粒子中尚无已被证实的 Majorana 费米子，科学家又开始在准粒子中寻找 Majorana 费米子。2012 年 Mourik 等首次在超导与 InSb 单晶量子线的组合结构中发现了有 Majorana 零阶模存在的初步证据。他们将 InSb 单晶量子线放置在带有若干栅电极的衬底上，量子线本身一端用 Au 做欧姆电极，另一端与超导电极紧密接触形成隧穿结。做在衬底上的栅极可用来调控量子线的电导，建立起一个弱连接。但是，Majorana 费米子的其他属性，包括分数 Josephson 效应，弹道输运区的电导量子化，各类非局域性和非 Abeilian 交换统计等仍有待证明。

2000 年诺贝尔奖得主 Herbert Kroemer 曾预言"界面即是器件"，这意味着各种异质界面所呈现的丰富新物理效应有朝一日会转化成性能特异的新器件。

郑厚植（中国科学院半导体研究所，中国科学院半导体超晶格国家重点实验室）

参 考 文 献

[1] 叶良修. 半导体物理学（第二版）. 北京：高等教育出版社，2007.

[2] Zuckermann M J. The proximity effect for weak itinerant ferromagnets. Solid State Communications, 1973, 12(7):745-747.

[3] Huang S Y, Fan X, Qu D, et al. Transport magnetic proximity effects in platinum. Physical Review Letters, 2012, 109(10):107204.

[4] Chakhalian J, Freeland J W, Srajer G, et al. Magnetism at the interface between ferromagnetic and superconducting oxides. Nature Physics, 2006, 2(4):244-248.

[5] Vobornik I , Manju U , Fujii J , et al. Magnetic proximity effect as a pathway to spintronic applications of topological insulators. Nano Letters, 2011, 11(10):4079-4082.

[6] Yang H X, Hallal A, Terrade D, et al. Proximity effects induced in graphene by magnetic insulators: first-principles calculations on spin filtering and exchange-splitting gaps. Physical Review Letters, 2013, 110(4):046603.

[7] Ciuti C, Mcguire J P, Sham L J. Spin polarization of semiconductor carriers by reflection off a ferromagnet. Physical Review Letters, 2002, 89(15):156601.

[8] Kawakami R K, Kato Y, Hanson M, et al. Ferromagnetic imprinting of nuclear spins in semiconductors. Science, 2001, 294(5540):131-134.

[9] Epstein R J, Malajovich I, Kawakami R K, et al. Spontaneous spin coherence in n-GaAs produced by ferromagnetic proximity polarization. Physical Review B Condensed Matter, 2002, 65(12):121202(R).

[10] Epstein R J, Stephens J, Hanson M, et al. Voltage control of nuclear spin in ferromagnetic Schottky diodes. Physical Review B, 2003, 68(4):041305(R).

[11] Stephens J, Berezovsky J, Mcguire J P, et al. Spin accumulation in forward-biased MnAs/ GaAs Schottky diodes. Physical Review Letters, 2004, 93(9):097602.

[12] Myers R C, Gossard A C, Awschalom D D. Electrically tunable spin polarization in Ⅲ-Ⅴ quantum wells with a ferromagnetic barrier.Phys.Rev.B, 2004, 69:161305(R).

[13] Zaitsev S V, Dorokhin M V, Brichkin A S, et al. Ferromagnetic effect of a Mn delta layer in the GaAs barrier on the spin polarization of carriers in an InGaAs/GaAs quantum well.Jetp Letters, 2010, 90(10):658-662.

[14] Korenev V L, Akimov L A, Zaitsev S V, et al. Dynamic spin polarization by Orientation dependent separation in a ferromagnet-semiconductor hybid. Nature Communications, 2012, 3: 959.

[15] Ciuti C, Mcguire J P, Sham L J. Spin polarization of semiconductor carriers by reflection off a ferromagnet. Physical Review Letters, 2002, 89(15):156601.

[16] Bauer G E, Brataas A, Tserkovnyak Y, et al. Dynamic ferromagnetic proximity effect in photoexcited semiconductors. Physical Review Letters, 2004, 92(12):126601.

[17] Brataas A, Nazarov Y V, Bauer G E W. Finite-element theory of transport in ferromagnet-normal metal systems. Physical Review Letters, 2000, 84(11):2481-2484.

[18] Crowell P A, Crooker S A. Spin Transport in Ferromagnet/ Ⅲ-Ⅴ Semiconductor Heterostructures// Handbook of Spin Transport and Magnetism.New York:Chapman and Hall/CRC, 2012.

[19] Pickett W E,Papaconstantopoulos D A. Electronic structure of the Fe/Ge(110) interface. Phys. Rev. B,1986,34:8372; Electronic structure and magnetic effects at the ideal (110) Fe/ Ge interface.J. Appl. Phys.,1987,61:3735.

[20] Continenza A, Massidda S, Freeman A J. Metal-semiconductor interfaces: Magnetic and electronic properties and Schottky barrier in Fe$_n$/ZnSe$_m$(001) superlattices. Physical Review B (Condensed Matter), 2016, 42(5):2904-2913.

[21] Van S M, Newman N. van Schilfgaarde and Newman reply. Physical Review Letters, 1990, 65:2728.

[22] Butler W H, Zhang X G, Wang X, et al. Electronic structure of FM semiconductor FM spin tunneling structures. Journal of Applied Physics, 1997, 81(8):5518-5520.

[23] Maclaren J M, Butler W H, Zhang X G. Spin-dependent tunneling in epitaxial systems: Band dependence of conductance. Journal of Applied Physics, 1998, 83(11):6521-6523.

[24] Maclaren J M, Zhang X G, Butler W H, et al. Layer KKR approach to Bloch-wave transmission and reflection: Application to spin-dependent tunneling. Physical Review B (Condensed Matter), 1999, 59(8):5470-5478.

[25] Cabria I, Perlov A Y, Ebert H. Magnetization profile and magneto crystalline anisotropy of ferromagnet-semiconductor heterostructure systems. Physical Review B, 2001, 63:104424.

[26] Sacharow L, Morgenstern M, Bihlmayer G, et al. High spin polarization at the interface

between a Fe monolayer and InAs(110). Physical Review B, 2004, 69:085317.

[27] Herper H, Entel P. Interface structure and magnetism of Fe₃Si/GaAs(110) multilayers: An ab-initio study. Philosophical Magazine, 2008, 88(18-20):2699-2707.

[28] Mavropoulos P.Spin injection from Fe into Si(001): Ab initio calculations and role of the Si complex band structure.Phy.Rev. B,2008,78 : 054446.

[29] Fleet L R, Yoshida K, Kobayashi H, et al. Correlating the interface structure to spin injection in abrupt Fe/GaAs(001) films. Phys. Rev. B, 2003, 87 :024401.

[30] Velev J P, Dowben P A, Tsymbal E Y, et al. Interface effects in spin-polarized metal/insulator layered structures. Surface Science Reports, 2008, 63(9):400-425.

[31] Ando K, Takahashi S, Ieda J, et al. Electrically tunable spin injector free from the impedance mismatch problem. Nature Materials, 2011, 10(9):655-659.

[32] Saitoh E, Ueda M, Miyajima H, et al. Conversion of spin current into charge current at room temperature: Inverse spin-Hall effect. Applied Physics Letters, 2006, 88:182509.

[33] Mott N F. The scattering of fast electrons by atomic nuclei.Proceedings of the Royal Society A, 1929, 124:425.

[34] Shull C G, Chase C T, Myers A F E. Electron Polarization. Physical Review, 1942, 63(1-2):29-37.

[35] Hankiewicz E M, Molenkamp L W, Jungwirth T, et al. Manifestation of the spin Hall effect through charge-transport in the mesoscopic regime. Physical Review B, 2004, 70(24):241301.

[36] Brüne C, Roth A, Novik E G, et al. Evidence for the ballistic intrinsic spin Hall effect in HgTe nanostructures. Nature Physics, 2010, 6(6):448-454.

[37] Hirsch J E. Spin Hall effect. Physical Review Letters, 2012, 83(9):1834-1837.

[38] Ando K, Morikawa M, Trypiniotis T, et al. Photoinduced inverse spin-Hall effect: Conversion of light-polarization information into electric voltage. Applied Physics Letters, 2010, 96:082502.

[39] Spicer W E, Chye P W, Garner C M, et al. The surface electronic structure of 3-5 compounds and the mechanism of Fermi level pinning by oxygen (passivation) and metals (Schottky barriers) . Surface Science, 1979, 86(79):763-788.

[40] Xuan Y, Lin H C, Ye P D. Simplified surface preparation for GaAs passivation using atomic layer-deposited high-κ dielectrics[J]. IEEE Transactions on Electron Devices, 2007, 54(8):1811-1817;Goel N, Majhi P, Chui C O, et al. InGaAs metal-oxide-semiconductor capacitors with HfO₂ gate dielectric grown by atomic-layer deposition.Applied Physics Letters, 2006, 89:163517; Cheng C, Fitzgerald E A.In situ metal-organic chemical vapor deposition atomic-layer deposition of aluminum oxide on GaAs using trimethylaluminum

and isopropanol precursors. Appl. Phys. Lett.,2008,93:031902; Hinkle C L, Sonnet A M, Vogel E M, et al.GaAs interfacial self-cleaning by atomic layer deposition.Applied Physics Letters, 2008, 92: 071901; Choi D, Harris J S, Warusawithana M, et al. Annealing condition optimization and electrical characterization of amorphous $LaAlO_3$/GaAs metal-oxide-semiconductor capacitors. Applied Physics Letters, 2007, 90:243505.

[41] Hale M J, Yi S I, Sexton J Z, et al. Scanning tunneling microscopy and spectroscopy of gallium oxide deposition and oxidation on GaAs(001)-c(2 × 8)/(2 × 4). Journal of Chemical Physics, 2003, 119(13):6719-6728.

[42] Kim E J, Chagarov E, Cagnon J, et al. Atomically abrupt and unpinned Al_2O_3 / $In_{0.53}Ga_{0.47}$ As interfaces: Experiment and simulation. Journal of Applied Physics, 2009, 106:124508.

[43] Baraff G A, Appelbaum J A, Hamann D R. Self-consistent calculation of the electronic structure at an abrupt GaAs-Ge interface. Physical Review Letters, 1977, 38（5）:237-240.

[44] Harrison W A,Kraut E A,Waldrop J R,et al. Grant, Polar heterojunction interfaces. Phys. Rev.B,1978, 18:4402 .

[45] Ohtomo A,Hwang H Y.A high-mobility electron gas at the $LaAlO_3$/$SrTiO_3$ heterointerface. Nature, 2004,427: 423.

[46] Tsukazaki A, Akasaka S, Nakahara K, et al. Observation of the fractional quantum Hall effect in an oxide. Nature Materials, 2010, 9(11):889-893.

[47] Wada E, Shirahata Y, Naito T, et al. Spin polarized electron transmission into GaAs quantum well across Fe_3O_4: Optical spin orientation analysis. Applied Physics Letters, 2010, 97:172509.

[48] Elliott S R, Franz M.Colloquium:Majorana fermions in nuclear, particle, and solid-state physics. Rev. Mod. Phys., 2015, 87, 137. arXiv:1403.4976v1.

[49] Nayak C, Simon S H,Stern A, et al. Non-Abelian anyons and topological quantum computation. Rev. Mod. Phys.,2008, 80:1083.

[50] Kopnin N B, Salomaa M M. Mutual friction in superfluid 3He: Effects of bound states in the vortex core. Phys.Rev.B, 1991, 44(17):9667-9677.

[51] Volovik G E. Fermion zero modes on vortices in chiral superconductors. Journal of Experimental & Theoretical Physics Letters, 1999, 70（9）:609-614.

[52] Read N, Green D. Paired states of fermions in two dimensions with breaking of parity and time-reversal symmetries and the fractional quantum Hall effect .Phys. Rev.B, 2000, 61: 10267.

[53] Moore G,Read N. Nonabelions in the fractional quantum hall effect. Nuclear Phys. B,1991, 360: 362.

[54] Bardeen J, Cooper L N, Schrieffer J R. Microscopic theory of superconductivity. Phys.

Rev.,1957,108:1175.

[55] Kitaev A. Unpaired Majorana fermions in quantum wires.Physics-Uspekhi, 2001, 44: 131.

[56] Mourik V, Zuo K, Frolov S M, et al. Signatures of Majorana fermions in hybrid superconductor-semiconductor nanowire devices.Science,2012, 336(6084):1003-1007.

[57] Churchill H O H,Fatemi V, Grove-Rasmussen K, et al. Superconductor-nanowire devices from tunneling to the multichannel regime: Zero-bias oscillations and magnetoconductance crossover.Phys. Rev. B, 2013, 87:241401（R）.

[58] Das A, Ronen Y, Most Y, et al. Zero-bias peaks and splitting in an Al-InAs nanowire topological superconductor as a signature of Majorana fermions. Nature Physics, 2012, 8(12):887-895.

[59] Deng M T,Yu C L,Huang G Y, et al. Anomalous zero-bias conductance peak in a Nb-InSb nanowire-Nb hybrid device.Nano Letters, 2012,12: 6414.

[60] Finck A D K, van Harlingen D J,Mohseni P K. Anomalous modulation of a zero-bias peak in a hybrid nanowire-superconductor device. Physical Review Letters, 2013, 110(12):126406.

[61] Law K T, Lee P A, Ng T K. Majorana fermion induced resonant Andreev reflection. Physical Review Letters, 2009, 103(23):237001.

[62] Wimmer M, Akhmerov A, Dahlhaus J, et al. Quantum point contact as a probe of a topological superconductor. New Journal of Physics, 2011,13(5): 053016.

[63] Burnell F J, Shnirman A, Oreg Y. Measuring fermion parity correlations and relaxation rates in 1D topological superconducting wires. Physical Review B, 2013, 88(22): 224507.

[64] Fu L.Electron teleportation via Majorana bound states in a mesoscopic superconductor. Physical Review Letters, 2010, 104（5）:056402.

[65] Nilsson J, Akhmerov A R, Beenakker A C W J. Splitting of a Cooper pair by a pair of Majorana bound states.Physical Review Letters, 2008, 101(12):120403.

[66] Alicea J, Oreg Y, Refael G, et al. Non-Abelian statistics and topological quantum information processing in 1D wire networks. Nature Physics, 2010, 7（5）:412-417.

[67] Rokhinson L P,Liu X,Furdyna J K.The fractional a.c. Josephson effect in a semiconductor–superconductor nanowire as a signature of Majorana particles, Nature Physics,2012,8:795.

[68] Sau J D, Berg E, Halperin B I. On the possibility of the fractional ac Josephson effect in non-topological conventional superconductor-normal-superconductor junctionsarXiv:1206.4596,2012.

第八章
半导体中的输运及其动力学过程

半导体中载流子输运是一切半导体器件的物理基础，它决定了在电场、磁场和温度场作用下电荷、自旋、热量和能量的输运问题。随着半导体科学技术的发展，它所涉及的物理内涵越来越深刻和宽广，其中不少内容在最近出版的半导体物理学教材中已有简要介绍[1]。涉及整数、分数、自旋和反常量子霍尔效应的进展将在第九章进行介绍，在这里只就某些比较重要的新进展做一介绍。

第一节　自旋输运及其动力学过程

与利用巨磁阻（GMR）效应和隧穿磁阻（TMR）效应的磁电子器件相比，半导体自旋电子器件在应用中提供了更多的便利，因为它既可以通过调控有源区的电势变化，又可以通过调控自旋极化度来实现器件功能。

但是，半导体中的自旋输运与电荷输运有很大的不同，在电荷输运中数量相等的自旋向上和自旋向下的电子沿同一方向运动。总的电荷流为 $I = I_\uparrow + I_\downarrow$，没有自旋极化，即 $I_S = I_\uparrow - I_\downarrow = 0$，如图 8-1（a）所示。与纯电荷流相反，纯自旋流只是纯自旋角动量的流动，而不携带任何电荷输运，如图 8-1（c）所示。

迄今，只有自旋霍尔效应能产生纯自旋流。在大多数情况下，半导体中所产生的是如图 8-1（b）所示的自旋极化流：自旋向上和自旋向下的电子沿相同方向运动，只不过二者的数量不相同而已。很明显，在这种情况下电荷流始终是相伴自旋流而行的。下面要讨论的主要是 8-1（b）所示的自旋输运性质。

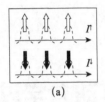 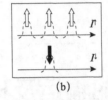 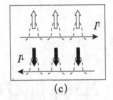

（a）　　　　　　　　（b）　　　　　　　　（c）

图 8-1　自旋输运和电荷输运示意图。（a）所示过程中存在电荷输运而自旋输运为零；（b）所示过程中同时存在电荷输运和自旋输运；（c）所示过程中只有自旋输运而没有电荷输运

要真正实现半导体自旋器件，面临着一系列的挑战，例如，它要面对周围环境引入的各种不希望的效应和能在室温下工作的挑战。半导体自旋器件会因此而失去非热平衡的自旋极化。要想得到答案，首先要能真实地模拟半导体自旋器件中的自旋输运过程。迄今，已经有许多在各种不同假设条件下研究半导体中自旋极化输运的工作。例如，在电子动量散射远快于自旋弛豫速率的情况下（碰撞主导区）Ⅲ-V族半导体异质结中非简并二维电子气的自旋极化输运[2]。一般而言，这适用于自旋-轨道耦合较弱的、温度较高的情况。例如，温度在 100 K 左右的 GaAs/AlGaAs 异质结中，当极化光子声子散射占主导时，或者在温度稍低一些并外加有中等、强电场时，动量散射在 10^{12} s^{-1} 左右时也会出现上述情况[3]。另外，在没有外加磁场的情况下，Ⅲ-V族半导体中的自旋演化主要是由自旋-轨道作用引起的[2, 4]，可以用自旋进动频率 Ω 来表征。对 Ga/AlGaAs 异质结测量结果显示 Ω 为 $10^{10} \sim 10^{11}$ s^{-1}[5, 6]，这表明当电子回旋一周时电子已受到许多次碰撞。所以，上述条件还是会真实发生的。

问题的另一方面是，要想实现 Datta-Das 自旋场效应晶体管（spin-FET）的概念器件，自旋流经沟道部分时应当感受到足够强的自旋-轨道耦合作用，才能有效地用栅电场来调控自旋方向，实现 FET 功能。但是，很明显，强的自旋-轨道耦合作用会通过 Dyakonov-Perel[2] 自旋弛豫机制加快自旋的退相干，又使自旋场效应晶体管失效[2, 4, 7]。为了回避这类自相矛盾的状况，出现了在弹道输运区实现 spin-FET 的方案[8-10]。Schliemann 等[11] 巧妙地利用 Rashba[12] Dresselhaus[13] 自旋-轨道耦合作用的对称性，在某些特殊情况下也可以避免上述矛盾的出现。即使在扩散输运区，后来发现[14, 15] 也同样可以设计出 spin-FET。从以上的介绍可以看到，对自旋场效应晶体管中自旋输运的正确理解是十分重要的。

迄今，处理自旋输运的理论方法已有许多种，下面将遵循历史的演变进行介绍。

一、经典的自旋极化漂移-扩散方程

如果假定半导体中电荷密度是均匀的，且电子输运不受自旋极化的影响，电子气的总自旋用 S 表示。在均匀电场 E 和磁场 B 作用下半导体中自旋矩的输运性质可用如下唯象连续性方程来描述：

$$\frac{\partial S}{\partial t} = D\nabla^2 S - e\mu E \cdot \nabla S + g\mu_B B \times S - \frac{S}{\tau_s}$$

其中，μ，D 和 $1/\tau_s$ 分别为电荷迁移率、扩散系数和自旋弛豫速率；$g\mu_B B \times S$ 为自旋绕外加磁场的 Larmor 进动项。显然，如此简单的动力学连续性方程是无法描述真实电子自旋的漂移－扩散运动的。

目前应用最普遍的处理自旋极化输运的方法是基于两个自旋态模型的唯象漂移-扩散方程，它是一种起源于处理铁磁金属中自旋极化输运的方法[16, 17]。2002 年，Yu 和 Flatte 在研究铁磁金属 / 半导体结构中注入自旋的输运时，将上述方法引入半导体的自旋极化输运中[18]，发现当外加电场足够大时，自旋极化能输运到比本征的自旋扩散长度还远的地方，比由铁磁向半导体注入自旋极化度要高好几个数量级。

对于金属而言，由于其内部任何电场均会被电子气屏蔽掉，只需用两自旋分量的扩散方程来描述：

$$\nabla^2 (\mu_\uparrow - \mu_\downarrow) - (\mu_\uparrow - \mu_\downarrow) / L^2 = 0 \tag{8-1}$$

其中，$\mu_{\uparrow(\downarrow)}$ 是自旋向上（向下）电子的电化学势。

由于用于制作半导体自旋电子器件的半导体常常是弱掺杂的非简并半导体，实验发现电场对其中的自旋输运有很大影响，需要考虑电场的贡献。

在非稳态下的连续方程为

$$\frac{\partial n_\uparrow}{\partial t} = -\frac{n_\uparrow}{\tau_{\uparrow\downarrow}} + \frac{n_\downarrow}{\tau_{\downarrow\uparrow}} + \frac{1}{e}\nabla \cdot j_\uparrow \tag{8-2}$$

$$\frac{\partial n_\downarrow}{\partial t} = -\frac{n_\downarrow}{\tau_{\downarrow\uparrow}} + \frac{n_\uparrow}{\tau_{\uparrow\downarrow}} + \frac{1}{e}\nabla \cdot j_\downarrow \tag{8-3}$$

$$j_\uparrow = \sigma_\uparrow E + eD_\uparrow \nabla n_\uparrow \tag{8-4}$$

$$j_\downarrow = \sigma_\downarrow E + e D_\downarrow \nabla n_\downarrow \qquad (8\text{-}5)$$

其中，$\sigma_{\uparrow(\downarrow)} = n_{\uparrow(\downarrow)} e v_e$ 是自旋向上（向下）的电导。

在稳态下，每个自旋方向上的连续性方程则为

$$\nabla \cdot j_\uparrow = \nabla \sigma_\uparrow \cdot E + \sigma_\uparrow \nabla \cdot E + e D \nabla^2 n_\uparrow = e\left(\frac{n_\uparrow}{\tau_{\uparrow\downarrow}} - \frac{n_\downarrow}{\tau_{\downarrow\uparrow}} \right) \qquad (8\text{-}6)$$

$$\nabla \cdot j_\downarrow = \nabla \sigma_\downarrow \cdot E + \sigma_\downarrow \nabla \cdot E + e D \nabla^2 n_\downarrow = e\left(\frac{n_\downarrow}{\tau_{\downarrow\uparrow}} - \frac{n_\uparrow}{\tau_{\uparrow\downarrow}} \right) \qquad (8\text{-}7)$$

其中，$1/\tau_{\uparrow\downarrow}$（$1/\tau_{\downarrow\uparrow}$）是自旋向上（向下）电子被散射到自旋向下（向上）的概率；$\nabla \cdot E = -e\Delta n / \varepsilon$；$\Delta n$ 是电子浓度在空间的变化。对非简并半导体，$\tau_{\uparrow\downarrow}^{-1} = \tau_{\downarrow\uparrow}^{-1} \equiv \tau^{-1}/2$。这里假定了 v_e 和 τ 不随电场而变。在简并半导体中 $\Delta n_\uparrow + \Delta n_\downarrow = 0$，$\Delta n_{\uparrow(\downarrow)} = n_{\uparrow(\downarrow)} - n_0/2$。$n_0$ 是热平衡时的总电子浓度。

最后，自旋极化的漂移–扩散方程变成

$$\nabla^2 \left(n_\uparrow - n_\downarrow\right) + \frac{v}{eD} eE \cdot \nabla \left(n_\uparrow - n_\downarrow\right) - \frac{n_\uparrow - n_\downarrow}{L^2} = 0 \qquad (8\text{-}8)$$

其中，v 是自旋极化的有效迁移率，D 是自旋极化的有效扩散系数：

$$v = \frac{\sigma_\uparrow v_\downarrow + \sigma_\downarrow v_\uparrow}{\sigma_\uparrow + \sigma_\downarrow} \qquad (8\text{-}9a)$$

$$D = \frac{\sigma_\uparrow D_\downarrow + \sigma_\downarrow D_\uparrow}{\sigma_\uparrow + \sigma_\downarrow} \qquad (8\text{-}9b)$$

$$L = \sqrt{D\tau_s} \qquad (8\text{-}9c)$$

是本征自旋扩散长度。其中，$\tau_s^{-1} = \tau_{\uparrow\downarrow}^{-1} + \tau_{\downarrow\uparrow}^{-1}$ 是自旋散射速率。

二、半导体自旋输运中的量子效应和处理方法

上文介绍的自旋极化的漂移–扩散方程只适合于描述刚从铁磁金属向半导体注入的自旋极化电流，它完全没有考虑在自旋场效应晶体管（spin-FET）中自旋极化电流从源电极向漏电极输运过程中必然遇到的各种量子效应［自旋–轨道耦合作用、各种自旋动力学过程（如自旋、轨道角动量弛豫等）和自旋相位记忆等］，以及它们对自旋输运的影响。

作为第一步，有必要从微观理论层面上认识在有自旋–轨道耦合作用下的二维电子气（2DEG）的输运性质。自旋–轨道耦合作用的一般形式为[19]

$$H_{so} = \alpha\left(\hat{\sigma}_x p_y - \hat{\sigma}_y p_x\right) + \beta\left(\hat{\sigma}_x p_x - \hat{\sigma}_y p_y\right); \quad \alpha_{ik} = \begin{pmatrix} \beta & \alpha \\ -\alpha & -\beta \end{pmatrix}$$

其中，第一项是当 2DEG 被束缚沿 (001) 方向的量子阱中所感受到的 Rashba 项；第二项为当晶体没有反演对称性时出现的 Dresselhaus 项。在忽略 Dresselhaus 项的情况下，自由粒子的 Hamiltonian 量可写成如下简约形式：

$$H = \left[\frac{p^2}{2m} - \mu\right]\hat{\sigma}_0 + \alpha_{ik}\hat{\sigma}_i p_k \tag{8-10}$$

其中，$\hat{\sigma}_0, \hat{\sigma}_x, \hat{\sigma}_y, \hat{\sigma}_z$ 是一组泡利矩阵。

Inoue 等[19] 和 Mishchenko 等[20] 均采用自旋分辨的推迟 Green 函数方法计算了密度矩阵和它所满足的 Boltzmann 型输运方程，给出了在有 Rashba 自旋-轨道耦合作用下的电导张量表达式。他们发现在自旋-轨道耦合作用下虽然 2DEG 中会出现自旋积累，但是电流不会出现自旋极化。Schliemann 等[21] 严格求解在有自旋-轨道耦合作用和固定杂质存在的情况下的二维 Boltzmann 方程，所得到的 σ_{xx}，σ_{xy} 会因 Rashba 和 Dresselhaus 项的相对强度变化而出现各向异性。

Qi 等[22] 采用旋量形式的半经典 Boltzmann 方程研究了在电场和磁场作用下的自旋输运性质。

$$\frac{\partial \hat{F}}{\partial t} + v \cdot \nabla_r \hat{F} + \frac{e}{m^*}(E + v \times H_e) \cdot \nabla_v F - \frac{i}{\hbar}\left[\hat{H}, F\right] = -\left(\frac{\partial \hat{F}}{\partial t}\right)_{colli} \tag{8-11}$$

其中，$\hat{F}$ 是以位置 r、动量 p 和时间 t 为变量的分布函数；H_e 为有效磁场（包括外加磁场、核自旋有效磁场等）；式（8-11）左边第 1、第 2、第 3 项为经典项，第 4 项为考虑量子效应的项，$\hat{H}$ 为与自旋有关的 Hamiltonian 量，$\hat{H} = -\mu_B \sigma \cdot H_e$；右边为碰撞项。式（8-11）只适合于以波包形式运动的电子。$-\frac{i}{\hbar}\left[\hat{H}, \hat{F}\right]$ 是由自旋量子效应引起的分布函数 $\hat{F}(r, p, t)$ 演化的贡献。

Burkov 等[23] 采用密度矩阵响应函数的方法，在低频、长波极限条件下推导了在 Rashba 自旋-轨道耦合作用下的 2DEG 自旋-电荷耦合扩散输运方程的微观形式，具体参看文献 [23] 中的式 (18)，其中密度算符定义为 $\hat{\rho}_{\sigma_1\sigma_2}(r, t) = \Psi^\dagger_{\sigma_2}(r, t)\Psi_{\sigma_1}(r, t)$。

推迟密度响应函数定义为

$$\chi_{\sigma_1\sigma_2\sigma_3\sigma_4}(r - r', t - t') = -i\theta(t - t') \times \left\langle\left[\hat{\rho}^\dagger_{\sigma_1\sigma_2}(r, t), \hat{\rho}_{\sigma_3\sigma_4}(r', t')\right]\right\rangle$$

由于同时考虑了自旋积累、扩散、Dyakonov-Perel 自旋弛豫和磁电、自旋阀等效应，他们的方法是对一般的两自旋分量扩散方程的重要发展。几乎是同一时间，Mishchenko 等 [24] 采用 Keldysh 方法 [25] 来描述在 Rashba 自旋轨道耦合作用下的 2DEG 非热平衡动力学过程，同样也得到类似的自旋-电荷耦合扩散方程的微观形式。

为了处理带有外部电流、电压电极的尺寸有限的器件中的自旋／电荷输运，还采用了非热平衡 Green 函数方法（NEGF）[26-28]，它既可以处理相位相干的输运，也可以处理半经典的输运。感兴趣的读者可参考文献 [29]。

上述介绍的处理半导体中自旋输运的微观理论虽然能更准确地描述如自旋-轨道耦合等量子效应给自旋输运带来的影响，但是，为了提供类似经典漂移-扩散方程的简明方程，Saikin[30] 采用 Wigner 函数表象 [31] 推导出在自旋-轨道耦合作用下的自旋极化漂移-扩散方程。他考虑了被垂直半导体表面的有效势 (量子阱) 束缚的电子气在自旋-轨道耦合作用下沿平面的运动。体系的有效 Hamiltonian 量为

$$H = \frac{p^2}{2m^*} + V(r) + H_{so}, \quad H_{so} = pA\sigma / \hbar \qquad (8\text{-}12)$$

其中，p，r 分别是二维平面内的动量算符和坐标；σ 是一个三维矢量；$V(r)$ 是电子在量子阱平面内受到的电势能。自旋 - 轨道作用项 H_{so}，只考虑电子动量的线性项。矩阵元 $A_{j\alpha}$ 代表动量的第 j 分量与自旋的第 α 分量的耦合常数。然后，采用密度矩阵算符 $\rho(r, r', s, s', t)$，它涉及两个坐标变量和两个自旋变量。进一步做如下的空间坐标变换：

$$R = (r + r') / 2, \quad \Delta r = r - r' \qquad (8\text{-}13)$$

这样密度矩阵所满足的方程则为

$$i\hbar \frac{\partial \rho}{\partial t} = -\frac{\hbar^2}{m^*} \sum_j \frac{\partial^2 \rho}{\partial R_j \partial \Delta r_j} + \left[V(R + \Delta r / 2) - V(R - \Delta r / 2) \right] \rho$$
$$+ \frac{i}{2} \sum_{j,\alpha} A_{j\alpha} \left\{ \sigma_\alpha, \frac{\partial \rho}{\partial R_j} \right\} + i \sum_{j,\alpha} A_{j\alpha} \left[\sigma_\alpha, \frac{\partial \rho}{\partial \Delta r_j} \right] \qquad (8\text{-}14)$$

式（8-14）的最后两项反映了自旋-轨道耦合作用，其中 [σ, …] 和 {σ, …} 分别代表和泡利自旋矩阵的对易和反对易关系。

然后，将密度矩阵算符 $\rho(R, \Delta r, s, s', t)$ 变换成 Wigner 函数

$$W_{ss'}(R, k, t) = \int \rho(R, \Delta r, s, s', t) \, e^{-ik\Delta r} d^2 (\Delta r) \qquad (8\text{-}15)$$

最后，Saikin 求出了粒子数和自旋守恒方程：

$$\frac{\partial n_n}{\partial t} + \frac{\partial J_n^j}{\partial x_j} = 0, \quad \frac{\partial n_\sigma}{\partial t} + \frac{\partial J_\sigma^j}{\partial x_j} - \frac{2m^*}{\hbar}\left[v_\sigma^j \times J_\sigma^j\right] = 0 \qquad (8\text{-}16)$$

其中，n_n，J_n^j 分别为粒子数和粒子流的第 j 个空间分量；n_σ，v_σ^j，J_σ^j 分别为自旋方向为 σ 的粒子数、速度和自旋流的第 j 个空间分量。其中粒子流和自旋流为

$$\begin{cases} J_n^j = -\dfrac{\tau}{m^*}\left(kT\dfrac{\partial n_n}{\partial x_j} + \dfrac{\partial V}{\partial x_j}n_n\right) \\[3mm] J_\sigma^j = -\dfrac{\tau}{m^*}\left(kT\dfrac{\partial n_\sigma}{\partial x_j} + \dfrac{\partial V}{\partial x_j}n_\sigma - \dfrac{2m^*kT}{h}\left[v_\sigma^j \times n_\sigma\right]\right) \end{cases} \qquad (8\text{-}17)$$

上式中与 $\left[v_\sigma^j \times n_\sigma\right]$ 成正比的项反映了由 Dyakonov-Perel 自旋弛豫的作用。很明显，式（8-16）和式（8-17）是考虑了自旋-轨道作用等量子效应后的连续性方程。

自旋-轨道耦合作用不仅是构建 spin-FET 所采用的关键物理机制，也是近年来所发现的许多新奇自旋量子效应的最重要的物理起源。例如，自旋-轨道耦合作用可以将普通的电子流转换成自旋流（自旋 Hall 效应）[32-36]；可以用电子流产生非热平衡的自旋极化（Edelstein 效应）[37-44]；可以发生由自旋流[45, 46]或自旋极化流[47, 48]转换成电流的逆效应，即所谓的自旋阀效应[48-50]。上述效应都能成功地用来产生自旋流[51]，激发和探测自旋流[52, 53]，用自旋转移力矩来反转自旋极化等[54, 55]。要想描述上述所列举的与自旋相关的量子效应，理论工作所面对的挑战就是要提供一个统一的处理方法。它既要考虑由能带结构本身带来的本征自旋-轨道耦合作用、自旋弛豫动力学与杂质的自旋-轨道耦合作用以及和外电场有关的自旋-轨道耦合作用等，同时又要能描述自旋、电荷密度和与它们有关的电流的能广泛而又便于应用的公式。这是一项很艰巨的工作。

一般而言，都是从体系的密度算符 $\hat{\rho}_{\sigma_1\sigma_2}(r,t) = \Psi_{\sigma_2}^+(r,t)\Psi_{\sigma_1}(r,t)$ 所满足的 von Neumann 方程出发，其简约形式为

$$i\hbar\partial_t\rho(t) = \left[H, \rho(t)\right] \qquad (8\text{-}18)$$

$$i\hbar\partial_t\rho(t) = \left[H, \rho(t)\right] + i\hbar Q(\rho(t)) \qquad (8\text{-}19)$$

$$Q(\rho(t)) = \frac{1}{\tau_p}\left[\rho_{eq}(t) - \rho(t)\right] \qquad (8\text{-}20)$$

式（8-18）是不考虑碰撞弛豫的情况下决定量子体系随时间演化的动态方程。原则上，Hamiltonian 算符 H 可以包含所有需要考虑的量子效应。式（8-19）是在弛豫时间近似下的量子体系随时间演化的动态方程，其中，BGK 碰撞算符 Q 假定保持电子自旋和密度守恒。

在更一般的情况下，有关自旋 / 电荷耦合的量子输运的理论工作可以参看文献 [56]～[60]。特别是文献 [61] 第七章，Weng 和 Wu 从自旋动力学Bloch 方程出发首次完成了研究半导体中自旋输运的全微观理论，预言了许多以前未知的效应。

三、半导体中的自旋动力学过程

正如 Wu 等在文献 [61] 的序言中所述的那样，自从 Lampel[62] 和 Parsons[63]的先驱工作之后，从 20 世纪 70 年代到 80 年代初圣彼得堡的 Ioffe 研究所和巴黎的 Ecole Polytechnique 研究所开展了大量的实验和理论研究工作，深化了对半导体中（包括自旋弛豫、退相干）动力学过程的认识，可参看《光学取向》[64]。从 20 世纪 90 年代开始，由于时间分辨的光学泵浦-探测技术在调控和监测自旋相干演化过程方面取得了巨大成功，人们开始了对半导体中自旋行为的新一轮实验和理论的深入研究，发现了自旋霍尔效应 [32-36]、自旋库仑拖曳效应 [65] 等新现象。这些新的实验发现涉及自旋在时间、空间域中的弛豫和退相干过程；不同外场（电场、磁场、应力和温度场），不同掺杂浓度，不同材料体系和不同维度结构对自旋动力学过程的影响等。这些均已超出了已有理论可解释的范围，这就要求建立新的能处理多体和非热平衡态的微观理论。Wu 等 [61] 发展了一种全微观的能处理多体自旋动力学的 Bloch 方程。与以往不同的是，他们突破了惯用的弛豫时间近似，在方程中显含了各种散射机构，特别是载流子间的库仑散射，使得方程能处理远离热平衡条件下的自旋动力学过程。

决定半导体中自旋动力学过程的是各种自旋相互作用，除了塞曼作用外，还有各类自旋-轨道耦合作用，和磁性杂质的 s（p）-d 交换作用，和核自旋的超精细作用，自旋-声子相互作用，电子-空穴和电子-电子的交换作用等。其中，自旋-轨道相互作用最为重要，它包括所谓的 Dresselhaus 效应、Rashba 效应和应力引入的自旋-轨道相互作用。对价带而言，除了上述三项外，还需考虑价带拉廷格 Hamiltonian 含有的自旋-轨道相互作用。上述这些自旋-轨道相互作用项使得自旋运动与轨道运动耦合在一起，产生了复杂而新奇的自旋 / 轨道动力学过程。它们是实现相干自旋操控、各类自旋器件工作等的物理基础。例如，要想实现自旋量子器件和自旋量子信息处理，需克服的最大障碍是自旋弛豫和退相干。

从原则上讲，这都是由自旋-轨道相互作用造成的，其中有 D'Yakonov-Perel 机制 [68, 69]，Elliott-Yafet 机制 [70, 71]，Bir-Aronov-Pikus 机制 [72, 73]，电子和核自旋的超精细作用机制，局域电子间的各向异性交换作用机制 [74] 等。在实际情况中自旋弛豫和退相干往往是上述各种机制的共同作用结果。详细内容请参看文献 [61] 的第六章，在此不再赘述。

第二节　半导体中的热输运和热电效应

一、半导体中热电耦合输运

当半导体中存在温度梯度时，热能也会凭借自由载流子运动和晶格振动（声子）从一个地方传输到另一个地方，随之产生了各种热电效应 [1]。为了了解半导体中热电耦合输运的基本性质首先从经典的 Boltzmann 输运方程出发，简单回顾描述热电效应的主要参量。

分布函数 $f(r,p,t)$ 需满足如下连续性方程：

$$\frac{\partial f}{\partial t} + v \cdot \nabla f + qE \cdot \frac{\partial f}{\partial p} = \frac{f_0 - f}{\tau} \tag{8-21}$$

其中，$q = -e(+e)$ 为电子（空穴）电荷；$f_0 = f(k)$ 为热平衡下的 Fermi-Dirac 分布函数。

当只考虑沿 Z 方向的小温度、浓度梯度下的稳态输运时

$$f = f_0 - \tau v \cos\theta \left[-\frac{d\Phi}{dZ} - \frac{E-\mu}{T}\frac{dT}{dZ} \right] \frac{\partial f_0}{\partial E} \tag{8-22}$$

其中，电化学势 $\Phi = \mu + q\varphi_e$ 是化学势 μ 和静电势能 $q\varphi_e$ 之和。

一个在立体角 $d\Omega = \sin\theta d\theta d\phi$ 内沿（θ，ϕ）方向运动的电荷 q 的概率为 $d\Omega/4\pi$，由它贡献的沿 Z 方向的电荷通量为 $qv\cos\theta$，能量通量为 $Ev\cos\theta$，其中 θ 是速度矢量与 Z 方向的夹角。将式（8-22）中分布函数直接代入电荷流 J_Z、能量流 J_{EZ} 和热流 J_{qZ} 的表述式：

$$J_z = \int_{\phi=0}^{2\pi} \frac{1}{4\pi} d\phi \int_{\theta=0}^{\pi} \sin\theta\cos\theta d\theta \int_{E=0}^{\infty} f \cdot D(E)qv dE \tag{8-23a}$$

$$J_{EZ} = \int_{\phi=0}^{2\pi} \frac{1}{4\pi} \mathrm{d}\phi \int_{\theta=0}^{\pi} \sin\theta\cos\theta\mathrm{d}\theta \int_{E=0}^{\infty} f \cdot D(E)Ev\mathrm{d}E \qquad (8\text{-}23b)$$

$$J_{qZ}(T) = J_{EZ}(T) - J_{EZ}(T=0) \qquad (8\text{-}23c)$$

最后可以得到电荷流 J_Z，热流 J_{qZ} 的简约表达式：

$$J_z = L_{11}\left(-\frac{1}{q}\frac{\mathrm{d}\Phi}{\mathrm{d}Z}\right) + L_{12}\left(-\frac{\mathrm{d}T}{\mathrm{d}Z}\right) \qquad (8\text{-}24a)$$

$$J_{qz} = L_{21}\left(-\frac{1}{q}\frac{\mathrm{d}\Phi}{\mathrm{d}Z}\right) + L_{22}\left(-\frac{\mathrm{d}T}{\mathrm{d}Z}\right) \qquad (8\text{-}24b)$$

它们的系数为

$$L_{11} = -\frac{2q^2}{3m}\int_{E=0}^{\infty}\frac{\partial f_0}{\partial E}D(E)E\tau\mathrm{d}E \qquad (8\text{-}25a)$$

$$L_{12} = -\frac{2q}{3mT}\int_{E=0}^{\infty}\frac{\partial f_0}{\partial E}D(E)E(E-\mu)\tau\mathrm{d}E \qquad (8\text{-}25b)$$

$$L_{21} = -\frac{2q}{3m}\int_{E=0}^{\infty}\frac{\partial f_0}{\partial E}D(E)E(E-\mu)\tau\mathrm{d}E = TL_{12} \qquad (8\text{-}25c)$$

$$L_{22} = -\frac{2}{3mT}\int_{E=0}^{\infty}\frac{\partial f_0}{\partial E}D(E)E(E-\mu)^2\tau\mathrm{d}E \qquad (8\text{-}25d)$$

其中，在没有温度、浓度梯度时 $\left(\dfrac{\mathrm{d}T}{\mathrm{d}Z}=0,\ \dfrac{\mathrm{d}\mu}{\mathrm{d}Z}=0\right)$，$L_{11}=\sigma$ 就是电导率。当有温度梯度时，

$$J_z = \sigma\left(-\frac{1}{q}\frac{\mathrm{d}\Phi}{\mathrm{d}Z}\right) + \sigma S\left(-\frac{\mathrm{d}T}{\mathrm{d}Z}\right) \qquad (8\text{-}26)$$

可定义 Seebeck 系数为在开路条件下的电势梯度与温度梯度之比，即

$$S = -\left(\frac{\mathrm{d}V}{\mathrm{d}Z}\right)\bigg/\left(\frac{\mathrm{d}T}{\mathrm{d}Z}\right) = -\frac{1}{q}\left(\frac{\mathrm{d}\Phi}{\mathrm{d}Z}\right)\bigg/\left(\frac{\mathrm{d}T}{\mathrm{d}Z}\right) = \frac{L_{12}}{L_{11}} \qquad (8\text{-}27)$$

这取决于具体的散射机制、温度和能带结构等因素，Seebeck 系数的计算也是相当复杂的。

如果利用式（8-24a）和式（8-24b）消去 $\mathrm{d}\Phi/\mathrm{d}Z$，可得到如下热流表达式：

$$J_{qz} = \Pi J_Z + \kappa\left(-\frac{\mathrm{d}T}{\mathrm{d}Z}\right) \qquad (8\text{-}28)$$

在电流 $J_Z=0$ 和温度梯度不为零的条件下，热导率 $\kappa = \kappa_e + \kappa_1$ 是电子 κ_e 和声

子 κ_1 热导率之和。其中，电子的热导率可近似为

$$\kappa_e \approx \frac{1}{3}C_e v_F l_F$$

$$C_e \approx \frac{\pi^2 n k_B^2 T}{m v_F^2} \tag{8-29}$$

为电子的比热。

在温度梯度为零，电流不为零的条件下定义 Peltier 系数为

$$\Pi = \frac{J_{qZ}}{J_z} = \frac{L_{21}}{L_{11}} = \frac{L_{12}}{L_{11}}T = ST \quad \text{（Kevin 关系式）} \tag{8-30}$$

上述是描述半导体中热电耦合输运的重要参量。

二、半导体中热电效应

由于大量而无节制地从燃烧化石燃料来获取动力，对全球气候的变化造成很严重的影响，一种解决方案就是将排放出来的废热重新转换成电力，即热电发电机。由于热电发电机是固态器件，没有运动部件，所以这种发电机不仅是静音的、可靠性好，而且可以靠集成方式来扩大发电量。例如，将来有可能用 Peltier 制冷器代替现在的压缩制冷器。但是，在长期的发展历程中，由于热电转换效率太低，一直无法满足大多数应用所要求的低成本而又高效的要求。到了 20 世纪 90 年代，理论上预期，如果采取微纳结构工程，可以大幅度提高热电转换效率[75, 76]。与此同时，又发现了不少新的复杂材料，并得到了较高的热电转换效率[77-79]。这导致了研究热电效应的新高潮。

一种材料的热电转换效率是用热电品质因子（zT）来表征的。它定义为[80]

$$zT = \frac{S^2 T}{\rho \kappa} \tag{8-31}$$

其中，S 是 Seebeck 系数，在抛物线能带和与能量无关的散射近似下，近似为[80]

$$S = \frac{8\pi^2 k_B^2}{3eh^2} m^* T \left(\frac{\pi}{3n}\right)^{2/3} \tag{8-32}$$

其中，$\kappa = \kappa_e + \kappa_1$ 是材料的总热导率，包括电子和声子的贡献；n 是载流子浓度；m^* 为有效质量。为了方便应用，式（8-29）的电子热导率可改写成

$$\kappa_e = L\sigma T = ne\mu LT \tag{8-33}$$

其中，$L = 2.4 \times 10^{-8} J^2/K^{-2}C^{-2}$ 称为 Lorenz 系数。

　　为了得到较精确的 zT 因子，就需要较精确地知道 κ_e 的值。κ_e 在低载流子浓度的材料中常常有较大的不确定性，因为与其自由电子的数值相比，Lorenz 系数小 20% 左右。另外，如果遇到双极输运电导的情况，也会给热导引入双极输运的贡献项[81]。这种双极热导大致出现在 Seebeck 系数和电阻率都达到峰值的温度下。很明显，一个高的热电品质因子要求：大的 Seebeck 系数（也即大的热功率）、低的电阻率 ρ 和低的热导率 κ。很明显，这里的要求有相互矛盾之处。

　　对于像金属这样的电导率很高的或者晶格热导率很小的材料，zT 因子主要由 Seebeck 系数决定，因为 $zT = \dfrac{s^2/L}{1+\kappa_l/\kappa_e}$，其中 $\kappa_l/\kappa_e = 1$。对于其他热电材料而言，为满足高 zT 因子的要求会使它们成为一种极为怪异的材料，即所谓的"声子玻璃/电子晶体"材料[82]。所谓的电子晶体很类似于半导体，能给予足够好的电子特性，如大的 Seebeck 系数和电导率。但是，它要有类似声子玻璃的性质，使晶格热导率不大。

　　如前所述，当在材料中建立起温度梯度后，在热端的可动电荷就会扩散到冷端，当达到热平衡状态时就会建立起一个稳定的静电势差。这种 Seebeck 效应是产生热电功率的基础。如图 8-2 所示，一个热电器件是由许多 n 型和 p 型的热电耦按电学串联方式和热并联方式组合而成的。温度差 ΔT 提供电压 $V = s\,\Delta T$ 和相应的电流。如果是做 Peltier 制冷器，在外加直流功率源驱动下会产生定向的电流和热流，根据 Peltier 效应 $Q = sTI$ 使其顶端表面冷却下来。在两种情况下，必须有热沉将排出的热吸收掉才能保证持续工作。由于半导体的载流子浓度相对金属要低很多，它的 Seebeck 值比较大，而其热导率 κ 又主要是由晶格热导率 κ_l 决定的，暗示了它的电导率和热电率不再耦合一起。因而，半导体应当是一种好的热电材料。而且，因为 Seebeck 系数正比于电子态密度对能量的微分，在半导体的低维体系中呈现峰值也有利于提高它们的 zT 值[83, 84]。另外，采用纳米结构使得它们沿一个或多个维度上小于声子的平均自由程，同时大于载流子的平均自由程，有可能既减小了热导率 κ，又不减小 Seebeck 系数，获得了很好的结果[85-88]。硅体材料是一种比较差的热电材料，其 zT 值在 300K 下小于 0.01[89]。Boukai[90] 等采用截面积只有 10 nm × 20 nm 和 20 nm × 20 nm 的硅纳米线，得到在 200K 的 zT 值接近 1。他们分别测量了 Seebeck 系数、电导优化率和热导率，结合理论分析表明，所取得 zT 值的改善主要是由声子效应所致。这样看来，声子动力学和热输运起着十分重要的作用。

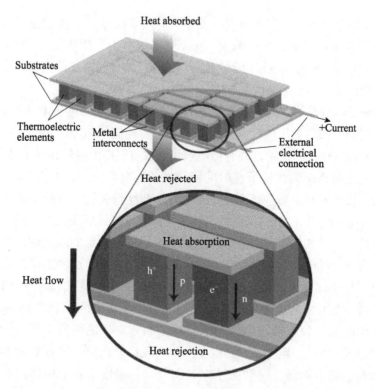

图 8-2 热电模块示意图，模块包含 n 型和 p 型的单元，图中展示了由温差导致的电荷流动和电能产生。插图取自文献 [80]

三、半导体中量子热电效应

在上文中已经介绍，采用微纳结构是提高热电品质因子 zT 的重要手段，但是，实验发现，因电子体系量子化所形成的态密度峰值并没有对提高实际 zT 值带来多大好处。事实上，只要把体系的尺度控制在小于声子平均自由程而大于电子平均自由程的范围内时才有最佳的热电效应。很明显，在上述条件下，电子体系远没有进入量子化。人们很希望知道当电子体系进入尺寸量子化以后，或者处在某些特殊量子态下，如整数、分数量子 Hall 态，会出现什么样新奇的热电效应。这就是量子热电效应要探索的问题。

近年来已有许多实验和理论工作研究了在发生库仑阻塞 [91-96] 和 Kondo 效应 [98-103] 的情况下的热功率（Seebeck 系数 S）的行为。由能级量子化和库仑阻塞效应，发现通过库仑岛的热电输运参量 S 和热导率 κ 均受外加栅电压的调控，出现振荡变化；而且发现 S 是探测 Kondo 关联的灵敏手段，因为

Kondo 关联会使得 S 与温度成对数关系，并使 S 反号[98]。实验还发现，当量子点处于 Kondo 区时自旋关联对 Seebeck 系数有很大影响[102]。相应的理论工作[104] 采用非平衡 Green's 函数和运动方程相结合的方法证实了库仑阻塞和不同自旋配置对热输运的影响。

Svensson 等[105] 将量子点嵌入半导体量子线内并测量热电压和热电流，发现它们随外加热偏压的变化是呈非线性的。他们认为外加热偏压后会导致量子点能级重整化的结果，并有可能被用来改善热电能量转换器的性能。

除了上面介绍的在量子点中的特异量子热电效应外，人们对呈现整数、自旋和分数量子 Hall 效应体系中的热电效应也十分关注。当处于量子 Hall 态时，二维电子体系（2DES）的内部由于 Landow 能级劈裂的存在是不可压缩的。但是，在 2DES 体系的边缘，在磁场下沿样品边缘的跳跃运动形成了边缘态。这样，2DES 好像被一组一维金属线围住一样。这种边缘态之间的激发承担了整个体系中的输运。2009 年，Granger 等[106] 将微米尺度的加热器和量热器与 2DES 的边缘接上，当把体系设置在填充因子 $v=1$ 的 Hall 平台区时，热电信号只出现在边缘电子流的下游方向，说明当电子沿边缘传播时被冷却了。2010 年，Takahashi 等[107] 从理论上研究了呈现自旋量子 Hall 效应体系的热电输运，得到的结果是在较高的温度下主要由体内态承担热电输运；随温度的降低，会出现体态至边缘态的转变，热电输运主要由边缘态来承担。

随着热电效应的研究进入量子范畴，要求发展相应的理论方式[108]。自 Seebeck 效应（1821 年）、Peltier 效应（1834 年）和 Thomson（1854 年）等主要的热电效应发现以来，一直是采用 Boltzmann 输运方程来描述热电输运过程。随着低维半导体结构的出现及其在热电效应中的应用，1984 年 Friedman 首先预言了 Seebeck 系数在平面内和垂直平面方向是不同的。1995 年 Broido 和 Reinecke 在 Boltzmann 输运方程中考虑低维电子体系态密度的特异性。2001 年他们又突破了弛豫时间近似，提出了具体考虑形变势声学声子散射和非弹性光学声子散射后的三维 Boltzmann 输运方程。2003 年 Sofo 等在恒定弛豫时间近似下采用完整的能带结构计算热电系数。2005 年 Bulusu 和 Walker 采用非平衡 Green 函数方法研究硅纳米薄膜、纳米线等的热电性能，他们把态密度量子化效应用于能带的色散关系，并考虑了谷间的光学声子散射等。

上述理论都预言了采用低维量子结构会降低热电导，提高 Seebeck 系数，因此可以改善热电品质因子。遗憾的是，低维量子结构（量子点、超晶格等）的热电器件性能并没有因此而得到很大的改进。要消除上述困惑，需要有很完备的量子理论深入考虑电子运动的量子受限和电子受到的各种散射对热电输运的真实影响。为此，只有采用如非平衡格林函数（NEGF）等方法才能模拟各种量子效应对热电器件中热电输运的影响。所采用的开放边界条件允许将源电极、漏电极添加到热电器件上。另外，由 NEGF 方法不需要知道载流子的统计分布，可以采用 Buttiker 探头[109]概念严格引入各种弹性和非弹性散射效应。下面扼要介绍 NEGF 方法[108]。

在单个热电器件中电子的能量本征态可以用下述薛定谔方程来描述：

$$(H+U)\Psi_\alpha(\boldsymbol{r}) = \varepsilon_\alpha \Psi_\alpha(\boldsymbol{r}) \tag{8-34}$$

其中，ε_α 是能量本征值，U 是 Hartree 势。后者要从求解 Poisson 方程得出，而 Poisson 方程中必须考虑密度矩阵的任何变化对输运沟道电容的影响[110]。一般电子在实空间的密度矩阵为

$$[\rho(\boldsymbol{r},\boldsymbol{r}';\varepsilon)] = \int_{-\infty}^{+\infty} f(\varepsilon - \varepsilon_f)\delta([\varepsilon I - H])\mathrm{d}\varepsilon \tag{8-35}$$

其中，$\delta(\varepsilon I - H)$ 是电子的局域态密度：

$$\delta(\varepsilon I - H) = \frac{\mathrm{i}}{2\pi}\left[G(\varepsilon) - G^+(\varepsilon)\right] \tag{8-36}$$

$$G(\varepsilon) = \left[(\varepsilon - \mathrm{i}0^+)I - H\right]^{-1} \tag{8-37}$$

其中，$G(\varepsilon)$ 是推迟 Green 函数；$G^+(\varepsilon)$ 是超前 Green 函数。在时间域内 Green 函数反映了当具有特定能量的电子入射后，引起薛定谔方程的受激响应。在能量域 Green 函数表示了受激后的能量本征态。有关详细介绍请见文献 [108] 的第四章。

第三节　基于棘轮效应的输运

自然界早已证明了它可以制造出许多迄今人类尚未理解的纳米尺度的复杂机器，不过人类也已经开始借鉴自然界，试图制造出灵感来源于生物体的纳米器件，例如文献 [111]，人们现在知道自然界中有无数大小约为 10 μm 的微型有机体，它们具有各种自驱动的机能。人们发现在每个驱动周期内，它们的运动由形状周期性变化所致，而且，其后半周期并非是前半周期的简单重复。其目的是要克服在微尺寸下没有流体动力学惯性所带来的困难[112]。

一个典型的例子是，可动的细菌用其鞭状体的转动或扭动在液体中游泳[113, 114]，它们的自驱动能力要足以克服布朗运动引起的扩散阻力才行。1995 年 Bartussek 和 Hänggi[115]首先发现，与任何普通的热力马达一样，一个"细菌马达"也是由两个状态变量，即它的位置和鞭状体划动的相位，来描述它的运动。在人造马达工作时由于机械振动的关系，上述两个状态变量几乎没有关联；"细菌马达"则不同，它的位置和鞭状体划动的相位是始终关联在一起的，它们总是同步地经历同一时间周期。为此，他们将它称为布朗马达。后来 Astumian[113]和 Hänggi[116]又进一步更准确地定义了布朗马达，要具有如下特征：一是存在有一定量的噪声（不一定是热噪声），由于非线性、噪声激发的逃逸动力学过程和非热平衡驱动之间的复杂关系，一般无法事先知道要发生的输运的方向；二是通过外加时间上是周期性的、无直流偏置的非热平衡作用力破坏某种对称性，可实现某种周期性工作的器件功能。后者就是所谓的利用棘轮效应的器件。

为此，人们不仅从理论上提出了，而且从实验上研究了各种对称破缺

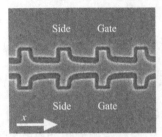

图 8-3　周期棘轮样品的
SEM 图[117]

的微米、纳米尺度的人工结构中的棘轮效应。1995 年 Faucheux 等[117]用光学方法在水面上形成空间周期性变化的、非对称的光场，从而演示了波浪驱动下布朗粒子做定向运动的热棘轮效应。1999 年 Linke 等[118]采用 GaAs/AlGaAs 调制掺杂异质结构，在其表面用光刻方法刻出如图 8-3 所示的空间不对称的沟槽结构（用深色表示的部分）。它的两侧可以当侧栅调控用，

中间部分形成了宽窄受到周期性调制的二维导电沟道。这使得下面的 2DES 沿 x 方向输运时感受到周期性变化的势垒。在这种结构中通过势垒的量子隧穿和越过势垒的激发都会对由摇摆诱导的电流（也即由棘轮效应产生的电流）做贡献。他们发现上述两种效应对电流贡献的方向是相反的。因此，净电流的方向与给定温度下的电子的能量分布有关，故随温度变化，净电流会反向。结果表明，基于隧穿的量子棘轮效应和基于热涨落的经典棘轮效应是完全不同的。

2009 年 Olbrich 等[119]将一个沿平面方向的超晶格"叠加"在二维电子气（2DEG）上，形成如图 8-4（b）所示的周期性势能结构。当用太赫兹辐射照射上述结构时，由于结构中的棘轮效应产生了定向电流。他们所用的结构和Blanter 和 Büttiker 提出的[120]的理论结构很类似，如图 8-4（a）所示，其中

顶部横线所标记的是用金属做的遮光栅极。为了解释上述 Seebeck 棘轮效应，Olbrich 等[121] 提出了基于经典 Boltzmann 输运方程的模型。

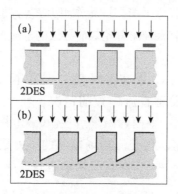

图 8-4 （a）Büttiker 和 Blanter 提出的棘轮效应结构能带示意图；（b）Olbrich 等实验采用的样品结构能带示意图。插图取自文献 [119]

由量子阱组成的一维周期性势 $V(x)$ 满足条件：$V(x+d)=V(x)$。除了上述周期势外，还有随时间周期性变化的太赫兹场 $E(x,t)=E_\omega(x)\mathrm{e}^{-\mathrm{i}\omega t}+E_\omega^*(x)\mathrm{e}^{\mathrm{i}\omega t}$，它可以是线偏振场，满足条件：$\mathrm{Im}[E_{\omega,\alpha}(x)E_{\omega,\beta}^*]=0$（$\alpha$, β=x, y）。如果是 $\sigma^\pm$ 圆偏振光，则要满足条件：$E_{\omega,y}(x)=\mp\mathrm{i}E_{\omega,x}(x)$。直接写出电子分布函数 $f_k(x,t)$ 经典的 Boltzmann：

$$\left(\frac{\partial}{\partial t}+v_{k,x}\frac{\partial}{\partial x}+\frac{F(x,t)}{\hbar}\frac{\partial}{\partial k}\right)f_k(x,t)+Q_k=0 \tag{8-38}$$

其中，$k=(k_x, k_y)$，$v_k=\hbar k/m^*$ 分别为二维波矢和速度；m^* 为电子有效质量。作用力为

$$F(x,t)=-\frac{\mathrm{d}V(x)}{\mathrm{d}x}\hat{e}_x+eE(x,t) \tag{8-39}$$

其中，$\hat{e}_x$ 是沿 x 轴的单位矢量，Q_k 是反映电子动量和能量弛豫的碰撞积分。所要求的物理量是平均电子电流

$$j=2e\sum_k v_k\bar{f}_k \tag{8-40}$$

其中，$\bar{f}$ 是分布函数对时间、空间的平均值。直接写出二维平面内布朗粒子的牛顿方程

$$m^*(\dot{v}+\eta v)=-\nabla V(x,y,t)+\zeta(t) \tag{8-41}$$

其中，$-\nabla V(x,y,t)\equiv F(x,t)$ 就是式（8-39）的作用力；η 是阻尼系数；$\zeta(t)$ 表

示随机涨落的平均值为零的力。上述方程所描述的系统符合棘轮体系的要求：①在空间和时间域是周期性的；②经空间、时间平均后，作用力为零；③体系总是被驱动处于非热平衡态；④作用力 $F(x,t)$ 是不对称的。利用式（8-38）～（8-41）可以导出 Seebeck 棘轮效应导致的电流密度和能流密度，具体参见文献 [121]。

2013 年，Ganichev 等 [122] 在硅场效应晶体管（Si-MOSFET）观察到磁量子棘轮效应。在没有直流偏置的情况下将太赫兹辐射垂直射入 Si-MOSFET 表面，当加上一平面内磁场后在源-漏电极之间会出现定向电流。它的大小与磁场成正比，与交流电场幅度的平方成正比，并与（线、圆）偏振有关。2013 年 Drexler[123] 在石墨烯中也观察到与文献 [122] 类似的磁量子棘轮效应。

图 8-5 形象地描述了石墨烯中发生磁量子棘轮效应的物理机制。太赫兹交变电场驱使电子做往返运动，外加的横向磁场使 p_z 轨道形变（图 8-5 中，左边轨道的概率密度上移，右边的下移），结果使左边向右移动电子的重心向上移，而右边向左移动电子的重心向下移。该现象对应经典的 Lorentz 力。对空间对称的体系而言，平均直流电流为零。如果想在单层石墨烯面上吸附上一些东西，可引入空间不对称性，使电子向前运动受到更多的缺陷，相应的迁移率会变低，结果会出现沿相反方向的净运动，即净直流电流。同样，它的大小与磁场成正比，与交流电场幅度的平方成正比。实验表明，电子轨道以及它们之间的耦合可以对二维晶体的输运起重要影响。所产生的棘轮电流可用来测量结构的反演对称性强弱。

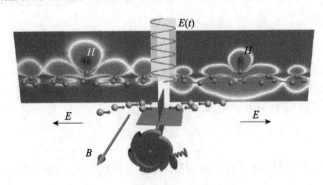

图 8-5　狄拉克电子驱动棘轮示意图 [123]

2014 年 Bisotto 等 [124] 在 Si/SiGe 异质结结构上制作的是半月形反量子点（antidot）的二维阵列，如图 8-6 所示。用线偏振的微波照射后观察到了光

伏响应，其极性随入射角而变化，也随反量子点二维阵列的密度、刻蚀深度
而变。

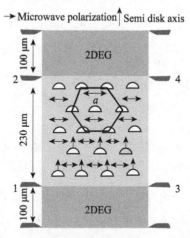

图 8-6　具有六方对称性的半月形反量子点的二维阵列，六边形的边长 a 等价于晶格周期。
插图取自文献 [124]

　　在伴随着棘轮效应的整个实验研究过程中，相关的理论研究预言了在不
同物理体系中出现棘轮效应的可能性。上文已经介绍了 Blanter 和 Büttiker
提出的 [120] 如图 8-4（a）所示的理论结构，并预言了观察到棘轮效应的可能
性。Scheid 等 [125] 预言了自旋棘轮效应的可能性，采用二维电子气结构并将
它制作成量子线。他们设法在异质结顶部放置条状铁磁，使电子自旋与铁
磁条产生的非均匀磁场发生耦合。在交变电场的驱动下，可以产生净自旋
电流。

　　Nalitov 等 [126] 采用了一个特殊的结构模型。在高阻衬底上先放上石墨烯
层，再在其上放一层介质层，最后，再放上半透明的空间不对称的金属条。
他们发现，在垂直辐照下所产生的棘轮电流来自两种贡献：一种是与偏振无
关的与能量弛豫时间成正比的贡献；另一种来源于弹性散射的贡献，并与辐
照的（线、圆）偏振有关。

　　Smirnov 等 [127] 也是在二维电子气的结构基础上，设法按图 8-7 所示的空
间配置加上周期性的空间非对称的调制栅条，构成了既带有自旋-轨道耦合，
又有耗散的准一维结构。他们的理论工作发现，当轨道自由度之间的耦合达
到一定程度时，低温下的电子动力学过程可以出现净自旋棘轮效应，即没有
电荷流，只有自旋流。这是一种量子自旋棘轮效应。

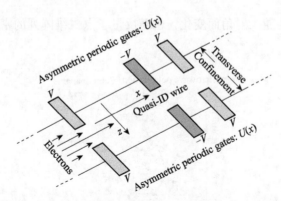

图 8-7 孤立的非对称周期准一维结构，在准一维线区域的中心，周期势电场较弱，而两边较强，导致中心电子的群速度高于边界。插图取自文献 [127]

为了导出量子自旋棘轮效应，必须从体系的 Hamiltonian 量出发：

$$\hat{H}_{full}(t) = \hat{H} + \hat{H}_{ext}(t) + \hat{H}_{bath}$$

其中，$\hat{H}$ 是如图 8-7 所示的体系本身的 Hamiltonian 量；$\hat{H}_{ext}(t)$ 是来自外界的驱动力；$\hat{H}_{bath}$ 代表体系与热沉的耦合引起的耗散过程。

$$\hat{H} = \frac{\hbar^2 \hat{k}^2}{2m} + \frac{m\omega_0^2 \hat{z}^2}{2} - \frac{\hbar^2 k_{so}}{m}\left(\hat{\sigma}_x \hat{k}_z - \hat{\sigma}_z \hat{k}_x\right) + U_\gamma(\hat{x}, \hat{z}) \qquad (8\text{-}42)$$

其中

$$U_\gamma(\hat{x}, \hat{z}) = U(\hat{x})\left(1 + \gamma \hat{z}^2 / L^2\right)$$

式中，$U(\hat{x})$ 是沿 $\hat{x}$ 轴的周期势；周期 L 为图 8-7 中两个加正 V 栅条之间的距离；第二项 $U(\hat{x})\left(\gamma \hat{z}^2 / L^2\right)$ 表示受到的沿 $\hat{z}$ 轴的调制；$\gamma \geqslant 0$ 为轨道-轨道之间的耦合强度；ω_0 表征沿 $\hat{z}$ 方向的抛物线势能；第三项是自旋-轨道耦合项；k_{so} 为自旋-轨道耦合强度。

$$\hat{H}_{ext} = F\cos\left[\Omega(t - t_0)\right]\hat{x}$$

它是随时间周期性变化的无偏置的外加辐照场。

在沿 $\hat{z}$ 方向的尺度量子化效应很显著的情况下，体系与环境的耦合很小，$\hat{H}_{bath}$ 可以忽略。

在量子力学中，我们感兴趣的棘轮电荷流 $J_C(t)$ 和自旋流 $J_S(t)$ 是由相应的算符 $\hat{J}_{C,S}$ 的统计平均给出的：

$$J_{C,S}(t) = \text{Tr}\left[\hat{J}_{C,S}\hat{\rho}(t)\right]$$

其中，$\hat{J}_C(t) = -e\,\mathrm{d}\hat{x} / \mathrm{d}t$；$\hat{J}_S(t) = \mathrm{d}(\hat{\sigma}_z \hat{x}) / \mathrm{d}t$；$\hat{\rho}(t)$ 是体系的统计算符。

他们的数值计算结果表明，当轨道自由度之间存在一定程度耦合时，在低温下会出现纯自旋棘轮行为（即没有电荷流，只有自旋流），而且也不会因强耗散而破坏。自旋流大小会随驱动力和自旋-轨道耦合强度呈振荡变化。详细的理论处理和预言请见文献 [127]。

第四节　展　望

半导体中载流子输运是一切半导体器件的物理基础，它决定了在电场、磁场和温度场作用下电荷、热量和能量的输运问题。本章只涉及自旋、热量和能量输运。

迄今，处理自旋输运的理论方法已有许多种。应用最普遍的处理自旋极化输运的方法是基于两个自旋态模型的唯象漂移-扩散方程，它起源于处理铁磁金属中自旋极化输运的方法，只适合于描述刚从铁磁金属向半导体注入的自旋极化电流。它完全没有考虑在自旋场效应晶体管中自旋极化电流从源电极向漏电极输运过程中必然遇到的各种量子效应［如自旋-轨道耦合作用、各种自旋动力学过程（如自旋、轨道角动量弛豫等）和自旋相位记忆等］，以及它们对自旋输运的影响。为此，有必要从微观理论层面认识在有自旋-轨道耦合作用下的二维电子气（2DEG）的输运性质。后来，Inoue 等和 Mishchenko 等都采用自旋分辨的推迟 Green 函数方法计算了密度矩阵和它所满足的 Boltzmann 型输运方程，给出了在有 Rashba 自旋-轨道耦合作用下的电导张量表达式，发现在自旋-轨道耦合作用下虽然 2DEG 中会出现自旋积累，但是电流不会出现自旋极化。Schliemann 等严格求解在有自旋-轨道耦合作用和固定杂质存在情况下的二维 Boltzmann 方程，所得到的 σ_{xx}, σ_{xy} 会因 Rashba 和 Dresselhaus 项的相对强度变化而出现各向异性。这些工作使人们逐渐认识到自旋-轨道耦合作用会引发各种与自旋相关的量子效应。例如，自旋-轨道耦合作用可以将普通的电子流转换成自旋流（自旋 Hall 效应）；可以用电子流产生非热平衡的自旋极化（Edelstein 效应）；可以发生由自旋流或自旋极化流转换成电流的逆效应，即所谓的自旋阀效应。要想描述上述所列举的与自旋相关的量子效应，理论工作所面对的挑战就是要提供一个统一的处理方法。它既要考虑由能带结构本身带来的本征自旋-轨道耦合作用，自旋弛豫动力学与杂质的自旋-轨道耦合作用以及和外电场有关的自旋-轨道耦合作用等，同时又要能描述自旋、电荷密度和与它们有关电流的能广泛而又便于应用的公式。这是一项很艰巨的工作。Wu 等发展了一种全微观的能处理多体自旋动力学的 Bloch 方程。与以往不同的是,他们突破了惯用的弛豫时间近似,在方程中显含了各种散射机构,特别是载流子间的库仑散射,使得方程能处理远离热平衡条件下的自旋动力学过程,能真实地描述自旋输运过程。

由于大量而无节制地从燃烧化石燃料来获取动力,对全球气候的变化造成很严重的影响,一种解决方案就是将从排放出来的废热重新转换成电力,即热电发电机,这就引发了对热电输运研究的重视。从物理上而言,当在材料中建立起温度梯度后,在热端的可动电荷就会扩散到冷端,当达到热平衡状态时就会建立起一个稳定的静电势差。这种 Seebeck 效应是产生热电功率的基础。由于热电发电机是固态器件,没有运动部件,所以这种发电机不仅是静音的、可靠性好,而且可以靠集成方式来扩大发电量。但是,在长期的发展历程中,由于热电转换效率太低,一直无法满足大多数应用所要求的低成本而又高效的要求。到了 20 世纪 90 年代,由于 Seebeck 系数正比于电子态密度对能量的微分,人们认识到半导体应当是一种好的热电材料,并且,可以采取微纳结构工程大幅度提高热电转换效率。另外,随着电子体系进入尺寸量子化状态,或者处在某些特殊量子态下,如整数、分数量子 Hall 态,人们也希望知道会出现什么样新奇的热电效应。这就是量子热电效应要探索的问题。遗憾的是,这些研究还没有对提高热电转换效率起到太大的作用。

受启发于自然界中的"布朗马达",人们不仅从理论上提出了,而且从实验上研究了各种对称破缺的微米、纳米尺度的人工结构中的棘轮效应和利用经典或量子棘轮效应的器件,如利用各种棘轮效应的太赫兹或微波辐射探测器等。这种灵感来源于自然界生物体的纳米器件必将大大丰富人们研制新原理器件的思维,并有可能开发出全新功能的器件。

郑厚植(中国科学院半导体研究所,中国科学院半导体超晶格国家重点实验室)

参 考 文 献

[1] 叶良修.半导体物理学(第二版).北京:高等教育出版社,2007.

[2] Dyakonov M I, Perel V I.Spin orientation of electrons associated with the interband absorption of light in semiconductors. Zh. Eksp. Teor. Fiz..1971,60: 1954; Sov. Phys. JETP,

1971,33:1053.

[3] Shur M S. GaAs devices and circuits. Microdevices, 1987, 35(1):37-46.

[4] Dyakonov M I, Kachorovskii Y V. Sov. Phys.-Semicond., 1986, 20:110.

[5] Miller J B, Zumbühl D M, Marcus C M, et al. Gate-controlled spin-orbit quantum interference effects in lateral transport. Physical Review Letters, 2003, 90(7):076807.

[6] Mani R G, Smet J H, Klitzing K V, et al. Radiation-induced oscillatory magnetoresistance as a sensitive probe of the zero-field spin-splitting in high-mobility GaAs/$A_{lx}Ga_{1-x}As$ devices. Physical Review B, 2004, 69:193304.

[7] Puller V I, Mourokh L G, Horing N J M, et al. Electron spin relaxation in a semiconductor quantum well. Physical Review B, 2002, 67:155309.

[8] Wang X F, Vasilopoulos P, Peeters F M. Ballistic spin transport through electronic stub tuners: Spin precession, selection, and square-wave transmission. Applied Physics Letters, 2002, 80(8):1400-1402.

[9] Governale M, Boese D, Zülicke U, et al. Filtering spin with tunnel-coupled electron wave guides. Physical Review B, 2002, 65(14):140403.

[10] Egues J C, Burkard G, Loss D. Datta–Das transistor with enhanced spin control. Appl. Phys. Lett. ,2003, 82:2658.

[11] Schliemann J, Egues J C, Loss D. Nonballistic spin-field-effect transistor. Physical Review Letters, 2003, 90(14):146801.

[12] Yu A B, Rashba E I. Oscillatory effects and the magnetic susceptibility of carriers in inversion layers. Journal of Physics C Solid State Physics, 1984, 17(33):6039.

[13] Dresselhaus G, Kip A F, Kittel A C. Plasma resonance in crystals:observations and theory. Phys. Rev., 1955,100: 580.

[14] Saikin S, Shen M, Cheng M C. Study of spin-polarized transport properties for spin-FET design optimization. IEEE Transactions on Nanotechnology, 2004, 3(1):173-179.

[15] Hall K C, Lau W H, Gündoğdu K, et al. Nonmagnetic semiconductor spin transistor. Applied Physics Letters, 2003, 83(14):2937-2939.

[16] Fert A , Campbell I A.Transport properties of ferromagnetic transition metals.J. Physique Coll.,1971,32 C1: 46.

[17] van Son P C, Van K H, Wyder P. Boundary resistance of the ferromagnetic-nonferromagnetic metal interface. Physical Review Letters, 1987, 58(21):2271-2273.

[18] Yu Z G,Flatte M E. Electric-field dependent spin diffusion and spin injection into semiconductors. Phys. Rev. B, 2002, 66:201202(R); Spin diffusion and injection in semiconductor structures:electric field effects, Phys. Rev.B, 2002, 66:235302.

[19] Inoue J, Bauer G E W, Molenkamp L W. Diffuse transport and spin accumulation in a

Rashba two-dimensional electron gas. Physical Review B, 2003, 67: 033104.

[20] Mishchenko E G, Halperin B I. Transport equations for a two-dimensional electron gas with spin-orbit interaction. Physical Review B, 2003, 68: 045317.

[21] Schliemann J, Loss D. Anisotropic transport in a two-dimensional electron gas in the presence of spin-orbit coupling. Physical Review B, 2003, 68:165311.

[22] Qi Y, Zhang S. Spin diffusion at finite electric and magnetic fields. Phys. Rev. B,2003, 67:052407.

[23] Burkov A A, Alvaro S, MacDonald A H.Theory of spin-charge-coupled transport in a two-dimensional electron gas with Rashba spin-orbit interactions.Physical Review B,2004, 70:155308.

[24] Mishchenko E G, Shytov A V, Halperin B I. Spin current and polarization in impure two-dimensional electron systems with spin-orbit coupling.Physical Review Letters, 2004, 93(22):226602.

[25] Rammer J, Smith H. Quantum field-theoretical methods in transport theory of metals. Review of Modern Physics, 1986, 58(2):323-359.

[26] Leeuwen R V, Dahlen N E, Stefanucci G, et al. Time-Dependent Density Functional Theory, Lecture Notes in Physics, Berlin: Springer, 2006.

[27] Rammer J. Quantum Field Theory of Non-Equilibrium States. Cambridge:Cambridge University Press,2002.

[28] Haug H,Jauho A P.Quantum Kinetics in Transport and Optics of Semiconductors. Berlin: Springer, 2008.

[29] Branislav K, Nikoli, Liviu P,et al.The Oxford Handbook on Nanoscience and Technology: Frontiers and Advances. Oxford:Oxford University Press, 2010.

[30] Saikin S. A drift-diffusion model for spin-polarized transport in a two-dimensional non-degenerate electron gas controlled by spin orbit interaction. Journal of Physics Condensed Matter, 2004, 16(28):5071.

[31] Wigner E. On the quantum correction for thermodynamic equilibrium. Phy Rev, 1932, 40(40):749-759.

[32] D'Yakonov M I, Perel V I. Possibility of orienting electron spins with current. JETP Letters, 1971, 13(13):467.

[33] Murakami S, Nagaosa N, Zhang S C. Dissipation less quantum spin current at room temperature. Science, 2003, 301(5638):1348-1351.

[34] Sinova J, Culcer D, Niu Q, et al. Universal intrinsic spin Hall effect. Physical Review Letters, 2004, 92(12):126603.

[35] Kato Y K, Myers R C, Gossard A C, et al. Observation of the spin Hall effect in

semiconductors. Science, 2004, 306(5703):1910-1913.

[36] Wunderlich J, Kaestner B, Sinova J, et al. Experimental observation of the spin-Hall effect in a two-dimensional spin-orbit coupled semiconductor system. Physical Review Letters, 2005, 94(4):047204.

[37] Asnin V M, Bakun A A, Danishevskii A M, et al. Observation of a photo-emf that depends on the sign of the circular polarization of the light.JETP Lett.,1978, 27: 604.

[38] Edelstein V M. Spin polarization of conduction electrons induced by electric current in two-dimensional asymmetric electron systems. Solid State Communications, 1990, 73(3):233-235.

[39] Laskin N V, Mazmanishvili A S, Nasonov N N, et al. The theory of radiation emission by relativistic particles in amorphous and crystalline media. Sov. Phys. - JETP (Engl. Transl.),1985,61:133.

[40] Aronov A G, Lyandageller Y B. Nuclear electric resonance and orientation of carrier spins by an electric field. Soviet Journal of Experimental & Theoretical Physics Letters, 1989, 50(9):431-434.

[41] Kato Y K, Myers R C, Gossard A C, et al. Current-induced spin polarization in strained semiconductors. Physical Review Letters, 2004, 93(17):176601.

[42] Silov A Y, Blajnov P A, Wolter J H, et al. Current-induced spin polarization at a single heterojunction. Applied Physics Letters, 2004, 85(24):5929-5931.

[43] Sih V. Spatial imaging of the spin Hall effect and current-induced polarization in two-dimensional electron gases. Nature Physics, 2005, 1(1):31-35.

[44] Silsbee R H. Topical review:spin orbit induced coupling of charge current and spin polarization. Journal of Physics Condensed Matter, 2004, 16(7):R179.

[45] Saitoh E, Ueda M, Miyajima H, et al. Conversion of spin current into charge current at room temperature: inverse spin-Hall effect. Applied Physics Letters, 2006, 88, 182509.

[46] Ando K, Saitoh E. Observation of the inverse spin Hall effect in silicon. Nature Communications, 2012, 3(1):629.

[47] S'anchez J C R, Vila L, Desfonds G,et al, Spin-to-charge conversion using Rashba coupling at the interface between non-magnetic materials. Nat. Commun.2014, 4: 2944

[48] Ganichev S D, Ivchenko E L, Bel' Kov V V, et al. Spin-galvanic effect.Nature, 2002, 417(6885):153-6.

[49] Ivchenko E L, Lyandageller Y B, Pikus G E. Photocurrent in structures with quantum wells with an optical orientation of free carriers. Soviet Journal of Experimental & Theoretical Physics Letters, 1989, 50(3):175-177.

[50] Kukovitski ʏ , E F, L'Vov S G, Talanov Yu I, et al. ESR study of the twinning structure of

the superconducting single crystals Y-Ba-Cu-O. JETP Letters, 1990, 71:550.

[51] Sih V, Lau W H, Myers R C, et al. Generating spin currents in semiconductors with the spin Hall effect. Physical Review Letters, 2006, 97(9):096605.

[52] Ando K, Ieda J, Sasage K, et al. Electric detection of spin wave resonance using inverse spin-Hall effect. Applied Physics Letters, 2009, 94: 262505.

[53] Kajiwara Y, Harii K, Takahashi S, et al. Transmission of electrical signals by spin-wave interconversion in a magnetic insulator. Nature, 2010, 464(7286):262-6.

[54] Liu L, Pai C F, Li Y, et al. Spin-torque switching with the giant spin Hall effect of tantalum. Science, 2012, 336(6081):555-558.

[55] Liu L, Lee O J, Gudmundsen T J, et al. Current-induced switching of perpendicularly magnetized magnetic layers using spin torque from the spin Hall effect. Physical Review Letters, 2012, 109(9):096602.

[56] Raimondi R, Schwab P. Interplay of intrinsic and extrinsic mechanisms to the spin Hall effect in a two-dimensional electron gas.Physica E: Low-dimensional Systems and Nanostructures, 2010, 42(4):952-955.

[57] Gorini C, Schwab P, Raimondi R, et al. Non-abelian gauge fields in the gradient expansion: generalized Boltzmann and Eilenberger equations. Phys.Rev.B, 2010, 82, 195316.

[58] Schwab P,Raimondi R, Gorini C.Spin-charge locking and tunneling into a helical metal. Europhys. Lett.,2011,90:67004.

[59] Raimondi R, Schwab P, Gorini C, et al. Spin-orbit interaction in a two-dimensional electron gas: A SU(2) formulation. Annalen Der Physik, 2012, 524: 153.

[60] Ka Shen, Raimondi R,Vignale G. Theory of coupled spin-charge transport due to spin-orbit interaction in inhomogeneous two-dimensional electron liquids.Phys.Rev. B,2014, 90, 245302 .

[61] Wu M W, Jiang J H, Weng M Q. Spin dynamics in semiconductors. Physics Reports, 2010, 493(2):61-236.

[62] Lampel G. Nuclear dynamic polarization by optical electronic saturation and optical pumping in semiconductors. Physical Review Letters, 1968, 20(10):491-493.

[63] Parsons R R. Band-to-band optical pumping in solids and polarized photoluminescence. Physical Review Letters, 1969, 23(20):1152-1154.

[64] Meier F, Zakharchenya B P.Optical Orientation.North-Holland, Amsterdam, 1984.

[65] Orenstein J. Observation of spin Coulomb drag in a two-dimensional electron gas. Nature, 2005, 437(7063):1330-1333.

[66] D' Amico I, Vignale G. Theory of spin Coulomb drag in spin-polarized transport. Physical Review B, 2000, 62(8):4853-4857.

[67] D'Amico I, Vignale G. Spin diffusion in doped semiconductors: the role of Coulomb interactions. Epl, 2001, 55(4):566.

[68] D'yakonov M I, Perel V I.Spin orientation of electrons associated with the interband absorption of Light in semiconductors. Zh. Eksp. Teor. Fiz., 1971, 60:1954.

[69] D'yakonov M I, Perel V I.Possibility of optical orientation of equilibrium electrons in semiconductors. Fiz. Tverd. Tela (Leningrad) ,1971, 13: 3581.

[70] Yafet Y. g factors and spin-lattice relaxation of conduction electrons *. Solid State Physics, 1963, 14(6):1-98.

[71] Elliott R J. Theory of the effect of spin-orbit coupling on magnetic resonance in some semiconductors. Physical Review, 1954, 96(2):266-279.

[72] Bir G L, Aronov A G, Pikus G E. Spin relaxation of electrons due to scattering by holes. Journal of Experimental & Theoretical Physics, 1975,69:1382.

[73] Aronov A G, Pikus G E, Titkov A N. Generalized dynamics of three-dimensional vortex singularities /vortons/. Zhurnal Eksperimentalnoi I Teroreticheskoi Fiziki, 1983, 84: 1170.

[74] Pikus G E, Bir G L.Exchange interaction in excitons in semiconductors. Journal of Experimental & Theoretical Physics, 1971, 33,108.

[75] Dresselhaus M S,Chen G, Tang M Y, et al. New directions for low-dimensional thermoelectric materials. Adv. Mater,2007, 19:1043.

[76] Chen G, Dresselhaus M S, Dresselhaus G, et al. Recent developments in thermoelectric materials. Metallurgical Reviews, 2003, 48(1):45-66.

[77] Uher C. Chapter 5 skutterudites: prospective novel thermoelectrics. Semiconductors & Semimetals, 2001, 69:139-253.

[78] Nolas G S, Poon J, Kanatzidis M.Recent developments in bulk thermoelectric materials. Mater. Res. Soc. Bull.,2006, 31:199.

[79] Kauzlarich S M, Brown S R, Snyder G J. Zintl phases for thermoelectric devices.Dalton Transactions, 2007, 21(21):2099-2107.

[80] Snyder G J, Toberer E S. Complex thermoelectric materials. Nature Materials, 2008, 7(2):105-114.

[81] Goldsmid H J, Balise P L. Applications of Thermoelectricity. Physics Today, 1960, 11(5):148.

[82] Slack G A.CRC Handbook of Termoelectrics. Boca Raton :CRC, 1995.

[83] Boukai A, Xu K. Heath, Size-dependent transport and thermoelectric properties of individual polycrystalline bismuth nanowires. Adv. Mater.,2006, 18: 864.

[84] Lin Y M, Rabin O, Cronin S B, et al.Semimetal-semiconductor transition in $Bi_{1-x}Sb_x$ alloy nanowires and their thermoelectric properties. Applied Physics Letters, 2002, 81: 2403.

[85] Venkatasubramanian R, Siivola E, Colpitts T, et al. Thin-film thermoelectric devices with high room-temperature figures of merit.Nature,2001, 413(6856):597-602.

[86] Harman T C,Taylor P J, Walsh M P, et al.Quantum dot superlattice thermoelectric materials and devices. Science, 2002, 297 : 2229.

[87] Hsu K F, Loo S, Guo F, et al., Cubic AgPbmSbTe2+m: bulk thermoelectric materials with high figure of merit. Science, 2004,303 : 818.

[88] Majumdar A. Materials science. Thermoelectricity in semiconductor nanostructures. Science, 2004, 303(5659):777-778.

[89] Weber L, Gmelin E. Transport properties of silicon. Applied Physics A, 1991, 53(2):136-140.

[90] Boukai A I, Bunimovich Y, Tahirkheli J, et al. Silicon nanowires as efficient thermoelectric materials. Nature, 2008, 451(7175):168-171.

[91] Beenakker C W J, Staring A A M. Theory of the thermopower of a quantum dot. Physical Review B Condensed Matter, 1992, 46(15):9667.

[92] Blanter Y M, Bruder C, Fazio R, et al. Aharonov-bohm-type oscillations of thermopower in a quantum dot ring geometry. Physical Review B Condensed Matter, 1997, 55(7):4069-4072.

[93] Turek M, Matveev K A. Cotunneling thermopower of single electron transistors. Physical Review B, 2002, 65:115332.

[94] Koch J, Oppen F V, Oreg Y, et al. Thermopower of single-molecule devices. Physical Review B, 2004,70:195107.

[95] Kubala B, König J. Quantum-fluctuation effects on the thermopower of a single-electron transistor. Physical Review B, 2006, 73:195316.

[96] Kubala B, König J, Pekola J. Violation of the Wiedemann-Franz law in a single-electron transistor. Physical Review Letters, 2008, 100(6):066801.

[97] Zianni X. Coulomb oscillations in the electron thermal conductance of a dot in the linear regime. Physical Review B, 2007, 75: 045344.

[98] Boese D,Fazio R.Thermoelectric effects in Kondo-correlated quantum dots. Europhys. Lett., 2001,56: 576.

[99] Dong B, Lei X L. Effect of the Kondo correlation on shot noise in a quantum dot. Journal of Physics Condensed Matter, 2002, Vol.14, 11747.

[100] Krawiec M, Wysokinski K I.Thermoelectric effects in strongly interacting quantum dot coupled to ferromagnetic leads.Physical Review B, 2006, 73, 075307.

[101] Rui S, Kita T, Kawakami N. Thermopower, figure of merit, quantum dot, Kondo effect, orbital degrees of freedom. Physics, 2007, 76, 074709.

[102] Scheibner R,Buchmann H,Reuter D, et al. Molenkamp, thermopower of a Kondo spin-

correlated quantum dot.Physical Review Letters, 2005,95:176602 .

[103] Yoshida M, Oliveira L N. Thermoelectric effects in quantum dots. Physica B Condensed Matter, 2009, 404(19):3312-3315.

[104] Świrkowicz R,Wierzbicki M,Barnaś J.Thermoelectric effects in transport through quantum dots attached to ferromagnetic leads with noncollinear magnetic moments. Physical Review B, 2009, 80, 195409.

[105] Svensson S F, Hoffmann E A , Nakpathomkun N , et al, Nonlinear thermovoltage and thermocurrent in quantum dots.New Journal of Physics , 2013,15: 105011.

[106] Granger G, Eisenstein J P, Reno J L. Observation of chiral heat transport in the quantum Hall regime. Physical Review Letters, 2009, 102(8):086803.

[107] Takahashi R, Murakami S.Thermoelectric transport in perfectly conducting channels in quantum spin Hall systems. Phys.Rev.B, 2010, 81, 161302(R).

[108] Bulusu A, Walker D G. Review of electronic transport models for thermoelectric materials. Superlattices & Microstructures, 2008, 44(1):1-36.

[109] Datta S.Nanoscale device modeling:the Green's function method. Superlattices & Microstructures, 2000, 28(4):253-278.

[110] Datta S. Quantum transport: atom to transistor. New York:Cambridge University Press, 2005.

[111] Hänggi P. Artificial brownian motors: controlling transport on the nanoscale. Reviews of Modern Physics, 2009, 81(1):387.

[112] Blackburn J A, Nerenberg M A H, Beaudoin Y. Satellite motion in the vicinity of the triangular liberation points. American Journal of Physics,1977, 45(11):1077-1081.

[113] Astumian R D, Hänggi P, Brownian motors. Phys. Today, 2002, 55 (11): 33.

[114] Astumian R D. Design principles for Brownian molecular machines: how to swim in molasses and walk in a hurricane. Physical Chemistry Chemical Physics Pccp, 2007, 9(37):5067-5083.

[115] Bartussek R, Hänggi P. Brownsche motoren: wie aus brownscher bewegung makroskopischer transport wird. Phys. Bl.,1995, 51 (6): 506.

[116] Hänggi P, Marchesoni F,Nori F. Brownian motors.Annalen Der Physik, 2005, 14: 51.

[117] Faucheux L P, Bourdieu L S, Kaplan P D, et al. Optical thermal ratchet. Physical Review Letters, 1995, 74(9):1504-1507.

[118] Linke H, Humphrey T E, Lofgren A, et al. Experimental tunneling ratchets. Science, 1999, 286(5448):2314-2317.

[119] Olbrich P, Ivchenko E L, Ravash R, et al. Ratchet effects induced by terahertz radiation in heterostructures with a lateral periodic potential. Physical Review Letters, 2009,

103(9):090603.

[120] Blanter Y M, Büttiker M. Rectification of fluctuations in an underdamped rtchet. Physical Review Letters, 1998, 81(19):4040-4043.

[121] Olbrich P, Karch J, Ivchenko E L, et al. Classical ratchet effects in heterostructures with a lateral periodic potential. Physical Review B Condensed Matter, 2011, 83(16):165320.

[122] Ganichev S D,Tarasenko S A, Karch J, et al. Magnetic quantum ratchet effect in Si-MOSFETs, arXiv:1401.0135, 2013.

[123] Drexler C, Tarasenko S A, Olbrich P, et al. Magnetic quantum ratchet effect in graphene. Nature Nanotechnology, 2013, 8(2):104-107.

[124] Bisotto I, Kannan E S, Portal J C, et al. Ratchet effect study in Si/SiGe heterostructures in the presence of asymmetrical antidots for different polarizations of microwaves. Science & Technology of Advanced Materials, 2014, 15(4):045005.

[125] Scheid M, Bercioux D, Richter K. Zeeman ratchets: pure spin current generation in mesoscopic conductors with non-uniform magnetic fields. New Journal of Physics, 2007, 9(11):401-401.

[126] Nalitov A V, Golub L E, Ivchenko E L. Ratchet effects in graphene with a lateral periodic potential. Physical Review B, 2012, 86: 115301.

[127] Smirnov S,Bercioux D,Grifoni M,et al.Spin dynamics in a superconductor-ferromagnet proximity system. Physical Review Letters,2008,100: 230601.

第九章
量子霍尔效应

第一节 引 言

量了霍尔效应是指二维电子系统在垂直磁场中产生的霍尔电阻的量子化行为。1980 年，德国物理学家 Klaus von Klitzing 在研究半导体场效应晶体管器件的电子输运性质时，出人意料地观测到了精确的量子化霍尔电阻平台以及相伴随的零纵向电阻。量子霍尔平台处的电子态是一个极不寻常的宏观量子态，它与超导态和超流态有相似之处，但不像后两者那样能用局部的序参量进行描述。量子霍尔态是人类观察到的第一个拓扑量子态，它的发现是半导体器件和物理研究的一个杰出成果，也是凝聚态物理史上的一个重要里程碑。三十多年来，量子霍尔领域的实验和理论研究紧密结合、相互促进，不断地产生激动人心的成果，这包括：分数量子霍尔效应的发现（1982 年）、量子霍尔效应的拓扑解释（1982 年）、分数量子霍尔效应的理论解释（1983 年）、分数电荷的实验确认（1995~1997 年）、石墨烯的制备及其量子霍尔效应（2004~2005 年）、量子自旋霍尔效应的理论预言及实验确认（2005~2007 年）、三维拓扑绝缘体的预言及实验确认（2007~2009 年）、量子反常霍尔效应的预言及实验发现（1988~2013 年），等等。在量子霍尔效应研究的过程中，物理学家们提出了许多新概念、新理论和新方法，极大地推动了凝聚态物理的发展，并对物理学的其他领域产生了影响。

本章将基本按照历史发展的脉络综述量子霍尔领域的主要实验进展，介绍相关的理论概念和实验方法，概括发展现状，并列举一些尚未解决的物理问题。本章的重点将放在近二十年的实验工作，并总结取得这些结果的一些关键要素。本章还将简略介绍量子霍尔效应的应用及其前景，希望这些内容对把握量子霍尔领域的现状及开展这方面的研究有所启发。

第二节　整数量子霍尔效应

1957 年，Schrieffer 在理论上指出半导体表面的能带弯曲能够限制电子在二维平面内运动[1]。1966 年，美国 IBM 公司的 Fowler 等研究了硅场效应晶体管器件在垂直磁场中的电子输运性质，发现电导随着栅电压的改变出现周期性的变化，这是首次在固态二维系统中观察到 Shubnikov-de Haas 振荡[2]。1980 年，von Klitzing 使用这类硅基场效应器件在更强的磁场下观察到了整数量子霍尔效应。图 9-1 给出了他在实验中用到的霍尔条（Hall bar）型器件。朗道能级的填充数（$v = n_s h/eB$，n_s 为二维电子浓度，h 为普朗克常量，e 为电子电荷，B 为磁场）接近整数 N 时，霍尔电阻出现精确度优于 10^{-6} 的量子化平台，即 $R_{xy} = (1/N)(h/e^2)$，并伴随着纵向电阻的消失（$R_{xx}=0$）[3]。后续的精密测量很快表明，霍尔电阻量子化的精确度优于 10^{-8} [4]。量子霍尔电阻不仅为测量精细结构常数提供了一个新方法，而且还在 1990 年被采纳为电阻的国际标准（$R_{K\text{-}90}=25812.807\,\Omega$[5]）。量子霍尔电阻的精确性具有普适性，不依赖于二维电子材料的种类、器件的大小和形状，以及杂质的种类和分布等微观细节。在发现量子霍尔效应之前，在半导体材料中实现精确的量子化被认为是不可思议的事情。它的发现引发了一系列影响深远的理论和实验工作。除了大量综述文献外，已有十多本以量子霍尔效应为主题的专著或教材出版[6-15]。

1981 年，Laughlin 提出了一个假想实验，从规范不变性的角度解释了量子霍尔效应[16]。他假定：二维电子分布在一个带状闭合圆形环路上，环带表面处处有垂直磁场 B 通过。当一个量子磁通 $\phi_0=h/e$ 穿过圆环时，规范不变性要求电子的延展态波函数的相位只改变 2π，其物理效果是把电子从环带的一个边缘泵浦到另一个边缘。它对应的能量改变为：$E=NeV_{xy}=I\phi_0$，依此可得到霍尔电导 $\sigma_{xy}=Ne^2/h$。从本质上来说，在这个假想实验中霍尔电阻的量子化来源于电荷的量子化。

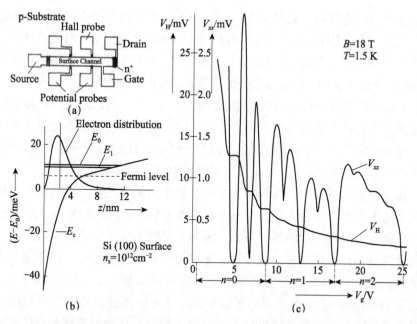

图 9-1　整数量子霍尔效应的实验发现。（a）von Klitzing 使用的 Si/SiO$_2$ 场效应器件图；（b）限制在 p 型 Si 表面反型层的二维电子系统的波函数示意图；（c）在 B=18 T 的垂直磁场中霍尔电压 V_H 和纵向电压 V_{xx} 依赖于栅压 V_g 的变化关系。测量温度为 1.5 K，源极和漏极之间的电流为 1 μA。能带图取自 von Klitzing, Rev. Mod. Phys., 58, 519 (1986)，其余取自 von Klitzing et al., Phys. Rev. Lett., 45, 494 (1980)

　　1982 年，Thouless 等给出了霍尔电阻的精确量子化的拓扑解释 [17]。磁场中二维电子系统基态波函数可用一个纤维丛来描述，它由 N 个被占据的布洛赫态 $\{u_m(k), m=1, 2, \cdots, N\}$ 构成。根据陈省身的关于第一示性类的微分几何定理，这些布洛赫态可使用拓扑不变量 $N = \frac{1}{2\pi}\int F d^2 k$ 来表征，其中 $\boldsymbol{F}= \nabla \times \boldsymbol{A}$ 是贝里（Berry）曲率；$\boldsymbol{A} = \mathrm{i}\sum_{m=1}^{N}\langle u_m |\boldsymbol{\nabla}_k| u_m \rangle$ 是贝里连接；陈数 N 为整数，可以看成是波函数沿着布里渊区周边做绝热变换所获得的贝里相位。由久保（Kubo）公式导出的霍尔电导和关于陈数 N 的表达式类似。陈数是拓扑不变量，不随哈密顿量的光滑改变而变化，这为量子霍尔电阻的高度精确性提供了一个完美的解释。1985 年，牛谦、Thouless 和吴咏时进一步证明：即使存在多体相互作用，量子霍尔电导仍然是一个拓扑不变量 [18]。

　　上述理论解释仅涉及二维电子系统体内的波函数特性。1982 年，Halperin 指出了边缘态的重要性 [19]。量子霍尔态的样品体内与普通绝缘体类似，其费米能级处于能隙之中，纵向电导率为零，输运过程由边缘态承载。

静电势使得朗道能级在边缘附近向上弯曲并与费米能级相交，形成一维的导电边缘态。边缘态输运也可用电子在磁场中的准经典运动进行直观的理解：体内的电子只做局域的回旋运动，样品边缘的电子则沿着样品边缘做跳跃式轨道（skipping orbit）运动。边缘态电子的运动方向由磁场方向决定，具有手性。二维电子系统体内每个被填满的朗道能级对应于一个一维边缘态。在样品的每个边缘，所有导电通道的电子运动方向相同，电子背散射需要跨过绝缘的体态，因此在零温度下被完全抑制。根据 Landauer-Büttiker 理论[20]，每个边缘态贡献一个量子电导 e^2/h，这也可以解释霍尔电阻的量子化。

在量子霍尔系统中，边缘态的存在受到体内能带的拓扑性质保护。量子霍尔边缘态也可以理解为拓扑非平庸的体态（$N \geqslant 1$）和真空（$N=0$，等价于拓扑平庸的绝缘体）之间的界面态。因为拓扑数的变化，能隙必然经历一个从闭合到重新打开的过程，这保证了无能隙的界面态的存在。类似地，边缘态也可出现在不同整数朗道能级填充数的过渡区域[21]，图 9-2（a）～（c）给出了 von Klitzing 小组获得的实验证据。这种体拓扑性质和无能隙边缘态的对应关系在其他物理系统也存在[22]。下文将介绍拓扑绝缘体的边缘态或表面态的存在也是由其体内电子结构的拓扑性质决定的。

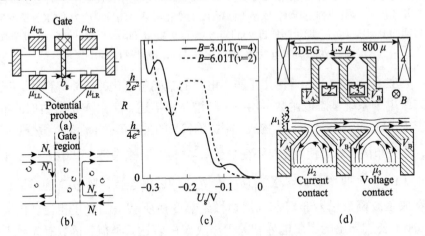

图 9-2　量子霍尔边缘态的实验展示。（a）带有指型栅极的霍尔条器件图；（b）指型顶栅下方的二维电子系统的朗道能级填充数 v_g 降低，导致在朗道能级填充数不同的区域边界上形成新的边缘态 N_r；（c）纵向电阻 R 随指型栅极电压的变化：当 v_g 为整数时，R 出现极大或平台；（d）利用劈裂栅构造的量子点接触可以实现对边缘态的选择性占据。图（a）～（c）取自 Haug et al., Phys. Rev. Lett., 61, 2797（1988）；图 (d) 取自 van Wees et al., Phys. Rev. Lett., 62, 1181（1989）

Landauer-Büttiker 理论能解释具有多个电极的二维电子系统样品的边缘态输运。在理想的源电极和漏电极之间，同侧的边缘态化学势相等。理想的电压电极完全吸收并发射相同数目的边缘态，具有与边缘态电子相同的化学势。对于非理想的接触电极，边缘态可被部分反射或透过。可以通过构造人工结构来控制边缘态。例如，利用劈裂栅（split-gate）技术耗尽电极下方的电子来获得一个狭窄的受限电子通道[23,24]。在零磁场下，受限通道内的电子形成一维的子能带，电导会产生量子化。劈裂栅极技术在制备人工半导体量子点结构中也发挥了不可替代的作用，这类量子比特是近 20 年固态量子计算领域的主要研究对象之一[25]。van Wees 等利用劈裂栅制备了如图 9-2（d）所示的量子点接触结构，实现了对边缘态的选择性占据和探测[26]。加在不同边缘态上的电势差可以导致电子在边缘态之间散射[27]，Dixon 等利用自旋方向相反的边缘态之间的散射实现了动态极化原子核自旋[28]。姬扬等则利用量子点接触实现了首个固态系统中的 Mach-Zehnder 干涉器，并研究了二维电子系统在高磁场下沿不同路径传播的边缘态电子之间的干涉效应[29]。最近，Choi 等利用量子点接触构造了法布里-珀罗（Fabry-Perot）干涉仪，获得了 $\nu = 2$ 等几个整数量子霍尔边缘态存在电子配对的证据[30]。

无序在量子霍尔效应中的作用也至关重要[31,32]。无序导致朗道能级的展宽，每个朗道能级的中心区为扩展态，两边则为局域态。在量子霍尔平台区域，费米能级位于局域态中，而相邻平台之间的转变区则对应着费米能级处于扩展态中。Pruisken 首先指出了这种局域-非局域的转变和安德森（Anderson）转变之间的联系[33]。理论表明[34,35]，不同量子霍尔平台之间的转变是一种量子临界相变，它由局域化长度 ξ 与样品的有效尺寸 L_{eff} 之间的竞争来决定。局域化长度满足 $\xi \propto |B - B_c|^{-\nu}$，其中 B_c 为临界磁场，ν 是普适的临界指数。电阻张量满足标度律 $R_{\mu\nu}=R_{\mu\nu}(L_{\text{eff}}/\xi)$，其中有效长度 L_{eff} 对于足够大的样品决定于电子的位相相干长度 $l \propto T^{-p/2}$。临界磁场 B_c 处霍尔电阻的导数 $(\mathrm{d}\rho_{xy}/\mathrm{d}B)|_{B=B_c}$ 及 R_{xx} 峰的半高宽 ΔB 都正比于 T^{-k}，其中指数 $k = p/(2\nu)$。Wei 等详细地测量了 (In,Ga)As/InP 异质结的量子霍尔平台间的转变，并得出 $\nu = 0.42$；它对应于 $p=2$，$\nu =2.4$，与短程白噪声类型无序的理论计算结果符合[36]。然而，其他小组后来对 Si/SiO$_2$，GaAs/（Al，Ga）As 等二维系统的一些类似测量却得出明显偏离 0.42 的 k 值，甚至根本没有标度律[37-40]。这被解释为在后两种体系中主要的无序类型是长程势的涨落，而不是（In，Ga）As

中的短程合金无序。李万里等后来把合金无序引入 GaAs 二维电子气中，发现在一定的 Al∶Ga 配比下，$k = 0.42$ [41]。他们还观察到平台-平台间转变的标度行为一直维持在 10 mK 左右 [42]。上述结果建立了量子霍尔态之间的转变和安德森局域化的内在联系。

整数量子霍尔效应原则上可在单电子图像框架内加以解释，但电子与电子的多体相互作用并不总是可以忽略。一个重要的例子是量子霍尔铁磁体 [43,44]。对于填充数 $\nu = 1$ 的最低朗道能级，即使在塞曼能量 $E_z=0$ 的极限下，电子-电子相互作用也会产生铁磁序。当 ν 偏离 1 时，电子-电子相互作用形成涡旋状的自旋织构 (spin texture) 以降低整个体系的能量：自旋方向在中心处与外加磁场相反，偏离中心时逐渐反转，并过渡到在边界处平行于外加磁场。这种自旋织构是一种拓扑缺陷，被称为斯格米子（skyrmion，电荷为-e）或反斯格米子（anti-skyrmion, 电荷为 +e）。需要指出的是，斯格米子最初是 1962 年 Skyrme 在研究原子核结构时提出的 [45]。1993 年，Sondhi 等预言斯格米子在量子霍尔系统中能够存在 [46]。

1995 年，Barrett 等使用光学泵浦的核磁共振实验测量了 GaAs 二维电子系统在 $\nu = 1$ 附近的奈特 (Knight) 位移，发现电子自旋极化率 P_e 在 ν 偏离 1 时迅速下降，P_e 值比单电子图像下的理论值小很多，实验数据可用每个斯格米子（反斯格米子）对应着 3.6 个自旋翻转来解释 [47]。这一实验结果提供了凝聚态系统中存在斯格米子的首个证据。斯格米子的尺寸和总自旋角动量随着电子塞曼能与库仑能之比 E_z/E_c 的增加而减小，并在强场极限下退化为单个电子自旋翻转。理论还预言斯格米子能形成晶体结构 [48]，具有无能隙的 Goldstone 模的低能激发，从而能突破强磁场下的电子和原子核塞曼能不匹配这一瓶颈，并显著地增强原子核的自旋弛豫 [49]。迄今，已有很多小组观察到了 $\nu=1$ 附近较强的核自旋弛豫速率 $1/T_1$，但实验获得的 $1/T_1$ 对温度的依赖关系仍有较大分歧 [50-55]。尽管理论预言了许多与斯格米晶体有关的相变行为 [48,49,56-60]，但验证这些理论需在极低温条件下开展更加系统的实验 [44]。近年来，斯格米子在其他凝聚态系统［如三维手性磁体 MnSi 和二维 Fe/Ir(111) 体系等］也被发现 [61-63]，其中 MnSi 中的霍尔效应被认为有拓扑性质 [64,65]。

第三节 分数量子霍尔效应

一、分数量子霍尔效应的发现

1982 年，崔琦和 Stormer 使用 Gossard 生长的调制掺杂的 GaAs/（Al, Ga）As 异质结样品，在朗道能级填充数 $v = 1/3$ 附近观察到了 $R_{xy} = 3$（h/e^2）的量子霍尔平台[66]（图 9-3）。他们的样品电子迁移率约为 10^5 cm²/（V·s），比 von Klitzing 发现整数量子霍尔效应时使用的 Si/SiO$_2$ 样品的迁移率高数倍。此后几年，分子束外延技术的发展显著地提高了 GaAs 二维电子系统的迁移率。1988 年，电子最大迁移率已超过 10^7 cm²/（V·s）[67]。目前，电子迁移率最高纪录已超过 $3×10^7$ cm²/（V·s）[67,68]。在超高迁移率的样品里已经能够观察到接近 80 个不同的分数量子霍尔态，其中大部分是奇数分母态，如 2/3，1/5，3/7，4/9，2/11，7/13，9/17，10/21[69]。分数量子霍尔态与整数量子霍尔态有诸多相似之处，例如，两者都具有精确量子化的霍尔电阻平台以及相伴的零纵向电阻。尽管如此，分数量子霍尔效应的来源却与整数效应在本质上不同：分数效应依赖于电子与电子之间的强相互作用，而整数效应原则上只需要独立电子的运动就可产生。后者最近在冷原子体系的模拟实验中得到进一步证实[70]。

二、Laughlin 波函数、分数电荷与分数统计

分数量子霍尔态的物理本质在 1983 年由 Laughlin 指出[71]。他给出了关于奇数分母态（$v = 1/m$ 态）的多体波函数，这是理论解释分数量子霍尔效应的关键一步。Laughlin 进一步得出：电子与电子之间的库仑相互作用产生了一个能隙，分数量子霍尔态是一种不可压缩的量子液体，并且其准粒子激发具有分数电荷 $±e/m$。分数电荷的第一个实验证据来自 Goldman 和 Su 在 1995 年报道的共振隧穿实验，他们得出 $v = 1/3$ 态的准粒子激发的电荷接近 $e/3$，而整数量子霍尔态对应的电荷则接近 e[72]。1997 年，Heiblum 小组[73] 和 Glattli 小组[74] 用散粒噪声实验进一步证明了分数态的准粒子激发具有分数电荷（实验结果见 9-4）。2004 年，Yacoby 小组利用单电子晶体管结合背栅电极调控测量了分数量子霍尔态的电子可压缩性，

也获得了分数电荷的证据[75]。

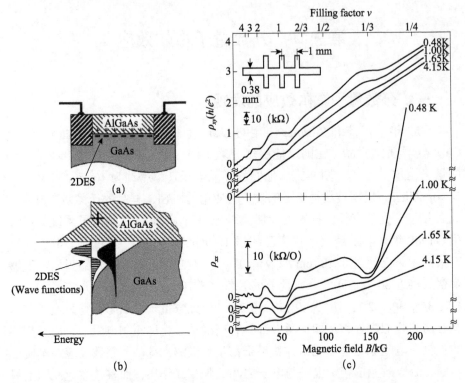

图 9-3　分数量子霍尔效应的实验发现。(a) GaAs/ (Al, Ga) As 异质结器件图；(b) 限制在 GaAs/ (Al, Ga) As 界面处三角形势阱的二维电子系统 (2DES) 波函数示意图；(c) 样品 GaAs/ (Al, Ga) As 的霍尔电阻 ρ_{xy} 和纵向电阻 ρ_{xx} 随磁场的变化，该样品的电子浓度为 $n=1.23\times10^{11}$ cm^{-2}，电子迁移率 $\mu=9\times10^{4}$cm^{2}/(V·s)。图 (a) 和 (b) 取自 Stormer, Rev. Mod. Phys., 71, 875 (1999)，图 (c) 取自 Tsui et al., Phys. Rev. Lett., 48, 1559 (1982)

　　除了分数电荷外，分数量子霍尔态的另一个奇妙性质是其准粒子既不服从费米-狄拉克统计，也不服从玻色-爱因斯坦统计。大多数情况（如奇数分母态）下，它们满足分数统计[76,77]，即交换两个准粒子会带来一个复数相因子 $e^{i\theta}$，例如，ν =1/3 态对应的相位 $\theta=\pi/3$。由于交换准粒子获得的相位可以是任意值，这种准粒子被称为阿贝尔任意子。2005 年，Goldman 小组报道了一个验证分数统计性质的实验。他们构造了一个量子干涉环，中心处一个 ν =2/5 的小岛被 ν =1/3 边缘态包围，边缘态的准粒子相干输运被用来探测岛上的准粒子的电荷。准粒子干涉带来电导的周期性变化，其周期对应着向 ν =2/5 小岛引入 5 个量子磁通，即 $h/(e/5)$，这与岛上的准粒子具有 $e/5$ 电荷的理论预期相符[78]。随后，这个小组又制备了 $v =1/3$ 态的准粒子干涉器，并观察到了 $h/(e/3)$ 周期[79,80]。这些进展令人鼓舞，但有研究指出相因子也有可能来源于其他复杂因素[81,82]。这方面的工作在后面关于 $v =5/2$ 态的统计性质时还会进一步介绍。

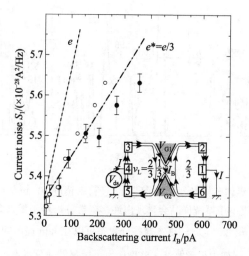

图 9-4 分数电荷的实验验证。利用劈裂栅构成的量子点接触可以使上下边缘的电子发生散射，这个器件（右下内嵌图）的散粒噪声谱提供了 $v =1/3$ 态的准粒子电荷 e^* 为 $e/3$ 的证据。取自 Saminadayar et al., Phys. Rev. Lett., 79, 2526 (1997)

三、分数量子霍尔态的理论描述

Laughlin 提出的波函数能够抓住分数量子霍尔态的本质，但却只能描述 $v = N \pm 1/m$ 的分数量子霍尔态。实验观察到的许多其他分数态，如 2/5、3/7、4/9 等，可总结为 $v =p/(2qp \pm 1)$ 这样的有理分数序列，其中 q=1，2，p=1，2，3，…（图 9-5）。这些非 Laughlin 系列的分数态的电子波函数可用两种方法进行构造。一种是 Haldane 和 Halperin 发展出的等级体系 (hierarchy) 方法[83,84]，另一种是 Jain 提出的组合费米子 (composite fermion) 方法[85]。

对于等级体系，所有的分数态都从 $v =1/m$ 的 Laughlin 母态演化而出。当 v 偏离 $1/m$ 时，电子系统会产生带有分数电荷的准粒子，它们达到一定浓度时会像电子凝聚到 $1/m$ 态那样形成新的准粒子液体，这样就可以从 1/3 态出发逐级获得 2/5、3/7、4/9 和 5/11 等分数态。显然在这种方法中，不同的分数态处于不同"级别"的状态，因此它很难被用来描述高阶奇数分母态及偶数分母态。后者（如 $v =1/2$ 态）在实验中表现出费米液体的一些特征。

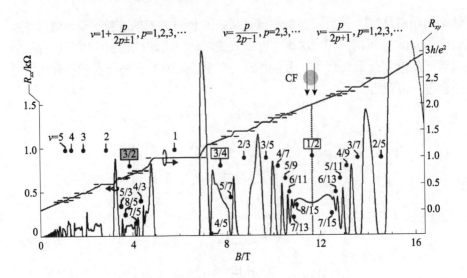

图 9-5　分数量子霍尔态与组合费米子理论。迁移率超过 $10^7 \mathrm{cm}^{-2}/$（V·s）的 GaAs/（Al, Ga）As 二维电子系统样品会呈现出许多奇数分母量子霍尔态，可以总结为 $\nu = N + \dfrac{p}{2pq \pm 1}, p = 1,2,3,\cdots, q = 1,2$，这些分数态可以在 Jain 提出的组合费米子理论框架内得到解释。该理论也可解释偶数分母态

为解决这个困难，Jain 提出了组合费米子的理论[85]。组合费米子是由一个电子和偶数（$2q$, $q = 1$, 2, $\cdots$）个量子磁通（$\Phi_0 = h/e$）组成的准粒子。组合费米子在平均场水平上感受到一个减小的有效磁场，$B^* = B - 2q\Phi_0/n_s$，这样一个强相互作用的电子体系就可以近似地转化为一个弱相互作用的组合费米子体系。对于 $\nu = 1/2$ 态，有效磁场 $B^* = 0$，组合费米子构成一个与零磁场下的二维电子气有相似之处的无能隙费米液体，并具有明确的费米面[86]。这已被 Willett 等的表面声学波[87]、Kang 等的反点阵列共振[88] 以及 Goldman 等[89] 和 Smet 等的磁聚焦[90] 等一系列实验所验证。分数量子霍尔态可以看成是组合费米子在有效磁场 B^* 下的填充数为 p 的整数量子霍尔效应，其对应关系为 $\nu = p/(2qp \pm 1)$。例如，$\nu = 1/2$ 附近的 1/3, 2/5, 3/7, …（或与此对称的 2/3, 3/5, 4/7, …）系列分数态可以看成是填充数分别为 $p=1$, 2, 3, …的组合费米子的整数量子霍尔态。组合费米子理论能很好地解释 $\nu = 1/2$ 和 3/2 附近的分数态结构具有与零磁场附近整数态结构的相似性[91]。需要指出的是，组合费米子的有效质量与电子不同，它来自电子与电子之间的库仑相互作用，因此正比于 $\sqrt{B}$，并有实验支持[92,93]。

四、偶数分母态的实验发现与初步研究

1987 年 Willett 等在高迁移率的二维电子系统样品中出人意料地观察到了 $\nu = 5/2$ 分数量子霍尔态[94]，5/2 态和后来发现的 7/2 态都对应于半填充的 $N=1$ 朗道能级[95]。与 $N = 0$ 朗道能级半填充时形成的无能隙费米液体（$\nu = 1/2, 3/2$）不同，5/2 和 7/2 态是不可压缩的分数量子霍尔态。后来在更高迁移率样品的测量证明，5/2 态具有分数量子霍尔态的两个标志性特征：精确量子化的霍尔电阻和零纵向电阻[96,97]（图 9-6）。

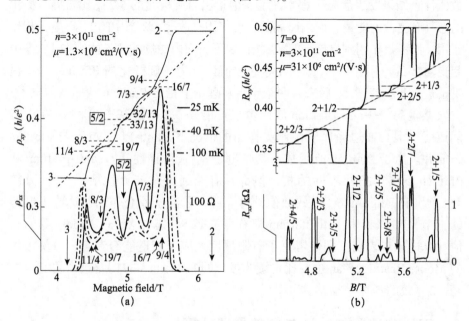

图 9-6　ν =5/2 及 12/5 分数量子霍尔态的实验发现。(a) 在电子迁移率为 1.3×10^6 cm²/(V·s) 的 GaAs/（Al, Ga）As 样品首次观察到 5/2 态，取自 Willett et al., Phys. Rev. Lett., 59, 1776 (1987)；(b) 在迁移率高达 3.1×10^7 cm²/（V·s）的样品中观测到精确量子化的 5/2 态及 12/5 态，取自 Xia et al., Phys. Rev. Lett., 93, 176809 (2004)。理论预言这两个态具有满足非阿贝尔统计性质的准粒子

确定 5/2 等偶数分母分数量子霍尔态的物理本质对理论和实验都是一大挑战。1988 年，Haldane 和 Rezayi 构造了自旋单态波函数来描述偶数分母态[98]。1991 年，Moore 和 Read 利用共形场理论 (conformal field theory) 方法给出了自旋极化的 Pfaffian 波函数，他们和文小刚分别指出其准粒子激发具有非阿贝尔统计性质[99,100]。Pfaffian 波函数可以看成是 $p+ip$ 超导体的在分数量子霍尔体系的类比[101]，这两个体系后来被证明具有相同的拓扑性质[102]。

5/2 态还可以看成是由半填充的朗道能级中的组合费米子的 p 波配对态：相比 v =1/2 态，5/2 态的排斥性的库仑作用被过度屏蔽，弱的吸引作用导致库珀对的形成[103]。

尽管 v =5/2 态被预言有非阿贝尔统计性质，但在一段时间内并没有引起广泛的重视。原因是早期的一个实验观察到 5/2 态在倾斜磁场中会被破坏掉，由于面内磁场增加塞曼能量，5/2 态的自旋在当时被认为并非完全极化，从而不支持 Moore-Read Pfaffian 是基态波函数[104]。这种情况在 1998 年 Morf 的数值计算结果发表后有了根本改变，他指出自旋极化的 5/2 态比自旋非极化的态具有更低的能量，面内磁场的主要作用是改变 5/2 态中的电子-电子相互作用，而不是作用到自旋上[105]。相比之下，面内磁场的塞曼能则在 1/2 态中起更重要的作用[106,107]。Rezayi 等的数值计算为自旋极化的 Pfaffian 基态提供了进一步支持[108]。后来，两个小组在理论上指出 Pfaffian 波函数的电子-空穴共轭态——anti-Pfaffian 波函数也可能是 5/2 态的基态[109,110]。在没有朗道能级混合或边缘库仑限制势作用的情况下，anti-Pfaffian 态与 Pfaffian 态简并。由于 Pfaffian 波函数不具备电子-空穴对称性[101]，anti-Pfaffian 和 Pfaffian 不属于拓扑不同的相，但都具有非阿贝尔统计性质[109,110]。万歆等[111,112] 和 Feiguin 等[113] 的数值计算表明，取决于库仑作用及边缘限制势的细节，Pfaffian 和 anti-Pfaffian 都有可能是 5/2 态的基态。Biddle 等的数值计算进一步表明，即使考虑了有限厚度效应及朗道能级混合，自旋极化的 Moore-Read Pfaffian 也要比自旋非极化的 Halperin（331）态[114] 更有可能是 5/2 系统的基态[115]。

五、非阿贝尔统计与拓扑量子计算

2003 年，Kitaev 提出二维量子系统中具有非阿贝尔统计的任意子可以作为量子计算的基础[116]。在上文提到，奇数分母分数量子霍尔态的准粒子激发符合阿贝尔统计，两个任意子交换为波函数带来一个复数相因子[76,77]。对于 5/2 等偶数分母态，准粒子激发也具有分数电荷，但交换两个粒子会带来一个幺正变换，对应于量子系统在简并基态中变换[99,100,117]。系统基态的简并度与非阿贝尔任意子的个数有指数依赖关系，量子信息可存储在这个非局域的简并空间中[118]。对于 Moore-Read 系统，系统简并的基态与连续的激发态之间有一个能隙保护，因此不受局部的干扰影响。由于幺正变换矩阵的不对易性，一系列任意子的交换操作与相应的"编织"（braiding）路径有关。这种逻辑操作只与"编织"路径的拓扑性质有关，不易受局部的干扰（如杂质离子的散射）影响，因此拓扑量子计算在容错性上比传统量子计算有巨大优势[117,119,120]。2005年，Sarma、Freedman和Nayak提出了一个基于5/2态的量子比特结构[121]。关于5/2态的理论和实验研究在过去十余年里成为一个非常引人注目的方向[119,120,122,123]。

六、v=5/2态的进一步研究（寻找非阿贝尔任意子）

分数量子霍尔态的拓扑序[124]既表现为在体内有分数电荷任意子，也表现为在边缘上出现有手性的拉廷格（Luttinger）液体[125]。测量v=5/2态的准粒子的分数电荷可以帮助确定其基态波函数。Heiblum小组[126]和Yacoby小组[127]分别用散粒噪声谱和单电子晶体管方法确定了5/2态的确具有$e/4$电荷准粒子，与Moore-Read Pfaffian基态波函数相应的理论预期相符。但需要指出的是，$e/4$电荷仅是非阿贝尔任意子存在的必要条件，阿贝尔性质的Halperin（331）等波函数也具有相同的准粒子电荷[114,122]。v=5/2边缘态的隧穿实验提供了进一步的信息。利用量子点接触可诱导准粒子在不同的边缘态之间隧穿，在弱隧穿极限下隧穿电压与电流有非线性关系[128]。温度足够低时，零偏压电导应与温度有幂次关系$G_0 \propto T^{2g-2}$，其中g是依赖于电子间相互作用的常数。对于不同的候选波函数，g具有不同的数值[129-131]。Marcus小组[132]、Kastner小组[133]和Ensslin小组[134]先后报道了5/2态隧穿实验的结果。总体上，这些实验结果似乎更接近于$e^*=e/4$及$g=3/8$，即支持阿贝尔性质的Halperin（331）或（113）波函数[115,135]，而与非阿贝尔性质的波函数（$g=1/8$或$\geq 1/2$）不符[134]。

自旋极化率的测量也可以帮助确定v=5/2的基态波函数。对于p波配对的Pfaffian和anti-Pfaffian波函数，电子自旋应完全极化。Tiemann等[136]和Stern等[137]分别进行了电阻探测核磁共振的实验（图9-7），他们的数据支持5/2态的自旋为完全极化。Stern等[138]和Rhone等[139]还分别进行了荧光光谱和非弹性光散射测量，但得出了自旋并非完全极化的结论。这些光学方法有可能对杂质附近的局域自旋态敏感，其可靠性还有待验证。输运实验观察到v=5/2态在很宽的磁场范围内存在，这间接地支持自旋完全极化[140-142]。需要指出的是，仅凭自旋完全极化也不能完全确定5/2态的非阿贝尔属性，因为具有阿贝尔统计性质的Halperin（331）波函数既可以是自旋非极化的，也可以是自旋完全极化的[143,144]。

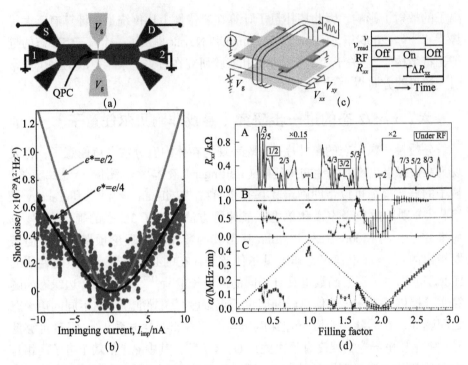

图 9-7　v =5/2 态的准粒子电荷及自旋极化率。（a）测量散粒噪声谱的器件示意图；
（b）测量结果，数据与准粒子电荷 $e^*=e/4$ 的理论预期基本一致，取自 Dolev et al., Nature,
452, 829 (2008)；（c）测量电子极化率的电阻探测 NMR 方法的示意图及测量时间序列；
（d）电子自旋极化率 P 及相应的纵向电阻 R_{xx} 随填充数 v 的变化关系，其中 v 是与奈特位
　　移有关的系数，取自 Tiemann et al., Science, 335, 828 (2012)

　　另一类值得注意的实验是边缘态的中性模（neutral mode）的探测。按照
电子-空穴对称性，v =2/3 态可看成 1/3 态的共轭态。早期的理论预言 2/3 态
具有 v =1 电子边缘态和 1/3 空穴边缘态，并且二者的传播方向相反 [145,146]，
但这与实验不符合 [147]。后来，Kane 等考虑了无序、相互作用和边缘再构，
指出在样品的边缘电荷只向下传播，而能量则可以向上传播（即存在所谓的
中性模）[148,149]。然而，中性模在很长时间内都没有被观察到。对于有边缘再
构的 v =5/2 态，非阿贝尔的 Pfaffian 及 anti-Pfaffian 在理论上都可能存在中性
模 [150]。2010 年，Heiblum 小组报道利用散粒噪声方法探测到了 2/3 和 5/2 等
分数态的中性模 [151]。2012 年，Yacoby 小组使用量子点作为局域温度计探测
到了 v =1 态的中性模 [152]。Feve 小组则用高频测量方法获得了 v =2 态也存在
中性模的证据 [153]。最近，Heiblum 小组报道了 1/3 等分数态也存在中性模，
并指出已有的边缘态的理论不能解释这一结果。此外，Yacoby 和 Heiblum

两个小组还观察到了体态的热输运，这一结果也有待理论解释[154]。GaAs/AlGaAs 二维电子系统样品的边缘态再构可能是造成上述复杂实验结果的原因[155-160]，这也对解释隧穿实验及获得可靠的准粒子干涉带来挑战[154]。

更直接的探测 ν =5/2 态统计性质的实验是准粒子干涉实验。理论上提出的器件结构主要有两种，一种是法布里-珀罗干涉器[161-168]，另一种是 Mach-Zehnder 干涉器[169,170]。在这两种准粒子干涉器中，量子点接触都被用来操控边缘态。对于 5/2 态，目前仅有使用法布里-珀罗器件的实验报道[171-174]。这里只介绍 Willett 等的一系列实验结果[171-173]。图 9-8 给出 Willett 等使用的器

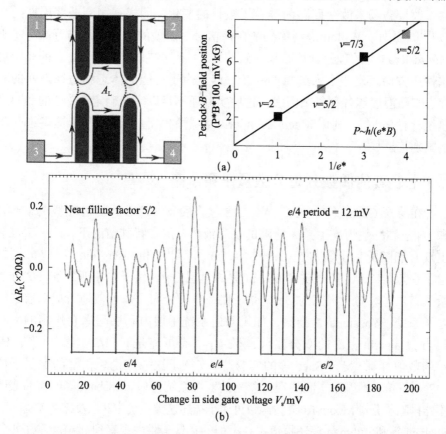

(a)

(b)

图 9-8 ν =5/2 态的准粒子干涉实验。(a) 法布里-珀罗干涉器示意图，上下边缘态的准粒子在两个量子点接触附近发生散射，从而构成一个有效面积为 A_L 的 Aharonov-Bohm 环；(b) 通过中间指栅型顶栅电极改变 A_L 引起的振荡，其中 $R_L = V_{34}/I_{12}$。对于 ν =5/2 态，振荡周期在 $e^* = e/4$ 和 $e/2$ 对应的数值间变化。对于 ν =7/3 和 ν =2 态，分别观察到了 $e^* = e/3$ 和 e 对应的周期振荡。取自 Willett et al., Phys. Rev. B, 82, 205301 (2010)

件示意图，干涉器由两个量子点接触和一对较宽的侧栅构成，准粒子沿着边缘传播时量子点接触处发生隧穿。在源极和漏极之间（电极 1 和 2）施加的电流 I_{12} 也能在电极 3 和 4 间的边缘传播，准粒子的干涉效应会反映在这两个电极间的电压 V_{34} 上。通过改变侧栅电压能调节干涉器的有效面积 A_{L}，从而引起 V_{34} 的周期振荡。Willett 等观察到干涉器电阻 $R_{\mathrm{L}}=V_{34}/I_{12}$ 的振荡周期在 $h/(4e)$ 和 $h/(2e)$ 间交替变化[172]。对于 Moore-Read 态，理论预期如果回路中有偶数个 $e/4$ 准粒子，干涉信号会出现 $h/(4e)$ 周期；反之，由于回路内和边缘上的准粒子之间的纠缠，只有 $h/(2e)$ 振荡才能观测到[175]。Willett 等还通过改变磁场来改变回路内准粒子数目的变化，同样观测到振荡周期的交替[173]。此外，Willett 等观测到的振荡信号对温度的依赖关系与万歆等基于 Moore-Read 态的理论计算结果一致[112,176]。上述结果在验证 5/2 态的非阿贝尔性质方面迈出了令人鼓舞的一步，但是由于可能的体态和边缘态间的隧穿、有限温度等各种复杂因素，这些实验还不足以完全确定 5/2 态的非阿贝尔统计性质[120]。利用 Mach-Zehnder 干涉器的实验也许有助于提供进一步的甄别信息[177]。

七、其他偶数分母分数量子霍尔态

在单层 GaAs/（Al，Ga）As 二维电子系统中，最低朗道能级的 ν =1/2 和 1/4 态在一般情况下是无能隙的费米液体。但在特殊情况下，ν =1/2 也会出现有能隙的量子霍尔态。1992 年，Suen 等[178] 和 Eisenstein 等[179] 分别报道了在双层 GaAs 量子阱和 68 nm 宽的单层 GaAs 量子阱中观察到 1/2 分数量子霍尔态。对于很宽的 GaAs 量子阱，电子分布可以近似地看成双层二维电子系统。Yoshioka 等指出，如果双层系统中层内和层间库仑作用的大小相当，Halperin 提出的双分量波函数 $\phi_{\{311\}}$ 有可能是 ν =1/2 基态[114,180]。He 等的数值计算[181] 及 Suen 等的实验[182] 支持了这一结论。稍窄的宽量子阱（47~55nm）不能用层间隧穿可忽略的双层系统近似，Shabani 等的实验表明不能排除单分量 Moore-Read 波函数可用于描述这类系统中 ν =1/2 态的基态[183]。Shabani 等和 Luhman 等还报道了在类似的宽量子阱中观察到 ν =1/4 量子霍尔态[183,184]。最近，Liu 等还在宽量子阱的二维空穴系统中观察到 1/2 量子霍尔态，并指出双分量 {311} 波函数有可能描述这个态[185]。

八、GaAs/AlGaAs 系统中量子霍尔研究的其他进展

上文着重介绍了在 $\nu=5/2$ 态及相关的体系中的主要实验进展。过去十几年来，关于 GaAs/AlGaAs 二维电子系统的研究在其他方面也有不少重大的进展。本节只选取双层二维电子系统、各向异性态、魏格纳（Wigner）晶体和自旋物理等方面进行简略的介绍。

在双层二维电子系统方面，Eisenstein 小组发现，如果两层二维电子系统的朗道能级填充数都为 1/2，层间的库仑相互作用为产生总填充数为 1 的量子霍尔效应。他们制备了可独立为上下两层提供欧姆接触的电极[186]，在测量层间电导时观察到在零偏压附近有一个巨大的共振峰，并且这个共振峰在层间库仑作用减小后会消失[187,188]。这个优美的量子现象被解释为上下两层中的电子和空穴相互作用而产生的激子玻色-爱因斯坦凝聚[189]（图9-9）。后来，Shayegan 小组利用双层的二维空穴系统也得到了激子凝聚的证据[190,191]。von Klitzing 小组利用 Corbino 型器件也深入研究了双层二维电子系统的层间隧穿，并观察到了类似超导约瑟夫森结的临界电流[192,193]。在 Corbino 器件中，激子（或类似超导库珀对）的超流必然流经双层二维电子系统的体内而不是边缘，其中一层中的电流可以通过库仑作用在另外一层中诱导方向相反的电流[194]。最近，关于这个有趣体系的深入研究一直在持续[195-200]。

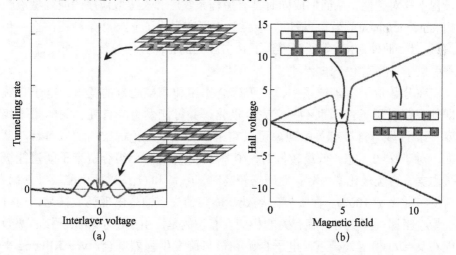

图 9-9 双层二维电子系统的激子凝聚。当双层系统的朗道能级总填充数 $\nu_T=1$ 并且间距足够近时，层间库仑相互作用会产生类似玻色-爱因斯坦凝聚的激子凝聚现象。（a）零层间电压附近的巨大隧穿速率峰；（b）在发生激子凝聚时消失的霍尔电压。取自 Eisenstein & MacDonald, Nature, 432, 691 (2004)

对于电子浓度较低的样品，随着磁场的增加，朗道能级填充数降到 1/5 或更低，电子-电子相互作用的增强会导致分数量子霍尔液体态的终结和魏格纳晶体的形成[201]。由于其绝缘性质，电子输运很难被用来探测魏格纳晶体[202]。微波电导率的测量提供了魏格纳晶体存在的证据[203,204]。微波实验还在填充数稍微偏离 1/3 或整数的条件下观测到一些共振峰，它们被猜测可能来自少部分电子被无序钉扎而形成的晶态畴振动模式[205-207]。最近，电阻探测的核磁共振以及化学势测量方法被用于研究后一类魏格纳晶体[208,209]。

前面提到的各种输运现象大都是在 GaAs（001）表面上外延生长的二维电子系统上完成的。对于最低朗道（$N=0$）能级，输运现象对电流在 GaAs 晶面上的取向不敏感。1999 年，崔琦小组[210,211]和 Eisenstein 小组[212]分别在研究半填充的高朗道能级（即 $N \geq 2$，v =9/2，11/2，13/2，…）的输运时发现了纵向电阻的高度各向异性。施加面内磁场还可以使原本各向同性的 5/2 态产生各向异性，即 <110> 方向的电阻率远小于 <1$\bar{1}$0> 方向[210]。高朗道能级的波函数形状不同于低朗道能级，库仑相互作用的变化使得分数量子霍尔态相对电荷密度波在能量上不利。Hatree-Fock 计算表明，这些高朗道能级存在着条纹相 (stripe phase)[213-215]。量子涨落和热涨落被预言可破坏电荷密度波的长程平移对称性，从而形成同时具有短程条纹序和长程取向序的向列型液晶相 (smectic phase)[216-218]。最近，核磁共振研究提供了 v =5/2 条纹相的进一步信息[219]。此外，Xia 等还观察到了 v =7/3 处的各向异性分数量子霍尔态[220]，并引发了一些理论工作[221-224]。

在分数量子霍尔体系中，由于库仑作用和塞曼能量的竞争，电子自旋即使在强磁场条件下也不一定完全极化，并可能发生与自旋有关的量子相变[44]。许多与自旋有关的现象可以在组合费米子理论框架内加以解释。例如，对于 v =2/3 态，低场较低时，(0,↑) 和 (0,↓) 这两个组合费米子朗道能级被占据，自旋极化率为零；而磁场较高时，(0,↑) 和 (1,↑) 这两个能级被占据，自旋极化率为 100%。在临界磁场处，能隙消失，输运出现耗散行为，通过测量电阻即可探测与自旋有关的相变。有趣的是，由于电子和原子核的塞曼能在 v =2/3 相变处接近，电子自旋和核自旋发生强烈耦合。von Klitzing 小组发现在 2/3 态自旋相变处，电流可导致巨大的电阻峰。如图 9-10 所示，他们通过核磁共振实验证明该电阻峰来源于原子核自旋的动态极化[225-228]。利用 2/3 态相变电阻可以实现对原子核自旋极化和核自旋弛豫的灵敏探测。这个方法最早被 von Klitzing 小组[229]和 Hirayama 小组[230]使用。最近，Muraki

小组利用这个技术发展出了一个类似光学泵浦–探测的方法来测量奈特位移，从而能探测不同量子霍尔态（包括 5/2 态）的自旋极化率[146]。此外，$\nu = 1/2$ 态存在一个电子自旋从部分极化到完全极化的转变，利用这个态的电阻也可以实现对原子核自旋弛豫的探测。由于 1/2 态是无能隙的费米液体，部分极化时电子自旋和原子核自旋有较强的相互作用，组合费米子很容易被加热，施加电流就可以改变原子核自旋极化。结合上述电学操控和探测原子核自旋极化的方法可进行原子核自旋弛豫测量，相比其他实验手段（如核磁共振和光学），这种全电学的测量能在更低的温度下进行[231]。

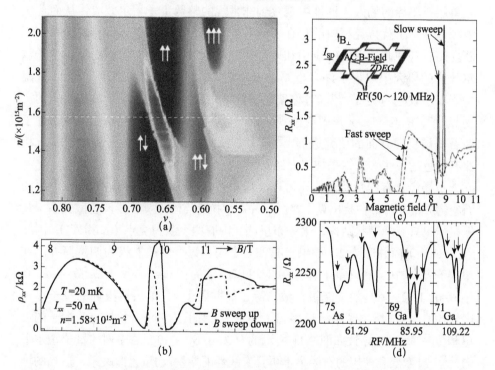

图 9-10 $\nu = 2/3$ 附近与自旋有关的量子相变及核自旋极化的电阻探测。（a）在电子浓度和填充数（即 n_s）二维平面上的纵向电阻，该图可清晰地展示与自旋有关的相变。（b）和（c）展示慢速扫描磁场条件下电流导致的巨大纵向电阻峰，（d）核磁共振实验表明该电阻峰与电流诱导的动态核自旋极化有关。利用 $\nu \approx 2/3$ 处的电阻可以实现灵敏的核磁共振实验。（a）、（b）取自 Kraus et al., Phys. Rev. Lett., 89, 266801 (2002), (c)、（d）取自 Kron-müller et al., Phys. Rev. Lett., 82, 4070 (1999)

第四节　石墨烯中的量子霍尔效应

2004 年在 Geim 和 Novoselov 用胶带解理方法分离出几个甚至单个原子层厚的石墨薄片后[232]，这种被称为石墨烯的二维原子材料迅速成为被物理、化学和材料等多个学科广泛研究的对象。Geim 小组[233] 和 Kim 小组[234] 很快在单层石墨烯的场效应器件中观察到非常规的整数量子霍尔效应，从而首次清晰地展示了狄拉克材料的存在。此后的十年，随着石墨烯材料的迁移率不断提高、各种调控手段的应用和理论研究的大量开展，人们在石墨烯量子霍尔效应的研究中取得了许多重要进展，例如，贝里相位的展示[229,230]、室温量子霍尔效应的实现[235]、对称破缺和量子相变[236]、分数量子霍尔效应的实现[237,238]、Hofstader 分形效应的观察[239-241]，等等。由于已有不少文献综述了在石墨烯物理方面的研究进展[242-244]，下面只选取与常规的二维电子系统相比有特色的一些实验结果加以介绍。

石墨烯具有蜂窝状结构，可以看成由两套等价的六角晶格构成。单层的石墨烯导带和价带在狄拉克点接触，并在狄拉克点附近具有线性色散关系。其倒格子也具有蜂窝状结构，第一布里渊区内有两个狄拉克点（K 和 K'），因此谷（valley）简并度为 2。如果没有塞曼劈裂，每个朗道能级为四重简并。在单层石墨烯中，整数量子霍尔效应可以归纳为：$\sigma_{xy} = \pm 4(N+1/2)e^2/h = e^2/h$，其中 $N=0, 1, 2, \cdots$ 是朗道能级指数。除了简并因子 4，单层石墨烯的量子霍尔电导比 GaAs 二维电子系统还多出了一个 1/2 因子，它来自狄拉克费米子的贝里相位[245-252]。这导致如图 9-11 所示的 $\pm 2, \pm 6, \pm 10, \cdots$ 序列的量子霍尔平台[235,236]。双层和三层的石墨烯不再具有线性的能量-动量色散关系，适当的堆垛次序可以分别具有抛物和立方色散，贝里相位相应地变成 2π 和 3π[253,254]。这些贝里相位的变化在量子霍尔效应的测量中被完美地演示出来。Novoselov 等发现了 Bernal 型（AB 堆垛）的双层石墨烯的量子霍尔平台序列为（$\pm 4, \pm 8, \pm 12, \cdots$）[255]。张立源等在 ABC 堆垛的三层石墨烯中观察到了 $\pm 6, \pm 10, \pm 14, \cdots$ 序列的量子霍尔平台[256]。对于层厚 1~3，电子和空穴对应的霍尔平台的最近的间距分别为 $4e^2/h$，$8e^2/h$ 和 $12e^2/h$。这可解释为零级朗道能级对于单层、双层和三层石墨烯的简并度分别为 4，8 和 12。零级朗道能级的存在是石墨烯不同于传统二维电子系统的一个突出特征[242]。

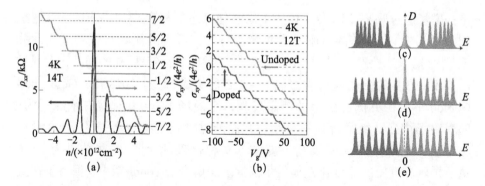

图 9-11 石墨烯中的量子霍尔效应。(a) 单层石墨烯是一个无质量的二维狄拉克费米子体系，霍尔电导出现 $\sigma_{xy} = \pm 4(N+1/2)e^2/h$ 的量子化平台（$N=0,1,2,\cdots$）；(b) 双层石墨烯为有质量的狄拉克费米子体系；$\sigma_{xy} = 4(N+1)e^2/h$；(c) 和 (d) 分别为单层和双层石墨烯的朗道能级图，它们与常规二维电子系统，如 GaAs/AlGaAs 异质结；(e) 的一个显著区别是石墨烯体系中存在着零级朗道能级。取自 Geim & Novoselov, Nat. Mater., 6, 183（2007）

在单层石墨烯中，载流子运动由狄拉克方程描述。施加磁场产生的朗道能级满足如下关系：$E_{\pm N} = \pm (h v_F / l_B)(2N)^{1/2} \propto (NB)^{1/2}$，其中费米速度 v_F 约为光速的 1/300，磁长度 $l_B = \sqrt{\dfrac{h}{eB}}$，这与传统二维电子体系的均匀间距能谱明显不同。对于单层石墨烯，较低的朗道能级具有较大的间距，磁场足够强时甚至会超过室温能量。利用这一特点，Novoselov 等在 2007 年观察到了室温量子霍尔效应。迄今，还没有在其他任何材料中观察到室温量子霍尔效应[235]。

除了线性色散带来的特殊的朗道能级结构，石墨烯的自旋和谷简并度的存在进一步丰富了这个体系的量子霍尔物理[257]。各种相互作用的竞争引起复杂的对称破缺及量子相变。2006 年，张远波等观察到在 $\nu = \pm 2, \pm 6, \pm 10, \cdots$ 序列之外还会存在 $\nu = 0, \pm 1, \pm 4$ 等霍尔电阻平台，倾斜磁场中的测量表明 $\nu = \pm 4$ 平台来自 $N=1$ 朗道能级的塞曼劈裂[236]。Young 等对迁移率更高样品的测量则提供了 $\nu = \pm 4, \pm 8$ 等量子霍尔态存在斯格米子激发的证据[258]。$\nu = \pm 1$ 平台的出现说明 $N=0$ 朗道能级的谷简并度被破坏[257]。弱磁场中 $N=0$ 朗道能级的谷劈裂大于塞曼劈裂[258,259]。这些结果预示着 $\nu = 0$ 态具有不寻常的物理。

许多关于 $N=0$ 朗道能级的实验工作集中于单层石墨烯的 $\nu = 0$ 态，它对应于半填充的零级朗道能级。传统二维电子系统中不存在由对称破缺导致的 $\nu = 0$ 态，因此激发了很多研究者的兴趣[242]。Checkelsky 等观察到 $\nu = 0$ 态的电阻随着磁场急剧增加，并依据电阻的温度依赖关系得出以下结论：磁场超过临界值时会发生一个向强绝缘态的相变[260]。Giesbers 等观察到强磁场中 $\nu = 0$ 态的电阻具有热激活行为，对应的能隙与磁场呈线性关系[261]。后来，杜序等[237]和 Young 等[258]测量了迁移率更高的样品，发现只需要不到 3 T 的磁场就可观察到 $\nu = 0$ 态的绝缘行为。2013 年，Goldhaber-Gordon 小组在更低温度下的测量发现，零磁场下 $\nu = 0$ 时就有绝缘行为；随着磁场增强，绝缘行为一直存在并逐渐过渡到绝缘性更强的 $\nu = 0$ 量子霍尔态，这个结果说明零场下就有谷对称性破缺[262]。这些结果为 $\nu = 0$ 量子霍尔态自旋的非极化性提供了证据。2014 年，Young 等[263]报道了在氮化硼衬底上制备的高迁移率两端器件上观察到面内磁场可使 $\nu = 0$ 态的电导从接近零变到接近 $2e^2/h$，并认为这是理论预言的一个由对称破缺导致的拓扑非平庸态[264,265]。当面内磁场很强时，所有自旋完全极化，样品内部绝缘但在边缘却有自旋方向不同的一维导电通道沿着相反方向传播，Young 等称这个电子态为自旋极化的量子自旋霍尔态[263]。

早期研究石墨烯量子霍尔效应的样品大都是从石墨单晶解理到 SiO_2 表面上，由于衬底中带电杂质的散射，一直没有观测到分数量子霍尔效应。2008 年，Andrei 小组和 Kim 小组分别报道，把石墨烯悬挂起来能把载流子迁移率提高到 10^5 cm²/（V·s）量级[266,267]，并在 2009 年观察到了 $\nu = 1/3$ 等分数量子霍尔态[237,238]。悬挂器件的缺点是不便于制备多端的输运器件，但这个问题被 Dean 等[268]使用六方氮化硼（h-BN）衬底解决。h-BN 的优点是表面原子级平滑并没有悬挂键。2011 年，Dean 等利用载流子迁移率超过 10^5 cm²/（V·s）的石墨烯 /h-BN 样品和高达 35 T 的磁场，观察到了许多分数量子霍尔态，包括属于 N=0 朗道能级的 $\nu = 1/3, 2/3$ 和 4/3 态，以及 N=1 朗道能级的 $\nu = 7/3, 8/3, 10/3, 11/3$ 和 13/3 态[269]（图 9-12）。最近，Goldhaber-Gordon 小组成功地优化了石墨烯 /h-BN 器件制备工艺，把石墨烯的迁移率进一步提高到 1×10^6 cm²/（V·s），并观察到了比以往更多的分数态，例如，$\nu = 5/2$ 附近的 7/3, 12/5, 13/5, 17/7, 22/9 及 8/3, 13/5, 23/9，等等[270]。观察到 22/9 这样的高阶分数态表明样品的质量开始逼近 GaAs 二维电子系统。这些分数态可以用在 GaAs 二维电子系统中发展出的组合费米子理论进行描述[270]。最近，Kim 和 Dean 小组利用具有顶栅和底栅的双层石墨烯器件实现了对分数态量子相变的电场调控，其中电场被用来获得对称破缺[271]。除了电子输运测量外，Yacoby 小组利用单电子晶体管对单层和双层石墨烯的分数量子霍尔效应做了系统性的研究，他们的结果对理解石墨烯的对称破缺也很有帮助[272,273]。

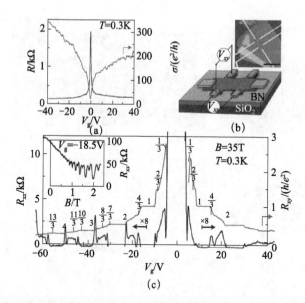

图 9-12　石墨烯中的分数量子霍尔效应。（a）零磁场下的电阻（电导）随栅压的变化；
（b）用于电子输运测量的石墨烯 /h-BN 霍尔条器件示意图；（c）该器件在 B=35 T 的磁场
下展现出的整数和分数量子霍尔效应。取自 Dean et al., Nat. Phys. 7, 693（2011）

　　h-BN 衬底和石墨烯都具有蜂窝结构，其晶格常数与石墨烯的失配度只有 1.8%。石墨烯与 h-BN 的相对取向可以调节，因此能形成不同周期的纳米尺度 Moiré 超晶格 [274, 275]。理论预言周期调制单层石墨烯能够产生新的狄拉克点 [276]。2012 年，LeRoy 小组利用石墨烯 /h-BN 结构的扫描隧道谱证实了这一点 [277]。随后，Geim 小组 [239]、Kim 小组 [240] 和 Ashoori 及 Jarillo-Herrero 小组 [241] 分别独立地观测到石墨烯 /h-BN 结构中的 Moiré 超晶格在磁场输运中形成的 Hofstadter 蝴蝶结构（图 9-13）。这个效应源自周期调制的二维电子气的朗道能级会分裂成若干子带。当 Moiré 超晶格的每个元胞通过的磁通为有理分数个量子磁通时（即 $\phi/\phi_0=p/q$，p 和 q 为整数），匹配使能谱结构出现有自相似性质的结构。这种类似蝴蝶形状的分形结构在 1976 年由 Hofstadter 预言 [278]。

　　利用人工周期结构调制二维电子系统来观察 Hofstadter 蝴蝶的实验努力已有 20 余年的历史。von Klitzing 小组在 1989 年报道了人工调制的 GaAs/(Al,Ga)As 二维电子气结构出现的磁阻的新型 $1/B$ 周期振荡（即 Weiss 振荡）[279]，但这种准经典的效应是由于电子回旋运动的半径与人工调制周期相匹配 [280-282]。后来，von Klitzing 小组和 Kotthaus 小组分别报道了二维调制结构中出现 Hofstadter 蝴蝶的初步证据 [283-285]。但是，这些使用人工纳米加工

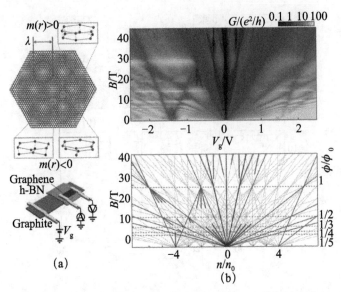

图 9-13　二维电子系统的周期调制与 Hofstadter 蝴蝶。（a）利用石墨烯 /h-BN 结构的 Moiré 花样可以实现对二维电子系统近乎完美的周期调制；（b）在电子输运测量中出现朗道能级子带产生的具有自相似（分形）性质的 Hofstadter 蝴蝶结构。取自 Hunt et al., Science, 340, 1427 (2013)

方法制备的 GaAs 结构周期过大并且远不如石墨烯 /h-BN 上的 Moiré 结构那样完美，样品中的无序导致难以观察到 Hofstadter 蝴蝶的细节。

第五节　量子自旋霍尔效应

蜂窝状的石墨烯结构具有无能隙的狄拉克费米子态。1988 年，Haldane 提出了一个理论模型，周期性的局部磁通被用来破坏蜂窝结构中的时间反演对称性，计算发现在狄拉克点附近有一个能隙产生，并存在着类似量子霍尔体系中的边缘态[286]。Haldane 模型不需要外加磁场就可产生量子霍尔效应（这就是第七节将要介绍的量子反常霍尔效应）。遗憾的是 Haldane 模型很难在凝聚态物理实验中实现。2005 年，美国宾夕法尼亚大学的 Kane 和 Mele 在石墨烯的哈密顿量中引入自旋-轨道耦合作用，发现狄拉克点处也可打开一个能隙。他们指出这个系统的体能带具备不平庸的拓扑性质，并可用 Z_2 拓扑不变量来描述。样品边缘存在受时间反演对称性保护的边缘态，自旋相反的边缘态沿着相反方向传播，这就是量子自旋霍尔效应[287, 288]。

　　由于石墨烯中自旋-轨道耦合很弱，因此很难在这个体系中观察到量子自旋霍尔效应[289]。2006 年，斯坦福大学的张首晟小组预言 HgTe/CdTe 量子阱结构中的强自旋-轨道耦合能打开较大的拓扑非平庸能隙，有利于量子自旋霍尔效应的实验观察[290]。2007 年，德国乌兹伯格大学的 Molenkamp 小组测量了由 CdTe/HgTe/CdTe 量子阱制成的微米级霍尔条器件的输运性质（图 9-14）。他们观察到当 HgTe 量子阱宽度 d 大于临界厚度 d_c，即能带发生翻转时，四端法测量的电导近似为 $2e^2/h$；而 $d < d_c$ 时，电子输运表现出绝缘行为。这是量子自旋霍尔效应的首次实验展示[291]。2009 年，这个小组利用非局域测量的方法进一步确认了这类样品的边缘态输运[292]。这个体内绝缘、边缘导电的新量子物态最初被称为量子自旋霍尔绝缘体，最近又常被称为二维拓扑绝缘体[293-295]。2012 年，Molenkamp 小组把量子自旋霍尔效应和传统的自旋霍尔效应相结合，获得了边缘态自旋极化的证据[296]。

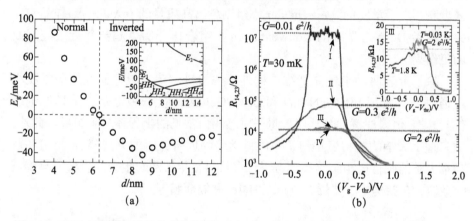

图 9-14　量子自旋霍尔效应的实验发现。(a) 当 CdTe/HgTe/CdTe 量子阱结构中 HgTe 的厚度大于临界厚度（$d > d_c = 6.3$ nm）时，能带发生反转；(b) $d = 5.5$ nm（I）和 $d = 7.5$ nm（II-IV）的电子输运测量结果。只有存在反带结构并且足够小的样品（III 和 IV，均为 1 μm 或更小）才会出现 $G \approx 2\,e^2/h$ 的量子化电导。取自 Konig et al., Science, 318, 766（2007）

　　2008 年，张首晟小组指出 InGs/GaSb 异质结因具有反带结构也是一个二维拓扑绝缘体[297]。杜瑞瑞小组在 2011 年测量了具有反带结构的 InAs/GaSb 样品，发现了边缘态存在的证据，尽管当时样品的体态并不是完全绝缘[298]。后来，他们向样品中引入少量硅掺杂，有效地抑制了体电导，获得了精确程度优于 1% 的边缘态量子化电导（$G = 2e^2/h$）；并且发现，电导的量子化能在很强的面内磁场（~10 T）中仍能保持[299]。

　　需要指出的是，量子自旋霍尔效应与量子霍尔效应除时间反演对称性不同外，在实验现象上还有很大不同：对于后者，载流子的背散射完全被抑制，精确的量子化电导可以在宏观尺寸内得以保持；而对于前者，量子化只能在微米尺度实现，并且精度远小于后者。2009 年，中国科学院物理研究所的谢心澄小组通过数值计算研究了退相干对量子自旋霍尔态输运的影响[300]。后来，耶鲁大学的 Glazman 小组在理论上研究了电荷液团（charge puddles）导致的边缘态电子的背散射[301]。

量子自旋霍尔绝缘体的边缘态与 s 波超导体结合被预测能产生马约拉纳费米子[302-304]。理论还指出，超导和边缘态之间的安德烈夫 (Andreev) 反射可以用来探测边缘态[305]。杜瑞瑞小组使用 Nb 电极和 InAs/GaSb 制备了 S-N-S 结构（其中，S 表示超导体，N 表示二维拓扑绝缘体），发现零偏压微分电导接近 $2e^2/h$ [306]。Yacoby 小组与 Molenkamp 小组合作，使用 HgTe/CdTe 量子阱制备了约瑟夫森结，获得了边缘态超流的证据[307]。最近，苏黎世联邦理工学院的 Wegscheider 小组制备出高质量的 InAs/GbAs 样品[308]，并与荷兰 Delft 工学院的 Kouwenhoven 小组合作开展了超导邻近效应方面的工作[309]。

除了上述两种半导体低维结构外，中国科学院半导体研究所的常凯小组通过计算发现 InN/GaN/InN 和 GaAs/Ge/GaAs 量子阱也是二维拓扑绝缘体[310,311]。值得注意的是这两种量子阱结构由常见的半导体材料组成。此外，北京理工大学的姚裕贵小组、中国科学院物理研究所的方忠-戴希小组和斯坦福大学的张首晟小组等还预言了许多材料在足够薄时也会产生量子自旋霍尔效应，包括硅烯、锗烯、$ZrTe_5$、$HfTe_5$ 和锡薄膜等[312-315]。

第六节　三维拓扑绝缘体和量子反常霍尔效应

一、三维拓扑绝缘体的发现及初步研究

2007 年，美国的三个理论小组预言自旋-轨道耦合导致的二维拓扑绝缘体可以推广到三维，但需要四个 Z_2 拓扑数进行描述[316-318]。三维拓扑绝缘体体内像半导体那样具有能隙，其体能带具有非平庸的拓扑数，表面上存在无能隙的线性色散的电子态。与石墨烯不同的是，三维拓扑绝缘体的第一布里渊区内有奇数个狄拉克点，并且狄拉克费米子的自旋与动量保持锁定。傅亮和 Kane 发展了寻找三维拓扑绝缘体的具体方法，并预言了 $Bi_{1-x}Sb_x$ 合金等材

料是三维拓扑绝缘体[316-319]。2008 年，普林斯顿大学的 Hasan 小组利用角分辨光电子能谱（ARPES）实验获得了 $Bi_{1-x}Sb_x$ 是三维拓扑绝缘体的首个实验证据[320]（图 9-15），他们的工作及日本 Matsuda 小组的自旋角分辨光电子能谱（ARPES）实验又进一步证实了电子自旋和动量之间的锁定关系[321, 322]。

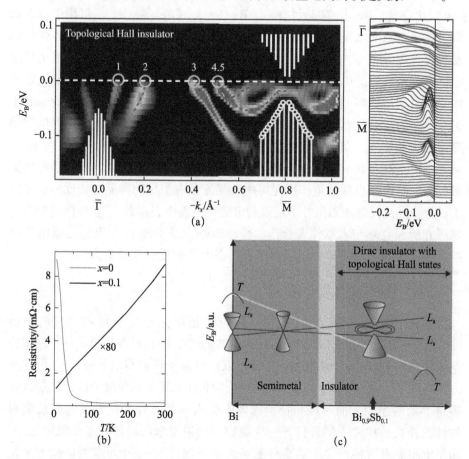

图 9-15　三维拓扑绝缘体的实验发现。（a）角分辨光电子能谱显示 $Bi_{1-x}Sb_x$（$x=0.1$）合金有 5 个能带穿过费米能级；（b）Bi 及 $Bi_{0.9}Sb_{0.1}$ 的电阻－温度关系，前者呈金属性，后者有半导体行为；（c）$Bi_{1-x}Sb_x$ 合金的能带随化学配比 x 的演化示意图，Bi 为半金属，而 $Bi_{0.9}Sb_{0.1}$ 有体带隙。取自 Hsieh et al., Nature, 452, 970（2008）

　　2009 年，中国科学院物理研究所、美国普林斯顿大学和斯坦福大学的几个小组（方忠-戴希小组、张首晟小组、Hasan 小组及沈志勋小组），通过理论计算和角分辨光电子能谱实验发现了 Bi_2Se_3, Bi_2Te_3 和 Sb_2Te_3 等三维拓扑绝缘体[316-325]。和第一代三维拓扑绝缘体 $Bi_{1-x}Sb_x$ 相比，这些第二代材料具有下面几个优势：①能隙更大，有利于更高温度下的应用；②第一布里渊区内只有一个狄拉克点，电子结构更为简单，有利于理论和实验相结合；③简单的二元化合物，易于合成并能避免合金无序的影响，有助于获得更高质量的样品；④ Bi_2Se_3、Bi_2Te_3 和 Sb_2Te_3 结构类似，可以相互结合设计化学配比不同的三元［如（$Bi_{1-x}Sb_x$）$_2Te_3$］或四元材料（（$Bi_{1-x}Sb_x$）$_2$（$Te_{1-y}Se_y$）$_3$），可用于调控载流子类型、浓度以及狄拉克点的位置。这些 Bi_2Se_3 家族的拓扑绝缘体材料的发现使得世界范围内研究拓扑绝缘体的规模迅速扩大[294,295,326]。三维拓扑绝缘体的一些独特的电子性质很快在实验中被展示。例如，自旋和轨道锁定导致的贝里相位能抑制电子的背散射，这一性质被普林斯顿大学的 Yazdani 小组[327]、清华大学薛其坤小组[328] 和斯坦福大学的 Kapitulnik 小组[329] 的扫描隧道谱实验证实。贝里相位还能使表面态电子免于局域化（即反弱局域化，weak antilocalization），在电子输运中表现为尖锐的正磁阻，并有很强温度依赖关系。然而强自旋轨道作用使得体态载流子占主导的样品也表现出类似的正磁阻，因此仅有正磁阻并不足以判定输运由表面态承载[330]。中国科学院物理研究所吴克辉与本章作者合作、普林斯顿大学 Ong 等小组通过栅电压调控有效地抑制了体电导，观察到了表面态电子的反弱局域效应[331-333]。

二、量子反常霍尔效应

尽管 Haldane 早在 1988 年就在理论上指出量子反常霍尔效应的可能性[286]，但实现 Haldane 模型极其困难。2008 年，张首晟等提出了往二维拓扑绝缘体材料 HgTe 量子阱中掺入 Mn 可以产生量子反常霍尔效应[334]，但这种方案遇到了一些技术瓶颈。三维拓扑绝缘体的发现为实现量子反常霍尔效应提供了新的途径。向三维拓扑绝缘体中引入磁相互作用能破坏时间反演对称性，并在狄拉克点附近打开一个能隙。如果费米能级处于这个能隙之中，霍尔电阻就有可能产生不需要外磁场的量子化[295]。一个可能的实验方案是利用磁性绝缘体和拓扑绝缘体的界面交换作用在表面态中打开能隙[294]。这个方案尽管已有不少实验小组在尝试，但尚未有突破性进展[335-339]。另一种方案由中国科学院物理研究所的方忠、戴希和美国斯坦福大学的张首晟等提出，他们通过第一性原理计算指出往三维拓扑绝缘体掺入 Cr 等磁杂质，可以通过 Van Vleck 交换作用获得磁有序，在表面态中打开能隙并产生量子反常霍尔效应[340]。薛其坤团队很快证实 Cr 掺杂的 Bi_2Te_3 薄膜具有长程铁磁序并观察到非常规的反常霍尔效应[341]。他们又通过大量艰巨的实验，包括：生长三元化合物（$Bi_{1-x}Sb_x$）$_2Te_3$ 薄膜优化狄拉克点的位置及体绝缘性[342]、完善（Bi$_{1-x}$Sb$_x$）$_2$Te$_3$薄膜生长工艺及器件加工方法[343]、以及利用SrTiO$_3$作为电介质调节电子化学势[331]，终于在2013年首次观察到了量子反常霍尔效应[344]（图9-16）。2014年，加利福尼亚大学洛杉矶分校的王康龙小组[345]和东京大学的Tokura小组[346]也分别利用Cr掺杂的（Bi$_{1-x}$Sb$_x$）$_2$Te$_3$薄膜观察到量子反常霍尔效应。最近，麻省理工学院的Moodera小组在V掺杂的（Bi$_{1-x}$Sb$_x$）$_2$Te$_3$薄膜中观察到了量子反常霍尔效应[347]。由于这些薄膜材料的体绝缘性还不够完美，目前已实现的量子反常霍尔电阻的最高精度仅为万分之一左右，并且需要30 mK左右的极低温条件[348]。

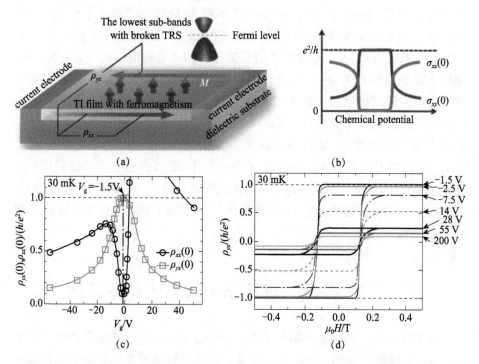

图9-16 量子反常霍尔效应的实验发现。在Cr掺杂的拓扑绝缘体（Bi，Sb）$_2$Te$_3$薄膜中可实现铁磁有序，在表面态的狄拉克点附近打开一个能隙，把化学势调制该能隙之中可实现量子反常霍尔效应。取自C. Z. Chang et al., Science, 340, 167 (2013)

三、三维拓扑绝缘体的量子霍尔效应

与量子反常霍尔效应相比，实现三维拓扑绝缘体的量子霍尔效应对载流子的迁移率要求更高。2010年Molenkamp小组报道了首个实验，他们在电子迁移率为3.4×10^4 cm^2/(V·s)的应力HgTe薄膜中观察到了量子霍尔效应[349]。

半金属性的 HgTe 薄膜即使没有应力也有能带翻转，与衬底晶格适配引起的应力导致了一个从半金属到拓扑绝缘体的相变。应力 HgTe 薄膜中纵向电阻没有完全消失，导致这个体系观察到的量子霍尔效应还不够理想。

在 Bi_2Se_3 家族的拓扑绝缘体中，早在 2010 年就有关于表面态电子 Shubnikov-de Haas 振荡的实验报道，但样品质量一直没有提高到观察量子霍尔效应的水平 [350-354]。最近，美国普渡大学的陈勇小组 [355] 和东京大学的 Tokura 小组 [356] 分别利用高质量的拓扑绝缘体样品取得了突破。陈勇小组使用从 $(Bi_{1-x}Sb_x)_2(Te_{1-y}Se_y)_3$ 单晶中解理的几十纳米厚的薄片样品，利用 Si/SiO_2 背栅调控获得了 $\sigma_{xy} = e^2/h$, $2e^2/h$ 和 $3e^2/h$ 等量子霍尔平台，并且在平台区域观察到纵向电阻的消失 [355]。Tokura 小组则使用 InP（111）衬底上外延生长的 $(Bi_{1-x}Sb_x)_2Te_3$ 薄膜并结合顶栅调控，观察到了 $\sigma_{xy} = e^2/h$, 0, $-e^2/h$ 等量子霍尔平台 [356]。由于上下表面的共同贡献，实验观察到的整数量子平台与理论预期的狄拉克费米子的半整数量子霍尔效应相符合，例如 $\sigma_{xy} = e^2/h$, $2e^2/h$ 可分别视为 $(1/2+1/2)e^2/h$ 和 $(1/2+3/2)e^2/h$（括弧内的两项对应于上下表面的贡献）。虽然 Tokura 等观察的 $\sigma_{xy}=0$ 霍尔平台在石墨烯 [236]、HgTe 量子阱 [357] 及 InAs/GaSb 量子阱 [308] 中都出现过，但他们认为是 $(Bi_{1-x}Sb_x)_2Te_3$ 的静电势梯度导致上下表面化学势不同，上下表面分别贡献 $+1/2$ e^2/h 和 $-1/2$ e^2/h 是观察到 $\sigma_{xy}=0$ 的根本原因 [356]，这与石墨烯等体系中的 $v=0$ 朗道能级不同。

第七节　其他二维体系中的量子霍尔效应

量子霍尔效应的研究不限于上面讨论较多的 GaAs 二维电子系统、石墨烯和拓扑绝缘体等材料。过去十几年里，其他二维电子系统的电子迁移率不断提高，并且由于这些体系中的独特电子性质，一些有趣的量子霍尔物理现象不断被观察到。这些二维系统主要包括：$Si/Si_{1-x}Ge_x$ 异质结、AlAs 量子阱、ZnO 量子阱和 HgTe 量子阱等。下面将简略介绍在这些体系中量子霍尔物理研究所取得的进展。

早在 1996 年，$Si/Si_{1-x}Ge_x$ 异质结中电子迁移率已达到 $6 \times 10^5 cm^2/(V \cdot s)$ [358]。崔琦小组在这种样品中观测到许多分数量子霍尔态，包括 1/3, 2/3, 5/3, 4/5, 3/7, 4/7 和 4/9 等。这些分数态可用在 GaAs 二维电子系统发展出的组合费米子理论进行描述 [359]。与 GaAs 系统不同的是，硅基的二维电子系统具有谷简并度，一些分数霍尔态的性质与谷对称破缺有关。需要指出的是，早在 1980 年 von Klitzing 利用硅场效应晶体管发现整数量子霍尔效应时就被观察到谷简并度破缺[3]。2006 年和 2007 年，Lai 等[360] 和 Eng 等[361] 分别报道了对 Si(001) 和 Si(111) 的谷对称破缺进一步研究的结果。几乎在同一时期，石墨烯中的谷简并度破缺也开始受到广泛的重视（详见第九章第四节）。

另一类具有谷自由度的二维电子系统是 AlAs 量子阱。与硅类似，AlAs 是间接带隙的半导体。把纯的 AlAs 层插入 AlGaAs 势垒之间可以把电子限制在 AlAs 层。2005 年，普林斯顿大学的 Shayegan 小组利用分子束外延技术把 AlAs 二维电子系统的迁移率提高到 $10^5 cm^2/$（V·s）量级并观察到量子霍尔效应[362,363]。AlAs 的有效质量有各向异性，并且比 GaAs 大得多 (AlAs: m_l^*=1.1m_e, m_t^*=0.2m_e; GaAs: m^*=0.067m_e)。如果 AlAs 层厚度大于 5nm，电子分布在简并的 X 谷（[100] 方向）和 Y 谷（[010] 方向）之中，施加应力可破坏谷简并度并可调控电子在 X 谷和 Y 谷之间的占据数之比（即谷极化度）。谷极化度的改变在量子输运中有类似电子自旋转变带来的行为，如形成谷斯格米子[362]、组合费米子的谷极化[364] 以及极化导致的金属-绝缘体相变[365]。Shayegan 小组还利用这个体系的各向异性输运推断组合费米子的费米面和有效质量具有各向异性[366]。

氧化物是物理内涵十分丰富的材料体系，它们为超导和磁性等关联电子物理以及宽禁带半导体和自旋电子学的研究提供了大量素材。提高氧化物材料的迁移率对基础研究和实际应用都很有意义。ZnO/Zn$_{1-x}$Mg$_x$O 异质结是氧化物结构中首个观察到量子霍尔效应的体系。

2007 年，日本东北大学的 Kawasaki 小组报道了电子迁移率为 5500 cm^2/（V·s）的样品的整数量子霍尔效应[367]。2010 年，这个小组把电子迁移率提高了 1.8×10^5 cm^2/（V·s），并观察到 4/3, 5/3, 8/3 等分数量子霍尔态[368]。最近，他们又与德国马普固态所的 Smet 小组合作，在电子迁移率为 5.3×10^5 cm^2/（V·s）的样品中观察到 3/2 和 7/2 等偶数分母量子霍尔态[369]（图 9-17）。迄今，在其他材料体系从未观察到过 3/2 分数量子霍尔态。这个态的出现与 ZnO 的独特电子性质有关：ZnO 中塞曼能与回旋运动能之比是 GaAs 数值的近 20 倍，使得倾斜磁场下自旋向上的 N=1 朗道能级 (1,↑) 与自旋向下 N=0 能级 (0,↓) 发生反转，(1,↑) 能级的填充数从零变为 1/2，并发生类似 GaAs 中 5/2 态的组合费米子配对现象。这个实验直接证明了轨道波函数类型对形成这种偶数分母态的重要性。在 ZnO/（Zn, Mg）O 异质结中观察到的偶数分母量子霍尔态为寻找零级马约拉纳模增添了新的途径。除此之外，ZnO 的导带电子有效质量是

GaAs的大约4倍，并且介电常数又比后者略小，这使得ZnO体系的r_S数（即电子的库仑作用能与动能之比）在相同电子浓度条件下超过GaAs二维电子系统的六倍[370]，因此高迁移率的ZnO二维电子系统对研究电子-电子相互作用也很有价值。

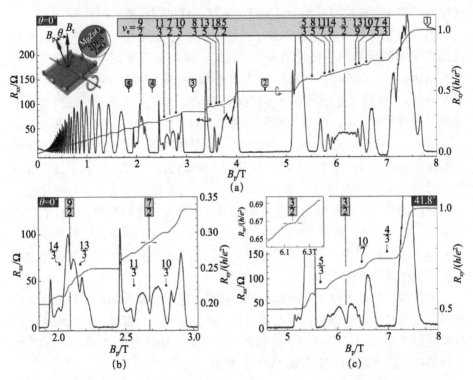

图9-17　ZnO二维电子系统中的分数量子霍尔效应。在ZnO/Zn$_{1-x}$Mg$_x$O异质结可实现迁移率超过5×10^5 cm^2/（V·s）的电子迁移率，并可观测到许多分数量子霍尔态，其中包括偶数分母的9/2，7/2和3/2态。取自Falson et al., Nat. Phys., 11, 347 (2015)

（Hg$_{1-x}$Cd$_x$）Te是一类很重要的窄能隙半导体材料，可以通过提高Cd比例把能隙从零连续调到1.5 eV，这使得它们在红外探测方面有重要应用。在CdTe/HgTe/CdTe量子阱结构中，电子结构可以通过控制HgTe的厚度获得精细的调节，并且有很高的载流子迁移率。HgTe体材料是有能带翻转的半金属[371]，施加应力可以打开能隙，并产生拓扑不平庸的表面态[349]。Gusev等测量了HgTe层厚$d=20$ nm的CdTe/HgTe/CdTe结构，其电子结构接近体材料，具有半金属性。在电荷中性点，电子和空穴的浓度为5×10^{10} cm^{-2}，相应的载流子迁移率为$\mu_e=2.5\times10^5$和$\mu_p=2.5\times10^6$ cm^2/Vs。通过栅压调控，他们观察到

了 v =0, ±1, ±2 等量子霍尔态，并发现电荷中性点的电阻随磁场增加剧烈变大。把 HgTe 的层厚调节到临界厚度（ $d=d_c$ =6.3 nm）可以获得和石墨烯类似的二维狄拉克费米子体系。Wurzburg 大学的 Büttner 等测量了 HgTe/CdTe 量子阱样品，并观察到了量子霍尔效应；与石墨烯不同的是，HgTe 量子阱没有谷简并度，因此被称为半石墨烯体系[372]。

第八节　展　望

上面主要综述了近二十年量子霍尔效应研究领域的实验进展。由于该领域的快速发展，这个综述不可能列举出所有的重要工作。尽管如此，读者也许能通过上述内容对量子领域的现状获得一个初步了解。虽然整数和分数量子霍尔效应的发现已经过去三十余年，但是关于它们的研究依然在向深度和广度发展，有关的论文数量总体上仍有上升的态势（图 9-18）。尽管这个领域年均发表论文的数量仅有几百篇，但这些研究却产生了许多新现象、新效应、新概念、新理论和新方法。就影响力来说，量子霍尔领域不弱于凝聚态物理的任何分支。除了三次诺贝尔物理学奖（von Klitzing 1985；Laughlin, Stormer & 崔琦 1998；Geim & Novoselov 2010）与量子霍尔效应紧密相关之外，近 30 年里有超过 1/3 的 Oliver E. Buckley 凝聚态物理奖（美国物理学会）授予了在这个领域做出过突出贡献的科学家。今天，量子霍尔领域的研究继续推动着凝聚态物理的进步，甚至影响到原子和分子物理[373]、光物理[374,375]、高能物理[376]、宇宙及基本粒子起源[377] 等物理学的其他分支。

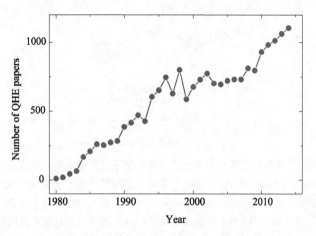

图 9-18　1980 年以来以量子霍尔效应为主题的论文数（根据 Web of Science 数据库统计）

　　总结起来，量子霍尔效应研究的飞速发展与下面几个关键因素密不可分：①二维电子材料制备技术的不断提高；②极低温和强磁场及相关灵敏测量技术的改进或发明；③低维器件加工技术的发展；④理论与实验的紧密配合以及两者之间的良性互动。下面将分别简略介绍每个方面对量子霍尔研究的推动作用。

　　首先，半导体二维电子系统对于整数和分数量子霍尔效应的发现起了至关重要的作用。第一次观测到整数量子霍尔效应所使用的样品是硅场效应晶体管[9-2-3]，它是硅基电子器件长期积累的成果。分数量子霍尔效应的发现则基于美国贝尔实验室在 GaAs/（Al，Ga）As 异质结分子束外延技术的进步，特别是调制掺杂技术的发明，导致电子迁移率被提高到接近 $10^5 cm^2/（V\cdot s）$[83]。随后电子迁移率的不断提高又促进了分数量子霍尔效应研究向纵深发展[84]，例如，1987 年，Willett 等在迁移率为 $1.3\times10^6 cm^2/（V\cdot s）$ 的样品中观测到了 5/2 分数量子霍尔态[94]。目前，关于 5/2 态的研究大多需要迁移率超过 $1\times10^7 cm^2/（V\cdot s）$ 的 GaAs/（Al，Ga）As 样品。迁移率的提高也推动了石墨烯和 ZnO 等体系中的量子霍尔研究从整数态发展到分数态[378]。这些新兴体系具有一些 GaAs/（Al，Ga）As 异质结所不具备的特点，进一步提高样品质量也许能在寻找非阿贝尔任意子等方面取得关键突破。图 9-19 总结了一些重要二维电子系统的载流子迁移率的最高纪录以及相关重要实验发现对应的迁移率及相应的电子浓度。

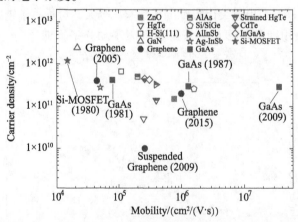

图 9-19　文献报道的各种二维电子系统的最高载流子迁移率及相应的载流子浓度。对于研究较多的 GaAs/（Al，Ga）As 二维电子系统及石墨烯，几个重要事件节点的迁移率也绘在图中供比较，例如，首次观察到分数量子霍尔效应（1981 年）及 5/2 分数量子霍尔态（1987 年）的 GaAs 二维电子系统迁移率，以及首次观察到整数和分数量子霍尔效应（2005 年，2009 年）的石墨烯样品迁移率

在实验条件方面，强磁场设施发挥了不可取代的作用。整数和分数量子霍尔效应的发现都在国家级的强场中心完成：前者在法国的 Grenbole 实验室进行[3]，后者则在当时位于麻省理工学院的高磁场实验室完成[66]。室温量子霍尔效应的实现利用了目前世界上最强的稳恒磁场（45 T，美国国家强磁场实验室）[235]。此外，稀释制冷机和核去磁制冷技术以及电子滤波技术的进步使得样品中的电子温度不断降低，这促进了 5/2 和 12/5 等重要分数量子霍尔态的发现和深度研究[94,97] 以及量子相变等方面的研究[41,42]。极低温和强磁场的实验条件也对量子反常霍尔效应的发现起了重要作用[343]。此外，量子霍尔研究也受益于许多新的测量技术在低温和强磁场条件下的应用，如散粒噪声测量[72-74]、单电子晶体管[75,379,380]、光的非弹性散射[381] 和荧光光谱[382]、核磁共振[47]、微波[203,204,383]、微波与荧光技术的结合[384,385]、电容谱[386,387] 及扫描探针[380,388,389]，等等。

量子霍尔效应的研究推动了介观和纳米物理的发展，同时也受益于微纳加工技术的进步。许多实验研究涉及对样品边缘态电子的操控和探测，这经常需要制备亚微米甚至纳米尺度的人工结构，如劈裂栅技术的提出和应用[23,24]、双层二维电子系统的独立欧姆接触[186]、集成了单电子晶体管的二维电子器件[379]、Mach-Zehnder 干涉器的悬空桥 (air-bridge) 电极[29]、量子点接触构成的法布里-珀罗干涉器[78,172]、解理边上的外延再生长[390,391]，等等。这些工艺复杂的结构和器件是许多重要突破的基础。

这里还要强调的是，本章的综述虽然以实验进展为主，但这绝不意味着理论工作在量子霍尔效应的研究中处于次要地位。尽管这个领域开端于一些出人意料的重大实验发现 (如整数和分数量子霍尔效应)，但理论研究提供了这些物理效应的理论解释，提出了许多新模型、新方法和新概念，并建立了博大精深的理论体系[6-15]。这些理论的预见性又导致了新一轮的重大实验发现，如分数电荷和分数统计的实验验证，量子自旋霍尔效应和三维拓扑绝缘体的实验发现，以及最近发现的量子反常霍尔效应。这些新的实验进展又提出了新的理论问题，并对二维电子系统材料生长及相关的实验技术提出了更高的要求，从而使理论和实验在这个领域实现了完美结合，这在凝聚态物理研究的发展史中并不多见。

量子霍尔效应还在计量学上获得了重要应用。量子霍尔电阻因其高度的精确性在 1990 年就被采纳为电阻的国际标准[5]。国际计量组织正在酝酿国际单位制的一个重大变革，即利用量子霍尔效应、约瑟夫森效应等具有精确量子化的物理效应来重新定义千克，对今后的精密测量意义重大[392]。近年来的一些进展无疑会进一步推动量子霍尔效应在计量学中的应用，如石墨烯中的量子霍尔电阻的相对精确性已高达 10^{-10}，至少和传统半导体二维电子系统处于同一量级[393,394]；石墨烯中的量子霍尔效应已在室温下实现[235]；无须外磁场的量子霍尔效应已在磁掺杂的拓扑绝缘体薄膜中实现[344]。

在潜在的应用方面，在理论上具有非阿贝尔统计性质的一些分数量子霍尔态（如 5/2，12/5 等），有希望成为容错性强的拓扑量子计算的基础[116-122]。目前这个方向的核心任务是确认具有非阿贝尔统计性质的准粒子的存在。尽管利用拓扑超导体、强自旋-轨道耦合半导体纳米线[395]、铁磁原子链[396] 或拓扑绝缘体[397] 与超导的组合结构也可能产生具有非阿贝尔统计性质的马约拉纳费米子，但在验证其准粒子电荷和准粒子统计性质方面，基于半导体二维电子系统的 5/2 态的有关研究走在了最前面[120, 398, 399]。完全确定非阿贝尔任意子的存在还需要进一步的工作。除拓扑量子计算之外，拓扑绝缘体独特的自旋性质也许有希望产生新型的自旋电子学器件，但这方面的研究目前刚刚起步。最后需要强调的是，重要的科学突破和技术应用常常具有不可预测性，革命性的重大技术应用常常来自出人意料的物理效应的发现。正在迅速扩大的量子霍尔大家族的各种材料体系为这种发现提供了广阔的沃土。

致谢

笔者感谢与常凯、何珂、林熙、寇谡鹏、施均仁、Jurgen H. Smet、孙庆丰、Klaus von Klitzing、万歆、谢心澄和 Kun Yang 等的有益讨论，感谢中国科学院物理研究所杨帅博士在统计相关文献及准备图 9-18 和图 9-19 等方面的协助。笔者还感谢郑厚植院士校阅本章内容。笔者近年来得到了国家自然科学基金委员会、科技部和中国科学院的资助。

李永庆（中国科学院物理研究所）

参 考 文 献

[1] Schrieffer J R. Semiconductor Surface Physics. Philadelphia: University of Pennsylvania Press, 1957.

[2] Fowler A B, Fang F F, Howard W E, et al. Magneto-oscillatory conductance in Silicon

surfaces. Phys. Rev. Lett., 1966, 16: 901.

[3] von Klitzing K, Dorda G, Pepper M. New method for high-accuracy determination of the fine-structure constant based on quantized Hall resistance. Phys. Rev. Lett., 1980, 45: 494.

[4] Delahaye F, Dominguez D. Precise comparison of quantized Hall resistances. IEEE Trans. Instrum. Meas., 1987, 36: 226.

[5] Quinn T J. News from the BIPM. Metrologia, 1989, 26: 69.

[6] Prange R E, Girvin S. The Quantum Hall Effect. New York: Springer, 1987.

[7] Stone M. Quantum Hall Effect. Singapore: World Scientific, 1992.

[8] Janssen M, Viehweger O, Fastenrath U, et al. Introduction to the Theory of the Integer Quantum Hall Effect. New York: VCH Weinheim, 1994.

[9] Chakraborty T, Pietilinen P. The Quantum Hall Effects. 2nd Ed. Berlin: Springer, 1995.

[10] Sarma S D, Pinczuk A. Perspectives in Quantum Hall Effects. New York: John Wiley, 1997.

[11] Heinonen O. Composite Fermions: A Unified View of the Quantum Hall Regime. Singapore: World Scientific, 1998.

[12] Heinonen O. Composite Fermions. Singapore: World Scientific, 1998.

[13] Ezawa Z F. Quantum Hall Effects - Field Theoretical Approach and Related Topics. 2nd Ed. Singapore: World Scientific, 2008.

[14] Yoshioka D. Quantum Hall Effect. Berlin: Springer, 2002.

[15] Jain J K. Composite Fermions. New York: Cambridge University Press, 2007.

[16] Laughlin R. Quantized Hall conductivity in two dimensions. Phys. Rev. B, 1981, 23: 5632.

[17] Thouless D J, Kohmoto M, Nightingale M P, et al. Quantized hall conductance in a two-dimensional periodic potential. Phys. Rev. Lett., 1982, 49: 405.

[18] Niu Q, Thouless D J, Wu Y S. Quantized Hall conductance as a topological invariant. Phys. Rev. B, 1985, 31: 3372.

[19] Halperin B I. Quantized Hall conductance, current-carrying edge states, and the existence of extended states in a two-dimensional disordered potential. Phys. Rev. B, 1982, 25: 2185.

[20] Büttiker M. Absence of backscattering in the quantum Hall effect in multiprobe conductors. Phys. Rev. B, 1988, 38: 9375.

[21] Haug R J, MacDonald A H, Streda P, et al. Quantized multichannel magnetotransport through a barrier in two dimensions. Phys. Rev. Lett., 1988, 61: 2797.

[22] Jackiw R, Rebbi C. Solitons with fermion number 1/2. Phys. Rev. D, 1976, 13: 3398.

[23] Thornton T J, Pepper M, Ahmed H, et al. One-Dimensional Conduction in the 2D Electron Gas of a GaAs-AlGaAs Heterojunction. Phys. Rev. Lett., 1986, 56: 1198.

[24] Zheng H Z, Wei H P, Tsui D C, et al. Gate-controlled transport in narrow GaAs/Al$_x$Ga$_{1-x}$As heterostructures. Phys. Rev. B, 1986, 34: 5635.

[25] Hanson R, Kouwenhoven L P, Petta J R, et al. Spins in few-electron quantum dots. Rev. Mod. Phys., 2007, 79: 1217.

[26] van Wees B J, Willems E M M, Harmans C J P M, et al. Anomalous integer quantum Hall effect in the ballistic regime with quantum point contacts. Phys. Rev. Lett., 1989, 62: 1181.

[27] van Wees B J, Kouwenhoven L P, Willems E M M, et al. Quantum ballistic and adiabatic electron transport studied with quantum point contacts. Phys. Rev. B, 1991, 43: 12431.

[28] Dixon D C, Wald K R, McEuen P L, et al. Dynamic nuclear polarization at the edge of a two-dimensional electron gas. Phys. Rev. B, 1997, 56: 4743.

[29] Ji Y, Chung Y, Sprinzak D, et al. An electronic Mach-Zehnder interferometer. Nature, 2003, 422: 415.

[30] Choi H K, Sivan I, Rosenblatt A, et al. Robust electron pairing in the integer quantum Hall effect regime. Nat. Commun., 2015, 6: 7435.

[31] Aoki H, Ando T. Effect of localization on the Hall conductivity in the two-dimensional system in strong magnetic fields. Sol. Stat. Commun., 1981, 38: 1079.

[32] Sarma S D. Localization, metal-insulator transition, and quantum Hall effects // in Perspective in quantum Hall effects. Weinheim: Viley-VCH, 1997.

[33] Pruisken A M M. Universal singularities in the integral quantum hall effect. Phys. Rev. Lett., 1988, 61: 1297.

[34] Huckestein B. Scaling theory of the integer quantum Hall effect. Rev. Mod. Phys., 1995, 67: 357.

[35] Sondhi S L, Girvin S M, Carini J P, et al. Continuous quantum phase transitions. Rev. Mod. Phys., 1997, 69: 315.

[36] Wei H P, Tsui D C, Paalanen M A, et al. Experiments on delocalization and university in the integral quantum Hall effect. Phys. Rev. Lett., 1988, 61: 1294.

[37] Wakabayashi J, Yamane J M, Kawaji S. Experiments on the critical exponent of localization in landau subbands with the landau quantum numbers 0 and 1 in Si-MOS inversion layers. J. Phys. Soc. Jpn., 1989, 58: 1903.

[38] Wakabayashi J, Yamane J M, Kawaji S. Localization in landau subbands with the landau quantum number 0 and 1 of Si-MOS inversion layers. J. Phys. Soc. Jpn., 1992, 61: 1691.

[39] Koch S, Haug R J, von Klitzing K, et al. Experiments on scaling in $Al_xGa_{1-x}As$/GaAs heterostructures under quantum Hall conditions. Phys. Rev. B, 1991, 43: 6828.

[40] Balaban N Q, Meirav U, Bar-Joseph I. Absence of scaling in the integer quantum Hall effect. Phys. Rev. Lett., 1998, 81: 4967.

[41] Li W L, Csáthy G, Tsui D, et al. Scaling and universality of integer quantum Hall Plateau-to-Plateau transitions. Phys. Rev. Lett., 2005, 94: 206807.

[42] Li W L, Vicente C, Xia J, et al. Scaling in Plateau-to-Plateau transition: A direct connection of quantum Hall systems with the anderson localization model. Phys. Rev. Lett., 2009, 102: 216801.

[43] Girvin S M. Spin and isospin: order in quantum Hall ferromagnets. Phys. Today, 2000, 53(6): 39.

[44] Li Y Q, Smet J H. Spin Physics in Semiconductors. Berlin: Springer-Verlag, 2008.

[45] Skyrme T H R. A unified field theory of mesons and baryons. Nucl. Phys., 1962, 31: 556.

[46] Sondhi S L, Karlhede A, Kivelson S A, et al. Skyrmions and the crossover from the integer to fractional quantum Hall effect at small Zeeman energies. Phys. Rev. B, 1993, 47: 16419.

[47] Barrett S E, Dabbagh G, Pfeiffer L N, et al. Optically pumped NMR evidence for finite-size skyrmions in GaAs quantum wells near Landau level filling v=1. Phys. Rev. Lett., 1995, 74: 5112.

[48] Brey L, Fertig H A, Côté R, et al. Skyrme crystal in a two-dimensional electron gas. Phys. Rev. Lett., 1995, 75: 2562.

[49] Côté R, MacDonald A, Brey L, et al. Collective excitations, NMR, and phase transitions in skyrme crystals. Phys. Rev. Lett., 1997, 78: 4825.

[50] Tycko R, Barrett S E, Dabbagh G, et al. Electronic states in gallium arsenide quantum wells probed by optically pumped NMR. Science, 1995, 268: 1460.

[51] Smet J H, Deutschmann R A, Ertl F, et al. Gate-voltage control of spin interactions between electrons and nuclei in a semiconductor. Nature, 2002, 415: 281.

[52] Hashimoto K, Muraki K, Saku T, et al. Electrically controlled nuclear spin polarization and relaxation by quantum-hall states. Phys. Rev. Lett., 2002, 88: 176601.

[53] Desrat W, Maude D K, Potemski M, et al. Resistively detected nuclear magnetic resonance in the quantum hall regime: Possible evidence for a skyrme crystal. Phys. Rev. Lett., 2002, 88: 256807.

[54] Gervais G, Stormer H L, Tsui D C, et al. Evidence for skyrmion crystallization from NMR relaxation experiments. Phys. Rev. Lett., 2005, 94: 196803.

[55] Tracy L A, Eisenstein J P, Pfeiffer L N, et al. Resistively detected NMR in a two-dimensional electron system near v=1: Clues to the origin of the dispersive lineshape. Phys. Rev. B, 2006, 73: 121306.

[56] Green A G, Kogan I I, Tsvelik A M. Skyrmions in the quantum Hall effect at finite Zeeman coupling. Phys. Rev. B, 1996, 54: 16838.

[57] Rao M, Sengupta S, Shankar R. Shape-deformation-driven structural transitions in quantum Hall skyrmions. Phys. Rev. Lett., 1997, 79: 3998.

[58] Timm C, Girvin S M. Skyrmion lattice melting in the quantum Hall system. Phys. Rev. B.,

1998, 58: 10634.

[59] Green A G. Quantum-critical dynamics of the skyrmion lattice. Phys. Rev. B, 2000, 61: R16299.

[60] Paredes B, Palacios J J. Skyrme crystal versus skyrme liquid. Phys. Rev. B, 1999, 60: 15570.

[61] Mühlbauer S, Binz B, Jonietz F, et al. Skyrmion lattice in a chiral magnet. Science, 2009, 323: 915.

[62] Heinze S, von Bergmann K, Menzel M, et al. Spontaneous atomic-scale magnetic skyrmion lattice in two dimensions. Nat. Phys., 2011, 7: 713.

[63] Romming N, Hanneken C, Menzel M, et al. Writing and deleting single magnetic skyrmions. Science, 2013, 341: 636.

[64] Neubauer A, Pfleiderer C, Binz B, et al. Topological Hall effect in the A phase of MnSi. Phys. Rev. Lett., 2009, 102: 186602.

[65] Lee M, Kang W, Onose Y, et al. Unusual Hall effect anomaly in MnSi under pressure. Phys. Rev. Lett., 2009, 102: 186601.

[66] Tsui D C, Stormer H L, Gossard A C. Two-dimensional magnetotransport in the extreme quantum limit. Phys. Rev. Lett., 1982, 48: 1559.

[67] Pfeiffer L, West K W. The role of MBE in recent quantum Hall effect physics discoveries. Physica E, 2003, 20: 57.

[68] Umansky V, Heiblum M, Levinson Y, et al. MBE growth of ultra-low disorder 2DEG with mobility exceeding $35 \times 10^6 \, cm^2 \cdot V^{-1} \cdot s^{-1}$. J. Cryst. Growth, 2009, 311: 1658.

[69] Pan W, Xia J S, Stormer H L, et al. Experimental studies of the fractional quantum Hall effect in the first excited Landau level. Phys. Rev. B, 2008, 77: 075307.

[70] Aidelsburger M, Lohse M, Schweizer C, et al. Measuring the Chern number of Hofstadter bands with ultracold bosonic atoms. Nat. Phys., 2015, 11: 162.

[71] Laughlin R B. Anomalous quantum hall effect: An incompressible quantum fluid with fractionally charged excitations. Phys. Rev. Lett., 1983, 50: 1395.

[72] Goldman V J, Su B. Resonant tunneling in the quantum hall regime: Measurement of fractional charge. Science, 1995, 267: 1010.

[73] de-Picciotto R, Reznikov M, Heiblum M, et al. Direct observation of a fractional charge. Nature (London), 1997, 389: 162.

[74] Saminadayar L, Glattli D C, Jin Y, et al. Observation of the $e/3$ fractionally charged laughlin quasiparticle. Phys. Rev. Lett., 1997, 79: 2526.

[75] Martin J, Ilani S, Verdene B, et al. Localization of fractionally charged quasi particles. Science, 2004, 305: 980.

[76] Halperin B I. Statistics of quasiparticles and the hierarchy of fractional quantized hall states.

Phys. Rev. Lett., 1984, 52: 1583.

[77] Arovas D, Schrieffer J R, Wilczek F. Fractional statistics and the quantum hall effect. Phys. Rev. Lett., 1984, 53: 722.

[78] Camino F, Zhou W, Goldman V. Realization of a Laughlin quasiparticle interferometer: Observation of fractional statistics. Phys. Rev. B, 2005, 72: 075342.

[79] Camino F, Zhou W, Goldman V. e/3 laughlin quasiparticle primary-filling v=1/3 Interferometer. Phys. Rev. Lett., 2007, 98: 076805.

[80] Goldman V J. Superperiods and quantum statistics of laughlin quasiparticles. Phys. Rev. B, 2007, 75: 045334.

[81] Shtengel K. Non-abelian anyons: New particles for less than a billion? Physics, 2010, 3: 93.

[82] Stern A, Rosenow B, Ilan R, et al. Interference, Coulomb blockade, and the identification of non-Abelian quantum Hall states. Phys. Rev. B, 2010, 82: 085321.

[83] Haldane F D M. Fractional quantization of the Hall effect: A hierarchy of incompressible quantum fluid states. Phys. Rev. Lett., 1983, 51: 605.

[84] Halperin B I. Statistics of quasiparticles and the hierarchy of fractional quantized Hall states. Phys. Rev. Lett., 1984, 52: 1583.

[85] Jain J K. Composite fermion approach for fractional quantum Hall effect. Phys. Rev. Lett., 1989, 63: 199.

[86] Halperin B I, Lee P A, Read N. Theory of the half-filled Landau level. Phys. Rev. B, 1993, 47: 7312.

[87] Willett R L, Ruel R R, West K W, et al. Experimental demonstration of a Fermi surface at one-half filling of the lowest Landau level. Phys. Rev. Lett., 1993, 71: 3846.

[88] Kang W, Stormer H L, Pfeiffer L N, et al. How real are composite fermions? Phys. Rev. Lett., 1993, 71: 3850.

[89] Goldman V J, Su B, Jain J K. Detection of composite fermions by magnetic focusing. Phys. Rev. Lett., 1994, 72: 2065.

[90] Smet J H, Weiss D, Blick R H, et al. Magnetic focusing of composite fermions through arrays of cavities. Phys. Rev. Lett., 1996, 77: 2272.

[91] Du R R, Stormer H L, Tsui D C, et al. Experimental evidence for new particles in the fractional quantum Hall effect. Phys. Rev. Lett., 1993, 70: 2944.

[92] Leadley D R, Nicholas R J, Foxon C T, et al. Measurement of the effective mass and scattering times of composite fermions from magnetotransport analysis. Phys. Rev. Lett., 1994, 72: 1906.

[93] Du R R, Yeh A S, Stormer H L, et al. Fractional quantum Hall effect around nu=3/2: Composite fermions with a spin. Phys. Rev. Lett., 1995, 75: 3926.

[94] Willett R L, Eisenstein J P, Stormer H L, et al. Observation of an even-denominator quantum number in the fractional quantum Hall effect. Phys. Rev. Lett., 1987, 59: 1776.

[95] Eisenstein J P, Cooper K B, Pfeiffer L N, et al. Insulating and fractional quantum Hall states in the first excited landau level. Phys. Rev. Lett., 2002, 88: 076801.

[96] Pan W, Xia J S, Shvarts V, et al. Exact quantization of the even-denominator fractional quantum Hall state at v=5/2 landau level filling factor. Phys. Rev. Lett., 1999, 83: 3530.

[97] Xia J S, Pan W, Vicente C L, et al. Electron correlation in the second Landau level: A competition between many nearly degenerate quantum phases. Phys. Rev. Lett., 2004, 93: 176809.

[98] Haldane F D M, Rezayi E H. Spin-singlet wave function for the half-integral quantum Hall effect. Phys. Rev. Lett., 1988, 60: 956.

[99] Moore G, Read N. Nonabelions in the fractional quantum Hall effect. Nucl. Phys. B, 1991, 360: 362.

[100] Wen X G. Non-Abelian statistics in the fractional quantum Hall states. Phys. Rev. Lett., 1991, 66: 802.

[101] Greiter M, Wen X G, Wilczek F. Paired hall state at half filling Phys. Rev. Lett., 1991, 66: 3205; Greiter M, Wen X G, Wilczek F. Paired hall states. Nucl. Phys. B, 1992, 374: 567.

[102] Read N, Green D. Paired states of fermions in two dimensions with breaking of parity and time-reversal symmetries and the fractional quantum Hall effect. Phys. Rev. B, 2000, 61: 10267.

[103] Scarola V W, Park K, Jain J K. Cooper instability of composite fermions. Nature, 2000, 406: 863.

[104] Eisenstein J P, Willett R L, Stormer H L, et al. Collapse of the even-denominator fractional quantum Hall effect in tilted fields. Phys. Rev. Lett., 1988, 61: 997.

[105] Morf R H. Transition from quantum Hall to compressible states in the second Landau level: New light on the nu=5/2 enigma. Phys. Rev. Lett., 1998, 80: 1505.

[106] Tracy L A, Eisenstein J P, Pfeiffer L N, et al. Spin transition in the half-filled Landau level. Phys. Rev. Lett., 2007, 98: 086801.

[107] Li Y Q, Umansky V, von Klitzing K, et al. Nature of the spin transition in the half-filled landau level. Phys. Rev. Lett., 2009, 102: 046803.

[108] Rezayi E H, Haldane F D M. Incompressible paired Hall state, stripe order, and the composite fermion liquid phase in half-filled Landau levels. Phys. Rev. Lett., 2000, 84: 4685.

[109] Levin M, Halperin B I, Rosenow B. Particle-hole symmetry and the pfaffian state. Phys. Rev. Lett., 2007, 99: 236806.

[110] Lee S S, Ryu S, Nayak C, et al. Particle-hole symmetry and the $v=5/2$ quantum Hall state. Phys. Rev. Lett., 2007, 99: 236807.

[111] Wan X, Yang K, Rezayi E H. Edge excitations and non-abelian statistics in the moore-read state: A numerical study in the presence of coulomb interaction and edge confinement. Phys. Rev. Lett., 2006, 97: 256804.

[112] Wan X, Hu Z X, Rezayi E H, et al. Fractional quantum Hall effect at $v=5/2$: Ground states, non-Abelian quasiholes, and edge modes in a microscopic model. Phys. Rev. B, 2008, 77: 165316.

[113] Feiguin A E, Rezayi E, Yang K, et al. Spin polarization of the $v=5/2$ quantum Hall state. Phys. Rev. B, 2009, 79: 115322.

[114] Halperin B I. Theory of the quantized Hall conductance. Helv. Phys. Acta., 1983, 56: 75.

[115] Biddle J, Peterson M R, Sarma S D. Variational Monte Carlo study of spin-polarization stability of fractional quantum Hall states against realistic effects in half-filled Landau levels. Phys. Rev. B, 2013, 87: 235134.

[116] Kitaev A Y. Fault-tolerant quantum computation by anyons. Ann. Phys., 2003, 303: 2.

[117] Nayak C, Simon S H, Stern A, et al. Non-Abelian anyons and topological quantum computation. Rev. Mod. Phys., 2008, 80: 1083.

[118] Nayak C, Wilczek F. 2n-quasihole states realize 2n−1-dimensional spinor braiding statistics in paired quantum Hall states. Nucl. Phys. B, 1996, 479: 529.

[119] Sarma S D, Freedman M, Nayak C. Topological quantum computation. Phys. Today, 2006, 59(7): 32.

[120] Stern A. Non-Abelian states of matter. Nature (London), 2010, 464: 187.

[121] Sarma S D, Freedman M, Nayak C. Topologically protected qubits from a possible non-Abelian fractional quantum Hall state. Phys. Rev. Lett., 2005, 94: 166802.

[122] 万歆，王正汉，杨昆. 从分数量子霍尔效应到拓扑量子计算. 物理, 2013, 42(8): 558.

[123] Lin X, Du R R, Xie X C. Recent experimental progress of fractional quantum Hall effect: 5/2 filling state and graphene. Nat. Sci. Rev., 2014, 1: 564.

[124] Wen X G. Topological orders and edge excitations in fractional quantum Hall states. Adv. Phys., 1995, 44: 405.

[125] Wen X G. Chiral Luttinger liquid and the edge excitations in the fractional quantum Hall states. Phys. Rev. B, 1990, 41: 12838.

[126] Dolev M, Heiblum M, Umansky V, et al. Observation of a quarter of an electron charge at the $v=5/2$ quantum Hall state. Nature, 2008, 452: 829.

[127] Venkatachalam V, Yacoby A, Pfeiffer L N, et al. Local charge of the $v=5/2$ fractional quantum Hall state. Nature, 2011, 469:185.

[128] Wen X G. Edge transport properties of the fractional quantum Hall states and weak-impurity scattering of a one-dimensional charge-density wave. Phys. Rev. B, 1991, 44: 5708.

[129] Wen X G. Topological order and edge structure of v=1/2 quantum Hall state. Phys. Rev. Lett., 1993, 70: 355.

[130] Bishara W, Nayak C. Edge states and interferometers in the Pfaffian and anti-Pfaffian states of the v=5/2 quantum Hall system. Phys. Rev. B, 2008, 77: 165302.

[131] Fendley P, Fisher M P A, Nayak C. Dynamical disentanglement across a point contact in a non-Abelian quantum Hall state. Phys. Rev. Lett., 2006, 97: 036801.

[132] Radu I P, Miller J B, Marcus C M, et al. Quasi-particle properties from tunneling in the v=5/2 fractional quantum Hall state. Science, 2008, 320: 899.

[133] Lin X, Dillard C, Kastner M A, et al. Measurements of quasiparticle tunneling in the v=5/2 fractional quantum Hall state. Phys. Rev. B, 2012, 85: 165321.

[134] Baer S, Rossler S C, Ihn T, et al. Experimental probe of topological orders and edge excitations in the second Landau level. Phys. Rev. B, 2014, 90: 075403.

[135] Yang G, Feldman D E. Experimental constraints and a possible quantum Hall state at v=5/2. Phys. Rev. B, 2014, 90: 161306(R).

[136] Tiemann L, Gamez G, Kumada N, et al. Unraveling the spin polarization of the v=5/2 fractional quantum Hall state. Science, 2012, 335: 828.

[137] Stern M, Piot B A, Vardi Y, et al. NMR probing of the spin polarization of the v=5/2 quantum Hall state. Phys. Rev. Lett., 2012, 108: 066810.

[138] Stern M, Plochocka P, Umansky V, et al. Optical probing of the spin polarization of the v=5/2 quantum Hall state. Phys. Rev. Lett., 2010, 105: 096801.

[139] Rhone T D, Yan J, Gallais Y, et al. Rapid collapse of spin waves in nonuniform phases of the second landau level. Phys. Rev. Lett., 2011, 106: 196805.

[140] Pan W, Stormer H L, Tsui D C, et al. Experimental evidence for a spin-polarized ground state in the v=5/2 fractional quantum Hall effect. Sol. Stat. Commun., 2001, 119: 641.

[141] Dean C R, Piot B A, Hayden P, et al. Intrinsic gap of the v=5/2 fractional quantum Hall state. Phys. Rev. Lett., 2008, 100: 146803.

[142] Zhang C, Knuuttila T, Dai Y, et al. nu=5/2 fractional quantum Hall effect at 10 T: Implications for the pfaffian state. Phys. Rev. Lett., 2010, 104: 166801.

[143] Ho T L. Broken symmetry of two-component v=1/2 quantum Hall states. Phys. Rev. Lett., 1995, 75: 1186.

[144] Yang G, Feldman D E. Influence of device geometry on tunneling in the v=5/2 quantum Hall liquid. Phys. Rev. B, 2013, 88: 085317.

[145] MacDonald A H. Edge states in fractional quantum Hall effect regime. Phys. Rev. Lett., 1990, 64: 220.

[146] Johnson M D, MacDonald A H. Composite edges in v=2/3 fractional quantum Hall effect. Phys. Rev. Lett., 1991, 67: 2060.

[147] Ashoori R C, Stormer H L, Pfeiffer L N, et al. Edge magnetoplasmons in time domain. Phys. Rev. B, 1992, 45: 3894.

[148] Kane C L, Fisher M P A, Polchinski J. Randomness at the edge: Theory of quantum Hall transport at filling =2/3. Phys. Rev. Lett., 1994, 72: 4129.

[149] Kane C L, Fisher M P A. Impurity scattering and transport of fractional quantum Hall edge states. Phys. Rev. B, 1995, 51: 13449.

[150] Overbosch B J, Wen X G. Phase transitions on the edge of the v=5/2 Pfaffian and anti-Pfaffian quantum Hall state. arXiv:0804.2087.

[151] Bid A, Ofek N, Inoue H, et al. Observation of neutral modes in the fractional quantum Hall regime. Nature, 2010, 466: 585.

[152] Venkatachalam V, Hart S, Pfeiffer L N, et al. Local thermometry of neutral modes on the quantum Hall edge. Nat. Phys., 2012, 8: 676.

[153] Bocquillon E, Freulon V, Berroir J M, et al. Separation of neutral and charge modes in one-dimensional chiral edge channels. Nat. Commun., 2013, 4: 1839.

[154] Inoue H, Grivnin A, Ronen Y, et al. Proliferation of neutral modes in fractional quantum Hall states. Nat. Commun., 2014, 5: 4067.

[155] Kane C L, Fisher M P A. Quantized thermal transport in the fractional quantum Hall effect. Phys. Rev. B, 1997, 55: 15832.

[156] Meir Y. Composite edge states in the =2/3 fractional quantum Hall regime. Phys. Rev. Lett., 1994, 72: 2624.

[157] Wan X, Yang K, Rezayi E H. Reconstruction of fractional quantum Hall edges. Phys. Rev. Lett., 2002, 88: 056802.

[158] Joglekar Y N, Nguyen H K, Murthy G. Edge reconstructions in fractional quantum Hall systems. Phys. Rev. B, 2003, 68: 035332.

[159] Yang K. Field theoretical description of quantum Hall edge reconstruction. Phys. Rev. Lett., 2003, 91: 036802.

[160] Wang J, Meir Y, Gefen Y. Edge reconstruction in the fractional quantum Hall state. Phys. Rev. Lett., 2013, 111: 246803.

[161] de C, Chamon C, Freed D E, et al. Two point-contact interferometer for quantum Hall systems. Phys. Rev. B, 1997, 55: 2331.

[162] Fradkin E, Nayak C, Tsvelik A, et al. A Chern–Simons effective field theory for the Pfaffian

quantum Hall state. Nucl. Phys. B, 1998, 516: 704.

[163] Stern A, Halperin B I. Proposed experiments to probe the non-Abelian $v=5/2$ quantum Hall state. Phys. Rev. Lett., 2006, 96: 016802.

[164] Bonderson P, Kitaev A, Shtengel K. Detecting non-Abelian statistics in the $v=5/2$ fractional quantum Hall state. Phys. Rev. Lett., 2006, 96: 016803.

[165] Bonderson P, Shtengel K, Slingerland J K. Probing non-Abelian statistics with quasiparticle interferometry. Phys. Rev. Lett., 2006, 97: 016401.

[166] Ilan R, Grosfeld E, Schoutens K, et al. Experimental signatures of non-Abelian statistics in clustered quantum Hall states. Phys. Rev. B, 2009, 79: 245305.

[167] Bonderson P, Nayak C, Shtengel K. Coulomb blockade doppelgängers in quantum Hall states. Phys. Rev. B, 2010, 81: 165308.

[168] Stern A, Rosenow B, Ilan R, et al. Interference, Coulomb blockade, and the identification of non-Abelian quantum Hall states. Phys. Rev. B, 2010, 82: 085321.

[169] Feldman D E, Kitaev A. Detecting non-Abelian statistics with an electronic Mach-Zehnder interferometer. Phys. Rev. Lett., 2006, 97: 186803.

[170] Feldman D E, Gefen Y, Kitaev A, et al. Shot noise in an anionic Mach-Zehnder interferometer. Phys. Rev. B, 2007, 76: 085333.

[171] Willett R L, Pfeiffer L N, West K W. Measurement of filling factor 5/2 quasiparticle interference with observation of charge $e/4$ and $e/2$ period oscillations. Proc. Natl. Acad. Sci. U S A, 2009, 106: 8853.

[172] Willett R L, Pfeiffer L N, West K W. Alternation and interchange of $e/4$ and $e/2$ period interference oscillations consistent with filling factor 5/2 non-Abelian quasiparticles. Phys. Rev. B, 2010, 82: 205301.

[173] Willett R L, Nayak C, Shtengel K, et al. Magnetic-field-tuned aharonov-bohm oscillations and evidence for non-abelian Anyons at $v=5/2$. Phys. Rev. Lett., 2013, 111: 186401.

[174] An S, Jiang P, Choi H, et al. Braiding of Abelian and non-Abelian anyons in the fractional quantum Hall effect. arXiv:1112.3400.

[175] Bishara W, Bonderson P, Nayak C, et al. Interferometric signature of non-Abelian anyons. Phys. Rev. B, 2009, 80: 155303. Bishara W, Nayak C. Odd-even crossover in a non-Abelian $v=5/2$ interferometer. Phys. Rev. B, 2009, 80: 155304.

[176] Hu Z X, Rezayi E H, Wan X, et al. Edge-mode velocities and thermal coherence of quantum Hall interferometers. Phys. Rev. B, 2009, 80: 235330.

[177] Wang C, Feldman D E. Identification of 331 quantum Hall states with Mach-Zehnder interferometry. Phys. Rev. B, 2010, 82: 165314.

[178] Suen Y W, Engel L W, Santos M B, et al. Observation of a $nu=1/2$ fractional quantum Hall

state in a double-layer electron system. Phys. Rev. Lett., 1992, 68: 1379.

[179] Eisenstein J P, Boebinger G S, Pfeiffer L N, et al. New fractional quantum Hall state in double-layer two-dimensional electron systems. Phys. Rev. Lett., 1992, 68: 1383.

[180] Yoshioka D, MacDonald A H, Girvin S M. Fractional quantum Hall effect in two-layered systems. Phys. Rev. B, 1989, 39: 1932.

[181] He S, Sarma S D, Xie X C. Quantized Hall effect and quantum phase transitions in coupled two-layer electron systems. Phys. Rev. B, 1993, 47: 4394.

[182] Suen Y W, Manoharan H C, Ying X, et al. Origin of the $v=1/2$ fractional quantum Hall state in wide single quantum wells. Phys. Rev. Lett., 1994, 72: 3405.

[183] Shabani J, Gokmen T, Chiu Y T, et al. Evidence for developing fractional quantum Hall states at even denominator 1/2 and 1/4 fillings in asymmetric wide quantum wells. Phys. Rev. Lett., 2009, 103: 256802.

[184] Luhman D R, Pan W, Tsui D C, et al. Observation of a fractional quantum Hall state at $nu=1/4$ in a wide GaAs quantum well. Phys. Rev. Lett., 2008, 101: 266804.

[185] Liu Y, Graninger A L, Hasdemir S, et al. Fractional quantum Hall effect at $nu=1/2$ in hole systems confined to GaAs quantum wells. Phys. Rev. Lett., 2014, 112: 046804.

[186] Eisenstein J P, Pfeiffer L N, West K W. Independently contacted 2-dimensional electron systems in double quantum-wells. Appl. Phys. Lett., 1990, 57: 2324.

[187] Spielman I B, Eisenstein J P, Pfeiffer L N, et al. Resonantly enhanced tunneling in a double layer quantum Hall ferromagnet. Phys. Rev. Lett., 2000, 84: 5808.

[188] Spielman I B, Eisenstein J P, Pfeiffer L N, et al. Observation of a linearly dispersing collective mode in a quantum Hall ferromagnet. Phys. Rev. Lett., 2001, 87: 036803.

[189] Eisenstein J P, MacDonald A H. Bose-Einstein condensation of excitons in bilayer electron systems. Nature, 2004, 432: 691.

[190] Wiersma R D, Lok J G S, Kraus S, et al. Activated transport in the separate layers that form the $T=1$ exciton. Phys. Rev. Lett., 2004, 93: 266805.

[191] Tutuc E, Shayegan M, Huse D A. Counterflow measurements in strongly correlated GaAs hole bilayers: Evidence for electron–hole pairing. Phys. Rev. Lett., 2004, 93: 036802.

[192] Tiemann L, Lok J, Dietsche W, et al. Exciton condensate at a total filling factor of one in Corbino two-dimensional electron bilayers. Phys. Rev. B, 2008, 77: 033306.

[193] Tiemann L, Dietsche W, Hauser M, et al. Critical tunneling currents in the regime of bilayerexcitons. New J. Phys., 2008, 10: 045018.

[194] Su J J, MacDonald A H. How to make a bilayer exciton condensate flow. Nat. Phys., 2008, 4: 799.

[195] Yoon Y, Tiemann L, Schmult S, et al. Interlayer tunneling in counterflow experiments on the excitonic condensate in quantum Hall bilayers. Phys. Rev. Lett., 2010, 104: 116802.

[196] Giudici P, Muraki K, Kumada N, et al. Intrinsic gap and exciton condensation in the $v_T =1$ bilayer system. Phys. Rev. Lett., 2010, 104: 056802.

[197] Finck A D K, Eisenstein J P, Pfeiffer L N, et al. Quantum Hall exciton condensation at full spin polarization. Phys. Rev. Lett., 2010, 104: 016801.

[198] Finck A D K, Eisenstein J P, Pfeiffer L N, et al. Exciton transport and andreev reflection in a bilayer quantum Hall system. Phys. Rev. Lett., 2011, 106: 236807.

[199] Huang X, Dietsche W, Hauser M, et al. Coupling of Josephson currents in quantum Hall bilayers. Phys. Rev. Lett., 2012, 109: 156802.

[200] Tiemann L, Wegscheider W, Hauser M. Electron spin polarization by isospin ordering in correlated two-layer quantum Hall systems. Phys. Rev. Lett., 2015, 114: 176804.

[201] Wigner E P. On the interaction of electrons in metals. Phys. Rev., 1934, 46: 1002.

[202] Jiang H W, Willett R L, Stormer H L, et al. Quantum liquid versus electron solid around $v=1/5$ Landau-level filling. Phys. Rev. Lett., 1990, 65: 633.

[203] Andrei E Y, Deville G, Glattli D C, et al. Observation of a magnetically induced wigner solid. Phys. Rev. Lett., 1988, 60: 2765.

[204] Li C C, Engel L W, Shahar D, et al. Microwave conductivity resonance of two-dimensional hole system. Phys. Rev. Lett., 1997, 79: 1353.

[205] Chen Y P, Lewis R M, Engel L W, et al. Microwave resonance of the 2D wigner crystal around integer landau fillings. Phys. Rev. Lett., 2003, 91: 016801.

[206] Zhu H, Chen Y P, Jiang P, et al. Observation of a pinning mode in a wigner solid with $v=1/3$ fractional quantum hall excitations. Phys. Rev. Lett., 2010, 105: 126803.

[207] Hatke A T, Liu Y, Magill B A, et al. Microwave spectroscopic observation of distinct electron solid phases in wide quantum wells. Nat. Commnun., 2014, 5: 4154.

[208] Tiemann L, Rhone T D, Shibata N, et al. NMR profiling of quantum electron solids in high magnetic fields. Nat. Phys., 2014, 10: 648.

[209] Zhang D, Huang X T, Dietsche W, et al. Signatures for wigner crystal formation in the chemical potential of a two-dimensional electron system. Phys. Rev. Lett., 2014, 113: 076804.

[210] Pan W, Du R R, Stormer H L, et al. Strongly anisotropic electronic transport at landau level filling factor $v=9/2$ and $v=5/2$ under a tilted magnetic field. Phys. Rev. Lett., 1999, 83: 820.

[211] Du R R, Tsui D C, Stormer H L, et al. Strongly anisotropic transport in higher two-dimensional Landau levels. Sol. Stat. Commun., 1999, 109: 389.

[212] Lilly M P, Cooper K B, Eisenstein J P, et al. Anisotropic states of two-dimensional electron systems in high landau levels: Effect of an in-plane magnetic field. Phys. Rev. Lett., 1999, 83: 824.

[213] Koulakov A A, Fogler M M, Shklovskii B I. Charge density wave in two-dimensional electron liquid in weak magnetic field. Phys. Rev. Lett., 1996, 76: 499.

[214] Fogler M M, Koulakov A A, Shklovskii B I. Ground state of a two-dimensional electron liquid in a weak magnetic field. Phys. Rev. B, 1996, 54: 1853.

[215] Moessner R, Chalker J T. Exact results for interacting electrons in high Landau levels. Phys. Rev. B, 1996, 54: 5006.

[216] Fradkin E, Kivelson S A. Liquid-crystal phases of quantum Hall systems. Phys. Rev. B, 1999, 59: 8065.

[217] Fradkin E, Kivelson S A, Manousakis E, et al. Nematic phase of the two-dimensional electron gas in a magnetic field. Phys. Rev. Lett., 2000, 84: 1982.

[218] Fradkin E, Kivelson S A, Lawler M J, et al. Annu. Rev. Condens. Matter Phys., 2010, 1: 153.

[219] Friess B, Umansky V, Tiemann L, et al. Probing the microscopic structure of the stripe phase at filling factor 5/2. Phys. Rev. Lett., 2014, 113: 076803.

[220] Xia J, Eisenstein J P, Pfeiffer L N, et al. Evidence for a fractionally quantized Hall state with Anisotropic Longitudinal Transport. Nat. Phys., 2011, 7: 845.

[221] Mulligan M, Nayak C, Kachru S. Isotropic to anisotropic transition in a fractional quantum Hall state. Phys. Rev. B, 2010, 82: 085102.

[222] Mulligan M, Nayak C, Kachru S. Effective field theory of fractional quantized hall nematics. Phys. Rev. B, 2011, 84: 195124.

[223] Qiu R Z, Haldane F D M, Wan X, et al. Model anisotropic quantum Hall states. Phys. Rev. B, 2012, 85: 115308.

[224] You Y Z, Cho G Y, Fradkin E. Theory of nematic fractional quantum Hall states. Phys. Rev. X, 2014, 4: 041050.

[225] Krönmuller S, Dietsche W, Weis J, et al. New resistance maxima in the fractional quantum Hall effect regime. Phys. Rev. Lett., 1998, 81: 2526.

[226] Krönmuller S, Dietsche W, von Klitzing K, et al. New type of electron nuclear-spin interaction from resistively detected NMR in the fractional quantum Hall effect regime. Phys. Rev. Lett., 1999, 82: 4070.

[227] Smet J H, R A, Wegscheider W, et al. Ising ferromagnetism and domain morphology in the fractional quantum hall regime. Phys. Rev. Lett., 2001, 86: 2412.

[228] Stern O, Freytag N, Fay A, et al. NMR study of the electron spin polarization in the fractional quantum Hall effect of a single quantum well: Spectroscopic evidence for domain formation. Phys. Rev. B, 2004, 70: 075318.

[229] Smet J H, Deutschmann R A, Ertl F, et al. Gate-voltage control of spin interactions between

eleetrons and nuculer in a semiconductor. Nature (London), 2002, 415: 281.

[230] Hashimoto K, Muraki K, Saku T, et al. Electrically controlled nuclear spin polarization and relaxation by quantum-Hall states. Phys. Rev. Lett., 2002, 88: 176601.

[231] Li Y Q, Umansky V, von Klitzing K, et al. Current-induced nuclear spin depolarization at Landau level filling factor $v=1/2$. Phys. Rev. B, 2012, 86: 115421.

[232] Novoselov K S, Geim A K, Morozov S V, et al. Electric field effect in atomically thin carbon films. Science, 2004, 306: 666.

[233] Novoselov K S, Geim A K, Morozov S V, et al. Two-dimensional gas of massless Dirac fermions in graphene. Nature, 2005, 438: 197.

[234] Zhang Y, Tan Y W, Stormer H L, et al. Experimental observation of the quantum Hall effect and Berry's phase in graphene. Nature, 2005, 438: 201.

[235] Novoselov K S, Jiang Z, Zhang Y, et al. Room-temperature quantum Hall effect in graphene. Science, 2007, 315: 1379.

[236] Zhang Y, Jiang Z, Small J P, et al. Landau-level splitting in graphene in high magnetic fields. Phys. Rev. Lett., 2006, 96: 136806.

[237] Du X, Skachko I, Duerr F, et al. Fractional quantum Hall effect and insulating phase of Dirac electrons in graphene. Nature, 2009, 462: 192.

[238] Bolotin K I, Ghahari F, Shulman M D, et al. Observation of the fractional quantum Hall effect in graphene. Nature, 2009, 462: 196.

[239] Ponomarenko L A, et al. Cloning of Dirac fermions in graphene superlattices. Nature, 2013, 497: 594.

[240] Dean C R, et al. Hofstadter's butterfly and the fractal quantum Hall effect in moiré superlattices. Nature, 2013, 497: 598.

[241] Hunt B, et al. Massive Dirac fermions and Hofstadter butterfly in a van der Waals heterostructure. Science, 2013, 340: 1427.

[242] Sarma S D, Adam S, Hwang E H, et al. Electronic transport in two-dimensional graphene. Rev. Mod. Phys., 2011, 83: 407.

[243] Goerbig M O. Electronic properties of graphene in a strong magnetic field. Rev. Mod. Phys., 2011, 83: 1193.

[244] Kotov V N, Uchoa B, Pereira V M, et al. Electron-electron interactions in graphene: Current status and perspectives. Rev. Mod. Phys., 2012, 84: 1067.

[245] Zheng Y S, Ando T. Hall conductivity of a two-dimensional graphite system. Phys. Rev. B, 2002, 65: 245420.

[246] Mikitik G P, Sharlai Y V. Manifestation of Berry's phase in metal physics, Phys. Rev. Lett., 1999, 82: 2147.

[247] Luk'yanchuk I A, Kopelevich Y. Phase analysis of quantum oscillations in graphite. Phys. Rev. Lett., 2004, 93: 166402.

[248] Gusynin V P, Sharapov S G. Unconventional integer quantum Hall effect in graphene. Phys. Rev. Lett., 2005, 95: 146801.

[249] Peres N M R, Guinea F, Neto A H C. Electronic properties of disordered two-dimensional carbon. Phys. Rev. B, 2006, 73: 125411.

[250] Ezawa M. Intrinsic Zeeman effect in graphene. J. Phys. Soc. Jpn, 2007, 76: 094701.

[251] Yang K. Spontaneous symmetry breaking and quantum Hall effect in graphene. Solid State Commun., 2007, 143: 27.

[252] Geim A K, MacDonald A H. Graphene: Exploring carbon flatland. Phys. Today, 2007, 60 (8): 35.

[253] Guinea F, Neto A H C, Peres N M R. Electronic states and Landau levels in graphene stacks. Phys. Rev. B, 2006, 73: 245426.

[254] Koshino M, McCann E. Trigonal warping and Berry's phase N in ABC-stacked multilayer graphene. Phys. Rev. B, 2009, 80: 165409.

[255] Novoselov K S, McCann E, Morozov S V, et al. Unconventional quantum Hall effect and Berry's phase of 2 in bilayer graphene. Nat. Phys., 2006, 2: 177.

[256] Zhang L Y, Zhang Y, Camacho J, ct al. The experimental observation of quantum Hall effect of l=3 chiral quasiparticles in trilayer graphene. Nat. Phys., 2011, 7: 953.

[257] Yang K, Sarma S D, MacDonald A H. Collective modes and skyrmion excitations in graphene SU(4) quantum Hall ferromagnets. Phys. Rev. B, 2006, 74: 075423.

[258] Young A F, Dean C R, Wang L, et al. Spin and valley quantum Hall ferromagnetism in graphene. Nat. Phys., 2012, 8: 550.

[259] Jiang Z, Zhang Y, Stormer H L, et al. Quantum Hall states near the charge-neutral Dirac point in graphene. Phys. Rev. Lett., 2007, 99: 106802.

[260] Checkelsky J G, Li L, Ong N P. Divergent resistance at the Dirac point in graphene: Evidence for a transition in a high magnetic field. Phys. Rev. B, 2009, 79: 115434.

[261] Giesbers A J M, Ponomarenko L A, Novoselov K S, et al. Gap opening in the zeroth Landau level of graphene. Phys. Rev. B, 2009, 80: 201403(R).

[262] Amet F, Williams J R, Watanabe K, et al. Insulating behavior at the neutrality point in single-layer graphene. Phys. Rev. Lett., 2013, 110: 216601.

[263] Young A F, Sanchez-Yamagishi J D, Hunt B, et al. Tunable symmetry breaking and helical edge transport in a graphene quantum spin Hall state. Nature, 2014, 505: 528.

[264] Abanin D A, Lee P A, Levitov L S. Spin-filtered edge states and quantum Hall effect in graphene. Phys. Rev. Lett., 2006, 96: 176803.

[265] Fertig H A, Brey L. Luttinger liquid at the edge of undoped graphene in a strong magnetic field. Phys. Rev. Lett., 2006, 97: 116805.

[266] Du X, Skachko I, Barker A, et al. Approaching ballistic transport in suspended graphene. Nat. Nanotech., 2008, 3: 491.

[267] Bolotin K I, Sikes K J, Jiang Z, et al. Ultrahigh electron mobility in suspended graphene. Sol. Stat. Commun., 2008, 146: 351.

[268] Dean C R, Young A F, Meric I, et al. Boron nitride substrates for high-quality graphene electronics. Nature Nanotech., 2010, 5: 722.

[269] Dean C R, Young A F, Cadden-Zimansky P, et al. Multicomponent fractional quantum Hall effect in graphene. Nat. Phys., 2011, 7: 693.

[270] Amet F, Bestwick A J, Williams J R, et al. Composite fermions and broken symmetries in graphene. Nat. Commun., 2015, 6: 5838.

[271] Maher P, Wang L, Gao Y, et al. Tunable fractional quantum Hall phases in bilayer graphene. Science, 2014, 345: 61.

[272] Feldman B E, Levin A J, Krauss B, et al. Fractional quantum Hall phase transitions and four-flux states in graphene. Phys. Rev. Lett., 2013, 111: 076802.

[273] Kou A, Feldman B E, Levin A J, et al. Electron-hole asymmetric integer and fractional quantum Hall effect in bilayer graphene. Science, 2014, 345: 55.

[274] Xue J M, Sanchez-Yamagishi J, Bulmash D, et al. Scanning tunnelling microscopy and spectroscopy of ultra-flat graphene on hexagonal boron nitride. Nat. Mater., 2011, 10: 282285.

[275] Decker R, Wang Y, Brar V W, et al. Local electronic properties of graphene on a BN substrate via scanning tunneling microscopy. Nano Lett., 2011, 11: 2291.

[276] Park C H, Yang L, Son Y W, et al. New Generation of Massless Dirac fermions in graphene under external periodic potentials. Phys. Rev. Lett., 2008, 101: 126804.

[277] Yankowitz M, Xue J M, Cormode D, et al. Emergence of superlattice Dirac points in graphene on hexagonal boron nitride. Nat. Phys., 2012, 8: 382386.

[278] Hofstadter D. Energy levels and wave functions of Bloch electrons in rational and irrational magnetic fields. Phys. Rev. B, 1976, 14: 2239.

[279] Weiss D, von Klitzing K, Ploog K, et al. Magnetoresistance oscillations in a two-dimensional electron-gas induced by a submicrometer periodic potential. Europhys. Lett., 1989, 8: 179.

[280] Gerhardts R R, Weiss D, von Klitzing K. Novel magnetoresistance oscillations in a periodically modulated two-dimensional electron gas. Phys. Rev. Lett., 1989, 62: 1173.

[281] Winkler R W, Kotthaus J P, Ploog K. Landau band conductivity in a two-dimension

electron system modulated by an artificial one-dimensional superlattice potential.Ploog. Phys. Rev. Lett., 1989, 62: 1177.

[282] Beenakker C W J. Guiding-center-drift resonance in a periodically modulated two-dimensional electron gas. Phys. Rev. Lett., 1989, 62: 2020.

[283] Gerhardts R R, Weiss D, Wulf U. Magnetoresistance oscillations in a grid potential: Indication of a Hofstadter-type energy spectrum. Phys. Rev. B, 1991, 43: 5192(R).

[284] Schlösser T, Ensslin K, Kotthaus J P, et al. Landau subbands generated by a lateral electrostatic superlattice: chasing the Hofstadter butterfly. Semicond. Sci. Technol., 1996, 11: 1582.

[285] Albrecht C, Smet J H, von Klitzing K, et al. Evidence of Hofstadter's fractal energy spectrum in the quantized Hall conductance. Phys. Rev. Lett., 2001, 86: 147.

[286] Haldane F D M. Model for a quantum hall effeet without Landau levels: condensed-matter realization of the "parity anomaly". Phys. Rev. Lett., 1988, 61: 2015.

[287] Kane C L, Mele E J. Z2 topological order and the quantum spin Hall effect. Phys. Rev. Lett., 2005, 95: 146802.

[288] Kane C L, Mele E J. Quantum spin Hall offect in graphene. Phys. Rev. Lett., 2005, 95: 226801.

[289] Yao Y G, Ye F, Qi X L, et al. Spin-orbit gap of graphene: First-principlcs calculations. Phys. Rev. B, 2007, 75: 041401(R).

[290] Bernevig B A, Hughes T L, Zhang S C. Quantum spin Hall effect and topological phase transition in HgTe quantum wells. Science, 2006, 314: 1757.

[291] Konig M, Wiedmann S, Brune C, et al. Quantum spin Hall insulator state in HaTe quantum wells. Science, 2007, 318: 766.

[292] Roth A, Brüne C, Buhmann H, et al. Nonlocal transport in the quantum spin Hall state. Science, 2009, 325: 294.

[293] Qi X L, Zhang S C. The quantum spin Hall effect and topological insulators. Phys. Today, 2010, 63 (1): 33.

[294] Hasan M Z, Kane C L. Colloquium: Topological insulators. Rev. Mod. Phys., 2010, 82: 3045.

[295] Qi X L, Zhang S C. Topological insulators and superconductors. Rev. Mod. Phys., 2011, 83: 1057.

[296] Brüne C, Roth A, Buhmann H, et al. Spin polarization of the quantum spin Hall edge state. Nat. Phys., 2012, 8: 485.

[297] Liu C, Hughes T L, Qi X L, et al. Quantum spin Hall effect in inverted type-II semiconductors. Phys. Rev. Lett., 2008, 100: 236601.

[298] Knez I, Du R R, Sullivan G. Evidence for helical edge modes in inverted InAs/GaSb quantum wells. Phys. Rev. Lett., 2011, 107: 136603.

[299] Du L J, Knez I, Sullivan G, et al. Robust helical edge transport in gated InAs=GaSb bilayers. Phys. Rev. Lett., 2015, 114: 096802.

[300] Jiang H, Cheng S, Sun Q F, et al. Topological insulator: A new quantized spin Hall resistance robust to dephasing. Phys. Rev. Lett., 2009, 103: 036803.

[301] Väyrynen J I, Goldstein M, Glazman L I. Helical edge resistance introduced by charge puddles. Phys. Rev. Lett., 2013, 110: 216402.

[302] Kitaev A Y. Unpaired majorana fermions in quantum wires. Phys. Usp., 2001, 44: 131.

[303] Sau J D, Lutchyn R M, Tewari S, et al. Generic new platform for topological quantum computation using semiconductor heterostructures. Phys. Rev. Lett., 2010, 104: 040502.

[304] Alicea J. Majorana fermions in a tunable semiconductor device. Phys. Rev. B, 2010, 81: 125318.

[305] Adroguer P, Grenier C, Carpentier D, et al. Probing in the helical edge states of a topological insulator by cooper-pair injection Phys. Rev. B, 2010, 82: 081303 (R).

[306] Knez I, Du R R, Sullivan G. Andreev reflection of helical edge modes in InAs/GaSb quantum spin Hall insulator. Phys. Rev. Lett., 2012, 109: 186603.

[307] Hart S, Wagner H R T, Leubner P, et al. Induced superconductivity in the quantum spin Hall edge. Nat. Phys., 2014, 10: 638.

[308] Nichele F, Pal A N, Pietsch P, et al. Insulating state and giant nonlocal response in an InAs/GaSb quantum well in the quantum Hall regime. Phys. Rev. Lett., 2014, 112: 036802.

[309] Pribiag V S, Beukman A J A, Qu F M, et al. Edge-mode superconductivity in a two-dimensional topological insulator. Nat. Nanotech., 2015, 10: 593.

[310] Miao M S, Yan Q, Van de Walle C G, et al. Polarization-driven topological insulator transition in a GaN/InN/GaN quantum well. Phys. Rev. Lett., 2012, 109: 186803.

[311] Zhang D, Lou W K, Miao M S, et al. Interface-induced topological insulator transition in GaAs/Ge/GaAs quantum wells. Phys. Rev. Lett., 2013, 111: 156402.

[312] Liu C C, Feng W X, Yao Y G. Quantum spin Hall effect in Silicene and two-dimensional Germanium, Phys. Rev. Lett., 107: 076802.

[313] Weng H M, Dai X, Fang Z. Transition-metal pentatelluride $ZrTe_5$ and $HfTe_5$: A paradigm for large-gap quantum spin Hall insulators. Phys. Rev. X, 2014, 4: 011002.

[314] Xu Y, Yan B H, Zhang H J, et al. Large-gap quantum spin Hall insulators in tin films. Phys. Rev. Lett., 2013, 111: 136804.

[315] Zhang H J, Xu Y, Wang J, et al. Quantum spin Hall and quantum anomalous Hall states realized in junction quantum wells. Phys. Rev. Lett., 2014, 112: 216803.

[316] Fu L, Kane C L, Mele E Topological insulators in three dimensions. Phys. Rev. Lett., 2007, 98: 106803.

[317] Moore J E, Balents L. Topological invariants of time-reversal-invariant band structures. Phys. Rev. B, 2007, 75: 121306(R).

[318] Roy R. Topological phases and the quantum spin Hall effect in three dimensions. Phys. Rev. B, 2009, 79: 195322.

[319] Fu L, Kane C L. Topological insulators with inversion symmetry. Phys. Rev. B, 2007, 76: 045302.

[320] Hsieh D, Qian D, Wray L, et al. A topological dirac insulator in a quantum spin Hall phase. Nature, 2008, 452: 970.

[321] Hsieh D, Xia Y, Wray L, et al. Observation of unconventional quantum spin textures in topological insulators. Science, 2009, 323: 919.

[322] Nishide A, Taskin A A, Takeichi Y, et al. Direct mapping of the spin-filtered surface bands of a three-dimensional quantum spin Hall insulator.Phys. Rev. B, 2010, 81: 041309(R).

[323] Zhang H J, Liu C X, Qi X L, et al.Topological insulators in Bi_2Se_3, Bi_2Te_3 and Sb_2Te_3 with a single Dirac cone on the surface.Nat. Phys., 2009, 5: 438.

[324] Xia Y, Qian D, Hsieh D, et al. Observation of a large-gap topological-insulator class with a single Dirac cone on the surface.Nat. Phys., 2009, 5: 398.

[325] Chen Y L, Analytis J G, Chu J H, et al. Experimental realization of a three-dimensional topological insulator, Bi_2Te_3. Science, 2009, 325: 178.

[326] Ando Y J. Topological insulator materials. J. Phys. Soc. Jpn., 2013, 82: 102001.

[327] Roushan P, Seo J, Parker C V, et al. Topological surface states protected from backscattering by chiral spin texture. Nature,2009, 460: 1106.

[328] Zhang T, Cheng P, Chen X, et al. Experimental demonstration of topological surface states protected by time-reversal symmetry. Phys. Rev. Lett., 2009, 103: 266803.

[329] Alpichshev Z, Analytis J G, Chu J H, et al. STM imaging of electronic waves on the surface of the topological insulator Bi2Te3: Topologically protected surface states and hexagonal warping effects. Phys. Rev. Lett., 2010, 104: 016401.

[330] Li Y Q, Wu K H, Shi J R, et al. Electron transport properties of three-dimensional topological insulators. Front. Phys., 2012, 7: 165.

[331] Chen J, Qin H J, Yang F, et al. Gate-voltage control of chemical potential and weak antilocalization in Bi_2Se_3.Phys. Rev. Lett., 2010, 105: 176602.

[332] Chen J, He X Y, Wu K H, et al. Tunable surface conductivity in Bi_2Se_3 revealed in diffusive electron transport. Phys. Rev. B, 2011, 83: 241304 (R).

[333] Checkelsky J G, Hor Y S, Cava R J, et al. Bulk band gap and surface state conduction

observed in voltage-tuned crystals of the topological insulator Bi_2Se_3.Phys. Rev. Lett., 2011, 106: 196801.

[334] Liu C X, Qi X L, Dai X, et al.Quantum anomalous Hall effect in $Hg_{1-y}Mn_yTe$ quantum wells. Phys. Rev. Lett., 2008, 101: 146802.

[335] Wei P, Katmis F, Assaf B A, et al.Exchange-coupling-induced symmetry breaking in topological insulators. Phys. Rev. Lett., 2013, 110: 186807.

[336] Yang Q I, Dolev M, Zhang L, et al. Emerging weak localization effects on a topological insulator–insulating ferromagnet (Bi_2Se_3-EuS) interface. Phys. Rev. B, 2013, 88: 081407.

[337] Kandala A, Richardella A, Rench D W, et al.Growth and characterization of hybrid insulating ferromagnet-topological insulator heterostructure devices. Appl. Phys. Lett., 2013, 103: 202409.

[338] Alegria L D, Ji H, Yao N, et al. Large anomalous Hall effect in ferromagnetic insulator-topological insulator heterostructures. Appl. Phys. Lett., 2014, 105: 053512.

[339] Yang W M, Yang S, Zhang Q H, et al. Proximity effect between a topological insulator and a magnetic insulator with large perpendicular anisotropy. Appl. Phys. Lett., 2014, 105: 092411.

[340] Yu R, Zhang W, Zhang H J, et al. Quantized anomalous Hall effect in magnetic topological insulators. Science, 2010, 329: 61.

[341] Chang C Z, Zhang J, Liu M, et al. Thin films of magnetically doped topological insulator with carrier-independent long-range ferromagnetic order. Adv. Mater., 2013, 25: 1065.

[342] Zhang J S, Chang C Z, Zhang Z C, et al. Band structure engineering in (Bi1–xSbx)2Te3 ternary topological insulators. Nat. Commun., 2011, 2: 574.

[343] He K, Wang Y Y, Xue Q K. Quantum anomalous Hall effect. National Science Review, 2014, 1(1): 38.

[344] Chang C Z, et al. Experimental observation of the quantum anomalous hall effect in a magnetic topological insulator. Science, 2013, 340: 167.

[345] Kou X, Guo S T, Fan Y, et al., Scale-invariant quantum anomalous Hall effect in magnetic topologicalinsulators beyond the two-dimensional limit, Phys. Rev. Lett., 2014, 113: 137201.

[346] Checkelsky J G, Yoshimi R, Tsukazaki A, et al. Trajectory of the anomalous Hall effect towards the quantized state in a ferromagnetic topological insulator. Nat. Phys., 2014, 10: 731.

[347] Heiman D, Zhang S C, Liu C, et al. High-precision realization of robust quantum anomalous Hall state in a hard-ferromagnetic topological insulator. Nat. Mater., 2015, 14:473.

[348] Bestwick A J, Fox E J, Kou X F, et al. Precise quantization of the anomalous Hall effect near zero magnetic field. Phys. Rev. Lett., 2015, 114: 187201.

[349] Brune C, Liu C X, Novik E G, et al. Quantum Hall effect from the topological surface states of strained bulk HgTe.Phys. Rev. Lett., 2011, 106: 126803.

[350] Taskin A A, Segawa K, Ando Y. Oscillatory angular dependence of the magnetoresistance in a topological insulator $Bi_{1-x}Sb_x$.Phys. Rev. B, 2010, 82: 121302.

[351] Qu D X, Hor Y S, Xiong J, et al. Quantum oscillations and hall anomaly of surface states in the topological insulator Bi_2Te_3. Science, 2010, 329: 821.

[352] Analytis J G, McDonald R D, Riggs S C, et al. Two-dimensional surface state in the quantum limit of a topological insulator. Nat. Phys., 2010, 6: 960.

[353] Ren Z, Taskin A A, Sasaki S, et al. Large bulk resistivity and surface quantum oscillations in the topological insulator Bi_2Te_2Se.Phys. Rev. B, 2010, 82:241306.

[354] Xiong J, Petersen A C, Qu DX, et al. Quantum oscillations in a topological insulator Bi_2Te_2Se with large bulk resistivity (6 Ω cm).Physica E, 2012, 44: 917.

[355] Xu Y, Miotkowski I, Liu C, et al. Observation of topological surface state quantum Hall effect in an intrinsic three-dimensional topological insulator. Nat. Phys., 2014, 10: 956.

[356] Yoshimi R, Tsukazaki A, Kozuka Y, et al. Quantum Hall effect on top and bottom surface states of topological insulator $(Bi_{1-x}Sb_x)_2Te_3$ films. Nat. Commun., 2015, 6: 6627.

[357] Gusev G M, Olshanetsky E B, Kvon Z D, et al. Quantum Hall effect near the charge neutrality point in a two-dimensional electron-hole system. Phys. Rev. Lett., 2010, 104: 166401.

[358] Yutani A, Shiraki Y. Transport properties of n-channel Si/SiGe modulation-doped systems with varied channel thickness: Effect of the interface roughness. Semicond. Sci. Technol., 1996, 11: 1009.

[359] Lai K, Pan W, Tsui D C, et al. Two-flux composite fermion series of the fractional quantum Hall states in strained Si. Phys. Rev. Lett., 2004, 93: 156805.

[360] Lai K, Pan W, Tsui D C, et al. Intervalley gap anomaly of two-dimensional electrons in Silicon. Phys. Rev. Lett., 2006, 96: 076805.

[361] Eng K, McFarland R, Kane B. Integer quantum Hall effect on a six-valley Hydrogen-passivated Silicon (111) surface. Phys. Rev. Lett., 2007, 99: 016801.

[362] Shkolnikov Y P, Misra S, Bishop N C, et al. Observation of quantum Hall valley Skyrmions. Phys. Rev. Lett., 2005, 95: 066809.

[363] Shayegan M, De Poortere E P, Gunawan O, et al. Two-dimensional electrons occupying multiple valleys in AlAs. Phys. Stat. Sol. B, 2006, 243: 3629.

[364] Bishop N C, Padmanabhan M, Vakili K, et al. Valley polarization and susceptibility of

composite fermions around a filling Factor 3/2. Phys. Rev. Lett., 2007, 98: 266404.

[365] Gunawan O, Gokmen T, Vakili K, et al. Spin-valley phase diagram of the two-dimensional metal–insulator transition. Nat. Phys., 2007, 3: 388.

[366] Gokmen T, Padmanabhan M, Shayegan M. Transference of transport anisotropy to composite fermions. Nat. Phys., 2010, 6: 621 .

[367] Tsukazaki A, Ohtomo A, Kita T, et al. Quantum Hall effect in polar oxide heterostructures. Science, 2007, 315: 1388.

[368] Tsukazaki A, Akasaka S, Nakahara K, et al. Observation of the fractional quantum Hall effect in an oxide. Nat. Mater., 2010, 9: 889.

[369] Falson J, Maryenko D, Friess B, et al. Even-denominator fractional quantum Hall physics in ZnO. Nat. Phys., 2015, 11: 347.

[370] Maryenko D, Falson J, Kozuka Y, et al. Temperature-dependent magnetotransport around $v=1/2$ in ZnO Heterostructures. Phys. Rev. Lett., 2012, 108: 186803.

[371] Dai X, Hughes T L, Qi X L, et al. Helical edge and surface states in HgTe quantum wells and bulk insulators. Phys. Rev. B, 2008, 77: 125319.

[372] Büttner B, Liu C X, Tkachov G, et al. Single valley Dirac fermions in zero-gap HgTe quantum wells. Nat. Phys., 2011, 7: 418.

[373] Cooper N R. Rapidly rotating atomic gases. Adv. Phys., 2008, 57: 539.

[374] Wang Z, Chong Y D, Joannopoulos J D, et al. Observation of unidirectional backscattering-immune topological electromagnetic states, Nature, 2009, 461: 772.

[375] Lu L, Wang Z, Ye D, et al. Experimental observation of Weyl points. Science, 2015, 349: 622.

[376] Wilczek F. Majorana returns. Nat. Phys., 2009, 5: 614.

[377] 文小刚 . 量子多体理论——从声子的起源到光子和电子的起源 . 胡滨，译 . 北京：高等教育出版社 , 2004.

[378] Falson J, Maryenko D, Kozuka Y, et al. Magnesium doping controlled density and mobility of two-dimensional electron gas in $Mg_xZn_{1-x}O/ZnO$ heterostructures. Appl. Phys. Express, 2011, 4: 091101.

[379] Wei Y Y, Weis J, Klitzing K V, et al. Single-electron transistor as an electrometer measuring chenical potential variations. Appl. Phys. Lett., 1997, 71: 2514.

[380] Yoo M J, Fulton T A, Hess H F, et al. Scanning single-electron transistor microscopy: Imaging individual charges. Science, 1997, 276: 579.

[381] Pinczuk A. Resonant inelastic scattering from quantum Hall systems// in Perspectives in Quantum Hall Effects. New York: John Wiley, 1997.

[382] Kukushkin I V, Klitzing K V, Eberl K. Spin polarization of composite fermions:

Measurements of the fermi energy. Phys. Rev. Lett., 1999, 82: 3665.

[383] Dobers M, Klitzing K V, Schneider J, et al. Electrical detection of nuclear magnetic resonance in GaAs−Al$_x$Ga$_{1-x}$As heterostructures. Phys. Rev. Lett., 1988, 61: 1650.

[384] Kukushkin V, Smet J H, von Klitzing K, et al. Cyclotron resonance of composite fermions. Nature, 2000, 415: 409 .

[385] Kukushkin I V, Smet J H, Scarola V W, et al. Dispersion of the excitations of fractional quantum Hall states. Science, 2009, 324: 1044.

[386] Smith T P, Goldberg B B, Stiles P J, et al. Direct measurement of the density of states of a two-dimensional electron gas. Phys. Rev. B, 1985, 32: 2696.

[387] Dial O E, Ashoori R C, Pfeiffer L N, et al. High-resolution spectroscopy of two-dimensional electron systems. Nature, 2007, 448: 176.

[388] Tessmer S H, Glicofridis P I, Ashoori R C, et al. Subsurface charge accumulation imaging of a quantum Hall liquid. Nature, 1998, 392: 51.

[389] Hashimoto K, Sohrmann C, Wiebe J, et al. Quantum Hall transition in real space: From localized to extended states. Phys. Rev. Lett., 2008, 101: 256802.

[390] Pfeiffer L, Störmer H L, Baldwin K W, et al. Cleaved edge overgrowth for quantum wire fabrication. J. Cryst. Growth, 1993, 127: 849.

[391] Chang A M. Chiral Luttinger liquids at the fractional quantum Hall edge. Rev. Mod. Phys. 2003, 75, 1449.

[392] von Klitzing K. The 9th Dan Tsui Lecture, Institute of Physics, Chinese Academy of Sciences, May 8th, 2015.

[393] Schopfer F, Poirier W. Graphene-based quantum Hall effect metrology. MRS Bull., 2012, 37: 1255.

[394] Schopfer F, Poirier W. Testing universality of the quantum Hall effect by means of the Wheatstone bridge. J. Appl. Phys., 2007, 102: 054903.

[395] Mourik V, Zuo K, Frolov S M, et al. Signatures of Majorana fermions in hybrid superconductor-semiconductor nanowire devices. Science, 2012, 336: 1003.

[396] Nadj-Perge S, Drozdov I K, Li J, et al. Observation of Majorana fermions in ferromagnetic atomic chains on a superconductor. Science, 2014, 346: 602.

[397] Fu L, Kane C L. Superconducting proximity effect and Majorana fermions at the surface of a topological insulator. Phys. Rev. Lett., 2008, 10: 096407.

[398] Alicea J. New directions in the pursuit of Majorana fermions in solid state systems. Rep. Prog. Phys., 2012, 75: 076501.

[399] Beenakker C W J. Search for Majorana fermions in superconductors. Annu. Rev. Condens. Mat. Phys., 2013, 4: 113.

第十章

二维原子晶体及范德瓦耳斯异质结构

第一节 概括 —— Less is different!

　　人类文明的进步在很大程度上依赖于对新物质、新材料的发现以及对其中新物性的理解和应用。在过去的半个多世纪，半导体材料和器件的发展促成了信息产业的革命，为人们的生活带来了翻天覆地的变化。但是，进入 21 世纪以来，以半导体晶体管及大规模集成电路为代表的传统微电子技术面临极大的挑战，器件的微型化已经接近物理的极限。微电子产业急需新的概念和器件原型来推进可持续的发展，这就需要我们在量子力学的框架内不断揭示新材料的物性，特别是在微尺度下新的量子现象，探索对其实行调控的机制，以便能在信息的传输、存储和处理以及微弱信号探测等领域不断发明全新的量子器件，为未来微电子产业的可持续发展提供创新原动力。

　　在这种追求创新源动力的努力中，针对材料表面和界面的低维电子体系的研究有着重要的意义。首先，由于低维材料中的电子总电荷量减少，其材料的特性就可以很容易地用电场来调控。"界面即器件"这样一个简单的想法早就是各种场效应管工作原理的核心，已经成为当今整个半导体产业的基本原则。从量子力学的角度来讲，低维体系中各种量子序之间由竞争而达到的平衡极容易受外界微扰的影响，会对体系的物性产生巨大的影响。例如，外界微弱的光、电、应力等信号可以通过低维体系而得到放大，有助于我们寻找全新的超灵敏器件原型。又例如，当电子被局限在二维、一维甚至零维的系统中时，电子的量子行为会因尺寸效应起主导作用。最能体现出维度效应的一个例子便是电子态密度在不同维度下具有不同的能量依赖变化，如图10-1所示。

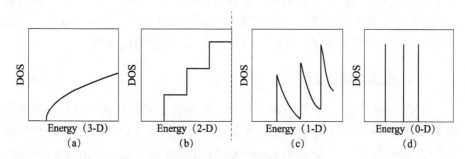

图 10-1 不同维度下能态密度与能量的关系

低维体系常具有特殊的拓扑结构，各种量子序（电荷、自旋、轨道等）以及它们之间的相互关联与竞争，引发了整数量子霍尔效应、分数量子霍尔效应、量子自旋霍尔效应等一系列奇妙的物理现象，使得低维电子体系在过去的几十年里一直是凝聚态物理中引发新发现的一个源泉。在理想低维电子体系中发现的奇异物理现象也催生了一大批全新的物理观念与理论，极大地推动了凝聚态物理的发展。

在这样的时代背景下，以石墨烯为代表的新型低维体系的出现是近几年来凝聚态物理中的一个重要事件。"Less is different!"这句话暗含了新型低维体系所具有的优美而深刻的物理、独有的材料特性和潜在的广阔应用等诸多的含义。以石墨烯为代表的新型低维体系成为当今凝聚态物理领域一个重要新兴领域。

随着二维材料的发展，范德瓦耳斯异质结构也开始进入人们的视线。范德瓦耳斯异质结构是一种将不同的二维材料以范德瓦耳斯力的形式堆叠起来的异质结构，形成了一种本来不存在的新材料。由于完全受人为操控，范德瓦耳斯异质结构中所用的原料和顺序可以根据物理上或应用上的需求来设计，因此，很有可能找到性能全新的更加优异的人工材料，供人们选择。

第二节　石墨烯及其他二维原子晶体

二维原子晶体是一个庞大的家族。原则上，凡是层与层之间以范德瓦耳斯力结合堆叠而成的块状材料都可以被解理成二维晶体。在这个庞大的二维家族里面，石墨烯作为第一个在实验室中被分离出来的二维原子晶体，一经发现便引起了广泛的关注，开启了研究人员对二维世界的探索。

一、石墨烯的发现

石墨很早便被人们广泛应用于炼钢、润滑等工业领域内，而且石墨家族的零维成员富勒烯（C60）以及一维家族的碳纳米管（CNT）也分别于 1985 年 [1] 和 1991 年 [2] 在实验室被 Kroto 等和 Iijima 发现。然而，组成零维 C60、一维 CNT 和三维石墨的基本单元——单层二维石墨烯却直到 2004 年才被英国曼彻斯特大学 Geim 教授和其课题组的博士后 Novoselov 等首次在实验室中成功分离出来 [3]。

二维材料最早只是一种理论体系。早在 1947 年，Wallace 就通过理论计算研究了单层石墨的电子结构 [4]，并得到了现在人们熟知的石墨烯的线性能带。但是传统理论认为，像单层石墨烯这种纯二维的材料是不可能实际存在的。约 80 年前，Landau 和 Peierls 就预言由于自身热力学的不稳定性，理想的二维材料是不存在的 [5,6]。并且，实验还发现薄膜材料的熔点随着薄膜厚度的减薄而快速降低。这一实验结果进一步支持了 Landau 和 Peierls 的预言。或许正是由于这个原因，阻止了大多数研究人员对二维材料的探寻。

幸运的是，总有人试图做一些看起来"疯狂"的事情。早期对二维材料的探寻是在溶液里进行的。块状石墨在溶液中被插层后，石墨中层与层之间的距离变大，从而得到了由石墨烯卷成的三维球和一些被插层了的石墨烯化合物 [7-9]。后来，又有一些人尝试在超高真空和大气中的实验里得到薄层的石墨片。美国华盛顿大学的 Rouff 等将石墨放在硅片上摩擦来得到石墨薄片，可惜当时没有对厚度进行表征 [10]。美国佐治亚理工学院的 Heer 等在 6H-SiC 的 (0001) 表面外延生长出大面积的石墨薄层 [11]。美国哥伦比亚大学的 Kim 等将块状石墨当作 AFM 针尖，制作成所谓的"纳米铅笔"，并利用这支纳米铅笔在硅片上解理出厚度为 10 nm、面积为微米尺寸的石墨薄层 [12]。

　　真正的突破来自日常可见的透明胶带。在以往的扫描隧穿显微镜
（STM）实验中，透明胶带一直被用来解理出干净的新鲜石墨表面。受到这
一启发，Novoselov 和 Geim 等利用透明胶带解理的方法，于 2004 年成功分
离出单层的石墨烯[3]。一年之后，在同一期 *Nature* 上发表的两篇文章使这一
发现变得更加令人兴奋，如图 10-2[13,14] 所示。这两篇文章分别来自的 Geim
课题组和 Kim 课题组，同时报道在从胶带剥离出来的单层石墨烯上观测到了
半整数量子霍尔效应，并由此证明了在石墨烯中存在有理论预言的零质量的
狄拉克费米子。这不仅在物理上是一个重要的突破，其更广泛的意义在于这
一结果告诉人们：二维原子晶体在室温下不仅真实存在，而且可以有很高的
样品质量。

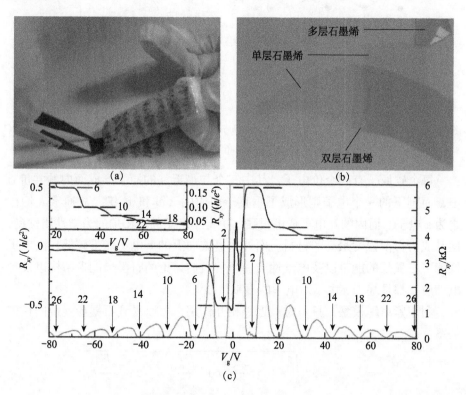

图 10-2　（a）机械剥离法制备石墨烯；（b）被剥离出来的石墨烯；（c）在单层石墨烯中
首次观测到的量子霍尔效应[14,15]

二、石墨烯的能带结构

石墨烯是由一层碳原子以 sp² 杂化成键的方式紧密排列而成的蜂窝状二维晶体，其晶格结构如图 10-3（a）所示。图中灰色区域表示石墨烯的一个元胞，一个元胞内有两个碳原子分别位于相距 1.4 Å 的 A 和 B 点阵上。在倒空间中，如图 10-3（b）所示，灰色区域表示石墨烯的六角形第一布里渊区，而布里渊区的六个顶点人们习惯性称之为 K 点和 K' 点。后面我们将介绍石墨烯线性能带（狄拉克锥）所在区域恰好就在这六个顶点。

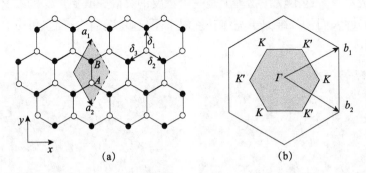

图 10-3　（a）石墨烯的晶格结构，灰色区域为元胞；（b）石墨烯的倒空间的晶格，灰色区域为第一布里渊区

每个碳原子有四个价电子，其中三个与最近邻的原子形成面内的共价 σ键，而剩下的一个电子则形成了垂直于面内的 π 键和 π* 键，故通常人们称之为 π 电子。面内的 σ 电子成键很强，决定了理想的石墨烯的力学性质优良，使其成为目前强度最高的材料。面外垂直方向上的 π 电子能量较低，决定了低能下石墨烯的能带以及电学性质。通常人们讨论的石墨烯能带结构以及导电性质，都是基于 π 电子对电学的贡献。

利用紧束缚模型，只考虑最近邻相互作用，可以得到石墨烯能带的色散关系：

$$\varepsilon_k = \pm|\Delta_k| = \pm t\sqrt{1 + 4\cos\frac{3k_y a}{2}\cos\frac{\sqrt{3}k_x a}{2} + 4\cos^2\frac{\sqrt{3}}{2}k_x a}$$

其中，t 为常数，约 2.7 eV；a 为最近邻碳原子的距离，约为 1.4 Å；k_x 和 k_y 分别为动量在 x 和 y 轴的分量；正负号代表导带和价带，分别来自 π* 键和 π 键。根据色散关系绘制出能带图，可更直观地理解石墨烯的能带结构，如图 10-4 所示。

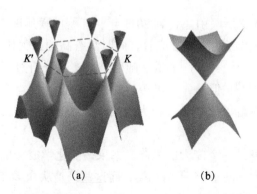

图 10-4　石墨烯的能带结构。(b) 为 (a) 在狄拉克点附近的放大图

从图 10-4 可见，石墨烯的价带和导带在 K 和 K' 点处是接触的，形成了半金属式的能带结构。更有趣的是，在狄拉克点附近，能量和动量之间呈线性关系：

$$\varepsilon(\kappa) = \pm \hbar v_{\mathrm{F}} |\kappa|$$

其中，v_{F} 为石墨烯的费米速度。不考虑载流子之间的多体相互作用，该数值约为光速的 1/300，κ 是以 K 或者 K' 点为中心电子的相对动量。石墨烯的线性色散关系表明 K 和 K' 附近的电子符合零质量的相对论粒子——狄拉克费米子的特征。石墨烯中的狄拉克费米子运动速度 v_{F} 为光速的 1/300，使得某些原本在高能物理里的一些理论预言现在在低能实验中就可能显现和被检测到。

三、石墨烯的性质

石墨烯是一种神奇的材料，具有非常出色的电、光、力、热等方面的性质，在多个领域都有广泛的应用前景。在电学方面，石墨烯在室温下的电导率比任何金属的电导率都要高，是极好的导电材料[16]。在光学方面，由于只有一个原子层的厚度，所以石墨烯的透光性是极好的，吸收率只有 2.3%[17]，配合其优良的导电性，是替代现有导电玻璃 ITO 的理想候选者。在力学方面，由于面内的 σ 键很强，石墨烯拥有极高的强度和柔性，所以是理想的柔性电极材料[18]。石墨烯同时还拥有良好的热学性能，其热导率极高[18, 19]，加之石墨烯本身的高耐热能力，可用作高效的散热材料。

四、其他二维原子晶体

自 2004 年发现石墨烯以来，人们被石墨烯所体现的各种优良性质及其背后所代表的物理含义所吸引。直到 2011 年，苏黎世联邦理工学院的 Kis 等利用单层 MoS_2 制备出高性能场效应管，同时具有高的开关比（$1×10^8$）和高的迁移率［200 cm^2/（$V·s$）］[20]。虽然随后被证实在分析过程中存在失误而导致迁移率被高估[21,22]，但是，不可否认的是，以此为起点，人们意识到在石墨烯之外，还存在着以硫族化合物为代表的、很有意思的二维原子晶体有待人们发现和研究。

二维材料本身是一个庞大的家族。如果按照化学成分的分类，目前二维家族可以大体分为如图 10-5 所示几类，而这些只是从众多二维原子晶体中挑取了比较有代表性的材料。

Graphene family	Graphene	hBN "white graphene"	BCN	Fluorographene	Graphene oxide
2D chalcogenides	MoS_2，WS_2，$MoSe_2$，WSe_2	Semiconducting dichalcogenides: $MoTe_2$，WTe_2，ZrS_2，$ZrSe_2$ and so on		Metallic dichalcogenides: $NbSe_2$，NbS_2，TaS_2，TiS_2，$NiSe_2$ and so on	
				Layered semiconductors: GaSe，GaTe，InSe，Bi_2Se_3 and so on	
2D oxides	Micas，BSCCO	MoO_3，WO_3	Perovskite-type: $LaNb_2O_7$，（Ca，Sr）$_2Nb_3O_{10}$，$Bi_4Ti_3O_{12}$，$Ca_2Ta_2TiO_{10}$ and so on		Hydroxides: $Ni(OH)_2$，$Eu(OH)_2$ and so on
	Layered Cu oxides	TiO_2，MnO_2，V_2O_5，TaO_3，RuO_2 and so on			
2D elementary substance	Silicene	Germanene	Phosphorene	Stanene	Borophene

图 10-5　二维原子晶体家族分类 [23]

以 MoS_2 为代表的二维硫族化合物的研究相对比较早。MoS_2 引起大家的兴趣，开始于 Kis 等观测到的单层 MoS_2 场效应管的高开关比和高迁移率[20]。同时，单层 MoS_2 在光学上也同样有很大的潜力，因为不同于块材和多层样品，单层 MoS_2 是直接带隙半导体（能隙约为 1.8 eV）[24,25]。另一个有意思的特征是 MoS_2 单层拥有天然的中心对称性破缺，有利于对自旋（spin）和能谷（valley）进行探测和操控[26,27]。

相比于 MoS_2，其他的硫族化合物二维材料的研究相对少一些，其中一个可能的原因是 MoS_2 块材可以很容易地从天然矿中获得，而其他的如 WS_2、$MoSe_2$ 和 WSe_2 等只能通过实验室生长得到。但是，这一类材料里面仍有很多有意思的问题值得我们去探索。比如，最近 Cava 等在块材 WTe_2 中观测到明显的不饱和磁阻现象[28]。目前，普遍认为这是在费米面附近导带和价带有一小部分的重叠导致了双载流子同时存在于 WTe$_2$ 的体系中。为了更好地理解这个体系，单层的高质量的 WTe$_2$ 自然应当受到重视[29, 30]。再比如，戴瑛等预言了具有铁磁性的单层二维晶体 VSe$_2$，目前还没有很明确的实验结果证实这一预言[31]。

另一类二维原子晶体是氧化物类，目前在实验上我们对这类二维材料的研究还很少。此类氧化物的体材料虽然对温度和空气都不是很敏感，但是当着厚度减小到一层或几层时，其中的氧很容易丢失而造成样品的改变。对于这种样品，即便是在惰性环境中制备也无法阻止氧的缺失，目前还没有较好的解决方法。

最后一类重要的二维材料是单质二维原子晶体。二维原子晶体的一个很宏伟的目标是代替现有的硅基材料，这就要求它有比硅更好的性质，如迁移率和开关比。石墨烯的迁移率很高，但是由于零带隙，无法做到很高的开关比。其他的二维半导体虽然有出色的开关比，但是迁移率还没有达到理想值。相对于化合物，单质更容易得到高质量的单晶，所以单质二维材料就显得尤为重要。目前，除了石墨烯之外，人们已经在实验上成功制备出了单层的硅烯[32,33]、锗烯[34,35]、磷烯[36,37]、锡烯[38] 和硼烯[39]。从制备方法上来说，磷烯与其他三种材料不同。磷烯的制备是从黑磷块材中利用机械剥离法得到的，而其他三种是在超高真空中利用分子束外延的方法制备出来的。由于同时具有直接带隙（块材 0.3 eV，单层大约 2 eV）和高迁移率［目前低温下的记录为 10 000 cm^2/（V·s）］，磷烯被认为是最有应用前景的二维半导体之一。

五、范德瓦耳斯异质结

上面提到了已有的二维原子晶体的大家族，但是，目前寻找新型二维晶体仍然是研究的热点。近几年，由于转移技术的发展，制备范德瓦耳斯异质结开始成为可能，大大扩展了人们的研究范围。

范德瓦耳斯异质结构指的是将不同的二维原子晶体通过范德瓦耳斯力的方式堆叠而成的多层结构。图 10-6 很形象地展示了范德瓦耳斯异质结的结构。一般的制备过程是在一层原子晶体上面盖上另一层二维晶体，然后依次放上第三层、第四层……如此，便形成了像乐高积木一样堆砌而成的材料，不同颜色的"乐高积木"代表不同类型的二维原子晶体[23]。

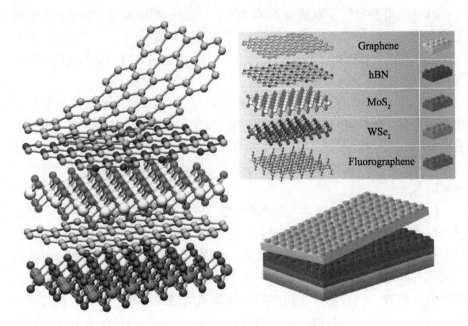

图 10-6   范德瓦耳斯异质结与乐高积木 [23]

范德瓦耳异斯质结虽然结构复杂，但是制作起来却十分简单。这一结构是从六角晶格氮化硼（hBN）上的石墨烯开始的，发展到如今多种不同材料堆叠而成的多层结构。2010 年机械转移方法的发明 [40]（下文会仔细讨论），向人们展示了如何将两种微米尺寸的二维原子晶体堆叠在一起，同时还保证晶体的高质量。自此，人们开始尝试着根据自己的需要来设计并制备范德瓦耳斯异质结构。

范德瓦耳斯异质结构的优势较传统二维晶体更加明显。首先，范德瓦耳异斯质结的排列顺序和结构是受人工控制的，人们可以根据需求来设计样品。其次，范德瓦耳斯异质结可以实现很多之前不可能实现的物理结构从未观察到的新现象。比如，在两层石墨烯之间放单层或几层的 hBN，由于石墨烯之间的距离只有几纳米，两层石墨烯内载流子的层间库仑相互作用很强 [41,42]，因此，在这种强层间相互作用的范围内有可能实现高温的激子凝聚 [43,44] 或超流现象 [45]。再比如，通过掺杂，块材石墨可以变成超导温度高于 10 K 的超导体 [46]。但是到目前为止，通过相同的办法，石墨烯还没有实现超导。掺杂的块状石墨可以看成是层与层之间距离变大了的载流子浓度很高的许多石墨烯的叠加，而这种结构其实可以通过范德瓦耳斯异质结来人工实现。比如，通过将石墨烯上面盖上单层 hBN，然后再依次重复转移石墨烯和 hBN 即可做到。范德瓦耳斯异质结的好处是通过使用其他二维晶体，比如用 MoS_2 来代替 hBN，人们可以控制石墨烯层与层之间的距离以及介电环境。高温超导的机制目前仍然是物理学中的重要问题，利用范德瓦耳斯异质结可能会给理解高温超导机制提供一个新机会。

第三节 范德瓦耳斯异质结的制备

如前所述，虽然二维原子晶体的种类很多，不同的二维原子晶体也有着很不同的性质，但是人们还是寄希望于能够发挥人们的主观能动性来设计出有意思的或者有应用前景的材料。范德瓦耳斯异质结正是给研究人员提供了发挥聪明才智的空间。范德瓦耳斯异质结是将不同的二维原子晶体按照人们设计的顺序一层一层堆叠起来形成的多层二维材料，其中层与层之间是通过范德瓦耳斯力的方式结合在一起的。

范德瓦耳斯异质结一开始就是得益于石墨烯领域内的机械转移方法。2010 年，美国哥伦比亚大学的 Hone 等发现把多层六角晶格氮化硼当作衬底，可以大大提高石墨烯的质量，其电子的迁移率比传统的二氧化硅衬底上的石墨烯的电子迁移率提高了一个数量级[40]。在文章中，作者所阐述的制备氮化硼上石墨烯的方法就是机械转移法。

受到这一结果的启发，越来越多的研究人员开始尝试这种转移方法并试图对其进行改进。后面将会提到，到目前为止，新的转移方法（拾取法）已经可以将石墨烯的迁移率在 2010 年结果的基础上再提高一个数量级[16]。同时这一结果也启发了人们的思路，将微米尺寸的二维晶体堆叠在一起，并同时保证晶体本身的质量是完全可能的。

下面，我们将以石墨烯和氮化硼为例子介绍范德瓦耳斯异质结的样品制备方法。

一、机械转移法

传统的机械转移法，首先于 2010 年由 Hone 等引入二维体系的研究领域[40]。石墨烯首先被剥离在透明的有机物衬底上，通常选用聚甲基丙烯酸甲酯（PMMA）或者聚二甲基硅氧烷（PDMS），利用显微镜可以寻找并定位在 PMMA 上的单层石墨烯。同时，hBN 被剥离在传统二氧化硅／硅衬底上，也在显微镜下寻找并定位。随后，利用在显微镜下的微动平台可以将倒置的

PMMA 上的石墨烯和正置的硅片上的 hBN 对准并将两者贴合，之后再将最上面的 PMMA 溶解掉（若用 PDMS，则慢慢将其移开）。这样，就完成了将石墨烯转移到 hBN 上的过程。如果要制作多层的结构，就只重复此步骤，如图 10-7 所示。

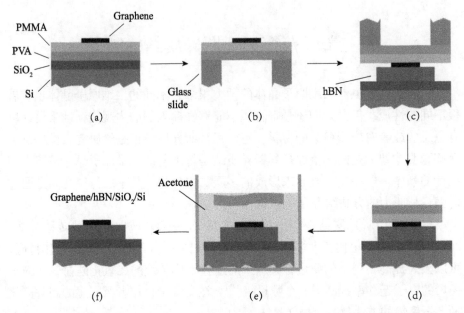

图 10-7　机械转移法示意图。(a) 在 PMMA/PVA/SiO$_2$/Si 衬底上机械剥离石墨烯；(b) 将 PVA 从硅片上分离后，将石墨烯 /PMMA/PVA 悬置在有空的载玻片上；(c) 将石墨烯面朝下置于显微镜下的微动平台上，在显微镜下将石墨烯与 hBN 对准，随后缓缓降低石墨烯直至石墨烯与 hBN 接触并贴合；(d) 将 PMMA/PVA 有机膜与载玻片分离，得到被有机膜覆盖的石墨烯 /hBN/ 硅片；(e) 用丙酮将 PMMA 溶解，同时 PVA 薄膜会漂浮在溶液中，与石墨烯分离；(f) 最终得到的石墨烯 /hBN 异质结

　　石墨烯表面会吸附一些空气中的有机物分子，而且这些分子移动性很好，很难避免。机械转移法大部分都是在空气中完成的，这就让人们很自然地认为转移之后，在范德瓦耳斯异质结内会将这些吸附的有机物分子夹在界面处。英国曼彻斯特大学课题组通过 TEM 对石墨烯多层范德瓦耳斯异质结的界面进行观测，发现石墨烯与 hBN 界面可以做到原子级平整，中间不夹杂吸附分子 [47]，如图 10-8 所示。

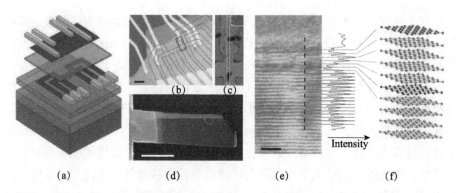

图 10-8　石墨烯 /hBN/ 石墨烯 /hBN 四层异质结构界面的 TEM 观测。(a) 四层结构的示意图，其中黑色为石墨烯，浅色为 hBN；(b) ~ (d) 样品的光学显微镜照片、扫描电子显微镜（SEM）照片以及横截面的 SEM 照片；(e) 样品横截面的 TEM 照片，其中每层不同的材料由 (f) 表示[47]

　　这一结果是出乎人们预料的。这样干净的界面一般只在超高真空内通过分子束外延的方法才能得到，能在空气中将二维原子晶体简单地转移在一起后的界面实现，是一个奇迹。目前人们的理解是，由于两种二维原子晶体之间的范德瓦耳斯力比较强，在两者贴合的过程中，范德瓦耳斯力将吸附在晶体表面的有机分子一点点推到界面的外面。由于机械转移的方法在控制贴合方向和速度方面不是很可控，所以不同区域的有机分子在被推离的过程中有可能被束缚在一点，从而在转移的样品中形成了一些高起的泡，如图 10-9 所示。

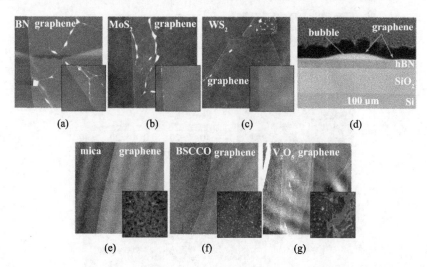

图 10-9　机械转移法得到的石墨烯在不同二维原子晶体衬底上的 AFM 高清晰度图和 TEM 截面图[48]

　　如上所述，这种机械转移方法仍有一定的局限性，最大的制约因素是样品的有效面积。此种方法转移出来的样品会存在许多小于 1 μm 的泡和褶皱，它们很可能是来自于被束缚的有机分子或者转移过程中的应力（图 10-9）。转移带来的泡和褶皱会在很大程度上影响样品的质量，所以在制作高质量样品的时候会将有泡的区域刻蚀掉，只选取没有泡的区域作为样品的有效区域。通常来说，一次转移会有大约 30% 干净的连续有效区域，那么，如果要做多层的异质结就需要经过多次转移，这样有效区域会变得越来越小，会给器件的制作和测量带来难度。英国曼彻斯特大学课题组尝试将石墨烯转移到各种不同的二维原子晶体上 [48]，发现对于像 MoS_2 或 WS_2 一类的过渡金属硫族化合物（TMD）样品，转移效果与 BN 类似，可以得到干净的二维界面。但是对于二维氧化物来说，转移出来的界面则比较脏，得不到像在 hBN 上一样干净的界面。

　　相较于传统硅片上的石墨烯器件，利用机械转移方法制作出来的石墨烯 / hBN 样品的电子迁移率要高一个数量级。传统石墨烯器件的衬底是 SiO_2，对应的迁移率在几千量级，但是转移到 hBN 上的石墨烯器件的迁移率基本在几万量级。最主要的原因在于石墨烯是二维材料，对周围的环境十分敏感。传统衬底 SiO_2 是一个非晶衬底，表面高度起伏较大；hBN 是二维原子晶体，剥离出来的薄片就有原子级平整度，加之其表面具有化学惰性，没有悬挂的化学键，这说明 hBN 对二维材料来说是一个理想的衬底 [40]。

　　如图 10-10 所示，转移到 hBN 上的石墨烯器件的电阻随门电压变化曲线

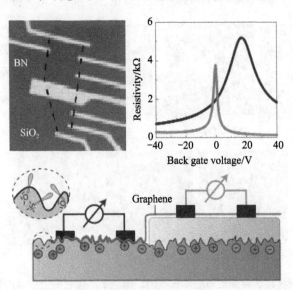

图 10-10　石墨烯 / 氮化硼与石墨烯 / 二氧化硅之间的比较 [40,49]

上的峰宽要比在二氧化硅器件上的峰宽小得多，同时狄拉克点对应电阻峰的位置更接近零门电压。前者表示转移到氮化硼上的石墨烯的电荷的均匀性更好，这一点随后被 STM 所看到的电子-空穴泥潭（electron-hole puddles）[50, 51] 强度的明显减小所证实；后者表明在氮化硼上的石墨烯的原始掺杂更小，这意味着惰性的 hBN 衬底对石墨烯的影响远远小于 SiO_2 衬底 [52, 53]。

二、范德瓦耳斯力拾取法

由于传统转移出来的样品受到样品尺寸的限制，同时也出于对更高质量样品的追求，研究人员到目前为止仍在一直尝试改进转移的方法。2013 年，哥伦比亚大学的 Dean 等发展出一种新的转移方法——范德瓦耳斯力拾取法 [16]。此种方法利用二维原子晶体之间的范德瓦耳斯力大于二维晶体与衬底（硅片）之间的作用力，利用在具有一定黏性的有机透明衬底 PPC 上的 hBN 将硅片上的石墨烯拾取起来，随后再将 hBN/石墨烯再次转移到另一片 hBN 上，这样，就实现了 hBN/石墨烯/hBN 的三层结构。在整个转移过程中，石墨烯在没有接触到任何有机物或者溶液的条件下直接被上下两层 hBN 封装起来，这样就保证了石墨烯能有最干净的界面。

图 10-11 为范德瓦耳斯力拾取法的过程。首先将 hBN 剥离在 PPC/PDMS 的有机物衬底上。PDMS 的用处是提供一个柔性透明基底，而选取 PPC（或者 PC）是因为它与 hBN 的黏合力比较强（大于石墨烯或者 hBN 与 SiO_2 之间的力）。随后，将 hBN/PPC/PDMS 和石墨烯/SiO_2 置于显微镜底下的微动平台上，并将两者对准，然后慢慢降低 hBN 使其接触并完全覆盖下面的石墨烯。由于 hBN 与石墨烯两种二维原子晶体之间的范德瓦耳斯力大于石墨烯与 SiO_2 之间的力，所以当缓缓提起 hBN 的时候，石墨烯也被 hBN 吸附拾起。这样，PPC 上便有了 hBN/石墨烯的异质结。重复以上过程，可将 hBN/石墨烯转移到另一块在硅片上的 hBN。随后加热整个基片使得 PPC 熔化并与 PDMS 分离且留在硅片上。然后将 PPC 溶解，便得到了 hBN/石墨烯/hBN 三层异质结。在这个过程中，石墨烯只接触了空气、硅片和 hBN，没有接触到任何有机物或者溶液，保证了石墨烯的高质量。如图 10-11 所示，这种方法制备出来的石墨烯可以做到大面积没有泡或脏点。这是在转移方法上的一次重要的进步，得到了大面积高质量的二维晶体。

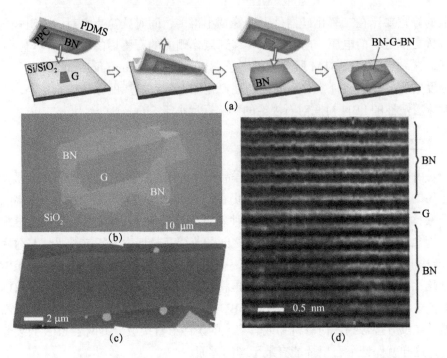

图 10-11 （a）范德瓦耳斯力拾取法；（b）～（d）利用拾取法制备的 BN/ 石墨烯 /BN 异质
结的光学图、AFM 高度图以及横截面的 TEM 图 [16]

利用拾取法制备出被氮化硼封装的石墨烯后，需要进一步做电极才能完成最终的电学器件。Dean 等利用微纳加工的方法将 hBN/ 石墨烯 /hBN 异质结在 CHF_3 和 O_2 的等离子气体环境中进行刻蚀，在刻蚀成设计的形状的同时露出石墨烯的边界作为与金属电极接触的一维边界。选择金属 Cr/Au 作为电极材料，这种一维边界接触的电极表现异常出色，其优良的接触电阻比传统的面接触电阻要小 5 倍左右，而且随温度的降低基本没有增加。这样，对于用 hBN 封装起来的石墨烯的电学接触不仅没有问题，而且比传统器件更加优异。

用上下两层 hBN 封装起来的石墨烯拥有目前为止技术上能达到的最干净的表面，加上优良的一维电学接触，hBN/ 石墨烯 /hBN 的异质结中石墨烯的电子迁移率在机械转移样品的基础上又提高了一个数量级。用拾取法制备的石墨烯在室温下的电子迁移率达到了理论预言的极限 140 000 $cm^2/$（V・s）。由于样品十分干净，本征的杂质和缺陷非常少，所以石墨烯中电子的迁移率主要受到声子散射的限制。在低温下，声子散射被抑制，样品的迁移率进一步增加，在 1.4 K 时电子按弹道输运，电子的散射源主要来自样品的边界，并且电子的平均自由程只是受样品尺寸的限制。Dean 等在 20 μm 的样品中得到了电子的弹道输运迁移率高达 1 000 000 cm²/（V·s）。同时，利用门电压可将石墨烯的载流子浓度调高到 4.5×10^{12} cm⁻²。因此，石墨烯的方块电阻率在室温下可低至 40 Ω，对应于三维电阻率 1.5×10^{-6} Ω/cm，这一电阻率比任何金属在室温下的电阻率都要小。

对于石墨烯之外的二维原子晶体，被 hBN 封装起来后，要想制作良好的一维电接触还存在着不少问题。为此，要想在非石墨烯之外的材料上制作良好的电接触，目前可采用的方法有两种：一种是用石墨烯（或者多层石墨烯）作为电接触，随后再利用石墨烯的一维边界与外部金属电极接触[54, 55]；另一种是将电接触部分的顶层 BN 刻蚀掉，露出被覆盖的样品，然后蒸镀金属电极[56, 57]。比较这两种方法，由于第二种方法的适用面比较小，目前认为用石墨烯作电接触是最理想的方法。通过上下两层 BN 将二维晶体封装起来，人们可以将很多对空气敏感的二维原子晶体做成器件并进行测量，保证了样品的高质量。

三、化学气相沉积生长法

除了以上介绍的转移技术外，传统的生长方法，如气相沉积法和分子束外延法，也适用于制备范德瓦耳斯异质结构。但是，采用这种生长方法并不像转移法那样可以任意地将不同二维材料堆叠起来，因为气相沉积法和分子束外延法一般都要求上下两层结构的晶格相匹配，或差别要比较小。这一要求限制了采用传统生长方法能够制备的二维体系种类，但是，它又有自己的优势，如可以实现大面积生长。

利用晶格匹配度好的优势，石墨烯可以通过化学气相沉积的方法生长在 hBN 衬底上[58]。张广宇等利用等离子发生器将甲烷气体分子电离，证实碳基元会慢慢沉积到位于气流中的 hBN 衬底，从而获得大面积石墨烯/hBN 样品。通过仔细的 AFM 测量和输运测量，张广宇等进一步发现石墨烯的晶向与 hBN 的晶向完美重合，从而观测到了最大周期的石墨烯摩尔超晶格。利用类似的原理，Ajayan 等和徐晓东等将固态源放置在石英管中，利用固态气相沉积法可以生长出 WS_2/MoS_2 和 $MoSe_2/WSe_2$ 等异质结构[59, 60]，如图 10-12 所示。

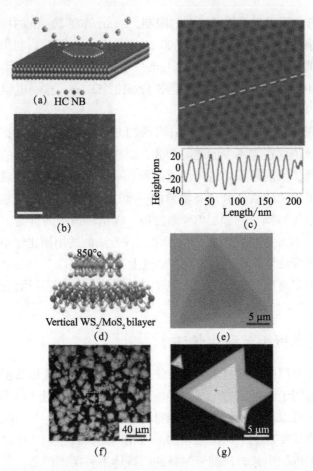

图 10-12 （a）化学气相沉积法生长石墨烯 /hBN 的示意图；（b）大面积 AFM 高度图；
（c）AFM 对摩尔条纹的测试图；（d）固态气相沉积生长 WS$_2$/MoS$_2$ 的结构示意图；（e）光学
显微镜照片；（f）大面积 SEM 照片；（g）单个晶体的 SEM 照片 [58,59]

第四节　范德瓦耳斯异质结构的进展

本部分将介绍若干有意思的实验结果，来展示范德瓦耳斯异质结构所揭
示的新颖而有趣的物理。

一、高质量二维原子晶体

在上文的讨论中，我们已经看到随着转移技术的发展，将 hBN 作为衬

底和保护层，石墨烯器件的质量提高了两个数量级，室温的迁移率达到了理论预言的极限。在高质量单层石墨烯和双层石墨烯中，人们通过对磁场、电场、载流子浓度的调控，观测到了许多重要的物理现象，如图 10-13 所示。在垂直磁场内，Kim 等和 Andrei 等观测到了由电子-电子相互作用引起的分数量子霍尔效应[61-63]。用多层石墨烯作为栅极，利用屏蔽效应进一步提高样品的迁移率，同时利用上下两个门电压，Kim 等和 Yacoby 等实现了在双层石墨烯内对分数态的调控[64, 65]。通过外加平行于石墨烯的磁场，Herrero 等成功将电子自旋拉到面内，进而在石墨烯体系中观测到了量子自旋霍尔效应[66, 67]。在零磁场下，通过垂直电场使双层石墨烯的对称性破缺，张远波等和 Tarucha 等成功观测到了赝自旋（pseudo spin）电信号，并实现了对赝自旋引入的谷电流（valley current）的操控[68-70]。

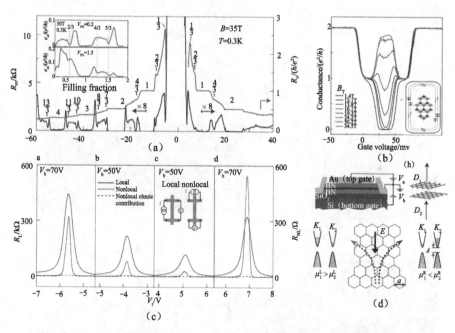

图 10-13　高质量石墨烯中观测到的量子输运现象。（a）石墨烯中的分数量子霍尔效应；（b）石墨烯中的量子自旋霍尔效应；（c）、（d）双层石墨烯中可调控的谷电流输运及其原理图[63, 66, 68, 70]

不仅对石墨烯，对其他二维原子晶体来说，都可以利用 hBN 作为保护层来提高样品的质量，进而展示二维原子晶体的本征属性。张远波等将二维黑磷用 hBN 封装起来后，样品的迁移率提高了至少一个数量级，从而在黑磷二维晶体中成功地观测到了量子霍尔效应[71,72]。采用同样的办法，Hone 等将 MoS_2 用 hBN 封闭起来，同时利用石墨烯作为 MoS_2 的电接触，使 MoS_2 的迁移率实现了大幅度的提升。目前在六层 MoS_2 样品中所得到的最高纪录为 34 000 $cm^2/(V \cdot s)$ [54]。这一结果揭示了 MoS_2 二维晶体本征地具有很高的质量和迁移率，提高了人们研究 MoS_2 的兴趣。同时，这一结果也进一步证明采用石墨烯包封样品做电接触是一种行之有效的方法。

如图 10-14 所示，（a）、（b）为高质量 hBN/黑磷/hBN 异质结样品以及观测到的量子霍尔效应，（c）、（d）为用石墨烯作为电接触的 hBN/MoS_2/hBN 异质结器件的示意图和横截面 TEM 图，以及通过输运测量得的电子迁移率对温度的变化关系[54, 72]。

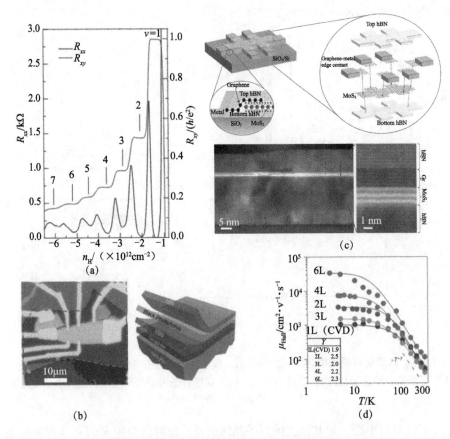

图 10-14　(a)、(b) 高质量 hBN/黑磷/hBN 异质结样品以及观测到的量子霍尔效应；(c)、(d) 用石墨烯作为电接触的 hBN/MoS_2/hBN 异质结器件的示意图和横截面 TEM 图以及通过输运测量得到的电子迁移率对温度的变化关系[54,72]

二、石墨烯 /hBN/ 石墨烯中的共振隧穿

hBN 是极好的介电材料，对于厚度为 1 nm 的 hBN，其击穿电压约为 0.8 V，而且可以做到没有针孔（pinhole）[73,74]。将两片单独的石墨烯用极薄的 hBN 分开，以 hBN 作为隧穿介质，将上下两层石墨烯当作源漏电极，Geim 等实现了二维的隧穿结 [75]。如果再进一步，通过仔细的转移技术可以将上下两层石墨烯晶向的夹角控制在较小的角度（小于 2°），这相当于在动量空间中将上下两层石墨烯的布里渊区转角控制得很小，因此就可以实现电子的共振隧穿 [76,77]。电子在共振隧穿的过程中同时满足能量守恒定律和动量守恒定律，如图 10-15 所示。

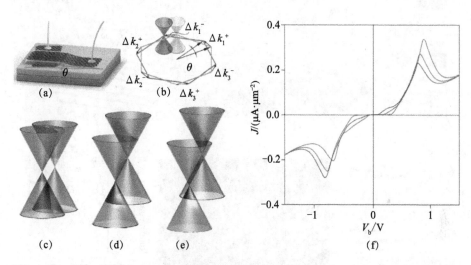

图 10-15　（a）石墨烯 /hBN/ 石墨烯共振隧穿结样品示意图；（b）两层石墨烯的倒空间示意图；（c）～（e）通过调节两层石墨烯之间的源漏电压，可调节两层石墨烯狄拉克点在能量轴的相对位置进而满足由（e）代表的共振隧穿的条件；（f）共振隧穿的输运测量 [77]

三、不同二维过渡金属硫化物范德瓦耳斯异质结构

将 n 型和 p 型二维半导体原子晶体转移在一起，比如将单层 n 型 MoS_2 转移到单层 p 型 WSe_2 上，便形成了沿垂直方向的原子级 pn 结。在这种结构中，往往会发生第二类能带弯曲。Kim 等观测到与传统 pn 结类似的二极管效应以及光伏效应，但其原理却不尽相同。在此原子级范德瓦耳斯 pn 结中，不存在传统 pn 结中的耗尽层，故其电学性质取决于层间转移过程。采用

光照射同样可以激发电子-空穴对，电子-空穴对经过一段时间后又可以复合从而放出光子。采用时间分辨的 pump-probe 方法，王枫等发现在 MoS_2/WS_2 中（图 10-16），载流子的层间转移可在极短的 50 fs 内完成[79]。而在另一体系 $MoSe_2/WSe_2$ 中，徐晓东等发现其激子的寿命长达 1.8 ns[80]。如果进一步把 $MoSe_2/WSe_2$ 的能谷考虑进来，可采用偏振光来激发谷极化的激子，其寿命更是长达 40 ns[81]。这意味着谷极化的激子能够在实空间做较长距离的运动，这为研究与能谷相关的物理提供了可能。

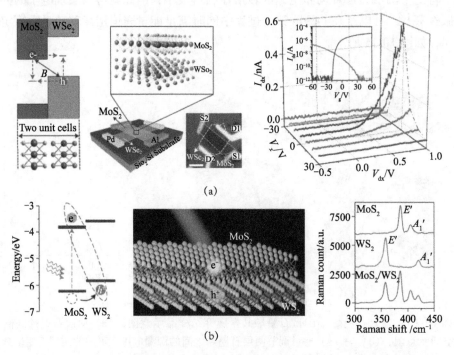

图 10-16 （a）MoS_2/WSe_2 范德瓦耳斯 pn 结的能带示意图、样品示意图及电学测量[79]；（b）MoS_2/WS_2 范德瓦耳斯异质结构的能带示意图、样品示意图和光学测试[79]）

四、石墨烯摩尔超晶格

由于石墨烯与 hBN 都拥有六角蜂窝状结构，而且晶格常数很相似（晶格失配约为 1.8%），在晶向对准的情况下，将石墨烯放在 hBN 衬底上，会形成长周期的蜂窝状摩尔条纹，也就是石墨烯摩尔超晶格。摩尔超晶格的周期由石墨烯与 hBN 的转角决定，当转角等于零时，摩尔周期最大约为 14 nm，远远大于石墨烯晶格常数[82]。长周期摩尔超晶格对应倒空间的超晶格布里渊区远远小于石墨烯自身的布里渊区。石墨烯原本的能带会根据新的超晶格布里渊区进行折叠，形成一系列摩尔迷你能带。人们通过控制石墨烯与hBN的相对转角（即控制摩尔超晶格的周期），可以实现对石墨烯能带的人工调制（图10-17）。在实验上，LeRoy等、Kim等、Geim等、Herrero等和张广宇等观测到了由能带折叠引起的二阶狄拉克点[58, 82-85]，并且Herrero等还同时发现在石墨烯的原始狄拉克点上打开了能隙[85]。能隙的打开代表着石墨烯的AB晶格对称性的破缺，这一对称性破缺来自hBN衬底中硼原子和氮原子对A与B位上碳原子的不同影响。将石墨烯摩尔超晶格放在沿垂直方向的强磁场中，由于摩尔超晶格的周期常数与电子在磁场中回旋运动的直径大小相等或接近，受到超晶格周期势和磁场影响的电子能谱变得十分复杂，被称为Hofstadter's butterfly[83-87]。此前，这种复杂的能谱只是一种理论预言，直到石墨烯摩尔超晶格的发现，才得以在实验上观测到。

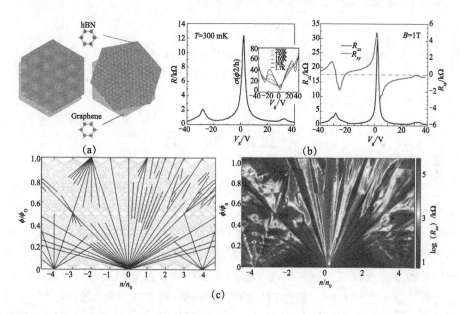

图 10-17　（a）不同转角的石墨烯摩尔超晶格；（b）在摩尔超晶格的二阶狄拉克点处进行的输运测量结果；（c）摩尔超晶格在磁场下的 Hofstadter's butterfly[83, 86]（书末附彩图）

五、范德瓦耳斯超导体异质结构

对二维范德瓦耳斯异质结的超导研究刚刚起步。将二维超导体 NbSe$_2$[89-92] 转移到双层石墨烯上形成零能隙半导体——超导体的范德瓦耳斯异质结界面。通过调节门电压，使得双层石墨烯的费米面高于或低于超导体的超导能隙，Kim 等观测到从传统的能带内的安德烈夫反射（retro intraband Andreev reflection）到带间的安德烈夫反射（specular interband Andreev reflection）的转变[89]。另外，将石墨烯覆盖在厚度仅有半层的 BSCCO 上，在输运测量中，姜达等观测到疑似超导转变的现象[93]，如图 10-18 所示。

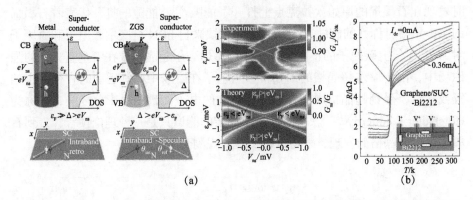

图 10-18　（a）NbSe₂/ 石墨烯范德瓦耳斯异质结界面的安德烈夫反射的示意图和实验结果；（b）石墨烯 /BSCCO 疑似超导转变输运结果[89,93]

第五节　展　望

　　石墨烯被分离出来已十年有余，随着对石墨烯研究的深入，以及一大批二维材料的涌现，二维世界已经渐渐褪去了当初的神秘。但是，用石墨烯、MoS₂ 或者黑磷等二维材料取代半导体工业的硅基材料这一宏伟梦想，看上去仍然很遥远。与此同时，范德瓦耳斯异质结构却渐渐显示出其深远的科学和应用的前景。现在二维材料的种类超过了 300 种，为范德瓦耳斯异质结构的设计提供了巨大的空间。就像当年的石墨烯热，现在越来越多的科学家开始进入范德瓦耳斯异质结构的研究中来。人们期待着基于二维材料范德瓦耳斯异质结构更新我们的认知，改变我们的世界。

陈国瑞、张远波（复旦大学物理系）

参 考 文 献

[1] Kroto H W, Heath J R, O'Brien S C, et al. C 60: Buckminsterfullerene. Nature , 1985, 318(6042): 162-163.

[2] Iijima S. Helical microtubules of graphitic carbon. Nature , 1991, 354(6348): 56-58.

[3] Novoselov K S, Geim A K, Morozov S V, et al. Electric field effect in atomically thin carbon films. Science , 2004, 306(5696): 666-669.

[4] Wallace P R. The band theory of graphite. Physical Review , 1947, 71(9): 622.

[5] Peierls R. Quelques propriétés typiques des corps solides. Ann Inst. H. Poincaré, 1935, 5(3): 1935.

[6] Landau L D. Zur Theorie der phasenumwandlungen II. Phys. Z. Sowjetunion , 1937, 11: 26-35.

[7] Dresselhaus M S, Dresselhaus G. Intercalation compounds of graphite. Advances in Physics, 1981, 30(2): 139-326.

[8] Shioyama H. Cleavage of graphite to graphene. Journal of Materials Science Letters, 2001, 20(6): 499-500.

[9] Viculis L M, Mack J J, Kaner R B. A chemical route to carbon nanoscrolls. Science, 2003, 299(5611): 1361.

[10] Lu X K, Yu M F, Huang H, et al. Tailoring graphite with the goal of achieving single sheets. Nanotechnology , 1999, 10(3): 269.

[11] Berger C, Song Z M, Li T B, et al. Ultrathin epitaxial graphite: 2D electron gas properties and a route toward graphene-based nanoelectronics. The Journal of Physical Chemistry B , 2004, 108(52): 19912-19916.

[12] Zhang Y B, Small J P, Pontius W V, et al. Fabrication and electric-field-dependent transport measurements of mesoscopic graphite devices. Applied Physics Letters, 2005, 86(7): L437.

[13] Novoselov K, Geim A, Morozov S, et al. Two-dimensional gas of massless Dirac fermions in graphene. Nature , 2005, 438(7065): 197-200.

[14] Zhang Y B, Tan Y W, Stormer H L, et al. Experimental observation of the quantum Hall effect and Berry's phase in graphene. Nature , 2005, 438(7065): 201-204.

[15] Van Noorden R. Production: Beyond sticky tape. Nature , 2012, 483(7389): S32-S33.

[16] Wang L, Meric I, Huang P Y, et al. One-dimensional electrical contact to a two-dimensional material. Science , 2013, 342(6158): 614-617.

[17] Nair R R, Blake P, Grigorenko A N, et al. Fine structure constant defines visual transparency of graphene. Science, 2008, 320(5881): 1308.

[18] Lee C, Wei X, Kysar J W, et al. Measurement of the elastic properties and intrinsic strength of monolayer graphene. Science, 2008, 321(5887): 385-388.

[19] Balandin A A, Ghosh S, Bao W, et al. Superior thermal conductivity of single-layer graphene. Nano Letters, 2008, 8(3): 902-907.

[20] Radisavljevic B, Radenovic A, Brivio J, et al. Single-layer MoS_2 transistors. Nature Nanotechnology, 2011, 6(3): 147-150.

[21] Fuhrer M S, Hone J. Measurement of mobility in dual-gated MoS_2 transistors. Nature Nanotechnology, 2013, 8(3): 146-147.

[22] Radisavljevic B, Kis A. Reply to 'Measurement of mobility in dual-gated MoS_2 transistors'. Nature Nanotechnology, 2013, 8(3): 147-148.

[23] Geim A K, Grigorieva I V. Van der Waals heterostructures. Nature, 2013, 499(7459): 419-425.

[24] Splendiani A, Sun L, Zhang Y, et al. Emerging photoluminescence in monolayer MoS_2. Nano Letters, 2010, 10(4): 1271-1275.

[25] Mak K F, Lee C, Hone J, et al. Atomically thin MoS_2: A new direct-gap semiconductor. Physical Review Letters, 2010, 105(13): 136805.

[26] Zeng H, Dai J, Yao W, et al. Valley polarization in MoS_2 monolayers by optical pumping. Nature Nanotechnology, 2012, 7(8): 490-493.

[27] Mak K F, He K, Shan J, et al. Control of valley polarization in monolayer MoS_2 by optical helicity. Nature Nanotechnology, 2012, 7(8): 494-498.

[28] Ali M N, Xiong J, Flynn S, et al. Large, non-saturating magnetoresistance in WTe_2. Nature, 2014, 514(7521): 205-208.

[29] Kumar A, Ahluwalia P K. Electronic structure of transition metal dichalcogenides monolayers 1H-MX2 (M= Mo, W; X= S, Se, Te) from ab-initio theory: new direct band gap semiconductors. The European Physical Journal B, 2012, 85(6): 1-7.

[30] Wang L, Gutiérrez-Lezama I, Barreteau C, et al. Tuning magnetotransport in a compensated semimetal at the atomic scale. Nature communications, 2015, 6: 9892.

[31] Ma Y, Dai Y, Guo M, et al. Evidence of the existence of magnetism in pristine VX_2 monolayers (X= S, Se) and their strain-induced tunable magnetic properties. ACS nano, 2012, 6(2): 1695-1701.

[32] Lalmi B, Oughaddou H, Enriquez H, et al. Epitaxial growth of a silicene sheet. Applied Physics Letters, 2010, 97(22): 223109.

[33] Vogt P, De Padova P, Quaresima C, et al. Silicene: Compelling experimental evidence for graphenelike two-dimensional silicon. Physical Review Letters, 2012, 108(15): 155501.

[34] Dávila M E, Xian L, Cahangirov S, et al. Germanene: A novel two-dimensional germanium

allotrope akin to graphene and silicene. New Journal of Physics, 2014, 16(9): 095002.

[35] Li L, Lu S, Pan J, et al. Buckled germanene formation on Pt (111). Advanced Materials, 2014, 26(28): 4820-4824.

[36] Li L, Yu Y, Ye G J, et al. Black phosphorus field-effect transistors. Nature Nanotechnology, 2014, 9(5): 372-377.

[37] Liu H, Neal A T, Zhu Z, et al. Phosphorene: an unexplored 2D semiconductor with a high hole mobility. ACS Nano, 2014, 8(4): 4033-4041.

[38] Zhu F, Chen W, Xu Y, et al. Epitaxial growth of two-dimensional stanene. Nature Materials, 2015, 14(10): 1020-1025.

[39] Mannix A J, Zhou X F, Kiraly B, et al. Synthesis of borophenes: Anisotropic, two-dimensional boron polymorphs. Science, 2015, 350(6267): 1513-1516.

[40] Dean C R, Young A F, Meric I, et al. Boron nitride substrates for high-quality graphene electronics. Nature Nanotechnology, 2010, 5(10): 722-726.

[41] Gorbachev R V, Geim A K, Katsnelson M I, et al. Strong Coulomb drag and broken symmetry in double-layer graphene. Nature Physics, 2012, 8(12): 896-901.

[42] Ponomarenko L A, Geim A K, Zhukov A A, et al. Tunable metal-insulator transition in double-layer graphene heterostructures. Nature Physics, 2011, 7(12): 958-961.

[43] Zhang C H, Joglekar Y N. Excitonic condensation of massless fermions in graphene bilayers. Physical Review B, 2008, 77(23): 233405.

[44] Barlas Y, Côté R, Lambert J, et al. Anomalous exciton condensation in graphene bilayers. Physical Review Letters, 2010, 104(9): 096802.

[45] Min H, Bistritzer R, Su J J, et al. Room-temperature superfluidity in graphene bilayers. Physical Review B, 2008, 78(12): 121401.

[46] Weller T E, Ellerby M, Saxena S S, et al. Superconductivity in the intercalated graphite compounds C_6Yb and C_6Ca. Nature Physics, 2005, 1(1): 39-41.

[47] Haigh S J, Gholinia A, Jalil R, et al. Cross-sectional imaging of individual layers and buried interfaces of graphene-based heterostructures and superlattices. Nature Materials, 2012, 11(9): 764-767.

[48] Kretinin A V, Cao Y, Tu J S, et al. Electronic properties of graphene encapsulated with different two-dimensional atomic crystals. Nano Letters, 2014, 14(6): 3270-3276.

[49] Weitz R T, Yacoby A. Nanomaterials: Graphene rests easy. Nature Nanotechnology, 2010, 5(10): 699-700.

[50] Martin J, Akerman N, Ulbricht G, et al. Observation of electron-hole puddles in graphene using a scanning single-electron transistor. Nature Physics, 2008, 4(2): 144-148.

[51] Zhang Y, Brar V W, Girit C, et al. Origin of spatial charge inhomogeneity in graphene.

Nature Physics, 2009, 5(10): 722-726.

[52] Xue J, Sanchez-Yamagishi J, Bulmash D, et al. Scanning tunnelling microscopy and spectroscopy of ultra-flat graphene on hexagonal boron nitride. Nature Materials, 2011, 10(4): 282-285.

[53] Decker R, Wang Y, Brar V W, et al. Local electronic properties of graphene on a BN substrate via scanning tunneling microscopy. Nano Letters, 2011, 11(6): 2291-2295.

[54] Cui X, Lee G H, Kim Y D, et al. Multi-terminal transport measurements of MoS_2 using a van der Waals heterostructure device platform. Nature Nanotechnology, 2015, 10(6): 534-540.

[55] Tsen A W, Hunt B, Kim Y D, et al. Nature of the quantum metal in a two-dimensional crystalline superconductor. Nature Physics, 2015, 12: 208-212.

[56] Wang J I J, Yang Y, Chen Y A, et al. Electronic transport of encapsulated graphene and WSe_2 devices fabricated by pick-up of prepatterned hBN. Nano Letters, 2015, 15(3): 1898-1903.

[57] Zomer P J, Guimarães M H D, Brant J C, et al. Fast pick up technique for high quality heterostructures of bilayer graphene and hexagonal boron nitride. Applied Physics Letters, 2014, 105(1): 013101.

[58] Yang W, Chen G R, Shi Z W, et al. Epitaxial growth of single-domain graphene on hexagonal boron nitride. Nature Materials , 2013, 12(9): 792-797.

[59] Gong Y, Lin J, Wang X, et al. Vertical and in-plane heterostructures from WS_2/MoS_2 monolayers. Nature Materials, 2014, 13(12): 1135-1142.

[60] Huang C, Wu S, Sanchez A M, et al. Lateral heterojunctions within monolayer $MoSe_2$-WSe_2 semiconductors. Nature Materials, 2014, 13(12): 1096-1101.

[61] Du X, Skachko I, Duerr F, et al. Fractional quantum Hall effect and insulating phase of Dirac electrons in graphene. Nature, 2009, 462(7270): 192-195.

[62] Bolotin K I, Ghahari F, Shulman M D, et al. Observation of the fractional quantum Hall effect in graphene. Nature, 2009, 462(7270): 196-199.

[63] Dean C R, Young A F, Cadden-Zimansky P, et al. Multicomponent fractional quantum Hall effect in graphene. Nature Physics, 2011, 7(9): 693-696.

[64] Maher P, Wang L, Gao Y, et al. Tunable fractional quantum Hall phases in bilayer graphene. Science, 2014, 345(6192): 61-64.

[65] Kou A, Feldman B E, Levin A J, et al. Electron-hole asymmetric integer and fractional quantum Hall effect in bilayer graphene. Science, 2014, 345(6192): 55-57.

[66] Young A F, Sanchez-Yamagishi J D, Hunt B, et al. Tunable symmetry breaking and helical edge transport in a graphene quantum spin Hall state. Nature, 2014, 505(7484): 528-532.

[67] Kane C L, Mele E J. Quantum spin Hall effect in graphene. Physical Review Letters, 2005, 95(22): 226801.

[68] Sui M, Chen G, Ma L, et al. Gate-tunable topological valley transport in bilayer graphene. Nature Physics, 2015, 11(12): 1027-1031.

[69] Shimazaki Y, Yamamoto M, Borzenets I V, et al. Generation and detection of pure valley current by electrically induced Berry curvature in bilayer graphene. Nature Physics, 2015, 11(12): 1032-1036.

[70] Xiao D, Yao W, Niu Q. Valley-contrasting physics in graphene: Magnetic moment and topological transport. Physical Review Letters, 2007, 99(23): 236809.

[71] Li L, Ye G J, Tran V, et al. Quantum oscillations in a two-dimensional electron gas in black phosphorus thin films. Nature Nanotechnology, 2015, 10(7): 608-613.

[72] Li L, Yang F, Ye G J, et al. Quantum Hall effect in black phosphorus two-dimensional electron gas. arXiv:1504.07155.

[73] Lee G H, Yu Y J, Lee C, et al. Electron tunneling through atomically flat and ultrathin hexagonal boron nitride. Applied Physics Letters, 2011, 99(24): 243114.

[74] Britnell L, Gorbachev R V, Jalil R, et al. Electron tunneling through ultrathin boron nitride crystalline barriers. Nano Letters, 2012, 12(3): 1707-1710.

[75] Britnell L, Gorbachev R V, Jalil R, et al. Field-effect tunneling transistor based on vertical graphene heterostructures. Science, 2012, 335(6071): 947-950.

[76] Britnell L, Gorbachev R V, Geim A K, et al. Resonant tunnelling and negative differential conductance in graphene transistors. Nature Communications, 2013, 4: 1794.

[77] Mishchenko A, Tu J S, Cao Y, et al. Twist-controlled resonant tunnelling in graphene/boron nitride/ graphene heterostructures. Nature Nanotechnology, 2014, 9: 808.

[78] Lee C H, Lee G H, Van Der Zande A M, et al. Atomically thin p–n junctions with van der Waals heterointerfaces. Nature Nanotechnology, 2014, 9(9): 676-681.

[79] Hong X, Kim J, Shi S F, et al. Ultrafast charge transfer in atomically thin MoS_2/WS_2 heterostructures. Nature Nanotechnology, 2014, 9(9): 682-686.

[80] Rivera P, Schaibley J R, Jones A M, et al. Observation of long-lived interlayer excitons in monolayer $MoSe_2$-WSe_2 heterostructures. Nature Communications, 2015, 6: 6242.

[81] Rivera P, Seyler K L, Yu H, et al. Valley-polarized exciton dynamics in a 2D semiconductor heterostructure. Science, 2016, 351(6274): 688-691.

[82] Yankowitz M, Xue J, Cormode D, et al. Emergence of superlattice Dirac points in graphene on hexagonal boron nitride. Nature Physics, 2012, 8(5): 382-386.

[83] Dean C R, Wang L, Maher P, et al. Hofstadter's butterfly and the fractal quantum Hall effect in moire superlattices. Nature, 2013, 497(7451): 598-602.

[84] Ponomarenko L A, Gorbachev R V, Yu G L, et al. Cloning of Dirac fermions in graphene superlattices. Nature, 2013, 497(7451): 594-597.

[85] Hunt B, Sanchez-Yamagishi J D, Young A F, et al. Massive Dirac fermions and Hofstadter butterfly in a van der Waals heterostructure. Science, 2013, 340(6139): 1427-1430.

[86] Hofstadter D R. Energy levels and wave functions of Bloch electrons in rational and irrational magnetic fields. Physical Review B, 1976, 14(6): 2239.

[87] Wannier G H. A result not dependent on rationality for Bloch electrons in a magnetic field. Physica Status Solidi (B), 1978, 88(2): 757-765.

[88] Wang L, Gao Y, Wen B, et al. Evidence for a fractional fractal quantum Hall effect in graphene superlattices. Science, 2015, 350(6265): 1231-1234.

[89] Efetov D K, Wang L, Handschin C, et al. Specular interband Andreev reflections at van der Waals interfaces between graphene and $NbSe_2$. Nature Physics, 2015, 12: 328.

[90] Tsen A W, Hunt B, Kim Y D, et al. Nature of the quantum metal in a two-dimensional crystalline superconductor. Nature Physics, 2015, 12: 208.

[91] Xi X, Wang Z, Zhao W, et al. Ising pairing in superconducting $NbSe_2$ atomic layers. Nature Physics, 2015, 12: 139.

[92] Ugeda M M, Bradley A J, Zhang Y, et al. Characterization of collective ground states in single-layer $NbSe_2$. Nature Physics, 2016, 12(1): 92-97.

[93] Jiang D, Hu T, You L, et al. High-Tc superconductivity in ultrathin $Bi_2Sr_2CaCu_2O_{8+x}$ down to half-unit-cell thickness by protection with graphene. Nature communications, 2014, 5: 5708.

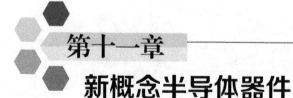

第十一章
新概念半导体器件

人们探索自然界深奥的未知规律的最终目的是要利用它们来造福于人类和回馈自然界。在凝聚态物理众多的分支学科中，半导体物理在这一方面的特征尤为突出。半导体物理并非唯一地追求所发现的新现象、新原理的深奥程度，而是要努力将它们转化为具备新功能的器件。近70年来半导体物理学的发展进程一直都遵循着上述规律。本章将选择若干例子阐明这一规律，以展示科学家在这方面的努力。

第一节　新型半导体激光光源

我们首先回顾自III-V族半导体异质结激光器发明后，近年来如何应用半导体的新物理原理开发出各种波段激光光源的发展过程。

一、硅拉曼激光器

与硅基微电子学相比，硅光子学的应用相对很少 [1]，主要原因是硅不是一种有效的发光材料，所以用它很难制作出激光器。

硅是一种非直接带隙材料，与 InP 直接带隙半导体材料相比，其导带底不是在波矢 $k=0$ 处，而是在 $k \neq 0$ 的 X 谷，具体如图 11-1 所示。留在 X 谷注入的电子很难与 $k=0$ 处的价带顶的空穴复合发光，因为必须有第三个粒子（声子）的参与才能满足动量守恒定律。这种非直接复合过程主要有如图 11-1 所示的两种：Auger 复合和自由载流子吸收。

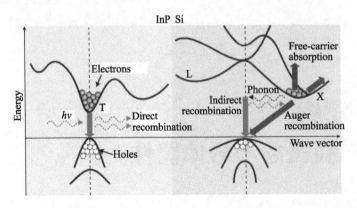

图 11-1　直接带隙半导体 InP 和 Si 中的载流子弛豫过程比较，InP 中主要过程是受激发射和自发辐射复合，而 Si 中主要为 Auger 复合及自由载流子吸收。插图取自文献 [1]

在 Auger 复合中，导带的电子与价带空穴复合所释放的能量将电子（或空穴）激发到更高的能量处，如图中斜向向上箭头所示。Auger 复合的速率与注入自由载流子浓度成正比，与能隙成反比。在自由载流子吸收过程中导带中的电子吸收光子后被激发到更高的能带中，如图中向上箭头所示。在高载流子注入条件或重掺杂层中，这种自由载流子吸收的损耗会高于材料的增益。在上述两种跃迁过程中最后都是通过辐射声子来完成能量弛豫的，如波纹状箭头所示。在硅材料中这种非辐射复合的寿命远短于辐射复合寿命，使得硅材料的内量子效率 $\eta_i = \tau_{nonrad}/(\tau_{nonrad}+\tau_{rad})$ 只有 10^{-6} 的量级。

为了绕开上述难题，人们尝试利用受激拉曼散射来实现激射。拉曼散射原本是指一个光子被光学声子引起的非弹性散射。如果同时用泵浦光和信号光束去激发硅材料，其中信号光束的频率正好与斯托克斯跃迁共振，就可以实现斯托克斯跃迁的受激发射，放大信号光束。

利用上述方法已成功地制作成拉曼光纤放大器。硅的拉曼增益系数比玻璃纤维高五个量级，但是，它的损耗也比玻璃纤维高几个数量级。用硅制成 SOI 波导后，其波导截面积可以做得很小，也有助于降低泵浦功率。通常，所用的泵浦光能量比硅的能隙小很多，这避免有电子被激发到导带，引入了因自由载流子吸收产生的损耗。2004 年 Boyraz 等 [2] 首先演示脉冲工作的硅拉曼激光器。为了实现连续激射，采用 p-i-n 结构将光波导中的自由载流子耗尽是一种很有效的办法 [3]。2005 年 Rong 等 [4] 首次实现了硅拉曼激光器的连续激射，在反向偏压为 25 V 时泵浦阈值功率为 182 mW。近年来通过进一步优化 p-i-n 结构和采用高 Q 值的环形跑道谐振腔来增强其中的光场强度 [5]，如图 11-2 所示。所采用的弯道半径达 400 μm，大大减小了弯道损耗。为了有效地利用泵浦功率，在总长 1.6 cm 的波导内嵌入了定向耦合器。它与 1.55 μm 泵浦波长有最佳的耦合，而与 1.686 μmStoke 信号波长的耦合很弱。这种窄带隙的定向耦合器是用硼磷硅玻璃制成的。通过上述改进，在反向偏压为 25 V 下泵浦阈值功率降至 20 mW，而最大输出功率达 50 mW。

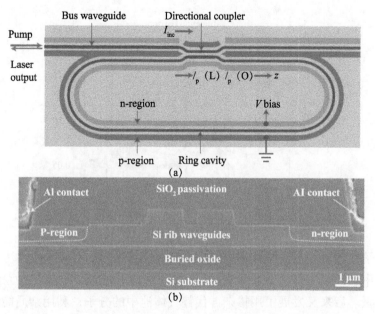

图 11-2　拥有环形跑道谐振腔的 p-i-n 结构 Si 基拉曼激光器 [5]。

　　硅拉曼激光器仍面临着很多挑战。例如，与其他电泵半导体激光器不同，它是一种光泵激光器；反过来，因为它不存在其他二极管激光器都有的线宽展宽机制，所以具有很高光谱纯度。它的线宽可小于 100 kHz，边模抑制比可高达 70 dB，因此，它在对波长选择要求很高的应用领域中是很理想的光源。另外，它的波长有可能扩展到中红外波段 [6]。其他可能的应用请看文献 [1]。

二、量子级联激光器

　　量子级联激光器是 Faist 等于 1994 年发明的新型中红外激光器 [7]，它主要利用半导体量子阱子能级间的量子跃迁实现发光或激光。它们的基本单元如图 11-3 所示，是由上游的注入区和下游的激射区组成的，然后经过周期性重复生长构建成整个器件结构。当前一级基态能级与下一级激发态能级对齐时，电子会通过共振隧穿进入下一级激发态能级，随后，再通过子能带间的辐射复合回到基态。这样的过程一级又一级地重复，直到最后一个单元。理论分析表明[8, 9]，快的隧穿速率是提高激光器效率的关键。通过所谓的超强耦合[10]设计，可以大幅度提高效率。

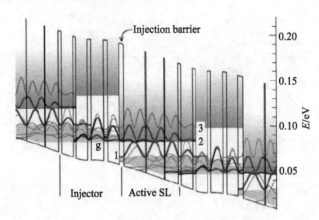

图 11-3　量子级联激光器基本单元能级示意图[6]。

量子级联激光器的波段很快就扩展到太赫兹波段。目前太赫兹激光器主要是用中红外 CO_2 激光器去激发气体池中的分子来获得的，这样的系统既复杂又昂贵。后来又发展了用掺杂硅代替气体池中的分子，利用杂质能级间的跃迁来获得太赫兹辐射[11-14]。一般在 30 K 以下用掺磷、铋、锑的硅材料可以在 50～60 μm（5～6 THz）的太赫兹波长上实现激射。后来 Hübers 等采用掺砷的硅纳米晶也在类似的波长上实现了激射。但是，这类太赫兹激光器最大的缺点是需要泵浦激光，且只能在低温工作。2002 年 Köhler 等[15]首次报道了基于Ⅲ-Ⅴ族半导体异质结的太赫兹量子级联激光器，朝着小型电泵浦太赫兹激光器迈出了最重要的一步。随后，Ⅲ-Ⅴ族半导体异质结的太赫兹量子级联激光器在 10 K 和 2.9 THz 下的激射功率达到 15 mW。但是，Ⅲ-Ⅴ族半导体是极化材料，当光子能量高于光学声子能量时（在 GaAs 中为 36 meV）会受到很强的光学声子散射，使高能量态的寿命缩短，这会限制器件在高温下工作，所以，起初Ⅲ-Ⅴ族半导体太赫兹量子级联激光器在脉冲下工作也只能达到约 150 K[17]。

基于硅/锗异质结的量子级联激光器不存在上述问题，因为它们不是极性材料。人们期望硅/锗异质结的量子级联激光器能在室温下工作，但是，受限于材料特性，它们利用价带中子带间的跃迁，而空穴有效质量大是一个限制因素。Lynch 等观察到 2.9 THz 的电荧光 [18]，Bates 等在 1.2 THz 观察到类似的电荧光 [19]。

自 2002 年以来太赫兹量子级联激光器进展十分迅速。它们的频谱范围在 1.5～4.5 THz。在 10 K 的工作温度下，1 THz 发射的平均功率大于 10 mW，4.4 THz 的最大功率可达 138 mW [20, 21]。在 77 K 仍有 mW 级的功率输出，到 164 K 输出功率仍为亚 mW 级。但是，THz 量子级联激光器仍面临着其他固态 THz 发射源的竞争。例如，利用室温下工作的频率倍增器可以获得 10 μW、1 THz 的辐射 [22]。另外，将两个近红外激光器的激光在一个半导体光电导开关中混合，可以得到 1 mW 左右的 1 THz 的辐射 [23]。2007 年用 p 型掺杂的 Ge 激光器获得了脉冲功率高达 100 W 的 2.7 THz 辐射，但是只能在 15 K 很低的占空比下工作 [24]。

目前固态 THz 技术主要是处在研发单元器件阶段，如改善探测灵敏度、发射源的功率和工作温度。很显然，要实现室温下工作的半导体 THz 量子级联激光器，与其他 THz 单元器件一样，还需要克服许多科学技术难点。只有这样，它才有可能成为可用的新辐射源。

第二节　新概念器件

这里用"新概念器件"一词来描述利用物理原理所演示的新器件效应。下面，我们通过若干例子体现物理学家将物理原理转化为新功能器件所做的不懈努力。

一、利用棘轮效应的微波探测器件

在本书第八章第三节中已经详细介绍了当电子体系不存在空间反演对称性时，如果用没有直流偏置的交变信号去驱动，会在体系中产生定向电流流动。这就是棘轮效应。

Kannan 等 [25] 在 Si/SiGe 异质结平面上刻蚀出由半圆形反量子点组成的阵列（图 11-4），它们的刻槽深于二维电子层，并且不具有空间反演对称性。采用这种新概念探测器，得到的峰值响应度高达 994 V/W；噪声等效功率为 0.01 pW/Hz$^{1/2}$，探测率约为 6.3×10^7 cm · Hz$^{1/2}$/W。改变反量子点的参数还可调谐探测频率限。除此以外，这种新概念探测器无需电源，天然地具有抑制杂散背景电磁辐射的能力。

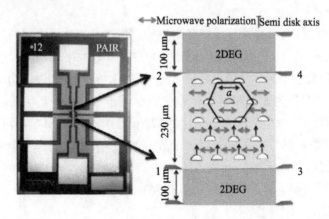

图 11-4　基于半圆形反量子点阵列构造的棘轮效应微波探测器[25]。

二、量子超材料

超材料（metamaterial）是一种多功能的人工电磁材料，具有超越自然介质的特性。电磁超材料可以提升电子、光子器件及部件的性能，甚至为它们提供新功能，如多功能、小型化智能天线，高分辨的成像系统等。其中研究最多的就是左手材料，它是一种负折射系数材料。与普通的按右手定则折射光线的材料不同，左手材料是按左手定则折射光线。迄今，大多数已被实验证实的左手材料都是掺有金属薄膜、线或球的人工材料，它们的光学损耗很大[26]。为此，希望找到一种"有源"的超材料，能补偿损耗，甚至放大输入数据。

很自然，人们想到可以用低维量子结构中的光跃迁来"调控"介电函数的色散关系，实现负折射。低维量子结构中的光跃迁既有导带-价带之间的跃迁，又有子带间跃迁，它们对介电函数色散关系的影响十分不同。图 11-5 给出的是两能级原子的介电函数频谱（Lorentz 模型），两条曲线分别为实部和虚部。其中，（a）是当电子处于基态时的介电响应，（b）是当电子处于激发态时的介电响应。很显然，在上述两种情况下，原子介电函数的符号恰好相反。

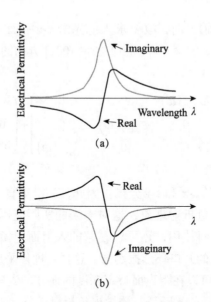

图 11-5　两能级原子的介电函数频谱 [27]。

当入射光的电矢量垂直半导体量子阱平面（也即波矢平行平面）激发子带间光跃迁时，它相当于一个人造原子，具有与图 11-5 类似的介电函数频谱响应，因此，应当可以用来实现负折射。相比之下，由于导带-价带之间跃迁的频谱响应很宽，故不会出现负折射现象。这类基于量子跃迁的超材料被称为量子超材料（quantum metamaterial）。

根据原子的介电函数的 Lorentz 模型 [28] 可求出如下形式的 GaAs 基量子阱的介电函数张量形式 [29]：

$$\varepsilon_{\text{GaAs}}^{QW}(\omega)=\begin{pmatrix} \varepsilon_{\text{GaAs}}^{b}(\omega) & 0 & 0 \\ 0 & \varepsilon_{\text{GaAs}}^{b}(\omega) & 0 \\ 0 & 0 & \varepsilon_{\text{GaAs}}^{b}(\omega) \end{pmatrix}+\begin{pmatrix} 0 & 0 & 0 \\ 0 & 0 & 0 \\ 0 & 0 & 1 \end{pmatrix}\chi_0(\omega) \quad (11\text{-}1)$$

$$\chi_0(\omega)=-\frac{Ne^2}{\varepsilon_0\hbar}\frac{|z_{21}|^2}{(\omega-\omega_{21}+\mathrm{i}\gamma_{21}/2)} \quad (11\text{-}2)$$

其中，e 是电子电荷；ε_0 是真空介电常数；ω_{21} 是量子阱子能级（1，2）间的共振跃迁频率；ω 是入射光的频率；$|z_{21}|$ 为量子阱中第 1，2 子能级之间跃迁的位移矩阵元；γ_{21} 为退相干速度；N 为量子阱中的载流子密度；$\varepsilon_{\text{GaAs}}^{b}$ 是 GaAs 背景材料的介电常数。由式（11-1）和式（11-2）可知，在共振跃迁频率附近有可能得到负的介电函数的实部。尽管如此，对于 GaAs 基量子阱而

言，偶极极化只沿 z 轴方向，故要求入射光沿 x-y 平面方向入射才会有负折射现象。如果是采用足够窄（<4 nm）的沿 [001] 方向的 GaSb 量子阱，其介电函数张量形式则为

$$\varepsilon_{\text{GaSb}}^{QW}(\boldsymbol{\omega}) = \begin{pmatrix} \varepsilon_{\text{GaSb}}^{b}(\boldsymbol{\omega}) & 0 & 0 \\ 0 & \varepsilon_{\text{GaSb}}^{b}(\boldsymbol{\omega}) & 0 \\ 0 & 0 & \varepsilon_{\text{GaSb}}^{b}(\boldsymbol{\omega}) \end{pmatrix} + \begin{pmatrix} 0 & 0 & 0 \\ 0 & 0 & 0 \\ 0.2 & 0.2 & 1 \end{pmatrix} \chi_0(\boldsymbol{\omega})$$

（11-3）

$\varepsilon_{\text{GaSb}}^{QW}(\boldsymbol{\omega})$ 具有不为零的 z-x 和 z-y 分量。因此，当沿垂直 x-y 平面方向入射（z 方向）时也可以产生负折射现象，这对未来的实际应用很重要。要使 GaAs 量子阱作为平面超材料使用，还可以在它的入射面上做上特殊的金属图形，例如，如图 11-6 所示的开口环形振荡器。这样，即使采用垂直平面（z 方向）光照射样品，也同样可以在距表面特定深度的地方产生较大的 E_z 分量，足以激发量子阱中子能级间的光跃迁，诱导出负折射现象。

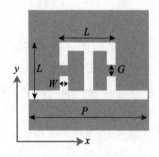

图 11-6 开口环形金属振荡器 [29]。

目前这种基于量子阱中子能级间光跃迁的量子超材料的研究主要集中在理论模拟上，有关实验验证由于受到异质界面质量控制等因素的限制还没有成功。鉴于它是一种可用电场调控材料介电响应的超材料，人们期望它有比一般的超材料更优越的特性，会得到更重要的应用。

三、石墨烯电吸收调制器 [30]

原始的石墨烯单层在远红外和可见光波段的吸收系数 $\pi\alpha = 2.3\%$，其中 $\alpha = e^2/\hbar c$ 是精细结构常数，它的数值已大到可以使我们用肉眼在显微镜下观察到单层石墨烯。不仅如此，通过栅电场可调控其费米能级的位置，从而调控其光跃迁。这类很强的电调制效应意味着石墨烯可以用作电吸收调制器。

但是，单层石墨烯的吸收毕竟有限，要想做成一个可实用的调制器，需要将单层石墨烯与光波导集成在一起，以增加光与石墨烯的作用距离。具体结构如图 11-7 所示。

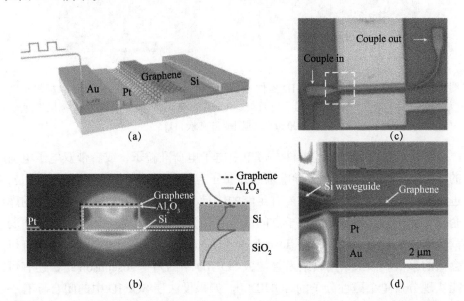

图 11-7　（a）石墨烯调制器的三维示意图。一层 50 nm 硅层的一端与 250 nm 厚的硅波导相接，它们均为弱掺杂了硼，以减小方块电阻。在它们的上面淀积了 7 nm 厚的 Al_2O_3 层做隔离，然后用机械方法按图（a）和（b）所示位置将单层石墨烯放上。（c）是光波导调制器的顶视图。硅波导的输出部分弯曲了 90°，以改变输出光的偏振，使它与输入光的偏振不同，以改善信噪比。（d）是（c）中用虚线框出部分的放大的 SEM 图。Liu 等[30] 成功地让 1.35 ~ 1.6 μm 波段的光通过该电光调制器，得到了高达 1 GHz 的调制速率。而且，有源区的面积只有 25 mm²。插图取自文献 [30]

四、超导加量子点的混合器件

Franceschi 等[31] 将两个超导电极与量子点接上，构成了超导加量子点的混合器件。电子在超导体中以 Cooper 对的形式做自由无阻尼的运动，而当电子通过量子点时，将受库仑阻塞效应的限制。这种组合器件很类似于Josephson 结。图 11-8 是由 Ti/Al 制成的 SQUID 器件。超导环的每个臂上各开一个断口后，再用 InAs 线跨接起来。一个臂上放上一对间距为 65 nm 的Al 栅，用来构建一个量子点；另一个臂上的 InAs 线上只放了一条 Al 栅，通过栅控形成超导弱连接。图 11-8（b）是与两条 Al 电极相连的自组织 SiGe 量子点（如箭头所指的地方）。量子点中的空穴数可用埋在衬底的背栅来控制。

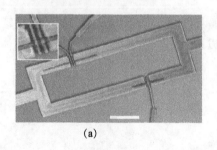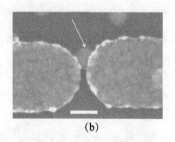

(a)　　　　　　　　　　　　　　(b)

图 11-8　（a）Ti/Al 制备的 SQUID 器件（1 K 以下处于超导态）的 SEM 图，标尺长度为 2 μm；（b）自组织的 Si/Ge 量子点及与之相连的两条 Al 电极的 SEM 图，标尺长度为 100 nm。插图取自文献 [31]

为了让电流流过上述器件，带单一电子电荷准粒子，或者带双电子电荷的 Cooper 对必须从一个超导电极经过量子点才能到达另一超导电极。但是，进入量子点的电子电荷必须要有足够的能量，以克服它在量子点中受到的库仑排斥能量。这种超导加量子点的混合器件为在同一样品上研究强耦合、弱耦合和中等耦合三种情况下 Josephson 效应提供了机会。这是以前很难有机会做的事情。如果采用碳纳米管构成 SQUID 中的两个 Josephson 结，还有可能实现分辨单个磁性分子的 SQUID[32]。如果设法使 SQUID 中的闭合环有一定的机械自由度，还能用其来高灵敏地探测机械振动 [33]。在常规超导体中单个 Cooper 对形成的是单重态，其中电子的纠缠度为最高。当 Cooper 对凝聚以后，这种纠缠度会丧失。但是，采用这种超导加量子点的混合器件仍有可能从超导电极"拉出"单个 Cooper 对进入量子点，并对它的纠缠度进行实际测量 [34-36]。最近又提出，如果将半导体的 pn 结嵌入超导-绝缘体-超导器件之中，注入 n 区和 p 区的 Cooper 对会在 pn 结区复合，并发射可见光光子[37]，这样可以建立起 Cooper 对与光的关联。在第七章第三节中曾介绍过 Majorana 费米子的概念，图 11-8 所示的 SQUID 也有可能用来探测 Majorana 费米子，因为它们会产生周期为 4π 的振荡，而不是周期为 2π 的振荡 [38,39]。

五、量子点纠缠光子对发射源

目前用于量子通信和量子计算的纠缠光源仍主要采用激光通过参量下的转换来实现，但是这种光源是随机发射零个或多对纠缠光子对，所以难以将它用到量子计算上去。人们希望能有一种电驱动的能按指令发射纠缠光子对的光源。Salter 等 [40] 将一个量子点嵌入一个 p-i-n 的发光二极管中，具体结构如图 11-9 所示。当偏压超过开启电压时，载流子开始往量子点注入。

所选的量子点的精细结构分裂要小于（0.4±0.1）meV，它的电荧光光谱有单激子（X）和双激子（XX）两个荧光峰。当有两个电子和两个空穴注入量子点之后，通过带带复合会发射纠缠光子对，如图 11-9 中深、浅箭头所示。他们采用交流注入，得到的纠缠纯度高过 0.82，足以用到量子隐性传态（teleportation）等地方。

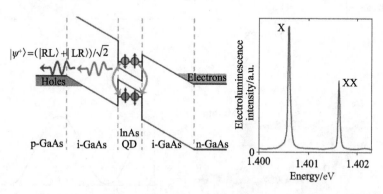

图 11-9　p-i-n 发光二极管中嵌入量子点实现电驱动的纠缠光子对发射源、能带结构及电荧光光谱。摘自文献 [40]

第三节　光量子计算中的关键器件

要想实现量子计算，必须寻找合适的量子体系构建成可扩展的量子比特，它们既要与外面的环境隔绝，又能进行初始化、测量等。与其他体系相比，用光子很容易构成量子比特并可飞行传递，且具有长的相干保持时间。与包括核磁共振、离子、原子、腔量子电动力学、固体和超导相比，光可以按偏振、时分和路径多重方式进行编码并具有能在片上集成等优点。但是，光量子计算也面临最大的挑战：如何构建控制非门（CNOT）这类通用量子逻辑门？下面介绍几种方案。

一、基于 M-Z 量子干涉仪的非线性光量子 CNOT 方案[41]

如图 11-10 所示是实现全光学控制非门（CNOT）的非线性方案，它的目标光子比特是由 M-Z 量子干涉仪构成的。片上集成光量子计算首先要把原来放在光学平台上的 M-Z 量子干涉仪"搬到"片子上去。非线性方案要求控制光子为"1"时，当它流经一个非线性相移器，要能使目标光子的 M-Z

量子干涉仪的一个路产生 π 相移。这样，M-Z 干涉仪中原来的叠加态将发生反转：$\alpha|0\rangle + \beta|1\rangle \rightarrow \alpha|1\rangle + \beta|0\rangle$。

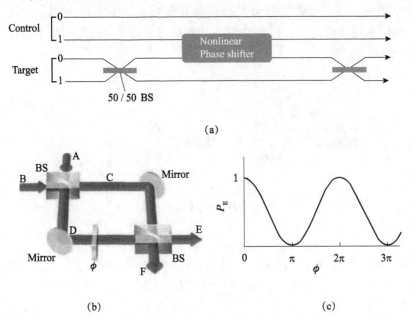

图 11-10　(a) 实现全光学控制非门的非线性方案示意图；(b) M-Z 干涉仪，在干涉仪其中一路加上一个相移 ϕ 后，输出光子概率如 (c) 所示。插图取自文献 [45]

当控制光子为 "0" 时，它不和目标比特发生作用，故仍保持原来状态 $\alpha|0\rangle + \beta|1\rangle$。它对应的经典光路为：两个 BS 分束器、两个反射镜和一个相移器组成的 M-Z 干涉仪。光束 A 和 B 构成干涉态。当 M-Z 干涉仪一路光的相位受相移器控制时，输出光束的振幅在 "1" 和 "0" 之间变化，其中 50/50 的分束器是用来实现干涉叠加态的。

当我们想把在光学平台上搭建的 M-Z 干涉仪集成到片子上时，原则上，光路可以在光波导中传播，分束器可将两个光波导耦合起来，得到严格的 50/50 分束。但是，最大的难点是，如何在单个控制光子水平上使量子的 M-Z 干涉仪一路产生 π 相移。要在单光子的水平找到有如此大光学非线性的体系，看起来几乎是不可能。但是经过科学家的不懈努力，近年来在构建控制光子 CNOT 的探索取得了重要进展：①用电场加热改变波导折射率方法，开关时间在 mS 量级 [42]；②采用量子点加高 Q 值微腔（$Q \sim 10^4$）的强耦合腔量子电动力学体系，用单个控制光子已能使目标光子发生 π/4 的相移 [43]；③由单个光子诱发的电磁透明效应（EIT）也有了重要进展 [44]。

Fushman 等[43] 采用的光子晶体缺陷微腔如图 11-11 所示，它由连在一起的三个空洞构成，并含有单个 InAs 量子点与缺陷微腔耦合。光子晶体膜的下面是一个分布 Bragg 反射器。垂直偏振的控制光（波长 λ_c）和信号光（波长 λ_s）都先经过保偏振的分束片（PBS），再通过一个快轴偏离垂直轴 θ 角的 1/4 λ 波片（QWP）后，被送入光子晶体缺陷微腔中。QWP 改变了水平偏振和垂直偏振之间的相对位相和振幅 $\zeta(\theta)$，具体关系如图 11-11 所示。

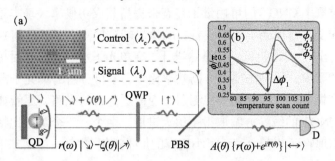

图 11-11　(a) 基于光子晶体微腔缺陷加量子点实现可控相移的实验示意图及器件 SEM 图；(b) 非线性相移的理论结果，由信号光功率引起相移为 ϕ_1，加入与信号光共振的控制光时相移分别为 ϕ_2 和 ϕ_3。插图取自文献 [43]

二、线性光量子 CNOT 方案 [45]

为了避开光非线性 CNOT 的难点，Knill、Laflamme 和 Milburn（KLM）提出了一种概率 CNOT 门。要想最终实现 KLM CNOT 门需满足三个要求：一是要求该辅助传令（ancilla）单光子源具有最佳的模式和最窄的带宽；二是需要高效而能分辨单光子探测器；三是构建经典和量子的 M-Z 干涉仪。

如图 11-12 所示是 KLM CNOT 的框图。除了控制光子、目标光子外，多

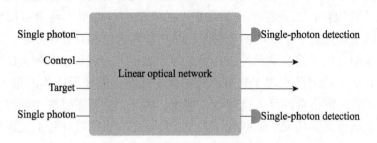

图 11-12　Knill、Laflamme 和 Milburn（KLM）提出的概率 CNOT 门示意框图[45]。

用了两个辅助传令（ancilla）光子和两个单光子探测器。将控制位、目标位和两个辅助传令光子均送入一个由分束器构成的光网——多路径、网络式的干涉仪，完成4光子组合和必需的干涉。

其中，传令光子与控制光子、目标光子的相互作用原理将在后文阐述。只有当控制光子、目标光子同时在各自的输出端被检测到时才表明CNOT逻辑运算完成了。显然，这类事件出现的概率$P < 1$，故称之为概率CNOT门。原则上这类概率CNOT门可用量子传态来提高其成功概率。基本思想是，只有当控制光子、目标光子同时在各自的输出端被检测到时，才将控制位、目标位传到输出[46]。很明显，它虽然避开了在单光子水平上反转目标位的强非线性作用的要求，但是需要多个高效率相干、不可分辨的单光子源，可分辨单个光子高探测效率的单光子探测器和变得更复杂的光路。尽管如此，在最近几年内CNOT的线性方案取得了很大进展。两个、三个量子比特门已从实验上得到原理验证[47-49]，演示了小规模的量子逻辑[50, 51]。应用基于测量的量子计算概念（cluster state or measurement-based quantum computing），从理论和实验上[52-58]均证实了可以大大减少所要用的单光子源的数量。

三、光量子计算中的量子器件[59]

要真正构建片上光量子控制非门CNOT，还面临着巨大的挑战。但是，在向着上述目标努力的过程中，科学家已经开发出各种各样的新型光量子器件，其中一部分作为元、部件已经应用于一般的量子通信、量子计算中。本书第四章第一节对此已做了介绍。这种技术统称为量子光子技术（photonic quantum technologies，PQT）[59]。

一般而言，用于量子光学的"电路"（指放在光学平台上的光学电路）面临着两大挑战：一是产生单光子发射过程的不完备会使两个或更多光子间的量子相干性退化；二是在单光子水平上的光学非线性很小甚至可以忽略不计，所以很难达到非平庸的两个量子比特门所要求的相互作用要求。以往的措施是采用大尺寸的光学元件，如分束器和镜子等，需要越来越大的光学平台。尽管从实验上已实现了直至八位的量子比转，能演示简单的量子运算，但是，实验所需占有的巨大空间令人却步。因此，迫切需要解决如何在单光子水平上获得最强的光学非线性。为此，催生了一系列可在片上实现的光量子技术。

1. 基于 SOS 波导的量子电路

2008 年 Politi 等[60] 先在 4 in①硅片上热生长了 16 μm 的氧化硅，然后再淀积了掺有锗和硼的 3.5 μm 厚的氧化物作为波导的内芯层，并用光刻刻出 3.5 μm 宽的波导；再在上面淀积 16 μm 厚的掺有磷和硼的氧化硅，其折射系数与下面 16 μm 厚的氧化硅相匹配。如图 11-13 所示的是用 SOS 波导技术制作成的 Mach-Zehnder 干涉仪，其中波导定向耦合器起分束器的作用。金属元件是一个电阻加热器，用来改变局部区域的折射率，随之也就改变了干涉仪一臂的相位。他们得到的总体耦合效率约为 60%，即插入损耗为 40%，但是，仍面临着许多挑战。例如，如何实现与光源、探测器的低损耗界面，如何实现大的光学非线性快速开关，如何构成可重构的光路，等等。

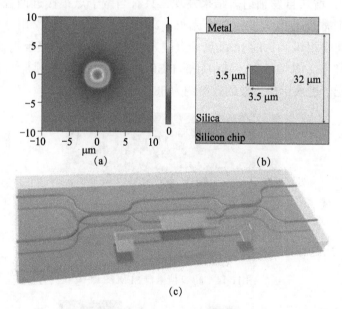

图 11-13 （a）Si 上 SiO₂(SOS) 波导内光场强度的模拟分布；（b）介质波导的截面图；（c）基于 SOS 波导的 Mach-Zehnder 干涉仪。插图取自文献 [60]

2. 半导体单光子源

几乎所有的量子通信、量子计算技术都需要能按指令发射单光子的光源。它们应当是高效的单光子的光源，也即在每个激发周期能保证发射和收集到单个光子，同时，在每个指令脉冲期间发射多于一个光子的概率要很

---

① 1 in=2.54 cm。

小。在输出端所发射的光子应当是不可区别的，尽管可以利用脉冲激发单个原子、分子、金刚石中氮空位（NV）中心或半导体中杂质中心都可以实现按指令发射的单光子源。显而易见，只有利用半导体量子点内光跃迁的单光子源最适合用于片上集成量子电路。有关半导体量子点的制备及其量子光学的性质在本书第四章第一节中已有详细介绍，这里不再赘述。量子点单光子源具有不少优点。例如，有比较大的激子偶极矩，故有很高的发射效率；由于能和半导体集成在一起，其位置固定并稳固；易与电子学器件和激光器相匹配。而且，利用纳米工程，它的激子发射谱可以覆盖紫外、可见光和红外波段。下面介绍若干典型的片上单光子光源[61]。

2000 年，Michler 等[62]将量子点与微盘中高 Q 值的回音壁模耦合起来（图 11-14），增强自发辐射。结果发现，只有当量子点很接近回音壁模的峰值场强处时才能有效地发射单个光子。2002 年，Pelton 等[63]用分子束外延生长方法将自组织生长的 InAs 量子点嵌入由上、下分布拉格反射器（DBR）组成的微柱中（图 11-15），其中底部 DBR 的反射率远高于顶部的 DBR，所发射的单光子进入单模行波的效率约为 38%。

图 11-14　高 Q 值微盘 SEM 图[62]

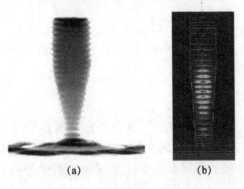

(a)　　　　(b)

图 11-15　含有 InAs 的上下 DBR 微柱 SEM 和光场分布图[63]

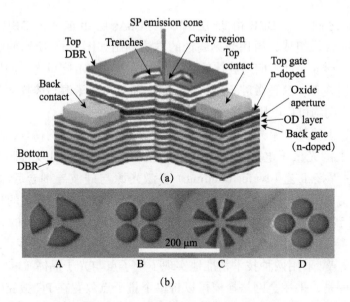

图 11-16　（a）可电压调控的置于上下 DBR 中的量子点单光子源；（b）垂直方向光刻图
案，用于形成平面内对腔体的限制。插图取自文献 [64]

　　从实用的角度出发，总需要将量子发射源所发射的光子波长与某个微腔
共振，以便获得高的光子收集效益，还可以改善所发光子的全同性。2007 年
Strauf 等采用如图 11-16 所示的量子点单光子源，其中量子点层夹在上、下

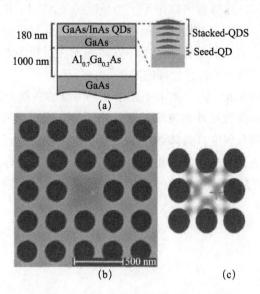

图 11-17　（a）量子点与光子晶体（PC）微腔强耦合结构示意图；（b）含有量子点的微腔
SEM 图；（c）电场分布理论计算结果，十字是量子点所处位置。插图取自文献 [66]

两个 DBR 之间，上 DBR 由 23 层 AlGaAs/GaAs 层组成，下 DBR 由 32 层 AlGaAs/GaAs 层组成，再用光刻腐蚀的方法刻出如图（b）所示的沿垂直方向的通孔，形成平面方向对腔体的限制，得到了 4.0 MHz 单光子的发射率和 38% 的出射效率。这种微腔不仅机械稳定，而且单光子源与腔模之间耦合和光的偏振方向均可用电压来调控。

但是，上述几种单光子源并没有解决与外部光路之间的耦合，也就无法构建起片上的光量子电路。在普通的光电子集成电路中可以将Ⅲ-Ⅴ族激光器用片-片焊接工艺（wafer bonding）将激光源与硅波导耦合起来[65]。但是，这种方法无法使单光子源与波导之间实现精确定位。真正的片上单光子光源应当是易于片上光波导耦合起来的那一种。采用平面的光子晶体微腔和波导是能在片上与量子点单光子源实现耦合的一种方案。2005 年，Badolato 等[66] 采用两种技术精准地实现了量子点与光子晶体（PC）微腔的强耦合。一是，采用金网格掩模可以将单个量子点放置在 PC 微腔中的电场最大处，如图 11-17（b）PC 空洞微腔中的小白点所示；二是，用逐步腐蚀法控制 PC 中孔的尺寸和 PC 膜的厚度，可将腔模调谐到与量子点发光共振。他们观察到了腔量子电动力学效应（CQED），也即 Purcell 效应，并认为扫清了将固态腔 QED 应用到量子信息处理中的障碍。

2007 年，他们[67] 将顶部的 PC 层生长在量子点的上面，在有量子点的部位会出现凸起的包，这样就可以用原子力显微镜（AFM）来定位量子点。当腔模调谐到与量子点发光共振时，他们观察到量子点与微腔强耦合时所出现的拉比（Raby）分裂。但是，上述两种方案都无法对量子点加微腔体系进行快速调谐，无法满足量子信息处理的要求。

2011 年，Fuhrmann 等[68] 演示了采用 1.7 GHz 的表面声学波驱动 PC 膜，可以使其中的缺陷微腔尺寸在波峰时被拉伸，在波腹时被压缩，从而快速调节量子点与腔的耦合程度，具体如图 11-18 所示。我们已经知道当单个量子点与光学微腔发生强耦合相互作用时会呈现腔量子电动力学效应，即拉比分裂。另外，采用光腔可获得高效的光激发，如果想要同时观察到拉比分裂和激光振荡，似乎是互相矛盾的。

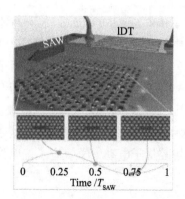

图 11-18　表面声学波调控的微腔与量子点耦合系统，表面波通过将射频信号加在叉指电极上激发。插图取自文献 [68]

　　2009 年，Nomura 等[69] 在半绝缘（100）GaAs 衬底上用分子束外延先生长 700 nm 厚的 $Al_{0.6}Ga_{0.4}As$ 牺牲层后，再生长 160 nm 厚的 GaAs 层，其内含 InAs 量子点。制作光子晶体微腔时要精准地使量子点处于其电场最大处，如图 11-19 所示。

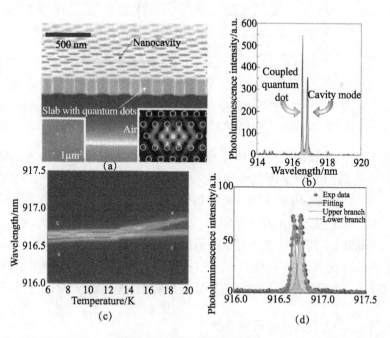

图 11-19　（a）悬空 GaAs 光子晶体的 SEM、AFM 及微腔中的电场分布；（b）量子点与腔模失谐时的荧光光谱；（c）改变温度调谐腔模与量子点激子峰，激发功率 3 nW；（d）腔模与激子峰谐振时的荧光光谱。插图取自文献 [69]

图 11-19（a）给出了 160 nm 厚的 GaAs 光子晶体层，它与衬底是架空的，右下角是缺陷微腔中的电场分布。图 11-19（b）是当量子点与腔模失谐时的荧光光谱。图 11-19（c）是在波长和温度二维平面用色标表示的量子点激子峰（x）和腔模（c）的变化。图 11-19（d）是当激子峰（x）和腔模（c）共振时光荧光光谱。拉比分裂显示得很清楚。当将激发功率从 25 nW 增大到500 nW，如图 11-20 所示，在越过激发阈值功率后，拉比分裂依然存在。这表明光的受激辐射可以与腔量子电动力学效应（拉比分裂）共存。

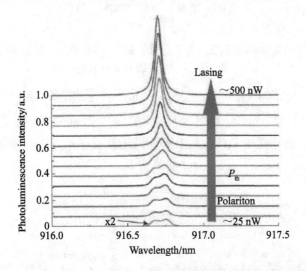

图 11-20　悬空 GaAs 光子晶体谐振腔与 InAs 量子点耦合系统光荧光谱，激发功率从25 nW 增大至 500 nW，系统从强耦合区进入受激发射区。插图取自文献 [69]

由于 Purcell 效应是与群速度成反比[70]的，制作量子线引入的缺陷可使在其中传播的光群速度减小很多，故可以增强 Purcell 效应[71]。2007 年，Banaee 等[72]采用一段光子晶体波导制作了"单光子枪"，当工作在慢光模式时，得到了有增强效应的单光子发射。

尽管如此，用于片上的单光子源仍有许多难点需要解决。例如，如何进一步增强 Purcell 效应，减小退相干效应，提高所发射的单光子的全同性；如何在片上有效地提取单个光子；如何提升单光子源的功能，如增添开关；等等。

3. 片上单光子水平上的非线性

以往都是用单个原子与谐振腔的强耦合来获得大的非线性效应，以满足量子信息处理的要求。但是，这需要庞大的设备。最近，固态中的腔量子电动力学效应也可以在片子实现同样程度的非线性效应[41]。利用光子诱导的隧穿和库仑阻塞效应也可以产生非经典光[73]。另外，利用单量子点与光子晶体微腔的强耦合作用，已经实现了 140 光子数、皮秒时间尺度的光开关功能[74]（详见本书第四章第一节）。2008 年，Faraon 等[75] 设计了一种光子晶体器件，实现了偶极诱导的通透功能，具体如图 11-21 所示。

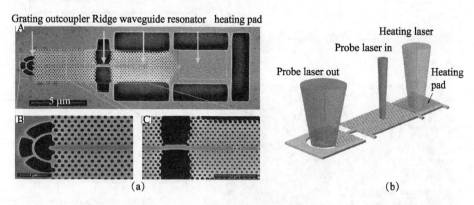

图 11-21　（a）偶极诱导透明的光子晶体器件，A 为整体，B、C 为局部放大图；（b）器件的工作原理示意图，加热激光用于控制器件温度，从而控制共振频率。探测光垂直照射耦合进入谐振腔，经过光子晶体波导后，从发射端输出。插图取自文献 [75]

　　他们制作的光子晶体器件由三部分组成：一个由三个孔构成的缺陷微腔，在它左边隔两个孔是与缺陷微腔有耦合的光子晶体波导；紧接着是一个用 $\lambda/2n$ 的通孔光栅做成的输出耦合器，它使正向传播的光发生相消干涉，使大部分的光散射进入一个会聚镜，这样就可以从正面进行测量；在缺陷微腔右边相隔一定距离处做了一块金属板，用一束加热激光照射它，通过改变局部温度可以调谐量子点与缺陷微腔共振。最左边的输出耦合器使得从垂直平面方向可以测量从缺陷微腔透射出来的光的频谱，检验是否有腔量子电动力学效应的出现。用上述光子晶体器件，他们观察到偶极诱导的通透功能。

　　2016 年 11 月，Sipahigil 等[76] 在 Science 上发表了与光量子计算有关的重大研究进展，他们采用聚焦离子束注入的办法，将硅空位（SiV）色心注入纳米尺度的金刚石光子晶体中并实现了由单个色心控制的量子-光学开关。他们已经能在单个金刚石波导中引入近 2000 个 SiV 色心与腔的耦合模式，如图 11-22 所示。

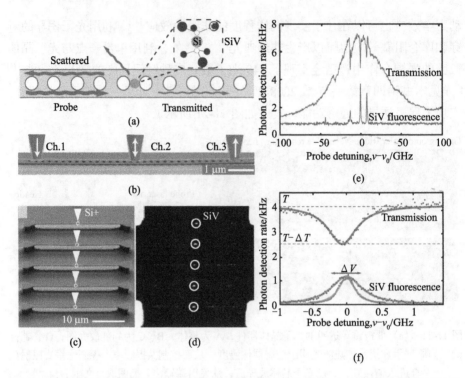

图 11-22　（a）嵌入金刚石光子晶体微腔的带负电的硅空位（SiV）中心；（b）金刚石光子晶体微腔；（c）五个未掺杂金刚石腔的扫描电子显微镜（SEM）照片，金刚石腔制成后再将硅空位（SiV）中心准确注入所要求的位置；（d）在每个纳米光腔中心探查到的 SiV 荧光；（e）测量到的微腔透射谱和由 SiV 引入的散射谱；（f）单个 SiV 中心引入的消光比达 $\Delta T/T = 38\%$。插图取自文献 [76]

4.利用硅基纳光子集成电路构建的人工神经网络

人工神经网络（artificial neural network，ANN）和深度学习（deep learning）是当今计算领域的研究热点。IBM、Google 等公司基于不同硬件架构（GPUs、ASICs、FPGAs 等）研发了高速的电学系统。由于人工神经网络依赖于大量的矩阵乘法运算，而任意实矩阵变换都可以用光学分束器以及相移器来实现，因此，如果能构建全光神经网络（fully optical neural network，ONN）将会在速度和能耗方面比相应的电学系统有更大的优势。但是，传统的采用光纤和透镜等光学元件搭建的光处理器无法实现片上集成的全光神经网络。为此，硅基光子学提供了更可靠的光子集成电路方案，它的结构框架如图 11-23 所示。

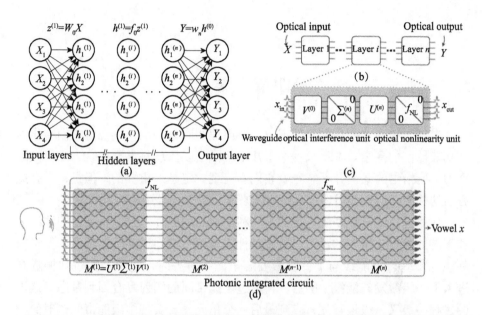

图 11-23 （a）由输入层、若干隐藏层和输出层构成的全光人工神经网络的架构图；
（b）人工神经网络分解成各个组成部分；（c）构成人工神经网络每一层的光干涉和非线性
的单元；（d）集成的全光人工神经网络芯片。插图取自文献 [77]

　　上述可编程光学处理器是由光干涉单元（optical interference unit，OIU），
包括 56 个可编程 Mach-Zehnder 干涉仪（MZI），每一个 MZI 包含一个热光
相移器（θ）、一个定向耦合器和一个相移器（ϕ），通过调节两组相移器可以
控制分光比以及出光的相位差，如图 11-24（d）所示。可以通过编程使 OIU
实现特定的矩阵运算功能。

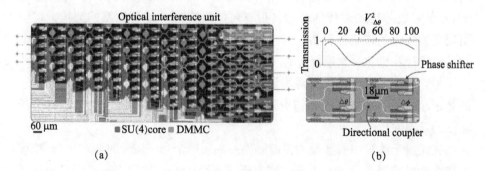

图 11-24 （a）光干涉单元（OIU）的相片，灰色线所示的部分是在做乘法，白色线所示
的部分是在做除法（即衰减）；（b）MZI 中的单个相移器。插图取自文献 [77]

第四节 展 望

半导体物理学家在探索新现象、新原理的同时，也很重视将它们转化为新功能器件的探索。本章只列举了几个例子，以体现科学家在这方面所做的努力。所给出的案例并不意味着它们本身就一定是最重要的，但是，没有这方面的探索，就不会涌现出众多的新原理、新功能器件及其重要应用。

从原理上讲，级联激光器并没有利用最新的原理。它是由上游的注入区和下游的激射区组成的，再经过周期性重复生长构建成整个器件结构。当前一级导带基态子能级与下一级激发态子能级对齐时，电子会通过共振隧穿进入下一级激发态能级。随后，再通过子能带间的辐射复合回到基态。这样的过程一级又一级地重复，直到最后一个单元。要实现多级能带间辐射的相干增强，需要有精准的层次结构设计和材料生长控制。对于半导体而言，这类器件物理与揭示新物理原理的研究是同样重要的。再举一个最新的重要例子，2015 年 12 月 24 日美国加利福尼亚大学伯克利分校、麻省理工学院和科罗拉多大学在《自然》上联合发表了一篇题为"直接采用光通信的单片微处理器"的重要文章，首次在现有的芯片代工厂的生产线上，不要求做任何工艺变动，将光通信用的光收、发模块分别与 CPU 或存储器成功集成在单块芯片上。单块芯片上集成了 7000 万个晶体管和 850 个光子器件。他们利用芯片间的高速光互连，大幅度地提高了计算速度。他们的工作代表了一个片上电子-光子集成芯片新时代的开始，很有可能改变现有计算体系的架构，将会出现更为强大的超级计算机。对于中国而言，这是我们利用中等水平的 CPU 构造超级计算机的一次重要机遇。

尽管利用棘轮效应的无源微波探测器件和基于量子阱中子能级间光跃迁的量子超材料等研究还处在初级阶段，但是，一旦突破，就会带来具有全新功能的新器件。

在光量子计算中所涉及的关键器件——当单个光子流经时要产生 π 相移的非线性相移器，尽管目前看起来是近乎不可能的，如果将来有幸实现，其影响不可估量。光量子计算中的另一重大进展是 2017 年 11 月科学家将硅空位（SiV）色心注入纳米尺度的金刚石光子晶体中并实现了由单个色心控制的量子-光学开关，再考虑到用金刚石中 NV 中心构建量子比特的优越性，我国应当十分重视光量子计算的研究工作。

综上所述，在半导体物理方面一定要始终重视利用新结构、新架构和新原理的新器件研究。

郑厚植（中国科学院半导体研究所，中国科学院半导体超晶格国家重点实验室）

参 考 文 献

[1] Liang D, Bowers J E. Recent progress in lasers on silicon. Nature Photonics, 2010, 4(8):511-517.

[2] Boyraz O, Jalali B. Demonstration of a silicon Raman laser. Optics Express, 2004, 12(21):5269-73.

[3] Jones R, Rong H, Liu A, et al. Net continuous wave optical gain in a low loss silicon-on-insulator waveguide by stimulated Raman scattering. Optics Express, 2005, 13(2):519-25.

[4] Rong H, Liu A, Jones R, et al. An all-silicon Raman laser. Nature, 2005, 433(7023):292-4.

[5] Rong H, Xu S, Kuo Y H, et al. Low-threshold continuous-wave Raman silicon laser. Nature Photonics, 2007, 1(4):232-237.

[6] Soref R.Toward silicon-based longwave integrated optoelectronics (LIO). Proceedings of SPIE - The International Society for Optical Engineering, 2008, 6898:14.

[7] Faist J,Capasso F, Sivco1 D L, et al. Quantum Cascade Laser. Science, 1994, 264 : 553.

[8] Sirtori C, Capasso F, Faist J, et al. IEEE J. Quantum Electron., 1998, 34: 1722.

[9] Faist J. Wallplug efficiency of quantum cascade lasers: Critical parameters and fundamental limits. Applied Physics Letters, 2007, 90, 253512.

[10] Liu P Q, Hoffman A J, Escarra M D, et al. Highly power-efficient quantum cascade lasers. Nature Photonics, 2010, 4(2):95-98.

[11] Pavlov S G, Zhukavin R K, Orlova E E, et al. Stimulated emission from donor transitions in silicon. Physical Review Letters, 2000, 84(22):5220.

[12] Pavlov S G, Hübers H W, Rümmeli M H, et al. Far-infrared stimulated emission from optically excited bismuth donors in silicon. Applied Physics Letters, 2002, 80(25):4717-4719.

[13] Pavlov S G, Hübers H W, Riemann H, et al. Terahertz optically pumped Si:Sb laser. Journal of Applied Physics, 2002, 92(10):5632-5634.

[14] Hübers H W, Pavlov S G, Riemann H, et al. Stimulated terahertz emission from arsenic

donors in silicon. Applied Physics Letters, 2004, 84(18):3600-3602.

[15] Köhler R, Tredicucci A, Beltram F, et al. Terahertz semiconductor-heterostructure laser. Nature, 2002, 417: 156.

[16] Barbieri S, Alton J, Beere H E, et al. 2.9THz quantum cascade lasers operating up to 70K in continuous wave. Applied Physics Letters, 2004, 85(10):1674-1676.

[17] Williams B S,Kumar S,Callebaut H, et al. Terahertz quantum-cascade laser operating up to 137 K.Appl. Phys. Lett.,2003,83:5142.

[18] Lynch S A, Bates R, Paul D J, et al. Intersubband electroluminescence from Si/SiGe cascade emitters at terahertz frequencies. Applied Physics Letters, 2002, 81(9):1543-1545.

[19] Bates R, Lynch S A, Paul D J, et al. Interwell intersubband electroluminescence from Si/SiGe quantum cascade emitters. Applied Physics Letters, 2003, 83(20):4092-4094.

[20] Williams B, Kumar S, Hu Q, et al. Operation of terahertz quantum-cascade lasers at 164 K in pulsed mode and at 117 K in continuous-wave mode. Optics Express, 2005, 13(9):3331-9.

[21] Williams B S,Kumar S, Hu Q, et al. High-power terahertz quantum-cascade lasers. Electronics Letters, 2006, 42: 89.

[22] See, for example, www.virginiadiodes.com/multipliers.htm.

[23] Bjarnason J E, Chan T L J, Lee A W M, et al. Millimeter-wave, terahertz, and mid-infrared transmission through common clothing. Applied Physics Letters, 2004, 85, 3983..

[24] Peale R E, Dolguikh M V, Muravjov A V. Inter-valence-band hot hole laser in two-dimensional delta-doped homoepitaxial semiconductor structures. Journal of Nanoelectronics and Optoelectronics, 2007, 2: 1, 51-57.

[25] Kannan E S, Bisotto I, Portal J C, et al. Energy free microwave based signal communication using ratchet effect. Applied Physics Letters, 2012, 101, 143504.

[26] Shalaev V M. Optical negative-index metamaterials. Nature Photonics,2007,1: 41;Fedotov V A, Mladyonov P L, Prosvirnin S L, et al.Planar electromagnetic metamaterial with a fish scale structure. Phys Rev E Stat Nonlin Soft Matter Phys, 2005, 72(2):056613; Zhou J, Koschny T, Lei Z, et al. Experimental demonstration of negative index of refraction. Applied Physics Letters, 2006, 88, 221103.

[27] Ginzburg P, Orenstein M. Metal-free quantum-based metamaterial for surface plasmon polariton guiding with amplification. Journal of Applied Physics, 2008, 104, 063513.

[28] Basu P.Theory of Optical Processes in Semiconductors: Bulk and Microstructures. Oxford:Clarendon,1997.

[29] Gabbay A, Brener I.Theory and modeling of electrically tunable metamaterial devices using inter-subband transitions in semiconductor quantum wells. Optics Express, 2012, 20(6):6584-97.

[30] Liu M, Yin X, Ulinavila E, et al. A graphene-based broadband optical modulator. Nature, 2011, 474(7349):64-67.

[31] Franceschi S D,Kouwenhoven L,Schonenberger C, et al. Hybrid superconductor-quantum dot devices.Nature Nanotech, 2010, 5: 703.

[32] Bouchiat V.Detection of magnetic moments using a nano-SQUID: limits of resolution and sensitivity in near-field SQUID magnetometry. Superconductor Science & Technology, 2009, 22: 064002.

[33] Etaki S, Poot M, Mahboob I, et al. Motion detection of a micromechanical resonator embedded in a d.c. SQUID. Nature Physics, 2008,4 : 785.

[34] Recher P, Sukhorukov E V, Loss D. Andreev tunneling, Coulomb blockade, and resonant transport of nonlocal spin-entangled electrons. Phys. Rev. B, 2001, 63:165314.

[35] Lesovik G B, Martin T, Blatter G. Electronic entanglement in the vicinity of a superconductor. The European Physical Journal B - Condensed Matter and Complex Systems, 2001, 24(3):287-290.

[36] Bouchiat V, Chtchelkatchev N, Feinberg D, et al. Single-walled carbon nanotube-superconductor entangler: noise correlations and Einstein-Podolsky-Rosen states. Nanotechnology, 2003, 14:77.

[37] Recher P, Nazarov Y V, Kouwenhoven L P. Josephson light-emitting diode. Physical Review Letters, 2010, 104(15):156802.

[38] Lutchyn R M, Sau J D, Das S S. Majorana fermions and a topological phase transition in semiconductor-superconductor heterostructures. Physical Review Letters, 2010, 105(7):077001.

[39] Oreg Y, Refael G, von Oppen F.Helical Liquids and Majorana Bound States in Quantum Wires. Phys. Rev. Lett.,2010, 105, 177002.

[40] Salter C L, Stevenson R M, Farrer I, et al. An entangled-light-emitting diode. Nature, 2010, 465(7298):594.

[41] O'Brien J L, Pryde G J, White A G, et al. Demonstration of an all-optical quantum controlled-NOT gate. Nature, 2003, 426(6964):264-7.

[42] Matthews J C F, Politi A, Stefanov A, et al. Manipulation of multiphoton entanglement in waveguide quantum circuits. Nature Photonics, 2009, 3(6):346-350.

[43] I. Fushman, D. Englund, A. Faraon, et al, Controlled Phase Shifts with a Single Quantum Dot.Science,2008,320: 769.

[44] Mücke M1, Figueroa E, Bochmann J, et al. Electromagnetically induced transparency with single atoms in a cavity. Nature, 2010,465:755;Bayer Coherent population trapping: Quantum optics with dots. Nature Physics, 2008, 4: 678.

[45] Lo'brien J, Furusawa A, Vučković Photonic quantum technologies. Nature photonics,2009, 3:687.

[46] Bouwmeester D, Pan J W, Mattle K, et al. Experimental quantum teleportation. Nature, 1997, 390:575.

[47] O'Brien J L, Pryde G J, White A G, et al. Demonstration of an all-optical quantum controlled-NOT gate. Nature, 2003, 426(6964):264-267.

[48] O'Brien J L, Pryde G J, Gilchrist A, et al. Quantum process tomography of a controlled-NOT gate.Physical Review Letters, 2004, 93(8):080502.

[49] Pittman T B, Fitch M J, Jacobs B C, et al. Experimental controlled-NOT logic gate for single photons in the coincidence basis. Phys. Rev. A, 2003, 68:032316..

[50] Lu C Y, Browne D E, Yang T, et al. Demonstration of a compiled version of Shor's quantum factoring algorithm using photonic qubits. Physical Review Letters, 2007, 99(25):250504.

[51] Lanyon B P, Weinhold T J, Langford N K, et al. Experimental demonstration of a compiled version of Shor's algorithm with quantum entanglement. Physical Review Letters, 2007, 99(25):250505.

[52] Yoran N, Reznik B. Deterministic linear optics quantum computation with single photon qubits. Physical Review Letters, 2003, 91(3):037903.

[53] Nielsen M A. Optical Quantum Computation Using Cluster States. Physical Review Letters, 2004, 93(4):040503.

[54] Browne D E, Rudolph T. Resource-efficient linear optical quantum computation. Physical Review Letters, 2005, 95(1):010501.

[55] Ralph T C, Hayes A J, Gilchrist A. Loss-tolerant optical qubits. Physical Review Letters, 2005, 95(10):100501.

[56] Raussendorf R,Briegel H J. A one-wy quantum computer. Phys. Rev. Lett., 2001, 86: 5188.

[57] Walther P, Resch K J, Rudolph T, et al.Experimental one-way quantum computing. Nature, 2005, 434(7030):169-76.

[58] Prevedel R, Walther P, Tiefenbacher F, et al. High-speed linear optics quantum computing using active feed-forward. Nature, 2007, 445(7123):65-9.

[59] O'Brien J. Photonic quantum technologies. Nature Photonics, 2010, 3(12):687-695.

[60] Politi A, Cryan M J, Rarity J G, et al. Silica-on-silicon waveguide quantum circuits. Science, 2008, 320(5876):646-649.

[61] Yao P, Rao V S C M, Hughes S. On-chip single photon sources using planar photonic crystals and single quantum dots. Laser & Photonics Reviews, 2010, 4(4):499-516.

[62] Michler P, Kiraz A, Becher C, et al. A Quantum Dot Single-Photon Turnstile deice. Science, 2000, 290(5500):2282-2285.

[63] Pelton M, Santori C, Solomon G S, et al. An efficient source of single photons: a single quantum dot in a micropost microcavity. Physical Review Letters, 2002, 89, 233602.

[64] Strauf S, Stoltz N G, Rakher M T, et al. High-frequency single-photon source with polarization control. Nature Photonics, 2007, 1(12):704-708.

[65] Campenhout J V, Romeo P R, Regreny P, et al. Electrically pumped InP-based microdisk lasers integrated with a nanophotonic silicon-on-insulator waveguide circuit. Optics Express, 2007, 15(11):6744-9.

[66] Badolato A, Hennessy K, M.Atatu¨re, et al, Deterministic coupling of single quantum dots to single nanocavity modes.Science, 2005, 308:1158.

[67] Hennessy K, Badolato A, Winger M, et al. Quantum nature of a strongly coupled single quantum dot–cavity system. Nature,2007,445: 896.

[68] Fuhrmann D A, Thon S M, Kim H,et al. Dynamic modulation of photonic crystal nanocavities using gigahertz acoustic phonons. Nature Photonics, 2012, 5(10):605-609.

[69] Nomura M, Kumagai N, Iwamoto S, et al. Laser oscillation in a strongly coupled single-quantum-dot–nanocavity system. Nature Physics, 2009, 6(4):279.

[70] Hughes S. Enhanced single-photon emission from quantum dots in photonic crystal waveguides and nanocavities. Optics Letters, 2004, 29(22):2659.

[71] Hughes S, Ramunno L, Young J F, et al. Extrinsic optical scattering loss in photonic crystal waveguides: role of fabrication disorder and photon group velocity. Physical Review Letters, 2005, 94(3):033903.

[72] Banaee M G , Pattantyus-Abraham A G , McCutcheon M W, et al.Efficient coupling of photonic crystal microcavity modes to a ridge waveguide. Applied Physics Letters, 2007, 90:193106.

[73] Faraon A, Fushman I, Englund D, et al. Coherent generation of nonclassical light on a chip via photon-induced tunneling and blockade. Nature Physics, 2008, 4(11):859-863.

[74] Bose R, Sridharan D, Kim H, et al. Low-photon-number optical switching with a single quantum dot coupled to a photonic crystal cavity. Physical Review Letters, 2012, 108(22):227402.

[75] Faraon A, Fushman I, Englund D, et al. Dipole induced transparency in waveguide coupled photonic crystal cavities. Optics Express, 2008, 16(16):12154-12162.

[76] Sipahigil A, Evans R E, Sukachev D D, et al.An integrated diamond nanophotonics platform for quantum-optical networks.Science，2016, 354:847.

[77] Shen Y C,Harris N C, Skirlo S.Deep learning with coherent nanophotonic circuits.Nature Photonics, 2017, 11, 441.

第十二章
新测量技术

人们在探索未知世界时必然要依赖先进的实验测量手段；反之，探知未知世界的需求也促使人们发明更为先进的实验测量手段。本章将遵循半导体物理发展的需求，选择性地介绍若干实验测量方法。

第一节　近场扫描光学显微镜

为了能在纳米尺度上研究光与半导体中量子束缚态的相互作用，人们一直努力将光约束到小于光的半波长的尺度上。例如，当光斑足够小时，借助调制量子干涉还可以影响光和物质的相互作用，突破光的选择定则，去激发暗量子态等。

近场扫描光学显微镜（NSOM）是能达到终极空间分辨率的采用最多的方案[1,2]。一般说来，NSOM 有收集和照明两种主要工作模式。第一种模式采用一个亚波长尺寸的光学窗口（一般是 50～200 nm）收集被测样品发出的近场隐失波，再通过单模/多模光纤传递给探测器。它实际上是一台能够非常靠近样品表面进行近场扫描的光学显微镜，可以提供具有亚波长尺度空间分辨的样品的近场隐失波信息。第二种模式是将光通过开口为亚波长的光纤锥在样品表面形成空间分辨的近场光激发，再通过远场收集信号。后者的实验装置如图 12-1 所示。

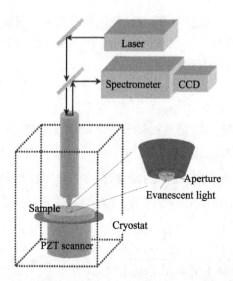

图 12-1　使用亚波长光纤锥的近场扫描光学显微镜结构示意图

下面主要讨论后一种模式工作的 NSOM。它采用头部变尖的光纤，其端部镀有金属并在其顶端面开有小孔，用来将光压缩到小孔的直径。迄今可提供的光斑大小已小于 10 nm [3]。除此以外，采用光学天线、纳米金属杆或复杂的金属结构等也都可以将光能聚焦到纳米尺度 [4]。作为纳米尺度的光源，它们也为量子波包工程，如波包产生、传输、剪裁、探测和相干调控提供了新的纳米光源。如果再配以自旋自由度，通过调控自旋极化的波包也为自旋器件提供了新方案 [5]。

一、NSOM 系统的构成和关键技术 [6, 7]

下面首先介绍 NSOM 系统的构成和关键技术。NSOM 的系统同大多数扫描探针显微镜类似，都是由探针、反馈系统和计算机数据采集部分组成的。

1. 反馈系统

由于 NSOM 的工作原理是通过激发或监测近场隐失波，就要求光学窗口和样品表面必须在扫描的过程中始终保持在亚波长的范围内，因此必须有合适的反馈系统来实现探针在表面扫描的同时避免同表面发生碰撞。通常都利用探针在表面附近受到的剪切力同高度的变化关系来实现稳定的负反馈。为探测这种剪切力的改变，一般使探针工作在振动状态，通过检测振动的幅度、频率或位相改变来对探针和样品间的相对距离进行调整。

具有一定长度 L、截面为 $W \times T$、杨氏模量为 E、密度为 ρ 的探针的机械特性是标准的教材内容[8]。当我们以一定频率的力作用于探针之上时，探针的振动满足下面的振动方程：

$$m_e \frac{\partial^2 x}{\partial t^2} + F_D + kx = F e^{i\omega t}$$

其中，m_e 是有效质量，F_D 是通过调节压电陶瓷管来控制驱动力幅度，k 为弹性系数。m_e 和 k 都可以从探针的尺寸、杨氏模量和密度等参数的计算得出。$F_D = m_e \gamma \frac{\partial x}{\partial t}$ 代表所有作用在悬臂上的黏性力（其中含有表面同探针的相互作用力，以及在空气中振动时的黏滞力）。对上述微分方程的求解，可以得到下面的结果：

$$x = \frac{F/m_e}{\left(\omega_0^2 - \omega^3 + i\gamma\omega\right)e^{i\omega t}}, \qquad F_D = im_e \gamma \omega_x$$

很明显，x 和 F_D 都体现出在频率 ω_0 附近的洛伦兹形式的共振特性。对于共振系统，我们一般用 Q 值来表示系统的共振特性。因此，上述方程给出共振状态下的解：

$$x_0 = \sqrt{3} F Q / ik, \quad F_D = ikx_0 / \left(Q\sqrt{3}\right)$$

上述式子清楚地表明，高的 Q 值意味着共振状态下，当针尖受力改变时，振幅的改变会更大，也就意味着更高的灵敏度。但高的 Q 值使得系统从谐振状态回复的时间更长，这就限制了扫描的速度。由于反馈的实现机制主要是对于针尖的振动 x 进行检测，从而得到受力的大小变化。传统的方法是通过在探针上喷镀反光材料，利用激光束射到其上得到的反射光的变化来检测探针的振动。反射光的变化可以通过四象限探测器、差分干涉仪或者其他方法[9, 10]来进行探测。这种方法稳定、可靠，广泛应用于室温大气环境下的 NSOM 中，但也存在若干缺点：一是由于要实现反射光路，对于空间就会有所限制，在尺寸要求比较严格的情况下难以实现；二是因为检测激光光源的存在，对于光的背底有较高要求和低温条件有要求的实验不太适用。

另一类设计在很大程度上弥补了上述设计的不足，并在最新的 NSOM 中得到了广泛应用。这种设计采用了音叉（tuning fork）技术，使用压电陶瓷扫描管作为驱动，利用一个具有大 Q 值的压电陶瓷"音叉"的机械共振，固定在音叉一端的探针就可以实现特定共振频率（32768 Hz）的振动。在共振状态下，悬臂的振幅达到最大，同时会在压电陶瓷音叉的两端产生正比于振动幅度的压电信号响应[11]。与前者相比，这种设计最大的好处在于避免了探测激光的引入，同时由于音叉的尺寸非常小，得到的振动信号直接被转化为电信号传递出来，使得这种技术在低温、高场和微弱荧光探测方面[12]具有特别的优势。

2. 针尖

近场光学扫描显微镜的关键部分在于亚波长尺寸的近场光学窗口。一般而言，主要有两种近场光学窗口结构：通过微加工实现的悬臂中空结构（aperture），通过光纤尖端蒸镀金属膜形成结构。光纤针尖技术的改进推动了近场扫描显微镜的发展。为了达到更高的空间分辨能力，必然要求制备的针尖尺寸更小。与此同时，一个不容忽视的问题随之而来。如果光学窗口的开口过小，在照明模式下，意味着光通过的时候会有很大部分的光沿针尖和金属界面多次反射。在这个过程中金属会吸收来自激光的能量，从而使得前端光孔可能受热而封闭或者变形。另外，在收集模式下，前端的收集效率会变得非常低下，加上中途光纤的传输损失，也会使得信号的探测变得非常困难。设计实现一个同时具有高分辨能力和高通过率的针尖是非常具有挑战性的难题。正是这一原因，在一段时间内近场光学扫描显微镜的发展受到了一定限制。近年来，由于微波源和微波技术的不断成熟，近场扫描显微镜在这一领域发挥了强大的作用。由于微波波长较长，亚波长的范围对于近场光学窗口来说就没有了上述功率上的限制。例如，在 THz 范围，制备的微波探针开口在 500 nm～3 μm，同时针尖制备的成功率也大幅提升。因此，近年来近场光学在微波空间成像领域得到了广泛的应用，并取得了不少重要的结果。但是在微波情况下，无法使用光纤作为电磁波的传导工具，因此如何设计波导结构，使得微波能够以阻抗匹配的方式从针尖形成的天线发送和收集信号，成了微波近场扫描显微镜的研究重点[13]。

近场光学显微镜的针尖难题也在逐步地被研究者从实验和模拟计算两方面去寻求解决方案，与之相应的各种针尖制备技术也随之得到了长足的发展。配备高灵敏的 APD 和特别制作的光纤针尖，罗丹明分子的荧光近场光学分辨率已经达到 10 nm 的程度，可以实现单分子的荧光成像[13]。

二、开尔文探针扫描显微镜

开尔文探针扫描显微镜（KPFM）利用开尔文探针技术对样品表面的电学特性进行扫描测量。开尔文探针的原理主要基于材料表面的电势随高度的变化。如果在样品上方放置一块金属平板，平板表面由于镜像电荷原理就会感生出电荷。如果上下移动这块平板，感生电荷的数量就会有变化。将平板同地相连，就会在地和平板间出现交流电流。如果引入电压补偿使得不再有电流通过，此时引入的电压就反映了样品在不同高度上的电势变化。水平移动将会在不同地方得到不同的电压，结果就反映了样品表面各处的电势性质。最早的工作是 Kelvin 在 1898 年开始的。1932 年，Zisman 将 AC 方法引入了 Kelvin 探针测量。1963 年，Shocley 等就利用开尔文探针方法进行了表面电势测量。这项技术随后被用于不同金属表面电势测量[15]，1991 年 IBM 的 Nonnenmacher 等利用开尔文探针结合锁相技术，得到了在 Au 和 Pd 界面上的电势空间分辨图像[7]。随后 Baikie 和 Jacobs 等对于开尔文探针技术的实用化和改进做了很多探索[16, 18]，KPFM 逐步成熟起来。2008 年，Enevoldsen[19] 等利用 KPFM 得到了 TiO_2 表面势变化的原子分辨图像，同年 Krok 等也发表了利用 KPFM 得到的半导体表面金属粒子的亚纳米分辨的工作[20]。KPFM 的高分辨机制也开始被人们逐渐认识[21, 22]。时至今日，KPFM 已经成为一种具有广泛应用范围的有力工具，基于 KPFM 的科研工作也越来越多地被发表报道。

同其他扫描探针测量技术相比，开尔文探针扫描显微镜具有其特别的优点。由于一般的探针测量都是通过利用探针和表面之间的电子隧穿、范德瓦耳斯力或者是磁相互作用等方法进行测量的，探针系统不可避免地对于样品体系产生一定的扰动，正是通过这种扰动，我们获得了样品的信息。开尔文探针方法的特别在于它的效果是通过上下移动探针引入扰动，然后通过电学方法去消除这一扰动，这就使得探测对于样品体系的影响变得非常微小。另外，其非接触的性质使得对于高阻材料（如半导体[23-26]和有机材料[27-31]）的电学测量具有独特优点，可用于光伏[32]、表面电子态[33]、功函数[34]等特性的表征。

1. 反馈系统

简化模型：两块功函数不同的平行板间距离以 ω 频率变化，由于电势差 V_{CPD} 不变，电容发生了改变，因此会产生积累电荷的变化，反映到电流上就是

$$i(t) = V_{CPD}\Delta C\omega\cos\omega t$$

这里，ΔC 是电容的变化。

实际测量中，会首先在两块极板间加上一个直流偏压 ΔV，使得 $V_{CPD}=0$，

从而使得交流电流消除，这样就得到了两个极板间的功函数差。事实上，由于样品表面的复杂结构，表面的功函数不可能是完全一致的，因此，使用时不可能对于每一点都做到交流电流的消除，只能在离样品较远处做一次校准，然后在针尖和样品上施加交流电压，利用扫描探针技术结果：

$$F = (\pi\varepsilon_0 R / d)\left[V_{ac}^2 + V_{ac}V_{CPD}\sin\omega_{res}t + \frac{1}{2}V_{ac}^2\left(1 - \cos 2\omega t\right)\right]$$

这里，ω_{res} 是共振频率，V_{ac} 是加在针尖和样品间的交流电压。在共振状态下，针尖 x 的振幅为

$$x_0 = \pi\varepsilon_0 V_{ac}V_{CPD}\left(\frac{QR}{kd}\right)$$

通过测量 x_0 来反推出 V_{CPD} 的值。考虑到热噪声影响，为了达到最高的测量精度，应该通过校准使得 V_{CPD} 尽可能接近 0，同时选用具有较大 Q 值的针尖。

2. 精确模型

事实上，上述平板模型有些过于简单：首先关于受力的推导利用了静电力的公式和平板电容器的公式。由于实际上是关于点状针尖和样品间的电容随距离变化的关系，上述公式只是定性地正确，也就是说，下面公式中的 dC/dz 需要更加准确的模型：

$$F_{es} = -\left(\frac{1}{2}\right)\cdot\left(\frac{dC}{dz}\right)V^2$$

修正的公式可以参见 Vatel 和 Ouisse 等的工作 [23, 35, 36] 以及利用 CAPSOL 计算的模型 [29]。这里默认了 V_{CPD} 没有随高度产生明显的变化。实际上，由于 $Q=UC$，所以电荷的变化实际是由 U 和 C 的共同作用引起的：

$$\delta Q = \delta UC + U\delta C$$

实际上，功函数随高度的变化是非常重要的，特别是在界面态电子波函数对于体系性质有决定性意义的复杂氧化物界面体系 [29]。对于如何正确解读 KPFM 的图像信息，需要更加深入的研究。

3. 频率调制 FM 和幅度调制 AM

早期的扫描探针显微镜一般都采用了 AM 调制模式，因为这种方法简单可靠，物理图像清晰。但是正如之前所描述的，调幅 AM 为了达到较高的分辨能力，一般会选择具有较高 Q 特性的针尖，因为有以下关系：

$$\delta F_{\min} = \sqrt{\frac{2K_L k_B TB}{\omega_0 Q \langle z_{osc}^2 \rangle}}$$

其中，k_B 是玻尔兹曼常量，B 是测量的带宽，$\langle z_{osc}^2 \rangle$ 是驱动幅度的均方。但是较高的 Q 值也带来了较慢的扫描速度，这是难以避免的。处于共振或者近共振状态下针尖的振动幅值不容易跟上急剧变化的样品表面，因此如果扫描速度过快，图像上就容易出现噪声，甚至有针尖撞到样品的危险。一般地，系统的相应时间 $\tau = 2\dfrac{Q}{\omega_0}$，因此可以看到增加 Q、增加分辨率的同时，降低了系统的带宽。

随后发展起来的 FM 技术 [6] 具有高速高分辨的优势。它的实现原理同幅度调制唯一的区别在于，反馈不是作用在驱动力 F 上，而是作用在力梯度 $\dfrac{\delta F}{\delta z}$ 之上。在 AM 模式下，驱动的频率在共振频率附近变化，从而保持驱动力恒定；而在 FM 模式下，一旦检测到频率发生改变，系统会对应改变力梯度，从而使得系统的振动频率稳定，但是振动幅度在不同位置可能是缓慢变化的，因此需要有检测修正以免振幅太低。在 FM 模式下，有

$$\delta F_{\min} = \sqrt{\frac{4K_L k_B TB}{\omega_0 Q \langle z_{OSC}^2 \rangle}}$$

同 AM 基本一致，但是系统的带宽 B 不再和 Q 的取值有关系，而是对应于系统的频率反馈系统。从本质上讲，测量都是通过检测振幅来得到力常数的测量，但是反馈机制的不同使得 FM 具有更高的带宽，从而能够实现更快速的扫描。

4. 针尖的研究

Koley 等 [37] 的研究指出：悬臂的电容变化梯度同探针电容变化梯度的比值决定了施加偏压测量的精准程度。在更短的距离下，探针带来的电容梯度变化大于悬臂，因此会增加测量精度。同样，更小的悬臂面积和更长的悬臂距离也对灵敏度的提升有益。对于针尖材料的研究 [38] 使得人们对于 KPFM 原子分辨的机制的理解进一步加深，四种不同的针尖 Cu、Au、Cl、Xe 分别被用于表面探测，结果表明，在不同的模式下，其分辨率依赖于样品和针尖附近的电子态密度，因此利用表面修饰（functionalized tip）可以在合适的情况下得到更高的分辨率。新型基于纳米碳管的研究探索也在进行中 [39]，计算模拟表明利用纳米碳管作针尖可能得到更高的分辨率。

三、NSOM 技术的最近进展

2003 年 Matsuda 等[40]将近场扫描光荧光（PL）显微镜安装在液氦杜瓦之中，具体如图 12-2 所示。He-Ne 激光（波长 633 nm）通过光纤导入去激发嵌在 $Al_{0.3}Ga_{0.7}As/GaAs/AlAs$ 异质结中由自然厚度涨落形成的量子点激子。激子的光荧光由同一光纤返回送入光谱仪，做 PL 光谱测量。

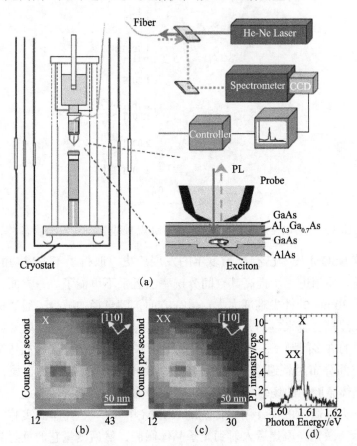

(a)

(b)　　　　(c)　　　　(d)

图 12-2　（a）安装在液氦杜瓦中的近场扫描荧光显微镜；（b）和（c）单激子和双激子的
空间分辨荧光成像；（d）光谱分布。插图取自文献 [40]

他们在 210 nm × 210 nm 的面积上每 11 nm 一步进行平面扫描，测量了 9 K 温度下单激子 X 和双激子 XX 的光荧光光谱的空间分布，空间分辨率约为 30 nm。原则上 NSOM 也可以用来测量拉曼光谱信号的空间扫描[41]，进行微区超快相干光谱测量[42]等。2011 年 Ito 等[43]研制出能在稀释制冷机和强磁场下工作的 NSOM，用它观察到位于样品边缘的量子霍尔边缘态，如图 12-3 所示。

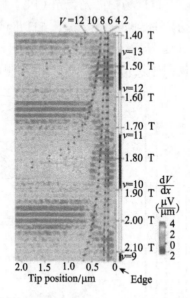

图 12-3　可以在强磁场下工作的 NSOM 观测到的量子霍尔边缘态 [43]

　　尽管 NSOM 技术已有二十多年的发展历史，取得了不少成功的应用案例，但是，要想进一步提高其空间分辨率已近乎不可能了。一方面，是制作孔径小于 30 nm 的针尖难度太大；另一方面，随直径的减少，通过探针头中孔的消失波耦合越来越弱，使所要探测的信号越来越弱。除此以外，它还有其他方面的许多问题。例如，当人们试图用 NSOM 去描绘光子晶体微腔中共振波的空间分布时就遇到了困难。因为 NSOM 光纤尖端镀有金属，它会干扰光子晶体微腔中的场强分布、品质因子 Q 和谐振波长等。为此，人们想办法将原子力显微镜的探针用到传统的 NSOM 中 [44, 45]。具体的实验配置如图 12-4 所示。激光经聚焦后入射到光子晶体微腔，然后测量它的反射光（或透射光）。选择 AFM 针尖材料使其具有最强的机-光相互作用。这样，当针尖位于光子晶体微腔内不同位置时，光场强的地方的机-光相互作用也强，AFM 针尖越向下弯曲，遮挡的反射光就越多。这样通过扫描 AFM 针尖就可以得到微腔中光场强度的分布。由于 AFM 针尖比原来 NSOM 光纤尖端要细得多，故会大大提高测量的空间分辨率。原则上，如将针尖换成磁性针尖，也应当可以获得自旋极化的空间分布。

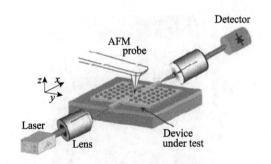

图 12-4 使用 AFM 探针的 NSOM 系统示意图[44]

第二节 时间分辨的光学扫描显微技术

光学扫描显微技术是一种传统的测量技术。一般地或者采用 PZT 微动平台，或者采用移动共焦物镜来实现二维平面内的扫描测量。它的空间分辨率 r 由光源波长 λ 和物镜的数字孔径（NA）所决定：$r=(1.22\lambda/NA)/2$。它比 NSOM 的 10～30 nm 空间分辨率差得多。但是，它由于具有便捷性，仍然有广泛的应用，特别是磁光 Kerr（MOKE）显微扫描技术可以有效地用来测量半导体中的自旋极化分布及其他与自旋电子学相关的现象。例如，1997 年 Stotz 和 Freeman[46] 采用固体浸润镜头制作了空间分辨率很高的频闪（stroboscopic）Kerr 显微镜，用它研究了磁畴切换现象。2005 年 Crooker 等[47] 采用扫描 Kerr 显微镜在 n 型 GaAs 外延层中得到了导带自旋极化电子在二维平面内的扫描图像。他们将能量为 1.58 eV 激光聚焦成 4 μm 的圆斑打到样品上提供一个自旋极化的电子源。图 12-5（a）用扫描 Kerr 显微镜得到的二维图像尺寸在 70～140 μm。很显然，与光斑面积相比，这是自旋扩散引起的扩展。图 12-5（b）是当沿平面外加电场（10 V/cm）后的测量结果。很明显，沿电场方向的漂移使 Kerr 图像变成椭圆形，其长轴大于 100μm。

2007 年 Kotissek 等[48] 采用在 n^+-GaAs（001）层上外延生长体心立方（bcc）$Fe_{32}Co_{68}$ 薄膜，并用它们做自旋流的源和漏电极。他们用扫描 Kerr 显微镜测量样品横截面上的自旋浓度分布，具体配置如图 12-6（a）所示。

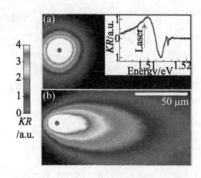

图 12-5　导带自旋极化电子分布的扫描 Kerr 显微镜照片，探测光 Kerr 角随光子能量改变。（a）无外加电场时，极化自旋从中心向四周扩散；（b）在外加电场下，自旋极化随着电荷扩散和漂移。插图取自文献 [47]

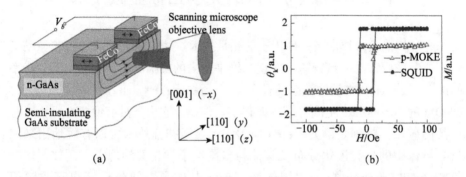

图 12-6　（a）FeCo 向 GaAs 的自旋注入和探测实验示意图；（b）磁性 FeCo 电极的 SQUID 测试数据和注入 GaAs 后极化载流子的 Kerr 信号测试数据。插图取自文献 [48]

　　尽管上述例子均表明扫描 Kerr 显微镜在研究自旋现象方面具有不可或缺的作用，但是要想有效地研究半导体中的自旋现象，对扫描 Kerr 显微镜提出一系列的要求。例如，能够在大的外加磁场中工作，以便产生大的 Zeeman 劈裂或区别样品中不同的自旋群；能进行时间分辨的测量，且其时间分辨率足以记录各种自旋动力学过程（如进动、退相干和输运等）[49-52]；可以用不同的光子能量在不同空间位置激发和探测自旋；可以既在 Voigt 又在 Faraday 配置下工作和能控制铁磁薄膜的磁化方向（垂直或面内磁化）等。

　　2008 年 Rizo 等 [53] 完成了如图 12-7 所示的可在 1.5～300 K 温度范围和 8 T 磁场下工作的扫描 Kerr 显微镜系统。采用飞秒或连续激光光源，它可以在 Faraday 和 Voigt 两种配置下工作。内置在样品架中的 XYZ 微动台所达到的空间分辨率为 1 μm。整个扫描 Kerr 显微镜系统由三部分组成。第一部分是放置在光学平台上的激光光源、桌面光路和探测系统。从飞秒激光器输出的光先经过一个 1 ∶ 5 的分束器后分成探测光束和泵浦光束。它们各自通过半波片（λ/2）和 Glan-Thomson 偏振镜（P）后获得了各自所要求的偏振状态。泵浦光束再通过一个光弹调制器（Hinds PEM-90 I/FS50），其出射光成为以 50 kHz 变换的左圆 / 右圆偏振光。为了能研究样品 Kerr 信号的波长依赖关系，在泵浦光路和探测光路中均可嵌入干涉滤光片 f1 和 f2（频谱带宽为 10～18 nm）。最终泵浦光和探测光分别被分束器 B1 和 B2 引导进入系统的第二部分：显微插件，主要装有 PZT 的三维微动平台和物镜。放置在系统的第三部分——8 T 超导磁体的中孔之中。除此以外，光学平台上还配有显微观察系统，由白光光源、摄像机、3 个透镜（L1、L2、L3）和 1 个分束器 B3 组成。他们的测量验证了整个系统的时间分辨率可达 20 fs，空间分辨率约为 1 μm。磁光配置也很容易在 Voigt 和 Faraday 之间切换。但是，他们并没有给出时间分辨的 Kerr 信号在平面内的扫描图像。

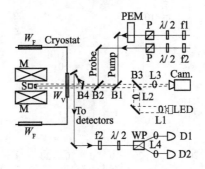

图 12-7　可在 1.5～300 K 温度范围和 8 T 磁场下工作的扫描 Kerr 显微镜系统结构示意图 [53]

　　2014 年 Ishihara 等 [54] 用时间、空间分辨的 Kerr 显微系统测量了由调制掺 GaAs/AlGaAs 量子阱结构制成的量子线中由光激发产生的局域自旋的时-空演化过程，结果如图 12-8 所示。他们发现，当量子线沿 [$\bar{1}$10] 晶向时会出现自旋向上和自旋向下相隔的图像，而当量子线沿 [110] 时，自旋与光激发初始取向一致。

　　要想使时间、空间分辨的 Kerr 显微系统的测量结果真实反映半导体中的动力学过程，除了要进一步改善这种显微测量系统的性能，特别是除了不能有由测量系统本身引入的假象外，还必须排除由其他非自旋动力学过程引入的效应。2014 年 Henn 等 [55] 研究了在半导体中进行时间、空间分辨的 Kerr 显微测量的根本问题：由时间、空间分辨的 Kerr 显微测量结果能真实反映局域自旋极化的动力学过程吗？他们发现在 n 型体 GaAs 和 GaAs（110）量子阱

（QWs）中在低晶格温度下测到 Kerr 角的图像并非唯一地反映了电子自旋的时空分布，泵浦光束本身会影响体系的磁光响应。例如，他们发现光生热电子对自旋沿平面内的输运有很大影响。因而，用单一波长探测光测到的 Kerr 旋转不一定反映真实发生的自旋极化和输运过程。

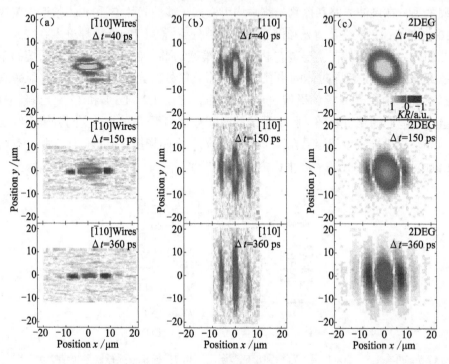

图 12-8　Ishihara 等在不同泵浦光－探测光的延迟时间下（40 ps、150 ps、360 ps）测到的二维 Kerr 信号的扫描图。(a) 在沿 [Ī10] 量子线上的测量结果；(b) 在沿 [110] 量子线上的测量结果；(c) 在二维电子气上的测量结果。插图取自文献 [54]

第三节　扫描隧穿显微镜和与激光结合的扫描隧穿显微镜测量技术

一、扫描隧穿显微镜

实现在原子尺寸上直接观察自旋结构一直是凝聚态物理研究所追求的梦想。直到最近自旋敏感的扫描探针出现，才产生了自旋极化的扫描隧穿显微镜（SP-STM）和磁交换力显微镜（MExFM）。下面只简单介绍 SP-STM。当 STM 的针尖是用磁性材料做成的时候，就可以来探测隧穿电流与自旋的依赖关系。其原理和磁隧穿结（MTJ）一样。

图 12-9 给出了当针尖磁化方向与被测样品磁化方向平行和反平行两种情况下的隧穿过程，直观解释了前者电流大，后者电流小的原因[56]。具体的隧穿电流由下式解出：

$$I_{SP}\left(U_0\right) \propto I_0\left[1 + P_{tip} \cdot P_{sample}\cos\left(m_{tip}, m_{sample}\right)\right]$$

$$P_{tip} = m_t / n_t, \quad P_{sample} = m_s / n_s$$

$$n_t = n_t^{\uparrow} + n_t^{\downarrow}, \quad n_s = n_s^{\uparrow} + n_s^{\downarrow}$$

图 12-10 是用 SP-STM 技术测量生长在 W（110）衬底上厚度 90 ML 的

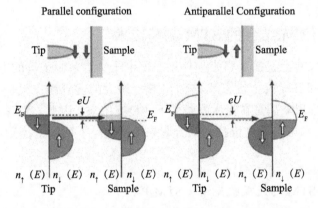

图 12-9　针尖磁化方向与被测样品磁化平行时，隧穿允许状态多，电流大，反平行时允许状态少，电流小。插图取自文献 [56]

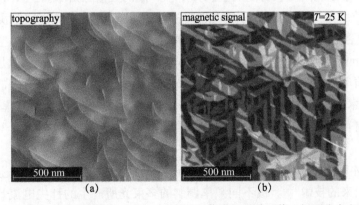

图 12-10　SP-STM 技术测量生长的 Dy（0001）薄膜的磁畴图像。插图取自文献 [56]

Dy（0001）薄膜的磁畴图像，其中（a）是磁畴结构，（b）是带有 6 个不同平面内取向的局域磁化图像。由此可见，自旋极化的 STM（SP-STM）和磁交换力 STM（MExFM）在磁学领域内得到了广泛的应用。相比之下，STM 在半导体中的应用十分有限。

2007 年 Yakunin 等 [57] 在室温下对位于一个 InAs 量子点附近的 Mn 受主做 STM 图像扫描，发现由量子点引发的应力使得束缚在 Mn 上的空穴波函数发生了严重畸变。2010 年 Richardella 等 [58] 用 STM 观察 $Ga_{1-x}Mn_xAs$ 样品在金属-绝缘体相变点附近电子态的形貌图，所得结果表明，要想理解重掺杂 Mn 的半导体中的磁性起源，必须考虑电子态空间形貌的异变和电子关联。但是，要想用 SP-STM 或 MExFM 直接获得自旋极化电子气的空间分布是不可能的，因为磁性针尖本身会直接干扰半导体中自旋极化电子气的空间分布。

二、与激光结合的 STM 测量技术

在原子尺寸上直接观察半导体中表面电子、掺杂原子等的电子态形貌、电子间关联和自旋极化状态等是 STM 技术最大的优越性，但是，半导体中许多重要物理现象都是在光激发条件下才显露出来，因此，科学家一直致力于将 STM 技术与光学测量技术结合起来的研究。下面对这类测量技术进行介绍。

1. 采用 STM 的光吸收光谱（STM-PAS）

光吸收光谱是用来揭示半导体电子结构的重要手段，将它与 STM 技术结合起来希望能同时获得高的空间分辨率和高的光谱分辨率。STM-PAS 所检测的信号是在扫描光波长的同时监测流过 STM 针尖的电流。实际测量时均先调制入射光，再采用锁相技术进行测量。最早采用 STM-PAS 的空间分辨率为 50 nm[59]，它也曾用来描绘半导体临近表面的缺陷形貌[60]。但是，上述介绍的简单型 STM-PAS 遇到两个技术难题：一是 STM 针尖随时间的不稳性（锁相技术采集数据所需要的时间长）和空间位置的不稳定会引入虚假信号；二是或者由于针尖材料的机-光效应，或者因被光束加热，会引入不希望的信号[61]。

STM-PAS 的傅里叶变换（STM-PAS-FT）吸收光谱是为了解决上述问题而发展出来的技术[62]。被不同频率调制的多束光所产生的针尖电流具有一个

特殊的干涉谱，光吸收谱可将上述干涉谱经傅里叶变换后而得到。在多束光同时照射下，针尖因光热膨胀而变化的效应会被抑制掉，如图 12-11 所示。

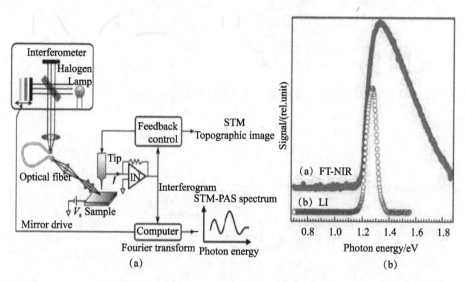

图 12-11　(a) STM-PAS-FT 吸收光谱的实验测量的配置；(b) 硅衬底在 94K 温度下用 STM-PAS-FT（深色）和 STM-PAS-LI（浅色）测出的吸收谱。前者的数据采集时间为 16min，后者为 100min。插图取自文献 [62]

2. 采用 STM 的电调制光谱（STM-EFMS）

普通的电调制光谱（EFMS）是在半导体上外加电场，利用 Franz-Keldysh 效应[63] 引起吸收系数发生振荡变化，精确测量半导体的带带跃迁。EFMS 测量出的光谱线型与介电函数的微分相关联。采用斩波入射光或者外加变化电场都可实现上述调制。在 STM-EFMS 中吸收系数的变化是通过 STM 针尖的电流读出的。

3. 采用 STM 的光发射光谱（LE-STM）

如图 12-12 所示，LE-STM 是在针尖与样品之间外加足够大的偏压，使隧穿到样品中的高能电子释放光子。通过分析所释放光子的光谱来获得针尖周围样品的电子结构。

4. 脉冲对激发的 STM/ 抖动脉冲对激发的 STM

图 12-13 为抖动脉冲对激发 STM（SPPX-STM）测试系统配置示意图。

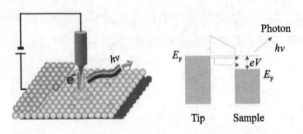

图 12-12　采用 STM 的光发射光谱原理示意图 [64]

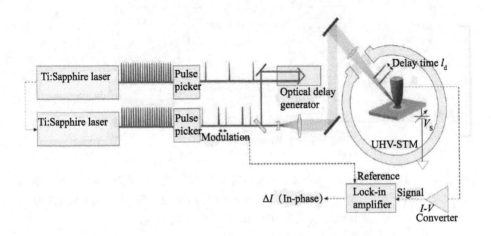

图 12-13　抖动脉冲对激发 STM（SPPX-STM）测试系统配置示意图 [64]

STM 虽然可获得原子尺度的高空间分辨率，但是它的时间分辨率低于 100 kHz。它如果能和光脉冲的高时间分辨率结合起来，就是获得同时具有高空间分辨率、高时间分辨率的理想测量技术。脉冲对激发的 STM（PPX-STM）与泵浦-探测实验相类似，采用具有固定时间延迟的脉冲对去激发针尖下的样品表面，测量通过针尖的隧穿电流与双脉冲间隔时间的关系。为了提高信噪比，抖动脉冲对激发的 STM 技术采用脉冲拾取程序对脉冲间隔进行抖动调制。用上述两种技术均可以获得时间分辨隧穿电流的空间扫描图 [64]。具体测量的配置示意图如图 12-13 所示。

2014 年 Yoshida 等 [65] 新发展了一种带有光学泵浦-探测的扫描 STM（OPP-STM），用来研究纳米尺度范围内的自旋动力学过程。其时间分辨率由光学脉冲宽度决定（ns），空间分辨率为 1 nm。与一般的光学泵浦-探测测量不同，他们没有采用圆偏振泵浦光和线偏振探测光的标准配置。泵浦光和探测光都采用圆偏振光。当针尖下面的半导体在光照下产生光生载流子时，就会有电流流过 STM 针尖。如果采用从 GaAs 价带顶至导带底的圆偏振光激发，受选择定则的限制，能得到的最大电子自旋极化度只有 50%。利用带带跃迁中的吸收漂白（bleaching）现象，他们观察了在纳米尺度上的自旋弛豫过程。吸收漂白是指，如果先用圆偏振泵浦光在导带激发了自旋向上（向下），它们将抑制随后产生自旋向上（向下）的探测光激发。他们在两种不同的配置下，即泵浦光和探测光的圆偏振方向相同（co-CP）与泵浦光和探测光的圆偏振方向相反（counter-CP）两种情况，用 STM 记录下自旋的弛豫过程：$I_S^{co}(t_d)$ 和 $I_S^{count}(t_d)$，如图 12-14 所示。两者的差 $\Delta I_S(t_d) = I_S^{count}(t_d) - I_S^{co}(t_d)$ 反映了 STM 针尖探测到的局域自旋弛豫过程 [66, 67]。

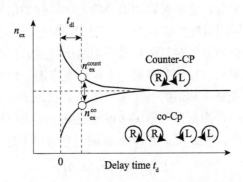

图 12-14　使用 OPP-STM 进行自旋探测，泵浦光和探测光偏振相同或相反时，激发载流子数目不同，两者之差反映了局域自旋弛豫过程。插图取自文献 [65]

第四节　量子断层测量技术

如果能通过实验探测半导体及由它构成的低维量子结构中的波函数或概率密度，不仅仅是验证教材中有关量子受限所带来的一系列结论的最直观的方法，而且对推动波函数工程（wave function engineering）在量子信息中的应用有着重要意义。科学家在这方面做了很多努力，发展了许多测量方案 [68-71]。但是，或者只能获得沿一个空间维度上的概率密度，或者因空间分辨率太低，所得到概率密度空间分布没有太大意义，如第十二章第一节所介绍的近场扫描光学显微镜。这就突显出量子断层测量技术的重要性。为此，有必要先简单介绍量子断层测量技术的基本概念。

由于一个量子力学的粒子必须满足 Heisenberg 测不准关系，我们不可能在同一时间同时测量粒子的动量 p 和位置 x。我们所能做的是对许多相同的量子态测量它们的动量 p 或位置 x，就可以知道动量 p 或位置 x 的概率密度，称之为边际分布 pro（P）或 pro（X）的测量。当把量子断层测量技术用到某个"源"量子系统中时，我们想知道经过测量操作后哪个量子态是来自"源"量子系统。一般来说，对体系进行一次测量后，体系的量子态就改变了。量子断层测量技术就是确定测量前的体系状态，因此，它在量子计算和量子信息中有重要的应用。例如，Bob 制备了某些量子态，随后把它们发给了 Alice，让她看一下。但是，Alice 对 Bob 所发的量子态并不很了解，就想用量子断层测量技术来看一下。所以，量子断层测量技术常被用来确定量子比特的真实状态。另外，它也可以用来分析光学器件的信号增益和损耗。下面介绍实现量子断层测量技术的方法——线性反推法。

如果我们事先就知道要对其进行量子态断层测量的状态是一个纯态，当重复进行某一种测量后，我们会得到一个统计直方图。但是一般来说，目标状态是否是纯态事先是不知道的。在这种情况下就必须去做许多不同类型的测量，而且对于每一种测量仍要做多次重复测量。要想再构出某一个处于混合态的原始密度矩阵，就必须应用 Born 规则。它给出下述等式：

$$P\langle E_i | \rho \rangle = \mathrm{Trace}(E_i \rho)$$

其中，$|\rho\rangle$ 是密度矩阵；$\langle E_i|$ 代表某一特定测量所采用的基矢；E_i 是该特定测量的输出投影值；$P\langle E_i|\rho\rangle$ 代表经某一特定测量 E_i 后获得的概率。

现在用如下 A 矩阵来表示要进行的多种类型测量的操作，并将它作用到密度矩阵 ρ 上：

$$A = \begin{pmatrix} \vec{E}_1^\dagger \\ \vec{E}_2^\dagger \\ \vec{E}_3^\dagger \\ \vdots \end{pmatrix}, \quad A\vec{\rho} = \begin{pmatrix} E_1^\dagger \rho \\ E_2^\dagger \rho \\ E_3^\dagger \rho \\ \vdots \end{pmatrix} = \begin{pmatrix} E_1 \cdot \rho \\ E_2 \cdot \rho \\ E_3 \cdot \rho \\ \vdots \end{pmatrix} = \begin{pmatrix} P\langle E_1|\rho\rangle \\ P\langle E_2|\rho\rangle \\ P\langle E_3|\rho\rangle \\ \vdots \end{pmatrix} \approx \begin{pmatrix} p_1 \\ p_2 \\ p_3 \\ \vdots \end{pmatrix} = \vec{p}$$

其中，$\vec{\rho}$ 是列矩阵矢量；$E_i^\dagger$ 是行矩阵矢量；$\vec{p}$ 是概率的列矩阵矢量。

上式就是对混合初始态进行量子断层测量的数学表达式，这是严格意义上的量子断层测量。实验中所谓的量子断层测量是广义的，它是指在多维空间中能按不同断层表示出特定物理量变化的一种测量。

为了便于理解什么是断层测量，先举一个关于光学断层测量的例子。2009 年 Nardin 等 [72] 将嵌有 InGaAs 量子阱的 GaAs/AlAs 微腔结构做成直径为 3 μm 的圆柱形微腔。将稳态掺钛蓝宝石激光器光束聚焦成 30 μm 光斑，照射到圆柱形的微腔上，激发出零维的激子极化激元的本征模。它通过与非微腔光子模的耦合，使本征模的光荧光可以向外发射并被测量到。后者被收集进入光谱仪，在其出口处被 CCD 相机记录在由频谱与一维空间坐标组成的坐标系上。

如图 12-15（a）所示，在位置和能量坐标中用对数标记的色度给出直径为 3μm 圆柱形微腔中的光荧光强度分布。$X=0$ 为圆柱的中心位置。图中按能量由低向高标记有 0D LP、2D LP 和 0D UP，分别表示零维激子极化激元的下支、二维激子极化激元的下支和零维激子极化激元的上支。图 12-15（b）是束缚在圆柱形微腔中准粒子的定态薛定谔方程的解，与图 12-15（a）测量结果符合得很好。

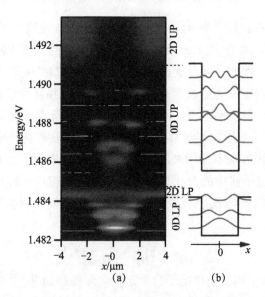

图 12-15　(a) 圆柱形微腔中激子极化激元光荧光强度与能量和位置二维图；(b) 束缚在圆柱形微腔中准粒子的定态薛定谔方程解。插图取自文献 [72]（书末附彩图）

为了得到圆柱形微腔体系完整的断层图，他们设法扫描改变光谱仪狭缝与光荧光（PL）光斑相对位置，得到了第二个空间维度 y。最后，他们在 x、y、能量（E）的三维空间中用色标画出了 PL 强度变化，如图 12-16 所示，就是一种断层图测量。

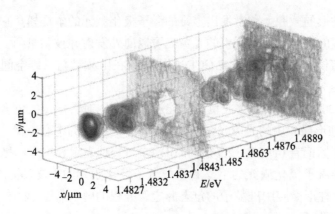

图 12-16　圆柱形微腔中极化激元荧光的 x, y, E 三维成像[72]（书末附彩图）

2009 年 Kosaka 等[73] 对半导体中由光激发的自旋进行了 Kerr 旋转量子断层图的测量（TKR）。用 Kerr 旋转进行自旋测量的传统方法需要有一额外步骤来操作自旋，例如，使自旋进动起来才行。他们扩展了传统的 Kerr 旋转测量，省去了对自旋动力学过程进行操作的要求，并且可以在任意选取的一组自旋基矢中进行自旋投影测量，得到了自旋态的断层图测量。

以往的测量都是用向半导体注入圆偏振的光子来制备电子的初始自旋态，但是这种传统方法不能用来制备自旋向上和自旋向下的相干叠加态。最近，利用半导体量子阱中的 V 形能带结构实现了自旋相干转移[74, 75]。自旋相干转移采用平面内磁场 B_x 将轻空穴 LH 的 Kramers 简并度去掉，再将它们重构成新的叠加态：

$$|\pm x\rangle_{\mathrm{LH}} = \left(|\downarrow\rangle_{\mathrm{LH}} \pm |\uparrow\rangle_{\mathrm{LH}}\right) / \sqrt{2}$$

同时，调整 Landég 因子使得电子自旋态仍大致保持简并[74]。具体如图 12-17 所示。

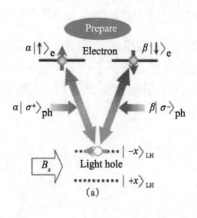

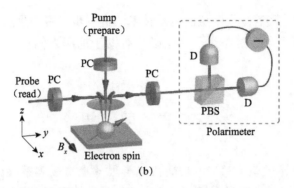

(b)

图 12-17 （a）自旋相干转移三能级 V 形系统；（b）Kerr 旋转断层成像实验设置示意图。插图取自文献 [73]

自旋相干转移的原理很简单，采用 $\alpha|\sigma^+\rangle_{ph}+\beta|\sigma^-\rangle_{ph}$ 的光去激发带带跃迁。轻空穴 $|-x\rangle_{LH}$ 的选择定则允许下述跃迁

$$\alpha|\sigma^+\rangle_{ph}+\beta|\sigma^-\rangle_{ph}\to\left(\alpha|\uparrow\rangle_e+\beta|\downarrow\rangle_e\right)\otimes|-x\rangle_{LH}$$

发生，其中，α，β 为复数；$|\sigma^\pm\rangle_{ph}$ 为圆偏振光 $\sigma^\pm_{ph}$ 的基矢。注意电子的自旋叠加态 $\alpha|\uparrow\rangle_e+\beta|\downarrow\rangle_e$ 与空穴自旋本征态 $|-x\rangle_{LH}$ 在能量上是分离的。很明显，原来轻空穴的自旋叠加态已转移成电子的自旋叠加态。这种自旋相干转移不仅快而有效，而且能可靠地制备出任意电子自旋叠加态。他们采用的测量装置如图 12-17（b）所示，其中，PC 是偏振控制器，PBS 是偏振分束器，虚框是检偏器。泵浦光垂直入射到样品，制备出所要的自旋相干叠加态。探测光用来检测 Kerr 角的变化。最后，他们在由空间坐标 z，y 和时间 t 组成的三维空间中画出了 $t=0$ 时刻沿 y 方向的自旋态（箭头）随时间的演化，如图 12-18 所示。这就是针对所制备的某一个自旋态的量子断层图的测量。

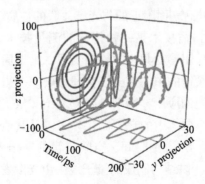

图 12-18 电子自旋态 Bloch 波矢的演化轨迹及各个维度的投影 [73]

不言而喻，随着量子断层图测量技术的进一步发展，我们距离描绘出量子态及其动态演化已经不远了，这必将有助于加深人们对量子世界本质的认识。

第五节 展 望

扫描隧穿显微镜（STM）是能在原子尺寸上直接观察凝聚态物质表面电子结构的高灵敏的测量手段。近年来，为了直接观察表面的自旋结构，采用自旋敏感的扫描探针，又发展出自旋极化的 STM（SP-STM）和磁交换力 STM（MExFM）。但是，对半导体而言，仅仅有表面的、原子分辨的信息是不够的。由于半导体中许多重要物理现象都是在光激发条件下才显露出来，所以更希望知道，由光激发或电注入体内的自旋极化电子在时间-空间坐标中的演化，以便我们能精准地对它们进行调控。

近场扫描光学显微镜已有二十多年的发展历史，已有不少成功的应用案例。特别是 2011 年 Ito 等研制出能在稀释制冷机和强磁场下工作的近场扫描光学显微镜，用它观察到位于样品边缘的量子霍尔边缘态。但是，要想进一步提高其空间分辨率已近乎不可能了。一方面，制作孔径小于 30 nm 的针尖难度太大；另一方面，随直径的减小，通过探针头中孔的消失波耦合越来越弱，使所要探测的信号越来越弱。

另一条技术途径就是将 STM 技术与光学测量技术结合起来，发展了采用 STM 的光吸收光谱（STM-PAS）；采用 STM 的电调制光谱（STM-EFMS）；采用 STM 的光发射光谱（LE-STM）和脉冲对激发的 STM/ 抖动脉冲对激发的 STM 等。但是，受 STM 作用距离的限制，这些 STM 技术与光学测量结合的技术只限于测量样品表面附近的与光有关联的性质。

另外，光学显微扫描技术是一种传统的测量技术。一般地，或者采用 PZT 微动平台，或者采用移动共焦物镜来实现二维平面内的扫描测量。尽管它比近场扫描光学显微镜的 10～30 nm 空间分辨率差得多，但是，它由于具有便捷性，仍然有广泛的应用，特别是磁光 Kerr（MOKE）显微扫描技术可以被用来有效地测量半导体中的自旋极化分布以及其他与自旋电子学相关的现象，2014 年 Ishihara 等 [54] 用时间、空间分辨的 Kerr 显微系统测量了由调制掺 GaAs/AlGaAs 量子阱结构制成的量子线中由光激发产生的局域自旋的时空演化过程。因此进一步提高磁光 Kerr（MOKE）显微扫描技术的空间分辨率，将是一个巨大的技术挑战。现在越来越多的事例表明，重大科学发现离不开测量技术的创新，甚至起到先决性的作用。

郑厚植、刘奇（中国科学院半导体研究所，

中国科学院半导体超晶格国家重点实验室）

参 考 文 献

[1] Novotny L, Hecht B. Principles of Nano-Optics. New York: Cambridge University Press, 2006.

[2] Hosaka N, Saiki T. 10nm spatial resolution fluorescence imaging of single molecules by near-field scanning optical microscopy using a tiny aperture probe. Optical Review, 2006, 13(4):262-265.

[3] Farahani J N, Pohl D W, Eisler H J, et al. Single quantum dot coupled to a scanning optical antenna: a tunable super emitter. Physical Review Letters, 2005, 95:017402.

[4] Cho K. Optical Response of Nanostructures.Berlin:Springer,2003.

[5] Saiki T..Progress in nano-electro-optics.Berlin:Springer,2003.

[6] Albrecht T R, Grutter P,Horne D.Frequency modulation detection using high-Q cantilevers for enhanced force microscope sensitivity. J. Appl. Phys.,1991, 69: 668.

[7] Nonnenmacher M, Oboyle M P, Wickramasinghe H K.Kelvin probe force microscopy. Applied Physics Letters, 1991, 58, 2921.

[8] Sarid D, Elings V. Review of scanning force microscopy. Journal of Vacuum Science & Technology B, 1991, 9(2):431-437.

[9] Betzig E, Finn P L, Weiner J S. Combined shear force and near - field scanning optical microscopy. Applied Physics Letters, 1992, 60, 2484.

[10] Grober R D, Harris T D, Trautman J K, et al. Design and implementation of a low temperature near - field scanning optical microscope. Review of Scientific Instruments, 1994, 65(3):626-631.

[11] Karrai K, Grober R D.Piezoelectric tip - sample distance control for near field optical microscopes.Applied Physics Letters, 66, 1842 (1995).

[12] Matsuda K, Saiki T, Nomura S, et al. Near-field optical mapping of exciton wave functions in a GaAs quantum dot. Physical Review Letters, 2003, 91(17):177401.

[13] Fa rahani J N, Pohl D W, Eisler H J, et al. Single quantum dot coupled to a scanning optical

antenna: a tunable super emitter. Physical Review Letters, 2005, 95(1):017402.

[14] Hosaka N, Saiki T. 10nm spatial resolution fluorescence imaging of single molecules by near-field scanning optical microscopy using a tiny aperture probe. Optical Review, 2006, 13(4):262-265.

[15] Bennett A J, Duke C B. Self-consistent-field model of bimetallic interfaces. I. Dipole Effects. Physical Review, 1967, 160(3):541-553.

[16] Baikie I D, Estrup P J. Low cost PC based scanning Kelvin probe. Review of Scientific Instruments, 1998, 69(11):3902-3907.

[17] Baikie I D, Smith P J S, Porterfield D M, et al. Multitip scanning bio-Kelvin probe. Review of Scientific Instruments, 1999, 70(3):1842-1850.

[18] Jacobs H O, Knapp H F, Stemmer A. Practical aspects of Kelvin probe force microscopy. Review of Scientific Instruments, 1999, 70(3):1756.

[19] Enevoldsen G H, Glatzel T, Christensen M C, et al. Atomic scale Kelvin probe force microscopy studies of the surface potential variations on the TiO2(110) surface. Physical Review Letters, 2008, 100(23):236104.

[20] Krok F, Sajewicz K, Konior J, et al. Lateral resolution and potential sensitivity in Kelvin probe force microscopy: Towards understanding of the sub-nanometer resolution.Physical Review B, 2008, 77, 235427.

[21] Nony L,Foster A S, Bocquet F, et al. Understanding the atomic-scale contrast in Kelvin probe force microscopy. Phys Rev Lett, 2009, 103, 036802.

[22] Baier R,Leendertz C, Ch. Lux-Steiner C, et al. Toward quantitative Kelvin probe force microscopy of nanoscale potential distributions. Physical Review B, 2012, 85, 165436.

[23] Vatel O, Tanimoto M. Kelvin probe force microscopy for potential distribution measurement of semiconductor devices. Journal of Applied Physics,1995, 77(6):2358-2362.

[24] Shikler R, Fried N, Meoded T, et al. Measuring minority-carrier diffusion length using a Kelvin probe force microscope.Physical Review B, 2000, 61(16):11041-11046.

[25] Sommerhalter C, Matthes T W, Glatzel T, et al. High-sensitivity quantitative Kelvin probe microscopy by noncontact ultra-high-vacuum atomic force microscopy. Applied Physics Letters, 1999, 75(2):286-288.

[26] Rosenwaks Y, Shikler R, Glatzel T, et al. Kelvin probe force microscopy of semiconductor surface defects. Physical Review B, 2004, 70(8):5320.

[27] Pfeiffer M, Leo K, Karl N. Fermi level determination in organic thin films by the Kelvin probe method. Journal of Applied Physics, 1996, 80(12):6880-6883.

[28] Palermo V, Palma M, Samorì P. Electronic characterization of organic thin films by Kelvin probe force microscopy[J]. Advanced Materials, 2010, 18(2):145-164.

[29] Neff J L, Rahe P. Insights into Kelvin probe force microscopy data of insulator-supported molecules. Physical Review B, 2015, 91(8):085424.

[30] Ellison D J, Lee B, Podzorov V, et al. Surface potential mapping of SAM-functionalized organic semiconductors by Kelvin probe force microscopy. Advanced Materials, 2011, 23(4):502-507.

[31] Fuller E J, Pan D, Corso B L, et al., Mean free paths in single-walled carbon nanotubes measured by Kelvin probe force microscopy. Physical Review B, 2014, 89, 245450.

[32] Ruhle S, Cahen D. Contact-free photovoltage measurements of photo absorbers using a Kelvin probE.Journal of Applied Physics, 2004, 96, 1556.

[33] Saraf S, Molotskii M, Rosenwaks Y. Local measurement of surface states energy distribution in semiconductors using Kelvin probe force microscope. Applied Physics Letters, 2005, 86(17):1057.

[34] Ziegler D, Gava P, Güttinger J, et al. Variations in the work function of doped single- and few-layer graphene assessed by Kelvin probe force microscopy and density functional theory. Physical Review B, 2011, 83(23):2237-2249.

[35] Hadjadj A, Cabarrocas P R I, Equer B. Analytical compensation of stray capacitance effect in Kelvin probe measurements. Review of Scientific Instruments, 1995, 66(11):5272-5276.

[36] Ouisse T,Martins F, Stark M, et al., Signal amplitude and sensitivity of the Kelvin probe force microscopy. Applied Physics Letters, 2006, 88, 043102.

[37] Koley G, Spencer M G, Bhangale H R. Cantilever effects on the measurement of electrostatic potentials by scanning Kelvin probe microscopy. Applied Physics Letters, 2001, 79(4):545-547.

[38] Gross L, Schuler F, Mohn, et al. Investigating atomic contrast in atomic force microscopy and Kelvin probe force microscopy on ionic systems using functionalized tips, Physical Review B, 2014, 90: 155455.

[39] Mao B,Tao Q, Li G Y. Quantitative analysis of the resolution and sensitivity of Kelvin probe force microscopy using carbon nanotube functionalized probes. Measurement Science & Technology, 2012, 23,105404.

[40] Matsuda K, Saiki T, Nomura S, et al. Near-field optical mapping of exciton wave functions in a GaAs quantum dot. Physical Review Letters, 2003, 91(17):177401.

[41] Matsuda K, Saiki T,Nomura S, et al. Near-Field Raman Spectral Measurement of Polydiacetylene. Appl Spectroscopy, 1998, 52(9):1141-1144.

[42] Toda Y, Sugimoto T, Nishioka M, et al. Near-field coherent excitation spectroscopy of InGaAs/GaAs self-assembled quantum dots. Applied Physics Letters, 2000, 76(26):3887.

[43] Ito H, Furuya K, Shibata Y, et al. Near-field optical mapping of quantum Hall edge states.

Physical Review Letters, 2011, 107(25):256803.

[44] Hopman W C, Ko V D W, Hollink A J, et al. Nano-mechanical tuning and imaging of a photonic crystal micro-cavity resonance. Optics Express, 2006, 14(19):8745-52.

[45] Robinson J T, Preble S F, Lipson M. Imaging highly confined modes in sub-micron scale silicon waveguides using Transmission-based Near-field Scanning Optical Microscopy. Optics Express, 2006, 14(22):10588-95.

[46] Stotz J A H, Freeman M R. A stroboscopic scanning solid immersion lens microscope. Review of Scientific Instruments, 1997, 68(12):4468-4477.

[47] Crooker S A, Smith D L. Imaging spin flows in semiconductors subject to electric, magnetic, and strain fields. Physical Review Letters, 2005, 94(23):236601.

[48] Kotissek P, Bailleul M, Sperl M, et al. Cross-sectional imaging of spin injection into a semiconductor. Nature Physics, 2007, 3(12):872-877.

[49] Crooker S A, Smith D L. Imaging spin flows in semiconductors subject to electric, magnetic, and strain fields. Physical Review Letters, 2005, 94(23):236601.

[50] Crooker S A, Furis M, Lou X, et al. Imaging spin transport in lateral ferromagnet/semiconductor structures. Science, 2005, 309(5744):2191-2195.

[51] Kikkawa J M, Awschalom D D. Lateral drag of spin coherence in gallium arsenide. Nature, 1999, 397(6715):139-141.

[52] Sih V. Spatial imaging of the spin Hall effect and current-induced polarization in two-dimensional electron gases. Nature Physics, 2005, 1(1):31-35.

[53] Rizo P J, Pugžlys A, Liu J, et al, Compact cryogenic Kerr microscope for time-resolved studies of electron spin transport in microstructures. Review of Scientific Instruments, 2008, 79: 123904.

[54] Ishihara J, Ohno Y, Ohno H. Direct mapping of photoexcited local spins in a modulation-doped GaAs/AlGaAs wires. Japanese Journal of Applied Physics, 2014, 53(4S):04EM04.

[55] Henn T, Kießling T, Molenkamp L W, et al. Time and spatially resolved electron spin detection in semiconductor heterostructures by magneto - optical Kerr microscopy. Physica Status Solidi, 2015, 251(9):1839-1849.

[56] Wiesendanger R. Spin mapping at the nanoscale and atomic scale. Review of Modern Physics, 2009, 81(4):1495-1550.

[57] Yakunin A M, Silov A Y, Koenraad P M, et al. Warping a single Mn acceptor wavefunction by straining the GaAs host. Nature Materials, 2007, 6(7):512-5.

[58] Richardella A, Roushan P, Mack S, et al. Visualizing critical correlations near the metal-insulator transition in Ga(1-x)Mn(x)As.Science,2010, 327(5966):665-669.

[59] Weaver J M R, Walpita L M, Wickramasinghe H K. Optical absorption microscopy and

spectroscopy with nanometre resolution.Nature,1989, 342(6251):783-785.

[60] Hida S, Mera Y,Maeda K.Nanometer-scale measurements of photo absorption spectra of individual defects in semiconductors. Applied Physics Letters , 2001, Vol.78, 3190.

[61] Grafström S, Schuller P, Kowalski J, et al. Thermal expansion of scanning tunneling microscopy tips under laser illumination. Journal of Applied Physics, 1998, 83(7):3453-3460.

[62] Naruse N, Mera Y, Fukuzawa Y, et al. Fourier transform photo absorption spectroscopy based on scanning tunneling microscopy. Journal of Applied Physics, 2007, 102, 114301.

[63] Aspnes D E. Electric-field effects on optical absorption near thresholds in solids. Physical Review, 1966, 147(2):554-566.

[64] Terada Y, Yoshida S, Takeuchi O, et al, Real-space imaging of transient carrier dynamics by nanoscale pump–probe microscopy. Nature photonics, 2010, 4: 869.

[65] Yoshida S, Aizawa Y, Wang Z H, et al. Probing ultrafast spin dynamics with optical pump-probe scanning tunneling microscopy. Nature Nanotechnology, 2014, 9(8):588.

[66] Terada Y, Yoshida S,Takeuchi O, et al, Real-space imaging of transient carrier dynamics by nanoscale pump–probe microscopy. Nature photonics, 2010,4: 869.

[67] Yokota M, Yoshida S, Mera Y, et al.Bases for time-resolved probing of transient carrier dynamics by optical pump-probe scanning tunneling microscopy. Nanoscale, 2013,5: 9170.

[68] Marzin J Y, Gérard J M. Experimental probing of quantum-well eigenstates. Physical Review Letters, 1989, 62(18):2172-2175.

[69] Prechtl G, Heiss W, Bonanni A, et al. Zeeman mapping of probability densities in square quantum wells using magnetic probes. Physical Review B, 2000, 61(23):15617-15620.

[70] Salis G, Graf B, Ensslin K, et al. Wave function spectroscopy in quantum wells with tunable electron density. Physical Review Letters, 1997, 79(25):5106-5109.

[71] Beton P H, Wang J, Mori N, et al. Measuring the probability density of quantum confined states. Physical Review Letters, 1995, 75(10):1996-1999.

[72] Nardin G, Paraïso T K, Cerna R,et al. Appl. Phys. Lett., 2009,94:181103.

[73] Kosaka H, Inagaki T, Rikitake Y, et al. Spin state tomography of optically injected electrons in a semiconductor. Nature, 2009, 457(7230):702-705.

[74] Vrijen R,Yablonovitch E. A spin-coherent semiconductor photo-detector for quantum communication.Physica E, 2001, 10, 569.

[75] Kosaka H, Shigyou H, Mitsumori Y, et al. Coherent transfer of light polarization to electron spins in a semiconductor. Physical Review Letters, 2008, 100(9):096602.

关键词索引

B

半导体激光 653

半导体异质结界面 529

泵浦探测 219，237，302，488，496，506

边缘态输运 27，28，568，569，589

表面等离激元 144，163

表面声学波 55，56，574，670，671

C

掺杂调控 93

掺杂极限 87，88，89，91，92，93，100，113，114，116，421

超导体/半导体界面 525

超快光学 49

磁光 248，251，289，292，328，329，390，391，395，518，691，693，694，704

磁近邻效应 399，404，405，504

D

单个杂质 101，102，103，104，118，285

单光子源 112，113，118，126，137，138，147，148，150，151，152，153，154，155，156，157，158，159，240，665，666，667，668，669，670，672

单质二维材料 631

等级体系 573

狄拉克费米子 58，59，60，584，585，588，590，594，597，627，629

狄拉克锥 274，628

电场操控 256

电声子耦合 57，58，59，60，63，80

电注入 70，71，128，160，179，206，214，239，240，272，276，437，448，450，451，454，457，462，473，704

电子干涉 190，191，192，193

抖动脉冲对激发的STM 697，698，704

对称破缺 315，550，556，584，585，586，595

多体格林函数方法 4

E

二维氧化物 636

二维原子晶体 80，624，626，627，629，630，631，632，633，635，636，637，639，640，641

F

反馈系统 683，686，688

范德瓦耳斯超导体 645

范德瓦耳斯异质结 624，625，631，632，633，634，639，640，643，644，645，646

非阿贝尔任意子 576，577，598，600

非阿贝尔统计 526，575，576，580，600

非平衡格林函数（NEGF） 549

非线性光量子 663

非线性散射 229

分数电荷 184，565，571，572，573，576，577，599

分数量子霍尔效应 184，524，526，565，571，572，584，586，587，596，597，598，599，607，625，641

分数统计 571，572，599

幅度调制 687，688

G

共焦显微荧光 216

共振拉曼激光 71

共振耦合 103，135，145，159

共振隧穿 72，101，373，471，571，643，656，676

固溶度 89，91，92，93，94，95，96，114，116，289，352，435

关联系统 234

光量子计算 136，663，666，673，676，677

光声子学 51

光学调控 205，248，256，296，314，392，395

光学动力学 110

光学扫描显微 685，691

光学探测 216，299，325，419，436，450

光致磁化 289，293，294，295，314，395

光子晶体 25，36，55，81，139，141，142，159，161，162，179，197，205，214，216，226，239，360，665，669，670，671，672，673，674，676，690

光子晶体微腔 139，141，142，159，161，162，179，216，239，360，665，670，671，673，674，690

硅自旋 273，433

H

核自旋　102，103，105，106，111，112，127，184，248，252，258，262，263，264，265，266，277，360，434，457，474，506，507，508，516，539，542，543，569，570，582，583

化学气相沉积　29，156，484，639，640

混合器件　195，196，661，662

J

机械转移法　633，634，635

激子　3，7，29，37，52，53，54，89，125，126，127，128，129，130，131，132，133，134，137，138，139，141，142，143，159，160，162，164，165，166，167，168，169，197，204，205，206，207，208，209，210，211，212，213，214，215，216，217，218，219，220，221，222，223，224，225，226，227，228，229，230，231，232，233，234，235，236，237，239，240，241，248，249，256，278，279，280，296，297，314，355，358，359，488，492，493，494，495，496，497，498，499，581，632，644，663，668，671，672，689，701

极化激元　204，205，206，207，208，209，210，211，212，213，214，215，216，217，218，219，

220，221，222，223，224，225，226，227，228，229，230，231，232，233，234，235，236，237，239，240，241，701，702

棘轮效应　274，549，550，551，552，553，554，556，657，658，676

集体行为　220，226

交换相互作用　105，107，118，127，129，164，248，249，280，289，290，293，327，354，359，360，361，362

角分辨　58，59，217，218，221，223，224，230，231，233，356，374，591

界面　10，23，29，30，31，32，34，35，36，37，53，80，81，104，144，149，158，160，163，182，205，206，214，225，239，241，270，271，272，273，275，276，278，303，305，314，319，320，321，322，323，324，327，330，333，335，340，341，343，399，404，405，438，440，441，442，443，445，446，447，448，449，450，452，453，455，460，461，463，464，466，467，468，469，470，486，503，504，505，506，507，508，511，512，514，515，516，517，518，519，520，521，522，523，524，525，529，530，568，572，592，624，634，635，636，637，646，660，667，685，686，687

近场扫描光学显微 682, 683, 699, 704

晶格动力学 45, 46, 59

晶格振动 3, 45, 46, 49, 543

纠缠光子 150, 151, 164, 165, 166, 167, 168, 197, 256, 662, 663

纠缠光子源 164

绝缘体/半导体界面 522, 523, 524, 525

K

开尔文探针扫描显微 685, 686

壳层结构 127, 129, 419

控制非门 663, 664, 666

宽禁带半导体 87, 88, 89, 92, 93, 113, 116, 483, 484, 488, 500, 595

L

拉曼激光器 70, 71, 72, 653, 654, 655

量子比特 81, 87, 101, 102, 103, 105, 106, 107, 110, 111, 112, 113, 118, 139, 141, 142, 195, 197, 198, 247, 248, 252, 254, 256, 257, 258, 260, 261, 263, 264, 266, 267, 569, 577, 663, 666, 676, 700

量子超材料 658, 659, 660, 676

量子点 51, 52, 53, 54, 55, 56, 57, 63, 64, 114, 124, 125, 126, 127, 128, 129, 130, 131, 132, 133, 134, 135, 136, 137, 138, 139, 140, 141, 142, 144, 148, 149, 150, 151, 153, 156, 157, 158, 159, 160, 161, 162, 163, 164, 165, 166, 167, 168, 169, 170, 175, 181, 182, 183, 184, 185, 186, 187, 188, 189, 190, 192, 193, 196, 197, 206, 207, 208, 210, 211, 213, 247, 248, 249, 250, 251, 252, 254, 255, 256, 257, 258, 259, 260, 261, 262, 266, 278, 296, 314, 359, 493, 548, 552, 553, 568, 569, 573, 577, 578, 579, 580, 599, 657, 658, 661, 662, 663, 664, 665, 668, 669, 670, 671, 672, 673, 689, 696

量子电路 667, 668, 670

量子断层测量 699, 700

量子反常霍尔效应 565, 588, 590, 592, 593, 599

量子光学 112, 118, 131, 134, 138, 150, 151, 153, 170, 177, 196, 256, 666, 668

量子级联激光器 70, 71, 72, 73, 82, 655, 656, 657

量子逻辑门 138, 359, 663

量子热电效应 547, 548, 556

量子输运 182, 197, 305, 542, 595, 641

量子线 182, 193, 194, 195, 197, 314, 375, 527, 528, 529, 530, 548, 553, 672, 693, 694, 704

量子相变 22, 29, 36, 37, 105, 228, 582, 583, 584, 585, 586, 599

量子自旋霍尔效应 10, 18, 19, 22, 23, 565, 588, 589, 590, 599, 625, 641

路径积分 11, 12

M

密度泛函理论 2, 3, 6, 8, 9, 10, 36, 46, 48, 89, 107, 378

密度矩阵理论 45

摩尔超晶格 639, 644, 645

N

逆自旋霍尔效应 336, 338, 339, 340, 341, 520, 521, 529

O

偶数分母态 573, 574, 575, 576, 595

P

偏振光电流 305, 306, 307, 308, 309, 314, 315

漂移-扩散方程 537, 538, 540, 555

频率调制 687, 696

平板微腔 206, 213, 214, 217, 225, 231, 232, 233, 239

平均场理论 6, 299, 360, 366, 369, 371, 379, 389, 435, 488

Q

缺陷 8, 55, 58, 59, 60, 80, 87, 88, 89, 90, 91, 92, 93, 94, 95, 96, 97, 98, 99, 100, 101, 102, 103, 104, 107, 113, 114, 115, 116, 117, 124, 125, 127, 155, 156, 161, 162, 163, 193, 205, 216, 224, 225, 262, 263, 264, 273, 278, 279, 280, 281, 282, 283, 285, 322, 352, 360, 371, 398, 399, 406, 421, 437, 450, 460, 486, 487, 526, 528, 552, 570, 638, 665, 670, 672, 673, 696

缺陷离化能 90, 98, 100, 421

R

热电耦合输运 543, 545

热电效应 543, 545, 547, 548, 556

S

扫描Kerr显微镜 691, 692, 693

扫描隧穿显微镜 376, 627, 694, 704

色散 46, 53, 54, 57, 58, 59, 62, 63, 80, 144, 204, 206, 208, 209, 217, 218, 220, 221, 222, 224, 229, 232, 307, 311, 355, 356, 503, 548, 584, 585, 590, 628, 629, 658

色心 102, 107, 138, 148, 151, 156, 161, 263, 673, 676

声子放大 61，63，69

声子器件 60，73，74

声子态 53，57，58

声子诱导透明 54

石墨烯 15，18，19，22，36，49，
80，117，273，274，314，333，
343，434，504，552，553，565，
584，585，586，587，588，589，
590，594，595，597，598，600，
625，626，627，628，629，630，
631，632，633，634，635，636，
637，638，639，640，641，642，
643，644，645，646，660，661

时间分辨 49，50，60，142，217，
219，221，236，238，258，300，
301，302，324，325，395，488，
489，496，499，508，516，542，
644，691，692，693，698

时间分辨光谱 50，217

拾取法 633，637，638

瞬态受激拉曼散射 50

T

太赫兹激光 656

铁磁金属/半导体界面 320，323，
343，504，524，525

铁磁近邻极化 504，505，506，
509，511，529

铁磁刻录 513

铁磁注入 319，320，332

拓扑绝缘体 1，19，24，29，32，
34，35，36，37，57，58，59，
80，315，434，503，565，568，

589，590，591，592，593，594，
599，600

拓扑量子计算 576，577，600，607

拓扑量子态 15，565

W

微波探测 657，658，676

微纳结构 36，205，223，545，
547，556

微腔 67，68，82，112，113，118，
131，132，138，139，141，142，
145，146，156，157，158，159，
160，161，162，163，164，179，
181，197，204，205，206，207，
208，209，210，211，212，213，
214，215，216，217，220，221，
222，223，224，225，226，227，
229，230，231，232，233，234，
235，237，239，240，241，251，
254，360，664，665，669，670，
671，672，673，674，690，700，
701，702

X

吸收调制器 660

稀磁半导体 114，115，278，289，
290，292，296，297，299，322，
325，352，360，365，366，369，
370，371，372，374，375，377，
380，382，386，389，390，391，
392，393，395，396，397，412，
415，418，420，421，422，435，
483，484，485，486，487，488，

490，499，500，501

线性光量子 136，663，665

相干声子学 49

相干态 240，248，263

Z

杂质能带 99，100，356，421，
462，486

杂质能带辅助掺杂 99，421

针尖 104，626，684，685，687，
688，690，695，696，697，698，
699，704

整数量子霍尔效应 15，18，26，
566，567，570，571，574，584，
594，595，598，625，627

准粒子干涉 572，573，579

自构型微腔 214

自旋FET 319

自旋泵浦 462，473，519，520

自旋动力学 142，251，262，300，
319，324，325，327，342，488，
492，493，495，499，538，542，
555，556，692，693，698，702

自旋阀 277，319，333，334，341，
343，382，406，456，540，541，
555

自旋-轨道耦合 270，285，292，
306，307，311，312，313，314，
315，343，357，378，379，383，
385，386，397，410，411，483，
521，527，536，538，539，540，
541，542，553，554，555，588，
589，590，600

自旋霍尔晶体管 340，342

自旋霍尔效应 10，18，19，22，
23，336，338，339，340，341，
343，473，520，521，522，529，
535，542，565，588，589，590，
599，625，641

自旋极化 14，18，109，110，111，
112，118，193，206，237，239，
240，250，251，252，269，270，
271，272，273，274，275，276，
277，278，279，280，281，282，
284，285，289，293，296，297，
298，299，300，301，302，303，
304，305，307，308，309，310，
312，319，320，322，324，325，
326，327，328，329，330，331，
332，333，336，337，338，339，
340，343，344，360，362，365，
368，370，371，389，399，404，
405，418，419，434，435，436，
437，438，440，442，444，447，
448，450，451，452，453，454，
455，457，469，470，471，472，
473，474，488，493，503，504，
505，506，507，508，511，512，
513，514，515，516，517，518，
519，521，522，525，529，535，
536，537，538，539，540，541，
555，570，575，576，577，578，
582，583，586，589，683，690，
691，692，693，694，696，699，
704

自旋检测 269，275，284，343

自旋滤波 269，274，278，279，

280，281，283，284，285，525
自旋逻辑　336，341，342，434
自旋输运　301，302，319，322，
325，327，329，330，332，336，
342，434，440，441，442，445，
446，447，450，451，455，456，
457，462，465，466，468，473，
474，517，535，536，537，538，
539，540，542，555，556
自组织生长　129，163，359，668
组合费米子　573，574，576，582，
583，586，594，595

其他

GW近似　3，5，6，7，36
Kerr旋转　142，290，292，299，
300，301，694，702，703
Laughlin波函数　571
M-Z量子干涉仪　663
Seebeck系数　473，544，545，546，
547，548，556
SOS波导　667
STM的光发射光谱　697，698，704
Z2拓扑序　18